Ulrich Schmidt

Professionelle Videotechnik

Ulrich Schmidt

Professionelle Videotechnik

Analoge und digitale Grundlagen,
Filmtechnik, Fernsehtechnik, HDTV,
Kameras, Displays, Videorecorder,
Produktion und Studiotechnik

4., aktualisierte und erweiterte Auflage

Mit 758 Abbildungen

 Springer

Professor Dr. rer. nat. Ulrich Schmidt
Hochschule für angewandte Wissenschaften Hamburg
Fachbereich Medientechnik
Stiftstr. 69
20099 Hamburg
dr.u.schmidt@t-online.de

Bibliografische Information der Deutschen Bibliothek
Die Deutsche Bibliothek verzeichnet diese Publikation in der Deutschen
Nationalbibliografie; detaillierte bibliografische Daten sind im Internet
über http://dnb.ddb.de abrufbar.

ISBN 10 3-540-24206-6 Springer Berlin Heidelberg New York
ISBN 13 978-3-540-24206-2 Springer Berlin Heidelberg New York

Springer ist ein Unternehmen von Springer Science+Business Media
springer.de
© Springer-Verlag Berlin Heidelberg 2005
Printed in Germany

Einbandgestaltung: medionet AG, Berlin
Satz: Digitale Druckvorlage des Autors
Gedruckt auf säurefreiem Papier   68/3180/m - 5 4 3 2 1   Spin 12055975

Vorwort

Die Videotechnik ist gegenwärtig von einem tiefgreifenden Übergang von analoger zu digitaler Technik betroffen. Der Wandel ist ähnlich revolutionär wie die Veränderung, die vor einigen Jahren bei den Printmedien stattfand. Heute werden fast alle Bearbeitungsschritte der Druckvorstufe mit Standardcomputern durchgeführt, in ähnlicher Weise halten auch im Videobereich Digitalsignale und Computer Einzug. Die Signale verlieren als Digitaldaten ihre videotechnischen Spezifika, sie werden auf Standardfestplatten gespeichert und können auch in digitaler Form bis zum Konsumenten gebracht werden. Dabei ist es möglich, die Distributionswege der analogen Fernsehausstrahlung, Kabel, Satellit und terrestrische Sendewege für die Digitalübertragung ebenso zu nutzen, wie schnelle Computer-Datennetze. Die moderne Videotechnik ist durch eine enge Verknüpfung mit den Bereichen Computertechnik und Telekommunikation gekennzeichnet.

Das vorliegende Buch dient der Darstellung der Videotechnik in dieser Zeit des Umbruchs. Die Aspekte der aktuellen Videotechnik werden hier umfassend behandelt: auf analoger ebenso wie auf digitaler Ebene.

Das Buch ist sowohl für Studierende der Video- und Medientechnik als auch als Nachschlagewerk gedacht. Es basiert auf dem Buch, das im Jahre 1996 unter dem Titel »Digitale Videotechnik« im Franzis-Verlag erschienen ist. Es wurde völlig neu konzipiert, erheblich erweitert und trägt heute den passenderen Titel »Professionelle Videotechnik«.

Nach wie vor ist das Ziel, den gesamten Bereich der professionellen Videotechnik zu erfassen. Dazu werden zunächst die analogen und digitalen Videosignalformen, bis hin zu einer erweiterten Darstellung der MPEG-Codierung, ausführlich erörtert. Daran schließt sich nun ein eigenes Kapitel über Signalübertragungsformen an. Hier ist ein größerer Abschnitt über das digitale Fernsehen (DVB) hinzugekommen sowie eine Betrachtung zu neuen Distributionswegen, deren Entwicklung stark vom Internet geprägt ist.

Die beiden folgenden Kapitel behandeln die Bildaufnahme- und Wiedergabesysteme. Bei ersterem ist eine breitere Darstellung der Filmabtaster und der Bildwandler aufgenommen worden. In letzterem nimmt das Thema Plasmadisplays nun breiteren Raum ein. Im darauf folgenden Kapitel über die Aufzeichnungsverfahren sind die neuen MAZ-Formate, wie Betacam SX, D8, D9 etc. hinzugekommen sowie ein Abschnitt über die DVD. Im Kapitel Videosignalbearbeitung ist der Themenbereich der nichtlinearen Editingsysteme ausgeweitet worden, der Bereich Studiosysteme ist dagegen nicht mehr enthalten. Dieses Thema nimmt nun erheblich mehr Umfang ein und befindet sich in einem ei-

genen Kapitel. Hier werden zunächst Betrachtungen zum Einsatz datenreduzierter Signale im Produktionsbereich vorgestellt. Daran schließt sich das
Thema Netzwerke für Videostudios an. Es folgt die Darstellung der
Postproduktions- und Produktionsbereiche, von Studios über Newsroom-Systeme bis zu SNG- und Ü-Wagen und zum Schluss eine ausführliche Darstellung des virtuellen Studios.

Aufgrund der thematischen Breite können nicht alle Bereiche erschöpfend
behandelt werden, es sollte aber möglich sein, alle Aspekte im Gesamtkontext
der Videotechnik einordnen zu können.

Mein Dank für die Unterstützung bei der Erstellung der Buches gilt Jens
Bohlmann und Roland Greule für die Klärung nachrichten- und lichttechni-
scher Fragen, Torsten Höner und Anette Naumann für ihre Hilfe bei der Bildbearbeitung und Korrektur sowie Karin Holzapfel, Walter Folle und Tilmann
Kloos für die Erstellung von Fotografien. Für die gute Zusammenarbeit mit
dem Springer-Verlag bedanke ich mich bei Herrn Lehnert und Frau Cuneus.

Bremen, im März 2000   Prof. Dr. U. Schmidt

Vorwort zur 4. Auflage

Während zur dritten Auflage die inhaltliche Erweiterung vor allem die Themenbereiche HDTV, digitale Filmtechnik, Filmpostproduktion, digitale Cine-
matography und Digital Cinema betrafen, gibt mir nun die vierte Auflage des
Buches erneut Gelegenheit, den Stoff zu aktualisieren und zu erweitern.

Neben kleineren Ergänzungen an vielen Stellen ist vor allem der Bereich
der Datenreduktionsverfahren ergänzt und aktualisiert worden. Mit Stichwor-
ten wie: MPEG-4, H.264 und Windows Media. Im Bereich der vernetzten Studiosysteme wurde der große Bereich aktueller Datenformate im Broadcastsektor, z. B. MXF und AAF aufgenommen.

Bremen, im Oktober 2004   Prof. Dr. U. Schmidt

Inhaltsverzeichnis

1 Entwicklungsgeschichte

Der Begriff „Video" (lat.: ich sehe) wird heute allgemein für elektronische Systeme zur Bewegtbildübertragung benutzt. Als Vorläufer und erstes Bewegtbildmedium entstand der Film, als Aneinanderreihung fotografischer Bilder. Er dominierte lange Zeit und hat bis heute große Bedeutung für die hochqualitative Bilddarstellung behalten. Basis ist die Fotografie, die zu Beginn des 19. Jahrhunderts entwickelt wurde. Durch die immer weiter gesteigerte Lichtempfindlichkeit und aufgrund der Verfügbarkeit von Nitrozellulose als flexiblem Schichtträger für das Filmbild (Rollfilm) war um 1888 die Basis der Filmtechnik geschaffen. Es gelang, einzelne Phasen von Bewegungen durch Reihenfotografie zu studieren, bzw. bei Wiedergabe von mehr als 15 Bildern pro Sekunde einen fließenden Bewegungseindruck hervorzurufen. Mit dieser Bewegungsaufzeichnung, der Kinematographie, war ein neues Medium geboren. Neben dem Rollfilm war dafür ein Apparat erforderlich, der den Film schnell genug transportierte und in den Transportpausen automatisch belichtete. Die Entwicklung eines solchen Apparates geschah in den Laboratorien von Thomas Alva Edison, der im Jahre 1891 den Kinematographen und das Kinematoskop als Geräte für die Aufnahme und Wiedergabe von Bewegtbildsequenzen zum Patent anmeldete. Der Filmtransport wurde dabei mit Hilfe einer Perforation im Film ermöglicht, die mit vier Löchern pro Bild definiert war.

Im Jahre 1895 war dann der Cinematograph der Gebrüder Lumière einsatzbereit, bei dem die Funktionen eines Projektors mit dem der Kamera in einem Apparat vereinigt waren. Abgesehen von der Trennung von Kamera und Projektionsgerät hat sich das Grundprinzip der Kinematographie seither nicht verändert: Der perforierte Filmstreifen wird bei der Aufnahme und Wiedergabe schrittweise transportiert und steht bei Belichtung bzw. Projektion still. Während des Transports wird der Lichtweg abgedunkelt. Die erste öffentliche Filmvorführung mit dem Gerät der Brüder Lumière am 28.12.1895 gilt heute als Geburtsstunde des Mediums Film. Zum ersten Mal war die Massentauglichkeit des Bewegtbildverfahrens als wesentliches Bestimmungsmerkmal erreicht, so dass sich die Gruppenrezeption als besonderes Spezifikum dieses Mediums etablieren konnte.

Bereits ab 1897 begann durch die Brüder Pathé die Filmproduktion in großem Stil, durch die Brüder Lumière wurden die ersten Wochenschauen produziert. Im Jahre 1909 wurde nach einer internationalen Vereinbarung der 35 mm-Film als Standardformat festgelegt. Ab 1910 etablierte sich die Konzentration im Filmgeschäft. 1911 wurde in Hollywood, einem Vorort von Los Angeles in den USA, ein Filmstudio eröffnet, dem innerhalb eines Jahres viele weitere

Studios folgten, so dass sich dieser Ort innerhalb kürzester Zeit zum Zentrum der US-Filmindustrie entwickelte. Die Studios erreichten eine monopolartige Stellung und bestimmten die Rechte über Kameras und Vorführsysteme ebenso wie das Verleihgeschäft. In großen, technisch gut ausgestatteten Anlagen wurde in sehr arbeitsteiliger Form produziert. Zusammen mit dem Starkult entstand so die so genannte Traumfabrik, die bis heute ihre Funktion beibehalten hat und den Weltfilmmarkt dominiert.

Auch in Deutschland entwickelte sich in den 20er Jahren mit der UFA in Babelsberg ein Filmkonzern, der ähnliche Produktionsweisen verwendete. Hier entstanden die großen deutschen Filme, wie Fritz Langs Metropolis, der sehr viele tricktechnische Aufnahmen enthält. Hier konnte auch der Übergang zum Tonfilm mit vollzogen werden, der in Deutschland initiiert und zum Ende der 20er Jahre schließlich auf Druck aus den USA durchgesetzt wurde. Zu Beginn der 20er Jahre war es gelungen, die Schallsignaländerungen in Lichtintensitätsänderungen umzusetzen und auch auf Film aufzuzeichnen. Die Patente an dem Verfahren wurden in die USA verkauft, und von dort aus wurde die Durchsetzung des Tonfilms derart forciert, dass bereits zu Beginn der 30er Jahre die Ära der so genannten Stummfilme beendet war. Die Bezeichnung Stummfilm bezieht sich auf das Fehlen der direkt aufgenommenen Dialoge. Doch waren auch vor der Einführung des Tonfilms die Filmvorstellungen oft von Erzählern und Musikern begleitet, die direkt auf die dargestellten Bildsequenzen reagierten und eine besondere Form eines Live-Erlebnisses erzeugten, die auch heute noch ihre besonderen Reize hat.

Erheblich länger als beim Tonfilmdauerte die Entwicklung der Farbfilmtechnik. Nachdem ab 1870 zunächst mit einer nachträglichen Kolorierung der Schwarzweißfilme von Hand begonnen worden war, wurde es später möglich, die lichtempfindlichen Emulsionen durch den Zusatz bestimmter Farbstoffe farbsensitiv zu machen. Größere Bedeutung erhielt der Farbfilm durch das Technicolor-Verfahren. Dabei wurde auf drei unterschiedlich farbsensitive Streifen aufgezeichnet und die Auszüge wurden übereinander gedruckt. Der erste abendfüllende Farbfilm nach dem Technicolor-Verfahren entstand 1935. Dieses Verfahren erforderte Spezialkameras und war kostspielig. Preisgünstigere Farbfilme, bei denen auch aufnahmeseitig alle farbsensitiven Anteile auf einem Filmstreifen untergebracht werden konnten, standen erst ab 1948 zur Verfügung, nachdem die chromagene Entwicklung nutzbar war, die auf Erkenntnissen über die Bildung von Farbstoffen beim Entwicklungsprozess beruht.

Die Farbfilmtechnik wird bis heute fortlaufend verbessert. Das Gleiche gilt für die Filmtontechnk. Der Ton ist für die emotionale Wirkung des Films von sehr großer Bedeutung, entsprechend wurde bereits in den 40er Jahren mit Mehrkanalsystemen experimentiert, die das Räumlichkeitsgefühl der Audiowiedergabe steigern. Als erster Film mit Mehrkanalton gilt der Zeichentrickfilm Fantasia von Walt Disney, der mit drei Kanälen für Links, Mitte und Rechts arbeitete. Etwas größere Verbreitung erreichten Mitte der 50er Jahre im Zusammenhang mit dem Breitbildformat Cinemascope 4- und 6-kanalige Systeme, die bei der Wiedergabe das Magnettonverfahren verwendeten. Die Klangqualität ist hierbei vergleichsweise hoch, doch die Herstellung von Magnettonkopien übersteigt die Kosten von Lichttonkopien erheblich, so dass der

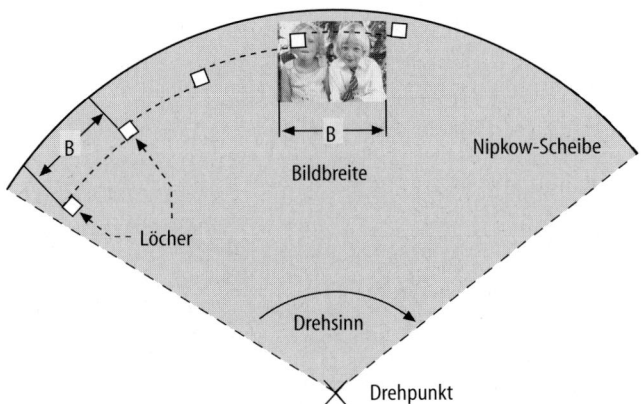

Abb. 1.1. Nipkow-Scheibe

Magnetton im Kino keine Bedeutung erlangen konnte. Seit Mitte der 70er Jahre fanden schließlich Mehrkanalsysteme erhebliche Verbreitung, die auf dem Lichttonverfahren beruhten. Diese Entwicklung ist bis heute eng mit dem Namen Dolby verknüpft. Neben der Entwicklung von Rauschunterdrückungssystemen gelang es den Dolby Laboratories, beim Dolby Stereo-System vier Tonkanäle in zwei Lichttonspuren unterzubringen. 1992 wurde von Dolby schließlich das sechskanalige Dolby Digital-Verfahren eingeführt, das wiederum abwärtskompatibel zu Dolby Stereo ist und heute die größte Bedeutung unter den digitalen Kinotonformaten hat.

Neben der Einführung der Digitaltechnik im Tonbereich gewann in den 90er Jahren auch die digitale Bildbearbeitung immer größeren Einfluss. Zum Ende des Jahrtausends waren dann die Computersysteme so leistungsfähig, dass längere Spielfilmsequenzen in hoher Auflösung digital gespeichert und aufwändig bearbeitet werden konnten. Die Digitaltechnik wird zukünftig nicht nur im Produktionsbereich eine Rolle spielen, sondern auch bei der Filmdistribution und der Wiedergabe. Für die Verteilung stehen hochwertige Datenreduktionsverfahren und hoch auflösende Projektoren zur Verfügung. Bei Einsatz von digitalen High-Definition-Kameras wird schließlich eine vollständige digitale Infrastruktur im Kinobereich möglich (Digital Cinema), die immer mehr dem Produktions- und Distributionssystem im Videobereich ähnelt.

Die Grundlagen von Fernsehen und Video, d. h. der elektronischen Form der Bewegtbildübertragung, wurden bereits zu einer Zeit geschaffen als der Zellulosefilm gerade begann, eine größere Verbreitung zu finden. Zu Beginn des 20. Jahrhunderts entstand die Fernsehtechnik als ein flüchtiges Medium, das als wesentlichen Unterschied zum Film die Eigenschaft hat, dass zu jedem Zeitpunkt nur die Information über einen einzelnen Bildpunkt und nicht über das ganze Bild vorliegt. Aus diesem Grunde spielte die Filmtechnik als Speichermedium bis zur Einführung von Videorecordern auch im Bereich der Fernsehproduktion eine entscheidende Rolle.

Zwei für die Fernsehentwicklung wesentliche Erfindungen wurden bereits im 19. Jahrhundert gemacht (Abb. 1.1). Im Jahre 1873 entdeckte C. May die

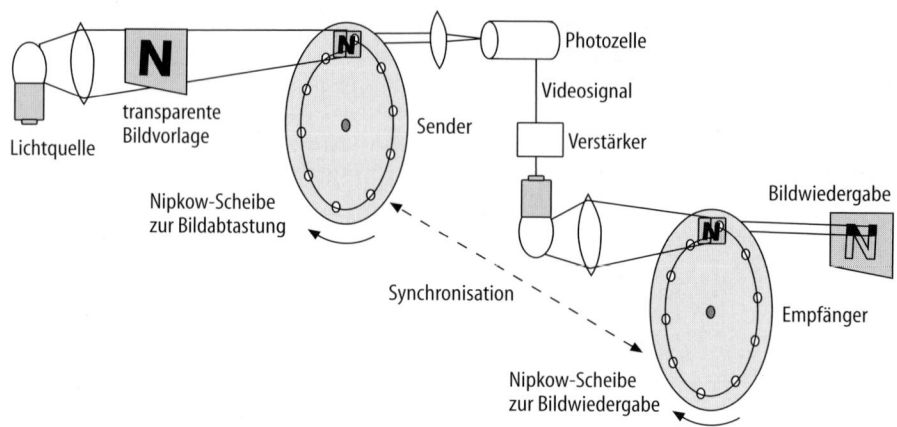

Abb. 1.2. Signalübertragung mit der Nipkow-Scheibe

Lichtempfindlichkeit des Selens, welche es ermöglicht, elektrische Ströme in Abhängigkeit von der Lichtintensität zu steuern, und im Jahre 1884 erhielt Paul Nipkow ein Patent für seine Ideen zur Bildzerlegung und Reduktion der großen Informationsflut, die mit der Bewegtbildübertragung verknüpft ist. Nach Nipkow wird das Bild zeilenweise abgetastet. Dazu dient eine runde, drehbare Lochscheibe mit einer Anzahl von Löchern, die der Anzahl des in Zeilen zerlegten Bildes entspricht. Die Löcher sind spiralförmig angeordnet, so dass die Abtastung der zweiten Zeile genau dann beginnt, wenn das erste Loch das Bildfeld verlassen hat (Abb. 1.1). Die Helligkeitsinformationen der abgetasteten Zeile werden fortwährend von einer hinter dem Loch angebrachten Fotozelle in elektrische Signale umgesetzt, wobei sich bei großer Helligkeit entsprechend hohe Ströme ergeben.

Im Empfänger steuert das übertragene elektrische Signal die Helligkeit einer schnell reagierenden Lampe. Hinter der Lampe befindet sich die gleiche Nipkowscheibe wie im Sender. Falls beide Scheiben mit gleicher Umdrehungszahl laufen und zwar so, dass der Beginn der ersten Zeile im Sender und im Empfänger übereinstimmt, entspricht das durch die Scheibe transmittierte Licht dem abgetasteten Bild (Abb. 1.2). Wichtige Aspekte der heutigen Videosysteme sind hier bereits anzutreffen: Die Abtastung geschieht zeilenweise, die parallel vorliegenden Informationen werden seriell übertragen, und es besteht die Notwendigkeit der Synchronisation von Sender und Empfänger.

Ab 1920 wurde die Fernsehforschung intensiviert und die Nipkow-Scheibe professionell eingesetzt. Die Scheibe auf der Empfangsseite wurde dabei noch per Handbremse zum Sendesignal synchronisiert. Die weitere Entwicklung bezog sich auf eine elektronische Synchronisation auf die Steigerung der Bildauflösung. Die damit verbundene Übertragung einer erhöhten Informationsdichte war eng mit der Erschließung kurzwelliger Radiofrequenzbereiche (UKW) verknüpft, in denen größere Bandbreiten zur Verfügung stehen.

1935 wurde mit der 180 Zeilen-Norm in Deutschland der weltweit erste regelmäßige Fernsehdienst eröffnet. Dabei stand noch keine elektronische Kamera zur Verfügung. Live-Übertragungen unter dem Einsatz der Nipkowscheibe waren sehr aufwändig, daher diente meist konventioneller Film als Zwischenstufe vor der Bildwandlung. Fast alle aktuellen Beiträge wurden zunächst auf Film aufgezeichnet und über Filmabtaster mit der Nipkow-Scheibe umgesetzt. Die erste elektronische Kamera, das Ikonoskop, wurde 1936, kurz vor der Berliner Olympiade, vorgestellt [116]. Durch den Einsatz der Braunschen Röhre auf der Aufnahme- und Wiedergabeseite konnten schließlich alle mechanischen Elemente aus den Bildwandlungssystemen entfernt werden.

Die weitere Fernsehentwicklung wurde in Deutschland wegen des Krieges unterbrochen. Wesentlicher Träger der Entwicklung waren nun die USA, wo 1941 die bis heute gültige Fernsehnorm mit 525 Zeilen eingeführt wurde. Hier wurde auch früh mit den ersten Farbfernsehversuchen begonnen. Bereits 1953 war das aktuelle vollelektronische und S/W-kompatible NTSC-Farbfernsehsystem (National Televisions Systems Committee) entwickelt.

Japan und die Staaten Südamerikas übernahmen NTSC, aber in Europa wurde das Verfahren wegen der schlechten Farbstabilität (Never the same colour) nicht akzeptiert. In Frankreich wurde als Alternative SECAM (séquentiel couleur à mémoire) und in Deutschland das PAL-Verfahren (Phase Alternation Line) eingeführt. Dieses 1963 bei Telefunken entwickelte System ist farbstabil und mit weniger Problemen behaftet als SECAM, so dass viele Staaten das bis heute gültige Verfahren übernahmen. Die regelmäßige Ausstrahlung von PAL-Sendungen in Deutschland begann 1967.

Auch das PAL-Verfahren ist noch mit Artefakten verbunden, an deren Eliminierung in den 80er Jahren gearbeitet wurde. Dies geschah bereits mit Blick auf eine höhere Bildauflösung (HD-MAC). Die Entwicklung dieser noch analogen Systeme wurde durch die Digitaltechnik überholt, insbesondere nachdem die Möglichkeit sehr effizienter Datenreduktionsverfahren (MPEG) deutlich wurde. Das letzte Jahrzehnt vor der Jahrhundertwende war von der Entwicklung eines PAL-kompatiblen Breitbildsystems (PALplus) und der Einführung des digitalen Fernsehsystems (Digital Video Broadcast, DVB) geprägt.

Bis zum Ende der 80er Jahre galt, dass das PAL-Signal in Deutschland sowohl Sende- als auch Produktionsstandard war. Im Produktionsbereich ist aber die Verfügbarkeit von hochwertigen Aufzeichnungsmaschinen von besonderer Bedeutung. Damals wurden die sehr teuren Magnetbandaufzeichnungs-Formate (MAZ) B und C verwendet, die mit offenen Spulen und Bändern von 2,5 cm Breite arbeiteten. Als sich mit dem Format Betacam SP die Verfügbarkeit eines preiswerteren MAZ-Systems auf Cassetten-Basis abzeichnete, wurde der Wechsel vom einkanaligen PAL-Videosignal zu dem bei Betacam verwendeten dreikanaligen Komponentensignal vollzogen und als Standard im Produktionsbereich eingeführt.

Mitte der 80er Jahre standen auch bereits digitale MAZ-Systeme zur Verfügung, und im Laufe der Zeit waren alle Studiogeräte auf digitaler Basis erhältlich. Gegenwärtig ist die Digitalisierung des Produktionsbereichs abgeschlossen, d. h. alle Geräte arbeiten digital und der Datenaustausch erfolgt meist in Echtzeit über das seriell digitale Interface. Die Gesamtstruktur ähnelt aber noch der überkommenen und man spricht davon, dass die erste Phase der Digitalisierung abgeschlossen ist, während die zweite Phase vom verstärkten Einsatz datenreduzierter Signale und der weitgehenden digitalen Vernetzung der Produktionskomplexe geprägt ist.

Neben der Fernsehtechnik auf Zuschauer- und Produktionsseite begann sich ab 1975 ein Marktsegment für die Videotechnik zu entwickeln, das durch die Verfügbarkeit von preiswerten Videorecordern (insbesondere das Format VHS) für die Heimanwendung geprägt ist. Damit entstand auch ein Markt für die Programmverteilung mittels Cassetten, auf denen v. a. Spielfilme angeboten wurden und ein so genannter semiprofessioneller Produktionssektor, in dem Schulungs- und Präsentationsvideos für einen kleineren Zuschauerkreis realisiert werden. Die Entwicklung für die Heimanwenderseite (Consumer-Sektor) ist von preiswerten Geräten, z. B. auch Kameras, geprägt, die einfach zu handhaben sind. Diese Aspekte wirken auf die professionelle Seite zurück, ein Einfluss, der heute immer stärker wird. Zum Beispiel wurde die Verwendung von Magnetbandcassetten anstelle offener Spulen zunächst für die semiprofessionellen Systeme (U-Matic) entwickelt und dann für den professionellen Bereich übernommen. Das gleiche gilt für Bildstabilisierungsverfahren, die zunächst nur das Verwackeln bei Aufnahmen mit kleinen Camcordern verhindern sollten. Eine besonders starke Rückwirkung auf die professionelle Seite gibt es durch die Digitalisierung der Heimanwendergeräte ab 1995. Hier tritt besonders das DV-Format hervor, das eine so gute Qualität aufweist, dass es in den Varianten DVCPro und DVCam schnell für den professionellen Sektor adaptiert wurde, mit dem Ergebnis, dass DVCPro heute ein akzeptiertes Broadcastformat und DVCam das meistverkaufte Digitalformat im (semi-)professionellen Bereich ist.

Auch der Einsatz der Computertechnologie im Bereich professioneller Produktionen ist von der Anwenderseite geprägt, denn hier wurde bereits mit Bewegtbildern gearbeitet, als die PC-Systeme eigentlich noch nicht leistungsfähig genug für die Videosignalverarbeitung waren. Es wurden dabei Bildsequenzen mit geringer Auflösung und zum Teil auch geringen Bildwiederholfrequenzen verwendet, wie sie heute vielfach bei der Verbreitung via CD-ROM oder im Internet zu sehen sind. Hier waren auch bereits früh Standards für den Datenaustausch gefragt, die als proprietäre Formate der großen PC-Systementwickler, namentlich Apple (QuickTime) und Microsoft (AVI), entstanden und bis heute eine große Rolle spielen.

Die erste Phase der Digitalisierung stellt somit einen erheblichen Sprung der Technologieentwicklung dar, ebenso wie die jetzt bevorstehende zweite Phase. Diese ist nun geprägt durch die ständig gestiegene Leistung von Informations- und Telekommunikations-Technologien, die insbesondere leistungsstarke Netzwerke hervorbrachten, die zudem durch die Nähe zum Massenmarkt der Standard-Computertechnologien relativ preiswert sind. Dem Einsatz dieser Systeme kommt die schon in den 90er Jahren begonnene Verwendung von datenreduzierten Signalen entgegen, die die Belastung der Netzwerke gering hält und gleichzeitig eine ökonomische Speicherung auf Festplattensystemen (Servern) mit zunehmender Unabhängigkeit von spezifischen Magnetbandformaten erlaubt.

Die Verfügbarkeit immer effizienterer Datenreduktionsverfahren fördert auch den zweiten gegenwärtig wichtigen Trend: Die Entwicklung hochauflösender Videosysteme (High Definition, HD). Dabei wird die Bildauflösung horizontal und vertikal etwa verdoppelt und statt des bei Standardauflösung (SD) verwendeten Bildseitenverhältnisses 4:3 das Breitbildformat 16:9 benutzt. Damit kann sich für die Betrachter im Heim ein kinoähnliches Sehgefühl einstellen, während der Kinobereich immer stärker von digitalen Videosystemen beeinflusst wird (Digital Cinema).

2   Das analoge Videosignal

Zur Umsetzung von veränderlichen optischen Bildinformationen in ein elektrisches Signal wird zunächst eine zweidimensionale Abbildung erzeugt. Das Bild entspricht einer flächigen Anordnung sehr vieler Leuchtdichtewerte, die sich zeitlich dauernd ändern. Die hohe Informationsdichte muss reduziert werden. Dies soll möglichst so geschehen, dass der dabei entstehende Fehler dem menschlichen Auge als irrelevant erscheint. Eine erste Reduktion ist bereits die Abbildung auf zwei Dimensionen, weiterhin wird die Bildinformation durch zeitliche und räumliche Quantisierung reduziert. Zur Bestimmung weiterer für den Bildeindruck relevanter Parameter, müssen einige Grundlagen über das Licht und die menschliche Wahrnehmung bekannt sein.

2.1   Licht und Wahrnehmung

Licht kann als elektromagnetische Welle beschrieben werden, in der sich die elektrische und magnetische Feldstärke periodisch ändert. Die Ausbreitungsgeschwindigkeit der Welle beträgt im Vakuum c = 2,998 · 10^8 m/s (Lichtgeschwindigkeit). In dichteren Medien ist die Geschwindigkeit um den Faktor 1/n kleiner, n ist dabei der Brechungsindex (Abb. 2.1). Die Wellenform wiederholt sich periodisch in Raum und Zeit, zeitlich mit der Periodendauer T. Die Anzahl der Perioden pro Sekunde entspricht der Frequenz f = 1/T, bzw. der Kreisfrequenz ω = 2π f. Die räumliche Periode ist durch die Wellenlänge λ gekennzeichnet. Zwischen der Wellenlänge λ und der Frequenz f gilt die Beziehung c = λ · f.

Es gibt elektromagnetische Wellen mit einer Vielzahl von Frequenzen, das Spektrum reicht dabei von technischem Wechselstrom über Radiowellen bis zur Gammastrahlung (Abb. 2.2). Auch Licht lässt sich als elektromagnetische Welle beschreiben. Sichtbares Licht umfasst nur einen kleinen Teil des elektro-

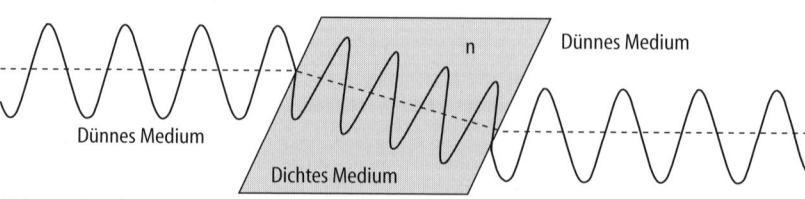

Abb. 2.1. Brechung

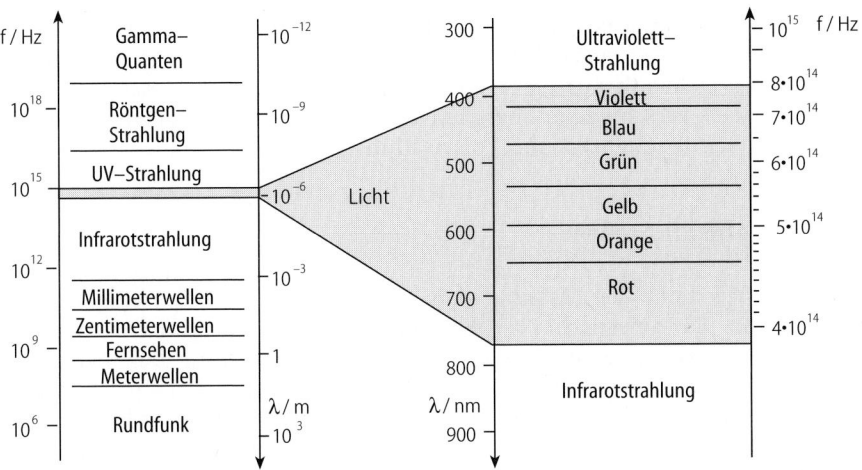

Abb. 2.2. Spektrum elektromagnetischer Wellen

magnetischen Spektrums, zugehörige Wellenlängen erstrecken sich über einen Bereich von 380 bis 780 nm. Die Farbempfindung des Auges hängt von der Wellenlänge ab. Licht mit einer Wellenlänge von 400 nm erscheint blau, 700 nm rot, dazwischen liegen die Farben des Regenbogens (Spektralfarben).

Die Lichtwelle ist eine Transversalwelle, der Schwingungsvektor des elektrischen Feldes E steht senkrecht auf der Ausbreitungsrichtung z (Abb. 2.3). Behält der Vektor für das gesamte betrachtete Licht die gleiche Schwingungsebene bei, so spricht man von linear polarisiertem, bei gleichmäßiger Drehung um die Ausbreitungsrichtung von zirkular polarisiertem Licht [54].

Die Lichtenergie resultiert aus atomaren Prozessen. Ein Elektron kann im Atom nur bestimmte ausgewählte Energiezustände einnehmen. Mit genügend äußerer Energie, zum Beispiel aus Erwärmung, kann das Elektron in einen höheren Energiezustand gelangen, es kehrt aber nach kurzer Zeit in den Ausgangszustand zurück und gibt die vorher aufgenommene Energie als elektromagnetische Strahlung wieder ab (Abb. 2.3). Diese Strahlungsenergie E ist sehr genau definiert und der Frequenz f proportional. Es gilt: $E = h \cdot f$ mit der

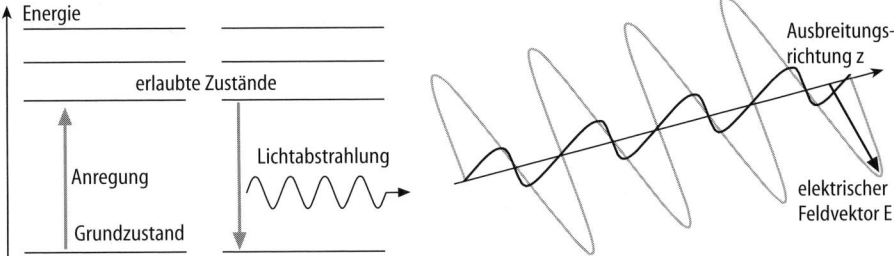

Abb. 2.3. Energieniveaus und Polarisation der elektromagnetischen Welle

Planckschen Konstanten h = 6,6 · 10⁻³⁴ Ws². Durchlaufen alle an der Lichtemission beteiligten Elektronen dieselbe Energiedifferenz, dann entsteht monochromatisches Licht mit nur einer Wellenlänge (Laser). In den meisten Fällen sind jedoch viele verschiedene Energieniveaus beteiligt und es entsteht ein Gemisch aus vielen Frequenzen und Polarisationsrichtungen.

2.1.1 Fotometrische Größen

Die Fotometrie dient der Messung von Lichtintensitäten und Helligkeit. Bei der Definition photometrischer Größen wird zwischen energetischen Größen (Index e) und solchen unterschieden, die unter Einbeziehung des spektralen Hellempfindlichkeitsgrades $V(\lambda)$ als visuelle Größen (gekennzeichnet mit dem Index v) definiert sind. Der relative spektrale Hellempfindlichkeitsgrad $V(\lambda)$ kennzeichnet die Frequenzabhängigkeit der Augenempfindlichkeit. Die Empfindlichkeit ist in der Mitte des sichtbaren Spektralbereichs (Grün: ca. 550 nm) maximal, zu den Rändern (Rot, Blau) hin fällt sie ab. Abbildung 2.4 zeigt die spektrale Hellempfindungskurven für Nacht- und Tagsehen (skotopisches und photopisches Sehen).

Die Lichtenergie pro Zeit wird mit dieser Bewertung als Lichtstrom Φ_v bezeichnet [Einheit: Lumen (lm)]. Ein Watt Strahlungsleistung entspricht im Maximum des Hellempfindlichkeitsgrades, bei $\lambda = 555$ nm für das photopische Sehen, einem Lichtstrom von 683 lm. Für die Fotometrie geht man vereinfachend von dem idealen, sog. Lambertstrahler aus, der durch eine gleichförmige Abstrahlung in den Halbraum oberhalb der leuchtenden Fläche gekennzeichnet ist. Wird der Lichtstrom hier auf einen Raumwinkel Ω mit der Einheit Steradiant (sr) bezogen, so ist die Lichtstärke I_v definiert, als

$$I_v = \Phi_v/\Omega$$

mit der Einheit Candela (cd), wobei gilt: 1 cd = 1 lm/sr. Die Lichtstärke relativ zu einer leuchtenden Fläche A_1, ergibt die Leuchtdichte L_v. Unter Einbeziehung eines Betrachtungswinkels ε_1 relativ zur Flächennormalen gilt (Abb. 2.5):

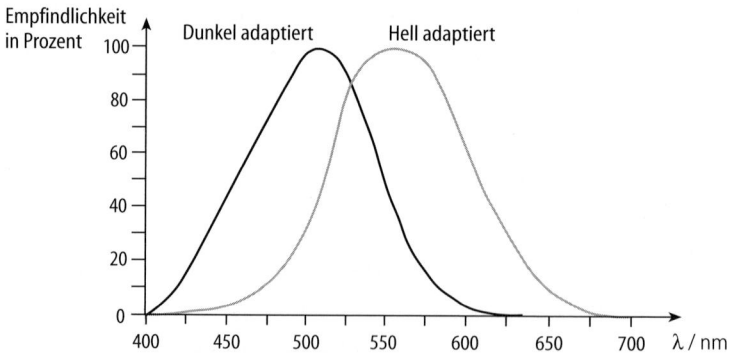

Abb. 2.4. Spektrale Hellempfindlichkeit des menschlichen Auges

Tabelle 2.1. Leuchtdichten im Vergleich

TV-Umfeldleuchtdichte	ca. 10 cd/m²	bedeckter Himmel	500 cd/m²
TV-Bildschirmweiß	ca. 80 cd/m²	klarer Himmel	4000 cd/m²
helles Material im Raum	100 cd/m²	elektrische Lampen	ca. 10^4 cd/m²
″ bei trübem Wetter	2000 cd/m²	Lampenfaden	ca. 10^7 cd/m²
″ bei Sonnenschein	5000 cd/m²	Mittagssonne	ca. 10^9 cd/m²

$$L_v = I_v/(A_1 \cos \varepsilon_1).$$

Die Einheit der Leuchtdichte ist cd/m², die alte Einheit ist ein Apostilb (asb), wobei gilt: 1 cd/m² = 3,14 asb. Farbbildröhren für Fernsehanwendungen erreichen Leuchtdichten bis 100 cd/m². Tabelle 2.1 zeigt die Leuchtdichten weiterer Lichtquellen.

Auf der Empfängerseite interessiert als fotometrische Größe vor allem der Lichtstrom pro beleuchteter Fläche A_2, der als Beleuchtungsstärke E_v bezeichnet wird. Unter Einbeziehung des Winkels ε_2 zwischen Strahlrichtung und Flächennormale gilt:

$$E_v = \Phi_v /A_2 = (I_v \cos \varepsilon_2 \Omega_0)/r^2.$$

Dabei beschreibt r den Abstand zwischen der Lichtquelle und A_2 (Abb. 2.5). Die Einheit der Beleuchtungsstärke ist lm/m² = lx (Lux). Die Beleuchtungsstärke definiert also den Lichtstrom, der unter einem bestimmten Winkel auf eine Fläche auftrifft.

Wenn ein Objekt nicht selbst leuchtet, sondern angestrahlt wird, ergibt sich die Leuchtdichte aus der Beleuchtungsstärke, mit der es bestrahlt wird, und den Reflexionseigenschaften des Objektes. Die Reflexionseigenschaften hängen mit der Oberflächenbeschaffenheit zusammen. Reflexion im engeren Sinne liegt vor, wenn der Strahlrückwurf ideal gerichtet ist, dagegen spricht man von Remission, wenn der Rückwurf ideal diffus ist und das Licht nach allen Seiten gestreut wird. Da die meisten Oberflächen eher rau sind, wird gewöhnlich mit dem Remissionsgrad R gerechnet. Tabelle 2.2 zeigt Remissionsgrade verschie-

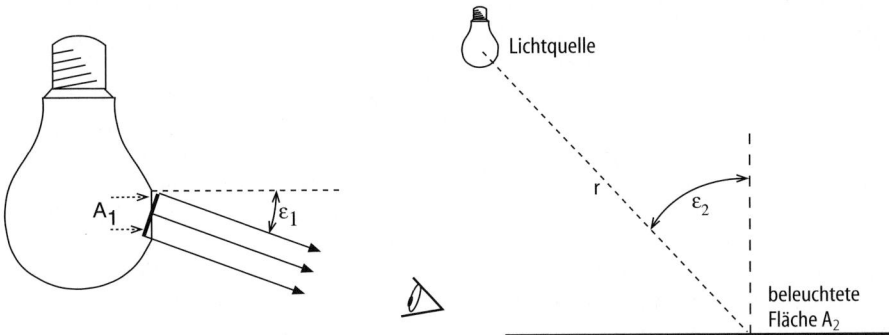

Abb. 2.5. Zur Definition der Leuchtdichte und der Beleuchtungsstärke

Tabelle 2.2. Remissionsgrade verschiedener Materialien

schwarzer Samt	R = 0 %	grüne Blätter	15 ... 30 %
matte schwarze Farbe	1.... 5 %	helle Haut	25 ... 35 %
schwarzes Papier	5 ... 10 %	weißes Papier	60 ... 80 %
Mauerwerk	10 ... 15 %	weißes Hemd	80 ... 90 %
Normalgrau (Fotokarte)	18 %	frischer Schnee	93 ... 97 %
gebräunte Haut	18 ... 21 %		

dener Materialien. Bei idealer Remission gilt folgende Beziehung zwischen Leuchtdichte L und Beleuchtungsstärke E:

$$L = R \cdot E/\pi.$$

Das Verhältnis von geringster zu größter Leuchtdichte in einer Szene bestimmt den Kontrastumfang L_{min}/L_{max}. Er kann mit dem so genannten Spot-Fotometer bestimmt werden, einem Leuchtdichtemessgerät, das einen sehr kleinen Öffnungswinkel aufweist. Bei Fernsehsystemen kann nur ein relativ geringer Kontrastumfang von ca. 1:50 verarbeitet werden. Beleuchtungsstärke und Remissionsgrad sind zwei Parameter, die zur Bestimmung der Empfindlichkeit von Videokameras benutzt werden (s. Kap. 6.2).

2.1.2 Die Lichtempfindung

Das menschliche Auge setzt Lichtenergie in Nervenreize um, die vom Gehirn verarbeitet werden. Das Licht durchdringt die Horn- und Bindehaut und fällt auf die Pupille, die als Blende wirkt und abhängig vom Lichteinfall zwischen 1,5 und 8 mm Durchmesser veränderlich ist. Damit ist die Anpassung (Adaption) an verschiedene Helligkeiten möglich. Das Licht fällt dann auf die Linse, die mit Hilfe von Muskeln in ihrer Form veränderbar ist, so dass unterschiedlich entfernte Gegenstände scharf auf die Netzhaut (Retina) abgebildet werden können (Akkomodation).

Der Mensch erfasst seine Umgebung durch ständiges Abtasten von Objekten und akkommodiert und adaptiert das Auge ständig für jede neue Blickrichtung. Der optische Gesamteindruck ergibt sich aus dieser Abtastung und der Gedächtnisleistung des Gehirns.

Die lichtempfindliche Schicht in der Netzhaut besteht aus ca. $120 \cdot 10^6$ Zellen, unterscheidbar nach Stäbchen und ca. $6 \cdot 10^6$ Zapfen. Die Zapfen dienen bei hohen Leuchtdichten (L > 10 cd/m²) als Rezeptoren der Helligkeits- und Farbwahrnehmung. Die Stäbchen sind sehr empfindlich und registrieren die schwachen Helligkeitswerte. Ab L < 0,08 cd/m² spielen die Zapfen keine Rolle mehr, allerdings ist dann auch keine Farbunterscheidung mehr möglich (Nachtsehen). Abbildung 2.6 zeigt die horizontale Verteilung von Stäbchen und Zapfen in der Netzhaut. Die Zapfen sind am stärksten in der Fovea centralis, dem kleinen Bereich des deutlichen Sehens konzentriert, hier sind keine Stäbchen vorhanden.

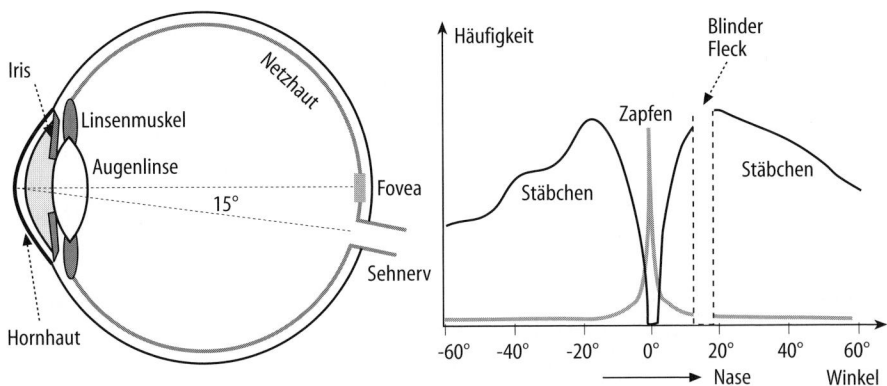

Abb. 2.6. Aufbau des Auges und Verteilung von Stäbchen und Zapfen auf der Netzhaut

Auch am Ort des sog. blinden Flecks gibt es keine Rezeptoren, dort leitet der Sehnerv die Reize zum Zentralnervensystem und zum Gehirn. Der Lichtreiz führt zu einer neuronalen Erregung. Für die ca. 10^8 Rezeptoren stehen aber nur etwa 10^6 Neuronen zur Verfügung, so dass die Erregung einer Nervenfaser von mehreren Rezeptoren herrührt, die auf der Netzhaut zusammen das rezeptive Feld bilden. Im Bereich des schärfsten Sehens, der Fovea, gibt es allerdings eine 1:1-Zuordnung zwischen Rezeptoren und Neuronen. Das rezeptive Feld ist veränderlich, z. B. kann die Lichtempfindlichkeit auf Kosten der Sehschärfe erhöht werden. Durch den Lichtreiz entsteht eine Erregung in Form von elektrischen Impulsen, wobei sich der Grad der Erregung aus der Impulsfrequenz ergibt. Nun sind die rezeptiven Felder so gestaltet, dass sie konzentrische Bereiche aufweisen, wobei in einem Bereich eine Erregung und im anderen eine sog. laterale Hemmung auftritt. Die laterale Hemmung wirkt wie ein Hochpass, der die hohen Ortsfrequenzen verstärkt, die zu feinen Bilddetails und scharfen Helligkeitsunterschieden gehören. Damit lassen sich die Erscheinung der Machschen Streifen erklären, d. h. die subjektiv empfundene Hervorhebung der Übergänge an einer Grautreppe, weiter die Tatsache, dass die Schärfewahrnehmung bei großen Kontrasten hoch ist und der so genannte Simultankontrast, der bewirkt, dass dem Auge ein mittleres Grau in dunkler Umgebung heller erscheint als das gleiche Grau in heller Umgebung.

2.1.2.1 Die Ortsauflösung
Der Gesichtssinn umfasst horizontal einen Winkel von 180°. Aufgrund der beschriebenen Zuordnung von Rezeptoren und Neuronen können wir allerdings nicht gleichzeitig alle Punkte in diesem Umkreis scharf sehen, sondern müssen unsere Konzentration auf kleinere Bereiche lenken. Ein mittlerer Sehwinkel, das deutliche Sehfeld oder der Bereich des »Normalsehens« beträgt vertikal etwa 30°. Wenn ein Objekt bequem »mit einem Blick« erfassbar sein soll, sollte sich der vertikale Betrachtungswinkel auf etwa 10° beschränken. Der Bereich des deutlichen Sehens umfasst nur einige Grad, wobei die maximale Auflösung etwa eine Winkelminute beträgt. Die Trennbarkeit von Linien bzw. die

Kontrastempfindlichkeit des Auges hängt vom Modulationsgrad und von der Beleuchtungsstärke ab. Die Empfindlichkeit ist bei 10 Linien pro Winkelgrad am höchsten und sinkt sowohl zu niedrigen als auch zu hohen Frequenzen ab. Hohe Ortsfrequenzen werden also schlechter wahrgenommen als mittlere.

Die Auflösungsleistung des Gesichtssinns ist bei ruhenden Bildvorlagen am größten, werden bewegte Objekte betrachtet, so können wir sie weniger scharf erkennen. Je länger wir uns auf ein Objekt konzentrieren können, desto mehr Einzelheiten sind unterscheidbar.

2.1.2.2 Die Zeitauflösung

Eine für die Bewegtbildübertragung wichtige Frage ist, wie viele Bilder pro Sekunde übertragen werden müssen, damit der Gesichtssinn einen in den Bildern dargestellten Bewegungsablauf als zusammenhängend empfindet. Um einen gleichmäßig erscheinenden Bewegungsablauf zu erzielen, reichen ca. 20 Bilder pro Sekunde aus. Die Filmbildfrequenz beträgt 24 Hz.

Der mit Dunkelpausen verbundene Bildwechsel führt zu einer ständig wiederholten Erregung und Hemmung der Neuronen, was als sehr unangenehmes Flackern empfunden wird. Das Flackern wird als Großflächenflimmern bezeichnet, da es alle Bildpunkte zugleich betrifft. Die sog. Flimmer-Verschmelzungsfrequenz, bei der diese störende Empfindung verschwindet, liegt oberhalb 50 Hz und steigt mit der Bildhelligkeit.

Aus diesem Grund werden Filmbilder bei der Wiedergabe zweimal projiziert, so dass sich eine Verdopplung der Dunkelpausen bei einer Flimmerfrequenz von 48 Hz ergibt. Bei Wiedergabesystemen, die so gestaltet sind, dass der Beobachter bei hoher Helligkeit große Aufmerksamkeit aufbringt und bei denen das Bild einen großen horizontalen Sehwinkel einnimmt (z. B. Computerdisplays), sollte die Großflächenflimmerfrequenz oberhalb 70 Hz liegen.

2.1.2.3 Die Helligkeitsempfindung

Die Hellempfindung ist vom Adaptionszustand des Auges und der Umfeldbeleuchtung bestimmt. Das Auge ist in der Lage, sich an Leuchtdichten anzupassen, die einen Bereich von elf Zehnerpotenzen umfassen, allerdings ist die Adaption mit verschiedenen Zeitkonstanten bis zu 30 Minuten verbunden. Bei adaptiertem Auge können auf einem geeigneten Videodisplay ca. 200 Helligkeitswerte unterschieden werden.

Der Zusammenhang zwischen Hellempfindung L_e und der Leuchtdichte L als Reizgröße ist im mittleren Leuchtdichtebereich logarithmisch. Das Weber-Fechnersche oder auch psychophysische Grundgesetz lautet:

$$L_e = \log (c \cdot L),$$

wobei c eine Konstante ist.

Bei der Betrachtung von Fernsehbildschirmen spielen Streulichter eine große Rolle, da sie die Kontrastempfindung einschränken. Es sollte dafür gesorgt werden, dass der Raum, in dem das Monitorbild betrachtet wird, nicht völlig abgedunkelt ist. Die Umfeldleuchtdichte sollte ca. 10% der Spitzenleuchtdichte auf dem Schirm betragen, damit dem Auge die dunkelsten Bildpartien tatsächlich als schwarz erscheinen.

2.2 Das S/W-Videosignal

Die durch die optische Abbildung erzeugten Helligkeitswerte werden räumlich und zeitlich quantisiert und stehen dann als Informationen über Bildpunkte in reduzierter, jedoch immer noch sehr großer Zahl gleichzeitig bereit. Die parallele Übertragung aller Informationen wäre sehr unwirtschaftlich. Ein wesentlicher Gedanke ist daher, die Bildpunktinformationen seriell statt parallel zu übertragen. Wenn die Abtastung des Bildes, die Umsetzung und der Bildaufbau bei der Wiedergabe schnell genug vor sich gehen, erscheint dem menschlichen Auge ein ganzes Bild, obwohl zu jedem Zeitpunkt nur ein Bildpunkt übertragen wird (Abb. 2.7).

Um ein Fernsehprogramm an viele Zuschauer verteilen zu können, sind technische Normen für das Videosignal erforderlich. Die teilweise recht komplizierte Form des Signals lässt sich aus historischer Perspektive begründen. Die Videotechnik war zu Beginn reine Fernsehtechnik. Als Broadcastsystem ging es darum, die hohe Informationsdichte auf ökonomische Weise an möglichst viele Zuschauern zu übertragen. Ein wesentlicher Punkt ist dabei die Verfügbarkeit preiswerter Fernsehempfangsgeräte. Diese basierten zu Zeiten der Systemkonzeption auf der Bilddarstellung mittels Kathodenstrahlröhre (Bildröhre, Cathode Ray Tube, CRT), die im nächsten Abschnitt dargestellt wird.

Die Art des Bildaufbaus, die Form von Synchronsignalen und die Definition der Signaldarstellung ist direkt an dieses Display gekoppelt. Die Parameter sind aus Kostengründen eindeutig festgelegt, Multinormgeräte sind erst in neuerer Zeit verfügbar. Das Display der Endgeräte hat somit bis heute einen großen Einfluss auf die Entwicklung von Videosystemen. Die enge Kopplung des Videosignaldefinitionen an die Bildröhre stellte lange Zeit kein Problem dar, weil erst zu Beginn des neuen Jahrhunderts alternative Displaysysteme zu akzeptablen Preisen zur Verfügung standen. Die heute verfügbaren LCD- und Plasmadisplays sind jedoch nicht mehr sehr gut an die Standarddefinitionen des Videosignals angepasst.

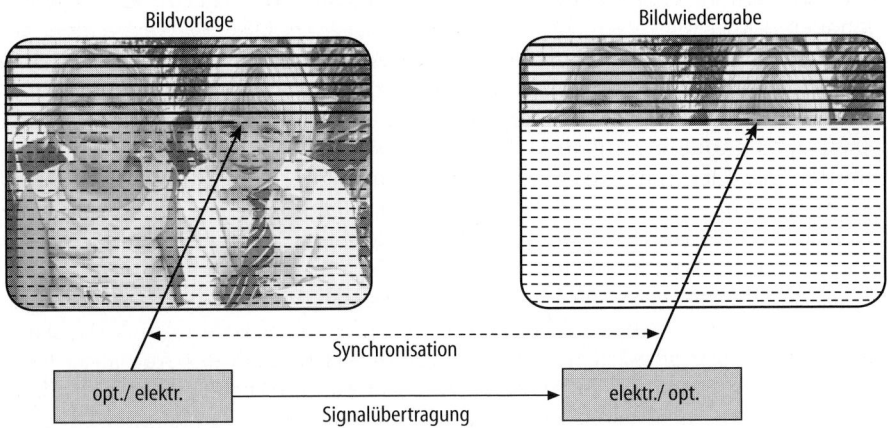

Abb. 2.7. Bildübertragungsprinzip

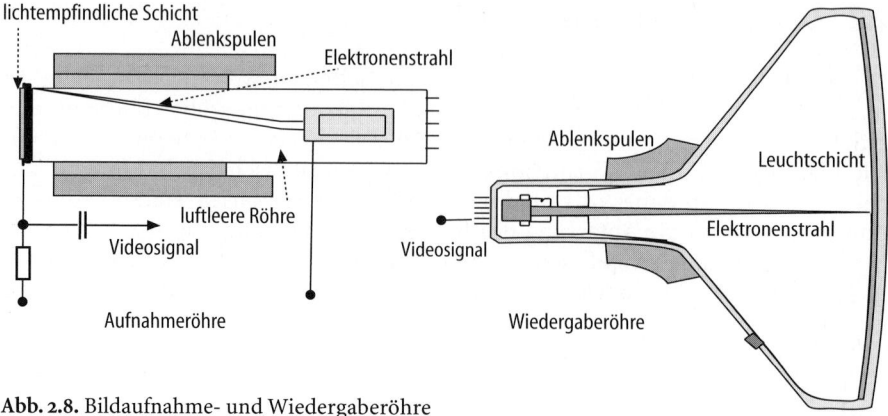

Abb. 2.8. Bildaufnahme- und Wiedergaberöhre

2.2.1 Der Bildaufbau

Als sehr wichtiger Parameter des Videosignals wird zunächst die Bildwechsel-frequenz festgelegt. Es gibt bis heute weltweit zwei dominierende Fernsehnor-men, aus Europa und Amerika, die sich vor allem bezüglich der Bildwechsel-frequenz unterscheiden. Man wählte für Europa mit 25 Hz und für Amerika mit 30 Hz jeweils die halben Netzfrequenzen. Damit sind einerseits die Bild-wechsel schnell genug, um Bewegungen als fließend erscheinen zu lassen und andererseits können so bei der Wiedergabe störende Interferenzen mit den Stromversorgungen der TV-Geräte und bei der Aufnahme Interferenzen mit Beleuchtungseinrichtungen vermieden werden.

Analog zum Nipkow-Prinzip wird dann das Bild zeilenweise abgetastet. Die Helligkeit eines jeden Bildpunktes ruft im Bildwandler ein elektrisches Signal hervor. Die Umsetzung der Information in serielle Form geschieht heute aller-dings nicht mehr mit mechanischen, sondern mit elektronischen Mitteln. Aus dem räumlichen Nebeneinander der Bildpunktwerte wird ein zeitliches Nach-einander [115].

Eine einfache Möglichkeit zur Parallel-Seriell-Wandlung bietet die Nutzung des Elektronenstrahls in einer Braunschen Röhre (Abb. 2.8). Beim Röhrenbild-wandler (s. Kap. 6.2) werden Elektronen in einer Vakuumröhre mittels einer geheizten Kathode erzeugt und durch elektrische Felder zu einem Strahl ge-bündelt. Der Elektronenstrahl wird durch magnetische Felder abgelenkt und zeilenweise über eine lichtempfindliche Schicht geführt. Dabei ändert sich der Stromfluss in Abhängigkeit von der Bildpunkthelligkeit, da der Widerstand der Schicht von der Lichtintensität abhängt.

Auf die gleiche Weise wird auch auf der Wiedergabeseite gearbeitet. Die In-tensität des Elektronenstrahls in der Wiedergaberöhre wird vom Videosignal gesteuert. Der Strahl wird in gleichem Rhythmus wie bei der Aufnahme über eine Schicht geführt, die in Abhängigkeit von der Stromstärke der auftreffen-den Elektronen mehr oder weniger stark zum Leuchten angeregt wird (Abb. 2.8).

Abb. 2.9. Vergleich von Bildern mit 400 und 100 Zeilen

2.2.1.1 Das quantisierte Bild

Bei Röhrenbildwandlern ist aufgrund der Zeilenstruktur das Bild in der Vertikalen gerastert, bei modernen Halbleiterbildwandlern (CCD) ist auch jede Zeile in klar abgegrenzte Bildpunkte (Picture Elements, Pixel) zerlegt, so dass das Bild in beiden Dimensionen der Bildfläche (Zeilen und Spalten) und auch bezüglich der Zeit quantisiert ist. Je mehr Bildpunkte vorhanden sind, desto schärfer erscheint das Bild (Abb. 2.9).

Die Zeilen- und Spaltenstruktur bildet eine Abtaststruktur mit einer räumlichen Periodizität und den Perioden x_T und y_T (Abb. 2.10), denen die Abtastfrequenzen $f_{Tx} = 1/x_T$ und $f_{Ty} = 1/y_T$ zugeordnet werden können. Die Strukuren der Bildvorlage selbst können mit Ortsfrequenzen f_x und f_y beschrieben werden. Große Bildstrukturen führen zu wenigen ortsabhängigen Wechseln, also kleinen Ortsfrequenzen und umgekehrt. Für eine störfreie Bildwandlung muss für alle drei Dimensionen das Abtasttheorem erfüllt sein (s. Kap. 3.2.1), d. h. das abgetastete Signal muss derart auf Orts- und Zeitfrequenzen begrenzt sein, dass gilt:

$$f_x < f_{Tx}/2 = 1/(2\ x_T),\ f_y < f_{Ty}/2 = 1/(2\ y_T),\ f < f_T/2.$$

Die störungsfreie Verarbeitung der quantisierten Daten erfordert bezüglich al-

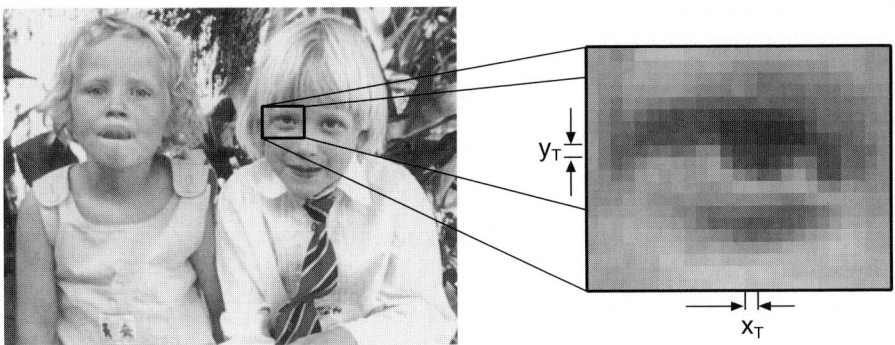

Abb. 2.10. Pixelstruktur des Bildes

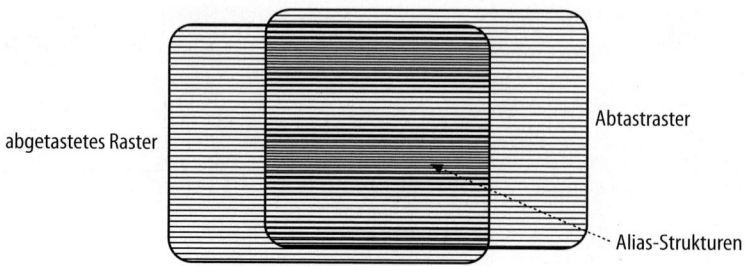

Abb. 2.11. Entstehung von Alias-Strukturen

ler drei Dimensionen eine Tiefpass-Vorfilterung auf der optischen Seite, also vor der Wandlung, so wie eine Nachfilterung im Empfänger.

Eine effektive Filterung ist aufwändig und wurde bei der TV-Konzeption zu Beginn der Fernsehentwicklung nicht vorgesehen. Als Vorfilterung dient nur die unvermeidbare Unschärfe, die aufgrund der endlichen Öffnung (Apertur) des abtastenden Elektronenstrahls entsteht, bzw. eine bewusst herbeigeführte Unschärfe bei Halbleiterbildwandlern. Eine elektronische Nachfilterung im Empfänger findet in Standard-TV-Systemen nicht statt.

Damit entstehen zwangsläufig Bildverfälschungen (Aliasanteile) zeitlicher Art wie Flimmern, ruckende Bewegungen oder sich scheinbar rückwärts drehende Speichenräder. Als räumliche Fehler treten Treppenstrukturen an Diagonalen auf und Alias-Strukturen, die im Original nicht enthalten sind. Letztere ergeben sich bereits, wenn man durch zwei Siebe schaut. Eines entspricht dem Abtastraster, das zweite der abgetasteten Struktur (Abb. 2.11).

Die Filterung auf der Wiedergabeseite wird zum Teil von den Zuschauern vorgenommen, die einen Abstand zum Wiedergabegerät einnehmen, der größer ist als der eigentlich erforderliche Abstand, bei dem zwei Zeilen des Bildes gerade nicht mehr unterschieden werden können. Die Zuschauer führen also absichtlich eine Auflösungsverminderung herbei, um weniger von den Aliasanteilen gestört zu werden. Der Faktor der Abstandsvergrößerung wurde von Kell et. al. 1934 aufgrund von Versuchsreihen an Testpersonen quantifiziert und hat etwa den Wert 1,5. Der Kehrwert, der sog. Kellfaktor k ≈ 0,67 kann auch so interpretiert werden, dass mit einem Fernsehsystem, das mit 100 Zeilen arbeitet, nur etwa 67 Zeilen in einer Bildvorlage aufgelöst werden.

2.2.1.2 Zeilenzahl und Betrachtungsabstand

Zur Bestimmung des Betrachtungsabstands kann der vertikale Sehwinkel α herangezogen werden. Mit Abb. 2.12 wird deutlich, dass der Betrachtungsabstand a aus dem Winkel α/2 und der halben Bildhöhe H/2 folgt. Es gilt:

$$\tan \alpha/2 = H/2a, \text{ bzw. } a = H/(2 \tan \alpha/2).$$

Auf ähnliche Weise ergibt sich der Zeilenabstand s. Wenn der Betrachtungsabstand a so gewählt wird, dass zwei Zeilen gerade nicht mehr unterschieden werden können, so hängt s vom Auflösungsvermögen des Auges und damit vom zugehörigen Grenzwinkel δ ab, und es gilt:

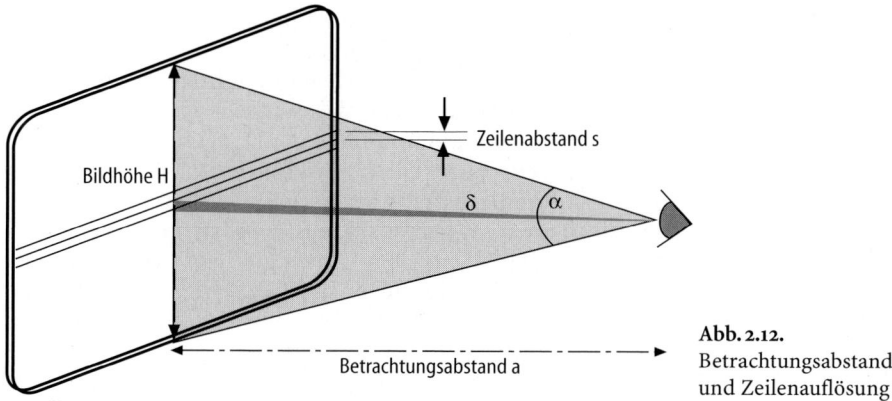

Abb. 2.12.
Betrachtungsabstand
und Zeilenauflösung

tan $\delta/2 = s/2a$.

Der Zeilenabstand s hängt schließlich wiederum mit der Zeilenzahl Z zusammen. Es gilt:

$$s = H/Z$$

und daraus folgt

$$Z = H/s = (\tan \alpha/2) / (\tan \delta/2).$$

Standardfernsehsysteme sind als so genannte Televisionssysteme konzipiert. Die Zuschauer haben einen relativ großen Abstand zum Wiedergabegerät, das Bild ist mit einem Blick erfassbar, wobei für den vertikalen Sehwinkel α Werte zwischen 10° und 15° und für den horizontalen Sehwinkel β 13°–20° angegeben werden. Das Bildseitenverhältnis Breite : Höhe wird daher als B/H = 4/3 gewählt. Mit α = 14° folgt für den Betrachtungsabstand:

$$a = H/(2 \tan \alpha/2) = 4\ H.$$

Bei Berücksichtigung des Kellfaktors ergibt sich eine Abstandsvergrößerung um etwa den Faktor 1,5, also a' = 6 H.

Als Beispiel kann ein Fernsehgerät mit 50 cm sichtbarer Bilddiagonale herangezogen werden. Es hat eine Bildhöhe von 30 cm und mit a = 4 H würde der Betrachtungsabstand 1,2 m betragen. Man kann leicht feststellen, dass die meisten Menschen einen Betrachtungsabstand a' ≈ 1,8 m bevorzugen.

Das maximale Auflösungsvermögen des Auges liegt bei einer Winkelminute, häufig wird aber auch mit δ = 1,5' gerechnet. Mit α = 14° und δ = 1,4' folgt daraus für die Zeilenzahl Z:

$$Z = H/s = (\tan \alpha/2) / (\tan \delta/2) \approx 600.$$

Bei der Festlegung der Zeilenzahl zeigt sich nun der zweite wesentliche Unterschied zwichen den weltweit dominiernden Fernsehnormen: Europäische Standardfernsehsysteme arbeiten mit 625 Zeilen, wovon maximal 575 sichtbar sind, in Amerika werden 525 mit 485 sichtbaren Zeilen verwendet. Die Zeilenfrequenzen $625 \cdot 25$ Hz = 15 625 Hz und $525 \cdot 30$ Hz = 15750 Hz sind fast gleich.

Bei Computermonitoren beträgt der Betrachtungsabstand nur etwa a = 3 H, z. B. a ≈ 70 cm bei ca. 23 cm Bildhöhe (17" Monitor). Damit ergibt sich ein Blickwinkel mit tanα/2 = 0,15 und eine erforderliche Zeilenzahl Z ≈ 800. Der Kellfaktor wird hier nicht berücksichtigt, denn das statische Computerbild ist relativ frei von Aliasstrukturen. Computermonitore sollten eine hohe Auflösung haben und mit Bildwechselfrequenzen > 70 Hz arbeiten, da bei großen Blickwinkeln das Großflächenflimmern stark in Erscheinung tritt.

Es besteht ein Interesse, Fernsehsysteme zukünftig so zu gestalteen, dass Bild- und Tonqualität deutlich gegenüber dem bisher gültigen System verbessert werden, es wird High Definition Television (HDTV) angestrebt. Für die Bildwirkung wird das Wort Telepräsenz verwendet, denn der Zuschauer kann

Abb. 2.13. Vergleich der Bildwirkung von Standard-TV und HDTV

Tabelle 2.3. US-HDTV-Normen

Anzahl aktiver Zeilen	aktive Pixel pro Zeile	Bildformat	Bildfrequenz (Hz)
1080	1920	16:9	60 i
			30 p, 24 p
720	1280	16:9	60 p, 30 p, 24 p
480	704	16:9 / 4:3	60 i
			60 p, 30 p, 24 p
480	640	4:3	60 i
			60 p, 30 p, 24 p

einen kleineren Abstand zum Bildschirm einnehmen, so dass auch die Blick-seitenbereiche das Bild erfassen. Das Blickfeld wird weitaus mehr gefangen ge-nommen als bei der Television (Abb. 2.13). Für Europa konzipierte HDTV-Sy-steme arbeiten mit einer Zeilenzahlverdopplung, womit auch der Blickwinkel mehr als verdoppelt wird. Das Bildseitenverhältnis wird von 4:3 auf 16:9 verän-dert, so dass sich bei einem Betrachtungsabstand von ca. 3 H ein kinoähnli-ches Sehgefühl einstellen kann. Dann sind natürlich auch große Displays er-forderlich. Bei einem Betrachtungsabstand von a = 3 m ist mit a = 3 H eine Bilddiagonale von ca. 2 m erforderlich. Die großen Displays sind noch sehr teuer. Man kann für die HDTV-Wiedergabe Projektionssysteme einsetzen, in neuester Zeit stehen mit dem Plasmadisplay und LCD-Bildschirmen auch recht große und flache Direktsichtdisplays zur Verfügung (s. Kap. 7).

HDTV-Systeme werden genauer in Kap. 3.4 dargestellt. In diesem Kapitel geht es nur um die dominanten Systeme mit Standard Definition (SDTV), also 625 Zeilen. Die Einführung von HDTV-Systemen für den Fernsehbereich spielt gegenwärtig vor allem in den USA eine Rolle, wo der Umstieg auf digitale Übertragungsverfahren (Digital Television, DTV) mit der Einführung hochauf-lösender Videosysteme verknüpft wurde. Hier sind neben den wirklich als HDTV zu bezeichnenden Formaten mit 1080 sichtbaren Zeilen auch 720 Zei-len zugelassen. Unter Einbeziehung der Standardauflösung sind insgesamt die in Tabelle 2.3 aufgeführten Auflösungen erlaubt. Die Bezeichnungen p und i stehen darin für progressive und interlaced Abtastung (s. u.).

2.2.1.3 Das Zeilensprungverfahren

Ein progressiver Bildaufbau entsteht, wenn alle Bildzeilen Zeile für Zeile nach-einander abgetastet werden. Diese Form der Abtastung wird bei Computersy-stemen und und einigen HDTV-Definitionen, jedoch nicht bei Standard-TV-Systemen verwendet, denn wäre das der Fall, würde das Bild wegen der gerin-gen Bildwechselfrequenz von 25 Hz stark flimmern. Zur Beseitigung des Groß-flächenflimmerns muss die Bildwechselfrequenz auf mindestens 50 Hz erhöht werden (s. Abschn. 2.1.2), was bei Beibehaltung der progressiven Abtastung zu doppelter Signalbandbreite führt. Eine andere Möglichkeit der Bildfrequenz-verdopplung ist die zweimalige Wiedergabe eines jeden Bildes, bzw. die Unter-brechung des Lichtstroms, wie es in der Kinotechnik üblich ist. Dieses Verfah-

| Gesamtbild | 1. Halbbild | 2. Halbbild |

Abb. 2.14. Grundprinzip des Zeilensprungverfahrens

ren setzt aber einen Bildspeicher, bzw. das gleichzeitige Vorliegen aller Bildpunkte voraus, was erst neuerdings mit den so genannten 100 Hz-Fernsehge-
räten realisiert werden kann.

Da es zu Beginn der Fernsehentwicklung unmöglich war, jeden Empfänger
mit einem Speicher auszustatten, wurde das Zeilensprungverfahren eingeführt
(2:1, engl.: Interlaced-Mode). Das Gesamtbild wird dabei bereits bei der Aufnahme so erzeugt, dass es in zwei Teilbilder aufgeteilt ist die ineinander verkämmt sind. Sie werden in der Phase der Gesamtbilddauer von 40 ms mit jeweils 20 ms Dauer abgetastet, wodurch sich die Flimmerfrequenz verdoppelt.
Abbildung 2.14 zeigt das Grundprinzip des Zeilensprungverfahrens. Bei raum-
orientierter Zeilenzählung enthält das erste Teilbild die ungeraden, das zweite
Teilbild die geraden Zeilen.

Das Gesamtbild (Frame) des Standardfernsehsystems mit 625 Zeilen wird in
zwei Halbbilder (Fields) mit je 312,5 Zeilen zerlegt. Die örtlich zweite Zeile
wird zeitlich als 313. übertragen. aufgrund der ungeraden Zeilenzahl (625 bzw.
525 in Amerika) wird die letzte Zeile des 1. Halbbildes nur halb geschrieben,
der Elektronenstrahl springt senkrecht nach oben und schreibt als zweite
Hälfte die erste (Teil-) Zeile des 2. Halbbildes. Nach Beendigung des 2. Halbbil-

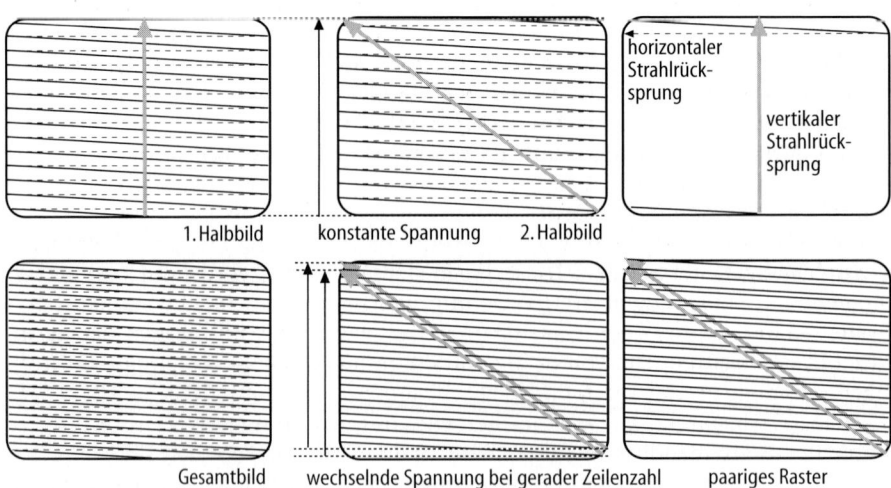

| 1. Halbbild | konstante Spannung | 2. Halbbild |
| Gesamtbild | wechselnde Spannung bei gerader Zeilenzahl | paariges Raster |

Abb. 2.15. Zeilensprungverfahren bei ungerader Zeilenzahl

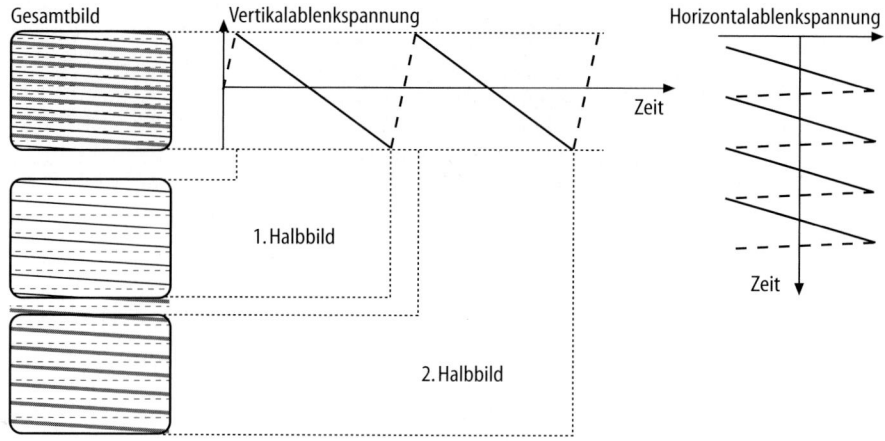

Abb. 2.16. Zeilensprungverfahren und Ablenkspannungen für Röhrenmonitore

des wird der Elektronenstrahl schließlich von rechts unten nach links oben geführt, und das nächste Bild wird wiedergegeben. Während des Strahlrücksprungs wird eine Dunkelphase eingefügt, um den Strahl unsichtbar zu machen (s. Abschn. 2.2.3). Damit ist die Anzahl der Dunkelphasen und somit auch die Flimmerfrequenz verdoppelt.

Die ungerade Zeilenzahl wurde gewählt, damit der Strahlrücksprung für beide Halbbilder zwischen den gleichen Vertikalspannungsniveaus stattfinden kann. Bei gerader Zeilenzahl müssten diese Spannungen halbbildweise leicht verändert werden. Dabei besteht die Gefahr, dass sich eine paarige Rasterstruktur ergibt, die Zeilen des zweiten Halbbildes also nicht exakt zwischen denen des ersten liegen (Abb. 2.15).

In den Abbildungen 2.15 und 2.16 sind die Zeilen schräg dargestellt, um deutlich zu machen, dass aus Gründen einer möglichst einfachen technischen Realisierung die Ablenkspannungen für den Elektronenstrahl horizontal und vertikal als Sägezahnsignal ununterbrochen durchlaufen (Abb. 2.16). Die Zeilen in den Dunkelphasen existieren nicht örtlich aber zeitlich.

Durch das Zeilensprungverfahren treten verschiedene Artefakte im Bild auf: Vertikal bewegte Bilder treten gegenüber progressiver Bildabtastung mit verringerter Vertikalauflösung auf. Dieser Verlust, der so genannte Interlace Faktor, wird mit 30% angegeben. Zusammen mit dem Kellfaktor rechnet man mit einem Gesamtverlust von 50%. Bei unbewegten Bildvorlagen, aber bewegtem Auge, scheint das Bild vertikal zu wandern. Bei bewegten Bildvorlagen geben beide Halbbilder verschiedene Bildteile wieder, es entsteht ein Moiré an horizontalen Bildstrukturen. Dünne Linien, die nur eine Breite von einer Zeile haben, werden nur von einem Halbbild wiedergegeben und flackern mit 25 Hz. Dies wird besonders deutlich, wenn computergenerierte Bilder im Zeilensprungverfahren wiedergegeben werden. Daher werden die Grafiken für Videosysteme so gestaltet, dass horizontale Linien mit der Breite von nur einer Zeile nicht auftreten.

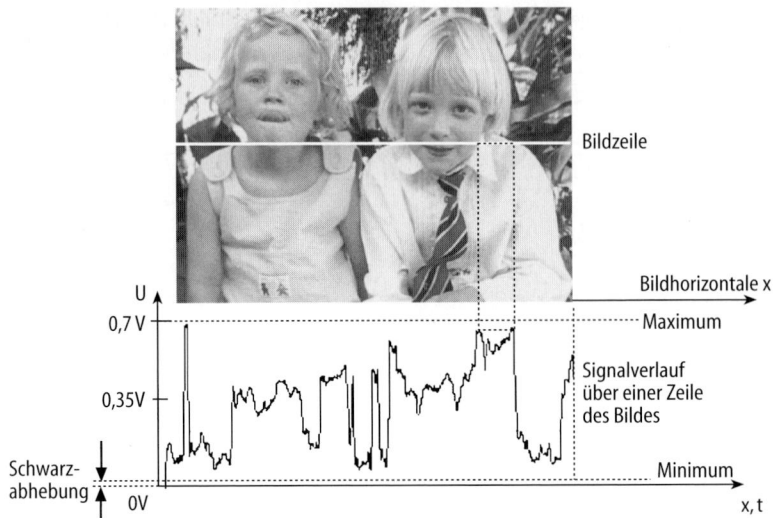

Abb. 2.17. Videosignalverlauf einer Bildzeile

2.2.2 Das Bildsignal

Die abgetasteten Bildpunkte haben verschiedene Helligkeiten. Helle Bildpunkte werden durch ein hohes, dunkle Punkte durch ein geringes Videosignal repräsentiert. Der Unterschied zwischen dem dunkelsten und dem hellsten Punkt entspricht in Europa einer Spannungsdifferenz zwischen 0 V und 0,7 V. Oft wird als Minimalwert nicht exakt 0 V, sondern ein Wert zwischen 0 und 0,01 V eingestellt, der als Schwarzabhebung bezeichnet wird. Im amerikanischen und japanischen 525-Zeilensystem werden hier andere Werte verwendet (s. Abschn. 2.2.5). Abbildung 2.17 zeigt den Signalverlauf für eine Bildzeile. Aufgrund der gleichmäßigen Abtastung der Zeile kann der Ortskoordinaten x auch eine Zeitkoordinate t zugeordnet werden. Der dargestellte Signalverlauf entspricht damit auch dem Verlauf über der Zeit.

2.2.2.1 Gradation

Der Zusammenhang zwischen dem Signal (Spannung U) und der Helligkeit bei der Bildwiedergabe (Leuchtdichte L) ist nicht linear, sondern kann durch eine Potenzfunktion beschrieben werden. Es gilt:

$$L/L_{max} = (U/U_{max})^{\gamma_W}.$$

Dieses Verhalten resultiert aus der Steuerkennlinie der zur Bildwiedergabe eingesetzten Braunschen Röhren. Anstatt deren Nichtlinearität in jedem Empfänger auszugleichen, wird schon auf der Aufnahmeseite die sog. γ-Vorentzerrung eingesetzt. Damit muss der γ-Wert für die Wiedergabe festgelegt werden. Er beträgt $\gamma_W = 2,2$. Für die Aufnahmeseite folgt daraus, dass $\gamma_A = (2,2)^{-1} = 0,45$ eingestellt werden muss, um eine lineare »Über-Alles-Gradation« zu erzielen

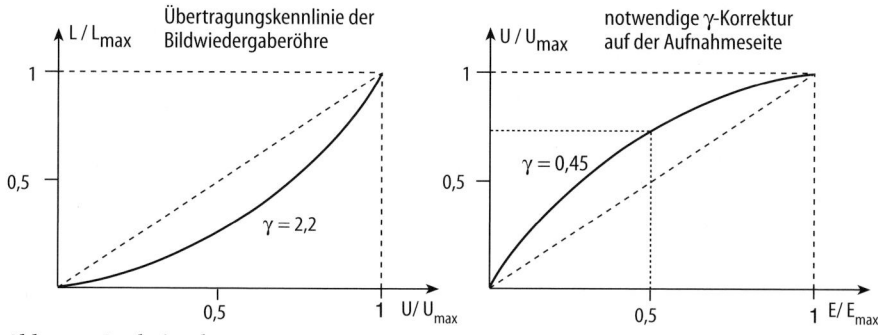

Abb. 2.18. Gradationskurven

(Abb. 2.18). Auf der Aufnahmeseite gilt mit der Beleuchtungsstärke E und der Signalspannung U:

$$U/U_{max} = (E/E_{max})^{\gamma_A}.$$

Die γ-Vorentzerrung wird bereits in der Kamera vorgenommen, da so auf den Einbau von γ-Ausgleichsschaltungen in die Empfänger verzichtet werden kann. Außerdem ergibt sich im Vergleich zur linearen Übertragung ein besserer Störabstand, da bei 50% Helligkeit bereits ein Signal mit $0,5^{0,45} = 73\%$ der Maximalspannung entsteht. Eine Abweichung von den angegebenen γ-Werten ändert die Grauwertabstufungen im Bild und kann auf der Aufnahmeseite zur bildgestalterischen Zwecken eingesetzt werden (s. Kap. 6).

2.2.3 Austastlücken

In Europa wird mit 25 Bildern/s im Zeilensprungverfahren gearbeitet, damit beträgt die Bilddauer 40 ms (vertikale Periodendauer T_v) und die Halbbilddauer 20 ms. Während 40 ms werden 625 Zeilen geschrieben, woraus eine Zeilen- oder H-Periodendauer $T_H = 64$ μs bzw. die Zeilenfrequenz 15,625 kHz folgt. Die angegebene Zeit steht nicht vollständig zum Schreiben einer Zeile zur Verfügung, denn da die Signaldefinitionen eng an die Funktion der Bildröhre gekoppelt sind, muss berücksichtigt werden, dass nachdem der Strahl am rechten Bildrand ankommt, er Zeit braucht um wieder zum linken zurückspringen zu können. Gleichermaßen wird eine gewisse Zeit benötigt, damit er zum Bildanfang zurückgeführt werden kann nachdem er das Bildende erreicht hat.

Wegen des geringen Standes der Technik zu Zeiten der Systemkonzeption wurde für den horizontalen Strahlrücksprung ein recht großer Zeitraum von 12 μs reserviert. Damit kann die steile Flanke des Sägezahnablenkspannung relativ flach bleiben (Abb. 2.16) und es werden Störungen durch Einschwingvorgänge gering gehalten, was den Aufwand für die Konstruktion der Fernsehempfänger verringert. Der Zeitraum wird horizontale Austastlücke genannt, da der Elektronenstrahl beim Rücksprung nicht sichtbar sein darf und daher ab-

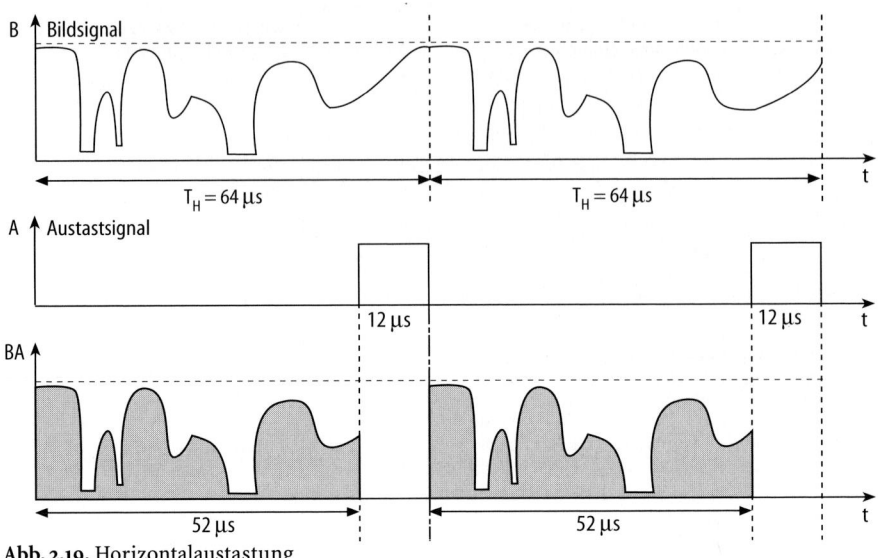

Abb. 2.19. Horizontalaustastung

geschaltet (ausgetastet) wird (Abb. 2.19). Der Pegel des Austastwertes wird meist geringfügig kleiner gewählt als der Schwarzwert und ist mit 0 V festgelegt. Für das Signal wird die Schwarzabhebung eingestellt, so dass der Schwarzpegel bei ca. 0–2% des Abstands zwischen Bildweiß- und Austastwert (BA), d. h. bei 0–2% des Betrages zwischen Austastwert und Maximalspannung (Weiß, entsprechend 0,7 V) liegt.

Für den Strahlrücksprung nach Beendigung eines Halbbildes wird jeweils eine Vertikalaustastlücke von 1,6 ms reserviert, d. h. für die Dauer von 25 Zeilen pro Halbbild ist der Elektronenstrahl ausgeschaltet (Abb. 2.20). Im europäischen Fernsehsystem sind von den 625 Zeilen pro Bild also nur 575 Zeilen nutzbar. Die für das Bild nutzbare (aktive) Zeilendauer beträgt 52 μs, bei einer Gesamtzeilendauer von 64 μs.

2.2.4 Synchronsignale

Im Empfänger müssen die Zeilen in gleicher Weise geschrieben werden, wie sie in der Kamera erzeugt wurden, der Gleichlauf wird mit Synchronsignalen erreicht. Zur Horizontalsynchronisation wird nach jeder Zeile ein Rechtecksignal von 4,7 μs Dauer in der Horizontalaustastlücke positioniert. Dieser H-Synchronpuls liegt zwischen der sog. vorderen und hinteren Schwarzschulter (front/back porch), die 1,5 μs bzw. 5,8 μs dauern (Abb. 2.21). Um eine sichere Synchronisation zu gewährleisten, hat der Synchronimpuls einen großen Wert, der in Europa 3/7 und in Amerika 4/10 des Bildaussteuerbereichs BA beträgt. Er ist relativ zum Bildsignal negativ gerichtet, und damit leicht davon trennbar. Bezugsgröße für die Synchronisation ist die negativ gerichtete Impulsflanke.

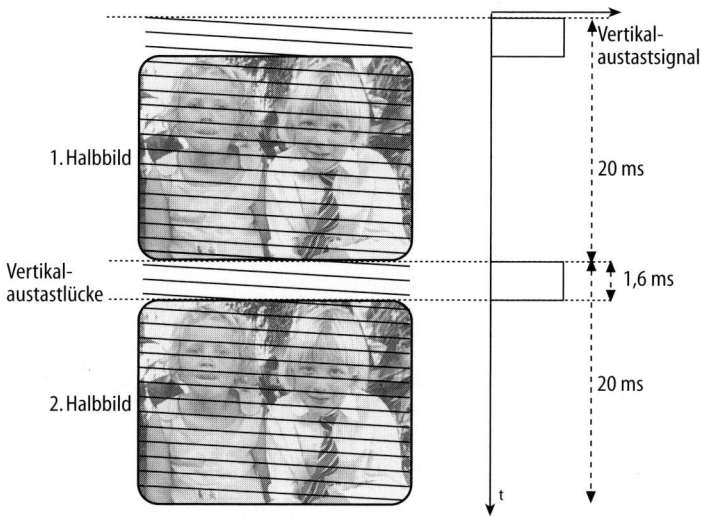

Abb. 2.20. Vertikalaustastung

Neben der Information zum Zeilenwechsel braucht der Empfänger auch die Bildwechselinformation zur Vertikalsynchronisation. Hierzu wird das H-Synchronsignal während der Vertikalaustastlücke auf eine Zeit verlängert, die der Dauer von 2,5 Zeilen entspricht [140]. Der Unterschied zwischen der Dauer der H- und V-Sync-Signale ist damit so groß, dass sie über einfache RC-Integrationsglieder getrennt werden können. Der Kondensator der RC-Kombination wird ständig durch die Synchronpulse geladen, aber nur bei Vorliegen des langen V-Pulses wird eine Kondensatorspannung erreicht, die ausreicht, um den Strahlrücksprung zum Bildanfang, also den Bildwechsel, auszulösen. H- und V-Synchronimpulse werden zusammen als Synchronsignal S (auch Composite Sync) bezeichnet.

Damit die Zeilensynchronisation während der Bildsynchronisation nicht gestört wird, wird der V-Synchronpuls zweimal pro Zeile für je 4,7 μs unterbrochen, das Signal erscheint also als Folge von fünf Impulsen mit je 27,3 μs Dau-

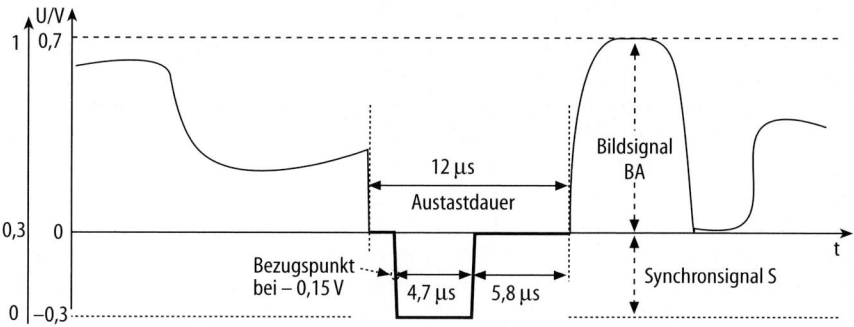

Abb. 2.21. Horizontal-Synchronimpuls

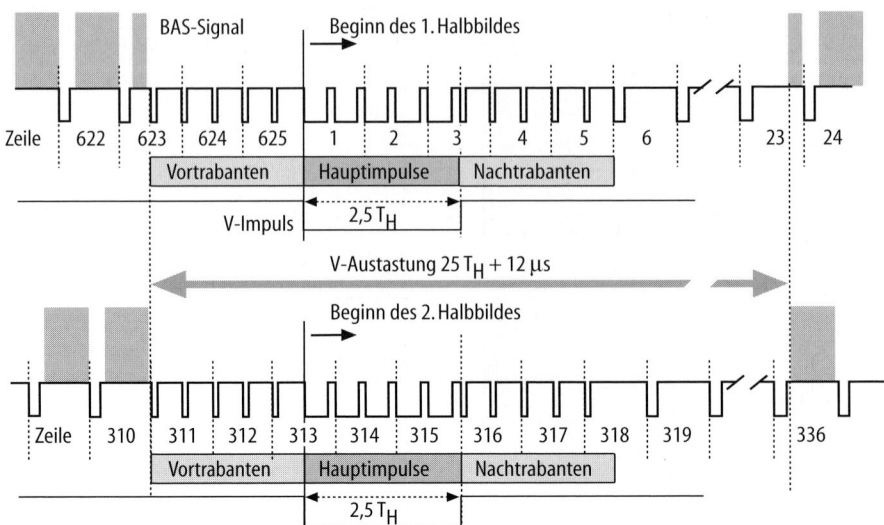

Abb. 2.22. Vertikal-Synchronimpulse

er. Weiterhin werden dem V-Synchronsignal noch je fünf Vor- und Nachtrabanten (Pre- & Post-Equalizing Pulses) mit einer Dauer von jeweils 2,35 µs im
Halbzeilenabstand hinzugefügt (Abb. 2.22). Die Vor- und Nachtrabanten dienen dazu, gleiche Anfangsbedingungen für die Integration zu schaffen, denn
am Ende des ersten Halbbildes wird vor der Bildumschaltung nur eine halbe
Zeile geschrieben, im Gegensatz zum Ende des zweiten Halbbildes, das mit einer ganzen Zeile endet. Ohne Trabanten wäre der Kondensator der RC-Kombination bei den verschiedenen Halbbildwechseln aufgrund der verschiedenen
Entfernungen zum vorhergehenden H-Sync auf unterschiedliche Werte aufgeladen, und es ergäbe sich ein unsymmetrisches Halbbildschaltverhalten und
damit eine paarige Rasterstruktur (Abb. 2.15). Die Synchron-Signale können
ohne Oszilloskop auch mit Videomonitoren im so genannten Puls-Kreuz-Mo-

Abb. 2.23. Vergleich von Bild- und Austastbereich und BAS-Signal zweier Zeilen

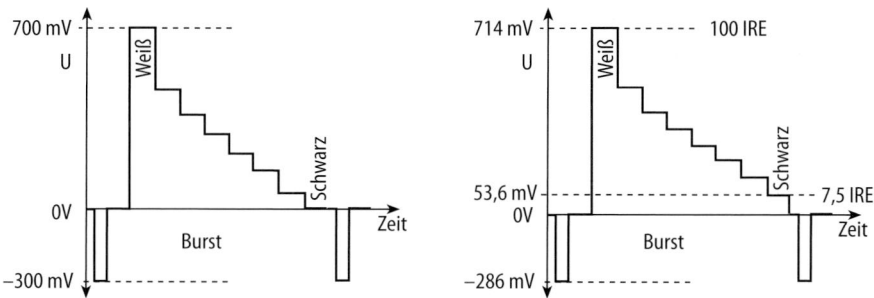

Abb. 2.24. Vergleich der Signalspannungsbereiche in Europa und Amerika

dus überprüft werden. Hier wird die V-Ablenkung um die halbe Bildhöhe und die H-Ablenkung um ca. 1/3 Zeile verzögert, so dass die Synchronimpulse sichtbar werden (Abb. 7.18).

2.2.5 Das BAS-Signal

Bild-, Austast- und Synchronsignale werden zusammengefasst, um sie gemeinsam auf einer Leitung übertragen zu können. Die Kombination aus Bild-, Austast- und Synchronsignal wird als BAS-Signal bezeichnet, alle Anteile sind in Abbildung 2.21 dargestellt. Abbildung 2.23 zeigt die Relationen zwischen dem aktiven Bild und den Austastbereichen, wobei der schwarze Balken das Synchronsignal ist. Die Bildhelligkeit wird durch die Signalspannung repräsentiert. Die Spannung des Gesamtsignals beträgt 1 V_{ss}, der Synchronboden liegt bei – 0,3 V, der Austastpegel bei 0 V und der Weißwert bei 0,7 V. Manchmal werden die Spannungen auch auf den Synchronboden bezogen, so dass der Austastwert relativ dazu bei 0,3 V und der Weißwert bei 1 V liegt. Die Angaben gelten für das 625-Zeilensystem.

Im 525-Zeilensystem wird der Gesamtspannungsbereich von 1 V_{ss} nicht im Verhältnis 3/7 sondern mit 4/10 zwischen Synchronimpuls und Bildsignal aufgeteilt. Letzteres umfasst damit 714,3 mV, die 100 IRE-Einheiten mit je 7,14 mV zugeordnet werden. In den USA wurde dabei der Schwarzwert mit 7,5 IRE (53,6 mV) festgelegt (Abb. 2.24), nicht aber in der japanischen Variante des 525-Zeilensystems, wo er bei 0 V bleibt.

2.2.5.1 Zeilenzählung

Zeile 1 des Videobildes beginnt mit der Vorderflanke des Bildsynchronsignals für das erste Halbbild (Abb. 2.22). Die zugehörigen Vortrabanten werden also am Ende des vorhergehenden Halbbildes übertragen. Die ersten 22,5 Zeilen eines Bildes fallen in die V-Austastlücke, das aktiv genutzte Bild beginnt mit der halben Zeile 23 und endet mit Zeile 310. Die nächsten 2,5 Zeilen enthalten wieder Vortrabanten und das zweite Halbbild beginnt mit Zeile 313, wobei auch dieses mit der Austastlücke (Z. 313 ... 335) beginnt. Die Zählweise ist zeit-, nicht raumorientiert, zwei benachbarte Zeilen gehören zu verschiedenen Halbbildern.

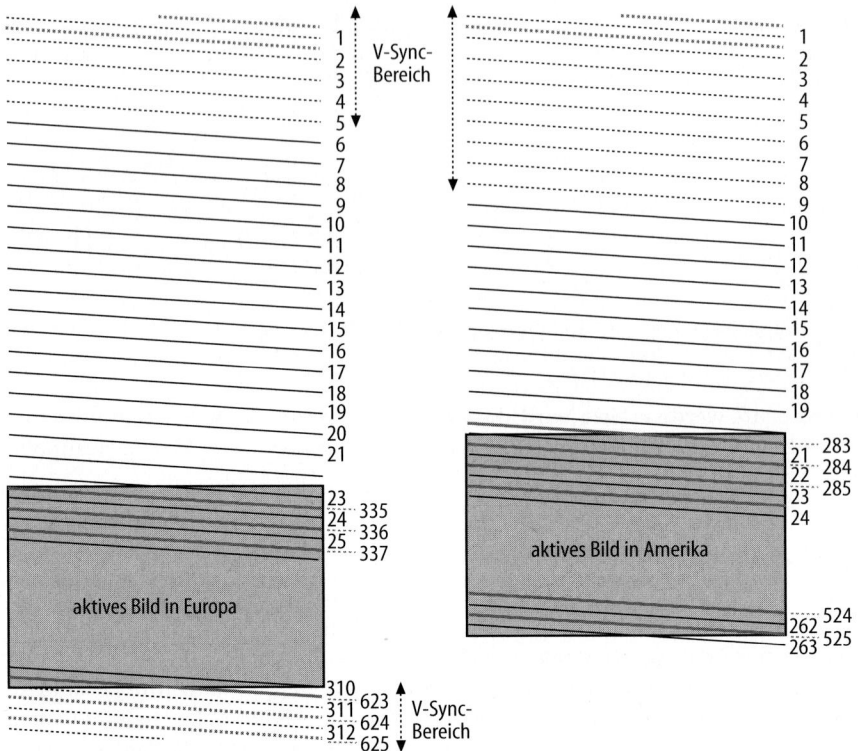

Abb. 2.25. Vergleich der Halbbilddominanzen

2.2.5.2 Halbbilddominanz

Im Zuge der Digitalisierung der Videotechnik tritt zunehmend das Problem der Festlegung der Halbbilddominanz auf, d. h. die Frage, welches Halbbild das erste ist. Bei Standardfernsehsystemen ist klar, dass das erste Halbbild zuerst gesendet wird und dann das zweite folgt.

Sowohl im 625- (Europa) als auch im 525-Zeilensystem (Amerika) beginnt das erste Halbbild mit einer ganzen Zeile und das zweite mit einer halben (Abb. 2.25). Zwar weicht die Zeilenzählung im 525-Zeilensystem von der im 625-System ab und beginnt bei den Vortrabanten und nicht beim Hauptimpuls, doch werden die Trabanten über 3 Zeilen statt über 2,5 verteilt. Damit liegt das erste Teilbild (odd field) in beiden Systemen unterhalb des zweiten (even field).

Die Digitalisierung bewirkt nun zum einen, dass nicht nur Ganz- sondern auch Halbbilder voneinander separiert werden können und dass zum anderen vor allem immer nur das aktive Bild verarbeitet wird. Das aktive Bild beginnt beim 625-System in der Mitte von Zeile 23 also mit einer halben aktiven Zeile, während es im 525-System mit der ganzen Zeile 21 anfängt. Abbildung 2.25 zeigt, dass sich auf diese Weise unterschiedliche Halbbildlagen ergeben. Beim 625-System liegen die Zeilen des ersten Halbbildes oben (upper field) während sie bei 525/60 unten liegen (lower field).

Digitalsysteme zum Schnitt, Compositing, DVD-Authoring etc. erlauben nun die Wahl der Halbbilddominanzen, u. a. um Material aus beiden Systemen zusammen verwenden zu können. Das führt jedoch zu dem Problem, dass der Anwender sich damit auskennen muss. Hinzu kommt, dass die Begriffswahl sehr verwirrend ist.

Die Einstellparameter werden für das erste Halbbild (first field) mit upper oder lower aber auch mit odd oder even also gerad- und ungeradzahlig bezeichnet, was angesichts der im vorigen Abschnitt dargestellten zeitorientierten Zählweise unverständlich ist. Diese Begriffe ergeben nur einen Sinn, wenn sie sich auf raumorientierte Zählung der aktiven Zeilen beziehen. Dann werden die oberen (upper) Zeilen des ersten aktiven Teilbildes des 625-Systems als ungerade (odd) und die unteren (lower) Zeilen, die im 525-System dominant sind, als gerade (even) bezeichnet.

Neben der uneinheitlichen Bezeichnung gibt es auch sehr uneinheitliche Benutzung der Bezeichnungen bzw. falsche Beschreibungen in den Handbüchern zu der Software, die meistens aus dem amerikanischen Sprachraum stammen und das 625-Zeilensystem (meist mit PAL bezeichnet) unzureichend berücksichtigen. Um die korrekte Einstellung der Halbbilddominanz gewährleisten zu können, ist es am sichersten, die bearbeiteten Sequenzen auf einem Monitor darzustellen, der im interlaced Mode arbeitet und anhand von Sequenzteilen mit hoher Bewegung festzustellen, ob sich ein ruckelnder Bewegungseindruck ergibt, der dann aus der Vertauschung der Halbbilder bzw. der falschen Halbbilddominanz resultiert. Eine Beurteilung am PC-Bildschirm ist ungeeignet, da dort Vollbilder in progressiver Darstellung erscheinen.

2.2.5.3 Auflösung und Videogrenzfrequenz

Aufgrund der Austastung von 25 Zeilen pro Halbbild können im europäischen TV-System von 625 Zeilen nur maximal 575 für das Bild genutzt werden. Alle aktiven Zeilen sind in voller Breite allerdings nur auf Studiomonitoren sichtbar, die im so genannten Underscan-Modus betrieben werden können. Normalerweise werden die Bildränder horizontal und vertikal überschrieben damit keine schwarzen Bildränder erscheinen (Overscan, Abb. 2.26). Der Betrag des Überschreibens ist nicht genau festgelegt und variiert von Gerät zu Gerät. Bildwichtige Elemente sollten daher genügend Abstand zum Bildrand haben.

Abb. 2.26. Overscan- und Underscan-Darstellung

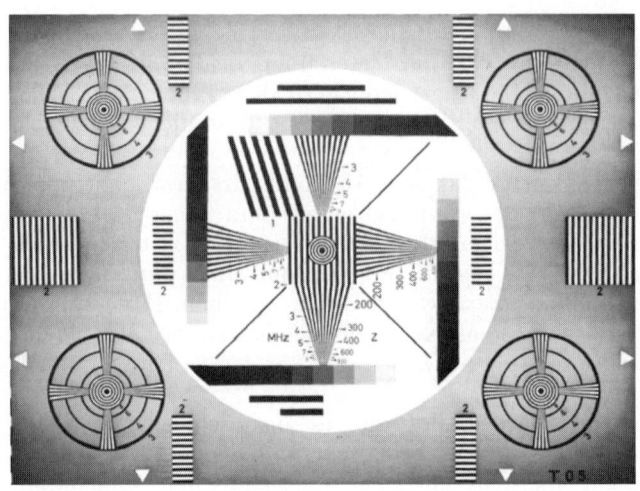

Abb. 2.27. RMA-Testbild

Die Bildauflösung kann folgendermaßen festgelegt werden: Bei Berücksichtigung des Kellfaktors k = 0,67 lassen sich vertikal maximal 0,67 · 575 = 385 Linien auflösen, dies entspricht 193 Paaren aus schwarzen und weißen Zeilen. Um die gleiche Auflösung auch Horizontal zu erreichen, sind für die Bildbreite unter Berücksichtigung des Bildseitenverhältnisses 4/3 · 385 = 514 auflösbare Spalten bzw. 257 Spaltenpaare erforderlich. Diese müssen in der aktiven Zeilendauer von 52 μs abgetastet werden, woraus mit f_g = 257/(52 μs) eine Videogrenzfrequenz f_g = 4,94 MHz folgt. In der Praxis wird dieser Wert aufgerundet und mit f_g = 5 MHz gerechnet.

In einigen Fällen wird auch eine Maximalauflösung von 400 Linien angegeben. Dieser Wert gilt aufgerundet für die Vertikale, er wird aber auch für die volle Horizontalauflösung verwendet, was natürlich nur unter der Voraussetzung B:H = 1:1 gilt. Als Faustformel für den Zusammenhang von Grenzfrequenz (Bandbreite in MHz) und (Zeilen-)Auflösung Z_s gilt in diesem (etwas verwirrenden) Fall für beide Dimensionen: Z_s = 80 · f_g.

Bei Reduktion der Grenzfrequenz auf Werte unter 5 MHz verringert sich dieser Wert. Dies geht aber nur zu Lasten der Horizontalauflösung, da vertikal natürlich weiter mit 625 Zeilen gearbeitet wird. Bei der Übertragung des Signals, z. B. durch einen VHS-Recorder mit einer Grenzfrequenz von 3 MHz, ergibt sich nach obiger Gleichung eine Horizontalauflösung von 240 Linien, was praktisch heißt, dass unter Berücksichtigung des Bildseitenverhältnisses tatsächlich etwa 320 Spalten oder 160 Spaltenpaare getrennt werden können.

Zur Auflösungsbestimmung wird das Testbild nach RMA (Radio Manufacturers Association) verwendet. Es enthält so genannte Testbesen, d. h. schräg verlaufende Streifen, die immer enger zusammenrücken und ab einem bestimmten Punkt visuell nicht mehr getrennt werden können (Abb. 2.27). Die Besen sind mit Frequenzangaben und mit Zahlen zur Auflösungsangabe markiert. Die höchste TV-Auflösung von 5 MHz ist erreicht, wenn die schrägen Striche horizontal wie vertikal bis zum Wert 400 als getrennt erscheinen.

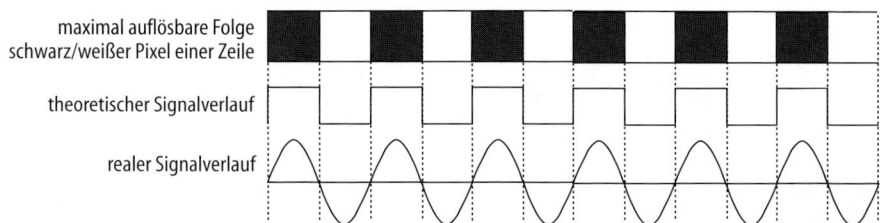

maximal auflösbare Folge
schwarz/weißer Pixel einer Zeile

theoretischer Signalverlauf

realer Signalverlauf

Abb. 2.28. Signalverlauf bei maximaler Horizontalauflösung

Als allgemeine Formel zur Berechnung der Videogrenzfrequenz gilt auch:

f_g = 1/2 k c Z^2 B/H f_v.

Der Faktor 1/2 ergibt sich aufgrund der Linienpaare die aus den Schwarz/
Weiß-Wechseln entstehen (Abb. 2.28) und k ist der Kellfaktor. Z^2 B/H ist die
Bildpunktzahl bei Berücksichtigung des Bildseitenverhältnisses B/H, und f_v ist
die Vollbildfrequenz. Der Faktor c ergibt sich aus der aufgrund der Austastlük-
ken verringerten Zeilenzahl und -dauer. Es gilt:

$c = (1 - T_{Vaus} /T_V) / (1 - T_{Haus} /T_H)$.

Mit den Verhältnissen T_{Haus} /T_H = 12/64 = 18,75% und T_{Vaus} /T_V =1,6 ms/20 ms
= 8% gilt in Europa c ≈ 1,13. Unter Verwendung von k = 0,67 und f_v = 25 Hz
ergibt sich mit 625 Zeilen auch bei dieser Formel wieder die Grenzfrequenz
f_g = 4,94 MHz. In Amerika gilt T_{Haus} /T_H ≈ 17% und T_{Vaus} /T_V = 7,6% (Standard M, s. u), also c = 1,11. Mit k = 0,67 folgt hier f_g = 4,11 MHz. Die Bandbreite wird für Amerika daher aufgerundet mit dem Wert f_g = 4,2 MHz angegeben.
    Wird das Bildseitenverhältnis ohne Veränderung der anderen Parameter auf
16:9 erhöht, wie es bei PAL-Plus (s. Kap. 4.4) geschieht, so verringert sich die
Horizontalauflösung um den Faktor 4/3. Beim Übergang zu HDTV wird außer
dem Bildseitenverhältnis auch die Zeilenzahl verändert. Geht man von B/H =
16:9 und Zeilenzahlverdopplung aus, so ergibt sich bei im Vergleich zu SDTV
gleich großen horizontalen und vertikalen Austastlücken sowie einem Kellfaktor k = 0,67 eine Grenzfrequenz von f_g = 26,34 MHz.
    Bei Computerbildübertragung wird der Kellfaktor meist außer acht gelas-
sen, da sich der Betrachter nahe am Monitor befindet und die Artefakte wegen
der geringen Bildbewegung nicht so stark ins Gewicht fallen. Bei einer Bilddarstellung mit 1024 H x 768 V aktiven Bildpunkten und f_V = 70 Hz ergibt sich
hier eine Horizontalfrequenz von ca. 54 kHz und eine Grenzfrequenz von ca.
27,5 MHz für das S/W-Videosignal, wenn horinzontal und vertikal relativ
gleich große Austastlücken angenommen werden.

2.2.5.4 Internationale Standards
Das dargestellte BAS-Signal ist zusammen mit weiteren übertragungstechni-
schen Parametern vom CCIR (Comité Consultatif International des Radio
Communications, heute ITU, International Telecommunication Union) als
CCIR B/G-Norm definiert worden. Der B/G-Standard ist nur einer unter vielen

Tabelle 2.4. Verbreitete Fernsehstandards

Standard	B/G	D/K	I	L	M
Einsatz-gebiet	Mittel-europa	Ost-europa	Groß-britan.	Frank-reich	USA Japan
Zeilen/Vollbild	625	625	625	625	525
Halbbildfrequenz (Hz)	50	50	50	50	59,94
Zeilenaustastdauer T_{HA} (µs)	12	12	12	12	10,7
Halbbildaustastdauer (Zeilen)	$25 + T_{HA}$	$25 + T_{HA}$	$25 + T_{HA}$	$25 + T_{HA}$	$20 + T_{HA}$
Videobandbreite (MHz)	5	6	5,5	6	4,2
HF-Kanalbandbreite (MHz)	7/8	8	8	8	6
Bild/Tontr. Abstand (MHz)	5,5/5,74	6,5	6	6,5	4,5
Bildmodulation (AM)	neg.	neg.	neg.	pos.	neg.
Tonmodulation	FM	FM	FM	AM	FM

internationalen Standards. Die Tabellen 2.4 und 2.5 zeigen diesbezüglich eine Übersicht in der die Bildaufbauparameter hervorgehoben sind [98].

Von international großer Bedeutung sind zwei Gruppen: die europäischen Standards, die auf 625 Zeilen und 25 Vollbildern basieren, sowie der in Amerika und Japan gültige Standard M, basierend auf 525 Zeilen und 30 Vollbildern/s. Mit der Einführung der Farbfernsehtechnik wurde hier übrigens die Bildwechselfrequenz um den Faktor 1000/1001 von 30 Hz auf auf 29,97 Hz gesenkt. Mit den Bildwechselfrequenzen 25 Hz, bzw. 29,97 Hz, ergeben sich bei beiden Normen ähnliche Zeilenfrequenzen (15675 Hz und 15734 Hz).

In Europa gültige Fernsehstandards weichen nur geringfügig voneinander ab, insbesondere die Parameter des BAS-Signals sind die selben. Differenzen gibt es in Europa vor allem wegen der Farbcodierung (PAL oder SECAM, s. Abschn. 2.3.7), aber auch aufgrund verschiedener Bild-Tonträgerabstände im Fernsehsignal, was z. B. zur Folge hat, dass mit einem gewöhnlichen deutschen PAL-Empfänger in Großbritannien zwar ein Bild, aber kein Ton empfangen werden kann. In Deutschland gilt der CCIR B/G-Standard, auf den sich die bisherige Darstellung im Wesentlichen bezogen hat. B und G unterscheiden sich nur bezüglich der Kanalbandbreiten für die Fernsehsignalübertragung von 7 bzw. 8 MHz.

Tabelle 2.5. Fernsehstandards verschiedener Länder

Europa				Außereuropäisch			
Land	Standard	Land	Standard	Land	Standard	Land	Standard
Belgien	B/H	Deutschland	B/G	Ägypten	B	Algerien	B
Dänemark	B/G	Finnland	B/G	Australien	B	Brasilien	M
Frankreich	E/L	Großbritannien	A/I	China	D	Indien	B
Italien	B/G	Luxemburg	C/L/G	Japan	M	Kanada	M
Niederlande	B/G	Norwegen	B/G	Phillipinen	M	Südafrika	I
Österreich	B/G	Polen	D	Sudan	B	Thailand	B
Portugal	B/G	Rußland	D/K	Türkei	B	USA	M
Spanien	B/G			Vietnam	M		

2.2.6 Signalanalyse

Die gebräuchlichste Art der Signaldarstellung ist die Wiedergabe des Signalverlaufs über der Zeit. Dieser Verlauf ist mit Oszilloskopen einfach darstellbar. Darüber hinaus ist es aber häufig erwünscht, das Signal in Abhängigkeit von der Frequenz zu beschreiben, d. h. ein Frequenzspektrum ermitteln zu können. Dieser Wechsel von der zeitabhängigen zur frequenzabhängigen Darstellung, und umgekehrt, ist mit der Fouriertransformation möglich [53].

2.2.6.1 Fouriertransformation

Zunächst sei hier die Fouriertransformation als Bildung einer Fourierreihe für periodische Signale betrachtet. Jedes periodische Signal lässt sich als Summe (i. a. unendlich) vieler harmonischer Schwingungen (Sinus und Cosinus) so beschreiben, dass die Grundschwingung die gleiche Frequenz ω_0 hat wie das periodische Signal und die weiteren Schwingungen (Oberschwingungen) ganzzahlige Vielfache davon sind. Es gilt:

$$s(t) = a_0 + \Sigma_n \, [a_n \cdot \cos (n \, \omega_0 t) + b_n \cdot \sin(n \, \omega_0 t)].$$

Der Zählindex n läuft von 1 bis Unendlich.

Für die frequenzabhängige Darstellung ergibt sich daraus ein diskretes Spektrum, dessen Frequenzen bereits festliegen. Für das zu analysierende Signal muss lediglich bestimmt werden, mit welchen Amplituden die einzelnen Frequenzen vertreten sind, d. h. es müssen die Koeffizienten a_n und b_n für die sin- und cos-Anteile ermittelt werden. Falls das zu transformierende Signal in Form diskreter Messwerte vorliegt, die in regelmäßigen Abständen (Abstastintervall T_a) dem Signal entnommen wurden, lassen sich die Koeffizienten a_n und b_n (n = 0, 1, 2, ... N) folgendermaßen berechnen:

$$a_n = 2/K \cdot \Sigma_k \, y_k \cdot \cos (n \, \omega_0 t_k)$$

$$b_n = 2/K \cdot \Sigma_k \, y_k \cdot \sin (n \, \omega_0 t_k).$$

Dabei wurde angenommen, dass K diskrete Messwerte y_k mit Abstastintervall T_a vorliegen, wobei gilt: $K \cdot T_a = T_0$, $t_k = k \cdot T_a = k \cdot 2\pi /(K \cdot \omega_0)$. In diesem Fall sind höchstens $N \leq (K–1)/2$ Oberwellen berechenbar. Der Zählindex k läuft daher von 0 bis K–1. Dieser Zusammenhang drückt sich auch im Abstastheorem aus (s. Kap. 3).

Für einen kontinuierlichen Signalverlauf wird die Summe über die diskreten Punkte zu einem Integral, das sich über die Periode von t = 0 bis t = T erstreckt und es gilt:

$$a_0 = 1/T \cdot \int_t s(t) \, dt,$$

$$a_n = 2/T \cdot \int_t s(t) \cdot \cos (n \, \omega_0 t) \, dt,$$

$$b_n = 2/T \cdot \int_t s(t) \cdot \sin (n \, \omega_0 t) \, dt.$$

Bei genauer Betrachtung enthält dieses Verfahren zur Analyse der Zeitfunktion auch seine Umkehrung, d. h. die Angabe der Vorgehensweise zur Zusammen-

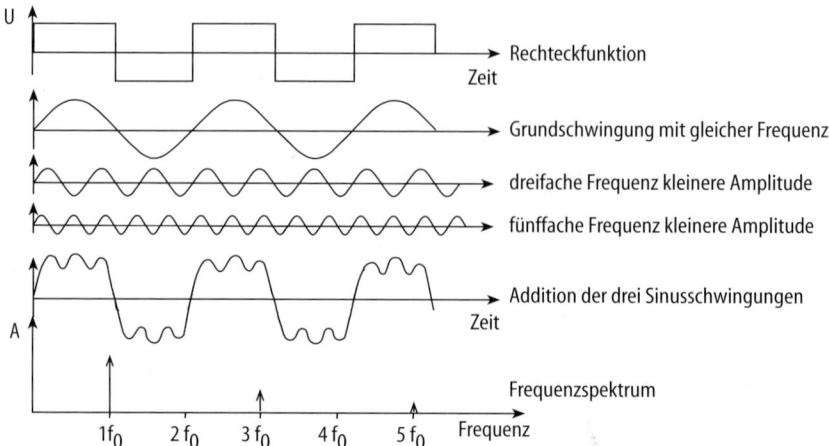

Abb. 2.29. Synthese und Amplitudenspektrum einer Rechteckfunktion

setzung (Synthese) einer beliebigen periodischen Funktion aus harmonischen Schwingungen (Rücktransformation, s. u.). Wenn das ursprüngliche Signal durch Addition harmonischer Schwingungen exakt synthetisiert werden soll, ist im allgemeinen eine unendlich große Anzahl von Schwingungen und Koeffizienten erforderlich. Näherungsweise gelingt die Synthese aber auch dann, wenn hochfrequente Anteile weggelassen werden. Abbildung 2.29 zeigt am Beispiel einer symmetrischen Funktion, wie sich näherungsweise ein Rechteckverlauf ergibt, wenn nur Anteile bis zur 5. Harmonischen addiert werden.

Mit diesen Betrachtungen lässt sich bereits ein wesentlicher Teil des Videosignals analysieren, nämlich der rechteckförmige Verlauf des Synchronimpulses. Wenn als Bildsignal Schwarz vorliegt, so sind die Synchronimpulse allein vorhanden. Von der Periodendauer $T = 64$ μs belegt der Impuls die Dauer 4,7 μs, das Tastverhältnis T_i/T beträgt 4,7/64 (Abb. 2.30). Die Berechnung der Fourierkoeffizienten führt in diesem Fall zum Verschwinden der sin-Anteile (alle $b_n = 0$), es gilt:

$$a_o = T_i/T \qquad\qquad \text{für } n = 0$$
$$a_n = 2/(n\pi) \cdot \sin (n\pi \cdot T_i/T) \qquad \text{für } n > 0.$$

Die Funktion lässt sich also folgendermaßen darstellen:

$$s(t) = T_i/T + 2/\pi \cdot \sin (\pi \cdot T_i/T) \cdot \cos (\omega_o t) + 2/2\pi \cdot \sin (2\pi \cdot T_i/T) \cdot \cos (2\omega_o t) + ...$$

Die frequenzabhängige Darstellung der Fourierkoeffizienten in Abb. 2.30 gibt das Amplitudenspektrum des BAS-Signals mit Bildinhalt Schwarz wieder, wenn das V-Sync-Signal unberücksichtigt bleibt. Das Spektrum zeigt einen Signalverlauf der von den Vielfachen der H-Sync-Frequenz $f_o = 1/64$ μs $= 15,625$ kHz geprägt ist, sowie von einer Einhüllenden, die periodische Nullstellen beim Kehrwert der Impulsdauer T_i aufweist. Zusätzlich zeigt sich, dass insgesamt die Amplituden der Oberschwingungen mit steigender Frequenz abnehmen. Der

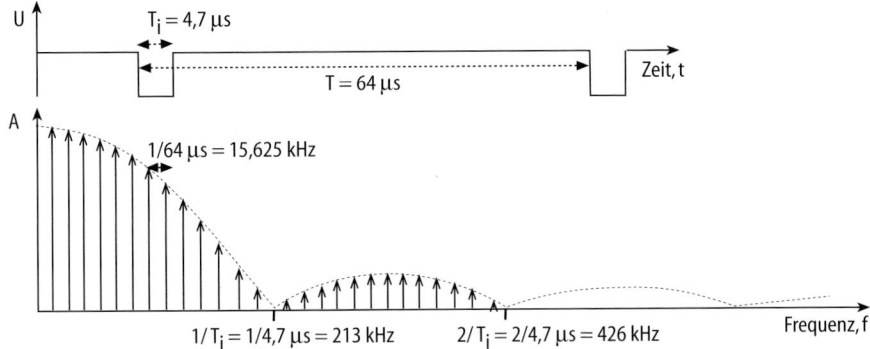

Abb. 2.30. Zeitverlauf und Amplitudenspektrum des H-Sync-Impulses im Videosignal

Verlauf der Einhüllenden entspricht der si-Funktion mit si $x = \sin x/x$. Für dieses Beispiel gilt aufgrund der oben angegebenen Fourierkoeffizienten:

$a_n = 2T_i/T \cdot \sin (n\pi \cdot T_i/T) / (n\pi \cdot T_i/T)$.

Es wird deutlich, dass die Funktion immer dann verschwindet, wenn das Argument der sin-Funktion ein Vielfaches von π ist, bei $n = 1/T_i$, $2/T_i$, $3/T_i$ etc.

Mit komplexer Schreibweise lassen sich die sin- und cos-Anteile zur Vereinfachung folgendermaßen zusammenfassen:

$s(t) = \sum_n c_n \cdot e^{jn\omega_0 t}$.

Die Summe läuft von $-\infty$ bis $+\infty$. Der Zusammenhang mit den Koeffizienten a_n und b_n ist für $c_n > 0$ über folgende Beziehung gegeben:

$c_n = (a_n - jb_n)/2$.

Bei der Angabe der Koeffizienten werden die Integrationsgrenzen um $T/2$ verschoben, so dass sich das Integral über den Bereich $-T/2$ bis $+T/2$ erstreckt und für $n > 0$ gilt:

$c_n = 1/T \cdot \int_t s(t) \cdot e^{-jn\omega_0 t}\, dt$.

Für die Analyse nichtperiodischer Funktionen wird anstelle der Fourierreihe die Fouriertransformierte benutzt. Die Periodizität verschwindet, wenn die Periodendauer immer länger wird. In diesem Fall werden die Kehrwerte der Periodendauern immer kleiner, die Spektrallinien rücken immer enger zusammen und bilden im Grenzfall ein Kontinuum. Im Grenzfall geht $T \to \infty$, und es folgen als weitere Übergänge: $n \cdot f_0 \to f$, $1/T \to df$ und $c_n \cdot T \to S(f)$, wobei $S(f)$ als Fouriertransformierte oder komplexe Spektraldichte bezeichnet wird.

Für die Fouriertransformierte $S(f)$ und die Rücktransformation $s(t)$ erstrecken sich die Integrale von $-\infty$ bis $+\infty$, und es gelten die Beziehungen:

$S(f) = \int_t s(t) \cdot e^{-j\omega t}\, dt$.

$s(t) = \int_f S(f) \cdot e^{j2\pi ft}\, df$.

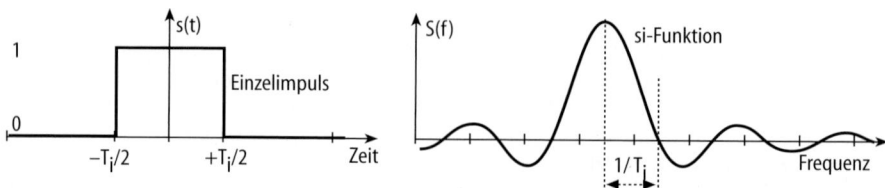

Abb. 2.31. Symmetrischer Rechteckimpuls und zugehörige Spektraldichte

Mit Hilfe der Fourieranalyse wird ein zeitabhängiges Signal frequenzabhängig dargestellt. Damit können Informationen gewonnen werden, die im Zeitbereich nicht erfassbar sind. Die Transformation ist symmetrisch und kann auch genau anders herum betrachtet werden. Die Zusammengehörigkeit von s(t) und S(f) sei hier durch die Schreibweise s(t) $\leftrightarrow$ S(f) gekennzeichnet.

Wird als Beispiel für eine nichtperiodische Funktion ein einzelner Rechteckimpuls nach Abbildung 2.31 herangezogen, so ergibt sich im Spektrum wieder die si-Funktion. Das zeigt die folgende Rechnung, die sich auf Abb. 2.31 bezieht, in der aus formellen Gründen eine zweiseitige spektrale Darstellung gewählt ist, bei der negative Frequenzen auftreten. Mit dem Integral über den Bereich von $-T_i/2$ bis $+T_i/2$ gilt für dieses Beispiel:

$$S(f) = \int_t 1 \cdot e^{-j\omega t}\, dt = \int_t \cos(2\pi f t)\, dt - j \sin(2\pi f t)\, dt.$$

Aufgrund der Symmetrie verschwindet der Imaginärteil, und es gilt

$$S(f) = 1/\pi f \cdot \sin(\pi f T_i) = T_i \cdot \sin(a)/a \text{ mit } a = \pi f T_i.$$

Komplexere Signale können auch ohne Rechnung mit Sätzen über die Fouriertransformation erschlossen werden. Es gilt der Additionssatz:

$$s(t) = k_1 \cdot s_1(t) + k_2 \cdot s_2(t) \leftrightarrow S(f) = k_1 \cdot S_1(f) + k_2 \cdot S_2(f).$$

Es gilt der Faltungssatz:

$$s_1(t) * s_2(t) \leftrightarrow S_1(f) \cdot S_2(f),$$

wobei als Faltung zweier Zeitfunktionen das folgende Integral bezeichnet wird, das sich bezüglich τ von $-\infty$ bis $+\infty$ erstreckt:

$$s_1(t) * s_2(t) = \int_\tau s_1(t) \cdot s_2(t-\tau)\, d\tau.$$

Für die Faltung und auch allgemein gilt der Vertauschungssatz

$$s(t) \leftrightarrow S(f), \quad \text{und} \quad S(t) \leftrightarrow s(-f).$$

Damit können nun ohne weitere Rechnung einige konkrete Beispiele betrachtet werden, an denen die Symmetrie der Fouriertransformationen deutlich wird: Eine reine, zeitlich unendlich ausgedehnte Sinusschwingung erscheint im Frequenzspektrum nur als eine einzelne Linie. Mit dem Vertauschungssatz gilt umgekehrt, dass zu einem unendlich ausgedehnten Frequenzspektrum im Zeitbereich eine einzelne Linie (der sog. Dirac-Impuls) gehört (Abb. 2.32a, b).

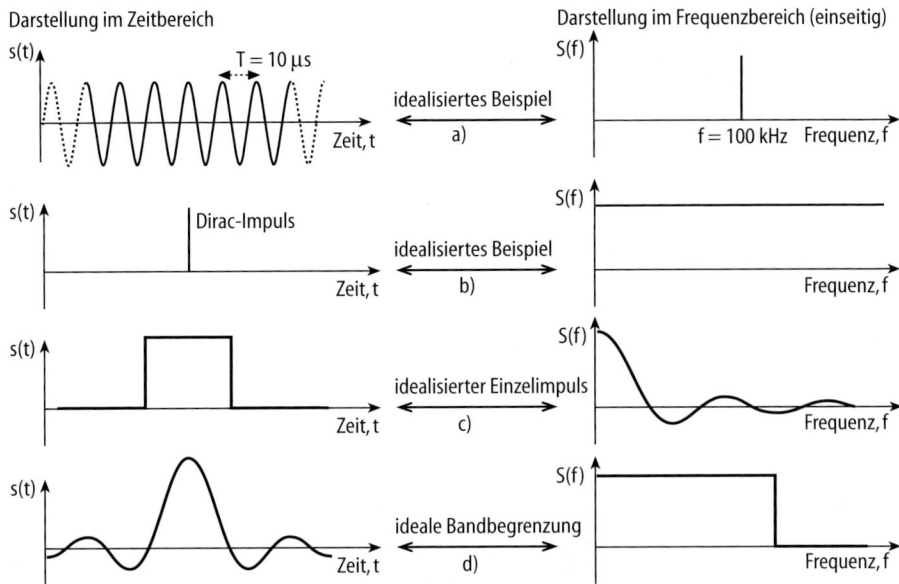

Abb. 2.32. Zeitfunktionen und zugehörige Spektraldichten

Ein einzelner Rechteckimpuls hat im Spektralbereich den Verlauf der si-Funktion (Abb. 2.32c) und eine periodische Folge von Rechteckimpulsen erscheint gemäß dem Additionssatz als Überlagerung des idealen, unendlich ausgedehnten Linienspektrums mit dem Betrag der si-Funktion.

Die Anwendung des Vertauschungssatzes auf die Rechteckfunktion bedeutet, dass ihr Auftreten im Frequenzbereich einer idealen Frequenzbandbegrenzung entspricht. Damit geht im Zeitbereich wieder ein si-funktionsförmiger Verlauf einher (Abb. 2.32d). Dieser Umstand ist z. B. für ein Digitalsignal von Bedeutung, das im Zeitbereich wegen der Umschaltung zwischen zwei Zuständen zunächst einen rechteckförmigen Verlauf hat. Wenn es aber über einen Kanal mit der oben angegebenen idealen Bandbegrenzung übertragen wird, so wird der Zeitverlauf in eine si-Funktion umgeformt (s. Kap. 3.2 und Abb. 2.32d).

Bei der Betrachtung des Amplitudenspektrums des BAS-Signals zeigte sich bereits, dass dieses von den Linien des mit der 64 μs-Periode wiederholten Synchronimpulses dominiert wird. Dies gilt zunächst, wenn die eigentliche Bildsignalspannung dem Austastwert entspricht. Abbildung 2.33 zeigt das gemessene Spektrum eines solchen Signals. In der Übersicht ist der Verlauf der si-Funktion sichtbar. Die Nullstellen folgen aus dem Kehrwert der Impulsdauer von 4,7 μs mit 1/4,7 μs = 213 kHz. Im Gegensatz zur idealisierten Darstellung in Abbildung 2.30 enthält der Synchronanteil des BAS-Signals neben der Information über die H-Synchronisation hier auch den V-Sync-Anteil, der alle 20 ms wiederholt wird und einschließlich der Trabanten eine Dauer von 7,5 Horizontalperioden umfasst. Betrachtet man die V-Synchron-Impulsfolge vereinfacht als einen Rechteckimpuls, so beträgt die Dauer T_i = 480 μs, so dass die Nullst-

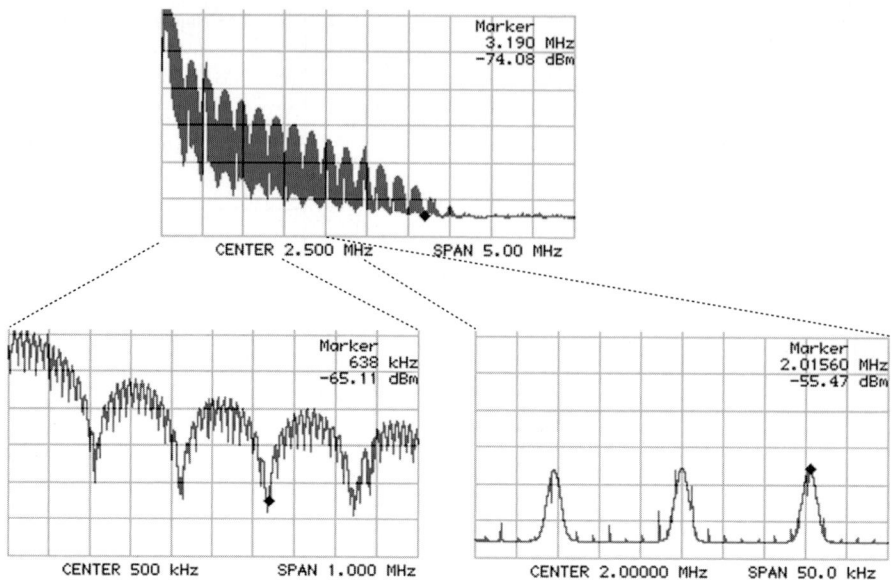

Abb. 2.33. Gemessenes Amplitudenspektrum des BAS-Signals mit Bildinhalt Schwarz

ellen der daraus resultierenden si-Funktion bei $1/T_i$ = 2,08 kHz liegen. In Vergrößerung ist dieser Verlauf an den kleinen Spitzen in Abbildung 2.33 gerade erkennbar.

Abbildung 2.35 zeigt die Veränderung des Spektrums durch ein künstliches, sog. Multiburst-Signal mit definierten Frequenzen von 0,5 MHz, 1 MHz, 2 MHz, 3 MHz, 4 MHz und 4,8 MHz sowie durch einen gewöhnlichen Bildinhalt. Dabei wird deutlich, dass auch mit Bildinhalt das BAS-Spektrum von einzelnen Linien im Abstand der Zeilenfrequenz dominiert wird. Wenn sich der Bildinhalt zeitlich ändert, verbreitern sich die Linien. Je mehr Bewegung im Bild auftritt, desto mehr füllt sich das Spektrum.

Mit Hilfe der genannten Sätze kann auch das Amplitudenspektrum des im PAL-Signal auftretenden Burst gedeutet werden (s. Abschn. 2.3.7). Der Burst

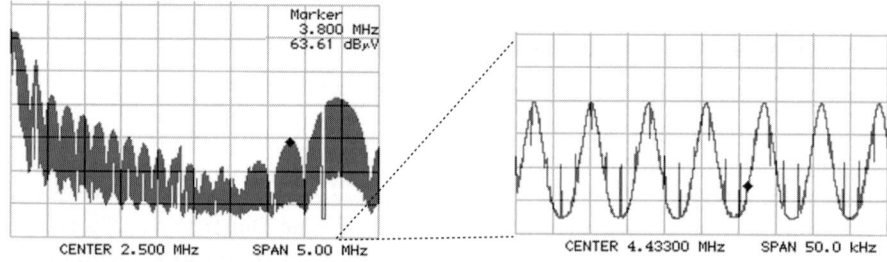

Abb. 2.34. Amplitudenspektren von Sync- und Burstsignal

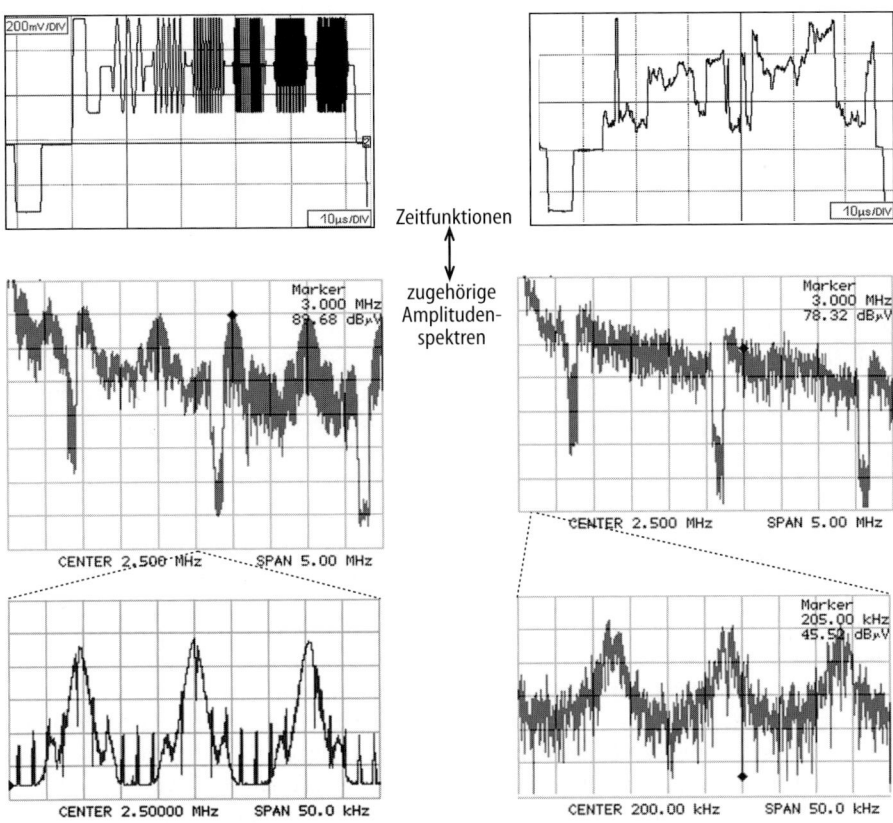

Abb. 2.35. Zeitverlauf und Amplitudenspektren von Multiburst- und Bildsignal

befindet sich in der H-Austastlücke und besteht aus einer cos-Schwingung mit f_{SC} = 4,43 MHz, die für eine Dauer von 10 Perioden, d. h. ca. 2,25 μs einge-schaltet wird. Abbildung 2.34 zeigt am Beispiel eines Black Burst Signals (Sync- und Burst), wie das Spektrum im Bereich um 4,43 MHz von f_{SC} und Nullstellen dominiert wird, die im Abstand des Kehrwerts der genannten Ein-schaltdauer, nämlich 443 kHz auftreten.

2.2.7 Videosignalübertragung im Basisband

Video- und Audiosignale können ohne weitere Manipulation übertragen wer-den, wenn das Übertragungsmedium eine dem Signal entsprechende Band-breite aufweist. Für nicht frequenzversetzte Signale (Basisband) kommt dabei nur die Übertragung durch elektrische Leitungen in Frage. Eine Abstrahlung als elektromagnetische Welle ist im Basisband nicht möglich, da die untere Grenzfrequenz für Videosignale nahe bei 0 Hz liegt und tiefe Frequenzen zu ineffektiv abgestrahlt werden.

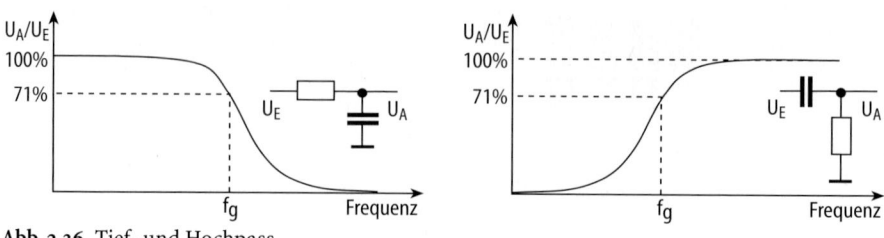

Abb. 2.36. Tief- und Hochpass

2.2.7.1 Filter

Bei der Signalübertragung werden die Signale verändert oder verzerrt. Verzerrungen sind unvermeidlich, sie werden (ggf. als Entzerrung) auch absichtlich herbeigeführt. Eine wichtige Art der Signalveränderung ist die Filterung. Einfache Filter lassen sich mit Kombinationen aus Widerständen und Induktivitäten (RL) oder Widerständen und Kapazitäten (RC) realisieren. Abbildung 2.36 zeigt Signalverläufe von RC-Kombinationen, die als Tief- und Hochpass wirken, also die hohen bzw. tiefen Frequenzen dämpfen. Diese einfachen Filter sind wenig steilflankig, die Grenzfrequenz für das Signal ist dort definiert, wo es auf $1/\sqrt{2}$ des Höchstwertes abgefallen ist.

RC-Kombinationen werden auch durch die Angabe einer Zeitkonstante τ charakterisiert, für die gilt: $\tau = RC$. τ entspricht dabei der Zeit, die vergeht, bis die Kapazität zu 63% aufgeladen oder um 63% entladen ist. In der Videotechnik werden RC-Filter, die durch feste Zeitkonstanten definiert sind, beispielsweise zur gezielten Hochfrequenzanhebung (Preemphasis) eingesetzt (s. Kap. 8.4). Abbildung 2.37 zeigt links eine starke Signalverformung durch einen RC-Hochpass und darunter eine schwächere, wie sie bei Videosignalen auftreten kann. Die zulässige Verformung durch die Hochpasswirkung wird als maximale Dachschräge des Weißimpulses im Prüfsignal angegeben.

Die Verbindungen aus Kapazität und Widerstand spielen elektrotechnisch eine große Rolle, denn durch die Kapazitäten lassen sich Signalverarbeitungs-

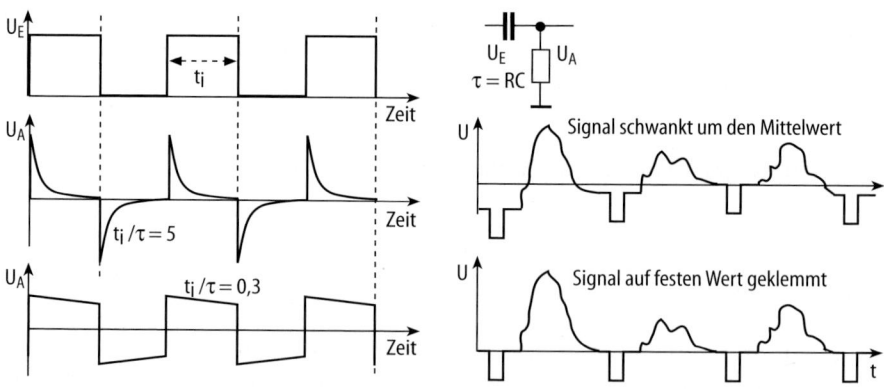

Abb. 2.37. Signalverformung durch Hochpass bzw. Kondensatorkopplung

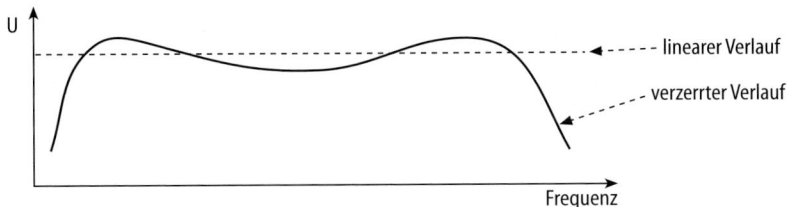

Abb. 2.38. Frequenzgang und lineare Verzerrungen

stufen gleichspannungsmäßig entkoppeln. Bei solchen Kopplungen ist aber keine Information über das Gleichspannungsniveau mehr übertragbar. Bei Videosignalen spielt diese Information aber eine große Rolle, der sog. Austastwert soll immer auf festem Niveau liegen (s. Abschn. 2.2.5). In Abbildung 2.37 wird im rechten Teil deutlich, wie sich das Gleichspannungsniveau durch die Kondensatorkopplung in Abhängigkeit vom Bildsignal verschiebt. Abhilfe lässt sich schaffen, indem hinter dem Kondensator eine elektronische Klemm-Schaltung dafür sorgt, dass das Gleichspannungsniveau auf den gewünschten Wert gehalten (geklemmt) wird.

2.2.7.2 Verzerrungen

Signalveränderungen, die entsprechend einer Filterung den Signalverlauf über der Frequenz betreffen, nennt man lineare Verzerrungen. Der Signalverlauf über der Frequenz wird als Amplitudenfrequenzgang bezeichnet (Abb. 2.38). Jede Abweichung vom linearen Verlauf stellt eine lineare Dämpfungs- oder Verstärkungsverzerrung dar. Verändert sich durch die Übertragung die Phasenlage des Signals, so spricht man von Phasenverzerrungen und Phasenfrequenzgang.

Neben den linearen treten auch nichtlineare Verzerrungen auf. Diese ergeben sich z. B. durch nichtlineare Verstärkerkennlinien und zeichnen sich dadurch aus, dass zusätzliche Frequenzen auftreten, die im ursprünglichen Frequenzband nicht enthalten waren (Abb 2.39). Wird zum Beispiel ein unverzerr-

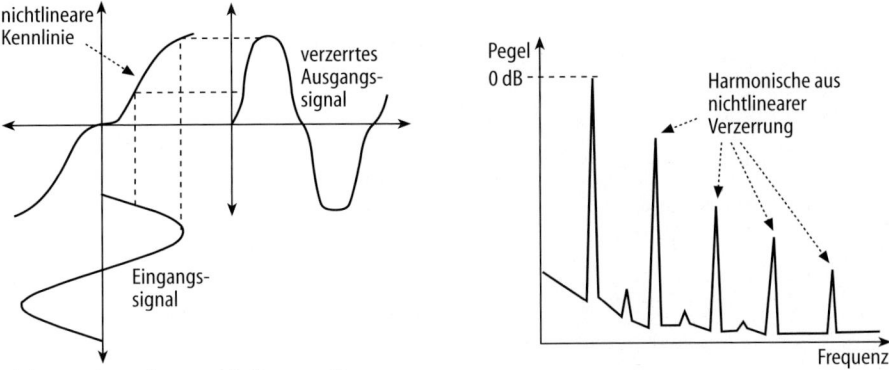

Abb. 2.39. Entstehung nichtlinearer Verzerrungen

tes Sinussignal über einen Transistor mit nichtlinearer Kennlinie verstärkt, so erscheinen nach einer Fouriertransformation anstatt einer einzelnen Linie bei der Schwingungsfrequenz zusätzlich zur Grundfrequenz mit der Amplitude A_1 Oberwellen mit nichtverschwindenden Amplituden A_2, A_3 etc. (Abb. 2.39). Zur quantitativen Bestimmung der nichtlinearen Verzerrungen, vor allem im Audiobereich, dient der Klirrfaktor

$$k = \sqrt{(A_2{}^2 + A_3{}^2 +...)} /A_1.$$

Neben der Verzerrung können Nutzsignale von verschiedenen Störsignalen, wie z. B. Netzeinstrahlungen (Brummen), beeinflusst werden. Nicht deterministische, zufällige Störsignale werden als Rauschen bezeichnet. Schon an einem einfachen elektrischen Widerstand R tritt das unvermeidliche thermische Rauschen auf, das durch die von der Wärme erzeugte, unregelmäßige Elektronenbewegung hervorgerufen wird. Die thermische Rauschleistung hängt neben der Temperatur T von der Übertragungsbandbreite B ab. Mit der Boltzmannkonstanten $k = 1{,}38 \cdot 10^{-23}$ Ws/K gilt die Beziehung:

$$P_r = k\,T\,B.$$

Für das Videosignal kann abgeschätzt werden, dass ein Störspannungsabstand von > 42 dB erforderlich ist, um eine gute Bildqualität zu erhalten.

2.2.7.3 Leitungen

Für die Übertragung von Videosignalen in ihrem ursprünglichen Frequenzbereich (Basisband) werden im professionellen Bereich Koaxialkabel verwendet. Als Steckverbindungen dienen verriegelbare BNC-Stecker (Abb. 2.40) (Bayonet Neill-Concelman). Im Heimbereich kommen aus Kostengründen auch einfache, abgeschirmte Leitungen mit Cinch-Steckern zum Einsatz oder die (mechanisch sehr instabile) 21-polige SCART-Steckverbindung, über die auch Audio- und weitere Signale geführt werden (Abb. 2.41).

Koaxialleitungen sind, abhängig von der Länge, bis zu Grenzfrequenzen von etwa 500 MHz nutzbar, die frequenzabhängige Dämpfung bleibt bei hochwertigen Typen bis zu einer Frequenz von 100 MHz unter 7 dB pro 100 m Länge. Nur bei sehr großen Längen sind Leitungsentzerrer erforderlich, die den stärkeren Verlust von hochfrequenten gegenüber niederfrequenten Signalanteilen

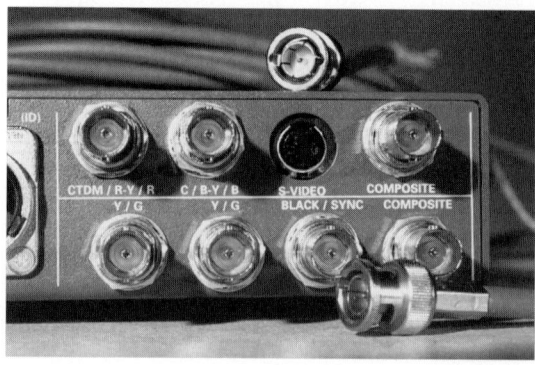

Abb. 2.40. BNC-Steckverbindungen

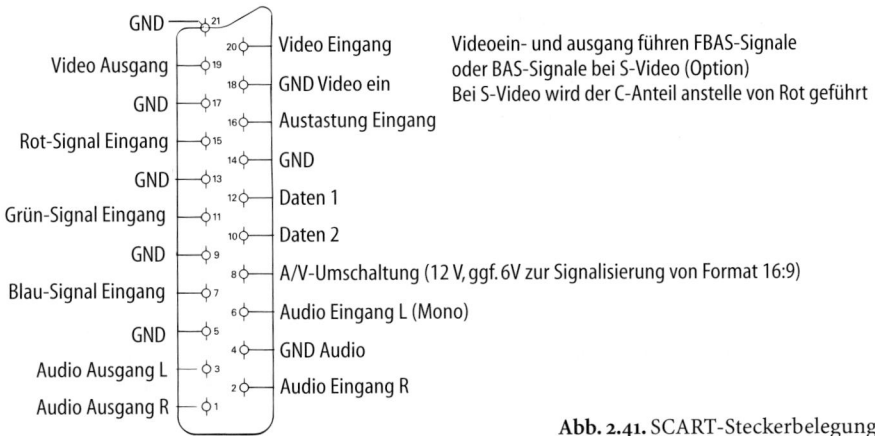

Abb. 2.41. SCART-Steckerbelegung

ausgleichen (Abb. 2.42). Bei der Basisbandübertragung wird die hohe Bandbreite des Übertragungsmediums schlecht genutzt. Sie ist relativ unwirtschaftlich und wird nur für kurze Übertragungsstrecken verwendet.

Elektrische Leitungen weisen einen ohmschen Widerstand auf und dämpfen das Signal. Aufgrund der bei hohen Frequenzen auftretenden Stromverdrängung aus dem Leiterinneren werden hohe Frequenzen stärker bedämpft als tiefe (Skineffekt) und müssen bei Nutzung von langen Leitungen evtl. angehoben werden (Leitungsentzerrung). Die Leiter haben eine Induktivität und das Hin- und Rückleiterpaar bildet eine Kapazität. Bei gleichmäßiger Ausführung hat das Medium einen definierten Widerstand für die Wellen, die sich auf der Leitung ausbreiten. In der Videotechnik werden Leitungen mit einem Wellenwiderstand von Z = 75 Ω benutzt. Wenn die Wellen zum Leitungsende gelangen und dort auf einen anderen Widerstand treffen, können sie reflektiert werden. Um dies zu vermeiden, müssen Videoleitungen immer mit dem Wellenwiderstand abgeschlossen werden. Aus dem gleichen Grund müssen auch

typische Daten: Wellenwiderstand: 75 Ω, Dämpfung bei 5 MHz: < 2 dB/100m, Signallaufzeit: 5 ns/m

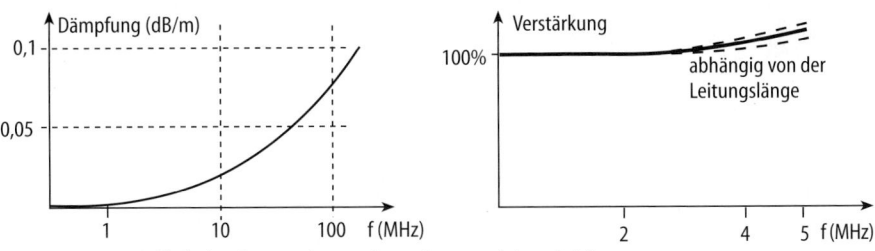

Abb. 2.42. Koaxialkabelaufbau, Leitungsdämpfung und Ausgleichsentzerrung

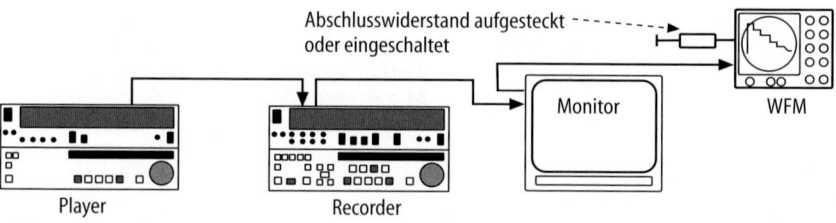

Abb. 2.43. Signalverteilung zu mehreren Geräten

Knickstellen in der Leitung vermieden werden, denn sie sind stets mit einer Änderung des Wellenwiderstands verbunden. Der 75 Ω-Leitungsabschluss wird durch Widerstände an den Geräten erreicht. Bei professionellen Geräten ist der Widerstand häufig abschaltbar, oder es sind zwei zusammengeschaltete BNC-Buchsen vorhanden. Damit kann das Signal zu mehreren Geräten geführt werden (z. B. zum Recorder und zum Monitor). Der Abschlusswiderstand wird nur einmal, am Ende der Kette, eingeschaltet bzw. aufgesteckt (Abb. 2.43). Bei fest eingebauten Widerständen würde sich der Widerstandswert durch die Parallelschaltung zweier angeschlossener Geräte halbieren. Dieser Fall ist bei Heimgeräten gegeben, so dass hier eine Signalweitergabe nur mittels Durchlaufen der elektronischen Schaltungen in den Geräten ermöglicht wird.

Die Ausbreitungsgeschwindigkeit des Signals beträgt ca. $2 \cdot 10^8$ m/s in der Leitung. Laufen zusammengehörige Signalanteile über verschiedene Wege, so können die Laufzeitdifferenzen unter Umständen zu störenden Phasenverschiebungen führen. Wird z. B. eine Kamera von einem zentralen Studiotaktgeber gesteuert, der 500 m entfernt ist, und wird das Videosignal über die gleiche Strecke zu einem Videomischer geführt, so bewirken die 1000 m Kabellängendifferenz eine Laufzeitdifferenz von 5 µs, also ca. 8% der Horizontalperiodendauer. Damit die Bilder bei der Mischung mit einem Signal aus einer Kamera, die über eine kurze Leitung angeschlossen ist, nicht um diesen Betrag horizontal gegeneinander verschoben erscheinen, müssen die Laufzeiten durch einen H-Phasenabgleich elektronisch angeglichen werden.

Die Übertragung von Audiosignalen im Basisband mit 20 kHz Bandbreite ist bezüglich der Signalreflexion unkritisch. Audiosignale sind jedoch sehr anfällig gegen äußere Störsignale (Brummen), daher sollten sie symmetrisch ge-

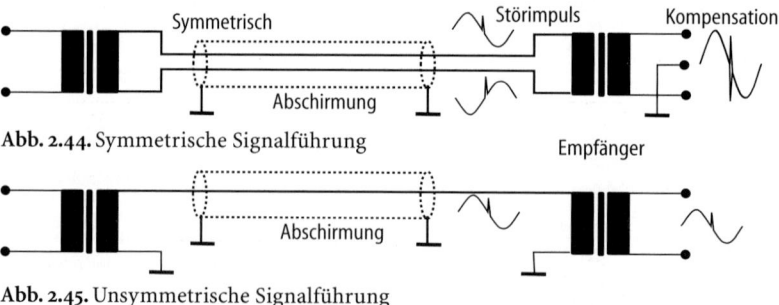

Abb. 2.44. Symmetrische Signalführung

Abb. 2.45. Unsymmetrische Signalführung

führt werden, so dass sich von außen induzierte Störungen aufheben können. Die symmetrische Signalführung wird mit einer Abschirmung und zwei Leitern realisiert, die gegenphasig beide das gleiche Signal führen. Bei der Zusammenführung nach Abb. 2.44 addieren sich, im Gegensatz zur unsymmetrischen Übertragung (Abb. 2.45), die Nutzsignale, während sich Störsignale, die auf beiden Leitern gleichphasig auftreten weitgehend kompensieren. Diese Art der Störreduktion wird nicht nur bei Audiosignalen verwendet, sondern z. B. auch bei der seriellen Datenübertragung mit der RS-422-Schnittstelle (s. Kap 9.3) oder bei der Parallelübertragung digitaler Videosignale. Zur symmetrischen Audiosignalführung werden 3-polige XLR-Steckverbindungen verwendet.

2.2.7.4 Verstärkung

Zum Ausgleich der auftretenden Dämpfungen sind Verstärker erforderlich. Ein einfach einzusetzender Verstärkertyp ist der Operationsverstärker. Dies ist ein Universalverstärker mit sehr hoher Leerlaufverstärkung (z. B. Faktor 10^4), die durch einfache Gegenkopplung angepasst werden kann. Ein Operationsverstärker hat einen sehr hohen Eingangs- und einen sehr kleinen Ausgangswiderstand. Es sind zwei Eingänge vorhanden. Bei Nutzung des ersten, nicht invertierenden wird das Signal ohne Phasendrehung, beim Anschluss am zweiten, invertierenden Eingang mit 180° Phasenverschiebung verarbeitet.

Verstärkungsfaktoren, Spannungen, Leistungen etc. werden in der Nachrichtentechnik häufig als relative logarithmische Werte a mit der Einheit deziBel (dB) angegeben. Bei einer über Spannungsverhältnisse definierten Dämpfung oder Verstärkung $V_u = U_2/U_1$ wird das 20-fache des 10er-Logarithmus verwendet, bei Leistungsverhältnissen V_p das 10-fache, da die Leistung von der Amplitude zum Quadrat bestimmt ist. Für die Angabe absoluter Pegel ist der Bezug zu einer Referenzgröße erforderlich. Für Spannungen bzw. Leistungen gilt:

$$a = 20 \log U/U_{ref}, \text{ bzw. } a = 10 \log P/P_{ref}.$$

In der Audiotechnik ist der meistverwandte Bezugswert $U_{ref} = 0{,}775$ V (Bezugsindex u), der professionelle Audio-Studiopegel hat in Deutschland den Wert +6 dBu entsprechend 1,55 V. Semiprofessionelle Audiogeräte arbeiten oft mit – 10 dBV, die Einheit dBV ist auf den Wert $U_{ref} = 1$ V bezogen.

Auch beim Verhältnis von Signal- zu Rauschleistung P_S/P_N (Signal to Noise, S/N) werden Pegelangaben verwendet (Abb. 2.46). Es gilt:

$$S/N = 10 \log P_S/P_N.$$

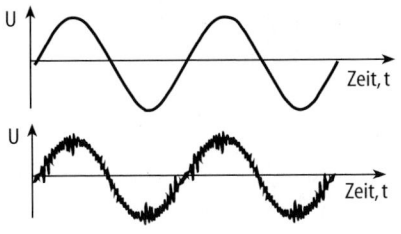
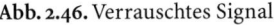
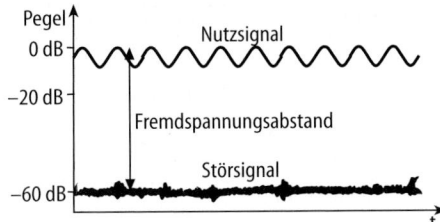

Abb. 2.46. Verrauschtes Signal

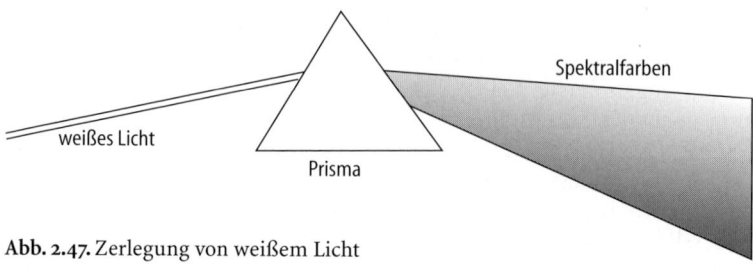

Abb. 2.47. Zerlegung von weißem Licht

2.3   Das Farbsignal

Der Begriff »Farbe« bezieht sich auf eine Sinneswahrnehmung, die als Farbreiz bezeichnet und durch die physikalisch beschriebene Strahlung ausgelöst wird. Farben können nicht absolut, sondern nur im Vergleich angegeben werden. Unabhängig vom Farbreiz wird gleich aussehenden Farben die selbe Farbvalenz zugeordnet. Farbiges Licht kann aus weißem gewonnen werden, indem letzteres mit Hilfe eines Prismas in die sog. Spektralfarben zerlegt wird (Abb. 2.47). Der Lichtweg kann aber auch umgekehrt betrachtet werden, d. h. dass aus der Vereinigung der Spektralfarben wieder Weiß entsteht. Zur Gewinnung von Weiß oder anderer Farben ist es dabei keine notwendige Bedingung, alle Spektralfarben einzusetzen. Um einen Großteil der Farben wiedergeben zu können, reicht es aus, eine additive Mischung aus den drei Grundfarben Rot, Grün und Blau vorzunehmen. Dieser Umstand wird beim Farbfernsehsystem ausgenutzt. Zur Übertragung des Farbsignals ist damit nicht für jede Spektralfarbe eine eigene Information erforderlich, sondern es reichen drei Kanäle aus, um einen großen Teil der Farben wiedergeben zu können, die bei Sonnenbeleuchtung von natürlichen Gegenständen reflektiert werden.

Die Farbigkeit eines Bildpunktes auf dem Fernsehschirm entsteht aus der Überlagerung des Lichts, das von drei rot-, grün- und blauleuchtenden Leuchtstoffen herrührt. Ein Bildpunkt entspricht einem Farbtripel. Wie im Falle der S/W-Wiedergabe werden die Leuchtstoffe von Elektronenstrahlen angeregt. In einer gewöhnlichen Farbbildröhre werden drei Strahlen gemeinsam zu den Farbtripeln geführt, wobei mit einer Schattenmaske dafür gesorgt wird, dass

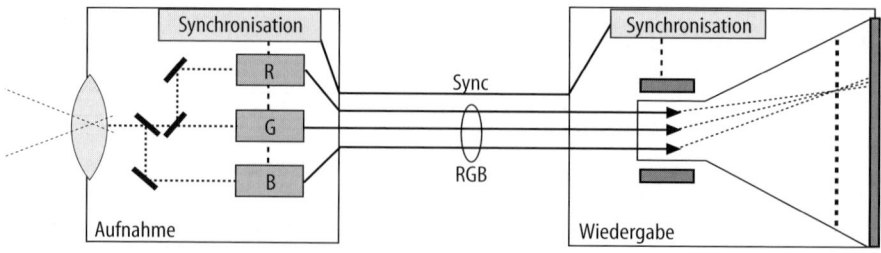

Abb. 2.48. Farbbild-Übertragungsprinzip

Tabelle 2.6. Farbtemperaturen künstlicher und natürlichen Lichtquellen

Kerzenlicht	1850 K	Mondlicht	4100 K
25-W-Glühlicht	2500 K	Sonne früh/spät	4300 K
40-W-Glühlicht	2650 K	Sonne direkt	5800 K
Halogenlampe	3200 K	Normlicht D65	6500 K
HMI-Lampe	5600 K	Himmel, bedeckt	7000 K

jeder Strahl immer nur eine Art von Leuchtstoff trifft. Damit kann die Intensität der jeweiligen Farbe über die Intensität des zugehörigen Elektronenstrahls gesteuert werden. Zur Ansteuerung der Farbbildröhren sind also drei elektrische Signale erforderlich, die als Farbwertsignale bezeichnet werden. Sie entstehen in drei Bildwandlern in der Kamera, wobei dem jeweiligen Bildwandler mit Hilfe optischer Filter nur einer der drei Farbauszüge zugeführt wird (Abb. 2.48). Zur Ermittlung genauerer Zusammenhänge müssen zunächst einige Fakten über Lichtquellen, Farbempfindung und Farbmischung betrachtet werden.

2.3.1 Farbe und Wahrnehmung

Das Licht als elektromagnetische Strahlung und einige Aspekte der Helligkeitswahrnehmung sind in Kap. 2.1 beschrieben. Hier werden nun die Gesichtspunkte dargestellt, die sich auf die Farbe beziehen. Zunächst werden die Lichtquellen betrachtet, anschließend die Wahrnehmung.

2.3.1.1 Temperatur- und Linienstrahler

Erhitzte Körper, wie z. B. die Sonne, strahlen ein Wellenlängengemisch ab, das wir bei genügend hoher Temperatur als weiß empfinden. Bei der Untersuchung eines solchen Gemischs zeigt sich, dass nicht alle Frequenzen gleichmäßig intensiv vertreten sind. Das Maximum des Spektrums verschiebt sich mit steigender Temperatur zu kürzeren Wellenlängen hin, die Strahlungsenergie steigt mit der vierten Potenz der absoluten Temperatur T.

Abbildung 2.49 zeigt Spektren von sog. schwarzen Strahlern, idealen Temperaturstrahlern, bei denen Absorption und Emission im Gleichgewicht stehen. Reale Strahler verhalten sich nicht ideal, qualitativ lassen sie sich aber durch

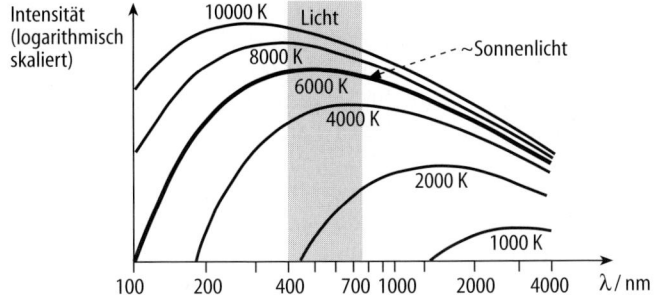

Abb. 2.49. Frequenzspektren schwarzer Strahler bei verschiedenen Temperaturen

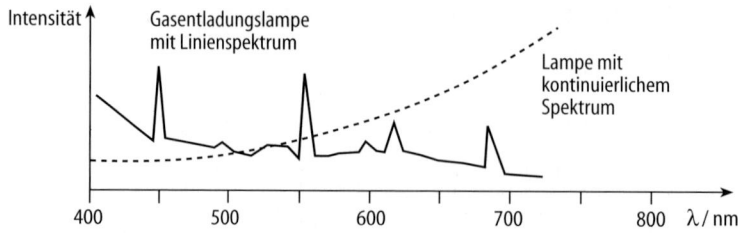

Abb. 2.50. Spektren von Gasentladungslampen und Lampen mit kontinuierlichem Spektrum

die Spektralkurven der schwarzen Strahler hinreichend beschreiben. Das gesamte Spektrum eines Temperaturstrahlers lässt sich damit durch die Angabe der sog. Farbtemperatur charakterisieren (Tabelle 2.6). Sonnenlicht hat etwa eine Farbtemperatur von 5800 Kelvin, eine Glühlampe (Tungsten Lamp) ca. 3200 K (Kunstlicht). Wird eine Glühlampe nicht mit Nennleistung betrieben, so verändert sich mit der Leistungsaufnahme auch die Farbtemperatur.

Als Einheit für die Farbtemperatur wird neben Kelvin auch die besser an die Farbempfindung angepasste Einheit Micro Reciprocal Degrees M verwendet. Es gilt: $M = 1/T \cdot 10^6$. Die zugehörige Einheit mired (mrd) entspricht auch dem Kehrwert von Megakelvin $(MK)^{-1}$. Für das menschliche Auge sind Farbtemperaturdifferenzen ab 10 mrd sichtbar.

Kunstlicht lässt sich nicht nur mit Temperatur-, sondern auch mit Linienstrahlern erzeugen. Linienstrahler sind Gasentladungslampen, die ein Gemisch aus charakteristischen Frequenzen (Spektrallinien) aussenden (Abb. 2.50), das nicht kontinuierlich ist. Durch die Wahl des Gasgemischs kann das Intensitätsverhältnis zwischen den Frequenzen in großem Umfang beeinflusst werden, z. B. derart, dass das Licht insgesamt eine Empfindung wie Tageslicht hervorruft.

2.3.1.2 Körperfarben

Körper, die nicht selbst Licht abstrahlen, reflektieren und absorbieren Licht in anderer Weise als ihre Umgebung und heben sich dadurch von ihr ab. Der Körper nimmt das Licht auf und strahlt es verändert als Körperfarbe wieder ab. Wenn nun der Reflexions- oder Absorptionsgrad von der Wellenlänge des Lichtes abhängt, erscheinen die Körper in weißem Licht farbig, da nicht mehr alle zur Erzielung des richtigen Weißeindrucks erforderlichen Frequenzen vertreten sind (subtraktive Mischung).

Ein gegenüber Bestrahlung mit weißem Licht veränderter Farbeindruck ergibt sich auch dann, wenn der Körper mit monochromatischem Licht beleuchtet wird, denn er kann dann natürlich auch nur Licht der entsprechenden Farbe reflektieren; ein Körper, der kein Rotlicht reflektiert, erscheint in rotem Licht schwarz. Für die richtige Reproduktion des Farbeindrucks bei Videosystemen ist also die Beleuchtung und die Farbtemperatur von großer Bedeutung. Um mit Kunstlicht ähnliche Farben wie bei Tageslicht wiedergeben zu können, wurde die Normlichtart D65 definiert, die sich an der spektralen Verteilung des mittleren Tageslichts unter Einbeziehung von Dämpfung und Streuung in der Atmosphäre mit der Farbtemperatur 6500 K orientiert.

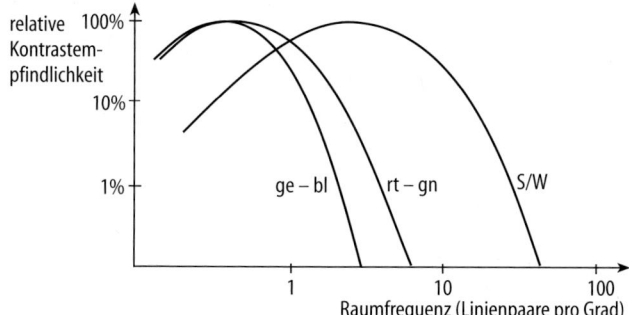

Abb. 2.51. Vergleich der Sehempfindlichkeit für farbart- und helligkeitsmodulierte Raumgitter

2.3.1.3 Die Farbempfindung

Der Aufbau des menschlichen Auges ist in Kap. 2.1 beschrieben. Dort findet sich eine Einteilung der Photorezeptoren in Stäbchen und Zapfen. Die Zapfen des Auges lassen sich nach einem einfachen Modell in drei Gruppen einteilen, die jeweils besondere Empfindlichkeiten für die Farben Rot, Grün und Blau aufweisen. Alle Farbempfindungen kann man sich als unterschiedlich starke Reizung der einzelnen Gruppen vorstellen. Danach empfinden wir z. B. die Farbe Gelb, wenn gleichzeitig nur die rot- und grünempfindlichen Gruppen angeregt werden. Dieses Modell entspricht der additiven Mischung, bei der die Farben durch die Mischung der drei Farbenwerte Rot, Grün, Blau erzeugt werden (s. Abschn. 2.3.2).

Die Farbwahrnehmung ist gegenüber der Helligkeitswahrnehmung mit geringerer räumlicher Auflösung verknüpft. Kleine farbige Flächen können schlecht unterschieden werden. Abbildung 2.51 zeigt am Vergleich von abwechselnden schwarz/weißen Linien mit rot/grünen bzw. gelb/blauen Linien, dass die Kontrastempfindlichkeit für Farbmodulationen erheblich kleiner ist als für Helligkeitsmodulationen [77]. Das bedeutet für die Bildübertragung, dass es für feine Details ausreicht, nur die Helligkeitsinformation zu übertragen und auf die Farbe zu verzichten. Hier ergibt sich eine wichtige Möglichkeit zur Reduktion irrelevanter Information.

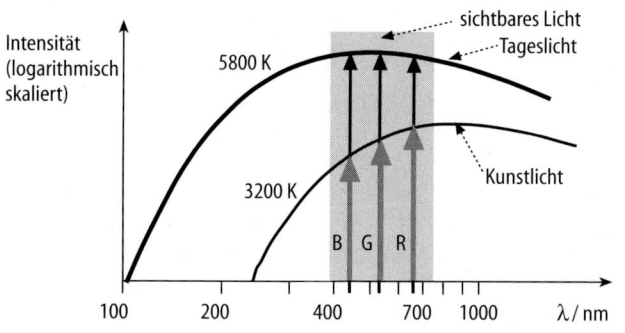
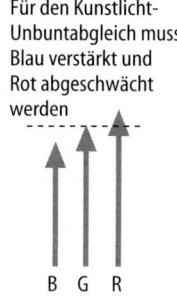

Abb. 2.52. Unbuntabgleich durch elektronische Verstärkung

Wie an verschiedene Helligkeiten, so passt sich der menschliche Gesichtssinn auch an unterschiedliche Farbgemische an. Das von einem gewöhnlichen
Blatt Papier reflektierte Licht wird als weiß empfunden, egal ob es mit Tages-
oder Kunstlicht beleuchtet wird. Der Unterschied der Farbgemische wird uns
nur deutlich, wenn wir beide Lichtarten gleichzeitig sehen, z. B. ein beleuchte-
tes Haus in der Dämmerung. Im Gegensatz zum menschlichen Auge passen
sich technische Geräte zur Bildwandlung (außer bei Vorrichtungen zum automatischen Weißabgleich) nicht an verschiedene Farbgemische an. Hier muss
für die jeweiligen Lichtverhältnisse ein Unbunt-Abgleich vorgenommen werden, d. h. die Geräte müssen so justiert werden, dass sich unabhängig von der
Lichtart bei einer weißen Bildvorlage gleiche elektronische Signale ergeben
(Abb. 2.52).

2.3.2 Farbmischung

Der Begriff »Farbe« lässt sich nach dem Helligkeitsanteil (engl.: luminance)
und der Farbart differenzieren; der Begriff Farbart wiederum in den durch die
Lichtwellenlänge bestimmten Farbton (engl.: hue) und die durch den zuge-
mischten Weißanteil bestimmte Farbsättigung (engl.: saturation). Da der Begriff »Farbe« auch die Helligkeit umfasst, ist es korrekter von Buntheit zu
sprechen, wenn die umgangssprachliche »Farbe« gemeint ist. Bei Grauwerten
spricht man demgemäß von »unbunten Farben«.

Untersuchungen der Abhängigkeit der Farbempfindung vom Farbreiz haben
ergeben, dass es möglich ist, die meisten Körperfarben durch die Mischung
von nur wenigen einfarbigen Lichtern nachzubilden. Bei der additiven Farbmischung werden dazu meist drei Farben verwendet, um die anderen daraus zu
ermischen. Die Grundfarben der additiven Mischung heißen Primärvalenzen.
Allgemein sind dafür die drei spektral reinen Farben Rot (700 nm), Grün (546
nm) und Blau (436 nm) festgelegt. Das Primärvalenzsystem muss so bestimmt
sein, dass keine der Farben aus den anderen ermischbar sein darf.

Die Anteile der Farben an der Gesamtmischung werden als Farbwerte bezeichnet, sie ergeben zusammen die Farbvalenz. Bei Gleichheit der drei Farbwerte entsteht Weiß: R = B = G = 1. Bei gleichmäßiger Reduktion aller Farbwerte, z. B. auf R = B = G = 0,5, ergibt sich Grau. Die Mischung von jeweils
nur zwei der drei Farben mit jeweils 100% Intensität ergibt die folgenden
Kombinationen: Aus Rot und Grün bildet sich Gelb, aus Grün und Blau Cyan
und aus Blau und Rot Magenta. Alle anderen Farben ergeben sich durch Veränderung der Intensitätsverhältnisse beim Mischen. Zwei Farben, die bei einer
additiven Mischung Weiß ergeben, heißen Komplementärfarben. Zu Rot, Grün
und Blau gehören also die Komplementärfarben Cyan, Magenta und Gelb
(Abb. 2.54). Wenn einer der Anteile im Farbgemisch nicht vertreten ist, entsteht eine gesättigte Farbe, die Sättigung sinkt durch Zumischung eines Grau-
wertes, d. h. durch Anhebung aller drei Komponenten um den gleichen Wert
(Abb. 2.53).

Im Gegensatz zur additiven Mischung beruht die subtraktive Farbmischung
auf dem Herausfiltern bestimmter Farben aus weißem Licht. So entsteht bei-

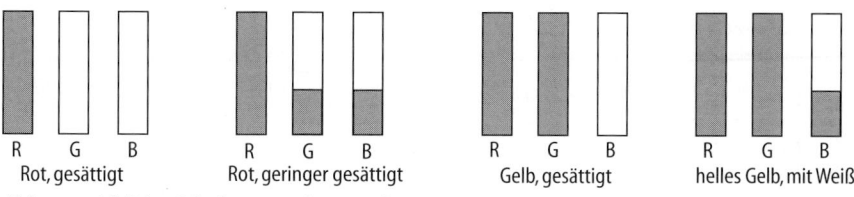

Abb. 2.53. Additive Mischung und Entsättigung

spielsweise Grün, wenn ein Gelb- und ein Cyan-Filter eingesetzt werden (Abb. 2.54). Grundfarben für die subtraktive Mischung sind Cyan, Magenta und Gelb. Die subtraktive Mischung wird in der Drucktechnik angewandt, auch die Körperfarben entstehen subtraktiv.

Für die Farbfernsehtechnik interessiert nur die additive Mischung. Die Überlagerung von drei Lichtern entspricht der Addition von drei Farbreizfunktionen. Zur quantitativen Farbbestimmung werden zunächst die Farbreizfunktionen spezifiziert und Primärreizkurven festgelegt. Diese werden ermittelt, indem ein Beobachter ein Gemisch aus den Farbwerten Rot, Grün und Blau im Intensitätsverhältnis so einstellt, dass die entstehende Farbe gleich dem anzupassenden Farbreiz ist.

Beim Vergleich von Farbwirkungen, die mit verschiedenen Primärreizkurvensystemen gewonnen werden, stellt man fest, dass sich trotz unterschiedlicher Ausgangsbasis die gleichen Farbempfindungen hervorrufen lassen. Dieser Umstand nennt sich Metamerie und ist für die Farbbildreproduktion der Fernsehtechnik von großer Bedeutung, denn auf der Wiedergabeseite soll der auf der Aufnahmeseite vorliegende Farbreiz aus drei Leuchtstoffen emischt werden, deren Atome von Elektronenstrahlen angeregt und damit zur Lichtemission gebracht werden. Diese Leuchtstoffe (Phosphore) strahlen als Naturprodukte jedoch nicht die oben genannten spektral reinen Farben ab, sondern weisen eine eigene Frequenz und geringere Sättigung auf. Aufgrund der Metamerie ist es aber möglich, auch mit ihnen alle für die Reproduktion wesentlichen Farben darzustellen. Eine Klasse von metameren Farbreizen entspricht einer Farbvalenz.

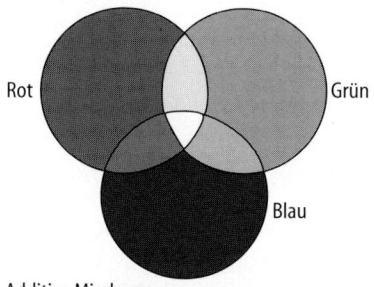

Additive Mischung:
R-, G-, B-Lichtquellen beleuchten einen weißen Hintergrund

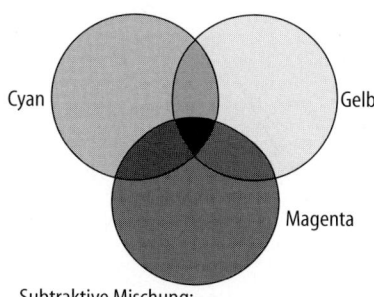

Subtraktive Mischung:
Cy-, Mg-, Gelb-Filter vor weißem Hintergrund

Abb. 2.54. Additive und subtraktive Mischung

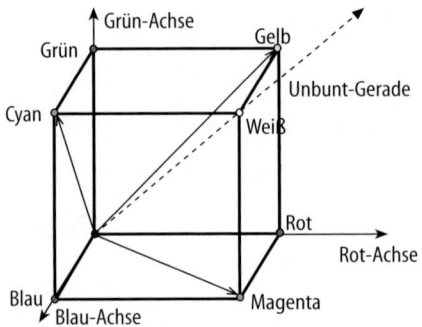
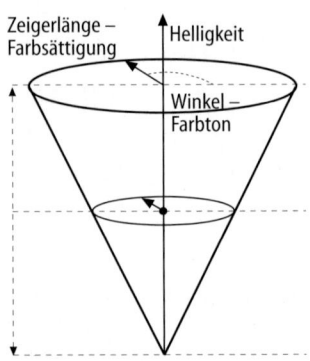

Abb. 2.55. Dreidimensionaler Farbraum und Farbtüte

2.3.3 Farbmetrische Größen

Die Farbmetrik dient der quantitativen Farbfestlegung. Man kann jede Farbe dreidimensional in einem Farbraum darstellen, dessen Achsen durch die Primärvalenzen R, G, B aufgespannt werden. Vereinfacht lässt sich die Farbe auch in einer sog. Farbtüte darstellen, indem gemäß Abbildung 2.55 im dreidimensionalen Raum nach oben die Helligkeit und in der Ebene der Farbartkreis aufgetragen wird. Die Zeigerlage (Winkel) gibt hier den Farbton und die Zeigerlänge die Farbsättigung an.

Farbvalenzen mit gleicher Leuchtdichte unterscheiden sich nur in ihrer Farbart. Die Information über die Farbart allein lässt sich in einer Ebene darstellen, die sich aus einem diagonalen Schnitt durch den RGB-Würfel als sog. Primärvalenzfarbdreieck ergibt. Jeder Punkt in der Ebene gehört zu einer bestimmten Farbart und einem Farbort. Damit lässt sich die Farbmischung mit Hilfe der Schwerpunktregel angeben, d. h. der Farbort der Mischung ergibt sich als gemeinsamer Schwerpunkt, wenn den Farben an den Eckpunkten Gewichte zugeordnet werden. Farborte, die sich aus der Mischung positiver Farbwerte ergeben, liegen innerhalb des Farbdreiecks (innere Mischung) (Abb. 2.56). Um die Darstellung zu vereinfachen, werden die Farbwerte auf R + G + B

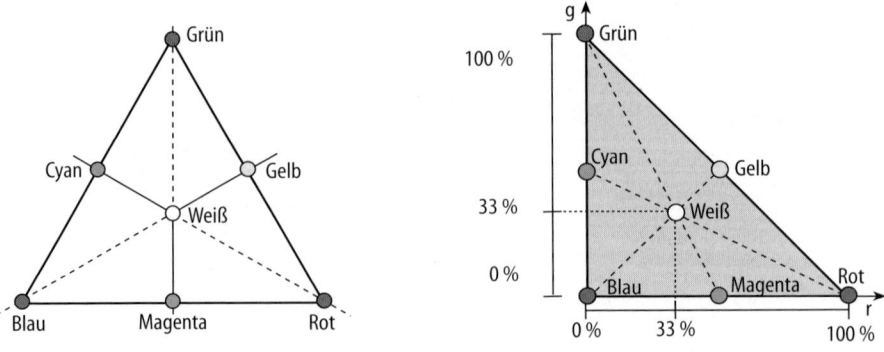

Abb. 2.56. Schnitt durch den dreidimensionalen Farbraum und r-g-Fläche

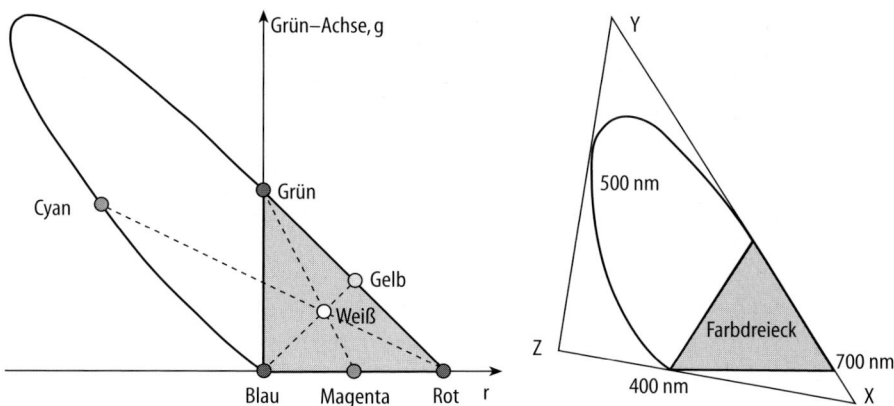

Abb. 2.57. Primärvalenzen im r-g- und XY-Koordinatensystem

normiert und es entstehen die Farbwertanteile r, g, b :

$$r = R / (R + G + B), \ g = G / (R + G + B), \ b = B / (R + G + B).$$

Damit lässt sich der dreidimensionale Farbraum auf die zwei Dimensionen r und g reduzieren, denn mit r + g + b = 1 erübrigt sich die Angabe der dritten Größe (Abb. 2.56).

Wenn in ein r/g-Koordinatensystem nun die Spektralfarben eingetragen werden, entsteht der in Abbildung 2.57 dargestellte hufeisenförmige Kurvenzug, dessen Rand durch die gesättigten Spektralfarben gebildet wird. Die zur Mischung benutzten Primärvalenzen bilden das graue Dreieck. Es wird deutlich, dass die außerhalb des Dreiecks liegenden Farben durch innere Mischung nicht nachgebildet werden können, bzw. die Bestimmung der Farbwerte einiger Spektralfarben negative Werte erfordert. Die Farbwerte der Spektralfarben werden als Spektralwerte bezeichnet. Sie sind als Spektralwertkurven in Abbildung 2.58 dargestellt. Die Kurvenzüge zeigen die für jede Spektralfarbe erforderlichen Verhältnisse der Primärreize bezüglich des Primärvalenzsystems mit den Wellenlängen 700 nm, 546 nm und 436 nm und haben auch hier negative Anteile.

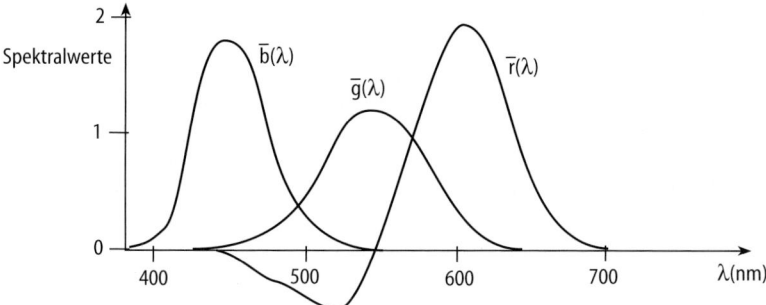

Abb. 2.58. Spektralwertkurven der spektralen Primärvalenzen

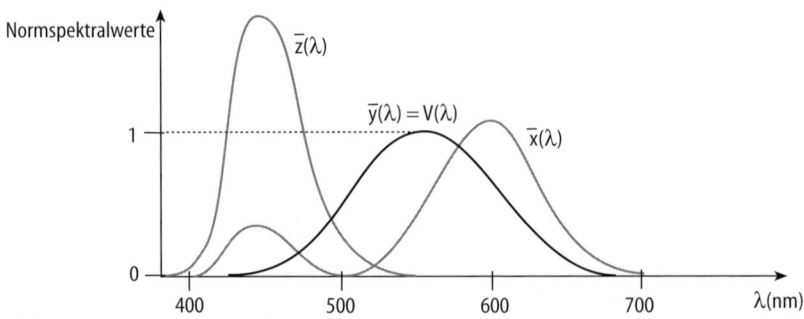

Abb. 2.59. Normspektralwertkurven

Um die Darstellung weiter zu vereinfachen, wird ein Wechsel des Primärvalenzsystems vorgenommen, hin zu einem System, in dem keine negativen Werte verwendet werden müssen. Das System wird dann als Normvalenzsystem bezeichnet und mit den Normfarbwerten X, Y, Z, gebildet. Der Wechsel des Primärvalenzsystems mit den Koordinaten R, G, B zum System X, Y, Z erfolgt als einfache lineare Koordinatentransformation.

Die Normfarbwerte X, Y, Z werden wieder zu den Normfarbwertanteilen x, y, z normiert, so dass die Summe der drei Zahlen gleich eins ist:

$$x = X/(X + Y + Z), \quad y = Y/(X + Y + Z), \quad z = Z/(X + Y + Z).$$

Die Spektralwertkurven in diesem System werden als Normspektralwertkurven bezeichnet und sind in Abbildung 2.59 dargestellt. Die Normfarbwerte sind so gewählt, dass sich der gesamte Spektralfarbenzug in einem Quadranten des x/y-Koordinatensystems befindet (Abb. 2.57). Die Normvalenzen liegen außerhalb des vom Spektralfarbenzug umschlossenen Gebietes und sind physikalisch nicht realisierbar. Sie werden als virtuelle Primärvalenzen bezeichnet. Die Lage des Koordinatensystems ist so bestimmt, dass die zu y gehörige Spektralwertkurve der spektralen Hellempfindlichkeitskurve V(l) des mensch-

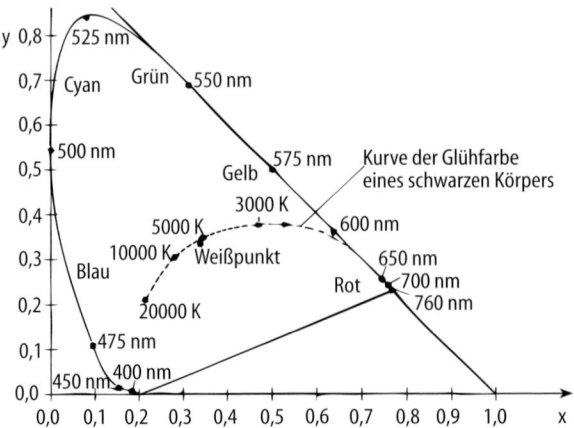

Abb. 2.60. CIE-Diagramm

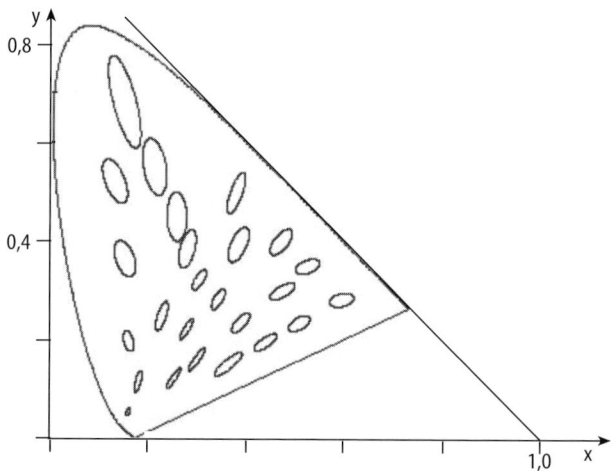

Abb. 2.61. McAdam-Ellipsen

lichen Auges proportional ist. Damit ist der Normfarbwert Y proportional zur Leuchtdichte, was für die Farbfernsehtechnik von großer Bedeutung ist.

Die Normfarbtafel mit x/y-Koordinaten wurde von der internationalen Beleuchtungskommision (Commission Internationale d'Eclairage, CIE) als Bezug für die Farbmetrik genormt (Abb. 2.60). Der Weißpunkt (Normlicht D65) hat die Koordinaten x = y = z = 0,33. Jede Gerade, die vom Weißpunkt ausgeht, kennzeichnet eine Farbart mit gleichem Farbton aber verschiedener Farbsättigung. Mischfarben bedecken mehrere Kurven- oder Flächenstücke. Der Farbton wird also durch den Ort auf dem Spektralfarbenzug angegeben, die Sättigung durch den Abstand vom Weißpunkt.

In Abbildung 2.60 wird deutlich, dass die Spektralanteile zwischen 500 nm und 575 nm (cyan/grün/gelb) über eine sehr weite Strecke des Kurvenzugs verteilt sind, während sich z. B. die Anteile für Blau (400 nm bis 475 nm) sehr zusammendrängen. Das deutet auf einen Nachteil des CIEXYZ-Farbmodells hin, nämlich dass die vom Menschen empfundenen Farbunterschiede nicht gleichabständig dargestellt werden. Im Jahre 1942 hat McAdam diese Fähigkeiten zur Farbdifferenzierung untersucht. In Abbildung 2.61 sind die dort gefundenen Farbauflösungsfähigkeiten als so genannte McAdam-Ellipsen eingetragen. Dabei entsprechen große Ellipsenflächen geringen Farbauflösungsfähigkeiten und umgekehrt. Die Lage der Ellipsen und die Ellipsenform lässt erkennen, dass der Bereich der Grüntöne sehr ausgedehnt erscheint und die Auflösungsfähigkeiten in Richtung Rot-Grün größer ist als in Richtung Gelb-Blau (s. auch Abb. 2.51)

Um zu Farbräumen zu kommen die eine gleichabständige Darstellung der Farbwahrnehmung des Menschen erlauben, wurden 1976 zusätzlich zu CIEXYZ die Farbsysteme CIELAB und CIELUV definiert. Letzteres wird oft zur Darstellung der Farbräume von Displaysystemen verwendet. Abbildung 2.62 zeigt den Verlauf der Spektralfarbenzugs im CIELUV-Farbraum. Im Vergleich zum CIEXYZ-System und an den dort wieder eingetragenen Ellipsen wird deutlich,

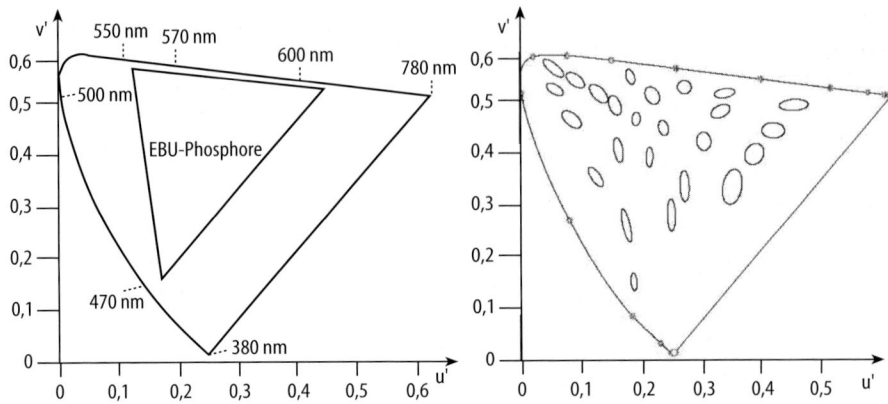

Abb. 2.62. Spektralfarbenzug und McAdam-Ellipsen im CIELUV-Koordinatensystem

dass die Strecken im Gelbgrün-Bereich nun gestaucht sind während sie in den Bereichen um Rot bzw. Blau gedehnter dargestellt werden. Der Übergang zwischen den Farbräumen CIEXYZ und CIELUV ist mit den Größen L für die Leuchtdichte sowie u´ und v´ für die Buntheit durch die Beziehungen $L = 116 \cdot (y/Y_n)^{1/3} - 16$; $u´ = 4X / (X + 15 Y + 3 Z)$ und $v´ = 9Y /(x + 15Y + 3 Z)$ gegeben.

2.3.3.1 Farbmischung am Bildschirm

Für die Farbfernsehtechnik interessiert weniger das allgemeine Primärvalenzsystem als das Primärvalenzsystem des Displays, das sich aus den Valenzen der zur Wiedergabe eingesetzten Leuchtstoffe in Kathodenstrahlröhren ergibt. Um für jeden Empfänger den gleichen Farbeindruck zu erzielen, müssen die Leuchtstoffe genormt werden. In den 50er Jahren wurden zunächst für die USA Leuchtstoffe von der Federal Communications Commission (FCC) festgelegt. Von der European Broadcasting Union (EBU) wurden später andere,

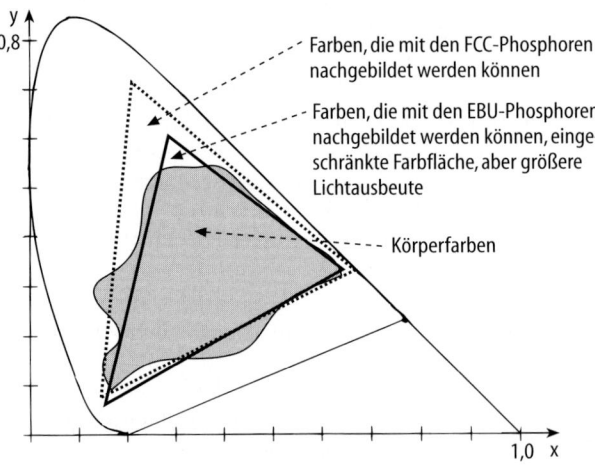

Farben, die mit den FCC-Phosphoren nachgebildet werden können

Farben, die mit den EBU-Phosphoren nachgebildet werden können, eingeschränkte Farbfläche, aber größere Lichtausbeute

Körperfarben

Abb. 2.63. CIE-Diagramm mit den Koordinaten der Primärvalenzen nach FCC und EBU

leicht davon abweichende Bezugswerte definiert, die bei gleichem Strahlstrom bei der Wiedergabe eine höhere Leuchtdichte ermöglichen. Wenn diese nach FCC und EBU genormten Primärvalenzen in das CIE-Diagramm eingetragen werden, bilden sie die beiden in Abbildung 2.63 dargestellten Dreiecke. Die EBU-Farbwertanteile sind auch in Abbildung 2.62 dargestellt. Sie haben bezgl. CIExy folgende Koordinaten:

Rot: x = 0,64, y = 0,33; Grün: x = 0,29, y = 0,60; Blau: x = 0,15, y = 0,06.

Mit den EBU- bzw. FCC-Primärvalenzen lassen sich nur Farben darstellen, die innerhalb des jeweiligen Farbdreiecks liegen. Die EBU-Phosphore weisen insbesondere im Grünanteil eine geringere Sättigung auf. Die Qualität der Farbreproduktion wird dadurch aber kaum eingeschränkt, da die in der Natur am häufigsten vorkommenden Körperfarben (in Abb. 2.63 grau gekennzeichnet) im wesentlichen innerhalb der durch die Farbwerte aufgespannten Dreiecke liegen. Beim Übergang von R, G, B auf X, Y, Z bezüglich der FCC-Primärvalenzen ergeben sich folgende Beziehungen:

$$X = 0,607 \ R + 0,173 \ G + 0,201 \ B,$$

$$Y = 0,299 \ R + 0,587 \ G + 0,114 \ B \text{ und}$$

$$Z = 0,000 \ R + 0,066 \ G + 1,118 \ B.$$

Der Luminanzanteil kann danach über folgende Gleichung gewonnen werden, die auch für EBU-Primärvalenzen benutzt wird:

$$Y = 0,299 \ R + 0,587 \ G + 0,114 \ B.$$

Diese Gleichung ist für die Farbfernsehtechnik sehr wichtig, denn sie dient zur Ermittlung eines SW-kompatiblen Signals aus den drei festgelegten Farbwertsignalen. Dabei wird ein Bezug zwischen der spektralen Abhängigkeit der menschlichen Hellempfindung und den Farbmischkurven, die eine Farbkamera liefert, hergestellt, der mit Abbildung 2.64 veranschaulicht werden kann: Aus der Abbildung können für die Wellenlängen der Bildschirmprimärvalenzen, bei 465 nm, 540 nm und 610 nm, die relativen Helligkeitsbeiwerte 0,47, 0,92 und

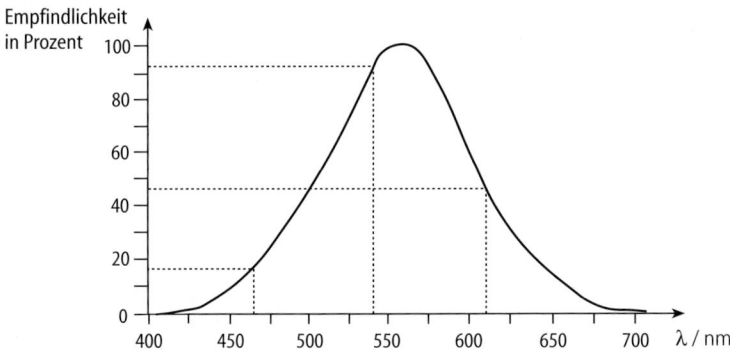

Abb. 2.64. Spektrale Hellempfindung des Menschen in Bezug zu den Bildschirmprimärvalenzen

0,17 entnommen werden. Wenn diese auf 1 normiert werden ergeben sich mit 0,47/(0,47 + 0,92 + 0,17) = 0,3 sowie 0,92/1,56 = 0,59 und 0,17/1,56 = 0,11 die gerundeten Faktoren der vorstehenden Gleichung: Y = 0,3 R + 0,59 G + 0,11 B.

Eine Veränderung bei der Normierung der Bildschirmprimärvalenzen, wie es z. B. bei der Einführung von HDTV geschieht (s. Kap. 3.4.1), erfordert auch eine Veränderung der Gleichung für Y. Für HDTV gilt: Y = 0,213 R + 0,715 G + 0,072 B. Für Computerdisplays gibt es keine allgemeine Festlegung, doch können sich Monitorhersteller wahlweise an den sRGB-Farbraum halten, der dem EBU-Farbraum sehr ähnlich ist.

2.3.3.2 Farbmischkurven in der Kamera

In der Kamera oder im Filmabtaster wird das Bild mit Filtern in die RGB-Farbauszüge zerlegt. Die Filter sind meist als Interferenzfilter ausgeführt und haben Transmissionsverläufe, wie sie in Abb. 2.65 dargestellt sind. Zusammen mit der Strahlungsfunktion des Aufnahmelichts und den spektralen Empfindlichkeiten des Wandlers selbst ergeben sich daraus die in Abb. 2.66 dargestellten Farbmischkurven, wie sie für einen CCD-Wandler typisch sind. Diese müssen wiederum gleich den drei Spektralwertkurven des Bildschirmprimärvalenzsystems multipliziert mit der Strahlungsverteilung der Tageslichtart D65 (6500 K) sein, da der Unbuntabgleich so vorgenommen wird, dass bei Vorliegen gleich großer Farbwertsignale die Tageslichtart D65 wiedergegeben wird.

Abbildung 2.66 zeigt auch die Spektralwertkurven für das Primärvalenzsystem bezüglich der genormten EBU-Valenzen. Diese weisen negative Anteile auf, die sich nicht als Spektralempfindlichkeiten von Strahlteilerfiltern mit den angegebenen Farbmischkurven realisieren lassen. Eine Möglichkeit zur Vermeidung negativer Anteile ist der Übergang zu einem virtuellen Primärvalenzsystem, so wie es am Beispiel des Normvalenzsystems dargestellt wurde. Die Umrechnung zwischen einem virtuellen Primärvalenzsystem und dem des Bildschirms erfordert nur eine lineare Transformation, die in der Kamera auf elektronische Weise mit den Farbwertsignalen durchgeführt werden kann. Das virtuelles Primärvalenzsystem wird nun aus den Spektralwertkurven des Aufnahme-Bildwandlers gebildet und eine elektronische Schaltung, die sog. Matrix in der Kamera sorgt für die Transformation in das Bildschirmprimärvalenzsystem. Mit der Matrix ist es also möglich, quasi Farbmischkurven mit negativen Anteilen zu erzielen.

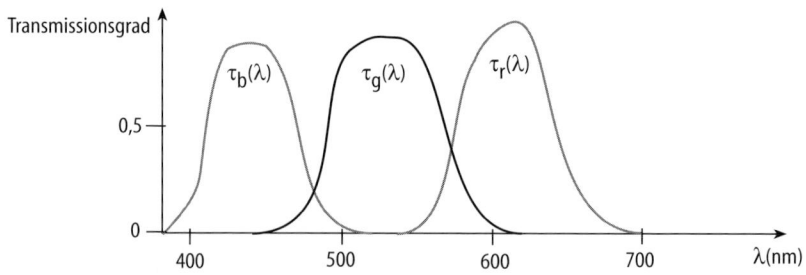

Abb. 2.65. Transmissionsverhalten von Farbfiltern in Kameras

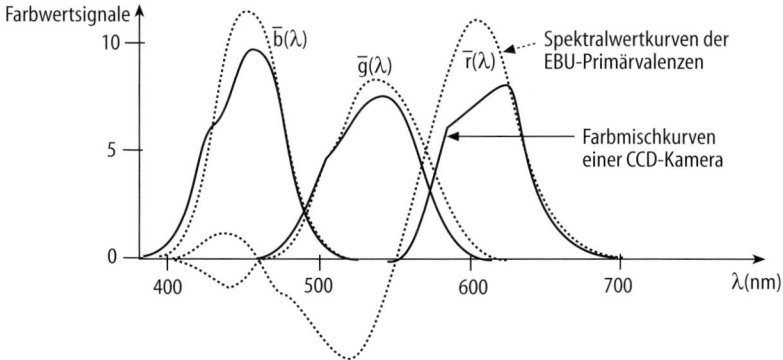

Abb. 2.66. Farbmischkurven der Kamera und Spektralwertkurven der EBU-Primärvalenzen

2.3.4 Das RGB-Signal

In der professionellen Kamera werden mittels separater Wandler drei Farbwertsignale gebildet. Diese in elektrische Form gewandelten Signale müssen streng genommen als E'r, E'g und E'b bezeichnet werden. Das E kennzeichnet dabei das elektrische Signal und das Apostroph die Gamma-Vorentzerrung, die auch bei Farbsignalen direkt im Bildwandler vorgenommen wird. Diese korrekte Bezeichnung wird jedoch selten verwandt, auch die elektrischen Signale werden meist abkürzend mit R, G, B, Y, etc. bezeichnet.

Im einfachsten Fall können zur Farbsignalübertragung drei Übertragungskanäle für jeweils eine der Grundfarben verwendet werden. Wie beim S/W-Signal wird in Europa ein Signalpegel von 100% wieder dem Spannungswert 0,7 V_{ss} zugeordnet. Auch die Austast- und Synchronsignale des S/W-Verfahrens werden übernommen. Dieses RGB-Verfahren beansprucht mindestens drei Übertragungswege und damit die dreifache Bandbreite eines S/W-Systems (Abb. 2.67). Das Synchronsignal wird bei der RGB-Übertragung häufig separat geführt, wobei sich ein Bedarf von vier Signalleitungen ergibt. Alternativ wird das Synchronsignal allein auf der Leitung für Grün übertragen und dabei auch

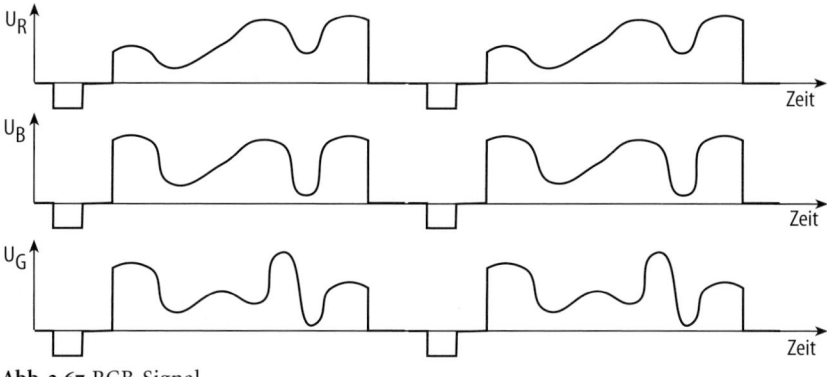

Abb. 2.67. RGB-Signal

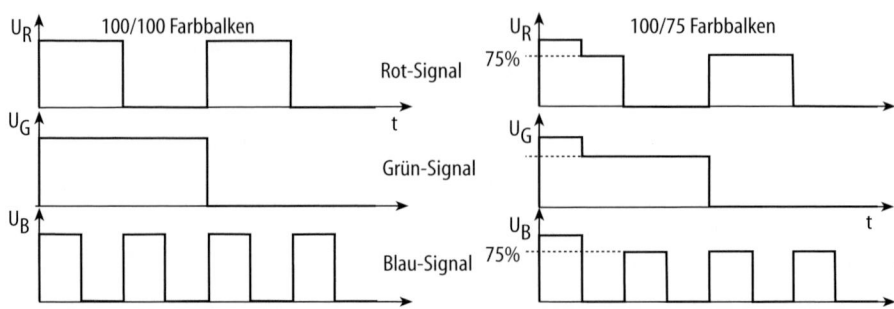

Abb. 2.68. 100/100- und 100/75-Farbbalken-Prüfsignal

als GBR oder RGsB bezeichnet oder auch auf allen drei Leitungen, wobei wie beim S/W-Signal ein negativ gerichteter Impuls von – 0,3 V verwendet wird.

Die RGB-Übertragung bietet höchste Übertragungsqualität. Sie wird wegen des hohen Bandbreiten- und Leitungsbedarfs aber nur auf kurzen Strecken eingesetzt, z. B. zwischen Kameras und Einrichtungen der Bildtechnik oder zur Verbindung von Computern mit den zugehörigen Farbmonitoren. Bei der Übertragung über große Strecken soll das Farbvideosignal eine möglichst geringe Bandbreite beanspruchen, daher wird es auf Basis des RGB-Signals in vielfältiger Weise verändert.

Für alle elektrischen Signalformen wird als Farbprüfsignal ein Farbbalken-Testbild verwendet, bei dem jede Zeile des Bildsignals die acht Farbkombinationen enthält, die sich ergeben, wenn die drei Signale für R, G, B jeweils zu 0% oder 100% eingeschaltet werden. Es entsteht so der 100/0/100/0-Farbbalken (Abb. 2.68), wobei die Balken nach sinkender Helligkeit angeordnet sind und damit bei S/W-Wiedergabe eine Grautreppe bilden. Neben Schwarz und Weiß und den Farben R, G, B, ergeben sich die Grundfarben der subtraktiven Farbmischung: Cyan, Magenta und Gelb. Oft wird auch das 100/0/75/0-Farbbalkensignal verwendet. Bei diesem Testsignal werden die Farben, außer bei der Mischung für Weiß, nur aus 75%-Pegeln ermischt, d. h. außer bei Weiß wird der Luminanz- und Chrominanzpegel auf 75% reduziert. Diese Maßnahme verhindert Übersteuerungen des Standard-Farbsignals und ermöglicht einen einfachen Vergleich von Chrominanz- und Weißwert bei PAL-codierten Signalen (s. Abschn. 2.3.6).

2.3.5 Das Komponentensignal

Bei der Einführung des Farbfernsehsystems wurden zwei wichtige Forderungen gestellt: Erstens sollte das Farbsignal S/W-kompatibel sein, d. h. aus dem Farbsignal sollte das Leuchtdichtesignal für konventionelle S/W-Empfänger einfach ableitbar sein. Zweitens sollte es möglich sein, die Farbzusatzinformation im gleichen Kanal wie das S/W-Signal zu übertragen, ohne dass zusätzlich Bandbreite beansprucht wird. Damit die Forderungen erfüllt werden können, ist es erforderlich, das RGB-Signal zu verändern. Die erste Stufe ist die Gewin-

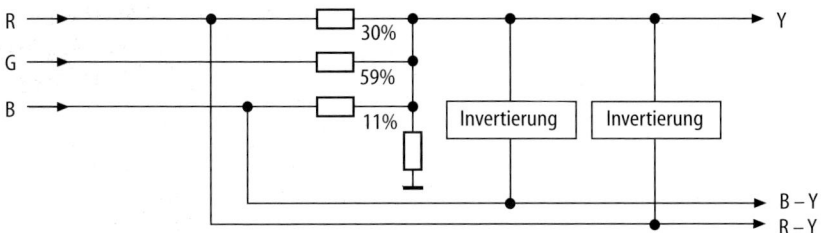

Abb. 2.69. Gewinnung des Luminanzsignals und der Farbdifferenzsignale

nung des S/W-kompatiblen Leuchtdichtesignals Y (Abb. 2.69). Die Beziehung für das Y-Signal (Luminanzsignal) folgt aus der Transformation zwischen den Koordinatensystemen RGB und XYZ bezüglich der Wiedergabeleuchtstoffe (s. Abschn. 2.3.3.1). Es gilt :

$$Y = 0{,}299\ R + 0{,}587\ G + 0{,}114\ B.$$

An dieser Stelle ist die verkürzte Bezeichnung RGB für die Farbwertsignale nicht ausreichend. Es muss erwähnt werden, dass hier, wie auch bei der unten angegebenen Differenzbildung, die γ-vorentzerrten Signale benutzt werden. Die korrekte Definition lautet:

$$E_Y' = 0{,}299\ E_R' + 0{,}587\ E_G' + 0{,}114\ E_B'.$$

Die Faktoren für E_R', E_G', E_B' berücksichtigen die Helligkeitsbewertung für verschiedene Farben, so dass sich eine Umsetzung der Farbwerte in Grauwerte ergibt. Wenn nur das Luminanzsignal übertragen wird, erscheint ein Farbbalken als Grautreppe. Der Zusammenhang lässt sich auch folgendermaßen veranschaulichen: Wird das Weiß einer Bildvorlage aus der additiven Mischung des Lichts dreier Lampen mit den Farben RGB erzeugt und die Lampen für Grün und Blau ausgeschaltet, so liefert der Rotkanal in einer idealen Farbkamera ein Signal mit 100%, die beiden anderen 0%. Wird vor die dann rote Fläche eine ideale S/W-Kamera gestellt, so hat diese eine Ausgangsspannung von 30% des Maximalwertes (bei völlig grüner, bzw. blauer Fläche ergeben sich 59% bzw. 11%).

Prinzipiell würde es ausreichen, neben dem Y-Signal zwei weitere Farbwertsignale, z. B. für Rot und Blau zu übertragen. Da der Y-Kanal die Information über die Helligkeit enthält, ist es aber günstig, dass die zwei weiteren Kanäle Informationen allein über die Farbart enthalten, denn dann können Signalmanipulationen, wie z. B. eine Bandbreitenreduktion, vorgenommen werden, die allein die Farbart betreffen. Daher werden für Blau und Rot die Farbdifferenzkomponenten (R − Y) und (B − Y) gebildet. Die Farbdifferenzsignale enthalten keine Luminanzinformation, sie verschwinden bei allen unbunten Farben da Farbkameras so eingestellt werden, dass die Signalanteile für RGB bei weißer Bildvorlage gleich sind. Auch bei einer grauen Fläche haben die RGB-Signalanteile jeweils gleiche Werte. Es gilt: R = G = B = Y, und (R − Y) = (B − Y) = 0. Es werden die Differenzen von Y zu R und G gebildet da der Grünauszug dem Y-Signal am ähnlichsten ist und sich bei G − Y nur geringe Pegel ergäben. Die rückwirkungsfreie Gewinnung des Leuchtdichtesignals Y und der Farbdifferenzsignale aus RGB und umgekehrt wird Matrizierung genannt, hier aber in einem anderen Sinne als bei der Matrix in der Kamera. Im Prinzip ergibt sich Y einfach aus der Summation der RGB-Anteile unter Berücksichtigung der oben genannten Faktoren mit Hilfe entsprechender Spannungsteiler (Abb. 2.69). Aus der Abbildung wird auch deutlich, wie mit Hilfe des invertierten Y-Signals die Farbdifferenzsignale (R − Y) und (B − Y) gewonnen werden können.

2.3.5.1 Pegelreduktion

Die Farbdifferenzsignale werden pegelreduziert, damit sie keine höheren Spannungen aufweisen als das Luminanzsignal und um Übersteuerungen zu vermeiden. Dass bei (R − Y) und (B − Y) höhere Spannungen als beim Y-Signal auftreten können, wird am Beispiel der Farben Gelb und Blau deutlich: Ein gesättigtes Gelb lässt sich aus 100% Rot und Grün ermischen, der zugehörige Grauwert ergibt sich zu 89% und erscheint dem Auge fast so hell wie Weiß. Bei Gelb hat die Farbdifferenzkomponente (R − Y) den Wert 0,11, und (B − Y) hat den Wert −0,89. Liegt im Bild dagegen allein ein gesättigtes Blau vor, so entstehen folgende Werte: Y = 0,11, sowie (R − Y) = − 0,11 und (B − Y) = 0,89.

Die Farbdifferenzwerte für gesättigtes Gelb und Blau treten in gleicher Größe positiv und negativ auf. Die zugehörigen Spannungen ergeben sich aus der Multiplikation der Prozentwerte mit 0,7 V. Die Spannung für (B − Y) schwankt zwischen + 0,62 V (Gelb) und − 0,62 V (Blau), hat also mit 1,24 V_{ss} einen Wert, der 0,7 V_{ss} deutlich überschreitet. Eine Übersicht über die sich beim 100/100- und 100/75-Farbbalken ergebenden Spannungswerte für die Komponenten zeigt Abb.ildung 2.70.

Ein einheitliches Komponentensignal soll bei allen drei Komponenten eine Maximalspannung von 0,7 V_{ss} aufweisen, daher werden die Farbdifferenzsignale zu C_R und C_B bzw. P_R und P_B reduziert. Die Reduktionsfaktoren sind in der EBU-Norm N 10 festgelegt, die sich auf einen 100/0/100/0-Farbbalken bezieht. Um z. B. die 1,24 V_{ss} der (B − Y)-Komponente auf 0,7 V_{ss} zu reduzieren, ist der Faktor 0,564 erforderlich (Abb. 2.63). Es gilt:

$$C_R = 0{,}713 \ (R − Y)$$

$$C_B = 0{,}564 \ (B − Y) \ (EBU-N \ 10),$$

die genauere Beschreibung zeigt wieder, dass hier, wie auch in den folgenden Beziehungen, die γ-vorentzerrten Signale gemeint sind:

$$E_{CR}{}' = 0{,}713 \ (E_R{}' − E_Y{}')$$

$$E_{CB}{}' = 0{,}564 \ (E_B{}' − E_Y{}') \ (EBU-N \ 10).$$

Bei einigen älteren Geräten (Betacam) werden Reduktionsfaktoren verwendet, die sich auf einen 75%-Farbbalken beziehen. Hier gilt: $C_R = 0{,}95 \ (R − Y)$ und $C_B = 0{,}752 \ (B − Y)$ (Betacam, veraltet).

Für die Bildung des FBAS-Signals müssen die Pegel der Farbdifferenzsignale noch weiter reduziert werden, da sie in modulierter Form dem Luminanzsignal überlagert werden (s. Kap. 2.3.6). Zu diesem Zweck werden die Differenzsignalamplituden mit den Faktoren $c_u = 0{,}493$ und $c_v = 0{,}877$ reduziert. Die

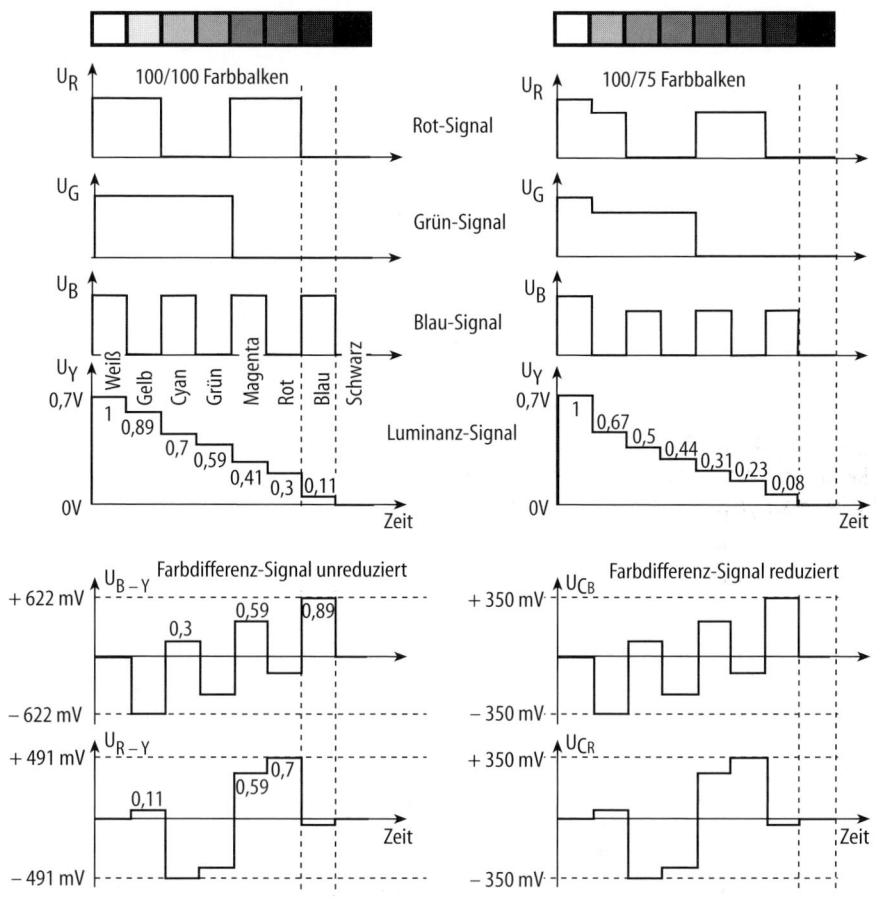

Abb. 2.70. Luminanz- und Farbdifferenzsignale

amplitudenreduzierten Signale werden dann mit U und V bezeichnet. Es gilt die Beziehung:

V = 0,877 (R – Y)

U = 0,493 (B – Y) (für die PAL-QAM-Modulation).

Die Signale U und V sind an keiner Schnittstelle zu finden. Die Buchstaben U und V werden aber häufig fälschlicherweise an Stelle von C_R und C_B als allgemeine Bezeichnung für Farbdifferenzkomponenten verwendet. Für die Wahl der Bezeichnung gibt es darüber hinaus eine Empfehlung, die Buchstaben C_R und C_B nur zu verwenden, wenn die Komponentensignale in digitaler Form vorliegen und die analogen mit P_R und P_B zu bezeichnen.

Die Verknüpfung der Signale RGB zur Gewinnung der Komponenten Y, C_R, C_B nach Abbildung 2.69 wird als Matrixschaltung bezeichnet, ebenso wie die

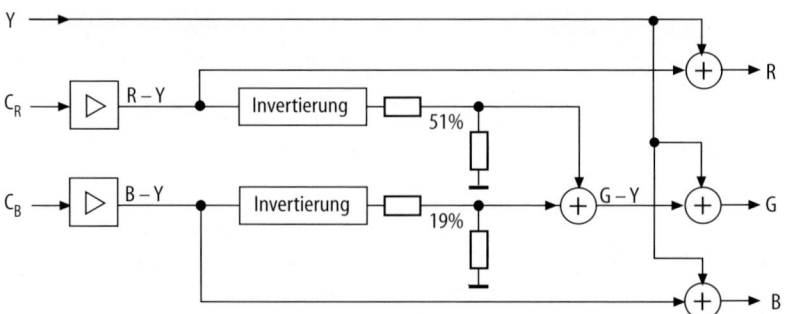

Abb. 2.71. Matrix zur Gewinnung der RGB-Signals aus dem Komponentensignal

in Abbildung 2.71 dargestellte Schaltung, die zur Rückgewinnung des RGB-Signals dient. Rechnerisch gilt für die Rückgewinnung der RGB-Komponenten aus den Farbdifferenzkomponenten U und V:

$$R = V/c_v + Y,$$

$$B = U/c_u + Y,$$

$$G = Y - 0{,}3/0{,}59 \cdot V/c_v - 0{,}11/0{,}59 \cdot U/c_u,$$

Bei der Rückgewinnung von RGB aus Y, C_R, C_B müssen statt c_u und c_v die Werte 0,564 und 0,713 eingesetzt werden. Unabhängig von der jeweiligen Pegelreduktion gilt die Beziehung:

$$(G - Y) = - 0{,}51 (R - Y) - 0{,}19 (B - Y).$$

2.3.5.2 Bandbreitenreduktion

Y, C_R und C_B bilden zusammen das Komponentensignal (Component Anallogue Video, CAV). Zur Übertragung dieses Signals sind weiterhin, wie bei der RGB-Übertragung, drei Leitungen bei voller Bandbreite erforderlich, der einzige Vorteil ist die S/W-Kompatibilität. Zur S/W-Übertragung wird nur das Y-Signal verwendet, die Farbdifferenzsignale werden einfach weggelassen.

Die Komponentenform bietet die Möglichkeit, die Übertragungsbandbreite für die Farbdifferenzsignale zu vermindern, mit dem Argument, dass das menschliche Auge, wegen des geringeren Auflösungsvermögens für feine Farbdetails, die aufgrund der kleineren Bandbreite verringerte Farbauflösung nicht bemerkt (s. Abschn. 2.3.1). Wird die Bandbreite für die Farbdifferenzsignale z. B. jeweils halbiert, so ist im Vergleich zum S/W-System statt der dreifachen insgesamt nur noch die doppelte Übertragungsbandbreite erforderlich. In der Praxis wird die Bandbreite der Farbdifferenzsignale bei einer Y-Bandbreite von 5 MHz auf 1,3 ... 2,5 MHz reduziert. Der Wert 1,3 MHz ist bei visueller Beurteilung des Bildes ausreichend. Er wird benutzt, wenn das Komponentensignal als Basis für eine PAL-Codierung zur Übertragung zu den Zuschauern dient. Im Produktionsbereich wird mit einer Bandbreite von ca. 2 MHz für die Farbdifferenzkomponenten gearbeitet, da die dort vorgenommenen Signalbearbeitungen, wie z. B. Chroma Key, eine höhere Farbauflösung erfordern. Komponentensignale sind trotz Bandbreitenreduktion Signale mit hoher Qualität und sind nicht mit FBAS-Artefakten (s. Abschn. 2.3.6) behaftet. Moderne Studios mit analoger Technik sind daher häufig für Komponentensignale ausgelegt. Das Komponentensignal ist auch das Ausgangsformat zur Gewinnung eines hochwertigen Digitalsignals.

Der wesentliche Nachteil gegenüber der FBAS-Technik ist die dreifache Verkabelung. Die Komponentensignalübertragung erfordert je eine Leitung für Y, C_R und C_B. Dem Y-Signal ist das Synchronsignal beigemischt, auf der Y-Leitung beträgt die Spannung insgesamt 1 V_{ss}, auf den Chromaleitungen 0,7 V_{ss}. Aufgrund der getrennten Signalführung können Laufzeitdifferenzen, z. B. wegen unterschiedlicher Leitungslängen, entstehen. Wie bei jeder getrennten Video-Signalführung muss dafür gesorgt werden, dass diese Laufzeitdifferenzen kleiner als 10 ns bleiben, da sonst im Bild Farbflächen gegenüber den zugehörigen Konturen verschoben erscheinen.

2.3.6 Das Farbsignal mit Farbhilfsträger

Die Farbdifferenzsignale und das BAS-Signal sollen zu einem Farb-Bild-Austast-Synchronsignal derart zusammengefasst werden, dass das Gemisch nicht nur S/W-kompatibel ist, sondern auch die o. g. Forderung erfüllt, dass es nicht mehr Übertragungsbandbreite beansprucht als das S/W-Signal allein. Die Erfüllung der Forderung gelingt durch Nutzung der Lücken im Spektrum des BAS-Signals (s. Abb. 2.33). Die Farbdifferenzsignale werden dazu zunächst zum Chrominanzsignal C zusammengefasst, das aufgrund der gleichen Zeilenstruktur auch etwa die gleichen Lücken im Amplitudenspektrum aufweist wie das Luminanz-Signal Y (Abb. 2.34). Das Chrominanzsignal wird dann so auf einen Farbhilfsträger moduliert, dass die Spektren für Y und C gerade ineinander verkämmt sind (Abb. 2.72).

2.3.6.1 Das Chrominanzsignal
Im Chrominanzsignal sind die beiden Farbdifferenzkomponenten zusammengefasst. Es gibt diesbezüglich die drei wichtigen Varianten NTSC, SECAM und PAL. In Deutschland wird das PAL-Verfahren angewandt, die Darstellung sei hier zunächst an diese Form angelehnt.

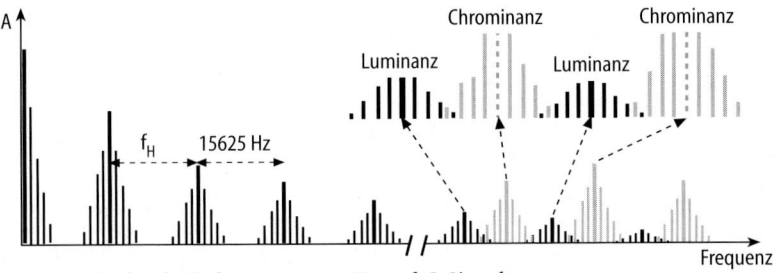

Abb. 2.72. Spektrale Verkämmung von Y- und C-Signalen

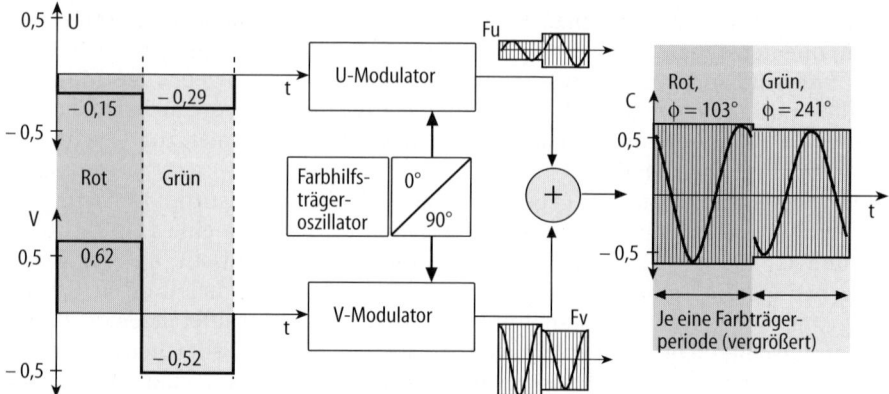

Abb. 2.73. QAM-Signalbildung bei 100% Rot und Grün

Die beiden Differenzsignale werden auf ca. 1,3 MHz Bandbreite begrenzt und so pegelreduziert, dass die Anteile U und V entstehen. Da das Chrominanzsignal und das zugehörige Luminanzsignal im Frequenzmultiplex übertragen werden, muss das Chrominanzsignal auf einen Hilfsträger (engl.: Subcarrier, Abk.: SC) moduliert werden. Die Farbhilfsträgerfrequenz f_{sc} liegt für PAL bei ca. 4,4 MHz. Um zwei Signale auf nur einer Tragerfrequenz unterbringen zu können, wird als Modulationsart die Quadraturamplitudenmodulation (QAM) gewählt [88]. QAM bedeutet zweifache Amplitudenmodulation mit zwei Trägern gleicher Frequenz, die um 90° gegeneinander phasenverschoben sind (Abb. 2.73). Damit ergeben sich aus U und V die modulierten Signale F_u und F_v:

$$F_u = U \sin (\omega_{sc}t) \text{ und } F_v = V \cos (\omega_{sc}t),$$

die anschließend addiert werden. Durch diese Art der Modulation wird nicht nur die Amplitude der Trägerschwingung, sondern auch die Phasenlage verändert. Abbildung 2.73 zeigt am Beispiel des Übergangs zwischen den gesättigten Farben Rot und Grün, wie sich bei QAM Amplituden- und Phasensprünge ergeben. Das Gesamtsignal heißt Chrominanzsignal C, es wird, nicht ganz exakt, auch als Farbartsignal F bezeichnet.

Entsprechend der Verschiebung um 90° können die Differenzsignale U und V als Zeiger in einem rechtwinkligen Koordinatensystem dargestellt werden, U liegt auf der x- und V auf der y-Achse (Abb. 2.75). Es entsteht eine Fläche analog zum Farbkreis, in der jeder Punkt einer Farbart entspricht. Die Chrominanzfläche ist aber nicht gleich der Farbartfläche, da U und V mit verschiedenen Reduktionsfaktoren gebildet wurden und die Farbdifferenzkomponenten vom Luminanzsignal abhängen. Jeder Punkt der Fläche kann durch einen Vektor beschrieben werden. Für die Vektorlänge gilt:

$$C = \sqrt{U^2 + V^2}, \text{ bzw. } C' = \sqrt{(B - Y)^2 + (R - Y)^2}$$

für unreduzierte Komponenten. Die Länge des Chrominanzvektors hängt von der Farbsättigung ab, bei Schwarz, Weiß und Grautönen ist seine Länge gleich

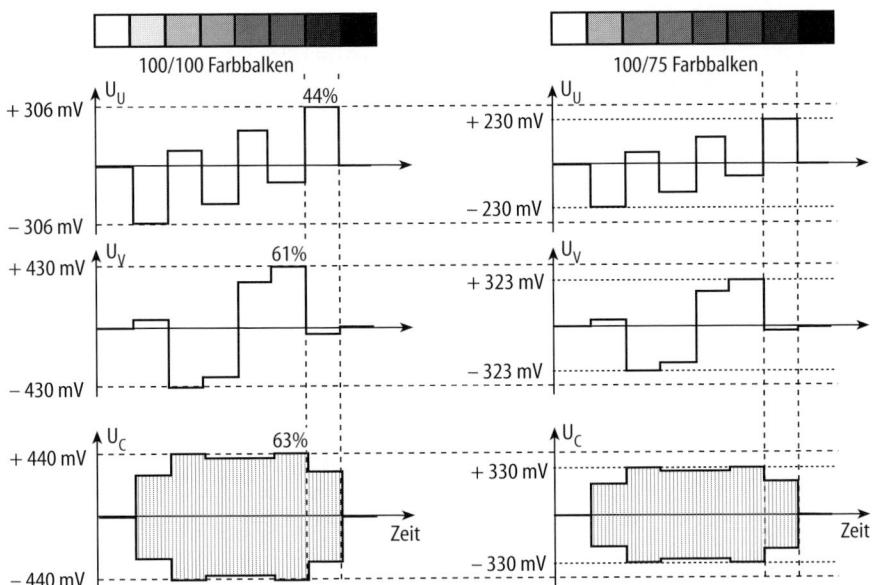

Abb. 2.74. Chrominanzsignale beim 100/100- und 100/75-Farbbalken

Null. Für den Winkel ϕ zwischen Vektor und U-Achse gilt:

$\tan \phi = V/U$.

Der Winkel ϕ repräsentiert den jeweiligen Farbton. Zu Rot gehört z. B. der Winkel $\phi = 103°$, zu Blau $\phi = 347°$ etc.

Die Chrominanzsignale, die sich aus den Farbbalkenprüfsignalen ergeben, sind in Abbildung 2.74 dargestellt. Der schnelle Wechsel zwischen hochgesättigten Farben, deren Phasenwinkel sich stark unterscheiden (Komplementärfarben), geht mit einem Amplituden- oder Phasensprung einher. Dabei können kurzzeitig Einschwingvorgänge auftreten, die sich als unscharfe Trennung zwischen den beiden betroffenen farbigen Bereichen äußeren. So erscheint z. B. ein rotes Fußballtrikot auf grünem Rasen mit einer unscharfen Kontur.

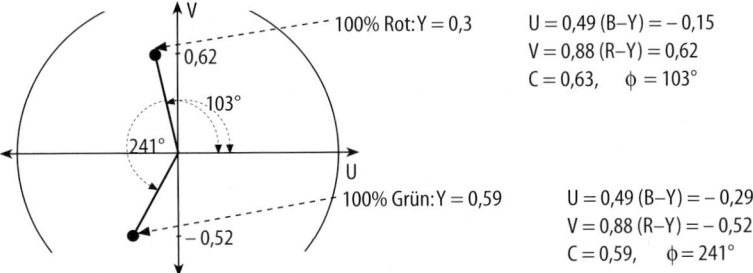

Abb. 2.75. Zeigerdarstellung der Chrominanzkomponenten bei Rot und Grün

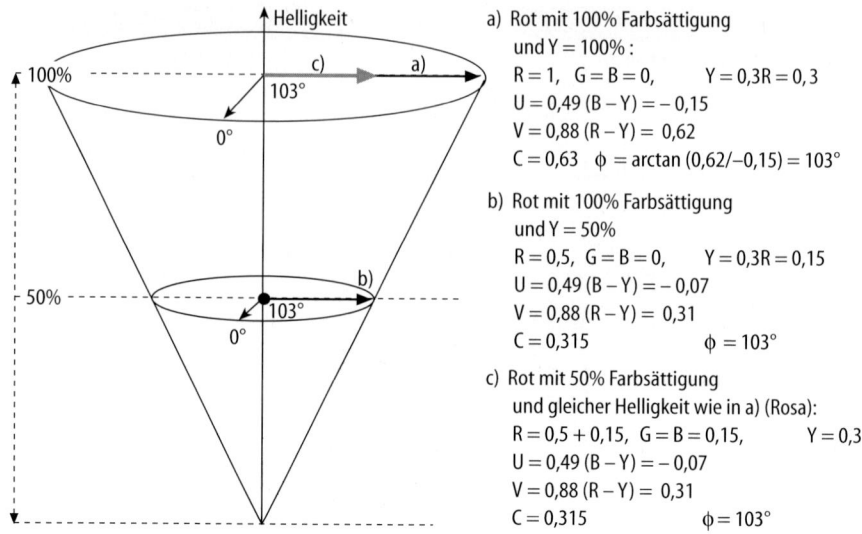

a) Rot mit 100% Farbsättigung
und Y = 100% :
$R = 1$, $G = B = 0$, $Y = 0{,}3R = 0{,}3$
$U = 0{,}49 (B - Y) = -0{,}15$
$V = 0{,}88 (R - Y) = 0{,}62$
$C = 0{,}63$ $\phi = \arctan (0{,}62/-0{,}15) = 103°$

b) Rot mit 100% Farbsättigung
und Y = 50%
$R = 0{,}5$, $G = B = 0$, $Y = 0{,}3R = 0{,}15$
$U = 0{,}49 (B - Y) = -0{,}07$
$V = 0{,}88 (R - Y) = 0{,}31$
$C = 0{,}315$ $\phi = 103°$

c) Rot mit 50% Farbsättigung
und gleicher Helligkeit wie in a) (Rosa):
$R = 0{,}5 + 0{,}15$, $G = B = 0{,}15$, $Y = 0{,}3$
$U = 0{,}49 (B - Y) = -0{,}07$
$V = 0{,}88 (R - Y) = 0{,}31$
$C = 0{,}315$ $\phi = 103°$

Abb. 2.76. Chrominanzvektor in Abhängigkeit von Helligkeit und Farbsättigung

Die Vektorlänge hängt nicht allein von der Farbsättigung, sondern auch vom Luminanzanteil ab. Wenn der Luminanzanteil konstant ist, so entspricht die Länge allein der Sättigung, wenn die Sättigung konstant ist, repräsentiert die Vektorlänge die Helligkeit. Abbildung 2.76 verdeutlicht diesen Zusammenhang an verschiedenen Beispielen, dabei wird auch deutlich, dass sich in allen Fällen der gleiche Phasenwinkel ergibt.

2.3.6.2 Das Y/C-Signal

Das gesamte Farbvideosignal besteht aus den beiden Anteilen Luminanz Y und Chrominanz C. Wenn diese beiden Anteile separat auf eigenen Leitungen übertragen werden, spricht man vom Y/C-Signal. Diese Art der getrennten Signalführung findet bei hochwertigen Heimsystemen und semiprofessionellen Geräten (S-VHS, Hi8, Computerschnittsysteme) Verwendung und wird auch als S-Video bezeichnet. Der Luminanzkanal beinhaltet das BAS-Signal mit 1 V_{ss}, also auch die Synchronimpulse. Das Chrominanzsignal ist um den Burst ergänzt (s. u.), der mit einer Spannung von 0,3 V_{ss} auf der hinteren Schwarzschulter liegt. Die Signalverläufe für Y und C sind bezüglich eines Farbbalkens in Abbildung 2.77 dargestellt.

Das Y/C-Signal ist qualitativ schlechter als ein Komponentensignal, da die Bandbreite des geträgerten Chromasignals stärker eingeschränkt ist. Gegenüber dem FBAS-Signal ergibt sich dagegen ein Qualitätsvorteil, da bei getrennter Signalführung Filter zur Y/C-Trennung umgangen werden können (s. Kap. 2.3.8). Um den Einsatz zweier separater Leitungen zu vermeiden, werden für die Y/C-Signale besondere Steckverbindungen verwendet. Meistens der 4-polige, sog. Hosidenstecker (Abb. 2.77). Bei neueren Geräten gibt es teilweise die Möglichkeit, das S-Videosignal auch über SCART-Stecker zu führen (Abb. 2.41).

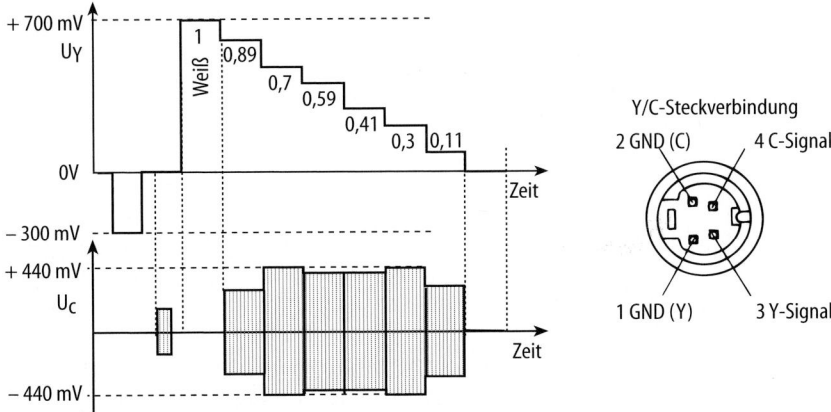

Abb. 2.77. Luminanz- und Chrominanzsignal beim 100/100-Farbbalkensignal

2.3.6.3 Das FBAS-Signal

Durch die Zusammenführung von Luminanz- und Chrominanzsignal entsteht das zusammengesetzte (Composite) Farb-, Bild-, Austast-, Synchronsignal (FBAS), englisch CVBS für Colour, Video, Blanking, Sync. Die frequenzabhängige Darstellung (Abb. 2.72) zeigt, dass bei der Zusammensetzung die Spektren von Luminanz- und Chrominanz-Signalen miteinander verkämmt werden. In der zeitabhängigen Darstellung des Gesamtsignals wird deutlich, dass die Y- und C-Amplitudenwerte addiert werden. Das Chrominanzsignal hat positive und negative Anteile, bei der Addition der Amplitudenwerte zum Y-Signal ergibt sich für das Farbbalkensignal der in Abb. 2.78 dargestellte Verlauf.

Es zeigt sich, dass bezüglich des 100%-Farbbalkens eine Übermodulation bis zum Wert 133% bzw. −33% zugelassen wird. Bei geringerer Amplitude für das Chrominanzsignal würde sich ein zu schlechter Signal-Rauschabstand ergeben, denn ohne Zulassung von Übermodulation dürfte die Chromaamplitude z. B. für Gelb nur 11% der Weißwertamplitude betragen. Die Farben Gelb

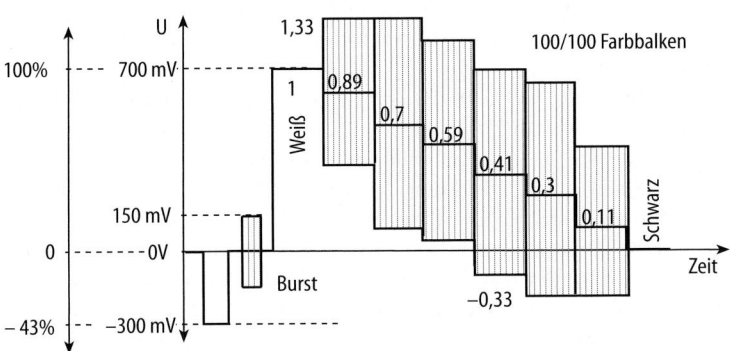

Abb. 2.78. FBAS-Signal beim 100/100-Farbbalkensignal

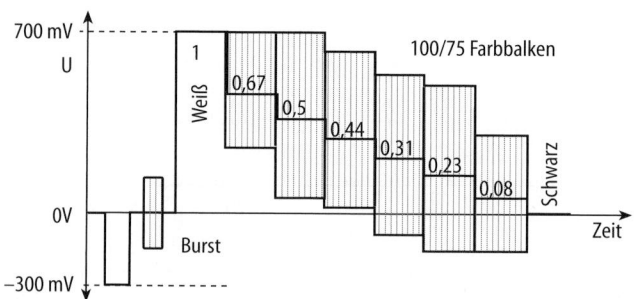

Abb. 2.79. FBAS-Signal
beim 100/75-Farbbalken

und Cyan sind besonders kritisch, da die zugehörigen Chrominanzamplituden zu den höchsten Luminanzpegeln addiert werden. Für 100% Gelb gilt:

$$Y = 0,3\ R + 0,59\ G = 0,89$$

$$R - Y = 1 - 0,89 = 0,11 \text{ und } B - Y = -0.89.$$

Für 100% Cyan gilt:

$$Y = 0,59\ G + 0,11\ B = 0,7$$

$$R - Y = -0,7 \text{ und } B - Y = 1 - 0,7 = 0,3.$$

Bei Zulassung einer Gesamtamplitude von 133% darf die Chrominanzamplitude bei Gelb den Wert $1,33 - 0,89 = 0,44$ und bei Cyan den Wert $1,33 - 0,7 = 0,63$ aufweisen [88]. Aus den Bestimmungsgleichungen für diese beiden Werte lassen sich die erforderlichen Pegelreduktionsfaktoren c_u und c_v für die Farbdifferenzsignale ermitteln:

$$\text{Gelb: } (0,44)^2 = (c_v\ (R - Y))^2 + (c_u\ (B - Y))^2 = (c_v\ 0,11)^2 + (c_u\ (-0,89))^2$$

$$\text{Cyan: } (0,63)^2 = (c_v\ (R - Y))^2 + (c_u\ (B - Y))^2 = (c_v\ (-0,7))^2 + (c_u\ 0,3)^2.$$

Die Auflösung ergibt die bereits bekannten Beziehungen

$$c_u = 0,493 \text{ und } c_v = 0,877.$$

Die sich daraus ergebende Übermodulation kann auch deshalb akzeptiert werden, weil in realen Bildvorlagen im wesentlichen Körperfarben auftreten, deren Farbsättigung so gering ist, dass unter diesen Umständen Pegel von 100% nur selten überschritten werden.

In diesem Zusammenhang wird auch klar, warum die Signalüberprüfung erleichtert wird, wenn anstelle des 100/100- der 100/75-Farbbalken verwendet wird. Bei der Erzeugung des 100/75 Farbbalkens weisen außer Weiß alle RGB-Farbsignale nur 75% Pegel auf. Dadurch wird für die Farben Gelb und Cyan, bei denen die Maximalwerte im FBAS-Signal auftreten, die 33%-Übermodulation gerade kompensiert. Die Chrominanzamplitude kann damit leicht durch Vergleich mit dem Luminanzpegel bei Weiß beurteilt werden (Abb. 2.79).

Das FBAS-Signal ist das Standardvideosignal. Es wird auch als Composite-Signal oder einfach Videosignal bezeichnet. Es enthält alle Signalanteile (Colour, Video, Blanking, Sync, CVBS) und erfordert nur eine einzelne Leitung.

2.3.7 Farbfernsehnormen

Farbfernsehnormen definieren verschiedene Formen der Chrominanzsignalbildung sowie verschiedene Arten der Verbindung mit dem Luminanzsignal. Die Spektren der Luminanz- und Chrominanzsignale weisen aufgrund der Zeilenstruktur gleichartige Lücken auf, so dass die Signale ineinander verzahnt werden können. Für diese Verzahnung reicht es im Prinzip aus, dass für die Farbhilfsträgerfrequenz ein halbzahliges Vielfaches der Zeilenfrequenz gewählt wird (Halbzeilenoffset). Auf der Wiedergabeseite müssen die einzelnen Signalanteile zurückgewonnen werden. Bei der Rückgewinnung von Y und C sind die Spektren nicht wieder vollständig voneinander separierbar, es bleibt auch bei besten Filtertechniken ein Übersprechen zwischen den Kanälen erhalten.

Damit möglichst geringe Übersprechstörungen zwischen den Kanälen auftreten, müssen einige Forderungen erfüllt werden: Erstens sollte der Farbträger für das Chrominanzsignal hochfrequent sein, damit sich durch das Übersprechen im Y-Kanal eine möglichst feine Struktur (Perlschnurmuster) ergibt. Da das Auge für hohe Ortsfrequenzen unempfindlicher ist als für mittlere, wirkt das Muster subjektiv weit weniger störend als eine grobe Struktur, die bei tiefer Trägerfrequenz aufträte. Zweitens ist bei der Wahl der Hilfsträgerfrequenz zu beachten, dass bei der Quadraturmodulation der größte Teil beider Seitenbänder übertragen werden müssen. Aus beiden Forderungen ergibt sich für ein Bildübertragungssystem mit 5 MHz Bandbreite als Kompromiss eine Farbhilfsträgerfrequenz von ca. 4,4 MHz. Abbildung 2.80 zeigt die Lage der Luminanz- und Chrominanzspektren, zusammen mit den zugehörigen Transmissionskurven einfacher Filter.

Das Übersprechen in den Y-Kanal wird als Cross Luminanz bezeichnet, Farbsignale werden hier als Helligkeitssignale interpretiert. Wegen der hohen Frequenz des Farbsignals erscheinen diese Störungen als feines Muster, welches besonders bei computergenerierten Videosignalen hervortritt. Das Übersprechen in den Chroma-Kanal wird als Cross Colour bezeichnet, feine Strukturen im Helligkeitssignal werden im Chroma-Kanal als Farbveränderungen interpretiert. Dieser Effekt zeigt sich deutlich bei der Wiedergabe feiner unbunter Streifenmuster (Nadelstreifenanzüge). Derartige Muster sind von einem Farbschleier umgeben, dessen Farbe sich bei Bewegung des Musters ständig ändert [78].

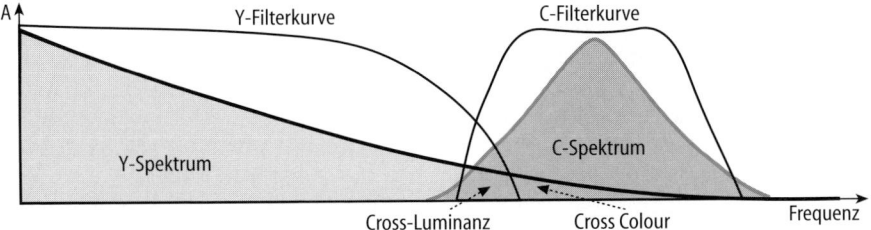

Abb. 2.80. Übersprechen zwischen Y und C beim Einsatz einfacher Filter

2.3.7.1 NTSC

Das vom National Television System Committee (NTSC) in den USA eingeführte Verfahren wurde bereits 1953 standardisiert und war damit das erste verbreitete Farbfernsehverfahren. Die bis heute in den USA gültige FCC-M-Norm beruht auf dem Zeilensprungverfahren mit 59,94 Halbbildern pro Sekunde und 525 Zeilen pro Vollbild. Die Videobandbreite beträgt nur 4,2 MHz und der Bild–Tonträgerabstand 4,5 MHz. Das Chrominanzsignal wird aus den oben genannten Gründen em die Farbhilfsträgerfrequenz über einen so genannten Halbzeilenoffset als halbzahliges Vielfaches der Horizontalfrequenz f_H generiert wird. Für die Farbhilfsträgerfrequenz f_{sc} gilt:

$$f_{sc} = (2n + 1)\, f_H/2.$$

Bei der Grenzfrequenz von 4,2 MHz beträgt der optimale Farbhilfsträgerwert ca. 3,6 MHz. Für den Faktor n wird die Zahl 227 gewählt, damit folgt:

$$f_{sc} = (2 \cdot 227 + 1) \cdot 525 \cdot 29,97\ \text{Hz}/2 = 3579,545\ \text{kHz}.$$

Die Gleichung zeigt, dass die Bildfrequenz im Zuge der Definitionen der Farbhilfsträgerfrequenz von ehemals 30 Hz um den Faktor 1000/1001 auf 29,97 Hz gesenkt wurde. Dies geschah mit Rücksicht auf den Abstand zwischen Bild- und Tonträger von 4,5 MHz, der aus Kompatibilitätsgründen zum S/W-Fernsehsystem beibehalten werden sollte. Um dabei Interferenzen zwischen den Ton- und Farbhilfsträgerfrequenzen zu minimieren, wurde festgelegt, dass die Tonträgerfrequenz genau das 286-fache der Zeilenfrequenz betragen sollte, wofür allerdings der Übergang von 30 Hz auf 29,97 Hz Bildwechselfrequenz erforderlich wurde. Die Zeilenfrequenz für NTSC beträgt somit 4,5 MHz /286 = 15 734,265 Hz = 525 · 29,97 Hz = 15 750 Hz · 1000/1001. Diese geringfügige Senkung hat für NTSC-Länder weit reichende Folgen. Da die Konversion von Bildraten mit sehr geringen Unterschieden sehr aufwändig ist, wurden Möglichkeiten zur Anpassung für andere Systeme definiert. So gibt es z. B. für die Filmtechnik neben den üblichen 24 fps die Bildrate 23,97 fps = 24 · 1000/1001 fps. Die Abtastraten für die Digitalisierung der Videosignale wurden ebenso angepasst wie die Abtastraten für digitale Audiodaten (z. B. 47,952 KHz statt 48 KHz).

Bei NTSC wird das Chrominanzsignal durch Quadraturmodulation aus den Farbdifferenzkomponenten gebildet. Allerdings werden als Farbdifferenzsignale die Komponenten I und Q (Inphase und Quadratur) anstatt U und V verwendet. Die Koordinatenachsen I und Q stehen senkrecht aufeinander, das Koordi-

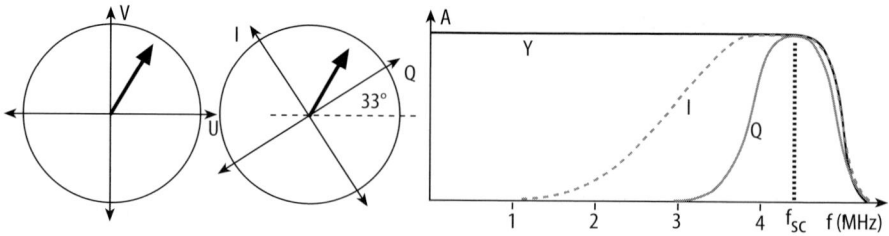

Abb. 2.81. Vergleich der Koordinatensysteme U, V und I, Q und Bandbegrenzung für I, Q

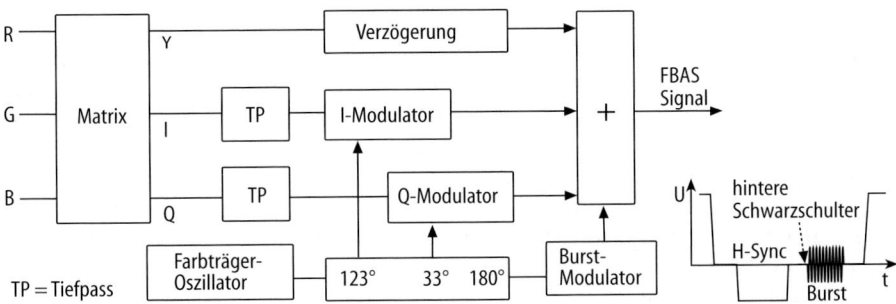

Abb. 2.82. NTSC-Encoder und Eintastung des Burst

natensystem ist um 33° gegenüber dem System aus U und V gedreht (Abb. 2.81). Es gilt:

$$I = V \cos 33° - U \sin 33° , \quad Q = V \sin 33° + U \cos 33°.$$

Die I, Q-Achsen liegen in Quer- und Längsrichtung der McAdams-Ellipsen, also in Richtungen, die der maximalen (rot – blau/grün, I) bzw. minimalen (gelb – blau, Q) Kontrastempfindlichkeit des menschlichen Auges für diese Farbübergänge entsprechen [78]. Vor der Quadraturmodulation werden dementsprechend für I und Q verschiedene Bandbreitenbegrenzungen vorgenommen (Abb. 2.81). Das Q-Signal wird auf 0,5 MHz begrenzt und kann mit voller Bandbreite für beide Seitenbänder übertragen werden. Das I-Signalspektrum wird auf 1,5 MHz eingegrenzt und das obere Seitenband teilweise beschnitten. Das bedeutet, dass bis 0,5 MHz alle Farben uneingeschränkt übertragbar sind und bis 1,5 MHz quasi eine zweifarbige Übertragung stattfindet.

Die Abbildungen 2.82 und 2.83 zeigen schematisch den Aufbau von NTSC-Coder und Decoder. Bei der Decodierung muss die Amplitude und die Phasenlage bestimmt werden. Das erfordert eine Synchrondemodulation, d. h. der ursprüngliche Träger muss auf der Empfangsseite dem ankommenden Signal phasen- und frequenzrichtig zugesetzt werden. Der Träger steht nicht zur Verfügung, denn die QAM arbeitet mit unterdrücktem Träger. Zur Lösung des

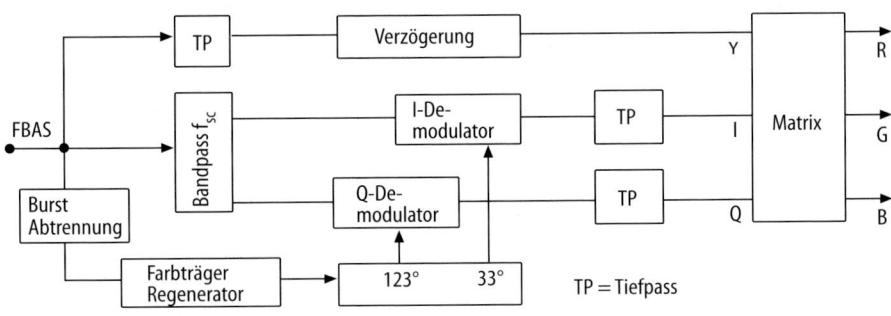

Abb. 2.83. NTSC-Decoder

Problems wird im Empfänger ein Oszillator eingebaut, der auf der Farbträgerfrequenz schwingt. Zur phasenrichtigen Verkopplung der Oszillatoren in Sender und Empfänger wird in jeder Zeile im Bereich der hinteren Schwarzschulter der Burst eingetastet (Abb. 2.82). Der Burst besteht aus ca. zehn Schwingungszügen der Farbträgerfrequenz mit definierter Phasenlage. Mit dem Burst ist es möglich, den Empfängeroszillator bezüglich Phase und Frequenz mit dem Sender synchron zu halten.

Bei der QAM-Farbsignalübertragung ist die Farbsättigung in der Amplitude und der Farbton in der Phasenlage des Chromasignals verschlüsselt. Der Farbton wird aus der Relation zwischen Chroma- und Oszillatorphase im Empfänger ermittelt. Eine bei der Übertragung unvermeidliche Beeinflussung dieser Phasenrelation führt daher zu einer Änderung des Farbtons. Bei NTSC kann diese Relation durch einen Phasenlagensteller (willkürlich) verändert werden. Kurzfristig veränderliche Phasenlagen (differentielle Phasenfehler) sind aber nicht kompensierbar, daher ergibt sich ein Bild mit entsprechend schwankendem Farbton. Dieses Problem hat dem NTSC-Verfahren den Spitznamen "Never The Same Color" eingebracht und dazu angeregt, verbesserte Farbcodiermethoden zu entwickeln. NTSC wird bis heute in Amerika und Japan verwendet.

2.3.7.2 SECAM

1957 wurde in Frankreich ein Verfahren eingeführt, das die oben genannten Farbstabilitätsprobleme umgeht, indem auf die kritische QAM verzichtet wird. Statt dessen werden die Farbdifferenzsignale zeilenweise alternierend übertragen (Abb. 2.86). Damit ist die Farbauflösung in vertikaler Richtung zwar halbiert, weil in jeder Zeile nur die Information für eine Differenzkomponente vorliegt, doch stellt dieser Umstand kaum ein Problem dar, da auch in horizontaler Richtung die Farbauflösung begrenzt ist.

Die Abbildungen 2.84 und 2.85 zeigen den Aufbau von SECAM-Coder und SECAM-Decoder. Im Empfänger wird die jeweils aktuelle Zeile gespeichert, damit die entsprechende Farbkomponente auch zur Zeit der Übertragung der nächsten Zeile, bzw. der anderen Komponente, zur Verfügung steht. Die sich ergebende, nicht zeitrichtige Zusammenfassung der Farbdifferenzsignale erzeugt kaum sichtbare Fehler, da sich die Inhalte zweier benachbarter Zeilen i. a. wenig unterscheiden. Die Speicherung kann mit Hilfe einer Ultraschall-Lauf-

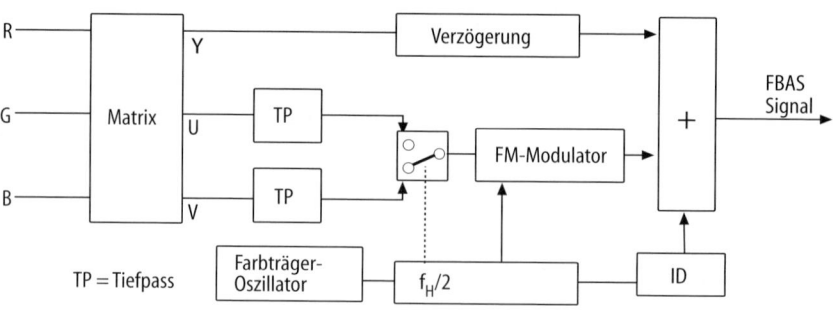

Abb. 2.84. SECAM-Encoder

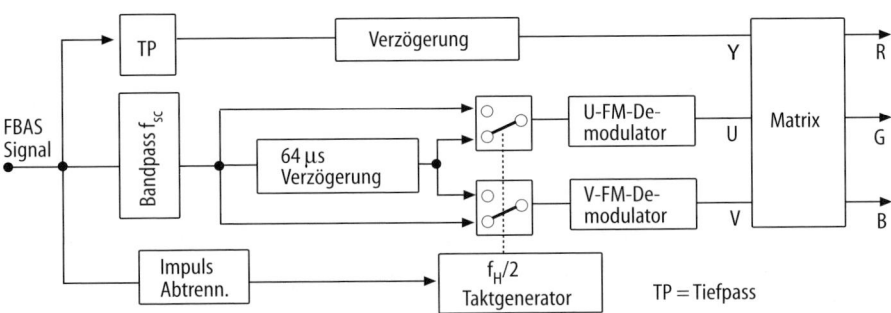

Abb. 2.85. SECAM-Decoder

zeitleitung vorgenommen werden, in der das Signal um die Zeilendauer (64 µs) verzögert wird. Der Name des Verfahrens ist eine Abkürzung für das Funktionsprinzip: **S**équentiel **c**ouleur **à** **m**émoire.

Auch bei SECAM werden zunächst speziell pegelreduzierte und auf 1,3 MHz bandbegrenzte Farbdifferenzsignale gebildet, sie werden hier als D_R und D_B bezeichnet. Es gilt: $D_R = -1,9 (R - Y)$ und $D_B = 1,5 (B - Y)$. Die Farbdifferenzsignale werden mit Frequenzmodulation (FM, s. Kap. 4) auf einen Farbhilfsträger moduliert. Dabei darf die maximale Frequenzabweichung zwischen 3,9 MHz und 4,75 MHz betragen. Es werden zwei verschiedene Farbträgerfrequenzen verwendet, die mit der Zeilenfrequenz verkoppelt sind; für die Komponente D_B gilt: $f_{scB} = 272 \cdot f_H = 4,25$ MHz und für D_R: $f_{scR} = 282 \cdot f_H = 4,4$ MHz.

Da das Farbträgermuster auf dem Bildschirm zu deutlich in Erscheinung trat wurde SECAM mit den Varianten I–IIIb oft verändert, wobei versucht wurde, das Übersprechen in den Luminanzkanal durch Pegelreduktionen und Preemphasis-Schaltungen zu reduzieren. Das Übersprechen ist hier stärker als im Fall der QAM, denn aufgrund der variierenden Frequenz kann die spektrale Verkämmung nicht gewährleistet werden. Der Vorteil des Verfahrens gegenüber NTSC ist die Farbstabilität. Als Nachteil ist zu nennen, dass es für die Studiotechnik nicht geeignet ist, da aufgrund der FM keine additive Mischung möglich ist. SECAM wird bis heute als Farbcodierungsverfahren in Frankreich, Nordafrika und vielen osteuropäischen Ländern verwendet.

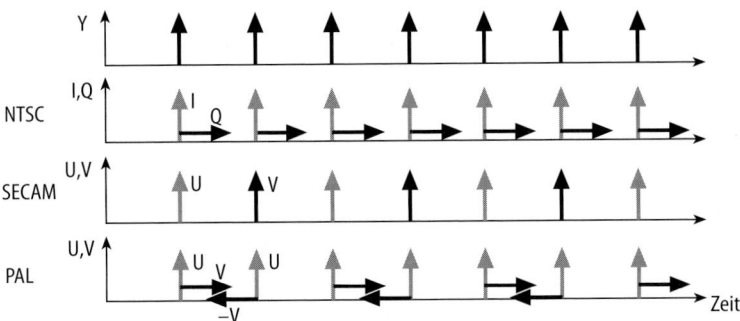

Abb. 2.86. Vergleich von NTSC, SECAM und PAL

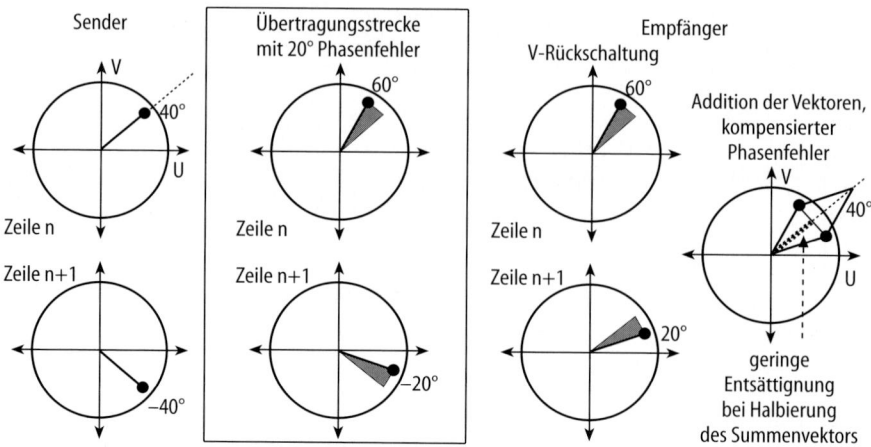

Abb. 2.87. Prinzip der PAL-Phasenfehlerkompensation

2.3.7.3 PAL

Das 1963 von W. Bruch konzipierte PAL-Verfahren (Phase Alternation Line) beruht auf dem NTSC-Verfahren, umgeht aber die Empfindlichkeit gegenüber Phasenschwankungen. Im Gegensatz zu NTSC werden bei PAL direkt die Farbdifferenzkomponenten U und V, und nicht I und Q verwandt, beide Komponenten werden auf ca. 1,3 MHz bandbegrenzt. Auch bei PAL wird die QAM benutzt, allerdings mit dem Unterschied, dass die V-Komponente zeilenweise alternierend invertiert wird (Abb. 2.86 und Abb. 2.87). Damit wechseln sich immer Zeilen mit nichtinvertierter (NTSC-Zeilen) und invertierter V-Komponente (PAL-Zeilen) ab, während die U-Komponente unbeeinflusst bleibt.

Abbildung 2.87 zeigt, warum der Aufwand mit der invers geschalteten V-Komponente betrieben wird: Ein auftretender Phasenfehler wirkt sich bei geschalteter und ungeschalteter Zeile in gleicher Richtung aus. Wird die geschaltete V-Komponente im Empfänger wieder invertiert, so erscheint der Fehler negativ, so dass er sich bei der Summation mit dem in einer Ultraschall-Leitung gespeicherten Signal der vorhergehenden Zeile aufhebt. Auch PAL nutzt

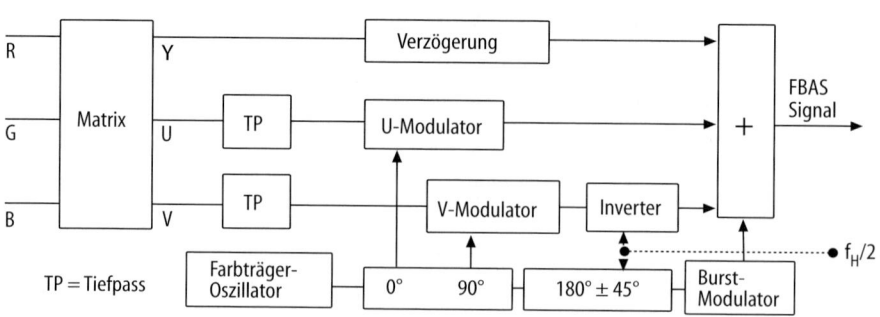

Abb. 2.88. PAL-Encoder

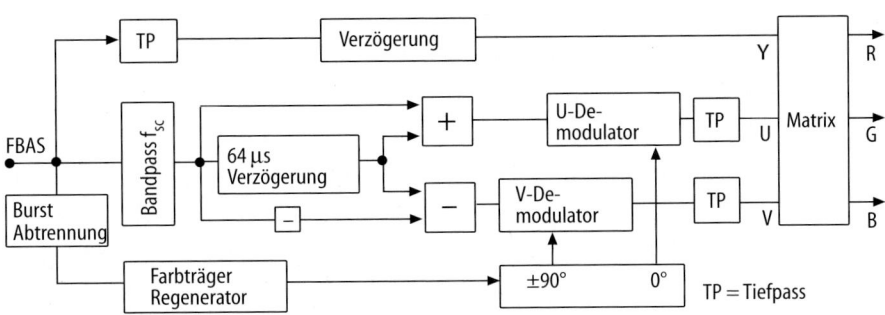

Abb. 2.89. PAL-Decoder

dabei den Umstand, dass sich bei gewöhnlich auftretenden Bildern die Inhalte und die Phasenfehler der Nachbarzeilen nur wenig voneinander unterscheiden. In Abbildung 2.87 wird auch deutlich, dass aufgrund der Vektoraddition der Summenzeiger kürzer ist als die Summe der Einzelzeiger. Das bedeutet, dass die Farbsättigung verringert wird. Im PAL-System wird also ein Farbtonfehler in einen Sättigungsfehler umgewandelt, der aber subjektiv wesentlich weniger stört. Weiterhin ist wie bei SECAM auch bei PAL die vertikale Farbauflösung gegenüber NTSC verringert. Die Abbildungen 2.88 und 2.89 zeigen den Aufbau von PAL-Coder und -Decoder.

Die Umschaltung der V-Komponente wird auch bei der Kontrolle eines PAL-Signals mit dem Vektorskop (s. Abschn. 2.4.1) deutlich. Beim PAL-Vektorskop sind zwei verschiedene Einstellungen möglich: es kann die V-Komponente zurückschalten oder nicht. Bei zurückgeschalteter Komponente sollten bei Vorliegen eines Farbbalkens die sechs entstehenden Leuchtpunkte innerhalb der Toleranzfelder auf dem Vektorskopschirm liegen. Bei nichtgeschalteter Komponente gilt dies für zwölf Komponenten, denn alle Werte sind an der Horizontalachse gespiegelt (Abb. 2.90). Der Burst liegt im geschalteten Fall in der Diagonalen bei 135° (s. u.), auch er wird im ungeschalteten Fall verdoppelt.

Die dauernde V-Umschaltung wirkt wie eine zusätzliche Modulation mit halber Zeilenfrequenz, d. h. die Chromaspektren für U und V unterscheiden sich um $f_H/2$. Wenn der Farbhilfsträger, wie bei NTSC, einfach mit dem Halb-

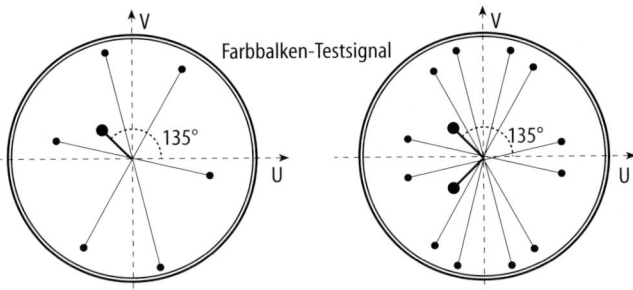

Abb. 2.90. PAL-Signal mit nicht-invertierter und invertierter V-Komponente

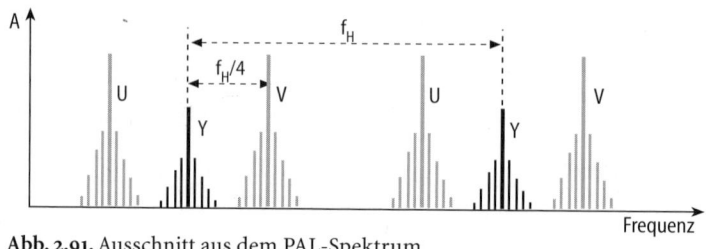

Abb. 2.91. Ausschnitt aus dem PAL-Spektrum

zeilenoffset gebildet würde, ergäbe sich eine Überlagerung der Komponenten V und Y. Die PAL-Hilfsträgerfrequenz wird daher mit einem Viertelzeilen-Offset berechnet: $f_{sc} = (n - 1/4) \cdot f_H$, wodurch die Anteile U und V untereinander einen Abstand von $f_H/2$ und zu den benachbarten Y-Linien einen Abstand von $f_H/4$ aufweisen (Abb. 2.91). Durch den Viertelzeilen-Offset entsteht eine unangenehme Störmusterwiederholung über vier Halbbilder. Dieses Muster erscheint bewegt und damit weniger störend, wenn die Farbträgerfrequenz mit einem zusätzlichen Versatz von 25 Hz gebildet wird. Mit n = 284 folgt daraus

$$f_{sc} = 283{,}75 \cdot f_H + 25 \text{ Hz} = 4{,}43361875 \text{ MHz}$$

für die Berechnung der PAL-Hilfsträgerfrequenz f_{sc} bezüglich der Norm B/G.

Ein Coder für FBAS-Signale muss die Farbträgerfrequenz mit den Synchronimpulsen verkoppeln. Dazu werden alle Impulse aus einem hochstabilen Farbträgeroszillator abgeleitet. Neben den Austast- (A) und den H- (S) und V-Synchronimpulsen wird zusätzlich ein Coder-Kennimpuls (K) generiert, der bestimmt, wie der Burst in die Austastlücke eingetastet wird. Weiterhin wird ein PAL-Kennimpuls (P) erzeugt, der die Zeilen mit invertierter V-Komponente kennzeichnet. Abbildung 2.92 zeigt den zeitlichen Zusammenhang zwischen den S-, K-, P-und A-Impulsen.

Der PAL-Burst wird in jede Zeile eingetastet und dient wie bei NTSC dazu, einen mit der Farbhilfsträgerfrequenz schwingenden Oszillator im Empfänger phasen- und frequenzsynchron zum Sendesignal zu halten, denn auch bei PAL ist aufgrund der QAM eine Synchrondemodulation erforderlich. Außerdem dient der Burst als Referenz für die Regelung der Chrominanzamplitude. Der Burst hat eine Dauer von zehn Schwingungszügen, bzw. 2,25 μs, einen Spannungswert von 0,3 V_{ss} und liegt auf der hinteren Schwarzschulter (Abb. 2.93).

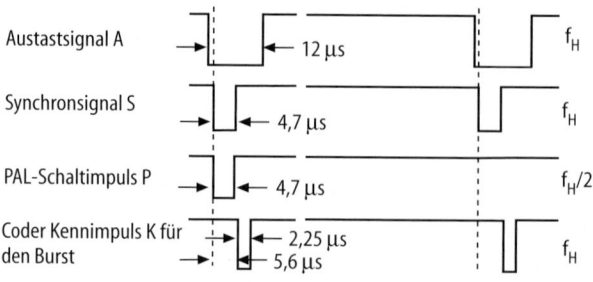

Abb. 2.92.
Zusammenhang der
Impulse A, S, P, K

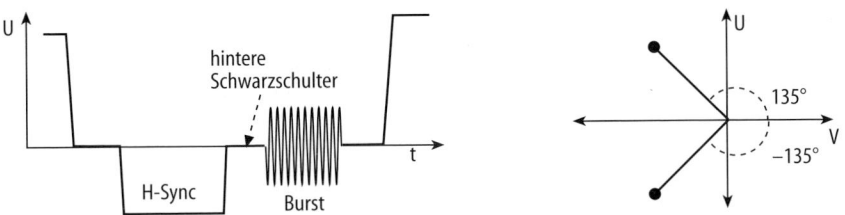

Abb. 2.93. PAL-Burst und Burst-Phasenlage

Mit dem Burst wird zusätzlich die Information über den Schaltzustand der V-Komponente übertragen, damit die Invertierung im Empfänger für die richtige Zeile rückgängig gemacht wird. Der Schaltzustand wird durch eine Veränderung der Phasenlage des Burst auf 180° + 45° oder 180° − 45° repräsentiert, die mittlere Phase ergibt sich, wie bei NTSC, zu 180° (Abb. 2.86). Der Burst wird in einigen Zeilen der vertikalen Austastlücke nicht übertragen. Bei der Burst-Austastung (Burst-Blanking) wird die PAL-4 V-Sequenz (s. u.) berücksichtigt.

Bei der Demodulation des PAL-Signals muss vor allem die Invertierung der V-Komponente rückgängig gemacht werden (Abb. 2.94). Wie bei SECAM wird auch bei PAL eine 64 μs-Verzögerungsleitung verwandt, so dass die V-Komponente immer in beiden Schaltzuständen vorliegt. Wird gerade eine NTSC-Zeile empfangen, so liegt am Ausgang der Verzögerungsleitung die vorhergehende PAL-Zeile. In den geradzahligen Zeilen liegen die geträgerten Komponenten F_U und $+F_V$, in den ungeradzahligen Zeilen die Komponenten F_U und $-F_V$ vor. Durch Summenbildung der aktuellen und der verzögerten Zeile entstehen die Anteile $2\,F_U$ und $\pm\,2\,F_V$ (Abb. 2.94). Die F_V-Komponente wird schließlich in jeder zweiten Zeile zurückgeschaltet, und die Signale werden den Synchrondemodulatoren zugeführt, wo durch phasenrichtige Zusetzung der Farbhilfsträgerfrequenz die Differenzsignale U und V entstehen.

2.3.7.4 PAL-Sequenzen

Das PAL-Verfahren bietet, verglichen mit SECAM und NTSC, die beste Bildqualität. Es wird in Deutschland und vielen weiteren Ländern angewendet (s. Tabelle 2.7). Es unterliegt jedoch verschiedenen Periodizitäten, die bei anderen Codierungsarten nicht auftreten und die in einigen Fällen besonderer Be-

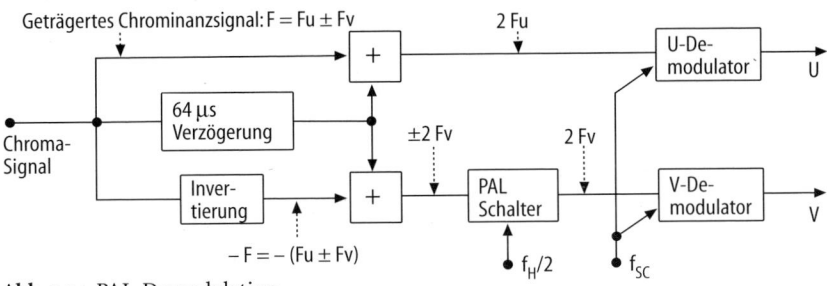

Abb. 2.94. PAL-Demodulation

Tabelle 2.7. Farbfernsehsysteme verschiedener Länder

NTSC		SECAM		PAL	
Bolivien	Chile	Ägypten	Bulgarien	Algerien	Australien
Equador	Haiti	Frankreich	Griechenland	Brasilien	BRD
Hawaii	Japan	Irak	Iran	China	Großbritannien
Kanada	Kolumbien	Libyen	Luxemburg	Indien	Indonesien
Korea	Kuba	Marokko	Mongolei	Italien	Kenia
Mexiko	Phillippinen	Polen	Rumänien	Korea	Neuseeland
Taiwan	USA	Rußland	Syrien	Niederlande	Schweiz
		Tunesien	Ungarn	Südafrika	Thailand

achtung bedürfen: Ein Vollbild besteht aus zwei Halbbildern, damit ergibt sich zunächst eine Periodizität über zwei Halbbilder, die so genannte 2V-Sequenz. Dieselbe Phasenlage zwischen Bild-Synchronpuls und PAL-V-Schaltsignal erfordert eine gerade Zeilenzahl, die frühestens nach Ablauf von 1250 Zeilen erreicht ist. Damit entsteht die PAL-4V-Sequenz mit einer Periodizität von zwei Voll- bzw. vier Halbbildern.

Aus dem Viertelzeilen-Offset beim PAL-Farbhilfsträger folgt weiterhin eine als PAL-8V-Sequenz bezeichnete Periodizität der F/H-Phase (SC-H-Phase), also der Phasenbeziehung zwischen Farbträger- und Horizontalsignal. Hier wird auch die V-Phase mit einbezogen, der Begriff F/H-Phase bezieht sich auf eine definierte Zeile des Vollbildes. Betrachtet man die 1. Zeile eines Bildes, bei dem diese Phasendifferenz gleich Null ist, so ergibt sich nach Ablauf des ersten Vollbildes eine Phasenverschiebung um den Faktor 283,75 · 625. Erst nach vier Vollbildern, acht Halbbildern oder 2500 Zeilen wird dieser Faktor ganzzahlig und damit die Phasenverschiebung wieder Null (Abb. 2.95).

Die 4V- und 8V-Sequenzen sind PAL-spezifisch und müssen vor allem bei der Umordnung von gespeicherten Bildsequenzen (elektronischer Schnitt) beachtet werden. Bei Nichtbeachtung der Periodizitäten kann es vorkommen, dass auf das erste Bild einer Sequenz das sechste Bild der nächsten Sequenz folgt, so dass am Schnittpunkt die 8V-Sequenz gestört ist. Es kann in diesem Fall an der Schnittstelle zu Farbverfälschungen oder einem horizontalen Bild-

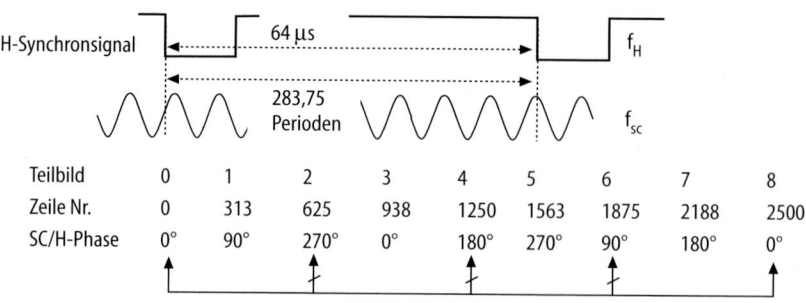

Abb. 2.95. PAL-8V-Sequenz

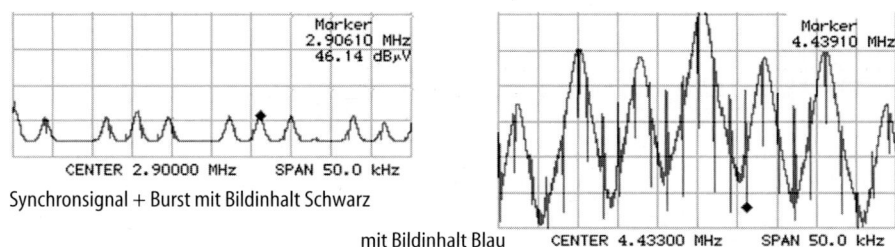

Synchronsignal + Burst mit Bildinhalt Schwarz

mit Bildinhalt Blau

Abb. 2.96. Gemessenes PAL-Amplitudenspektren

ruck kommen (s. Kap. 9.5). Die Beachtung der PAL-Sequenzen bei der Nachbearbeitung wird mit dem Begriff Colour-Framing bezeichnet.

Bei der Produktion stellen die PAL-Sequenzen kein Problem dar, denn die
beteiligten Signalquellen (Kameras, MAZ-Geräte) werden fest an einen zentralen Studiotakt gekoppelt. Durch Justierung der H- und SC-Phase an den Geräten kann eine sehr genaue Anpassung an den Takt vorgenommen werden.

2.3.7.5 Das Frequenzspektrum des PAL-Signals

Die frequenzabhängige Darstellung des PAL-Signals zeigt, dass die Luminanz-
und Chrominanzsignale ein Linienspektrum aufweisen, und dass die Spektren
ineinander verzahnt sind. Die Y-Amplituden nehmen zu hohen Frequenzen
hin ab, sind aber durchaus auch im Bereich über 5 MHz noch von Bedeutung.
Die Chromaamplituden spielen vor allem in der Nähe der Farbträgerfrequenz
eine Rolle. In Abbildung 2.96 rechts sind nur die Chromakomponenten zu sehen, die einen Abstand von $f_H/2$ aufweisen. Im Bereich um 3 MHz weisen die
Amplituden für Y und C etwa gleiche Werte auf. Anders als bei NTSC erscheinen aber bei PAL aufgrund des Viertelzeilenoffsets und der V-Umschaltung die
Komponenten U und V separat neben den Y-Linien (Abb. 2.96 links). Neben
der zeitlichen weist das Videosignal auch eine örtliche Periodizität auf. Das Videosignal kann damit auch in drei Dimensionen bezüglich der Ortsfrequenzen
für Bildbreite und -höhe sowie der (Zeit-) Frequenz dargestellt werden.

2.3.8 Farbsignalhierarchie

Als Überblick sollen hier noch einmal die verschiedenen Farbsignalcodierun-
gen bezüglich der in Deutschland gebräuchlichen CCIR B/G-Norm, abgestuft
nach ihrer Qualität, dargestellt werden (Abb. 2.97).

Die höchste Farbsignalqualität bietet die RGB-Übertragung. In allen drei
Kanälen ergeben sich Spannungswerte von 0,7 V_{ss}. Die zweitbeste Farbsignalqualität ergibt das Komponentensignal Y C_R C_B, bzw. Y P_R P_B. Das Luminanz-
und das Synchronsignal werden gemeinsam mit einem Gesamtspitzenspan-
nungswert von 1 V_{ss} übertragen, die Farbdifferenzkomponenten liegen zwischen ± 0,35 V. Die Bandbreite der Farbdifferenzsignale kann auf Werte um ca.
2 MHz eingeschränkt sein, allerdings ist dabei visuell kein Unterschied zum
RGB-Signal feststellbar.

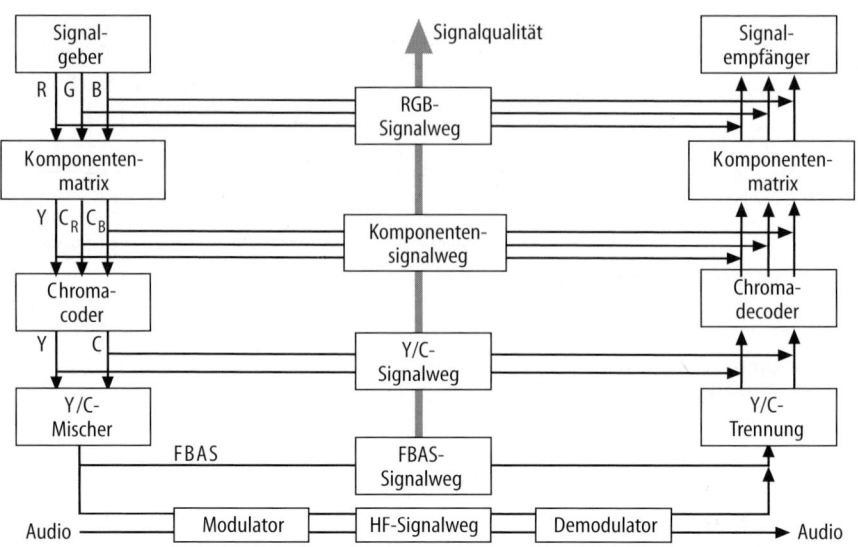

Abb. 2.97. Farbsignalhierarchie

Bei der Zusammenfassung der Komponenten zum PAL-Signal werden die Farbdifferenzsignale gemeinsam auf einen Träger moduliert, durch Bandbreitenbegrenzung auf ca. 1,3 MHz und die spätere problematische Trennung von Y und C wird die Qualität dabei weiter verschlechtert. Als Zwischenschritt ermöglicht die Y/C-Übertragung eine getrennte Führung von Luminanz- und Chrominanzanteilen, so dass sich keine Übersprechprobleme ergeben. Luminanz- und Synchronsignal werden beim Y/C-Signal (S-Video) gemeinsam auf einer Leitung mit einem Gesamtspannungsspitzenwert von 1 V_{ss} übertragen, die zweite Leitung führt das Chrominanzsignal und den Burst. Beim FBAS-Signal sind schließlich alle Videosignalanteile zusammengefasst, die maximale Spannung beträgt bei Verwendung des 100/75 Farbbalkens 1 V_{ss}. Die Qualität ist gegenüber dem Y/C-Signal durch Cross Luminanz und Cross Colour verringert.

Auf der untersten Stufe der Hierarchie in Abbildung 2.97 steht schließlich das auf einen Träger modulierte Signal (Antennensignal, HF-Signal), bei dem noch das Begleittonsignal hinzukommt. Hier muss vor der Decodierung zunächst noch HF-demoduliert werden, womit ein weiterer Qualitätsverlust einhergeht.

2.3.8.1 Übergang zwischen den Signalformen

Der Codierungsweg von RGB bis zu FBAS ist technisch prinzipiell unproblematisch. Allerdings wirkt sich ein Fehler, der z. B. im RGB-Signal auftritt, auch auf die Signale aus, die auf dieser Basis beruhen und umgekehrt. Ein Fehler ist z. B. die Über- oder Unterschreitung der zulässigen Spannungen von 0 V und 700 mV. Diese Grenzen werden auch als Gamut Limit bezeichnet, wobei der Begriff Gamut für die Palette aller reproduzierbaren Farben in einem Farb-

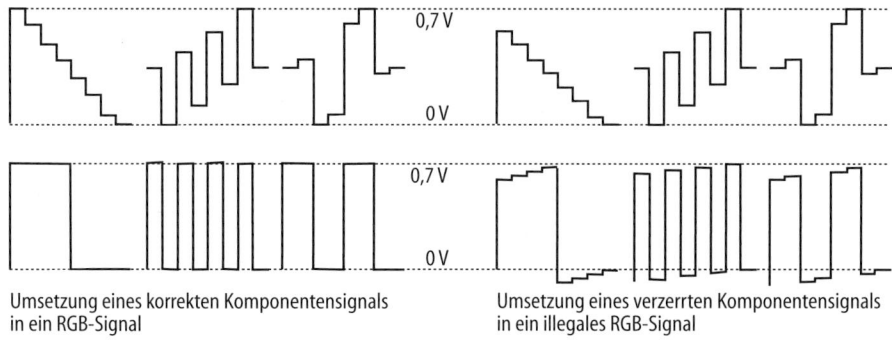

Umsetzung eines korrekten Komponentensignals
in ein RGB-Signal

Umsetzung eines verzerrten Komponentensignals
in ein illegales RGB-Signal

Abb. 2.98. Legales und illegales Signal

fernsehsystem steht. Die Verletzung des Gamut Limits macht das Signal illegal. Ein Signal, das bei der Transformation in ein anderes legal bleibt, ist auch ein gültiges Signal. Ein gültiges Signal ist immer legal, aber ein legales Signal ist nicht immer gültig. Das zeigt Abbildung 2.98, wo im oberen Teil ein legales Komponentensignal mit allen drei Anteilen dargestellt ist. Die Y-Komponente ist nun oben rechts verzerrt, was nach der Transformation zum RGB-Signal dazu führt, dass dieses illegal wird. Das verzerrte Komponenten-Signal ist damit ungültig. Gültige Signale verletzen in keiner Signalform die herrschenden Limits [2].

Bei der Rückgewinnung des RGB-Signals aus dem FBAS-Signal ergibt sich als große Schwierigkeit die Trennung von Chrominanz- und Luminanzanteil, die nur bei unbewegten Bildvorlagen theoretisch völlig rückwirkungsfrei möglich ist. In dem in Abbildung 2.89 dargestellten Blockschaltbild des PAL-Farbdecoders ist die Y/C-Trennung durch einfache Chromabandpass- und Tiefpassfilter realisiert. Diese Methode zur Y/C-Trennung wird nur in einfachen Geräten angewendet und ist für professionelle Anwendungen qualitativ nicht ausreichend. Die Y/C-Trennung ist in jedem Fernsehempfänger erforderlich, aber auch in vielen Geräten der Studiotechnik und bei den meisten Videoaufzeichnungsgeräten. Die Güte des Trennfilters bestimmt im wesentlichen die Güte der gesamten PAL-Decodierung. Hochwertige Filter sind sehr aufwändig gebaut, bei der Filterauswahl ist ein Kompromiss aus Aufwand und Leistung zu treffen.

Die einfachste Filterform ist die erwähnte Tief- und Bandpassfilterung. Das Luminanzsignal wird durch das Tiefpassfilter auf 3,5 MHz begrenzt, das Bandpassfilter hat die geringste Dämpfung im Bereich der Farbträgerfrequenz und arbeitet mit einer Bandbreite von ca. 1,5 MHz (Abb. 2.99). Der Überlappungsbereich der Spektralanteile von Y und C ist mit dieser Filtertechnik relativ klein, andererseits entsteht ein erheblicher Auflösungsverlust für das Y-Signal und ein erheblich Maß an Y/C-Übersprechen.

Bei Geräten der Studiotechnik ist eine Einschränkung der Luminanzbandbreite nicht hinnehmbar, außerdem wird hier eine effektivere Cross-Colour- und Cross-Luminanzunterdrückung verlangt. In professionellen Geräten werden daher höherwertige Filter eingesetzt, die die Periodizitäten im Luminanz-

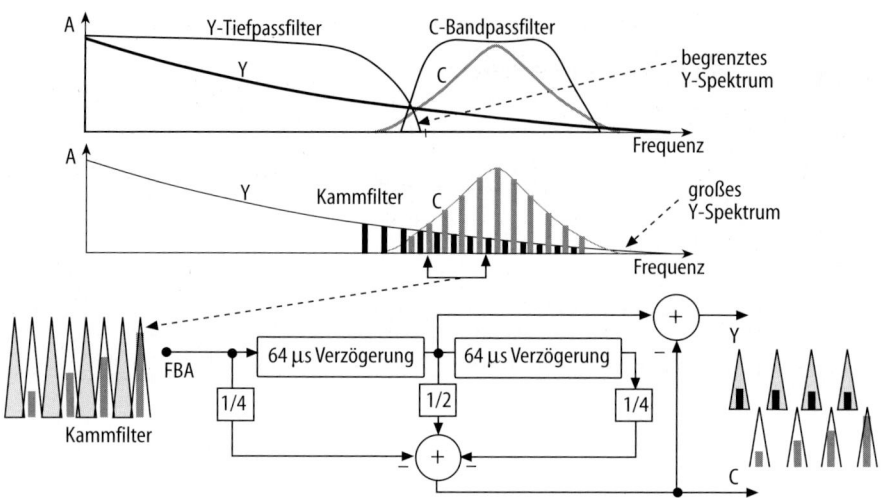

Abb. 2.99. Bandpass- und Kammfilter zur Trennung von Y und C

und Chrominanzspektrum ausnutzen. Die Nullstellen des Filterverlaufs für das Luminanzsignal liegen dann genau auf den Spektrallinien des Chrominanzsignals und umgekehrt, man spricht von einem Kammfilterverlauf.

Ein Kammfilter für ein NTSC-Signal mit 1/2-Zeilen-Offset kann mit einer 2-Zeilen-Verzögerungsleitung nach Abbildung 2.99 aufgebaut werden. Der Mittelabgriff zwischen den Teilen der Verzögerungsleitung bietet die Möglichkeit, die Phasenbeziehung zwischen drei aufeinander folgenden Zeilen auszunutzen. Bezogen auf das Signal am Mittelabgriff liegen vor und hinter den beiden Verzögerungsgliedern die vorhergehende und die nachfolgende Videozeile vor, in denen das Chrominanzsignal aufgrund des 1/2-Zeilen-Offsets eine Phasenverschiebung von 180° aufweist, so dass sie bei einer Subtraktion vom Signal am Mittelabgriff dieses periodisch verstärken, bzw. nach Ablauf einer halben Periode mit ihm zu Null interferieren, wenn sie gegenüber dem Signal des Mittelabgriffs die halbe Amplitude haben (Abb. 2.99). Das Luminanzsignal entsteht entsprechend einfach durch Subtraktion des Chrominanzsignalanteils vom Gesamtsignal.

Bei der Anwendung von Kammfiltern für PAL-Signale muss bedacht werden, dass diese eine Trennung der spektralen Anteile für U und V aufweisen, die wegen des 1/4-Zeilen-Offsets zwischen den Spektrallinien des Luminanzsignals platziert sind. Um in diesem Fall das Chrominanzsignal gewinnen zu können, ist eine Verdopplung der Nullstellenanzahl des Filters erforderlich, d. h. dass die Verzögerung der Laufzeitglieder verdoppelt werden muss, so dass beim PAL-Verfahren ein Vierzeilen-Kammfilter zum Einsatz kommt. Für höchstwertige Y/C-Trennung werden horizontale, vertikale und zeitliche Kammfiltertechniken in Kombination verwendet, das Grundprinzip bleibt dabei gleich.

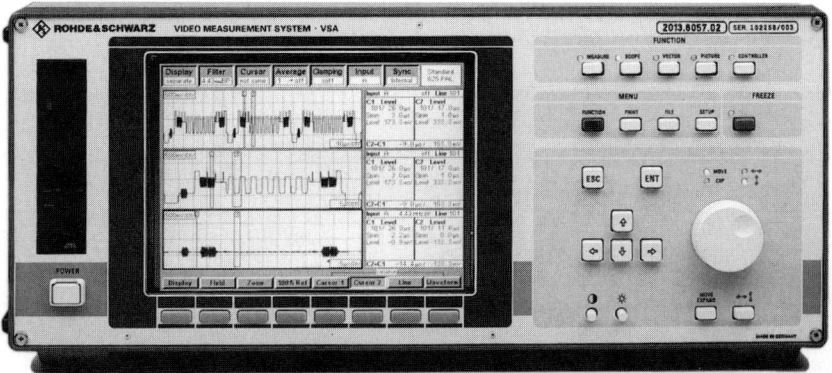

Abb. 2.100. Video-Messsystem [112]

2.4 Signalkontrolle

Der Signalkontrolle kommt in Videosystemen besondere Bedeutung zu. Einerseits müssen die technischen Parameter überprüft werden können, andererseits ist die Signalkontrolle auch zur korrekten Aussteuerung des Bildsignals während des Programmablaufs erforderlich. Zu den technischen Parametern gehören die Signalpegel, die Signallaufzeiten, die Grenzfrequenzen des Systems, das Übersprechen zwischen Teilsignalen etc.

Die generelle technische Prüfung wird in den messtechnischen Abteilungen der Sendeanstalten vorgenommen. Hier stehen besonders hochwertige Messsysteme zur Verfügung und es werden spezielle Prüfsignale verwendet. Ein Beispiel ist das Videomesssystem VSA von Rohde & Schwarz (Abb. 2.100), das geeignet ist, das Signal auch mehrkanalig darzustellen und die Messung vieler Parameter anhand definierter Prüfsignale vorzunehmen. Ein solches Gerät übernimmt auch die Funktionen von Waveformmonitor und Vektorskop (s. u.). Es ist in der Lage, ein Signalspektrum darzustellen und erlaubt die Beurteilung anhand eingeblendeter Schablonen. Darüber hinaus können viele weitere Parameter, wie z. B. Zeitbasisschwankungen (Line und Field Jitter) dargestellt werden, was zur Beurteilung von MAZ-Geräten sehr hilfreich ist (Abb. 2.101).

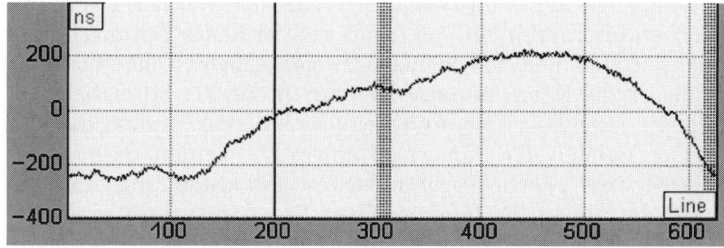

Abb. 2.101. Darstellung von Zeitbasisschwankungen eines MAZ-Systems

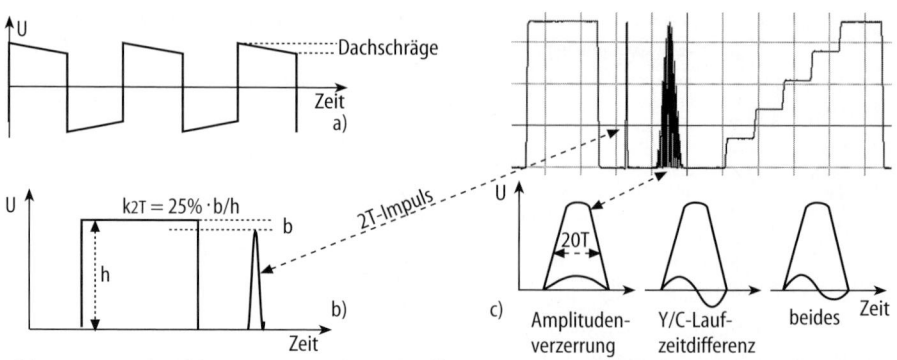

Abb. 2.102. Prüfsignale zur Untersuchung des Übertragungsverhaltens

Als Prüfsignale zur Untersuchung des Übertragungsverhaltens im Bereich niedriger Frequenzen werden die Dachschräge und Verrundung von Rechtecksignalen herangezogen (Abb. 2.102a). Je höher die untere Grenzfrequenz, desto stärker die Dachschräge. Das 50 Hz-Signal erfasst Fehler unterhalb 15 kHz, das 15 kHz-Signal Fehler im Bereich bis 100 kHz. Zur Beurteilung der Übertragung höherer Frequenzen dient der 2T-Impuls, dessen Name sich von der Einschwingzeit des Übertragungskanals ableitet. Bei einer Grenzfrequenz von 5 MHz beträgt diese T = 100 ns. Der 2T-Impuls hat einen $\sin^2$-förmigen Verlauf und die Eigenschaft, dass keine Signalanteile oberhalb 5 MHz auftreten. Der Übertragungskanal wird mit Hilfe des k-Faktors für die Impulshöhe beurteilt, dessen Berechnung in Abbildung 2.102b angegeben ist. Ein großer k2T-Faktor bedeutet starke Qualitätsminderung, bei Studioanlagen sollte der K-Faktor weniger als 1% betragen.

Weitere Prüfsignale sind z. B. der 20T-Impuls mit überlagerter Farbträgerschwingung (Abb. 2.102c), mit dem Amplituden- und Laufzeitfehler im Bereich des Farbträgers beurteilt werden können. Hinzu kommen Signale zur Prüfung der statischen und dynamischen Linearität, der Intermodulation etc.

2.4.1 Betriebsmesstechnik

Eine weniger umfangreiche technische Prüfung ist auch im betrieblichen Alltag unerlässlich. Im Produktionsbereich müssen z. B. Kameras eingerichtet und mit Leitungen mit den Regieeinrichtungen verbunden werden. Dabei treten Pegel- und Laufzeitdifferenzen auf. Aufgrund verschiedener Leitungslängen sind Phasendifferenzen zwischen den Signalen zweier Kameras unvermeidbar. Darüber hinaus müssen die Kameras nach der Einrichtung der Studiobeleuchtung mit einem Referenzweiß zu Unbunt abgeglichen werden, indem die Verstärker in den Farbartkanälen der Kamera so eingestellt werden, dass sie bei Vorliegen des Referenzweiß gleiche Pegel aufweisen. Für dieses sog. Kamera-Matching müssen Prüfgeräte zur Verfügung stehen. Die Standardprüfgeräte der Betriebsmeßtechnik sind der Waveformmonitor und das Vektorskop, als Standardprüfsignal wird das Farbbalkensignal verwendet.

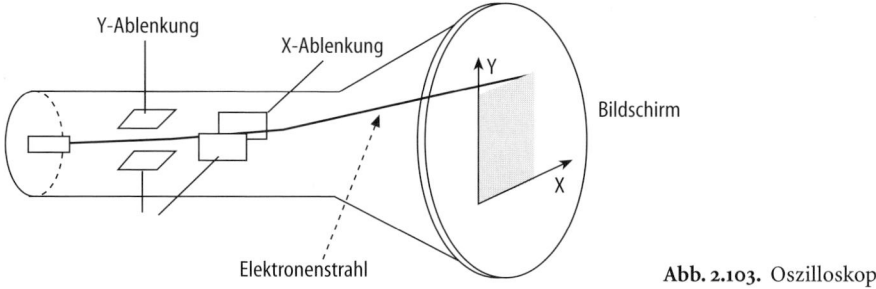

Abb. 2.103. Oszilloskop

2.4.1.1 Waveformmonitore

Diese Kontrollgeräte sind spezielle Oszilloskope für die Betriebsmesstechnik im Videobereich. Oszilloskope basieren, ebenso wie Fernsehempfänger, auf der Braunschen Röhre (Abb. 2.103), in der ein Elektronenstrahl erzeugt wird, der einen Bildpunkt auf der den Bildschirm bedeckenden Leuchtschicht zur Licht–emission anregt. Der Strahl wird hier in Abhängigkeit von einer Messspannung abgelenkt. Beim XY-Betrieb werden zwei Spannungen für die Ablenkung in X- und Y-Richtung verwendet.

Die übliche zeitabhängige Darstellung eines Signalverlaufs wird erreicht, indem nur eine Messspannung zur Ablenkung in Y-Richtung benutzt wird, während die Horizontale automatisch in einer einstellbaren Zeit durchlaufen wird. Um dabei ein periodisches Signal als stehendes Bild darzustellen, wird mit einer Triggerstufe die Zeitablenkung gezwungen, immer bei einem bestimmten Pegelwert und damit immer zur selben Zeit mit der selben Phasenlage zu beginnen.

Ein Waveformmonitor (Abb. 2.104) ist ein Oszilloskop mit einer speziellen Ausstattung für Videosignale. Z. B. ermöglicht ein Tiefpassfilter bei einem FBAS-Signal die Abschaltung der Farbinformation, so dass nur der Luminanzanteil bis ca. 2 MHz dargestellt wird (Lum) oder die Darstellung der Farbanteile oberhalb dieses Wertes (Chrom). Die Gesamtdarstellung wird bei abgeschal-

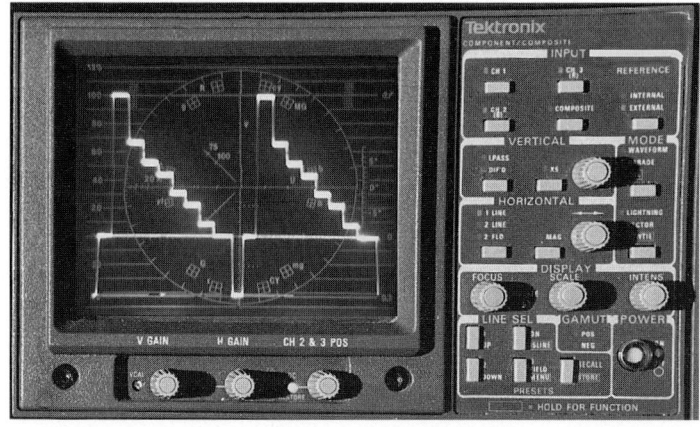

Abb. 2.104.
Waveformmonitor

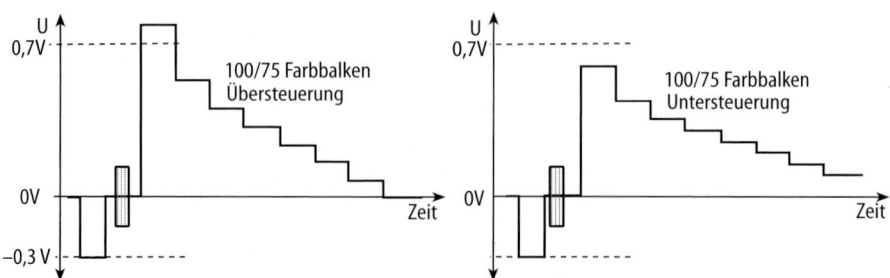

Abb. 2.105. Über- und Untersteuerung des Luminanzsignals

tetem Filter (Flat) erreicht. Statt des üblichen Zeitbasiseinstellers ist ein Wahl-schalter für H, 2H, V und 2V vorhanden, damit wird der Elektronenstrahl horizontal so abgelenkt, dass er während je einer oder zweier Zeilen- bzw. Bildperioden einmal über den Schirm läuft. Bei den meisten Geräten werden alle Zeilen übereinander geschrieben. Auf dem Bildschirm ist eine Skala aufgetragen, mit deren Hilfe die Periodendauer und der Pegel einfach überprüft werden können. Die Skalierung bezieht sich entweder nur auf die Bildamplitude, d. h. 0 V und 0,7 V entsprechen 0 und 100%, oder auch auf das Synchronsignal, die Spannungen 0 V und 1 V entsprechen dann –43% und 100%.

Die Kontrolle der Amplituden eines FBAS-Signals kann leicht anhand dieser Skala erfolgen. Das Gerät wird so eingestellt, dass der Austastwert bei 0% liegt. Das Luminanzsignal ist normgerecht, wenn der Pegel des Weißbalkens 100% erreicht (Abb. 2.105, und 2.106). Der richtige Pegel für das Chrominanzsignal ist gerade dann erreicht, wenn die Amplituden der dem Grauwert überlagerten Farbhilfsträgerschwingung in den Bereichen für Gelb und Cyan des 100/75-Farbbalkens auch den Wert 100% erreichen (Abb. 2.107).

Bei der Überprüfung der Phasendifferenz zwischen verschiedenen Signalen muss beachtet werden, dass sich immer die gleiche Phasenlage zeigt, wenn sich die Triggerung des Gerätes auf das Eingangssignal einstellt (Reference Internal). Differenzen werden nur sichtbar, wenn alle Signale bezüglich einer festen Referenz, dem Studiotakt (Black Burst), dargestellt werden. Das bedeutet,

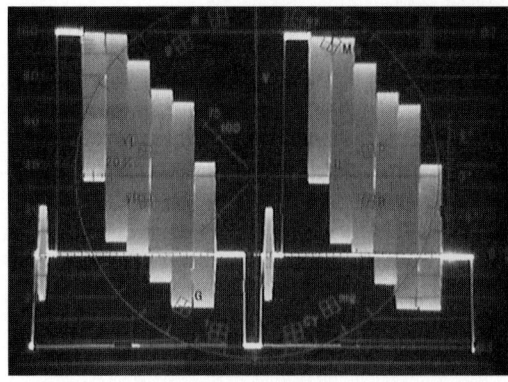

Abb. 2.106. 2H-Darstellung des normgerechten 75%-Farbbalkens auf dem Waveformmonitor

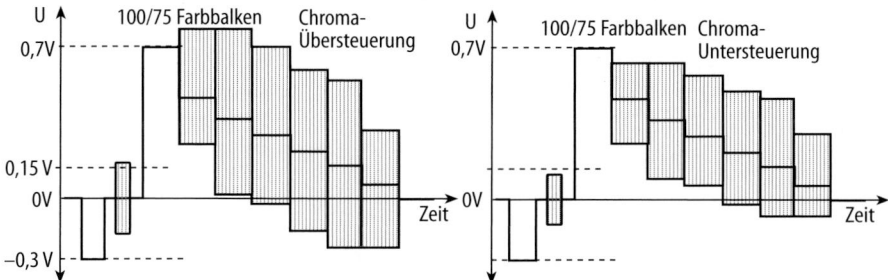

Abb. 2.107. Über- und Untersteuerung des Chrominanzsignals

dass der Waveformmonitor auf das extern zugeführte Referenzsignal getriggert werden muss (Reference External).

Waveformmonitore für Komponentensignale bieten besondere Funktionen und Darstellungsarten, um die drei Signalanteile Y, C_R und C_B gleichzeitig betrachten zu können. Zur Beurteilung der Pegelverhältnisse werden die drei Komponenten mit der sog. Parade-Darstellung in zeitlich komprimierter Form nebeneinander dargestellt (Abb. 2.108). Durch einen besonderen Gleichspannungsoffset wird hier die Pegelkontrolle erleichtert. Die Nullinie wird dabei für die Farbdifferenzkomponenten auf 50% des Videopegels (bzw. 37,5% beim 75% Farbbalken) angehoben, so dass alle Signale im positiven Bereich liegen.

Um den Zeitbezug der Signale untereinander beurteilen zu können, bzw. Zeitbasisfehler aufzudecken, werden die drei Anteile ohne zeitliche Kompression im sog. Overlay übereinander dargestellt (Abb. 2.108). Für die gleichzeitige Pegel- und Zeitfehlerprüfung wurde schließlich die Ligthning-Darstellung entwickelt, die ihren Namen von der Zackenform erhält, die ein normgerechtes Farbbalkensignal erzeugt (Abb. 2.109). Diese Darstellung wird erreicht, wenn die horizontale Ablenkung durch das Luminanzsignal gesteuert wird, wobei es zeilenweise wechselnde Polarität aufweisen muss. Die Vertikalablenkung wird zeilenweise wechselnd von je einem Farbdifferenzsignal gesteuert, so dass in den Zeilen mit nichtinvertiertem Luminanzanteil die Komponente (B – Y) anliegt und in der nächsten Zeile (R – Y). Die Beurteilung der Normrichtigkeit geschieht mit Hilfe von Toleranzfeldern, in denen die Spitzen des zackigen Signals bei korrekten Pegeln liegen müssen [36].

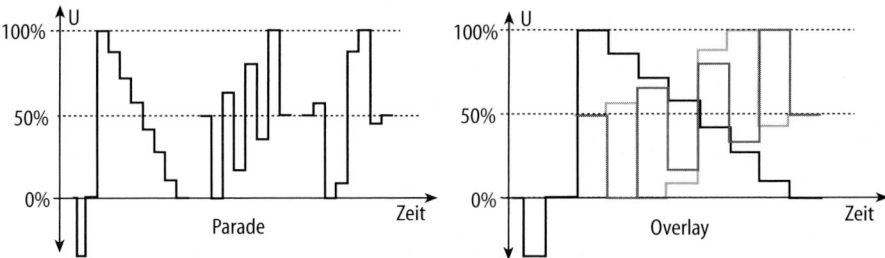

Abb. 2.108. Komponentensignale in Parade- und Overlay-Darstellung

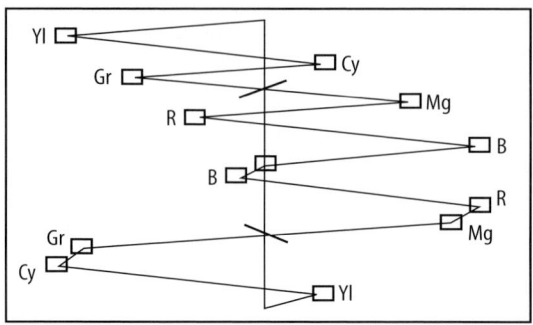

Abb. 2.109. Lightning-Darstellung des normgerechten Farbbalkensignals

2.4.1.2 Vektorskop

Zur Überprüfung des Chrominanzsignals ist ein Waveformmonitor schlecht geeignet, denn der den Farbton bestimmende Phasenwinkel ist im hochfrequenten Farbträgersignal schlecht bestimmbar (Abb. 2.110). Daher wird ein Vektorskop eingesetzt, ein Gerät, das speziell zur Überprüfung des Chrominanzsignals geeignet ist. Das Vektorskop ist ein Oszilloskop oder ein umschaltbarer Waveformmonitor, welcher im XY-Betrieb arbeitet. Das Gerät enthält Filter und Demodulatoren, mit denen aus dem FBAS-Signal eine Komponentensignal gewonnen wird, denn zur Ablenkung in x-Richtung wird die Komponente U und zur Ablenkung in y-Richtung die Komponente V verwandt (Abb. 2.111). Die Bildschirmfläche repräsentiert alle Farben. Im Mittelpunkt liegt der Unbuntpunkt.

Für die Überprüfung des Chrominanzsignals mit Hilfe eines Farbbalkens sind auf der Skala des Vektorskops Punkte und Toleranzfelder für die sechs Farbwerte des Testsignals aufgebracht. Die Farben werden bei der Abtastung einer Zeile ständig durchlaufen, so dass dauernd sechs Punkte sichtbar sind, die bei optimaler Einstellung innerhalb der Toleranzfelder liegen sollten (Abb. 2.111 sowie 2.112 mit nicht invertierter V-Phase). Eine Winkelabweichung entspricht einem Phasenfehler, der sich als Farbtonfehler äußert, eine Amplitudenabweichung einem Sättigungsfehler. Die Toleranzfelder weisen einen Toleranzbereich von 5% für die Chrominanzamplitude und von 3% für die Phase auf.

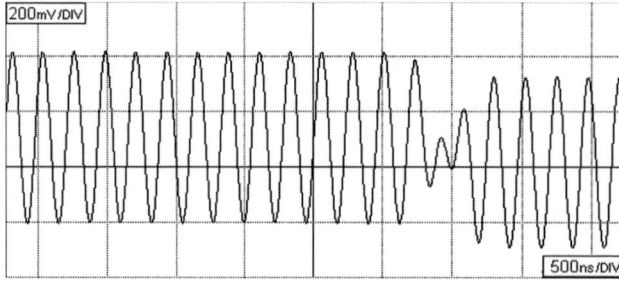

Abb. 2.110. Übergang im Farbbalkensignal in zeitlicher Darstellung

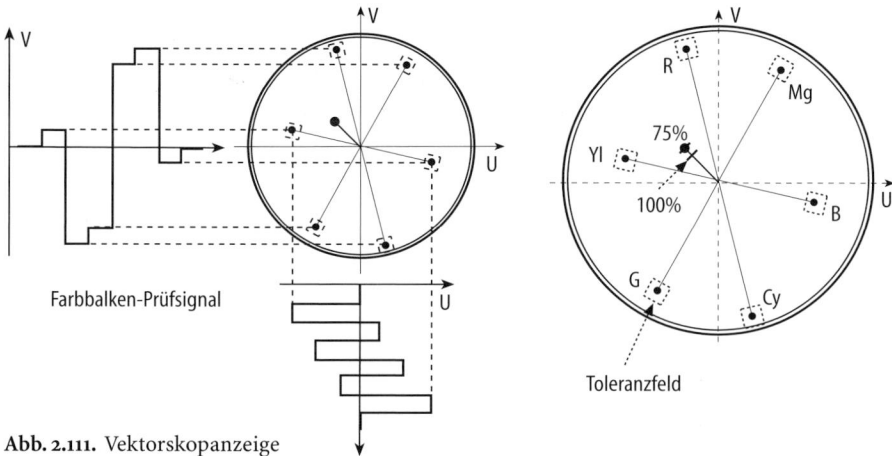

Abb. 2.111. Vektorskopanzeige

Die Kalibrierung des Vektorskops geschieht bezüglich der kurzen Linie, die vom Burst herrührt. Zunächst wird der Anfangspunkt dieser Linie auf den Skalennullpunkt zentriert. Dann wird die Phase so eingestellt, dass nur eine Burstlinie unter einem Winkel von 135° erscheint. Schließlich wird die Verstärkung so gewählt, dass der Endpunkt der Burstlinie in Abhängigkeit vom verwendeten Farbbalken auf der 75% oder 100% Marke liegt (Abb. 2.111). Diese etwas ungewöhnliche Methode zur Beurteilung der Länge der Chrominanzvektoren wurde gewählt, weil bei dem logisch richtigeren Bezug zu einem festen Wert für den Burst zwei Gruppen von Toleranzfeldern für die beiden Typen von Farbbalkensignalen erforderlich wären.

Die Betriebsmesstechnik dient zur Überprüfung der Signalwege, wobei in die Einstellungen mit Hilfe des Farbbalkensignals in der dargestellten Form vorgenommen werden. Generell muss dafür gesorgt werden, dass die Signale aller Geräte bezüglich eines Referenzsignals amplituden- und phasenrichtig sind. Die Überprüfung muss je nach Produktionsbereich oft wiederholt werden,

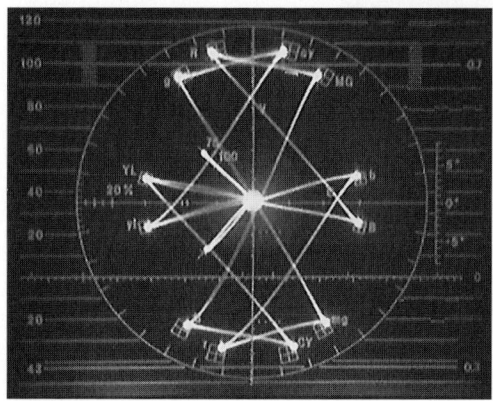

Abb. 2.112. Darstellung des normgerechten 75%-Farbbalkensignals auf dem Vektorskopschirm

im Bereich der Postproduktion muss das Signal z. B. nach jedem Wechsel des Magnetbandes kontrolliert werden. Zwar sollte das Signal mit optimalem Pegel gespeichert vorliegen, aufgrund verschiedener Geräteeinstellungen ergeben sich aber auch hier Abweichungen. Professionelle Magnetbandgeräte erlauben es daher, Luminanz- und Chrominanzpegel des Ausgangssignals einzustellen (meist am TBC, s. Kap. 8). Zur Orientierung dient wieder der aufgezeichnete technische Vorspann mit dem Farbbalkensignal.

Schließlich ist die Signalkontrolle auch für das Programm erforderlich. Vor der Produktion werden die Kameras zu Unbunt abgeglichen. Hier ist das Vektorskop hilfreich, denn es zeigt die Abweichung vom Nullpunkt. Während des Programmablaufs wird mit Hilfe des Waveformmonitors vor allem die Kamerablende und der Schwarzwert ständig so eingestellt, dass die Maximalwerte des Signals nur sehr geringfügig über 100% (0,7 V) hinausgehen und die dunkelsten Bildpartien den Austastwert nicht unterschreiten. Falls diese Bedingungen nicht eingehalten werden, ergibt sich in den Lichtern bzw. in den dunklen Bildpartien keine Zeichnung mehr, d. h. dort können keine Grauwerte mehr differenziert werden. Auch der umgekehrte Fall, die Unterschreitung des Maximalpegels und eine wesentliche Überschreitung der Schwarzabhebung, sollte vermieden werden, da dann der Kontrastbereich nicht ausgenutzt wird und das Bild flau erscheint (s. Kap. 6.2.3). Für diesen Einsatzbereich ist es günstig, dass die gängigen Geräte alle Bildzeilen gleichzeitig anzeigen (Abb. 2.113).

Es gibt allerdings Fälle, in denen die Darstellung aller Zeilen in ihrer Fülle auch verwirrend ist (Abb. 2.113). Ein Beispiel ist die Nachrichtenproduktion, bei der es für die Bildtechnik wesentlich darauf ankommt, mit Hilfe der Blende vor allem für das Gesicht der Moderatoren den richtigen Pegel einzustellen. Der Helligkeitswert bei hellhäutigen Menschen sollte bei 63% liegen. Gerade wenn sich die Person nicht bewegt, ist es aber oft schwer, festzustellen welcher Signalanteil auf diesen Wert ausgesteuert werden soll. In diesem Fall ist ein Gerät hilfreich, das den Farbton des Gesichts als Kriterium nimmt, um einen Schaltvorgang auszulösen, der bewirkt, dass alle Signale außerhalb eines Toleranzbe-

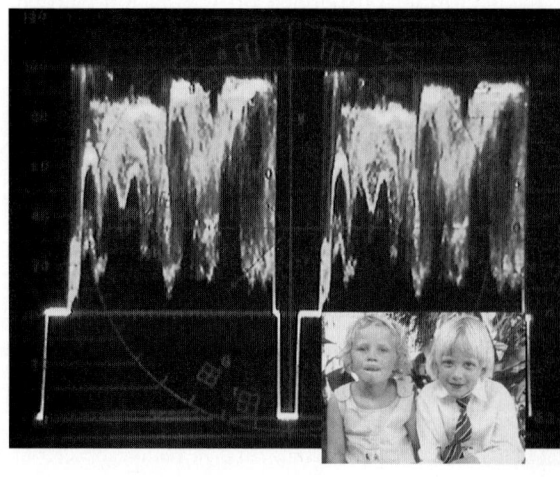

Abb. 2.113. Überlagerung aller Zeilen auf dem Waveformmonitor (dargestellt mit zugehöriger Bildvorlage)

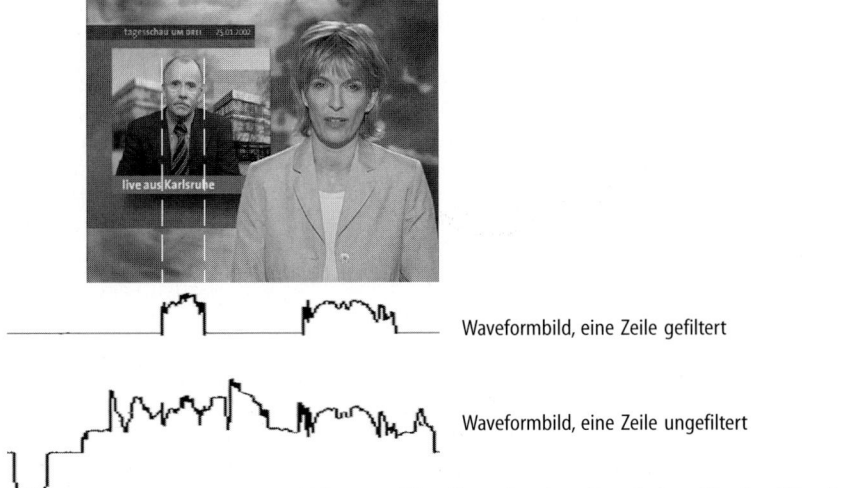

Waveformbild, eine Zeile gefiltert

Waveformbild, eine Zeile ungefiltert

Abb. 2.114. Waveformsignale mit und ohne Hauttonfilter [144]

reichs um diesen Farbton herum ausgeblendet werden [144]. Abbildung 2.114 zeigt ein Beispiel für diese Funktion. Obwohl hier jeweils nur eine Zeile und nicht die Überlagerung gezeigt ist, wird deutlich, wie hilfreich es sein kann, wenn im gefilterten Signal nur noch die Gesichtsbereiche dargestellt werden.

Schließlich sind auch Monitore wichtige Kontrollgeräte. Um diese Funktion zu erfüllen, müssen sie korrekt kalibriert sein und mit der richtigen Umgebungsleuchtdichte betrieben werden. Als Hilfe für die Einstellung von Schwarz- und Weißwert dient das Pluge-Signal (Abb. 2.115). Der Monitor sollte sich in einer Umgebungshelligkeit mit der Leuchtdichte 1,5 cd/m² befinden. Die Bildhelligkeit muss so eingestellt werden, dass die – 2%-Untersteuerung im Bild verschwindet und die + 2%-Abhebung gerade zu erkennen ist. Mit dem Kontrasteinsteller (Gain) wird dann das Bildschirmweiß auf 80 cd/m² eingestellt.

Zum Abschluss dieses Kapitels sei bemerkt, dass bei allen Prüfvorgängen der normrichtige Leitungsabschluss nicht vergessen werden darf. Weiterhin gilt, dass viele der etablierten analogen Messverfahren auch für D/A-gewandelte Digitalsignale in der Betriebsmesstechnik verwendet werden.

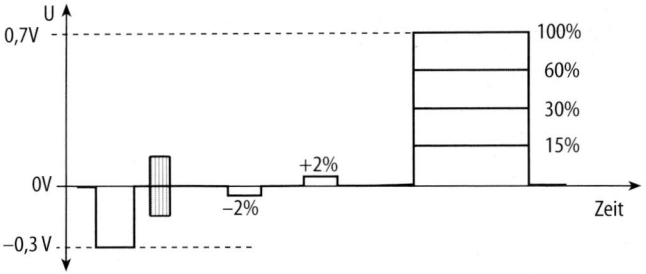

Abb. 2.115. Pluge-Signal zur Helligkeits- und Kontrasteinstellung

3 Das digitale Videosignal

3.1 Digitale Signalformen

Das Wort Digital bezieht sich auf zählbare Quantitäten. Die Nachrichtenübertragung mit Hilfe einer begrenzten Menge ganzer Zahlen anstelle von unendlich vielen Analogwerten hat den Vorteil, dass die wenigen Digitalwerte im Prinzip eindeutig rekonstruierbar sind. Zwar treten die bei der Signalübertragung unvermeidlichen Störungen und das Rauschen bei der Digitaltechnik ebenso auf wie im analogen Fall, die Digitalwerte können aber so gewählt werden, dass sie sich eindeutig von Störungen und Rauschen abheben.

Ein zweiter Vorteil ist, dass Digitaldaten vor allem aufgrund der zeitlichen Diskretisierung flexibler als ein Analogsignal verarbeitet werden können. Einfache Kurzzeitspeicher (RAM) mit sehr schneller Zugriffszeit sind realisierbar. Digitale Daten können einfach umgeordnet und optimal an Übertragungskanäle angepasst werden, zusätzlich gibt es die Möglichkeit der Fehlerkorrektur. Digitaldaten können mit Rechnern auf vielfältige Weise manipuliert werden, dabei werden extreme Bilddatenveränderungen möglich, die analog nicht realisierbar sind. Hinzu kommt heute, dass die Digitalisierung ein Zusammenwachsen des Videobereichs mit den Bereichen Telekommunikation und Informatik hervorruft, so dass aufgrund des dort vorhandenen Massenmarktes digital arbeitende Systeme auch zunehmend preisgünstiger werden als analoge.

Bezüglich der elektronischen Schaltungen ergibt sich der Vorteil, dass digitale Schaltkreise wesentlich stabiler arbeiten als analoge und sehr viel weniger Abgleich erfordern. Digitale Schaltungen sind oft auch störfester und brauchen daher nicht so aufwändig abgeschirmt zu werden.

Bereits in den 70er Jahren wurde die Digitaltechnik im Videobereich eingesetzt, zunächst für Grafiksysteme und zur Normwandlung (z. B. NTSC in PAL). Mit digitalen Normwandlern konnte der bis dahin notwendige und erheblich qualitätsmindernde Weg über die optische Wandlung, d. h. die Wiedergabe des Bildes in einer Norm und die Abtastung in der anderen, vermieden werden. Eine zweite frühe Anwendung der digitalen Signalverarbeitung betraf den Einsatz in Zeitfehlerausgleichern (TBC) für MAZ-Maschinen. Das aufgrund des nichtkonstanten Magnetbandlaufs mit Zeitfehlern behaftete Signal wird im TBC digitalisiert, gespeichert, mit einem stabilen Studiotakt wieder ausgelesen und zurück in ein analoges Signal gewandelt.

Da das digitale Videosignal gut vom Rauschen separiert werden kann, hat es besondere Bedeutung für die Magnetaufzeichnungsverfahren (MAZ). Es erlaubt sehr viele Kopiergenerationen, während bei analoger Aufzeichnung die

Schwelle des tolerierbaren Rauschens schon nach wenigen Generationen über-
schritten ist. Schon Mitte der 80er Jahre wurde ein digital arbeitendes MAZ-
Gerät (D1) entwickelt. Anfang der 90er Jahre folgten weitere Typen (D2 – D5).
Digitale MAZ-Geräte zur Aufzeichnung von HDTV-Signalen (D6) stehen seit
Mitte der 90er Jahre ebenso zur Verfügung wie digitale Formate für Heiman-
wendungen (DV, D8). Es ist zu erwarten, dass im professionellen Bereich in
Zukunft fast ausschließlich digitale MAZ-Geräte zu finden sein werden.

Der Studioeinsatz der digitalen Videotechnik begann mit kleinen sog. digi-
talen Inseln, die jeweils von A/D- und D/A-Umsetzern umgeben waren. Im
Laufe der Zeit wurden die Inseln immer größer, so dass heute eher analoge
Inseln zwischen digitalen Komplexen vorliegen. Mit der Einführung digitaler
Broadcast-Verfahren werden die Inseln schließlich zusammenwachsen, so dass
ein vollständig digitales Videosystem entsteht.

3.2 Grundlagen der Digitaltechnik

Die Digitaltechnik nutzt das Dualzahlensystem, eine Zahlenstelle (Binary Digit,
Bit) kann nur zwei Werte annehmen (anstatt 10 im Dezimalsystem). Die beiden Werte werden üblicherweise als »0« und »1« bezeichnet und elektronisch
durch Schaltzustände »ein« (z. B. 5 V, high, H) und »aus« (z. B. 0 V, low, L) repräsentiert. Wird statt der Spannung 0 V durch eine Störspannungsinduktion
z. B. der Wert 0,31 V übertragen, so ist dieser Wert immer noch viel kleiner als
5 V und kann im Empfänger als 0 V interpretiert werden, so dass der Fehler
beseitigt ist. Ungenauigkeiten bezüglich der zeitlichen Dimension (Jitter), die
z. B. in allen Aufzeichnungssystemen auftreten, werden in ähnlicher Weise
durch kurzzeitige Abtastung ausgeblendet (Abb. 3.1).

Das Dualzahlensystem beruht auf der Basiszahl Zwei. Die Dualzahl 1 0 1 1
entspricht $2^3 + 2^1 + 2^0$ und damit der Dezimalzahl 11. 4 Bit können durch eine
Hexadezimalzahl repräsentiert werden, dabei werden Werte, die über 9 hinausgehen, als Buchstaben dargestellt (z. B. 1 0 1 1 = B). Darüber hinaus werden 8 Bit
zu einem Byte (By Eight) zusammengefasst (Abb. 3.2). Ein Byte kann auch einen Buchstaben repräsentieren, da die Buchstaben des Alphabets eindeutig bestimmten Zahlenwerten zugeordnet wurden (ASCII-Code).

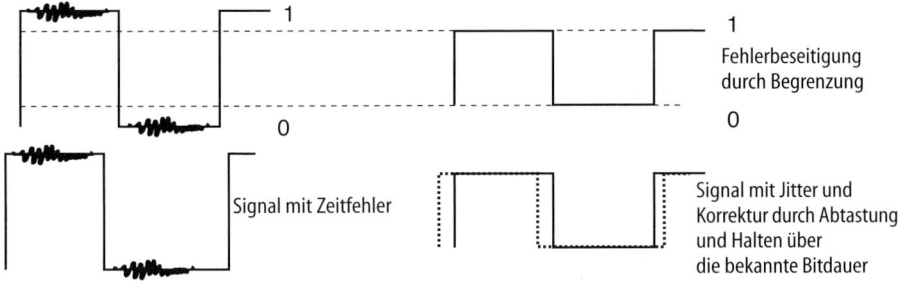

Abb. 3.1. Rekonstruktion gestörter Digitalsignale

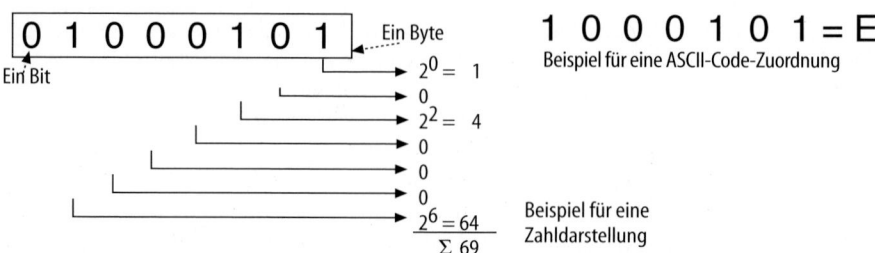

Abb. 3.2. Zuordnung von Binärzahlen zu Dezimalzahlen und ASCII-Code

3.2.1 Digitalisierung

Das digitale Videosignal wird aus dem analogen gewonnen. Das Analogsignal ist zwar bereits in zeitlicher Hinsicht in Zeilen und Bilder eingeteilt, innerhalb dieses Rahmens liegt es aber zeitkontinuierlich und auch wertkontinuierlich vor. In beiden Bereichen sollen diskrete Werte erzeugt werden, denn in der Digitaltechnik werden die Signalwerte in Klassen eingeteilt (quantisiert) und die diskreten Klassennummern anstelle der analogen Werte zu definierten Zeitpunkten übertragen. Zunächst wird der Zeitablauf durch Abtastung diskretisiert, anschließend werden die Werte im A/D-Umsetzer quantisiert und codiert. Dieser Vorgang wird auch als »Digitalisierung« bezeichnet. Das Digitalsignal kann durch D/A-Umsetzer wieder in die analoge Form überführt werden.

3.2.1.1 Zeitdiskretisierung

Die zeitliche Diskretisierung wird durch Abtastung realisiert. In regelmäßigen Abständen werden dem zu wandelnden Signal Proben (Samples) entnommen und bis zur nächsten Probenentnahme gespeichert (Hold). Eine Sample & Hold-Schaltung ist prinzipiell einfach durch Aufladung eines Kondensators C realisierbar (Abb. 3.3). Nach der Zeitdiskretisierung liegt dann ein Puls-Amplitudenmoduliertes (PAM) Signal vor (Abb. 3.4), dessen Werte noch analoger Art sind.

Je höher die Abtastfrequenz ist, d. h. je mehr Abtastwerte pro Zeiteinheit vorliegen, um so besser wird der ursprüngliche Signalverlauf angenähert, desto mehr Daten müssen aber auch übertragen werden. Shannon hat beschrie-

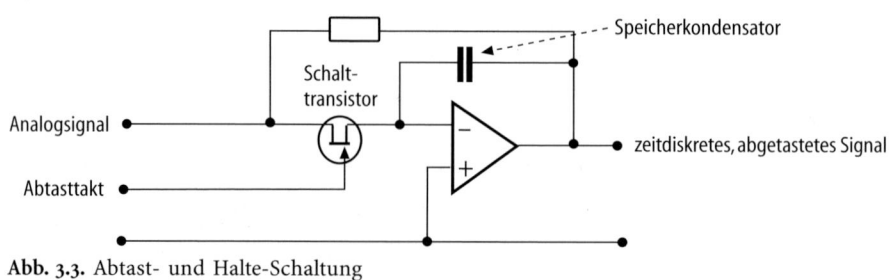

Abb. 3.3. Abtast- und Halte-Schaltung

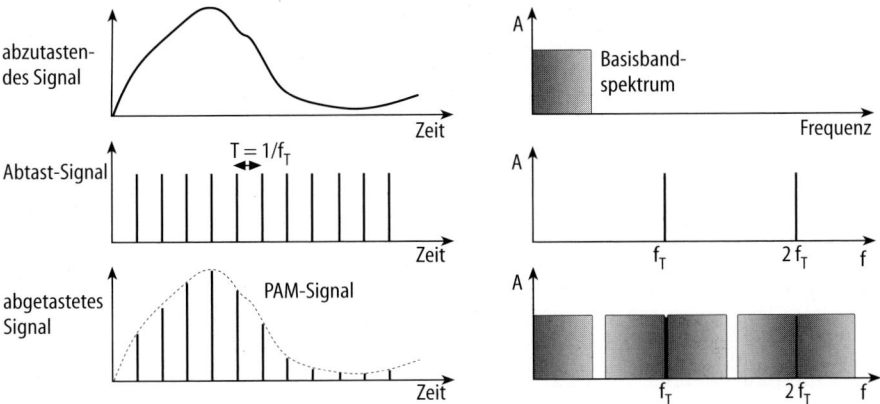

Abb. 3.4. Signal, Abtastsignal, abgetastetes Signal und zugehörige Amplitudenspektren

ben, welche Abtastfrequenz f_T (Samplingrate) mindestens erforderlich ist, um das Signal störungsfrei aus dem PAM-Signal rekonstruieren zu können. Demnach reicht es aus, die Abtastrate mehr als doppelt so groß wie die höchste auftretende Signalfrequenz f_{go} zu wählen, das sog. Abtasttheorem lautet:

$$f_T > 2 \cdot f_{go}.$$

Dabei kommt es nicht nur darauf an, dass die höchste zu berücksichtigende Signalfrequenz (z. B. 20 kHz im Audiobereich) erfasst wird, es muss auch dafür Sorge getragen werden, dass oberhalb f_{go} keine Spektralanteile im Signal auftreten. Vor der A/D-Wandlung ist also eine Tiefpassfilterung erforderlich.

Zur Veranschaulichung des Abtasttheorems kann die Abtastung des Signalverlaufs als Modulation und damit als Produktbildung zwischen dem Signal s(t) und den Abtastimpulsen $f_T(t)$ (Träger) betrachtet werden:

$$s_p(t) = s(t) \cdot f_T(t).$$

Zur Ermittlung des Produktspektrums sei angenommen, dass das zu übertragende Signal s(t) die Fouriertransformierte S(ω) hat, so dass gilt:

$$s(t) = \int S(\omega) \, e^{j\omega t} \, d\omega,$$

mit den Integralgrenzen $-\infty$ und $+\infty$ (s. Kap. 2.2.8). Das periodische Abtastsignal $f_T(t)$ mit der Periodendauer $T = 1/f_T$ habe die Fourierkoeffizienten c_k mit k zwischen $-\infty$ und $+\infty$, so dass gilt:

$$f_T(t) = \sum c_k \, e^{jk\Omega t} \text{, mit Zählindex k und } \Omega = 2\pi/T.$$

Für das Produkt $s_p(t) = s(t) \cdot f_T(t)$ gilt dann [13]:

$$s_p(t) = \sum c_k \int S(\omega) \, e^{j(\omega + k\Omega)t} \, d\omega.$$

Mit der Substitution $\omega' = \omega + k\Omega$ folgt

$$s_p(t) = \int \left(\sum c_k \, S(\omega' - k\Omega) \right) e^{j\omega' t} \, d\omega'.$$

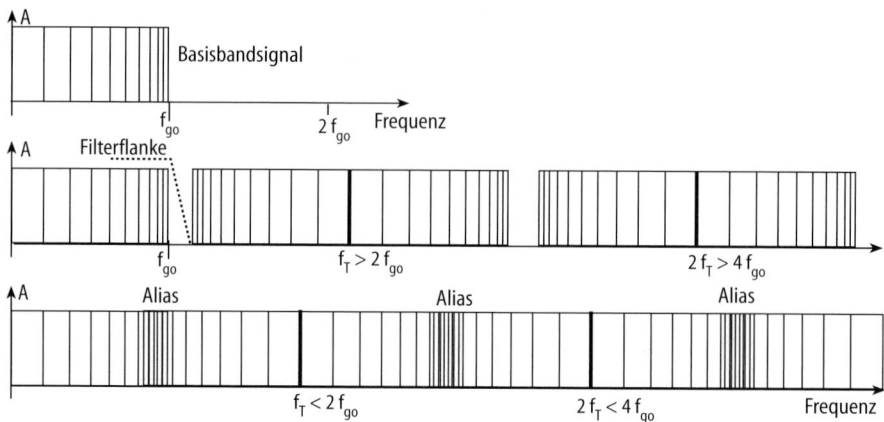

Abb. 3.5. Entstehung von Alias-Anteilen

Die Fouriertransformierte der Zeitfunktion $s_p(t)$ hat damit also folgende Form:

$$S_p(\omega) = \sum c_k\, S(\omega - k\Omega).$$

Die grafische Darstellung der Spektren (Abb. 3.5) zeigt, dass das Spektrum $S(\omega)$ des Signals $s(t)$ mit seinen beiden Seitenbändern mehrfach auftritt, wobei es um den Wert $k\Omega$ verschoben ist. Die Größe der Amplituden um $k\Omega$ hängt von c_k ab. Das Abtasttheorem sagt nun nichts anderes aus, als dass sich zur fehlerfreien Signalrekonstruktion die Teilspektren eindeutig trennen lassen müssen, was wiederum heißt, dass sie sich nicht überschneiden dürfen. Da das obere Seitenband des einen Teilspektrums an das untere Seitenband des nächsten grenzt, muss gelten:

$$\Omega > 2 \cdot \omega_{go}, \text{ bzw. } f_T > 2 \cdot f_{go} \text{ (Abtasttheorem)}.$$

Für jede Halbwelle der höchsten im Signal auftretenden Frequenz muss also mindestens ein Abtastwert zur Verfügung stehen. Falls das nicht gilt und sich die Teilspektren überlappen, entstehen als Fehler scheinbare Informationen, die als Alias bezeichnet werden (Abb. 3.5). Eine Verletzung des Abtasttheorems ist z. B. dann gegeben, wenn ein Videosignal mit 5 MHz Bandbreite von einem 7 MHz-Störsignal begleitet wird und die Abtastfrequenz bei 11 MHz liegt, was eigentlich für die störfreie Übertragung des 5 MHz-Signals ausreicht. In diesem Beispiel führt die bei der Modulation auftretende Summen- und Differenzbildung zwischen Stör- und Abtastfrequenz zu den Frequenzen 18 MHz und 4 MHz. Letztere tritt also im Basisband in Erscheinung, so als ob sie bereits im Originalsignal vorgelegen hätte (Alias). Wird als zweites Beispiel ein Audiosignal mit 32 kHz abgetastet und eine Signalfrequenz von 18 kHz zugelassen, so ergibt die Differenz zur Abtastfrequenz ein 14 kHz-Signal und erscheint im Hörbereich als Alias-Frequenz, die im Original nicht vorhanden ist.

Zur Alias-Vermeidung ist der Einsatz hochwertiger Filter erforderlich. Da aber auch gute Filter nie beliebig steilflankig arbeiten, darf die Samplingfrequenz nicht zu nah an $2 \cdot f_{go}$ liegen, je kleiner die Lücke, desto aufwändiger das

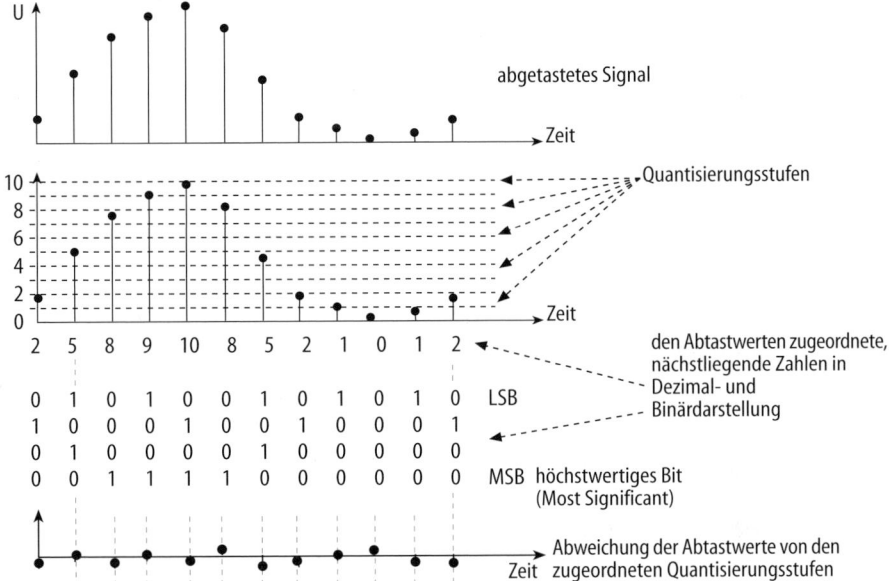

Abb. 3.6. Wertquantisierung und Abweichung vom Originalwert

Filter (Abb. 3.5). Im Audiobereich mit $2 \cdot f_{go} = 40$ kHz werden z. B. Abtastraten von 44,1 kHz oder 48 kHz verwandt. Im Videobereich wird das Luminanz-Signal meist mit 13,5 MHz abgetastet. Bei mehrfacher Filterung mit der gleichen Grenzfrequenz ergibt sich eine verringerte Gesamt-Grenzfrequenz, mehrfache A/D- bzw. D/A-Umsetzungen (Wandlungen) sollten aus diesem Grund möglichst vermieden werden.

3.2.1.2 Amplitudenquantisierung

Das nächste Stadium bei der Signaldiskretisierung ist die Quantisierung der Abtastwerte. Hier gibt es keine einfache Grenze für fehlerfreie Rekonstruktion, hier gilt: je mehr Quantisierungsstufen zugelassen werden, desto besser ist die Signalqualität. Die sinnvolle Auflösung richtet sich nach den Qualitätsansprüchen, die durch die maximale Auflösungsfähigkeit der menschlichen Sinne bestimmt ist. Im Audiobereich ist bei einer Amplitudenauflösung in 65000 Stufen (darstellbar mit 16 Bit) keine Verfälschung gegenüber dem Original hörbar. Für den Gesichtssinn reicht es aus, das Videosignal in 256 Stufen (8 Bit) aufzulösen. Wenn höhere Auflösungen verwendet werden liegt das vor allem daran, dass bei der Signalbearbeitung Spielraum für Rechenprozesse benötigt wird, damit die dabei unvermeidlichen Rundungsfehler die Qualität nicht mindern können.

Die zwangsläufig auftretenden Abweichungen, die entstehen, wenn unendlich viele mögliche Werte auf eine endliche Anzahl reduziert werden (Abb. 3.6), führen zum Quantisierungsfehler, der bei genügend hoher Aussteuerung als über den Frequenzbereich statistisch gleich verteilt angenommen werden

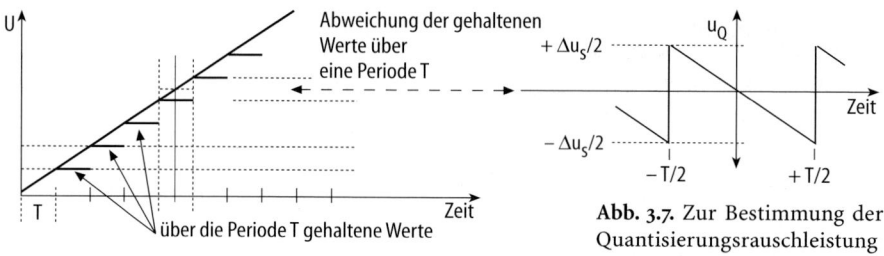

Abb. 3.7. Zur Bestimmung der Quantisierungsrauschleistung

kann. Unter dieser Voraussetzung spricht man auch von Quantisierungsrauschen. Die Voraussetzung ist jedoch bei kleinen Signalpegeln nicht gegeben. Der Quantisierungsfehler tritt dann mit starken periodischen Anteilen auf, so dass im Audiobereich ein unangenehmes Geräusch zu vernehmen ist, das mit Hilfe von zugesetzten unregelmäßigen Signalen (Dither) verdeckt wird. Der Fehler wird bei Videosignalen als stufiger Grauwertübergang sichtbar und kann ebenfalls durch Dither verdeckt werden.

Unter der einfachen Annahme eines statistisch gleichverteilten Fehlers der maximal um eine halbe Quantisierungsstufenhöhe Δu_s nach oben oder unten abweicht, gilt mit der Anzahl $s = 2^N$ gleichverteilter Quantisierungsstufen:

$$u_{ss} = (s - 1) \cdot \Delta u_s = (2^N - 1) \cdot \Delta u_s.$$

Bei gleichmäßiger Verteilung der Signalwerte wird der Verlauf der Quantisierungsfehlerspannung u_Q über dem Abtastintervall T sägezahnförmig (Abb. 3.7), und es gilt [79]:

$$u_Q = - \Delta u_s \cdot t/T.$$

Damit folgt für eine große Zahl s die maximale Quantisierungsrauschleistung P_Q aus dem Integral über dem Quadrat des Signalverlaufs in der Periode zwischen +T/2 und –T/2, bezogen auf den Widerstand R und die Periodendauer:

$$P_Q = 1/T \cdot \int_t u_Q{}^2/R \; dt = 1/T \cdot \int_t (\Delta u_s \cdot t/T)^2/R \; dt = (\Delta u_s)^2/R \cdot 1/12.$$

Wegen der verschiedenen Signalformen und der damit zusammenhängenden Bestimmung der Signalleistungen ergeben sich für Audio- und Videosignale unterschiedliche Formeln zur Bestimmung des Signal-Rauschabstands S/N_Q. Bei einem Sinussignal folgt die maximale Signalleistung P_S aus dem Effektivwert:

$$P_S = (u_s/\sqrt{2})^2/R = u_{ss}{}^2 /8R = (2^N \cdot \Delta u_s)^2 /8R,$$

und für den Signal-Quantisierungsrauschabstand gilt beim Audiosignal:

$$S/N_Q = 10 \log P_S/P_Q = 10 \log 3/2 \cdot 2^{2N} = (N \cdot 6{,}02 + 1{,}76) \; dB \approx (N \cdot 6 + 2) \; dB.$$

Bei einem Videosignal folgt die höchste Leistung aus dem Spitze-Spitze-Wert:

$$P_S = u_{ss}{}^2/R = (2^N \cdot \Delta u_s)^2 /R$$

und als Signal-Quantisierungsrauschabstand für das Videosignal:

$$S/N_Q = 10 \log P_S/P_Q = 10 \log 12 \cdot 2^{2N} = (N \cdot 6{,}02 + 10{,}8) \; dB \approx (N \cdot 6 + 11) \; dB.$$

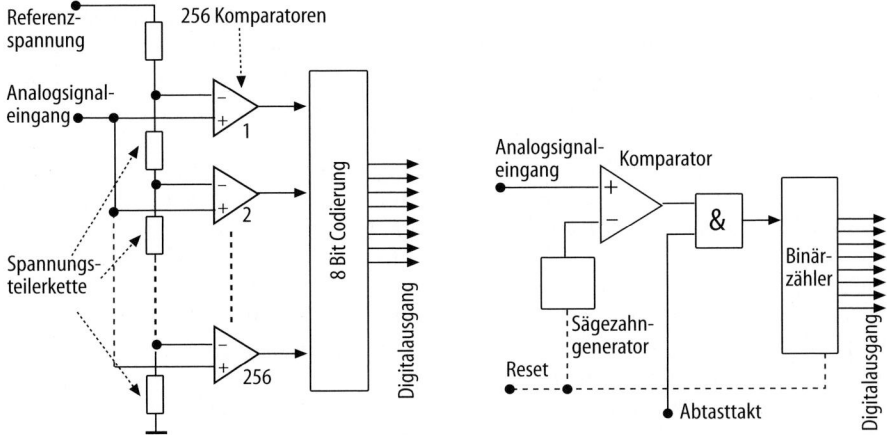

Abb. 3.8. Prinzipschaltbilder von Parallel-A/D-Wandler und Zählwandler

Bei Verwendung der Stufenzahl s anstelle der Bitanzahl N gilt die Beziehung:

$$S/N_Q = 20 \log s \cdot \sqrt{12}.$$

Der Signal-Rauschabstand bezüglich des Quantisierungsrauschen steigt mit 6 dB pro Quantisierungsbit, also pro Faktor 2, denn 20 log 2 ≈ 6 dB. Ein Audiosignal hat bei einer Quantisierung mit 16 Bit eine hohe Signalqualität, bei 8 Bit ist dagegen das Quantisierungsgeräusch deutlich hörbar. Ein mit 8 Bit digitalisiertes Videosignal hat dagegen einen Signal-Rauschabstand von 59 dB, wenn alle Stufen genutzt werden. Dies ist ein im Videobereich ein sehr guter Wert, denn schon ab ca. 42 dB sind Rauschstörungen visuell nicht mehr wahrnehmbar.

Die angegebenen Werte für das Signal-Rauschverhältnis beziehen sich auf die Vollaussteuerung unter Nutzung aller Stufen, also der vollen Systemdynamik. Dies ist in vielen Fällen nicht möglich, denn bei der Signalaussteuerung vor der Wandlung wird darauf geachtet, dass ein Sicherheitsbereich zur Verfügung steht. Die Vermeidung von Übersteuerungen hat für das Audiosignal sehr große Bedeutung, denn der A/D-Umsetzer bewirkt eine harte Beschneidung des Signals, was nicht lineare Verzerrungen mit hochfrequenten Störsignalanteilen hervorruft, für die das Gehör sehr empfindlich ist. Im Audiobereich wird mit Übersteuerungsreserven (Headroom) vom Faktor 2 bis 4 gearbeitet (6 bis 12 dB). Beim Videosignal werden dagegen fast alle Stufen genutzt, da eine Übersteuerung keine derart gravierenden Störungen hervorruft. Die mit der Übersteuerung verbundene Beschneidung führt nur zum Verlust einiger Grauabstufungen, der Zeichnung, im Weißbereich.

Zur praktischen Realisierung der Amplitudenquantisierung (A/D-Umsetzung) gibt es mehrere Verfahren. In der Videotechnik wird die schnellste Variante, der Parallelumsetzer verwendet, bei dem die umzuwandelnde Spannung gleichzeitig mit allen Quantisierungsstufen verglichen wird (Abb. 3.8). Die Spannungswerte der Stufen werden aus einem Spannungsteiler gewonnen.

Bereits nach einem Vergleichsschritt liegt das quantisierte Signal vor. Das Verfahren ist allerdings technisch anspruchsvoll, denn bereits für eine Auflösung
mit 8 Bit müssen gleichzeitig 256 Vergleichswerte zur Verfügung stehen. Mit
diesem Prinzip können heute 8-Bit-Abtastungen mit mehr als 75 MHz realisiert werden. Einfacher ist die Wägewandlung. Hier wird zuerst das höchstwertige Bit des zu konstruierenden Datenwortes gleich eins gesetzt, so dass es den
halben Analogwert repräsentiert. Der Digitalwert wird in einen Analogwert
gewandelt, und je nachdem ob dieser größer oder kleiner ist, wird er dann auf
den Analogwert 3/4 oder 1/4 eingestellt. Dann wird wieder verglichen, bis sich
nach N Schritten der Digitalwert dem analogen bestmöglich genähert hat.

Beim dritten Typ, dem Zählwandler, läuft eine Sägezahnspannung vom Minimum bis zum Maximum des zu wandelnden Signals. Während der Anstiegs-
zeit läuft auch ein Digitalzähler, der gestoppt wird, sobald die Sägezahnspannung den zu wandelnden Wert erreicht hat (Abb. 3.8). Dieser Wandlertyp wird
oft im Audiobereich verwendet.

3.2.2 D/A-Umsetzung

D/A-Umsetzter (D/A-Wandler) dienen zur Rückwandlung der Digital- in Analogwerte. Es entsteht dabei natürlich nicht das Originalsignal, die Quantisierungsfehler bleiben erhalten. Ein D/A-Umsetzer kann im einfachsten Fall mit
gewichteten Leitwerten aufgebaut werden, deren Werte im Verhältnis 1:2:4:...
stehen. Addiert man die Ströme, die bei konstanter Spannung durch diese Leit-
werte bestimmt sind, so entsteht als Summe ein Signal, das dem PAM-Signal
auf der A/D-Umsetzerseite ähnlich ist. Die übertragenen Digitalwerte dienen
dazu, die richtigen Leitwertkombinationen einzuschalten (Abb. 3.9).

Die Schaltvorgänge sind mit kurzen Pulsen verbunden, die hochfrequente
Spektralanteile aufweisen. Daher wird am Umsetzerausgang zunächst wieder
eine Sample & Hold-Schaltung eingesetzt, die den gewandelten Wert zu einem
Zeitpunkt abtastet, an dem die Störungen weitgehend abgeklungen sind.
Schließlich wird zur Glättung der sich aus dem Hold-Vorgang ergebenden Stu-
fenfunktion ein sog. Rekonstruktionsfilter eingesetzt, das als Tiefpass Frequenzen oberhalb der obersten Grenzfrequenz des Originalsignals (z. B. 5 MHz bei
einem Videosignal) unterdrückt und damit das Originalsignal herausfiltert.

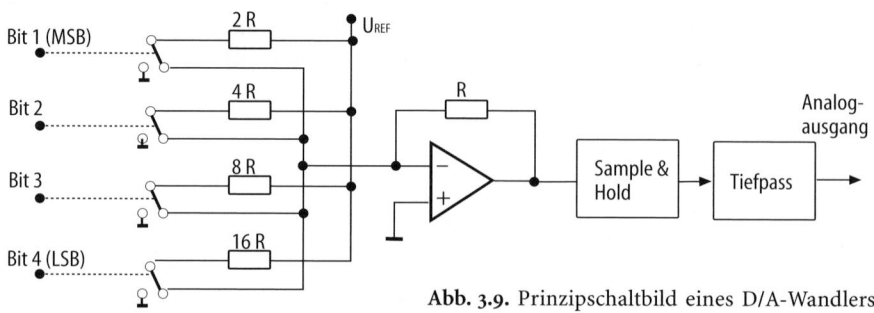

Abb. 3.9. Prinzipschaltbild eines D/A-Wandlers

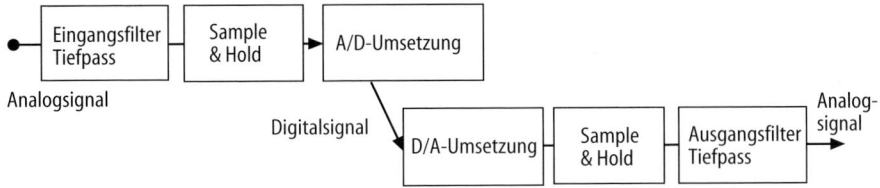

Abb. 3.10. A/D – D/A-Übertragungskette

Der gesamte digitale Übertragungsprozess ist als Blockschaltbild in Abbildung 3.10 dargestellt. Er beinhaltet die Eingangstiefpassfilterung, die Zeitdiskretisierung, die Quantisierung (A/D) und den Übertragungsweg. Die Rückwandlung geschieht mit dem D/A-Umsetzer und dem Rekonstruktionsfilter.

3.2.3 Digitale Signalübertragung im Basisband

Die Digitaldatenübertragung unterliegt den gleichen Bedingungen wie die Analogübertragung, Störungen und Rauschen treten hier wie dort auf. Auch Digitaldaten können kabelgebunden im Basisband oder in Trägerfrequenzsystemen mit elektromagnetischen Wellen übertragen werden. Zunächst wird hier die Übertragung im Basisband betrachtet, das bedeutet, dass die Signale in bestimmter Weise codiert sind, was auch als Modulation bezeichnet wird, dass sie aber nicht auf einen HF-Träger moduliert werden.

Im Basisband liegt zunächst das PCM-Signal (Puls Code Modulation) vor, dessen Code aber oft verändert wird. Codierung bedeutet in diesem Zusammenhang Veränderung des Datenstroms durch Umordnung und Einfügen von Bits derart, dass sich der Originaldatenstrom eindeutig rekonstruieren lässt. Dies geschieht zum einen, um eine Datenreduktion zu erhalten. Die dazu erforderliche Basis ist das PCM-Signal an der Quelle, daher spricht man bezüglich dieser Codierung auch von Quellencodierung (source coding). Ein zweites Motiv für die Veränderung der Daten ist die Anpassung an die besonderen Eigenschaften des Übertragungskanals. Diese können sich erheblich unterscheiden, so sind z. B. die Störabstände und Fehlertypen bei MAZ-Aufzeichnungssystemen ganz andere als bei digitaler Kabelübertragung. Bei der Kanalcodierung ist neben der Bandbreite zu berücksichtigen, welche spektralen Anteile das Signal aufweist, ob Gleichwertanteile auftreten, welche Modulationsarten verwendet werden oder ob eine Taktgewinnung aus dem Signal selbst erforderlich ist. Die Kanalcodierung findet unter Berücksichtigung des Fehlerschutzes

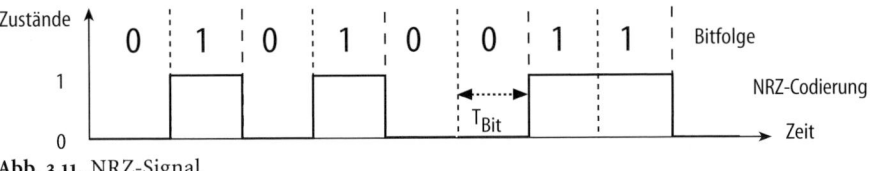

Abb. 3.11. NRZ-Signal

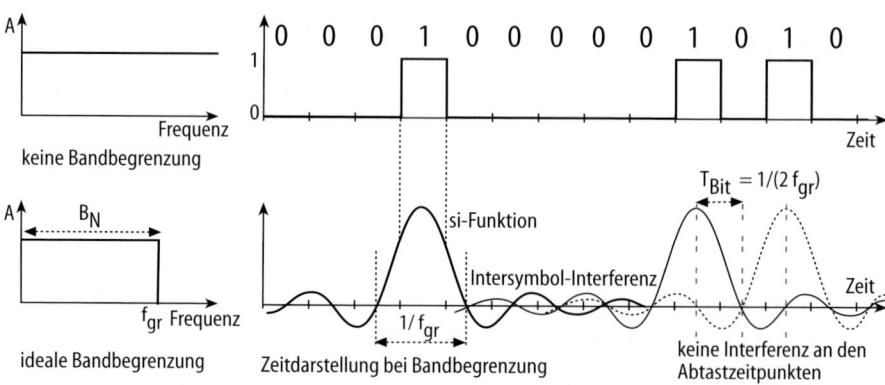

Abb. 3.12. Verformung des NRZ-Signals und Intersymbol-Interferenz durch Bandbegrenzung

statt. Auch der Fehlerschutz selbst ist schließlich ein Motiv für die Umordnung der Daten.

Die Repräsentation der Bits als aufeinanderfolgende Zustände von ein- und ausgeschalteter Spannung wird am einfachsten, wenn das Signal bei aufeinanderfolgenden High-Zuständen nicht zurückgesetzt wird (Abb. 3.11), der Code wird dann als NRZ-Code (Non Return to Zero) bezeichnet. Das NRZ-Signal ist sehr unregelmäßig. Wenn lange Folgen gleicher Bits auftreten, ändert sich das Signal nicht und damit ist es nicht gleichwertfrei. Die höchste Frequenz ergibt sich aus einem ständigen Wechsel der Zustände, der kürzeste Signalzustand entspricht der Bitdauer T_{Bit}. Daraus ergibt sich die Bitrate

$$v_{Bit} = 1 \text{ Bit}/T_{Bit},$$

bzw. die Bittaktfrequenz $f_{Bit} = 1/T_{Bit}$.

Das entstehende Signal muss nicht formgetreu übertragen werden, dafür wäre bei einem Rechteck-Signal auch eine sehr große Bandbreite erforderlich. Zur Rekonstruktion des Signals wird es abgetastet, daher genügt es, dass es an den Abtastzeitpunkten unverfälscht erkannt wird, d. h. das Übertragungsband kann begrenzt werden. Eine strenge ideale Bandbegrenzung mit rechteckförmigem Verlauf hängt nach der Fouriertransformation aber wiederum mit einem Signal zusammen, das im Zeitbereich einen Verlauf nach der si-Funktion aufweist (Abb. 3.12). Die zeitliche Verbreiterung führt zu einem Übersprechen zwischen den Nachbarimpulsen, der sog. Intersymbol Interferenz (ISI). Die si-Funktion weist Nullstellen auf, die im Zentrum den Abstand $2 \cdot T_{Bit}$ haben. Wenn die Maxima der Nachbarfunktionen mit diesen Nullstellen zusammenfallen, werden die Symbole gerade nicht verfälscht, so dass hier ein idealer Abtastzeitpunkt für die Rekonstruktion des Signals vorliegt. Dieser Umstand wird durch die Küpfmüller-Nyquist-Bedingung mit der Bandbreite B_N und

$$B_N = 1/2 \cdot 1/T_{Bit} = 1/2 \cdot f_{Bit}$$

ausgedrückt (Abb. 3.12). Das bedeutet: Von dem entstehenden Impulssignal muss mindestens die Grundfrequenz des kürzesten Wechsels übertragen wer-

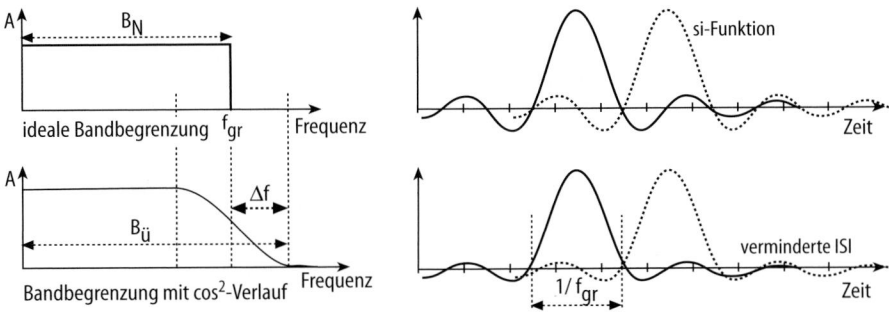

Abb. 3.13. Vergleich der Auswirkung von idealer und realer Bandbegrenzung

den. Für das digitale Komponentensignal mit 270 Mbit/s (s. Abschn. 3.3.2) folgt daraus, dass eine Minimalbandbreite von 135 MHz erforderlich ist.

Im Realfall ist der Übertragungskanal aber weder streng bandbegrenzt, noch unendlich breit, sondern durch Tiefpassfilter mit flachen Flanken bestimmt. Eine Bandbegrenzung mit $\cos^2$-förmigem Verlauf bewirkt eine Dämpfung der Überschwinger der si-Funktion im Vergleich zur idealen Bandbegrenzung. Die Flankensteilheit der Filter bestimmt damit das Ausmaß der ISI. Die Steilheit des Kurvenverlaufs wird mit dem Roll-off-Faktor r beschrieben:

$$r = \Delta f/B,$$

wobei B der Nyquist-Bandbreite B_N entspricht, wenn als Maß der 50%-Abfall der Flanke herangezogen wird (Abb. 3.13).

Je größer der Roll-off-Faktor, desto größer wird die erforderliche Übertragungsbandbreite $B_Ü$ in Relation zur Nutzbandbreite B, es gilt:

$$B_Ü = (1 + r) \, B.$$

Mit r= 0,5, folgt also z. B. $B_Ü = 0,75 \cdot v_{Bit}$/Bit.

Der Roll-off-Faktor bestimmt damit unter anderem das Verhältnis zwischen der Bitrate und der Übertragungsbandbreite. Diese Größe wird auch als Bandbreiteneffizienz oder spektrale Effizienz bezeichnet und als $\varepsilon = v/B_Ü$ mit der Einheit Bit/s pro 1 Hz angegeben.

Je kleiner r, desto steiler ist die Bandbegrenzung und die erforderliche Übertragungsbandbreite sinkt. Daraus resultiert wiederum ein stärkeres Übersprechen. Das Übersprechen bewirkt eine verringerte Fehlertoleranz bei der Rekonstruktion der Signalzustände auf der Empfangsseite und führt zusammen mit den Störungen des Kanals zu Fehlern, die in der Form Bitfehlerzahl pro Sekunde als Bit Error Rate (BER) angegeben werden. Welche Fehlerrate toleriert werden kann, hängt vom Einsatzzweck ab. Wenn bei einem Datenstrom von 28 Mbit/s ein Fehler pro Stunde erlaubt ist, hat die BER den Wert 10^{-11}.

Die Qualität des Übertragungssystems kann visuell mit Hilfe des sog. Augendiagramms beurteilt werden. Zur Gewinnung des Augendiagramms wird ein Oszilloskop auf den Schritttakt der Digitaldaten getriggert. Alle Signalübergänge werden dadurch überlagert, und es entsteht ein augenförmiges Bild wie es in Abb. 3.14 dargestellt ist. Je größer die Augenöffnung, desto kleiner

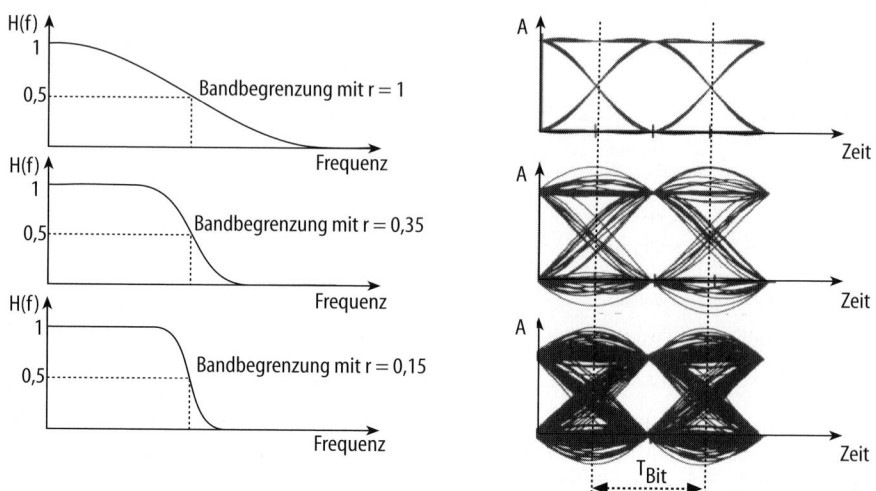

Abb. 3.14. Auswirkung verschiedener Bandbegrenzungen auf das Augendiagramm

sind die Amplituden- und Zeittaktschwankungen (Jitter), desto einfacher sind die Signalzustände rekonstruierbar und desto weniger Fehler treten auf. Solange das Auge nicht geschlossen ist, kann das Signal regeneriert werden.

Abbildung 3.14 zeigt auch die Veränderung des Augendiagramms in Abhängigkeit von r [102]. Es wird deutlich, dass bei steiler Bandbegrenzung das Symbolübersprechen steigt, daher kann mit kleinem r nur dort gearbeitet werden wo der Kanal weitgehend frei von zusätzlichen Störungen ist, wie z. B. bei der kabelgebundenen Übertragung.

Der Einfluss des auf dem Übertragungsweg auftretenden Rauschens kann sehr effektiv gemindert werden, wenn am Empfängereingang ein Filter eingesetzt wird, dessen Impulsantwort mit dem Verlauf des übertragenen Impulses übereinstimmt. Mit dieser signalangepassten Filterung (Matched Filter) wird erreicht, dass der Rauscheinfluss vom mittleren Energiegehalt pro Bit E_b abhängt und nicht mehr von der Signalform über der Zeit. Bei einem redun-

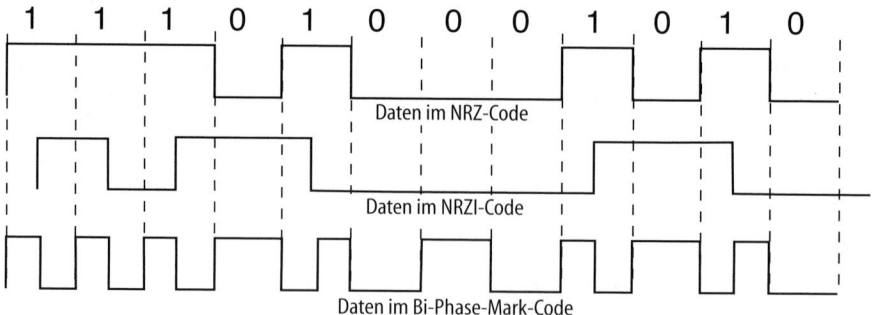

Abb. 3.15 Vergleich von NRZ-, NRZI- und Bi-Phase-Mark-Code

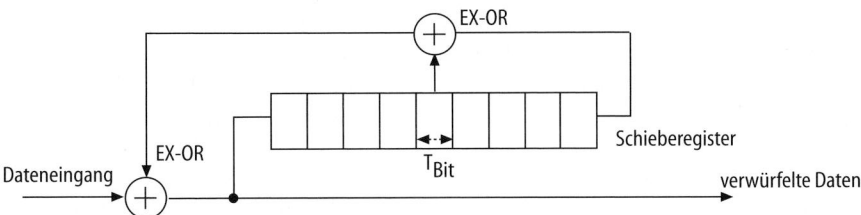

Abb. 3.16. Datenverwürfelung, Scrambling

danzfreien Signal, das zum idealen Zeitpunkt abgetastet wird, gilt die Beziehung

$$S/N = E_b/N.$$

NRZ ist ein sehr simpler Code, aber weder selbsttaktend noch gleichspannungsfrei. Der Code kann zu NRZI (Non Return to Zero Inverse) geändert werden, wenn bei jeder 1 der Signalzustand zwischen 0 und 1 bzw. 1 und 0 umgeschaltet wird (Abb. 3.15). Jede 1 entspricht einem Pegelwechsel und damit wird die Codierung polaritätsunabhängig. Das NRZI-Spektrum ähnelt dem NRZ-Spektrum.

Ein NRZI-Code wird in modifizierter Form bei der wichtigsten digitalen Signalform der Videotechnik, beim seriell-digitalen Videosignal verwendet. Die Schnittstelle für dieses Signal ist so definiert, dass die Taktrate aus dem Datenstrom selbst rekonstruiert werden kann. Weder NRZ noch NRZI sind aber selbsttaktend, denn im Spektrum sind niederfrequente Anteile stark vertreten. NRZI wird daher durch Verwürfelung (Scrambling) zu SNRZI verändert. Die Verwürfelung wird mit einem n-stufigen Schieberegister durchgeführt, durch das der serielle Datenstrom hindurchgeschickt wird (Abb. 3.16). An wenigstens zwei Stellen hat das Register Anschlüsse für eine Signalrückkopplung. Durch eine Exclusiv-Oder-Verknüpfung der Daten an dieser Stelle wird eine Pseudo-Zufallsdatenfolge erzeugt, die ein Signalleistungsspektrum mit ausgeglichener oder gezielt gewichteter Verteilung bewirkt. Die Verteilung wirkt zufällig, beruht aber auf einem festen Bildungsgesetz, das Signal kann damit auf der Empfangsseite eindeutig rekonstruiert werden.

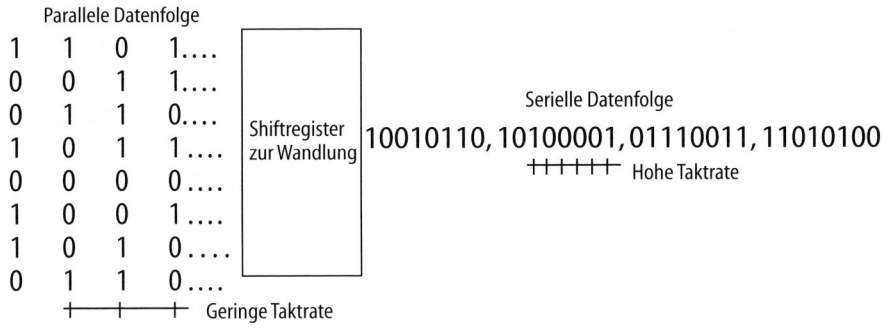

Abb. 3.17 Parallele und serielle Datenübertragung

Ein weiterer selbsttaktender Code ist der Bi-Phase-Mark-Code. Hier findet an jeder Bitzellengrenze ein Pegelwechsel statt, wobei die »1« so codiert wird, dass ein zusätzlicher Pegelwechsel dazwischen liegt (Abb. 3.15). Dieser Code wird benutzt, wenn eher einfache Codierung als hohe Effizienz erforderlich sind, in der Videotechnik z. B. bei der Timecode-Übertragung.

Die Datenübertragung geschieht parallel oder seriell. Wurde z. B. mit 8 Bit quantisiert, so werden bei der Parallelübertragung acht Leitungen eingesetzt, so dass im Rhythmus der Abtastpulse der gesamte codierte Wert vorliegt (Abb. 3.17). Für die serielle Übertragung wird dagegen nur eine Leitung benötigt, die Bits werden nacheinander im Zeitmultiplex übertragen. Die serielle Übertragung ist in der Praxis deutlich weniger aufwändig, andererseits ist aber eine viel höhere Übertragungsgeschwindigkeit erforderlich. Da mit wachsendem technischen Fortschritt die Bewältigung hoher Übertragungsraten zunehmend geringere Schwierigkeiten bereitet, wird wegen der praktischen Vorteile meistens die serielle Datenübertragung bevorzugt.

Wie bei Analogsystemen ist die maximale Übertragungskapazität außer von der Bandbreite B auch vom Signal-Rauschabstand S/N abhängig. Die Nutzung von nur zwei Zuständen, wie bei NRZI, ist sehr störunempfindlich aber nicht effektiv. Die bessere Nutzung des großen Signal-Rauschabstands ist durch mehrwertige Modulation, d. h. durch die Verwendung von mehr als zwei Signalzuständen möglich (Abb. 3.18). Jeder Zustand wird durch eine Gruppe von Bits gebildet, die durch den Begriff Symbol gekennzeichnet werden. Ein Symbol umfasst den Informationsgehalt von einem oder mehreren Bits, damit ergibt sich die maximale Datenrate aus der Symbolrate multipliziert mit dem Informationsgehalt eines Symbols. Die Nutzung mehrwertiger Modulation macht das Signal störanfälliger, meist wird damit ein Fehlerschutz erforderlich. Bei der Basisbandübertragung steht aber bei Nutzung von Koaxialkabeln genügend Bandbreite zur Verfügung, daher wird, im Gegensatz zur digitalen HF-Übertragung bei DVB (s. Kap. 4.5), i. d. R. auf mehrwertige Modulation und auf Fehlerschutz verzichtet.

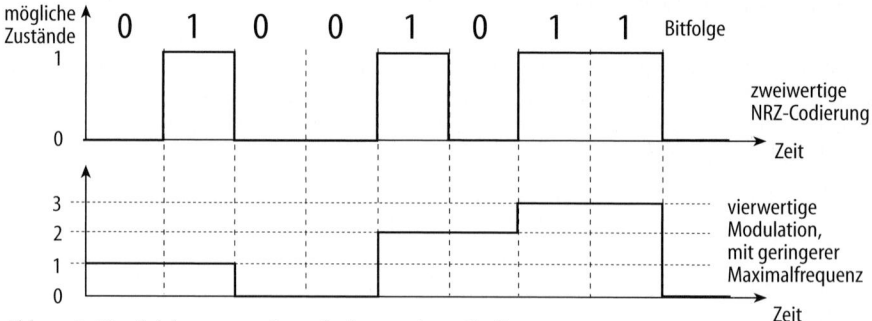

Abb. 3.18. Vergleich von zwei- und vierwertiger Codierung

3.3 Digitale Videosignale

Das analoge Videosignal ist durch die Bildwandlung bereits weitgehend quantisiert. Es ist zeitlich in Einzelbilder und räumlich in Zeilen eingeteilt. Beim Einsatz eines CCD-Bildwandlers (s. Kap. 6.1) werden darüber hinaus auch diskrete Bildpunkte gebildet, die aber bei der Auslesung mittels Abtastung und Filterung wieder in eine zeitkontinuierliche Form gebracht werden. Das Videosignal muss daher den gewöhnlichen Digitalisierungsprozess durchlaufen. Dabei wird das analoge Signal mit konstanter Rate abgetastet, und die jeweils vorliegenden Signalwerte werden quantisiert und als binär codierte Zahlenwerte übertragen. Laut Abtasttheorem ist eine Abtastfrequenz erforderlich, die mindestens doppelt so groß ist wie die höchste Signalfrequenz. Ausgehend von einem Analogsignal mit 5 MHz Bandbreite ergibt sich damit eine minimale Datenrate von 80 Mbit/s, denn das menschliche Auge kann auf einem Videomonitor höchstens 200 Graustufen unterscheiden. Damit ist im einfachen Fall eine Quantisierungsstufenzahl von 256 ausreichend, die mit 8 Bit binär dargestellt werden kann.

Mit NRZ-Codierung ist zur Übertragung dieser Datenrate eine Bandbreite von mindestens 40 MHz erforderlich (s. Abschn. 3.2.3). Die Digitalübertragung erfordert schon in diesem Beispiel, verglichen mit dem Analogsignal, die achtfache Bandbreite. Die genannte Datenrate ist aber ein Minimalwert, der sich in der Praxis wesentlich erhöht. Die Digitalübertragung zum Heimempfänger wurde daher erst praktikabel, als effektive Algorithmen zu Reduktion dieser Datenmenge zur Verfügung standen.

Digitale Videosignale beruhen auf den bekannten analogen Signalformen (s. Kap. 2). Das RGB-Signal wird selten verwendet, dies gilt sowohl im analogen als auch im digitalen Umfeld. Kaum größerer Bedeutung hat das auf dem analogen FBAS-Signal beruhende Digital Composite Signal. Dagegen ist das Digital Component Signal die zentrale Form sowohl im Produktionsbereich als auch als Ausgangsformat für die Datenreduktion.

3.3.1 Digital Composite Signal

Die Datenrate bei der Digitalisierung des FBAS-Signals steigt erheblich über 80 Mbit/s, denn die Abtastrate muss ein Vielfaches der Farbhilfsträgerfrequenz betragen, um Aliasfehler möglichst gering zu halten (Abb. 3.19). Es kommen die Faktoren 3 und 4 in Frage, wegen der PAL-Sequenzen (s. Kap. 2.3) werden

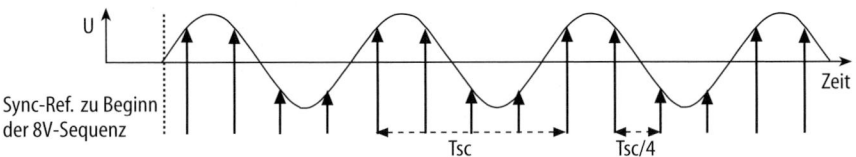

Abb. 3.19. Abtastung der Farbhilfsträgerfrequenz mit 4 f_{sc}

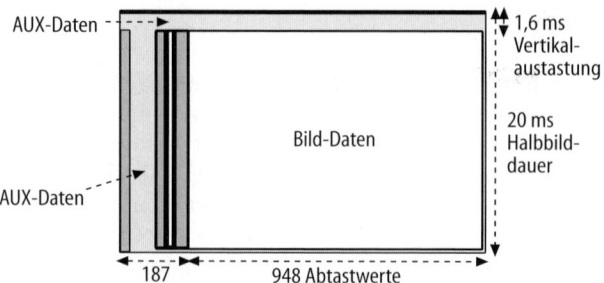

Abb. 3.20. Lücken für Zusatzdaten beim Digital Composite-Format

die Störungen dann minimal, wenn die Abtastfrequenz $f_T = 4 \cdot f_{sc} = 17{,}73$ MHz
(PAL) bzw. 14,32 MHz (NTSC) beträgt. Die Abtastpunkte haben bei PAL die in
Abbildung 3.19 gezeigte Relation zur Farbhilfsträgerschwingung. Auch der Syn-
chronimpuls und der Burst werden digitalisiert, aus jeder Zeile werden 1135
Abtatswerte gewonnen, davon gehören 948 zur aktiven Zeile. Teile der H- und
V-Austastbereiche können für Zusatzdaten (AUX) genutzt werden (Abb. 3.20).
Das Digital Composite Signal ist für die Übertragung mit 8 oder 10 Bit defi-
niert, maximal ergibt sich für ein PAL-Signal eine Datenrate von 177 Mbit/s.

Das Digital Composite Signal ist heute im wesentlichen nur noch im Zusammenhang mit den digitalen MAZ-Formaten D2 und D3 (s. Kap. 8.8) von
Bedeutung. D2- und D3-Geräte arbeiten mit 8 Bit-Auflösung, von den 256
möglichen Quantisierungsstufen entfallen 64 auf das Synchronsignal, so dass
für die Bildamplitude nur 191 Stufen zur Verfügung stehen (Abb. 3.21). Für das
Luminanzsignal allein verringert sich dieser Wert auf 148, woraus ein Signal/
Rauschabstand von 54 dB folgt. Mit D2- und D3-MAZ-Geräten wird damit eine
gegenüber der analogen Aufzeichnungstechnik deutlich verbesserte Anzahl
möglicher Kopier-Generationen erreicht. Das Digital Composite-Signal ist aber
aufgrund der Dynamikreduktion durch Einbeziehung des Synchronsignals als
genereller Studiostandard schlecht geeignet, außerdem bleiben auch die Nachteile durch PAL-Artefakte und die FBAS-typische schmalbandige Farbsignalübertragung erhalten.

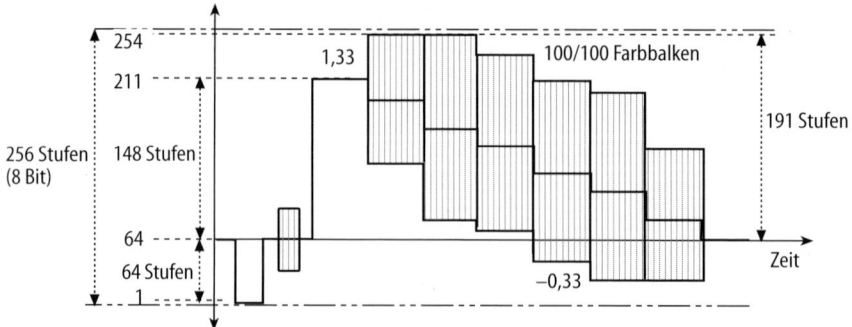

Abb. 3.21. Quantisierungsstufen beim Digital Composite Signal

3.3.2 Digital Component Signal

Die Aufteilung des Farbvideosignals in die drei Komponenten für Helligkeit und Farbdifferenzen ermöglicht gegenüber FBAS-Signalen eine wesentlich bessere Signalverarbeitungs- und Übertragungsqualität. Dieses gilt auf analoger Ebene ebenso wie beim Digitalsignal. Die Komponentencodierung ist weitgehend unabhängig von Fernsehnormen und ermöglicht eine einfachere Datenreduktion. Weiterhin kann die Abtastrate unabhängig von der Farbhilfsträgerfrequenz gewählt werden.

Digitale Komponentensignale basieren auf einem analogen Signal, bei dem die Farbdifferenzkomponenten (C_R und C_B) derart pegelreduziert sind, dass sich ohne Berücksichtigung der Synchronimpulse für alle drei Signale Spannungswerte von 0,7 V_{ss} ergeben (s. Kap. 2.3). Wichtigster Punkt für die Normung war die Wahl der Abtastrate. Um dabei zu erreichen, dass die Bildpunkte in jeder Zeile die selbe Posiotion haben (orthogonale Abtatssstruktur) muss die Abtastrate ein Vielfaches der Zeilenfrequenz betragen. 1979 gab es einen Standardisierungsvorschlag von der EBU mit der Bezeichnung 12:4:4, d. h. das Luminanzsignal sollte mit 12 MHz und die Farbdifferenzkomponenten mit 4 MHz abgetastet werden. Dieser Vorschlag wurde nicht akzeptiert, u. a. die in USA und Europa verwendeten Systeme mit 525- bzw. 625-Zeilen auf digitaler Ebene nur noch möglichst wenig Unterschiede aufweisen sollten. Bei 12 MHz Abtastrate für das 625-Zeilensystem ist eine Anpassung an 525 Zeilen schlecht möglich.

3.3.2.1 ITU-R BT. 601

Das kleinste gemeinsame, ganzzahlige Vielfache der 525- und 625-Zeilensysteme, basierend auf den Halbbildfrequenzen 59,94 Hz und 50 Hz, ist der Wert 2,25 MHz. Ausgehend von einem Analogsignal von 5 MHz Bandbreite würde das fünffache dieses Wertes, also 11,25 MHz, als Abtastrate genügen. Um den Filteraufwand zur Rückgewinnung des Basisbandes nicht zu groß zu machen, und um auch Bandbreiten über 5,5 MHz zu ermöglichen, wurde mit der Norm CCIR 601 international das sechsfache von 2,25 MHz, also eine Abtastrate von 13,5 MHz, für das Luminanzsignal festgelegt (Tabelle 3.1). Die Organisation

Tabelle 3.1. Spezifikationen bei ITU-R BT. 601

System	525/59,94	625/50
Komponenten	Y / C_R / C_B	Y / C_R / C_B
Abtaststruktur	orthogonal, C_R, C_B zusammen mit den ungeraden Y-Werten	
Abtastfrequenz	13,5 / 6,75 / 6,75 MHz	
Abtastwerte/Zeile	858 / 429 / 429	864 / 432 / 432
Wertanzahl der digitalen aktiven Zeile	720 / 360 / 360	
Wertanzahl der analogen aktiven Zeile	714 / 355 / 355	702 / 350 / 350
Anzahl aktiver Zeilen pro Bild	486	576
Anzahl Bits pro Sample	8 / 10 Bit	
Nutzbare Stufenanzahl bei 8 Bit	220 / 225 / 225	
Nutzbare Stufenanzahl bei 10 Bit	877 / 897 / 897	

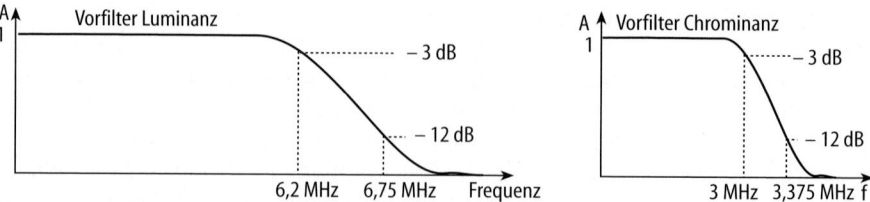

Abb. 3.22. Anti-Aliasing-Filter für das Digital Component Signal

CCIR (International Radio Consultativ Comitee) erarbeitet Richtlinien und Empfehlungen. Die Recommendation 601 ist sehr bekannt, sie erscheint heute als Empfehlung der International Telecommunication Union, als ITU-R BT. 601, trotzdem wird oft der Begriff CCIR 601 beibehalten.

Aus der Abtastfrequenz 13,5 MHz ergeben sich im 625-Zeilensystem (50 Hz) 864 Abtastwerte und im 525-Zeilensystem (59,94 Hz) 858 Abtastwerte pro Zeile für das Luminanzsignal. Für Europa gilt: 864 · 15,625 kHz = 13,5 MHz und für Amerika: 858 · 15734265 kHz = 13,5 MHz. Für die Farbdifferenzsignale sind die Werte halbiert, die Abtastfrequenz hat hier den Wert 6,75 MHz, da die Chrominanz wie beim Analogsignal mit geringerer Bandbreite übertragen wird. Die erlaubte Bandbreite für die analogen Eingangssignale beträgt beim Luminanzsignal 5,75 MHz (±0,1 dB), bzw. 6,2 MHz bei –3 dB und für C_R und C_B 2,75 MHz, bzw. 3 MHz bei –3 dB (Abb. 3.22). Bei der halben Abtastfrequenz (6,75 bzw. 3,375 MHz) müssen die Tiefpassfilterkurven auf –12 dB abgefallen sein. Die Bandbreite des Chroma-Signalanteils ist damit deutlich größer als beim Composite-Signal.

In allen Fernsehsystemen ist der für das eigentliche Videosignal nutzbare Zeilenbereich, die aktive Zeile, durch die horizontale Austastlücke begrenzt. Mit ITU-R 601 wurde für die europäische und die US-Norm gleichermaßen festgelegt, dass die aktive Zeile 720 Luminanz-Abtastwerte enthält, sowie je 360 für C_R und C_B. Diese Zahlen sind durch 8 teilbar und damit günstig im Hinblick auf die Datenreduktion, die oft eine Blockbildung mit 8 x 8 Pixeln erfordert. Insgesamt befinden sich in der aktiven Videozeile 1440 Datenworte (Abb. 3.23). Aus 720 dividiert durch 13,5 MHz ergeben sich 53,33 µs, die digitale aktive Zeile ist somit länger als die analoge aktive Zeile, deren Dauer im 625-Zeilensystem ja 52 µs beträgt. Da die aktive Zeile im 525-Zeilensystem wiederum etwas länger ist als 52 µs, sind die in die Austastlücke fallenden Abtastwerte in beiden Normen verschieden. Für Europa bedeutet das, dass bei der Digitalisierung der analogen aktiven Zeile nur 702 Bildpunkte von 720 nutzbar sind, die restlichen 18 fallen in die H-Austastlücke. Diese Bildpunkte erscheinen oft als schmale schwarze Ränder bei der Darstellung von digitalen Videobildern auf dem PC. Die vertikale Austastlücke ist für das 625-Zeilensystem gemäß ITU-R 601 so festgelegt, dass pro Halbbild 288 aktive Zeilen zur Verfügung stehen.

Die 720 x 576 aktiven Bildpunkte werden gelegentlich auch als Non Square Pixels bezeichnet. In Europa sind sie breiter als hoch, denn für ein Seitenverhältnis 1 : 1 d. h. gleiche Horizontal- wie Vertikalauflösung, müssten in der aktiven Zeile 576 x 4/3 = 768 Bildpunkte zur Verfügung stehen. Das Seitenver-

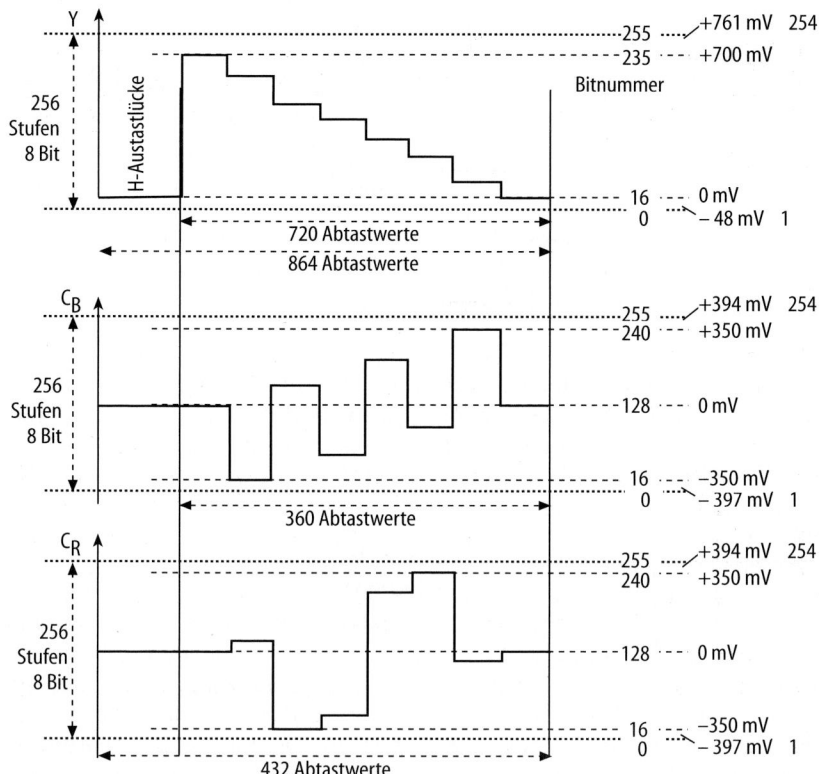

Abb. 3.23. Abtast- und Quantisierungswerte nach ITU-R BT. 601

hältnis des Bildpunktes (Pixel Aspect Ratio) beträgt x : y = 1 : 720/768 = 1,0667. Dieser Umstand führt manchmal zu Problemen, wenn Grafiken für Videosysteme mit PC-Programmen, wie z. B. Adobe Photoshop, erstellt werden, die mit Square Pixels, also dem Aspect Ratio 1:1 arbeiten. In diesem Falle benutzt man entweder eine Dokumentvorlage von 768 x 576 Pixeln und lässt das Bild vor der Ausgabe auf eine Breite 720 Pixel umrechnen, oder man wählt für die Vorlage 720 x 576 Pixel und berücksichtigt, dass die Darstellung auf einem Videomonitor horizontal gedehnter erscheinen wird als am PC-Monitor.

Die horizontale Dehnung auf dem Videomonitor wird noch um den Faktor 4/3 extremer, wenn statt des Bildseitenverhältnisses 4/3 das Verhältnis 16/9 benutzt wird. Eigentlich müsste in diesem Fall die Abtastfrequenz erhöht werden, auf acht mal 2,25 MHz = 18 MHz, einige technische Systeme erlauben das auch. Es ist jedoch ausreichend, auch für 16/9-Systeme die 720 Bildpunkte aus der Abtastung mit 13,5 MHz beizubehalten und die Bildpunktverbreiterung auf x : y = 4/3 : 720/768 = 1,42 akzeptieren, mit dem Argument, dass diese auf dem Niveau des analogen Videosignals liegt, denn leitet man aus der Grenzfrequenz von 5 MHz ein Pixel Aspect Ratio für analoge Signale ab, so ergeben sich aus den 520 aktiven Bildpunkten pro 52 µs: x : y = 1 : 520/768 = 1,48.

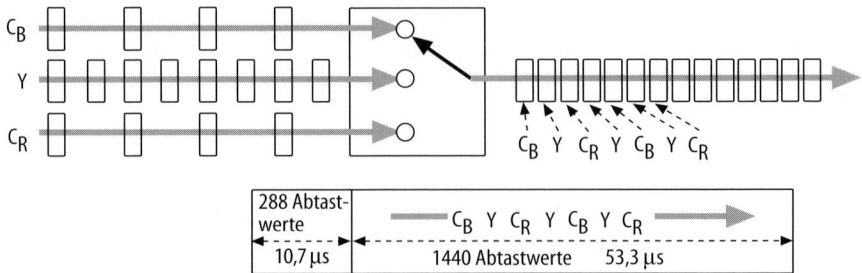

Abb. 3.24. Multiplexbildung der Luminanz- und Chrominanzkomponenten

Um die digitalen Daten der Komponenten in einen Gesamtdatenstrom zu integrieren, werden sie wortweise im Zeitmultiplex in der Folge $[C_B \ Y_1 \ C_R \ ] \ Y_2$ $[C_B \ Y_3 \ C_R \ ] \ Y_4$ ... übertragen (Abb. 3.24). Die Werte für die Chrominanz schließen dabei jeweils die zugehörigen ungeradzahligen Luminanzwerte ein. Der Datenstrom umfasst beim 625-Zeilensystem insgesamt 1728 Abtastwerte pro Zeile.

Die Quantisierung der Signalabtastwerte wurde im Jahre 1986 in der ursprünglichen Fassung von CCIR 601 für alle drei Komponenten mit 8 Bit festgelegt und später auf 10 Bit erweitert. Die 8 oder 10 Bit sind jedoch nicht vollständig als Graustufenanzahl nutzbar, denn es sind Über- und Untersteuerungsreserven (Head- und Feetroom) vorgesehen. Beim Luminanzsignal mit 8 Bit-Quantisierung steht der Digitalwert 16 für Schwarz und der Wert 235 für Weiß, dazwischen sind 220 Graustufen verfügbar. Die zugehörigen Farbdifferenzwerte können Analogwerte zwischen + 350 mV und – 350 mV annehmen, im Digitalbereich sind 225 Quantisierungsstufen (16–240) reserviert. Der Analogwert 0 V entspricht dem Digitalwert 128 (Abb. 3.23).

Im 10-Bit-System sind die genannten Stufenzahlen vervierfacht, so dass ein einfacher Übergang von 10 auf 8 Bit durch Weglassen der beiden minderwertigsten Bits (LSB) erfolgen kann. Das einfache Abschneiden der Bits kann allerdings zum sog. Contouring führen, d. h., dass bei kleinen Grauwerten die Abstufungen sichtbar werden. Dieses kann durch sog. Dynamic Rounding oder mit Hilfe des Zusatzes eines statistischen Signals (Dither) vermindert werden.

Im 10-Bit-System liegt das Luminanzsignal zwischen den Werten 64 (0 V) und 940 (700 mV), die Farbdifferenzwerte liegen zwischen 512 (0 V) und 64 (–350 mV) bzw. 960 (+350 mV). Zur Berechnung der Luminanz-Digitalwerte bezüglich 8 Bit (D_{Y8}) oder 10 Bit (D_{Y10}) aus den Analogwerten gelten die Beziehungen:

$$D_{Y8} = \{U_Y/0{,}7V \cdot 219\} + 16$$

$$D_{Y10} = \{U_Y/0{,}7V \cdot 876\} + 64$$

Die Klammern stehen dabei für die Rundung auf ganze Zahlen. Für die Digitalwerte der Farbdifferenzkomponenten C_R und C_B gilt:

$$D_{C8} = \{U_C/0{,}7V \cdot 224\} + 128$$

$$D_{C10} = \{U_C/0{,}7V \cdot 896\} + 512$$

Tabelle 3.2. Datenbeispiel für das Digital Component Signal

Übergang von Weiß zu Gelb im Farbbalken (Zeile 58, 10 Bit)

Nr. ab SAV		Hex	Dec	Nr. ab SAV		Hex	Dec
185	Y	3AC	940	186	R-Y	200	512
187	Y	3AC	940	188	B-Y	1FA	506
189	Y	3AC	940	190	R-Y	201	513
191	Y	3AC	940	192	B-Y	1C4	452
193	Y	3A7	935	194	R-Y	20A	522
195	Y	378	888	196	B-Y	158	344
197	Y	319	793	198	R-Y	21B	539
199	Y	2BA	698	200	B-Y	0EC	236
201	Y	28C	652	202	R-Y	22D	557
203	Y	286	646	204	B-Y	0B6	182
205	Y	286	646	206	R-Y	236	566
207	Y	286	646	208	B-Y	0B0	176

Tabelle 3.2 zeigt als Beispiel die nach einer 10-Bit-Digitalisierung gemessene Zahlenfolge anhand eines 75%-Farbbalkens an der Grenze des Weißbalkens in Zeile 58. Der Farbbalken enthält acht Bereiche, die sich auf die 702 Y-Abtastwerte der aktiven analogen Zeile aufteilen, so dass jeder Balken ca. 88 Bildpunkte bzw. 176 Datenworte umfasst. Im Bereich der Zählwerte 193 bis 203 liegt der Übergang vom Weiß- zum Gelbbalken. Der Luminanzwert für Gelb (Y-Anteil ≈ 0,886 · 0,75) hat nach dem Übergang den Wert

$$D_{Y10} = 646 \approx 0,886 \cdot 0,75 \cdot 876 + 64.$$

Für C_R gilt:

$$D_{C10R} = 566 \approx 0,713 \cdot (1 - 0,886) \cdot 0,75 \cdot 896 + 512.$$

und für C_B:

$$D_{C10B} = 176 \approx 0,564 \cdot (0 - 0,886) \cdot 0,75 \cdot 896 + 512.$$

Ein Vollbild mit 720 H x 576 V aktiven Bildpunkten erfordert einen Speicherbedarf von 1440 x 576 = 829 440 Byte bzw. 6,635 MBit bei Quantisierung mit 8 Bit, oder 8,29 MBit bei 10 Bit-Quantisierung. Das aktive Bild belegt also einen Speicherplatz in der Größenordnung 1 MByte. Da im Datenstrom nicht nur die aktiven Bildwerte, sondern auch die Werte der Austastlücke übertragen werden, ergibt sich bei 8 Bit ein Datenstrom von 8 Bit · (13,5 + 2 · 6,75) MHz = 216 Mbit/s, bei 10 Bit hat er den Wert 270 Mbit/s.

Wegen des 2:1-Verhältnisses der Abtastraten zwischen den Komponenten Y und C_R, C_B wird für CCIR 601 häufig die Bezeichnung 4:2:2 verwandt. Mit 4:2:2 sind also die Abtastraten als Vielfaches der Frequenz 3,375 MHz gekennzeichnet. Es gibt Geräte, die andere Abtaststrukturen benutzen (Abb. 3.25): 4:4:4 beschreibt die Abtastung der RGB-Komponenten mit jeweils 13,5 MHz (erhöhte Qualität). Die Bezeichnung 4:2:2:4 wird für ein Standardkomponentenformat verwandt, das um einen vierten Kanal erweitert ist, der für Stanzsignale benutzt wird (Alphakanal).

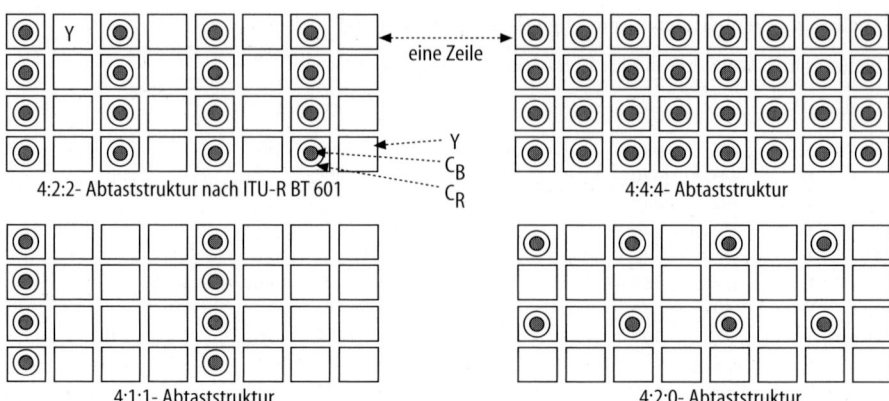

Abb. 3.25. Vergleich der Abtaststrukturen

Die Varianten 4:1:1 und 4:2:0 werden vor allem im Zusammenhang mit Datenreduktionsverfahren eingesetzt. Bei 4:1:1 werden die Chromakomponenten nur mit 3,375 MHz abgetastet, die mögliche Chrominanzsignal-Bandbreite und damit die Horizontalauflösung ist gegenüber ITU-R 601 halbiert.

Die Bezeichnung 4:2:0 bezieht sich auf ein Format, bei dem die vertikale Farbauflösung reduziert ist, da die Farbdifferenzwerte nur in jeder zweiten Zeile vorliegen, während die Horizontalauflösung der Chrominanz die gleiche bleibt wie bei 4:2:2 (Abb 3.25). Beide Einschränkungen der Chrominanzauflösung sind für die Wiedergabe beim Konsumenten kein Problem, denn die Chromabandbreite liegt bei 4:1:1 mit ca. 1,5 MHz immer noch über der des analogen PAL-Systems. Problematisch ist die Unterabtastung aber im Produktionsbereich. Insbesondere für das Chroma Key-Verfahren (s. Kap. 9.2) ist die Chromabandbreite zu gering und die Anordnung der Chrominanzwerte ist für Rechenprozesse bei der Bildbearbeitung ungünstig.

3.3.2.2 Synchronsignale und Zeitreferenz

Nach ITU-R 601 wird das vollständige Komponentensignal einschließlich der Austastlücken abgetastet, allerdings wird der Synchronimpuls nicht mit in die Quantisierung einbezogen, da sonst der Rauschabstand unnötig verschlechtert würde. Der Synchronimpuls trägt auch nur eine simple Information: nämlich die über das Ende der Zeile. Diese Information kann mit nur einem Bit codiert werden. Ein zweites Bit ist erforderlich, um die horizontale von der vertikalen Synchroninformation zu unterscheiden. Diese beiden Bits sind, ebenso wie die analogen Sync-Signale von allergrößter Bedeutung, da von ihnen der gesamte Bildaufbau abhängt. Deshalb werden sie fehlergeschützt und umgeben von besonders gut erkennbaren Bitkombinationen als Timing Reference Signal TRS übertragen. Das TRS tritt zweimal auf, der Anfang und das Ende der aktiven Zeilen werden mit je vier Datenworten (Bytes) gekennzeichnet und in der H-Austastlücke untergebracht. Diese Zeitreferenzen werden als SAV und EAV, Start und End of Active Video, bezeichnet. Die Zeitreferenz stellt den Bezug zum analogen H-Sync und damit für die Signalmischung und -umschaltung her.

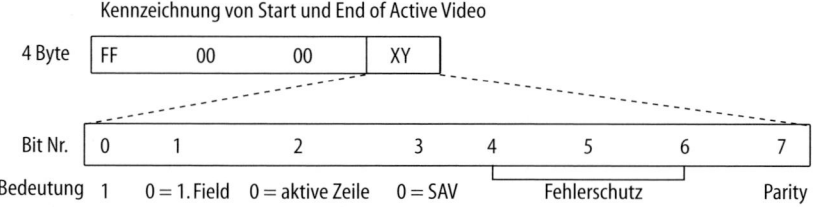

Abb. 3.26. Bedeutung des Synchronwortes

Die gute Erkennbarkeit wird erreicht, indem im ersten Wort alle 8 oder 10 Bit gleich 1 gesetzt werden und in den nächsten beiden Worten gleich Null. So ergeben sich die festen Hexadezimalwerte FF, 00, 00, bzw. 3FF, 000, 000 bei 10 Bit breiten Datenworten. Diese kommen nicht im normalen Datenstrom vor, da ja nicht alle 256 bzw. 1024 Werte für das Signal genutzt werden. Die Synchron-Information steckt im vierten, mit XY bezeichneten Rahmensynchronwort. In diesem Byte ist die Kennzeichnung der vertikalen Austastlücke enthalten, weiterhin eine Halbbildkennung, die EAV/SAV-Kennung und Fehlerschutzbits. Der Inhalt ist aus Abb. 3.26 ersichtlich. Das erste Bit ist immer gleich 1, das zweite gleich 0 im ersten und gleich 1 im zweiten Halbbild. Das dritte Bit kennzeichnet die aktiven Bildzeile mit einer Null und die Vertikalaustastung mit einer 1 und das vierte Bit ist 0 bei SAV und 1 bei EAV. Die vier weiteren Bit bilden eine Prüfsumme zum Fehlerschutz. Das Rahmensynchronwort wird bei der 10-Bit-Übertragung um 2 Nullen erweitert. Tabelle 3.3 zeigt als Beispiel die Zahlwerte aus einer 10-Bit-Digitalisierung im Bereich EAV und SAV in Zeile 3.

Die Zählung der Datenworte umfasst abwechselnd immer einen Chrominanz- und eine Luminanzwert. Die Zählung geschieht Bildpunkt- (0 ... 719) oder Wortweise (0 ... 1727) und beginnt nach der SAV-Information (Abb. 3.27). Der Wert C_0 gehört zur Blaudifferenzkomponente, der Wert Y_0 zur Luminanz des ersten Bildpunktes der Zeile. Die Zählung geht dann über die 720 aktiven Bildpunkte bis zu Y_{719}, bei C_{720} beginnt dann die EAV-Kennzeichnung. Die SAV-Kennung umfasst die Werte C_{862} ... Y_{863} und anschließend beginnt die nächste Zeile. Der Bezug zum analogen H-Sync-Signal ist so gewählt, dass das erste Wort des EAV-Signals (C_{720}) 24 Worte bzw. 12 Abtastperioden vor der Mitte der fallenden Flanke des H-Sync-Impulses liegt. Der V-Sync ergibt sich aus der Kennzeichnung der Zeilen der V-Austastung.

Tabelle 3.3. EAV- und SAV-Beispieldaten

Field 1, 10 Bit, Line 3				1723	Y	40	
1440	(B–Y)	3FF		1724	(B–Y)	3FF	
1441	(Y)	000		1725	(Y)	000	
1441	(R–Y)	000		1726	(R–Y)	000	
1443	(Y)	2D8	10 1101 1000	1727	(Y)	2AC	10 1010 1100
1444	B–Y	200	512	0	B–Y	200	512
1445	Y	40	64	1	Y	40	64

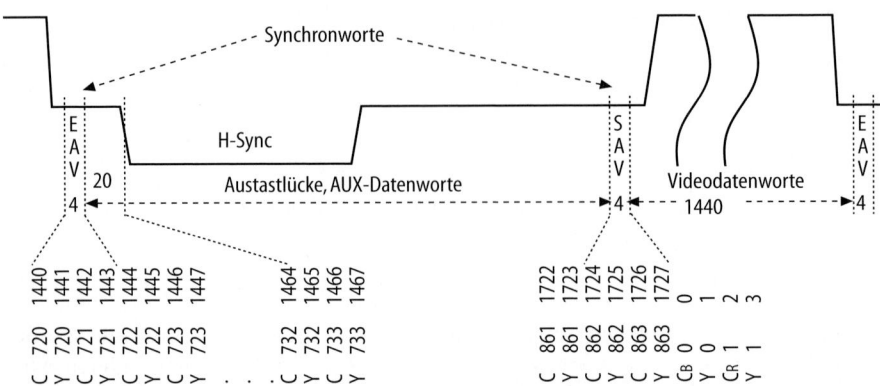

Abb. 3.27. Zeitbezug zwischen analogem und digitalem Videosignal

3.3.3 Schnittstellen

Ein digitales Komponentensignal kann mit einer Datenwortrate von 27 MHz bitparallel übertragen werden, oder die Bits jedes Datenwortes werden seriell, also zeitlich nacheinander mit 270 Mbit/s auf nur einer Leitung übertragen. Für dieses und das digitale Compositesignal gibt es eigens definierte Schnittstellen.

3.3.3.1 Die Parallelschnittstelle

Zur Parallelübertragung wird jedem Bit des Datenwortes ein Leitungspaar zugeordnet, zusätzlich ist eine Taktleitung erforderlich (Abb. 3.28). Die Taktrate ist gleich der Datenwortrate (27 MHz, bzw. 17,7 MHz beim Compositesignal). Es wird der NRZ-Code benutzt, eine Umordnung oder Erweiterung der Daten wird nicht vorgenommen. Die Datenworte können 8 Bits oder 10 Bits umfassen, für eine 8-Bit-Übertragung werden nur die acht höchstwertigen Bits (Most Significant Bits, MSB) verwendet. An die Übertragungsleitungen werden hohe Anforderungen gestellt. Zur Störimpulsreduzierung sind die Leitungen symmetrisch mit einer Impedanz von 110 Ω ausgeführt (Twisted Pair), Störimpulse addieren sich gegenphasig und löschen sich damit weitgehend aus. Für die Parallelübertragung von 10 Bit sind damit 11 Leitungspaare und eine Masseleitung, insgesamt also 23 Leitungen, erforderlich. Als Steckverbinder dient der häufig in der Computertechnik verwandte 25-polige Sub-D-Stecker. Alle Geräte tragen Buchsen, die Kabel sind mit Steckern versehen, Abb. 3.29 zeigt die Belegung.

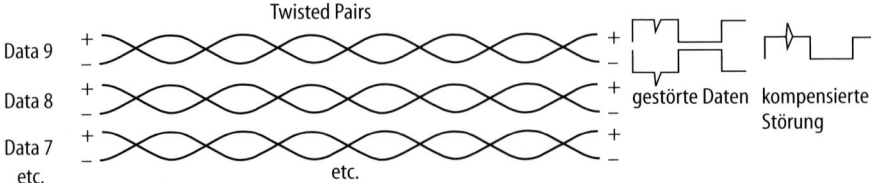

Abb. 3.28. Symmetrische Leitungsführung bei der Parallelschnittstelle

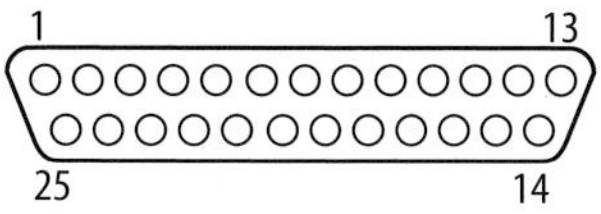

1	Takt +	14	Takt –
2	System Masse	15,13	System Masse
3	Daten 9 +	16	Daten 9 –
.	.	.	.
.	.	.	.
11	Daten 1 +	24	Daten 1 –
12	Daten 0 +	25	Daten 0 –

1   13

25   14

Abb. 3.29. Steckerbelegung bei der Parallelschnittstelle

Die zur Parallelübertragung verwendeten vieladrigen Kabel (Multicore) sind unflexibel und teuer. Trotz symmetrischer Signalführungen sind die nutzbaren Leitungslängen beschränkt. Ein weiterer Nachteil ist, dass nur einfache Verbindungen, wie z. B. zwischen MAZ-Player und Recorder, vorgenommen werden können. Komplexe Verteilungen, Kreuzschienen etc. sind ökonomisch nicht realisierbar. Meistens werden daher serielle Schnittstellen eingesetzt.

3.3.3.2 Die serielle Schnittstelle

Mit dem seriellen digitalen Interface (SDI), das nach ITU-R 656 standardisiert ist, ist eine digitale Datenübertragung über herkömmliche Koaxialleitungen möglich, was den Vorteil hat, dass eine bestehende Studioverkabelung für Analogsignale weiter genutzt werden kann. Das Format eignet sich gleichermaßen für Digital Composite- und Digital Component-Signale.

Die Wandlung eines parallel vorliegenden Digitalsignals in ein serielles Signal ist technisch einfach mit Hilfe von Schieberegistern realisierbar (Abb. 3.30). Wenn z. B. Komponentensignale vorliegen, so werden sie mit einer Rate von 27 MHz in das Schieberegister eingelesen. Die Ausgabe aus dem Register erfolgt mit der 8- oder 10-fachen Taktrate, das LSB kommt dabei zuerst. Auf diese Weise entsteht das seriell digitale Komponentensignal (DSK oder DSC), welches das Standardsignal bei der digitalen Produktion ist.

Bei SDI sind Datenworte mit 8 oder 10 Bit Breite zulässig, die Datenrate beträgt maximal 270 Mbit/s, für die aufgrund der NRZI-Codierung eine Bandbreite von mindestens 135 MHz erforderlich ist. Die Spannung hat an der Quelle den Wert 0,8 V_{ss}. Zur Übertragung wird die Standardkoaxialleitung mit 75 Ω Wellenwiderstand verwendet, derartige Leitungen haben bei 135 MHz

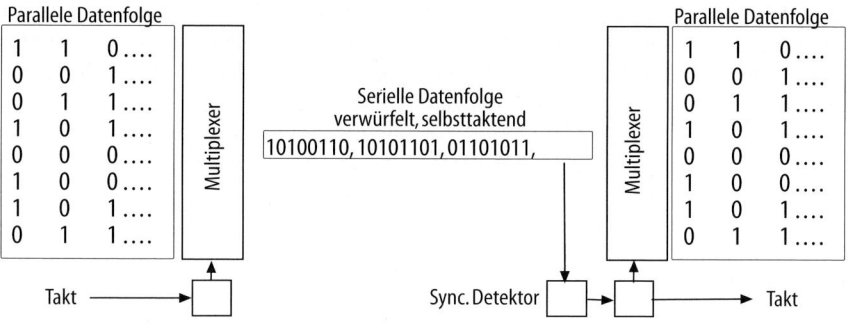

Abb. 3.30. Parallel-Seriell-Wandlung

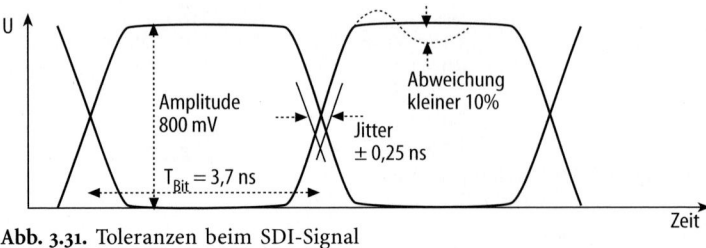

Abb. 3.31. Toleranzen beim SDI-Signal

eine Dämpfung von weniger als 20 dB pro 100 m Leitungslänge. Ausgehend von einem möglichen Dämpfungsausgleich von ca. 40 dB ergibt sich ohne weitere Einrichtungen eine Leitungslänge von mehr als 250 m, ein Wert, der für den größten Teil der Studioverkabelung ausreichend ist. Größere Entfernungen können mit Taktrückgewinnungseinrichtungen überbrückt werden.

Entscheidend für das Schnittstellenformat ist die Codierung. Diese soll derart vorgenommen werden, dass das Signal selbsttaktend und gleichspannungsfrei wird. Eine frühe Schnittstellendefinition sah dazu eine Erweiterung der 8 Bit-Datenworte auf 9 Bit vor. Beim SDI-Datenformat ist eine derartige Einführung von Zusatzbits unnötig, denn als Kanalcode wird SNRZI, ein verwürfelter NRZI-Code (Scrambled Non Return to Zero, s. Kap. 4.2.3) benutzt. Der Datenstrom x wird mit Hilfe eines Schieberegisters codiert (Abb 3.35). Mit der Codiervorschrift $x^9 + x^4 + 1$ wird zunächst das verwürfelte NRZ-Signal erzeugt, anschließend mit x +1 die Polaritätsfreiheit von NRZI generiert. Insgesamt wird erreicht, dass die Frequenzen relativ klein bleiben und keine separate Taktleitung erforderlich ist.

3.3.3.3 SDI-Signalkontrolle

Die Kontrolle digitaler Signale ist nicht so einfach wie bei analogen. Abbildung 3.31 zeigt ein normgerechtes SDI-Signal und erlaubte Abweichungen. Die Darstellung des Zeitverlaufs ergibt aber keinen Hinweis auf fehlerhafte Bits. In vielen Fällen wird daher auf die Kontrollgeräte der Analogtechnik zurückgegriffen, was bedeutet, dass das Signal vorher einen D/A-Umsetzer durchlaufen muss. Das digitale Signal ist sehr störsicher, zeigt aber an der Grenze tolerierbarer Störungen das typische »Alles oder Nichts«-Verhalten der Digitaltechnik (Brick Wall Effect). Als Beispiel ist in Abb. 3.32 die Auswirkung einer über die Toleranzgrenze hinaus gesteigerten Leitungslänge bei einem bestimmten Kabeltyp aufgezeigt. Es wird deutlich, dass durch eine kleine Leitungsverlängerung von 270 m auf 290 m das bis dahin einwandfreie Signal plötzlich stark fehlerbehaftet wird [80]. Datengeber für das digitale Komponentensignal besitzen häufig Fehlergeneratoren, die dieses Verhalten simulieren, so dass künstlich z. B. 50 m Kabellänge zugeschaltet werden können um zu prüfen, wann die Toleranzgrenze für Fehler erreicht ist.

Zur systematischen Kontrolle wird die Augenmusteranalyse verwendet, um physikalische Signalverzerrungen zu bestimmen (s. Abb. 3.14). In Meßgeräten können dafür Toleranzfelder für den maximalen Zeit- bzw. Amplitudenfehler angegeben sein. Logische Bitfehler lassen sich über Messunge der Bitfehlerrate

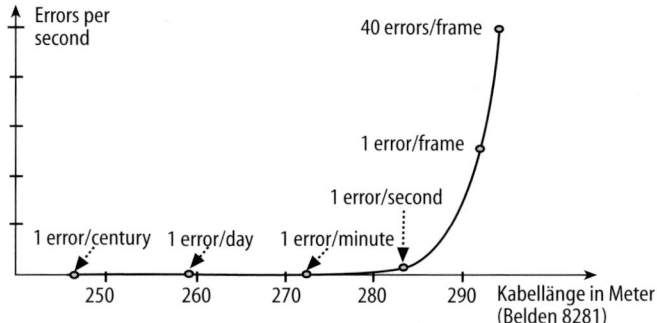

Abb. 3.32. Anstieg der Bit Error Rate beim SDI-Signal in Abhängigkeit von der Kabellänge

(BER) und mittels Error Detection and Handling (EDH) ermitteln, wobei bestimmte Bitmuster im Ancillary-Bereich des Datenstroms (s. u.) mitgeführt werden, die eine Fehleranalyse erlauben. Für die Prüfung der Kabelentzerrung und der Taktrückgewinnung werden auch so genannte pathologische Signale eingesetzt, die zwar legal sind, aber das System an seine Grenzen bringen.

3.3.4 Auxiliary Data

Bei der Einführung der analogen Videonorm waren ein großer Horizontalsynchronimpuls und eine große Austastlücke erforderlich, um eine sichere Synchronisation zu gewährleisten. In der 625-Zeilennorm umfasst die Horizontalaustastlücke nach ITU R 601 für das Luminanzsignal 864–720 = 144 Datenworte. Da alle drei Komponenten nacheinander übertragen werden, ergeben sich hier zusammen 288 Datenworte, von denen nur wenige erforderlich sind, um als Synchronworte den Zeilenbeginn zu kennzeichnen. Anstatt die Daten in den Austastlücken einfach wegzulassen und damit die Datenrate zu reduzieren, werden aus Kompatibilitätsgründen auch die Austastlücken abgetastet. Die darin befindlichen Datenworte (Ancillary Data) können zur Übertragung von Zusatzinformationen, wie z. B. digitalen Audiosignalen, benutzt werden (Abb. 3.33).

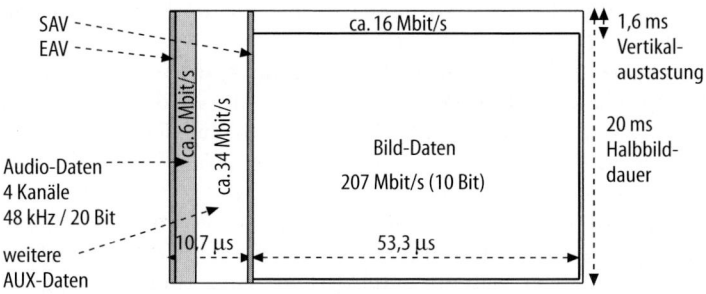

Abb. 3.33. Zusatzdatenbereiche in den Austastlücken

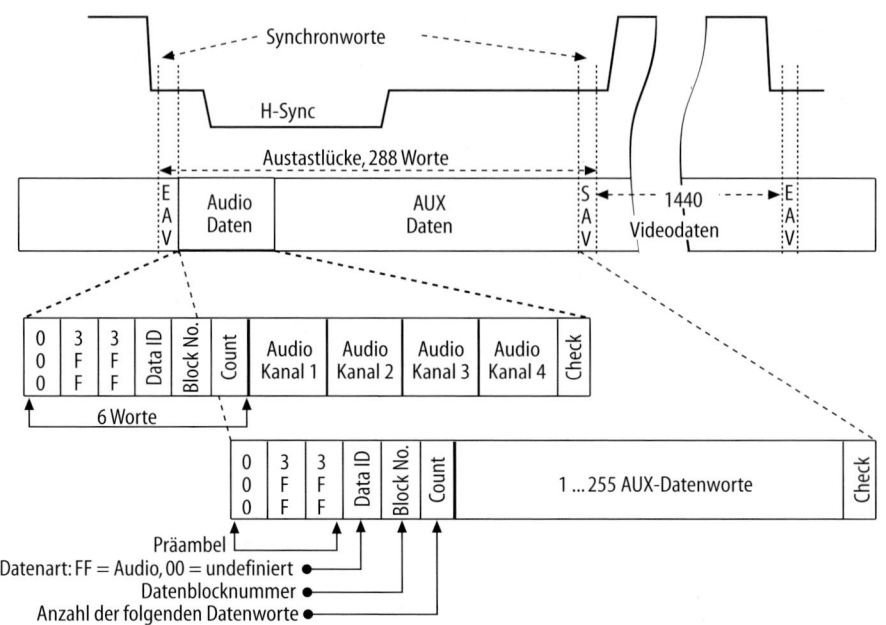

Abb. 3.34. Audio- oder AUX-Daten in der Austastlücke

Für diese Zusatzdaten (Auxiliary Data) stehen beim Komponentensignal in der horizontalen Austastlücke 256 Datenworte pro Zeile zur Verfügung, mit 625 Zeilen pro Bild folgt daraus eine Datenrate von ca. 40 Mbit/s. Durch Nutzung der vertikalen Austastlücke ergibt sich eine Datenrate von etwa 16 Mbit/s.

Die Nutzung der ANC-Datenbereiche wird mit eine Präambel, bestehend aus den Datenworten 000, 3FF, 3FF gekennzeichnet, die, ähnlich wie das TRS, im Datenstrom leicht erkennbar ist. Im darauf folgenden Data ID-Byte definieren die untersten acht Bit 256 verschiedene Datenarten, z. B. 00 für frei definierte Daten und FF für Audiodaten. Die Data Block-Nr. dient zur Zählung zusammenhängender Daten, und im Data Count-Wort wird die Anzahl der im laufenden Datenblock enthaltenen Daten angegeben. Im Nutzdatenbereich liegen die Audio- oder Aux-Daten (Abb. 3.34), dieser User-Data-Bereich umfasst maximal 255 Worte. Abschließend wird in der Check Sum die Kontrollsumme aus allen Worten ab Data-ID angegeben [41].

Die gesamte Hardware für die serielle Übertragung beinhaltet somit zunächst ggf. einen Multiplexer, der in der Austastlücke Aux- und Audio-Daten in den Videodatenstrom integriert. Es folgen die Stufen zur Parallel/Seriell-Wandlung, und zur SNRZI-Codierung. Die Parallel/Seriell-Wandlung geschieht mit einfachen Schieberegistern, das Least Significant Bit (LSB) wird zuerst übertragen. Auf der Empfangsseite ist zunächst ein Entzerrer vorgesehen, der die frequenzabhängige Leitungsdämpfung ausgleicht. Es folgen eine Reclocking-Stufe zur Stabilisierung der Datenrate, die Decodierung und Umformung in ein NRZ-Signal und schließlich der Demultiplexer (Abb. 3.35).

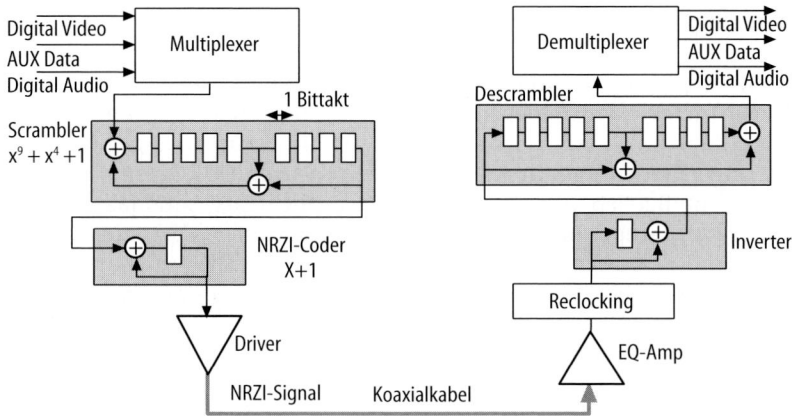

Abb. 3.35. Seriell-digitales Interface

3.3.4.1 Embedded Audio

Embedded Audio bezeichnet die Übertragung digitaler Audiodaten im Ancilla-ry-Bereich des digitalen Component- oder Compositesignals. Die Übertragung von hochwertigen Bild- und Tonsignalen ist damit auf einer einzigen Leitung möglich, die Audiodaten müssen nur zur richtigen Zeit in den digitalen Video-datenstrom eingetastet werden. Bei der Übertragung über große Strecken lohnt sich dieser Aufwand, innerhalb des Studios wird das Audiosignal meist separat übertragen. Embedded Audio ist für vier Audiokanäle vorgesehen, die nach AES/EBU codiert sind und eine Übertragungskapazität von insgesamt ca. 6 Mbit/s erfordern. Das AES/EBU-Format beschreibt das Standardsignal in der professionellen digitalen Audiotechnik. Danach wird pro Abtastzeitperiode T=1/48 kHz ein 64 Bit umfassender Datenrahmen (Frame) übertragen, der in zwei gleiche Subframes unterteilt ist. Jedes Subframe enthält die Daten für ei-nen Audiokanal. Die Daten bestehen zunächst aus vier Synchronisationsbits, dann folgen vier Bits für Zusatzdaten, die auch als Audiodaten genutzt werden können, weiter 20 Bits für Audiodaten und schließlich vier weitere für allge-meine Kennzeichnungen [134]. Deren Bedeutung folgt aus zwei Blöcken, die 384 Subframes umfassen. Die genaue Bitzuordnung im Subframe ist in Abbil-dung 3.36 dargestellt. Insgesamt ergibt sich eine Datenrate von 1,536 Mbit/s bzw. 192 kByte/s für jeden Audiokanal.

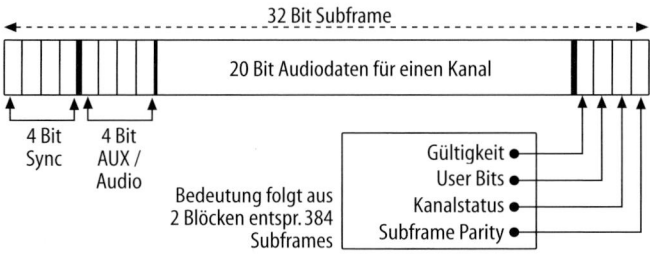

Abb. 3.36. Audio-Datenformat nach AES/EBU

3.4 HDTV-Signale

Nachdem die in den 90er Jahren begonnene Entwicklung von HDTV, also der Nutzung hoch aufgelöster Bilder im Fernsehen, aus verschiedenen Gründen scheiterte (s. Kap. 4.4), ist in Europa HDTV für die Fernsehausstrahlung vorerst von geringer Bedeutung. Erst im Jahre 2004 wurde EURO 1080, der erste HDTV-Sender, in Betrieb genommen und zwar nicht als nationaler Sender, sondern für ganz Europa. Im Zuge der Entwicklung in den USA, die die Digitalisierung des TV-Bereichs mit der Einführung höherer Auflösungen verknüpft, wird HDTV aber für die Produktionsseite doch immer interessanter, denn HD-Produktionen haben den Vorteil international verwertbar zu sein, bis hin zur Auswertung im Kino. Die Produktion soll dabei möglichst formatunabhängig sein, wie z. B. von 50-Hz- und 60-Hz-Bildwechselfrequenzen. Daher werden vermehrt Multiformatgeräte entwickelt, die zusätzlich mit 24 Hz Bildwechselfrequenz bei progressiver Abtastung (24p) arbeiten und damit in diesen Aspekten weitgehend dem Filmformat entsprechen, das bis heute das einzige wirklich internationale Austauschformat geblieben ist.

In diesem Kapitel werden die HDTV-Signale in analoger und digitaler Form beschrieben, denn bei den Signalspezifikationen gibt es sehr enge Bezüge, wie z. B. die Angabe der aktiven Zeilendauer als Vielfache der Taktfrequenz der Abtastung. Als Farbsignalgrundlage wird in beiden Fällen nur das Komponentenformat verwendet.

3.4.1 HDTV analog

HDTV-Signale in analoger Form wurden nach ITU-R 709 zu Beginn der 90er Jahre definiert, sie wurden und werden aber selten verwendet, da heute fast ausschließlich digitale HD-Signale Verbreitung finden. Die Signaldefinitionen existierten separat für die 50-Hz- und 60-Hz-Systeme. Ersteres arbeitet mit einer Vollbildrate von 25 Hz bei 1250 Zeilen, von denen 98 ausgetastet werden,

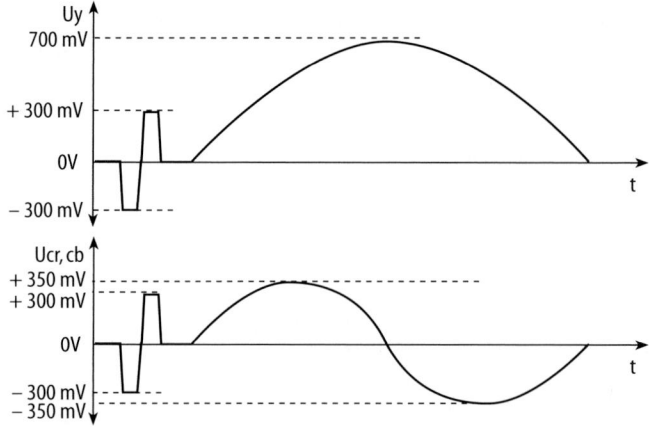

Abb. 3.37. HDTV-H-Sync-Impulse

so dass 1152 aktive Zeilen zur Verfügung stehen. Alternativ dazu ist das 1125/ 60-System definiert, das mit 30 Vollbildern bei 1125 Zeilen arbeitet, von denen 1035 aktiv sind. Identisch ist bei beiden Definitionen das Bildseitenverhältnis B/H = 16/9 und die Verwendung des Zeilensprungverfahrens (interlaced Mode, 2:1). Aus dem Übergang von B/H = 4/3 auf B/H = 16/9 mit dem Faktor 4/3 und der Bildpunktverdopplung für HDTV folgen aus den 720 Bildpunkten von SDTV 1920 aktive Bildpunkte in der Horizontalen, die für beide Systeme definiert sind. Für die Digitalisierung wird eine Abtastung mit einem Vielfachen von 2.25 MHz, nämlich 72 MHz für 1250/25 und 74,25 MHz für 1125/60 verwendet. Die analogen Grenzfrequenzen betragen jeweils ca. 30 MHz. Spätere Definitionen sahen auch eine Halbbildwechselfrequenz von 59,94 Hz bei 1125 Zeilen vor. Wie bei SDTV werden gamma-vorentzerrte Kompontentensignale mit maximal 700 mV_{ss} verwendet. Bezüglich der Farbstandards gilt in Europa das Gleiche wie im SD-Fall, bei 1125/60, das heute vor allem in Japan verbreitet ist, werden veränderte colorimetrische Koeffizienten verwendet (s. u.).

Der auffälligste Unterschied der analogen Signalform besteht gegenüber dem SD-Signal in der Verwendung von bipolaren Synchronsignalen, die in den Austastlücken aller drei Komponenten eingebettet werden (Abb. 3.37). Das Synchronsignal besteht aus je einem negativ und einem positiv gerichteten Impuls von je 0,6 μs Dauer bei einem Pegel von ±300 mV. Als Synchronisationsreferenz dient der Nulldurchgang bei Wechsel vom negativen zum positiven Teil. Abbildung 3.38 zeigt die vertikale Austastlücke beim 1125/60-System.

Eine Angleichung der internationalen Standards soll durch die Verwendung des Common Image Formats HD-CIF erreicht werden, bei dem einheitlich nur die eine aktive Bildpunktanzahl verwendet werden, die zu quadratischen Bildpunkten (square pixels) führt, nämlich 1920 x 1080. Dabei sind verschiedene Bildraten zwischen 24 Hz und 60 Hz und auch progressive Abtastung erlaubt. Tabelle 3.4 zeigt eine Übersicht über die Definitionen, darin bedeuten i und p interlaced und progressive Abtastung und sF (segmented Frame) die nachträgliche Zerlegung eines progressiv abgetasteten Vollbildes in zwei Halbbilder, die die Kompatibilität zu Interlaced-Geräten, wie z. B. Monitoren, herstellt.

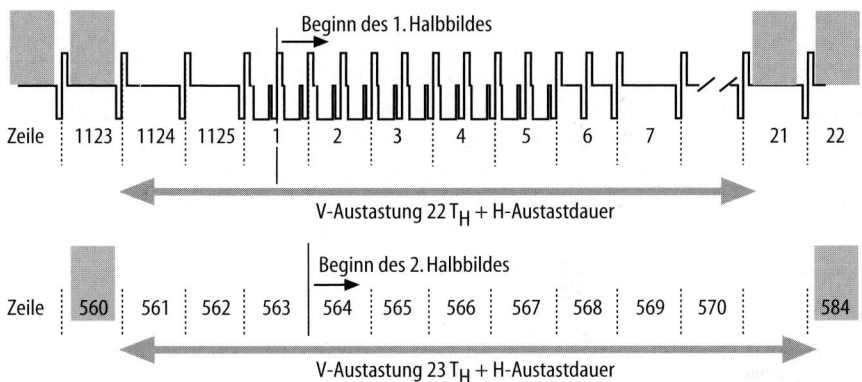

Abb. 3.38. Vertikale Austastlücke beim HDTV-Signal mit 1125 Zeilen

Tabelle 3.4. Spezifikationen von ITU-R BT 709-4

Bildseitenverhältnis			16:9				
Komponentenform			4:2:2				
Zeilen/Bild			1125				
Aktive Bildpunkte/Zeile			1920				
Aktive Zeilen/Bild			1080				
Abtastrate			74,25 MHz				
Bildfrequenzen	60p	30p/30psF	60i	50p	25p/25psF	50i	24p/24psF
Bildpunkte/Zeile		2200			2640		2750

Nach der neueren HD-Definition ITU-R 709 sollen die 1250 Zeilen und die zugehörigen Spezifikationen nicht mehr berücksichtigt werden. Damit ergibt sich die Dauer der vertikalen Austastlücken einheitlich aus der Differenz zwischen 1080 und der Bruttozeilenzahl 1125 (Tabelle 3.4). Die horizontale Austastlücke hat im 50-Hz-System eine Dauer von 9,7 μs, bei einer Zeilendauer von 35,55 μs.

Für das Bildsignal wird wie beim Standard-Definition-System eine Gamma-Vorentzerrung mit dem Wert 0,45 verwendet. Aufgrund der Verwendung veränderter Chromakoordinaten für die HDTV-Displays wird die Luminanzsignalbildung mit gegenüber dem SD-System veränderten Faktoren nach der Beziehung

$$Y = 0{,}213\ R + 0{,}715\ G + 0{,}072\ B$$

vorgenommen. Damit ändern sich auch die Pegelreduktionsfaktoren zur Bildung von C_R und C_B, denn die Signalspannung in allen drei Kanälen soll weiterhin 700 mV bzw. ± 350 mV betragen. Es gilt:

$$C_R = 0{,}635\ (R - Y) \text{ und } C_B = 0{,}548\ (B - Y).$$

3.4.2 HD digital

Wie im Falle von SD-Signalen ist auch die Basis des digitalen HD-Signals das analoge (HD-)Komponentensignal. Die Abtastfrequenz beträgt für das Luminanzsignal nach der neueren Definition in ITU-R 709 international einheitlich 74,25 MHz, für die Farbdifferenzkomponenten die Hälfte davon. Im 50-Hz-System ergeben sich daraus 2640 Abtastwerte in jeder Zeile, von denen 1920 zum aktiven Bild gehören (Tabelle 3.4). Wie beim Analogsignal beträgt die nominelle Zeilenzahl 1125, von denen 1080 als aktive Zeilen definiert sind. Für die Amplitudenquantisierung werden die gleichen Zuordnungen wie beim digitalen SD-Signal vorgenommen. Für jede Komponente ist eine lineare Quantisierung mit 8 oder 10 bit möglich. Es sind dieselben Quantisierungslevel für Schwarz und Weiß wie bei ITU-R 601 definiert (s. Abb. 3.23).

Die Schnittstellen für das digitale HD-Signal sind nach ITU-R 1120 definiert. Auch diesbezüglich gibt es eine weitgehende Übereinstimmung mit den Schnittstellendefinitionen für das Standardsignal. Die Komponenten werden im Zeitmultiplex in der Folge C_B, Y, C_R, Y, C_B ... übertragen und als Zeitrefe-

Tabelle 3.5. Level-Definitionen beim MPEG-4-Studioprofil

Level	max. Bildgröße und -frequenz	max. Gesamtabtastrate	max. Bitrate	Formate
High (kompatibel mit MPEG-2 High)	1920 Pixel• 1080 Zeilen 60 Hz	1920•1088•30•2: 422 >1280•x720•60•2: 422	300 Mbit/s	4:2:0 und 4:2:2 nur 10 bit
Very High	2048 Pixel• 2048 Zeilen 60 Hz	2048•2048•30•2: 422 >1920•1088•60•2: 422 >1920•1088•30•4: 4444	600 Mbit/s	4:2:0 und 4:2:2, 4:4:4 10 bit
Ultra High	4096 Pixel• 4096 Zeilen 120 Hz	4096 •4096 •24•2: 422 >1920•1088•120•2: 422 >2048•2048•30•4: 4444	1,2 Gbit/s	4:2:0 und 4:2:2, 4:4:4 10/12 bit
Highest	4096 Pixel• 4096 Zeilen 120 Hz	4096 •4096 •24•4: 4444 >1920•1088•120•4: 4444	2,4 Gbit/s	4:2:0 und 4:2:2, 4:4:4 10 bit

renz werden wieder dieselben Zeichen für Start und End of Active Video (EAV und SAV) benutzt.

Auch für HD-Signale stehen wieder eigene Schnittstellen zur Verfügung. Die serielle Schnittstelle wird in Anlehnung an das Standardsignal oft als HD-SDI bezeichnet und ist fast identisch definiert. Als wesentlicher Unterschied ist die Datenrate zu nennen, die bei 10-bit-Datenworten insgesamt 1,485 Gbit/s beträgt. Als Leitungen kommen wieder 75-Ω-Koaxialkabel zum Einsatz.

3.4.2.1 HDTV und Filmauflösung

Die dargestellten Signalformate gelten für die Anwendung im Bereich HDTV bzw. HD-Video. Neuerdings wird viel über die Verwendung dieser Formate für die Filmproduktion diskutiert. In diesem Zusammenhang sei darauf hingewiesen, dass die Digitalbearbeitung von Filmmaterial eine Abtastung des Filmbildes erfordert, solange keine elektronische Kamera verwendet wird. Diese Abtastvorgänge werden meist mit 2k, teilweise auch mit 4k vorgenommen, was bedeutet, dass die Bildhorizontale in 2048 oder 4096 Bildpunkte aufgelöst wird. Für die Vertikale ergeben sich beim Vollformat des Filmbildes 1536 bzw. bei 4k-Abtastung 3112 Bildpunkte (s. Kap. 5).

Die HDTV-Auflösung liegt also nahe an der 2k-Auflösung, ist mit ihr aber nicht identisch, da sie mit den Signalparametern des Broadcast-Bereichs behaftet ist. Um 4k-Auflösungen zu erzielen, müssen weitere, hoch auflösende Videoformate definiert werden, wie es auch im Rahmen der MPEG-4-Standardisierung vorgesehen ist. MPEG steht für einen der wichtigsten Datenreduktionsstandards und wird im nächsten Abschnitt beschrieben. Bezüglich der HD-Definitionen wird die Folge der bei MPEG-2 definierten Auflösungs-Level von High bis zu Highest mit 4096 x 4096 Bildpunkten fortgesetzt. Die Stufe Very High enthält die echte 2k-Auflösung mit 2048 Bildpunkten in der Horizontalen (Tabelle 3.5). Mit den neuen Definitionen wird auch die Verwendung digitaler RGB-Signale (4:4:4) erfasst, was der Bearbeitung im Filmbereich wesentlich näher kommt als die Verwendung der im HDTV-Umfeld gebräuchlichen Komponenten mit ihrer gegenüber RGB verringerten Farbauflösung.

3.5 Videodatenreduktion

Die Übertragung des digitalen seriellen Komponentensignal erfordert eine Mindestbandbreite von 135 MHz, also wesentlich mehr als das analoge Komponentensignal, dessen Bandbreite mit ca. 9 MHz angegeben werden kann (5 MHz + 2·2 MHz). Für die Basisbandübertragung stellt die hohe Bandbreite kein Problem dar, sie ermöglicht aber weder eine ökonomische Speicherung der Daten, noch eine Digitalübertragung für die Verteilung an die Fernsehzuschauer. Aus diesem Grunde wurde das digitale Videosignal zunächst nur in sog. digitalen Inseln im Produktionsbereich verwendet. Im Laufe der Zeit wurden dann effektive Methoden zur Datenreduktion entwickelt, die so leistungsfähig sind, dass bei gleicher visueller Bildqualität statt einer gegenüber dem Analogsignal erhöhten, nur noch eine verminderte Bandbreite erforderlich ist.

Auch bei hoher visueller Qualität ist die Datenreduktion meist mit Verlusten verbunden. Bei der Produktion soll das digitale Videosignal mehrfach verschiedene Bearbeitungsstufen zur Mischung, für Chroma Key etc. durchlaufen können. Etwaige Verluste können sich in diesen Stufen akkumulieren, so dass im Produktionsbereich keine Datenreduktion oder maximal eine Reduktion um den Faktor 2...5 verwendet wird. Man sagt, dass das Digitalsignal transparent bleiben soll. Bei der Distribution, wie auch bei der Programmzulieferung zu den Sendeanstalten (Contribution), liegen die Programme dagegen meist in endgültiger Form vor. Nachbearbeitungsschritte entfallen, so dass für die Contribution eine stärkere Datenreduktion erlaubt ist. Bei der Verteilung an die Zuschauer werden Reduktionsfaktoren zwischen 20 und 100 verwendet.

Bei der Datenreduktion werden die Begriffe Redundanz-, Relevanz- und Irrelevanzreduktion verwendet. Redundanzreduktion im strengeren Sinne bezeichnet die Beseitigung von Daten, die im Original mehrfach vorliegen. Redundante Information wird z. B. eliminiert, wenn ein Standbild nur einmal übertragen wird, anstatt es 25-mal in der Sekunde zu wiederholen. Das Originalsignal ist aus einem redundanzreduzierten Signal ohne Verluste rekonstruierbar. Für Videosignale ist, je nach Bildinhalt, etwa bei einer Halbierung der Datenrate, also bei einem Kompressionsfaktor von 2:1, die Grenze zwischen Redundanz- und Irrelevanzreduktion erreicht. Der Begriff Irrelevanzreduktion bezeichnet eine Datenreduktion, die nicht oder kaum wahrnehmbare Fehler erzeugt. Bereits die verminderte Grenzfrequenz bzw. Auflösung der Farbdifferenzkomponenten gegenüber dem Luminanzsignal ist ein Beispiel für Irrelevanzreduktion. Irrelevanzreduktion liegt bei Verwendung heute üblicher Algorithmen etwa bis zu einem Reduktionsfaktor von 10:1 vor, darüber hinaus werden die Fehler immer deutlicher sichtbar, d. h. dann tritt Relevanzreduktion auf, die ggf. aus ökonomischen Gründen in Kauf genommen wird.

3.5.1 Grundlagen

Der wesentliche Grund dafür, dass eine Datenreduktion überhaupt möglich ist, ist das Vorliegen von Ähnlichkeiten im Bild. Bei der Betrachtung zweier zeitlich aufeinanderfolgender Bilder wird deutlich, dass sich der Bildinhalt bei ge-

Tabelle 3.6. Datenreduktion durch Minderung der Bildpunktanzahl

Signal	Abtasttakt	Werte/Zeile	Zeilenzahl	Datenraten	Gesamtrate	Format
R	13,5 MHz	864	625	108 Mbit/s		
G	13,5 MHz	864	625	108 Mbit/s	324 Mbit/s	4:4:4
B	13,5 MHz	864	625	108 Mbit/s		
Y	13,5 MHz	864	625	108 Mbit/s		
C_R	6,75 MHz	432	625	54 Mbit/s	216 Mbit/s	4:2:2
C_B	6,75 MHz	432	625	54 Mbit/s		
Y	13,5 MHz	720	576	83 Mbit/s		
C_R	6,75 MHz	360	576	41,5 Mbit/s	166 Mbit/s	4:2:2
C_B	6,75 MHz	360	576	41,5 Mbit/s		nur aktives Bild
Y	13,5 MHz	720	576	83 Mbit/s	125 Mbit/s	4:2:0
$C_R C_B$	6,75 MHz	360	576	41,5 Mbit/s		nur aktives Bild
Y	6,75 MHz	360	288	21 Mbit/s	31 Mbit/s	(4:2:0)/2 SIF
$C_R C_B$	3,375 MHz	180	288	10,4 Mbit/s		nur aktives Bild

wöhnlichen Bildfolgen von Bild zu Bild nur wenig ändert. Meist ist die Änderung auf die Bewegung von Objekten zurückzuführen. Bei der Betrachtung eines Einzelbildes fällt auf, dass oft große Flächen mit ähnlichen Farb- und Grauwerten auftreten, d. h. dass benachbarte Pixel einander häufig ähnlich sind. Außerdem sind mittlere Graustufen häufiger zu finden als die Werte Schwarz und Weiß. Diese Ähnlichkeiten des Bildes mit sich selbst oder folgenden Bildern – man spricht auch von hoher örtlicher und zeitlicher Korrelation – stellen Redundanzen dar, die zur Datenreduktion ausgenutzt werden können [39]. Die Datenreduktion bewirkt eine geringere Datenrate, die Bits rücken scheinbar enger zusammen. Daher wird anstelle des Begriffs Datenreduktion auch die Bezeichnung Kompression verwendet.

3.5.1.1 Bildcodierung

Dieser Begriff beschreibt die Darstellung von Bildern mit Hilfe von Zahlen. Das Bild wird in Pixel zerlegt, die Grau- oder Farbwerte jedes Bildpunktes werden durch eine Zahl beschrieben. Ein digitalisiertes Bild ist also bereits codiert, zusätzlich kann eine, im Hinblick auf die angestrebte Datenreduktion effiziente Transformation der Daten und eine Codewortzuordnung vorgenommen werden, die auf der Wiedergabeseite wieder rückgängig gemacht wird. Das Codierungs- /Decodierungspaar wird als Codec bezeichnet.

Die Grundlage der Verarbeitung für die Datenreduktion von Farbbildern ist in den meisten Fällen das digitale Komponentenformat (4:2:2). Das Luminanzsignal und die Farbdifferenzsignale werden hier separat nach dem gleichen Verfahren behandelt. Ein erster Schritt zur Reduktion der Daten ist die Beschränkung auf die aktiven Pixel. In den meisten Fällen wird mit 8-Bit gearbeitet, so reduziert sich die Datenrate eines 10-Bit-DSK-Signals von 270 Mbit/s auf 165,89 Mbit/s. Durch weitere Unterabtastung ergibt sich durch die Vorverarbeitung, d. h. bereits vor der Datenreduktion im engeren Sinne, z. B. beim 4:2:0-Format, eine Datenrate von nur 124,5 Mbit/s (Tabelle 3.6).

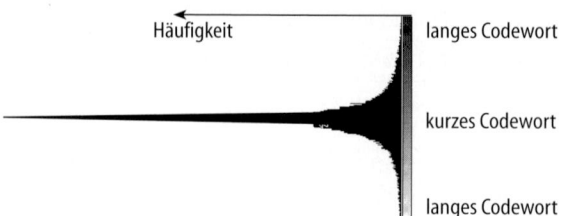

Abb. 3.39. Prinzip des Variable Length Coding

3.5.1.2 Variable Längencodierung

Durch geschickte Codewortzuordnung kann bereits bei einem nichttransformierten Signal ein verringerter Datenstrom erzeugt werden (Redundanzreduktion durch Entropiecodierung). Nach einer gewissen Übertragungszeit lässt sich nämlich feststellen, dass einige Werte häufiger übertragen werden als andere. Anstatt für alle Daten, z. B. Grauwerte der Pixel eines Bildes, die gleiche Wortlänge zu verwenden, können die Wortlängen für häufig auftretende Werte kurz und für selten auftretende Werte lang gewählt werden (Abb. 3.39). Je größer die Wahrscheinlichkeitsunterschiede sind, die im zu komprimierenden Signal auftreten, desto effektiver arbeitet diese variable Längencodierung (VLC). Ein einfaches Beispiel ist das Morsealphabet. Der häufig auftretende Buchstabe »e« wird im Morsealphabet nur durch einen Punkt (·) repräsentiert, während der seltener auftretende Buchstabe »f« durch zwei Punkte, einen Strich und einen weiteren Punkt dargestellt wird (· · – ·).

Damit die variable Längencodierung effektiv arbeiten kann, muss dafür gesorgt werden, dass die Unterschiede in der Auftrittswahrscheinlichkeit der Werte groß werden, d. h. dass viele Werte möglichst häufig und nur wenige Werte selten auftreten, denn dann können sehr viele Werte mit kurzen Symbolen codiert werden.

Eine verbreitete Methode zur variablen Längencodierung ist die Anwendung des Huffman Codes (Abb. 3.40). Dabei werden zunächst für alle auftretenden Zeichen die Auftrittswahrscheinlichkeiten ermittelt und nach Häufigkeit geordnet. Die Einzelwahrscheinlichkeiten der am seltensten auftretenden Zeichen werden zu einer gemeinsamen Wahrscheinlichkeit addiert und dann die Sum-

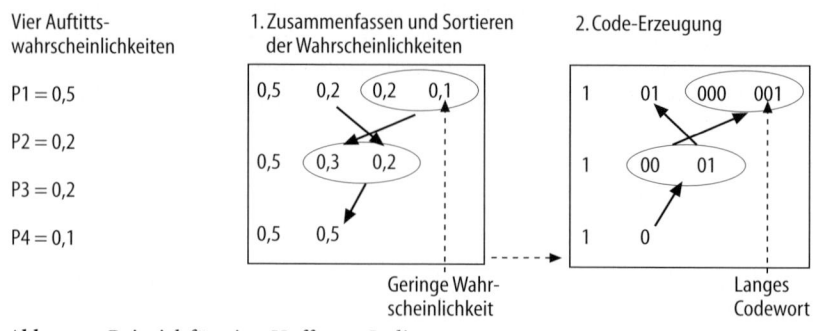

Abb. 3.40. Beispiel für eine Huffman-Codierung

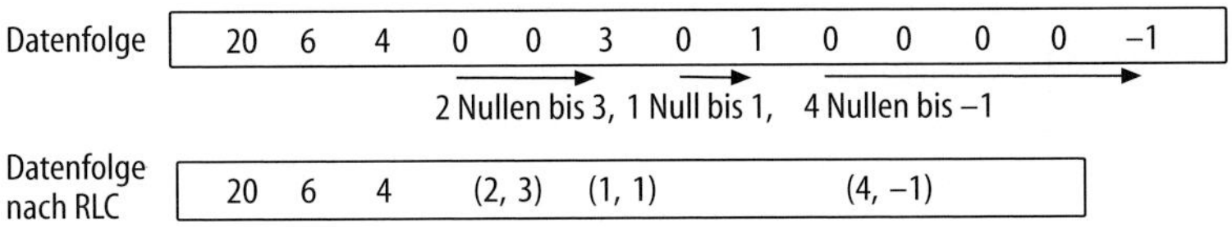

Datenfolge | 20 | 6 | 4 | 0 | 0 | 3 | 0 | 1 | 0 | 0 | 0 | 0 | −1

2 Nullen bis 3, 1 Null bis 1,   4 Nullen bis −1

Datenfolge
nach RLC | 20 | 6 | 4 | (2, 3) | (1, 1) | (4, −1)

Abb. 3.41. Prinzip des Run Length Coding

me mit den restlichen Zeichen erneut nach Häufigkeit geordnet. Der Prozess
wird solange wiederholt, bis nur noch zwei übrig bleiben, denen die Codeworte 1 und 0 zugeordnet werden können. Anschließend werden die Stufen zu-
rückverfolgt, und den Stufen entsprechend zunächst die kurzen und dann die
längeren Codeworte vergeben. So resultiert eine Bitzuweisung, bei der den
größten Wahrscheinlichkeiten die kürzesten Codeworte zugeordnet sind. Auf
der Empfängerseite muss dieser Prozess zur Decodierung bekannt sein. Dazu
kann die Information in Form einer Huffmann-Tabelle dem Decodierer als
festgelegt bekannt sein, oder sie wird mit im Datenstrom übertragen.

Die Effektivität der Datenreduktion kann weiter durch die Lauflängencodie-
rung (Run Length Coding, RLC) gesteigert werden. Dabei wird mehreren gleichen Werten, die in Folge auftreten, ein eigenes Symbol zugeordnet, anstatt jeden Wert separat zu übertragen [148]. Wie unten gezeigt wird, können z. B.
Transformationen so vorgenommen werden, dass häufig viele Nullen aufeinan-
derfolgen. Die Datenrate kann dann erheblich reduziert werden, indem immer
die Anzahl der Nullen mit dem nächsten Wert ungleich Null zusammengefasst
wird (Abb. 3.41). Abbildung 3.42 zeigt die Bearbeitungskette zur Datenreduktion in der Übersicht. Zunächst wird eine Dekorrelation vorgenommen, d. h. die
Häufigkeitsverteilung wird im Hinblick auf die Auftrittswahrscheinlichkeit
günstig gestaltet. Dann folgen die Stufen für die variable Längencodierung
und das Run Length Coding. VLC und RLC sind Methoden der Redundanzreduktion und arbeiten verlustlos, sie werden daher am Ende eines jeden Daten-
erduktionsprozesses eingesetzt. Die einzige Stufe in der Kette, die einen Datenverlust bewirkt, ist die ggf. zwischengeschaltete Quantisierungsstufe, die eine
Rundung und die Beschränkung der Anzahl erlaubter Werte bewirkt.

Ein Problem, dass bei der variablen Längencodierung auftritt, ist die sich
ergebende veränderliche Datenrate (Variable Bitrate, VBR), die in einigen Fällen, z. B. bei der Aufzeichnung von digitalen Videosignalen, nicht verarbeitet
werden kann. Eine Constant Bitrate (CBR) kann mit Hilfe von Pufferspeichern
(Buffer) erzielt werden. Der Puffer fängt die ankommenden Daten auf und gibt

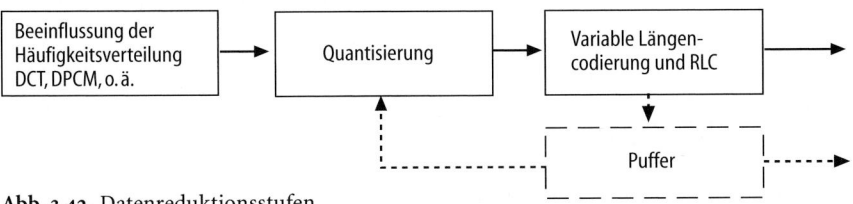

Abb. 3.42. Datenreduktionsstufen

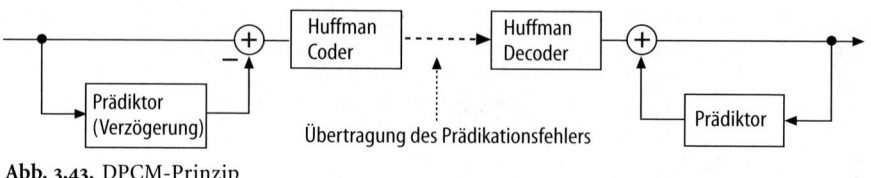

Abb. 3.43. DPCM-Prinzip

sie in gleicher Reihenfolge wieder aus, wobei die Datenrate konstant gehalten wird. Im optimalen Fall ist der Puffer halb gefüllt. Falls er über einen längeren Zeitraum leerer wird, muss die eintreffende Datenrate erhöht werden und umgekehrt. Die vom Füllstand abhängige Regelung der Datenrate kann über eine Rückkopplung (Abb. 3.42) mit Hilfe des Quantisierers geschehen, dem mitgeteilt wird, dass er z. B. grober quantisieren soll, wenn der Puffer zu voll wird.

3.5.2 DPCM

Die beiden Verfahren, die heute am häufigsten eingesetzt werden, um eine günstige Verteilung der Auftrittswahrscheinlichkeiten der Bilddaten zu erreichen, sind die Differential Puls Code Modulation (DPCM) und die Transformationscodierung, hier besonders die Discrete Cosinus Transformation (DCT).

Bei der Differenzencodierung mit DPCM werden die Regelmäßigkeiten ausgenutzt, die sich über ausgedehnte Teile des Bildes erstrecken, indem nur die Grauwertunterschiede zwischen Nachbarpunkten oder aufeinander folgenden Bildern übertragen werden. Gewöhnliche Bilder enthalten oft große Flächen, so dass die Differenz benachbarter Pixel nur gering ist. Nur die Konturen erzeugen große Differenzen und führen zu den wenigen hohen Werten.

Die Differenzbildung kann so betrachtet werden, dass aus den übertragenen Bildpunkten eine Vorhersage (Prädiktion) für den nächsten gebildet wird. Vom Signalwert wird die Prädiktion subtrahiert, schließlich wird nur die Abweichung vom wirklichen Wert, der Prädiktionsfehler, übertragen. Der Vorgang entspricht einer digitalen Filterung. Schon eine einfache Verzögerung (Abb. 3.43) eignet sich als Prädiktionsfilter, und kann auch beim Integrierglied verwendet werden, das die Originalwerte wieder rekonstruiert.

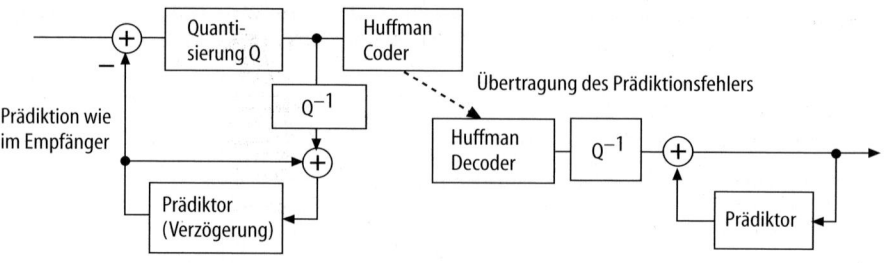

Abb. 3.44. DPCM ohne Fehlerverschleppung

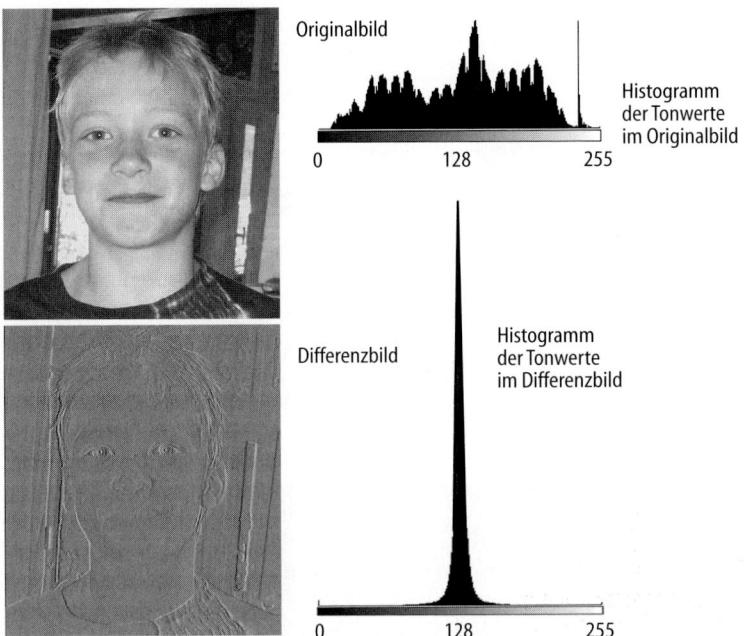

Originalbild

Histogramm
der Tonwerte
im Originalbild

0   128   255

Differenzbild

Histogramm
der Tonwerte
im Differenzbild

0   128   255

Abb. 3.45. Original- und Differenzbild mit Grauwertverteilungen

Bei ungestörter Übertragung ist eine fehlerfreie Rekonstruktion möglich, es ergibt sich aber keine hohe Codiereffizienz. Um den Datenstrom weiter zu reduzieren, werden die Daten häufig quantisiert. Die dabei unvermeidlichen Quantisierungsfehler werden nun im Decoder aufaddiert und diese Fehlerverschleppung macht das Signal innerhalb kurzer Zeit untauglich. Die Fehlerfortpflanzung lässt sich aber vermeiden. Dazu wird bereits im Sender eine Decodierung vorgenommen, die genau der Decodierung im Empfänger entspricht. Das decodierte Signal wird wieder der Additionsstufe zugeführt (Abb. 3.44), so dass die Eingangsbedingungen am Decoder vorweggenommen sind [84].

Als Beispiel für eine Intraframe-DPCM zeigt Abbildung 3.45 ein Graustufenbild und das zugehörige Differenzbild, sowie im Histogramm jeweils die zugehörigen Häufigkeitsverteilungen der Grauwerte. Zur Gewinnung des Differenzbildes wurde das Bild um ein Pixel horizontal verschoben und die Differenz zwischen verschobenem und unverschobenem Bild gebildet. Der Wert 128 erscheint als mittlerer Grauwert, positive Differenzen heller und negative dunkler. Mittlere Grauwerte überwiegen deutlich, auch im Histogramm wird wieder die Konzentration um den Wert 128 sichtbar. Die Statistik des Differenzbildes hat sich gegenüber dem Ausgangsbild verändert, der mittlere Grauwert tritt viel häufiger auf als die anderen Differenzwerte. Die Häufigkeitsverteilung ist damit so umgestaltet, dass die variable Längenzuordnung effektiv arbeiten kann.

Die bisher dargestellte Form der DPCM bezog sich allein auf Ähnlichkeiten zwischen den Nachbarpixeln in einem Bild, man spricht von Intraframe Prä-

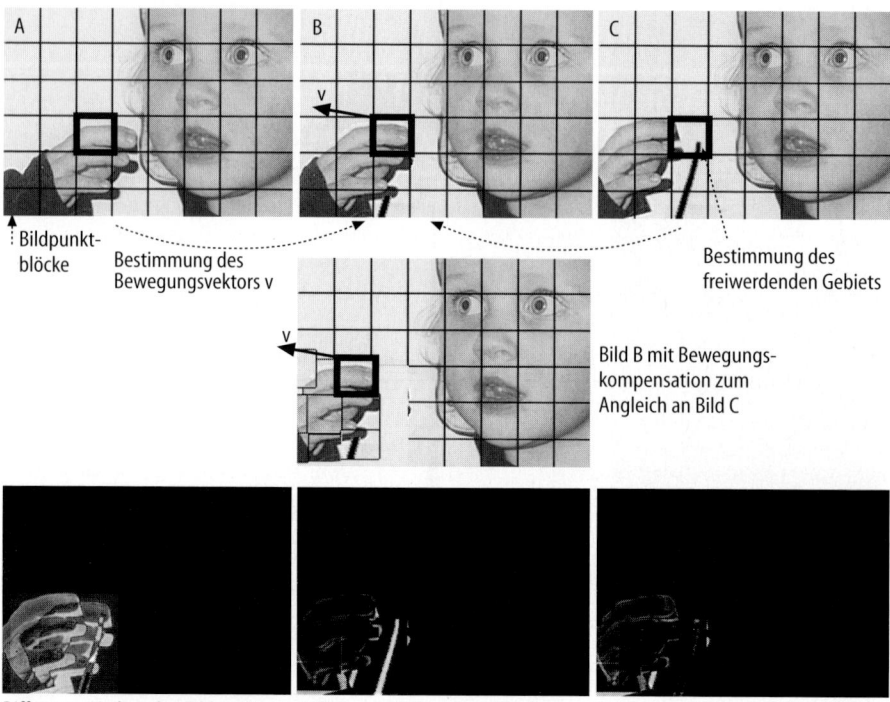

Abb. 3.46. Bidirektionale Prädiktion

diktion (bei Halbbildern Intrafield Prädiktion). Die Intraframe Prädiktion wird in der Praxis nur sehr selten verwendet, häufig dagegen die Interframe Prädiktion bei der die Ähnlichkeit zwischen zeitlich benachbarten Bildern ausgenutzt wird. Zwei zeitlich benachbarte Bilder zeigen bei gewöhnlichen Bildfolgen noch weit mehr Ähnlichkeiten als sie innerhalb des Einzelbildes auftreten.

In sehr vielen Fällen unterscheiden sich aufeinander folgende Bilder vor allem durch veränderte Bewegungsphasen bewegter Objekte. Die Bewegung ändert sich jedoch nicht von Bild zu Bild, sondern bleibt in ihrer Richtung über eine längere Bildsequenz erhalten, so dass z. B. bezüglich eines Objekts, das sich in einer Sekunde über zwei Drittel der Bildbreite bewegt hat, mit sehr großer Wahrscheinlichkeit abgeschätzt werden kann, an welcher Position es sich im nächsten Bild befinden wird. Mit dieser Abschätzung verschobener Bildteile aus dem Vergleich von aktuellem und vohergehendem Bild wird dann eine Bewegungskompensation vorgenommen. Das aktuelle Bild wird der Bewegungsvorhersage entsprechend verändert und ist damit dem folgenden Bild wesentlich ähnlicher als ohne Bewegungskompensation.

Abbildung 3.46 zeigt ein Beispiel für ein Motiv mit bewegter Hand. Die Bilder A, B und C zeigen die Bewegung der Hand, die immer weiter nach links verschoben ist. Für die Prädiktion, z. B. des Bildes C aus B, kann nun im einfachsten Fall das Bild B unverändert benutzt werden. Als Differenzbild erscheint dann das linke Bild der unteren Reihe in dem eine Differenz von Null schwarz erscheint. Es wird deutlich, dass sich noch relativ große Differenzen ergeben. Diese können minimiert werden, indem aus den Bildern A und B die Bewegung der Hand abgeschätzt wird und als Zusatzinformation in die Prädiktion einbezogen wird. Das Problem dabei ist die Erkennung des bewegten Gegenstands. Objektorientierte Methoden dazu befinden sich noch in der Entwicklung, so dass gegenwärtig meist das einfache Blockmatching-Verfahren zum Aufsuchen ähnlicher Bildteile verwendet wird. Dabei werden aus Gründen des Rechenaufwands nicht jeder einzelner Bildpunkt, sondern Bildpunktblöcke (oft 16 x 16 Pixel) betrachtet, von denen angenommen wird, dass sie jeweils zu einem translatorisch bewegten Objekt gehören. Beim Bildvergleich wird im Nachbarbild der Block mit der größten Ähnlichkeit gesucht und dessen relative Verschiebung zum Ausgangsblock als Vektor gespeichert (Abb. 3.46). Die Bewegungsadaption erfolgt schließlich so, dass mit Hilfe dieser Information die Blockverschiebung bei der Ausgabe des vorhergesagten Bildes berücksichtigt wird. Das Bild in der Mitte von Abbildung 3.46 zeigt Bild B mit entsprechend verschobenen Blöcken und am Differenzbild in dem Mitte der unteren Reihe wird deutlich, dass die Differenz zwischen dem veränderten Bild B und Bild C mit Bewegungskompensation geringer ist als ohne.

Bei der Verfolgung der Bewegung erscheint ein weiteres Problem, nämlich dass das Objekt zwar im, dem aktuellen Bild folgenden, Bild weitgehend richtig lokalisiert wird, aber bei der Bewegung an der Stelle, von wo aus es sich fortbewegt, den Hintergrund verdeckt hat und damit in diesem Bereich die Prädiktion versagt. Der Hintergrund wird erst im folgenden Bild freigegeben. Wenn diese Information für die Vorhersage des aktuellen Bildes benutzt werden könnte, wäre die Prädiktion noch besser. Eine optimale Prädiktion ist also bidirektional, sie stützt sich auf das dem aktuellen vorhergehende und das nachfolgende Bild (Abb. 3.46). Obwohl das folgende Bild in der Zukunft liegt und eigentlich gar nicht bekannt sein kann, gibt es die Möglichkeit zur bidirektionalen Prädiktion durch zeitliche Verzögerung auf der Coderseite, d. h. das nächste Bild wird vor der Übertragung berücksichtigt. Anschließend kann die Bildfolge vor der Übertragung geändert werden, so dass zunächst beide Nachbarbilder des gewünschten Bildes am Decoder vorliegen, wo die Bilder durch Integration aus den Differenzen zurückgewonnen und anschließend wieder in die richtige Reihenfolge gebracht werden. Bilder, die auf einfacher, unidirektionaler Prädiktion beruhen, werden mit P gekennzeichnet, die aus bidirektionaler Prädiktion mit B. Intraframe-codierte Bilder ohne Prädiktion werden als I-Frames bezeichnet.

Codierungsmethoden, die auf Bildfolgen beruhen, arbeiten effektiv, können allerdings nicht immer eingesetzt werden. Insbesondere bei der Schnittbearbeitung (Editing), also der Umstellung von Bildfolgen, ergeben sich hier Probleme aufgrund der Abhängigkeit der Bilder, die keinen uneingeschränkten Zugriff auf jedes Einzelbild erlaubt. Für die reine Intraframe-Codierung ist aber die DPCM nicht effektiv genug, d. h. es wird auf Alternativen zurückgegriffen und meist mit DCT gearbeitet.

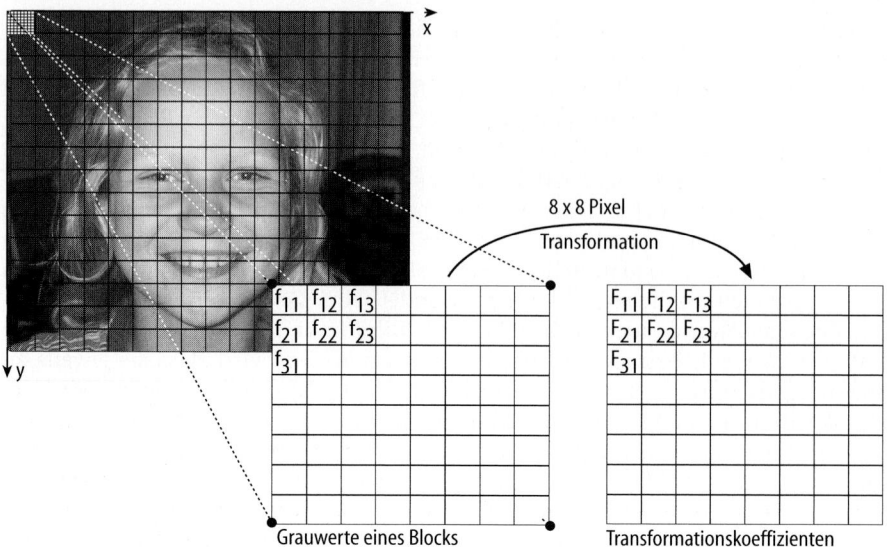

Abb. 3.47. DCT-Blockbildung

3.5.3 DCT

Die Diskrete Cosinustransformation als Sonderform der allgemeinen Transformationscodierung nutzt den Umstand, dass sich, ähnlich wie bei einem fouriertransformierten Analogsignal (s. Abschn. 2.2.7), aus dem Frequenzspektrum andere Bearbeitungsmöglichkeiten erschließen als bei der Zeitdarstellung. Das Frequenzspektrum eines Videosignals kann dreidimensional dargestellt werden. Neben der Frequenz bezüglich der Zeit ergeben sich die Ortsfrequenzen bezüglich der Koordinaten der Bildfläche. Tiefe Ortsfrequenzen repräsentieren große Bildstrukturen und langsame Helligkeitsübergänge, hohe Frequenzen werden dagegen durch kleine Strukturen und abrupte Übergänge verursacht. Da in natürlichen Bildern grobe Strukturen weit häufiger vorkommen als feine, findet eine Konzentration auf niederfrequente Komponenten statt und die Redundanzreduktion mit VLC und RLC kann effektiv arbeiten. Zudem können hochfrequente Komponenten zur Datenreduktion ungenauer dargestellt oder ganz weggelassen werden, da der Fehler meist irrelevant ist.

Zur DCT wird das Bild in Blöcke aufgeteilt, die meist quadratisch angeordnet sind, ein Block besteht dann aus N x N benachbarten Pixeln (Abb. 3.47). Die Transformation wird jeweils auf alle Pixel eines Blockes angewendet. Bei zu kleinen Blöcken werden die Ähnlichkeiten benachbarter Pixel nicht gut ausgenutzt, bei zu großen Blöcken können die Inhalte verschiedener Blöcke ineinander übersprechen. Häufig wird eine Blockgröße mit N = 8 gewählt.

Die Transformation eines Blockes von Bildpunkten führt zu einem gleich großen Block von Transformationskoeffizienten. Die Transformation ist prinzipiell reversibel, ein N x N Block von Bildpunktwerten wird in N x N Koeffizienten überführt, die statt der Werte selbst übertragen werden. Die diskreten

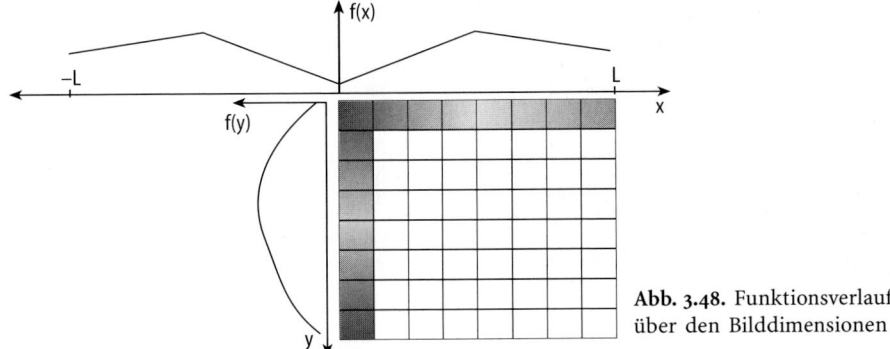

Abb. 3.48. Funktionsverlauf über den Bilddimensionen

Pixelpositionen im Bild können mit x und y bezeichnet werden, die Positionen der Transformationswerte mit u und v. Die Werte der Bildpunkte sind dann durch f(x,y) beschrieben, die Transformationswerte durch F(u,v). Damit entsteht die DC-Transformation folgendermaßen aus der Fouriertransformation:

Eine eindimensionale Funktion f(x), die stetig über dem Intervall –L bis +L definiert ist, lässt sich als Fourierreihe mit den Summen über die mit den Fourierkoeffizienten a und b gewichteten cos- und sin-Funktionen darstellen, die als Argumente die Vielfachen der Grundfrequenz enthalten (s. Abschn. 2.2.7). Betrachtet man nun ein Intervall von 0 bis +L, wie es z. B dem Funktionsverlauf über einer Videozeile entspricht, so lässt sich die Funktion über diesen Bereich auf das Intervall –L bis +L erweitern, und es entsteht eine gerade Funktion, bei der alle zur sin-Funktion gehörigen Fourierkoeffizienten zu Null werden und nur noch die cos-Anteile übrigbleiben (Abb. 3.48). Da die erweiterte Funktion über dem halben Intervall aber wieder der Ursprungsfunktion entspricht, bleibt es beim Wegfall der sin-Anteile, und es gilt:

$$f(x) = \sum_u a_u \cos(u\pi x/L).$$

Für die Transformation aller Werte, die auf einer zweidimensionalen Fläche vorliegen (z. B. beim Bildwandler), kann zunächst von der Multiplikation zweier Funktion ausgegangen werden, die von x und y abhängen [13]:

$$f(x,y) = f(x) \cdot f(y).$$

Damit folgt die zweifache Reihenentwicklung

$$f(x,y) = \sum_u \sum_v c_{uv} \cos(u\pi x/L_1) \cos(v\pi y/L_2).$$

Mit dem Übergang von einer kontinuierlichen auf eine diskrete Intensitätsverteilung, entsprechend der Werte einzelner Bildpunkte innerhalb eines Blockes der Größe N x N folgen schließlich die Beziehungen für die DCT:

$$f(x,y) = 2/N \sum_u \sum_v C(u) C(v) F(u,v) \cos((2x+1)u\pi/2N) \cos((2y+1)v\pi/2N)$$

Für die Rücktransformation gilt:

$$F(u,v) = 2 C(u) C(v)/N \sum_x \sum_y f(x,y) \cos((2x+1)u\pi/2N) \cos((2y+1)v\pi/2N)$$

mit der Summe von 0 bis N–1 und $C(w) = 1/\sqrt{2}$ für $w = 0$ und $C(w) = 1$ sonst.

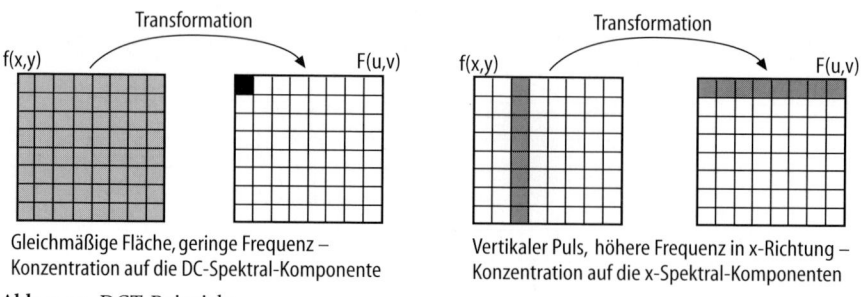

Gleichmäßige Fläche, geringe Frequenz –
Konzentration auf die DC-Spektral-Komponente

Vertikaler Puls, höhere Frequenz in x-Richtung –
Konzentration auf die x-Spektral-Komponenten

Abb. 3.49. DCT-Beispiele

Es wird deutlich, dass in die Berechnung eines einzelnen Transformations-
wertes alle Werte des zu transformierenden Blockes einfließen. Die DC-Komponente für den mittleren Grauwert des Blocks ist von großer Bedeutung, sie
befindet sich in der linken oberen Ecke der DCT-Matrix. Wenn für jeden
Block nur dieser Wert übertragen würde, ergäbe sich bereits ein Bild, das jedoch eine horizontale und vertikale Auflösungsverminderung um den Faktor
N aufweisen würde. Die Koeffizienten für die niederfrequenten AC-Spektralan-
teile befinden sich in direkter Nachbarschaft darunter bzw. rechts vom DC-Koeffizienten. Die hochfrequenten AC-Anteile sind unbedeutender. Sie liegen bei
der unteren rechten Ecke der Matrix und weisen i. d. R. wesentlich kleinere
Werte auf als die Koeffizienten in der Nähe der DC-Komponente, zudem sind
die zugehörigen hohen Ortsfrequenzen visuell weniger gut wahrnehmbar.

Mit der Transformation wird eine Konzentration der Signalleistung auf wenige Teilbänder des Frequenzspektrums vorgenommen. Abbildung 3.49 zeigt
zwei Beispiele für einfache Transformationen. Bei einer gleichmäßig hellen
Fläche ergibt sich nach der Transformation nur der DC-Koeffizient, während
ein vertikaler Impuls einer Sprungfunktion in der Horizontalen entspricht,

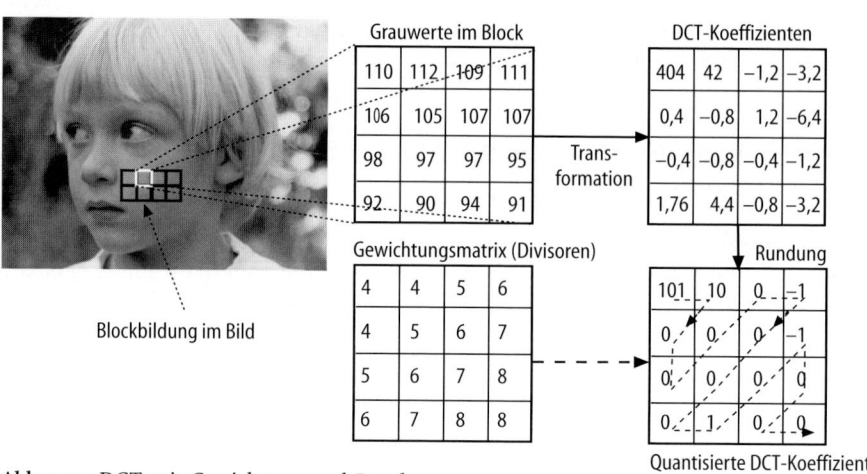

Abb. 3.50. DCT mit Gewichtung und Rundung

16	11	10	16	24	40	51	61
12	12	14	19	26	58	60	55
14	13	16	24	40	57	69	56
14	17	22	29	51	87	80	62
18	22	37	56	68	109	103	77
24	35	55	64	81	104	113	92
49	64	78	87	103	121	120	101
72	92	95	98	112	100	103	99

Quantisierungstabelle für die Luminanz

17	18	24	47	99	99	99	99
18	21	26	66	99	99	99	99
24	26	56	99	99	99	99	99
47	66	99	99	99	99	99	99
99	99	99	99	99	99	99	99
99	99	99	99	99	99	99	99
99	99	99	99	99	99	99	99
99	99	99	99	99	99	99	99

Quantisierungstabelle für die Chrominanz

Abb. 3.51. Quantisierungstabellen [102]

woraus entsprechende Koeffizienten folgen. Abbildung 3.50 zeigt die Blockbildung bei einem Graustufenbild, die Grauwerte des ausgewählten 4 x 4-Blocks sind als Zahlen dargestellt. Nach einer DCT ergibt sich der in der Abbildung dargestellte Block von Koeffizienten. Es wird deutlich, dass der Gleichanteil den größten Wert aufweist und sich hier die Zahlen erheblich mehr voneinander unterscheiden als im Bildblock. Damit sind die Voraussetzungen für eine effektive variable Längencodierung geschaffen.

3.5.3.1 Quantisierung

Die bisher beschriebene Form der DCT ist hinsichtlich der Datenreduktion nicht sehr effektiv, dafür findet eine verlustlose Reduktion statt, die DCT ist vollständig reversibel. Zunächst können für die Darstellung der DCT-Koeffizienten (insbesondere für die den DC-Anteil) sogar mehr als 8 Bit erforderlich sein. Ausgehend von einem Block mit 8 x 8 Bildpunkten, die mit je 8 Bit codiert sind, ergibt sich nämlich durch die Summierung über die 64 Werte, die zur Gewinnung jedes Koeffizienten erforderlich ist, eine Erhöhung um 6 Bit. Aufgrund der Normierung mit dem Divisor 8 bzw. 4 in der DCT-Bestimmungsformel reduzieren sich diese wiederum, so dass alle Koeffizienten mit 11 Bit dargestellt werden könnten.

Um die Daten effektiv zu reduzieren, werden die Koeffizienten quantisiert und dabei unterschiedlich bewertet, d. h. sie werden geteilt und dann gerundet (Abb. 3.50). Die hochfrequenten Signalanteile werden durch größere Werte geteilt (grober quantisiert) als die niederfrequenten, oder sie werden ganz weggelassen, denn das menschliche Auge nimmt die zu den hochfrequenten Anteilen gehörigen feinen Bildstrukturen weniger gut wahr als die groben. Abbildung 3.51 zeigt zwei anhand eines psycho-physiologischen Experiments optimierte Quantisierungstabellen für Luminanz und Chrominanz, in denen für jeden Koeffizienten eines 8 x 8-DCT-Blocks ein Divisor aufgeführt ist. Es wird deutlich, dass die zu hochfrequenten Bildinhalten gehörigen Koeffizienten ein geringeres Gewicht bekommen. Der DC-Divisor der Tabelle ist 16, so dass der DC-Koeffizient, der gewöhnlich den größten Wert aufweist, bei dieser Bewertung mit 7 Bit statt 11 Bit dargestellt werden kann. Die Teilung der höchsten Koeffizientenwerte durch ca. 100 reduziert die erforderliche Bitzahl auf 5.

Nachdem die Werte auf ganze Zahlen gerundet wurden sind nur noch sehr wenige Koeffizienten von Null verschieden. Dieser Umstand wird besonders

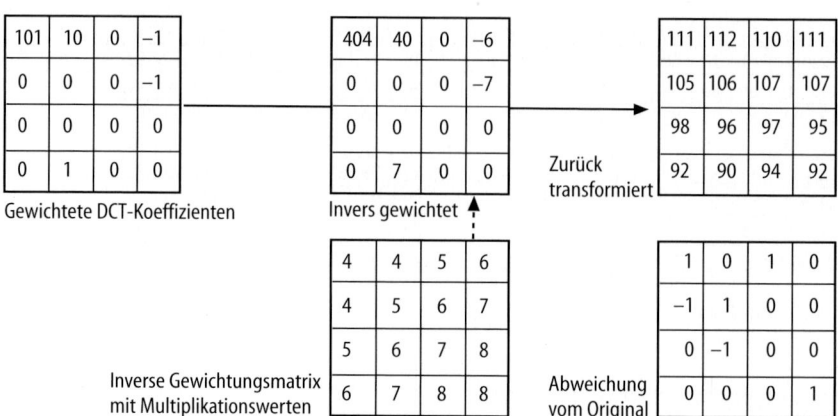

Abb. 3.52. DCT-Rücktransformation

deutlich, wenn die Original-Abtastwerte nur sehr wenige Grauwertabstufungen umfassen. Fein strukturierte Bildblöcke können eine größere Zahl von Null verschiedener Koeffizienten enthalten. Daran wird deutlich, dass die Datenrate bei der Übertragung in Abhängigkeit vom Bildinhalt schwankt. Die Darstellung der Menschenmenge in einem Fussballstadion erfordert z. B. eine höhere Datenrate als das Sprecherbild einer Nachrichtensendung. Wenn die DCT in Systemen eingesetzt wird, die diese Schwankung nicht verarbeiten können, wie z. B. Bandaufzeichnungsverfahren, muss der Datenstrom geglättet werden.

In Abbildung 3.52 ist die Rücktransformation der Koeffizientenmatrix aus dem einfachen Beispiel von Abbildung 3.50 dargestellt. Zu Beginn wird invers gewichtet, aus dem quantisierten Koeffizientenfeld ergibt sich danach durch Rücktransformation das decodierte Bildsegment. Schließlich wird deutlich, dass sich nur wenige der zurückgewonnenen Bildpunktwerte von den Ausgangsbildpunkten unterscheiden. Aber auch wenn die Fehler klein sind, so wird das Signal doch durch den Quantisierungsprozess verfälscht. Ein typischer Fehler, der bei der DCT auftritt, ist der Blocking-Effekt, d. h. dass die Blockgrenzen sichtbar werden. Es hängt von der Wahl der Bewertungs-Matrizen ab, in welchem Maße die Fehler in Erscheinung treten. Die Wahl der Bewertungs-Matrizen ist der wesentliche Unterschied zwischen verschiedenen Herstellern, die DCT in ihren Geräten implementieren. Obwohl alle Hersteller ein Verfahren mit der gleichen Bezeichnung einsetzen, können Datenreduktionsfehler bei einem Gerät deutlicher in Erscheinung treten als bei anderen.

3.5.3.2 Hybride DCT

Eine Erhöhung der Effektivität der Datenreduktion ergibt sich, wenn die Nachbarschaftsbeziehungen zwischen den Pixelwerten gleichzeitig innerhalb eines Bildes (Intraframe) und auch zwischen verschiedenen Bildern einer Bildfolge (Interframe) ausgenutzt werden. Die Erweiterung der DCT unter Einbeziehung der zeitlichen Dimension ist sehr rechen- und speicheraufwändig, deswegen wird in der Praxis meist eine Kombination aus DPCM und DCT, die so genannte hybride DCT, angewendet (Abb. 3.53), bei der die DCT die Ähnlich-

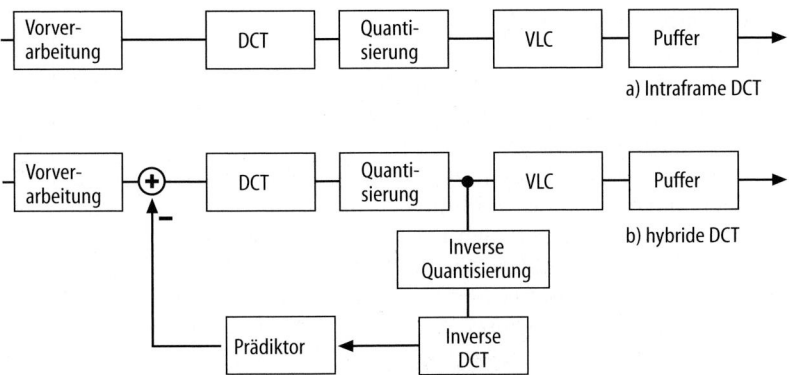

Abb. 3.53. Vergleich von Intraframe-DCT (a) und Hybrid-DCT (b)

keitsbeziehungen innerhalb eines Bildes und die DPCM die Ähnlichkeiten zwischen benachbarten Bildern ausnutzt.

Bei der hybriden DCT wird die Differenz zweier aufeinander folgender Bilder ermittelt und anschließend wird das Differenzbild transformationscodiert. Die hybride DCT bewirkt eine sehr effektive Datenreduktion. Bilder in PAL-Qualität können mit einer Datenrate von ca. 5 Mbit/s übertragen werden. Bei akzeptabler Qualität sind Kompressionsfaktoren bis zu 100, bei geringen Qualitätsansprüchen auch Faktoren über 500 erreichbar. Die hybride DCT ist die Basis der Video-Quellencodierung beim MPEG-Standard und damit auch die Basis für das digitale Fernsehen, Digital Video Broadcasting (DVB).

Dort, wo das Videosignal bearbeitet wird, muss der Zugriff auf jedes einzelne Bild gewährleistet sein, die Interframe-Codierung ist hier nicht geeignet. Falls die Bilder aber nur noch übertragen werden sollen, ist die hybride Codierung gut einsetzbar. Beim MPEG-Standard werden die meisten Bilder hybrid codiert, in festen Abständen werden aber einige unabhängige, intraframe-codierte Bilder in den Datenstrom eingefügt. Damit wird der Decodereinstieg und statt des Zugriffs auf Einzelbilder der Zugriff auf Bildgruppen möglich.

Die DCT ist heute die Bildcodierungsvariante mit der größten Bedeutung, sie wird bei MPEG und JPEG (s. u.) ebenso eingesetzt wie bei den speziellen Datenreduktionsverfahren für digitale Videorecorder (z. B. Digital Betacam oder DV). Tabelle 3.7 zeigt eine Übersicht über verschiedene Datenreduktionsstandards, die mit DCT arbeiten.

Tabelle 3.7. Datenreduktionsverfahren mit DCT

Standard	Bits/Pixel	Blockbildung	Bewegungskompensat.	DPCM	Ratecontrol
CMTT-2	8	8 x 8 Intrafield	Halbbild (vorwärts)	ja	ja
Digital Betacam	10	8 x 4 Intrafield	nein	nein	Vorwärtsschätzung
DV	8	8 x 8 oder 8 x 4	nein	nein	Vorwärtsschätzung
M-JPEG	8	8 x 8	nein	nein	nicht festgelegt
MPEG-1	8	8 x 8 intraframe	ja (bidirektional)	ja	ja
MPEG-2	8	8 x 8 oder 8 x 4	ja (bidirektional)	ja	ja

3.5.4 Wavelet-Transformation

Ein Nachteil der Videocodierung mittels DCT ist die Tatsache, dass hierbei eine Blockbildung mit zweidimensionaler Transformation zum Einsatz kommt, die eine gezielte Rekonstruktion einzelner Pixel, Pixelgruppen oder des gesamten Bildes ohne vollständige Rücktransformation nicht unmittelbar zulässt. Bei einer groben Quantisierung des Bildinhaltes und einer daraus resultierenden geringen Datenrate sind zudem deutliche Blockartefakte zu erkennen. Man kann bezüglich der Blöcke die Datenreduktion mit der Faltung eines Blatt Papiers vergleichen: Nach der Entfaltung bleiben die Spuren sichtbar. Mit diesem Bild wird klar, warum der Wechsel der Datenreduktionsparameter, entsprechend der Änderung der Knickstellen, das Signal immer schlechter macht. Um dieses Problem zu umgehen und darüber hinaus eine effektivere Datenreduktion für Bilder zu ermöglichen, wird der Einsatz der Diskreten Wavelet-Transformation (DWT) favorisiert. Ein wesentlicher Vorteil gegenüber der DCT ist die Möglichkeit, die Daten ohne Blockbildung transformieren zu können.

Zur Transformation werden Filter verwendet, mit denen die Zeilen des Originalbildes je einmal hoch- und tiefpassgefiltert (HP und TP) werden. Mathematisch geschieht dies über eine Faltung. Das Filter wird dabei nach jedem Faltungsschritt um ein Pixel verschoben und so die ganze Zeile nach und nach abgetastet. Damit wird jedem Bildpunkt ein Wavelet-Koeffizient zugeordnet. Bei zweimaliger Filterung (HP und TP) entstehen zunächst doppelt so viele Koeffizienten wie Bildpunkte, doch wird anschließend ein Subsampling durchgeführt und jeder zweite Wert entfernt. Als Filter kommen verschiedene Wavelet-Funktionen zum Einsatz. Die einfachste Wavelet-Transformation ist die Haar-Transformation. Dabei wird ein Filter der Länge Zwei verwendet, d. h. von den Farbwerten zweier Nachbarn wird als TP-Koeffizient der Mittelwert übertragen und als HP-Koeffizient die Differenz: $TP(n) = 1/2 \cdot x(n) + x(n+1)$ und $HP(n) = 1/2 \cdot x(n) - x(n+1)$. Trotz der Unterdrückung jedes zweiten Koeffi-

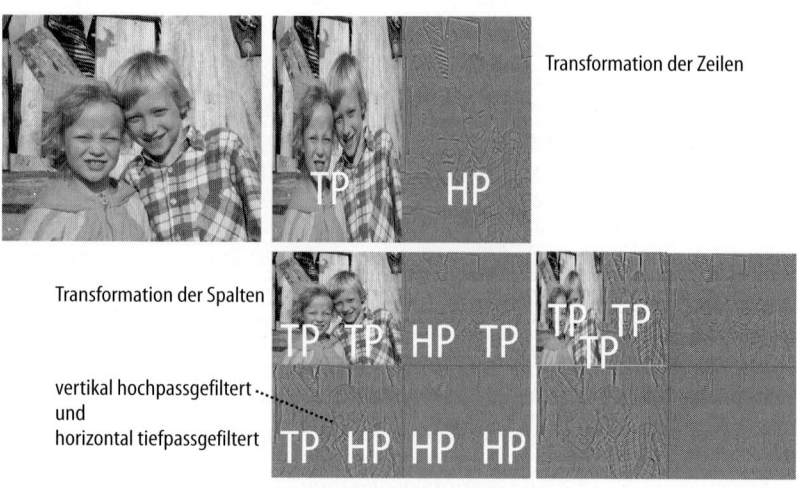

Abb. 3.54. Funktionsprinzip der Wavelet-Transformation

Tabelle 3.8. Beispiel für eine einfache Wavelettransformation

Positionen in der Zeile	x(0)	x(1)	x(2)	x(3)	x(4)	x(5)	...
Bildpunktwerte	96	88	78	65	56	44	
TP-Koeffizienten	92	84	71,5	60,5	50		
HP-Koeffiezienten	4	5	6,5	4,5	6		

Rekonstruktion: $x(0) = TP(0) + HP(0) = 92 + 4 = 96$ $x(1) = TP(0) - HP(0) = 92 - 4 = 88$
Rekonstruktion: $x(2) = TP(2) + HP(2) = 71,5 + 6,5 = 78$ $x(3) = TP(2) - HP(2) = 71,5 - 6,5 = 65$

zienten (sowohl HP als auch TP), lassen sich bei der Rücktransformation über die Summen- und Differenzbildung wieder die Ursprungswerte der Pixel aus den verbliebenen Koeffizienten berechnen. Tabelle 3.8 zeigt ein Beispiel.

Nachdem das Originalbild zeilenweise transformiert wurde, wird entsprechend die Vertikale bearbeitet. So entstehen vier Teilbilder, die zusammen die Fläche des Originalbildes bedecken. Dasjenige Teilbild, welches sowohl horizontal als auch vertikal tiefpassgefiltert wurde, wird nun als Ausgangsbild für die weitere Transformation verwendet (Abb. 3.54). Der Prozess kann so oft wiederholt werden, bis die Anzahl der Pixel der umzuwandelnden Zeile oder Spalte des Teilbildes kleiner ist als die Länge des digitalen Filters (z. B. 2).

Da das Filter über die gesamte Bildzeile oder -spalte geführt, wird jeder Pixelwert mehrfach gefaltet. Beginnt man mit dem Filter am Anfang der Zeile, so werden die ersten Pixel, je nach Länge des Filters, weniger oft gefaltet, als diejenigen, die nicht am Rand liegen. Um nun unerwünschte Artefakte an den Bildrändern zu vermeiden, werden die Ränder des Bildes künstlich erweitert. Entweder werden am Bildrand Nullen hinzugefügt (Zeropadding), die Signalränder entsprechend der benötigten Länge gespiegelt (Mirrorpadding) oder es wird ein Ringschluss durchgeführt, indem am Ende der Zeile einfach wieder an den Anfang gesprungen wird. Bei der Rücktransformation des Bildes werden die künstlich erweiterten Ränder wieder abgeschnitten.

Nachdem das Originalbild in seiner Gesamtheit transformiert wurde, werden die Wavelet-Koeffizienten quantisiert, in Pakete zusammengefasst und in einem Bitstrom eingefügt, wobei die Bildinformationen entsprechend abnehmender Bedeutung für den Bildinhalt angeordnet werden. Die Hierarchie richtet sich nach der Art der Verwendung. So kann der Bildwiederaufbau mit wachsender Größe, mit steigender Qualität oder sortiert nach Regions of Interest (ROI) durchgeführt werden. In letzterem Falle werden hevorzuhebende Bildanteile zuerst in voller Qualität aufgebaut, während die übrigen Bildteile noch schlecht aufgelöst bleiben. Dies ist z. B. bei Bildern von Interesse, die möglichst schnell übertragen werden sollen, in denen es aber im Wesentlichen nur auf bestimmte Bereiche ankommt. Der Bitstrom kann jederzeit, auch vom Benutzer, bzw. Betrachter des sich aufbauenden Bildes unterbrochen werden, der Bildaufbau bleibt dann in der entsprechenden Phase stehen. Dadurch sind Einsparungen in der Übertragung möglich, da nicht unnötige Zeit oder Bandbreite mit der Übertragung der restlichen Informationen verschwendet werden. Außerdem besteht die Möglichkeit, ein Bild einmal zu transformieren und dann in unterschiedlichen Qualitätsstufen abzurufen, ohne für jede Stufe ein neues Bild in neuer Quantisierung erzeugen zu müssen [51].

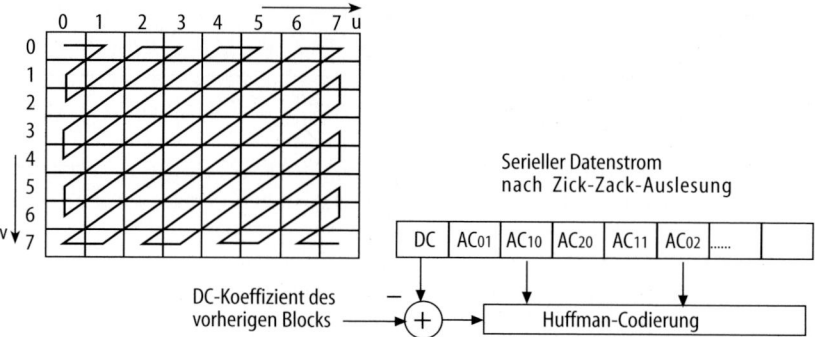

Abb. 3.55. Serialisierung der Koeffizienten durch Zick-Zack-Auslesung

3.6 JPEG

DPCM, DCT und DWT sind die wichtigsten Kernalgorithmen für die Videoco-dierung. Es gibt Weiterentwicklungen, wie z. B. die 3D-DWT bei der die zeitli-che Ebene in die Codierung mit einbezogen wird und weitere Verfahren, doch sind die drei erstgenannten heute die Grundlage aller wesentlichen Datenre-duktionsstandards wie JPEG MPEG, H.26x, DV etc., die hier und in den fol-genden Kapiteln behandelt werden. Zur Definition wurden Expertengruppen gebildet, u. a. die Joint Photographics Expert Group (JPEG) und die Moving Pictures Expert Group (MPEG), die den Standards die Namen gaben.

JPEG beschreibt einen universellen Algorithmus zur Einzelbildcodierung und wurde ohne besondere Rücksicht auf Videosignale entwickelt. Das Verfah-ren beruht auf der Intraframe-DCT. Zunächst wird das Bild in Blöcke von 8 x 8 Bildpunkten zerlegt, die dann mit DCT in den Frequenzbereich transfor-miert werden. Als nächstes folgt die Gewichtung der DCT-Koeffizienten nach psycho-visuellen Gesichtspunkten. Als Besonderheit bei JPEG werden die DC-Koeffizienten einer DPCM unterzogen, d. h. ihre Werte werden verringert, in-dem nur die Differenz zu den DC-Werten der Nachbarblöcke codiert wird.

Über die Quantisierung und Rundung wird der Reduktionsfaktor festgelegt, wobei viele der hohen Ortsfrequenzen anschließend den Wert Null aufweisen. Die endgültige Datenreduktion wird mit der sich anschließenden VLC und RLC per Huffman-Codierung erreicht (Entropiecodierung). Damit diese effek-tiv arbeiten, werden die Werte der zweidimensionalen Matrix in eine eindi-mensionale Folge gebracht. Dies geschieht mit Hilfe des sog. Zick-Zack-Scan-ning, das die Abtastung bei dem großen DC-Koeffizienten beginnt und die AC-Koeffizienten von tiefen zu hohen Ortsfrequenzen mit ihren immer kleine-ren Werten hin anordnet. Auf diese Weise wird erreicht, dass zum Ende der Kette sehr viele Nullen auftauchen, die mit der RLC sehr effektiv zusammen-gefasst werden können (Abb. 3.55). An dem Punkt, ab dem bis zum Blockende nur noch Nullen auftreten, wird das Zeichen End of Block (EOB) übertragen. Der Decoder kann die restlichen Zeichen durch Nullkoeffizienten auffüllen, da die Blockgröße ja festliegt [40].

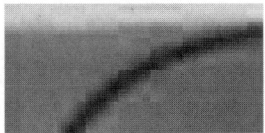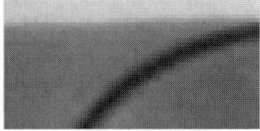

Abb. 3.56. Vergleich von Originalbild mit gewöhnlicher JPEG- und JPEG 2000-Kompression

JPEG steht für eine Vorschrift zur Einzelbildcodierung, der Rechenprozess kann als Software auf Standardrechnern implementiert werden und braucht im Prinzip nicht in Echtzeit abzulaufen. Wenn die Datenreduktion nach JPEG aber für Videobilder eingesetzt werden soll, was bei einigen nichtlinearen Schnittsystemen (s. Kap. 9.4) der Fall ist, so müssen die Bilder nacheinander in Echtzeit komprimiert werden, was als Motion JPEG (M-JPEG) bezeichnet wird.

JPEG arbeitet mit Videodaten im Komponentenformat und sieht vor, dass die Unterabtastung der Farbdifferenzkomponenten gegenüber den Luminanzwerten horizontal und vertikal gleich ist und die Chrominanz-Abtastwerte mittig zwischen den Luminanzwerten liegen. Dieses Format widerspricht den Empfehlungen in ITU-R 601, was zur Folge hat, dass bei Videoanwendungen meist die 601-Empfehlungen beachtet und das JPEG-Dateiformat verletzt wird.

Das JPEG-Nachfolgeformat heißt JPEG2000 (ISO/IEC 15444) und beruht hauptsächlich auf der Wavelet-Transformation, womit ein flexibler und skalierbarer Bildzugriff und eine gute Codiereffizienz erreicht wird. Abbildung 3.56 zeigt den Vergleich eines 800 x 600 großen Bitmap-Bildausschnitts mit einem nach JPEG- und einem JPEG2000-reduzierten Bild bei einem Reduktionsfaktor von ca. 100. Nach JPEG 2000 soll ein Bild bis zu 16384 Komponenten enthalten dürfen, mit jeweils 38 Bit Farbtiefe. Darüber hinaus sind Mechanismen zur Synchronisation eines Motion-JPEG2000-Datenstroms mit einem Audiodatenstrom definiert. Die Auflösung der Bilder beträgt bis zu ca. 4,3 Mrd. Pixel. Die empfohlene Dateiendung für JPEG2000 lautet ».jp2«.

Mit JPEG2000 es ist auch möglich, verlustfrei (lossless) zu codieren. Dafür wird eine Integer-Wavelet-Codierung benutzt, die mit symmetrischen Filtern der Längen 5 (TP) und 3 (HP) nur ganzzahlige Koeffizienten produziert. Für eine verlustbehaftete (lossy) Kompression werden Filter der Längen 9 und 7 eingesetzt. Im Gegensatz zur verlustfreien Transformation, bei der die Filterkoeffizienten einfache Brüche darstellen, handelt es sich hierbei um Gleitkommazahlen. Für die Rücktransformation werden die inversen Filter verwendet.

Die Koeffizienten werden nun ihrer Wichtigkeit für den Bildaufbau entsprechend sortiert. Dafür werden die Subbänder in rechteckige Bereiche (Precincts) unterteilt. Zu einem Precinct gehören meist die drei HP-Subbänder einer Auflösungsebene. Diese werden wiederum in Codeblöcke untergliedert, die typischerweise eine Größe von 64 x 64 Koeffizienten haben. Die Precincts erhalten jeweils einen eigenen Paket-Header. Angefangen mit dem MSB (Most Significant Bit) werden die Codeblöcke nun dem arithmetischen Entropie-Codierer zugeführt. Der Codestrom erhält somit zuerst die für den Bildeindruck relevanten Informationen, Zur Decodierung ausgewählter Bildbereiche (ROI) werden nur die benötigten Codeblöcke aus dem Datenstrom ausgelesen.

3.7   Der DV-Algorithmus

Dieser Algorithmus ist als Datenreduktionsverfahren für das DV-Magnetband-
aufzeichnungsverfahren im Heimanwenderbereich entwickelt worden. Da sich
das DV-Format in modifizierter Form im Laufe der Zeit auch im Produktionsbereich etabliert hat, hat der DV-Algorithmus inzwischen als wichtiges Datenreduktionsverfahren neben MPEG übergeordnete Bedeutung erhalten. Wie
JPEG beruht DV auf einer Intraframe-Codierung ohne sich auf Nachbarbilder
zu beziehen. Die Grundlage ist bei beiden Verfahren die DCT mit anschließender Quantisierung und Entropiecodierung per VLC, wobei eine Bildblockgröße
von 8 x 8 Bildpunkten festgelegt ist. Im Gegensatz zu JPEG ist DV aber für Videoanwendungen mit konstanter Datenrate optimiert.

DV arbeitet mit einer 8-Bit-Auflösung für jeden Bildpunkt. Das Verfahren
ist im Gegensatz zu MPEG symmetrisch, d. h. Encoder und Decoder haben
etwa den gleichen Funktionsumfang. Die Basis ist ein digitales Komponentensignal nach ITU-R 601 aus dem zunächst mit Hilfe eines Vertical Chroma Filters ein nach 4:2:0 (in 625/50 Hz-Systemen) oder 4:1:1 (bei 525/59,94 Hz) unter-
abgetastetes Signal gewonnen wird. Für DV in Europa erzeugt die Y-Abtastung
somit 720 x 576 und die C-Abtastung 360 x 288 Bildpunkte. Die Aufteilung in
Blöcke mit 8 x 8 Pixeln erzeugt 90 x 72 Luminanz- und 45 x 36 Chrominanzblöcke.

Zur Anpassung an Videosignale und der effizienten Verarbeitung der Halbbilder wird der Voll- und der Halbbildmodus unterschieden. Der Vollbildmodus (Frame Processing) verwendet die ineinander geschobenen Halbbilder bei
der Blockbildung, während im Halbbild-Modus (Field Processing) der 8 x 8-
Block in zwei 4 x 8-Blöcke aufgeteilt wird, die jeweils nur die Information aus
einem Halbbild enthalten und separat der DCT unterworfen werden. Da sich
bei ruhenden Bildbereichen die Halbbilder wenig unterscheiden, ist die Korrelation örtlich benachbarter Zeilen groß, und es wird der Vollbildmodus ver-

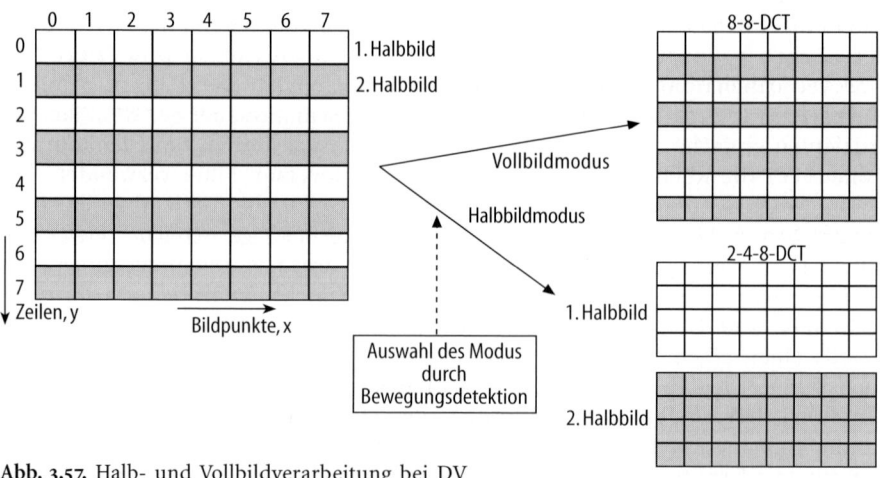

Abb. 3.57. Halb- und Vollbildverarbeitung bei DV

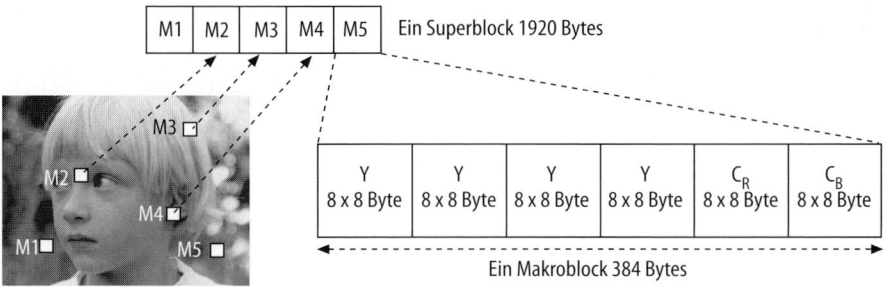

Abb. 3.58. Intraframe Makroblock-Shuffling bei DV

wendet, während bei Blöcken mit schnell bewegten Inhalten auf den Halbbild-modus umgeschaltet wird, da sich die größten Ähnlichkeiten innerhalb des Halbbildes ergeben. Die Umschaltung wird von einem Bewegungsdetektor ge-steuert (Abb. 3.57) und für die einzelnen Bildbereiche separat vorgenommen, so dass auch Bildvorlagen optimiert werden, die ruhende und bewegte Teile enthalten.

DV erzielt die eigentliche Datenreduktion mit der einfachen Stufenfolge aus DCT, Quantisierung und anschließender Redundanzreduktion per VLC und RLC. Das Verfahren enthält aber zwei Optimierungen, die darauf zielen, dass eine konstante Datenrate bei möglichst optimaler Bildqualität erzielt wird. Die erste betrifft die Verteilung von Bildbereichen mit feinen und groben Struktu-ren. Dazu werden je 4 Luminanzblöcke und je ein C_R- und C_B-Block zu einem Makroblock zusammengefasst. Die 45 x 36 Makroblöcke werden dann im so genannnten Intra Frame Shuffling-Prozess systematisch verwürfelt. Dazu wer-den immer 5 Makroblöcke mit jeweils 384 Bytes (6 x 8 x 8 Bytes) zu einem Superblock der Größe 1920 Bytes zusammengefasst und zwar so, dass die Ma-kroblöcke eines Segments aus weit entfernten Bildbereichen stammen (Abb. 3.58). Damit wird schon vor dem Einsatz des eigentlichen Algorithmus eine Angleichung der durchschnittlichen Redundanz, d. h. eine annähernde Gleich-verteilung feiner und grober Bildstrukturen pro Superblock, erzielt und eine effektive Weiterverarbeitung gewährleistet.

Die zweite Optimierung betrifft die Steuerung der Datenrate direkt. Die Da-tenrate ist zunächst wie üblich vom Bildinhalt abhängig, da bei fein struktu-rierten Bildblöcken weniger DCT-Koeffizinten zu Null werden als bei Blöcken die nur wenig Unterschiede bei den Grauwerten aufweisen. Der wesentliche Steuerparameter für die Datenrate ist die Quantisierungstabelle mit der bei großer Datenrate auf grobe und bei kleiner Rate auf feine Quantisierung ge-schaltet werden kann. Während MPEG und andere Verfahren die konstante Datenrate gewöhnlich quasi rückwärtsgerichtet erreichen, indem nach Ablauf der Datenreduktion anhand eines zu voll laufenden Pufferspeichers die folgen-den Daten stärker reduziert bzw. quantisiert werden, wird bei DV zu diesem Zweck mit der sog. Feed Forward-Steuerung gearbeitet [28].

Bei diesem Verfahren wird vor der eigentlichen Datenreduktion mit Hilfe einer Vorausberechnung anhand vieler vordefinierter Quantisierungstabellen bestimmt, welche von ihnen die optimale ist. Für jeden Makroblock kann eine von 64 Tabellen gewählt werden, wobei durch Analyse der Energie der AC-Koeffizienten zunächst eine von vier Tabellenklassen bestimmt wird. Mit den 16 Tabellen der gewählten Klasse werden als virtuelle Kompression nacheinander die verschiedenen Quantisierungen durchgeführt und dann wird diejenige ausgewählt, die eine Byteanzahl erzeugt, das am dichtesten an dem durch das Aufzeichnungsverfahren gesetzten Limit liegt.

Für den DV-Grundalgorithmus beträgt das Limit 77 Bytes pro Makroblock, denn es wurde festgelegt, dass die Ausgangsdatenrate, die sowohl für 4:1:1 als auch für 4:2:0 den Wert 124 416 kbit/s hat, auf ca. 25 Mbit/s reduziert werden soll, um ein komprimiertes Signal hoher Qualität zu erhalten. Der Reduktionsfaktor beträgt also etwa 5. Wie oben erwähnt, enthält ein Einzelbild vor der Reduktion 45 x 36 Makroblöcke mit je 384 Bytes bzw. 9 x 36 Superblöcke mit je 1920 Bytes. Mit der Festlegung der Reduktion auf 77 Bytes pro Makro- bzw. 385 Bytes pro Superblock beträgt der Reduktionsfaktor exakt 1920/385 = 4,987. Man spricht bei den reduzierten Daten von 385 Bytes pro Frame. In der reduzierten Ebene gibt es statt der Superblöcke also 9 x 36 Frames pro Bild, die resultierende Datenrate beträgt damit 24,948 Mbit/s.

Der DV-Algorithmus erzielt mit den beiden genannten Optimierungen sehr gute Ergebnisse, die bei einem Vergleich mit MPEG bei gleicher Datenrate eine geringere Schwankungsbreite der Qualität aufweist, wenn verschiedene Bildsequenzen untersucht werden (s. Abschn. 10.1). Ein weiterer Vorteil gegenüber MPEG ist die einfache Struktur und die feste Datenrate.

Aufgrund des großen Erfolgs im Heimanwenderbereich wurde DV fortentwickelt und auch im professionellen Bereich eingesetzt. Die Grundform wird als DV25 oder DVCPro25 bezeichnet und arbeitet im professionellen Bereich bei DVCPro auch beim 625/50 Hz-Standard mit einer Chromaunterabtastung von 4:1:1, während bei der als semiprofessionell bezeichneten Variante DVCam der Algorithmus in seiner Grundform beibehalten wird und diesbezüglich keinen Unterschied zum Heimanwenderbereich aufweist. Bei dem professionellen Format DVCPro50 wird durch die parallele Verwendung zweier Codecs die Datenrate auf 50 Mbit/s verdoppelt, was eine Verbesserung der Chromaunterabtastung auf die 4:2:2-Struktur bei einer Datenreduktion von 3,3:1 ermöglicht. Eine weitere Verdopplung von 100 MBit/s ist für HD-Anwendungen ausgelegt (s. Abschn. 8.8).

3.7.1 DV-DIF

Der DV-Algorithmus bezieht sich, ebenso wie JPEG, nur das Bild und ist damit nicht wie MPEG für komplette Programmbeiträge optimiert, wo neben der Video- auch die Audiocodierung und die Synchronisation erfasst ist. Da in sehr vielen Fällen, auch im Heimanwenderbereich, aber ein Austausch von zusammengehörigen Video- und Audiodaten gewünscht ist, wurde für DV-Daten das spezifische Digital Interface Format DV-DIF (IEC 61883) geschaffen, das insbesondere in Verbindung mit der Firewire-Schnittstelle (IEEE 1394, s. Abschn. 10.3) von Bedeutung ist.

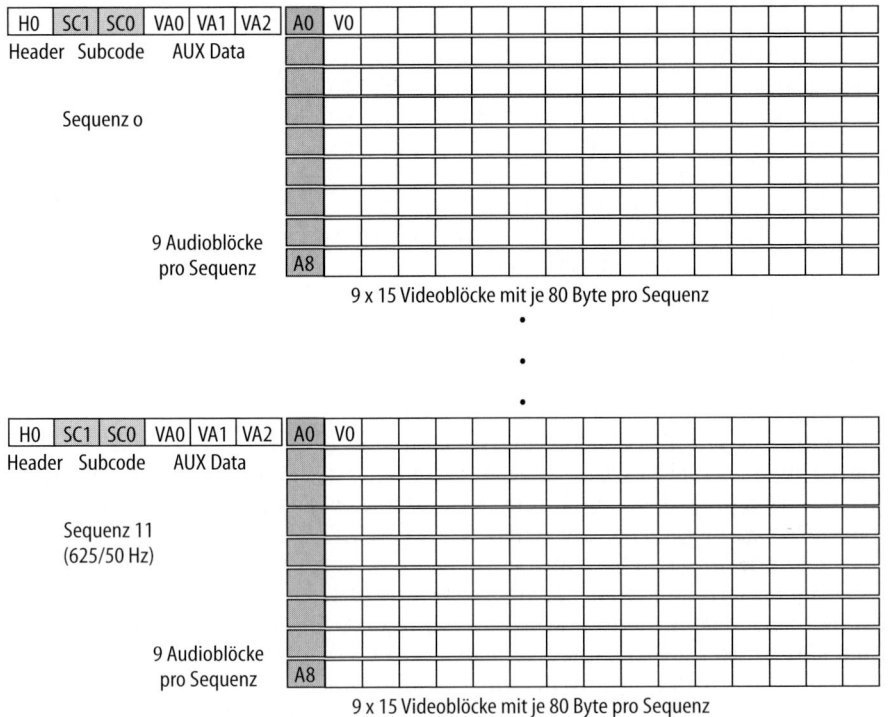

Abb. 3.59. Aufbau eines Bildes nach DV-DIF

Beim DV-DIF-Datenstrom ist das Bild in Blöcke der Größe 80 Bytes eingeteilt, so dass ein DIF-Block die reduzierten Daten eines Makroblocks aufnehmen kann. Damit das DIF problemlos Videodaten aus 625/50 Hz- und 525/60
Hz-Systemen verarbeiten kann, werden die DIF-Blöcke Sequenzen zugeordnet,
die so gebildet werden, dass ein Bild bei 50 Hz in 12 und bei 60 Hz in 10 Sequenzen eingeteilt ist. In Europa enthält eine Sequenz damit 9 x 36 Frames/12,
was 9 x 3 Superblöcken bzw. 9 x 15 Blöcken entspricht (Abb. 3.59).

Digitale Audiodaten werden unkomprimiert in den Datenstrom integriert.
Es werden dafür bei 40 ms Bilddauer 7680 Bytes pro Bild bzw. 640 Bytes oder
8 Blöcke pro Sequenz gebraucht, denn es wurde festgelegt, dass die Audiodaten entweder zweikanalig mit 48 kHz/16 Bit oder vierkanalig mit 32 kHz/12 Bit
geführt werden können. Die DV-DIF-Struktur in Abbildung 3.59 zeigt, dass dafür pro Segment ein zusätzlicher Block für Audiodaten erforderlich ist und
eine Sequenz damit aus 15 x 9 Video- und 1 x 9 Audioblöcken besteht. Hinzu
kommt eine Erweiterung um 6 Blöcke die als drei zusätzliche Videoblöcke,
Header und Subcode-Daten zur Verfügung stehen, wobei letztere meistens für
Timecode-Daten genutzt werden. Die insgesamt 12 x 150 = 1800 DIF-Blöcke
Audio- und Videodaten pro Bild führen schließlich zu einer A/V-Datenrate
von insgesamt 3,6 MByte/s. Die Speicherung von DV-DIF-Datenmaterial von
einer Stunde Dauer erfordert damit eine Kapazität von ca. 13 GByte.

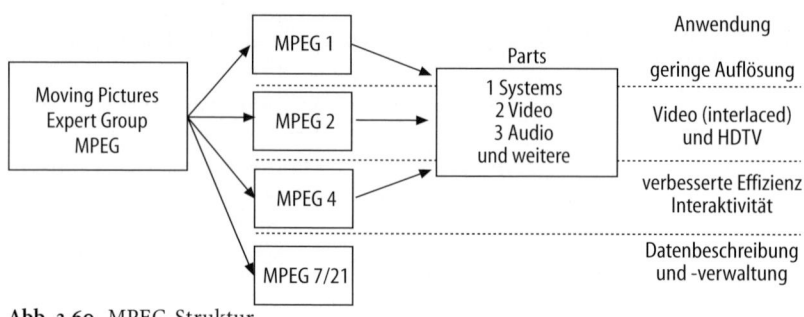

Abb. 3.60. MPEG-Struktur

3.8 MPEG

Die Abkürzung MPEG bedeutet Moving Pictures Experts Group und steht für eine Gruppe internationaler Experten, die seit 1988 einen universellen Standard zur Datenreduktion und zum Austausch von Bewegtbildern unter Einbeziehung von Audio- und Zusatzdaten erarbeiten. Die Entwicklung zielte auf eine möglichst umfassende Anwendbarkeit zur Datenübertragung, Speicherung und zum Einsatz in Multimediasystemen ab. Dabei stellt MPEG einen Rahmen dar, den verschiedene Entwickler unterschiedlich füllen können und sorgt vor allem dafür, dass das Format von allen MPEG-konformen Empfängern verstanden wird [128]. Definitionen hierzu und zur Multiplexbildung befinden sich im MPEG-Teil »Systems«. Zwei weitere Teile, nämlich »Video« und »Audio« beschreiben die Video- und Audiocodierung. Bei MPEG-2 wird für die drei Teile auch die Standardbezeichnung ISO/IEC 13818-1 bis -3 verwendet.

Die MPEG-Standards sind in mehreren Stufen festgelegt worden (Abb. 3.60). MPEG-1 wurde zunächst im Hinblick auf kleine Datenraten bis 1,5 Mbit/s (CD-ROM-Anwendung) entwickelt, unter Inkaufnahme einer relativ schlechten Bildauflösung und -qualität. Die Definition von MPEG-2 berücksichtigt auch die spezifischen Eigenschaften von Videosignalen und lässt bei Standardauflösung Datenraten bis zu 15 Mbit/s zu, womit eine sehr gute Bildqualität erreicht wird. Mit MPEG-3 sollten anschließend die Definitionen für hochauflösendes Fernsehen HDTV festgelegt werden. Die HD-Parameter wurden im Laufe der Entwicklung aber bereits in MPEG-2 integriert, so dass MPEG-3 nicht existiert. Wenn im Zuge der Audio-Datenreduktion von einer MP3-Codierung gesprochen wird, so ist hier der Layer 3 der MPEG-2-Audiocodierung gemeint.

MPEG-4 zeichnet sich dadurch aus, dass neben einer effizienteren Codierung mit Hilfe der Beschreibung von Objekten ein interaktiver Zugriff auf Bildteile ermöglicht wird. MPEG-7 und MPEG-21 beziehen sich nicht mehr auf die Bildcodierung, sondern auf der Verwaltung der audiovisuellen Daten. Die MPEG-Definitionen sind abwärtskompatibel ausgelegt, ein MPEG-4-Decoder soll also z. B. in der Lage sein, auch einen MPEG-2-Datenstrom zu decodieren. Die Variante MPEG-2 hat heute eine sehr große Bedeutung, z. B. als Codierverfahren für das digitale Fernsehen DVB und für die DVD. Wenn hier im folgenden von MPEG die Rede ist, ist daher zunächst MPEG-1/2 gemeint. MPEG-4 ist deutlich unterschieden, sehr komplex und noch wenig verbreitet.

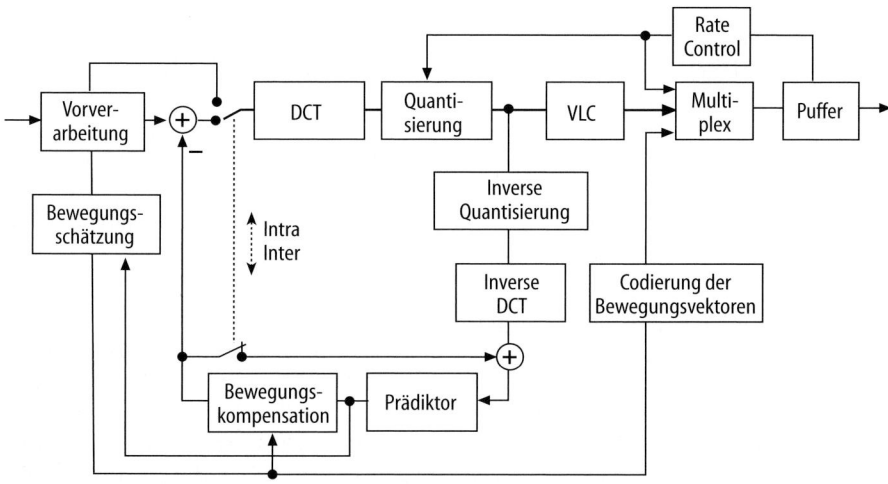

Abb. 3.61. Blockschaltbild des MPEG-Video-Encoders

3.8.1 MPEG-Videocodierung

Die MPEG-Videocodierung beruht auf der hybriden DCT, bei der im Vergleich zu JPEG und DV eine höhere Datenreduktionseffizienz erreicht wird, da sowohl die örtliche Korrelation zwischen den Bildpunkten durch die DCT ausgenutzt wird, als auch die Ähnlichkeit der Bilder in der Zeitdimension durch die DPCM. Abbildung 3.61 zeigt das Blockschaltbild des MPEG-Video-Encoders. Er wird in dieser Form implementiert, ist aber so nicht bei MPEG festgelegt, da dieser Standard nur den Decoder genau beschreibt. Wie bei JPEG ist im Kern eine DCT mit folgender Quantisierungsstufe enthalten, an die sich die Redundanzreduktionsstufe mit VLC und RLC anschließt. Damit die zur Quantisierung benutzten Tabellen nicht immer im Datenstrom zum Decoder übertragen werden müssen, sind für MPEG die in Abbildung 3.62 dargestellten Standardtabellen festgelegt [102] worden, es besteht aber kein Zwang, sie zu benutzen.

Nach Durchlaufen der Quantisierungsstufe wird das Signal verzweigt, und mit reziproker Gewichtung und inverser DCT werden die Bildpunktwerte zu-

8	16	19	22	26	27	29	34
16	16	22	24	27	29	34	37
19	22	26	27	29	34	34	38
22	22	26	27	29	34	37	40
22	26	27	29	32	35	40	48
26	27	29	32	35	40	48	58
26	27	29	34	38	46	56	69
27	29	35	38	46	56	69	83

Quantisierungstabelle für die Luminanz

16	16	16	16	16	16	16	16
16	16	16	16	16	16	16	16
16	16	16	16	16	16	16	16
16	16	16	16	16	16	16	16
16	16	16	16	16	16	16	16
16	16	16	16	16	16	16	16
16	16	16	16	16	16	16	16
16	16	16	16	16	16	16	16

Quantisierungstabelle für die Chrominanz

Abb. 3.62. Standard-Quantisierungstabellen bei MPEG

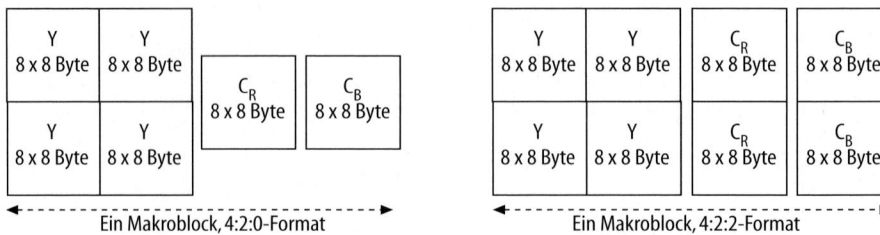

Abb. 3.63. Makroblock-Strukturen bei MPEG

rückgewonnen. Wenn keine I-Framecodierung gefordert ist, wird im Encoder aus dieser Information ein Prädiktionsbild ermittelt woraus, zusammen mit dem nächsten Bild am Codereingang, die DPCM-Differenz gebildet wird. Wie bereits im Abschnitt über DPCM erläutert, kann die Prädiktion durch eine Bewegungskompensation optimiert werden. MPEG unterstützt diesbezüglich auch die dort beschriebene bidirektionale Prädiktion, die auf den Nachbarbildern vor und hinter dem aktuellen Bild beruht. Hierdurch steigt die Datenreduktionseffizienz, da ein bidirektional prädizierter Block mit etwa der Hälfte eines unidirektional prädizierten codiert werden kann. Die Informationen zur Bewegungskompensation stammen aus einer Verarbeitungsstufe zur Bewegungsschätzung, die meist mit dem Blockmatching-Verfahren arbeitet. Das Verfahren selbst ist aber bei MPEG nicht festgelegt. Die Informationen gelangen in Form eines Bewegungsvektors nicht nur zum Prädiktor, sondern auch an die Daten-Multiplexstufe am Ausgang, da sie auch für den Decoder zur Verfügung stehen müssen und daher mit im Datenstrom übertragen werden.

Das Ausgangsformat vor der eigentlichen Datenreduktion ist ein Komponentensignal, in den meisten Fällen mit 4:2:0-Unterabtastung. Um nicht für Luminanz- und Chrominanzblöcke separate Bewegungsvektoren ermitteln zu müssen, wird wie bei DV aus vier Luminanzblöcken und je einem für C_R und C_B ein Makroblock gebildet, der die Basis für die Bewegungsschätzung bildet. Für die speziell für den professionellen Bereich entwickelte MPEG-2-Variante 4:2:2, wird die Anzahl der Chrominanzblöcke verdoppelt (Abb. 3.63).

Neben den Ausgangsdaten und den Bewegungsvektoren wird für jeden Block eine Information über die Steuerung des Quantisierungsfaktors über die Multiplexstufe am Ausgang in den Datenstrom integriert. Die Steuerdaten werden aus einer Pufferstufe am Encoder-Ausgang gewonnen, die die Aufgabe hat, den bildinhaltsabhängig variierenden Datenstrom zu glätten. Falls nun eine lange Folge komplexer Bilder codiert werden muss, wird der Datenstrom so hoch, dass der Pufferspeicher überzulaufen droht. Um diesen Zustand zu verhindern, wird die Quantisierungsstufe vom Pufferfüllstand gesteuert. Dabei werden für jeden Block alle Einträge in der Quantisierungstabelle, mit Ausnahme des Wertes für die DC-Komponente bei intraframe-codierten Bildern, mit einem gemeinsamen Faktor variiert. Zur Senkung der Datenrate werden also die Werte in der Tabelle erhöht, so dass die Division der Koeffizienten durch diese Werte eine vergröberte Quantisierung bewirkt. Falls auch die Teilung durch den Wert 31 nicht ausreicht, werden die Makroblöcke übersprungen.

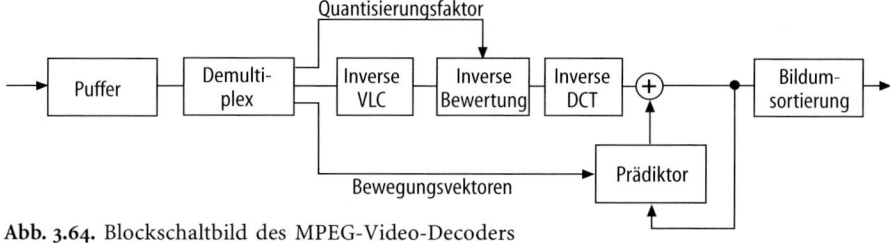

Abb. 3.64. Blockschaltbild des MPEG-Video-Decoders

3.8.1.1 MPEG-Decoder

Abbildung 3.64 zeigt das Blockschaltbild des MPEG-Videodecoders. Auch hier werden die Daten zunächst in einen Pufferspeicher übernommen. Im Demultiplexer werden dann die Bewegungsvektoren und die Quantisierungsinformationen abgetrennt und dem Prädiktor, bzw. der Verarbeitungsstufe zur inversen Quantisierung zugeführt. Nachdem die Koeffizienten der DCT zurücktransformiert sind und die Vorhersagewerte zur Invertierung der DPCM aufaddiert wurden, steht die Bildinformation wieder zur Verfügung. Der Prozess der Decodierung ist damit erheblich einfacher als der der Encodierung, vor allem weil der Rechenaufwand zur Bewegungsschätzung entfällt. MPEG definiert damit ein unsymmetrisches Codierungsverfahren, das den Vorteil hat, dass die Decoder in den vielen Endgeräten erheblich weniger aufwändig und teuer sind als die Encoder in den wenigen Geräten auf der Sendeseite.

3.8.1.2 Group of Pictures

Am Ausgang des Decoders wird, genau wie vor der Encodierung, eine Stufe zur Bildumsortierung durchlaufen. Diese ist erforderlich, weil bei MPEG i.d.R. nicht alle Bilder gleich codiert werden. Die effizienteste Form ist die, die auf bidirektionaler Prädiktion beruht, da die DCT ja auf Differenzbilder angewendet wird und die Differenzen hier am geringsten sind. Da die B-Codierung aber von den Nachbarbildern abhängen, kann sie nicht für alle Bilder durchgängig beibehalten werden, sondern im Datenstrom müssen auch unidirektional prädizierte P-Frames und auch I-Frames auftauchen, die nicht von den Nachbarbildern abhängen, da ein Decoder sonst keinen Einstiegspunkt finden kann. Bei MPEG werden die I-, B- und P-Frames periodisch wiederholt. Auf diese Weise entstehen zyklisch wiederkehrende Bildgruppen, die als Group of Pictures (GOP) bezeichnet werden. Die GOP-Struktur wird bei der Encodierung festgelegt, je mehr B- und P-Frames auftauchen, desto effektiver ist die Datenreduktion. In der Praxis wird oft mit einer Folge von 12 Bildern mit einem I-, drei P- und viermal zwei B-Frames gearbeitet (Abb. 3.65), so dass ein Einstieg in eine Sequenz bei 25 fps innerhalb einer halben Sekunde möglich ist. Die Bildreihenfolge wird nun für die Übertragung mit der erwähnten Bildumsortierungsstufe verändert, denn dem Decoder müssen zuerst die Nachbarbilder eines B-Frames bekannt sein, damit dieses decodiert werden kann [52]. Für die Verarbeitung mehrerer benachbarter B-Frames müssen viele Bilder gespeichert werden, das geht mit einer entsprechend großen Verzögerungszeit einher, die die Verwendung sehr langer GOP einschränkt.

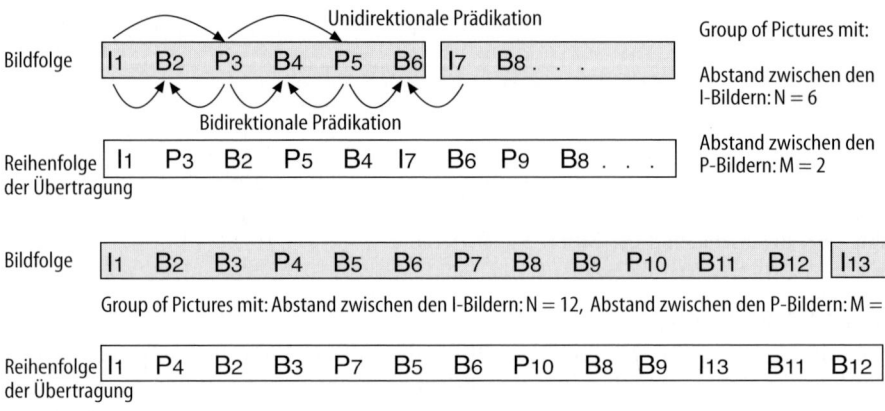

Abb. 3.65. Verschiedene Formen von Groups of Pictures

Um die Effizienz der Verwendung zeitlich abhängiger Bilder abzuschätzen, kann man z. B. den Vergleich mit einem DV-Datenstrom heranziehen. Hier liegen bei 25 Mbit/s nur I-Frames vor, die mit 5:1 reduziert sind, so dass jedes Bild 1 Mbit benötigt und dabei eine hohe Qualität aufweist. Wenn man nun annimmt, dass bei MPEG jedes P-Bild 1/3 des I-Frames und jedes B-Frame die Hälfte eines P-Bildes umfasst, so entsteht für die GOP 12 ein Datenumfang von $(1 + 3/3 + 8/6) \cdot 1$ Mbit = 3,3 Mbit bzw. eine Datenrate von nur 6,9 Mbit/s bei einer Bildqualität, die mit dem DV-Ausgangsmaterial vergleichbar ist.

Die GOP stellt nur eine von mehreren Organisationseinheiten dar. Der MPEG-codierte Videodatenstrom wird in weitere Schichten (Layer) aufgeteilt (Abb. 3.66), damit die verschiedenen Elemente des Codierverfahrens, die in unterschiedlichster Weise miteinander kombinierbar sind, einfach getrennt und somit möglichst einfach aufgebaute Decoder realisiert werden können. Alle Schichten haben eigene Startcodes und Headerinformationen.

Die oberste Schicht ist der Sequenz-Layer, in dem alle Bilder einer Videosequenz bzw. eines Programms enthalten sind. Darunter befindet sich der Layer, in dem die Goup of Pictures definiert sind. Der Header dieser Schicht enthält

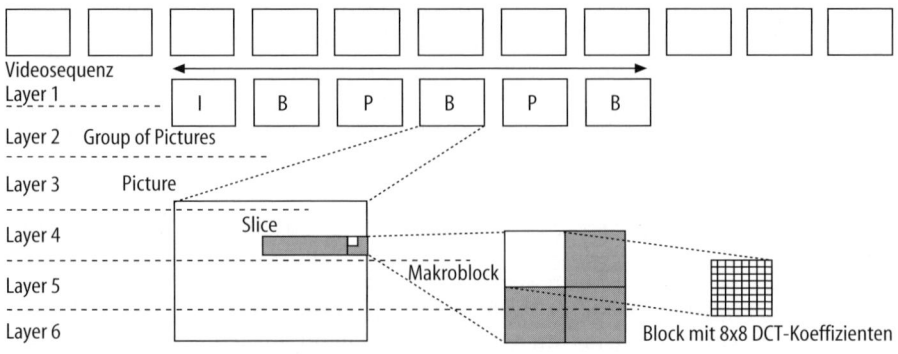

Abb. 3.66. Struktur des Datenstroms bei MPEG-2

Startcode: **00 00 01 B3**

PARAMETER	BINARY CODE	VALUE	MEANING
horizontal_size	000101100000	352	picture width
vertical_size	000011110000	240	picture height
aspect_ratio_information	1100	0.9132	pel width:height
frame_rate_code	0101	30	frames per second
bit_rate_value	00000101100111011	1150000	bits per second
marker_bit	1	1	always 1
vbv_buffer_size	0000010100	40960	buffer size (Bytes)
constrained_parameter_flag	1	1	flag
load_intra_quant_matrix	0	0	if 1, load new matrix
load_non_intra_quant_matrix	0	0	if 1, load new matrix

Abb. 3.67. Beispiel für einen Header im MPEG-GOP-Layer

Informationen über die Videoparameter, d. h. Angaben zur Pixelanzahl für Bildbreite und -höhe, zum Pixel-Aspect-Ratio, also dem Seitenverhältnis des einzelnen Bildpunktes, sowie der (Halb-)Bildfrequenz und weiter Angaben zu Bitstream-Parametern wie Bitrate, Puffergröße und Angaben zur Quantisierungstabelle. Abbildung 3.67 zeigt ein Beispiel.

Die Einzelbilder befinden sich im Picture-Layer. Im zugehörigen Header gibt es Informationen über den Timecode, also zu der absoluten Bildnummerierung und GOP-Parameter. Das Einzelbild ist wiederum in Slices (Scheiben) unterteilt, die vertikal 16 Bildpunkte, also die Makroblockgröße umfassen. Horizontal beträgt die Slice-Größe wenigstens auch 16 Pixel, kann sich aber auch über die ganze Bildbreite erstrecken. Im Header befindet sich die Angabe über den Typ, d. h. ob der Makroblock I-, P- oder B-codiert ist. Auf der untersten Ebene liegt schließlich der Block-Layer, der neben den eigentlichen codierten Daten auch Angaben zur Quantisierung enthält.

Die strukturellen Eigenschaften einer MPEG-Bildsequenz seien hier anhand eines Beispiels noch einmal illustriert: Die dazu gewählte Bildfolge ist ein GOP-Teil mit vier Bildern, die I-, B-, B- und P-codiert sind. Sie entstammen der Videosequenz „Flowergarden", die neben anderen, wie „Mobile and Calendar" oder „Barcelona", oft als Vorlagen zur Beurteilung der Qualität von Videocodierverfahren benutzt werden. Die hier verwendete Sequenz zeigt eine stetige Kamerafahrt nach rechts. Im Vordergrund befindet sich ein fein strukturiertes Blumenfeld und ein Baum, der Hintergrund zeigt einige Häuser (Abb. 3.68). Da die Bilder zeitlich direkt benachbart sind, ist die geringe örtliche Bewegung nicht ganz einfach, aber doch deutlich an der Relation zwischen dem Hintergrund und dem Baum im Vordergrund zu erkennen.

Die Einzelbilder haben eine Low-Level-Auflösung, der Bildausschnitt ist der linken oberen Bildecke entnommen. In dieser Darstellung werden die 16 x 16-Blöcke deutlich sichtbar. Neben der Blockdarstellung befindet sich die Eintei-

Abb. 3.68. Beispielfolge aus der Bildsequenz „Flowergarden"

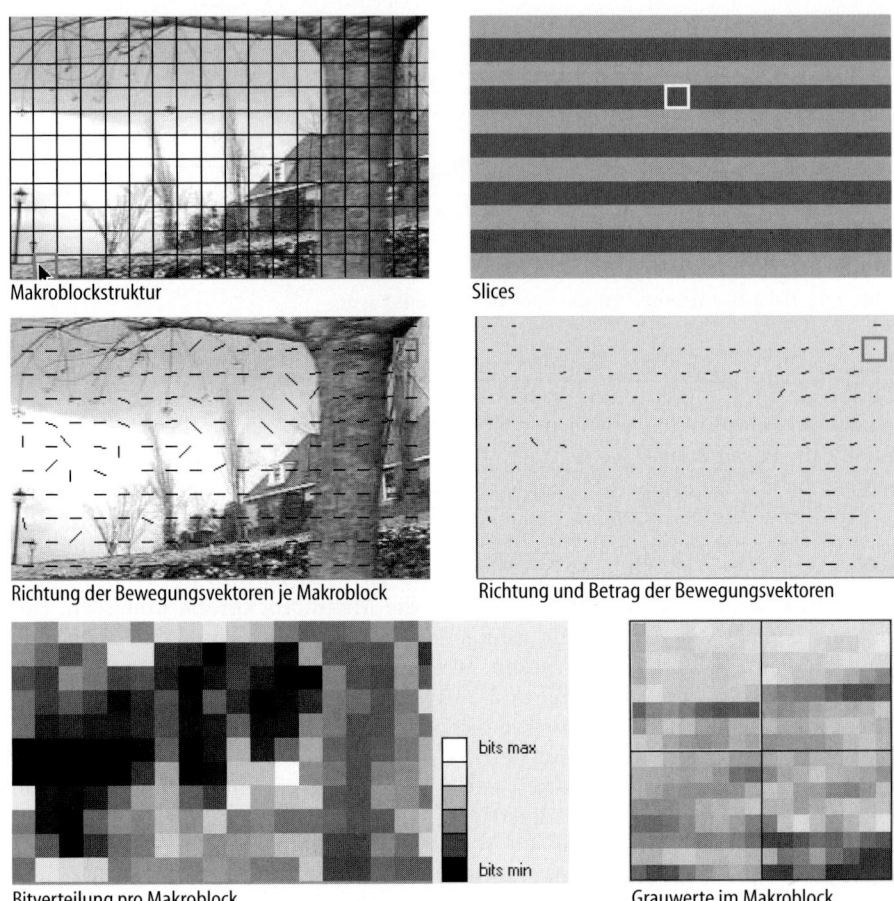

Makroblockstruktur   Slices

Richtung der Bewegungsvektoren je Makroblock   Richtung und Betrag der Bewegungsvektoren

Bitverteilung pro Makroblock   Grauwerte im Makroblock

Abb. 3.69. Beispiel für MPEG-Stukturen in der Bildsequenz „Flowergarden"

lung des Bildes in Slices (Abb. 3.69 oben). Darunter sind die Bewegungsvektoren für jeden Bildblock dargestellt, und zwar links nur die Vektorrichtung und
rechts, ohne Hintergrundbild, Vektorrichtung und Betrag. Es wird deutlich,
dass die Blöcke, die den Baum im Vordergrund zeigen, sich am stärksten verändern und mit dem größten Betrag verbunden sind (Abb. 3.69 mitte). Die
Richtung ist aufgrund der Kamerafahrt für alle Blöcke gleich, doch kann sie in
einigen Fällen aufgrund zu wenig strukturierter Blockinhalte nicht eindeutig
erkannt werden.

In Abbildung 3.69 wird unten schließlich die Verteilung der Bits, die pro
Makroblock aufgewandt werden, als Grauwert mit steigender Helligkeit repräsentiert, und daneben ist der zweite Makroblock von links am unteren Bildrand (Pfeil im Bild oben links) mit seinen verschiedenen Grauwerten dargestellt. Dieser unterscheidet sich in allen vier Bildern nur wenig und benötigt
im I-Bild 927 Bit, in den B-Bildern 151 Bit bzw. 141 Bit und im P-Bild 541 Bit.

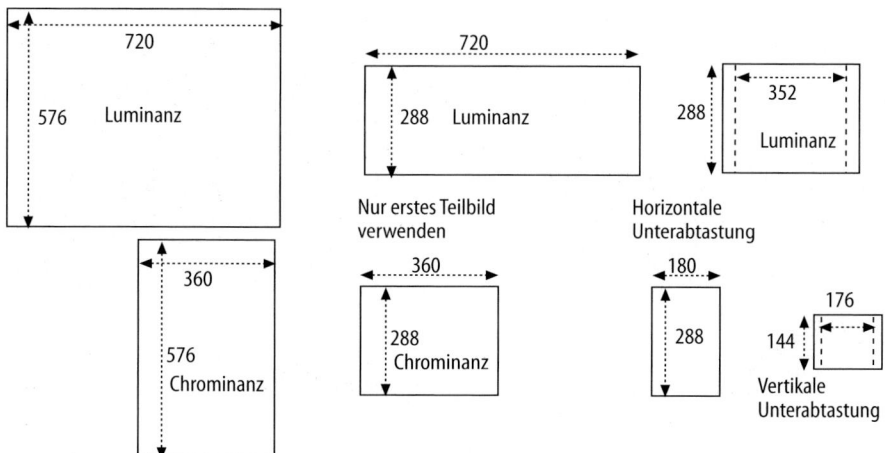

Abb. 3.70. Vorverarbeitung durch Unterabtastung bei MPEG-1

3.8.1.3 MPEG-1

Die MPEG-Codierung wurde zunächst als MPEG-1 im Hinblick auf kleine Datenraten von bis zu 1,5 Mbit/s ausgelegt. Eine typische Anwendung war z. B. das CD I-Format (Compact Disc Interactive). MPEG-1 arbeitet mit der hybrid-DCT mit Blöcken aus 8 x 8 Bildpunkten, die Datenrate wird zusätzlich dadurch vermindert, dass in einer Vorverarbeitungsstufe die Abtastwerte horizontal und vertikal verringert werden. MPEG-1 bezieht sich auf progressiv abgetastete Bilder mit 352 x 288 Bildpunkten bei 50 Hz Bildwechselfrequenz, bzw. 352 x 240 Punkten bei 60 Hz. Abbildung 3.70 zeigt, wie diese, als Source Input Format (SIF) bezeichnete Struktur, durch Unterabtastung aus dem Digitalsignal nach ITU-R 601 gewonnen wird. Die Abtrennung der Pixel am Bildrand ist erforderlich, um für die Makroblöcke eine durch 16 bzw. 8 teilbare Zahl zu erhalten. Auf der Wiedergabeseite werden die 720 x 576 Bildpunkte durch Interpolation aus den übertragenen Werten zurückgewonnen.

3.8.1.4 MPEG-2

Auch die Codierung nach MPEG-2 beruht auf der in diesem Abschnitt allgemein dargestellten MPEG-Videocodierung auf Basis der hybriden DCT mit Blöcken aus 8 x 8 Bildpunkten. Im Gegensatz zu MPEG-1 sind aber mehrere Bildauflösungen zwischen dem SIF von MPEG-1 bis hin zu HDTV zugelassen. Neben der am häufigsten angewendeten 4:2:0-Abtastung sind auch die Formate 4:2:2 oder 4:4:4 erlaubt.

Darüber hinaus wird die Verarbeitung von Halbbildern unterstützt. Wie beim DV-Algorithmus kann bei der Encodierung zwischen dem Voll- und dem Teilbildmodus gewählt werden. Der Vollbildmodus nutzt die Ähnlichkeiten der Nachbarzeilen aus zwei Halbbildern, die bei ruhender Bildvorlage auftreten und beruht daher auf 8 x 8-Bildblöcken, die aus beiden Halbbildern stammen. Bei starker Bewegung im Blockbereich sind die Halbbilder meist so stark unterschieden, dass es günstiger ist, auf die Teilbildverarbeitung überzugehen

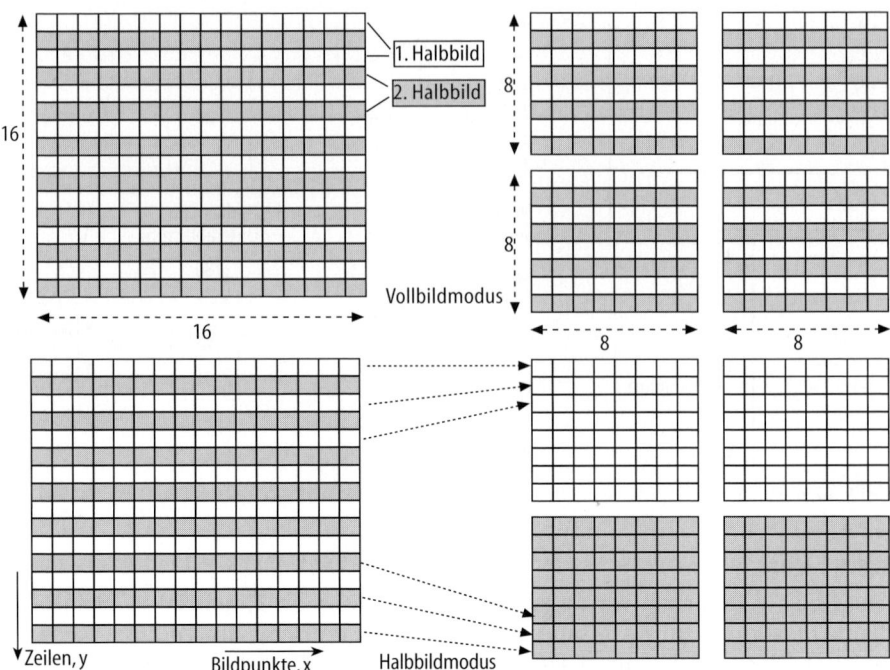

Abb. 3.71. Makroblockaufteilung in 8 x 8-DCT-Blöcke zur Halbbildverarbeitung

und die Zeilen entsprechend Abbildung 3.71 umzuordnen, so dass nur die Ähnlichkeiten innerhalb des Teilbildes ausgenutzt werden.

Als universeller Standard erlaubt MPEG-2 die Codierung von Videobildern mit Auflösungen auf dem Niveau MPEG-1, mit Standard-Auflösung (720 x 576 Bildpunkte) bis hin zu HDTV-Auflösung (1920 x 1152 Bildpunkte), die Daten können halb- oder vollbildorientiert verarbeitet werden. Auch bezüglich weiterer Funktionen stellt MPEG-2 eine so reiche Auswahl an Möglichkeiten zur Codierung zur Verfügung, dass dafür gesorgt wurde, diese auf einige wenige, häufig verwendete Funktionalitäten (Profile) bei verschiedenen Auflösungsstufen (Levels) zu beschränken. Damit wird es möglich, den unterschiedlichen Aufgaben auf einfache Weise gerecht zu werden und klare Anforderungen an die Leistungsfähigkeit der Decoder zu formulieren. Fünf verschiedene Profile werden zusammen mit vier Stufen (Level) der Bildauflösung für Low bis High Definition-TV in einer Matrix angeordnet. Abbildung 3.72 zeigt, welche Kombinationen dabei zulässig sind. Aus der Abbildung ist auch die jeweils maximal erlaubte Datenrate, sowie die Anzahl der verwendeten Bildpunkte ersichtlich. Weiterhin wird deutlich, wie die Farbdifferenzsignale relativ zum Luminanzanteil abgetastet werden (meist 4:2:0). Der Low Level entspricht einer durch MPEG-1 festgelegten Bildauflösung, es ist aber eine höhere Datenrate bis zu 4 Mbit/s erlaubt, jedoch wird keine biddirektionale Prädiktion unterstützt. Der Main Level zielt auf die Mehrzahl der Videoanwendungen ab, die Auflösung entspricht der heutigen Standardauflösung. Die beiden High Levels mit den ho-

Profile Level	Simple Profile 4:2:0 (no B-Frames)	Main Profile 4:2:0	Professional Profile 4:2:2	Scalable Profile 4:2:0	High Profile 4:2:0 or 4:2:2
High Level < 60 fps		1920 x 1152 < 80 Mbit/s			1920 x 1152 < 100(80) Mbit/s
High 1440 < 60 fps		1440 x 1152 < 60 Mbit/s		1440 x 1152 (Spat.) < 60 (40) Mbit/s	1440 x 1152 < 80 (60) Mbit/s
Main Level < 30 fps	720 x 576 < 15 Mbit/s	720 x 576 < 15 Mbit/s	720 x 576 < 50 Mbit/s	720 x 576 (SNR) < 15 (10) Mbit/s	720 x 576 < 20 (15) Mbit/s
Low Level < 30 fps		352 x 288 < 4 Mbit/s		352 x 288 (SNR) < 4 (3) Mbit/s	

Werte in Klammern geben die Typen (Spatially oder SNR) und Alternativen bezgl. der Skalierung an

Abb. 3.72. Profiles und Levels bei MPEG-2

hen Auflösungen sind für HDTV-Anwendungen konzipiert (MP@H14L und MP@HL). Das Simple Profile richtet sich auf einfachste Lösungen ohne die MPEG-2-spezifische bidirektionale Prädiktion. Das Main Profile at Main Level (MP@ML) mit einer Auflösung von 720 x 576 Pixeln hat die größte Bedeutung, es bietet sich bei mäßigem technischen Aufwand für eine Vielzahl von Anwendungen an. Ein mit Standard-PAL-Qualität vergleichbares Signal erfordert hier eine Datenrate von ca. 3 ... 5 Mbit/s, die maximal erlaubte Datenrate beträgt 15 Mbit/s. Das High Profile zielt auf hochqualitative Anwendungen, hier kann insbesondere mit erhöhter vertikaler Farbauflösung (4:2:2) gearbeitet werden.

Zwischen Main und High Profile sind die skalierbaren Profile angeordnet (Abb. 3.72). Skalierbare Profile werden unterschieden in eine Skalierung bezüglich des Signal-Rauschspannungsabstandes (SNR) und der Ortskoordinaten (Spacially). Die skalierbare SNR-Codierung ist für die terrestrische Ausstrahlung von Videobildern von Bedeutung. Sie soll das typische »Alles oder Nichts« der Digitaltechnik verhindern, d. h., dass das System bei schwankender Übertragungsqualität entweder gut funktioniert oder gar nicht. Stattdessen soll sich ein Verhalten wie bei analogen Systemen einstellen, die Bildqualität soll also bei verschlechtertem Signal-Rausch-Verhältnis allmählich und nicht abrupt abnehmen (Graceful Degradation, Abb. 3.73). Die SNR-Skalierbarkeit wird erreicht, indem zwei Datenströme mit Bildern gleicher Auflösung aber unterschiedlicher Störsicherheit erzeugt werden. Zunächst wird eine DCT mit grober Quantisierung gewählt und damit ein Datenstrom für Bilder mit geringer Qualität erzeugt, für den eine sehr störsichere Übertragungsart gewählt wird. Daneben wird der Quantisierungsfehler berechnet und codiert in einem zweiten Datenstrom übertragen. Die Signalqualität am Empfänger ist davon abhängig, ob der Signal-Rauschabstand ausreicht, beide Datenströme auszuwerten oder nicht.

Die räumliche (Spatially) Skalierung bezieht sich auf unterschiedliche Bildauflösungen. Damit soll eine hierarchische Codierung ermöglicht werden, die aus nur einem Datenstrom in Abhängigkeit vom Empfänger mehrere Quali-

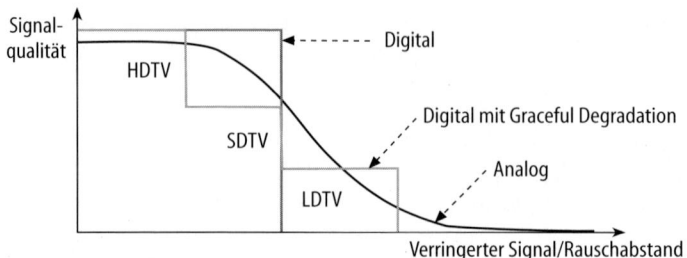

Abb. 3.73. Graceful Degradation

tätsstufen zwischen LDTV und HDTV ableiten kann. Bezüglich eines terrestrischen Übertragungskanals mit 8 MHz Bandbreite sind vier Qualitätsstufen vorgesehen: HDTV (High Definition), EDTV (Enhanced Definition), SDTV (Standard Definition) und LDTV (Low Definition).

Videodatenübertragung mit MPEG-2 ermöglicht eine hohe Bildqualität bei geringer Datenrate. Eine Qualität, die mit der Wiedergabe von im VHS-System aufgezeichneten Bildern vergleichbar ist, ist mit 2 ... 4 Mbit/s erreichbar. Für eine mit dem Standard-PAL-Signal vergleichbare Qualität rechnet man mit 3 ... 6 Mbit/s. MPEG-codierte HDTV-Signale erfordern eine Datenrate von ca. 15 ... 30 Mbit/s. Beim Einsatz von Datenreduktion nach MPEG muss bedacht werden, dass bei Verwendung langer GOP die Editierfähigkeit eingeschränkt ist, da kein Zugriff auf jedes Einzelbild möglich ist.

Vor dem Hintergrund einer erfolgreichen Einführung von MPEG-2 und des darauf beruhenden DVB-Verfahrens (Digital Video Broadcasting) zur digitalen Signalverteilung an den Konsumenten entstand der Wunsch, den MPEG-Standard auch für Studioanwendungen nutzen zu können. Dafür ist eine Erweiterung vorgesehen, die mit 4:2:2- oder Professional Profile bezeichnet wird und in der üblichen Darstellung der Profiles und Levels meist nicht enthalten ist. Die wichtigsten Aspekte sind dabei die Unterstützung einer 4:2:2-Abtastung und die Nutzung der Zeilen in der vertikalen Austastlücke (720H x 608V) [41]. Um geringe Qualitätsverluste und den Zugriff auf jedes Einzelbild zu ermöglichen, werden die »I-Frame-only«-Codierung und die »I-B-I-B«-Codierung mit Datenraten von bis zu 50 Mbit/s genutzt. (s. Kap. 10).

3.8.1.5 MPEG-4

Nach der Standardisierung von MPEG-1 im Jahre 1992 konnte bereits 1994 die Arbeit an MPEG-2 abgeschlossen werden, der Variante, die über die Anwendung bei DVB und DVD der bisher weltweit erfolgreichste Codierstandard wurde. Da die für MPEG-3 anvisierten HD-Definitionen bereits in MPEG-2 eingegangen waren, arbeitete die Arbeitsgruppe an MPEG-4 weiter. Damit sollte zunächst vor allem ein Codierverfahren für kleine Datenraten entstehen, es wurde aber sehr schnell weiter ausgebaut. Niedrige Datenraten werden bei verbesserter Codiereffizienz erzielt, was das erste Ziel des neuen Standards war. Als zweiter wichtiger Bereich kam die objekt- und inhaltsbasierte Codierung hinzu, die es den Anwendern erlaubt, interaktiv mit separaten Audio- und Videoobjekten umzugehen. Dabei sind örtliche und zeitliche Skalierbarkeit vor-

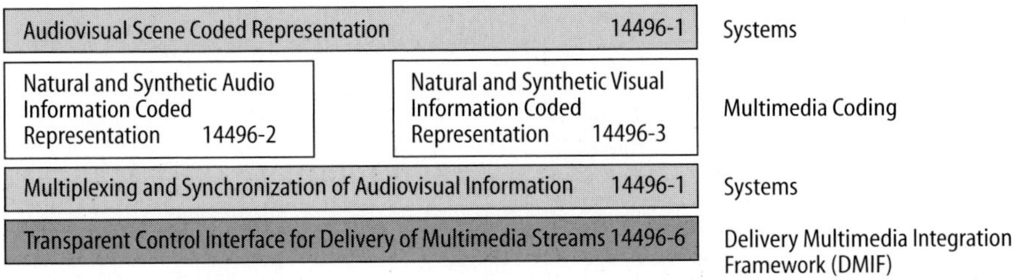

Audiovisual Scene Coded Representation	14496-1	Systems
Natural and Synthetic Audio Information Coded Representation 14496-2	Natural and Synthetic Visual Information Coded Representation 14496-3	Multimedia Coding
Multiplexing and Synchronization of Audiovisual Information 14496-1		Systems
Transparent Control Interface for Delivery of Multimedia Streams 14496-6		Delivery Multimedia Integration Framework (DMIF)

Abb. 3.74. Struktur bei MPEG-4

gesehen, so dass z. B. ein Videobild nicht auf eine rechteckige Form beschränkt sein muss. Neben natürlichen Bildern sind besondere Codierformen für Texturen und künstlich erzeugte, synthetische Video- und auch Audioobjekte definiert (Synthetic Natural Hybrid Codierung, SNHC).

Als Drittes wurde besonderes Augenmerk auf die Übertragung der Daten gerichtet. Neben universellen Zugriffsmöglichkeiten soll eine Robustheit in stark gestörter Umgebung ebenso erreicht werden wie eine einfache Anpassung an verschiedene Netzwerke und Speichermedien. Hinzu kommt die Systemebene, die bei MPEG-4 eine große Bedeutung hat weil hier neben der Synchronisation auch die Zugriffsmöglichkeiten für den interaktiven Umgang abgedeckt werden müssen.

Abbildung 3.74 zeigt eine Übersicht über MPEG-4, in der diese Struktur sichtbar wird. Die verschiedenen Teile des Standards, der die offizielle Bezeichnung ISO/IEC 14496 trägt, sind darin nummeriert. Die Teile für die Audio- und Videocodierung (ISO/IEC 14496-2 und -3) umfassen die Definitionen für synthetische und natürliche Objekte. Die Systemebene (ISO/IEC 14496-1) ist zwei geteilt. Sie erfasst einerseits die Darstellung der audiovisuellen Szene, die aus mehreren Audio- oder Videoobjekten bestehen kann und bestimmt andererseits das Datenmultiplexing und die Synchronisation. Schließlich gibt es einen separaten Teil (ISO/IEC 14496-6) in dem über den DMIF-Layer (Delivery Multimedia Integration Framework) die Anpassung an verschiedene Netzwerke und Verteilsysteme geregelt wird.

Die Vielzahl und Komplexität Anforderungen bei MPEG-4 führte dazu, dass wie bei MPEG-2 versucht wird eine Struktur der Funktionalitäten mit Hilfe von Profilen zu erzeugen. Damit muss nicht in alle Geräte die volle Funktionalität des Standards implementiert werden, sondern es kann auf eine Beschränkung auf die des Profils vorgenommen werden. Abbildung 3.75 zeigt eine Übersicht über die Profile für den Bereich MPEG-4-Visual, gültig für den Entwicklungsstand im Jahre 2004. Zukünftige Erweiterungen von MPEG-4 können sich über weitere Profile niederschlagen.

Das Simple Profile hat bereits Bedeutung bei der Verwendung von Videohandys etc. erhalten, denn es kann z. B. sehr gut für mobile Videodienste verwendet werden, da es für geringe Datenraten vorgesehen ist. Dabei werden nur einfache, rechteckige Bilder unterstützt, die nicht skalierbar sind. Coder und Decoder sind hier möglichst einfach gehalten, dafür wird für eine sehr robuste Übertragung Sorge getragen.

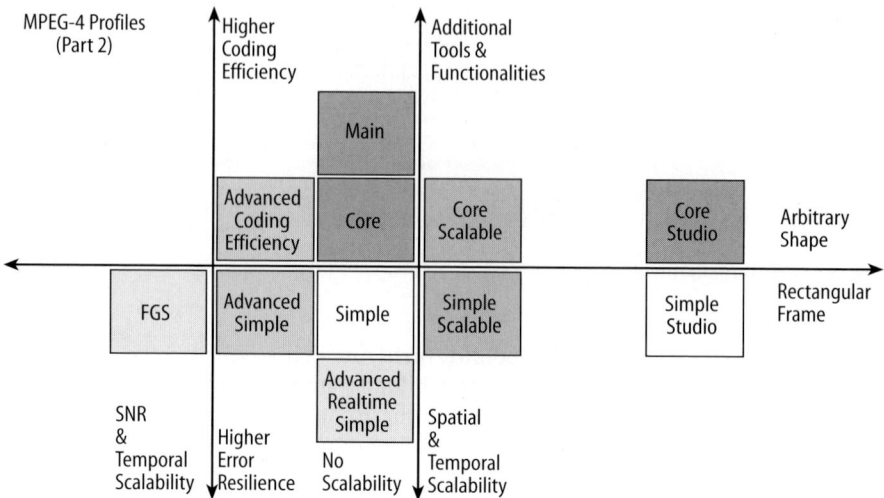

Abb. 3.75. Profiles bei MPEG-4 Visual

Die verschiedenen Core-Profile oberhalb der Mittelinie in Abbildung 3.75 unterstützen die erweiterten Möglichkeiten des Standards, wie die Abweichung von rechteckigen Bildformen und den interaktiven Zugriff. Das Advanced Simple Profile ist für Broadcastanwendungen gedacht, allerdings wird erwartete, dass eher die Codierung nach H.264/AVC für diesen Zweck Marktrelevanz erhalten wird, da letztere eine höhere Codiereffizienz aufweist. Als weiteres Profil, für das gegenwärtig Marktchancen gesehen werden, ist das Simple Studio Profile zu nennen, was für HD-Anwendungen mit Datenraten um ca. 400 Mbit/s angewandt wird.

Neben der Unterteilung in Profiles wird bei MPEG-4, wie bei MPEG-2, auch eine Unterteilung in Levels vorgenommen, die die verschiedenen Bildauflösungen und Datenraten betreffen. Tabelle 3.9 zeigt mögliche Levels für ausgewählte Profile, darin steht CIF (Common Interchange Format) für eine Bildauflösung von 352 x 288 Bildpunkten und QCIF für ein Viertel davon. Tabelle 3.10 zeigt eine Auswahl von Levels der Studioprofile, die für Auflösungen mit 720 x 576 (ITU-R 601) über 1920 x 1080 (ITU-R 709) bis zu 2k x 2k angegeben sind, wobei bis zu 12 Bits pro Pixel verwendet werden können. Die Zahlenfolge

Tabelle 3.9. Einige Profile mit zugehörigen Levels

Profile	Level	Typische Szenengröße	Datenrate (bps)	Maximale Objektanzahl
Simple	L1	QCIF	64 k	4
	L2	CIF	128 k	4
Core	L1	QCIF	384 k	4
	L2	CIF	2 M	16
Main	L2	CIF	2 M	16
	L3	ITU-R 601	15 M	32
	L4	1920 x 1080	38,4 M	32

Tabelle 3.10. Levels für Studio-Profile

Profile	Level	Typ. Formate	Max. Bits/pixel	Max. Objektzahl	Max. Bitrate (Mbps)
Simple	L1	ITU-R 601: 4224			
Studio		ITU-R 601: 444	10	1	180
Simple	L2	ITU-R 709. 60i: 422			
Studio		ITU-R 601: 444444	10	1	600
Simple	L3	ITU-R 709. 60i: 444			
Studio		ITU-R 709. 60i: 4224	12	1	900
Simple	L4	ITU-R 709. 60p: 444			
Studio		ITU-R 709. 60i: 444444			
		2K x 2K x 30p: 444	12	1	1800
Core	L1	ITU-R 601: 4224			
Studio		ITU-R 601: 444	10	4	90
Core	L2	ITU-R 709.60i: 422			
Studio		ITU-R 601: 444444	10	4	300
Core	L3	ITU-R 709. 60i: 444			
Studio		ITU-R 709. 60i: 4224	10	8	450
Core	L4	ITU-R 709. 60p: 444			
Studio		ITU-R 709. 60i: 444444			
		2K x 2K x 30p: 444	10	16	900

444444 beschreibt darin z. B. drei RGB-Kanäle mit drei Zusatzkanälen ohne Unterabtastung.

Für die eigentliche Videocodierung definiert MPEG-4 eine Hierarchie, an deren unterster Stelle einzelne Medien-Objekte (Media Objects) stehen. Media Objects sind alle erdenklichen audiovisuellen Datenformen wie unbewegte Bilder (z. B. Hintergründe), einzelne Video-Objekte (Personen, Möbel, Bäume etc.), Audio-Objekte (Musik, Sprache, synthetische Sounds), Texte und Grafiken. Avatare, also künstlich erstellte Repräsentanten tatsächlich agierender Menschen, sind u. a. für die Videotelefonie in Arbeit. Synthetische Köpfe und Körper, die in Echtzeit mit Textvorgaben animiert werden, bilden damit eine weitere Objektvariante [51].

Zur codierten Form eines jeden Media Objects gehören immer beschreibende Elemente (Object Descriptors), die seine Zuordnung relativ zur Szene sowie sein Verhältnis zu etwaigen Datenströmen festlegen. Die Media Objects werden speziell im visuellen Bereich als Video Objects (VOs) bezeichnet, Audio und Video zusammen als Audio-Visual Objects (AVOs). Ihre Beziehung zueinander muss, wie bei allen interaktiven Anwendungen, im so genannten Authoring-Prozess festgelegt werden. Auf der technischen Ebene ist die Beziehung durch die Komposition definiert. Eine oder mehrere fertige Kompositionen dieser Art werden bei MPEG-4 dann als Szene zusammengefasst. Dazu bedient sich MPEG-4 einer dynamischen Szenenbeschreibungssprache, die Binary Format for Scenes (BIFS) genannt wird und auf der ebenfalls von der ISO/IEC entwikkelten Skriptsprache VRML (Virtual Reality Modeling Language) basiert, die für Interaktionsanwendungen im Internet genutzt wird. Der wesentliche Unterschied zur VRML besteht darin, dass das BIFS keinen Quellcode mit Texteingabe beinhaltet, sondern lediglich eine leicht handhabbare, binäre Zeichenfolge

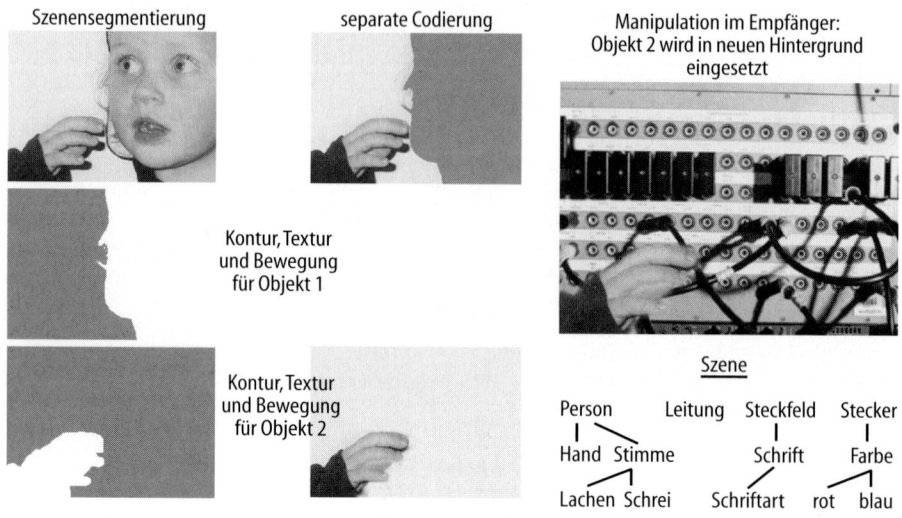

Szenensegmentierung   separate Codierung   Manipulation im Empfänger:
                                                         Objekt 2 wird in neuen Hintergrund
                                                         eingesetzt

Kontur, Textur
und Bewegung
für Objekt 1

Kontur, Textur
und Bewegung
für Objekt 2

Szene

Person   Leitung   Steckfeld   Stecker

Hand Stimme   Schrift   Farbe

Lachen Schrei   Schriftart   rot   blau

Abb. 3.76. Szenenaufbau und Video Objekt Planes bei MPEG-4

und die Fähigkeit zum Streaming bereithält. Der Begriff Streaming bezeichnet die Möglichkeit, audiovisuelle Daten betrachten zu können, ohne sie zuvor komplett übertragen zu müssen. Zusätzlich definiert MPEG-4 eine auf Java basierende, objektorientierte Sprache namens MPEG-J, die adaptiv eine Skalierung der Datenströme vornehmen kann, um sich aktuell vorhandenen Ressourcen wie Netzwerk-Bandbreite oder Arbeitsspeicher optimal anzupassen.

Eine Szene kann damit in inhaltsbezogene Bestandteile zerlegt und auf verschiedene VOP verteilt werden (Abb. 3.76). Dabei werden feste und variable Bildwiederholfrequenzen für die einzelnen Planes unterstützt und überlappende und nicht überlappende Bildbestandteile definiert. Die VOP werden getrennt codiert und übertragen. Erst beim Empfänger werden die Planes wieder zu einem Bild zusammengesetzt, wobei sich die Form und Position mit der Bewegung der Bildinhalte ändern kann. Auf diese Weise wird, ähnlich, wie es mit den Ebenen in Bildbearbeitungsprogrammen (Photoshop) oder beim Compositing (s. Kap. 9) geschieht, ein interaktiver Zugriff auf die Objekte möglich. Die Bildentstehung kann im Empfänger manipuliert werden.

In Abbildung 3.76 wird auch deutlich, dass es bei MPEG-4 nicht mehr nur möglich ist, herkömmliche rechteckige Bilder (Frames) zu codieren, sondern auch darin befindliche, willkürliche Formen (Shapes). Die freie Form kann je nach Verwendungszweck auf zwei verschiedene Arten bestimmt werden, entweder als binäre Form (Binary Shape) oder als Graustufenebene (Gray Scale, Alpha Shape). In beiden Fällen wird eine rechteckige Maske genau um die Grenzen der Video Object Plane (VOP) gelegt. Diese Maske muss dabei in horizontaler als auch in vertikaler Richtung ein Vielfaches von 16 Pixeln darstellen, so dass in einem nächsten Arbeitsschritt der Ausschnitt in 16 x 16 Pixel große Blöcke (Binary Alpha Blocks, BAB) aufgeteilt werden kann, von denen jeder einzeln codiert wird.

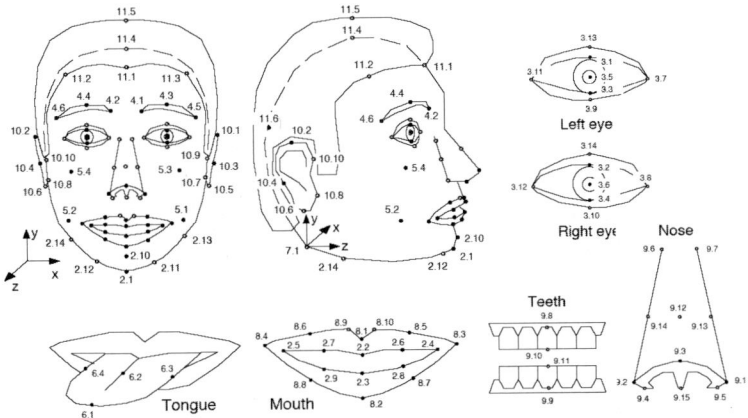

Abb. 3.77. Facial Animation Object bei MPEG-4

Beim Binary Shape wird einfach mit „on" oder „off" (1 oder 0) festgelegt, welche Blöcke als zum Objekt dazugehörig befunden werden und welche nicht. Für Anwendungen, bei denen höhere Qualität gefordert, wird das Binary-Shape-Verfahren auf eine 8 Bit große Graustufenbeschreibung der Blöcke erweitert, die als Alpha Shape oder Gray Scale bezeichnet wird. Dadurch wird ein Block mit einem Transparenzwert von 0 (100 % Opazität) bis 255 (100 % Transparenz) versehen, was einen weichen Übergang an den Kanten ermöglicht. Aus Gründen der Einfachheit bzw. der Abwärtskompatiblität bietet MPEG-4 auch die Möglichkeit, Video-Sequenzen wie von den früheren Standards gewohnt als rechteckige Frames zu codieren.

Eine Besonderheit stellen Objekte dar, die statisch sind, sich also über einen gewissen Zeitraum hinweg nicht verändern. Sie werden Sprites genannt und können aufgrund ihrer Eigenheit besonders Bit sparend codiert werden, da sie grundsätzlich nur einmal, nämlich zu Beginn, übertragen werden müssen und dann in einem Puffer gespeichert werden können.

Bei 2D- und vor allem 3D-Anwendungen kommen Texturen als austauschbare Grafik-Muster zum Einsatz. Diese werden auf statische und dynamische Polygon-Drahtgitter-Objekte (Meshes) aufgebracht, um ihnen ein individuelles Äußeres zu verleihen. Dabei kann es sich um Stein- oder Holz-Texturen für Wände und Böden, um Haut und Kleidung für virtuelle Charaktere handeln.

Ein besonderes Augenmerk hat MPEG-4 auf die Erstellung von Avataren gelegt, künstliche Gesichts- und Körper-Repräsentationen, deren strukturelle Beschreibungseigenschaften sich für eine äußerst effiziente Form der Datenreduktion eignen. Ein Gesicht (Facial Animation Object) wird dabei z. B. als Drahtgitter mit neutralem Gesichtsausdruck vorbereitet (Abb. 3.77) und dann nach vorgegebenen Parametern mit Mimik, Gefühlsausdruck und Lippenbewegungen versehen, um Wut, Freude etc. auszudrücken. Dies bedeutet z. B. für die Anwendung in der Videotelefonie, dass ausschließlich die Merkmale des Sprechenden eingefangen, als Parameter mit dem Datenstrom übertragen und

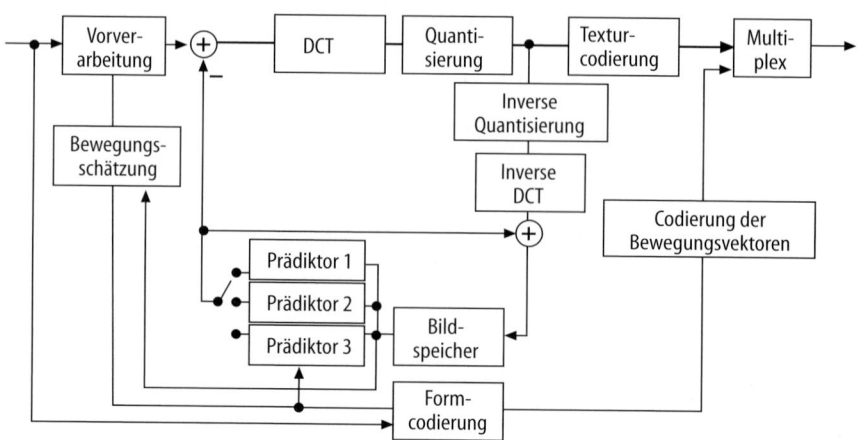

Abb. 3.78. MPEG-4-Videocoder

auf der Decoderseite in die entsprechende Animation umgesetzt werden. Ge-
sichter wie auch Körper (Body Animation Objects) werden über das Binary
Format for Scenes (BIFS, s. o.) gesteuert. MPEG-4 möchte damit zukunftsträchtig die umfassende Animation virtueller Charaktere von Internet-Spielen
bis hin zu absolut realistischen Darstellungen und deren Verschmelzung mit
herkömmlichem Video-Content schaffen.

MPEG-4 ist ein objektbasiertes Codierverfahren, bei dem Bewegungsschätzung und -kompensation zur effizienten Steigerung der Datenreduktion ebenso nötig und möglich ist wie bei MPEG-1 und -2. Sie beruht wieder auf der
Bildung eines Gitters von Makroblöcken, nur dass die Beseitigung zeitlicher
Redundanzen hier nun auf Basis von Objekten, genauer gesagt der Video Object Planes (VOP), funktioniert. Der Codieralgorithmus, der dabei zum Einsatz
kommt, ist die so genannte Shape-Adaptive DCT (SA-DCT), also die bekannte
hybride DCT, die um die formangepasste Codierung erweitert wurde (Abb.
3.78). Dazu definiert MPEG-4 in Analogie zu den früheren Standards die so
genannten IntraVOP (I-VOP), die unabhängig von anderen VOPs codiert werden, die prädizierten VOP (P-VOP), deren Information aus der Differenzbe-
rechnung des zeitlich vorangegangenen VOPs beruht und die bidirektionalen
VOP (B-VOP), deren Codierung aus der Vor- und Rückschau auf dasselbe,
zeitlich benachbarte Objekt resultiert (Abb. 3.79). Jeder Makroblock enthält Lu-
minanz- (Y) und Chrominanzblöcke (C_R, C_B), bei denen die Bewegungskompensation auf Blockgrößen von 16 x 16 Pixeln bzw. 8 x 8 Pixeln beruht. Mit
Hilfe des Blockmatching-Verfahrens werden die in den zeitlichen Nachbarblök-
ken verschobenen Makroblöcke mit bis zu einem halben Pixel Genauigkeit gesucht und ein Bewegungsvektor für den gesamten Makroblock und je einer
für jeden einzelnen Block darin bestimmt. Bei der so genannten Advanced
Coding Efficiency (ACE), welche seit MPEG-4 Version 2 bereit steht und bei
der Bewegungskompensation hauptsächlich aufgrund ausgefeilterer Interpola-
tionsfiltermethoden für 30 % bis 50 % mehr Effizienz gegenüber Version 1
sorgt, verläuft die Genauigkeit der Berechnung sogar bis auf 1/4 Pixel genau.

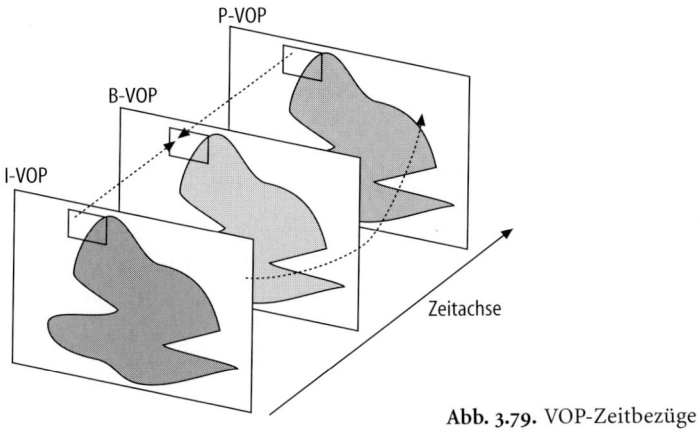

Abb. 3.79. VOP-Zeitbezüge

Allgemein betrachtet unterscheidet sich der MPEG-4-Algorithmus der Bewegungsschätzung nicht wesentlich von der Anwendung bei MPEG-1 und -2. MPEG-4 ist abwärtskompatibel, denn bei der gezielten Festlegung eines Objekts als konventionelles, rechteckiges Frame wird die Formcodierung verworfen und für die Bewegungsschätzung auf die bekannte Standard-Block-DCT zurückgeschaltet. Obwohl die umfangreichsten Entwicklungen bei MPEG-4 in den vielen Defintionen bezüglich der Interaktion stecken, ist es bisher doch vor allem die durch ACE gesteigerte Codiereffizienz, die MPEG-4 bekannt gemacht hat [51].

3.8.1.6 MPEG-7 und MPEG-21

Mit MPEG-1, -2 und -4 werden interoperable AV-Inhalte (Content) zur Verfügung gestellt. Um eine Verwaltung (Management) der immens wachsenden Fülle dieser Inhalte und ihrer Quellen in der relativen Unübersichtlichkeit des digitalen Zeitalters zu gewährleisten, arbeitet die ISO/IEC derzeit an weiteren Standards. Nach dem Wegfall von MPEG-3 gab es Spekulationen über die Fortführung der Namensgebung. Man hätte mit 5 (dem Nächstliegenden) fortsetzen oder mit 8 ein offensichtlich binäres Muster verfolgen können. MPEG hat sich jedoch entschieden, keiner logischen Erweiterung dieser Sequenz zu folgen und statt dessen die Nummer 7 gewählt. MPEG-5 und -6 sowie alles zwischen 7 und 21 ist daher nicht definiert.

MPEG-7 knüpft an die Errungenschaften von MPEG-4 an. Das Ziel ist dabei aber weder eine weiter erhöhte Kodiereffizienz noch die Repräsentation von Inhalten überhaupt. MPEG-7 verfolgt also nicht mehr das Ziel der (Video-)Datenreduktion, sondern das des Content Managements. MPEG-7 wird im Standard als „Multimedia Content Description Interface" ausgezeichnet und bietet eine Beschreibung dessen, was die vorigen MPEG-Standards liefern. Basis dafür sind die sogenannten Metadaten (Daten über Daten), die entweder zusammen mit dem Programm oder unabhängig davon gespeichert werden können. Über sie wird in zahlreichen Anwendungen wie z. B. Archivierungsdiensten in Broadcast-Unternehmen per Schlagwortsuche eine leichte Identifikation des gesuchten Materials ermöglicht. Im einfachsten Fall greifen Metadaten auf Beschreibungen zurück, die ohnehin in PCM, MPEG-1, -2 oder -4 vorhanden sind, erstellen gleichsam automatische Auszüge wie z. B. die Verwendung von Shape Descriptors aus MPEG-4, die Video-Objekte im Bild festlegen, die Verwendung von Bewegungsvektoren, die aus MPEG-2 bekannt sind oder die Formateigenschaften von Audio, die in PCM-Dateien als Beschreibung im Header der Datei integriert sind.

MPEG-7 hat aber den Anspruch, weit über die proprietäre Verwendung von Metadaten hinauszugehen. Wie bei den vorigen Standards werden auch hier – neben vielen weiteren – Parts wie »Video«, »Audio« und »Systems« definiert, deren Eigenheiten sich mit Hilfe sogenannter »Descriptors« auf unterschiedlichen Stufen beschreiben lassen. Low-level Descriptors geben Auskunft über grundlegende Eigenschaften wie z. B. Farbe, Formen, Größe und Bewegungen im Videobereich und Charakteristika wie spektrale, parametrische und zeitliche Eigenheiten im Audiobereich; high-level Descriptors gehen über zu Abstraktionen wie Timbre, Melodiestrukturen etc. Die Generierung der Descriptors, eventuell sogar aller gleichzeitig, ist keine Bedingung, je nach Wunsch des Nutzers soll aber jede für ihn relevante Information als solche bis zum Maximum darstellbar sein.

Ein weiterer Aspekt in diesem Kontext ist die umfassende Einbindung der Verwaltung digitaler Rechte (Digital Rights Management, DRM), die nicht ohne weiteres aus proprietären Lösungen standardisiert werden kann. Dies ist der Bereich von MPEG-21. Mit Hinblick auf Interoperabilität auf Anwenderseite, also die Kompatibilität in Bezug auf Formate, Codecs, Metadaten etc., zwischen kommerziellen Business-Systemen zielt MPEG-21 auf die Bereitstellung eines sogenannten »Multimedia Frameworks« ab. Hier wird versucht, die verschiedenen Elemente der Infrastruktur vom Content-Lieferanten bis zum Verbraucher und ihre Beziehungen zueinander zu beschreiben. Das Ziel ist die Schaffung einer heterogenen Landschaft von Geräten und Netzwerken, die eine globale Anwendbarkeit anstrebt, also in Bezug auf Multimedia einen weitaus größeren Rahmen anstrengt, als sich wie bisher auf den rein audio-visuellen Sektor zu beschränken [51].

3.8.2 MPEG-Audio

Neben Videosignalen erfasst der MPEG Standard auch die Codierung von Audiosignalen und beschreibt im Teil Systems ihre Synchronisation. Hier geht es zunächst um die Audiocodierung. Da MPEG-Programme, z. B. auf DVD, alternativ zu MPEG-Audiosignalen oft eine Codierung nach Dolby AC3 enthalten, wird auch diese hier beschrieben.

Ebenso wie die Videocodierung beruht auch die Datenreduktion für Audiosignale auf der Ausnutzung der Eigenschaften bzw. Unzulänglichkeiten der menschlichen Wahrnehmung und wird im englischen Sprachraum entsprechend mit Perceptual Coding bezeichnet. Zum Verständnis der Reduktionsverfahren müssen daher zunächst einige Phänomene der menschlichen Hörwahrnehmung bekannt sein.

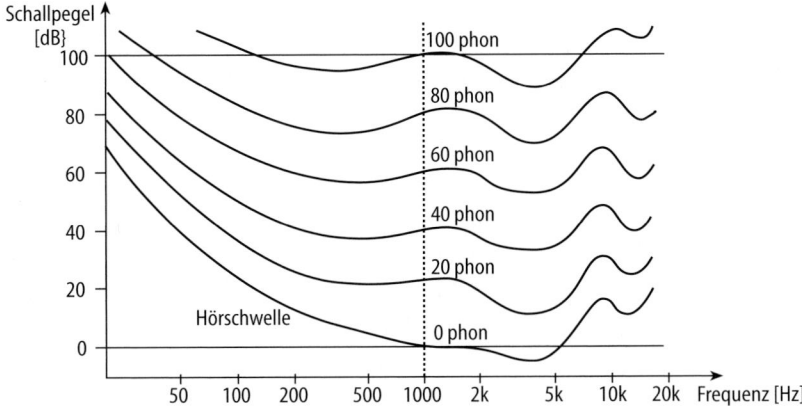

Abb. 3.80. Die Hörfläche

3.8.2.1 Grundlagen der Audiocodierung

Der wesentliche Vorgang beim Hören ist die Umsetzung von Schalldruck-schwankungen in Nervenreize. Die Lautheitsempfindung steigt dabei nicht linear mit dem Schalldruck. Der Dynamikbereich, also der empfundene Unterschied zwischen laut und leise, ist sehr groß und umfasst 6 Größenordnungen, er liegt etwa zwischen $2 \cdot 10^{-5}$ und 20 Pa. Die Grenzen werden als Hörschwelle und Schmerzgrenze bezeichnet. Der große Dynamikbereich wird vom Gehör nicht linear verarbeitet, daher ist es vorteilhaft, die Schallwechselgrößen in logarithmischer Form als Pegelwerte anzugeben, wobei der Bezugswert (Pegel 0 dB) etwa dem Schalldruck der Hörschwelle entspricht. Der Schalldruckpegel berechnet sich nach der Beziehung

$$L = 20 \log p/p_0.$$

Als Bezugswert gilt $p_0 = 2 \cdot 10^{-5}$ Pa. Ein mittlerer Schalldruck von $2 \cdot 10^{-2}$ Pa entspricht einem Schallpegel von 60 dB und wird als mittellaut empfunden.

Die Gehörempfindlichkeit hängt von der Frequenz ab. Nur bei mittleren Frequenzen (1 ... 5 kHz) liegt die Hörschwelle in der Größenordnung $2 \cdot 10^{-5}$ Pa, bei höheren und tieferen Frequenzen nimmt die Empfindlichkeit des Gehörs ab und erreicht die Grenzen der Unhörbarkeit bei 16 Hz bzw. 20 kHz, wobei die obere Grenze mit zunehmendem Alter der Hörer sinkt. Der Verlauf der Frequenzabhängigkeit der Hörempfindung bei verschiedenen Pegeln ist in Abbildung 3.80 als so genannte Hörfläche dargestellt. Hier wird deutlich, welcher Schallpegel bei jeder Frequenz für eine bestimmte Lautheitsempfindung erforderlich ist. Dargestellt sind die Kurven gleicher Lautstärke mit der Einheit phon, die bei 1 kHz mit dem Schallpegel in dB übereinstimmen.

Zur Signalverarbeitung wird der Schalldruck mit Mikrofonen möglichst linear in elektrische Spannungen umgesetzt. Die geringen Ausgangsspannungen der Mikrofone (ca. 2 ... 20 mV/Pa Schalldruck) wird verstärkt und auf den Studiopegel angehoben, der in Deutschland bei +6 dBu (1,55 V) und international bei + 4 dBu (1,23 V) liegt. Für eine ggf. anschließende Digitalisierung

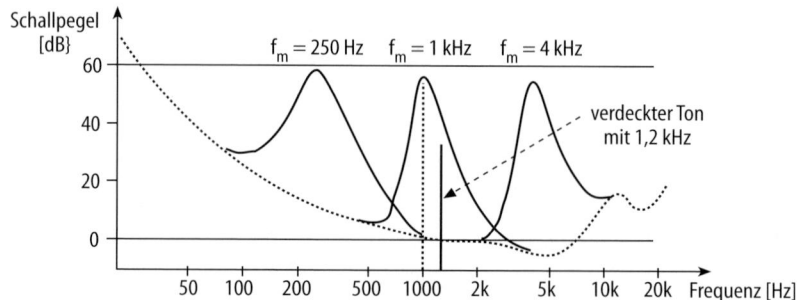

Abb. 3.81. Mithörschwellen resultierend aus Schmalbandrauschen dreier Mittenfrequenzen

wird die Spannung für professionelle Anwendungen mit 48 kHz abgetastet (s. Abschn. 3.2). Um einen guten Signal-Rauschabstand zu erhalten, wird jeder Abtastwert mit 16 Bit dargestellt. Daraus folgt ein Dynamikbereich von 96 dB, der sich aber durch Head- und Feetroom auf ca. 70 dB verringert (s. Abschn. 3.2.1). Dieser Wert ist völlig ausreichend, da einerseits die Schallsignale selbst meist weniger Dynamik aufweisen und andererseits auch bei der Wiedergabe nicht mehr umgesetzt werden kann. So liegt z. B. schon bei der Abhörsituation keine absolute Stille vor, so dass Rauschsignale, die um 70 dB unter dem Maximalpegel liegen, nicht mehr wahrgenommen, sondern verdeckt werden.

Dieser Effekt, bei dem Schallereignisse durch andere überdeckt werden können (Verdeckungseffekt) ist es, der bei den Audio-Datenreduktionsverfahren ausgenutzt wird. Dabei interessiert besonders der Umstand, dass nicht nur Fremdsignale das Nutzsignal verdecken können, sondern auch Spektralanteile im Signal selbst. Durch Experimenten mit definierten Tönen oder Rauschen, lässt sich feststellen, in welcher Form die Ruhehörschwelle bzw. die Kurven gleicher Lautstärke in der Hörfläche durch diese so genannte Frequenz-Maskierung, verändert werden. Abbildung 3.81 zeigt als Beispiel das Verhalten des Gehörs bei Anregung durch Schmalbandrauschen mit drei verschiedenen Mittenfrequenzen bei einem Schallpegel von 60 dB [149]. Der sich ergebende gesamte Kurvenverlauf wird als Mithörschwelle bezeichnet. Signale, die unter dieser Schwelle liegen, sind unhörbar, sie werden von den Maskierern verdeckt. Dies gilt auch für das Quantisierungsrauschen. Daraus resultiert die Grundidee der Datenreduktion: jeder Abtastwert wird nur mit so wenig Bits quantisiert, dass das Quantisierungsrauschen gerade unter der Mithörschwelle liegt.

Neben der Frequenz-Maskierung kann auch die zeitliche Maskierung ausgenutzt werden. Der Begriff beschreibt ein Ereignis, bei dem laute Geräusche leisere, zeitlich kurz darauf folgende Geräusche in einem Bereich von wenigen Millisekunden verdecken können. Ein lauter Knacks ist z. B. in der Lage, ein nachfolgendes kurzes, leises Rauschen gänzlich zu unterdrücken. Interessant ist, dass unser Gehirn darüber hinaus sogar das kurze Rauschen unterdrückt, wenn es dicht genug vor dem Knacks einsetzt, so dass die zeitliche Verdeckung in beiden Richtungen funktioniert (Vor- und Nachverdeckung, Pre- und Post-Masking). Beide Varianten der Verdeckung sind immer von den jeweiligen Pegeln abhängig und ebenso von den aktuell beteiligten Frequenzen.

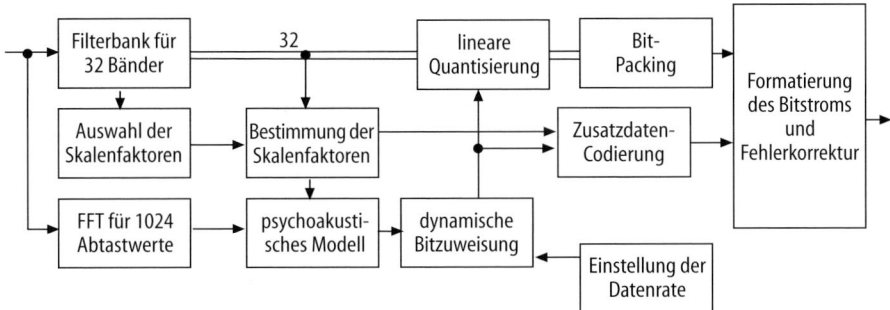

Abb. 3.82. Blockschaltbild der Audiocodierung nach MPEG-Layer 2

3.8.2.2 Audiocodierung nach MPEG 1/2

Als Abtastraten für das digitale Eingangssignal sind folgende Standardwerte zugelassen: 32 kHz, 44,1 kHz und 48 kHz, bei MPEG-2 auch die jeweils halbierten Werte. Um die Signalverarbeitung flexibel durchführen zu können, wurde der MPEG-Audio-Standard in drei Layer eingeteilt. Layer 1 bietet die geringste Effektivität der Datenreduktion, erfordert dafür aber auch den geringsten Implementierungsaufwand, während für den Layer 3 das Umgekehrte gilt. Der Rechenaufwand schlägt sich auch in der Zeitverzögerung nieder, die für den Codiervorgang gebraucht wird, die Minimaldelay-Werte betragen 19 ms, 35 ms und 59 ms für die Layer 1, 2, 3. Bei Internetverbindungen, wo es auf minimale Datenrate ankommt, wird meist Layer 3 verwendet, der oft auch als MP3 bezeichnet wird. Für DVB wird Layer 2 eingesetzt.

Abbildung 3.82 zeigt das Blockschaltbild des Coders nach Layer 2. Das zu reduzierende digitale Audiosignal wird eingangs auf eine Filterbank und eine echtzeitfähige Fast Fourier Transformation (FFT) verzweigt. Die Analyse-Filterbank teilt eine Bandbreite von 24 kHz (bei einer Abtastfrequenz $f_T = 48$ kHz) mittels steilflankiger digitaler Bandpassfilter in 32 gleich große Filterbänder (Subbands) à 750 Hz auf. Jedes einzelne, 750 Hz umfassende Band wird einer Unterabtastung mit 1,5 kHz ($f_T/32$) unterzogen, welche die Signale an sich nicht verändert, sondern sie vielmehr mit genauer Zuordnung zum einstigen Originalbereich in die Basisbandlage hinuntermoduliert. Damit liegen 32 parallele Subband-Signale vor, deren gesamter Bandbreitenbedarf nicht den des Eingangssignals überschreitet. Dieser erste Arbeitsschritt ist noch vollkommen reversibel und verlustfrei. Layer-3 teilt als Besonderheit unter Zuhilfenahme einer direkt anschließenden Modifizierten Discreten Cosinus Transformation (MDCT) jedes der 32 Subbands zusätzlich noch einmal in 18 weitere auf, um mit dann insgesamt 576 Filterbändern die weiteren Arbeitsschritte noch feiner abstimmen zu können. Die MDCT wird auch als überlappende Blocktransformation bezeichnet (Overlapping Block Transform, OBT) und berücksichtigt die kritischen Bänder des menschlichen Hörens durch bis zu 50 %ige Überlappung der Analysefenster zur besseren Beachtung der gegenseitigen Abhängigkeit benachbarter Bänder. Ebenfalls findet hierbei die differenzierte Betrachtung von Tonalitäten (Harmonien) und Atonalitäten (Rauschen) bessere Berücksichtigung.

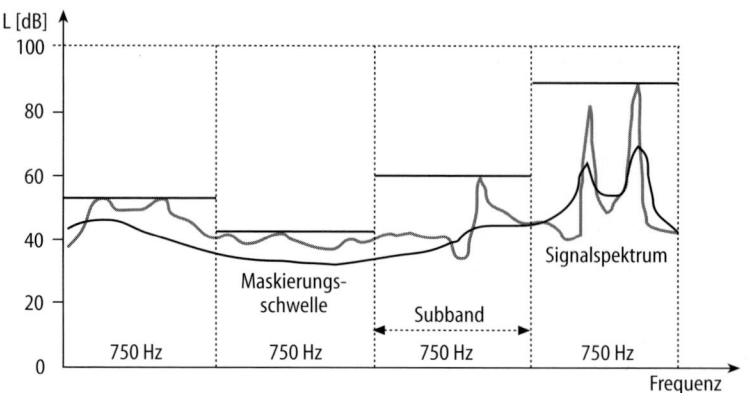

Abb. 3.83. Signalspektrum, Maskierungsschwelle und Maximalpegel in vier Subbändern

Zur effektiven Weiterverarbeitung können dann Gruppen von Samples gebildet werden, denn das Gehör hat auch nur eine beschränkte zeitliche Auflösung. Bei Layer-1 wird pro Arbeitsschritt eine Gruppe von 12 Samples mit einer zeitlichen Länge von zusammen 8 ms (bei 48 kHz) gebildet, bei Layer-2
und -3 sind es 3 · 12 = 36 Samples (24 ms).

Parallel zu diesem ersten Arbeitsschritt wird das Signal mittels FFT in den
Frequenzbereich transformiert. Layer-1 arbeitet dabei mit einer Genauigkeit
von 512 Punkten (512-FFT), Layer 2 und 3 verwenden eine 1024-FFT. Das psy-
choakustische Modell nutzt die FFT-Ergebnisse und errechnet anhand ausgefeilter Algorithmen, inwiefern die vorliegenden Frequenzanteile von der Maskierung betroffen sind. So kann im ersten Augenblick bereits bestimmt werden, in welchen Subbändern Frequenzanteile mit ihren Maximalamplituden
gar nicht erst die untere Hörschwelle oder die Maskierungsschwelle erreichen
und daher beseitigt werden können. Bei den Anteilen, die nicht komplett gelöscht werden, werden die für die weitere Bearbeitung bedeutenden Bereiche
bestimmt (Abb. 3.83). Alles, was über den maximalen Signalpegel eines Subbands hinausragt und somit den Wert null aufweist, also die überflüssigen
Most Significant Bits, kann ebenfalls gelöscht werden. Was übrig bleibt, ist der
Bereich von der 0-dB-Linie bis zum aktuell maximalen Pegel im entsprechenden Frequenzbereich. Das Löschen der obersten Bits (MSB) mit ihren führen-
den Nullen entspricht einer Skalierung oder Normierung der Darstellung auf
den relevanten Teil des Signals. Der für diese Division nötige Skalenfaktor
kann aus einer Tabelle mit vordefinierten Möglichkeiten ausgewählt werden.
Anschließend werden diese relevanten Bereiche dann von Block zu Block veränderbar mit 2 bis 15 Bit neu quantisiert.

Bei Layer-3 gibt es neben der Möglichkeit einer nichtlinearen Neu-Quantisierung (Kompandierung) eine zusätzlichen Feinheit, indem der Block der
Quantisierung aus zwei iterativ arbeitenden Schleifen aufgebaut ist, welche
diesen Vorgang mehrfach auf ihre Qualität hin überprüfen. Weiterhin wird ab
Layer-3 noch ein so genanntes Bit-Reservoir angeboten. Dieser Baustein trägt
dafür Sorge, dass unausgeschöpfte Bits bei grober Quantisierung nicht ver-

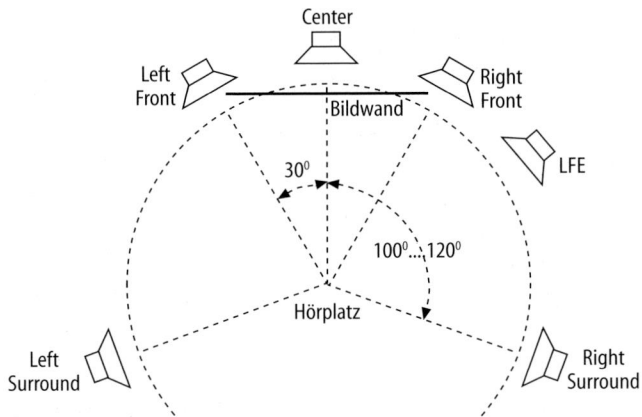

Abb. 3.84. Lautsprecheranordnung beim 3/2 Surround-Verfahren

schwendet werden, sondern für kritische Fälle zum Einsatz kommen, in denen der Coder mehr Bits benötigt als er aktuell zur Verfügung hat. Ein Signal muss somit nicht zwangsläufig zusammenhängend in einem Datenpaket untergebracht werden, sondern kann auf mehrere (maximal neun) verteilt werden.

Um die Daten beim späteren Decodieren wieder zu PCM-Signalen rekonstruieren zu können, bedarf es dann lediglich über den Skalenfaktor der Information, an welcher Position die Original-Bits einmal zu finden gewesen waren und der Angabe des Verhältnisses der ehemaligen Quantisierung zur Neu-Quantisierung, um diese rückgängig machen zu können. Der Decoder, der die Neu-Quantisierung umkehrt und die Subbands mit einer Synthese-Filterbank zusammensetzt, kann daher mit viel geringerem Aufwand betrieben werden. MPEG-Audio stellt also, wie MPEG-Video, ein asymmetrisches Codier-Verfahren dar.

Bei einem eingangsseitigen Stereo-PCM-Datenstrom mit 1,536 Mbit/s, also einer ursprünglichen Abtastung mit 48 kHz bei 16 Bit Quantisierung, ergeben sich mit der geschilderten Methode eine typische Datenraten von 128 kbit/s bei Layer-3 (.mp3). Diese Datenreduktion um etwa den Faktor 10 ist die aktuell meistgenutzte im PC-Bereich und liefert recht gute Audioqualität. Eine Minute unkomprimierter Musik, die etwas mehr als 10 Mbyte auf einem Speichermedium einnimmt, kann also auf ca. 1 Mbyte reduziert werden. Bei Layer-1 sind insgesamt Datenraten von 32 bis 448 kbit/s möglich, bei einem typischen Wert von 384 kbit/s, bei dem im Broadcastbereich verwendeten Layer-2 beträgt der Bereich 32 bis 384 kbit/s (typisch 256 kbit/s) und bei Layer-3 schließlich 32 bis 320 kbit/s.

Bei MPEG-1 kann Audio-Information auf vier verschiedene Arten codiert werden: als eine Mono-Signal-Verarbeitung, als 2-Kanal-Codierung (zweimal Mono), Stereo und Joint Stereo. Bei Joint Stereo werden die großen Korrelationen (Ähnlichkeiten) zwischen den beiden Audiokanälen berücksichtigt und zur Einsparung der Datenmenge genutzt, indem z. B. der linke Kanal vollständig codiert und die Information des rechten Kanals nur als Differenz zum linken mit übertragen wird. MPEG-2 enthält als Erweiterung die Möglichkeit der

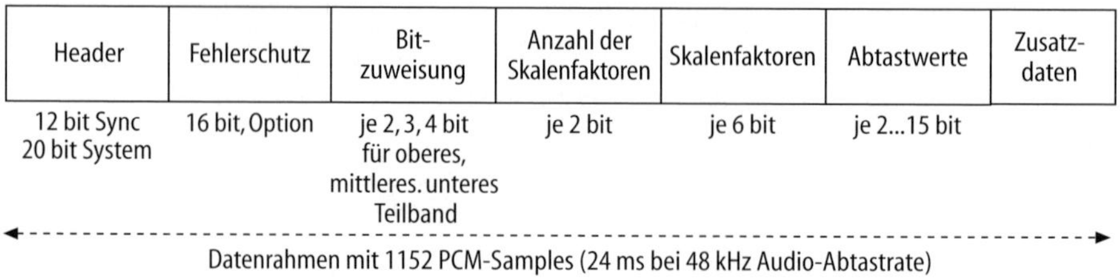

Header	Fehlerschutz	Bit-zuweisung	Anzahl der Skalenfaktoren	Skalenfaktoren	Abtastwerte	Zusatz-daten
12 bit Sync 20 bit System	16 bit, Option	je 2, 3, 4 bit für oberes, mittleres. unteres Teilband	je 2 bit	je 6 bit	je 2...15 bit	

◄- ►

Datenrahmen mit 1152 PCM-Samples (24 ms bei 48 kHz Audio-Abtastrate)

Abb. 3.85. Audio-Datenrahmen nach MPEG-Layer 2

stereokompatiblen Surround-Codierung (Abb. 3.84). Der Begriff Surround steht für das fünfkanalige 3/2 Format, das mit drei vor dem Hörer (Left, Center, Right) und zwei hinter dem Hörer platzierten Lautsprechern arbeitet (Left Surround, Right Surround) und gegenüber einfachen Stereosystemen eine deutliche Verbesserung der akustischen Raumabbildung gestattet (s. Kap. 5.5).

Die gewonnenen Daten werden in eine Frame-Struktur gebracht und mit einer Datenrate von z. B. von 128 kBit/s pro Kanal in den MPEG-Gesamtdatenstrom integriert. Abbildung 3.85 zeigt den Datenrahmen. Bei Layer-2 und -3 umfasst er 1152 Abtastwerte (384 bei Layer-1), die einer Dauer von 24 ms (8 ms) entsprechen, da ja bei einem 48 kHz-Eingangssignal mit 32 Subbands à 36 (12) Samples gearbeitet wird. Den codierten Daten werden ein Header und ein Prüfsummen-Check vorangestellt. Ein Frame umfasst immer 1152 Samples, unabhängig von der verwendeten Datenrate, die von Frame zu Frame wechseln darf. Der Header birgt insgesamt 32 Bit. 2 Bit stehen für Copyright-Informationen zur Verfügung, 12 Bit für die notwendige Synchronisation, 2 Bit geben Auskunft über den verwendeten Audio-Layer, und 4 Bit stehen für die aktuelle Datenrate, deren jeweiliger Wert aus einer fest definierten Tabelle entnommen werden kann (z. B. „1001" für 128 kbit/s bei Layer-3). Zwei weitere Bit geben die eingangsseitige Abtastfrequenz an, und es folgt die Auskunft über den Kanal-Modus, Mono, Stereo etc. (z. B. „01" für Joint Stereo).

Im Anschluss an die Multiplexierung erfolgt die Kanalcodierung (Fehlerschutz), die für Störresistenz auf dem Übertragungsweg Sorge trägt. Dazu stehen, falls erforderlich, weiterhin bis zu 16 Bit bereit. Nachdem dann die verwendete Anzahl und die Größe der Skalenfaktoren im Rahmen untergebracht ist, folgen die eigentlichen Nutzdaten, welche die mit je zwischen 2 und 15 Bit neu quantisierten Samples darstellen, die aus der 32 fach-Filterbank stammen. Abgeschlossen wird eine komplette Datei mit einem 128 Byte großen Datenblock, dem so genannten ID3-Tag, einem Etikett zur inhaltlichen Identifizierung, dessen Beginn ihn mit einem eindeutigen 3-Byte-Wort als solchen kennzeichnet. Das ID3-Tag stellt Metadaten bereit und liefert Computer-Benutzern oder Stand-Alone-Geräten wie MP3-Playern Informationen über das aktuelle Audio-File, in der Regel Interpret (30 Byte), Erscheinungsjahr (4 Byte) und Musiksparte (1 Byte). Es bleibt jedem Anwender selbst überlassen, dieses ID3-Tag teilweise oder überhaupt zu nutzen, die Informationen, auch mit falschen Angaben, zu ändern und zu überschreiben oder seinen Inhalt gar komplett zu löschen.

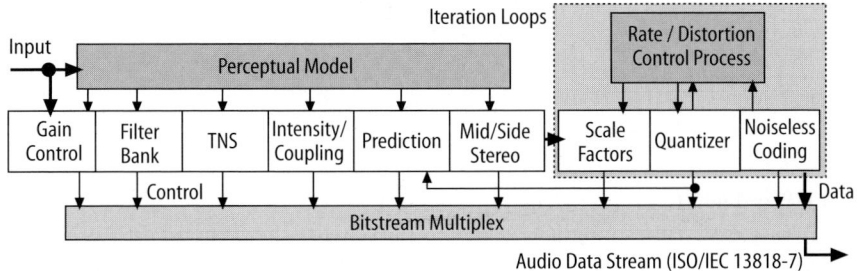

Abb. 3.86. Blockschaltbild für das Advanced Audio Coding

3.8.2.3 Advanced Audio Coding

Das 1997 eingeführte und nachträglich in den MPEG-2-Standard übernomme-ne Advanced Audio Coding (AAC, ISO/IEC 13818-7) implementiert grundsätz-lich die gleichen Funktionsprinzipien wie sein Vorgänger Layer-3, ist jedoch nicht mehr abwärtskompatibel. Zu den bereits dargestellten Bausteinen liefert AAC einige Zusätze. So wurde die Huffman-Codierung noch flexibler gestaltet, das Joint Stereo-Coding in seiner Effizienz gesteigert und die Aufteilung der Frequenzbänder für das Subband-Coding auf 1024 statt vorher 32 bzw. 576 er-weitert. Die hybride Filterung von Layer-3, bestehend aus der 32 fachen Sub-band-Gewinnung mit anschließender MDCT, wurde auf eine reine MDCT-Transformation geändert, u. a. um störende Vorechos (Pre-Echos) zu vermei-den. Pre-Echos bezeichnen den Fall, dass Klangereignisse Geräusche erzeugen können, bevor sie eigentlich selbst zu hören sind. Diese Artefakte entstehen aufgrund der Tatsache, dass mit den einzelnen Samples stets kleinste Zeitbe-reiche (Fenster) analysiert werden. Da sich der Quantisierungsfehler aber stets über das gesamte Analysefenster verteilt, verursacht ein in dessen Mitte plötz-lich einsetzendes Ereignis mit hohem Pegel beim Decodieren ein Quantisie-rungsgeräusch, welches sich deutlich von der relativen Stille vor dem eigentli-chen Ereignis abhebt Dies kann durch den temporären Einsatz stark verklei-nerter Fenstergrößen verhindert werden. Um störendes Rauschen, das insbe-sondere bei Sprachsignalen mit niedrigen Datenraten aufzufinden ist, zu ver-meiden, liefert MPEG AAC zusätzlich eine zeitliche Rauschformung, das Tem-poral Noise Shaping (TNS).

Abbildung 3.86 zeigt das Arbeitsprinzip des Advanced Audio Coding. Eine wichtige Neuerung ist die Möglichkeit zur Rückführung der quantisierten Werte auf den nachrückenden Datenstrom. Insgesamt soll mit diesen neuen Implementierungen und einer noch in der Leistung erhöhten Entropie-Codie-rung eine Steigerung der Datenreduktionseffizienz von 30 % bis 50 % gegen-über Layer-3 möglich sein, so dass AAC bei einer Datenrate von 64 kbit/s pro Kanal noch besser klingt als seine Vorgänger.

Zusätzlich sind nun auch die gegenüber Layer-1/2/3 ein Viertel so großen Abtastraten erlaubt, als wesentliche Neuerung also auch 8 kHz, sowie die Er-weiterung auf bis zu 96 kHz. Maximal ist eine Datenrate von 348 kbit/s vorge-sehen, in der von Mono und Stereo über 5.1 und 7.1 bis zu insgesamt 48 Kanä-le untergebracht werden können [51].

Tabelle 3.11. Kanalkonfigurationen bei Dolby Digital

Mode	1/0	2/0	3/0	2/1	3/1	2/2	3/2
Kanäle	Mono	Stereo	L - C - R	L - R - S	L - R	L - R	L - R - C
					C - S	L_s - R_s	L_s - R_s - SW

3.8.2.3 MPEG-4 Audio

Mit MPEG-4 AAC ist es möglich, gezielt unterschiedliche Typen von Audio-Daten (Audio Objects) in einem Bitstrom zu übertragen, wobei der Decoder in der Lage ist, diese unabhängig voneinander zu extrahieren und wiederzugeben. So darf der Anwender, insofern dies beim Authoring berücksichtigt wurde, z. B. Sprache leiser stellen, ausschalten oder zu einer anderen Fassung wechseln, während Musik und Hintergrundgeräusche davon nicht betroffen sind. Dabei wird erstmals in natürliche Audiosignale (Musik, Sprache) und synthetische unterschieden, also Audiodaten, die auf parametrisch beschriebenen Klängen basieren, wobei das Material abhängig von der benötigten Qualität jeweils getrennt nach der effizientesten Methode codiert werden kann.

Musik und Audiovorlagen, die keine separaten Objekte beinhalten, werden nach dem regulären MPEG-4 AAC oder dem Verfahren TwinVQ (Transform-Domain Weighted Interleaved Vector Quantisation) codiert. Darüber hinaus richtet MPEG-4 sein Augenmerk mit Verfahren wie CELP (Code Excited Linear Prediction), HVXC (Harmonic Vector Excitation Coding), HILN (Harmonic and Individual Line plus Noise) und TTS (Text to Speech) erstmals auch explizit auf die Codierung von Sprachsignalen mit Datenraten hinunter bis 2 kbit/s. Vereinfacht gesagt vergleicht CELP das ankommende Signal mit vorgegebenen Codes aus einem Wörterbuch, die statt der eigentlichen Daten übertragen werden. Bei HVXC und HILN handelt es sich um Verfahren, die Audio-Signale, in der Hauptsache Sprache, nicht wie gewohnt übertragen, sondern in Parameter zerlegen. Gemäß dem Vocoder-Prinzip (Voice Coder) wird hier das Signal einer Analyse unterzogen, welche dieses aus tonalen (sinusähnlichen) Anteilen und Rauschanteilen nachkonstruiert und dann lediglich die entsprechenden Parameter überträgt. Zur differenzierteren Codierung sind auch Kombinationen der genannten Verfahren möglich.

3.8.2.4 Audiocodierung nach Dolby

Alternativ zur Audiocodierung nach MPEG wird, vor allem getrieben aus den USA, sehr oft die aus dem Filmbereich stammende Codierung von Dolby verwendet. Das zugehörige Datenreduktionsverfahren heißt AC3 und ist die Grundlage des in Kap. 5.5.2 näher erklärten Dolby-Digital-Verfahrens, bei dem sechs separate, Audiokanäle für ein Surroundsignal verwendet weden. Nachdem Dolby Digital im Kinobereich eine sehr dominante Position erringen konnte, dringt es zunehmend auch in den Bereich der Heimanwendung vor. Da dort unterschiedlichste Abhörkonfigurationen vorliegen, ist eine größere Flexibilität erforderlich. Dolby Digital erlaubt daher die Verwendung aller in Tabelle 3.11 dargestellten Kanalkonfigurationen. Die dort verwendete Bezeichnungsweise 3/2 anstelle von 5.1 verdeutlicht die Kanalzuordnung vorne/hinten. Dolby Digital unterstützt Datenraten zwischen 32 kbit/s bis 640 kbit/s, die den

Tabelle 3.12. Übersicht über die Dolby-Varianten

Anwendung	professionell	heim
Rauschunterdrückung	Dolby A, SR	Dolby B, C
Mehrkanal analog	Dolby Stereo	Dolby Surround/Pro Logic
Mehrkanal Digital	Dolby Digital/EX, E	Dolby Digital/EX
Datenreduktion	Dolby AC3	Dolby AC3

Kanälen flexibel zugeordnet werden. Eine 2/o-Stereokonfiguration wird typischerweise mit 192 kbit/s betrieben. Bei 5.1-Anwendungen wird diese Rate meist auf 384 kbit/s verdoppelt, wobei eine Audiogrenzfrequenz von 18 kHz erreicht wird. Für den Einsatz bei der Digital Versatile Disk (DVD, s. Abschnitt 5.2.4) ist eine Maximaldatenrate von 448 kbit/s möglich. Damit können bei einer 5.1-Konfiguration auch 20 KHz erreicht werden.

Darüber hinaus enthält Dolby Digital eine Erweiterung des Audiodatenstroms durch so genannte Metadaten, d. h. Hilfsinformationen über die Signale. Dieses Verfahren ist wertvoll für die Verbreitung von Mehrkanalprogrammen im Bereich des digitalen Fernsehens (DTV) und für die DVD. Für diese stehen auf der Wiedergabeseite Heimanwendergeräte unterschiedlichster Qualitätsstufen zur Verfügung. Mit den Metadaten können die Empfangsgeräte entsprechend ihren Möglichkeiten angesprochen werden. So braucht z. B. keine generelle Dynamikeinschränkung auf der Sendeseite vorgenommen zu werden, da sie im Endgerät durchgeführt werden kann. Oder eine aufwändige 5.1-Mischung kann mit Hilfe der Metadaten in optimaler Form in eine Stereomischung überführt werden und die mittlere Wiedergabelautstärke kann über das so genannte Dialnorm auf einfache Weise an unterschiedliche Programmarten angepasst werden. Dialnorm bezeichnet eine Schaltung, die den verwendeten Pegel an der empfundenen Lautheit orientiert, die gemäß der menschlichen Wahrnehmung nicht vom Spitzenwert des Signals, sondern von seinem Mittelwert bestimmt ist.

Als weitere Bezeichnung in der Dolby-Codierungsfamilie (Tabelle 3.12) gibt es Dolby E. Dabei geht es nicht mehr um die Vermehrung oder Umordnung von Audiokanälen für die Wiedergabe, sondern nur um die Audiodatenübertragung für den Produktions- und Postproduktionsbereich. In diesem Bereich ist es üblich, Signale digital über die auch in der Analogtechnik benutzten symmetrischen Leitungen mit 3-poligen XLR-Steckern zu übertragen. Für eine zweikanalige, nicht datenreduzierte Übertragung der digitalen Audiodaten wird eine von der AES/EBU definierte Schnittstelle verwendet (s. Abschn. 3.3.4). Der Datenrahmen erlaubt die Verarbeitung von 24-Bit-Wortbreiten für jeden Abtastwert und jeden Kanal. Die Datenworte sind jeweils von 8 bit für den Rahmen und Zusatzdaten umgeben, so dass bei einer Abtastrate von 48 kHz ein Datenstrom von 3,072 Mbit/s resultiert. Bei Dolby E wird nun diese Schnittstelle und diese Datenrate zur Übertragung von bis zu acht Audiokanälen mit Metadaten genutzt, mit einer Datenreduktion, die so milde sein kann, dass nach Ansicht von Dolby die Qualität auch nach mehrfacher Signalverarbeitung nicht leidet. Eine typische Anwendung der acht Kanäle wäre der gleichzeitige Transport einer 5.1- und 2-Kanal-Mischung für ein Stereosignal.

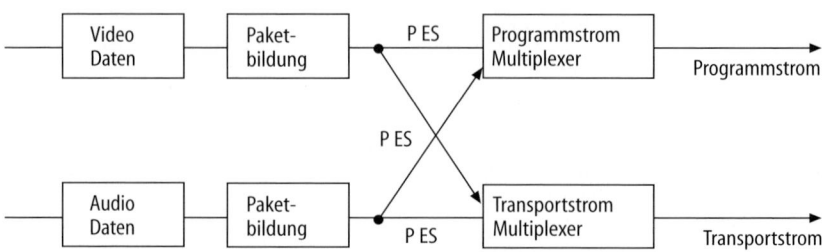

Abb. 3.87. Bildung des Packet Elementary Stream

3.8.3 MPEG-Systems

Die wesentliche Aufgabe des Teils »Systems« von MPEG, hier zunächst dargestellt für MPEG-2, ist die Definition der Multiplexstruktur für die verschiedenen Datenarten unter Berücksichtigung der Synchronisierung von Audio- und
Videodaten mit ihren jeweils unterschiedlichen Datenraten.

Um die Synchronität zu erreichen, ist es erforderlich, die Datenströme in
Portionen aufzuteilen, sie zwischenzuspeichern und im Multiplex zu übertragen. Das Multiplexverfahren bestimmt die Strukturierung der Daten, es ist in
der Lage, nicht nur mit festen, sondern auch mit flexiblen Datenraten zu arbeiten (constant and varaible Bitrates, CBR und VBR). Weiterhin können die
Übertragungskapazitäten mehreren Programmen zugeordnet werden.

Die Daten werden in zunächst in Pakete aufgeteilt, die jeweils nur eine Da-
tenart (Bild, Ton, Daten) enthalten (Abb. 3.87). Dieser Grunddatenstrom wird
als Packet Elementary Stream (PES) bezeichnet. Abbildung 3.88 zeigt den Aufbau der Datenpakete. Der Beginn wird mit einem Header von 6 Byte Umfang
gekennzeichnet, hierin befindet sich die Information über die Art der Daten
(Audio, Video, Daten) und über die PES-Länge, die variabel sein darf. Ein Videostrom mit Nummer »nnnn« wird z. B. durch die Bitfolge »1110 nnnn« gekennzeichnet. Darauf folgt ein Feld variabler Größe, das PES-spezifische Informationen enthält und schließlich die eigentlichen Nutzdaten (Payload) mit einem Umfang von maximal 65526 Byte, einer Zahl, die im Header gerade mit
zwei Byte dargestellt werden kann. Die PES-spezifischen Informationen enthal-

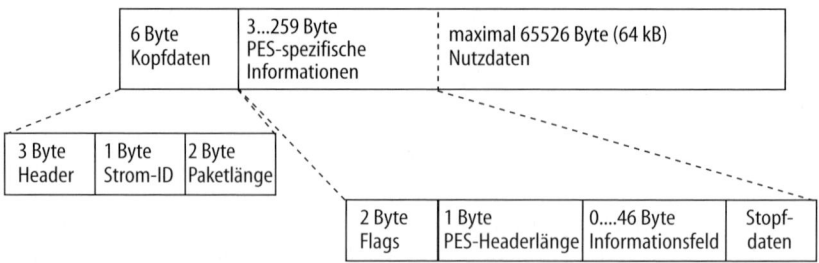

Abb. 3.88. Aufbau eines PES-Pakets

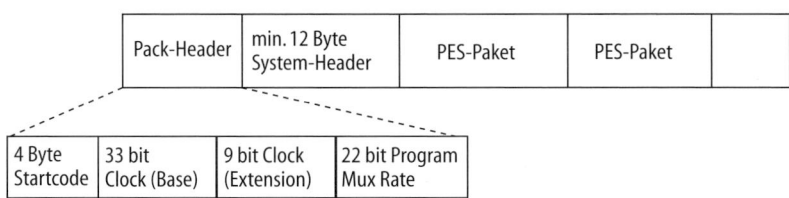

Abb. 3.89. Struktur des Programmstroms

ten sog. Flags, die die Übertragung von periodisch eingesetzten Zeitmarken zur Synchronistion (PTS und DTS, s. u.) anzeigen. Ein weiteres Flag wird z. B. gesetzt, wenn im PES die Daten eines Paketzählers übertragen werden mit Hilfe dessen erkannt werden kann, ob bei der Übertragung ein Paket verloren ging.

Die Pakete des Elementarstroms dürfen nach der MPEG-Definition nicht direkt übertragen werden. Sie werden entweder in einen Programm-Strom oder einen Transport-Strom integriert. Der Program Stream ist für wenig fehleranfällige Anwendungen (z. B. CD-ROM, DVD) konzipiert, er erlaubt Pakete variabler Länge und arbeitet mit nur einer Zeitbasis. Der Programmstrom besteht aus einer Folge von PES, die alle zu einem Programm gehören. Die PES-Folge ist periodisch durch Pack- und System Header unterbrochen, die Synchroninformationen bereitstellen und einen Rahmen bilden, der den PES in Gruppen unterteilt (Abb. 3.89). Der Programmstrom erlaubt die Verwendung langer Pakete. Ein Datenverlust ist schwer auszugleichen, daher sollte er nur bei Übertragungsarten angewandt werden, bei denen sehr wenige Fehler auftreten.

Der Transport Stream ist dagegen für störanfällige Broadcast-Anwendungen gedacht. Es werden kurze Pakete verwendet, bei denen Störungen weniger Probleme bereiten. Im Hinblick auf einfach konstruierte Empfangsgeräte ist die Paketlänge fest vorgegeben, dabei sind mehrere Zeitbasen zugelassen. Abbildung 3.90 zeigt die Multiplexbildung. PSI steht darin für programmspezifische Informationsdaten, z. B. über Multiplexbestandteile oder Verschlüsselungen.

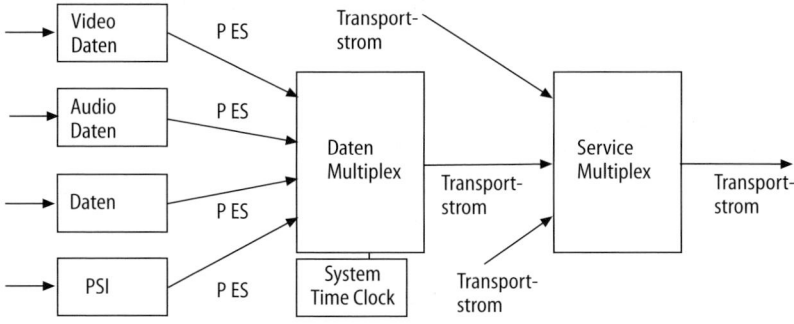

Abb. 3.90. Daten- und Transportstrom-Multiplex

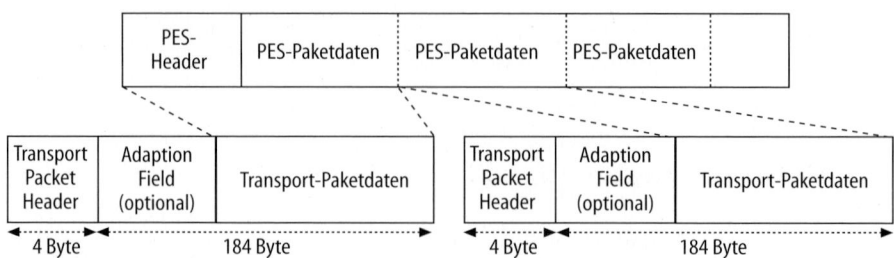

Abb. 3.91. Zuordnung von PES- und Transportstrom-Paketen

In dem für den Broadcast-Bereich wichtigen Transport Stream hat jedes Paket einen Umfang von 188 Byte, von denen 184 Byte für Nutz- oder Adaptionsdaten zur Verfügung stehen. Der im Vergleich lange Elementarstrom wird in kurze Stücke aufgeteilt, die in den Nutzdatenbereich passen (Abb. 3.91). Wenn das letzte TS-Paket nur noch einen Rest des PES aufnimmt, wird der freibleibende Teil durch so genannte Stopf-Bytes gefüllt. Im Adaptionsfeld werden Steuerdaten untergebracht, die nicht in jedem Fall benötigt werden. Ein Paket wird immer von 4 Byte Kopfdaten eingeleitet. Abbildung 3.92 zeigt die Bedeutung der 32 Bits. Der Anfang des TS-Pakets wird vom Synchronwort mit dem Wert »0100 0111« bestimmt. Das TEI-Bit zeigt an, ob bei der Übertragung ein nicht korrigierbarer Fehler aufgetreten ist. Die 13 Bit der Packet Identification (PID) dienen der Identifikation der Nutzdaten und dem Auffinden eines einzelnen Elementarsignals im Multiplex. Der Contnuity Counter nummeriert schließlich alle Pakete mit der selben PID gemäß der gesendeten Reihenfolge.

Aufgrund der unterschiedlichen und variablen Laufzeiten für die verschiedenen Bestandteile des Transportstroms ist die Synchronisierung der Teile eine besondere Aufgabe, die alle Signalverarbeitungsstufen im Encoder und Decoder und den Übertragungskanal berücksichtigen muss. Zur Synchronisation wird eine System Time Clock (STC) als Zeitreferenz eingesetzt, sie arbeitet bei MPEG-1 mit 90 kHz und bei MPEG-2 mit 27 MHz. Ein Zeitraum von 24 Stunden wird mit 42 Bit festgelegt. Der Datenstrom wird regelmäßig mit einer aus der STC abgeleiteten Zeitmarke (Program Clock Reference, PCR) versehen, damit der Encoder-Takt auf der Empfangsseite regeneriert werden kann. Es ist festgelegt, dass die Referenz mindestens alle 100 ms im Datenstrom eingesetzt wird (bei DVB alle 40 ms). Wenn Audio- und Videodaten übertragen werden,

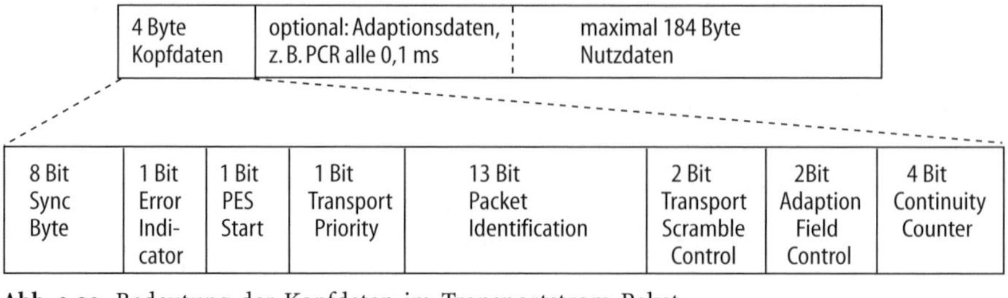

4 Byte Kopfdaten	optional: Adaptionsdaten, z. B. PCR alle 0,1 ms	maximal 184 Byte Nutzdaten

8 Bit Sync Byte	1 Bit Error Indicator	1 Bit PES Start	1 Bit Transport Priority	13 Bit Packet Identification	2 Bit Transport Scramble Control	2Bit Adaption Field Control	4 Bit Continuity Counter

Abb. 3.92. Bedeutung der Kopfdaten im Transportstrom-Paket

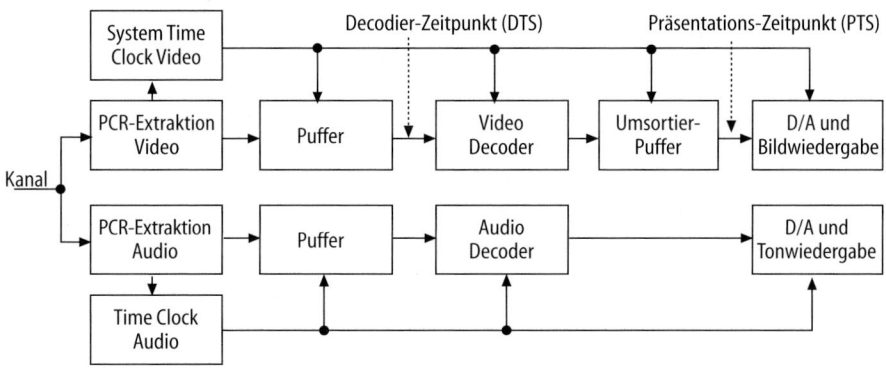

Abb. 3.93. Synchronisation im Decoder

die zu unterschiedlichen Programmen gehören, so ist es möglich, dass sie separate Zeitmarken aufweisen. Jede Änderung des Multiplexes ist also mit der Änderung der PCR-Markierung (Restamping) verbunden. Der Decoder erzeugt einen eigenen Takt, der fortwährend mit der PC-Referenz verglichen und ggf. korrigiert wird. Es wird also vorausgesetzt, dass auf der Sende- und Empfangsseite jeweils eine Systemuhr vorhanden ist, die die aktuelle Uhrzeit festlegt. Auf der Sendeseite wird den Datenpaketen beim Verlassen des Multiplexers die aktuelle (System-) Uhrzeit aufgeprägt. Durch Auswertung der Zeitmarken wird die Systemzeit auf der Empfangsseite rekonstruiert. Die Audio- und Videodaten sind bezüglich ihrer Abtastraten taktverkoppelt. Mit Hilfe der Zeitmarken ist so gewährleistet, dass die Ton- und Bildsignale synchron sind.

Neben der Systemzeitbasis sind relative Zeitmarken für die Decodierung und die eigentliche Wiedergabe definiert (Decoding und Presentation Time Stamp, DTS und PTS), die wie die PCR in regelmäßigen Abständen im Adaption Field nach den PES-Header-Daten übertragen werden. Diese Unterscheidung ist erforderlich, da sich, schon wegen der veränderten Bildreihenfolge für die bidirektionalen Prädiktion, der Decodierungszeitpunkt vom Präsentationszeitpunkt unterscheiden kann. Abbildung 3.93 zeigt die Lage der Decodier- und Präsentationszeitpunkte und weiterhin die Daten zur Systemkontrolle, die das Demultiplexing beeinflussen können.

Um auf die MPEG-Datencontainer zugreifen und die darin enthaltenen Bestandteile extrahieren zu können, sind im Systems-Teil programmspezifische Informationen (PSI) definiert. MPEG selbst legt vier Tabellen fest, für weitere Anwendungen, wie z. B. DVB, können eigene Tabellen definiert werden. Die erste der vier Tabellen enthält eine Liste der Programme, die im Transport-Multiplex übertragen werden (Program Association Table, PAT), die zweite einen Verweis auf die Paket-Identifikation für ein Programm (Program Map Table, PMT), damit die Video- und Audiodatenpakete dem richtigen Programm zugeordnet werden können. Zwei weitere Tabellen bieten Platz für Informationen zur Entschlüsselung von Programmen, die nur bedingten Zugriff erlauben (Conditional Access Table, CAT) und für Informationen zum Übertragungssystem (Network Information Table, NIT).

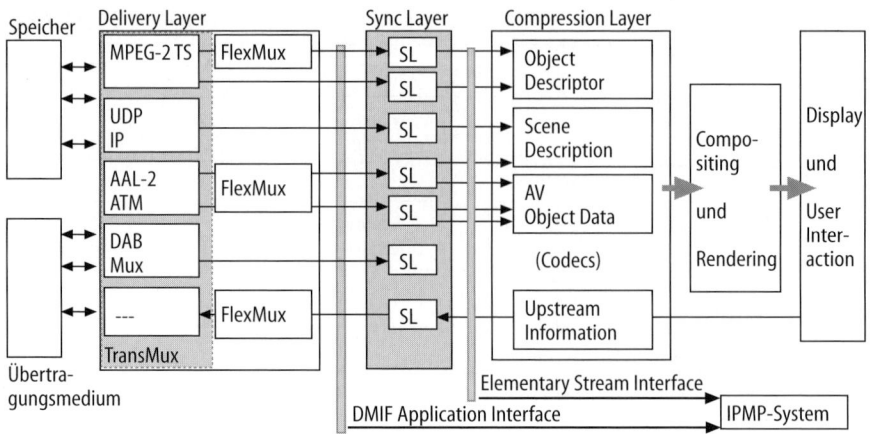

Abb. 3.94. Systems-Layer bei MPEG-4

3.8.3.1 MPEG-4-Systems

MPEG-4-Systems ist erheblich komplexer als bei MPEG-2-System, da dieser Teil neben den dort beschriebenen Funktionen insbesondere die Interaktionsmöglichkeiten mit den Media Objects über BIFS unterstützen muss. Darüber hinaus tritt die Beachtung vorhandener Ressourcen sehr viel stärker in den Vordergrund als bisher. Die Skalierbarkeit der Datenströme berücksichtigt die Dienstgüte (Quality of Service, QoS), also die maximale Bitrate und die Bitfehlerrate des Übertragungsweges sowie die Leistung des jeweiligen Decoders.

Abbildung 3.94 zeigt, dass sich die MPEG-4-Systems-Architektur aus mehreren Layern (Ebenen) aufbaut. Links sind die Speicher- und Transportsysteme dargestellt, die einen MPEG-4-Datenstrom liefern. Die unterste Ebene der Architektur bildet der TransMux-Layer (Transport Multiplex). TransMux wird zusammen mit dem optional anwendbaren FlexMux als Einheit betrachtet, die dem Delivery Layer (der Auslieferungsebene) zugeordnet ist. MPEG-4-TransMux muss mit einer Vielzahl von Übertragungsprotokollen zurechtkommen, u. a. mit den bereits bekannten MPEG-2 Transport Streams (TS), dem UDP (User Daten Protokoll) über IP (Internet Protokoll), mit ATM AAL2 (Asynchroner Transfermodus Adaption Layer 2), MPEG-4 Files (MP4) und DAB-Streams (Digital Audio Broadcasting) etc.

Das so genannte Delivery Multimedia Integration Framework (DMIF) stellt im Zusammenhang mit dem TransMux die vermittelnde Schnittstelle zwischen der Content-Anlieferung und dem SyncLayer dar, da bei MPEG-4 nicht mehr länger nur einfach auf die bei MPEG-2 Systems beschriebenen Programm- und Transport-Ströme reagiert werden muss. Im Regelfall erfolgt die Demultiplexierung daher bereits vor dem Eintritt in den eigentlichen MPEG-4-Decoder, da jede externe Anwendung mittlerweile ihre eigenen Paketierungs-, Multiplex- und Übertragungsmechanismen beinhaltet und somit auch dafür Sorge tragen muss, dass deren spezielle Anforderungen an Homogenität von ihnen aus erfüllt werden. Als abstrakte Kommunikationsschnittstelle für die verschiedenen Übertragungsprotokolle dient das DMIF Application Interface (DAI).

Der FlexMux (Flexibler Multiplex) ist eine optionale Einrichtung und ist im Regelfall nicht notwendig, wenn die anliefernden Applikationen über eigene Mechanismen zur Demultiplexierung bzw. Multiplexierung verfügen, da diese dann bereits im TransMux abgehandelt werden.

Die demultiplexten elementaren Streams (ES) werden dem SyncLayer (Synchronisations-Ebene) zugeführt. Hier werden die Zeitreferenzen für die einzelnen Objekte und die Szenenbeschreibungen ausgelesen und es wird für die Identifikation des jeweiligen Content-Typs gesorgt. Die zur Decodierung notwendigen Zeitstempel geben an, zu welchen Zeitpunkten die Datenströme vom Decoder-Puffer dem Darstellungspuffer übergeben werden sollen. Ein Zeitstempel wird bei MPEG-4 Object Time Base (OTB) oder Object Clock Reference (OCR) genannt. Nach ihm haben sich alle zu einem Objekt gehörigen Datenströme zu richten. Als Zeitbasis dienen entweder die traditionellen Clock-Referenzen und Zeitstempel oder die Verkopplung der Decodierung mit den Abtastraten der AV-Daten. Als dritte Möglichkeit kommt MPEG-4 Systems im Sonderfall auch gänzlich ohne Zeitinformation aus und nimmt eine strikte Abarbeitung in der angelieferten Reihenfolge vor. Anders als bei MPEG-2 liefert der neue Standard keinen Datenstrom mehr als Packet Elementary Streams (PES), die eine Art Datencontainer für sich darstellen, sondern dient vielmehr als paketbasierte Schnittstelle für den Delivery Layer [51].

Vom SyncLayer aus gelangen die Datenströme zu den jeweils zugehörigen Coder/Decoder-Paaren (Codecs). Dort werden zum einen die AV-Objekte an sich decodiert, zum anderen die entsprechenden Object Descriptors (OD) und die Scene Descriptors (SD), die alle in separaten Elementary Streams (ES) angeliefert und separat verarbeitet werden. Die Object Descriptors sind dabei als Bindeglied zwischen den Elementary Streams und den Szenenbeschreibungen aufzufassen. Sie verweisen auf die Daten-ES (Audio, Video) oder auf weitere OD-Streams. Wichtig ist in jedem Fall, dass mindestens ein Object Descriptor und i. d. R. eine Szenenbeschreibung vorliegen, da ohne diese keinerlei Decodierprozess in Gang gesetzt werden kann, auch wenn die AV-Daten vollständig vorliegen. Die übergeordneten Szenenbeschreibungen (SD) stellen des Weiteren nichts als Zeiger dar, welche die Hierarchie der Objekte in Form ihrer räumlich-zeitlichen Positionierung vorgeben. Sie werden über das Binary Format for Scenes (BIFS) gesteuert.

Vor und nach dem SyncLayer können die Daten, über das DMIF Application Interface oder das Elementary Stream Interface abgegriffen und ggf. dem IPMP-System (Intellectual Property Management and Protection Descriptor Pointer) zugeführt werden, das Angaben zum Urheberrecht und zur Verschlüsselung enthält.

Nach der Decodierung werden die audiovisuellen Objekte gemäß der dazugehörigen Beschreibungen zur Gesamtszene zusammengesetzt, und nach Durchführung des abschließenden Renderings aus dem Kompositionsspeicher in die aktuelle Präsentation übergeben. Die dazu notwendigen Applikationen stellen im Regelfall nicht mehr die Angelegenheit von MPEG-4 Systems dar, das Rendering und die tatsächliche Wiedergabe müssen von Anwendungen außerhalb des Standards übernommen werden. Einzige Ausnahme bildet hierbei MPEG-Audio, bei dem auch die Wiedergabe definiert ist.

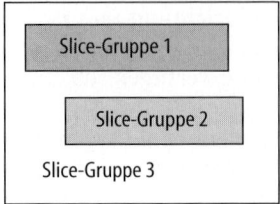 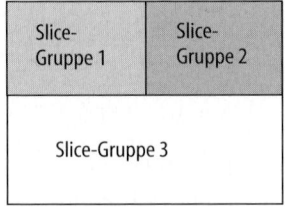

Abb. 3.95. Möglichkeiten zur Bildung von Slice-Gruppen

3.9 H.26x

Die Bezeichnung H.26x (das x steht für eine Zahl) kennzeichnet eine Familie von Videocodierstandards, die von der International Telecommunication Union (ITU) seit Beginn der 80er Jahre entwickelt wurde. Der erste sehr verbreiterte Standard trägt die Bezeichnung H.261. Er beruht auf der hybriden Codierung und wurde 1991 verabschiedet. Hier finden sich bereits viele Grundstrukturen, wie die Blockbildung und die Bewegungskompensation, die auch bei MPEG Verwendung finden. Die Weiterentwicklung führte zu H.262 (1994) mit bidirektionaler Prädiktion und Bewegungskompensation mit Halbpixelgenauigkeit und zu H.263, (1996), ein Standard, der für geringe Bitraten bis 30 kbit/s entwickelt wurde aber auch bei höherer Auflösung effizient arbeitet. H.262 entspricht weitestgehend MPEG-2. H.263 wird gegenwärtig oft bei Videokonferenzsystemen eingesetzt. Dazu existieren zusätzlich die Standards H.320 bzw. H.323, für ISDN-Anwendung, in dem der Videoteilstandard mit einem Audiostandard wie z. B. G.722 und weiteren ITU-Übertragungsspezifikationen zusammengefasst ist. Das ISDN (Integrated Services Digital Network) beruht auf einer Datenrate von 64 kbit/s, was trotz effizienter Datenreduktionsalgorithmen i.d.R. eine Beschränkung der Bildauflösung auf CIF oder QCIF (176 x 144 Pixel) und eine Beschränkung der Bildwiederholrate auf ca. 10 fps erfordert.

Nachdem bis heute mit den Standards H.263+, H.263++ und H.263L an weiteren Verfeinerungen gearbeitet worden ist, wird als neuester Standard H.264/AVC favorisiert. Das Kürzel AVC steht für den Part 10 des MPEG-4-Standards mit dem Namen „Advanced Video Coding". Dies bedeutet, dass die langjährige Symbiose zwischen der MPEG und der ITU-T Video Coding Experts Group (VCEG) nun mit dem Joint Video Team (JVT) in einem gemeinsamen Standard gipfelt. Mit einer Steigerung der Kompressionseffizienz von mehr als 2:1 gegenüber MPEG-2 soll digitales Fernsehen mit H.264/AVC noch bandbreitensparender gestaltet, die HDTV-Bitrate mit ihrem gegenüber SDTV mehr als fünffach größeren Bandbreitenbedarf weiter geschmälert werden, HD-DVDs möglich und gute Vorbereitungen für den bevorstehenden Einsatz von UMTS getroffen werden können. H.264 ist inzwischen nicht mehr nur für die Übertragung per ISDN geeignet, sondern zudem auf die Verwendung in DVB-S, DVB-T, DVB-C, LAN, DSL und MMS ausgelegt [51].

Im Gegensatz zu MPEG-4 konzentrierte man sich bei der Entwicklung von H.264/AVC auf die Steigerung der Codiereffizienz als schlanke Lösung unter

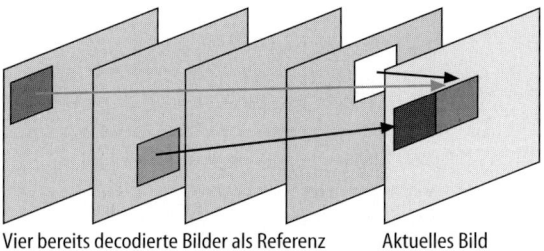

Vier bereits decodierte Bilder als Referenz   Aktuelles Bild

Abb. 3.96. Bewegungskompensation mit Bezug zu mehr als zwei Bildern

Vermeidung der Komplexität von MPEG-4, die sich in der Praxis oft als hinderlich erweist. Das Verfahren codiert ein 4:2:0-Eingangssignal (Y, C_R, C_B), progressiv oder interlaced, mit der hybriden DCT auf Basis von Makroblöcken und verwendet zur Verminderung örtlicher und zeitlicher Redundanzen Intra- bzw. optional Interframecodierung. Es bedient sich der Bewegungskompensation und Quantisierungsmatrizen und schließt mit einer Entropiereduktion ab. Dies stellt also keinen wesentlichen Unterschied zu den bisher vorgestellten Verfahren, wie z. B. MPEG-2 dar.

Die entscheidende Neuerung besteht in der Organisation der Makroblöcke, die 16 x 16 Pixel für Y und je 8 x 8 Pixel für C_R und C_B umfassen. Makroblöcke werden aus unterschiedlichen Bereichen eines gesamten Frames zu Slices (Scheiben) zusammengefasst, mit denen eine übergeordnete Redundanzreduktion erzielt wird. Damit lässt sich der wesentliche Punkt zur Steigerung der Reduktionseffizienz besser fassen: nämlich die Optimierung der Bewegungskompensation. Slices können auffälligen Mustern im Bild entsprechen, aber auch vollkommen willkürliche Formen darstellen (Abb. 3.95). Mit I-Slices werden ausschließlich Prädiktionswerte innerhalb eines Frames gewonnen, dafür stehen mehrere Intra-Prädiktoren zur Verfügung. Mit P- und B-Slices des Weiteren die Vorhersage aus zeitlich benachbarten Bildern. Als Neuerung ist hier die so genannte bewegungskompensierte Langzeitprädiktion eingeführt worden, d. h. dass sich die Bewegungskompensation auf mehr als zwei Referenzbilder beziehen kann (Abb. 3.96).

Die Slice-Varianten SP (Switching P) und SI (Switching I) kommen zum Tragen, wenn zwischen Datenströmen unterschiedlicher Rate umgeschaltet werden muss. Die zu einem Slice gehörigen Makroblöcke müssen dabei keine starren 16 x 16- bzw. 8 x 8-Blöcke sein, sondern können zur gezielteren Bewegungsschätzung bei der Inter-Frame-Codierung noch in weitere rechteckige Untereinheiten aufgeteilt werden (Abb. 3.97). Mit der Unterteilung in 4 x 4 Bildpunkte kann eine wesentliche bessere Anpassung der Bewegungsvektorfelder an die Bildstrukturen erreicht werden als bei gröberen Blockstrukturen. Die Bestimmung der Bewegungsvektoren wird dabei mit bis zu einem Viertel Pixel Genauigkeit durchgeführt, so wie es mit einigen der MPEG-4-Profiles bereits möglich ist. Die aus der DPCM hervorgehenden Prädiktionswerte werden hier mit einer der DCT ähnlichen Transformation, die allerdings auf Integer-Berechnung beruht, auf Basis von 4 x 4-Blöcken durchgeführt.

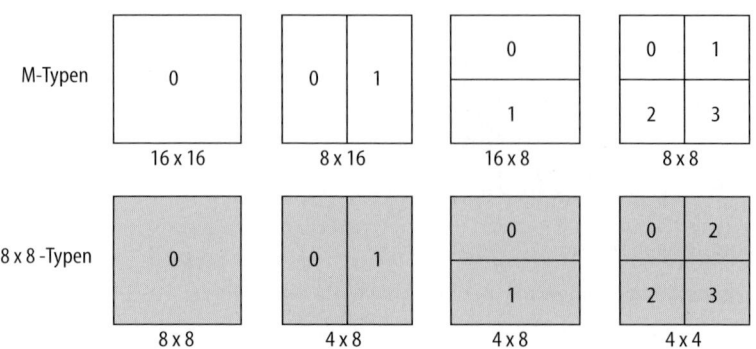

Abb. 3.97. Blocktypen bei H.264/AVC

Für H.264/AVC wurde auch die Entropiecodierung weiterentwickelt. Als erste Option steht das Variable Length Coding (VLC) zur Verfügung, wobei für alle Syntaxelemente eine einzige Codeworttabelle benutzt wird, anstatt für jedes Element eine eigene zu entwerfen. Als zweite Option kann das Context Adaptive Binary Arithmetic Coding (CABAC) verwendet werden. Zusätzliche Effizienzsteigerung wird durch ein adaptives Schleifenfilter erreicht womit die Sichtbarkeit der Blockstrukturen ohne Schärfeverlust reduziert werden kann. Tests haben ergeben, dass mit H.264/AVC insgesamt eine Effizienzsteigerung von ca. 60% gegenüber MPEG-2 und ca. 40% gegenüber MPEG-4 erreicht wird.

H.264/AVC definiert elf Levels von QCIF bis zu High-Definition-Auflösungen für das digitale Kino-Format bei einer Auswahl von drei Profiles: nämlich Baseline für die Videokommunikation ohne B-Frames, das Main Profile für Broadcast- und Unterhaltungsanwendungen und Extended für Streaming. Die Anpassung an verschiedene Netzwerke wird über einen Network Abstraction Layer (NAL) geregelt, der sich zwischen Coding- und Transportlayer befindet.

3.10 Windows Media

Mit Windows Media hat die Firma Microsoft ein AV-Codierverfahren entwickelt das in das PC-Betriebssystem Windows integriert und für dieses optimiert ist. Die im Jahre 2004 neueste Version ist WM9 und soll nun plattformunabhängig standardisiert werden. Die Zielsetzungen sind ähnlich wie bei H.264/AVC, die effiziente Datenreduktion steht im Vordergrund. Auch die Codierungsmechanismen sind ähnlich, z. B. kann mit I, P und B-Frames sowie mit Blockgrößen von 8 x 8, 8 x 4 und 4 x 8 Pixeln gearbeitet werden. Die Codierung unterstützt interlaced und progressive Formate mit fester und variabler Datenrate. Mit Windows Media Audio (WMA) ist eine effiziente Audiodatenreduktion integriert, die nach Herstellerangaben mehr als doppelt so effizient arbeiten soll wie eine MP3-Codierung. Es werden Abtastmuster bis zu 96 kHz/24 Bit für bis zu acht Audiokanäle unterstützt [51].

Auch die Videocodierung (VC9) soll etwa doppelt so effizient sein wie bei MPEG-2. Bei WM9 sind drei Profile definiert worden: Erstens das Simple Pro-

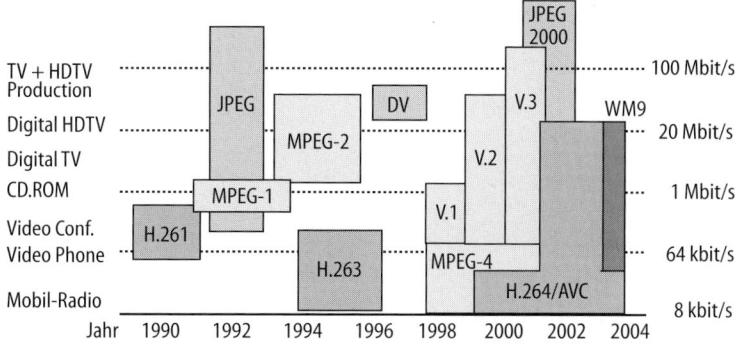

Abb. 3.98. Entwicklung der Videocodierstandards

file das bei geringem Implementierungsaufwand für Internetanwendungen und mobile Kommunikation konzipiert ist. Die Bildauflösungen beschränken sich hier auf CIF und QCIF und die Bildwiederholrate meist auf 15 fps. B-Frames sind nicht zugelassen. Die Datenraten liegen zwischen 96 und 384 kbit/s.

Das Main Profile ist für die Wiedergabe am PC mit Bildraten bis 30 fps vorgesehen, wobei drei Level bestehen: Die Verteilung von Bildern mit CIF-Auflösung bei bis zu 2 Mbit/s, von Bildern mit Standard-TV-Auflösung mit bis zu 10 Mbit/s und schließlich HD-Bildern mit bis zu 20 Mbit/s. Die gleichen Level stehen auch beim dritten, dem Advanced Profile zur Verfügung, das für Broadcastanwendungen mit Unterstützung des Interlaced-Verfahrens konzipiert ist.

In der Konkurrenz zu MPEG-4 wird Windows Media ein großer Erfolg vorhergesagt und zwar nicht aus technischen Gründen, sondern wegen der Lizensierungskosten. Bei MPEG-2 fallen für jeden Encoder und Decoder Kosten von 2,50 USD an und 3 Cent pro Datenträger. Für MPEG-4 werden pro Datenträger 4 Cent und für Coder und Decoder nur 25 Cent verlangt, allerdings muss für jede Verwendung des Formats ein content usage fee gezahlt werden was für Broadcastunternehmen zu erheblichen Kosten führen würde. Microsoft verzichtet für WM9 völlig auf das usage fee und verlangt nur 20 Cent für den Encoder und 10 Cent für den Decoder.

Bei der Betrachtung aller in diesem Kapitel erläuterten Videocodierstandards (Abb. 3.98) fällt auf, dass es mit der Zeit einen erheblichen Fortschritt bezüglich der Kompressionseffizienz gegeben hat. MPEG-2 ist der bisher erfolgreichste Standard. Da hier nur der Decoder spezifiziert wird, gab es Spielraum für Verbesserungen, die es erlauben, ein Standard-TV-Signal heute mit ca. 3 Mbit/s zu codieren, während bei Einführung von MPEG-2 1995 für die gleiche Qualität noch mehr als 6 Mbit/s erforderlich waren.

MPEG-4 setzt sich eher zögernd durch, da der Standard sehr komplex ist und die Nutzung der Interaktionsmöglichkeiten erst noch erschlossen werden müssen und auch sehr aufwändig sind. Dagegen könnte H.264/AVC, als gegenwärtig effizientestes Codierverfahren ein Erfolg werden. Die Codierung ist so effizient, dass es möglich ist, HD-Material auf einer Standard-DVD zu speichern oder über DVB zu übertragen. Es ist diesbezüglich bereits ein Mapping von H.264-Daten auf einen MPEG-2-Transportstrom im Standard vorgesehen.

4 Fernsehsignalübertragung

In diesem Kapitel werden die Signalformen und Verteilwege erörtert, die für die Übertragung des Fernsehprogramms zu den Zuschauern erforderlich sind. Basis des analogen Fernsehsignals ist das in Kap. 2 beschriebene FBAS-Signal. Nach der Vorstellung der zugehörigen Fernsehbegleitsignale geht es dann um das gegenwärtig vorherrschende analoge Fernsehübertragungssystem sowie das auf den MPEG-Spezifikationen beruhende digitale System, das die Bezeichnung Digital Video Broadcasting (DVB) trägt und in Zukunft das analoge Verfahren vollständig ablösen wird. Die Übertragung analoger oder digitaler Programme zum Zuschauer geschieht über die gleichen Verteilwege, nämlich terrestrische Ausstrahlung, Kabel- und Satellitenübertragung, dabei ist in jedem Fall eine Modulation erforderlich, auf die hier zunächst eingegangen wird.

4.1 Analoge Modulationsverfahren

Bei der Basisbandübertragung ist pro übertragenem Signal eine eigene Leitung erforderlich. Für die Übertragung mehrerer Signale ist das nicht effektiv, da die auf der Leitung zur Verfügung stehende Bandbreite meist nicht ausgenutzt wird. Mit der Multiplextechnik wird die Übertragungseffektivität gesteigert. Um z. B. zwei Videosignale mit einer Bandbreite von je 5 MHz zu übertragen, kann das eine im Basisband belassen werden, während das zweite auf eine Trägerfrequenz moduliert wird, so dass das Frequenzband in den Bereich zwischen 6 und 11 MHz transformiert wird.

4.1.1 Multiplexverfahren

Die Versetzung von Frequenzbändern durch Modulation lässt sich ausweiten. Bei einer Übertragungsbandbreite von z. B. 30 MHz kann durch diese sog. Frequenzmultiplextechnik die Übertragungskapazität gegenüber der Basisbandübertragung bei 6 MHz-Kanalbandbreite verfünffacht werden. Das Demultiplexing, d. h. die Rückgewinnung der Ausgangssignale, geschieht bei der Frequenzmultiplextechnik durch Filterung und Rücktransformation ins Basisband (Demodulation). Da die Filter nicht ideal arbeiten, müssen die Kanäle etwas mehr Bandbreite aufweisen als die übertragenen Signale.

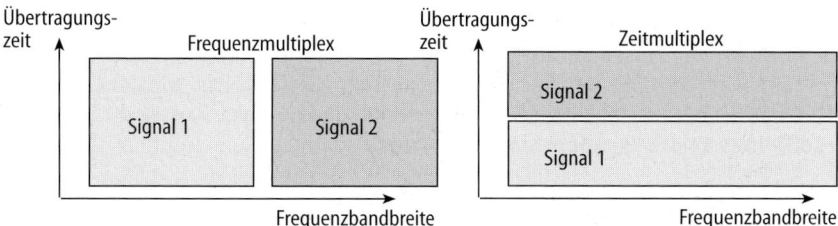

Abb. 4.1. Frequenz- und Zeitmultiplex

Eine zweite Multiplexart ist das Zeitmultiplexverfahren. Ein Signal belegt dabei den Kanal nicht während der gesamten Übertragungsdauer, sondern beispielsweise nur die Hälfte der Zeit, so dass die andere Hälfte für die Übertragung eines zweiten Signals zur Verfügung steht. Da man ein Signal ohne Qualitätseinbuße natürlich nicht einfach zeitweise abschalten kann, muss es bei der Zeitmultiplextechnik zunächst geeignet komprimiert und auf der Wiedergabeseite expandiert werden. Dieses Verfahren ist technisch aufwändiger als die Frequenzmultiplextechnik, allerdings auch qualitativ hochwertiger, da die Kanaltrennung in der Zeitebene so durchgeführt werden kann, dass die Basisbandsignale geringere gegenseitige Störungen aufweisen als bei einer Signaltrennung in der Frequenzebene.

Zwei Videosignale, die mit je 5 MHz Bandbreite im Zeitmultiplex auf einer Leitung übertragen werden, beanspruchen insgesamt aber nicht nur eine Bandbreite von 5 MHz. Die Übertragung eines um den Faktor zwei zeitkomprimierten Signals erfordert bei unveränderter Informationsmenge gerade die doppelte Bandbreite des Einzelsignals. Allgemein lässt sich eine gegebene Informationsmenge bezüglich der Dimensionen Zeit und Bandbreite so darstellen, dass sich eine Fläche ergibt, deren Inhalt die Informationsmenge repräsentiert. Die konstante Fläche kann bei vergrößerter Breite (Bandbreite) in der Höhe (Zeit) verkleinert werden, d. h. die Zeitdauer eines Vorgangs und die Breite seines Spektrums stehen in einem reziproken Verhältnis. Dieser Umstand wird auch als Grundgesetz der Nachrichtentechnik bezeichnet (Abb. 4.1). Es besteht die Möglichkeit, die Fläche um eine dritte Dimension zu einem sog. Nachrichtenquader zu erweitern. Die dritte Dimension repräsentiert dann das Signal/Rauschverhältnis (Abb. 4.2). Bei großem Störabstand wird die im Quader liegende Informationsmenge groß, denn je kleiner das Rauschsignal ist, desto mehr Amplitudendifferenzen können aufgelöst werden. Wird die Nach-

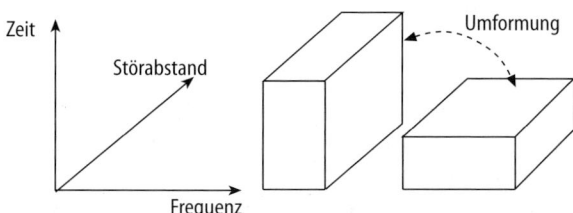

Abb. 4.2. Nachrichtenquader

richt durch Zahlen dargestellt, die nur die Werte 1 und 0 annehmen können, wie es z. B. in Digitalsystemen geschieht, so ist eine gegenüber der Analogübertragung vergrößerte Bandbreite erforderlich. Gleichzeitig werden aber geringere Ansprüche an den Störabstand gestellt, da die zwei Zustände auch bei Vorliegen eines relativ großen Störpegels noch leicht unterscheidbar sind.

4.1.2 Amplitudenmodulation (AM)

Nicht nur für das Frequenzmultiplexverfahren wird das Basisbandsignal in den Hochfrequenzbereich transformiert, sondern auch damit es effektiv über Antennen abgestrahlt werden kann. Dies geschieht durch Modulation eines hochfrequenten Trägersignals mit der Frequenz ω_T, das vom Nutzsignal der Frequenz ω_M verändert wird. Das modulierende Nutzsignal kann analoger oder digitaler Art sein. Als Trägersignals wird für die Fernsehübertragung ein Sinussignal benutzt:

$$a_T(t) = \hat{a}_T \sin(\omega_T t + \varphi_T).$$

Allgemein können sowohl die Amplitude $\hat{a}_T$, als auch die Frequenz ω_T und die Phase φ_T vom modulierenden Signal verändert werden. Für die analogen Fernsehübertragungsverfahren werden nur Amplituden- oder Frequenzmodulation verwendet.

Bei den konventionellen Fernsehsystemen mit Antennen- oder Kabelübertragung wird die Amplitudenmodulation eingesetzt. Ein AM-Signal entsteht, indem die Amplitude der Trägerfrequenz gemäß dem Verlauf des zu übertragenden Signals verändert wird (Abb. 4.3). Das Trägersignal kann durch folgende Beziehung beschrieben werden [53]:

$$a_T(t) = \hat{a}_T \sin(\omega_T t + \varphi_T).$$

Die Gleichung für das modulierende Signal lautet:

$$a_M(t) = \hat{a}_M \cos(\omega_M t + \varphi_M).$$

Die Modulation entspricht mathematisch einer Multiplikation, damit folgt:

$$a_{AM}(t) = (\hat{a}_T + \hat{a}_M \cos(\omega_M t)) \sin(\omega_T t).$$

Mit dem Modulationsgrad $m = \hat{a}_M / \hat{a}_T$ ergibt sich :

$$a_{AM}(t) = \hat{a}_T (1 + m \cos(\omega_M t)) \sin(\omega_T t).$$

Mit der Beziehung $\sin\alpha \cos\beta = 1/2 (\sin(\alpha + \beta) + \sin(\alpha - \beta))$ folgt:

$$a_{AM}(t) = \hat{a}_T \sin(\omega_T t) + \hat{a}_M/2 \sin(\omega_T t + \omega_M t) + \hat{a}_M/2 \sin(\omega_T t - \omega_M t).$$

Die Frequenz ω_M repräsentiert das Basisfrequenzband mit den Grenzen ω_u und ω_o. Es tritt einmal als Summe und einmal als Differenz zur Trägerfrequenz auf, so dass zwei Seitenbänder, das untere (USB) und das obere Seitenband (OSB) entstehen (Abb. 4.4). Das AM-Signal benötigt damit insgesamt die zweifache Bandbreite (B_{NF}) des Basisbandsignals oder das Doppelte der höchsten Modulationsfrequenz: $B_{AM} = 2 B_{NF}$.

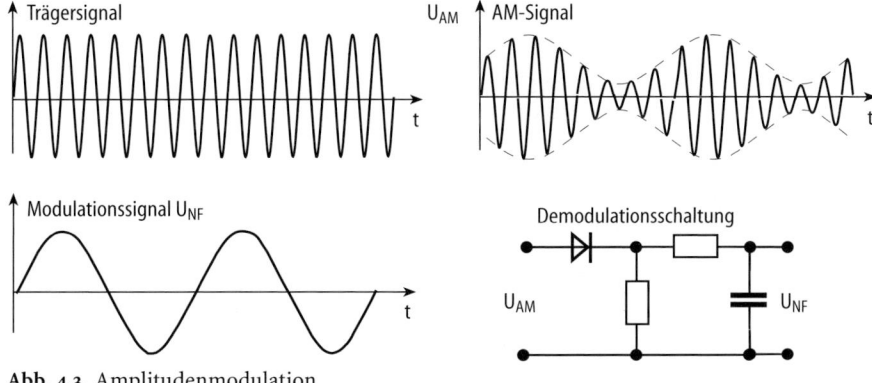

Abb. 4.3. Amplitudenmodulation

Für die Leistung einer harmonischen Schwingungen gilt allgemein, dass sie der Hälfte des Amplitudenquadrates proportional ist. Das gilt auch für die Sendeleistung P_T des Trägersignals:

$P_T \sim 1/2 \; \hat{a}_T^2$.

Für die beiden Seitenbandsignale gilt:

$P_S \sim 2 \cdot 1/2 \; (\hat{a}_M/2)^2$.

Daraus folgt für das Verhältnis von Seitenband- zu Trägerleistung:

$P_S / P_T = m^2/2$.

Hier wird ein wesentlicher Nachteil der AM deutlich: Selbst bei einem Modulationsgrad m = 100% (in der Praxis wird zur Vermeidung von Verzerrungen meist mit m < 70% gearbeitet) wird ein Großteil der Sendeleistung eines AM-Signals für den Träger benötigt, der keine Information enthält.

Der Vorteil der AM ist, dass die Demodulation auf der Empfängerseite sehr wenig Aufwand erfordert. Es reicht ein einfacher Hüllkurvendemodulator, bestehend aus einer Diode zur Unterdrückung einer Halbwelle und einem Tiefpassfilter zur Beseitigung der Trägerschwingung (Abb. 4.3). Die Demodulation kann ohne Rücksicht auf die Phasenlage vorgenommen werden (inkohärente Demodulation) und der Gleichanteil der Hüllkurve ermöglicht einen einfachen Ausgleich schwankender Empfangsfeldstärken.

Die Effektivität der AM kann durch Trägerunterdrückung gesteigert werden. Der Träger braucht nicht übertragen zu werden, da er sich aus den beiden Seitenbändern zurückgewinnen lässt:

$(\omega_T - \omega_M) + (\omega_T + \omega_M) = 2 \; \omega_T$.

Da das zu übertragende Signal zweimal, nämlich jeweils im oberen und unteren Seitenband enthalten ist, kann bei der Übertragung auch ein Seitenband weggelassen werden. In diesem Fall liegt die Einseitenband-Modulation (EM), auch ESB oder SSB (Single Side Band) genannt, vor. EM erfordert einen relativ hohen Empfängeraufwand, da der Träger im Empfänger regeneriert werden

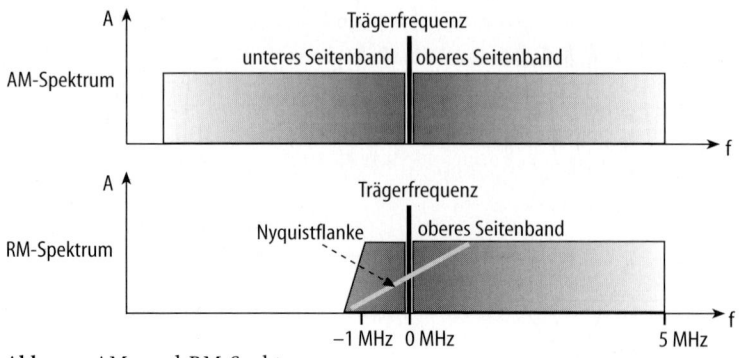

Abb. 4.4. AM- und RM-Spektrum

muss. Die Beseitigung eines Seitenbandes ist für die Übertragung von Videosignalen vor allem aus Gründen der Frequenzökonomie sehr erwünscht, denn EM erfordert im Vergleich zu AM nur die halbe Bandbreite. Diese Modulationsart ist für Videosignale jedoch praktisch nicht realisierbar. Die Trennung der Seitenbänder würde ein ideales Filter mit fast unendlicher Flankensteilheit erfordern, da das Videosignalspektrum bei nahezu 0 Hz beginnt.

Zur Fernsehsignalübertragung wird als Kompromiss die Restseitenband-AM (RSB-AM) verwendet, die auch mit RM oder VSB (Vestigal Side Band) bezeichnet wird. Für ein 5 MHz-Standardvideosignal wird sendeseitig das untere Seitenband bis zu 0,75 MHz ungedämpft übertragen und dann steilflankig abgeschnitten, so dass bei 1,25 MHz das Signal quasi vollständig unterdrückt ist. Bei der Demodulation steht der Bereich bis 0,75 MHz doppelt zur Verfügung. Daher wird empfängerseitig mit einer sog. Nyquistflanke gefiltert, die eine Überlagerung der Teilspektren gerade so ermöglicht, dass die Restseitenbandlücke des oberen Seitenbandes von dem unteren Seitenbandrest aufgefüllt wird (Abb. 4.4).

4.1.2.1 Quadraturamplitudenmodulation (QAM)
Eine Steigerung der Effektivität der AM ist auch dadurch möglich, dass neben der Amplitude die Phase moduliert wird. Dies gelingt mit der sog. Quadraturamplitudenmodulation (QAM). Es werden hier zwei gleichfrequente, um 90°

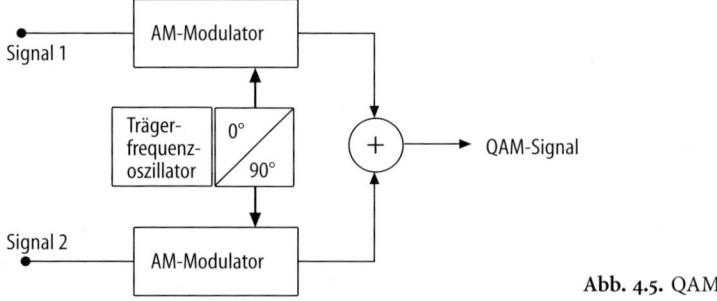

Abb. 4.5. QAM-Signalbildung

gegeneinander phasenverschobene Träger eingesetzt (Abb 4.5). Die Träger werden von verschiedenen Signalen amplitudenmoduliert und dann additiv zusammengeführt. Zur Demodulation eines QAM-Signals ist der Zusatz eines Hilfsträgers erforderlich, der mit dem Originalträger in Frequenz und Phase synchronisiert ist (kohärente Demodulation). Bei dieser kohärenten Demodulation wird erreicht, dass das Signal für 0° Phasenverschiebung maximal wird, während es für 90° gerade verschwindet, d. h. die beiden Signale lassen sich trennen. QAM wird zur Übertragung der Farbdifferenzsignale im Luminanzspektrum verwandt, aber nicht als Modulationsart für die Sendetechnik.

4.1.3 Frequenzmodulation (FM)

Bei der Frequenzmodulation weicht der Augenblickswert $f(t)$ der Trägerfrequenz von der Mittenfrequenz f_T um einen Betrag ab, der dem Momentanwert des modulierenden Signals proportional ist (Abb. 4.6). Die Frequenz des zu übertragenden Signals spiegelt sich in der Häufigkeit der Abweichung der Trägerfrequenz von ihrem Mittelwert. Der Maximalwert des modulierenden Signals führt zur größten Abweichung von der Trägerfrequenz, dem sog. Frequenzhub Δf. Bei sinusförmig frequenzmodulierten Signalen kann ein Modulationsindex η als Verhältnis des Frequenzhubes zur Modulationsfrequenz angegeben werden:

$$\eta = \Delta f / f_M.$$

Bei kleinem Hub liegt mit $\eta < 1$ das sog. Schmalband-FM vor und es gilt:

$$a_{FM}(t) \approx \hat{a}_T \left[\cos(\omega_T t) - \eta/2 \cos(\omega_T - \omega_M) t + \eta/2 \cos(\omega_T + \omega_M) t \right].$$

Es treten also auch hier wieder additiv und subtraktiv Seitenbänder auf, ohne die vorausgesetzte Näherung sind es unendlich viele Seitenschwingungen. Das FM-Spektrum kann aber unter Inkaufnahme kleiner, definierter Verzerrungen durch Filter beschränkt werden, da die Amplituden der Seitenschwingungen zu hohen Frequenzen hin schnell abnehmen. Je größer der Modulationsindex, desto feiner kann die modulierende Amplitude aufgelöst werden, desto größer ist der Störabstand. Bei großem Hub ergibt sich die sog. Breitband-FM ($\eta > 1$), für die hier erforderliche Bandbreite B_{FM} gilt:

$$B_{FM} = 2 \cdot (\Delta f + B_{NF}).$$

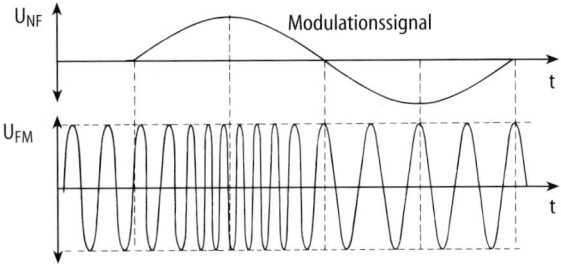

Abb. 4.6. Frequenzmodulation

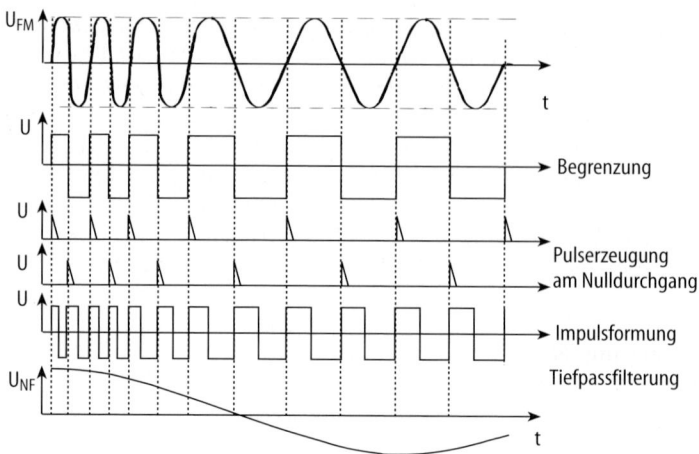

Abb. 4.7. Frequenzdemodulation

Die Frequenzmodulation kann mit einem Trägeroszillator vorgenommen werden, dessen Oszillatorfrequenz vom Modulationssignal gesteuert wird (Voltage Controlled Oscillator, VCO). Zur Demodulation eines FM-Signals kann ein Zähldiskriminator eingesetzt werden, der die bei FM veränderliche Anzahl von Nulldurchgängen auswertet. Zähldiskriminatoren erzeugen bei jedem Signal-Nulldurchgang einen Impuls und integrieren dann über die Impulsanzahl (Abb. 4.7). Eine weitere häufig verwandte Demodulationsart nutzt die PLL-Schaltung (Phase Locked Loop). Hier wird ein steuerbarer Oszillator (VCO) mit einem Regelkreis auf die veränderliche Phase des zu demodulierenden Signals abgeglichen. Bei FM muss der Oszillator ständig nachgestimmt werden, das Nachstimmsignal entspricht dem demodulierten Signal.

Breitband-FM erfordert eine größere Übertragungsbandbreite als AM, bietet dafür aber einen größeren Störabstand. Der große Vorteil ist, dass die Information nicht in der Amplitude verschlüsselt ist. Die Amplitude ist der am stärksten von Störungen betroffene modulierbare Parameter. Bei FM können die störenden Amplitudenveränderungen mit Amplitudenbegrenzern einfach beschnitten werden (Abb. 4.8). Damit wird, entsprechend dem Grundgesetz der Nachrichtentechnik, der Störabstand auf Kosten der Bandbreite erhöht. In der Videotechnik wird FM bei der analogen Magnetbandaufzeichnung verwendet und als Modulationsart für die Satellitenübertragung.

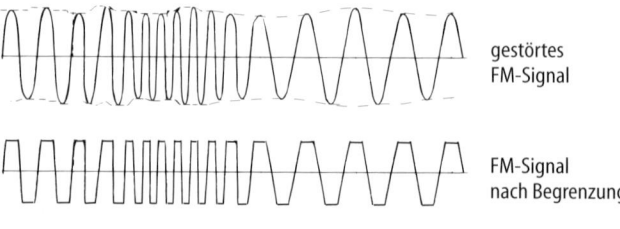

gestörtes
FM-Signal

FM-Signal
nach Begrenzung

Abb. 4.8. Amplituden-
begrenzung bei FM

4.2 Fernsehbegleitsignale

Basis des analogen Fernsehsignals ist das in Kapitel 2 dargestellte FBAS-Signal. Das Fernseh-Programm besteht aber nicht nur aus dem Videosignal, sondern enthält den Begleitton und Zusatzdaten, die hier vorgestellt werden.

4.2.1 Fernsehbegleitton

Zur Verteilung des Videosignals an viele Empfänger (Broadcast) wird das FBAS-Signal auf einen Bildträger moduliert. Unabdingbar ist dabei die gleichzeitige Übertragung des Begleittons, die mittels der Frequenzmultiplextechnik mit einem eigenen Tonträger realisiert wird. Der Träger kann amplituden- oder frequenzmoduliert werden, in Deutschland wird mit FM gearbeitet.

Der Abstand zwischen Bild- und Tonträger liegt fest, jedoch gibt es hier auch innerhalb Europas viele Differenzen. Nach der in Deutschland gültigen CCIR-B/G-Norm beträgt der Bild-Tonträgerabstand 5,5 MHz, der Tonträger hat einen Abstand von 0,5 MHz zur oberen Videogrenzfrequenz. Dieser Abstand erlaubt den Einsatz der Frequenzmodulation, die gegenüber AM einen höheren Bandbreitenbedarf hat, aber auch eine höhere Qualität bietet. Um Störungen im Bild zu vermeiden, ist die Tonträgerleistung gegenüber dem Bildträger auf 1/20 reduziert (Abb. 4.9). Der Frequenzhub beträgt 50 kHz, die übertragene Audiobandbreite 15 kHz. Die Tonqualität entspricht damit der des UKW-Rundfunks.

Zur Übertragung eines zweiten Tonkanals wird ein weiterer Tonträger (TT_2) frequenzmoduliert. Die Leistung von TT_2 ist gegenüber dem ersten noch einmal auf 1/5 reduziert. Bei der Konzeption wurde großer Wert auf hohe Übersprechdämpfung zwischen den Tonkanälen gelegt, denn der zweite Tonkanal soll nicht nur für Stereosendungen sondern auch separat zu Verfügung stehen, um z. B. bei synchronisierten Beiträgen den Originalton im Zweikanalbetrieb senden zu können.

Der zweite Tonkanal arbeitet auch mit 15 kHz Bandbreite und gewährleistet die gleiche Qualität wie der erste. Um Störungen zu minimieren, ist die zweite Tonträgerfrequenz mit der Zeilenfrequenz derart verkoppelt, dass er etwa um 250 kHz höher liegt als TT_1. Es gilt:

$$f_{TT2} = f_{TT1} + 15{,}5 \cdot f_H = 5{,}742 \text{ MHz}.$$

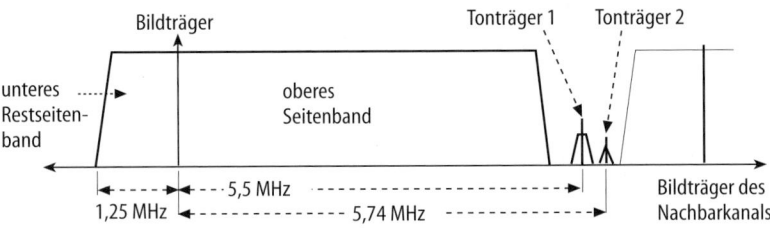

Abb. 4.9. Lage der Bild- und Tonträger

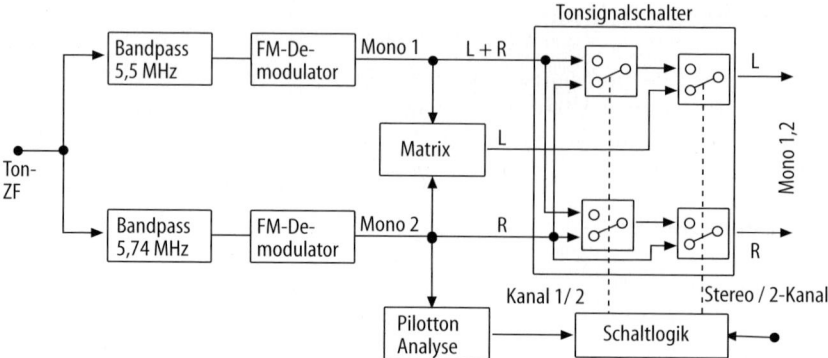

Abb. 4.10. Stereo- und Zweikanaltongewinnung

Empfänger, die beide Tonkanäle auswerten, müssen mit Verstärker- und Lautsprecherpaaren für die Stereowiedergabe ausgestattet sein und eine Umschalteinheit zur Anwahl des Stereo- oder Zweikanalmodus enthalten. Bei Zweikanalbetrieb wird wahlweise entweder der eine oder der andere Tonkanal auf beide Lautsprecher geschaltet, bei Stereobetrieb müssen die Lautsprecher den Rechts- Linkskanälen zugeordnet werden.

Die Umschaltung zwischen Zweikanal- und Stereomodus erfolgt automatisch mit Hilfe eines Pilothilfsträgers der Frequenz $f_P = 3.5 \cdot f_H = 54.7$ kHz, der bei Stereosendungen mit 117,5 Hz und bei Zweikanalbetrieb mit 274,1 Hz amplitudenmoduliert wird. Bei Stereobetrieb wird wegen der Kompatibilität zu Monoempfängern über Tonträger 1 das Monosignal (L + R)/2 übertragen, Tonträger 2 trägt nur das R-Signal. Im Empfänger wird im Stereomodus der Linksanteil nach folgender Beziehung gebildet (Abb. 4.10):

$$L = 2 \cdot (L + R)/2 - R.$$

Neben der Tonübertragung im Frequenzmultiplex gibt es weitere, weniger bedeutungsvolle Verfahren, von denen hier nur zwei kurz erwähnt werden sollen. Das COM-Verfahren nutzt für einen Tonkanal eine Zeile in der Vertikalaustastlücke eines jeden Halbbildes. Das kontinuierliche Audiosignal wird dabei in 20 ms-Sequenzen aufgeteilt, die, entsprechend der nutzbaren Zeilendauer, auf 50 µs komprimiert werden. Damit bei dieser Zeitkompression um Faktor 400 kein Qualitätsverlust stattfindet, wird das komprimierte Signal mit der 400-fachen Bandbreite übertragen, woraus sich bei einer Videobandbreite von 5 MHz eine maximale Audiofrequenz von 12,5 kHz ergibt. Die Audioqualität ist damit ausreichend und könnte ggf. durch Nutzung weiterer Zeilen gesteigert werden.

Beim SIS-Verfahren (Sound in Sync) wird ein digitales Audiosignal verwendet. Die A/D-Wandlung geschieht mit der Abtastrate $f_s = 2 \cdot f_H$, die Digitaldaten werden in der Horizontalaustastlücke, im Bereich des Synchronsignals, platziert. Das Verfahren kommt nur in speziellen Fällen zur Anwendung, da es in Heimempfängern zu Störungen führen kann.

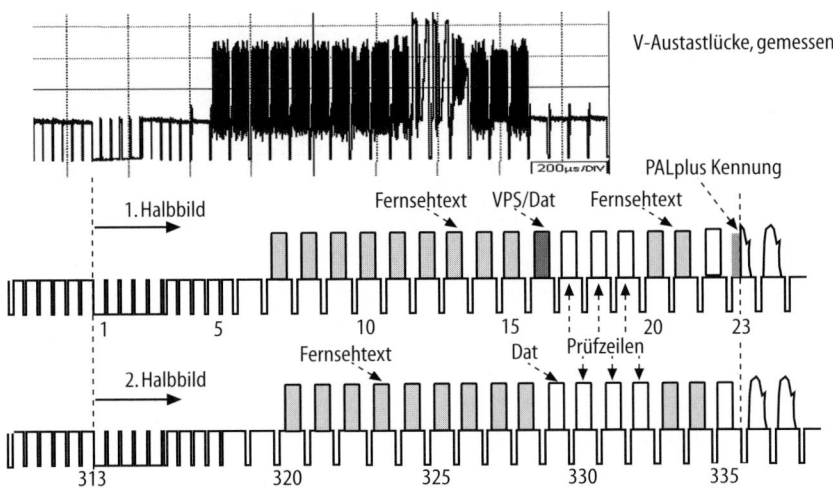

Abb. 4.11. Nutzung der V-Austastlücke

4.2.2 Signale in der Vertikalaustastlücke

Die Vertikalaustastlücke enthält 25 für das Bild ungenutzte Zeilen, von denen nur wenige für die Auslösung des Bildwechsels benötigt werden. Schon früh wurde daher versucht, diese Zeilen zur Übertragung von Zusatzinformationen zu nutzen (Abb. 4.11). Zunächst wurde Teletext als textorientierter TV-Zusatzdienst eingeführt, später kamen die Prüfzeilensignale hinzu. Um auch internationale Kompatibilität zu gewährleisten wurde festgelegt, dass die Zeilen 7...15, 20, 21 im ersten und 320...328, 333, 334 im zweiten Halbbild für Fernsehtext genutzt werden können. Die Zeilen 16/329 sind für Datenübertragung und VPS reserviert, die Zeilen 17...19/330...332 sind Prüfzeilen und 22/335 Schwarzzeilen.

4.2.2.1 Prüfzeilen
Zwei Zeilen pro Halbbild sind für messtechnische Zwecke definiert: Es sind die Zeilen CCIR 17, 18 und 330, 331, die aber, abhängig von der Sendeanstalt, auch auf Zeile 19 ausgedehnt werden. Diese Prüfzeilen sind jeweils in 32 Schritte á 2 µs Dauer eingeteilt, die Schritte 6–31 werden für messtechnische Informationen genutzt. Mit den Prüfzeilen können Amplitudenfrequenzgang, Einschwingverhalten, Bandbreite etc. bestimmt werden. Sie können automatisch ausgewertet und Übertragungsstrecken entsprechend entzerrt werden.

Abbildung 4.12 zeigt eine Übersicht über die Prüfzeilen. Zeile CCIR 17 beginnt mit einem Weißimpuls von 10 µs Dauer, der als Amplitudenbezugswert für alle weiteren Signale dient. An der Dachschräge kann das NF-Verhalten des zu untersuchenden Übertragungssystems beurteilt werden. Es folgt dann ein 2T-Impuls. T steht für die Einschwingzeit eines Übertragungskanals der Bandbreite B. Bei einer Grenzfrequenz von 5 MHz beträgt T = 1/(2B) = 100 ns (Abb. 4.13). Der 2T-Impuls hat sinusförmige Flanken und die Eigenschaft, dass

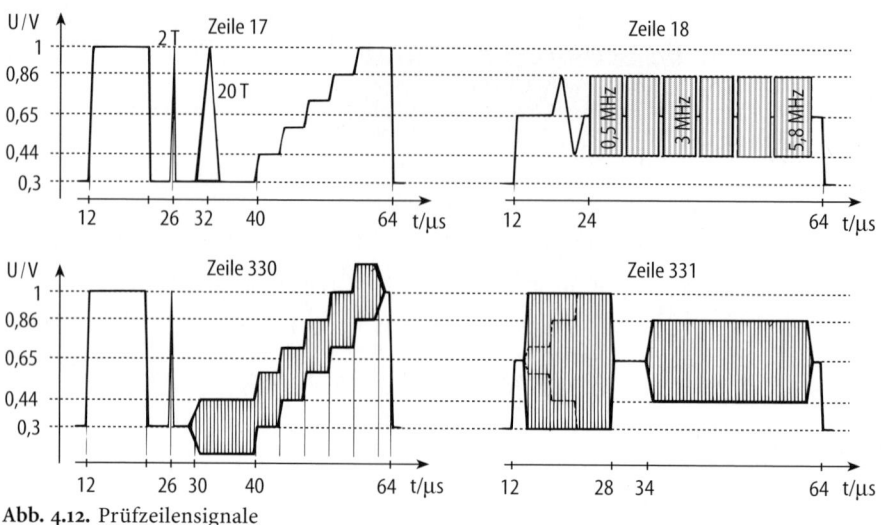

Abb. 4.12. Prüfzeilensignale

keine Frequenzanteile oberhalb 5 MHz auftreten. Aus dem Amplitudenabfall des 2T-Impluses können Schlüsse auf den Amplitudenfrequenzgang des Systems gezogen werden, dazu wird auch der k-Faktor benutzt (s. Kap. 2.4). Am folgenden 20T-Impuls können Dämpfungs- und Phasenverzerrungen beurteilt werden, denn diese führen zu einer Aushöhlung oder zu sinusförmiger Verzerrung am Boden des 20T-Impulses (Abb. 4.13). Mit der Grautreppe in Zeile 17 kann schließlich die Linearität des Systems überprüft werden.

In Zeile 18 wird ein Multiburstsignal, d. h. eine Folge von sechs verschiedenen Frequenzen (0,5...5,8 MHz) übertragen, an der der Amplitudenfrequenzgang erkennbar ist. Die Amplitude beträgt 0,42 V_{ss}, der Mittelwert 0,65 V. Prüfzeile 330 enthält wie Zeile 17 den Weiß-, den 2T-Impuls und die Grautreppe, die hier mit einem Farbträgersignal mit 0,28 V_{ss} überlagert ist, um differenti-

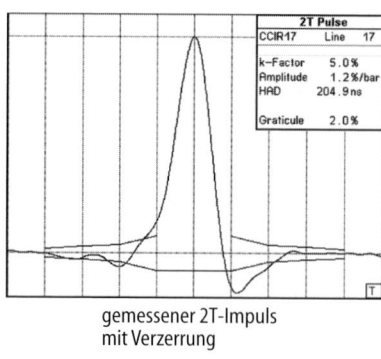

gemessener 2T-Impuls
mit Verzerrung

Abb. 4.13. 2T-Impuls und Verzerrungen
am 20T-Impuls

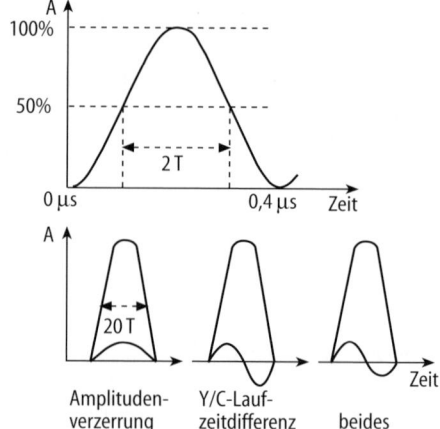

Zeile	7	8	9	10	11	12	13	14	15	16	17	18	19	20	21		320	321	322	323	324	325	326	327	328	333	334
ARD	x	x	x		x	x	x	x	x	V	17	17	18	x	x		x	x	x		x	x	x	x	x	x	x
SAT1	x	x	x		x	x	x	x	x	V	17	17	18	x	x		x	x	x		x	x	x	x	x	x	x
N3	x	x	x		x	x	x	x	x	V	17	17	18	x	x		x	x	x		x	x	x	x	x	x	x

x = Fernsehtext, 17/18 = CCIR 17/18

Abb. 4.14. Nutzung der V-Austastlücke für Videotext und Prüfzeilen bei versch. Sendern

elle Amplituden- und Phasenfehler feststellen zu können. Zeile 331 enthält schließlich zwei Farbträgerpakete, mit denen die Intermodulation zwischen Chrominanz- und Luminanzsignal bestimmt werden kann.

4.2.2.2 Teletext

Tele-, Fernseh- oder auch Videotext (bei ARD und ZDF) ist eine Übertragung von Zusatzinformationen als Text oder in grafischer Form in den Zeilen der Vertikalaustastlücke des Videosignals. Die Inhalte hängen von den jeweiligen Sendeanstalten ab. Beispiele sind: Programmhinweise, Untertitel, Nachrichten, Börsennachrichten und Computerdaten. Videotext wird üblicherweise anstelle des Fernsehbildes eingeblendet, wobei der Ton unbeeinflusst bleibt. Im Mix-Mode kann die Videotextwiedergabe auch gleichzeitig mit dem Fernsehbild erfolgen, um z. B. Untertitel darzustellen.

Das Videotextsignal wird in digitaler Form in die Austastlücke eingefügt. Die genutzten Zeilen sind von der Sendeanstalt abhängig (Abb. 4.14). Die Daten sind mit 8-Bit-Worten im ASCII-Code verschlüsselt und werden im NRZ-Code übertragen (Abb. 4.17). Die Taktfrequenz beträgt $f_{Bit} = 444 \cdot f_H = 6{,}9375$ MHz, für ein Bit stehen 144 ns zur Verfügung. Die Amplitude des Fernsehtextsignals beträgt 66% BA. In einer Zeile können insgesamt 360 Bit oder 45 Byte übertragen werden, die Übertragungskapazität beträgt bei zwei genutzten Zeilen also 36 kbit/s. Von den 45 Byte pro Zeile stehen effektiv nur 40 Byte für die Nachricht zur Verfügung, drei Byte werden für die Datensynchronisation verwandt, zwei weitere zur Magazinadressierung (Abb. 4.15).

Die Informationen werden in Videotextseiten aufgeteilt, die jeweils gerade den Bildschirm füllen. Eine Seite enthält 24 Textzeilen, die wiederum aus 40 Zeichen bestehen. Die Grafikdarstellung ist daher auf 40 x 24 Bildelemente pro Bildschirmseite beschränkt und demgemäß sehr grob (Abb. 4.16). Wenn 100

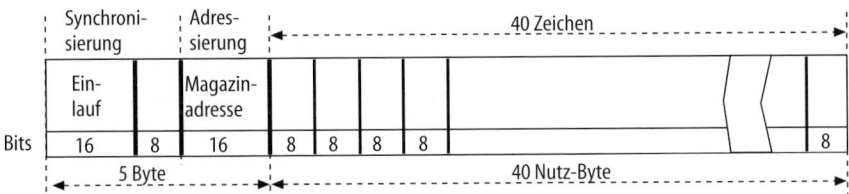

Abb. 4.15. Aufbau der Datenzeile bei Teletext

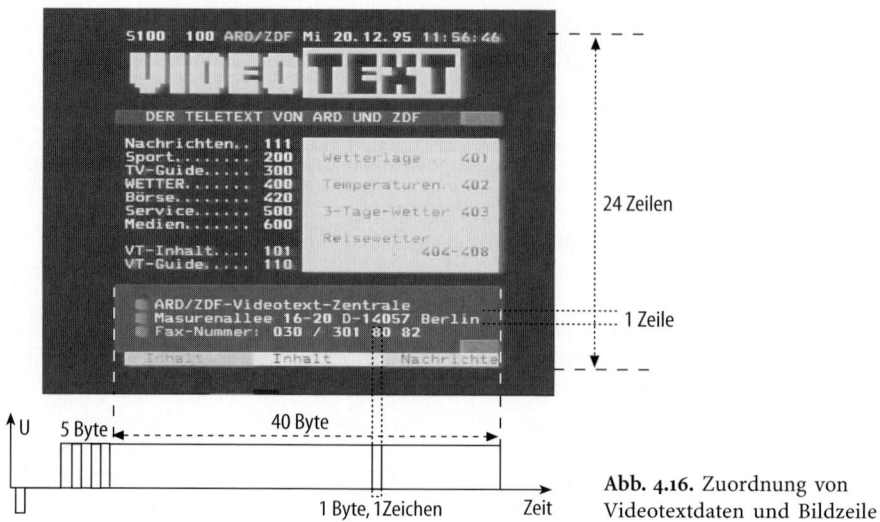

Abb. 4.16. Zuordnung von Videotextdaten und Bildzeile

Textseiten zu einem Magazin zusammengefasst werden, enthält dieses 96 kB Daten. Bei Nutzung von zehn Videotextzeilen pro Halbbild ergibt sich eine maximale Übertragungsdauer von $t_{max} = 100 \cdot 24$ Z $\cdot$ 20 ms/10Z = 4,8 s für ein 100-Seiten-Magazin. Die Wartezeit ist in der Praxis geringer, da Textseiten im Empfänger gespeichert werden, und wichtige Seiten häufig wiederholt werden.

4.2.2.3 VPS

Die binär codierte Video Program System Information (VPS) wird in Zeile 16 der V-Austastlücke übertragen (Abb. 4.17). Durch Vergleich der VPS-Daten (Abb. 4.18) mit einer in einem Videorecorder gespeicherten Sollstartzeit wird ermöglicht, dass der Recorder genau ab dem tatsächlichen Programmbeginn aufzeichnet. Das VPS-Signal beinhaltet den Ist-Zeitwert, der bei zeitversetzt beginnenden Beiträgen simultan verschoben wird, so dass der Start des Recorders durch einen einfachen Soll/Ist-Vergleich ausgelöst werden kann. Sobald und solange Ist/Soll-Gleichheit vorliegt, wird aufgezeichnet. Die Datenzeile 16 enthält 15 Datenworte, VPS ist in den 8-Bit-Worten 11–14 verschlüsselt, die weiteren Worte werden von den Sendeanstalten innerbetrieblich genutzt [21].

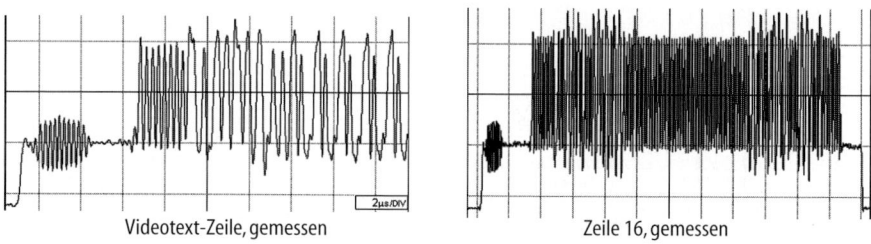

Videotext-Zeile, gemessen   Zeile 16, gemessen

Abb. 4.17. Gemessene Zeilen in der V-Austastlücke

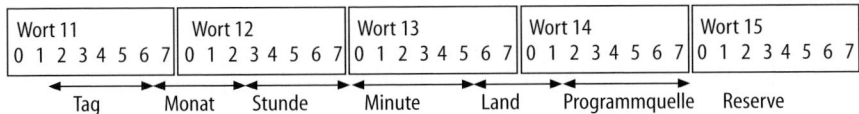

Abb. 4.18. VPS-Codeworte

4.2.2.4 PAL-plus-Kennung

Zur Übertragung einiger Zusatzinformationen zum PALplus-Signal (s. Abschn. 4.4.3) wird auch die vertikale Austastlücke benutzt. Trotz dichter Belegung durch die dargestellten Dienste fand sich ein noch nicht genutztes Gebiet, das zudem den Vorteil aufweist, dass es auch von VHS-Recordern aufgezeichnet wird. Es ist dies die Zeile 23, die nach CCIR-Norm noch zur Hälfte zur Austastlücke gehört. Hier werden 14 Bits im Bi-Phase-Mark-Code (s. Kap. 3.2) mit einer Taktfrequenz von 833 kHz übertragen, die Informationen über das Bildformat, Kamera- oder Filmmode, Colour Plus etc. enthalten. Unabhägig von PALplus ist dieses Wide Screen Signaling Signal (WSS) überall dort von Bedeutung, wo Formatänderungen auftreten können, wie z. B. auch bei der DVD.

4.2.2.5 VITC

Auch der Vertical Interval Timecode (VITC) ist ein Digitalsignal, das in der V-Austastlücke übertragen wird. Es wird aber nicht in das ausgestrahlte Fernsehsignal eingetastet, sondern nur bei der Nachbearbeitung innerhalb des Studios verwendet und dient der Nummerierung der Videobilder (s. Kap. 9.4).

4.3   Analoge Übertragungsverfahren

Die Verteilung (Distribution) von Fernsehprogrammen an viele Empfänger geschieht über die Verteilwege terrestrische Ausstrahlung, Kabel und Satellit. Terrestrische Ausstrahlung war bis in die 90er Jahre hinein die wichtigste Art, verliert aber heute gegenüber der Kabel- und Satellitenübertragung stark an Bedeutung. Dies liegt u. a. an der begrenzten Kanalvielfalt, die in ländlichen Gebieten bis zu 5 und in Ballungsgebieten bis zu 12 terrestrisch verteilte Programme bietet. Abbildung 4.19 zeigt die Nutzung der verschiedenen Verteilwege im Jahre 1999.

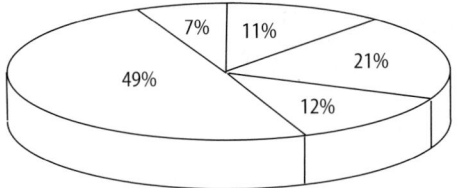

49% – Kabelempfang über die Telekom
7% – Kabelempfang über private Betreiber
11% – nur terrestrischer Empfang
21% – Satelliten-Individualempfang
12% – Satelliten-Gemeinschaftsempfang
Stand: 1. Quartal 1999, Quelle : Telekom

Abb. 4.19. Nutzung der verschiedenen Verteilwege für Fernsehsignale

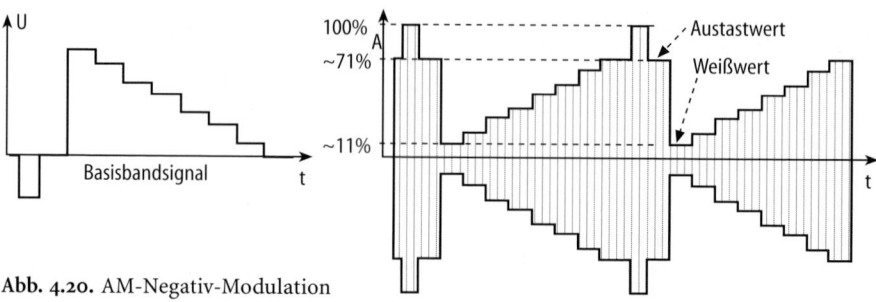

Abb. 4.20. AM-Negativ-Modulation

4.3.1 Terrestrische Ausstrahlung

Terrestrische Ausstrahlung bezeichnet die Signalübertragung mit Hilfe elektromagnetischer Wellen, die sich in der Nähe des Erdbodens ausbreiten. Das Videosignal wird auf eine Trägerfrequenz moduliert, zur Distribution wird als Modulationsart für das FBAS-Videosignal die RSB-AM (s. Abschn. 4.1.2) eingesetzt. Vor der Amplitudenmodulation wird das Videosignal invertiert (AM-Negativ). Das hat den Vorteil, dass der Mittelwert des Signals kleiner ist als beim nicht invertierten Signal, da die Signalspitzen nun durch die relativ kurzen Synchronpulse gebildet werden [98]. Damit ist eine geringere Sendeleistung als beim nicht invertierten Signal erforderlich. Positiv gerichtete Störimpulse erscheinen im Empfänger als schwarze Flecke, die wenig störend in Erscheinung treten. Das invertierte Signal wird so eingestellt, dass, bezogen auf den Wert 100% für die Synchronimpulse, das Bildsignal zwischen 71% (Schwarz) und 11% (Weiß) liegt (Abb. 4.20).

Bei der terrestrischen Ausstrahlung werden Trägerfrequenzen zwischen 170 und 800 MHz im VHF- und UHF-Bereich verwendet (VHF: Very High Frequency, UHF: Ultra High Frequency). Die elektromagnetischen Wellen haben hier relativ kleine Wellenlängen (Größenordnung Dezimeter) und breiten sich wie Licht, also »quasioptisch« aus. Elektromagnetische Wellen im VHF- und UHF-Bereich werden nicht – wie Kurzwellen unter 30 MHz – in der Erdatmosphäre an der Ionosphäre reflektiert, sondern dringen durch diese hindurch. Das Signal muss also den Empfänger möglichst auf direktem Weg erreichen, Hindernisse führen zur Abschattung der Welle (Abb. 4.21).

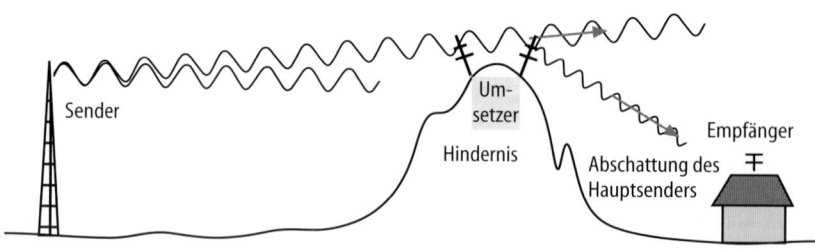

Abb. 4.21. Abschattung der terrestrischen Welle

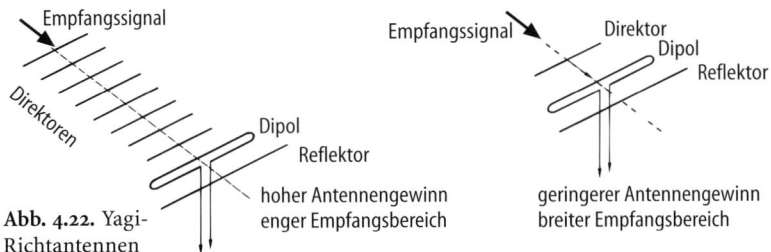

Abb. 4.22. Yagi-Richtantennen

Die Ausdehnungen von Sende- und Empfangsantennen liegen in der Größenordnung der Wellenlänge, also im Dezimeterbereich. Sendeseitig wird eine hohe Leistung an Rundstrahl- oder Richtantennen aufgewandt. Als Empfänger dienen vergleichsweise einfach ausgestattete Geräte mit Antennen (Yagi), die auf den Sender ausgerichtet werden (Abb. 4.22).

Die zur Verfügung stehenden Frequenzbänder im VHF- und UHF-Bereich werden mit der Frequenzmultiplextechnik zur Übertragung mehrerer Videosignale (Programme) genutzt. Dazu wurden im VHF-Band nach der CCIR-B-Norm Kanäle mit 7 MHz Bandbreite und im UHF-Band, nach CCIR-G, Kanäle mit 8 MHz Bandbreite festgelegt. Das Videosignal beansprucht davon nur 5 MHz, wegen der Restseitenbandmodulation muss aber ca. 1 MHz Bandbreite zusätzlich für das untere Seitenband zur Verfügung stehen (s. Abschn. 4.1.2). Außerdem wird das Videosignal immer zusammen mit dem Fernsehbegleitton im Frequenzmultiplex übertragen. Die Tonkanäle liegen 5,5 MHz bzw. 5,74 MHz oberhalb des Bildträgers, so dass sich eine Mindestkanalbandbreite von 7 MHz ergibt. Abbildung 4.23 zeigt die Frequenzbelegung zweier Kanäle.

Bei der Erschließung der Frequenzbereiche wurde zunächst der VHF-Bereich belegt. Im Bereich 47–68 MHz liegen hier die Kanäle 2–4 und zwischen 174 MHz und 230 MHz die Kanäle 5–12. Später wurde auch der UHF-Bereich mit den Kanälen 21–60 genutzt. Eine Übersicht über die gesamte Kanalaufteilung bietet Tabelle 4.1.

Zur flächendeckenden terrestrischen Versorgung, z. B. bei der Verbreitung des Programms des Zweiten Deutschen Fernsehens, ist eine Vielzahl von Sendern erforderlich. Obwohl die Sender alle dasselbe Programm abstrahlen, können sie nicht alle die gleiche Trägerfrequenz benutzen. Wenn ein Haushalt ein Programm aus mehreren Quellen empfängt, haben die Signale verschiedene Laufzeiten, und die Überlagerung der empfangenen Bilder führt zu Störungen

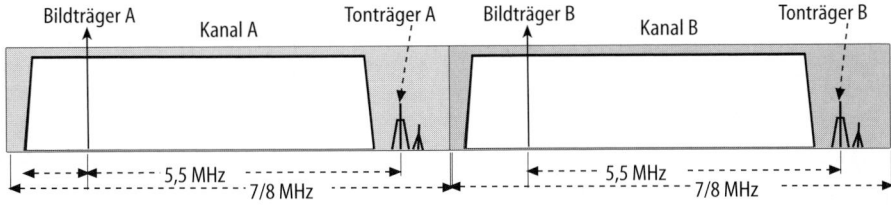

Abb. 4.23. Zwei Fernsehkanäle

Tabelle 4.1. Fernsehkanäle im VHF- und UHF-Band

Kanal	Frequenz (MHz) (untere Grenze)			Kanal	Frequenz (MHz)	Kanal	Frequenz (MHz)
K 2	47			K 21	470	.	.
K 3	54			K 22	478	.	.
K 4	61			K 23	486	K 58	766
UKW-Hörfunk		VHF	UHF	K 24	494	K 59	774
				K 25	502	K 60	782
K 5	174			K 26	510	K 61	790
K 6	181			K 27	518	K 62	798
K 7	188			K 28	526	K 63	806
K 8	195			K 29	534	K 64	814
K 9	202			K 30	542	K 65	822
K 10	209			K 31	550	K 66	830
K 11	216			.	.	K 67	838
K 12	223			.	.	K 68	846

(Geisterbilder). Wegen des aus diesem Problem resultierenden hohen Bedarfs an verschiedenen Fernsehkanälen können in Deutschland nur 3–4 Fernsehprogramme flächendeckend terrestrisch übertragen werden. Die Rundfunkanstalten ARD und ZDF brauchen dafür jeweils ca. 100 starke Grundnetzsender (100–500 kW) und fast 3000 Füllsender (Tabelle 4.2) [12]. Füllsender dienen zur Versorgung abgeschatteter Gebiete. Es werden sog. Transponder benutzt, die das Signal des Grundnetzsenders empfangen und in das betroffene Gebiet auf einer anderen Frequenz wieder abstrahlen (Abb. 4.21). Wegen der quasioptischen Wellenausbreitung werden die Transponder möglichst hoch angeordnet.

Terrestrische Ausstrahlung und Transpondertechnik werden auch für Zuspielzwecke (Contribution) eingesetzt. Es existiert ein eigenes, von der Telekom betriebenes Richtfunknetz für den Überspielbetrieb der Rundfunkanstalten. Mobile Richtfunkanlagen überbrücken Entfernungen bis zu 30 km, sie arbeiten mit FM meist im 13 GHz-Bereich. Kleinrichtfunkgeräte (Window-Units) ermöglichen drahtlose Verbindungen zwischen Kamera und Ü-Wagen bzw. Kamera und Aufzeichnungsgerät. Bei Übertragungen aus ausgedehntem, hügeligen Gelände (z. B. bei Sportereignissen) werden sogar Hubschrauber als Träger von Transpondern eingesetzt.

Tabelle 4.2. Terrestrische Versorgung

Sendeanstalt	Grundnetzsender	Umsetzer	Versorgungsgrad
ARD	94	2821	99,3%
ZDF	104	2869	98,9%
Dritte Progr.	119	3048	98,7%
RTL	88		
SAT 1	104		
VOX/Pro 7	44/37		
DSF/NTV	7/4		
AFN/SSVC/BRT	156		(Stand: 1999)

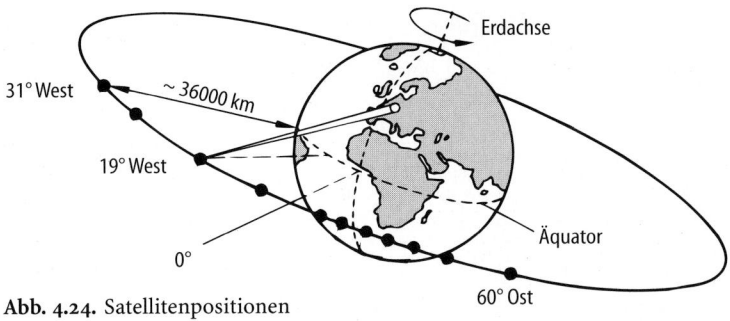

Abb. 4.24. Satellitenpositionen

4.3.2 Satellitenübertragung

Optimal positionierte Transponder stehen in großer Höhe. Die höchsten befinden sich auf Satelliten im Weltraum, die die Erde längs der Äquatorlinie pro Tag genau einmal umkreisen und damit quasistationär über der Erde stehen. Die geostationäre (bzw. geosynchrone) Umlaufbahn ergibt sich bei einem Abstand von 35630 km zwischen Satellit und Erdoberfläche. Die Satelliten werden quasi nebeneinander über dem Äquator aufgereiht, optimale Positionen sind nur beschränkt verfügbar (Abb. 4.24). Von der nördlichen Halbkugel aus erscheinen die Satelliten generell in südlicher Richtung. Ausgehend vom 0-Längengrad (Greenwich Medridian) wird die Position nach Osten oder Westen angegeben (Azimut-Winkel). Abhängig vom Breitengrad müssen verschiedene Elevationswinkel gewählt werden, um einen Satelliten anzupeilen.

Man unterscheidet Fernmelde- und Direktsatelliten. Erstere sind für punktuelle Weitverbindungen konzipiert und bestrahlen kleine Flächen mit geringer Leistung. Mit aufwändigen Geräten werden die Signale empfangen und terrestrisch weiterverteilt. Derartige Satellitenkanäle werden u. a. zur Programmzuspielung zwischen Sendeanstalten benutzt. Direktstrahlende Satelliten (Direct Broadcasting Satellite, DBS) sind dagegen für die Distribution und den Empfang mit einfachen Geräten bestimmt. Sie bestrahlen große Gebiete mit relativ hoher Leistung.

Um mit einem Transponder möglichst viele Fernsehkanäle übertragen zu können, werden die einzelnen Trägerfrequenzen doppelt genutzt, indem die

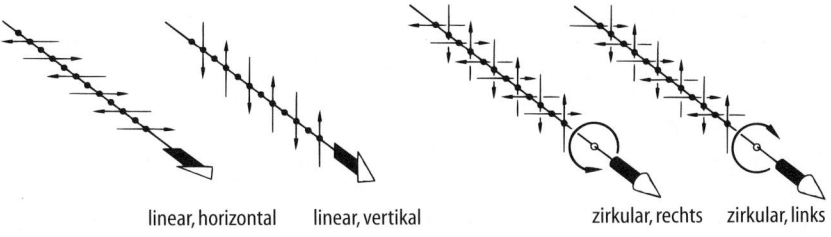

linear, horizontal   linear, vertikal   zirkular, rechts   zirkular, links

Abb. 4.25. Polarisationsrichtungen

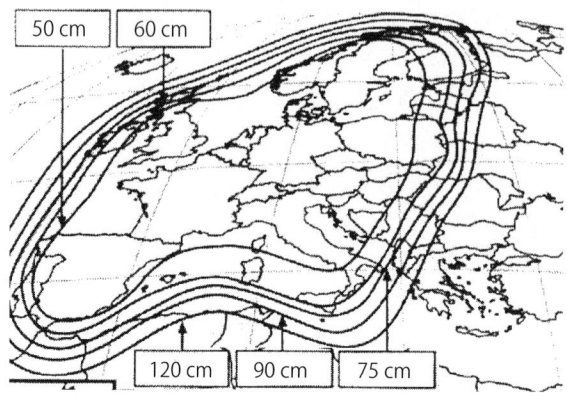

Abb. 4.26. Footprint
des Satelliten ASTRA 1G

Trägerwellen mit unterschiedlichen Polarisationsrichtungen abgestrahlt werden. Stehen die Polarisationsvektoren senkrecht aufeinander (horizontal/vertikal bzw. rechts/links zirkular), so lassen sich die Kanäle eindeutig trennen (Abb. 4.25). Beim Astra-Satellitensystem wird lineare Polarisation verwendet.

Die zu übertragenden Signale werden von der Erdefunkstelle mit relativ großer Leistung (500 W) und hoher Richtwirkung (Antennengewinn 63 dB) zum Satellitentransponder gestrahlt, wobei der Frequenzbereich 13...19 GHz genutzt wird (Up-Link). Direktstrahlende Satellitentransponder geben das Signal mit einer geringeren Sendeleistung von etwa 40 W (Medium Power) im Ku-Band mit dem Frequenzbereich 10,7...12,75 GHz wieder ab (Down-Link). Die Energieversorgung geschieht mit Hilfe von Solarzellen. Das Signal wird frequenzmoduliert mit 8,5 MHz Hub und einer Gesamtbandbreite von typisch 27 MHz pro Kanal abgestrahlt, es können aber auch Transponderkanäle mit höheren Bandbreiten (32 ... 72 MHz) zur Verfügung gestellt werden. Aufgrund der hohen Bandbreite und der durch FM gegenüber AM vergrößerten Störsicherheit kann die Sendeleistung der Transponder auf 1/10 der Sendeleistung gesenkt werden die für AM-Übertragung erforderlich wäre.

Über die Sendeantennen auf dem Satelliten wird festgelegt, welche Bereiche auf der Erde in welcher Form bestrahlt werden. Durch die Antennen wird der so genannte Footprint des Satelliten bestimmt (Abb. 4.26). Anstelle der Feldstärke wird dabei oft der Durchmesser des Empfangsreflektors angegeben, der für einen Empfang bei gewöhnlichen Witterungsbedingungen ausreichend ist.

Für Mitteleuropa werden die für den Direktempfang wichtigsten Satelliten, Astra 1A–G, von einer luxemburgischen Firma betrieben. Sie befinden sich auf der Position 19,2° Ost. Auf den Astra-Satelliten 1A–1D stehen bei einem 27 MHz-Kanalraster insgesamt 64 Transponder zur Verfügung. Jeder dieser Transponder überträgt ein analoges Fernseh- und mehrere Hörfunkprogramme im unteren Frequenzband bis 11,7 GHz. Auf den Satelliten Astra 1E–G stehen 56 Transponder zur Verfügung, die für die Übertragung digitaler Programme im oberen Frequenzband (11,7–12,75 GHz) genutzt werden. Die Übertragungsbandbreiten betragen hier 33 MHz für Astra 1E und F und 27 MHz für Astra 1G. Ein Transponder kann für bis zu 8 digitale Fernsehprogramme genutzt

Ungerade Zahlen: horizontale Polarisation, gerade Zahlen: vertikale Polarisation

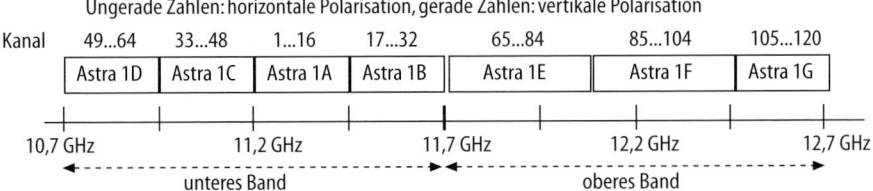

Kanal	49...64	33...48	1...16	17...32	65...84	85...104	105...120
	Astra 1D	Astra 1C	Astra 1A	Astra 1B	Astra 1E	Astra 1F	Astra 1G

10,7 GHz   11,2 GHz   11,7 GHz   12,2 GHz   12,7 GHz

unteres Band   oberes Band

Abb. 4.27. Astra-Satellitensystem

werden, denn er ermöglicht die Übertragung einer Datenrate von mehr als 30 Mbit/s. Abbildung 4.27 zeigt eine Übersicht über das Astra-Satellitensystem.

Obwohl die Sendefrequenz von ca. 12 GHz für den Downlink so gewählt wurde, dass die Dämpfung der Welle durch die Erdatmosphäre ein Minimum hat, muss bei Satellitenverbindungen mit einer Gesamtübertragungsdämpfung von mehr als 110 dB gerechnet werden. Die Empfangsfeldstärke auf der Erde ist dementsprechend gering, zum Ausgleich müssen die Empfänger mit hochwertigen Antennen ausgestattet sein. Um eine gute Signalqualität zu erzielen, muss quasi Sichtverbindung zum Satelliten bestehen. Eine Signaldämpfung durch Wände, Häuser etc. macht den Empfang unmöglich.

Für den Empfang werden Reflektorantennen verwendet (sog. Schüsseln), die nach dem Prinzip des Hohlspiegels arbeiten (Abb. 4.28). Im Brennpunkt des Hohlspiegels befindet sich die eigentliche Antenne (Feedhorn). Bei großen Spiegeldurchmessern ergibt sich eine hohe reflektierte Intensität und damit eine gute Signalqualität. Moderne Direktempfangssatelliten sind so konzipiert, dass bei mittleren Qualitätsansprüchen ein Spiegeldurchmesser von 60 cm ausreicht. Kleinere Spiegel sind handlicher als große und haben den Vorteil, dass sie nicht so genau auf den Satelliten ausgerichtet zu werden brauchen.

Direkt an der Empfangsantenne ist in der sog. Outdoor Unit ein Low Noise Converter (LNC, LNB) angebracht. Mit Hilfe des LNB wird eine besonders rauscharme Umsetzung des Signals in den UHF-Bereich (Sat-ZF bei ca. 1–2 GHz) vorgenommen, da eine leitungsgebundene Übertragung das 12 GHz-Signal zu stark dämpfen würde. In einer Indoor Unit wird dann das Signal auf eine zweite Zwischenfrequenz umgesetzt, frequenzdemoduliert und entweder direkt dem Videoeingang des Fernsehempfängers zugeführt oder wieder RSB-amplitudenmoduliert und damit für den Antenneneingang des Empfängers aufbereitet (Abb. 4.29). Der gesamte Empfangsfrequenzbereich des so genannten

Abb. 4.28. Satellitenantennen

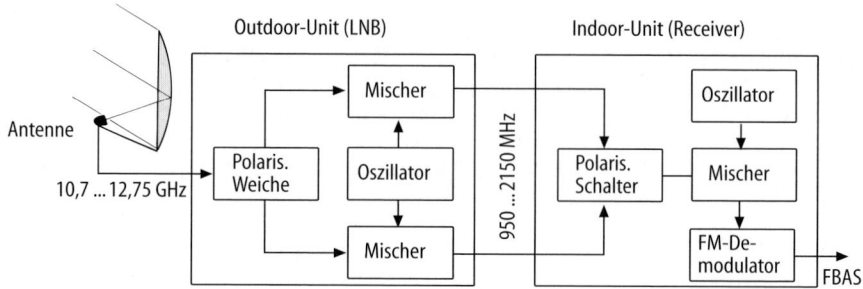

Abb. 4.29. Satelliten-Empfangssystem

Ku-Bandes wird in das untere Band von 10,7 GHz bis 11,7 GHz und das obere Band zwischen 11,7 GHz und 12,75 GHz aufgeteilt. Das untere Band wird in den Sat-Zwischenfrequenzbereich 950 MHz bis 1950 MHz umgesetzt, das obere Band in den Bereich 1100 MHz bis 2150 MHz. Abbildung 4.30 zeigt ein Frequenzspektrum das am Ausgang des LNB gemessen wurde. Die einzelnen Transponder erscheinen hier als Peaks.

Es gibt verschiedene Arten von LNB. Ein Universal Single LNB ist für das obere und untere Band geeignet und wird von der Indoor-Unit mit einer Spannung versorgt, die zwischen 13 V und 18 V schaltbar ist, um damit die Umschaltung zwischen den Polarisationsebene zu ermöglichen. Die Umschaltung zwischen dem oberen und unteren Band geschieht mit der Überlagerung eines 22 kHz-Signal, wenn das obere Band gewählt wird. Ein Twin-LNB enthält zwei LNB in einem Gehäuse und wird zum gleichzeitigen Empfang mehrerer Programme, z. B. für Mehrteilnehmeranlagen genutzt. Single- und Twin-LNB sind nur für eine Satellitenposition ausgelegt. Um mit einer Empfangsanlage mehrere Satellitenpositionen zu erfassen, kann eine motorgetriebene Verstelleinrichtung des Reflektors vorgesehen werden. Wenn die Positionen der Satelliten nicht zu weit auseinander liegen, kann es ausreichen, nur den LNB seitlich zu verschieben (Motorfeed) oder zwei LNB in festem Abstand z. B. für Astra auf 19,2°-Ost und Eutelsat Hot Bird auf 13°-Ost zu montieren. Zum Ausgleich der nicht mehr optimalen LNB-Position wird ein größerer Reflektor gewählt. Die Umschaltung zwischen verschiedenen Satellitenpositionen erfordert ein weiteres Schaltsignal. Für diese Information und zukünftige Erweiterungen wurde Digital Satellite Equipment Control (DiSEqC) entwickelt, das darauf beruht, das 22 kHz-Signal zu tasten (ASK) und die gewünschten Informationen in digital codierter Form über diese Art der Modulation zu übertragen [106].

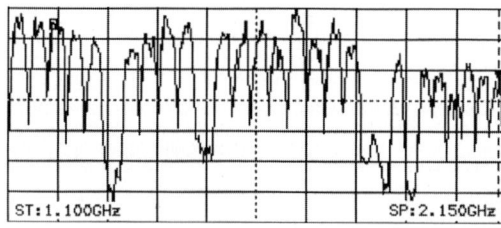

Abb. 4.30. LNB-Ausgangsspektrum [106]

4.3.3 Kabelfernsehen

Seit Anfang der 80er Jahre hat die deutsche Bundespost/Telekom in fast allen Städten die einzelnen Häuser über Koaxialkabel oder Glasfaser verbunden, um darüber Fernsehsignale zu verteilen. Dieses Breitbandkommunikationsnetz (BK-Netz) ist für Frequenzen zwischen 47 MHz und 300/446 MHz ausgelegt und erlaubt prinzipiell die Kommunikation in beide Richtungen. Die Übertragungsqualität ist sehr gut, da keine atmosphärischen Störungen auftreten können. Außerdem kann der gesamte Frequenzbereich ohne Rücksicht auf andere Dienste genutzt werden, so dass im Kabel 28 Kanäle mit 7 MHz Bandbreite und 18 Kanäle mit 8 MHz Bandbreite zur Verfügung gestellt werden können.

Aus Kompatibilitätsgründen werden wie bei der terrestrischen Ausstrahlung die Programme im Frequenzmultiplex übertragen. Bei der Kabelkanalbelegung wurde das Kanalraster des terrestrischen Fernsehens übernommen und durch Sonderkanalbereiche erweitert. Der untere Sonderkanalbereich mit den Kanälen S 2 bis S 10 umfasst die Frequenzen 111...174 MHz und der obere 230...300 MHz (S 11 bis S 20). Die Bandbreiten betragen 7 MHz, Tabelle 4.3 bietet eine Übersicht über die Kabelkanäle, Abb. 4.31 zeigt das gemessene Spektrum. Die Kabelübertragung ist mit über 50% der Haushalte zum Ende des Jahrhunderts der am meisten genutzte Verteilweg in Deutschland. Zu diesem Zeitpunkt wird das Hyperband (300 MHz bis 446 MHz) mit 8 MHz Bandbreite für die Übertragung von analogen und digitalen Programmen genutzt (s. Abschn. 4.5.4).

Für den analogen Empfang aus Kabelanlagen können Standardfernsehempfänger unmodifiziert verwendet werden. Um die Sonderkanäle empfangen zu können, müssen die Geräte aber einen gegenüber dem Standardsystem erweiterten Frequenzbereich verarbeiten können, also »kabeltauglich« sein. In Deutschland wird das Kabelnetz von verschiedenen Unternehmen betrieben,

Tabelle 4.3. Fernsehkanäle im Breitbandkabel

Kanal	Frequenz (in MHz, untere, obere Grenze)		Kanal	Frequenz		Kanal	Frequenz		Kanal	Frequenz	
K 2	47	54				S 11	230	237	S 21	302	310
K 3	54	61	S2	111	118	S 12	237		S 22	310	
K 4	61	68	S3	118	125	S 13	244		S 23	318	
			S 4	125	132	S 14	251		S 24	326	
UKW	87,5	108	S 5	132	139	S 15	258		S 25	334	
Hörfunk			S 6	139	146	S 16	265		.		
			S 7	146	153	S 17	272		.		
K 5	174	181	S 8	153	160	S 18	279		.		
K 6	181		S 9	160	167	S 19	286		S 35	414	
K 7	188		S 10	167	174	S 20	293	300	S 36	422	
K 8	195		unterer Sonder-			oberer Sonder-			S 37	430	
K 9	202		kanalbereich			kanalbereich			S 38	438	446
K 10	209								erweiterter		
K 11	216								Sonderkanalbereich		
K 12	223	230							(Hyperband)		

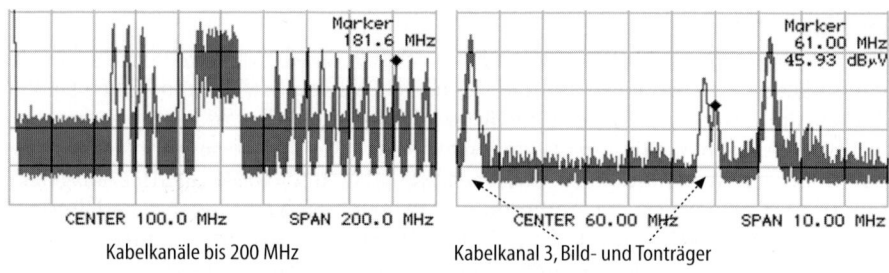

CENTER 100.0 MHz   SPAN 200.0 MHz   CENTER 60.00 MHz   SPAN 10.00 MHz

Kabelkanäle bis 200 MHz   Kabelkanal 3, Bild- und Tonträger

Abb. 4.31. Amplitudenspektrum der Signale im Breitbandkabel

die für die Nutzung eines Kabelanschlusses Gebühren verlangen. Fernseh- und Radioprogramme werden direkt, über Richtfunkstrecken oder aus Satelliten-empfangsstationen in das Breitbandverteilnetz eingespeist und über Übergabe-punkte an die Privathaushalte verteilt [148].

Bisher kommen im Kabelnetz meist Koaxialkabel zum Einsatz, in Zukunft wird das Netz zum großen Teil mit Glasfasern (s. u.) aufgebaut werden. Bei Koaxialleitungen muss mit einer großen, frequenzabhängigen Dämpfung ge-rechnet werden. Die Dämpfung wird mit Verstärkern ausgeglichen, die in ge-ringen Abständen installiert werden. Glasfasern weisen dagegen eine wesent-lich kleinere Dämpfung auf, so dass sich entsprechend größere Verstärkerab-stände ergeben.

Die gesamte kabelgebundene Übertragungsstrecke wird in Deutschland in vier Abschnitte aufgeteilt, die als Netzebenen bezeichnet werden (Abb. 4.32). Die Ebenen 1 und 2 dienen zur Verbindung zwischen Studios und den Schalt-stellen des öffentlichen Netzes. Ebene 3, bzw. der Ortsabschnitt 1, entspricht dem eigentlichen Breitbandkabelnetz, während Ebene 4 die Signalverteilung zum Endgerät betrifft. Das eigentliche BK-Verteilnetz in Ebene 3 beginnt bei der Kabelkopfstation (BK-Verstärkerstelle), wo z. B. ein Satellitensignal einge-speist wird, und endet am Hausübergabepunkte. Das Netz hat einen sternför-migen Aufbau und ist wiederum in vier Teile aufgeteilt, die mit A...D bezeich-

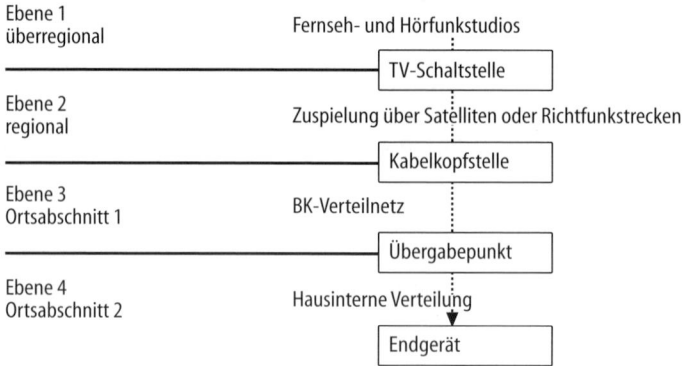

Abb. 4.32. Netzebenen im Breitbandkabel

net werden. Im Bereich A können höchstens 20 Verstärker hintereinander geschaltet werden, die eine maximale Distanz von je 412 m aufweisen dürfen. An jedem Verstärkerpunkt kann das Siganl zur Ebene B ausgekoppelt werden. Über die ähnlich aufgebaute B-Ebene wird das Signal zur C-Ebene verteilt, wo D-Abzweiger den für die Hausverteilung erforderlichen Signalpegel bereitstellen. In diesen Bereichen sind noch geringere Verstärkerabstände erforderlich.

4.3.3.1 Lichtwellenleiter

Im vorigen Abschnitt wurde deutlich, dass für eine flächendeckende Verteilung der Signale mit Koaxialkabeln eine sehr große Zahl von Verstärkern erforderlich ist und trotzdem die Gesamtbandbreite auf ca. 500 MHz beschränkt bleibt. Diesbezüglich bietet die Signalführung über Lichtwellenleiter oder Glasfasern viele Vorteile.

Das Signal wird einer Lichtwelle aufgeprägt, die in der Faser geleitet wird. Zur eigentlichen Übertragung ist kein elektrischer Strom erforderlich. Lichtwellenleiter werden aus bis zu 2000 Quarzglas- oder Kunststoff-Fasern (Fiber) gefertigt. Typische Fasern haben einen Durchmesser von ca. 125 μm. Die Mitte der Faser (Kern) weist einen größeren Brechungsindex als der Mantel auf, deshalb wird das Licht total reflektiert, wenn der Einfallswinkel zur Faserachse nicht zu groß wird. Die Lichtenergie bleibt dann im Kern (Abb. 4.33) und das Signal wird nur sehr wenig gedämpft (z. B. 0,5 dB/km bei 1,3 μm Wellenlänge). Bezüglich des Verlaufs des Brechungsindex über den Faserradius wird dabei zwischen einer Stufenfaser und einer Gradientenfaser unterschieden, die wiederum verschiedene Leitungseigenschaften aufweisen.

Als Sender werden Leuchtdioden oder Laserdioden eingesetzt und als Empfänger eine in Sperrichtung gepolte spezielle Empfangsdiode (PIN). Die verwendeten Wellenlängen liegen meist im Infrarotbereich. Hier werden bestimmte Wellenlängenbereiche (Fenster) zwischen 0,8 μm und 1,6 μm verwendet (Abb. 4.34). Die Signalübertragung geschieht im einfachsten Fall durch die Steuerung der Lichtintensität in Abhängigkeit vom zu übertragenden Signal. Zukünftig wird die Übertragungskapazität durch die Anwendung von Multi-

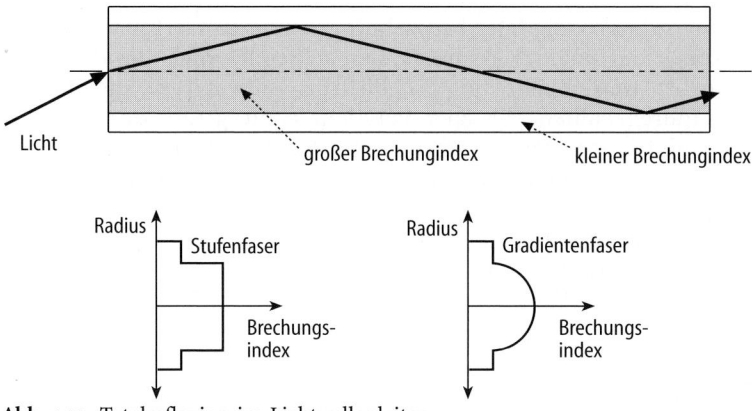

Abb. 4.33. Totalreflexion im Lichtwellenleiter

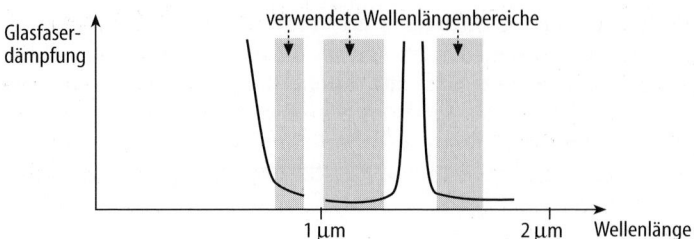

Abb. 4.34. Wellenlängenbereiche zur Glasfaserübertragung

plextechniken gesteigert werden können. Lichtwellenleiter haben gegenüber elektrischen Leitungen folgende Vorteile:
- Eine große Datenübertragungskapazität (Bandbreite im GHz-Bereich, gegenüber ca. 500 MHz beim Koaxialkabel). Das System bleibt schmalbandig, denn gemessen an der hohen Lichtfrequenz von ca. 10^{15} Hz ist eine Bandbreite von 10 GHz gering. Schmalbandsysteme haben den Vorteil, dass keine aufwändigen Entzerrungsmaßnahmen erforderlich sind.
- Das System weist geringe Dämpfung auf, es sind relativ wenige Verstärker erforderlich, dazwischen sind große Abstände möglich.
- Das System unterliegt keinen Störungen durch externe elektromagnetische Felder.
- Sende- und Empfangseinheit können auf unterschiedlichem elektrischen Potential liegen, es entstehen keine Erdungsprobleme.

In der Videotechnik werden Lichtwellenleiter neben der Kabelfernsehübertragung auch bei Kamerasystemen eingesetzt. Allgemein haben sie eine große Bedeutung für digitale Kommunikationsnetze, über die vermehrt auch Videosignale übertragen werden.

4.4   Verbesserte analoge Fernsehsysteme

Bevor hier die Übertragung digitaler Fernsehprogramme erörtert wird, soll ein Aus- bzw. Rückblick auf analoge Fernsehsysteme (Sende- nicht Produktionsstandards) geworfen werden, die mit erheblichem Aufwand zu qualitativen Verbesserungen führen sollten, die aber vor dem Hintergrund der digitalen Fernsehübertragung keine Bedeutung mehr gewinnen konnten.

Der Wunsch nach verbesserten Fernsehsystemen resultiert aus den Mängeln der konventionellen Systeme. Hier wären zu nennen: mäßige Schärfe und Detailauflösung, Großflächenflimmern, 25 Hz-Flackern an horizontalen Kanten aufgrund des Zeilensprungverfahrens, Cross Colour, Cross Luminance, etc. Praxisrelevante Vorschläge zur Verbesserung analoger Fernsehsysteme sind kompatibel zum bestehenden System und ermöglichen ein verbessertes Bild mit neuen Empfangsgeräten, jedoch auch eine unverminderte Standardqualität mit Geräten, die die Zuschauer bereits besitzen. Diese Ansätze zielen meist auf eine verbesserte Trennung der Luminanz- und Chrominanzkanäle ab, weiterhin auf Vor- und Nachfilterung zur besseren Reduktion der Aliasanteile, verbesserte sog. digitale Empfänger (s. Abschn. 6.1.5), die z. B. mit Bildspeichern ausgerüstet sind, und auf Techniken für die kompatible Umstellung auf ein Breitbildformat.

Eine wesentliche Verbesserung des analogen TV-Systems wäre eine Großbilddarstellung wie im Kino, Telepräsenz statt Television, also der Übergang zu hochaufgelöstem Fernsehen (HDTV). Ein wichtiger Punkt beim Übergang zu HDTV ist die Umstellung des Bildseitenformates von 4:3 auf 16:9. Zukünftige Fernsehsysteme sollen das kinobildähnliche Breitbildformat mit dem Breiten-Höhenverhältnis 16:9 nutzen. Die Einführung des neuen Bildseitenverhältnisses ist bereits für konventionelle PAL-Systeme vorgesehen. Der Übergang vom 4:3- zum 16:9-Format wird mit dem PAL-kompatiblen PALplus-System erreicht. Anfang der 90er Jahre schien es, als sei die Entwicklung eindeutig auf HDTV ausgerichtet. Mit dem MAC-Verfahren (s. u.) sollte ein evolutionärer Weg dahin beschritten werden, d. h. es sollte ein verbessertes Televisionsverfahren eingeführt werden, welches später einfach zu HDTV ausgebaut werden könnte. Nur wenige Jahre später stellte sich die Entwicklung völlig anders dar. Zum einen scheint es, als seien die Zuschauer mit dem konventionellen PAL-Verfahren bereits sehr zufrieden, sogar die Akzeptanz von minderqualitativen Bildern, die mit VHS-Recordern wiedergegeben werden, ist erstaunlich groß. Zum anderen kann im Hinblick auf die HDTV-Telepräsenz die Frage gestellt werden, ob die Zuschauer viele Beiträge, wie z. B. Informationssendungen, nicht lieber etwas distanziert mit einem Televisionssystem betrachten wollen, statt mit einem Telepräsenzsystem, das sie sehr gefangen nimmt.

Auch die TV-Konsumgewohnheiten haben sich verändert. Programmbeiträge werden zunehmend weniger konzentriert verfolgt, Fernsehen wird »nebenbei« konsumiert. So ist es fraglich, wie viele Zuschauer bereit sind, in ein HDTV-System mit den immer noch teuren Großbild-Displays zu investieren. Hinzu kommt, dass vor allem auch die privaten Programmveranstalter bisher eher an mehr Kanälen als an erhöhter Qualität interessiert zu sein scheinen.

4.4.1 PALplus

Das PALplus-Verfahren bietet einen zu Standard-PAL kompatiblen Übergang vom Bildformat 4:3 zum Breitbildformat 16:9. Neben dieser offensichtlichen Funktion enthält PALplus Verfahren zur optimierten Chrominanzsignalbearbeitung, die als Colour-Plus oder Motion Adaptive Colour Plus (MACP) bezeichnet werden. Mit der Ausstrahlung von PALplus sollte der Übergang zu neuen Übertragungsverfahren und HDTV geebnet werden, indem zunächst der Kauf von Empfängern mit dem neuen Bildseitenverhältnis stimuliert wird. Im Jahre 1994 wurde von den ersten Sendeanstalten der regelmäßige Sendebetrieb mit PALplus aufgenommen.

Das PALplus-Verfahren bietet bei Sendungen im neuen Format auf 16:9-Empfängern ein verbessertes Bild, demgegenüber ist bei solchen Sendungen die Auflösung bei Empfang mit Standardgeräten verschlechtert. Die Kompatibilität erfordert, dass Bilder im 16:9-Format auf Standardempfängern wieder-

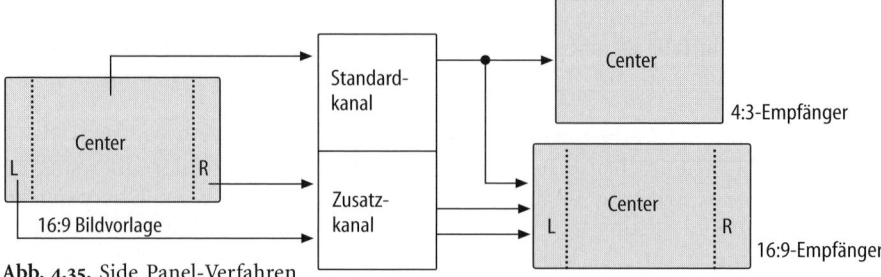

Abb. 4.35. Side Panel-Verfahren

gegeben werden können. Hierzu gibt es zwei Möglichkeiten, die mit Side Panel und Letterbox bezeichnet werden.

Beim Side Panel-Verfahren wird aus dem 16:9-Bild ein 4:3-Ausschnitt gebildet und dieser wird konventionell übertragen. Bei diesem Verfahren gehen seitlich Bildteile verloren, evtl. muss der Bildausschnitt dem Bildinhalt angepasst und dementsprechend geschwenkt werden (Pan Scan). Dieser Umstand erfordert den ständigen Einsatz eines Mitarbeiters in der Bildregie. Die seitlich abgeschnittenen Bildteile können in einem Zusatzkanal übertragen und im 16:9-Empfänger dem 4:3-Bild wieder zugefügt werden (Abb. 4.35). Side Panel bietet den Vorteil, dass beide Bildformate vollständig gefüllt sind, aber den wesentlichen Nachteil, dass beim 4:3-Empfang Information verloren geht. Ein weiterer Nachteil ist, dass die Zusammensetzung der Bildteile im 16:9-Empfänger störanfällig ist, es besteht die Gefahr, dass sichtbar wird, dass die Side Panels separat hinzugefügt werden.

PALplus arbeitet wegen der genannten Nachteile mit dem Letterbox-Verfahren [26]. Hier gehen keine Bildteile verloren. Allerdings ist die Vertikalauflösung des 16:9-Bildes bei 4:3-Empfängern verringert, denn es erscheinen auf einem 4:3-Empfänger am oberen und unteren Bildrand schwarze Streifen, ähnlich denen, die bei der Wiedergabe von Spielfilmen auf 4:3-Empfängern in Erscheinung treten (Abb. 4.36). Die Streifen ergeben sich aus der Reduktion der aktiven Zeilenzahl des 16:9-Bildes um den Faktor 1,33. Würde die gesamte Breite des 16:9-Bildes unverändert auf einem 4:3 Empfänger dargestellt, so erschie-

Abb. 4.36. Gestauchte und richtige Darstellung des 16:9-Bildes im 4:3-Format

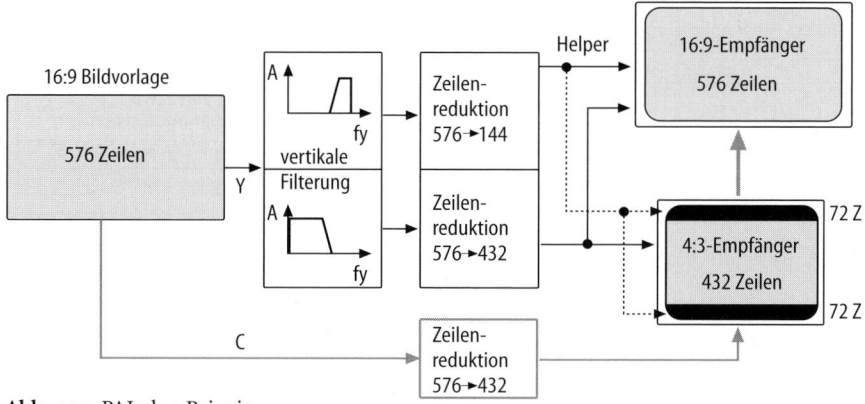

Abb. 4.37. PALplus-Prinzip

ne die Horizontale gestaucht (Abb. 4.36). Durch die Zeilenzahlreduktion wird erreicht, dass 16:9-Bilder im richtigen Format auf 4:3-Empfängern erscheinen. Bei PALplus werden die 576 aktiven Bildzeilen um den Faktor 3/4 auf 432 aktive Zeilen reduziert. Durch eine Dezimations-Tiefpassfilterung werden 144 Zeilen entfernt, die Vertikalauflösung wird dementsprechend verringert. Das 432-Zeilenbild kann im 16:9-Format auf 4:3-Empfängern wiedergegeben werden. Die dabei entstehenden schwarzen Streifen an den Bildrändern haben eine Breite von jeweils 72 Zeilen (Abb. 4.37).

Die vertikale Tiefpassfilterung arbeitet nicht einfach mit Unterdrückung jeder vierten Zeile, sondern beinhaltet eine Interpolation, die darauf beruht, dass zunächst eine Verdreifachung der 576 aktiven Zeilen vorgenommen wird. Aus einem Speicher wird anschließend nur jede vierte Zeile ausgelesen. Die einfache Unterdrückung der anderen Zeilen würde zu Kanten an diagonalen Linien führen. Die Interpolation beruht auf den Zeilen beider Halbbilder, die jedoch zeitlich verschieden sind. Bei der Wiedergabe von Signalen aus Filmabtastern ist dies kein Problem, da beide Halbbilder aus ein und demselben Filmbild gewonnen werden. Bei Videokameras gibt es dagegen eine zeitliche Differenz zwischen den Teilbildern, die nach der Interpolation zu einer Bewegungsverschleifung führen kann. Aus diesem Grund wird die Verarbeitung halb- oder vollbildorientiert vorgenommen und in Kamera- und Filmmodus unterschieden. Die Information über die Verarbeitung wird in Zeile 23 der vertikalen Austastlücke übertragen (PALplus-Kennung).

Die entfernten Zeilen werden nicht unterdrückt, denn sie müssen für die hochwertige Wiedergabe mit PALplus-Empfängern zur Verfügung stehen. Dazu werden sie auf die Farbträgerfrequenz moduliert und als sog. Vertical Helper mit Phasenlage 0° und einem Pegel von max. 0,3 V_{ss} symmetrisch zum Schwarzbezugswert übertragen (Abb. 4.38). Der Mittelwert dieses Signals entspricht dem Schwarzwert, so dass auf konventionellen Empfängern nur schwarze Streifen zu sehen sind (falls die Helligkeit nicht zu hoch eingestellt ist). In einem hochqualitativen 16:9-Empfänger kann das Helpersignal ausgewertet und die senderseitig entfernten 144 Zeilen können wieder eingefügt

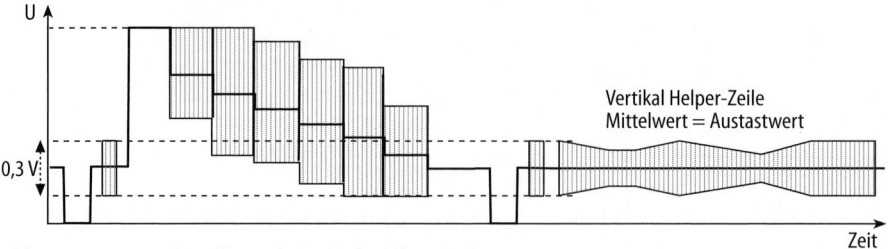

Abb. 4.38. Konventionelle und Vertical Helper-Zeile

werden, so dass das ursprüngliche 16:9-Bild mit voller Auflösung wiedergegeben wird [27]. Diese Verarbeitung des Helpersignals betrifft nur den Luminanzanteil. Das Weglassen hochfrequenter vertikaler Signalanteile im Chroma-Anteil ist für das menschliche Auge irrelevant.

Das 16:9-Bild erfordert, verglichen mit dem Standardsignal, bei gleicher Auflösung eine um den Faktor 1,33 größere Bandbreite. Da aus Kompatibilitätsgründen die Standardbandbreite von 5 MHz bei PALplus beibehalten wird, hat das Breitbild eine verringerte Horizontalauflösung. Es kann allerdings dafür gesorgt werden, dass diese für die meisten Konsumenten nicht sichtbar wird, denn die Konsumenten sind an Standardempfänger gewöhnt, die praktisch, insbesondere wegen der schlechten Y/C-Trennung, nur einen Frequenzbereich bis ca. 3,7 MHz nutzen. PALplus-Empfänger sind mit einer verbesserten Signalverarbeitung mit MACP (Motion Adaptive Colour Plus) ausgestattet, daher ergibt sich trotz breiterem Bild eine mit heutigen Standardsystemen vergleichbare Horizontalauflösung und eine weitgehende Befreiung von PAL-Artefakten. Nicht alle Empfangsgeräte mit 16:9-Bildschirmen sind PAL-plus-Empfänger, oft wird aus Kostengründen auf die MACP-Verarbeitung verzichtet.

Die Verarbeitung eines 4:3-Bildes erfolgt beim 4:3-Empfänger wie üblich. Auf dem 16:9-Empfänger ergeben sich bei Vorliegen eines 4:3-Bildes am linken und rechten Bildrand schwarze Streifen, alternativ wird der Bildschirm horizontal gefüllt und vertikal überschrieben oder das Bild wird bewusst verzerrt.

4.4.2 MAC

Die Abkürzung MAC steht für Multiplexed Analogue Components. Genauer müsste es heißen Time Multiplexed, denn die Nutzung des Zeitmultiplexverfahrens ist der wesentliche Unterschied zu den Standardfarbcodierarten NTSC, PAL und SECAM. Bei MAC werden das Luminanzsignal Y und die Farbdifferenzkomponenten C_R und C_B zeitlich nacheinander übertragen. Die Übertragungsqualität ist gegenüber dem Frequenzmultiplexverfahren verbessert, da kein Übersprechen (Cross-Effekte) zwischen den Signalen auftritt. Auch der Begleitton ist im Zeitmultiplex erfasst, damit werden Intermodulationsstörungen vermieden.

Im Gegensatz zur Frequenzmultiplextechnik steht beim Zeitmultiplexverfahren allen Komponenten die gesamte Frequenzbandbreite zur Verfügung, dafür

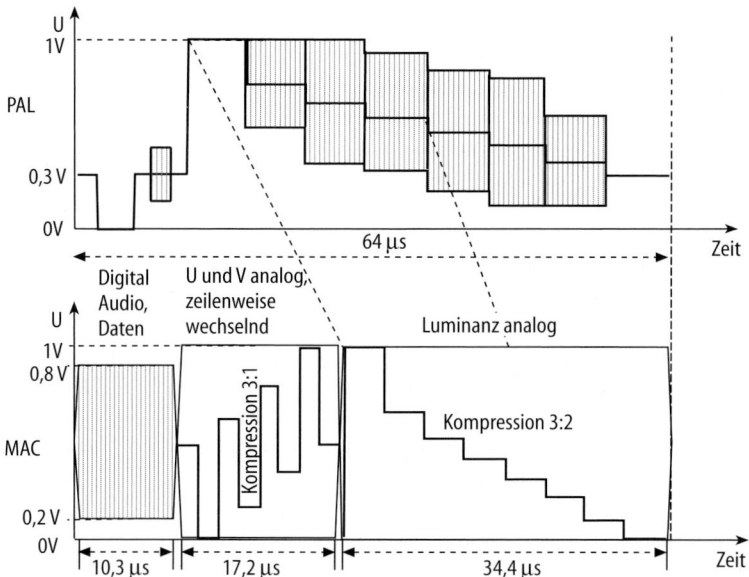

Abb. 4.39. Vergleich einer Bildzeile bei PAL und D2-MAC

wird die Übertragungszeit aufgeteilt. Ein kontinuierliches Signal muss bei MAC also zeitlich komprimiert und im Empfänger wieder expandiert werden. Entsprechend der Bandbreitenreduktion bei herkömmlichen Farbcodierungsarten werden dabei die Farbdifferenzkomponenten in stärkerem Maße als die Luminanzkomponente komprimiert. Wie bei SECAM werden bei MAC die Farbdifferenzkomponenten dann zeilenweise abwechselnd übertragen, die vorhergehende ersetzt die jeweils nicht übertragene.

MAC basiert auf dem konventionellen Bildabtastsystem mit 625 Zeilen und mit 64 µs Zeilendauer, von der 52 µs für den Bildinhalt zur Verfügung stehen. Entsprechend der Empfehlung ITU-R 601 werden die Komponenten Y, C_R und C_B im gegenseitigen Verhältnis 4:2:2 (s. Kap. 3.3.2) komprimiert, da die Kompression auf digitaler Ebene erfolgt und das System kompatibel zu bestehenden Digitaltechniken sein sollte. Es existieren, historisch begründet, die MAC-Varianten A bis D, die sich im wesentlichen bezüglich der Toncodierung unterscheiden. C-MAC bezeichnet eine breitbandige, für Satellitensysteme konzipierte Signalform, D-MAC ist für eine Bandbreite von 12 MHz konzipiert. Bei C- und D-MAC werden alle Bildkomponenten während 52 µs übertragen. Die 12 µs, die konventionell der Austastlücke entsprechen, sind für die Tonübertragung, das Synchronsignal und digitale Daten reserviert. Da somit der Synchronpegelbereich von 0,3 V wegfällt, steht für das Bildsignal anstatt 0,7 V_{ss} der gesamte Pegelbereich von 1V_{ss} zur Verfügung (Abb. 4.39).

Ton- und Synchrondaten werden digital innerhalb der ersten 10,3 µs der Zeile übertragen. Es folgt eine kurze Klemmphase auf 0,5 V, die zur Farbstabilisierung dient, dann stehen 17,2 µs für die Differenzkomponenten C_R bzw. C_B und weitere 34,4 µs für die Luminanzkomponente zur Verfügung. Das Y-Signal ist damit um den Faktor 1,5 zeitkomprimiert, die Signale C_R und C_B um den Faktor 3. D- und D2-MAC verwenden eine Duobinärcodierung der Digitaldaten, d. h. es werden drei Pegelzustände benutzt. Die Variante D2-MAC arbeitet gegenüber D-MAC mit halbierter Digitaldatenrate und ist an ein 8-MHz-Kanalraster angepasst, so dass eine terrestrische Übertragung möglich ist. Der Datenbereich bei D2-MAC umfasst in jeder Zeile 105 Bit. Der digitale Datenstrom wird in Pakete von 751 Bit Umfang eingeteilt, die mit eigenen Adressen versehen sind. Der Datenbereich lässt sich flexibel für Ton- oder weitere Daten nutzen. Es ist z. B. möglich, zwei Tonkanäle sehr hoher Qualität oder bis zu acht Kanäle minderer Qualität zu verwenden.

In den 80er Jahren sollte MAC als kompatibler Übergang zu einem HDTV-System (HD-MAC) eingeführt werden. Dabei wurde die Übertragung im Hyperband oberhalb 302 MHz vorgesehen, wo Kanalbandbreiten von 12 MHz für ein hochqualitatives, MAC-codiertes Signal festgelegt wurden. Dieser Bereich wird heute für die Digitaldatenübertragung DVB genutzt. D2-MAC wurde nie allgemeiner Standard für die Konsumenten.

4.4.3 HDTV analog

Mit High Definition Television (HDTV) wird eine Bildwiedergabe angestrebt, die sich qualitativ der Kinobildwiedergabe nähert. Die Verbesserung gegenüber herkömmlichen Systemen umfasst die Einführung eines Breitbildformates wie im Kino mit dem Seitenverhältnis 16:9 und die Vergrößerung des Bildfeldwinkels durch einen kleineren Betrachtungsabstand. Voraussetzung ist hier eine Auflösungserhöhung, ein TV-System, das mit ca. 1200 Zeilen vertikal und ca. 2000 Bildpunkten horizontal arbeitet. Die Bildqualität sollte verbessert sein, vor allem hinsichtlich des Chrominanz- Luminanzübersprechens und der Zeilensprungartefakte. Außerdem ist auch eine verbesserte Tonqualität unter Berücksichtigung von mehr als zwei Tonkanälen (Surroundton) vorgesehen.

Bereits in den 70er Jahren wurde in Japan mit der Entwicklung eines hochzeiligen TV-Systems begonnen, dementsprechend ist Japan bei Entwicklung analoger HDTV-Technik führend. Seit Anfang der 90er Jahre wird in Japan mit MUSE ein regelmäßiger HDTV-Dienst betrieben. In Europa wurde mit HD-MAC ein eigenes System entwickelt aber nie zum Zuschauer gebracht.

4.4.3.1 MUSE

Multiple Subsampling Encoding (MUSE) ist das Übertragungsformat für die japanische HDTV-Variante, die auf 60 Hz Bildwechselfrequenz beruht und für die Übertragung eines 1125 Zeilen-Signals in Schmalbandkanälen konzipiert ist. Auf der Sendeseite wird ein hochqualitatives Signal mit ca. 20 MHz Bandbreite erzeugt, denn ausgehend von einer NTSC-Bandbreite von 4,2 MHz, dem Übergang auf 16:9 und verdoppelter Horizontal- und Vertikalauflösung ergeben sich $4 \cdot 1{,}33 \cdot 4{,}2$ MHz = 22,4 MHz. Dann werden die Luminanz- und Farbdifferenzsignale gewonnen, die hier im Zeitmultiplex übertragen werden.

Vor der Übertragung wird das Bildsignal bewegungsadaptiv bearbeitet, damit die Übertragungsbandbreite auf 8 MHz reduziert werden kann. Bei langsam veränderlichen Signalen werden dazu wenig Bilder mit hoher Auflösung gebildet, und bei schnellen Bewegungen wird die Bildrate auf Kosten der Ortsauflösung erhöht. Der Begleitton wird digital in der Vertikalaustastlücke übertragen, es werden vier Tonkanäle hoher Qualität unterstützt.

4.4.3.2 HD MAC

High Definition-MAC war das Ziel einer möglichst kompatiblen Umstellung des Fernsehsystems, basierend auf MAC. Für High-Definition TV wurden die 625 Zeilen des Standardsystems auf 1250 Zeilen verdoppelt. PAL-Artefakte und Übersprecheffekte werden durch Vor- und Nachfilterung des Signals vermieden. Es wurde eine bewegungsadaptive Signalverarbeitung zur Datenreduktion eingesetzt, die eine MAC-kompatible Übertragung erlaubt. Die Tonübertragung war für vier digitale Kanäle hoher Qualität ausgelegt. Die Kompatibilität zu MAC erfordert eine Anpassung des hochaufgelösten Signals an ein 625-Zeilensystem. Das HDTV-Signal wird dazu von 1250 Zeilen auf 625 Zeilen abwärts konvertiert, indem mittels »Line Shuffling« die Abtastwerte zweier Zeilen in einer Zeile zusammengefasst werden [138]. Nach der MAC-Codierung kann das Signal einem MAC-Empfänger zugeführt oder über eine Nachverarbeitungsstufe für einen HDTV-Empfänger wieder aufwärts konvertiert werden.

Die Konvertierung erfolgt wie bei MUSE bewegungsadaptiv, die dazu nötige Signalverarbeitung beruht auf der Mehrteilbildcodierung. Je nach Bewegungsgeschwindigkeit werden vier oder zwei Bilder zusammengefasst, oder jedes Bild wird einzeln verarbeitet (4/2/1). Bei sehr langsam bewegten Bildinhalten werden die Informationen auf vier Bilder verteilt, die Ortsauflösung erhöht sich um den Faktor 4 (HDTV), während die Bewegungsauflösung auf 25% sinkt. Zwischen den verschiedenen Mehrteilbildcodierungsarten wird hart umgeschaltet, der Umschaltvorgang wird bewegungsadaptiv gesteuert (Abb. 4.40). Die Umschaltung zwischen den Teilbildcodierungen muss im Sender und im Empfänger synchron ablaufen. Dazu kann entweder im Sender und im Empfänger je ein Bewegungsdetektor eingebaut werden, oder es wird nur im Sender ein Bewegungsdetektor benutzt und die Information über die Teilbildcodierungsart dem Empfänger als Zusatzsignal übermittelt. Da dieses Signal digitaler Art ist, spricht man von Digitally Assisted TV (DATV).

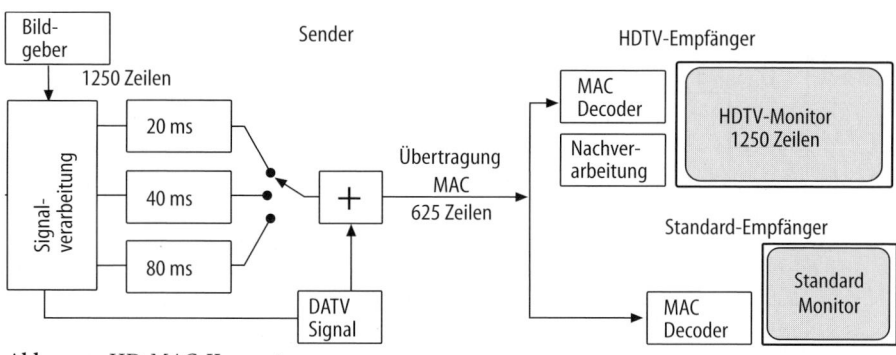

Abb. 4.40. HD-MAC-Konzept

4.5 Digitale Modulationsverfahren

Bei der Einführung der digitalen Fernsehausstrahlung sollen die Strukturen, die für die Analogübertragung geschaffen wurden, möglichst beibehalten werden. Die Versorgung mit Fernsehprogrammen geschieht mit Digitalsignalen über die gleichen Wege wie bei Analogsignalen, also über Kabel, Satellit und terrestrisch. Die dafür erforderliche Bandbreite hängt nicht nur von der Datenrate, sondern auch von der Modulationsart ab. Wie bei Analogsystemen werden auch die Digitaldaten auf Sinusträger moduliert und im Frequenzmultiplex übertragen. Vor der Modulation liegt das in Kap. 3.2 dargestellte digitale Basisbandsignal vor, das durch Bandbegrenzung eine Impulsverformung erfährt. Die Betrachtungen für das Basisbandsignal behalten ihre Gültigkeit.

Die maximale Übertragungskapazität ist außer von der Bandbreite B auch vom Signal-Rauschabstand S/N abhängig, der auch als Rauschabstand C/N bezüglich des Trägers (Carrier/Noise) angegeben wird. Die Nutzung eines großen Störabstands ist durch mehrwertige Modulation eines Trägersignals möglich (Abb. 4.41). Das bedeutet, dass mehr als zwei Zustände zu einem Zeitpunkt zugelassen sind. Die Gruppe von Bits, die zu einem Modulationszustand gehört, wird als Symbol bezeichnet. Damit ergibt sich die maximale Datenrate aus der Symbolrate (mit der Einheit baud) multipliziert mit dem Informationsgehalt eines Symbols.

Jedes Bit entspricht der Verdopplung der Zustände und erfordert eine entsprechende Erhöhung des Signal-Rauschabstands um $S/N = 6$ dB $= 20 \log 2$. Bei einem großem Signal/Rauschabstnd im Kanal können viele Amplitudenzustände zugelassen werden und es ergibt sich eine hohe Bandbreiteneffizienz ε. Liegt z. B. eine Kanalbandbreite von 8 MHz vor, über die eine maximale Datenrate von 40 Mbit/s übertragen werden kann, so folgt daraus eine Bandbreiteneffizienz von $\varepsilon = 40$ Mbit/s/8 MHz $= 5$ bit/s/Hz. Die verschiedenen Übertragungswege weisen unterschiedliche Eigenschaften und Störabstände auf, so dass jeweils die Modulationsart eingesetzt wird, die dem Übertragungsweg am besten angepasst ist. Insgesamt sollten die Kanalcodierung und die Modulationsart so gewählt werden, dass ohne Fehlerschutz eine Bit Error Rate von maximal $2 \cdot 10^{-4}$ und mit der Wert 10^{-11} erzielt wird.

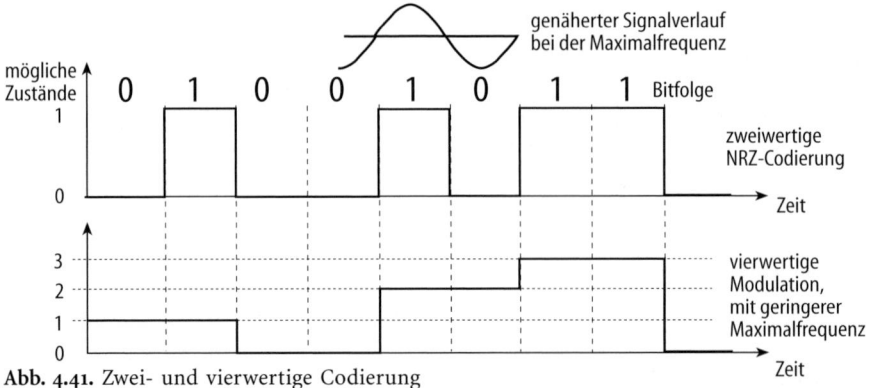

Abb. 4.41. Zwei- und vierwertige Codierung

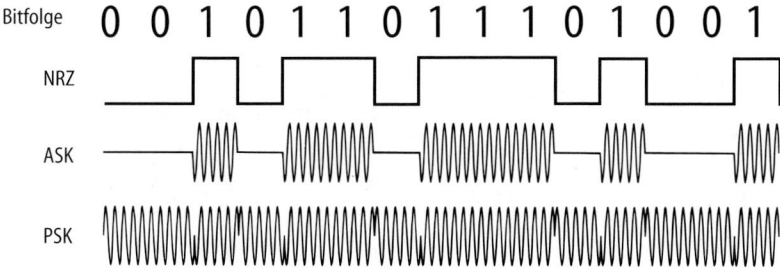

Abb. 4.42. ASK und PSK

4.5.1 Phase Shift Keying PSK

Wenn das modulierende Signal – wie in der Digitaltechnik – nur wenige diskrete Werte annimmt und als Träger ein Sinussignal benutzt wird, so wird der Zustand des Trägersignals den diskreten Werten entsprechend umgeschaltet. Man spricht von Umtastung, englisch: Shift Keying (SK). Wie bei der analogen Modulation kann auch hier die Amplitude (ASK), die Frequenz (FSK) oder die Phase (PSK) beeinflusst, d. h. umgetastet werden (Abb. 4.42). PSK hat aus Störabstandsgründen die größte Bedeutung.

Die PSK-Varianten unterscheiden sich in der Anzahl der erlaubten Zustände. Die am häufigsten angewandte Art ist die 4-PSK oder Quad-PSK, bei der vier Zustände, entsprechend zwei Bit (2^2), unterschieden werden. Für die Modulation werden zunächst je zwei Bit zusammengefasst und diese werden dann auf zwei um 90° verschobene Inphasen- und Quadraturträgerkomponenten (I, Q) moduliert (Abb. 4.43). Jede Bitkombination ist einer festen Phasenlage zugeordnet, die beim Empfang per Synchrondemodulation durch Vergleich mit der Phase eines Referenzträgers bestimmt wird. Der sich auf der Übertragungsstrecke möglicherweise einstellende Phasenfehler muss bei der 4-PSK kleiner als ± 45° sein, bei der 16-PSK sind höchstens ± 11° erlaubt. Bei 4-PSK beträgt der theoretische Wert der Übertragungseffizienz 2 bit/s/Hz, bei 16 PSK

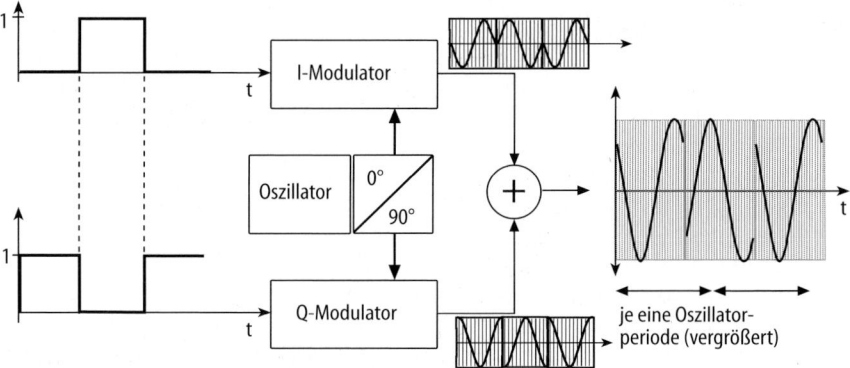

Abb. 4.43. Gewinnung des QPSK-Signals

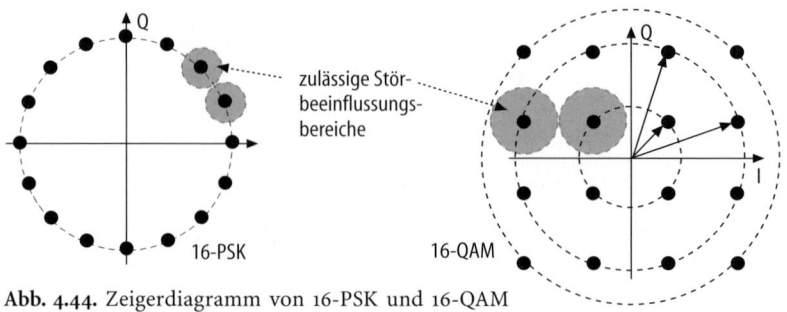

Abb. 4.44. Zeigerdiagramm von 16-PSK und 16-QAM

beträgt er 4 bit/s/Hz. Die für die PSK erforderliche Übertragungsbandbreite folgt aus dieser Übertragungseffizienz und der Datenrate. Für DVB wird QPSK bei der Satellitenübertragung eingesetzt, da für eine Bitfehlerrate von $2 \cdot 10^{-4}$ (ohne weiteren Fehlerschutz) nur ein C/N von ca. 14 dB erforderlich ist [30].

4.5.2 Quadraturamplitudenmodulation QAM

Zur Quadraturamplitudenmodulation lässt sich prinzipiell der gleiche Modulator einsetzen wie bei PSK. Die digitale QAM nutzt aber neben der Umtastung der Phasenzustände auch verschiedene Amplitudenzustände. Ein Teil der Informationen wird zu einem Signal mit mehreren Amplitudenstufen zusammengefasst und auf ein Sinussignal moduliert, der ebenso zusammengefasste Rest moduliert eine cos-Schwingung und anschließend werden beide addiert. Mögliche Zustände lassen sich wieder in Phasenzustandsdiagrammen mit den Koordinaten I und Q darstellen (Abb. 4.44). Die Modulation der Träger mit zwei 4-wertigen Signalen ergibt die 16-QAM, aus zwei 8-wertigen Signalen folgt die 64-QAM mit 64 Amplituden- und Phasenkombinationen. QAM ist ein effektives mehrwertiges Modulationsverfahren, bei Verwendung einer hohen Zahl von Zuständen ist QAM günstiger als PSK, da der zulässige Störeinfluss größer sein kann (Abb. 4.44). Die 16-QAM bietet eine Bandbreiteneffizienz von 4 bit/s/Hz, die 64-QAM 6 bit/s/Hz. Auch hier gilt: Je mehr Zustände erlaubt werden, desto größer muss der Signal-Rauschabstand sein. Die 16 QAM erfordert für eine BER von $2 \cdot 10^{-4}$ ein C/N = 20 dB, die 64 QAM ca. C/N = 27 dB.

Wenn die QAM-Zustände nicht in eine gleichabständige Konstellation gebracht werden entsteht die sog. Multiresolution QAM (Abb. 4.45). Um alle 16, in Abb. 4.45 rechts dargestellten Zustände decodieren zu können, ist gegenüber der gleichförmigen Zustandsverteilung einer höherer Störabstand erforderlich. Dafür ergibt sich aber der Vorteil, dass bei schlechtem Störabstand die vier Zustände in einem (Teil-) Quadranten gemeinsam als ein Zustand interpretiert werden können. Ein Decoder könnte dann mit MR-QAM bei verschlechtertem Störabstand z. B. von 64-QAM auf 16-QAM und auf 4-QAM umschalten und damit ein qualitativ schlechteres statt gar kein Signal auszgeben. Diese Verkopplung wird als hierarchische Codierung bezeichnet und kann bei schlechten Übertragungsbedingungen, wie z. B. DVB-T, genutzt werden.

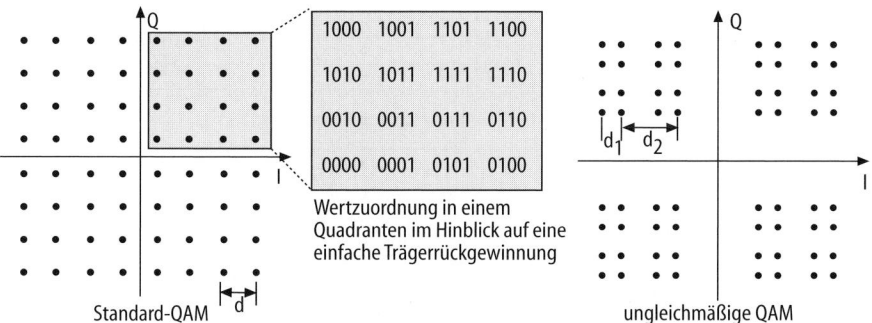

Abb. 4.45. Konstellationsdiagramm der 64-QAM und Vergleich mit Multiresolution-QAM

4.5.3 Orthogonal Frequency Division Multiplex OFDM

OFDM ist ein Multiplexverfahren, das speziell für die Übertragung in terrestrischen Funkkanälen entwickelt wurde. Die Ausbreitungsbedingungen in Erdnähe sind im Vergleich zu Kabel- oder Satellitenstrecken besonders ungünstig. Insbesondere unterliegt das Signal starken zeitlichen Schwankungen aufgrund veränderlicher Dämpfung, aber vor allem durch Interferenzen mit Signalanteilen, die an Gebäuden oder Bergen reflektiert werden und sich je nach Phasenlage bzw. Laufzeitdifferenz am Empfänger mit dem direkten Signal konstruktiv oder destruktiv überlagern. Das Problem tritt auch bei der Analogübertragung auf, im Extremfall zeigen sich die Echostörungen hier als so genannte Geisterbilder. Die Auswirkungen sind bei der Digitalübertragung noch stärker, da Digitalsysteme ein »Alles oder Nichts«-Verhalten zeigen, d. h. dass das Signal solange fast einwandfreie Qualität erzeugt, bis eine Schwelle unterschritten wird, ab der es dann ganz ausfällt. Signalschwankungen um diese Schwelle bewirken damit einen ständig wiederkehrenden Bildausfall, der viel störender wirkt als ein sich langsam verschlechterndes Analogsignal. Aus diesem Grund wurde für die terrestrische Übertragung die oben erwähnte hierarchische Codierung entwickelt, und darüber hinaus das OFDM-Verfahren, mit dem die Übertragung weitgehend immun gegen Überlagerungen mit verzögerten reflektierten Anteilen gemacht werden kann. Mit dieser Immunität wird zusätzlich ein weiterer Vorteil erzielt: die terrestrischen digitalen Sender können als Gleichwellennetz (Single Frequency Network, SFN) betrieben werden, da sich die Signale verschiedenen Sender mit ihren unterschiedlichen Laufzeiten zwar weiterhin am Empfänger überlagern, aber im Gegensatz zu analoger Übertragung keine Störungen verursachen.

Das Problem bei den Echostörungen und Gleichwellennetzen ist die hohe Laufzeit des Echosignals. Eine Wegstreckendifferenz von s = 30 km führt zu einer Zeitdifferenz von ca. $\Delta t = s/c = 0,1$ ms (c = Lichtgeschwindigkeit). Diese Zeit ist länger als die Originalsymboldauer (von z. B. 0,25 µs bei 4 MSymbole/s aus v = 20 Mbit/s und ε = 5 bit/s/Hz). Wenn dies nicht der Fall wäre, so gäbe es die Möglichkeit, die Überlagerung von Originalsymbol und Echosymbol einschwingen zu lassen und nach einer gewissen Dauer das Signal trotz der

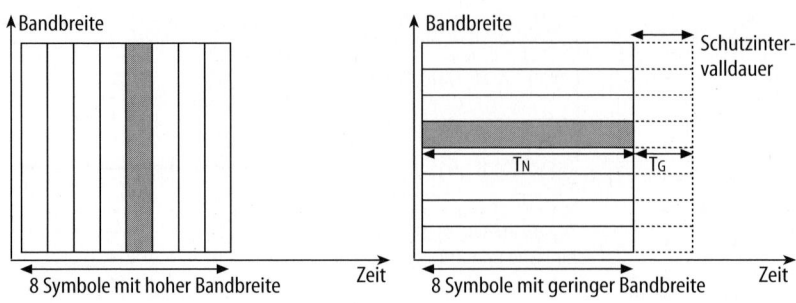

Abb. 4.46. OFDM-Grundprinzip

Verzerrung richtig zu rekonstruieren, da nicht die Signalform als Ganzes eine Rolle spielt, sondern die Werte zu den Rekonstruktions-Abtastzeiten.

Die Grundidee von OFDM ist daher, die Symboldauer zu verlängern und ein Schutzintervall hinzuzufügen in der die Störung abklingt, wobei sich natürlich die Symbolfolge pro Zeiteinheit entsprechend verringert. Nach dem Zeitgesetz der Nachrichtentechnik ist die zeitliche Streckung des Nachrichtenquaders bei gleichem Informationsinhalt (ein Symbol) mit einer entsprechenden Verringerung der erforderlichen Bandbreite verbunden, so dass die aufgrund der Verlängerung der Symbole auftretende Verringerung der Datenrate durch die Nutzung der frei werdenden Bandbreite weitgehend ausgeglichen werden kann (Abb. 4.46). Dazu wird eine Parallelverarbeitung von N Symbolfolgen vorgenommen, die alle im Vergleich mit dem Original die 1/N-fache Symbolrate haben. Diese parallelen Folgen werden dann im Frequenzmultiplex jeweils mit gewöhnlicher PSK oder QAM auf eine von N Trägerfrequenzen moduliert (Frequency Division Multiplex), so dass die Signale auf den sog. Subträgern schließlich zu einem Multisymbolsignal addiert werden können.

Die zeitliche Beschränkung des Nutzintervalls bewirkt ein Frequenzspektrum entsprechend einer si-Funktion (Abb. 4.47), die mit einem Übersprechen zwischen Nachbarsymbolen einhergeht (ISI, s. Abschn. 3.2.3). Im Demodulator sind die Frequenzbänder am einfachsten zu trennen, wenn das Übersprechen minimiert ist und das ist dann der Fall, wenn der Nullpunkt des Spektrums mit dem Maximum des Nachbarträgers zusammenfällt. Deshalb werden die Sub-Träger als ganzzahlige Vielfache von $f_o = 1/T_N$ gewählt. Die so gewählten Subträgerfrequenzen werden als orthogonal zueinander bezeichnet.

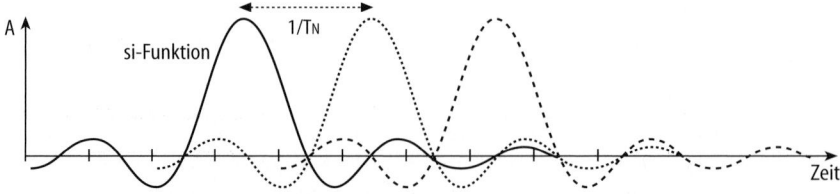

Abb. 4.47. Interferenz von OFDM-Symbolen

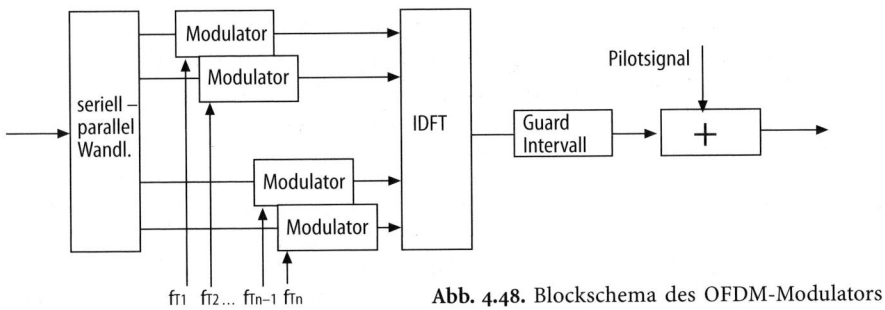

f_{T1} f_{T2}... f_{Tn-1} f_{Tn} **Abb. 4.48.** Blockschema des OFDM-Modulators

Die Addition ganzzahliger Vielfacher der Grundfrequenz f_0 entspricht der Fouriersynthese, die Signalverarbeitung beruht auf daher Algorithmen der diskreten Fouriertransformation. Im Modulator wird zunächst dafür gesorgt, dass die Symbole parallel vorliegen, dann wird die Modulation auf die Subträger mit inverser diskreter Fouriertransformation (IDFT) vorgenommen (Abb. 4.48). Die Symbole weisen anschließend die verlängerte Nutzsignaldauer T_N auf. An dieser Stelle wird die Dauer zusätzlich verlängert und dem Nutzintervall das Guard-Intervall T_G hinzugefügt, das es dem Empfänger ermöglicht, die Echostörungen abklingen zu lassen, bevor das eigentliche Nutzintervall ausgewertet wird (Abb. 4.49). Je größer das Schutzintervall T_G gewählt wird, desto größere Zeitdifferenzen zwischen Nutz- und Echosignalen können ausgeglichen werden. Wegdifferenzen von 60 km erfordern ein $T_G = 0{,}2$ ms. Um die Effektivität der Übertragung nicht zu stark einzuschränken, sollte aber auch der Anteil des Schutzintervalls am Gesamtintervall erheblich kleiner sein, als der des Nutzintervalls T_N. Als Anteil von T_G an der Gesamtintervalldauer wird ca. 20%, als Nutzanteil ca. 80% gewählt. Damit erfordert ein großes Schutzintervall auch ein großes Nutzintervall und damit eine große Anzahl von Unterträgern, was wiederum mit komplexer Signalverarbeitung einhergeht.

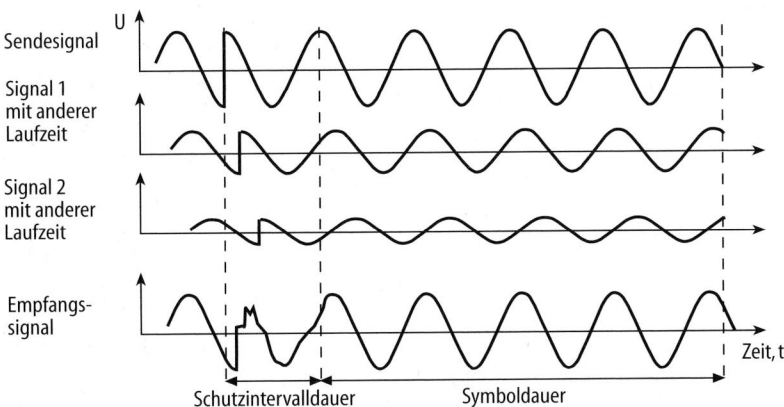

Abb. 4.49. Einschwingvorgang von OFDM-Symbolen

Wenn zum Beispiel ein terrestrischer Kanal mit 8 MHz Bandbreite zur Verfügung steht und mit OFDM Wegdifferenzen bis zu 15 km ausgeglichen werden sollen, beträgt die Signallaufzeit Δt = s/c auf 15 km ca. 50 µs. Damit ist die erforderliche Größe des Schutzintervalls festgelegt. Bei 25% Schutzintervallanteil am Gesamtintervall $T_N + T_G$, ergibt sich eine nutzbare Symboldauer T_N = 200 µs, entsprechend einem Frequenzabstand Δf = 5 kHz zwischen den Einzelträgern. Im 8-MHz-Kanal könnten damit ca. 1500 Unterträger mit 5 kHz Bandbreite verwendet werden. Zur Verarbeitung wird eine Unterträgerzahl als Potenz von 2 gefordert, hier also eine IDFT mit 2048 Werten (2k). Bei Modulation jedes Trägers mit einer 64-QAM ergibt sich für dieses Beispiel eine maximale Brutto-Datenrate von 6 bit/s/Hz · 1500 · 5 kHz · T_N / ($T_N + T_G$) = 36 Mbit/s. Wenn auch Echostörungen aus Wegdifferenz von bis zu 60 km ausgeglichen werden sollen, so sind die Schutz- und Nutzintervalldauern zu vervierfachen. Der Frequenzabstand der Unterträger und ihre Bandbreite wird geviertelt, d. h. es wird mit ca. 6000 Subträgern gearbeitet was eine 8k-IDFT erfordert. Bei Modulation der Einzelträger mit 64 QAM ergibt sich wieder ein Brutto-Datenrate von 36 Mbit/s.

Der Vorteil der OFDM liegt in der Unempfindlichkeit gegen Mehrwegempfang, so dass Echostörungen unwirksam gemacht und Gleichwellennetze aufgebaut werden können. Im Vergleich zur Analogübertragung, bei der Gleichwellennetze wegen des Mehrwegempfangs nicht realisiert werden können, stellt OFDM also eine Übertragungsform dar, bei der Frequenzen sehr ökonomisch genutzt werden können.

Während die Vorteile der OFDM in Europa bei DVB-T (s. Abschn. 4.6) genutzt werden, hat man sich in den USA früh auf die Verwendung der durch das ATSC (Advanced TV System Committee) bestimmten VSB-Modulation festgelegt. Hier wird für die terrestrische und die Kabelübertragung ein Restseitenbandverfahren mit 8 bzw. 16 Amplitudenstufen verwendet, um die sich im 6 MHz-Kanal ergebenden Datenraten von 19,3 Mbit/s bzw. 38,6 Mbit/s für die Übertragung MPEG-2 codierter Programme mit AC3-Begleitton zu nutzen.

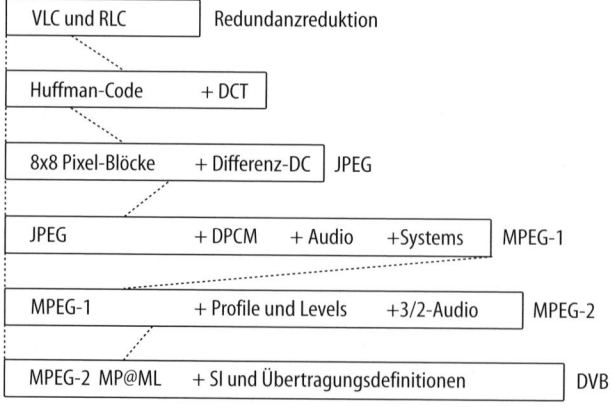

Abb. 4.50. Einschränkungen und Erweiterungen bei der Entwicklung von DVB

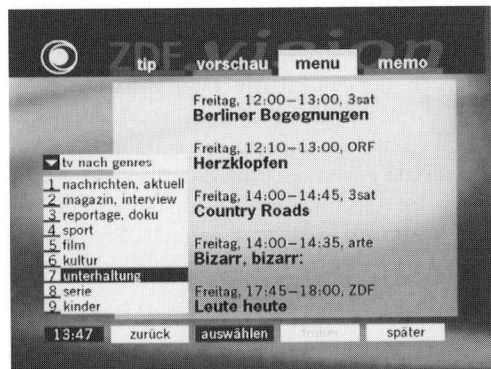

Abb. 4.51. Programmführung beim Digitalprogramm ZDF.vision [106]

4.6 DVB

Mit dem Begriff Digital Video Broadcasting (DVB) oder digitales Fernsehen wird die standardisierte Übertragung digitaler Programme zu den Zuschauern zuhause beschrieben, die zukünftig das gegenwärtig vorherrschende analoge PAL-Fernsehsystem ablösen wird. Dabei müssen die Aspekte Quellencodierung, Kanalcodierung und Verbreitungswege berücksichtigt werden. Die Quellencodierung beruht auf den Definitionen von MPEG-2, wo bereits komplette Programme mit Bild und Ton definiert sind. DVB schränkt nun einerseits die durch MPEG gegebenen Möglichkeiten ein. Andererseits geht es mit zusätzlichen Definitionen für die Kanalcodierung mit Fehlerschutz und die Verbreitungsformen wieder über die Festlegungen bei MPEG hinaus. Dieses Wechselspiel von Einschränkungen und Erweiterungen findet bei der Einführung aller Standards statt und lässt sich über MPEG und JPEG bis zu den Grundlagen der Datenreduktion zurückverfolgen (Abb. 4.50).

Ein erstes Beispiel für Erweiterungen knüpft an die in Kap. 3 dargestellten Tabellen an, die in MPEG-Systems definiert sind. DVB legt hier die Inhalte für CAT und NIT fest und fügt fünf weitere Tabellen, als sog. Service Information (SI) hinzu, die im Einzelnen in Tabelle 4.4 dargestellt sind. Die hier definierten Zusatzinformationen gehen wesentlich über das hinaus was beim analogen Sy-

Tabelle 4.4. Service Information

Tabelle	Name	Funktion
PAT	Program Association Table	Liste der Programme im Transport-Multiplex
PMT	Program Map Table	Verweis auf die Packet- ID eines Programms
CAT	Conditional Access Table	Verweis auf Entschlüsselungsdaten
NIT	Network Information Table	Daten einzelner Netzbetreiber, z. B. Satellitenposition
BAT	Bouquet Association Table	Informationen über das Angebot einzelner Anbieter
SDT	Service Description Table	Beschreibung der angebotenen Programme
EIT	Event Information Table	Programmtafeln und -kennungen, z. B. für Jugendschutz
TDT	Time and Data Table	Enthält die augenblickliche Uhrzeit
RST	Running Status Table	Angabe der laufenden Sendung zur Steuerung von VCR

stem durch Fernsehtext möglich ist. Bei DVB sind die Informationen vielfältiger aber auch notwendiger, denn es muss den Zuschauern eine Hilfe an die
Hand gegeben werden, mit der sie sich in der durch die Digitalübertragung
ermöglichten Flut verschiedener Programme zurecht finden können. Aus diesem Grund werden Programme einzelner Anbieter oft zu so genannten Bouquets zusammengefasst, so dass man zunächst eines der mit der Bouquet Association Table (BAT) definierten Bündel wählen kann, um sich anschließend mit
Hilfe des dort gegebenen Programmführers auf ein gewünschtes Programm
mit Zusatzinformationen, Untertitelung etc. zu verzweigen. Abbildung 4.51
zeigt ein Beispiel.

4.6.1 Fehlerschutz

DVB ist für die Übertragung zum Empfänger konzipiert, dabei muss darauf
geachtet werden, dass ein Programm eine möglichst kleine Bandbreite belegt.
Die Programme werden deshalb datenreduziert übertragen, d. h. dem Signal
wird Redundanz entzogen, was wiederum bedeutet, dass es fehleranfälliger
wird. Um Bandbreite zu sparen wird darüber hinaus nach Möglichkeit ein
mehrwertiges Modulationsverfahren gewählt. Durch den verringerten Abstand
zwischen den Stufen steigt die Störanfälligkeit weiter. Aus diesem Grund wird
bei der Kanalcodierung für DVB ein Fehlerschutz in Form der FEC (Forward
Error Correction) eingesetzt. Dabei wird den Daten wieder gezielt Redundanz
hinzugefügt, mit deren Hilfe auch ein fehlerhaftes Signal im Empfänger decodiert werden kann (Abb. 4.52). Die Digitaltechnik bietet hier die Möglichkeit,
ein als fehlerhaft erkanntes Bit einfach zu invertieren, gleichzeitig stehen für
die erforderliche Codierung effektive Rechenvorschriften zur Verfügung.

Vor dem Einsatz des eigentlichen Fehlerschutzes wird mit Hilfe einer Ener-
gieverwischung (Energy Dispersal Scrambling) dafür gesorgt, dass der aus den
188 Bytes großen MPEG-Paketen bestehende Transportdatenstrom ein möglichst gleichmäßiges Leistungsdichtespektrum aufweist (Abb. 4.62). Ähnlich
wie beim Verwürfeln der NRZI-Daten bei der Basisbandübertragung werden
hier die Daten mit Hilfe eines rückgekoppelten, 15-stufigen Schieberegisters,
das Abgriffe bei den Stufen 14 und 15 hat, in eine Pseudozufallsfolge gebracht.
Die Synchronisationsinformationen im ersten Byte (Sync-Byte) des Headers

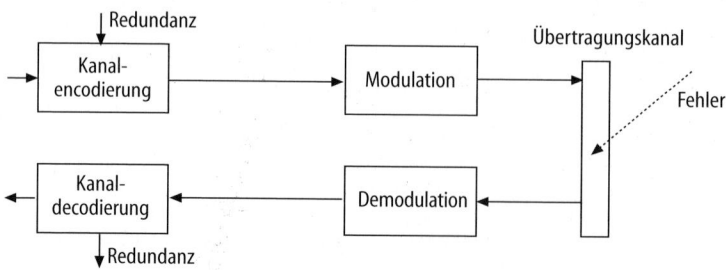

Abb. 4.52. Prinzip der Forward Error Correction

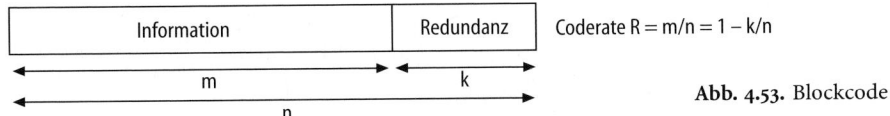

Coderate R = m/n = 1 – k/n

Abb. 4.53. Blockcode

der TS-Pakete werden dabei ausgelassen. Zur Kennzeichnung des Verwürfe-
lungsmusters wird das Sync-Byte bei jedem achten TS-Paket invertiert.

Die eigentlichen Fehlerschutzmethoden lassen sich in Faltungscodes (Con-
volution Coding) und Blockcodes (Block Coding) unterscheiden. Die Bezeichnung Block Code rührt daher, dass der Datenstrom in Blöcke mit fester Anzahl von Symbolen aufgeteilt wird, wobei ein Symbol mehrere Bits oder auch
nur eines umfassen kann. Den m Nutzdatenbits wird eine Anzahl von k Redundanzbits angehängt, als Summe aus Nutz- und Redundanzbits ergibt sich
dann die Bruttobitzahl n = m + k. Das Netto-Brutto-Verhältnis m/n wird als
Coderate R bezeichnet und das Verhältnis fehlerhafter Bits zur Gesamtzahl als
Bit Error Rate (BER) (Abb. 4.53).

Vor der Korrektur muss der Fehler zunächst erkannt werden. Das kann bereits durch die Bildung einer einfachen Quersumme (Checksum) geschehen,
die mit im Datenstrom übertragen wird. Soll z. B. ein digital codierter Zahlenblock mit den Werten 3, 1, 0, 4 gesendet werden, so ergibt sich inklusive der
Prüfsumme die Folge: 3, 1, 0, 4, 8. Nun kann es sein, dass ein Fehler auftritt,
der bewirkt, dass beim Empfang anstatt der 0 eine 3 erscheint. Die Quersumme weicht dann um 3 von der übertragenen Prüfsumme ab und damit ist erkannt, dass ein Fehler vorliegt. Wenn der Fehler auch korrigiert werden soll,
muss darüberhinaus die Position der fehlerhaften Zahl ermittelt werden. Dies
ist durch Bildung einer gewichteten Quersumme möglich, deren Gewichtungsfaktoren Primzahlen sind. Bei der Gewichtung der oben genannten Werte mit
den einfachen Primzahlen 2, 3, 5, 7 ergibt sich mit $2 \cdot 3 + 3 \cdot 1 + 5 \cdot 0 + 7 \cdot 4$ als
Quersumme 37, die sich bei Vorliegen des Fehlers auf 52 erhöht. Auf der Wiedergabeseite braucht nur die Differenz zwischen der übertragenen und der
fehlerhaften gewichteten Quersumme durch den bekannten Fehlerbetrag geteilt zu werden, und die Fehlerposition ist bestimmt. In dem Beispiel ergibt
sich mit (52 – 37)/3 die Zahl 5, also die Primzahl, die zur Fehlerposition gehört. Die Erkennung und Korrigierbarkeit der Fehler wird erhöht, wenn die
Daten in zweidimensionalen Feldern angeordnet werden und die Codierung
auf Zeilen und Spalten angewandt wird.

Die beschriebene Fehlerkorrektur funktioniert nur dann, wenn nicht gleichzeitig mehrere Fehler innerhalb des Datenblockes auftreten. Gerade dieser als

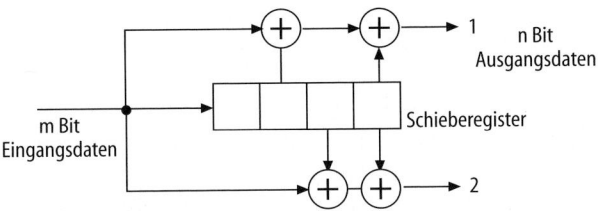

Abb. 4.54. Prinzip der
Faltungscodierung

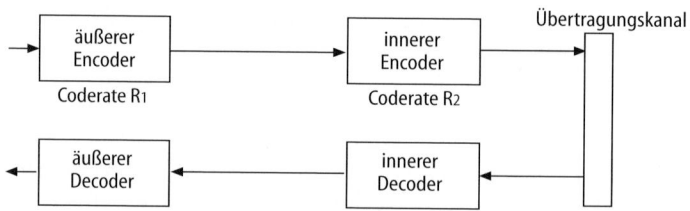

Abb. 4.55. Äußerer und innerer Fehlerschutz

Burstfehler bezeichnete Fall kann leicht auftreten, wenn ein Signal bei der Übertragung kurzzeitig völlig ausfällt. Es ist daher sehr wichtig, die logisch zusammengehörigen Daten physikalisch voneinander zu trennen. Dazu wird vor Anwendung des Block Codes eine Datenumverteilung vorgenommen, die als Interleaving bezeichnet wird.

Es gibt verschiedene Block-Codes, meist kommt der Reed-Solomon-Code zum Einsatz, der besonders dafür ausgelegt ist, Symbolfehler bei der Wiedergabe zu erkennen und zu korrigieren. Dagegen ist der Faltungscode bitorientiert und erfordert keine Aufteilung in feste Segmente. Hier werden m Eingangsdatenbits in einem Schieberegister gespeichert, welches verschiedene Abgriffe besitzt (Abb. 4.54). Durch paarweise Multiplikation und Addition wird das Signal an den Abgriffen mit dem Eingangsignal zu einem n-Bit-Datenstrom verarbeitet. Das Ausmaß der zugesetzten Redundanz kann dabei durch so genannte Punktierung beeinflusst werden.

Oft werden zwei Korrekturstufen gemeinsam eingesetzt, denn die Effektivität des Korrekturmechanismus kann durch die Verkettung zweier Codes gesteigert werden. Dabei ist das Coder/Decoderpaar, das näher an der Signalquelle bzw. -senke liegt, für den so genannten äußeren Fehlerschutz zuständig und das näher am Übertragungskanal liegende für den inneren (Abb. 4.55). Bei DVB wird für den äußeren Fehlerschutz ein Reed-Solomon-Code RS (255, 239) für die Symbolgröße 8 Bit verwendet. Hier werden 239 Symbolen 16 Redundanzsymbole hinzugefügt, mit denen 8 Symbolfehler korrigiert werden können. Da das bei DVB verwendete MPEG-Transportpaket nur 188 8 Bit-Symbole umfasst, werden die ersten 51 Byte der Information nicht übertragen und es entsteht der verkürzte RS (204, 188)-Code.

Zur inneren Fehlerkorrektur wird ein Faltungscode eingesetzt, vorher wird aber ein Interleaving durchgeführt. Für DVB ist eine Interleavingtiefe von 12 festgelegt, d. h. dass je 12 Transportpaketen immer zuerst die ersten, dann die zweiten etc. Bytes herausgenommen und nacheinander übertragen werden, so dass ursprünglich benachbarte Bytes nach der Verschachtelung einen Mindestabstand von 205 Bytes aufweisen. Die Coderate des Faltungscode kann 1/2 betragen, es ist aber möglich, eine Punktierung einzusetzen um die Raten 2/3, 3/4, 5/6, oder 7/8 zu erzielen. Die damit erzielte Verringerung der Redundanz mindert die Wirkung des Fehlerschutzes. Mit R = 1/2 kann auf diese Weise insgesamt eine Bit Error Rate von 10^{-2} im ersten Schritt auf 10^{-4} und dann auf einen Werte von ca. 10^{-11} gesenkt werden. Damit wird das Signal quasi fehlerfrei, was zur Decodierbarkeit des MPEG-Elementarsignals auch erforderlich ist.

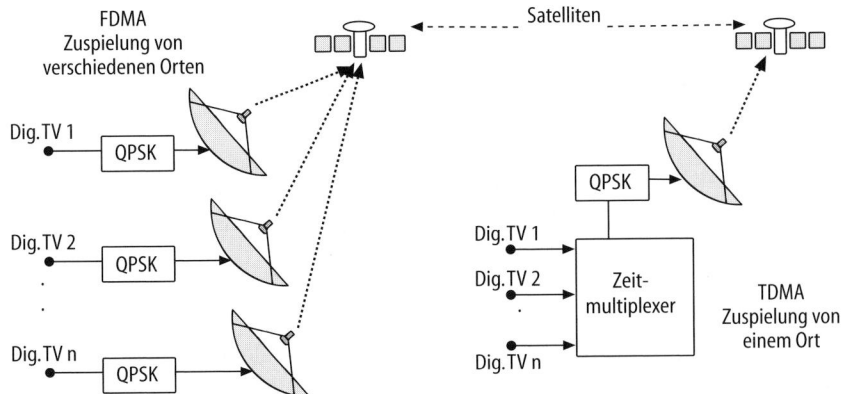

Abb. 4.56. Digitale Satellitenübertragung im Frequenz- und Zeitmultiplex

4.6.2 Digitales Satellitenfernsehen DVB-S

Bei Satellitenempfang ist der Umstieg von analoger zu digitaler Empfangstechnik einfach: wenn bereits ein rauscharmer LNB vorhanden ist, braucht nur der Satellitenreceiver ausgetauscht zu werden. Das Prinzip der Satellitenübertragung ist in Abschn. 4.3.2 dargestellt und für analoge und digitale Übertragung gleich. Die Übertragung ist nicht an spezielle Satelliten gebunden, freie analoge Satellitenkanäle können für Digitalsignale genutzt werden. Die Transponder eines Satelliten sollen für mehrere unabhängige Dienste genutzt werden können (Transpondersharing), dazu müssen die Daten im Multiplex zusammengefasst werden. Es ist diesbezüglich sowohl das Frequenzmultiplex- (Frequency Division Multiple Access, FDMA) als auch das Zeitmultiplexverfahren (Time Division Multiple Access, TDMA) einsetzbar. TDMA erfordert eine Zusammenfassung aller Programme in der Up-Link-Station, bietet aber den Vorteil, dass die Transponderkapazität besser ausgenutzt werden kann, da die Signaltrennung im Zeitbereich effektiver ist als im Frequenzbereich (Abb. 4.56).

DVB-S arbeitet mit dem Zeitmultiplex-Verfahren. Die weiteren Parameter von DVB-S wurden so gewählt, dass bei einem Empfang mit Reflektoren von 0,5 m Durchmesser eine Bitfehlerrate von 10^{-12} bei einer mittleren zeitlichen Verfügbarkeit von 99,9% erreicht wird. Die Quellencodierung erfolgt nach MPEG-2, die damit definierten Transportströme werden in Datencontainer gepackt und mit einem verketteten Fehlerschutz versehen, wie es in Abschn. 4.6.1 dargestellt ist. Dabei ist die Wahl verschiedener Coderaten erlaubt, so dass z. B. eine höhere Datenrate durch Senkung der zugesetzten Redundanz gewählt werden kann, wenn ein Transponder mit hoher Sendeleistung benutzt wird.

Durch die Nutzung der Network Information Table (NIT), in der alle für die Einstellung auf einen Satellitentransponder erforderlichen Daten wie Transponderfrequenz, Orbitalposition, Polarisation gespeichert sind, ist der Empfänger eines zu einem Netzwerk gehörigen Transponders (z. B. Astra) sofort über die anderen Transponder im Netz informiert.

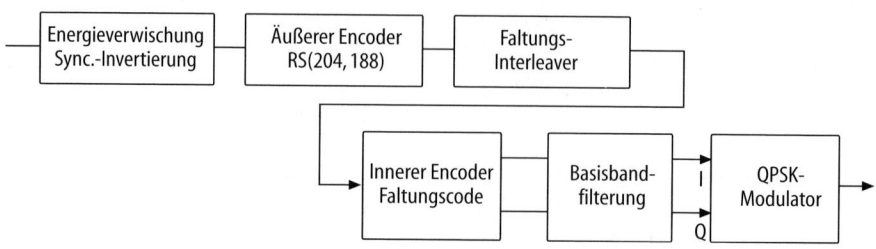

Abb. 4.57. Blockschaltbild für die digitale Satellitenübertragung

Abbildung 4.57 zeigt das Blockschaltbild der Signalcodierungsstufen [102]. Da die Satellitenstrecke einen stark gestörten Übertragungskanal darstellt, wurde als Modulationsart für DVB-S die robuste QPSK vorgesehen. Die Bitfehlerrate ist von den Störungen bestimmt, die den PSK-Zuständen als Phasenrauschen überlagert sind. Die vor dem inneren Fehlerschutz tolerierbare Fehlerrate von $2 \cdot 10^{-4}$ erlaubt eine durch das Phasenrauschen hervorgerufene Verschmierung der Zustände mit einer so genannten I, Q-Closure von ca. 30%.

Die theoretische Bandbreiteneffizienz der QPSK von $\varepsilon = 2$ bit/s/Hz reduziert sich in der Praxis durch Filterung. Bei der Übertragung über den Satelliten Astra 1E wird mit einer durch die Filterung beschränkten Bandbreiteneffizienz von $\varepsilon_{Filt} = 1,53$ bit/s/Hz gearbeitet. Zur Berechnung der übertragbaren Nutz-Datenrate müssen die Bandbreiteneffizienz, die Übertragungsbandbreite $B_ü$ selbst und die Coderaten R_1 und R_2 des inneren und äußeren Fehlerschutzes berücksichtigt werden. Insgesamt gilt:

$$v_{Bit} = \varepsilon_{Filt} \cdot R_1 \cdot R_2 \cdot B_ü.$$

Mit $R_1 = 188/204 = 0{,}922$ für den Reed-Solomon-Code und $R_2 = 3/4$ für den Faltungscode ergibt sich z. B. in einem Satellitenkanal mit $B_ü = 36$ MHz Bandbreite und $\varepsilon_{Filt} = 1,53$ bit/s/Hz eine Nutz-Bitrate von 38 Mbit/s bei einer Brutto-Bitrate von 55 Mbit/s. Ausgehend von 4,5 Mbit/s für ein SDTV-Programm nach MPEG-2 MP@ML ergibt sich, dass 8 Programme in jedem Satellitenkanal untergebracht werden können. Wenn auf einem Satelliten 18 Kanäle mit je 36 MHz zur Verfügung stehen, bietet ein einzelner Satellit somit eine Übertragungskapazität von 144 TV-Programmen in Standardqualität.

Die Datenrate reicht aber auch aus, um ein oder zwei HDTV-Signale zu übertragen. Zu Beginn des Jahres 2004 wurde unter dem Namen Euro 1080 in Belgien der erste echte HDTV-Dienst Europas aufgenommen. Über den Satelliten Astra 1H werden zwei Programme (Event (Premium) und Main) mit je 19 Mbit/s übertragen. Dabei wird jedes HDTV-Signal mit 1920 x 1080 Bildpunkten interlaced nach MPEG-2 MP@HL codiert. Am Empfangsort ist eine HD-Settopbox und ein HD-Display erforderlich. Für die europäische Ausstrahlung ist der Satellit gut geeignet, denn für die Nutzung der Verteilwege gilt europaweit das Verhältnis: 30% Kabel, 50% terrestrisch, 20% Satellit, außerdem ist er auch für die potentielle Kabeleinspeisung von Interesse. Das Programmangebot des europäischen Senders leidet unter dem Problem der Mehrsprachigkeit, daher ist es von Sport- und Musiksendungen dominiert.

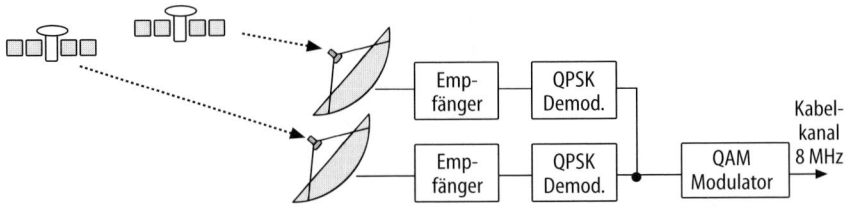

Abb. 4.58. Einspeisung digitaler Signale in ein Kabelnetz

4.6.3 Digitales Kabelfernsehen DVB-C

Auch in den in Abschn. 4.3.3 beschriebenen Kabelkanälen soll die Verbreitung von Datencontainern mit bis zu 38 Mbit/s möglich sein [101]. Die Kabelübertragung hat den Vorteil, dass hier ein relativ ungestörter Übertragungskanal vorliegt. Unter Berücksichtigung aller Einflüsse kann mit einem Träger/ Rauschabstand von C/N = 28 dB gerechnet werden. Daher können für DVB-C die höherwertigen Modulationsarten 16-QAM, 32-QAM und 64-QAM eingesetzt werden. Um in den für das Kabelsystem definierten Kanal-Bandbreiten im 8 MHz-Raster die Datenrate 38 MBit/s zu erreichen, muss die 64-QAM gewählt werden. Die 32-QAM mit der Bandbreiteneffizienz von 5 bit/s/Hz reicht hier nicht aus, da wieder der Fehlerschutz und die Wirkung des Matched Filters im Decoder berücksichtigt werden muss.

Da häufig Satellitenprogramme in Kabelnetze eingespeist werden (Abb. 4.58), sollten möglichst viele Gemeinsamkeiten zwischen den technischen Parametern der beiden Übertragungsstrecken bestehen. Auch im Hinblick auf die Kosten für Empfänger, die für die Decodierung von Signalen nach DVB-C und DVB-S ausgelegt sind, wurde die Signalverarbeitung von DVB-S für DVB-C weitgehend übernommen (Abb. 4.59). Im Unterschied zum stark gestörten Satellitenkanal kann bei der Kabelübertragung auf den inneren Fehlerschutz verzichtet werden. Damit ergibt sich eine hohe Nutzdatenrate, die Bruttodatenrate ist nur durch den Faktor 188/204 des RS-Fehlerschutzes und die Filterung mit Roll off-Faktor r = 0,15 beschränkt. Es gilt:

$$v_{Bit} = \varepsilon_{Filt} \cdot R_1 \cdot B_{ü} = \varepsilon/1{,}15 \cdot 188/204 \cdot 8 \text{ MHz.}$$

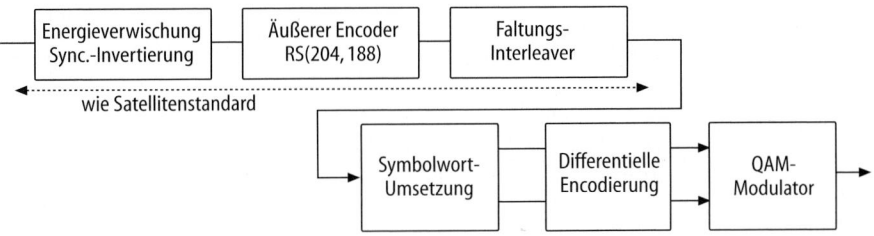

Abb. 4.59. Blockschaltbild für die digitale Kabelübertragung

Bei Einsatz der 64-QAM mit $\varepsilon = 6$ ergibt sich eine Nutz-Datenrate von 38,47 Mbit/s, die es erlaubt, die 38 Mbit/s eines Satellitenkanals vollständig zu übernehmen. Dabei steht noch ein Spielraum für das Einfügen von sog. Stopfbits zur Verfügung, die für die Synchronisierung bei der veränderten Zusammenfassung von Transportströmen erforderlich sind, wenn das Programmangebot aus verschiedenen nicht synchronen Transpondern übernommen wird.

Bei der Einführung von digitalem Kabelfernsehen wird zunächst der Hyperband-Bereich zwischen ca. 300 MHz und 450 MHz benutzt, der mit 18 Kanälen von je 8 MHz Breite belegt ist, so dass das Hyperband, wie auch ein Satellitentransponder, eine Übertragungskapazität von bis zu 144 Programmen in Standardqualität bietet. Im Gegensatz zur analogen Kabelübertragung, bei der die Programmzusammenstellung für die Kabelkanäle regional bzw. nach Bundesländern unterschiedlich ist, wird die digitale Programmzuordnung bundeseinheitlich geregelt. Bis zum Jahre 2000 sind die Sonderkanäle S26 bis S37 mit den in Tabelle 4.5 dargestellten Programmen belegt.

4.6.3.1 MMDS

Der Kabelstandard von DVB wird auch für die Digitaldatenübertragung mittels Mikrowellen im Bereich unter 10 GHz benutzt. Dieses Multichannel/Multipoint Distribution System (MMDS) ist für eine lokale terrestrische Verteilung mit Reichweiten unter 50 km vorgesehen, aber bis zum Jahre 2000 noch nicht standardisiert. Die vorgesehenen Frequenzbereiche liegen zwischen 2 und 42 GHz. Während für Frequenzen unterhalb 10 GHz der bandbreiteneffiziente Kabelstandard DVB-MC (Microwave Cable Based) eingesetzt wird, ist oberhalb 10 GHz die Verwendung des Satellitenstandards DVB-MS (Microwave Satellite Based) vorgesehen, da dort die Dämpfung ansteigt und der Übertragungskanal als stark gestört betrachtet werden muss.

Tabelle 4.5. Digitale TV-Programme im Kabelnetz Quelle: Deutsche TV-Plattform

S26-Fremdsprachen	S27-Premiere	S28-Premiere	S29-Premiere	S30-Premiere	S31-Premiere
ATV (türkisch)	Blue Movie 1	Cinedom 1.1	Cine Action	Comedy&Co	Sport 2
Kanal D (türkisch)	Blue Movie 2	Cinedom 1.2	Cine Comedy	Discovery	Sport 3
TV Polonia (polnisch)	Blue Movie 3	Cinedom 1.3	Premiere	Junior	Sport 4
RTP (portugiesisch)	Blue Channel	Cinedom 1.4	Romantic	K-Toon	Sport 5
ERT SAT (griechisch)	Cinedom 2.1	Cinedom 1.5	Sci-Fantasy	Krimi&Co	Cinedom 1
ZEE-TV (indisch)	Cinedom 2.2		Star Kino	Planet	Cinedom 2
CNE (chinesisch)	Cinedom 4.1		Studio Univ.	Sports World	Cinedom 3
	Heimatkanal		13th Street	Sunset	Cinedom 8

S32-ZDF.Vision	S33-Vorschlag	S34-ARD 1		S36-ARD 2		S37-Vorschl.
3 Sat	Seasons	Das Erste	Hörfunk:	B1	Hörf.:	Fashion TV
arte/Kinderkanal	Planet	BR-Alpha	Bayern 4, 5	Eins Extra	Fritz!	Bet on Jazz
ORF	Studio Universal	BR	Bremen 2	Eins Festiv.	MDR	Bloomberg
Phoenix	Disney Channel	HR	hr 1, 2, 2+	Eins Muxx	SFB	Landscape
ZDF	Simulcast 1 – 3	N3	NDR 4	MDR	SWR	Extr. Sports
ZDF-Info Box	Hörf.: Pop/Rock	SWR	Radio 3	ORB	WDR	Einstein
	Hörf.: Klassik	WDR				Single TV

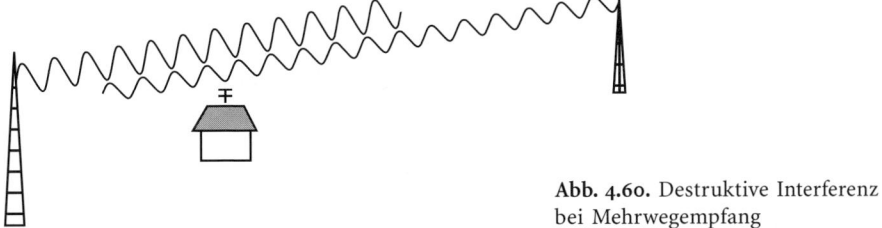

Abb. 4.60. Destruktive Interferenz
bei Mehrwegempfang

4.6.4 Digitales terrestrisches Fernsehen DVB-T

Die Übertragungsparameter zur digitalen terrestrischen Übertragung wurden
erst nach denen für die Satelliten- und Kabelübertragung definiert. Wie bei
DVB-C soll auch dieser Standard weitgehende Ähnlichkeit mit DVB-S aufweisen, dabei sind die Kanäle auch an einer Bandbreite von 8 MHz orientiert, die
wieder möglichst effizient genutzt werden soll.

Ein wesentlicher Unterschied zwischen Kabel- und terrestrischer Fernsehübertragung besteht bei Programmen für die eine flächendeckende Versorgung
erzielt werden soll, z. B. beim Programm des ZDF. Im Kabel ist dafür nur ein
Kanal erforderlich, denn in jedem BK-Netz kann der gleiche Kanal mit dem
Programm des ZDF belegt werden.

Dagegen ist es mit terrestrischer Ausstrahlung bei Anwendung konventioneller analoger Modulationsarten nicht möglich, ein Programm flächendek-
kend mit nur einer Trägerfrequenz zu verteilen, denn bei diesem Gleichwellen-
betrieb stören sich die vielen Sender, die zur Versorgung eingesetzt werden
müssen, gegenseitig (Abb. 4.60).

Die Störung resultiert aus der Überlagerung der Wellen. In den meisten Fällen laufen die Wellen über unterschiedlich lange Strecken, so dass Phasenverschiebungen auftreten, die zu destruktiver Interferenz, also Dämpfung oder
Auslöschung der Welle, oder zu so genannten Geisterbildern führen können.

Bei Digitalsignalen ist es möglich, mit Hilfe der OFDM (s. Abschn. 4.5.3) die
genannten Probleme beim Mehrwegempfang zu umgehen, die Störsicherheit
zu erhöhen und Gleichwellennetze zu errichten. Bei mehrwertiger Modulation
besteht das Digitalsignal aus einer Folge von Symbolen, die eine bestimmte
Anzahl von Bits repräsentieren. Der wesentliche Gedanke ist, jeder Symboldauer ein Schutzzeitintervall hinzuzufügen, das so bemessen ist, dass die störenden Überlagerungen aus dem Mehrwegempfang während der Schutzintervalldauer abklingen können (Abb. 4.49).

DVB-T macht sich die genannten Vorteile der OFDM zunutze, die hier wegen der Fehlerschutzcodierung auch als Coded OFDM (COFDM) bezeichnet
wird. Die Festlegung der Parameter geschieht in Hinblick auf den Einsatz portabler Empfänger, wobei auch die hierarchische Codierung verwendet werden
kann. Das in Abbildung 4.61 dargestellte Blockschaltbild des Encoders zeigt
wieder eine weitgehende Übereinstimmung mit dem von DVB-S. Dem inneren
Fehlerschutz folgt eine, bei DVB-S nicht vorhandene, innere Interleaving-Stufe,
die dazu dient, Störungen aus Interferenzen dadurch zu umgehen, dass zeitlich

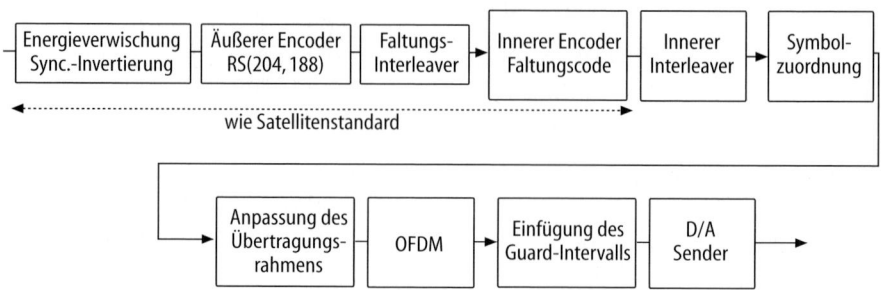

Abb. 4.61. Blockschaltbild für die digitale terrestrische Übertragung

aufeinanderfolgende Symbole auf verschiedene Träger verteilt werden. Als Modulationsarten für die Einzelträger können QPSK, 16-QAM und 64-QAM verwendet werden. Abbildung 4.62 zeigt im Vergleich zu dem Spektrum eines Anlogsignals wie im Digitalkanal dafür gesorgt wird, dass sich die Energie spektral gleichmäßig verteilt.

Die Wahl der OFDM-Parameter für DVB-T hängt zunächst mit den größten Wegdifferenzen der sich überlagernden Wellen zusammen, woraus wiederum die erforderliche Schutzintervalldauer resultiert. Für die Errichtung nationaler Gleichwellennetze in Deutschland müssen Laufzeitdifferenzen von s = 60 km ausgeglichen werden können. Dafür sind Schutzintervalle der Dauer $\Delta t = s/c = 200\ \mu s$ erforderlich. Um die Nutzdatenrate nicht zu sehr zu beschränken, wird meist ein Verhältnis der Intervalldauern $T_G/T_N = 1/4$ gewählt, woraus eine Nutzintervalldauer von ca. 0,8 ms und ein Einzelträgerabstand von ca. 1,25 kHz folgt. Diese geringe Frequenz erfordert eine aufwändige Signalverarbeitung der ca. 6000 Subträger, die in einem 8-MHz-Kanal Platz finden, mit der 8k-Variante der IDFT (s. Abschn. 4.5.3). Um eine weniger aufwändige Signalverarbeitung realisieren zu können, wurde mit der Common 2k/8k-Specification bei DVB-T festgelegt, dass auch mit einer 2k-Variante gearbeitet werden kann. Die wesentlichen Parameter unterscheiden sich von der 8k-Variante um den Faktor vier. Mit der 2k-IDFT können daher nur Laufzeitdifferenzen aus einem Wegunterschied von 15 km ausgeglichen werden.

Für eine hierarchische Übertragung kann eine Multiresolution-QAM (MR-QAM) verwendet werden. Unter Einsatz einer 64-QAM liefert jedes Modulationssymbol 6 bit. Bei Empfang mit Dachantennen sollte der Störabstand ausreichen, um alle Zustände auswerten zu können. Beim Empfang mit portablen Geräten ist dagegen der Störabstand schlechter. Im ungünstigen Fall können nur vier Zustände als »Wolken« unterschieden werden (Abb. 4.45). Als Zwischenstufe können die 16 kleineren »Wolken« detektiert werden (4 Bit/Symbol).

Die genaue Festlegung bei DVB-T bestimmt für das 8k-System eine Abtastfrequenz von 64/7 MHz, damit eine einfache Umschaltung der Parameter für Kanäle mit 7 bzw. 8 MHz Bandbreite erfolgen kann. Die Angabe 8k bezieht sich auf die Dualzahl 2^{13}, die genaue Anzahl von Trägern beträgt daher 8192. Um diesen Faktor wird die Symboldauer verlängert, bzw. die Einzelträgerbandbreite verringert, so dass der Einzelträgerabstand bei der 8k-Variante 1,116 kHz

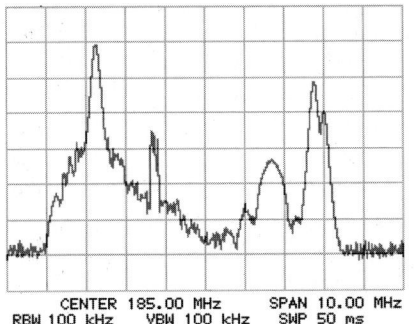 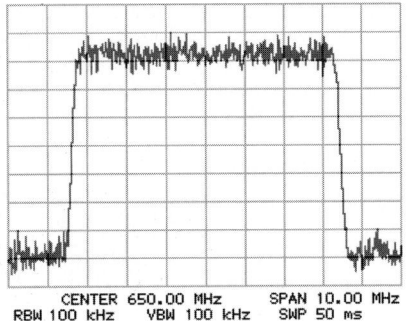

CENTER 185.00 MHz   SPAN 10.00 MHz
RBW 100 kHz   VBW 100 kHz   SWP 50 ms

CENTER 650.00 MHz   SPAN 10.00 MHz
RBW 100 kHz   VBW 100 kHz   SWP 50 ms

Abb. 4.62. Vergleich der Signalspektren eines analogen und eines digitalen TV-Kanals

und bei der 2k-Variante 4,464 kHz beträgt. Da im Übertragungskanal mit 8 MHz Bandbreite etwa 7,6 MHz praktisch genutzt werden können, ist die Verwendung von 6817 Subträgern festgelegt, die genau 7,609 MHz Bandbreite belegen.

Von den 6817 Trägern gibt es 6048, die mit gleicher Leistung übertragen werden. Für die Übertragung des eigentlichen, fehlergeschützten MPEG-Transportstroms können davon wiederum nur 5980 genutzt werden, da 68 Träger als so genannte TPS-Träger zur Signalisierung von Übertragungsparametern verwendet werden. Die restlichen 769 Träger dienen als Referenzsignale, die mit einer gegenüber den Datenträgern um 4/3 erhöhten Leistung übertragen werden. 177 davon werden als so genannte ständige Piloten verwendet, die ohne Modulation in jedem OFDM-Symbol an der selben Trägerposition erscheinen und zur Grobeinstellung des Empfängeroszillators dienen. Die restlichen Referenzsignale werden als verteilte Piloten (Scattered Pilotes) bezeichnet, da ihre Position bezüglich jedes Symbols so verändert wird, dass sie einer Sequenz folgen, die sich alle 4 Symbole wiederholt. Die hohe Zahl dieser Piloten ermöglicht die Feinabstimmung des Empfängers sowie eine ständige Abschätzung der Eigenschaften des Übertragungskanals.

Die mit DVB-T übertragbare Datenrate hängt wesentlich von der gewählten Modulationsart ab. Als höchstwertige kann die 64-QAM mit der Effizienz $\varepsilon = 6$ bit/s/Hz verwendet werden. Im 8k-System beträgt die Symboldauer $1/1,116$ kHz $= 896\ \mu s$. Die Schutzintervalldauer T_G kann in den Verhältnissen 1/4, 1/8, 1/16 und 1/32 zur Symboldauer T_N gewählt werden. Mit $T_G/T_N = 1/4$ ergibt sich die größte zulässige Wegdifferenz zwischen den sich überlagernden Signalen von 67 km bei einer Gesamtintervalldauer von 1,12 ms. Mit 16-QAM folgt unter diesen Umständen für die Bruttobitrate

$$v_{Bit\ (Brutto)} = 6817 \cdot 4\ bit/1,12\ ms = 24,35\ Mbit/s.$$

Für die Nettobitrate gilt:

$$v_{Bit\ (Netto)} = R_1 \cdot R_2 \cdot 6048/6817 \cdot v_{Bit\ (Brutto)} = 13,27\ Mbit/s$$

und zwar nach Abzug der Pilotsignale (Restanteil 6048/6817) und wieder unter Berücksichtigung des Fehlerschutzes mit den Coderaten R_1 und R_2, wobei eine Coderate $R_2 = 2/3$ für die Faltungscodierung angenommen wurde. Die Netto-

Tabelle 4.6. Erreichbare Datenraten bei DVB-T

Modulation	Coderate	1/4	1/8	1/16	1/32	Schutzintervall/TG
QPSK	1/4	4,98	5,53	5,85	6,03	Netto-Datenrate [Mbit/s]
	2/3	6,64	7,37	7,81	8,04	
	3/4	7,46	8,29	8,78	9,05	
	5/6	8,29	9,22	9,76	10,05	
	7/8	8,71	9,68	10,25	10,56	
16-QAM	1/2	9,95	11,06	11,71	12,06	
	2/3	**13,27**	14,75	15,61	16,09	
	3/4	14,93	16,59	17,56	18,10	
	5/6	16,59	18,43	19,52	20,11	
	7/8	17,42	19,35	20,49	21,11	
64-QAM	1/2	14,93	16,59	17,56	18,10	
	2/3	19,91	22,12	23,42	24,13	
	3/4	22,39	24,88	26,35	27,14	
	5/6	24,88	27,65	29,27	30,16	
	7/8	26,13	29,03	30,74	31,67	

bitrate von 13,27 Mbit/s ist für DVB-T ein typischer Wert, der aber durch 64 QAM, geringeren Fehlerschutz und kürzere Schutzintervalle noch auf die in Tabelle 4.6 angegebenen Datenraten gesteigert werden kann. Bei Verwendung einer 64 QAM ist ein Störabstand von mindestens 20 dB und Empfang mit gerichteter Antenne erforderlich. Durch Modulation mit QPSK und $R_2 = 1/2$ kann der erforderliche Störabstand auf unter 6 dB reduziert werden.

DVB-T wird in Deutschland im Regelbetrieb ab 2003 eingesetzt. Der Umstieg von analoger zu digitaler Verbreitung erfolgt dabei in so genannten digitalen Inseln im Simulcastbetrieb, d. h. die analoge Ausstrahlung, zumindest der öffentlich-rechtlichen Programme, bleibt zunächst bestehen. Die Fläche Deutschlands soll bis 2010 erfasst sein, dann werden die analogen Sender abgeschaltet. Die erste Insel war der Raum Berlin/Brandenburg, es folgten die Regionen Hannover/Braunschweig und Bremen/Unterweser (Abb. 4.63).

In den Inseln werden zunächst vier oder fünf 8 MHz-Kanäle für die Digitalübertragung freigemacht die mit COFDM im 8k-Modus arbeitet. Der Schutzintervallanteil beträgt 1/4, so dass sich mit einer Coderate 2/3 eine Nettobitrate von 13,27 Mbit/s ergibt. Diese wird für vier Programme genutzt. Mit Hilfe moderner MPEG-2 Coder lässt sich mit der hieraus folgenden Beschränkung auf 3,1 Mbit/s für das Video- und 192 kbit/s für ein Stereosignal eine gute Bildqualität erzielen. Das gilt auch mit portablen oder mobilen Geräten.

Die Modulationsparameter sind so gewählt, dass ab einem Pegel von ca. 30 dB/µV am Empfängereingang mit stabilem DVB-T-Empfang gerechnet werden kann. In der Nähe des Senders ist ein so genannter portable Indoor-Empfang mit kurzen Stabantennen möglich, bei größeren Abständen ist eine Außenantenne erforderlich, wie sie bereits für analoge Geräte verwendet wird. Mobiler Empfang mit einfachen Antennen gelingt im Stadtgebiet bis zu Geschwindigkeiten von 60 km/h, bei größeren Geschwindigkeiten müssen mehrere Antennen im Diversity-Betrieb verwendet werden, d. h. dass automatisch immer die Antenne mit dem stärksten Pegel an den Empfängereingang geschaltet wird.

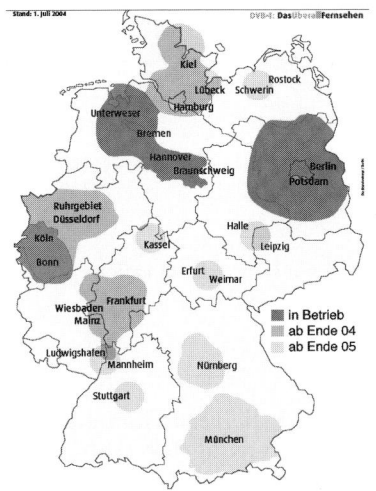

Technische Parameter DVB-T:
Bandbreite: 8 MHz
Multiplex: COFDM, Modus: 8k
(6817 Einzelträger, davon 6048 für Nutzdaten)
Modulation: 16-QAM (4 bit pro Einzelträger)
Coderate: 2/3 (1/3 der Datenrate für Fehlerschutz)
Schutzintervall: 1/4
(erlaubt Laufzeitunterschiede bis zu 67 km)
Datenrate in Mbit/s: 13,27
(genutzt für 4 Fernsehprogramme)

DVB-T-Programme in der Region Unterweser
K 22: Das Erste, N3, Radio Bremen
K 32: ZDF, KiKa, ZDF-Doku/Info, 3Sat
K 42: RTL, RTL 2, VOX, Super RTL
K 49. Sat 1, Pro7, Kabel 1, N24
K 55: NDR, WDR, MDR, HR
K 29: Das Erste, 1+ Phönix, Arte

Abb. 4.63. DVB-T-Inseln, technische Parameter und Beispiel für ein Programmangebot

Mit vier bis sechs freigegebenen Frequenzen können 16 bis 24 Programme gesendet werden, wobei dei Programmmultiplexe der öffentlich-rechtlichen Anstalten und die wichtigsten privaten Sender verbreitet werden (Abb. 4.63). Dieses Angebot ist für viele Haushalte ausreichend, so dass durch DVB-T mit einer Verschiebung der Marktanteile vor allem zu Lasten des Kabelempfangs, für den ja zusätzliche Gebühren anfallen, gerechnet wird. Insgesamt wird prognostiziert, dass durch die Digitalisierung der Satellitenempfang von 35 % auf 40 % und der terrestrische von 7 % auf 20 % steigen werden, während der Kabelempfang von 58 % auf 40 % zurückgehen wird.

4.6.5 DVB-H

Die technischen Parameter von DVB-T sind, vor allem wegen der Nutzung von OFDM, so gewählt, dass ein mobiler Empfang mit portablen Geräten möglich ist. Neben Geräten für Fahrzeuge sind bereits kleine portable Geräte am Markt verfügbar, die aber das Problem haben, den gesamten DVB-Datenstrom entschlüsseln zu müssen, was mit einigem Energieaufwand und entsprechend kurzen Akkulaufzeiten verbunden ist. Dieses Problem soll mit DVB-H (für Handheld-Geräte) gelöst werden. Die Geräte haben ein kleines Display, so dass eine CIF-Auflösung mit 352 x 288 Bildpunkten ausreicht. Bei geringem Energiebedarf soll der DVB-Transportstrom genutzt werden, um mit einer Videocodierung nach H.264 und via Internet Protokoll (IP, s. Abschn 4.7) in den 13,27 Mbit/s eines DVB-T-Kanals ca. zwanzig Programme unterzubringen.

Ein ähnlicher Ansatz existiert für das so genannte DXB, nämlich der Verschmelzung von DAB (Digital Audio Broadcasting) und DVB-T, da wegen der sehr effizienten Codierung mit H.264 die DAB-Datenrate auch für Videosignale mit SDTV-Auflösung ausreicht.

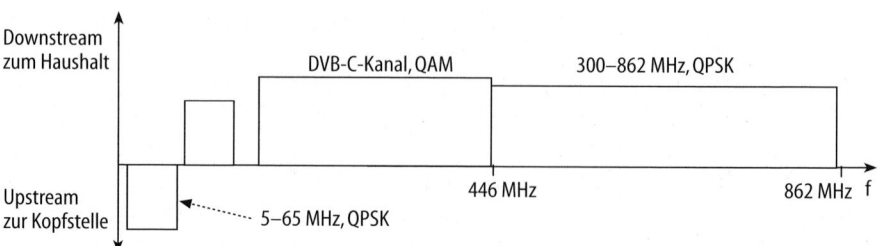

Abb. 4.64. Mögliche Frequenzbelegung im Kabel für bidirektionale Kommunikation

4.6.6 Data Broadcasting

Neben der klassischen Nutzung der TV-Verteilwege für die Fernsehprogramm-ausstrahlung wird der Einsatz dieser Wege zur Übertragung fernsehfremder Dienste immer interessanter. Ein großes Interesse besteht besonders daran, mit Hilfe der Fernsehverteilwege über Satellit und Kabel (Cable TV, CATV) höhere Datenübertragungsraten für das Internet (s. Abschn. 4.7) zu erzielen. Das Problem ist, dass dafür eine bidirektionale Kommunikation erforderlich ist. Die Nutzung der Satellitenverbindung ist sehr aufwändig, geeignet erscheint dagegen das Kabelnetz der Telekom AG und anderer Netzbetreiber. Als Breitbandnetz bietet es hohe Datenübertragungsraten. Da es in Deutschland weitgehend flächendeckend verlegt ist, stellt es eine hochwertige Infrastruktur dar. Das BK-Netz ist direkt als bidirektionales Netz konzipiert, die Rückkanäle sind bisher allerdings praktisch nicht überall nutzbar. In ersten Konzepten zur Nutzung für fernsehfremde Zwecke ist als Upstream-Kanal der Frequenzbereich zwischen 5 und 65 MHz vorgesehen, der Downstream, d. h. die Datenübertragung von der Zentrale zum Endkunden, erfolgt im Bereich von 70 MHz bis 862 MHz (Abb. 4.64), mit verschiedenen Modulationsarten.

Mit der Nutzung des BK-Netzes lassen sich eindrucksvolle Datenraten erzielen, allerdings ist zu bedenken, dass das Kabel ein so genanntes shared Medium ist. Alle angeschlossenen Teilnehmer müssen sich die Datenrate teilen, was für den Einzelnen bedeutet, dass er vom Nutzungsverhalten seiner Nachbarn abhängig ist. Dieser Umstand stellt gegenüber xDSL (s. Abschn. 4.7) einen Nachteil dar, da dort für alle Teilnehmer eine eigene Telefonleitung zur Verfügung steht.

Die neuen Verteilwege und die Nutzung der Wege für fernsehfremde Zwecke wurden auch bei den Definitionen für DVB berücksichtigt und werden als DVB-Datenrundfunk (Data Broadcasting Service, DBS) bezeichnet. Grundlage ist auch hier der MPEG-2-Transportstrom, dessen sog. Datencontainer mit der Kapazität 184 Byte aber mit beliebigen Daten gefüllt werden. Dabei wird die in DVB unter Service Information (SI) definierte Service Description Table (SDT) genutzt, in die für Zwecke des Datenrundfunks ein so genannter Data Broadcast Descriptor eingefügt wird, mit Hilfe dessen der jeweilige Datendienst signalisiert wird. Der Descriptor beschreibt die Art der Anwendung und verweist über die PMT auf die zugehörigen Elementarströme und die spezifischen Anwendungsfelder.

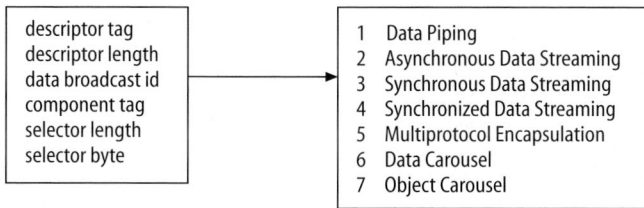

Abb. 4.65. Signalisierung von Datendiensten

Die Anwendungsgebiete beziehen sich auf typische Nutzungsprofile, Abbildung 4.65 zeigt einen Überblick. Der einfachste Fall ist das Data Piping, das sich für jede Art der asynchronen Datenübertragung nutzen lässt. Diese Offenheit erfordert aber die Übermittlung der Spezifikations- und Fehlerschutzparameter zwischen den Teilnehmern am Datentransfer. Das zweite Anwendungsfeld nennt sich Data Streaming und wird für eine Datenübertragung genutzt, die zu anderen Elementarströmen synchronisiert und an den Systemtakt gekoppelt wird. Das dritte Profil ermöglicht die Datenübertragung unter Verwendung verschiedener Kommunikationsprotokolle, insbesondere auch des Internet-Protokolls (IP) und nennt sich Multiprotocol Encapsulation. Das vierte Anwendungsfeld nutzt das auch bei Videotext verwendete Verfahren der zyklischen Wiederholung von Daten und wird als Data Carousel bezeichnet. Eine Erweiterung stellt hier das Objekt Carousel dar, bei dem ein Nutzer nicht nur auf Daten, sondern auch auf Verzeichnisse zugreifen kann, ähnlich wie es bei einer interaktiven Verbindung zu einem Server der Fall ist.

4.6.7 DVB Endgeräte

Die Nutzung neuer Übertragungsverfahren erfolgt in vielen Fällen zunächst mit Zusatzgeräten, die die neuen Signalformen in die etablierten überführen, so dass das eigentliche TV-Gerät nicht ausgetauscht werden muss. Das Zusatzgerät für DVB heißt Set Top Box (STB), deren Funktionen in zukünftigen TV-

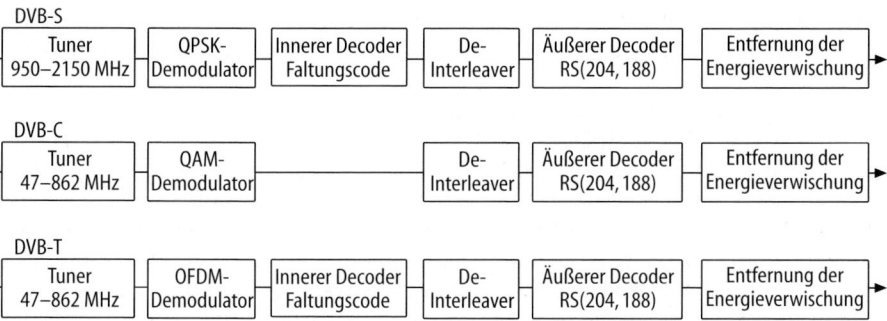

Abb. 4.66. Blockschema eines Empfangsmoduls in einer Set Top Box

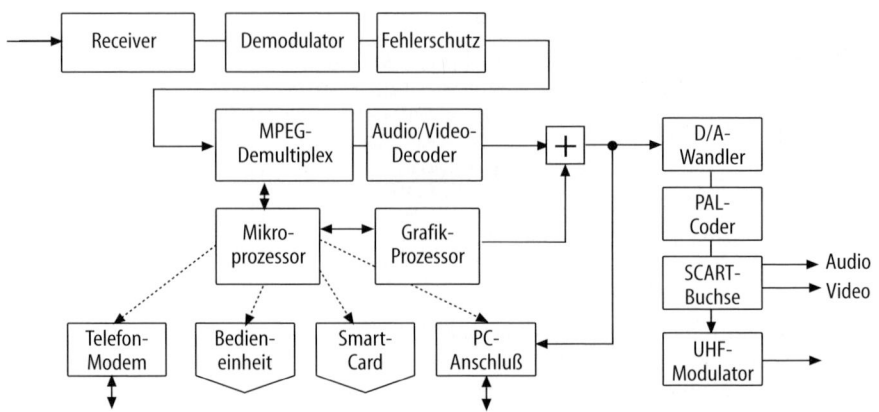

Abb. 4.67. Blockschema einer Set Top Box

Geräten integriert sein wird. Die Set Top Box enthält ein Empfangsmodul, mit einem Tuner, dem Demodulator und dem Kanaldecoder, der auch die Fehlererkennung und -korrektur durchführt. Dieses Modul ist das einzige, das speziell auf den Übertragungsweg (DVB-S, -C oder -T) und die dafür verwendete Modulationsart (QPSK, 64-QAM oder COFDM) abgestimmt ist (Abb. 4.66).

Am Ausgang des Decoders steht unabhängig von der Modulationsart der MPEG-Transportstrom zur Verfügung, der zum MPEG-Modul geleitet wird, das die Aufgabe als Demultiplexer und Decoder für Video und Audiodaten übernimmt. Der Transportstrom wird zwischengespeichert und anhand der Packet Identifieres (PID) aufgetrennt, so dass die Teildatenströme zu den richtigen Decodern gelangen. Die Teildatenströme werden mit Hilfe der DTS und PTS-Signale synchronisiert und anschließend wird die Quellencodierung rückgängig gemacht. Danach liegen die Audio- und Videosignale in der ursprünglichen digitalen Form vor und werden mit D/A-Wandlern in die analoge Form überführt (Abb. 4.67). Das Audiosignal steht meist im Stereo-Format an zwei separaten RCA-Buchsen zur Verfügung oder zusammen mit dem Videosignal an einer SCART-Buchse. Teilweise wird es auch in digitaler Form im Consumer-Audioformat S/PDIF ausgegeben. Das Videosignal liegt nach der Wandlung als FBAS-Signal vor. Zusätzlich wird es meist, wie bei Heim-Videorecordern, zusammen mit dem Audiosignal auf einen HF-Träger moduliert, damit es auch älteren Empfängern zugeführt werden kann, die über keinen SCART-Anschluss verfügen.

Eine Set Top Box enthält einen Mikroprozessor, der alle Funktionen steuert. Er ist wie ein PC mit Speicherbausteinen und Verbindungen zur Außenwelt über serielle oder SCSI-Schnittstellen ausgestattet. Die Betriebs-Software befindet sich auf einem Flash-RAM mit einer Kapazität zwischen 1 und 8 MByte. Aufgrund der vorliegenden Ablage in elektrisch löschbaren Speichern kann die Software entweder über die serielle Schnittstelle oder direkt über das Sendesignal von außen aktualisiert werden. Die SI-Daten, wie die Programm-Übersicht, Zusatzdaten etc. werden während des Betriebs in einem DRAM-Speicher abgelegt, so dass auf sie ohne Zeitverzögerung zugegriffen werden kann.

Abb. 4.68. Blocking-Artefakte bei zu geringer Feldstärke am digitalen Empfänger [106]

Bei Signalqualitätsminderung zeigen digitale Empfangsgeräte das typische digitale »Alles oder Nichts«-Verhalten. Wenn sich die Signalqualität gerade an der Entscheidungsschwelle für die MPEG-2-Decodierung befindet, kann es zu Standbild- und Blocking-Artefakten kommen (Abb. 4.68).

4.6.7.1 Conditional Access

Zur Realisierung besonderer Formen der Fernsehversorgung, die weder über Gebühren, noch über Werbung finanziert werden, ist es erforderlich, dass das Programm nur Kunden zugänglich gemacht wird, die für den Empfang bezahlt haben (Pay TV). Bei DVB wurde dafür ein bedingter Programmzugang (Conditional Access) vorgesehen. Dabei werden die Nutzdaten im MPEG-Transportstrom verschlüsselt, während die Header, Tabellen und Synchroninformationen unverschlüsselt bleiben. Ein verschlüsseltes Programm wird anhand zweier Transport Scrambling Control-Bits erkannt. Die Verschlüsselung beruht auf zwei kaskadierten Verfahren, bei denen zuerst 8-Bit-Datenblöcke systematisch verwürfelt werden und anschließend die verschlüsselten Daten noch einmal. Zur Entschlüsselung werden zwei Control Words verwendet, die Entitlement Control Messages (ECM), die wiederum selbst verschlüsselt sind. Um das System möglichst sicher zu machen, wird der Schlüssel von Zeit zu Zeit gewechselt, der neue muss dazu im Datenstrom übertragen werden, daher sind immer zwei Schlüssel erforderlich. Neben den ECM gibt es EMM (Entitlement Management Messages), mit denen die Freischaltung der Programmbereiche geregelt wird, für die der Kunde auch bezahlt hat. Mit der EMM lässt sich eine sog. Smartcard adressieren, die der Kunde erwerben und in das Gerät einführen muss, damit die Berechtigung geprüft werden kann.

Es gibt kein einheitliches System für den Conditional Access. Damit zur Anwahl verschiedener Pay-TV-Anbieter nun nicht verschiedene Set Top Boxen verwendet werden müssen, wurde mit dem Common Interface eine Möglichkeit geschaffen, die Zugangsdaten zu verschiedenen Anbietern gänzlich auf die Smartcard zu verlegen, so dass nur noch diese ausgetauscht werden muss.

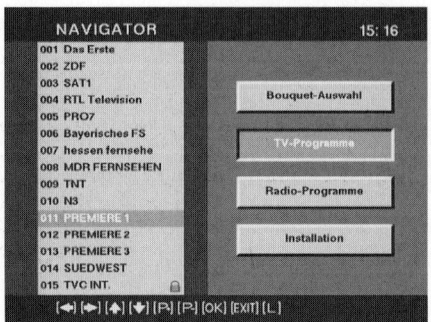

Abb. 4.69. Spezieller Navigator einer Set Top Box und EPG von ARD.digital [106]

4.6.7.2 Betriebssysteme

Für den in der Set Top Box befindlichen Computer werden keine Standardbetriebssysteme verwendet, sondern proprietäre Verfahren, mit denen nur speziell abgestimmte Software lauffähig ist. Die wichtigste Applikationssoftware für das Betriebssystem ist der Electronic Program Guide (EPG), hinzu kommen Teletext-Programme, Steuerungen der Heimrecorder etc. Um nun mit einem einzelnen Empfangsgerät die Software verschiedener Anbieter, insbesondere den EPG, wiedergeben zu können, müssen die Hersteller eine standardisierte Software-Schnittstelle, das Application Programming Interface (API) offenlegen [106]. Wenn dies nicht geschieht, sind zwar die TV-Programme fremder Anbieter mit einer Set Top Box decodierbar, doch der EPG wird nicht wiedergegeben. Gerade der Programmführer hat aber besonders große Bedeutung, da sich beim Einsatz digitaler Übertragung die Programmzahl vervielfacht und die Beiträge zu einem Bouquet zusammengefasst werden, für die eine Navigationshilfe dringend geboten ist. Das Bouquet eines Anbieters wird erst durch den EPG erkennbar. Um also einen diskriminierungsfreien Zugang zu den Programmen und EPG aller Anbieter zu gewährleisten, ist ein Betriebssystem mit offenem API erforderlich. Das diesbezüglich erfolgreichste Betriebssystem ist OpenTV, das Applikationen von allen Digital-TV-Anbietern als Free TV oder Pay TV verarbeitet.

Viele Pay TV-Anbieter setzen jedoch auf geschützte Schnittstellen, so dass OpenTV heute große Bedeutung für den Bereich unverschlüsselter Ausstrahlung, wie z. B. das Digitalprogramm der öffentlich-rechtlichen Anstalten, hat, während der Bereich Pay-TV von proprietären Systemen beherrscht sind, die nicht in der Lage sind, den EPG der öffentlich-rechtlichen Programme darzustellen. Angesichts der beschriebene Probleme hat sich, nachdem die technische Infrastruktur weitgehend geschaffen ist, das DVB-Entwicklungskonsortium auch den Anwendungen zugewandt, um mit der sog. Multimedia Home Platform (MHP) eine übergreifende, hardware-unabhängige Struktur zu fördern. Die Initiative ist dem sog. DVB-Commercial Module zugeordnet und hat die Aufgabe, den Schritt zu einem horizontalen Markt zu gehen, in dem sich verschiedenste Dienste Konkurrenz machen können, ohne dass für jeden von ihnen eine separate Hardware erforderlich ist. Danach umfasst die Navigation im Programmangebot zwei Stufen. Nach dem Einschalten des Empfangsgerätes erscheint zunächst eine Übersicht über alle Angebote, die im angeschlossenen Netzwerk verfügbar sind. Dieser Navigationsteil ist herstellerspezifisch, Abb. 4.69 zeigt links ein Beispiel. Anschließend können die Nutzer ein Programm direkt wählen oder ein Bouquet zusammengehöriger Programme, deren Auswahl vom EPG unterstützt wird. Dieser Navigationsteil ist anbieterspezifisch, d. h. er sieht auf allen Empfangsgeräten gleich aus. Abbildung 4.69 zeigt rechts zum Vergleich den EPG eines Bouquets .

Die Spezifikationen von MHP beruhen auf der Programmiersprache JAVA mit der eine Entkopplung von Hardware und Systemsoftware erreicht wird. Verschiedene Anbieter können sich über die besondere Gestaltung der Benutzeroberflächen profilieren, ohne sich um die Hardware kümmern zu müssen. Bisher etablierte Systeme werden über Plug-in-Schnittstellen unterstützt. Ein zweiter wichtiger Punkt ist die Einbindung der für das Internet verwendete Hypertext Markup Language (HTML). Damit wird ein Internetzugang via DVB unterstützt.

4.6.8 Neue digitale Videodienste

Aufgrund der umfassenden Digitalisierung aller Aspekte der Fernsehübertragung wird eine tiefgreifende Veränderung des Fernsehens bzw. der gesamten audio-visuellen Dienste erwartet. Durch die Digitalisierung werden Audio- und Videosignale prinzipiell ununterscheidbar von Signalen zur Textübertragung. Mit dem durch die nichtlineare Speicherung ermöglichten schnellen Zugriff werden die verschiedenen Medienarten gemeinsam zu dem, was oft mit dem Stichwort »Multimedia« bezeichnet wird.

Eine wichtige qualitative Umstellung ist die Entwicklung der Datenübertragung unter Einbeziehung eines Rückkanals, eine Entwicklung weg von Broadcast, hin zu interaktivem Fernsehen. Durch die Datenreduktionstechniken brauchen statt etwa 160 Mbit/s für ein Videosignal nur 1 bis 5 Mbit/s übertragen zu werden, womit sich die Kanalvielfalt drastisch erhöhen lässt. Künftig wird es kleinen Anbietern möglich sein, spezielle Videodienste, sog. Spartenprogramme, anzubieten. Welche Dienst-Typen sich etablieren werden, ist heute noch nicht abzusehen, bisher sind vor allem Konzepte wie das für die firmeninterne Kommunikation konzipierte Business-TV, Pay TV, Video on Demand und Interaktives TV entwickelt worden.

Pay TV-Programme werden den Kunden in Rechnung gestellt und daher verschlüsselt ausgestrahlt, d. h. der Videodatenstrom wird gezielt verwürfelt, und das Programm ist nur für die Zuschauer empfangbar, die ein Entschlüsselungssystem gekauft haben. Man unterscheidet Pay per Channel, bei dem monatlich ein Vollprogramm bezahlt, und Pay per View, bei dem nur für die gewählte Sendung bezahlt wird.

Auch Video on Demand ist eine Form von Pay per view, die Besonderheit besteht darin, dass die Zuschauer aus einem Programmangebot die sie interessierende Sendung zu jeder beliebigen Zeit abrufen können. Eine Vorform ist Video near Demand. Hier wird das gleiche Programm zeitversetzt, z. B. alle

10 Minuten erneut über mehrere Kanäle parallel ausgestrahlt, so dass fast jederzeit ein Einstieg in laufende Beiträge möglich ist. Der Vorteil gegenüber echtem Video on Demand ist, dass kein Rückkanal zum Sender für die Anforderung erforderlich ist.

Bei der Nutzung neuer Fernsehdienste sollen die Zuschauer Einfluss auf das Geschehen auf dem Bildschirm nehmen können. Die einfachste Form ist die Auswahl aus einem Programmangebot. Diese Form der Interaktion erfordert keinen Rückkanal zum Sender. Echte Interaktionsformen erfordern einen Rückkanal, dies kann im einfachsten Fall eine Telefonleitung sein, die Sprach- und Datenübertragung ermöglicht. Die aufwändigste Variante ist der vollwertige Rückkanal, bei dem das Datenmaterial über dieselbe Schnittstelle in beiden Richtungen über die gleiche Strecke transportiert wird.

Beim interaktiven Fernsehen im engeren Sinne ist vorgesehen, dass die Zuschauer über den Rückkanal z. B. Einfluss auf den Fortgang einer Spielfilmgeschichte nehmen können oder dass interaktive Regie möglich wird, indem ein Zuschauer beispielsweise bei einem Fußballspiel über die Kameraauswahl selbst die Kameraperspektive bestimmt. Weitere Stichworte für die Fernsehzukunft sind: Home-Banking, Shopping, Videokonferenzen und Fernlehrgänge.

4.7 Internet

So wie die Verteilwege für die Fernsehdienste immer interessanter für den Austausch von Computerdaten (s. Abschn. 4.6.5) werden, so werden auch die Übertragungswege für Computerdaten für die Videodatenübertragung immer bedeutungsvoller. Dies gilt vor allem für die Datenübertragung auf kurzen Strecken im Produktionsbereich (s. Kap. 9.3), zunehmend aber auch für das Broadcasting, vor allem seit sich mit der xDSL-Technik (s. u.) die Verfügbarkeit von höheren Datenraten bei der Übertragung zum Endkunden abzeichnet.

Ein besonderes Interesse besteht daran, Video- und Multimediainhalte über das Internet zu verteilen, wobei broadcast-ähnliches Verhalten erzielt werden soll (Streaming), d. h. dass das Videosignal während der Übertragung betrachtet werden kann und nicht ein abgeschlossener Filetransfer abgewartet werden muss, wie er für die gewöhnliche Internet-Kommunikation erforderlich ist. Um dem Bedarf nach Video-Streaming Rechnung zu tragen, werden besonderen Protokolle entwickelt, die auf dem Internet-Protokoll (IP) aufsetzen.

4.7.1 Internet-Grundlagen

Das Internet ist das weltweit größte Computernetz. Es zeichnet sich dadurch aus, dass es ein Netzwerk ohne Zentralcomputer ist. Die Kommunikation geschieht über verteilte, gleichberechtigte Teilnetze, in die einzelne Server eingebunden sind. Die Teilnehmer müssen bei dem Betreiber eines Servers (Provider) angemeldet sein, der in das Netz eingebunden ist und darüber den Zugang bietet. Ein großer Provider ist z. B. die Deutsche Telekom AG.

Ein sehr bedeutender Teil in diesem Rechnerverbund ist das World Wide Web (WWW), das sich dadurch auszeichnet, dass die WWW-Dokumente Verweise zu anderen Dokumente (Pages) im Netz enthalten, die durch einen einfachen Mausklick erreicht werden können. Die angemeldeten Nutzer stellen über die Provider ihre Inhalte als so genannte Websites zur Verfügung und erlauben damit allen anderen Nutzern den Zugriff. Dabei wird die Sprache HTML (Hypertext Markup Language) und das Hypertext Transfer Protokoll eingesetzt, die den Verweis zu anderen Seiten ermöglichen. Der Zugriff geschieht über so genannte Webbrowser mittels grafischer Benutzeroberflächen auf sehr einfache Weise. Aus diesem Grund hat die Internet-Nutzung, über die große Verbreitung in allen Bevölkerungsschichten, seine enorme Bedeutung erhalten.

Jede Website hat ihre eigene Adresse, die als Uniform Ressource Locator (URL) bezeichnet wird. Eine typische Adresse lautet z. B.: http://www.Meinname.de. Darin steht http für das Hypertext Transfer Protokoll, das für die Übertragung gewöhnlicher Web-Dokumente benutzt wird. Alternativen sind an dieser Stelle das File Transfer Protokoll (ftp) oder das Simple Mail Transfer Protokoll (smtp). Nach den zwei Schrägstrichen folgt die Angabe der eigentlichen Adresse. In dem angegebenen Beispiel kennzeichnet www einen Webserver. Darauf folgen, durch Punkte getrennt, der originäre Name und eine Länderkennung oder ein US-Organisationscode, wie (.de) für Deutschland oder (.com) für den kommerziellen Bereich. Weitere, durch Schrägstriche getrennte Bezeichnungen verweisen auf den Pfad zum Dokument auf diesem Server.

4.7.2 Netzwerke

Die Internet-Daten werden über Telekom-Zugangsnetze wie ISDN oder analoge Telefonleitungen übertragen, wobei eine bidirektionale Verbindung erforderlich ist. Diese ist aber nicht zwangsläufig symmetrisch, in vielen Fällen reicht es aus, für die Übertragung Downstream, also von der Zentrale zum Kunden, eine höhere Datenübertragungskapazität bereitzustellen als Upstream, vom Nutzer zur Zentrale.

Mit ADSL (Asymmetrical Digital Subscriber Line) wurde ein Verfahren entwickelt, dass die Bezeichnung asymmetrical im oben genannten Sinne enthält und das so leistungsfähig ist, dass es auch für die Übertragung von bitratenintensiven Videodatenströmen geeignet erscheint. Dabei ist die Grundidee, die Zweidrahttelefonleitung nicht nur für Telefongespräche mit einer Frequenzbandbreite bis 3,4 kHz zu nutzen, sondern mit Grenzfrequenzen, die weit darüber liegen [103]. Da die Leitung als relativ ungestörter Kanal betrachtet werden kann, sind höherwertige Modulationsverfahren einsetzbar, so dass erheblich höhere Datenraten möglich werden als bei ISDN, das aufgrund der praktisch realisierbaren Raten zwischen 50 und 60 kbit/s nur für extrem datenreduzierte Videoströme einsetzbar ist.

Bei ADSL werden Frequenzen unterhalb 4 kHz für den üblichen Telefonverkehr genutzt. Mit Hilfe eines Splitters wird dieser Bereich vom darüberliegenden Frequenzband getrennt, das mit Hilfe eines Modems mit Daten belegt wird. Zur Datenübertragung wird dabei das Discrete Multitone-Verfahren

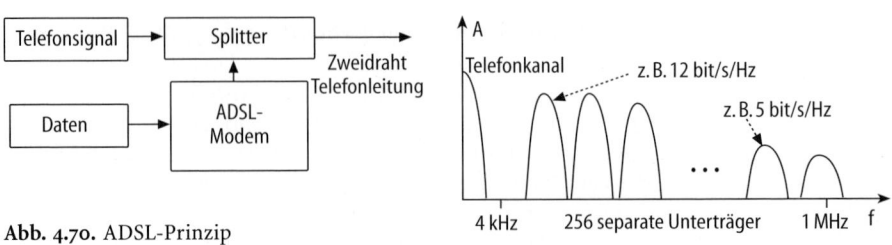

Abb. 4.70. ADSL-Prinzip

(DMT) eingesetzt. Die Nutzbandbreite hängt von der Entfernung zur nächsten Vermittlungstelle (Last Mile) ab. In vielen Fällen kann mindestens eine Bandbreite von 1 MHz genutzt werden. Das DMT-Verfahren belegt nun diesen Bereich mit z. B. 256 einzelnen Unterträgern, die alle unterschiedlich moduliert werden können, so dass z. B. im unteren Teil des Bandes eine Modulationsart mit einer Bandbreiteneffizienz von 12 bit/s/Hz und im oberen Teil eine mit nur 5 bit/s/Hz verwendet werden kann (Abb. 4.70). Mit ADSL werden Downstream-Datenraten bis zu 8 Mbit/s und Upstream-Raten bis 1 Mbit/s bei einer Leitungslänge bis 2 km erreicht. Auf kürzeren Leitungen können diese Werte bei VDSL auf 13 bis 52 Mbit/s gesteigert werden. Mit SDSL sollen die gleichen Datenraten in beiden Richtungen erreicht werden. Die verschiedenen Varianten werden auch unter der Bezeichnung xDSL zusammengefasst. xDSL ist insgesamt ein Verfahren, das hauptsächlich für Internet-Anwendungen entwickelt wurde. Wenn die hohen Datenraten auch hinter der Vermittlungsstelle, im so genannten Backbone aufrecht erhalten werden können, so wird eine weiterentwickelte xDSL-Technologie, z. B. auch per Glasfaserverbindung zum Endkunden (Fiber to the Home, FTTH), auch für Video-Übertragung geeignet sein.

4.7.3 Internet-Protokolle

Grundlage für den gesamten Datenaustausch im Internet ist die Adressierung der Teilnehmer mit dem Internet-Protokoll (IP). Der IP-Kopf umfasst bei Protokollversion 4 (IPv4) mindestens 5 Datenworte von je 32 Bit Umfang (Abb. 4.71). Im ersten Wort befindet sich die Versionsnummer, eine Prioritätenangabe (Type of Service), und die Angabe der Paketlänge. Falls die Länge den Adressraum von 16 Bit überschreitet, werden die Daten in Fragmente aufgeteilt, wobei die Informationen im nächsten Datenwort erforderlich sind. Im dritten Wort gibt TTL (Time to Live) an, wie lange ein Datenpaket im Netz verbleiben darf, dann folgt die Anzeige des verwendeten Transportprotokolls über einen Zahlencode (z. B. No. 6 für das Transmission Control Protokol, TCP oder No. 17 für das User Datagram Protocol, UDP). In den Datenworten 4 und 5 befinden sich schließlich die Quell- und Zieladressen mit jeweils 32 Bit Umfang.

Als Übertragungsprotokoll kommt für gewöhnliche Aufgaben das erwähnte TCP zum Einsatz, mit dem eine duplexfähige Ende zu Ende-Verbindung aufgebaut wird. TCP sichert die Übertragung durch erneute Anforderung von verlo-

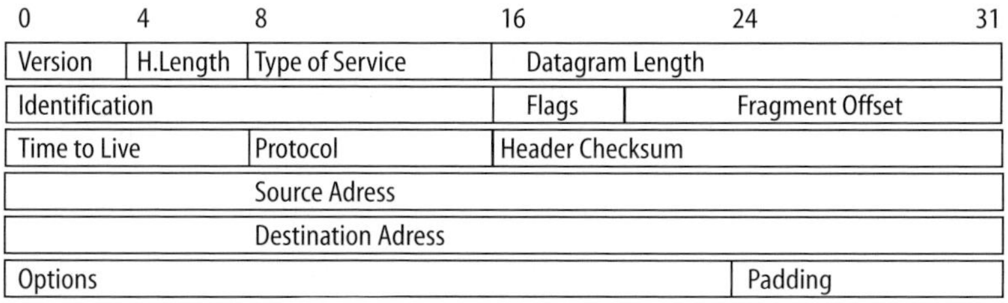

0	4	8	16	24	31

Version	H.Length	Type of Service	Datagram Length		
Identification			Flags	Fragment Offset	
Time to Live		Protocol	Header Checksum		
Source Adress					
Destination Adress					
Options				Padding	

Abb. 4.71. IP-Protokollkopf

ren gegangenen Datenpaketen. Diese Funktion ist hilfreich für den üblichen Transfer abgeschlossener Datenpakete, aber hinderlich für die broadcast-ähnliche Streaming-Technik. Abbildung 4.72 zeigt, wie das TC-Protokoll auf IP aufgesetzt ist und es selbst wieder Träger der gängigen File Transfer- und Hypertext Transfer-Protokolle ist.

Für Video-Streaming via IP wird statt TCP meist das einfachere User Datagram Protocol (UDP) verwendet, das die Datenpakete ohne größere Kontrolle einfach weiterleitet. Darauf aufbauend finden sich die für Echtzeitverbindungen entwickelten Real Time Protokolle (RTP), die eine Synchronisation verschiedener Teildatenströme (z. B. Audio und Video) mittels Zeitmarken unterstützen [117]. Die beteiligten Datenströme werden separat übertragen und am Empfänger mit Hilfe des Real Time Control Protokolls (RTCP) synchron zusammengeführt. Dabei wird die Bestimmung der aktuellen Datenübertragungsqualität und eine Reaktion darauf, d. h. eine dynamische Änderung der Datenrate unterstützt. Für übergeordnete Funktionen, wie den sprunghaften Übergang zu bestimmten Positionen im Datenstrom, steht zusätzlich das Real Time Streaming Protocol (RTSP) zur Verfügung, das auf RTCP aufsetzt.

Die klassische Internet-Verbindung ist eine Punkt zu Punkt Verbindung. Um broadcast-ähnliche Strukturen zu entwickeln, müssen geeignete Mechanismen zur Vervielfältigung eines einzelnen Datenstroms zur Verfügung stehen, also ein Übergang von der Unicast- zur Multicast-Technik geschaffen werden. Zu diesem Zweck wurde IP-Multicast entwickelt. Dabei werden einzelne Empfänger zu Gruppen zusammengefasst und ein Router sorgt dafür, dass alle Gruppenmitglieder eine Kopie des Datenstroms erhalten. Diese Verfahren verwaltet die Gruppenbildung inklusive der An- und Abmeldung der Teilnehmer über das Internet Group Management Protocol (IGMP).

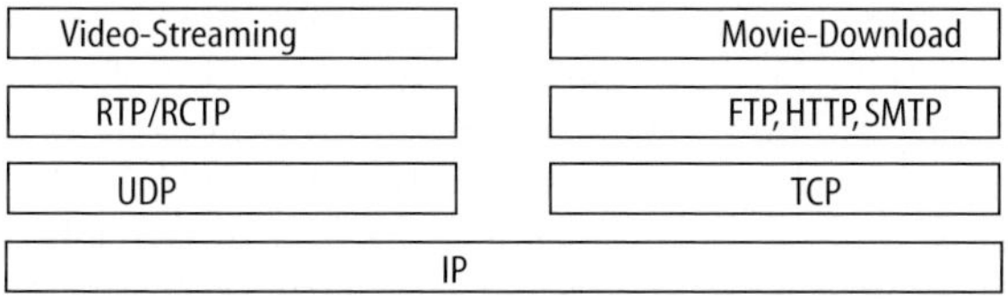

Video-Streaming		Movie-Download	
RTP/RCTP		FTP, HTTP, SMTP	
UDP		TCP	
IP			

Abb. 4.72. Protokolle für Streaming und Datentransfer via IP

5 Filmtechnik

5.1 Film als Speichermedium

Ebenso wie das Fernsehen stellt Film stellt ein Medium dar, mit dem Bewegungsvorgänge wiedergegeben werden können (Motion Picture Film). Die Bewegung wird zeitlich diskretisiert und in einzelne Phasen zerlegt, die jeweils in einem Einzelbild festgehalten werden. Bei einer Präsentation von mehr als 20 Bildern pro Sekunde kann der Mensch die Einzelbilder nicht mehr trennen, und es erscheint ihm ein Bewegtbild. Der wesentliche Gegensatz zum Fernsehen ist der Umstand, dass der Film auch ein Speichermedium darstellt, d. h. zu jedem Zeitpunkt steht das ganze Bild bzw. die Bildfolge zur Verfügung. Aufgrund dieses Umstands hatte der Film vor der Einführung elektronischer Speichermedien auch eine große Bedeutung im Fernsehbereich.

Das Einzelbild entsteht über den fotografischen Prozess. Die Fotografie nutzt einen Effekt, bei dem sich Silberverbindungen unter Lichteinwirkung so verändern, dass in Abhängigkeit von der örtlich veränderlichen Intensität unterschiedliche Schwärzungen auftreten. Das lichtempfindliche Material wird auf ein transparentes Trägermaterial aufgebracht, das für Filmanwendung sowohl geschmeidig als auch sehr reißfest sein muss und zudem über lange Zeit formbeständig bleibt. Diese Forderungen werden sehr gut von Zellstoffmaterialien erfüllt, die mit einem Weichmacher behandelt werden. Bis in die 50er Jahre des 20. Jahrhunderts hinein wurde Zellulose-Nitrat, der sog. Nitrofilm, als Trägermaterial verwendet. Dieser erfüllte die Anforderungen, hat aber die Eigenschaft, leicht entflammbar zu sein, was häufig zu sehr schweren Unfällen führte. Heute wird der sog. Sicherheitsfilm aus Zellulose-Triazetat verwendet, oder der Träger besteht aus Polyesterkunststoff. Polyester ist formstabiler und reißfester als das Zellulose-Material, lässt sich aber nicht mit gewöhnlichen Mitteln kleben, so dass Polyester (bei Kodak Estar genannt) gut bei Endprodukten verwendet werden kann, die nicht mehr bearbeitet werden.

Auf das Trägermaterial von etwa 0,15 mm Stärke wird die lichtempfindliche Schicht aufgetragen. Die Schicht hat eine Stärke von ca. 7 µm, die bei neueren Filmen eine Toleranz von maximal 5% aufweist. Darüber wird eine dünne Schutzschicht aufgebracht, die Beschädigungen der Oberfläche verhindern soll. Auf der Filmrückseite befindet sich ebenfalls eine Schutzschicht. Sie ist bei Aufnahmefilmen grau eingefärbt, um zu verhindern, dass Licht von der Filmrückseite wieder zur lichtempfindlichen Schicht reflektiert wird und dort so genannte Lichthöfe bildet. Als Hersteller von Filmmaterialien hat seit langer Zeit die Firma Eastman/Kodak eine sehr große Bedeutung.

5.1.1 Die Filmschwärzung

Die lichtempfindliche Schicht besteht aus einer Emulsion aus Gelatine in die als Lichtrezeptoren Silbersalze, meist Silberbromid, eingemischt sind, also eine molekulare Verbindung von Ag^+ und Br^-. Das Silberbromid liegt in kristalliner Form vor und weist eine eigene Gitterstruktur auf. Unter Einwirkung von Licht kann sich ein Elektron vom Bromion lösen und ein Silberion neutralisieren. Damit entsteht undurchsichtiges metallisches Silber, das das Kristallgefüge an dieser Stelle stört. Bei sehr langer Belichtung geht schließlich das gesamte Silberbromid in seine Bestandteile über und macht das Material undurchsichtig. Bei kurzer Belichtung entsteht das Silber in so geringen Mengen, dass kein sichtbares, sondern nur ein latentes Bild entsteht. Das Material aber kann mit Hilfe von Substanzen auf Benzolbasis anschließend einer chemischen Behandlung, der Entwicklung, unterzogen werden, wobei die geringe Kristallstörung des latenten Bildes so verstärkt wird, dass der gesamte Kristall zu Silber und Brom zerfällt und eine neue Gitterstruktur aufweist. Durch den Entwicklungsprozess wird die Wirkung der Belichtung um einen Faktor zwischen 10^6 und 10^9 verstärkt, was die heute verwendbaren geringen Belichtungszeiten ermöglicht. Dabei bildet sich in hellen Bildpartien schneller Silber als in dunklen, d. h. diese Bereiche werden weniger transparent, und es entsteht ein negativer Bildeindruck. Der Grad der Silberbildung bzw. Schwärzung ist vom Grad der Beleuchtungsstärke abhängig und weiterhin durch die Art der Entwicklung beeinflussbar. Unbelichtete Stellen bleiben nicht völlig transparent, auch hier bildet sich ein wenig Silber. Dieses mindert den Kontrast und wird als Schleier bezeichnet.

Durch die Entwicklung allein entsteht noch kein dauerhaftes Bild, denn das Silberbromid, das noch nicht zerfallen ist, ist weiter lichtempfindlich, so dass Lichteinfall zu weiterer Schwärzung führt. Vor dem und während des Entwicklungsprozesses darf das Filmmaterial also nicht dem Licht ausgesetzt werden, da sonst der gesamte Film geschwärzt wird. Kritisch ist dabei vor allem energiereiche kurzwellige elektromagnetische Strahlung, die dem Auge blau erscheint.

Um die Filme lichtecht zu machen wird durch einen so genannten Fixiervorgang in einer Thiosulfatlösung das überschüssige Silberbromid abgelöst und durch die folgende Wässerung herausgewaschen. Anschließend wird der Film getrocknet, was einen großen Teil der Gesamtbearbeitungsdauer in Anspruch nimmt.

Zur Erzeugung eines Positivs gibt es zwei Möglichkeiten: das Negativ/Positiv- und das Umkehrverfahren. Bei Ersterem wird zum zweiten Mal negiert, indem das erste Negativ mit Hilfe gleichmäßiger Beleuchtung auf einen zweiten Film kopiert wird. Nachdem auch dieser der beschriebenen Entwicklung unterzogen wurde, entsteht schließlich das Positivbild, das im Idealfall die gleiche Leuchtdichteverteilung wie die Originalszene hervorruft.

Beim Umkehrverfahren wird kein zweiter Film benötigt. Hier wird zunächst auch das Negativ entwickelt, statt aber anschließend das unbelichtete Silberbromid zu beseitigen, wird in einem chemischen Bleichprozess das metallische Silber entfernt und das Silberbromid bleibt zurück. Anschließend wird der

Film diffusem Licht ausgesetzt, so dass nach einer zweiten Entwicklung und anschließender Fixierung die ursprünglich dunklen Bildpartien geschwärzt erscheinen [135].

Aufgrund der Trennung in zwei Schritte erlaubt der Positiv/Negativ-Prozess mehr Spielraum bei der Belichtung als das Umkehrverfahren, außerdem ist er gut geeignet, wenn von einem Negativ mehrere Positive kopiert werden sollen. Der Vorteil des Umkehrfilms ist die Zeitersparnis, da der aufwändige Kopierprozess entfällt. Dieser Vorteil kommt z. B. zum Tragen, wenn Filmmaterial für aktuelle Fernsehberichterstattung verwendet wird, was im Zeitalter der elektronischen Berichterstattung jedoch nur noch sehr selten der Fall ist. Heute wird im Fernsehbereich Negativfilm fast nur noch für szenische Produktionen verwendet. Nach der Umsetzung in ein elektronisches Signal mittels Filmabtastung kann das Positiv einfach durch Signalinvertierung gewonnen werden.

Die Empfindlichkeit des Filmmaterials wird neben der Anzahl der in der Emulsion befindlichen Silberbromid-Kristalle wesentlich von deren Größe bestimmt. Große Kristalle führen zu hoher Empfindlichkeit, denn sie fangen zum einen mehr Licht auf als kleine und bilden zum anderen anschließend auch mehr Silber. Die Silberbildung geht mit großen Kristallen schneller, im Englischen sagt man, der Film habe mehr speed. Die Kristallgröße kann bei der Herstellung der Emulsion beeinflusst werden, und damit können Filme verschiedener Empfindlichkeit produziert werden. Je größer die Kristalle werden, desto stärker werden sie als so genanntes Filmkorn wahrnehmbar. Auch wenn das Filmkorn (Grain) im Einzelnen nicht sichtbar ist, sind doch die Körner statistisch unregelmäßig verteilt und führen so zu einer örtlich veränderlichen Dichte, die besonders bei Grautönen als unregelmäßige, rauschartige Überlagerung des eigentlichen Bildes sichtbar wird und ein wesentliches Charakteristikum des so genannten Filmlook darstellt. Das Filmnegativ hat hier den größten Einfluss, da es meist relativ empfindlich ist. Das Kopiermaterial kann dagegen feinkörnig sein, da zum Ausgleich der geringeren Empfindlichkeit mit intensivem Kopierlicht gearbeitet werden kann.

Die Filmempfindlichkeit wird außerdem von der Energie der Lichtwelle bestimmt. Da kurzwellige Strahlung energiereicher ist, liegt vor allem Blauempfindlichkeit vor. Wie bereits angedeutet, kann die Emulsion aber mit Farbstoffen verändert werden, so dass sie auch für andere Wellenlängenbereiche sensibel wird. Dieser Umstand ist für die Entwicklung des Farbfilms von großer Bedeutung.

Lichteinfall ┄┄┄➤

Abb. 5.1. Querschnitt durchNegativ-Filmmaterial mit drei farbsensitiven Schichten [72]

5.1.2 Farbfilm

Farbfilme erfordern lichtempfindliche Schichten, die nur auf bestimmte Wellenlängenbereiche ansprechen. Aus der in Kapitel 2 dargestellten Theorie der Farbmischung ist bekannt, dass sich Farben aus nur drei Anteilen ermischen lassen, die in ihrer Intensität variiert werden. Ein großer Bereich natürlicher Farben wird erfasst, wenn die Grundfarben Rot, Grün und Blau additiv gemischt werden. Subtraktive Mischung liegt dagegen vor, wenn Farbanteile aus weißem Licht herausgefiltert werden. Die dazu gehörigen Grundfarben sind dann die Komplementärfarben zu Rot, Grün, Blau, also Blaugrün (Cyan), Purpur (Magenta) und Gelb (Yellow).

Farbfilme sind so aufgebaut, dass drei voneinander getrennte Emulsionen übereinander liegen (Abb. 5.1). Die Emulsionen werden so sensibilisiert, dass sie jeweils für einen der drei genannten Anteile des sichtbaren Lichtspektrums, also Rot, Grün und Blau, empfindlich werden. Im Negativmaterial ist die oberste Schicht blauempfindlich, darunter folgen die grün- und rotempfindlichen Schichten, die von Ersterer durch eine Gelbfilterschicht getrennt sind, die blaues Licht von ihnen fernhält.

Das Problem beim Farbfilm ist, dass die Silberbildung zur Schwärzung und nicht zur Färbung führt. Um Farbstoffe bilden zu können, werden Farbkuppler in die Emulsionsschicht eingebaut. Damit entstehen bei der Belichtung wie beim Schwarzweißfilm latente Bilder in den Schichten, die für die jeweilige Farbe empfindlich sind. Die Farbstoffe entstehen erst im anschließenden Farbentwicklungsprozess. Bei der Umwandlung des Silbers aus dem Silberbromid wird der Farbentwickler oxidiert. Dieser kann eine Verbindung mit den Farbkupplern eingehen und es bilden sich Farbstoffe, die als Farbstoffwolken die Silberkörner einhüllen. Die Farbstoffe sind komplementär zu den ursprünglichen Lichtfarben, für die der Film empfindlich war, und ihre Intensität hängt von der Belichtung ab. Je mehr rotes Licht beispielsweise vorhanden ist, umso mehr blaugrüner Farbstoff entsteht. Bei weißem Licht bilden sich Farbstoffe in allen drei Schichten und mindern die Transparenz über den gesamten Spektralbereich. Das Farbnegativ beinhaltet somit ein helligkeitsinvertiertes Bild in Komplementärfarben. Die Silbersalze, die von den Farbstoffen umhüllt werden, sind jetzt störend und werden in einem Bleichbad entfernt und nachdem im Fixiervorgang auch das unbelichtete Silberbromid entfernt ist, liegt das lichtechte Farbnegativ vor. Abbildung 5.2 zeigt links den Farbfilm nach der Farb–

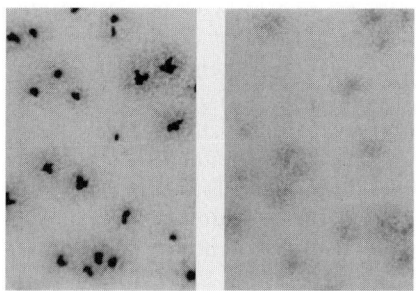

Abb. 5.2. Farbstoffwolken in der Filmemulsion vor (links) und nach (rechts) dem Bleichvorgang [72]

entwicklung allein und rechts mit zusätzlicher Behandlung im Bleich- und Fixierbad. Links sind die von den Farbstoffwolken umhüllten Silberkörner zu sehen, rechts die Farbstoffwolken allein [72].

Der Positivfilm verhält sich ähnlich wie der Negativfilm, auch er speichert wiederum die jeweiligen Komplementärfarben. Bei einem Kopiervorgang mit weißem Licht entsteht bei diesem Farb-Negativ-Positiv-Prozess im Positivfilm also ein Farbbild, das nach der zweiten Invertierung wieder weitgehend der Originalabbildung entspricht. Als Beispiel für einen Negativ-Positiv-Prozess sei eine Szene betrachtet, die ein rotes Objekt enthält: Das vom Objekt reflektierte Licht erzeugt im Film einen cyanfarbenen Farbstoff. Beim Kopierprozess durchdringt das Licht das entwickelte Negativ, wobei die Rotanteile herausgefiltert und im Positivfilm nur die Farbschichten angeregt werden, die für Blau und Grün empfindlich sind. Bei der Farbentwicklung werden hier nun wiederum die Farbstoffe Gelb und Magenta erzeugt. Diese filtern schließlich das Projektionslicht so, dass auf der Leinwand Rot zu sehen ist, da das für Rot wirkende Cyanfilter als einziges im Positiv nicht vorhanden ist.

Auch beim Farbfilm kann mit dem Umkehrverfahren gearbeitet werden. Abgesehen vom Bleichvorgang zur Entfernung des Silbers, entspricht das Verfahren dem Schwarzweiß-Umkehrprozess.

5.2 Filmformate

Filmformate beinhalten Angaben über die Filmbreiten, die Bildfeldgrößen, die Perforationen und die Orientierung. Die Bezeichnungen werden über die äußeren Filmbreiten festgelegt. Heute werden vornehmlich 16 mm- und 35 mm-Filme verwendet, seltener 8 mm-, und 65 mm- bzw. 70 mm-Filme. Die Breiten und Bildfeldgrößen haben sich historisch früh etabliert und sind anschließend nicht wesentlich verändert worden, so dass Film heute den großen Vorteil hat, ein international austauschbares Medium zu sein, eine Eigenschaft, die in Zeiten von Multimedia und ständig wechselnden Daten- und Fileformaten eine wichtige Besonderheit darstellt. Aufgrund der Tatsache, dass die Bildgrößen konstant blieben, die Auflösungs- und Farbqualität im Laufe der Zeit aber immer weiter gesteigert werden konnten, stellt Film hinsichtlich dieser Parameter ein hervorragendes Medium dar, dessen Eigenschaften auf elektronischer Basis erst mit sehr hoch entwickelter Digitaltechnik annähernd erreicht werden.

Bezüglich der verwendeten Filmbreiten gibt es eine Entwicklung zu immer schmaleren Filmen. Das größte heute verfügbare Format ist der 70 mm-Film. Dieser wird aber nicht für den Massengebrauch, sondern meist für Spezialfälle mit sehr intensivem Erlebniswert (Imax, Futoroskop, Expo) und in Museen verwendet. 70 mm-Film ist ein reines Wiedergabeformat. Um 70 mm-Kopien zu erzeugen, wird aufnahmeseitig mit 65 mm-Film gearbeitet (Abb. 5.3). Die Differenz wird auf dem Wiedergabematerial als Raum für Tonspuren genutzt.

Die Halbierung jedes 70 mm-Streifens führt zum 35 mm-Filmformat, das gegenwärtig für hochwertige Produktionen die größte Bedeutung hat und das Standardformat für die Kinoprojektion ist. Im Verlauf der Entwicklung sollte

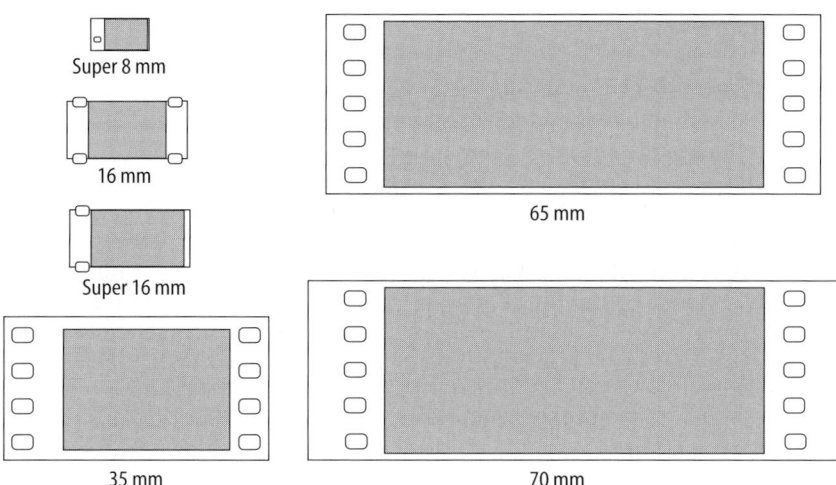

Abb. 5.3. Filmformate im Maßstab 1:1

dann ein Format für den Amateurbereich folgen. Für diesen Zweck wurde die
Breite des Filmstreifens auf 5/11 des 35 mm-Formats verringert und es entstand mit 5/8" der 16 mm-Film. Die Verbesserung der lichtempfindlichen
Schichten erlaubte später die nochmalige Halbierung zum 8 mm-Film, der sich
in den 70er und 80er Jahren tatsächlich als Amateurformat etablierte, während
der 16 mm-Film so hohe Qualität bietet, dass er sich als ein relativ kostengünstiges Medium für Schulungs- und Industriefilme und für Fernsehproduktionen anbietet. Aus Kostengründen wird 16 mm-Negativfilm auch manchmal
verwendet, um durch Vergrößerung eine so genannte Blow-up-Kopie für die
Wiedergabe auf 35 mm zu erzeugen.

Filmmaterial jeglicher Breite ist perforiert. Der Film wird schrittweise transportiert und muss bei der Belichtung oder Projektion sicher in einer Position
verharren. Deshalb wird der mechanische Transport mit Schrittschaltwerken
durchgeführt, bei denen Greifer in Perforationen im Film einfallen und ihn
weiterziehen. Um einen stabilen Bildstand gewährleisten zu können, war bereits bei den Anfängen der Kinotechnik eine Perforation mit vier Löchern pro
Bild vorgesehen, die 1891 zum Patent angemeldet wurde und noch heute beim
35 mm-Film verwendet wird. Zuerst waren die Perforationslöcher rund, später
rechteckig mit 2,8 mm Lochbreite und 2 mm Höhe für den 35 mm-Film [72].
Bei 16 mm-Film betragen die Breiten/Höhen-Maße 1,8 mm und 1,3 mm.

Die Perforation von 70-, 65- und 35 mm-Film erfolgt beidseitig, der Abstand
der Löcher beträgt 4,74 mm. Er ist mit 4,75 mm aber beim Positivmaterial etwas größer als beim Negativ, um eine Kontaktkopierung an einer Transport-
rolle zu ermöglichen (s. Kap. 5.4.2). Im Gegensatz zum 35 mm-Film hat das 70
mm- (65 mm)-Format 5 Perforationslöcher pro Bild (Abb. 5.3). Bei 16 mm-
und 8 mm-Film wird nur ein Perforationsloch pro Bild verwendet, das ein-
oder zweiseitig eingestanzt sein kann. Der Lochabstand beträgt beim 16 mm-
Format 7,62 mm und bei 8 mm-Film 3,6 mm bzw. 4,23 mm (Super8).

5.2.1 Bildfeldgrößen

Die Kenntnis der Bildfeldgröße ist von großer Bedeutung, denn sie hat erheblichen Einfluss auf die verwendete Brennweite des Objektivs und damit auch auf wichtige bildgestalterische Parameter wie die Schärfentiefe. Die Größe des Bildfeldes folgt aus der Filmbreite, der Orientierung, der Breite der Perforationen und dem Bildseitenverhältnis sowie ggf. der Berücksichtigung von Platz für Tonaufzeichnung. Beim 35 mm-Film steht zwischen den Perforationslöchern eine Breite von 25,4 mm zur Verfügung. Zu Zeiten des Stummfilms wurde ein Bildfeld von 24 mm Breite und 18 mm Höhe genutzt. Der Bildfeldabstand beträgt bis heute 19 mm, der alten amerikanischen Längeneinheit von 1 foot sind damit beim 35 mm-Film genau 16 Bilder zugeordnet. Bei Einführung des Tonfilms wurde die Bildbreite eingeschränkt, um Platz für die Tonspuren zu schaffen. Die Bildfeldgröße des 35 mm-Normalfilmformats beträgt seit dieser Zeit 22 mm x 16 mm. Es besteht damit ein Bildseitenverhältnis 1,37:1, das als Academy-Format bezeichnet wird. Obwohl aufnahmeseitig kein Platz für Tonspuren zur Verfügung stehen muss, wurde die Bildfeldeinschränkung auch hier vorgenommen, damit der Kopierprozess in einfacher Form ohne Größenveränderung ablaufen kann. Später wurde für die Aufnahme auch das Format Super 35 definiert, das mit 24,9 mm x 18,7 mm und dem Seitenverhältnis 1,33:1 die maximale Fläche ausnutzt. In Abbildung 5.4 wird deutlich, dass bei Super 35 nicht nur die Fläche vergrößert, sondern auch das Bildfeld seitlich verschoben ist. Dieser Umstand muss bei Kameras berücksichtigt werden, die sowohl für 35 als auch für Super 35 nutzbar sind. Die Darstellung in Abbildung 5.4 bezieht sich auf das 35 mm-Negativ, die über das Positiv projizierte Fläche ist in beiden Dimensionen immer um ca. 5% kleiner und beträgt beim Normalformat z. B. 20,9 mm x 15,2 mm.

Im Laufe der Zeit wurden die gebräuchlichen Bildseitenverhältnisse mehrfach verändert. Dies geschah sehr radikal, als dem Kinofilm in den 50er Jahren durch die stärkere Verbreitung des Fernsehens in den USA eine ernste Gefahr

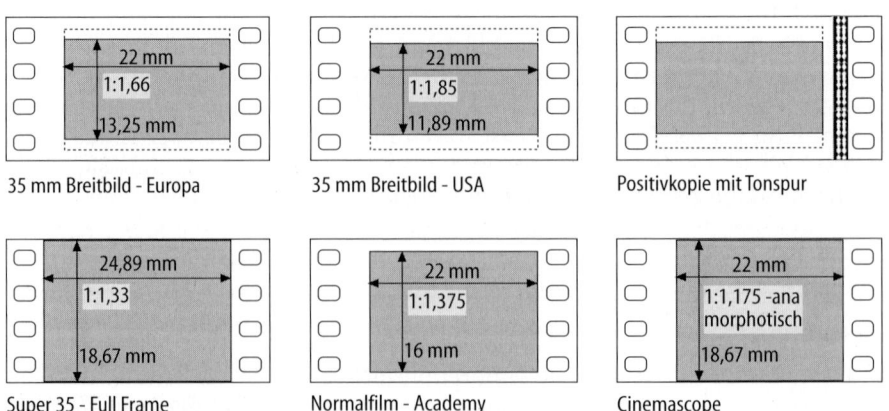

35 mm Breitbild - Europa   35 mm Breitbild - USA   Positivkopie mit Tonspur

Super 35 - Full Frame   Normalfilm - Academy   Cinemascope

Abb. 5.4. Bildfeldgrößen beim 35 mm-Film

erwuchs. Man begegnete ihr durch die Einführung eines sehr breiten Projekti-
onsbildes, dessen Wirkung durch einen hochwertigen Mehrkanalton unterstützt wurde. Das bekannteste ist das Cinemascope-Verfahren, das 1953 eingeführt wurde.

Beim Cinemascope-Format beträgt die Bildhöhe 18,67 mm bei einer Breite
von 22 mm (Abb. 5.4). Die Besonderheit ist, dass bei der Wiedergabe ein Breitbildformat vorliegt, das mit einem Verhältnis von 2,35:1 projiziert wird, obwohl
für die Aufnahme nur 1,175:1 zur Verfügung steht. Das gelingt bei diesem und
ähnlichen Verfahren durch die Verwendung einer anamorphotischen Kompression, bei der das Bild mit Hilfe einer besonderen optischen Abbildung nur in
der Horizontalen um den Faktor 2 gestaucht wird, während die Vertikale unbeeinflusst bleibt (Abb. 5.5). Die Verzerrung wird bei der Wiedergabe entsprechend ausgeglichen. Das Breitbild wurde international ein Erfolg, und in kurzer Zeit wurden viele Filmtheater mit entsprechenden Objektiven und Breit-
bildwänden ausgerüstet. In den 50er und 60er Jahren kamen viele weitere Formate mit Bezeichnungen wie Superscope, Vistavision, Technirama, Techniscope
und Todd-AO heraus, die alle auf dem gleichen Prinzip beruhen und zusam-
menfassend als Scope-Verfahren bezeichnet werden.

Die anamorphotische Kompression kann nicht nur direkt bei der Aufnahme
eingesetzt werden, sondern auch bei der Erzeugung einer Zwischenkopie, bei
der das Bild in der Horizontalen entsprechend verzerrt und vertikal beschnitten wird. Für diesen Prozess ist die Aufnahme auf Super 35-Negativ besonders
geeignet. Der Weg über die Zwischenkopie hat den Vorteil, dass keine Spezial-
objektive für die Kamera erforderlich sind und dass das unverzerrte Originalnegativ auch für eine Fernsehauswertung genutzt werden kann, wenn darauf
geachtet wird, dass der Bereich außerhalb des Breitbildausschnitts frei von störenden Elementen wie Lampen, Mikrofonen und Stativen gehalten wird.

Das Breitbild beeinflusste die weitere Entwicklung nachhaltig und wird heute bei den meisten Produktionen verwendet. Allerdings wird gewöhnlich auf
den Einsatz der Anamorphoten verzichtet und statt dessen die genutzte Bildfläche vertikal eingeschränkt. Das auf diese Weise gewonnene Bildseitenverhältnis stellt einen Kompromiss aus Academy und Cinemascope dar, es beträgt
in Europa 1,66:1, in den USA 1,85:1 (Abb. 5.4) [9].

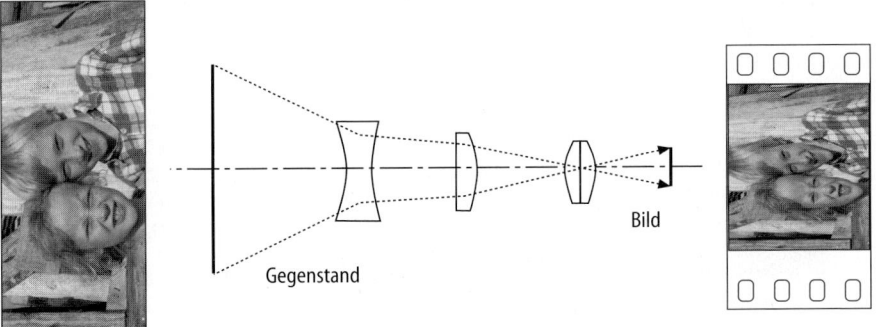

Abb. 5.5. Das Cinemascope-Prinzip

Bei konsequenter Nutzung des vertikal beschränkten Bildbereichs kann Filmmaterial gespart werden, wenn jedem Bild drei statt vier Perforationslöcher zugeordnet werden. Diese Möglichkeit wird als 3perf bezeichnet, in der Praxis aber kaum verwendet. Standard war ein ähnliches Verfahren dagegen bei Techniscope. Hier waren dem 2,35:1-Breitbild nur zwei Löcher zugeordnet.

Die TV-Auswertung der Breitbildformate ist nur dann unkritisch, wenn das neue Bildseitenverhältnis B:H = 16:9 (1,78:1) verwendet wird. Für die TV-Auswertung mit dem gewöhnlichen Seitenverhältnis von 1,33:1 ist dagegen eine Anpassung erforderlich. So könnten die Bildseitenbereiche beschnitten und der Bildausschnitt gegebenenfalls dem bildwichtigen Teil angepasst werden (Pan and Scan), doch wird, um die Bildkomposition zu erhalten, die Alternative, nämlich die Sichtbarkeit schwarzer Streifen am unteren und oberen Bildrand (Letterbox), eher akzeptiert als der Verlust der Seiteninformationen (Abb. 5.6). Als dritte Option kann auch das aufnahmeseitige Format 1,37:1 übernommen werden, wenn das Bildfeld nicht bereits bei der Aufnahme maskiert war. In diesem Fall wird bei der TV-Wiedergabe mehr Bildinhalt zu sehen sein als im Kino. Dieser Umstand muss dann aber bei der Aufnahme berücksichtigt werden. D. h. dass auch hier darauf zu achten ist, dass keine Mikrofone oder andere störende Elemente in den größeren Bildbereich hineinragen.

Beim 16 mm-Film sind der Länge von einem Fuß (foot) 40 Bilder zugeordnet, der Bildfeldabstand beträgt damit 7,62 mm. Die Standard-Bildfeldgröße hat die Maße 10,3 mm x 7,5 mm mit einem Seitenverhältnis von 1,37:1. Auch hier entstand für die Aufnahme mit Super 16 ein Breitbildformat das ebenfalls den Tonspurbereich verwendet. Mit einseitiger Perforation kann dann ein Bildfeld der Größe 12,3 mm x 7,4 mm genutzt werden, das gegenüber Normal 16, ähnlich wie bei Super 35, etwas seitlich versetzt ist. Das Bildseitenverhältnis beträgt hier 1,66:1. Die Aufnahmefläche ist bei Super 16 mit 91 mm^2 ca. 20% größer als bei Normal-16, beträgt aber weniger als ein Viertel der Fläche von Super 35 bzw. ein Drittel der Fläche von 35 mm bei Nutzung eines Breitbildformats.

Noch kleinere Flächen weist das 8 mm-Format auf. Bei Super 8 beträgt die Bildfeldgröße 5,7 mm x 4,1 mm. Dagegen hat der 65 mm-Aufnahmefilm eine Bildfeldgröße von 23 mm x 52,5 mm bei 5 Perforationslöchern pro Bild. Die größten Bilder werden beim IMAX-System gespeichert. IMAX verwendet 70 mm-Film mit den Maßen 71 mm x 51 mm für die Projektion extrem großer Bilder. Dabei werden 15 Perforationslöcher pro Bild benutzt und der Film läuft mit bis zu 60 Bildern pro Sekunde im Gegensatz zu 16 mm- und 35 mm-Filmen horizontal durch den Projektor.

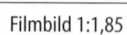
Filmbild 1:1,85   TV-Bild - Letterbox   TV-Bild - PanScan

Abb. 5.6. Möglichkeiten zur Umsetzung des Filmbreitbildes in das 4:3-TV-Format

5.2.2 Filmkennzeichnung und Konfektionierung

Der endgültige Film entsteht erst, nachdem die gewünschten Szenen aus dem Negativmaterial ausgeschnitten und aneinander geklebt werden. Für den Schnitt ist eine eindeutige Kennzeichnung der Bilder erforderlich. Die Identifizierung geschieht im einfachsten Fall durch Zählung der Perforationslöcher oder der Bilder selbst. Zur Vereinfachung der Orientierung belichten die Filmhersteller bereits bei der Herstellung eine Filmkennzeichnung bestehend aus einer Folge von Buchstaben und Zahlen auf den Film, die bei 16 mm-Film zwischen den Perforationslöchern und bei 35 mm- und 65 mm-Film außerhalb am Filmrand liegt. Die Kennzeichnung ist nach der Entwicklung direkt lesbar und wird Fuß- oder Randnummer genannt, englisch Edge Code. Zusätzlich wird seit 1990 bei Filmen der Firma Kodak der Keycode verwendet, der einen maschinenlesbaren Strichcode enthält, aus dem auch Herstellerangaben über die Filmemulsion hervorgehen (Abb. 5.7). Damit ist es möglich, für größere Produktionen Material mit weitgehend ähnlichen Eigenschaften zu verwenden. Fußnummer und Keycode wiederholen sich beim 65- und 35 mm-Film im Abstand von 16 und beim 16 mm-Film im Abstand von 20 Bildern. Bei Fuji-Filmen gibt es ein ähnliches System mit der Bezeichnung MR-Code.

Eine weitere Vereinfachung, insbesondere für die Synchronisation von Bild und Ton, ergibt sich durch die Verwendung von aufbelichtetem Timecode. Nach einem System des Kameraherstellers Arri kann z. B. der so genannte Arricode dicht neben den Perforationslöchern bei der Filmaufnahme als ein Strichmuster aufbelichtet werden, in dem digital ein 112-Bit-Zeitcode (Typ B) verschlüsselt ist, der in den wesentlichen 80 Bit mit dem Standard-SMPTE-Timecode vom Typ C identisch ist (s. Kap. 8.9.3). Ähnliche Systeme gibt es auch bei anderen Kameraherstellern wie z. B. der Firma Aaton. Der relative Keycode wird auf diese Weise mit einem absoluten Zeitcode ergänzt, was die Nachbearbeitungsschritte insgesamt erheblich vereinfacht.

Das perforierte Filmaufnahmematerial wird in Standardlängen geschnitten und auf Wickelkerne (Bobby) oder auf Spulen aufgewickelt und anschließend in lichtdichte Metalldosen gepackt. Die verwendeten Filmlängen basieren auf geraden Zahlen nach alter amerikanischer Metrik mit der Einheit Foot (Fuß). Bei 16 mm Film entspricht ein Fuß genau 40 Bildern, bei 35 mm sind es 16 Bilder. Standardlängen sind bei 35 mm-Negativfilm 200, 400 und 1000 feet, entsprechend 61 m, 122 m und 305 m. Als Maximallänge wird 615 m angeboten. Für 16 mm-Material werden meist 30 m und 122 m als Standardlängen ver-

Abb. 5.7. Randkennzeichnung und Bedeutung des Keycodes [72]

Tabelle 5.1. Filmlaufzeiten und Filmlängen

24 fps:	35 mm	16mm	25 fps:	35mm	16 mm
Min.	Meter	Meter		Meter	Meter
1	27,36	10,97		28,5	11,43
2	54,72	21,94		57,0	22,86
3	82,08	32,92		85,5	34,29
5	136,80	54,86		142,5	57,15
10	273,60	109,73		285,0	114,30
20	547,20	219,46		570,0	228,60
30	820,80	329,19		855,0	342,90

wendet. Bei einer Filmgeschwindigkeit von 24 frames per second folgt für den 35 mm Film bei einer Länge von 305 m eine Aufnahmedauer von ca. 11 min und für 16 mm-Film eine Dauer von ca. 28 Minuten. Tabelle 5.1 zeigt eine Übersicht, in der die Laufzeiten in Bezug zur Filmlänge angegeben sind.

Die Wickelkerne für Negativfilm haben in den meisten Fällen einen Außendurchmesser von 2" (50,8 mm) mit einem 1"-Loch. Im Außenrand ist eine Kerbe angebracht, in die der Film eingefädelt wird. Dieser universellste Bobbytyp trägt bei 35 mm-Kodakmaterial die Bezeichnung U-Core, für 16 mm-Film T-Core. Filmaufnahmematerial, das auf Bobbies gewickelt ist, darf in keinem Falle dem Licht ausgesetzt werden. Für das Einlegen der Rollen in die Kassette einer Filmkamera muss ein lichtdicht abgeschlossener Dunkelsack verwendet werden. Für kurze Längen stehen so genannte Tageslichtspulen zur Verfügung bei denen der Film eng zwischen die Seitenteile der Spule gewickelt ist.

Die Angaben der Parameter des verwendeten Films, also Angaben zur Filmbreite, Perforation, Filmlänge etc. finden sich auf dem Film Label. Abbildung 5.8 zeigt ein typisches Beispiel für einen 35 mm-Film von 122 m Länge. Kodak verwendet bei 35mm-Film die Ziffern 52 und bei 16 mm-Film die Ziffern 72 als Beginn der Filmartkennzeichnung [72]. Die Filmempfindlichkeit (Exposure Index, EI) beträgt bei diesem Beispiel 500 ASA bei Kunstlicht (Tungsten Rating, T). Dabei ist auch angegeben, dass mit Hilfe eines Konversionsfilters Wratten Type 85 eine Abstimmung auf die Farbtemperatur des Tageslichts (Daylight, D) vorgenommen werden kann, wobei sich dann ein EI von 320 ASA ergibt.

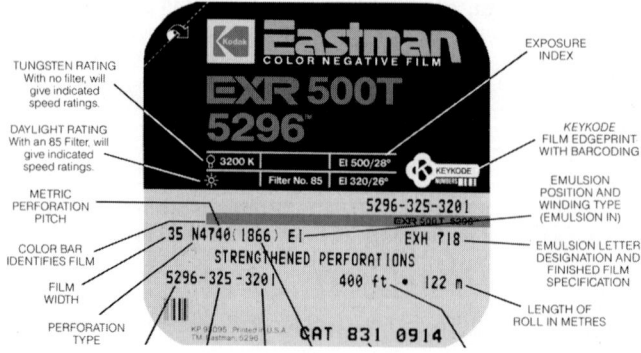

Abb. 5.8. Filmlabel [72]

5.3 Filmeigenschaften

Für die verschiedenen Anwendungsgebiete, in denen Film verwendet wird, stehen unterschiedliche Filmtypen zur Verfügung. Hinsichtlich der Kamera und des Projektors muss das Filmformat festgelegt sein. Hier gibt es heute im Wesentlichen die Entscheidung zwischen 16 mm- und 35 mm-Film. Des Weiteren muss entschieden werden, ob in Farbe oder Schwarzweiß gedreht wird und ob auf dem Film Raum für Tonspuren vorgesehen wird. Dann kann der Film hinsichtlich der Frage ausgewählt werden, ob eher die Lichtempfindlichkeit oder die detailgetreue Abbildung im Vordergrund steht und ob unter Tages- oder Kunstlichtbedingungen gearbeitet wird.

Schließlich ist die Frage der Vervielfältigung sehr wichtig. Für die schnelle Verfügbarkeit von Einzelstücken stehen Umkehrverfahren zur Verfügung, für die Erstellung von Massenkopien Negativ- und Positivfilme. Die Aufnahme-Negativfilme werden englisch auch als Camerafilms und die Positive als Printfilms bezeichnet. Bei großen Stückzahlen stammen nicht alle Positive von demselben Negativ ab, sondern von Zwischenkopien, sog. Intermediate-Materialien, d. h. die Massenkopien kommen von kleineren Mengen von Internegativen, die von einer geringen Zahl von Interpositiven gewonnen werden, die wiederum von dem Einzelnegativ herrühren. Intermediate-Material, auch Duplikat- oder Laboratory Films genannt, werden auch für die Erstellung von Titeln, Effekten etc. gebraucht.

5.3.1 Belichtung und Schwärzung

Die Schwärzung des Filmmaterials unter Lichteinfall hängt von der Beleuchtungsstärke E und auch von der Beleuchtungsdauer t ab. Beide Ursachen werden unter dem Begriff Belichtung (englisch: Exposure) H mit der Einheit Luxsekunden (lxs) zusammengefasst. Es gilt:

$$H = E \cdot t \, .$$

Die Schwärzung eines Films mindert seine Transparenz T, d. h. das Verhältnis zwischen der Lichtintensität, die vom Film durchgelassen wird, und der auftreffenden Gesamtintensität des Lichts. Das Gegenteil der Transparenz ist die Lichtundurchlässigkeit oder Opazität O. Es gilt:

$$T = 1/O \, .$$

Bei völliger Transparenz beträgt der Wert $T = 1$, er sinkt bei völliger Schwärzung auf den Wert $T = 0$, während die Opazität unter gleichen Bedingungen von 1 bei völliger Transparenz auf unendlich steigt.

Als Maß für die Filmschwärzung ist die Opazität gut geeignet. Aufgrund der Tatsache, dass das menschliche Auge bei seiner Helligkeitswahrnehmung S nicht linear, sondern eher logarithmisch, weitgehend nach dem Fechnerschen Gesetz:

$$S = k \log L/L_0, \text{ mit } L_0 = 1 \text{ cd/m}^2,$$

auf die Reizintensität L reagiert, wird zur Kennzeichnung der Schwärzung jedoch der Dichtewert D verwendet, der logarithmisch mit der Opazität zusammenhängt. Es gilt:

$$D = \log O = \log 1/T.$$

Dabei gilt der Logarithmus zur Basiszahl 10, d. h. die doppelte Opazität oder halbe Transparenz ergibt sich bei einem Dichtewert $D = \log 2 = 0{,}3$. Zur Darstellung einer gleich abständigen Grautreppe wird ein Stufenkeil verwendet, dessen Dichtewerte je nach Anwendung linear um den Wert 0,1; 0,15 oder 0,3 ansteigen [136]. Aus praktischen Gründen wird bezüglich der grafischen Darstellung der Zusammenhänge auch bei der Belichtung wiederum mit dem Logarithmus, also log H gearbeitet.

Dichtewerte lassen sich auch zur Kennzeichnung von Neutraldichtefiltern verwenden, die der farbneutralen Abschwächung des Lichts dienen. Ein Neutraldichtefilter mit $D = 0{,}3$ hat einen Transmissionsgrad von 0,5 und halbiert die Beleuchtungsstärke, was dem Schließen der Blende im Objektiv um eine Stufe entspricht. Da die Blende den wesentlichen Mechanismus zur Beeinflussung der Helligkeit der Abbildung darstellt, werden statt absoluter Belichtungswerte oft relative Blendenwerte angegeben.

5.3.2 Kennlinie und Kontrastumfang

Die Filmkennlinie, die auch als Schwärzungskurve oder Dichtekennlinie bezeichnet wird, stellt den Zusammenhang zwischen der Belichtung log E · t und der Schwärzung des entwickelten Materials dar, die durch den Dichtewert D gegeben ist. Der Einfachheit halber wird hier zunächst nur die Schwarzweißdichte betrachtet, Farbfilmmaterialien haben separate Kennlinien mit ähnlichem Verlauf für die veränderliche Dichte der Farbstoffwolken.

Die Kennlinie verläuft insgesamt nicht linear, sondern weist eine charakteristische S-Form auf, die in Abbildung 5.9 für Negativmaterial dargestellt ist. Im

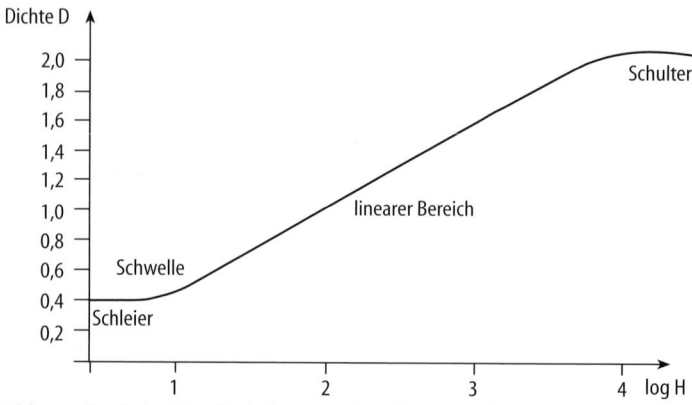

Abb. 5.9. Typische Kennlinie des Negativ-Filmmaterials

linken Teil der Kurve wird deutlich, dass der Film auch ohne Belichtung eine gewisse Dichte aufweist, die als Schleier bezeichnet wird. Diese Dichte resultiert daher, dass einerseits das Trägermaterial (engl. Base) nicht völlig transparent ist und andererseits die Silbersalze zu einem geringen Teil auch ohne Lichteinwirkung entwickelbar sind (engl.: Base plus fog bzw. D_{min} bei Farbfilm). Der Schleier ist daher konstant und wird kaum von der Entwicklung beeinflusst.

Bei steigender Belichtung gelangt man zur Schwelle, dem Bereich, ab dem die Schwärzung durch Lichteinwirkung beginnt. Im mittleren Teil der Kennlinie wird der Zusammenhang dann linear. Der Übergangsbereich, Schwelle oder auch Durchhang genannt, erstreckt sich bis zu einem Punkt, der um $D = 0{,}1$ über dem Schleier liegt.

Der lineare Teil der Kennlinie ist der eigentliche Aufnahmebereich, hier sollte der bildwichtige Kontrastumfang, d. h. die Hell-Dunkel-Differenz, liegen. Wenn das Dichtemaximum des entwickelbaren Materials D_{max} erreicht ist, wird weiterer Lichteinfall keine höhere Schwärzung bewirken, der Übergang zu diesem Bereich wird als Schulter bezeichnet.

Obwohl die Schwelle und die Schulter eigentlich ungeeignet für die Aufnahme sind, sind sie doch für die charakteristische Bildwirkung von Film von großer Bedeutung. Außerhalb des Bereichs, in dem der bildwichtige Kontrastumfang liegt, treten nämlich z. B. oft Spitzlichter auf, die sehr viel größere Leuchtdichten aufweisen. Diese werden durch die Schulter sanft begrenzt, was eine erheblich andere Wirkung im Bild hat, als wenn eine abrupte Beschneidung aufträte. Hier unterscheidet sich Film deutlich von den üblichen elektronischen Bildumsetzungsverfahren. Der Zusammenhang zwischen den Werten der Kennlinie und je einem Positiv- und Negativbild zeigt Abbildung 5.10.

Der fotografisch wesentliche Teil der Kennlinie ist der lineare Bereich. Abhängig vom verwendeten Filmmaterial kann dieser mehr oder weniger Stei-

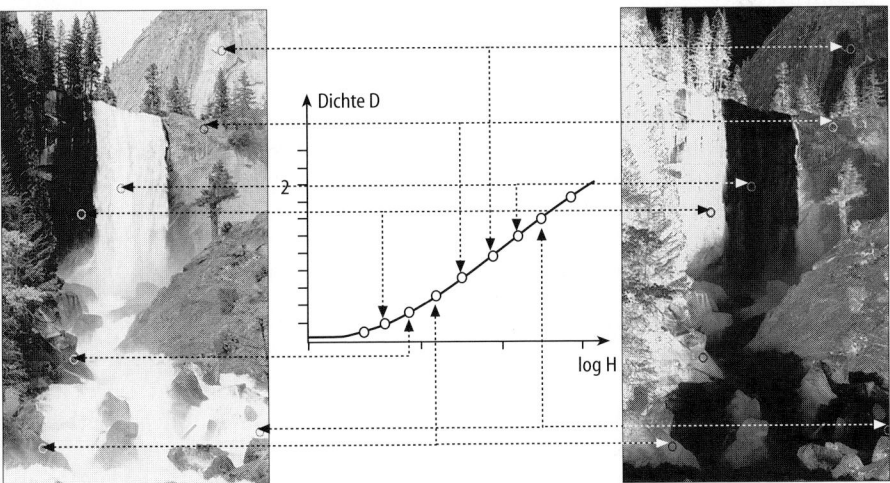

Abb. 5.10. Positiv- und Negativbild im Zusammenhang zur Aufnahmekennlinie [72]

gung aufweisen. Die Steigung wird als Gradation oder auch kurz als Gamma bezeichnet und ist als der Quotient zwischen Dichte- und Belichtungsänderung (log) definiert. Je größer die Steigung, desto größer ist der Szenenkontrast im Bild. Die Steigung wird mit Hilfe einer Tangente bestimmt. Die Beschränkung auf den wichtigsten, nämlich den geradlinigen Teil liefert den Gammawert:

$$\gamma = \Delta D / \Delta \log H.$$

Die Tangente ist so definiert, dass sie durch einen unteren Punkt geht, der einen Dichtewert aufweist, der um $D = 0{,}1$ über dem Schleier liegt. Ab diesem Punkt ist eine sichere Entwicklung gewährleistet. Der obere Schnittpunkt ist so definiert, dass er um 1,5 logarithmische Einheiten auf der Belichtungsachse höher liegt als der untere. Auf diese Weise ist ein Leuchtdichteumfang bzw. Objektkontrast von 1:32 definiert, ein Wert, der für den Leuchtdichteumfang durchschnittlicher Motive bei Studioausleuchtung festgelegt wurde. Bei Einbeziehung des Schulter- und Kniebereichs kann auf ähnliche Weise ein β-Wert definiert werden, der die mittlere Gradation angibt.

Die Steigung der γ-Kurve, auch bezeichnet als Steilheit des Materials, kann bei der Filmherstellung bestimmt werden. Nahe liegend ist zunächst, sowohl für das Positiv als auch für das Negativ ein Gamma von 1 zu wählen und auf diese Weise den Kontrastumfang der aufgenommenen Szene in den gleichen Kontrastumfang bei der Projektion umzusetzen. Aufgrund der geringen Leuchtdichte der Projektion, die nicht der von hellem Sonnenschein entspricht, sowie von Kontrastverringerungen durch Objektive und Streulichter wirkt das Filmbild allerdings zu matt, wenn eine »Über-alles-Kennlinie« mit $\gamma = 1$ verwendet wird. In der Praxis wird das System- oder Gesamt-Gamma daher auf einen Wert von ca. $\gamma = 1{,}7 \ldots 1{,}8$ angehoben. Dies geschieht durch Verwendung eines großen Gamma-Wertes beim Positivfilm.

Beim Positivfilm werden Gamma-Werte von ca. 3 benutzt. Da sich nun das Gesamt-Gamma aus dem Produkt der Einzelwerte mit

$$\gamma = \gamma_{neg} \cdot \gamma_{pos}$$

ergibt, folgt, dass der Negativfilm so hergestellt wird, dass er nur ca. $\gamma = 0{,}6$ aufweist. Der gesamte Belichtungsumfang soll nur von den Positiv- und Negativmaterialien abhängen. Intermediate- oder Duplikatmaterial dürfen den Kontrastumfang des Gesamtsystems nicht verändern, daher muss dieses Material einen Gamma-Wert von 1 aufweisen.

Die gezielte Verwendung eines geringen Kontrastumfangs auf der Aufnahmeseite bewirkt, dass der lineare Bereich der Kennlinie länger wird, denn die Steigung ist wegen des geringeren ΔD verringert. Damit lässt sich der oben angegebene Belichtungsumfang von $\log H = \log E \cdot t = 1{,}5$ mehrfach im geraden Teil der Kennlinie unterbringen oder auf höhere Werte ausdehnen (Abb. 5.11). Das heißt, dass der Normalbelichtungsumfang nicht absolut exakt in der Mitte des geraden Kennlinienteils liegen muss. Leichte Unter- oder Überbelichtungen können beim Kopierprozess verlustlos ausgeglichen werden, Belichtungsfehler sind tolerierbar. Z. B. bewirkt die Halbierung des Lichtstroms durch die kameraseitige Veränderung um einen Blendenwert eine Verschie-

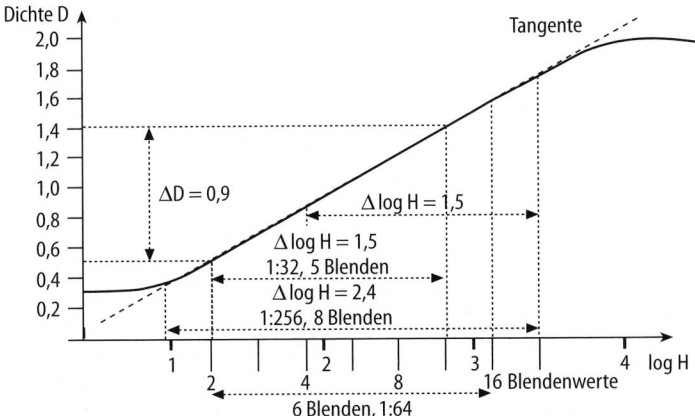

Abb. 5.11. Ermittlung des Gammawertes und der Belichtungsumfänge an der Kennlinie

bung um 0,3 Einheiten auf der log- H-Achse, was bei flacher Kennlinie leicht aufzufangen ist.

Eine Möglichkeit für die Beeinflussung der Kennlinie ist die Vorbelichtung. Dabei wird vor der eigentlichen Aufnahme durch diffuse Beleuchtung mit geringer Intensität eine Aufhellung der Schattenpartien bewirkt und die Kennlinie damit abgeflacht. Die gleiche Wirkung kann auch durch eine Nachbelichtung erreicht werden.

Da bei Umkehrfilmen der endgültige Kontrastumfang in einem Schritt entsteht, soll hier $\gamma = 1{,}8$ direkt vorliegen. Der Spielraum für die Belichtung ist damit erheblich geringer als beim Negativmaterial, und es muss bei der Aufnahme sorgfältiger gearbeitet werden. Bereits Abweichungen um einen halben Blendenwert sind im Bild erkennbar.

Im praktischen Umgang wird der Kontrastumfang in der Szene eher über Logarithmen zur Basiszahl 2 statt über dekadische Logarithmen angegeben, da die Lichtmenge, die auf den Film fällt, durch die Blende im Objektiv der Kamera bestimmt wird. Deren Skalierung ist so gewählt, dass von Stufe zu Stufe die Lichtintensität um den Faktor 2 geändert wird. Der Kontrastumfang wird daher meistens in Blendenstufen angegeben. Ein Kontrast von 1:32 entspricht 5 Blenden, in der Praxis werden Kontrastumfänge von ca. 7 Blenden verwendet. Für den Mittelwert der von den Objekten in der Szene hervorgerufenen Gesamtremission wird ein Wert von 18% angegeben. Dieser Wert ist die Referenz für die so genannte Bezugsblende, die in der Mitte des verwendeten Kontrastbereichs liegt. Diese Bezugsblende wird von einem Spot-Belichtungsmesser angegeben, der in der gegebenen Lichtsituation zur Ausmessung einer Graufläche mit dem Remissionswert 18% verwendet wird. Wird dabei z. B. der Blendenwert 5,6 bestimmt, so liegt ein Kontrastumfang von 6 Blenden zwischen den Werten 2 und 16 (Abb. 5.11). Der Kontrastumfang, angegeben in Blendenwerten, kann mit dem Spot-Belichtungsmesser bestimmt werden, indem er auf die hellsten und dunkelsten Stellen der Szenen gerichtet wird.

5.3.3 Farbfilmeigenschaften

Um Farben im Filmmaterial umsetzen zu können, werden lichtempfindliche Schichten verwendet, die wellenlängenselektiv reagieren. Bei Farbfilmmaterialien lassen sich damit im Vergleich zum Schwarzweißfilm statt einer drei Kennlinien für die drei Gelb-, Purpur- und Cyanschichten gewinnen. Die Kennlinien verlaufen prinzipiell genauso wie beim Schwarzweißfilm, können aber parallel verschoben sein (Abb. 5.12). Damit auch graue, d. h. unbunte Farben wiedergegeben werden können, müssten die drei Kennlinien idealerweise den gleichen Verlauf aufweisen. Die Parallelverschiebungen (Fehler 1. Ordnung) können beim Kopierprozess oder bei der Abtastung bzw. beim Colourmatching korrigiert werden. Kaum korrigierbare Fehler, als Fehler 2. Ordnung bezeichnet, treten dagegen auf, wenn die Kennlinien gekreuzt verlaufen. Man spricht von einem kippenden Farbstich, der in den Schattenpartien komplementär zu dem Stich im Bereich der Lichter ist. Die Ursache solcher Fehler liegt bei der Filmherstellung oder beim Kopierprozess.

Die Aufgabe der Farbschichten ist die Filterung des einfallenden Lichts. Im Idealfall sollte die Gelbfilterschicht im Blau-, die Magentaschicht im Grün- und die Cyanschicht im Rotbereich als Filter zur subtraktiven Mischung beitragen. Die jeweiligen Filterwirkungen sind jedoch unterschiedlich und weisen auch Dichtewerte in den Nachbarbereichen, so genannte Nebendichten, auf. Die Summendichte ergibt sich aus der Gesamtheit der Haupt- und Nebendichten. Für die Gesamtwirkung muss ein Kompromiss gefunden werden, der vor allem bei unbunten Vorlagen keinen Farbstich zeigt. Das gelingt durch Unterdrückung unerwünschter Dichten mittels Masken, die während des Farbentwicklungsprozesses in den Emulsionen gebildet werden.

Aufgrund von Differenzen zwischen den Kennlinienverläufen von Positiv- und Negativmaterialien werden bei der messtechnischen Bestimmung der Dichten von Farbfilmen verschiedene Filtersysteme eingesetzt. Man unterscheidet daher so genannte Status-M-Dichten für Negativ- und Intermediate- und

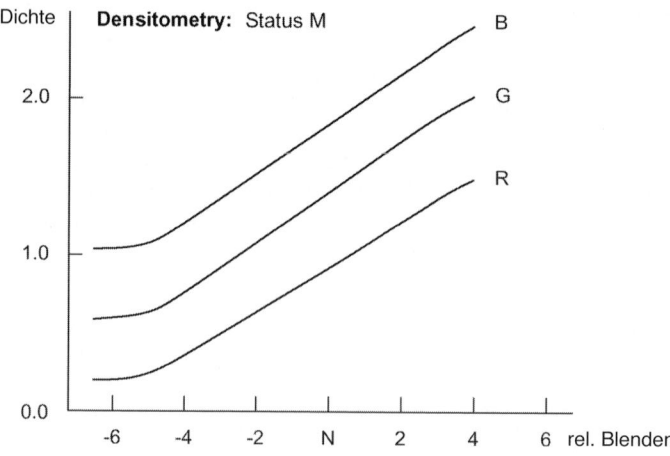

Abb. 5.12.
Kennlinienverlauf des Farbnegativmaterials Kodak 5248 [72]

Status-A-Dichten für Positivmaterial [85]. Mögliche Farbstiche hängen natürlich auch von der spektralen Verteilung des Lichts ab. Die Filmemulsionen werden für den Spektralverlauf von Tageslicht oder von Kunstlichtquellen, d. h. Temperaturstrahlern (Tungsten Lamp), abgestimmt. Kunstlicht mit 3200 K zeichnet sich durch einen größeren Rotanteil aus als Sonnenlicht mit der Farbtemperatur 5600 K. Mit Hilfe von Konversionsfiltern, die den erhöhten Rotanteil unterdrücken, lassen sich Kunstlichtfilme für den Tageslichteinsatz verwenden. Das gilt auch umgekehrt, in beiden Fällen ist allerdings zu bedenken, dass der Filtereinsatz die Lichtintensität schwächt und so die effektive Filmempfindlichkeit reduziert.

5.3.4 Die Lichtempfindlichkeit

Die Lichtempfindlichkeit des Filmmaterials ist dadurch definiert, dass ermittelt wird, bei welcher Belichtung eine Dichte entsteht, die bei S/W-Filmen um $D = 0,1$ bzw. bei Farbfilmen um $D = 0,2$ über dem Schleier liegt [136]. Das mit 10 multiplizierte logarithmische Verhältnis dieses mit H_M bezeichneten Belichtungswertes zum Wert 1 lxs ergibt die DIN-Zahl:

$$\text{DIN-Zahl} = 10 \log (1 \text{ lxs}/H_M)$$

Die Definition ähnelt der Bildung von Pegelwerten in dB. Die doppelte Lichtempfindlichkeit wird damit durch die Steigerung um 3 DIN ausgedrückt. Zur Angabe eines linearen Empfindlichkeitswertes (Exposure Index, EI) dient der ASA-Wert. Er folgt aus der Beziehung:

$$\text{ASA-Wert} = 0,8 \text{ lxs}/H_M,$$

wobei H_M wieder die genannte Belichtung darstellt. Tabelle 5.2 zeigt das Verhältnis zwischen DIN- und ASA-Werten.

Empfindliche Filme erfordern bei gegebener Lichtintensität eine geringere Belichtungsdauer, sie haben mehr speed. Die Empfindlichkeitsangaben beziehen sich auf definierte Entwicklungsbedingungen, denn auch über den Entwicklungsprozess kann die Empfindlichkeit des Materials gesteigert werden. Eine derartige gezielte Steigerung wird als forcierte Entwicklung bezeichnet. Dabei wird durch die Verlängerung der Entwicklungszeit erreicht, dass auch Kristalle zu Silber gewandelt werden, die so wenig Lichtintensität ausgesetzt waren, dass sie bei gewöhnlicher Entwicklung zu den unterbelichteten Filmbereichen gehören. Die Forcierung wirkt gleichermaßen im Licht- und Schattenbereich, sie steigert die Dichte und bewirkt die Verschiebung der gesamten Kennlinie.

Tabelle 5.2. Vergleich von DIN- und ASA-Werten

DIN	12	15	18	21	24	27	30
ASA	12	25	50	100	200	400	800

5.3.5 Das Filmkorn

Lichtempfindliche Filme lassen sich mit Hilfe großflächiger Silberkristalle gewinnen. Abgesehen von verschiedenen Weiterentwicklungen (T-Grain) lässt
sich generell der Antagonismus zwischen kleinem Filmkorn und hoher Empfindlichkeit nicht aufheben. Große Kristalle werden als Filmkorn (Grain) besonders bei großen Flächen mit mittleren Grauwerten im Bild sichtbar und
beeinflussen wesentlich den so genannten Filmlook. Graue Flächen im Bild
sind nicht homogen, sondern bestehen aus einer unregelmäßigen Verteilung
der Silberkörner, die in Abhängigkeit vom Grauwert mehr oder weniger dicht
ist (Abb. 5.13). Im Farbfilm gilt Ähnliches. An die Stelle der Silberteilchen, die
ja beim Entwicklungsprozess ausgelöst werden, treten hier die Farbstoffwolken, was in Abbildung 5.2 sehr gut deutlich wird, wo anhand einer mikrosko-
pischen Aufnahme einer Farbschicht geringer Dichte die Farbstoffwolken mit
und ohne Silber gut erkennbar sind. Die Größenordnung der Durchmesser der
Silberteilchen und Farbstoffwolken beträgt bei Negativmaterial ca. 5 µm. Die
Abbildung 5.14 zeigt anhand verschiedener Kodak-Negativmaterialien, wie die
Korngrößen mit der Lichtempfindlichkeit steigen [85]. Intermediate- und Print-
Material kann feinkörniger sein, da hier die Empfindlichkeit nicht im Vordergrund steht. Die Körnigkeit ist in den einzelnen Farbschichten unterschiedlich.
In der Blauschicht ist sie besonders ausgeprägt, denn sie muss aufgrund des
geringen Blauanteils im Licht besonders bei Kunstlicht-Negativen empfindlicher sein als die anderen Schichten. Daher wird im Filmbereich für Stanz-
tricks oft die Aufnahme vor Grün dem Blue-Screen-Verfahren vorgezogen.

Die bei der Abtastung der Filmoberfläche und Wandlung der Dichtedifferenzen in ein elektrisches Signal entstehenden Unregelmäßigkeiten führen bei
der Messung zur Granularität, die sich in elektrischer Form als Rauschsignal
zeigt und in Abhängigkeit von der Korngröße verschiedene Amplituden aufweist. Über die Bildung der Wurzel aus dem Mittelwert über deren Quadrate
lässt sich als Messwert die RMS-Körnigkeit gewinnen. Über den Logarithmus
wird das Verhältnis dieses Wertes zum maximalen Nutzsignal als Signal to
Noise Ratio S/N angegeben:

$$S/N = 20 \log (U_{max}/U_{RMS}).$$

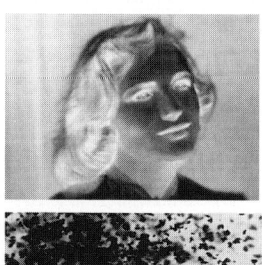
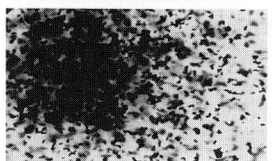
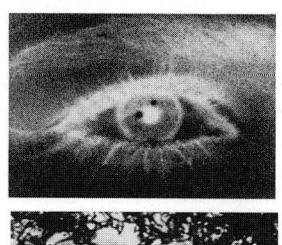
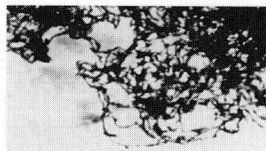
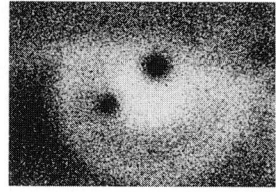

Abb. 5.13. Filmbildaus-
schnitte bei verschiede-
nen Vergrößerungen [72]

Gesamtbild mit Ausschnitt   Kodak 5248 mit 100 ASA

Kodak 5274 mit 200 ASA   Kodak 5279 mit 500 ASA

Abb. 5.14. Gleichmäßig vergrößerte Ausschnitte bei verschiedenen Filmempfindlichkeiten [85]

5.3.6 Das Auflösungsvermögen

Das Auflösungsvermögen beschreibt die Darstellbarkeit feiner Details in der Filmemulsion, die wiederum von der Körnigkeit des Materials abhängt. Die Bestimmung erfolgt anhand feiner Hell-Dunkel-Wechsel in Form von Linienpaaren. Je mehr Linienpaare auf einem Millimeter Breite untergebracht und unterschieden werden können (lp/mm), desto höher ist das Auflösungsvermögen.

Die visuelle Trennbarkeit der Linien ist dabei eine ungenaue Bestimmungsgröße, da bei geringen Abständen der Weißbereich zwischen zwei schwarzen Streifen grau erscheint. Dieser Umstand wird bei der Bestimmung der Modulationstransferfunktion MTF berücksichtigt. Aufgrund der Beziehung

$$MTF = m\ (HF)\ /\ m\ (LF)$$

gibt sie Auskunft über die allmähliche Kontrastabnahme bei Steigerung der Anzahl der Linienpaare pro Millimeter, indem sie die Hell-DunkelDifferenz oder genauer den Modulationsgrad m nach der Beziehung

$$m = (s_{max} - s_{min})\ /\ (s_{max} + s_{min})$$

bei hoher Liniendichte (HF) ins Verhältnis zum Modulationsgrad bei geringer Dichte (LF) setzt, bei der die Linien 100% getrennt erscheinen (Abb. 5.15).

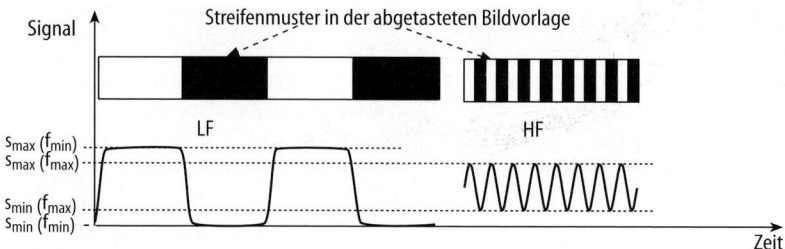

Abb. 5.15. Zur Definition der Modulationstransferfunktion

Die MTF eignet sich nicht nur zur Beschreibung des Auflösungsvermögens der Filmemulsion, sondern auch für weitere Elemente im Lichtweg oder elektronische Signalbearbeitungsstufen, bei denen dann HF und LF für High und Low Frequency stehen. Die Gesamt-MTF ergibt sich aus der Multiplikation aller Einzelwerte. Durchschnittlicher, nicht sehr hoch empfindlicher Negativfilm erreicht bei 120 lp/mm noch einen MTF-Wert von 50%. Abbildung 5.16 zeigt den für die RGB-Anteile verschiedenen MTF-Verlauf des Kodak-Negativmaterials 5248 und Tabelle 5.3 verschiedene Auflösungswerte für unterschiedliche Materialien jeweils bei einem MTF-Wert von 50%. Es sei hier noch einmal darauf hingewiesen, dass das Filmmaterial nicht das einzige auflösungsbegrenzende Element ist. Oft beeinträchtigt der MTF-Wert eines Objektivs das Bild stärker als die MTF des Filmmaterials.

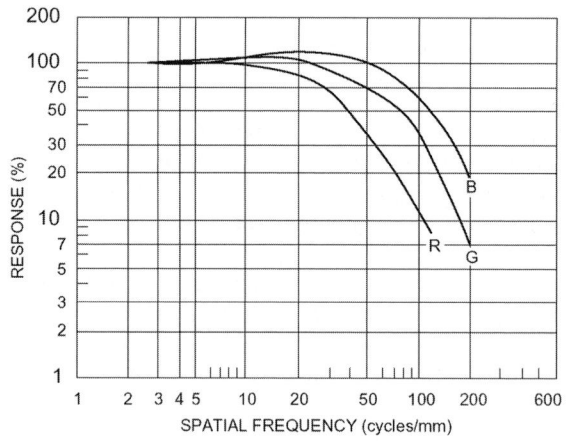

Abb. 5.16. Verlauf der Modulationstransferfunktionen des Negativ-Materials Kodak 5248 [72]

Tabelle 5.3. Vergleich der Auflösungswerte bei verschiedenen Filmmaterialien

Typ	5279	5274	5248	5246	5245
R	40	35	35	40	38 lp/mm
G	70	65	78	80	95 lp/mm
B	80	70	120	100	120 lp/mm

5.4 Filmentwicklung und -kopie

Vom ersten Drehtag bis zur Auslieferung der fertigen Filme ist das Kopierwerk ein wichtiger Partner beim Filmproduktionsprozess. Das Kopierwerk entwickelt die Negative und lagert und verwaltet sie. Sie werden hier nach der Schnittliste, die vom Schnittplatz kommt, geschnitten und geklebt. Weiterhin werden im Kopierwerk die Positive belichtet, wobei die Bestimmung der dafür erforderlichen Lichtmischung eine große Rolle spielt. Es können auch Bildformatänderungen und Verkleinerungen bzw. Vergrößerungen (Blow ups) und weitere Trickarbeiten vorgenommen werden. Schließlich werden auch die Positive entwickelt und für die Auslieferung konfektioniert.

5.4.1 Filmentwicklung

Zunächst ist es wichtig, dass das belichtete Filmnegativ möglichst schnell entwickelt wird, damit die empfindlichen latenten Bilder keinen Schaden nehmen. Das Negativmaterial wird daher täglich nach Drehschluss in schwarzer Folie und den sorgfältig beschrifteten Originaldosen zum Kopierwerk geschickt. Für die Negativentwicklung wird heute für Kodak-Material ein Prozess mit der Bezeichnung ECN-2 (Eastman Color Negativ) eingesetzt. Dabei wird der Film in einer Entwicklungsmaschine mittels Rollenantrieb so durch die verschiedenen Verarbeitungsstufen geführt, dass er dort über die jeweils erforderliche Dauer verbleibt. Zuerst wird in einem Vorbad in der Dauer von 10 s die Lichthofschutzschicht, die sich auf dem Negativ befindet, eingeweicht und dann in 5 s entfernt. Im eigentlichen Entwicklerbad bleibt der Film für 3 Minuten, bis in einem Stoppbad in 30 s die Entwicklung der Silberhalogenidkörner gestoppt und die Farbentwicklersubstanz aus dem Film gewaschen wird. Anschließend erfolgt eine 30-sekündige Wässerung, dann gelangt der Film für 3 Minuten in das Bleichbad, in dem das Silber, das sich beim Entwicklungsprozess neben den Farbstoffen gebildet hat, in Halogenidverbindungen verwandelt wird, die wiederum im Fixierprozess und der anschließenden Wässerung entfernt werden können. Im Fixierbad bleibt der Film für 2 Minuten, vor- und nachher wird er für eine bzw. zwei Minuten gewässert [72]. Der Prozess endet mit einer 10-sekündigen Stabilisierung und einer 5-minütigen Trocknung (Abb. 5.17). In ähnlicher Weise läuft auch der Positiv-Entwicklungsprozess ab, der bei Kodak mit ECP-2B bezeichnet wird.

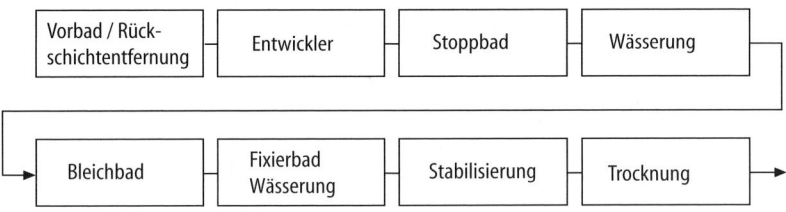

Abb. 5.17. Ablauf des Entwicklungsprozesses ECN-2

Der Entwicklungsprozess lässt sich auch verwenden, um Fehlbelichtungen auszugleichen, die über die Lichtbestimmung nicht erfassbar sind. Zum Ausgleich von Unterbelichtungen wird die forcierte Entwicklung verwendet, bei der die Verweildauer im Entwicklerbad verlängert wird. Auf diese Weise können Schwärzungsänderungen hervorgerufen werden, die einer Belichtungsänderung um mehrere Blendenstufen entsprechen. Da die Bildqualität durch diesen Vorgang gemindert wird, sollte die Änderung auf ca. eine Blendenstufe begrenzt bleiben, falls der Vorgang nicht bewusst als besonderer Effekt genutzt wird. Die Forcierung wird auch als Push-Prozess, das Umgekehrte als Pull-Prozess bezeichnet. Als zweite Möglichkeit ist die Vor- oder Nachbelichtung (Flashing) zu nennen, eine kurzzeitige ganzflächige Zusatzbelichtung, die eine Aufhellung von Schattenbereichen bewirkt. Eine weitere Bildbeeinflussungsmöglichkeit bei der Entwicklung stellt die Bleichbadüberbrückung dar, bei der das Silber zusammen mit dem Farbstoff in der Schicht verbleibt und zu einem dunkleren Bild mit gedämpften Farben führt.

5.4.2 Der Kopierprozess

Für die Umsetzung des Negativs in ein Positivbild (Printprozess) wird das Negativ durchleuchtet und mit dem transmittierten Licht das Positiv belichtet. Für diesen Prozess können beide Filme kontinuierlich oder schrittweise transportiert werden. Der Kopiervorgang kann weiterhin danach unterschieden werden, ob die Emulsionen der Filme beim Kopiervorgang in direktem Kontakt stehen oder ob eine optische Abbildung zwischengeschaltet wird. Wenn keine Bildgrößenänderungen erforderlich sind, wird in den meisten Fällen eine Kontaktkopie mit kontinuierlichem Lauf durchgeführt (Continuous Contact Printer), was den Film mehr schont als der schrittweise Transport und auch größere Geschwindigkeiten ermöglicht. Es werden Kopiergeschwindigkeiten von mehr als 200 m/min erreicht [136]. Das Prinzip einer Kontakt-Kopiermaschine wird in Abbildung 5.18 deutlich. Die Belichtung findet an der Kopiertrommel statt. Aufgrund ihrer Krümmung ist es erforderlich, dass der außen geführte Positivfilm einen minimal größeren Perforationslochabstand aufweist als der innen liegende Negativfilm. Bei der Erstellung von Endkopien muss die Kopiermaschine so konstruiert sein, dass gleichzeitig das Bild- und das Tonnegativ auf das Positiv abgebildet werden.

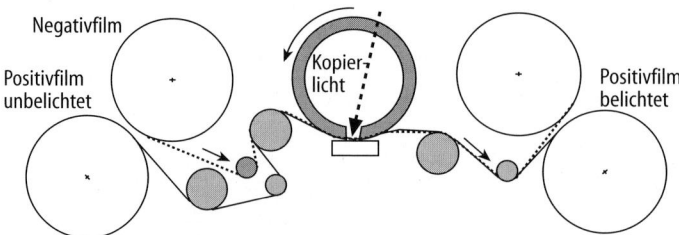

Abb. 5.18. Prinzip des Continous Contact Printers

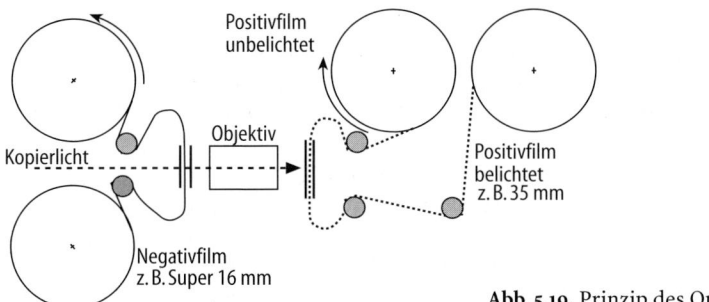

Abb. 5.19. Prinzip des Optical Step Printers

Die Verwendung eines Kopierprozesses mit zwischengeschalteter Abbildungsoptik ist erforderlich, wenn Bildgrößenanpassungen oder besondere Effekte erforderlich sind. Typische Fälle sind die Umsetzung (Blow up) von (Super-)16-Negativmaterial auf 35 mm-Positivfilm oder die Erzeugung eines anamorphotisch gestauchten Bildes. In den meisten Fällen wird bei der optischen Kopierung der schrittweise Transport verwendet, die Kopierleistung liegt mit ca. 6 m/min erheblich niedriger als bei den Massenkopiermaschinen mit kontinuierlichem Lauf. Abbildung 5.19 zeigt das Schema einer optischen Schrittkopiermaschine (Optical Step Printer). Es wird deutlich, dass das Licht aus dem Projektor über eine austauschbare Optik auf die Kamera geführt wird. Der gewünschte Effekt kann durch Abstands- und Abbildungsänderung hervorgerufen werden.

Zur Erzielung hoher Kopierqualitäten, insbesondere bei älterem, verkratztem Ausgangsmaterial, kann die Schrittkopiermaschine mit einer Nasskopiereinrichtung ausgestattet werden. Dabei liegen beide Filme in einem als Wetgate bezeichneten Kopierfenster, das mit einer Flüssigkeit gefüllt ist, die den gleichen Brechungsindex aufweist wie das Filmmaterial. Die von den Kratzern und Schrammen verursachten Unebenheiten werden durch die Flüssigkeit gefüllt und die schadhaften Stellen werden bei diesem Immersion-Print-Prozess nicht mehr abgebildet, da keine Differenzen im Brechungsgrad mehr vorhanden sind. Zum Zwecke der hochqualitativen Archivierung kann ein Film auch so verarbeitet werden, dass die drei RGB-Farbauszüge separat auf S/W-Material kopiert werden. Da auf diese Weise kein Ausbleichen der Farbstoffe zu befürchten ist, kann mit einer erheblich längeren Lebensdauer gerechnet werden.

5.4.3 Die Lichtbestimmung

Der in zwei Schritte aufgeteilte Filmproduktionsprozess, nämlich die Negativbelichtung am Drehort und die Positivbelichtung unter Laborbedingungen, hat zwei Vorteile: erstens, dass das Negativmaterial über die flache Gradationskurve so gestaltet werden kann, dass Fehlbelichtungen leicht ausgeglichen werden können, zweitens gibt es auch einen Spielraum für die Farben. Am Drehort muss nicht und kann auch kaum darauf geachtet werden, dass eine Farbabstimmung zwischen den verschiedenen Szenen exakt vorgenommen wird. So ist es günstig, dass die Festlegung der Farbstimmung sowie die Angleichung dieser Werte für die verschiedenen Szenen unter kontrollierten Bedingungen im Kopierwerk bei der Lichtbestimmung vorgenommen werden kann.

Der technische Prozess ist die Beeinflussung des Kopierlichts. Heute wird meist das additive Verfahren angewandt, bei dem das Licht einer 1000 W-Kunstlichtquelle mittels dichroitischer Filter in die Anteile Rot, Grün und Blau aufgespalten wird. Diese Anteile können über so genannte Lichtventile in ihrer Intensität verändert werden. Die drei, ggf. veränderten, Anteile werden wieder zusammengeführt und für den Kopierprozess benutzt (Abb. 5.20). Die Lichtänderung ist exakt reproduzierbar, da sie stufenweise eingestellt wird, der Einstellumfang beträgt 50 Schritte [136]. Bei einem Positiv-Gamma von 1 entspricht ein Schritt einer Belichtungsänderung von 0,025 H, zwölf Schritte etwa einer Blendenstufe.

Die Farbanpassung erfordert, dass die Dichteänderungen beachtet werden, die sich aus der Änderung einzelner Anteile ergeben. Sie erfolgt mit Hilfe eines Color Analysers, d. h. das Negativ wird über eine Videokamera abgetastet, und das Bild wird auf einem Videomonitor dargestellt, der in besonderer Weise kalibriert ist, so dass die Farbwirkung weitgehend mit der übereinstimmt, die bei der Projektion des Positivs zu sehen sein wird. Allerdings ist aufgrund der Tatsache, dass das Videobild eine aktiv leuchtende Fläche darstellt, während auf der Leinwand reflektiertes Licht betrachtet wird, die Übereinstimmung auch bei bester Kalibrierung nie vollständig erreichbar, so dass die Handhabung durch erfahrene Lichtbestimmer erfolgen sollte. Diese Personen werden beim Angleichen der Szenen vom Kameramann unterstützt, denn dieser weiß, welche Teile absichtlich unterbelichtet oder farbstichig bleiben sollen. Die für jede Einstellung gewählten Farbwerte werden gespeichert, so dass beim eigentlichen Kopiervorgang die ausgewählten Werte automatisch aufgerufen werden können.

Zur Kalibrierung steht bei der Lichtbestimmung ein entwickelter Negativ-Kontrollfilm zur Verfügung, der Hell- und Dunkelfelder mit Dichten enthält, die 90% bzw. 2,5% Remission in der Szene entsprechen, weiterhin Abbbildungen von Graustufen, Farbflächen und Hauttönen.

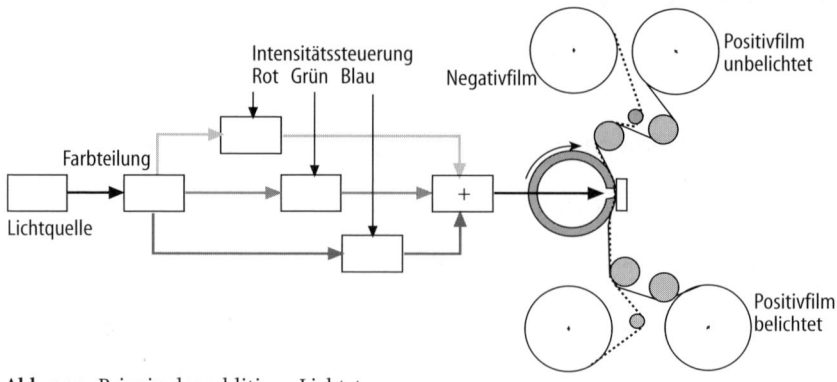

Abb. 5.20. Prinzip der additiven Lichtsteuerung

5.4.4 Blenden, Titel- und Trickarbeiten

Zu den Aufgaben des Filmkopierwerks gehört auch die Anfertigung von speziellen Filmsequenzen, die Titel, Überblendungen oder aufwändigere Tricks enthalten. Sie werden meist am Tricktisch und an der Trickkopiermaschine durchgeführt. Der Tricktisch dient der Aufnahme flacher Vorlagen, wie z. B. Bilder oder Titel. In Abbildung 5.21 wird deutlich, dass die Kamera senkrecht steht und auf die Vorlagenfläche gerichtet ist. Die abzufilmende Vorlage kann von oben oder unten beleuchtet werden, sie darf somit auch transparent sein. Der Abstand der Kamera kann ebenso geändert werden wie die Position der Vorlage. Damit lässt sich die Konstruktion für die schrittweise Aufzeichnung von Einzelbildern einsetzen, um z. B. einen Rolltitel zu erzeugen, indem die Vorlage präzise motorisch gesteuert nach jeder Einzelbelichtung um eine definierte Strecke weiterbewegt wird.

Die Trickkopiermaschine (Optical Printer) ist eine weit aufwändigere Konstruktion, die mit sehr hoher mechanischer Präzision arbeitet. Hier wird auf einer optischen Bank eine Kamera montiert, die das Bild eines Projektors aufnimmt. Über die Bildkombination mit Hilfe von Strahlenteilern können auch mehrere Projektoren eingesetzt werden. In den optischen Weg können verschiedene Elemente eingesetzt werden, die das Bild in gewünschtem Sinne beeinflussen.

Im einfachsten Fall sind nur Auf- und Abblenden zum Schwarz zu erzeugen, dabei verschwindet das Bild durch eine logarithmisch gesteuerte Reduktion der Öffnung der Sektorenblende bei der Belichtung. Auf ähnliche Weise lassen sich auch Überblendungen von einer Sequenz zur anderen realisieren: hier wird für die erste Sequenz eine lineare Abblende erzeugt. Der Film wird dann um die Blendendauer zurückgespult und die zweite Szene wird mit einer entsprechenden Aufblende darüber kopiert. Unschärfeblenden können durch eine gezielte Verschiebung der Abbildungsoptik aus oder in den Schärfepunkt erzeugt werden.

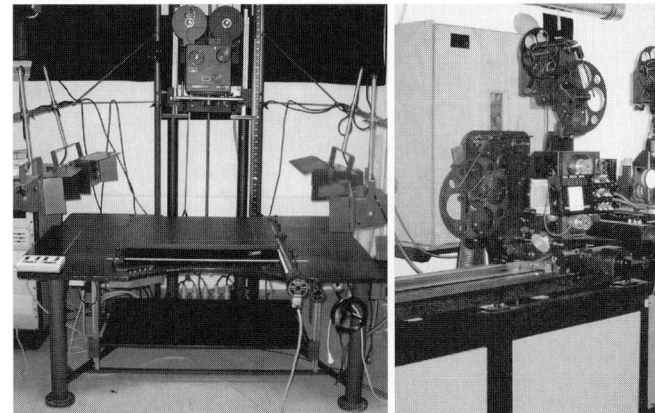

Abb. 5.21. Tricktisch und Trickkopiermaschine

5.5 Filmton

Der Filmton hat eine sehr große Bedeutung, die für die emotionale Wirkung besonders des fiktionalen Films kaum hoch genug eingeschätzt werden kann. Dementsprechend gab es seit dem Ende der Stummfilmzeit – die übrigens oft gar nicht so tonlos war, da wegen der angesprochenen Wirkung häufig Begleittöne z. B. in Form von Livemusik eingesetzt wurden – bereits früh ein großes Interesse am Tonfilm und im Laufe der Zeit viele tontechnische Entwicklungen, die mit dem Kino in Zusammenhang standen.

Allgemein ist festzustellen, dass es gegenüber der Rundfunk- und Fernsehtechnik für die Filmtechnik erforderlich ist, dass die Audioinformation nicht nur einfach übertragen, sondern auch gespeichert wird. Dazu wird sie zunächst durch Mikrofone in elektrische Signale gewandelt, die dann in Änderungen der mechanischen Auslenkung einer Nadel (Nadeltonverfahren), Änderungen der Intensität magnetischer Felder (Magnettonverfahren) oder Änderungen der Lichtintensität (Lichttonverfahren) umgesetzt und jeweils auf ein Medium aufgezeichnet werden, das sich am entsprechenden Aufnahmesystem vorbei bewegt. Heute wird für die Filmtechnik entweder das Magnetton- oder das Lichttonverfahren verwendet – jeweils in analoger und digitaler Form. Beide können auf Film aufgebracht werden und bilden auf demselben Streifen den kombinierten Magnet- oder Lichtton (COMMAG oder COMOPT). Aus Gründen der kostengünstigeren optischen Kopierbarkeit hat sich auf der Wiedergabeseite der Lichtton etabliert. Magnetton hatte hier nur in den 50er Jahren eine relativ große Bedeutung, als mit der Einführung der Breitbildformate auch eine intensivere Wirkung auf der Audioseite erreicht werden sollte. Man verwendete damals bereits Mehrkanalsysteme mit 4 Magnetspuren, die beim Cinemascope-Format beidseitig der beiden Perforationsreihen des 35-mm-Films liegen, und bis zu sechs Magnetspuren beim 70-mm-Film, der deshalb breiter ist als das 65-mm-Aufnahmematerial.

Auf der Aufnahmeseite wird der Ton getrennt verarbeitet, und es kommt das qualitativ hochwertigere Magnettonverfahren (SEPMAG) zum Einsatz – zum Teil noch in analoger Form oder digital. Das magnetische Aufzeichnungsprinzip wird in Kap. 8 erörtert. Obwohl bei Filmaufnahmen immer mehr Digitalgeräte, meist DAT-Recorder zum Einsatz kommen, werden auch immer noch die verbreiteten portablen, analogen Geräte des Typs Nagra verwendete, mit denen in der Regel zwei Tonspuren aufgezeichnet werden können.

Im Bereich der Nachbearbeitung von Filmtönen sind erheblich mehr Spuren erforderlich, weil sich die Filmtonmischung aus den Dialogtönen, Umgebungsgeräuschen, Effekten und Filmmusik zusammensetzt, die zudem heute auch für eine mehrkanalige Wiedergabe abgemischt werden müssen. Da bei der Nachbearbeitung die Synchronität aller dieser Signale eine sehr große Rolle spielt, verwendete man für die analoge Audiopostproduktion im Filmbereich Perfoband (Cordband), d. h. perforierten Film von 16 mm, 17,5 mm oder 35 mm Breite, der mit 2 bis 6 Magnetspuren versehen ist. Aufgrund der Perforation kann hier die Synchronisation mehrerer so genannter Perfoläufer mit dem Filmbild auf einfache Weise mechanisch sichergestellt werden. Auch im Bereich der Nachbearbeitung werden immer mehr Digitalgeräte verwendet. Die

Aufzeichnung erfolgt hier auf wieder beschreibbaren Magneto Optical Discs (MOD) oder Festplatten der Computertechnik. Die Digitaltechnik bietet die Möglichkeit, alle zu mischenden Töne zunächst zu speichern und für einen gleichzeitigen Zugriff bereitzuhalten. Sie stehen dann für den Tonschnitt mit einem Computer basierten Editingsystem, wie z. B. Avid Media Composer, zur Verfügung und können ohne weitere Wandlung der anschließenden Tonmischung mit einem Audiobearbeitungssystem, wie z. B. Pro Tools, übergeben werden. Dabei muss vor allem dafür gesorgt werden, dass alle beteiligten Systeme mit denselben Datenformaten arbeiten können.

5.5.1 Das Lichttonverfahren

Beim Lichttonverfahren wird das elektrische Audiosignal in eine veränderliche Schwärzung des Filmmaterials umgesetzt. Dies kann einfach durch die Variation der Lichtintensität in Abhängigkeit von der Signalspannung geschehen. Diese Art wird als Intensitätsschrift bezeichnet und wurde früher angewandt. Heute kommt stattdessen die Transversal- oder Zackenschrift zum Einsatz, die den Vorteil bietet, dass keine Graustufen auftreten, sondern nur Schwarzweißkontraste, die einfacher zu reproduzieren sind als die Grauwerte der Intensitätsschrift. Bei der Zackenschrift wird in Abhängigkeit von der Signalspannung die vollständig geschwärzte Fläche mehr oder weniger groß, während der Restbereich transparent bleibt (Abb. 5.22).

Für die Aufnahme wird eine Lichttonkamera benutzt, die im einfachen Fall eine Schlitzblende (Spalt) enthält, die mechanisch mehr oder weniger stark abgedeckt wird (Abb. 5.22). Die Blende oder ein Spiegelsystem kann elektromechanisch angetrieben werden. Wenn die Abdeckung mittels eines Dreiecks geschieht, sind dabei nur kleine Auslenkungen erforderlich [137]. Auf diese Weise entsteht die so genannte Doppelzackenschrift (bilateral), bei der die Änderung der Signalamplitude deutlich sichtbar ist. Für zweikanalige bzw. stereophonische Aufzeichnungen werden im Bereich der Monotonspur zwei schmale Audiospuren nach dem gleichen Prinzip untergebracht. Unter den verschiedenen Typen der Transversalschrift, wie Uni-, Bi- und Multilateralschrift, wird der dual bilaterale Typ heute am häufigsten verwendet (Abb. 5.23).

Das Lichttonverfahren bietet den großen Vorteil, dass Bild- und Toninformationen gleichzeitig auf optischem Wege kopiert werden können. Als zweiter

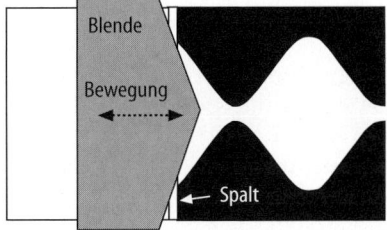
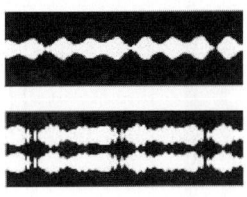

Abb. 5.22. Schlitzblende zur Erzeugung der einfachen und dualen Bilateralschrift

Vorteil ist die Tatsache zu nennen, dass der Lichtton eine höhere Dokumentenechtheit aufweist als der Magnetton, weil Letzterer erheblich einfacher gelöscht werden kann. Der große Nachteil des Lichttonverfahrens ist der schlechte Geräuschspannungsabstand, der unter anderem vom unregelmäßig verteilten Filmkorn hervorgerufen wird. Hinzu kommt die Gefahr des Auftretens des so genannten Donnereffekts, der aber heute beim Kopierprozess weitgehend eliminiert werden kann. Der Donnereffekt resultiert aus nichtlinearen Verzerrungen, die dadurch entstehen, dass bei hohen Frequenzen die Auslenkungsspitzen aufgrund von Lichtdiffusion zu dicht beieinander liegen.

Die Weiterentwicklungen der Lichttonaufzeichnung führten zu einem besseren Störsignalabstand. Dies gelingt durch die Nutzung eines Laserstrahls, der aufgrund seiner hohen Intensität die Verwendung von feinkörnigem Lichttonnegativmaterial erlaubt. Bei einer solchen Laser-Lichttonkamera wird der scharf gebündelte Strahl sägezahnförmig trägheitslos über eine akusto-optische Ablenkeinheit mit einer Frequenz von 96 kHz ausgelenkt, wobei die Amplitude vom Audiosignal abhängt. Auf diese Weise entsteht die gewohnte Transversalschrift. Die Geräte werden heute oft so gebaut, dass das Lichttonnegativ zusätzlich zu der Stereospur über ein Leuchtdioden-Array belichtet wird, um Audiosignale aufzuzeichnen, die nach dem im nächsten Abschnitt beschriebenen Dolby-Digital-Verfahren codiert sind.

Die analoge Lichttonspur befindet sich zwischen den Filmbildern und der Perforation (Abb. 5.23) [50]. Für die Wiedergabe wird sie mit konstanter Intensität über einen Spalt durchstrahlt. Die durch die Filmschwärzung veränderte Lichtintensität wird durch eine Fotozelle registriert, die eine entsprechende Spannung abgibt, die wiederum einer Audio-Verstärkeranlage zugeführt werden kann. Bei Stereospuren wird eine Doppeloptik mit zwei Fotozellen verwendet. Falls eine Stereospur von einem alten Monoabtastgerät erfasst wird, entsteht das Monosignal direkt durch die Summenbildung bei der Abtastung.

Ein Problem bei der Wiedergabe ist der gleichmäßige Lauf der Tonspur und der intermittierende Antrieb für den Bildtransport. Bild- und Tonoptik sind daher räumlich getrennt und werden über eine Filmschleifenbildung und träge Schwungmassen mechanisch entkoppelt. Die Lichttonabtastung erfolgt in einem genormten Abstand von 21 Bildern hinter dem Bildfenster, es existiert daher ein entsprechender Bild/Tonversatz, der bereits beim Kopiervorgang von Bild und Ton auf das gemeinsame Positiv berücksichtigt wird.

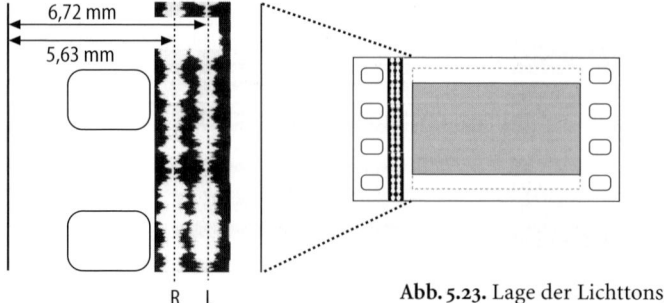

Abb. 5.23. Lage der Lichttonspuren auf dem Positiv

5.5.2 Mehrkanaltonverfahren

Mehrkanalsysteme dienen bei der Wiedergabe der besseren Einbeziehung der Zuschauer in das Kinoerlebnis. Die emotionale Wirkung wird einerseits durch die Wiedergabe mit hoher Qualität, d. h. in großer Lautstärke, mit hoher Dynamik und ausgedehntem Frequenzbereich sowie hohem Tiefbassanteil erreicht. Andererseits durch die Möglichkeit der Schallquellenortung und die Einbeziehung der Hörer in ein Umgebungsgeräuschfeld, das sie wie in der Natur auch von der Seite und von hinten erreicht.

Die menschliche Hörwahrnehmung hat eine Lokalisationsfähigkeit, die in der Ebene in Sichtrichtung am ausgeprägtesten ist. Die Richtungswahrnehmung beruht darauf, dass das Gehirn einerseits Pegel- und andererseits Laufzeitdifferenzen auswertet, die zwischen den beiden Ohren entstehen. Für die technische Umsetzung ist dabei interessant, dass das Gehör sich täuschen lässt und eine Schallquelle auch dort ortet, wo sich keine Quelle befindet. Die Wahrnehmung derartiger Phantomschallquellen wird bei der Stereophonie ausgenutzt. Dabei wird ein Hörer, der im etwa gleichschenkligen Dreieck vor zwei gleichen Lautsprechern platziert wird, die Veränderung der horizontalen Lage einer Schallquelle wahrnehmen, wenn beide Lautsprecher dasselbe Signal mit unterschiedlichem Schallpegel abstrahlen.

Dieses einfache System ist für die Kinotonwiedergabe nicht geeignet, da das Gefühl, dass die Schallquelle bei gleichem Pegel in der Mitte liegt, nur an Orten erreicht wird, die mittig zwischen den Lautsprechern liegen. Im Kino ist das Auditorium aber über eine große Fläche verteilt. Damit auch an ungünstigen Sitzplätzen eine ausreichende Mittenortung – die ja gerade für die Filmdialoge von sehr großer Bedeutung ist – erreicht werden kann, wird das Stereosystem für den Kinoeinsatz durch einen Centerkanal erweitert, über den das Mittensignal mit Hilfe eines zentral hinter der perforierten Bildleinwand positionierten Lautsprechers abgestrahlt wird. Die Leinwand ist für diesen Zweck mit feinen Löchern versehen, durch die der Schall hindurchtreten kann.

Für die weitere Einbeziehung der Hörer in das Schallfeld wurde bereits früh mit Lautsprechern experimentiert, die sich hinter und seitlich von den Hörern befinden. Hierdurch soll meist keine direkte Ortung der Quellen, sondern nur eine Wiedergabe von Effektklängen oder eine Einhüllung durch Geräusche, die Ambience, erreicht werden. Signale mit einer solchen Funktion werden heute als Surroundsignale bezeichnet. Erste derartige Mehrkanalsysteme erlangten in den 50er Jahren Bedeutung, als durch die Einführung der Breitbildformate und der verbesserten Tonwiedergabe in den Kinos der Konkurrenz durch das Fernsehen Paroli geboten werden sollte. Das damals eingeführte Cinemascopesystem nutzte vier Kanäle, d. h. Left, Center, Right (L, C, R) und einen Effektkanal. Die größten Systeme, wie Cinerama, arbeiteten damals mit einem separaten 35-mm-Magnetband. Die Bildbreite war so groß, dass wegen der genannten Ortungsprobleme zwischen dem Center und den Seitenkanälen noch jeweils ein halblinker und halbrechter (HL, HR) Lautsprecher platziert wurde. Signale von einer sechsten und siebten Spur wurden von der rechten und linken Seitenwand abgestrahlt. In den 60er und 70er Jahren wurde dieser Aufwand nicht mehr betrieben und man kehrte vielfach zum Monoton zurück.

5.5.2.1 Dolby Stereo

Diese Situation änderte sich nachhaltig erst mit der Einführung des Dolby-Stereosystems in der Mitte der 70er Jahre. Der Erfolg des Konzepts der Dolby Laboratories beruht auf dem wegen der einfachen Kopierbarkeit ökonomischen Lichttonverfahren, mit dem ein hochwertiger Kinoton produziert wird. Dabei wurde erstens das Störabstandsproblem durch eine Kompandertechnik erheblich gemindert (Dolby Noise Reduction, Dolby NR). Ein zweiter Punkt für den Erfolg des Dolby-Systems ist die konsequente Abwärtskompatibilität, die sich über die gesamte Systemfamilie vom Mono- bis zum Mehrkanal-Digitalton hinzieht [50].

Die maximale Systemdynamik, d. h. das geräteabhängige Verhältnis von leisestem zu lautestem Signal, wird vom Signal-Rauschabstand bestimmt, der beim Lichttonverfahren sehr gering ist. Der Signal-Rauschabstand kann verbessert werden, indem beim Audiosignal bei der Aufnahme eine frequenzbereichs- und pegelabhängige Signalanhebung vorgenommen und bei der Wiedergabe entsprechend rückgängig gemacht wird. Das Signal wird dazu aufnahmeseitig komprimiert (verringerte Dynamik) und wiedergabeseitig entsprechend expandiert (Abb. 5.24), wobei auch das Rauschen abgesenkt wird. Die Bezeichnung Kompander resultiert aus der Kombination von Kompression und entsprechender Expansion. Die zugehörigen Kennlinien müssen dabei standardisiert sein. Zunächst wurde das Dolby A-Verfahren entwickelt, das mit verschiedenen Dynamikeinschränkungen für unterschiedliche Frequenzbänder arbeitet und dementsprechend eine aufwändige Kalibrierung erfordert. Es folgten die vereinfachten Verfahren Dolby B und C, die aber nicht für den Filmton, sondern vor allem bei Heimcassettenrecordern verwendet werden. Für die professionelle analoge Audioaufzeichnung entstand dann das Dolby SR-System (Spectral Recording), das sowohl beim Einsatz in analogen Tonstudios als auch im Kino eine hervorragende Qualität bietet.

Die Dolby-Rauschunterdrückung wurde für die Verwendung im Kino so geschickt mit einer mehrkanaligen Wiedergabe verbunden, dass bezüglich der Aufzeichnungsmedien nur zwei Kanäle zur Verfügung stehen müssen. Das analoge Verfahren nach diesem Prinzip wird mit Dolby Stereo bezeichnet. Es arbeitet mit zwei Lichttonspuren, die bei gemeinsamer Abtastung durch ein monophon arbeitendes Wiedergabegerät problemlos ein Monosignal ergeben.

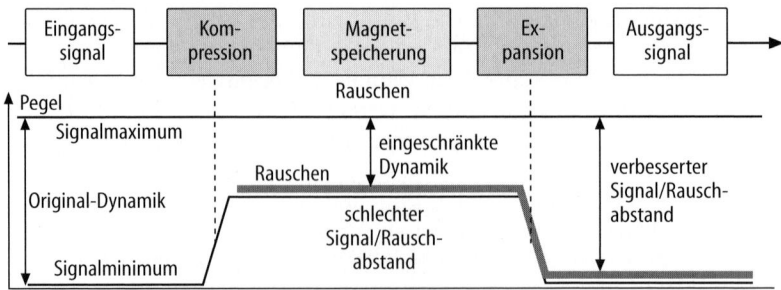

Abb. 5.24. Funktionsprinzip der Rauschunterdrückung

Dolby Stereo beschreibt aber keine gewöhnliche Stereophonie, sondern eine Matrixcodierung (Motion Picture Matrix), mit der in den beiden Audiospuren zusätzlich zu den Informationen für Links und Rechts (L und R) die Informationen für das Center- und das Surroundsignal verschlüsselt übertragen werden. Die vier Kanäle sind so gewählt, dass die Tonwiedergabesysteme aus den Zeiten der Cinemascope-Filme genutzt werden konnten.

Abbildung 5.25 zeigt die Dolby Stereo-Codierung. Die Informationen für die Lautsprecher links und rechts vorn werden unverändert auf die beiden Transportkanäle L_t und R_t gegeben, während das Centersignal zunächst um 3 dB abgesenkt wird und dann den Kanälen L_t und R_t in gleichem Maße zugesetzt wird. Das Surroundsignal wird ähnlich behandelt, allerdings wird es mit einer Phasenverschiebung von + 90° dem linken und von – 90° dem rechten Kanal zugemischt. Auf diese Weise bleibt auch das vierkanalige Signal monokompatibel, denn bei einer Summierung heben sich die phasenverschobenen Anteile auf. Im Dolby Stereo Decoder werden die Links- und Rechtsanteile wieder direkt den entsprechenden Wiedergabekanälen zugeordnet und der Centerkanal wird aus der Summenbildung C = L + R gewonnen. Das Surroundsignal ergibt sich aus der Differenz L – R. Damit die diesem Kanal zugehörigen Atmosphärengeräusche nicht direkt geortet werden können, wird das Surroundsignal durch ein Tiefpassfilter auf 7 kHz bandbegrenzt [50].

Die Variante von Dolby Stereo für den Heimbereich wird Dolby Surround genannt, hier ist eine Kombination mit dem Rauschunterdrückungsverfahren nach Typ B enthalten. Dolby Surround kann mit einem Surround Pro Logic Decoder betrieben werden, der das wesentliche Problem von Dolby Stereo, nämlich die schlechte Kanaltrennung, verringert. Der Decoder mindert vor allem das störende Übersprechen in den Surroundkanal und verbessert damit die Richtungswahrnehmung. Zunächst wird dazu das Surroundsignal gegenüber dem Hauptsignal um 20 ms verzögert, da nach dem Gesetz der ersten Wellenfront die Lokalisation vom zuerst eintreffenden Schallereignis bestimmt wird, das dann vorne liegt. Zusätzlich wird eine Schaltung eingesetzt, die die Aufgabe hat, das codierte Signal ständig auf eine dominante Schallquellenrichtung hin zu untersuchen. Mit Hilfe steuerbarer Verstärker werden entsprechend den Ergebnissen die Intensitäten der Kanäle so geregelt, dass eine Verstärkung der festgestellten Dominanz auftritt.

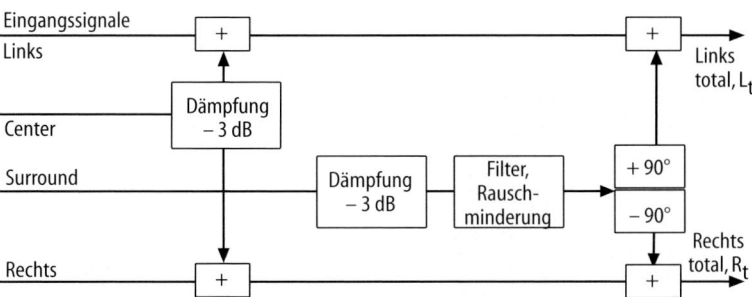

Abb. 5.25. Dolby Stereo-Codierung

5.5.2.2 Dolby Digital

Beim Übergang zur digitalen Tonaufzeichnung wurde bei Dolby festgelegt, dass weiterhin ein optisch kopierbares Aufzeichnungsverfahren verwendet werden sollte, das die Kompatibilität zum analogen System gewährleistet. Letzteres gelingt durch die Vorschrift, dass neben den neuen Digitalsignalen auf allen Filmkopien immer auch die bekannten zwei analogen Lichttonspuren verfügbar sein müssen.

Für die Speicherung der Dolby Digital-Daten werden die Flächen zwischen den Perforationslöchern belegt (Abb. 5.26). Sie reicht aus, um mit Laserdioden die robuste Aufzeichnung einer Matrix aus 76 x 76 Punkten zu gewährleisten, mit denen 5776 Bit dargestellt werden können. Da ein 35-mm-Film mit 24 Bildern pro Sekunde läuft, die jeweils mit vier Perforationslöchern versehen sind, folgt daraus eine aufzeichenbare Bitrate von 554,5 kbit/s. Davon werden im Kino 320 kbit/s genutzt. Diese Datenrate wird für fünf Audiokanäle und einen sechsten, auf 120 Hz bandbegrenzten Subbasskanal zur Verfügung gestellt.

Bereits die Datenrate eines einzigen Kanals überschreitet die oben genannte Bitrate, so dass die Gesamtinformation nur mit Hilfe eines Datenreduktionsverfahrens aufgezeichnet werden kann. Das bei Dolby verwendete Verfahren heißt AC3 und arbeitet nach den in Kap. 3.8.2 beschriebenen Prinzipien. Die Datenreduktion ist so leistungsfähig, dass es möglich wurde, über die 4 Kanäle bei Dolby Stereo hinauszugehen und auch die Surroundbeschallung stereophonisch auszulegen. Bei Dolby Digital wird damit im Kino die so genannte 5.1-Wiedergabe realisiert, die auch bei anderen Systemen zu finden ist. Die fünf Kanäle stehen für die bekannten Frontsignale Left, Center und Right sowie für die zwei Surroundsignale Left und Right Surround (L_s und R_s) zur Verfügung. Die abgetrennte 1 bezeichnet den optional einsetzbaren Tiefbasskanal (Subwoofer, SW). Dieser ist für die normale Wiedergabe nicht erforderlich, kann aber zur Verstärkung akustischer Effekte im Tieftonbereich verwendet werden.

Die neueste Variante der Dolby-Familie wird mit Dolby Digital Surround EX bezeichnet. Es handelt sich dabei um eine zu Dolby Digital kompatible Erweiterung mit einem dritten Surroundkanal für die direkte Beschallung von hinten (Back Surround, B_s). Damit entsteht also ein 6.1-Format (Abb. 5.27). Um die Kompatibilität zum 5.1-System zu gewährleisten, wird der Zusatzkanal matrixcodiert in den beiden Surround-Kanälen übertragen.

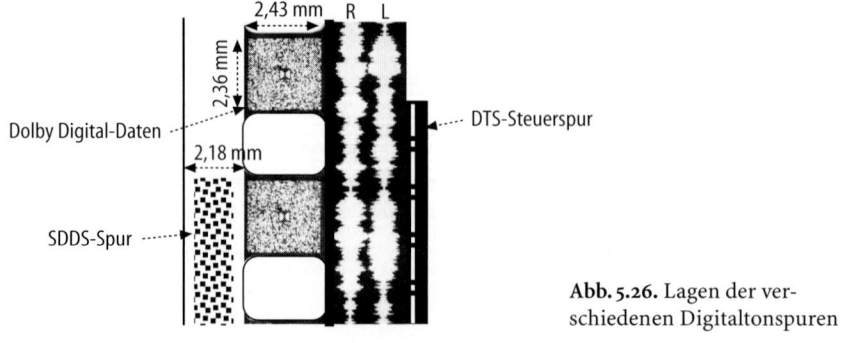

Abb. 5.26. Lagen der verschiedenen Digitaltonspuren

5.5.2.3 DTS und SDDS

Als Alternative zum Mehrkanalsystem von Dolby gibt es das Digital Theater System DTS, das mit einem Tonträgermaterial arbeitet, das vom Filmmedium getrennt ist. Bei DTS werden sechs Audiokanäle mit Hilfe eines Datenreduktionsverfahrens auf einer Doppel-CD-ROM gespeichert. Aufgrund der vergleichsweise hohen Speicherkapazität kann der Datenreduktionsfaktor dabei geringer sein als bei Dolby Digital. Auf dem Filmmaterial ist nur eine schmale, optisch lesbare Steuerspur für die Bild/Tonsynchronisation erforderlich, die zwischen der analogen Lichttonspur und dem Bildfeld Platz findet, so dass sie parallel zu einer Dolby Digital-Tonspur zur Verfügung steht (Abb. 5.26).

Als weitere Alternative ist das System Sony Dynamic Digital Sound (SDDS) mit der Datenreduktion ATRAC zu nennen. Hier stehen als 7.1-System acht Audiokanäle zur Verfügung, die auch die halbrechten und halblinken Frontlautsprecher versorgen können. Für diese Digitalinformation wird der Platz an den Filmrändern an beiden Seiten außerhalb der Perforation genutzt (Abb. 5.26).

Unter den vielen Begriffen für Mehrkanalsysteme taucht auch immer wieder die Abkürzung THX auf. Diese bezeichnet keine eigene Tonaufzeichnungsform, sondern die genaue Definition elektroakustischer Parameter einschließlich der Abhörbedingungen. Diese sind oft viel kritischer für die Qualität der Darbietung als die Toncodierungsarten, da verschiedene Räume die abgestrahlten Schallwellen in unterschiedlicher Form frequenzabhängig bedämpfen und reflektieren. Starke Reflexion steigern die Halligkeit des Raumes, die durch die so genannte Nachhallzeit angegeben wird, d. h. durch den Zeitraum in dem der Schallpegel nach Abschalten der Quelle um 60 dB gesunken ist. Mit steigender Nachhallzeit sinkt die Sprachverständlichkeit. Daher schreibt das THX-System vor, dass die Nachhallzeit im Kino nicht mehr als 0,2 s betragen darf. Neben den raumakustischen Bedingungen sind bei THX andere elektroakustischen Parameter festgelegt, z. B. der Frequenzgang der Frontlautsprecher, die im Kino ein besonderes Problem darstellen, da sie hinter der perforierten Bildwand angebracht sind, die insbesondere die höheren Frequenzen dämpft.

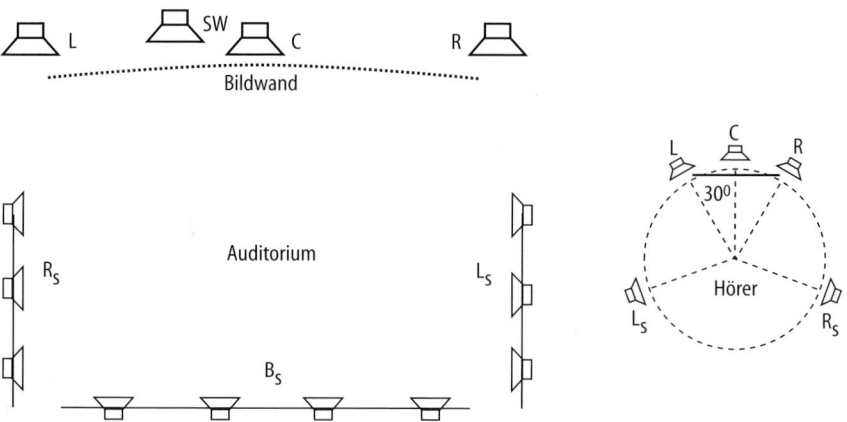

Abb. 5.27. Lautsprecheranordnungen für Dolby Digital im Kino und im Heimbereich

5.6   Der digitale Film

Filmbilder in Datenform werden vor allem im Bereich der Postproduktion gebraucht, für Bildmanipulationen, die mit konventionellen Mitteln des Kopierwerks nicht herstellbar sind. Mit sinkenden Kosten für die digitalen Postproduktionsmittel werden aufwändige Tricks bei immer mehr Filmen realisiert. Der Transfer des Filmbildes in die digitale Ebene erfolgt dabei mit Filmabtastern, der Rücktransfer der digitalen Daten mit Hilfe von Filmbelichtern. Um das ausbelichtete Material möglichst unauffällig wieder in den Film integrieren zu können, müssen die drei Schritte Abtastung, Bearbeitung und Belichtung mit hoher Auflösung und in optimaler Abstimmung aufeinander erfolgen.

Zu Beginn der Entwicklung entstanden geschlossene Systeme, die alle drei Bearbeitungsschritte integrierten, so dass die Daten bis zur Belichtung nicht ausgegeben werden mussten. Die bekanntesten Beispiele sind das Cineon-System von Kodak und Domino von Quantel, die nicht mehr vertrieben werden. Heute wird eher arbeitsteilig gearbeitet, d. h. Abtastung, Bearbeitung und Belichtung werden an separaten, für die jeweilige Aufgabe optimierten Systemen von Spezialisten vorgenommen. Trotz des raschen Fortschritts der Digitaltechnik ist dabei der Datenaustausch ein immer noch vorliegendes Problem, denn während früher oft nur kurze Sequenzen digital bearbeitet wurden, sind es heute oft ganze Spielfilme, die manchmal nicht nur wegen der visual effects, sondern auch z. B. zur Erzeugung einer besonderen Bildanmutung in die digitale Ebene transformiert werden. Das Gesamtkonzept zum digitalen Film wird auch als Digital Lab bezeichnet.

Alternativ zum Weg über das Filmnegativ können Bilder für den Kinobereich heute auch direkt elektronisch mit HD-Kameras aufgenommen werden, oder es werden am Computer generierte Bilder in den Film eingefügt. Dabei spielen vermehrt nicht nur die ausgefeilten Trickmöglichkeiten eine Rolle, sondern auch ökonomische Erwägungen. Dies gilt auch hinsichtlich der mit `Digital Cinema` bezeichneten Vision die vorsieht, dass die Digitalbilder gar nicht mehr auf Film belichtet werden, sondern digital ins Kino gelangen und dort mittels elektronische Projektoren gezeigt werden. Ein Problem der rein digitalen Kette ist allerdings, dass sie nicht die Formatunabhängigkeit, Langzeitstabilität und internationale Austauschbarkeit gewährleistet, die bei Filmmaterial seit langem gegeben ist, so dass damit zu rechnen ist, dass der Film kurz- und mittelfristig seine Bedeutung behalten wird.

Die wesentlichen Beurteilungskriterien für die Qualität mit denen Filmbilder digital dargestellt werden können sind das Auflösungsvermögen, der Kontrastumfang, und die Umsetzung von Grauwerten und Farben. Die Filmparameter werden bezüglich Negativfilmen betrachtet, da dieses Material abgetastet und auch bei der Ausbelichtung verwendet wird. Konkrete Beispiele beziehen sich hier auf die weit verbreiteten Kodak-Filme Eastman EXR 100T (5248), Kodak Vision 200T (5274) und Kodak Vision 500T (5279) mit den Empfindlichkeiten 100, 200 und 500 ASA. Für die Belichtung der Digitaldaten auf Film wird vorwiegend besonders feinkörniges und damit unempfindliches Material der Typen Eastman EXR 50D (5245) und Intermediate-Material des Typs 5244 benutzt.

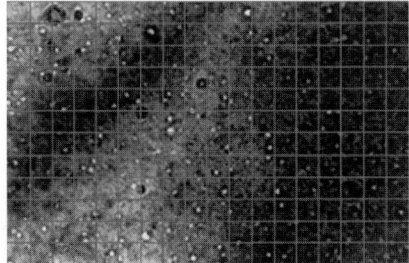

Kodak 5248 (100 ASA) aufgerastert

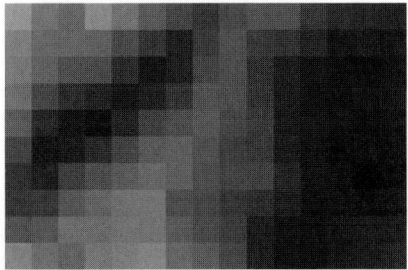

Kodak 5248 mit simulierter 2k-Auflösung

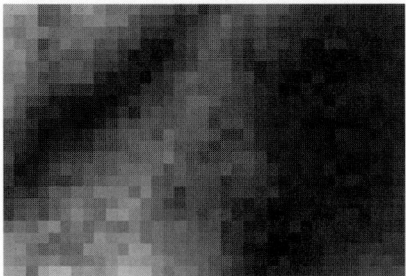

Kodak 5248 mit simulierter 4k-Auflösung

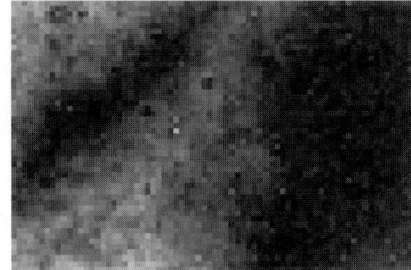

Kodak 5248 mit simulierter 8k-Auflösung

Abb. 5.28. Simulation der Abtastung von Filmmaterial mit verschiedenen Auflösungen [85]

5.6.1 Die Bildauflösung

Bezüglich der Bildauflösung sollen einerseits im Digitalbereich so viele Bildpunkte zur Verfügung stehen, dass damit die Filmauflösung, gemessen in Linienpaaren pro Millimeter (lp/mm) oder als MTF, erreicht wird. Zweitens ist zu bedenken, dass der so genannte Filmlook stark vom Filmkorn geprägt ist, das die besondere Eigenschaft der statistischen Verteilung aufweist (s. Abschn 5.3.5). Beim Farbfilm treten an die Stelle des Filmkorns die Farbstoffwolken, die mit sinkender Filmempfindlichkeit kleiner werden. Die Größen betragen bei 500- ASA-Material 8 µm, bei 200 ASA 5 µm und bei 100 ASA 3 µm. Um die Größenordnung der Farbstoffwolken zu erreichen, müssen bei einem Übergang zwischen Film und Digitaldaten die abgetasteten bzw. aufbelichteten Bildpunkte also in der Größenordnung von 5 µm liegen, d. h. dass ein 35 mm Film mit full apertur von 24,9 mm x 18,7 mm durch 4980 x 3752 Bildpunkte repräsentiert werden muss. Bei 3 µm-Farbstoffwolken wären mehr als 8000 Bildpunkte horizontal erforderlich. Bei dieser Betrachtung ist zu bedenken, dass die Zerlegung des Bildes nach einem regelmäßigen Schema mit der Entstehung von Alias-Strukturen verbunden sein kann, die nur unter Beachtung des Abtasttheorems ausgeschlossen werden können. Nach dem Abtasttheorem müssen die Abtaststrukturen doppelt so fein sein wie die feinsten aufzulösenden Bildelemente. Abbildung 5.28 zeigt in den Simulationen einer 2k-, 4k- und 8k-Abtastung, die auf das vergrößerte Bild des 100 ASA-Materials angewandt wurden, dass die Farbstoffwolken nur bei 8k sichtbar sind und bei 4k-Auflösung verschwinden [85].

Ohne Berücksichtigung der Farbstoffwolken kann die erforderliche Bildpunktanzahl in der digitalen Ebene auch nur mit Hilfe der Modulationstransferfunktion ermittelt werden. Nimmt man wieder den Kodak 5248-Film als Beispiel, so zeigt das Datenblatt (Abb. 5.16), dass die maximalen MTF-Werte bei Blau erreicht werden. Bei 50% MTF kann hier ein Auflösungswert von 120 lp/mm abgelesen werden. Um diese zu erreichen, sind unter Berücksichtigung eines Faktors zwei für das Abtasttheorem 2 x 24,9 mm x 120 lp/mm x 2/paar = 11 950 Pixel, d. h. eine 12k-Abtastung erforderlich. Bei Orientierung an der MTF für Grün mit 80 lp/mm genügt eine 8k-Abtastung, der gleiche Wert gilt für 500-ASA-Material Kodak 5279 bei Blau. Die Feinheit der Bildauflösung hängt aber nicht nur vom Filmmaterial, sondern von dem gesamten technischen System, insbesondere von der Kamera ab. Hier tritt vor allem die Modulationstransferfunktion der Objektivs hervor, die auch bei Verwendung von Prime Lenses mit $MTF_{ges}= MTF_{Film} \cdot MTF_{Kamera}$ einen Einfluss hat, der die Gesamtauflösung auf ca. 30 lp/mm bei $MTF_{ges} = 50\%$ senkt.

Falls der Abtastprozess, der ja selbst multiplikativ in die Gesamt-MTF eingeht, das Ergebnis nicht weiter verschlechtern soll, ist aus diesen Betrachtungen zu folgern, dass die Abtastung oder Belichtung mit mindestens 4k, d. h. 4096 Bildpunkten in der Bildhorizontalen, erfolgen sollte. Bei 4k-Auflösung ergibt sich für ein 35 mm-Filmbild der maximalen Größe (full apertur, 24,9 mm x 18,76 mm) eine Anzahl von 3112 Bildpunkten vertikal. Nach dem Rücktransfer der Digitaldaten auf Film sind schließlich weitere Auflösungsverluste durch den Kopierprozess und die Projektion zu erwarten, die nach Einschätzung der Fa. Cintel mit einer Auflösungsäquivalenz von 2k für die Kopie bzw. 1,5k für die Projektion gleichgesetzt werden können.

5.6.2 Die Grauwertauflösung

Bei Negativmaterialien, die für die Aufnahme in der Kamera und zur Belichtung verwendet werden, tritt ein maximaler Dichteunterschied $\Delta D = 1{,}7$ auf. Um allen Eventualitäten gerecht zu werden, wird für die Betrachtung des digitalen Negativs oft eine Minimaldichte D_{min} von 0,2 und ein $\Delta D = 2$ festgelegt (Kodak). Die Digitalisierung, d. h. die Zuordnung von Abtastwerten zu einer begrenzten Anzahl von Grauwertklassen, erzeugt einen Quantisierungsfehler, für den das menschliche Auge besonders im dunkleren Graubereich empfindlich ist, da es dort ein höheres Wahrnehmungsvermögen hat als im hellen. Damit bei der Projektion des Positivs auch im Bereich des hohen Vermögens der Quantisierungsfehler unsichtbar bleibt, ist eine Auflösung eines jeden Abtastwertes in ca. 1000 Stufen bzw. eine Darstellung von 10 Bit erforderlich. Bei Umsetzung eines Dichteumfangs von $\Delta D = 2$ ergibt sich aus 10 Bit eine Dichteabstufung von ca. 0,002 D pro Codewort. Man spricht in diesem Fall von 10 Bit logarithmischer Daten, da die Zahlen den logarithmisch gebildeten Dichteunterschieden des Negativfilms zugeordnet werden. Für das Kodak-Cineon-Format wurde die in Abbildung 5.29 dargestellte Zahlzuordnung vorgenommen, bei der ein 2 %-Schwarzwert der Zahl 180, der mittlere 18 %-Grauwert der Zahl 470 und ein 90 %-Weiß der Zahl 685 zugeordnet ist.

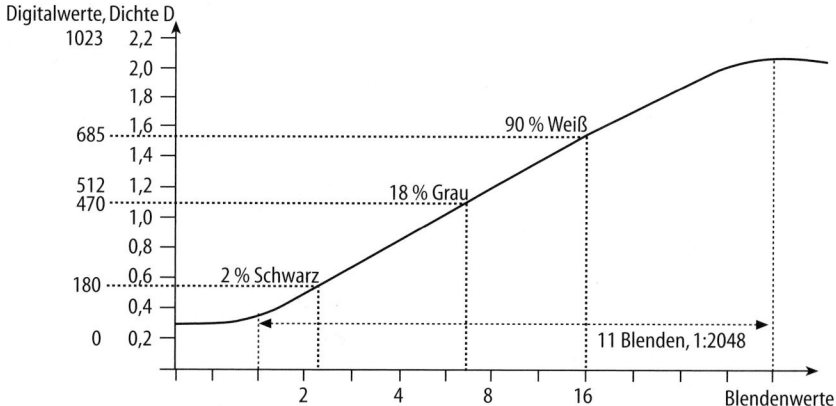

Abb. 5.29. Erfassung des Dichtebereichs beim Filmnegativ und Zuordnung zu Digitaldaten

Für den unteren Graubereich stehen wesentlich mehr Zahlen zur verfügung als im hellen, weil die Zuordnung anhand der flachen Kennlinie des Negativmaterials geschieht, die eine Steigung von ca. $\gamma = 0{,}6$ aufweist. Die Bezeichnung lineare Daten bezieht sich dagegen auf $\gamma = 1$, d.h. den gleichmäßigen Anstieg der Transparenz oder eines elektronischen Signals mit der Belichtung, so wie es bei einem elektronischen Bildwandler der Fall ist. 10-Bit-log-Daten stellen den Kontrastumfang also quasi komprimiert dar.

Zur Umrechnung zwischen log- und lin-Daten kann man von der oben genannten Dichtedifferenz $\Delta D = 2$ ausgehen und annehmen, dass sie aus der Belichtung eines Negativs mit $\gamma = 0{,}6$ herrührt (Abb. 5.29). Aus $\Delta D/\gamma = 3{,}33$ folgt dann ein Kontrastumfang von $10^{3,33} = 2154{:}1$, der mit $2^{11} = 2048$ wiederum etwa 11 Blendenstufen entspricht, während zu der Dichtedifferenz $\Delta D = 2$ ein Transparenzumfang von 100:1 gehört. Zur Bildung eines linearen Zusammenhangs zwischen Belichtung und Transparenz muss der Transparenzumfang danach um den Faktor 21,54 größer sein. Um diesem Faktor bei linearer Darstellung gerecht zu werden, müssen also 4 bis 5 Bit mehr verwendet werden. Da der Dichteunterschied der Rechengrundlage eher zu groß ist, reichen 14 Bit linear aus, um den Grauwertbereich der 10-Bit-log-Daten darzustellen.

Der Unterschied zwischen derartig gebildeten log- und lin-Daten ist sehr bedeutend im Hinblick auf die Weiterverwertung des Digitalsignals. Wenn es im Endeffekt auf ein elektronisches Display, wie die Kathodenstrahlröhre gelangen soll, so ist die lineare Darstellung zu bevorzugen. Dann muss dieses Signal nur noch mit dem spezifischen Video-Gamma beaufschlagt werden, das lediglich zum Ausgleich der Nichtlinearität der Bildröhre erforderlich ist. Wenn dagegen das Digitalsignal wieder auf einen Film ausgegeben werden soll, so ist die Beibehaltung der log-Werte günstiger.

Eine Schwierigkeit bei der Beibehaltung der log-Daten stellt ihre Beeinflussung dar, wie sie z. B. für die Farbkorrektur unumgänglich ist. Für diesen Vorgang ist eine visuelle Kontrolle erforderlich, die mit Hilfe von Kathodenstrahlmonitoren oder Projektoren erfolgt, die ihrerseits ihr spezielles Kontrastverhalten aufweisen. Das Displaysystem sollte daher so gestaltet sein, dass unter

Berücksichtigung der immanenten Nichtlinearität der verwendeten Bildröhre oder eines anderen Displays eine Einstellung gewählt werden kann, die weitgehend der Gamma-Kurve der Filmprojektion entspricht. Eine ähnliche Schwierigkeit besteht, wenn Programme zur Bildmanipulation benutzt werden. In den meisten Fällen beruhen die Software-Routinen auf der Annahme einer linearen Helligkeitsverteilung, d. h. einer Verdopplung des Codewortwertes bei Helligkeitsverdopplung. Um Fehlberechnungen zu vermeiden muss das Film-Gamma rechnerisch ausgeglichen werden, dabei können auch die leicht unterschiedlichen Gamma-Werte der einzelnen Farbschichten berücksichtigt werden. Insgesamt stellt die Anpassung aller Bestandteile einen aufwändigen Kalibrationsprozess dar, der individuell für das jeweils verwendete Displaysystem und für das eingesetzte Filmmaterial durchgeführt werden muss.

Bei der hier vorgestellten Digitalisierung des Filmnegativs entsteht bei 10-Bit-log-Daten und 4k-RGB-Auflösung ein Datenumfang von 3 x 4096 x 3112 x 10 Bit = 45,6 MB pro Bild. Bei 2k-Auflösung sind es noch 11,4 MB, die sich bei linearer Darstellung mit 14 Bit auf ca. 16 MB erhöhen. Bei 2k-Auflösung mit 14 Bit ist pro Minute eine Speicherkapazität von 23 GB erforderlich. Wenn die diese reinen Bilddaten in Files verpackt werden, steigt der Datenumfang noch.

Um die Datenmenge zu reduzieren, kann die Theorie für ein digitales Positiv verwendet werden. Dabei wird von einem erheblich geringeren Dichteumfang ausgegangen, mit dem Argument, dass auch bei der Erstellung einer Positivkopie im Kopierwerk die Anpassung an die steile Kennlinie des Printfilms dazu führt, dass nur ein Ausschnitt aus der Negativkennlinie genutzt wird. In diesem Fall ist es bei der Quantisierung möglich, mit 8 Bit in linearer Darstellung auszukommen [99]. Die praktische Durchführung erfordert allerdings sowohl bei der Filmabtastung als auch bei der Ausbelichtung eine sehr exakte Anpassung an den gewünschten Dichtebereich und damit einen erheblichen Aufwand. Um sich für den weiteren Verarbeitungsprozess auch bei den Digitaldaten möglichst den Belichtungsspielraum zu erhalten, der beim Negativmaterial gegeben ist, sollte die oben angewandte Theorie des digitalen Negativs zugrunde gelegt werden und nicht die des Positivs.

5.6.3 Die Farbqualität

Das digitale Filmbild kann als Gemisch von RGB-Farbauszügen gewonnen werden. Bei der Filmabtastung wird das Negativ mit weißem Licht durchstrahlt und die Farbauszüge werden über RGB-Farbfilter gewonnen. Die Filter müssen möglichst steilflankig arbeiten, damit geringe spektrale Überlappungen auftreten. Auch bei der Umsetzung der elektronischen Signale durch Filmbelichtung müssen die RGB-Auszüge separat aufgenommen werden. Idealerweise verwendet man dazu drei Laser, die jeweils monochromatisches Licht für die drei Grundfarben (z. B. mit 633 nm, 543 und 458 nm Wellenlänge) erzeugen. Die Alternative ist auch hier die Verwendung von weißem Licht und Filtern, wie es z. B. bei den CRT-Recordern geschieht. Die Filterkurven sollten möglichst gut auf die spektralen Eigenschaften des aufnehmenden Filmmaterials abgestimmt sein und mit den Filterkurven der Abtastung übereinstimmen.

5.7 Filmabtaster

Filmabtaster dienen der Umsetzung des Filmbildes in elektronische Signale bzw. digitale Daten. Dazu wird der Film durchleuchtet und das Licht gelangt auf einen Bildwandler. Der Filmtransport lässt sich hinsichtlich intermittierenden und kontinuierlichen Laufs unterscheiden. Eine zweite Klassifikation ist möglich nach der ausgegebenen Signalqualität, also hinsichtlich der Unterscheidung in SDTV, HDTV oder Filmauflösung mit 2k oder 4k.

Für den Fernsehbereich erfolgte die Umsetzung natürlich in Standardauflösung, mit Geräten, die Telecine genannt werden. Diese sind seit langer Zeit ein wichtiger Bildgeber, denn vor der Verfügbarkeit elektronischer Magnetbandaufzeichnungsverfahren war der Film das einzige Speichersystem für den Fernsehbereich, so dass die Umsetzung von Film in Videosignale eine große Rolle spielte. Da das Fernsehsystem die Bildfrequenz bestimmt, erfolgen die Filmproduktionen für den Fernsehbereich, meist auf 16 mm-Film, mit einer Filmgeschwindigkeit von 25 fps, so dass eine problemlose Umsetzung in 50 Halbbilder möglich wird.

Damals wie heute werden jedoch auch Kinofilme im Fernsehen gezeigt, die für eine Wiedergabe mit 24 fps konzipiert sind. Es muss also die Möglichkeit einer Anpassung zwischen der Filmgeschwindigkeit mit 24 Frames per Second (fps) und dem Videosignal mit 25 fps in Europa bzw. 30 fps in Amerika gegeben sein. In Europa ist die Anpassung unaufwändig: Der Film läuft bei der Abtastung einfach schneller, als er im Kino wiedergegeben wird. Die Abweichung von ca. 4,1 %, die für das Audiosignal mit einer Steigerung der Tonhöhe einhergeht, wird meist nur bei direktem Vergleich zwischen 24-fps- und 25-fps-Wiedergabe wahrgenommen. Bei der Filmabtastung für das NTSC-Format mit 30 fps kann der Film nicht einfach schneller laufen, da die Differenz zu 24 fps groß ist. Hier werden mit dem so genannten NTSC-Pulldown-Verfahren pro Sekunde sechs Zusatzbilder in das Videomaterial eingearbeitet, d. h. nach zwei Filmbildern wird aus dem vorhergehenden Material ein zusätzliches Halbbild generiert (Abb. 5.30). Wenn auch für eine 25-fps-Abtastung die Filmgeschwindigkeit von 24 fps beibehalten werden soll, kann auf ähnliche Weise ein so genanntes PAL-Pulldown vorgenommen werden, indem zu jedem 12. Filmbild ein Zusatzhalbbild generiert wird. Eine Sekunde Videomaterial besteht dann aus $2 \cdot (11 \cdot 2 \text{ HB} + 3 \text{ HB}) = 50$ Halbbildern.

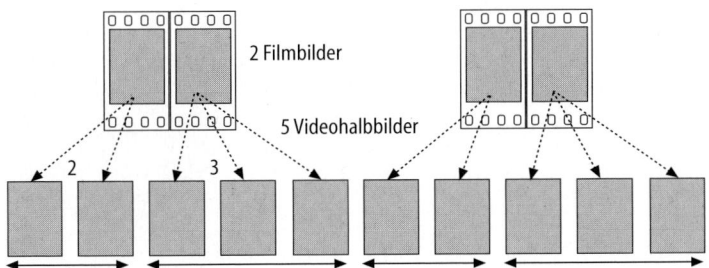

2 Filmbilder

5 Videohalbbilder

Abb. 5.30. Umsetzung von 24 fps in 30 fps nach dem NTSC-Pulldown-Verfahren

Die Filmabtaster für den Fernsehbereich wurden so weiterentwickelt, dass sie für die Erzeugung hoch aufgelöster Bilder, also für HDTV und für den digitalen Film geeignet sind. In der Regel sind diese als Film Scanner bezeichneten Abtaster in der Lage, sehr viele Signalformate parallel bereitzustellen. Eine besonders interessante Entwicklung ist diesbezüglich der Gedanke, dass bei einer Vision, die die vollständige digitale Archivierung von Filmen ins Auge fasst, der Aspekt der Formatunabhängigkeit immer bedeutsamer wird. In diesem Zusammenhang ist das Ziel, mit der Anfertigung einer so genannten digitalen Filmkopie zunächst eine Abtastung mit möglichst hoher Auflösung zu gewinnen, die als Basis für alle Formate dient. Die höchste Unabhängigkeit wird erreicht, wenn ein digitales Faksimile des Films gewonnen wird, indem der Film unsynchronisiert durch den Abtaster läuft, wobei nicht nur der Bild-, sondern auch der Randbereich mit Tonspuren, Perforation etc. erfasst wird. Aus dem gewonnenen Datensatz können dann im Prinzip alle Daten- und Videoformate abgeleitet werden.

Moderne Filmabtaster eignen sich aufgrund der Austauschbarkeit der Bildfenster (Gates) sowohl zur Abtastung von 16- als auch 35 mm-Film. Sie erlauben den Formatwechsel zwischen 4:3 und 16:9 und enthalten eine automatische Steuerung des angeschlossenen Videorecorders. Obwohl die Abtastung möglichst staubfrei erfolgt, kann mit einer Nassabtastung, d. h. der Verwendung von Bildfenstern (Wet-Gates), durch die eine Flüssigkeit zur Filmbenetzung gepumpt wird, die Sichtbarkeit von Staub und Schrammen stark reduziert werden. Die Alternative, das »Digital Wet Gate«, beseitigt die Störungen auf elektronische Art. In Filmabtastern können sowohl Original-Filmnegative als auch Duplikat-Positive verwendet werden, die den Vorteil aufweisen, keine Klebestellen zu haben, und bei denen Licht-und Schattenbereiche bereits filmtypisch komprimiert sind [127].

Insgesamt ist die Abtastung ein aufwändiger Prozess, denn der besondere Film-Charakter soll möglichst auch nach der Übertragung auf Video erhalten bleiben. Das Medium Film verhält sich anders als das Medium Video, vor allem ist der Kontrastumfang und das Auflösungsvermögen bei Film größer. Da die höchstentwickelten Filmabtaster mehrere Auflösungen parallel bereitstellen, erscheint eine Unterscheidung hinsichtlich der Bildauflösung ungeeignet. Daher wird hier eine Klassifikation nach den Abtastprinzipien vorgenommen, also bezüglich der Frage, ob die Abtastung bildpunktweise, zeilenweise oder bildweise arbeitet.

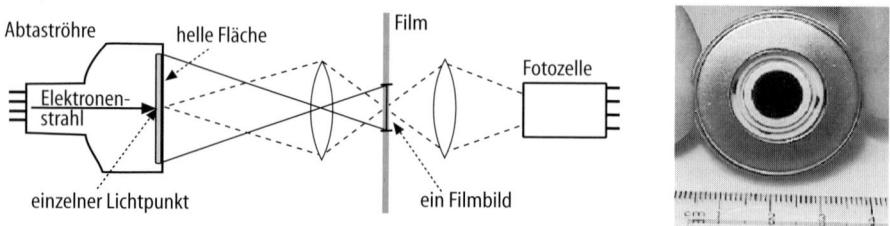

Abb. 5.31. Arbeitsprinzip des Flying Spot-Abtasters und Bild einer Fotodiode

5.7.1 Filmabtastung bildpunktweise

Das Grundprinzip dieser Umsetzung ist das Flying-Spot-Verfahren. Es ist bereits sehr alt und eng mit der Lichtpunktabtastung nach Nipkow verwandt, bei der ein Lichtstrahl, durch die Nipkow-Scheibe gesteuert, den Film durchdringt und auf der anderen Seite die bildpunktabhängig variierende Lichtintensität mit einer Fotozelle in ein elektrisches Signal gewandelt wird.

Beim Flying-Spot-Prinzip tritt an die Stelle des Lichtstrahls der in einer Bildröhre (CRT) erzeugte Elektronenstrahl, der mittels elektromagnetischer Felder abgelenkt wird. Der Elektronenstrahl durchdringt aber nicht den Film, sondern fällt zunächst auf eine Leuchtschicht. Dort wo der Strahl auftrifft, entsteht ein heller Lichtpunkt, der über die Ablenkung des Elektronenstrahls dann ein gleichmäßig helles, unmoduliertes Raster erzeugt. Der einzelne Lichtpunkt wiederum ist die Lichtquelle, die den Film durchdringt. Durch die ortsabhängig verschiedenen Dichten wird das Licht in seiner Intensität verändert und gelangt schließlich zu einer Fotozelle, wo aus der Folge der einzelnen Lichtpunkte direkt ein serielles Signal entsteht (Abb. 5.31). In der Fotozelle werden durch die Energie der auftreffenden Lichtquanten Elektronen aus einem Metall gelöst (äußerer Fotoeffekt). Die negativen Elektronen werden von einem positiven Potenzial an der Anode angezogen, so dass ein Stromfluss entsteht, der der Anzahl der Photonen, d. h. der Lichtintensität, proportional ist. Alternativ kann der innere Fotoeffekt einer Fotodiode (Abb. 5.31) genutzt werden.

Der Filmtransport kann bei diesem Verfahren kontinuierlich und damit materialschonend durchgeführt werden. Der Antrieb wird mit Hilfe eines Capstans vorgenommen, bei dem der Film gegen eine sich gleichmäßig drehende Scheibe gedrückt wird, die mit einem Gummibelag versehen ist und den Film schlupffrei mitzieht, wobei die Berührung nur am Rand erfolgt (Abb. 5.32).

Im Markt für Flying-Spot-Abtaster tritt seit langer Zeit die Firma Cintel hervor, die den hoch entwickelten Abtastertyp C-Realitiy baut. Er arbeitet mit einer gut gegen Magnetfelder abgeschirmten Bildröhre, die eine große Helligkeit erzeugt. Die Röhre ist mit einer dicken Frontplatte versehen, die die Bildung eines Lichthofes um den Abtastspot verhindert. Mit digitaler Steuerung wird eine hochpräzise Strahlablenkung erreicht. Das Licht der Abtaströhre gelangt über den Film zu einem farbselektiven Strahlteiler und von dort aus weiter zu drei Fotodioden [113].

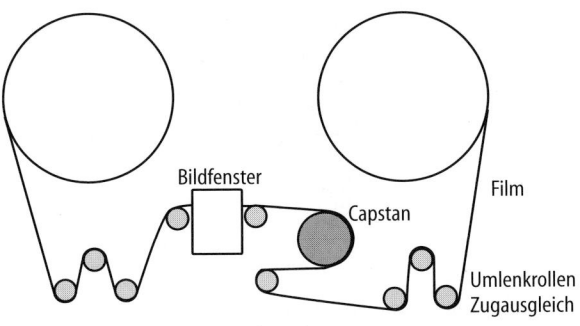

Bildfenster

Capstan

Film

Umlenkrollen
Zugausgleich

Abb. 5.32. Kontinuierlicher Filmtransport im Abtaster

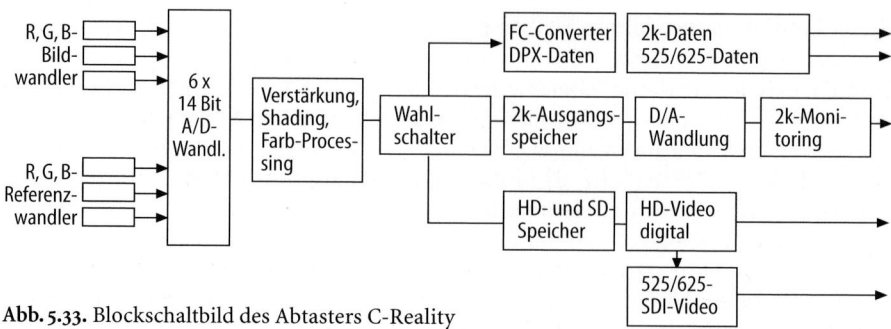

Abb. 5.33. Blockschaltbild des Abtasters C-Reality

Die Abtaststeuerung ist sehr flexibel, ein Formatwechsel zwischen 4:3 und 16:9 ist damit ebenso wenig ein Problem wie die Halbbildgewinnung. Die Abtastung kann an verschiedene Filmgeschwindigkeiten und Standbilder angepasst werden. Die digitale Steuerung ermöglicht auch den Ausgleich von Instabilitäten der Bildlage. Bildstandsfehler sind im Videobereich besonders kritisch, da das instabile, abgetastete Bild mit stabilen Videobildern gemischt oder überlagert werden kann (z. B. bei der Untertitelung). Die Bildstandsfehler werden unsichtbar, wenn das Abtastraster in gleicher Weise wie das Filmbild verschoben wird. Mit der digitalen Abtaststeuerung bei Flying-Spot-Abtastern kann dies erreicht werden, indem als Referenz für das Abtastraster die Filmperforation benutzt wird, die die gleiche Instabilität aufweist wie das Bild.

Auch die Signalverarbeitung geschieht auf digitaler Basis. Das vorverstärkte Signal wird mit hoher Auflösung A/D-gewandelt und in einen Datenspeicher eingelesen. Die Daten können bezüglich Farbe und Kontrast umfangreich verändert und als Analog- oder Digitalsignal ausgegeben werden. Der Typ C-Reality von Cintel bietet bei einer Digitalisierung mit 14 Bit eine maximale Auflösung von 4k. Bei 2k, d. h. wenn eine Zeile in 2048 Bildpunkte und das Bild in 1536 Zeilen (B/H = 4/3) aufgelöst wird, ermöglicht C-Reality eine Abtastgeschwindigkeit von 6 Bildern/s. Abbildung 5.33 zeigt das Blockschaltbild und Abbildung 5.34 den Abtaster C-Reality von Cintel.

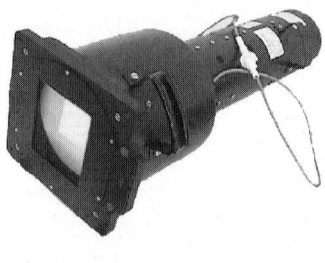

Abb. 5.34. Flying Spot-Abtaster C-Reality und Bild einer Röhre [113]

Weiterentwicklungen des Abtastprinzips arbeiten mit bis zu 15 fps bei einer Auflösung von 2k und beseitigen einen wesentlichen Nachteil des Flying Spot-Verfahrens: nämlich das eingeschränkte Lichtspektrum der CRT-Röhre, das die exakte Umsetzung aller Farben erschwert. Abbildung 5.35 zeigt den Vergleich der Absorptionskurven des Filmnegativmaterials Kodak 5246 mit den eingeschränkten und erweiterten Spektren der CRT-Röhren sowie dem Spektrum einer Xenonlampe, die bei den Abtastverfahren eingesetzt wird die zeilen- bzw. bildweise arbeiten.

Ein Vorteil von Flying Spot gegenüber anderen Abtastverfahren ist, dass bei den vielfältigen Möglichkeiten der Bildformatänderung und -verzerrung, die aus Qualitätsgründen möglichst nahe an der Quelle, also im Abtaster selbst, vorgenommen werden, kein Auflösungsverlust auftritt, da die auf der Röhre abgetastete Fläche für einen Zoomeffekt z. B. einfach verkleinert werden kann.

Hersteller von Abtastern nach dem Flying-Spot-Prinzip nehmen für sich in Anspruch, dass diese Technik am besten den »Film-Look« erhält, da durch die veränderbare Verstärkung am Fotosensor die Erfassung des gesamten Kontrastbereichs des Filmmaterials erreicht werden kann, und die beste Anpassung an die Gradationskurve möglich wird. Damit soll die Umsetzung eher weicher und damit besser an das Medium Film angepasst sein. Als weiteres Qualitätsargument kann angeführt werden, dass Abtaster nach diesem Prinzip in der Lage sind, bei 2k- oder 4k-Auflösung die volle RGB-Auflösung, d. h. ohne unterschiedliche Auflösung im Luminanz- und Chrominanzbereich, zu bieten. Die Behauptung eines weicheren Bildeindrucks ohne die Härte, die oft mit Digitalsystemen verknüpft ist, kann durch das Argument gestützt werden, dass die Bildpunktbildung einem nicht ganz so starren Muster unterliegt wie bei Wandlern, die zeilen- oder bildweise arbeiten, und bei variablerem Muster weniger Alias-Störungen auftreten. Im gleichen Sinne wirkt auch die Form der Intensitätsverteilung über dem Bildpunkt selbst, die bei Flying Spot über einer runden Fläche gaußförmig ist.

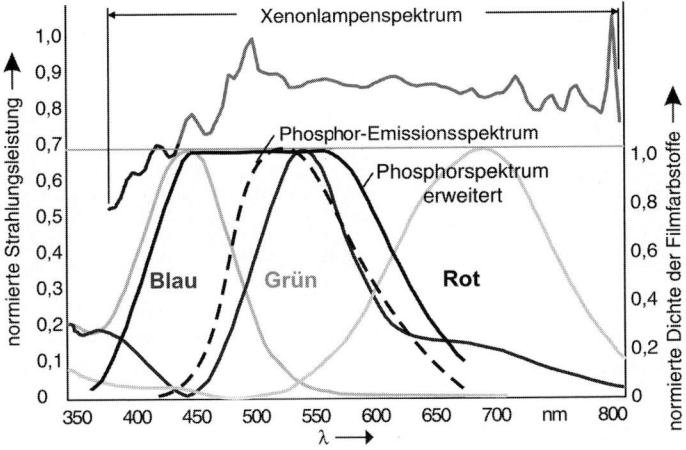

Abb. 5.35. Vergleich der Spektralbereiche von Film, Xenonlampe und CRT-Phosphoren [82]

5.7.2 Filmabtastung zeilenweise

Für diese Abtastungsart werden Halbleiterbildwandler in Form von CCD-Zeilen verwendet, deren Funktionsweise in Kap. 6 beschrieben ist. Bei den CCD-Abtastern wird zur Lichterzeugung eine leistungsstarke Halogen- oder Xenonlampe verwendet, deren Lichtspektrum mittels Filter an das Filmmaterial angepasst wird. Das Lichtbündel wird mit Zylinderlinsen so geformt, dass ein möglichst gleichmäßig ausgeleuchteter Lichtstreifen entsteht, der den Film in voller Breite durchdringen kann. Für die Abtastung verschiedener Bildformate muss das Licht unterschiedlich gebündelt werden, daher gibt es für die einzelnen Bildformate eigene Optikblöcke, die das Objektiv, die Kondensorlinsen und die Filmführung enthalten und als komplette Einheit ausgetauscht werden (Abb. 5.36 rechts).

Das durch den Film tretende Licht ist durch den Dichteverlauf moduliert und wird über ein Projektionsobjektiv auf ein Strahlteilerprisma abgebildet, das es in RGB-Anteile zerlegt (Abb. 5.36) [82]. Für jeden Farbauszug wird eine separate Bildwandlerzeile verwendet. Der Film wird kontinuierlich zwischen Zylinderlinse und CCD-Zeile geführt, der Antrieb wird auch hier meist mittels Capstan realisiert.

Der Bildwandler ist in eine lichtempfindliche und eine Speicherzeile aufgeteilt. Damit wird die Belichtungszeit unabhängig von der Auslesezeit. Die durch das Licht in der Zeile erzeugte Ladung wird während der H-Austastzeit schnell in die angrenzende CCD-Speicherzeile geschoben, die wie bei Flächenbildwandlern als Ausleseregister dient. Das H-Register kann so innerhalb der aktiven Zeilendauer entleert werden, während für die lichtempfindliche Zeile die gleiche oder eine kürzere Zeit zur Ladungsintegration zur Verfügung steht. Die CCD-Analogsignale werden dann A/D-gewandelt und gespeichert. Schließlich wird das Videosignal in digitaler oder analoger Form bereitgestellt. Dem Zeilensprungverfahren wird Rechnung getragen, indem das Signal halbbildrichtig aus dem Speicherbereich ausgelesen wird.

Bei CCD-Filmabtastern ist die Firma Thomson (ehem. Philips/BTS) marktführend, deren höchstentwickelter Abtastertyp (Abb. 5.37) die Bezeichnung

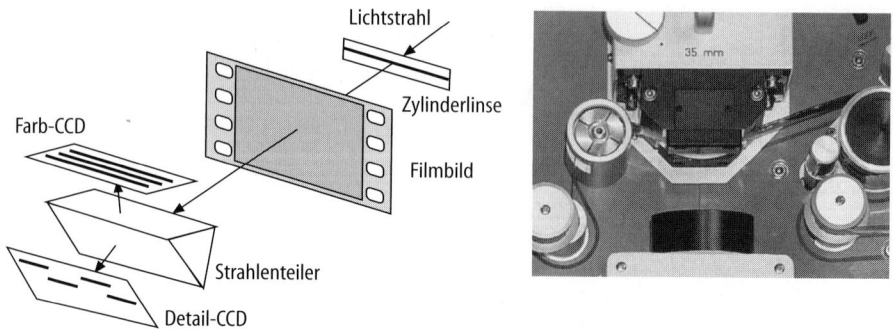

Abb. 5.36. Strahlverlauf und Bildfenster eines Halbleiterfilmabtasters [129]

Spirit Datacine trägt. Das Gerät erreicht eine Geschwindigkeit von bis zu 23 fps und kann 35 mm-, 16 mm- und Super 8-Filme verarbeiten. Der Spirit Datacine-Abtaster arbeitet mit Bildwandlern, die von Kodak entwickelt wurden. Sie bestehen aus einem Detailsensor mit 1920 Bildpunkten sowie drei Farbsensoren mit je 960 Bildpunkten.

Die Signale werden nach der Wandlung digitalisiert und als 14-Bit-Datenstrom im Bildspeicher abgelegt. Dabei stehen verschiedene Korrekturmöglichkeiten zur Verfügung. So können mit der Korrektur des so genannten Fixed Pattern Noise (FPN) statische Ungleichmäßigkeiten der Lichtverteilung reduziert werden, indem eine Abtastung des Intensitätsprofils der Lichtquelle ohne Film vorgenommen wird. Für jeden Bildpunkt wird dann die Abweichung vom Mittel registriert und elektronisch korrigiert, so dass Unregelmäßigkeiten der Lichtverteilung ebenso ausgeglichen werden können wie Störungen einzelner CCD-Pixel. Weiterhin gibt es Geräte zur Reduzierung der Sichtbarkeit des Filmkorns, die nach dem Prinzip der Rauschminderung arbeiten, und eine elektronische Stabilisierung des Bildstands, der jedoch bereits weitgehend stabil ist, da wie beim Flying-Spot-Abtaster die Perforation mit abgetastet wird und damit als Korrekturmaß zur Verfügung steht.

Halbleiterfilmabtaster weisen gegenüber Flying-Spot-Abtastern vor allem die Vorteile der Halbleiter- gegenüber der Röhrentechnologie auf. Die Bildparameter sind sehr stabil und die erforderlichen Abgleichmaßnahmen minimal. Die CCD-Lebensdauer ist sehr hoch, während Röhren eher verschleißen. Filmabtaster nach dem CCD-Prinzip werden daher vor allem dort benutzt, wo Wirtschaftlichkeit im Vordergrund steht.

Abb. 5.37. Halbleiterfilmabtaster Spirit Datacine [129]

5.7.3 Filmabtastung bildweise

Die bildweise Erfassung der Filmbilder ist ein nahe liegendes Prinzip, das bereits früh mit Röhrenbildwandlern (Speicherröhrenabtaster) verwirklicht wurde. Der Filmgeber funktioniert dabei wie ein Filmprojektor, transportiert also den Film schrittweise, während das Aufnahmesystem nach dem Prinzip einer Videokamera arbeitet, die das Filmbild während seines Stillstandes umsetzt. Aufgrund von Bildstandsproblemen wurde dieses Prinzip lange Zeit nicht mehr benutzt und Abtastverfahren mit kontinuierlichem Filmtransport bevorzugt. In neuerer Zeit wird das Verfahren jedoch wieder aufgegriffen, z. B. vom Projektorhersteller Kinoton, für den das Prinzip aufgrund der dort verfügbaren Technologie hochpräziser Schrittschaltwerke nahe liegend ist. Die Film Transfer Machine der Firma konvertiert 35-mm-Filmformate in Echtzeit in ein SDTV- oder ein HDTV-Signal mit bis zu 850 Linien Auflösung.

Als weiterer Hersteller baut die Firma Sony einen Abtaster nach dem Prinzip der bildweisen Abtastung mit Bezeichnung Vialta (Abb. 5.38). Auch er nutzt also den nur bei diesem Prinzip gegebenen Effekt der hohen Belichtungsdauer, die ja bei der punkt- oder zeilenweisen Abtastung erheblich kürzer ist. Damit wird der große Vorteil gegenüber den anderen Abtastprinzipien erreicht, nämlich die Abtastung in Echtzeit mit bis zu 30 Bildern pro Sekunde. Das Gerät verarbeitet 16 mm- und 35 mm-Film. Es wird ein Bildwandler verwendet, der wie in HD-Kameras (s. Kap. 6) mit 3 CCD-Wandlern mit je 1920 x 1080 Bildpunkten ausgestattet ist und jedes Bild progressiv, also ohne Zeilensprung abtastet. Die Grauwertdarstellung umfasst 12-Bit-log-Daten. Der Signalweg durch den Abtaster erfolgt im digitalen HD-RGB-Format. Das Endprodukt kann als HDTV- und SDTV-Videosignal in 4:2:2 oder 4:4:4 ausgegeben werden, wobei im letzteren Fall eine Dual-SDI-Übertragung verwendet wird. Wie auch in andere hoch entwickelte Abtaster ist ein Bildstabilisierungssystem integriert, das hier optisch arbeitet. Aufgrund des aufwändigen intermittierenden Antriebs ist es hier sehr wichtig. Es analysiert die Lage eines jeden Bildes anhand der

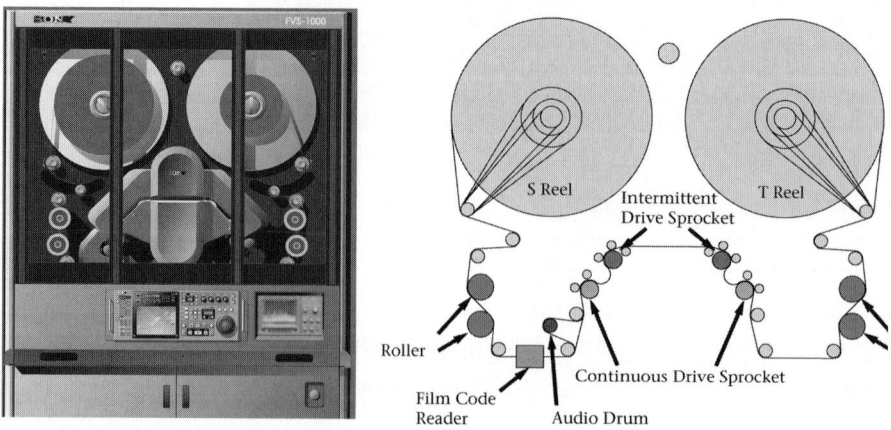

Abb. 5.38. CCD-Abtaster Vialta und Schema der Antriebseinheit [122]

Perforation in vertikaler und horizontaler Ausrichtung und mit Hilfe einer planparallelen Glasplatte, die bei erforderlichen Korrekturen leicht geneigt werden kann, sorgt es dafür, dass das jeweils nächste Bild in exakt derselben Position zur Abtastung fixiert wird [122]. Eine Besonderheit bei Vialta ist die primäre Farbkorrektur, die ausschließlich auf der Lichtebene erfolgt. Das Licht der Quelle wird dabei in die Farbauszüge RGB aufgespalten, die jeweils einzeln eine Intensitätsregelstufe durchlaufen, bevor sie wieder zusammengeführt werden. Wie im klassischen Kopierwerk wird der Film auf diese Weise also mit korrigiertem Licht durchstrahlt und im Gegensatz zur Korrektur auf der elektrischen Seite kein verschlechterter Störabstand erzeugt.

5.7.4 Gradations- und Farbkorrektur

Die Filmabtastung ist ein aufwändiger Prozess, bei dem die unterschiedlichen Medien Film und Video aneinander angepasst werden müssen. Allein schon wegen seiner flachen Gradationskurve kann das bei der Abtastung verwendete Filmnegativ nicht unkorrigiert verarbeitet werden. Der Prozess der Filmabtastung muss aber nicht nur in Hinblick auf die Reduktion des Kontrastumfanges, sondern auch wegen der Anpassung der Farbwerte kontrolliert werden. Die Farbkorrektur ist unumgänglich, da verschiedene Filmmaterialien unterschiedliche Farbwerte hervorrufen. Außerdem ändert sich z. B. die Farbtemperatur des Sonnenlichts tageszeitabhängig und damit ggf. von Szene zu Szene.

Bei der elektronischen Korrektur geht es im Kern immer darum, die RGB-Werte in gegenseitigem Verhältnis anzupassen und so z. B. eine Sättigungsminderung zu erzielen oder auch einen besonderen »Look« zu erzeugen (Abb. 5.39).

Die Anpassung von Gradation und Farbigkeit wird an der Signalquelle vorgenommen, dort wo noch der gesamte Informationsgehalt verfügbar ist. Nach der Umsetzung ist zu erwarten, dass der Informationsgehalt in vielerlei Hinsicht reduziert ist. Die Hersteller von Filmabtastern bieten daher für ihre Systeme eine primäre Farbkorrekturmöglichkeit an. Die Kontrolle und Veränderung von Helligkeits- und Farbwerten geschieht entweder schnell im Synchronmodus, d. h. während des kontinuierlichen Durchlaufs von Hand, oder, genauer, im Programmmodus, bei dem die Werte für jede Szene einzeln individuell korrigiert und gespeichert werden. Beim eigentlichen Abtastprozess stellen sich dann im Programmmodus anhand von Timecode-Daten die entsprechenden Werte automatisch ein.

Bei hohen Ansprüchen werden die Standard-Farbkorrektureinrichtungen durch aufwändige, digital arbeitende separate Geräte wie Pandora Pogle oder Da Vinci 2k ersetzt. Das sind echtzeitfähige Bildverarbeitungssysteme auf Basis von SGI-Computern für verschiedene Auflösungen bis zu 4k, die HDTV ebenso verarbeiten können wie Daten in unterschiedlichsten Formaten, so dass eine HD-Tape-to-Tape-Korrektur ebenso möglich ist wie eine Farbkorrektur auf der Basis von linearen oder logarithmischen Filmdatenformaten. Eine direkte Anbindung an verbreitete Filmabtaster wie Spirit Datacine oder C-Reality ist gewährleistet. Derartige Systeme weisen eine sehr hohe Selektivität auf und bieten eine sekundäre Korrektur, mit der nicht nur das gesamte Bild be-

Abb. 5.39. Arbeitsplatz und Bediengeräte zur Farbkorrektur

einflusst wird, sondern eine bestimmte Farbe einzeln herausgegriffen und verändert werden kann. Zur einfacheren, intuitiven Bedienung stehen hier Joysticks oder Kugeln zur Verfügung, mit denen die Farborte und die Verstärkung für den Bereich der Lichter und der Schatten einzeln eingestellt werden können (Abb. 5.39).

Die auch als Grading bezeichnete Anpassung zwischen den Medien Film und Video ist kritisch, weil das menschliche Auge ein sehr schlechtes Instrument zu Farbbeurteilung darstellt. Der Mensch verbindet aus seiner Erfahrung Objekte mit ihm bekannten Farben und passt sich Farbgemischen an. Daher sollte das Grading von erfahrenen Coloristen durchgeführt werden, die durch ein gutes Umfeld in die Lage versetzt werden, möglichst objektiv arbeiten zu können. Dazu gehört zunächst ein möglichst gutes Display auf der Basis eines Monitors, der nicht mit der Gamma-Einstellung für Videosysteme, sondern mit einer Gradation arbeitet, die mit Hilfe von Look up Tables weitgehend dem Medium Film angepasst ist. Noch besser ist die Verwendung einer Großbildprojektion, die im gleichen Sinne kalibriert ist. Der Arbeitsraum sollte eine neutrale Beleuchtung und keine extremen Farben aufweisen. Neutrale Referenzlichtquellen sind wünschenswert (Abb. 5.39).

5.7.5 Filmdatenspeicherung

Wenn die Filmbilder in die digitale Ebene gebracht worden sind, müssen sie übertragen und gespeichert werden können. Aufgrund der sehr großen Datenmenge ist das oft nicht in Echtzeit möglich, denn die Schnittstellen der verbundenen Geräte stellen meist noch einen Engpass dar.

Filmausschnitt
nach 1k-Abtastung

1k-Abtastung mit
Datenreduktion 22:1

Filmausschnitt
nach 2k-Abtastung

2k-Abtastung mit
Datenreduktion 30:1

Filmausschnitt
nach 4k-Abtastung

4k-Abtastung mit
Datenreduktion 52:1

Abb. 5.40. Wirkung der Datenreduktion bei Vorlagen verschiedener Auflösung [127]

Die Verwendung von Datenreduktion ist für den Bereich der Filmdatenverarbeitung relativ neu und wenig verbreitet, da sie nicht recht zur Bemühung um höchste Qualität passt und nicht genau klar ist, welche Beschränkungen sie für die Möglichkeiten der Bildmanipulation und der Farbkorrektur darstellt. Im Zuge der Entwicklung sehr hoch effizienter Datenreduktionsverfahren, insbesondere auf Basis der Wavelet-Transformation (s. Kap. 3), wird aber auch im Filmbereich neuerdings vermehrt über den Einsatz dieser Verfahren nachgedacht. Dabei gilt schon seit längerem die Erkenntnis, dass für die Qualität der datenreduzierten Bilder besonders die Ausgangsqualität vor der Reduktion sehr entscheidend ist. In diesem Zusammenhang zeigt die Firma Cintel anhand von Filmmaterial, das mit verschiedenen Auflösungen abgetastet wurde, sehr eindrucksvolle Beispiele, die es günstig erscheinen lassen, an der Quelle eine Auflösung von 4k bereitzustellen, da dann eine Reduktion um den Faktor 52 eine bessere Bildqualität liefert als eine Reduktion um den Faktor 30 bei 2k-Auflösung (Abb. 5.40).

Die Speichersysteme selbst stammen in den meisten Fällen aus der HD-Video- oder Computertechnik, wo die Daten in verschiedenen Fileformaten gespeichert werden. Fileformate für den Filmbereich unterscheiden sich von Standardfileformaten. Sie enthalten spezifische Daten, die z. B. beschreiben, ob die Werte als lin- oder log-Daten zu interpretieren sind. Weiterhin existieren Angaben, die bei Videoformaten selbstverständlich sind, wie die Bildhöhe und -breite, die Bits pro Pixel und die Bildorientierung (X-Y-Origin). In den Datenstrom können Timecode- und Keycodedaten sowie ein niedrig aufgelöstes Bildduplikat (Thumbnail) als schnell aufrufbares Beispielbild aufgenommen werden. Schließlich wird angegeben, ob und ggf. mit welcher Art von Datenreduktion gearbeitet wird. Eine der ersten Filedefinitionen entstand im Zusammenhang mit dem früh entwickelten Cineonsystem von Kodak und wird noch oft verwendet. Die Cineon-Standardendung trägt die Bezeichnung »fido«. Hier wird ein File Information Header verwendet, der u. a. die Ordnung der Bytes

Tabelle 5.4. Speicherbedarf von DPX-Files bei verschiedenen Auflösungen

Auflösung	SD	1k	HD	2k	4k
1 Sek	38,4 MB	76,8 MB	197 MB	300 MB	1200 MB
1 Min	2,3 GB	4,6 GB	12 GB	18 GB	72 GB

angibt, das Erstellungsdatum und die Gesamtgröße der Files [85]. Weiter existiert ein Image Information Header u. a. zur Angabe der Bildorientierung und der Darstellung als RGB, YCrCb etc., dann ein Data Format Information, ein Image Origination und ein Motion Picture Industry Specific Header.

Aus dem Cineon-Format wurde als standardisiertes Fileformat das Digital Moving Picture Exchange Format abgeleitet. Es trägt die Abkürzung DPX, die auch für die Filekennung ».dpx« verwendet wird. Das Format arbeitet mit Datenwörtern von 32 bit Länge, die ausreichen, um die 3 RGB-Komponenten einer 10-Bit-log-Darstellung aufzunehmen, wobei dann 2 Bits ungenutzt bleiben. Tabelle 5.4 zeigt den dabei entstehenden Speicherbedarf für verschiedene Auflösungen. DPX unterstützt die verlustlose Datenreduktion auf Basis des Run Length Encoding (RLE) (s. Kap. 3). Alternativ zu Filmformaten werden auch die Fileformate aus dem Gebiet der Computergrafik wie z. B. Tiff, BMP oder Pict verwendet. Relativ große Bedeutung hat außerdem das Bilddatenformat der Fa. Silicon Graphics, das die Endung ».sgi«, ».RGB« oder ».BW« trägt. Das Format unterstützt Farbtiefen bis 64 bit und RLE-Kompression bei freier Bilddimensionsskalierung. Die Definitionen sind hier weniger umfangreich als bei DPX, dafür entsteht ein schlankeres Format mit geringerem Overhead.

Für den Austausch der Daten sind neben klar definierten Fileformaten auch standardisierte Schnittstellen erforderlich. Für HDTV steht mit HD-SDI eine echtzeitfähige Schnittstelle für ein HD-Komponentensignal zur Verfügung, die sich im Parallelbetrieb mittels Dual-HD-SDI auch für RGB-Daten nutzen lässt. Für den Transfer von Filmdaten werden Schnittstellen aus dem Computerbereich verwendet, die eine wesentlich größere Vielfalt aufweisen. Relativ große Bedeutung hat hier das High Performance Parallel Interface (HIPPI) erreicht, das nach modernen Maßstäben aber bereits als langsam eingestuft werden muss.

Für die eigentliche Speicherung der Filmdaten ist eine Verbindung von mehreren Festplatten ideal. Damit ergibt sich der Vorteil des nichtlinearen Zugriffs auf das gesamte Material und dass die Geschwindigkeit für einen Echtzeitbetrieb geeignet sein kann. Hohe Kapazitäten und hohe Datensicherheit bietet der Betrieb der Festplatten im RAID-Verbund (s. Kap. 8.9).

Ein bekanntes Beispiel eines speziellen Filmdaten-Speichersystems auf Basis von Festplatten ist die Specter Virtual Datacine von Thomson/Philips. Das Gerät arbeitet u. a. mit 10-Bit-log-Daten bei Auflösungen zwischen 256....2048 Bildpunkten horizontal und zwischen 256....1832 Bildpunkten vertikal, so dass also auch der Bereich zwischen den Filmbildern erfasst werden kann und das Gerät dem Konzept der digitalen Filmkopie gerecht wird (s. Abschn. 5.7). Specter erreicht intern eine Datenrate von bis zu 420 MB/s und ist damit in der Lage 2k-Daten im DPX-Format auch bei 30 fps noch in Echtzeit zu verarbeiten. Damit lässt sich das Gerät z. B. so einsetzen, dass es sich wie ein Filmabtaster verhält, woraus auch der Name resultiert. Das Gerät ersetzt natürlich nicht den Abtaster, es kann aber bestimmte Funktionen übernehmen, die beim Abtastvorgang erhebliche Zeit in Anspruch nehmen. So ergeben sich insbesondere Vorteile, wenn das Grading und die Farbkorrektur am Specter stattfinden, da der Filmabtaster in dieser Zeit wieder frei ist. Aufgrund des Echtzeitverhaltens ist der Unterschied zur direkten Arbeit am Abtaster in keiner Weise spürbar, da als Processing-System für das Grading typischerweise die systemunabhängigen Geräte von Pandora und Davinci verwendet werden (s. Abschn. 5.7.4), die sich am Abtaster ebenso verhalten wie an der Datacine. Das gilt auch für die Bildwiedergabe mit variabler Geschwindigkeit.

In gleicher Weise können die Daten auch von Bildbearbeitungssystemen zur Erstellung von visual effects abgerufen und modifiziert wieder zurückgeschrieben werden. Dabei lässt sich der Specter für die Ausgabe der Daten an den Filmbelichter ebenso konfigurieren wie für die Ein- und Ausgabe der verschiedensten HDTV-Formate.

Specter nutzt einen SGI-Origin-Rechner und einen Festplattenverbund, der intern auf einem Fibre-Channel-Netzwerk basiert (Abb. 5.41). Solange für die Datenübertragung nach außen allerdings nur ein HIPPI-Interface zur Verfügung steht, ist aufgrund der begrenzten Datenrate von ca. 60 MB/s pro Sekunde nur die Übertragung von ca. 5 Bildern im 2k-log-DPX-Format möglich.

Für die Archivierung und den Transport ist ein hoch kapazitives, schnelles und kompaktes Speichermedium erforderlich, wie es gegenwärtig nur ein Magnetband darstellt. Auch in diesem Bereich stellt wiederum die Firma Thomson/Philips ein weitgehend optimales Gerät, nämlich den Voodoo-Recorder, zur Verfügung, der als D6-Format für die unkomprimierte Aufzeichnung von HD-Videosignalen konzipiert wurde (s. Kap. 8.8) und heute für diesen Zweck ebenso einsetzbar ist wie auch als sehr schnelles Datenspeichermedium, z. B. für 2K-log-Daten. Voodoo bietet eine Datenrate von 1,2 Gbit/s, die für die HD-Video-Übertragung in Echtzeit ausreicht, aber nicht für 2k-log-Daten, die eine Bitrate von ca. 2240 Mbit/s erfordern. Aufgrund der mindestens um den Faktor 4 geringeren Datenrate stellen die anderen HD-tauglichen Bandformate aus dem Videobereich, wie HD-D5 oder HDCam, keine gleichwertige Alternative zu Voodoo dar. Dies gilt auch für das Tape-Streamer-Format DTF von Sony, das auch nur eine Datenrate von ca. 190 Mbit/s bietet.

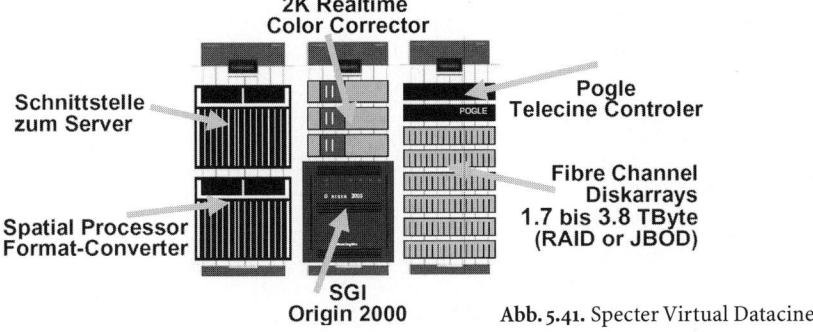

Abb. 5.41. Specter Virtual Datacine [129]

5.8 Filmbelichtung

Die Filmbelichtung dient dem Transfer der digitalen Bilddaten in die Filmebene. Der Prozess wird auch als Filmaufzeichnung (FAZ) bezeichnet. Das nächstliegende Verfahren dazu ist das schrittweise Abfilmen eines hoch auflösenden Monitors. Dazu wird das Monitorbild formatfüllend auf den Film abgebildet und für einen automatischen Ablauf muss nur die Filmbewegung in der Kamera mit der Frequenz synchronisiert werden, mit der neue Bilder auf dem Monitor erscheinen. Um zu sehr guten Ergebnissen zu kommen, ist dieses Verfahren jedoch ungeeignet. Die Helligkeit gewöhnlicher Monitore ist so gering, dass sehr lange Belichtungszeiten verwendet werden müssen, und die Bildqualität wird durch die Schattenmaske in der Kathodenstrahlröhre und ihren relativ geringen Farbraum herabgesetzt.

5.8.1 CRT-Belichter

Diese Probleme könnten dadurch gelöst werden, dass der Film über drei hintereinander gelegene S/W-Bildröhren geführt wird, deren Licht den Film nacheinander erreicht. Die Röhren benötigten dann keine Schattenmaske, sie müssten mit den RGB-Signalen separat versorgt werden und mit entsprechenden Leuchtstoffen oder Filtern versehen sein, so dass jede Röhre für die Belichtung eines Farbauszugs verwendet würde. Die dreifache Belichtung würde auch das Problem der Belichtungsdauer mindern.

Das beschriebene Verfahren bringt jedoch das Problem der Rasterdeckung der Farbauszüge mit sich, so dass es sicherer ist, es so zu modifizieren, dass nur eine Röhre erforderlich ist. Die Modifikation läuft dann darauf hinaus, dass während der Belichtung eines Bildes die RGB-Signale zeitlich nacheinander auf der S/W-Röhre dargestellt werden, wobei über ein Filterrad jeweils das

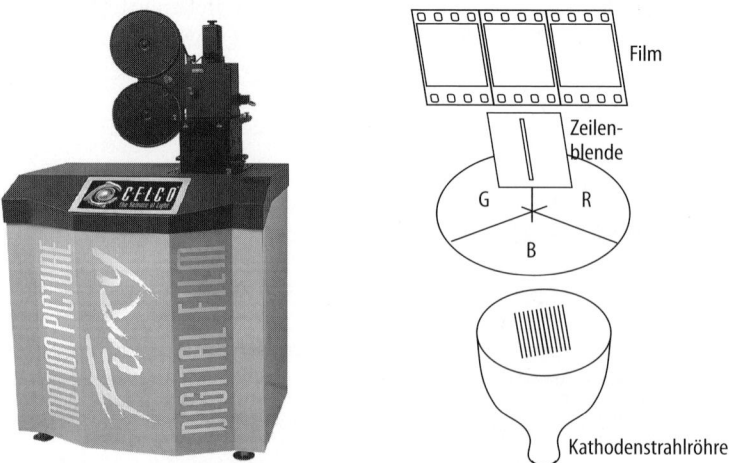

Abb. 5.42. Kathodenstrahlbelichter und Funktionsprinzip

zugehörige Farbfilter zwischen Röhre und Film positioniert wird. Nach diesem Prinzip arbeiten die modernen Kathodenstrahlbelichter. Bekannte Systeme sind Nitro von Celco oder die Belichter der Solitaire-Cine-Reihe, wie z. B. Cine III von Management Graphics. Um bei diesen Geräten auch Streulichtprobleme zu minimieren wird mit Hilfe einer bewegten Zeilenblende die Belichtung der RGB-Anteile zeilenweise durchgeführt (Abb. 5.42 rechts).

Das Gerät Nitro HD der Firma Celco eignet sich nach Herstellerangaben zur Belichtung aller Filmformate von 16 mm- bis zu 65 mm-Material, auch für das IMAX-Format. Es ist für Intermediate-Film ebenso geeignet wie für diverse Negativkamerafilme. Das Magazin fasst eine Filmlänge von bis zu 600 m. Die möglichen Datenformate am Eingang sind ähnlich vielfältig. Es werden alle gängigen Fileformate und alle Auflösungen zwischen Video über HD-Video bis zu 4k und optional sogar bis zu 8k verarbeitet. Der Belichtungsspot hat bei der Belichtung von 35 mm-Film nur einen Durchmesser von 6 μm. Der maximal erzeugte Dichteumfang beträgt $\Delta D = 1{,}5$. Als Belichtungsdauer für HD-Signale wird weniger als 5 s pro Bild angegeben. Das Nachfolgegerät Fury (Abb. 5.42 links) soll eine Geschwindigkeit von 1,3 s pro Bild bei Belichtung von 2k-Daten erreichen.

5.8.2 Laserbelichter

Bereits früh wurde erkannt, dass das theoretisch optimale Filmaufzeichnungsverfahren die Belichtung mit Laserstrahlen ist. Es stehen separate Laser für die drei Farben RGB zur Verfügung, die aufgrund ihrer sehr hohen Intensität das Potential einer sehr schnellen Belichtung bieten und eine hohe Dichte erzeugen können. Die erzeugten Farben sind sehr gesättigt, so dass ein erheblich größerer Farbraum als bei Farbmonitoren erfasst wird. Abbildung 5.43 zeigt den Farbraum des Lasers im Vergleich zum Farbbereich gewöhnlicher Kathodenstrahlröhren. Darüber hinaus entstehen beim Laserbelichter keine Probleme mit der verzerrungsfreien optischen Abbildung und mit Streulicht, da der Film punktweise belichtet wird.

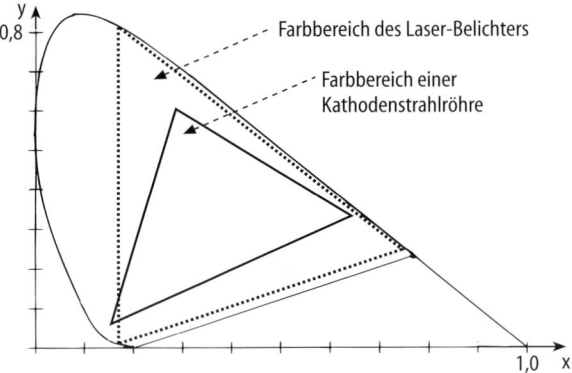

Abb. 5.43. Vergleich der mit Lasern und Kathodenstrahlröhren erreichbaren Farbräume

Der Einsatz der Lasertechnologie war zunächst mit der Schwierigkeit verbunden, dass nur Gaslaser verfügbar waren, die Stabilitätsprobleme aufwiesen
und einen sehr hohen Energiebedarf hatten. Ein Beispiel für einen Belichter
mit Gaslaser ist der Lightning-Recorder, den die Firma Kodak alternativ zum
Solitaire Cine III in ihrem Cineon-System verwendete. Die Weiterentwicklung
führte zum Laserbelichter der Fa. Arri (Arrilaser). Dabei ist der wesentliche
Punkt, dass Festkörper- statt Gaslaser benutzt werden, so dass ein kompaktes
Gerät entsteht, das nicht in klimatisierten Räumen untergebracht werden muss
(Abb. 5.44 links). Drei Laser erzeugen Lichtstrahlen in den Farben RGB, die
separat über Intensitätsmodulatoren geführt und schließlich zu einem Strahl
vereinigt werden. Die Intensitätsänderung in den Modulatoren wird beim Arrilaser mittels des Beugungseffektes für das Licht erreicht. Es passiert dazu einen Kristall, der mit einer akustischen Welle angeregt wird, deren Amplitude
die Beugungswirkung und damit die Lichtintensität steuert.

Der vereinigte Gesamtstrahl wird dann zu einem Scanner-Modul geführt,
das ein mit 6000 U/min rotierendes Ablenkprisma enthält, und schließlich auf
den Film abgebildet. Während der Belichtung wird der Film mit konstanter
Geschwindigkeit quer zum Strahl bewegt, so dass das Bild zeilenweise aufgezeichnet wird (Abb. 5.44 rechts). Die hohe Strahlintensität führt dazu, dass für
ein Bild mit 4096 x 3112 Bildpunkten auch bei Verwendung von unempfindli-
chem Intermediate-Film nur eine Belichtungszeit von ca. 3,2 s erforderlich ist.
Bei 2k-Auflösung kann diese Zeit halbiert werden. Der Gesamtzyklus für
die Bearbeitung eines Bildes verlängert sich durch die Start- und Bremszeiten
sowie die Rücktransportzeit um ca. 2 Sekunden, so dass die Gesamtzyklen bei
4k-Belichtung ca. 5,2 s und bei 2k-Belichtung ca. 3,5 s betragen [124].

In den meisten Fällen wird auf 35 mm- Intermediate-Material vom Typ
Koda 5244 belichtet. 16 mm-Film kann mit dem Arrilaser nicht bearbeitet werden, zukünftig soll jedoch 65 mm-Material verwendbar sein. Neben der hohen
Geschwindigkeit zeichnet sich der Arrilaser vor allem dadurch aus, dass er einen großen Farbumfang hat, Dichtedifferenzen von mehr als $\Delta D = 2$ erreicht
und keine Streulichtartefakte aufweist, die bei Kathodenstrahlbelichtern nie
ganz ausgeschlossen werden können.

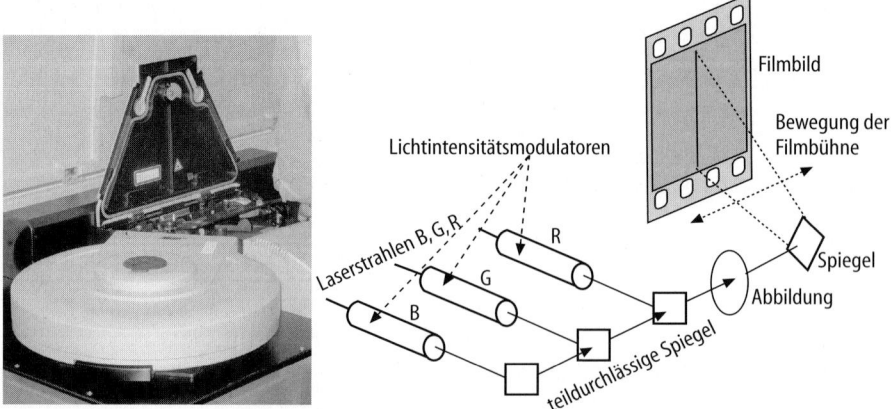

Abb. 5.44. Filmbelichter Arrilaser mit Filmspule und -transportbühne sowie Funktionsprinzip

5.9   Digital Cinema

Dieser Begriff bzw. der Begriff Electronic Cinema beschreibt den Einsatz der Digitaltechnik am Ende der Produktions- und Übertragungskette, also im Kino. Während die Verwendung der Digitaltechnik im Bereich Postproduktion bereits weit fortgeschritten ist (s. Kap. 9) und sich auch bei der Bildaufnahme zu etablieren beginnt (s. Kap. 6), ist das Kino das letzte Glied einer möglichen volldigitalen Übertragungskette, das noch nicht digitalisiert ist. Als generelle Anforderung an Digital Cinema gilt, dass die Bild- und Tonqualität nicht schlechter sein darf als im konventionellen Kino. Aufgrund der Tatsache, dass bereits hochwertige und lichtstarke elektronische Projektoren verfügbar sind (s. Kap. 7), gilt die Entwicklungsarbeit vor allem der Frage nach den digitalen Übertragungsverfahren und der Verhinderung von Piraterie. Um zu kostengünstigen Lösungen zu gelangen, wird dabei von technischen Systemen ausgegangen, die sich bereits etabliert haben.

Für die Übertragung gilt es zunächst die Frage zu klären, ob die Filmdigitaldaten in hoher Auflösung auf großen Datenträgern ins Kino gebracht werden oder in datenreduzierter Form direkt übertragen werden. Da ein wesentlicher Vorteil des elektronischen Kinos darin gesehen wird, dass es den aufwändigen Versand von Kinokopien nicht mehr erforderlich macht, sollte eine Datenübertragung über Netzwerke oder drahtlos, z. B. via ATM oder per Satellit, erfolgen können. Dies impliziert aus ökonomischen Gründen die Verwendung von Datenreduktion. Zunächst geht es also um die Signaldefinition. Hier liegen mit den Parametern für HDTV Bilddatenbeschreibungsformen vor, die für das elektronische Kino geeignet erscheinen. Man geht davon aus, dass die zugehörige Bildauflösung von 1920 x 1080 Bildpunkten auf jeden Fall für Leinwandbreiten bis zu 10 m geeignet ist. Für diese Dimensionen sind Projektoren mit Lichtstärken von ca. 10 000 ANSI-Lumen erforderlich.

Nachdem die Daten in das HD-Videoformat umgesetzt sind, wird die Datenreduktion eingesetzt. Für einen Bereich wie Digital Cinema, wo es nur darum geht, ein fertiges Endprodukt zu den Endkunden zu bringen, bietet sich die MPEG-Codierung an, die sich durch hohe Effizienz bei eingeschränktem Einzelbildzugriff auszeichnet. Deshalb wurde die Variante MPEG-2 auch als Grundlage des digitalen Standardfernsehsystems (Digital Video Broadcasting, DVB) ausgewählt, das gegenwärtig eingeführt wird. Für die Verwendung von HDTV-Signalen braucht MPEG-2 nicht modifiziert zu werden, denn in den Definitionen ist bereits der so genannte High Level (MP @ HL) enthalten, der genau auf die Auflösung 1920 x 1080 abzielt (s. Kap. 3). In diesem Level ist eine Videocodierung im Komponentenformat mit einer Unterabtastung 4:2:2 für die Farbdifferenzsignale vorgesehen und eine Maximaldatenrate von 100 Mbit/s erlaubt. Da im Bereich DVB für Standardvideoauflösung eine gute Bild- und Tonqualität bereits bei 3 Mbit/s erreicht wird, kann davon ausgegangen werden, dass trotz höherer Ansprüche im Kino für das ca. 5fach höher aufgelöste HDTV-Bild (ca. 2,1 Mio. Bildpunkte gegenüber 0,4 Mio. bei SDTV) eine Übertragungsdatenrate von ca 15...25 Mbit/s ausreicht.

Neben den bei MPEG festgelegten Codierungsparametern müssen die eigentlichen Übertragungsparameter wie z. B. verwendete Modulationsarten fest-

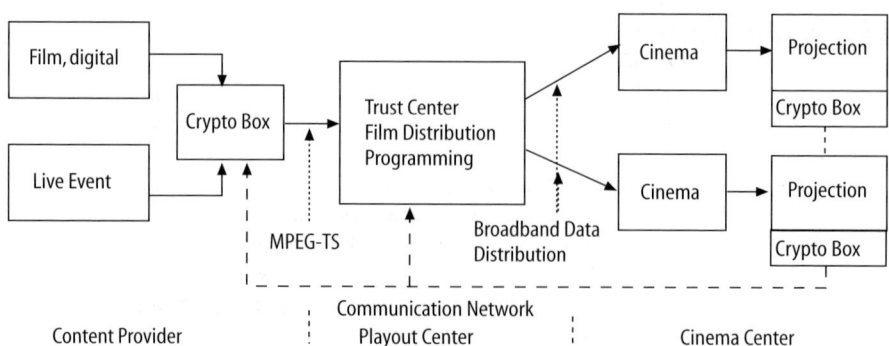

Abb. 5.45. Konzept zu Digital Cinema

gelegt werden. Auch dies geschieht im Rahmen von DVB, so dass es auch hier günstig erscheint, sich dieser Festlegungen zu bedienen. Es ist also möglich, den Datentransfer mit Hilfe der DVB-Technik zu realisieren. Aufgrund der preiswert verfügbaren Infrastruktur und geringer Probleme bei der Kanalbelegung ist es günstig, eine Übertragung via Satellit, also mittels DVB-S, zu realisieren, so wie es auch beim europäischen HDTV-Kanal Euro 1080 geschieht (s. Kap.4). Bei DVB-S bietet ein Satellitenkanal mit 36 MHz Bandbreite eine typische Nettobitrate von 38 Mbit/s. DVB ermöglicht auch eine Audiodatenübertragung mit Dolby-Digitalcodierten Audiosignalen (s. Kap. 3.3), so dass auch im Audiobereich keine Einschränkung der Qualität befürchtet werden muss.

Die beschriebenen Parameter betreffen eine gegenwärtig realisierbare, relativ einfache Konfiguration. Zukünftige Standards für Digital Cinema (SMPTE DC 28) sehen vor, auch Bilder wesentlich höherer Qualität zu unterstützen. So dürfen Bilder mit Auflösungen zwischen 2 und 12 Millionen Bildpunkten verwendet werden. Es sollen Bildraten zwischen 12 fps und 150 fps, ausschließlich im progressiv-Mode, erlaubt sein. Die Daten dürfen dann in RGB- oder $Y/C_r/C_b$-Form vorliegen, wobei pro Kanal und Pixel bis zu 16 Bit in linearer oder logarithmischer Form möglich sind.

Neben der Klärung der technischen Daten muss ein Konzept für Digital Cinema auch berücksichtigen, dass hier nur Kunden das Datenmaterial erhalten dürfen, die dafür bezahlt haben. D. h. es ist ein Management der Aufführungslizenzen erforderlich, das der Generierung und Verwaltung der Verschlüsselungsdaten dient (Abb. 5.45). Weiterhin ist auch die Frage des Programmabrufs zu bedenken, d. h. ob die so genannte Kinoprogrammierung nach einem Push- oder Pull-Modell ablaufen soll, ob also der Distributor das übertragene Programm zentral bestimmt, oder ob der Abruf vom Kinobetreiber aus erfolgt.

Trotz hoher Kosten für die Projektoren sollen sich mit Digital Cinema langfristig auch Kostenvorteile ergeben – einerseits durch Vermeidung der Herstellung und des Vertriebs vieler teurer Kinokopien und andererseits durch neue Nutzungsformen, da mit der neuen Technik auch Live-Events oder Fußballspiele in die Kinos übertragen werden können und sich eine individuellere Anpassung der Werbung an das Kino und seine Zuschauer erreichen lässt.

6 Bildaufnahmesysteme

Bildaufnahmesysteme dienen der Umsetzung der Lichtintensitätsänderung innerhalb einer Abbildung in ein speicherbares, elektronisches oder chemisches Abbild. Zu den Bildaufnahmesystemen gehören die elektronische Kamera, die Filmkamera und der Filmabtaster. Flimabtaster sind bereits in Kap. 5 behandelt worden, wo auch die chemischen Prozesse zur Bildentstehung beim Film beschrieben sind. In diesem Kapitel geht es daher um die Umsetzung einer Lichtmodulation in die Modulation eines elektrischen Signals sowie den Aufbau der Kameras mit ihren optischen und elektrischen Bestandteilen.

Bildwandlerelemente sind kleine lichtempfindliche Gebiete, die einzeln, als Anordnung mehrerer in einer Zeile oder einer Fläche eingesetzt werden. Bildpunkt- und Zeilenwandler werden bei Filmabtastern verwendet und sind in Kap. 5 beschrieben. Im Gegensatz zu den Abtastern kann bei Kameras aber nicht mit transmittierten Strahlen, sondern nur mit dem Licht gearbeitet werden, das von den aufzunehmenden Objekt reflektiert wird. Dazu ist eine flächige Anordnung vieler lichtempfindlicher Elemente erforderlich. Jedes Element entspricht dann einem Bildpunkt (Picture Element, Pixel) und hat die Aufgabe, eine elektrische Ladung in Abhängigkeit von der Lichtintensität zu verändern. Wie beim Film spielt neben der Intensität auch die Belichtungszeit eine Rolle, je länger das Licht wirken kann, desto größer ist die veränderte Ladungsmenge und damit die Lichtempfindlichkeit des Bildwandlers.

6.1 Halbleiterbildwandler

Die Grundlage der Umsetzung von Lichtintensität in ein elektrisches Signal ist durch die Lichtenergie gegeben, die Ladungsträger aus einem Metall lösen oder in einem Halbleitermaterial bilden kann (äußerer und innerer Photoeffekt). Die Nutzung des äußeren Effekts ist mit dem Einsatz alter Vakuumröhrentechnik verbunden, heute kommen fast ausschließlich Bildwandler auf Halbleiterbasis zum Einsatz. In Halbleitermaterialien, wie Silizium, existiert ein Leitungsband, in das die Ladungsträger mit Hilfe der Licht- bzw. Photonenenergie gehoben werden. Die erforderliche Photonenenergie E ist dabei vom Material und der Temperatur abhängig. Für Silizium bei Zimmertemperatur beträgt sie 1,12 eV, woraus mit der Beziehung $E = h \cdot f = hc/\lambda$, die angibt, dass die Photonenenergie mit der Frequenz f steigt, folgt, dass eine bestimmte Grenzwellenlänge für diesen Photonenabsorptionsprozess erforderlich ist, die im angegeben

Beispiel bei 1,1 µm liegt (h bezeichnet das Plancksche Wirkungsquantum). Auch die Eindringtiefe der Photonen hängt von ihrer Energie und damit von der Wellenlänge ab. Kurzwelliges Licht wird an der Oberfläche absorbiert, langwelliges dringt tiefer in das Material ein. Dieser Effekt wird neuerdings als Möglichkeit zur Farbseparation, also zur Gewinnung der Farbauszüge bei Bildwandlern untersucht. Halbleitermaterialien können p- und n-dotiert sein, die Kombination führt zu einer Diode. An der Grenzschicht der zwei Materialien entsteht eine ladungsträgerfreie Sperrschicht, die einen Isolator bildet, so dass die Diode eine Kapazität aufweist. Eine Fotodiode oder ein anderer Halbleiterbildwandler ist so gebaut, dass diese Schicht von Licht erreicht wird und abhängig von der Photonenintensität Ladungsträger gebildet werden.

Wie bei der Filmdigitalisierung sind auch bei der Bildwandlung die wesentlichen Beurteilungsparameter die Bildauflösung, bzw. die MTF und der Dynamikbereich, d. h. der maximal verarbeitbare Szenenkontrast. Letzterer ist nach oben hin durch die Maximalladung im Pixel und nach unten durch das unvermeidliche Rauschen bestimmt. Dabei gilt, dass der Signal/Rauschabstand oder die Dynamikumfang auf der elektronischen Seite nur dann dem auf der optischen Seite entspricht, wenn eine lineare Umsetzung erfolgt. Entsprechend kann mit nicht linearer Umsetzung auch bei relativ geringem Signal/Rauschabstand ein hoher Motivkontrast verarbeitet werden.

6.1.1 Röhrenbildwandler

Der erste elektronische Bildwandler, das Ikonoskop, stand um 1936 zur Verfügung. Bei diesem Gerät wird durch eine fotoelektrische Schicht auf Basis des äußeren Fotoeffektes die Aufladung von Bildpunkt-Kondensatoren erreicht, die durch einen Elektronenstrahl ausgelesen werden. Dieser Bildwandler wurde in den 50er Jahren zum empfindlicheren Superorthikon weiterentwickelt. Kurz darauf stand dann das Vidikon zur Verfügung, welches einen erheblich einfacheren Aufbau aufweist, da es mit einer Halbleiterschicht arbeitet.

6.1.1.1 Das Vidikon
Alle heute gebräuchlichen Bildwandlerröhren arbeiten nach dem Prinzip des Vidikons. Das Vidikon besteht aus einem Röhrenkolben, der evakuiert ist, damit die Elektronenbewegung nicht von Luftmolekülen gestört wird (Abb. 6.1).

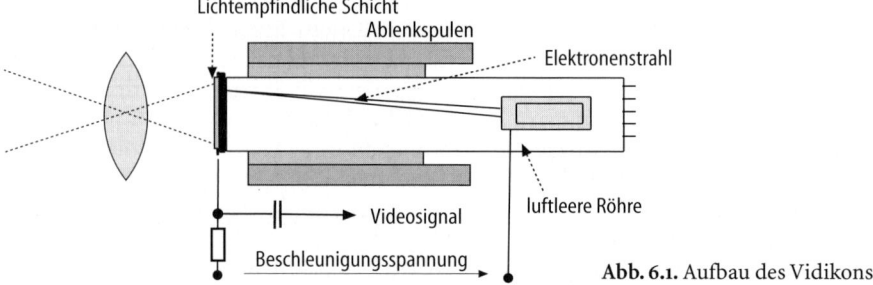

Abb. 6.1. Aufbau des Vidikons

Abb. 6.2. Bildaufnahmeröhre

Die vordere Glasplatte ist fotoempfindlich beschichtet und stellt das Target dar. Am anderen Ende des Röhrenkolbens befindet sich das Elektronenstrahlerzeugungssystem. Ein Heizdraht liefert die Energie zur Emission von Elektronen aus einer Metallkathode. Die Elektronen werden als Strom der Größenordnung 1 µA in Richtung auf ein positives Potenzial beschleunigt und passieren dabei ein Elektrodensystem, welches sie so zu einem Strahl bündelt, dass der Strahldurchmesser beim Auftreffen ca. 10 µm beträgt. Außerhalb des Röhrenkolbens befinden sich Spulen, die ein veränderliches magnetisches Feld erzeugen, das dazu dient, den Elektronenstrahl fernsehnormgerecht abzulenken und über das Target zu führen. Der Elektronenstrahl tastet nacheinander die Ladungszustände aller Punkte ab, so dass insgesamt ein serielles Signal entsteht.

Die Röhrenkolben der genannten Bildwandlertypen sind zylindrisch aufgebaut (Abb. 6.2) und bezüglich des Durchmessers standardisiert. Standardwerte sind 1" (25,4 mm), 2/3" und 1/2". Die Länge der Röhre liegt etwa bei 10–20 cm, daher sind nur geringe Ablenkwinkel für den Elektronenstrahl erforderlich. Nicht die gesamte Röhrendiagonale kann als Bildfenster genutzt werden. Die aktive Bilddiagonale einer 1"-Röhre hat den Wert 16 mm, bei 2/3" und 1/2" sind sie proportional kleiner. Abbildung 6.3 zeigt eine Übersicht über die Standardwerte und die genutzten Bildwandlerflächen für das Format 4:3. Beim Format 16:9 werden die Werte für die Diagonalen beibehalten und die Seitenlängen entsprechend verändert. Moderne Kameras haben maximal 2/3"-Wandler. Beim Vergleich zum Film fällt auf, dass Filmbilder wesentlich größer sind, was erheblichen Einfluß auf die Schärfentiefe und den Filmlook hat (s. Kap. 5).

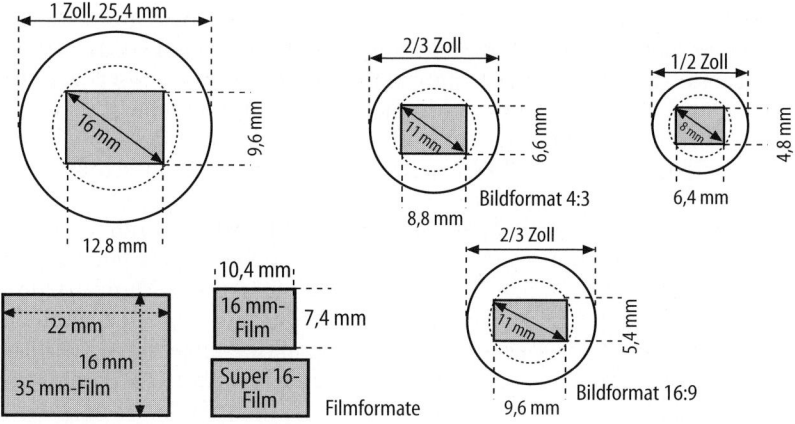

Abb. 6.3. Bildwandlerflächen im Maßstab 1:1

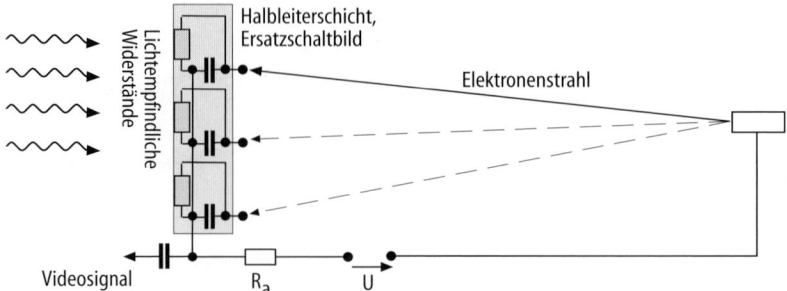

Abb. 6.4. Ersatzschaltbild der lichtempfindlichen Schicht

6.1.1.2 Die lichtempfindliche Schicht

Das Target besteht aus einer transparenten Zinnoxidschicht die als Signalelektrode dient und einer zweiten, lichtempfindlichen Schicht aus Selen oder Antimontrisulfid. Die Wirkung des Lichtes auf diese Schicht lässt sich am einfachsten verstehen, wenn man sie sich in Halbleiterpunkte zerlegt denkt und die kapazitive sowie ladungsträgerbildende Wirkung von Fotodioden betrachtet. So kann man sich vorstellen, dass jeder Bildpunkt aus einer Parallelschaltung eines Kondensators mit einem lichtempfindlichen Widerstand besteht (Abb. 6.4). Gemäß der Zunahme von Ladungsträgern mit der Lichtintensität sinkt der Widerstand mit der Beleuchtungsstärke. Man kann sich nun vorstellen, dass der Kondensator durch den Elektronenstrahl aufgeladen wird. Bei Dunkelheit ist im Idealfall der Widerstand so groß, dass sich der Kondensator bis zur nächsten Aufladung nicht entlädt. Bei hohen Lichtintensitäten wird dagegen der Widerstandswert klein, so dass der Kondensator über den Widerstand entladen wird. Der Entladungszustand jedes Kondensators repräsentiert damit die Helligkeit des entsprechenden Bildpunktes.

Der Elektronenstrahl hat nun die Aufgabe, die Bildpunkte fernsehnormgerecht abzutasten und die Kondensatoren jedes Bildpunktes wieder aufzuladen. Wenn der Strahl nach einer Vollbilddauer wieder die gleiche Stelle abtastet, ist durch das Maß der Nachladung des Bildpunktkondensators bestimmt, welche Helligkeit an dem betreffenden Bildpunkt vorgelegen hat. Zwischen den Abtastungen entleeren sich die Kondensatoren fortwährend, damit wird zeitlich über die Lichtstärke integriert und somit eine große Empfindlichkeit erreicht. Der Elektronenstromkreis wird über die Zinnoxidschicht und den Arbeitswiderstand R_a geschlossen. An R_a fällt in Abhängigkeit vom Nachladestrom mehr oder weniger Spannung ab (Abb. 6.4).

Die Speicherschicht verhält sich nicht ideal, die Kondensatoren entladen sich auch bei völliger Dunkelheit ein wenig, so dass beim Nachladen auch in diesem Fall ein Strom, der Dunkelstrom, fließt. Die Stärke des Dunkelstroms steigt mit der Temperatur. Zur Korrektur des daraus resultierenden Signalfehlers wird am Rand des Targets eine kleine Schwarzmaske angebracht (Optical Black, Abb. 6.2). Das Signal aus diesem Abtastbereich entspricht dem Dunkelstrom und dient damit als Korrekturreferenz. Auf diese Weise wird gleichzeitig auch die Temperaturabhängigkeit berücksichtigt.

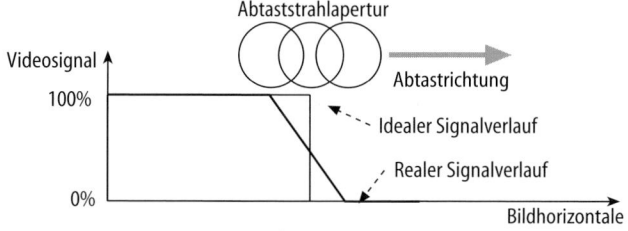

Abb. 6.5. Wirkung der Apertur des Abtaststrahls

6.1.1.3 Die Ortsauflösung

Die Ortsauflösung des Röhrenbildwandlers wird wesentlich durch den Durchmesser des Elektronenstrahls am Ort des Targets sowie durch die Verteilung der Elektronen innerhalb des Strahles bestimmt, daraus ergibt sich die so genannte effektive Apertur. Die Apertur begrenzt die höchste Signalfrequenz, wirkt also als Tiefpassfilter. Hohe Signalfrequenzen treten an scharfen Kanten auf, Abbildung 6.5 zeigt, wie ein solches Signal durch die Abtastung mit großer Apertur verformt wird.

Hohe Frequenzen ergeben sich auch aus Strichrastern mit eng beieinander liegenden Linien. Die nach der Wandlung resultierende Trennbarkeit der Linien wird durch die Modulationsübertragungsfunktion (Modulation Transfer Function, MTF) des Wandlers beschrieben (s. Kap. 5.3.6). Für professionelle Kameras in Broadcast-Anwendungen wird bei 5 MHz mindestens MTF = 50% gefordert. Mit Hilfe einer Aperturkorrektur durch Anhebung hoher Frequenzen wird der Aperturfehler in der Kamera kompensiert.

Ein besonderes Problem stellt bei Röhrenbildwandlern die zeitliche Auflösung dar, denn das Abtastsystem beruht auf der Aufladung von Kapazitäten, die immer mit charakteristischen Zeitkonstanten $\tau = RC$ verbunden ist. Die Umladezeit der Kondensatoren in der lichtempfindlichen Schicht wird durch den Strahlwiderstand R und die Schichtkapazität C bestimmt, große Kapazitäten erfordern lange Ladezeiten. Die Zeitkonstante repräsentiert eine Trägheit, die zu Schmier- und Nachzieheffekten führt, die besonders bei Kameraschwenks deutlich werden. Bei extremer Helligkeit kann der Fall auftreten, dass die hellen Bildstellen vergrößert erscheinen, quasi aufblühen (Blooming Effect), die fotoempfindliche Schicht kann durch große Helligkeit auch zerstört werden (Einbrenngefahr). Eine Röhrenkamera sollte daher, auch im ausgeschalteten Zustand, nie direkt auf helle Lichtquellen gerichtet werden.

Durch die Weiterentwicklung der fotoempfindlichen Materialien ist es gelungen, einerseits die Lichtempfindlichkeit der Bildwandler zu steigern und andererseits die Kapazität der lichtempfindlichen Schicht zu verringern, womit sich auch der Nachzieheffekt reduziert. Große Verbreitung hatte das Plumbikon gefunden, eine Röhre, die mit einer fotoempfindlichen Schicht aus dotiertem Bleioxid arbeitet. Die Kapazität dieser fotoempfindlichen Schicht beträgt nur etwa ein Drittel der des Vidikons. Weitere verbesserte Röhrentypen sind das Saticon, das ähnlichen Eigenschaften wie das Plumbikon aufweist, aber preiswerter ist, sowie das Newvikon, das sich vor allem durch große Empfindlichkeit und geringe Gefährdung gegen Einbrennen auszeichnet.

6.1.2 CCD-Bildwandler

Wie in allen Bereichen der Elektronik wurden auch bei den Bildwandlern die Röhren durch Halbleiterbauelemente abgelöst. Halbleiter sind mechanisch robust, benötigen nur kleine Spannungen und Leistungen, haben ein geringes Gewicht und sind unempfindlich gegen Überbelichtung. Ein für Bildwandler sehr oft eingesetzte Halbleiterbauelement ist der CCD-Chip (Charge Coupled Device), ein Schieberegister, das auch als Eimerkettenspeicher bezeichnet wird. Im CCD wird elektrische Ladung wie Wasser in einer Eimerkette von einer Speicherzelle zur nächsten transportiert.

6.1.2.1 Die CCD-Zelle

Eine CCD-Speicherzelle wird durch einen sog. MOS-Kondensator gebildet. MOS steht für Metall Oxid Semiconductor, Abbildung 6.6 zeigt den Aufbau. Eine Elektrode ist durch die Oxidschicht auf dem Halbleitermaterial vom Halbleiter getrennt. Durch eine an der Elektrode angelegten Spannung wird im Halbleiter eine Potenzialsenke gebildet, in der sich Ladung sammeln kann. Ein CCD ist ein analoges Bauelement. Die Spannungen an den Elektroden, die den Transport der Ladung bewirken, nehmen zwar nur wenige diskrete Zustände an, die lichtabhängig gesammelte Ladung ist aber nicht wertdiskret sondern analoger Art.

Durch die Veränderung der Spannungsniveaus kann die Ladung von einer Speicherzelle zur nächsten, eng benachbarten Zelle weitertransportiert werden. Häufig wird der 3-Phasenbetrieb benutzt, der in Abbildung 6.7 dargestellt ist. Das höchste Spannungsniveau dient zur Trennung der Speicherzellen, am zweithöchsten Niveau wird die Ladung gesammelt. Wenn nun an der Nachbarzelle ein Potenzial eingestellt wird, das noch tiefer liegt, so fließt die Ladung zu dieser Nachbarzelle und wird auf diese Weise räumlich verschoben. Durch den beschriebenen Mechanismus kann die Ladung über die gesamte CCD-Zeile transportiert werden, es ist dabei möglich, auch mit zwei oder vier Spannungsniveaus zu arbeiten. Die eindimensionale Anordnung der Zellen führt zu einer CCD-Zeile (Abb. 6.8). Sie kann zur Bildwandlung in Filmabtastern eingesetzt werden. Hier wird der Film zeilenweise abgetastet, indem er durchleuchtet und kontinuierlich vor der CCD-Zeile vorbei geführt wird (s. Kap 5.7.2).

Bei Halbleiterbildwandlern soll die Ladung in den Speicherzellen allein von der Lichtintensität abhängen. Der CCD-Chip kann so gebaut werden, dass jede CCD-Zelle mit einer Fotodiode kombiniert wird. Durch die auftreffende Lichtenergie werden in der Sperrschicht der Fotodiode Ladungsträger gebildet. Je höher die Lichtintensität ist, desto mehr Ladungsträger treten auf. Durch einen

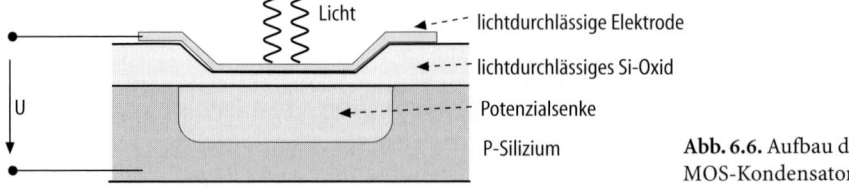

Abb. 6.6. Aufbau des MOS-Kondensators

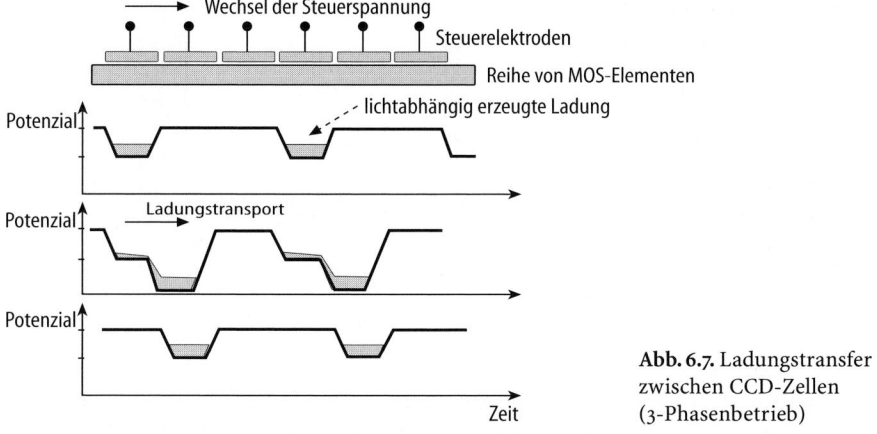

Wechsel der Steuerspannung

Steuerelektroden

Reihe von MOS-Elementen

lichtabhängig erzeugte Ladung

Potenzial

Potenzial

Ladungstransport

Potenzial

Zeit

Abb. 6.7. Ladungstransfer zwischen CCD-Zellen (3-Phasenbetrieb)

integrierten Transistor kann die Ladung in die zugehörige CCD-Zelle geschaltet werden, die dann nur dem Ladungstransport dient und deshalb lichtdicht abgedeckt sein muss. Auf die Anordnung mit separater Fotodiode wird in der Praxis meist verzichtet. Statt dessen wird die Lichtempfindlichkeit der CCD-Zelle selbst ausgenutzt. Die Zelle wird dann zur Lichterzeugung und zum Ladungstransport benutzt, d. h. dass sie vor Lichteinfall geschützt werden muss, wenn sie die Ladung der Nachbarzellen transportiert.

6.1.2.2 CCD-Aufnahmewandler

Zum Einsatz in Kameras sind Bildwandlerflächen erforderlich, eine CCD-Bildwandlerfläche wird aus CCD-Zeilen zusammengesetzt. Durch die MOS-Zellen wird das Bild bei der Wandlung sowohl horizontal als auch vertikal in Bildpunkte (Pixel) zerlegt. Je mehr Pixel vorhanden sind, desto besser ist die Auflösung bzw. die Qualität des Bildwandlers. Nicht alle CCD-Zellen werden zur eigentlichen Bildwandlung genutzt. Auch CCD weisen einen Dunkelstrom auf, der wie bei Röhren mit Hilfe von lichtdicht abgedeckten Pixeln korrigiert wird (Optical Black). Die Anzahl der CCD-Zeilen sollte mindestens der aktiven Zeilenanzahl der Videonorm entsprechen. Die Pixelanzahl pro Zeile folgt aus dem Seitenverhältnis und der Berücksichtigung des Kellfaktors. Eine Abschätzung der aufgrund von Alias auftretenden Störkomponenten ergibt, dass bei Standardauflösung für die aktive Zeile 800 Pixel erforderlich sind, wenn die zur

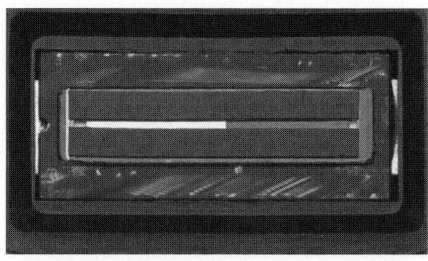

Abb. 6.8. CCD-Zeile [18]

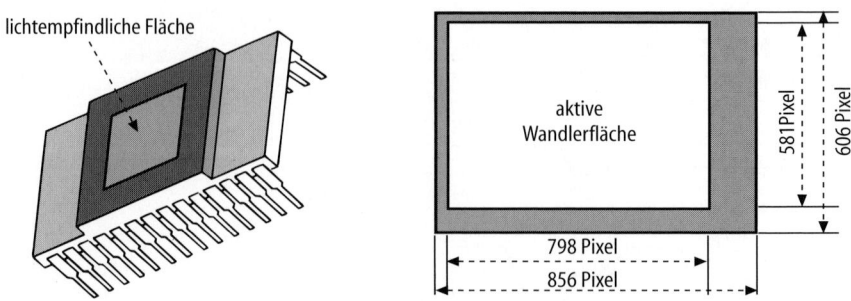

Abb. 6.9. CCD-Chip im Gehäuse und Beispiel für die Bildpunktanzahl auf der Wandlerfläche

Videobandbreite 5 MHz gehörigen 520 Pixel (s. Kap. 2) störungsfrei wiedergegeben werden sollen. Ein CCD-Wandler für ein 4:3 Bild nach CCIR B/G sollte
also mehr als 800 H x 580 V Pixel enthalten [116].

Die CCD-Chips werden in mit einem Fenster versehenen Gehäusen untergebracht, wie sie gewöhnlich in der Halbleiterindustrie verwendet werden (Abb.
6.9). Für die Bildwandlerabmessungen werden die Werte der aktiven Wandler-
flächen von Röhrenbildwandlern übernommen (Abb. 6.10). Das gilt auch für
die Bezeichnung, d. h. ein Wandler mit einer Bilddiagonale von 11 mm wird als
ein 2/3"-CCD-Bildwandler bezeichnet. Es werden Wandlergrößen bis hinab zu
1/4" gefertigt, in professionellen Kameras werden meist 2/3"-CCD eingesetzt.
Die Pixelanzahl muss also auf einer Fläche von ca. 0,5 cm² untergebracht werden, der Anspruch an die Fertigungstechnologie ist dementsprechend hoch.
Durch Fehler beim Fertigungsprozess kommt es vor, dass einzelne Sensorelemente ausfallen. Darum werden die CCD geprüft und selektiert. CCD mit
Fehlstellen werden für preiswerte Kameras verwandt. Beim Auslesen der
Fehlstellen wird das Videosignal verfälscht, es entsteht der Flaw-Effekt, der mit
Hilfe elektronischer Maßnahmen verdeckt werden kann (s. Abschn. 6.2.3).

6.1.2.3 Speicherbereiche

Das Ladungsbild der Pixel repräsentiert die optische Abbildung. Die Ladungen
der Zellen müssen fernsehnormgerecht ausgelesen und zu einem seriellen Signal geformt werden. Da zur Erzielung einer hohen Empfindlichkeit die Ladung in den Zellen möglichst lange aufintegriert werden soll, müssen La-
dungssammel- und Auslesevorgang getrennt werden. Bie digitalen Fotokame-

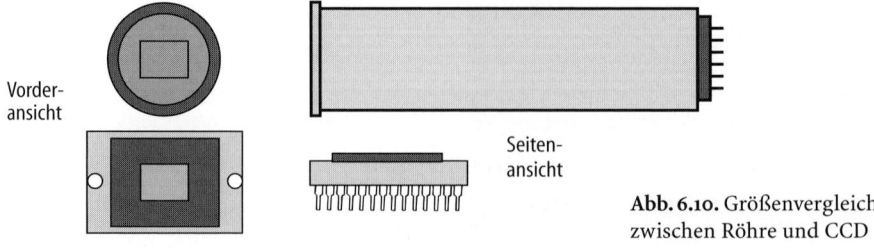

Abb. 6.10. Größenvergleich
zwischen Röhre und CCD

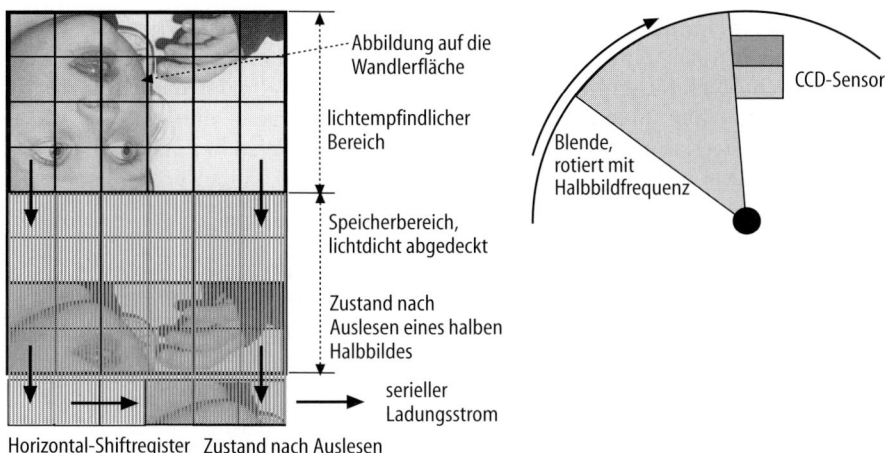

Abbildung auf die Wandlerfläche

lichtempfindlicher Bereich

Speicherbereich, lichtdicht abgedeckt

Zustand nach Auslesen eines halben Halbbildes

serieller Ladungsstrom

CCD-Sensor

Blende, rotiert mit Halbbildfrequenz

Horizontal-Shiftregister   Zustand nach Auslesen einer halben Zeile

Abb. 6.11. Frame Transfer Prinzip

ras ist das kein Problem, da die Pixel während des Ladungstransports nicht dem Licht ausgesetzt sind. Die in der Fototechnik verwendeten Full Frame-CCD arbeiten daher wie im unten dargestellten FT-Modus, nur ohne separaten Speicherbereich. In Videokameras ist dagegen genau dieser erforderlich. Die verschiedenen CCD-Typen werden im Videobereich daher hinsichtlich der Anordnung ihrer Speicherbereiche in FT-, IT- und FIT-Typen unterschieden.

6.1.2.4 Frame Transfer (FT)

Ein nach dem Frame Transfer-Prinzip aufgebauter CCD-Chip besteht aus einem lichtempfindlichen Sensorteil, einem lichtdicht abgedeckten Speicherbereich und einer einzelnen CCD-Zeile, die als horizontales Ausleseregister dient (Abb. 6.11). Die durch das Licht erzeugte Ladung wird während der aktiven (Halb-) Bilddauer gesammelt und während der Vertikalaustastung in den Speicherbereich verschoben, dabei dienen die lichtempfindlichen CCD-Zellen auch als Ladungstransportzellen. Damit die Ladungen während des Transports nicht verfälscht werden, muss die Sensorfläche in dieser Zeit lichtdicht abgedeckt werden. Die Abdeckung wird über eine rotierende mechanische Flügelblende erreicht (Abb. 6.11), die die maximale Belichtungszeit auf 16 ms pro Halbbild begrenzt. Während im Sensorteil die Ladungen des nächsten Bildes gesammelt werden, kann der Speicherbereich der Fernsehnorm entsprechend zeilenweise ausgelesen werden. Dazu wird jeweils die unterste Zeile des Speicherbereichs während der horizontalen Austastlücke in das H-Ausleseregister übernommen. Das Register wird während der aktiven Zeilendauer geleert, so dass ein serieller Ladungsstrom entsteht. Wenn der FT-Bildwandler nur für Videosysteme mit Zeilensprung genutzt werden soll, kann die CCD-Zeilenzahl halbiert werden. Der örtliche Arbeitsbereich der Zeile wird dann spannungsgesteuert für jedes Halbbild nach oben oder unten versetzt. Das geschieht durch Verschiebung der Potenzialwälle, die die Zeilen trennen. Der Speicherbereich muss dann nur die Zeilen eines Halbbildes aufnehmen.

Das FT-Prinzip hat gegenüber anderen den Vorteil, dass die Pixeldichte sehr groß ist, womit sich eine hohe Empfindlichkeit und ein gutes Auflösungsvermögen ergibt. Der wesentliche Nachteil ist die Notwendigkeit der Verwendung einer mechanischen Blende. Ein Beispiel für den Einsatz eines 2/3"-FT-Bildwandlers ist die Kamera LDK 20 von Thomson. Der Wandler hat hier 1000 x 594 Pixel, die bei MTF = 70% eine Auflösung von 800 Linien ermöglichen.

6.1.2.5 Interline Transfer (IT)

Beim IT-Bildwandler liegt der Speicherbereich nicht unterhalb, sondern in der Bildwandlerfläche. Neben den lichtempfindlichen Sensorelementen befinden sich die lichtgeschützten Speicherzellen, der Speicherbereich besteht also aus vertikalen Spalten (Abb. 6.12). Während der Dauer eines Halbbildes wird die Ladung in den Sensorelementen gesammelt. In der vertikalen Austastlücke wird sie dann innerhalb von weniger als einer Mikrosekunde in den Speicherbereich geschoben, eine Lichtabdeckung während dieses Transportvorganges ist dabei nicht erforderlich. Anschließend beginnt die Integrationszeit für das nächste (Halb-) Bild. Während dieser Zeit werden die Speicherspalten wie beim FT-Prinzip mit Hilfe des horizontalen Transportregisters fernsehnormgerecht ausgelesen.

Ein IT-CCD arbeitet ohne mechanische Blende und bietet den Vorteil, dass wegen der schnellen Ladungsübernahme in den Speicherbereich die Integrationsdauer hoch ist. Nachteil dieses Prinzips ist die geringe Pixeldichte und vor allem die Anfälligkeit für den so genannten Smear-Effekt. Der Begriff »Smear« beschreibt ein Verschmieren von Bildpunkten, das vor allem bei IT-CCD auftritt. Ursache ist der Ladungstransport in den Speicherspalten, während gleichzeitig die benachbarten Sensorelemente dem Licht ausgesetzt sind. Die Abmessungen der Lichtabdeckung für die Speicherspalten sind sehr klein, es lässt sich nicht völlig vermeiden, dass Licht auch unter die Abdeckung gelangt. Liegt beispielsweise ein sehr heller Bildpunkt in einer dunklen Umgebung, so bewirkt das helle Licht eine Ladungsvermehrung für alle Ladungen, die durch die benachbarte Speicherzelle transportiert werden. Da die transportierten Ladungsmengen aus dunklen Bildbereichen sehr gering sind, ist die Verfälschung sehr auffällig. Sie erscheint als senkrecht verlaufender Strich, der durch den

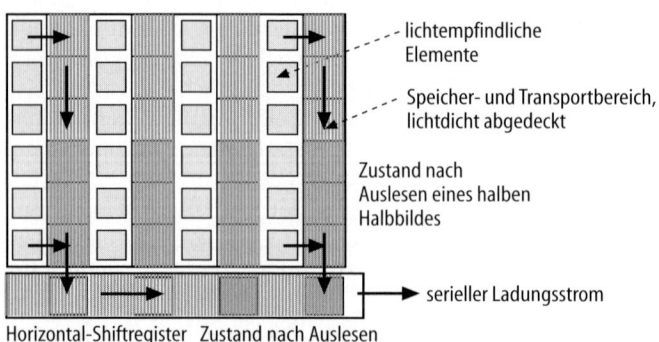

Abb. 6.12. Interline Transfer Prinzip

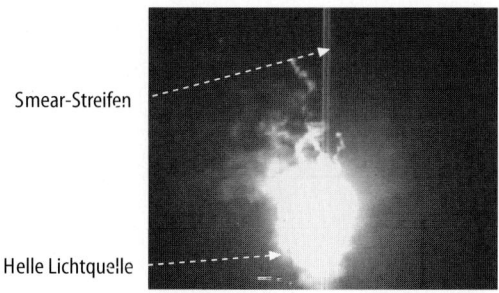

Smear-Streifen

Helle Lichtquelle

Abb. 6.13. Vertical Smear Effect

hellen Bildpunkt läuft, der die Störung hervorruft (Abb. 6.13). Bei FT-CCD tritt der Smear-Effekt nicht auf, da der Sensorbereich während des Ladungstransportes abgedeckt wird. Bei FIT-CCD ist der Fehler gegenüber IT erheblich reduziert, da wegen des schnellen Ladungstransports nur wenig Zeit zur Verfügung steht, um im Transportregister aus dem Licht, das unter die Abdeckung gerät, Ladungen zu erzeugen.

CCD-Chips nach dem IT-Prinzip werden im Heimanwenderbereich und auch z. B. in der Kamera WV-F700 von Panasonic eingesetzt. Die Chip-Größe beträgt hier 2/3", die Horizontalauflösung wird mit 800 Linien angegeben.

6.1.2.6 Frame-Interline-Transfer (FIT)

Das Frame Interline Transfer-Prinzip kombiniert die IT- und die FT-Technik (Abb. 6.14). Der Speicherbereich besteht wie beim IT-CCD aus Speicherspalten, außerdem ist ein FT-ähnlicher Speicherbereich unterhalb des Sensorbereichs vorhanden. Die Ladung aus den Sensorelementen wird wie beim IT-CCD zunächst in die lichtdicht abgedeckten Spalten geschoben. Anschließend wird sie dann sehr viel schneller als beim IT-CCD in den Speicherbereich verschoben, von wo aus sie normgerecht ausgelesen werden kann. Durch die Kombination

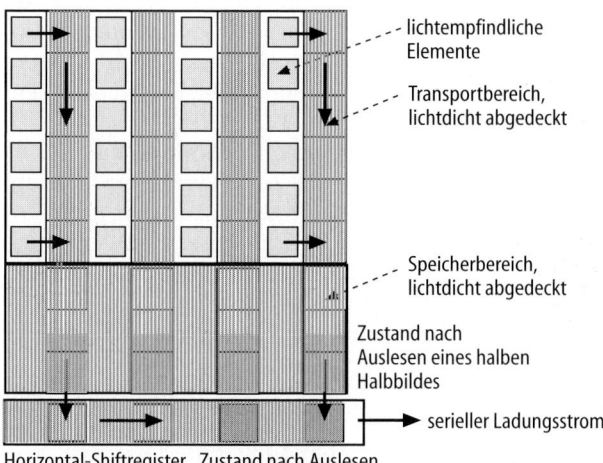

lichtempfindliche Elemente

Transportbereich, lichtdicht abgedeckt

Speicherbereich, lichtdicht abgedeckt

Zustand nach Auslesen eines halben Halbbildes

serieller Ladungsstrom

Horizontal-Shiftregister   Zustand nach Auslesen einer halben Zeile

Abb. 6.14. Frame Interline Transfer Prinzip

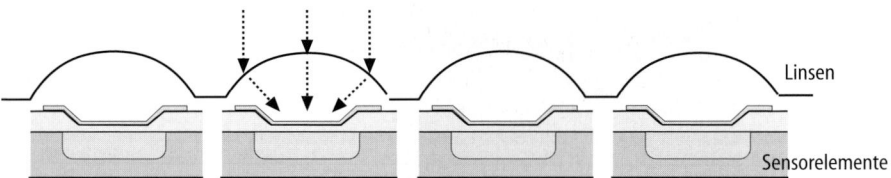

Abb. 6.15. On-Chip-Lens-Prinzip

des IT- und FT-Prinzips wird auch eine Kombination der Vorteile erreicht: Einerseits ist keine mechanische Blende erforderlich, andererseits ist der Smear-Effekt stark reduziert, denn dieser ist von der Transportgeschwindigkeit in den Speicherspalten abhängig. Nachteil des FIT-CCD ist der hohe technische Aufwand und die gegenüber dem FT-Prinzip verringerte Pixeldichte. Bei gewöhnlichen IT- und FIT-CCD kann auch das Licht, das auf die Speicherspalten fällt, nicht genutzt werden. Um diesen Nachteil gegenüber FT-CCD zu vermindern, wird von vielen Herstellern die On-Chip-Lens-Technik (OCL) verwandt. Dabei wird über jedem Sensorelement eine eigene kleine Linse angebracht, die auch das Licht auf die Sensoren bündelt, das sonst auf die Speicherspalten fällt und damit verlorengeht. Die damit bewirkte Lichtkonzentration trägt auch zur Reduzierung des Smear-Effekts bei, da das Licht von den Speicherspalten weg gelenkt wird (Abb. 6.15).

Ein Beispiel für den Einsatz von FIT-Chips ist die Kamera Sony BVW 400. Die Bildpunktzahl beträgt hier 752 x 582 bei einer Wandlergröße von 2/3". Die Horizontalauflösung wird mit 700 Linien angegeben.

6.1.2.7 Auslese-Modi bei IT und FIT

Die Gewinnung von Halbbildern kann auf verschiedene Arten erfolgen. Im Frame-Reset-Mode (Super Vertical Mode) wird die Ladung jeder zweiten Zeile ausgewertet, je Halbbild also die geraden oder ungeraden Zeilen. Die Ladung der jeweils ungenutzten Zeilen wird vernichtet. Im Field-Integration-Mode (Field Read Mode) werden dagegen zwei Zeilen paarweise zusammengefasst, wobei die Paarbildung halbbildweise wechselt (Abb. 6.16). Dieser Modus ist die Standardbetriebsart und bietet den Vorteil einer verdoppelten Empfindlichkeit, allerdings auf Kosten der Vertikalauflösung.

Als dritte Möglichkeit steht manchmal der Frame Read Mode zur Verfügung. Hier wird, wie beim Frame Reset Mode, jede Zeile einzeln ausgelesen, die damit verbundene geringere Lichtempfindlichkeit gegenüber dem Field-Integration-Mode wird durch eine Verdopplung der Belichtungszeit ausgeglichen. Die Halbbilder werden paarweise überlappend zusammengefasst. Trotz der begrifflichen Assoziation entspricht dieser Auslesemodus nicht dem Verhalten einer Filmkamera, denn dort wird das Bild nur über die Dauer eines Halbbildes gewonnen. Zwar verringert sich auch beim Frame Read Mode die Bewegungsauflösung, das Bild wird aber auch unschärfer, da es zwei Bewegungsphasen enthält. Ein filmtypischer Bewegungseindruck kann nur mit Hilfe des Ausleseprinzips beim M-FIT (s. u.) erreicht werden. Abbildung 6.16 zeigt den Vergleich aller Auslesemodi [143].

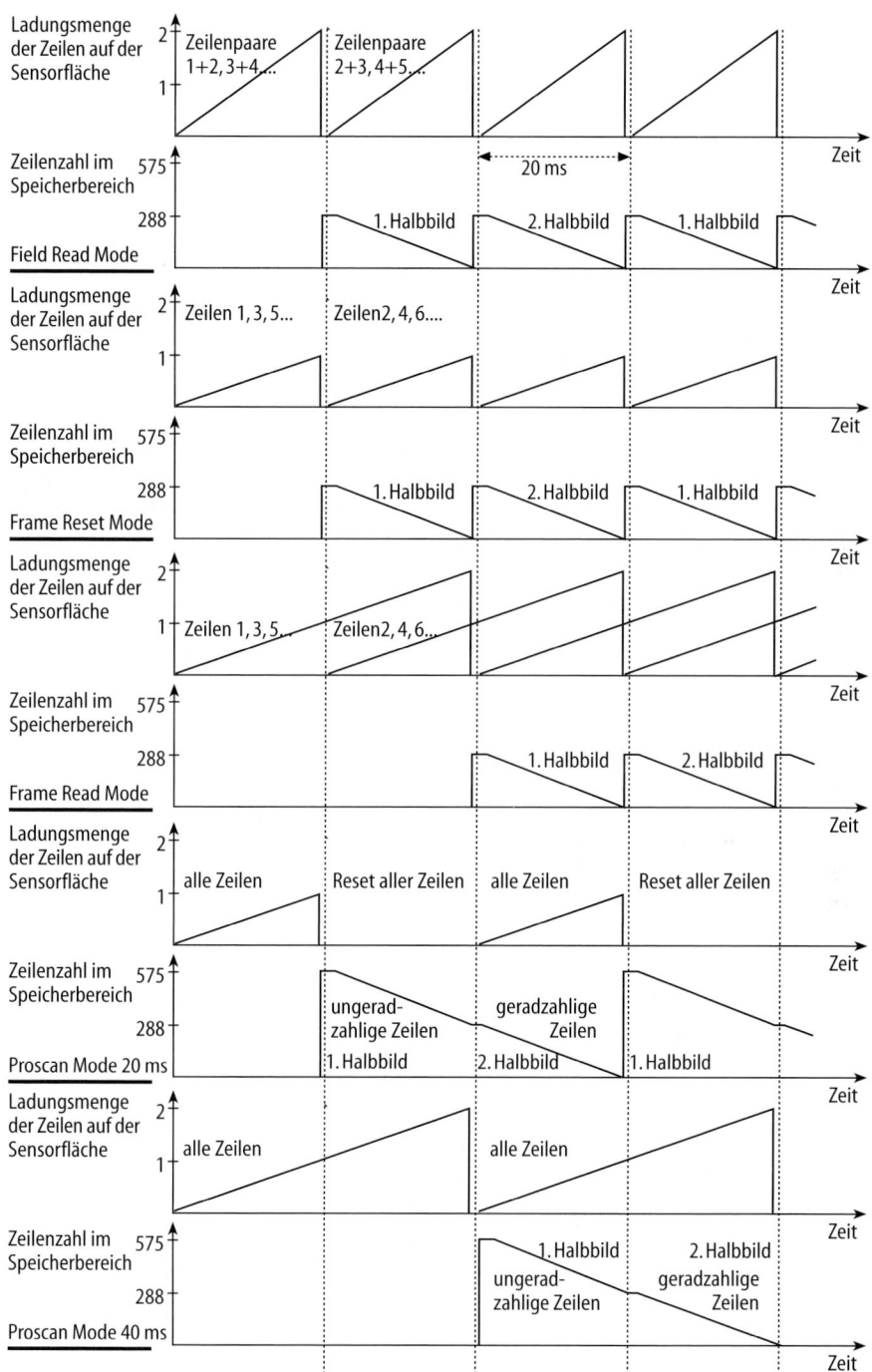

Abb. 6.16. Vergleich aller Auslese-Modi bei IT- und FIT-CCD

6.1.2.8 M-FIT

Ein M-FIT-Chip (Multiple Frame Interline Transfer) arbeitet nach dem FIT-Prinzip, allerdings ist die Speicherfläche unterhalb des bildaktiven Bereichs verdoppelt, so dass nicht nur die Zeilen eines Halbbildes, sondern alle 576 (oder 1080 bei HD-Kameras) aktiven Zeilen zur gleichen Zeit abgelegt werden können (Abb. 6.17). Der M-FIT-Chip ist die Basis für ProScan-Kameras, mit der eine Bewegungsauflösung erzielt werden kann, die der von Filmkameras entspricht. Der Bildwandler wird dazu im 20 ms-Modus so gesteuert, dass die Ladung nur während der Dauer eines Halbbildes gesammelt wird und während der folgenden V-Austastlücke zunächst die ungeraden und direkt danach dann die geraden Zeilen in den Speicherbereich geschoben werden. In der folgenden Halbbildperiode wird wie üblich das erste Halbbild ausgegeben, die während dieser Zeit im Bildbereich entstehenden Ladungen werden abgeführt. Anschließend wird das zweite Halbbild ausgelesen, während die Ladungen für das nächste Vollbild gesammelt werden. Mit diesem 20 ms-Modus wird erreicht, dass die Bewegungsauflösung nicht auf zwei verschiedenen Halbbildern und 50 Hz, sondern auf einem Vollbild und 25 Hz beruht (Progressiv Scan). Die Ladungsbildung für ein Bild entsteht in allen Zeilen gleichzeitig, wobei altnativ im 40 ms-Modus die Ladung über die Vollbilddauer gewonnen wird. Für die videotechnische Umsetzung werden erst anschließend, wie bei der Filmabtastung, zwei Halbbilder gewonnen.

Eine ProScan-Kamera erzeugt im 20 ms-Modus also eine Bewegungsauflösung, die der einer Filmkamera entspricht, denn auch dort entsteht ein Vollbild mit 24 (25) Hz [143]. Diese ist schlechter als im gewöhnlichen Videosystem, aber gerade das soll erreicht werden, denn damit kommt man dem viel-

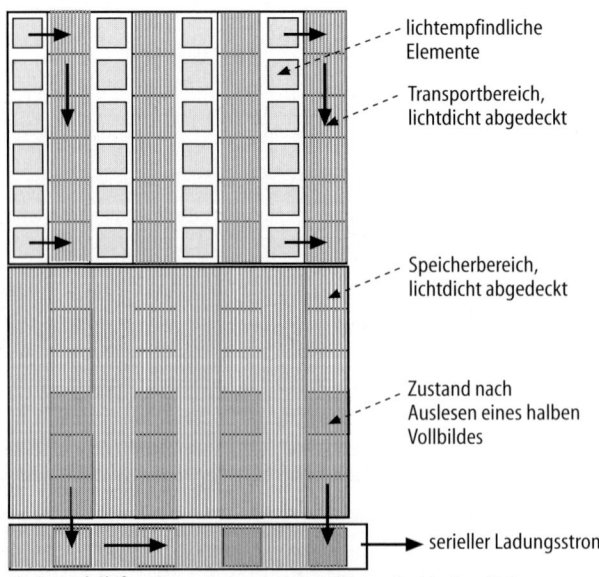

lichtempfindliche Elemente

Transportbereich, lichtdicht abgedeckt

Speicherbereich, lichtdicht abgedeckt

Zustand nach Auslesen eines halben Vollbildes

serieller Ladungsstrom

Horizontal-Shiftregister   Zustand nach Auslesen einer halben Zeile

Abb. 6.17. M-FIT-Prinzip

zitierten Filmlook näher, der sich vor allem auch durch eine besondere, in gewissem Maße realitätsfremde Bildanmutung auszeichnet, die sich neben der geringen Bewegungsauflösung in der unregelmäßigen Verteilung der Filmkorns und auch im nicht perfekten Bildstand niederschlägt (s. Kap. 5).

6.1.2.9 HDTV-CCD

Um auch bei der Aufnahme von HDTV-Bildern mit Standardobjektiven arbeiten zu können, sollen die Bildwandlerdiagonalen für HDTV nicht größer als bei Standard-TV sein. Daraus folgt, dass die Sensorelemente extrem klein werden. Auf einem 2/3"-Wandler mit einer Bildfläche von 9,6 mm x 5,4 mm müssen für den HDTV-Standard ca. 1920 x 1100 Pixel, also mehr als 2 Millionen Sensorelemente untergebracht werden, woraus Sensorstrukturen der Größenordnung 5 μm resultieren.

HDTV-CCD werden sowohl nach dem FT- als auch nach dem (M-)-FIT-Prinzip gebaut. In beiden Fällen ergibt sich aufgrund der großen Pixelzahl eine hohe Auslesetaktfrequenz von ca. 70 MHz. Diese hohen Taktraten sind schwer beherrschbar, daher werden zwei horizontale Ausleseregister wechselweise verwandt, damit die Taktfrequenz halbiert werden kann. Ein Beispiel für den Einsatz von HDTV-Chips ist die Kamera LDK 6000 von Philips. Die Bildpunktzahl beträgt hier 1920 H x 1152 V bei einer Bilddiagonalen von 11 mm (2/3").

6.1.2.10 High Speed Shutter

Der Begriff steht für eine Veränderungsmöglichkeit des Belichtungszeit, abgeleitet von der Verschlusszeit einer mechanischen Blende. Durch verkürzte Belichtungszeiten lassen sich schnelle Bewegungsabläufe ohne Unschärfen darstellen. Bewegt sich z. B. ein Tennisball in 20 ms von links nach rechts durch das Bildfeld, so erscheint normalerweise seine Position über die ganze Bildbreite verschmiert, da er sich am Anfang der Bildintegrationszeit am linken und am Ende der Zeit am rechten Bildrand befindet.

Durch den elektronischen Shutter (Abb. 6.18) wird eine Verkürzung der Integrationszeit bewirkt, und der Ball erscheint nur an einer Stelle im Bild. Dazu wird die im ersten Teil der Gesamtintegrationsdauer gesammelte Ladung abge-

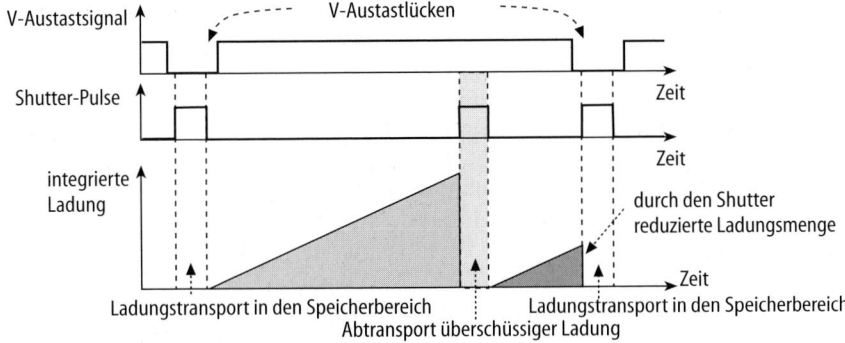

Abb. 6.18. Shutter-Betrieb

führt und nur die Ladung genutzt, die im restlichen Teil der Halbbildperiode auftritt. Zur Abfuhr der überschüssigen Ladung muss ein eigener Kanal (Drain) benutzt werden. Bei modernen Bildwandlern liegt dieser nicht neben, sondern unter den Sensorelementen, damit ist eine höhere Pixeldichte möglich (Hole Accumulation Diode-Technologie, HAD).

Die normale Belichtungszeit von 1/50 s wird durch den Shutter auf 1/100 s, 1/500 s, 1/1000 s etc. verringert. Moderne Kameras erlauben auch eine stufenlose Einstellung der Belichtungszeit. Damit lässt sich die Kamera an beliebige Frequenzen anpassen, was z. B. von Bedeutung ist, wenn man das Bild eines Computermonitors, der mit einer Bildwechselfrequenz von 75 Hz arbeitet, ohne störende Interferenzstreifen aufnehmen will (Clear Scan). Bei Einsatz des Shutters sinkt die Empfindlichkeit proportional zur verminderten Ladungsintegrationszeit. Zum Ausgleich muss die Beleuchtungsstärke oder die Blende verändert werden.

6.1.2.11 CCD-Empfindlichkeit

Die Empfindlichkeit der CCD ist von der wellenlängenabhängigen Quantenausbeute (Ladung pro Lichtquant) bestimmt. Einen Einfluss hat auch der Aufbau des Sensors. FT-CCD sind aufgrund der größeren Pixel prinzipiell empfindlicher als IT- und FIT-CCD, allerdings wird ein Teil des Lichts durch die Taktelektroden absorbiert, die bei FT-Chips über den lichtempfindlichen Bereichen und bei IT- und FIT-CCD auf den Speicherspalten verlaufen.

Die für die Praxis relevante Angabe der Wandlerempfindlichkeit beruht auf der Angabe der Blendenzahl, die erforderlich ist, um bei gegebener Beleuchtungstärke E den vollen Videosignalpegel zu erreichen. Der Bezugswert ist die Beleuchtungsstärke in der Szene (z. B. 2000 lx). Zu Messzwecken wird eine weiße Fläche mit bekanntem Remissionsgrad (meist 89,9%) beleuchtet. Es wird dann bestimmt, welche Blende erforderlich ist, damit sich an der Kamera ein 100 %-Videosignal ergibt. Moderne CCD-Videokameras benötigen eine Beleuchtungsstärke von E = 2000 Lux, um bei Blende k = 10 einen Videopegel von 100 % zu erreichen. Das entspricht einem Belichtungsindex von ca. 26 DIN. Diese Angabe bezieht sich auf eine Beleuchtung mit Kunstlicht von 3200 K und einen Remissionsgrad der beleuchteten Fläche von R = 89,9% und folgt mit der Belichtungsdauer t pro Bild aus der Beziehung

$$\text{DIN-Empfindlichkeit} = 10 \log (k^2 \cdot 285 \text{ lxs} / (R \cdot E \cdot t)) \text{ [86].}$$

Durch zusätzliche Verstärkung kann erreicht werden, dass dieser Videopegel bereits bei geringerer Beleuchtungsstärke erzielt wird, allerdings vermindert sich dann der Signal-Rauschabstand. Bei gängigen Kameras kann eine Maximalverstärkung von 18 dB zugeschaltet werden, der Signal-Rauschabstand ist dann um genau denselben Wert reduziert. Mit der oben angegebenen Empfindlichkeit ist bei F = 1,4 und einer Verstärkung von 18 dB nur noch eine Beleuchtungsstärke von 7,5 lx erforderlich. Für Amateurkameras wird oft mit noch kleineren Minimalbeleuchtungsstärken geworben. Derartige Angaben stellen keinen Vergleichsmaßstab dar, denn sie beziehen eine Verstärkung ein, die nicht angegeben wird.

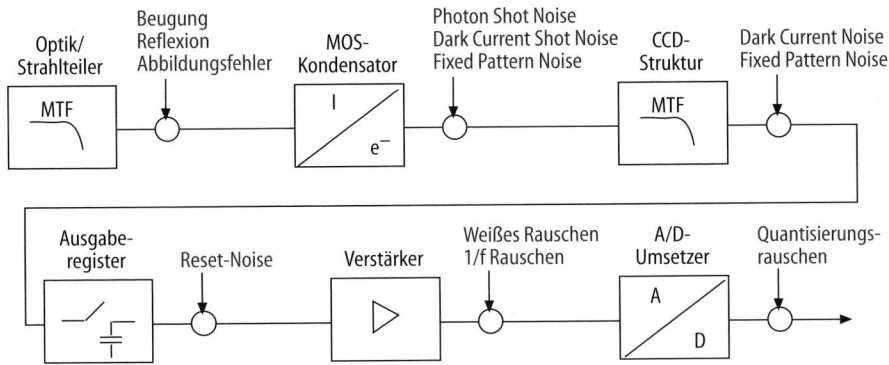

Abb. 6.19. Rausch- und Störeinflüsse beim Bildwandler

6.1.2.12 Rauschen

Das Rauschen ist ein wichtiger Parameter für die Bildqualität. Ein verrauschtes Bild weist unregelmäßige kleine Flecken auf, es wirkt körnig. Ursache des Rauschens ist bei Röhrenkameras vor allem die erste Verstärkerstufe, beim CCD ist es der Bildwandler selbst. Die Photonen-Absorption ist ein Zufallsprozess und führt zum so genannten Schrotrauschen. Weiterhin tritt das thermische Rauschen auf, Dunkelstromrauschen, ein Rauschanteil, der aus kleinen Unregelmäßigkeiten beim CCD-Aufbau resultiert (Fixed Pattern Noise) und weitere Anteile, die in Abbildung 6.19 dargestellt sind.

Die Schwelle der Erkennbarkeit von Rauschstörungen liegt bei ca. S/N = 42 dB. Moderne CCD weisen insgesamt einen linearen Signal-Rauschabstand von mehr als 55 dB auf, so dass noch eine Reserve zur Verfügung steht, die ein gewisses Maß an elektronischer Verstärkung zulässt. Neben dem hier genannten linearen oder unbewerteten wird auch ein bewerteter Störabstand angegeben, der die verringerte Empfindlichkeit des menschlichen Auges bezüglich hoher Ortsfrequenzen berücksichtigt, so dass die bewerteten Störabstände um ungefähr 8 dB höher liegen als die linearen.

6.1.2.13 Defokussierung

Im Unterschied zu Röhren- ist das Bild bei CCD-Bildwandlern auch in horizontaler Richtung in diskrete Punkte zerlegt. Damit ist eine räumliche Abtastperiode in zwei Dimensionen vorgegeben und bei feinstrukturierten Bildinhalten kommt es zu einer Überlagerung von Bild- und Pixelstruktur. Mögliche Aliasanteile werden vermindert, indem das aufzunehmende Bild mit einem optischen Tiefpassfilter defokussiert wird, das aus mehreren doppelbrechender Quarzplatten unterschiedlicher Orientierung besteht und damit ein breitbandiges Filterverhalten aufweist. Die entstehenden Interferenzen (Alias) sind bei IT- und FIT-Sensoren stärker ausgeprägt als bei FT-CCD, die Filter können beim FT-Chip einfacher ausfallen. Bei Röhrenbildwandlern braucht die Defokussierung nur bezüglich der Vertikalen vorgenommen zu werden, hier wird der Durchmesser (Apertur) des Abtaststrahls genutzt, der so eingestellt wird, dass er mit den Nachbarzeilen überlappt.

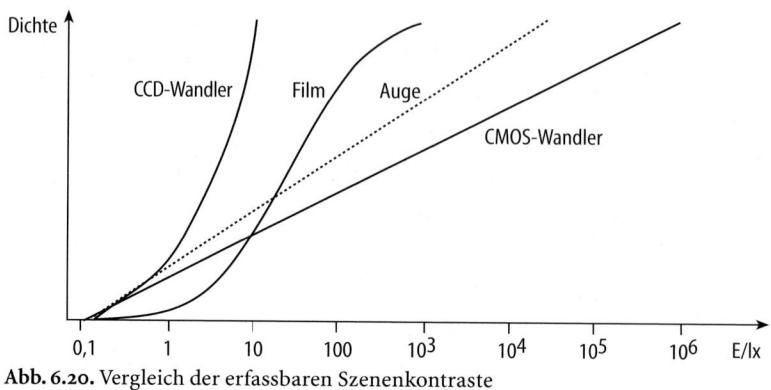

Abb. 6.20. Vergleich der erfassbaren Szenenkontraste

6.1.3 CMOS-Bildwandler

MOS-Bildwandler wurden bereits in den 60er Jahren, noch vor den CCD-Wandlern, entwickelt, doch dominierten Letztere im praktischen Einsatz aufgrund des Umstandes, dass CCD-Wandler kleinere Bildpunkte ermöglichten. Die MOS-Technologie wurde zu CMOS (komplementär) weiterentwickelt und ermöglicht heute Strukturgrößen, die mit denen bei CCD konkurrieren können. CMOS-Bildwandler haben viele prinzipielle Vorteile gegenüber CCD durch die Tatsache, dass es die CMOS-Technologie, als Grundlage moderner integrierter Schaltkreise, erlaubt, jeden Bildpunkt mit einem eigenen Transistor zu versehen, der die Information über den Ladungszustand weitergibt. Es existiert quasi der Zugriff auf jeden Bildpunkt und die aufwändigen und anfälligen Ladungsverschiebemechanismen der CCD können entfallen. Die Integration von Bildwandler und Signalverarbeitungselektronik in einem Chip ermöglicht darüber hinaus eine Vielzahl von Bildmanipulationsmöglichkeiten, wie das Auslesen nur eines Teilbereichs des Wandlers, die so genannte Region of Interest (ROI) oder die nicht lineare Bewertung der Signalwerte, was zu einem höheren Dynamikumfang der Bilderfassung führt.

Als eigentlicher Bildwandler wird bei der CMOS-Technik meist eine PN-Fotodiode verwendet, die mit der erforderlichen Signalverarbeitungselektronik direkt verbunden ist. Im Hinblick auf Bildwandler, die für die professionelle Videotechnik und digitale Cinematografie geeignet sind ist nun von besonde-

Abb. 6.21. Vergleich des Belichtungsverhaltens von CCD (links) und CMOS-Wandler [61]

rem Interesse, den verarbeitbaren Szenenkontrast über die 50...60 dB hinaus zu steigern, die mit CCD-Wandlern erreichbar sind. Dieser Wert resultiert aus den Signal-Rauschabstand, der bei der bei CCD verwendeten linearen Umsetzung dem Signal-Rauschabstand auf der elektrischen Seite entspricht. Mit der CMOS-Technologie werden bisher eher schlechtere Störabstandswerte erreicht, doch gibt es hier die Möglichkeit der modifizierten Auslesung. Es zeigt sich, dass die naheliegende logarithmische Auslesung für hochqualitative Anwendungen nicht geeignet ist, so dass gegenwärtig mit teillinearen Ausleseprinzipien gearbeitet wird, die eine ähnlich große Eingangsdynamik wie die logarithmische Auslesung verarbeiten. Existierende Wandler erlauben bereits die Verarbeitung eines Szenenkontrasts von 120 dB der die Fähigkeit des Auges (Abb. 6.20 und 6.21) übersteigt. Abbildung 6.21 zeigt, dass die im linken Bild (CCD) überstrahlten Bereiche im rechten (CMOS) noch differenziert werden können. Das wesentliche Problem ist noch das relativ schlechte Rauschverhalten des CMOS-Wandlers.

6.1.4 Farbbildwandler

Für die Wandlung eines Farbbildes müssen aus dem vorliegenden Bild drei Farbauszüge bezüglich der Farbwertanteile für Rot, Grün und Blau gewonnen werden. Das Licht wird durch Filter in die entsprechenden Spektralanteile aufgeteilt, die dann zu drei oder nur zu einem Bildwandler gelangen. Zukünftig könnte die Farbseparation auch über die wellenlängenabhängige Eindringtiefe in die Halbleitermaterialien vorgenommen werden (s. Abschn. 6.1)

Um das Licht drei separaten Wandlern zuführen zu können, muss eine Lichtteilung vorgenommen werden. Zu Beginn der Farbfernsehentwicklung wurden für diese Aufgabe teildurchlässige Spiegel verwendet, die mit verschiedenen dichroitischen Schichten (s. Abschn. 6.2.1) bedampft sind, so dass sie bestimmte Frequenzbereiche transmittieren und andere reflektieren. Heute kommt zur Lichtstrahlteilung im professionellen Bereich fast ausschließlich ein fest verbundener Prismensatz zum Einsatz (Abb. 6.22). Die Einzelprismen sind zur Erzielung des Filtereffektes wieder mit dichroitischen Schichten versehen. Das Licht tritt in das erste Prisma des Prismenblocks ein und trifft dann auf

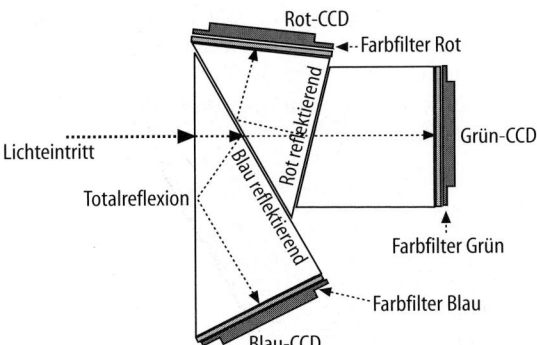

Abb. 6.22. Strahlteilerprisma

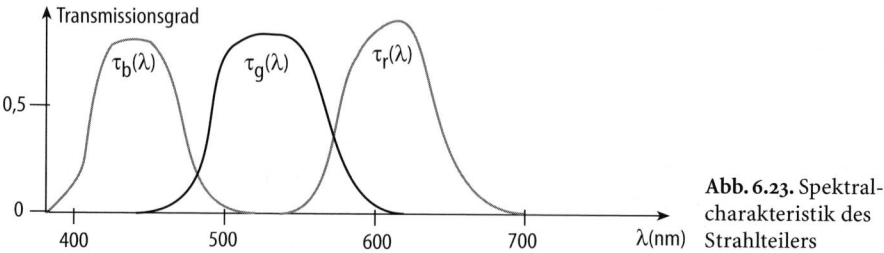

Abb. 6.23. Spektralcharakteristik des Strahlteilers

die schräge Kante. Deren Oberfläche ist mit einer blaureflektierenden Schicht versehen, und über eine Totalreflexion wird der reflektierte Anteil zum CCD für Blau gespiegelt. Die Grün- und Rotanteile des Lichtes werden an der schrägen Fläche des ersten Prismas transmittiert und treten in das zweite Prisma ein. Die schräg zum Strahl stehende Fläche des zweiten Prisma ist mit einer rotreflektierenden Schicht versehen, so dass der entsprechende Anteil des Lichts zum Rot-CCD gespiegelt wird. Schließlich tritt der übrig gebliebene Grünanteil in das dritte Prisma ein und fällt auf den Bildwandler für Grün. Die verwendeten dichroitischen Schichten arbeiten nicht als ideale Filter. Da Blau zuerst ausgefiltert wird, finden sich vor allem Blauanteile auf den Wandlern für Grün und Rot. Um die unerwünschten Anteile zu absorbieren, werden zusätzlich vor jedem Bildwandler Farbkorrekturfilter angebracht. Abbildung 6.23 zeigt die resultierende Spektralcharakteristik, also die Filterwirkung des gesamten Strahlteilers.

Von großer Bedeutung ist die Positionierung der drei Bildwandler relativ zueinander (Rasterdeckung). Wenn die Pixel für die drei Farbwerte nicht exakt übereinanderliegen, ergeben sich unscharfe Schwarz-Weiß-Übergänge. Besonders genaue Positionierung ist bei HDTV-Kameras erforderlich. In vielen Kameras wird die Soll-Lage des Grün-CCD durch Offsetmontage bewusst versetzt, so dass die Lage des Grün-CCD gegenüber den anderen um eine halbe Pixelbreite seitlich verschoben ist. Damit wird für das Helligkeitssignal eine scheinbare Erhöhung der Pixelanzahl und so eine Verringerung der Alias-Anteile bzw. eine erhöhte Auflösung erreicht (Abb. 6.24).

CCD-Bildwandler sind klein und leicht und werden fest mit dem Prismenblock verbunden. Der Hersteller kann die Anordnung mit großer Genauigkeit vornehmen, so dass sich keine Rasterdeckungsprobleme ergeben. Röhren sind für eine derartige feste Verbindung zu groß, daher können sie sich durch Stöße etc. dejustieren. Wegen dieser Probleme wurden auch Vier-Röhren-Kameras entwickelt, bei denen ein eigener Kanal zur Gewinnung des Leuchtdichtesignals vorhanden ist (YRGB- bzw. WRB-Kamera).

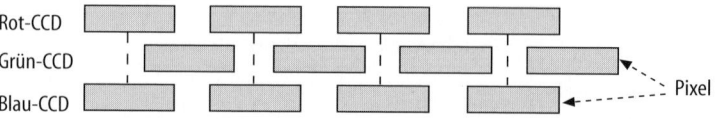

Abb. 6.24. Spatial Offset bei CCD

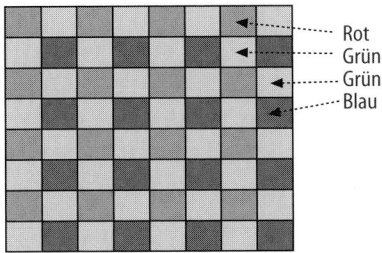

Abb. 6.25. Bayer Pattern als Filter für 1-Chip-CCD

Kameras mit nur einem Bildwandler werden heute vor allem aus Kostengründen gebaut und vorwiegend im Amateurbereich verwendet. Gegenüber Kameras mit drei Wandlern ist bei der Farbbildgewinnung mit nur einem Wandler die Farbauflösung verringert. Bei Einchip-CCD-Kameras werden meist IT-CCD eingesetzt. Hier kommen Mosaikfilter zum Einsatz, bei denen sich vor jedem Sensorpixel ein Filter für die wellenlängenabhängige Transmission der RGB-Farbanteile befindet. Abbildung 6.25 zeigt das oft für das Mosaik verwendete Bayer-Pattern mit den Filtern für RGB, wobei der Grün-Anteil doppelt so häufig vorliegt wie Blau und Rot, da dieser am stärksten in dem für den Schärfeindruck wichtigen SW-Anteil auftritt.

6.1.5 Bildformatwechsel

Moderne Kameras sollten möglichst sowohl für die Erzeugung von Bildern im 4:3-Format als auch im 16:9-Format geeignet sein. Zur Erfüllung dieses Anspruchs stehen verschiedene Verfahren auf optischer oder elektronischer Basis zur Verfügung. Die Umstellung einer 4:3-Aufnahmeeinheit auf 16:9 gelingt optisch durch die Nutzung eines anamorphotischen Objektivvorsatzes, ähnlich wie er beim Cinemaskop-Filmformat verwandt wird. Ein Anamorphot verzerrt das Bild derart, dass es horizontal komprimiert wird, ein 16:9-Bild lässt sich so auf das 4:3-Format reduzieren (Abb. 6.26). Auf der Wiedergabeseite wird das Bild im 16:9-Format wiedergegeben, indem es elektronisch auseinandergezo-

16:9-Format, Original   16:9-Format, auf 4:3 gestaucht

Abb. 6.26. Anamorphotische Kompression des Bildes

Abb. 6.27. Beschneidung des 16:9-Bildes

gen wird. Dieses Prinzip ist mit horizontalem Auflösungsverlust verbunden, lässt sich aber gut für PALplus einsetzen.

Die einfachste Formatumschaltung auf elektronische Art lässt sich durch den Einsatz eines 16:9-Bildwandlers erreichen, bei dem die Seitenbereiche für die Erzeugung eines 4:3-Formates einfach beschnitten werden (Abb. 6.27). Bei unverändertem Objektiv wird durch das verkleinerte Format der Weitwinkelbereich eingeschränkt. Bei dieser Art des Formatwechsels sollten CCD mit möglichst hoher Pixelanzahl verwendet werden, damit die Auflösung bei der 4:3-Abtastung nicht zu stark eingeschränkt wird.

Eine Lösung zum Formatwechsel, die keine Einschränkungen mit sich bringt, ist der Austausch oder die Umschaltung zweier kompletter Prismenblöcke, die jeweils mit den Wandlern für 4:3 und 16:9 bestückt sind. Diese Lösung ist aufwändig und teuer und eignet sich vor allem für Studiokameras.

Beim Einsatz von CCD nach dem FT-Prinzip lässt sich ein Formatwechsel auch über ein so genanntes Dynamic Pixel Management (DPM) erreichen. Dies ist eine rein elektronische Lösung, die die volle Auflösung des Bildwandlers in beiden Formaten beibehält. Bei DPM werden die Bildpunkte in der Vertikalen quasi in vier Subpixel unterteilt. Das Ausgangsformat ist 4:3. Für dieses Seitenverhältnis werden alle vier Subpixel zu einem Bildpunkt zusammengefasst. Für das Format 16:9 wird die abgetastete Vertikale um ein Viertel reduziert, gleichzeitig werden aber nur drei Subpixel einem Bildpunkt zugeordnet, so dass sich in beiden Fällen exakt die gleiche Auflösung ergibt (Abb. 6.28). Bei diesem Verfahren kann der Formatwechsel auf Knopfdruck erfolgen, es sind keine optischen oder mechanischen Änderungen erforderlich. Einziger Nachteil ist die um 1/4 verringerte Empfindlichkeit beim 16:9-Betrieb [15].

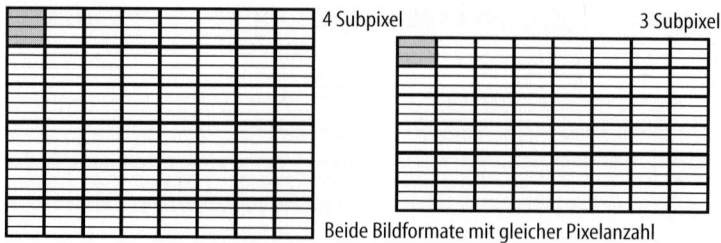

Abb. 6.28. Dynamic Pixel Management

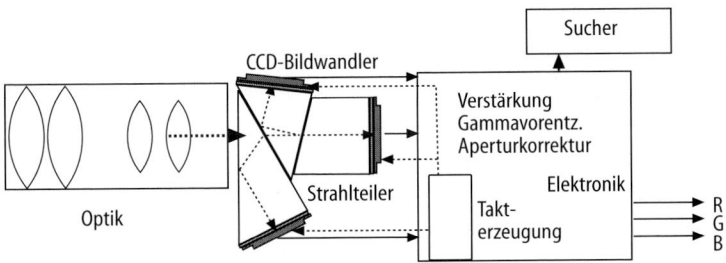

Abb. 6.29. Aufbau der Kamera

6.2 Die Videokamera

Farbkameras enthalten ein optisches System, das im Wesentlichen Objektiv und Prismenblock umfasst, weiterhin den eigentlichen Bildwandler und schließlich verschiedene elektronische Schaltungen zur normgerechten Signalerzeugung, Signalveränderung und Signalwandlung (Abb. 6.29). Kameras sind im Hinblick auf die verschiedenen Einsatzgebiete unterschiedlich gebaut [69]. Man kann bei Kameras für Standardbildauflösung vier Gruppen unterscheiden:

Zunächst die Studiokamera, die ohne Rücksicht auf Gewicht und Größe vor allem für beste Signalqualität konzipiert ist. Weiterhin professionelle Kameras für den Außeneinsatz, die besonders kompakt und leicht sein müssen und einen geringen Leistungsbedarf aufweisen sollen. Die Anwendungen im Außeneinsatz sind unterschieden in Typen für EB (Elektronische Berichterstattung, engl.: Electronic News Gathering, ENG) und EAP (Elektronische Außenproduktion, engl:. Electronic Field Production, EFP). Am unteren Ende der Qualitätsskala rangieren die semiprofessionellen und Amateurkameras, die vor allem preiswert, sehr leicht und mit vielen Automatikfunktionen ausgestattet sind. Der Kameraeinsatz in den genannten Gebieten überschneidet sich. Einen besonderen Bereich bilden die HDTV-Kameras, die ihre Bedeutung gegenwärtig für HD-Videoproduktionen haben, aber vielfach auch als Ersatz für Filmkameras weiter entwickelt werden.

6.2.1 Grundlagen der Optik

Für die Bildwandlung in ein elektrisches Signal muss ein Gegenstand auf eine kleine zweidimensionale Fläche abgebildet werden. Die Abbildung geschieht mit Linsensystemen, die mit Hilfe der geometrischen Optik beschrieben werden. Diese Art der Beschreibung ist zulässig, wenn ein Lichtbündel auf seinem Weg nur auf Hindernisse trifft, die groß gegenüber der Wellenlänge sind. Bei Abwesenheit von Hindernissen breitet sich danach das Licht als Strahl geradlinig aus. An Hindernissen (Übergang in ein Medium mit anderem Brechungsindex) wird das Licht reflektiert und gebrochen.

Für die Reflexion an ebenen Flächen (Unebenheiten kleiner als die Wellenlänge) gilt, dass der einfallende Strahl mit dem Lot auf der reflektierenden Fläche den gleichen Winkel bildet wie der ausfallende Strahl: Einfallwinkel gleich

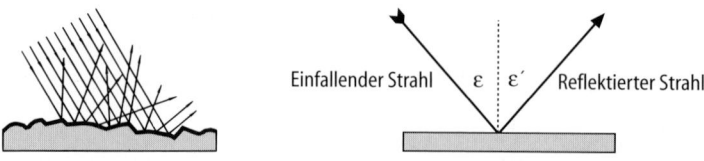

Abb. 6.30. Diffuse und gerichtete Reflexion

Ausfallwinkel. An unebenen Hindernissen wird das Licht gestreut, d. h. diffus nach allen Seiten reflektiert (Abb. 6.30). Ideal diffuse Reflexion wird als Remission bezeichnet. Mehr oder weniger von Objekten reflektiertes Licht bestimmt deren Kontrast mit der Umgebung und macht so das Objekt sichtbar. Die Brechung betrifft den Teil der Welle, der in das Medium eindringt (Abb. 6.31). Hier ist die Ausbreitungsgeschwindigkeit verändert, ein schräg einfallender Lichtstrahl verlässt daher seine Richtung, der Lichtweg erscheint »gebrochen«. Das Brechungsgesetz besagt, dass das Verhältnis der Sinus von Ein- und Ausfallwinkel gleich dem Brechungsindex n ist. Es gilt:

$$\sin \varepsilon / \sin \varepsilon' = n.$$

Beim Übergang in ein dichteres Medium wird der Strahl zum Einfallslot hin gebrochen, beim Übergang in ein dünneres Medium vom Lot weg. Dabei findet ab einem bestimmten Winkel überhaupt keine Brechung mehr statt – alles Licht wird dann reflektiert (Totalreflexion). Die Brechung bewirkt beim Strahldurchgang durch eine planparallele Platte eine Strahlversetzung.

6.2.1.1 Optische Abbildung

Die Abbildung geschieht mit Linsen, durchsichtigen Körpern, die von zwei sphärischen Flächen begrenzt werden (Abb. 6.32). Konkave Linsen, die in der Mitte dünner sind als am Rand, zerstreuen das Licht; konvexe Linsen, in der Mitte dicker als am Rand, bündeln das Licht. Trifft der Lichtstrahl auf die Mitte dieser sog. Sammellinse und liegt er parallel zum Lot, so wird er nicht gebrochen, dieser Weg entspricht der optischen Achse. Der Einfallswinkel und damit die Strahlbrechung steigt, je weiter außen der Strahl die Linse durchdringt (Abb. 6.32). Bezugsebene für Linsenrechnungen ist bei sog. dünnen Linsen die Mittelebene. Der Abstand zwischen Mittelebene und dem Treffpunkt von Strahlen (Brennpunkt), die auf der anderen Linsenseite parallel zur optischen Achse verlaufen, heißt Brennweite f (Abb. 6.33). Der reziproke Wert der Brennweite ist die Brechkraft D = 1/f, mit der Einheit Dioptrie (1 dpt = 1/m).

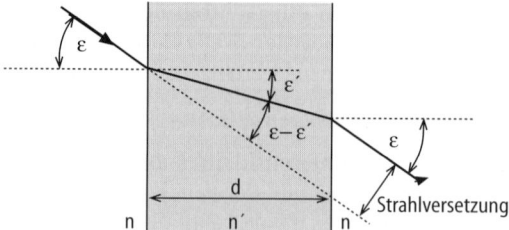

Abb. 6.31. Brechung an einer planparallelen Platte

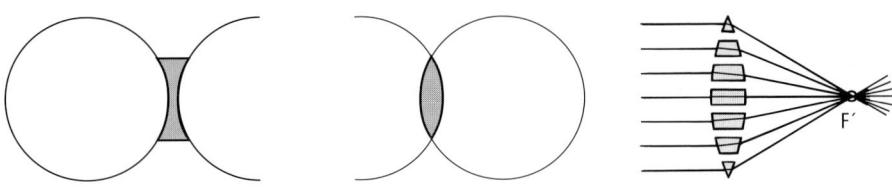

Abb. 6.32. Entstehung sphärischer Linsen und Brechung an einer dünnen Linse

Lichtstrahlen, die genau durch die Linsenmitte gehen, sind Zentralstrahlen, die ihre Richtung nicht verändern. Mit Hilfe von Zentral- und Parallelstrahl lassen sich Bilder von Objekten einfach konstruieren. Dazu werden nur Zentral- und Parallelstrahl herausgesucht und deren Lichtweg verfolgt. Der Zentralstrahl bleibt, abgesehen von einer kleinen Strahlversetzung, unverändert, während der Parallelstrahl zum Brennstrahl wird. Der Ort, an dem sich die beiden hinter der Linse treffen, ist der Bildpunkt. Hier schneiden sich bei Abwesenheit von Abbildungsfehlern auch alle anderen Strahlen, die vom gleichen Objektpunkt ausgehen. Unter bestimmten Bedingungen treffen sich die Strahlen nie, da sie divergieren. Dann entstehen virtuelle Bilder mit einer scheinbaren Lage, die sich aus der rückwärtigen Verlängerung dieser Strahlen ergibt.

Zur Berechnung von Bildlage und -größe wird ein Strahlverlauf von links nach rechts betrachtet und die Größen links der Bezugsebene negativ gezählt. Der Abstand zwischen Bezugsebene und Objekt heißt Gegenstandsweite a, zwischen Bezugsebene und Bild liegt die Bildweite a'. Die bildseitige Brennweite heißt f'. Befindet sich vor und hinter der Linse das gleiche Medium, so gilt: $- f = f'$. Die Objektgröße wird mit y und die Bildgröße mit y' bezeichnet. Für Sammellinsen folgt daraus die Abbildungsgleichung [54]:

$1/f' = -1/a + 1/a'$.

Für das Abbildungsverhältnis b gilt:

$b = y'/y = a'/a$.

Beispiel: Eine 1,80 m große Person, die in 3,6 m Abstand vor der Linse steht, soll so auf einen Bildwandler abgebildet werden, dass sie eine Bildwandlerhöhe von 1 cm genau ausfüllt. Es gilt: $y'/y = 1/180 = a'/a$, die Bildweite beträgt $a' = 20$ mm. Die erforderliche Brennweite der Linse beträgt $f' = 19,9$ mm.

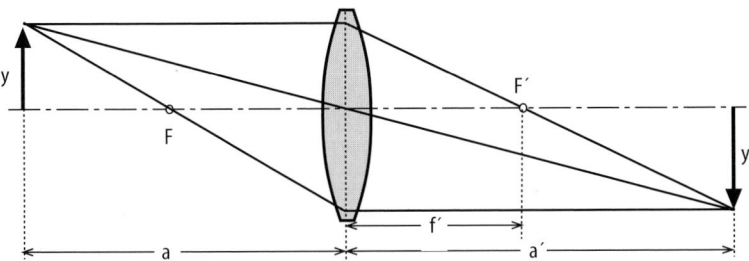

Abb. 6.33. Abbildung mit einer dünnen Linse

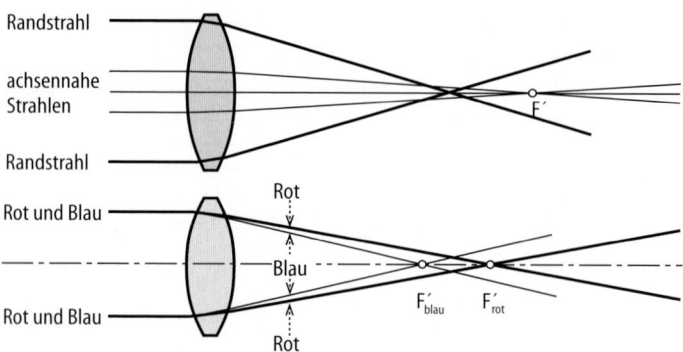

Abb. 6.34. Sphärische und chromatische Aberration

Linsen rufen Abbildungsfehler hervor, die umso stärker in Erscheinung treten, je weiter die Lichtstrahlen von der optischen Achse entfernt sind. Wichtige
Fehler sind die sphärische Aberration, durch die sich die Parallelstrahlen nicht
genau in einem Punkt treffen da die Brechung am Rand der Linse anders ist
als in der Mitte und die chromatische Aberration, hervorgerufen durch einen
frequenzabhängigen Brechungsindex (Abb. 6.34). In der Praxis werden Abbildungen mit Linsenkombinationen (Objektiven) erzeugt, damit sich die Linsen-
fehler weitgehend kompensieren. Mit Linsenkombinationen kann auch ein
Zoomobjektiv mit variabler Brennweitegebaut werden (s. Abschn. 6.2.2).

Aufgrund der Vielzahl der im Objektiv enthaltenen Linsen ist die Berechnung von Abbildungsverhältnissen schwierig, sie kann aber durch die Einführung von Hauptebenen vereinfacht werden. Dabei wird der Weg eines Lichtstrahls nicht über alle Brechungen verfolgt, sondern so vereinfacht, dass er
scheinbar nur aus einer einzelnen Brechung an der Hauptebene resultiert, wie
es bei einer idealen, dünnen Linse der Fall ist. Es gibt dann die jeweils die beiden objektseitigen und bildseitigen Hauptebenen und die zugehörigen Brennweiten, mit denen ein komplexes Linsensystem vollständig beschrieben werden
kann (Abb. 6.35). Wenn bei Objektiven also von Brennweiten die Rede ist, ist
diese in Bezug zur Hauptebene zu verstehen, wobei sich die Hauptebene auch
außerhalb des Linsensystems befinden kann.

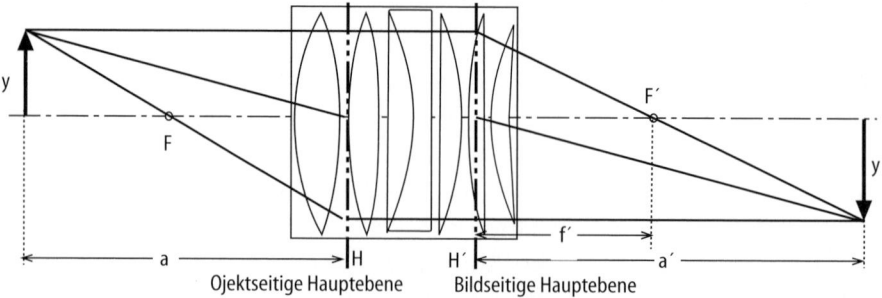

Abb. 6.35. Bildkonstruktion bei optischen Systemen mittels Hauptebenen

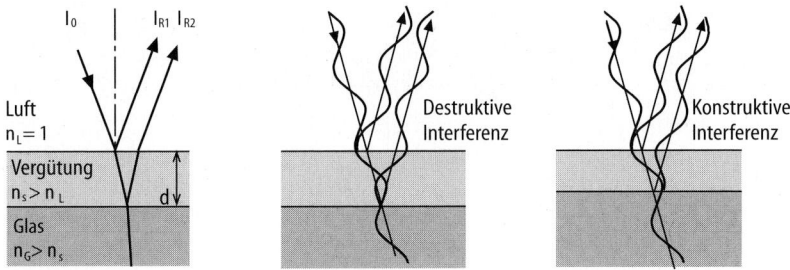

Abb. 6.36. Interferenz an dünnen Schichten

6.2.1.2 Interferenz

Hochwertige Objektive enthalten sehr viele Linsen. An jeder Linse wird ein Teil des Lichtes (ca. 5%) reflektiert, in der Summe kommt es bei vielen Linsen zu nicht akzeptablen Transmissionsverlusten. Außerdem entsteht störendes Streulicht. Zur Reduzierung dieser Verluste werden die Oberflächen entspiegelt, dabei wird die Interferenzfähigkeit des Lichts ausgenutzt.

Wenn zwei Lichtwellen ohne Phasenverschiebung gegeneinander und mit gleicher Amplitude und Frequenz überlagert werden, tritt konstruktive Interferenz auf, die Amplituden addieren sich. Wenn dagegen die Phasenlage um 180° differiert, wird die Welle mit destruktiver Interferenz ausgelöscht (Abb. 6.36). Zur Entspiegelung wird auf die Linsenoberfläche eine aus Metallverbindungen bestehende Schicht aufgedampft, deren Dicke d bei senkrechtem Strahleinfall einem Viertel Wellenlänge λ dividiert durch den Brechungsindex n_s der Schicht entspricht. Mit $n_g > n_s$ gilt: $d = \lambda/(4n_s)$.

Die am Glas mit Brechungsindex n_g reflektierte Welle durchläuft die Schicht zweimal und ist dann gegenüber der an der Metallschicht reflektierten Welle um die halbe Wellenlänge verschoben, so dass destruktive Interferenz auftritt. und keine Lichtenergie mehr reflektiert wird. Mit anderen Schichtdicken kann auf gleiche Weise auch verspiegelt werden.

Mit einer einzelnen Schicht gilt die Interferenzbedingung nur für eine Einfallrichtung und eine Wellenlänge und damit für eine Farbe exakt. Um den ganzen Wellenlängenbereich des sichtbaren Lichts zu erfassen, müssen mehrere Schichten verwendet werden (Abb. 6.37). Man kann mit diesen Schichten also frequenzselektiv reflektieren und Farbfilter herstellen. In Strahlteilern von

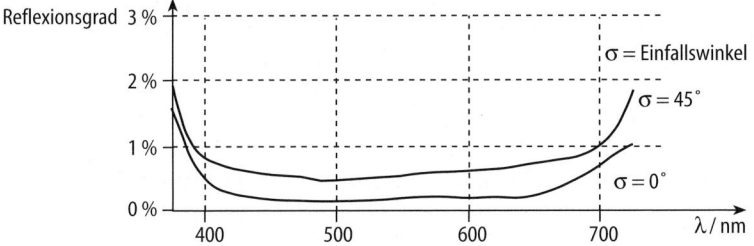

Abb. 6.37. Reflexionsverhalten bei Entspiegelung mit mehreren dünnen Schichten

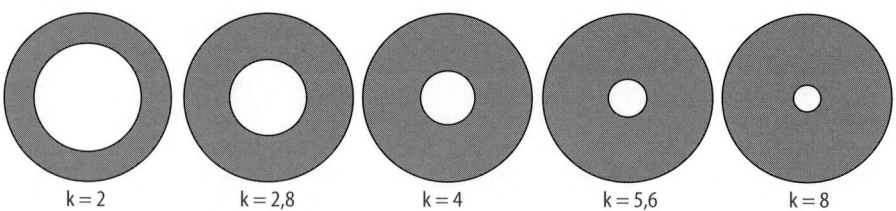

k = 2   k = 2,8   k = 4   k = 5,6   k = 8

Abb. 6.38. Blendengrößen

Kameras werden nach dem gleichen Prinzip arbeitende sog. dichroitische Schichten als Farbfilter eingesetzt.

Objektive unterscheiden sich stark in ihrer Leistung, also Abbildungsgüte und Lichtstärke, und im Preis. Sehr hoch vergütete Linsen mit minimalen Abbildungsfehlern werden als Prime Lenses bezeichnet. Die verwendeten Objektive sind nicht kamera- oder herstellerspezifisch, sie können bei Anwendung auf dieselbe Bildfeldgröße bzw. Nutzung desselben Abbildungsmaßstabes ausgetauscht werden, allerdings nur dann, wenn sie den passenden Befestigungsmechanismus aufweisen. Das gilt aber nicht für Objektive aus dem Filmbereich. Diese können nicht direkt für Videokameras verwendet werden und zwar wegen der unterschiedlichen Bildfeldgrößen und aufgrund der Tatsache, dass bei der Objektivberechnung für Videokameras der durch den Strahlteiler verlängerte Lichtweg zum Bildwandler berücksichtigt werden muss.

6.2.1.3 Die Blende

Ein wesentliches Element im Objektiv ist die Irisblende mit veränderlichem Durchmesser. Die Blende begrenzt den nutzbaren Bereich der Linse, damit ist der auf den Bildwandler fallende Lichtstrom regulierbar. Die Blende bewirkt auch eine Verminderung der Abbildungsfehler, denn Randstrahlen, bei denen die durch die Linse erzeugten Abbildungsfehler besonders groß sind, werden ausgeblendet.

Kennzahl für die Objektive ist die Lichtstärke d_{max}/f', das Verhältnis von größtem nutzbaren Objektivdurchmesser d_{max} zur Brennweite f'. Das Verhältnis zwischen der Brennweite f' und dem tatsächlich verwendeten Durchmesser d heißt Blendenzahl k (oder F), Es gilt: $k = f'/d$. Die Blendenzahl ist von der Einstellung der Blende (engl.: F-Stop) im Objektiv abhängig. Alternativ findet man auch die Bezeichnung T-Stop. Dieser Wert bezieht sich nicht auf das angegebene berechnete Verhältnis, sondern auf lichttechnisch gemessene Werte [9]. Die T-Stop-Kalibrierung ist somit genauer, da die Transmissionsverluste im Objektiv berücksichtigt sind. Auf dem Blendeneinstellring sind die Blendenzahlen angegeben. Die Einstellung k = 4 besagt, dass die Brennweite viermal so groß ist wie der Pupillendurchmesser. Die Blendenzahlwerte sind in Stufen angegeben, die sich um den Faktor $\sqrt{2}$ unterscheiden (1,4; 2; 2,8; 4; 5,6; 8; 11; 16), da sich dabei die Pupillenfläche und damit die Lichtintensität bei der Steigerung um einen Stufenwert genau halbiert (Abb 6.38). Die Blendengröße bestimmt wesentlich die Schärfentiefe, sie steigt mit kleinerer Blende bzw. größerer Blendenzahl. Bei sehr kleinen Öffnungen können Bildbeeinträchtigungen

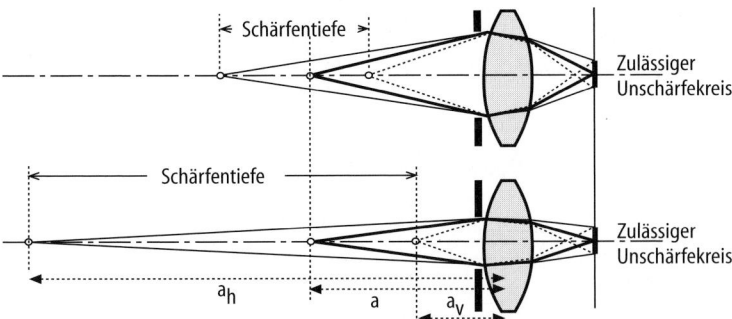

Abb. 6.39. Veränderung der Schärfentiefe in Abhängigkeit von der Blende

durch Beugungseffekte auftreten, die mit dem wellentheoretischen Modell der Lichtausbreitung erklärt werden. Dagegen tritt bei stark geöffneter Blende, d. h. kleinen Blendenzahlen, der Effekt auf, dass die Lichtintensität zum Bildrand hin abnimmt. Die beste Bildqualität wird bei mittleren Blendenzahlen erreicht.

Die Blende ist ein relativ frei wählbarer Parameter. Die Bezugsblende wird für den mittleren Grauwert der Szene eingestellt, der mit 18 % Remission angenommen wird. Neben der mittleren Blende interessieren auch die gemessenen Blendenwerte, die an den hellsten bzw. dunkelsten Stellen im Bild auftauchen. Falls die Differenz bei Video 5 bis 6 Blendenwerte und bei Film 6 bis 8 Blendenstufen übersteigt, ist evtl. der Kontrast zu vermindern, indem mit Scheinwerfern Schatten aufgehellt werden. Als Alternative lassen sich zu starke Lichtquellen dämpfen, indem z. B. die Transparenz eines hell beschienenen Fensters durch Abkleben mit Filterfolie reduziert wird. Um die Kamera selbst abschatten zu können, wird auf dem Objektiv oft ein Kompendium befestigt, das mit Flügeltoren ausgestattet ist, die die Entstehung von Lichtreflexen vermeiden helfen. Das Kompendium dient auch als Halter von Vorsatzfiltern und wird dann Mattebox genannt.

6.2.1.4 Schärfentiefe

Bei nicht exakter Abbildung (unscharf gestellte Kamera) liegt die Ebene der scharfen Abbildung vor oder hinter der Bildwandlerebene. In der Bildwandlerebene erscheint das Bild eines Objektpunktes als kleiner Fleck. Je größer der Fleck, desto unschärfer ist das Bild. Unschärfen sind tolerierbar, solange die Unschärfebereiche kleiner sind als der das Wandler-Auflösungsvermögen bestimmende Bereich u'. Gegenstände innerhalb eines Bereichs vor und hinter der optimalen Gegenstandsweite a, zwischen a_v und a_h, werden also noch scharf abgebildet – dies ist der Schärfentiefebereich (Abb. 6.39). Die vorderen und hinteren Schärfenbereichsgrenzen können mit folgender Gleichung berechnet werden [54]:

$$a_{h,v} = a \ /(1 \pm u' \ k \ (a + f')/f'^2) \ \text{genähert gilt:}$$

$$1/a_{h,v} = 1/a \pm u' \ k/f'^2.$$

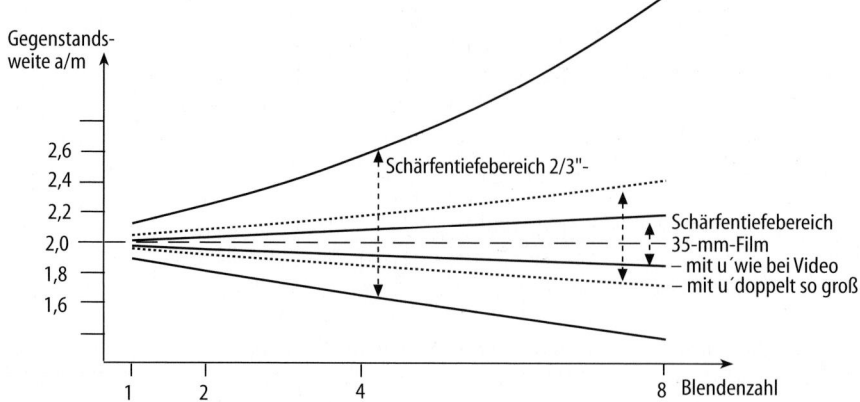

Abb. 6.40. Vergleich der Schärfentiefebereiche von 35 mm-Film und 2/3"-Wandler bei a = 2 m

Beispiel: In welchem Bereich kann sich die 1,80 m große Person aus dem in 5.2.1.1 genannten Beispiel (Gegenstandsweite a = 3,6 m, Wandlerhöhe 1 cm, f' = 19,9 mm) bewegen, ohne den Schärfebereich zu verlassen, wenn die Bildhöhe in 1000 Zeilen aufgelöst ist und die Blende auf a) k = 4 und b) k = 8 eingestellt ist? Ergebnis: u' =1 cm/1000, a) a_v = 2,6 m, a_h = 5,6 m, b) a_v = 2,1 m, a_h = 13 m.

Die Schärfentiefe hängt bei konstanter Brennweite also von der eingestellten Blendengröße ab. Eine kleinere Blendenöffnung (größere Blendenzahl) ergibt eine größere Schärfentiefe. Außerdem gilt: je größer die Brennweite, desto kleiner der Schärfentiefebereich. Das Fokussieren auf ein Objekt (Scharfstellen) ist deshalb im Telebereich am einfachsten.

Die Brennweite, die eine Normalabbildung hervorruft. hängt wiederum mit der Bildwandlergröße zusammen. Aus den Betrachtungen im nächsten Abschnitt lassen sich die Brennweiten für die dort definierte Normalabbildung errechnen, die in Tabelle 6.1 dargestellt sind. Es wird deutlich, dass die Normalbrennweiten in Videosystemen am geringsten sind. Für eine Normalabbildung auf einen 35 mm-Film ergibt sich eine viel größere Brennweite als bei Videosystemen.

Daraus folgt, dass Videokameras und der 16 mm-Film im Vergleich zu 35 mm-Film bei gleicher Blende eine viel größere Schärfentiefe bzw. eine wesentlich geringere selektive Schärfe aufweisen. Nur mit großen Bildflächen ist es daher möglich, den so genannten Filmlook zu erzeugen, der von geringer Schärfentiefe geprägt ist. Der dominante, weil quadratische, Einfluss der Bildgröße bzw. Brennweite auf die Schärfentiefe lässt sich über die Blende in den meisten Fällen nicht ausgleichen. In Abbildung 6.40 ist der unterschiedliche Schärfentiefebereich von 35 mm-Film im Vergleich zu dem eines 2/3"-Videobildwandlers bei einer Gegenstandsweite a = 2 m dargestellt, und zwar unter der Annahme, dass der Unschärfebereich u' = 5 µm bei Film a) gleich und b) wegen der größeren Fläche doppelt so groß ist wie bei (HD-)Video. Darin wird deutlich, dass an der Videokamera ein Blendenwert von ca. 2 eingestellt werden müsste, um die gleiche Schärfentiefe zu erreichen, die der 35-mm-Film bei Blende 8 erzielt.

Tabelle 6.1. Normalbrennweiten für verschiedene Bildformate

Format	1/2"-CCD	2/3"-CCD	16 mm-Fim	Super 16	35 mm-Film	Super 35
Bilddiagonale	8 mm	11 mm	12,7 mm	14,4 mm	25,7 mm	31,1 mm
Normalbrennweite	9,7 mm	13,3 mm	15,4 mm	17,3 mm	31,0 mm	37,6 mm

6.2.1.5 Normalabbildung und Perspektive

In der Praxis sind die abzubildenden Gegenstände meist weit von der Linse entfernt, und damit ist die Gegenstandsweite viel größer als die Brennweite der Linse. Für diesen Fall erfolgt aus der Abbildungsgleichung, dass die Bildweite sich nur sehr wenig von der Brennweite unterscheidet.

Die Brennweite wird oft als Orientierung für die Bildwirkung angegeben, entscheidender ist diesbezüglich jedoch der Bildwinkel. Abgeleitet vom deutlichen Sehwinkel des menschlichen Sehfeldes wird ein Normal-Bildwinkel angegeben, der ca. 45° bezüglich der Bilddiagonalen beträgt. Beim Bildseitenverhältnis 4:3 folgt daraus ein vertikaler Bildwinkel von ca. 28° und ein horizontaler von 36°. Aus diesen Werten kann die zugehörige Normalbrennweite abgeleitet werden. Als Orientierung ist sie allerdings nur tauglich, wenn die Bildwandlerfläche konstant ist. In diesem Fall spricht man bei größerer Brennweite von einem Teleobjektiv, das einen kleinen Bildwinkel hervorruft, und umgekehrt vom Weitwinkelobjektiv. Weitwinkelobjetive erzeugen eine scheinbare Vergrößerung und Teleobjektive entsprechend ein scheinbare Verkürzung zwischen den entfernten Gegenständen in der Szene (Abb. 6.41).

Abb. 6.41. Vergleich der Bildwirkung von Normal- (oben) mit Weitwinkel- und Teleabbildungen

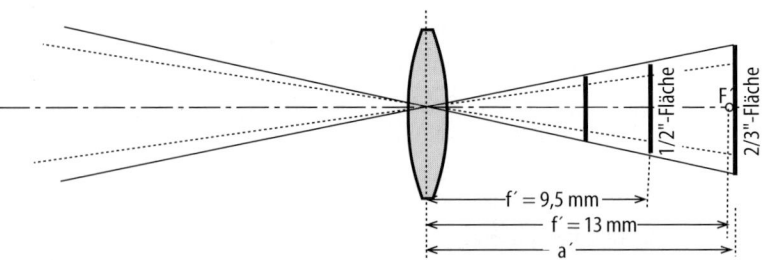

Abb. 6.42. Normalbrennweiten bei verschiedenen Wandlergrößen

Für den Austausch von Objektiven folgt daraus, dass ein Objektiv, das auf einem 2/3"-Wandler eine Normalabbildung erzeugt, einen kleineren Bildwinkel hervorruft und damit ein Teleobjektiv darstellt, wenn es an einer Kamera mit 1/2"-Wandler eingesetzt wird (Abb. 6.42). Die Abhängigkeit der Normalbrennweite von der Wandlergröße zeigt sich auch darin, dass Fotografen mit einer Kleinbildkamera (Bildfeldgröße 36 mm x 24 mm) eine Normalbrennweite von 50 mm verwenden, während die Normalbrennweite bei 35 mm Film ca. 32 mm beträgt.

Sowohl beim Kleinbild als auch beim Kinobild wird ein Betrachtungsabstand verwendet, der 2 bis 3 mal der Bildhöhe H entspricht. Damit ergibt sich ein Betrachtungswinkel, der gleich dem Aufnahmewinkel ist und damit ist eine perspektivisch richtige Betrachtung erreicht. Beim Videosystem wird die perspektivisch richtige Betrachtung nur bei HDTV erzielt, nicht aber beim Standard-Videobild, da aufgrund der geringen Auflösung der Betrachtungsabstand mehr als 6 H beträgt. Fernsehen mit Standardauflösung ist mit größerer Distanz zum Medium verbunden. Durch die Verwendung von Großaufnahmen kann man sich der richtigen Perspektive nähern, dann müssen Brennweiten vom ca. dreifachen der berechneten Normalbrennweite verwendet werden.

Da im Videobereich mit verschiedenen Bildwandlergrößen gearbeitet wird, hat sich beim Videoobjektiv keine allgemein gültige Normalbrennweite herauskristallisiert. In professionellen Kameras wird oft ein 2/3"-Chip mit einer Wandlerhöhe von 6,6 mm eingesetzt. Für einen Vertikalwinkel der Normalabbildung von 28° ergibt sich beim 2/3"-Wandler eine Bildweite von 13,2 mm.

Die scharfe Abbildung eines Gegenstandes in 2 m Entfernung von der Linsenebene erfordert mit a' = 13,2 mm und 1/f' = 1/(2000 mm) + 1/(13,2 mm) eine Brennweite f' = 13,1 mm. Praktisch rechnet man mit f' = 13 mm für eine Normalabbildung auf einen 2/3"-Wandler. Abbildung 6.39 zeigt weitere Werte. Um ein Objekt mit einer anderen Gegenstandsweite scharf abzubilden, muss der Abstand zwischen Linse und Bildwandler, der so genannte Auszug, verändert werden. Die Rechnung zeigt, dass die Differenz zwischen Bild- und Brennweite sehr gering ist, solange die Gegenstandsweite wesentlich größer als die Brennweite ist.

Da moderne Videokameras i. d. R. mit Zoomobjektiven bestückt sind, kann die Brennweite und der Bildwinkel hier sehr leicht verändert werden. Die menschliche Wahrnehmung ermöglicht aber keinen derartigen Zoomvorgang. Um eine andere Perspektive zu gewinnen, muss sich der Mensch an einen an-

aus der Entfernung

Annäherung durch Ortswechsel, Kamerafahrt   Annäherung durch Zoomfahrt

Abb. 6.43. Kamera- und Zoomfahrt im Vergleich

deren Ort begeben. Der Wechsel der Brennweite widerspricht damit der menschlichen Wahrnehmung und wird aus diesem Grund von vielen Regisseuren und Kameraleuten gemieden. Sie verwenden für Szenen gleichen Typs gleiche Festbrennweiten und wahren damit die visuelle Kontinuität. Das bedeutet, dass zur Annäherung an ein Objekt anstelle der Zoom- eine Kamerafahrt eingesetzt wird. Die Alternative ist, den Standort beizubehalten und den Bildwinkel zu verkleinern, dann verändert sich jedoch die Bildwirkung erheblich, weil sich die Relationen von Vorder- und Hintergrundobjekten verschieben. Im Telebereich scheinen die Abstände verkürzt, das Bild wird flach. Abbildung 6.43 zeigt den Vergleich der Annäherungen an ein Objekt mittels Kamera- und Zoomfahrt bei gleicher Vordergrundbreite.

Für die Positionierung eines Objekts innerhalb des Bildwinkels haben sich einige Begriffe herausgebildet, die an der Abbildung des Menschen orientiert sind. Die Begriffe müssen den Kameraleuten vertraut sein, damit die Kommandos aus der Regie, wie z. B. »3 verengen bis groß« oder »1 nah, 4 aufziehen bis total«, richtig ausgeführt werden: Eine Großaufnahme zeigt den menschlichen Kopf und den oberen Schulterbereich. Dieses Close Up (CU) kann bis zum Very und Extrem Close Up (sehr, extrem groß) gesteigert werden, indem nur noch Augen und Mund oder der Augenbereich erfasst werden. Eine Nahaufnahme umfasst auch die Brust und wird als Bust Shot oder Medium Close Up bezeichnet. Bei größeren Abständen zum Objekt folgen die halbnahe Einstellung, die die Person bis zur Hüfte (Mid Shot) erfasst, weiterhin die sog. amerikanische Einstellung bis zu den Oberschenkeln (Thight Shot), die Halbtotale bis zu den Knien und schließlich die Totale, die die gesamte Person erfasst (Full Length Shot). Größere Abstände werden als weit und extrem weit bezeichnet (Long und Very Long Shot) [25]. Abbildung 6.44 zeigt die Einstellungsgrößen im Vergleich.

Weitere Kamerakommandos sind weitgehend selbsterklärend, wie z. B.: »Achtung 3, nächste 2, 4 schwenk hoch, 1 unscharf werden, 2 Gast mittig einsetzen oder 3 über Schulter«. Um schnelle Reaktionen zu ermöglichen sollte dafür gesorgt werden, dass die Nummer der angesprochenen Kamera immer zuerst genannt wird.

Abb. 6.44. Einstellungsgrößen

6.2.2 Das optische System der Kamera

Das wesentliche optische Element in der Kamera ist das Objektiv, das zur Abbildung des Gegenstandes auf den Bildwandler dient. Es besteht im einfachsten Fall aus einer Linse, in der Praxis aus einer aufwändigen Linsenkombination, wie sie auch das sehr oft verwendete Zoomobjektiv darstellt.

6.2.2.1 Das Zoomobjektiv

Früher enthielten die Kameras Objektive mit fester Brennweite, teilweise waren diese auf einen Revolverkopf montiert, um eine einfache Variation der Brennweite zu ermöglichen. Derartige Objektive bieten zwei Verstellmöglichkeiten, und zwar für den Auszug (zur Fokussierung) und für die Blende. Die Bedienelemente sind ringförmig angebracht. Moderne Kameras sind dagegen in den meisten Fällen mit Zoomobjektiven (Abb. 6.45) bestückt, die eine Brennweitenvariation auf Knopfdruck ermöglichen. Hier kann der Wechsel zwischen Weitwinkel- und Telebereich auch bei laufender Kamera vorgenommen werden, womit eine Zoomfahrt möglich wird.

Ein Zoomobjektiv enthält eine Vielzahl von Linsen, die in vier Gruppen, die Fokussiergruppe, den Variator, den Kompensator mit Blende und die Relaisgruppe eingeteilt sind (Abb. 6.45). Die Fokussiergruppe bestimmt die Schärfe der Abbildung. Man unterscheidet frontfokussierte Objektive, bei denen die Frontlinse bewegt wird, und innenfokussierte Objektive, bei denen sie feststeht.

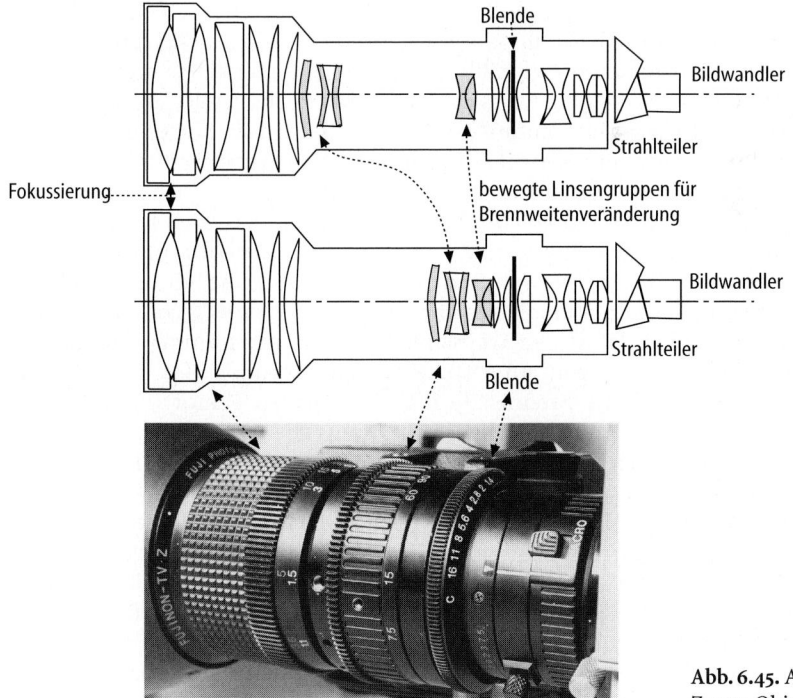

Abb. 6.45. Aufbau des Zoom-Objektivs

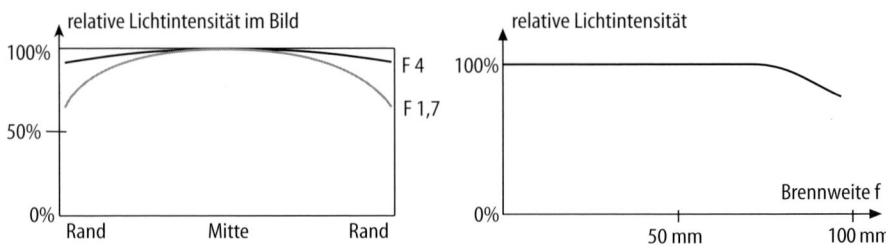

Abb. 6.46. Variation der Lichtintensität in Abhängigkeit von Blende und Zoom

Innenfokussierte Objektive sind aufwändiger gebaut, weisen geringere Abbildungsfehler auf und sind besser gegen Schmutz geschützt. Hier können Filter direkt an der Linsenfassung montiert werden, ohne dass sie verdreht werden.

Der Variator ist eine bewegliche Linsengruppe, die zur Veränderung der Brennweite dient. Für die Bewegung des Variators gibt es am Objektiv einen dritten Einstellring, der entweder manuell oder über einen mit der Zoomwippe gesteuerten Motor angetrieben wird. Der elektrische Antrieb ermöglicht weiche Zoomfahrten, oft mit variabel einstellbaren Geschwindigkeiten. Das Bild des Variators entsteht auf dem ortsfesten Kompensator, der die Blende enthält. Die Relaisgruppe dient schließlich zur Abbildung auf den Bildwandler.

Die variable Brennweite erleichtert den Scharfstellvorgang durch Einstellung der maximalen Teleposition. Im Telebereich ist die Schärfentiefe besonders klein, damit werden Abweichungen vom Schärfepunkt deutlich sichtbar. Die Schärfe wird daher möglichst immer im Telebereich eingestellt, danach wird der gewünschte Bildausschnitt gewählt. Einige Objektivhersteller bieten in diesem Zusammenhang Typen mit Assisted Internal Focus (AIF) an. Bei diesen Typen wird auf Knopfdruck automatisch der Telebereich eingestellt. Die eigentliche Fokussierung und die Bildausschnittswahl werden weiterhin manuell vorgenommen. Wichtige Merkmale sind bei Zoomobjektiven, neben der Minimalapertur, die geringste mögliche Brennweite und der Zoomfaktor, beide werden häufig zusammen angegeben. Ein typischer Wert für universell einsetzbare Kameras mit 2/3"-Bildwandlern ist 15 x 8, d. h. die minimale Brennweite beträgt 8 mm, die maximale 120 mm. Der maximale vertikale Bildwinkel für das Format 4:3 hat damit den Weitwinkelwert 45°, der minimale Bildwinkel beträgt 3,1°. Durch Einbringen einer weiteren Linsengruppe, des Extenders, in den Strahlengang kann die Brennweite um einen festen Faktor (z. B. 2x) vergrößert werden, der Extender verringert allerdings die Lichtstärke.

Zoomobjektive weisen einen Helligkeitsabfall am Bildrand auf, der umso stärker ist, je weiter die Blende geöffnet wird (Abb. 6.46). Des weiteren tritt der Effekt auf, dass bei langen Brennweiten die Lichtstärke abnimmt. Dieser Effekt wird F-Drop genannt und führt zu einer Bildhelligkeitsveränderung beim Zoomen (Abb. 6.43). Variobjektive begrenzen auch die Auflösung des Bildes, im Allgemeinen kann aber der Auflösungsverlust durch das Objektiv gegenüber dem des Videobildwandlers vernachlässigt werden.

Die Objektive für den professionellen Einsatz können so gebaut werden, dass sie nicht viel schwerer als 1 kg sind. Sie können dann meist ohne Hilfs-

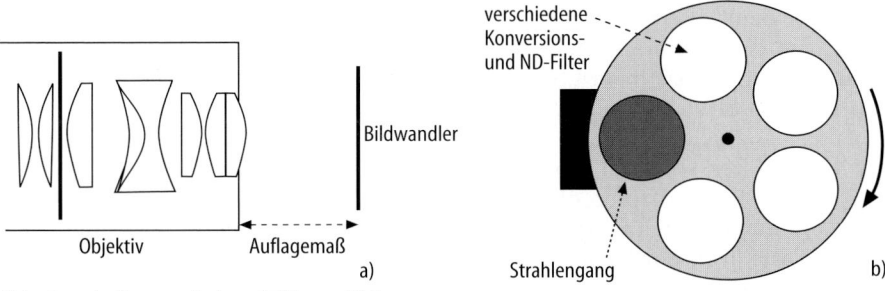

Abb. 6.47. Auflagemaß a) und Filterrad b)

mittel, z. B. mit einem Bajonettverschluss, an der Kamera befestigt werden. Lichtstarke Typen mit großem Variationsbereich (bis 87-fach) können dagegen sehr groß und bis zu 40 kg schwer werden, so dass eher die Kamera am Objektiv befestigt wird. Hier sind zusätzliche Stützen erforderlich. Der Preis eines Studioobjektivs mit Vollservobedienung, das also vom Kameragriff aus ferngesteuert bedient werden kann, beträgt ca. 80 000 Euro. Wenn die Objketive manuell bedient werden, ergibt sich manchmal ein Problem durch die Tatsache, dass bei Videoobjektiven der Drehwinkel für eine gewünschte Veränderung erheblich kleiner ist als bei Objektiven für Filmkameras, so dass z. B. Schärfeverlagerungen erschwert werden.

6.2.2.2 Das Auflagemaß

Für eine scharfe Abbildung bei jeder Zoomstellung ist die Einhaltung eines genau definierten Abstandes zwischen der letzten Objektivlinse und dem Bildwandler nötig. Dieser Abstand wird Auflagemaß genannt und muss sehr genau eingestellt sein (Abb. 6.47a). Da sich durch Stöße, Temperaturänderungen etc. Abweichungen ergeben können, ist das Auflagemaß an der Kamera nach Lösen einer Arretierschraube korrigierbar. Zur Kontrolle des Auflagemaßes wird zunächst in Tele-Stellung auf ein kontrastreiches Motiv fokussiert und dann im Weitwinkelbereich mit Hilfe eines guten Monitors die Schärfe überprüft. Muss das Auflagemaß geändert werden, so sind nach jeder Verstellung die beiden Schritte zu wiederholen, bis sich ein Optimum ergibt.

6.2.2.3 Filter

Bevor das Licht aus dem Objektiv auf den Bildwandler trifft, durchläuft es meist ein Infrarotsperrfilter, das dazu dient, die CCD in diesem Spektralbereich unempfindlich zu machen, dann ggf. ein wechselbares Filter im Konversionsfilterrad und schließlich ein optisches Tiefpassfilter.

Auf dem Filterrad professioneller Kameras sind verschiedene Filter angebracht, die durch Drehung in den Strahlengang eingebracht werden können (Abb. 6.47b). Es sind Konversionsfilter vorhanden, die zur Anpassung der üblicherweise für eine Farbtemperatur von 3200 K (Kunstlicht) ausgelegten CCD an eine andere Farbtemperatur dienen (z. B. für Tageslicht mit 5600 K). Weiterhin stehen Neutraldichtefilter zur Verfügung, mit denen die Lichtintensität geschwächt werden kann (ND). Es gibt auch kombinierte Farb- und ND-Filter.

Hinter dem Filterrad befindet sich schließlich das bereits erwähnte optische Filter, das eine definierte Begrenzung der Abbildungsschärfe bewirkt, um Aliasstrukturen zu verhindern, die durch die örtlich diskrete Zerlegung des Bildes im CCD bewirkt werden.

Filter haben eine wichtige Funktion für die Bildgestaltung und werden auch als Vorsatzfilter vor dem Objektiv verwendet. Die wichtigsten Filter für den Bereich der Bildaufnahme dienen der Lichtabschwächung und der Konversion der Farbtemperatur. Die reine Dämpfung der Lichtintensität wird über eine verminderte Transparenz mit entsprechender optischer Dichte erreicht. Sie soll für alle Wellenlängen des sichtbaren Lichts denselben Wert aufweisen. Derartige Filter werden daher als Neutraldichtefilter bezeichnet (ND). Wie beim Filmmaterial ist die Dichte über den Logarithmus des Kehrwertes der Transmission definiert d. h. die Halbierung der Lichtintensität entspricht einer Transmission von 50 %, einer Blendenstufe oder einer Dichteänderung vom Wert 0,3. Wenn der Dichtewert nach einer Seite des Filters über einen gewissen Bereich gleichmäßig ansteigt, spricht man von einem Verlaufsfilter. Er wird so eingesetzt, dass z. B. bei einer Landschaftsaufnahme die größere Dichte parallel zum Horizont auf dem Himmel liegt. Damit kann die Helligkeit in diesem Bereich so weit herabgesetzt werden, dass im Himmel wieder Strukturen durch Wolken etc. erkennbar werden.

Konversionsfilter dienen dazu, das Bildwandler oder Filmmaterial, die für eine bestimmte Farbtemperatur des eingesetzten Lichts sensibilisiert wurden, auch mit Lichtquellen verwenden zu können, die eine andere Farbtemperatur aufweisen. Ein typischer Fall ist die Verwendung von CCD oder Filmmaterial, die für Kunstlicht mit 3200 K sensibilisiert sind, mit denen aber Tageslichtaufnahmen bei einer Farbtemperatur von 5500 K gemacht werden sollen. Für diesen Zweck geeignete Konversionsfilter werden über den Mired-Verschiebungswert, d. h. über die Differenz zwischen den Farbtemperaturen gekennzeichnet, die dann in Mired angegeben werden (s. Kap. 2.3.1). Die angegebene Anpassung des Tageslichtspektrums an das Kunstlicht erfordert bei dem genannten Fall einen Konversionswert von $10^6/3200 - 10^6/5500 = +131$ mrd mit Hilfe eines gelb-orange gefärbten Filters. Der umgekehrte Fall, d. h. die Konversion von Kunstlicht, erfordert – 131 mrd mit einem blau gefärbten Filter. Da Blaufilter eine viel größere Dichte aufweisen als orangefarbene, werden Filmmaterialien und auch Videokameras filterlos meist für Kunstlicht kalibriert.

Weitere Filter werden eingesetzt, um bestimmte Effekte zu erzeugen, wie Farbeffekte, Kontrastminderung, Sterneffekte oder Weichzeichner. Ein Filtertyp, der nicht direkt in diese Klasse fällt, ist das Polarisationsfilter. Dieses wird in der täglichen Praxis verwendet, wenn starke Reflexionen von Gegenständen oder Glasflächen vermindert werden sollen [86]. Da das von diesen Gegenständen reflektierte Licht meist stark polarisiert ist, d. h. dass die Schwingungsebene der Lichtwelle eine sehr dominante Richtung hat, kann mit einem Filter gearbeitet werden, das nur Licht einer definierten Schwingungsebene transmittiert. Zur Minderung der Reflexe muss dann das Polarisationsfilter einfach so gedreht werden, dass die Transmissionsschwingungsebene senkrecht zur Ebene des Lichts steht.

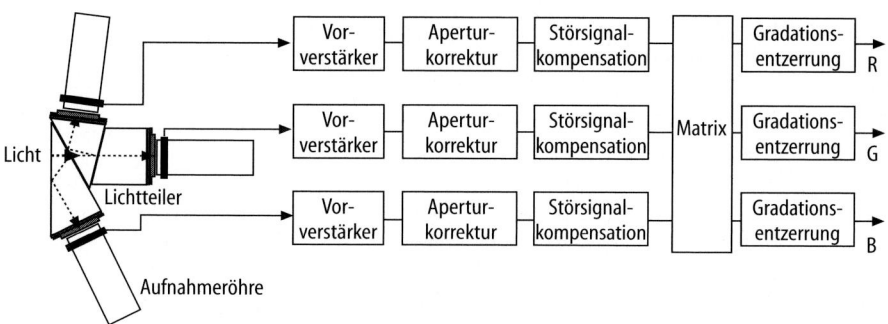

Abb. 6.48. Blockschaltbild einer Röhrenkamera

6.2.3 Das elektronische System der Kamera

Das elektronische System umfasst Baugruppen zur fernsehgerechten Synchronsignalerzeugung, zur Erzeugung von Ablenkspannungen für die Röhre, bzw. den Auslesetakt für das CCD. Es umfasst Steuerungssysteme für das Objektiv, verschiedene Automatikfunktionen und schließlich Baugruppen zur Beeinflussung des Videosignals selbst. Wichtig sind hier die Gamma-Vorentzerrung und die Aperturkorrektur. Abbildung 6.48 zeigt das Blockschaltbild einer Röhrenkamera.

6.2.3.1 Die Ansteuerung des Bildwandlers

Der Bildwandler wird gemäß der durch den Synchronsignalgenerator (SSG) vorgegebenen Zeitstruktur gesteuert [11]. Bei Röhrenkameras müssen dazu, ähnlich wie in jedem Fernsehgerät, sägezahnförmige Ablenkspannungen oder -ströme für die H- und die V-Ablenkung erzeugt werden. Die Sägezahnform bewirkt eine langsame Strahlführung während der aktiven Bilddauer und einen schnellen Strahlrücksprung in der Austastlücke. Aufwändige Korrekturmaßnahmen sorgen für einen linearen Abtastverlauf. Da sich die Ablenkparameter verändern können, sind viele Justiermöglichkeiten vorzusehen, dies gilt insbesondere bei Dreiröhren-Farbkameras, bei denen drei gleiche Systeme exakt aufeinander abgestimmt werden müssen.

Der CCD bieten gegenüber Röhren u. a. den großen Vorteil, dass die Geometrieparameter nicht justiert zu werden brauchen. Aufgrund der festen Verbindung der Bildwandler mit dem Strahlteiler können sich die CCD nicht gegeneinander verschieben, außerdem ist der Auslesevorgang durch einen hochstabilen Takt bestimmt. Die Steuerung des Halbleiterbildwandlers ist dagegen umfangreich, es müssen Steuerspannungen für die Transfergates und viele verschiedene CCD-Register in schneller Folge und sehr exakt bereitgestellt werden. Die erforderlichen elektronischen Schaltkreise können aber in einem Chip integriert werden, so dass sich ein geringer Schaltungsaufwand ergibt.

Der Synchronsignalgenerator erzeugt die Zeitstruktur der gewünschten Fernsehnorm. Ein kompletter SSG kann als integrierte Schaltung realisiert werden, die die H- und V-Synchronsignale, die Austastsignale, den PAL-Kennimpuls und den Farbhilfsträger generiert. Bei professionellen Kameras ist es

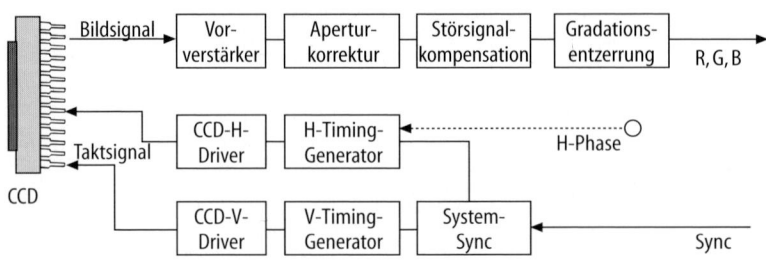

Abb. 6.49. CCD-Ansteuerung

wichtig, dass der SSG im sog. Gen Lock-Betrieb von einem Studiotakt fremd-synchronisiert werden kann, dass er also im Master-Slave-Verbund als Slave agieren kann (Abb. 6.49). Im Studiobetrieb wird damit erreicht, dass alle Kameras die Bilder im gleichen Rhythmus liefern, so dass sie problemlos gemischt werden können. Zur optimalen Anpassung gibt es an der Kamera Einstellmöglichkeiten für die Horizontal- und Farbträgerphase (H-Phase und SC-Phase). Die Möglichkeit zum Gen-Lock-Betrieb ist ein wichtiger Unterschied zwischen professionellen und Amateur-Kameras.

6.2.3.2 Der Videosignalweg

Am Arbeitswiderstand eines Röhrenbildwandlers liegt bereits das Videosignal an. Je heller ein abgetasteter Bildpunkt war, desto größer ist die Spannung am Arbeitswiderstand. Ein möglichst rauscharmer Verstärker bringt dann das Signal auf den Videonormpegel. Wenn das Signal den richtigen Pegel hat, ist es allerdings noch nicht normgerecht, es wird in der Kamera noch korrigiert und vorverzerrt.

Im Gegensatz zum Röhrenbildwandler wird am Ausgang des im CCD enthaltenen horizontalen Schieberegisters die Ladung der einzelnen Bildpunkte nicht kontinuierlich, sondern schrittweise ausgegeben. Der Schrittakt hängt von der Anzahl der horizontalen Bildpunkte ab. Enthält der CCD in jeder Zeile z. B. 800 Pixel, und werden die zugehörigen Ladungen aus dem Schieberegister unter Berücksichtigung einer seitlichen Schwarzmaske in ca. 53 µs herausgeschoben, so beträgt die Taktfrequenz f = 800/(53 µs) ≈ 15,1 MHz. Zur Beseitigung von Störungen, die bei dem zeitlich diskretisierten Auslesevorgang auftreten können, werden die aus dem Schieberegister kommenden Signalanteile zunächst in einer Sample & Hold-Schaltung mit der genannten Taktfrequenz abgetastet. In diese Schaltung kann die Flaw-Korrektur einbezogen werden, d h. die elektronische Minimierung der durch fehlerhafte Pixel bewirkten Bildfehler. Hierzu werden die Positionen der Fehlstellen registriert und in einem Speicher (ROM) dauerhaft abgelegt. Immer wenn die Ladung einer Fehlstelle am Ausgang der S & H-Stufe erscheint, wird ROM-gesteuert statt des aktuellen Wertes der Wert des vorangegangenen Nachbarpixels ausgelesen. Nach einer Glättung und Verstärkung entsteht, wie bei der Röhre, am CCD ein noch nicht normgerechtes Videosignal, denn auch bei CCD ist der Zusammenhang zwischen dem Lichtstrom und der erzeugten Ladung weitgehend linear.

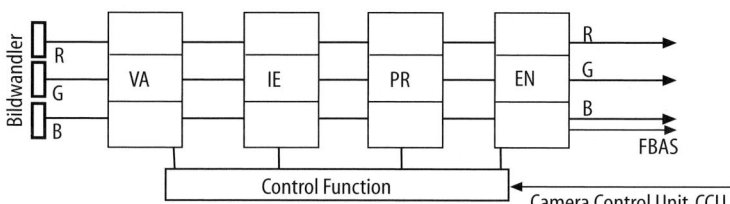

VA = Video Amplifier, Einstellung von: Gain, Knie, Flarekompensation
IE = Image Enhancement Board für: Crispening und Detailing
PR = Processing Board, Einstellung von Schwarz- und Weißwert, Gamma
EN = Encoder, Zusammensetzung von Bild- und Sync-Signalen, FBAS-Erzeugung

Abb. 6.50.
Signalbearbeitungsstufen
in der Kamera

6.2.3.3 Signalbearbeitungsstufen

Eine Übersicht über die Signalbearbeitungsstufen ist in den Abbildungen 6.50 und 6.51 dargestellt. Wie gesagt, wird das Signal zunächst vorverstärkt. Zum Ausgleich unzureichender Beleuchtungsstärken kann am Verstärker der Verstärkungsgrad in festen Stufen (meist in Schritten von 1 dB oder 3 dB bis maximal 18 dB) erhöht werden (Gain Up). Dabei vermindert sich, im Vergleich zur Signalentstehung durch Licht, der Signal-Rauschabstand um den gleichen dB-Wert. Es folgen die Stufen für die Aperturkorrektur, für die Bildverbesserung (Image Enhancement), für die Festlegung der Bildparameter wie Gamma, Weiß- und Schwarzwert, und schließlich die Matrix und die Codierungsstufe für die gewünschte Ausgabesignalart (FBAS, Komponentensignal etc.).

Direkt nach der Vorverstärkung wird eine erste Korrektur des Signals zur Beseitigung von Shading und Flare vorgenommen. Die Begriffe Black- und White-Shading beschreiben eine trotz gleichmäßig beleuchteter Bildvorlage ungleichmäßige Helligkeitsverteilung, die im Schwarzbereich durch verschieden große Dunkelströme einzelner Pixel und im Weißbereich durch den Hel-

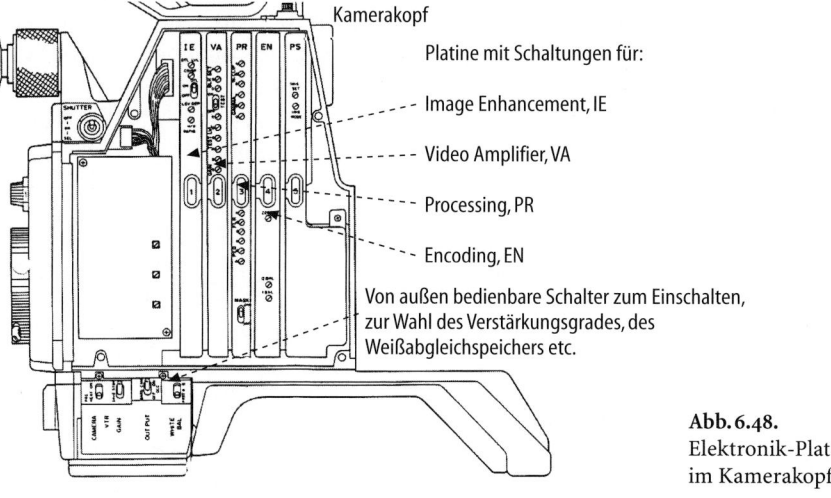

Kamerakopf

Platine mit Schaltungen für:

- - - Image Enhancement, IE

- - - Video Amplifier, VA

- - - Processing, PR

- - - Encoding, EN

Von außen bedienbare Schalter zum Einschalten,
zur Wahl des Verstärkungsgrades, des
Weißabgleichspeichers etc.

Abb. 6.48.
Elektronik-Platinen
im Kamerakopf [121]

ligkeitsabfall am Bildrand bewirkt wird. Diese Ungleichmäßigkeiten im Signal können elektronisch korrigiert werden. Flare bezeichnet eine ungleichmäßige Aufhellung des Bildfeldes durch das im Objektiv erzeugte Streulicht. Auch das Streulicht kann lokalisiert und kompensiert werden. Anschließend folgt das Image Enhancement mit der Aperturkorrektur

6.2.3.4 Aperturkorrektur

Dieser Begriff bezieht sich auf den Durchmesser der Öffnung (Apertur) des abtastenden Elektronenstrahls bei Röhrenbildwandlern. Eine große Strahlapertur bewirkt eine Unschärfe im Bild. Aus Gründen der Aliasvermeidung ist eine gewisse Unschärfe erwünscht, die Apertur darf nicht zu klein werden. Der Begriff Aperturkorrektur wird nicht nur bei Röhrenbildwandlern, sondern auch bei CCD benutzt, auch hier haben die Pixel eine definierte aktive Fläche. Allgemein wird der Begriff für den elektronischen Ausgleich dieser Unschärfe, gebraucht, die beim CCD zusätzlich durch das optische Tiefpassfilter bewirkt wird. Elektronische Maßnahmen zur Steigerung des Schärfeeindrucks im Bild werden auch als Konturkorrektur, Detailing oder Crispening bezeichnet.

Ein Verlust der Schärfewirkung fällt besonders an scharfen Bildkanten auf. Abbildung 6.5 zeigt, wie dort Signale durch den Abtaststrahl abgeschrägt werden. Als Ausgleich kann mit einer Crispening-Schaltung eine Erhöhung der Kantenschärfe erreicht werden, indem das Videosignal zweifach differenziert und dieses Signal dann invertiert dem Originalsignal hinzugefügt wird. Nach einem ähnlichen Prinzip, jedoch rauschärmer, arbeitet die in Abbildung 6.52 erklärte Detailing-Schaltung (H-Aperturkorrektur).

Generell wird der Rauschpegel im Signal durch die Anwendung der Aperturkorrektur erhöht. Insbesondere bei der Abbildung von Gesichtern bringt das Detailing Probleme, da die Haut bei hoch eingestelltem Wert sehr fleckig erscheint. Hier muss nach subjektiven Kriterien auf Kosten der Schärfe des übrigen Bildes ein kleiner Detailing-Level gewählt werden. Zur Umgehung dieses Problems enthalten einige Kameras so genannte Skin-Detailing-Schaltungen. Dabei wird der Hautton der aufgenommenen Person in der Kamera gespeichert und jedesmal, wenn dieser Hauttonwert auftritt, wird automatisch das Detailing herabgesetzt. Während der Abtastung der anderen Bildbereiche bleibt ein hoher Detailing-Wert wirksam.

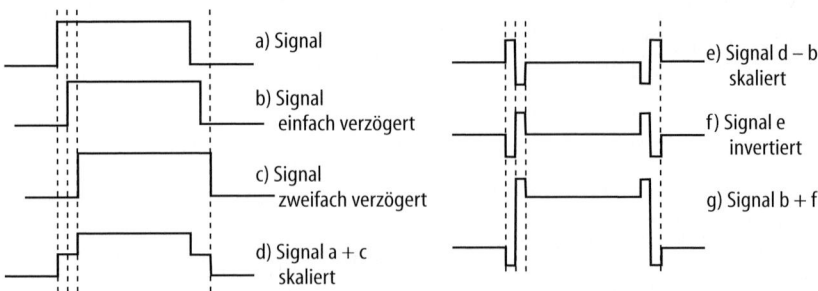

Abb. 6.52. H-Aperturkorrektur

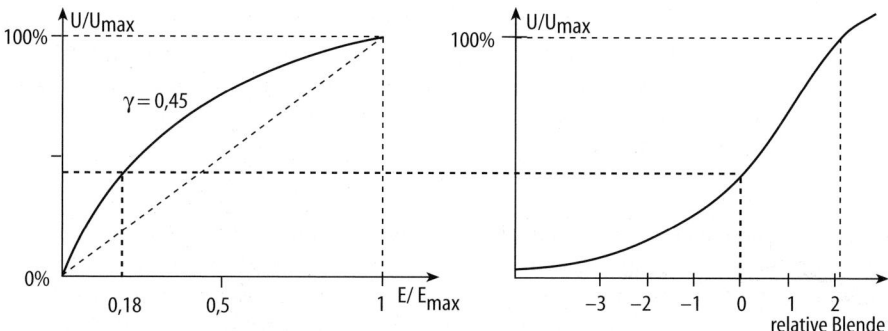

Abb. 6.53. Die Kamerakennlinie in linearer und logarithmischer Darstellung

6.2.3.5 Die Kamerakennlinie

Die Kennlinie beschreibt den Zusammenhang zwischen dem auf den Bildwandler treffenden Lichtstrom und dem Videosignalwert. Die Kennlinie ist
durch den Schwarz- und den Weißwert begrenzt und verläuft aufgrund der
Gamma-Vorentzerrung nichtlinear. Abbildung 6.53 zeigt den Verlauf einer Kamerakennlinie links bei linearer Teilung der Koordinatenachsen für die Signalspannung U (y-Achse) und die Beleuchtungsstärke E (x-Achse) und rechts in
halblogarithmischer Darstellung, bei der die x-Achse logarithmisch eingeteilt
ist und damit Blendenstufen entspricht, die empfindungsgemäß gleichabständig sind und damit besser dem visuellen Eindruck gerecht werden.

Die Gamma-Vorentzerrung bestimmt den nichtlinearen Verlauf der Kamerakennlinie, der nicht vom Bildwandler herrührt, sondern bewusst herbeigeführt wird, um den nichtlinearen Zusammenhang zwischen Videosignalpegel
und entstehender Leuchtdichte bei der zur Wiedergabe eingesetzten Kathodenstrahlröhre zu kompensieren. Die Nichtlinearität wird mit Hilfe des Exponenten γ angegeben. Auf der Aufnahmeseite gilt:

$$U/U_m = (E/E_m)^{\gamma_A},$$

wobei U/U_m das Verhältnis der Videosignalspannung zum Maximalwert und
E/E_m das Verhältnis der zugehörigen Beleuchtungsstärken ist. Der Gamma-
Wert der Wiedergaberöhre ist mit $\gamma_W = 2{,}2$ fest vorgegeben, um eine lineare
Gesamtübertragung zu erhalten, muss auf der Aufnahmeseite also der Kehr-

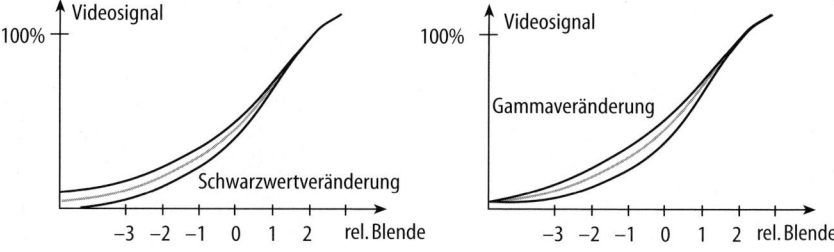

Abb. 6.54. Beispiele für Veränderungen der Kamerakennlinie

wert $\gamma_A = 1/2,2 \approx 0,45$ eingestellt werden. Die Grauwertabstufungen im Bild lassen sich durch die Variation des Gamma-Wertes ändern. Professionelle Kameras erlauben darüber hinaus eine Einstellung des Blackgamma oder Blackstretch (Abb. 6.54), also eine Veränderung des Kennlinienverlaufs nur für die dunklen Bildpartien. Insgesamt lässt sich bei einer guten Kamera die Kennlinie zur Anpassung an besondere Beleuchtungssituationen vielfältig verändern.

6.2.3.6 Schwarzklemmung, Weißbegrenzung und Aussteuerung

Das Videosignal ist bei Dunkelheit nicht gleich Null, es tritt ein Dunkelstrom auf, der mit Hilfe des Signals aus dem lichtdicht abgedeckten Bereich der CCD kompensiert wird. Dazu wird eine Schwarzwertklemmung vorgenommen, wobei das Signal aus dem abgedeckten Bereich als Schwarzbezugswert dient.

Zwischen Austast- und Schwarzwert wird für das Luminanzsignal eine Schwarzabhebung (Pedestal) von normalerweise 0...3% des Maximalwertes eingestellt. Wenn der Schwarzwert zu hoch eingestellt wird, ist die Dynamik eingeschränkt, und das Bild wirkt flau (Abb. 6.55). Der Pedestal kann absichtlich etwas angehoben werden, um die Unterscheidbarkeit von Details, die in dunk-

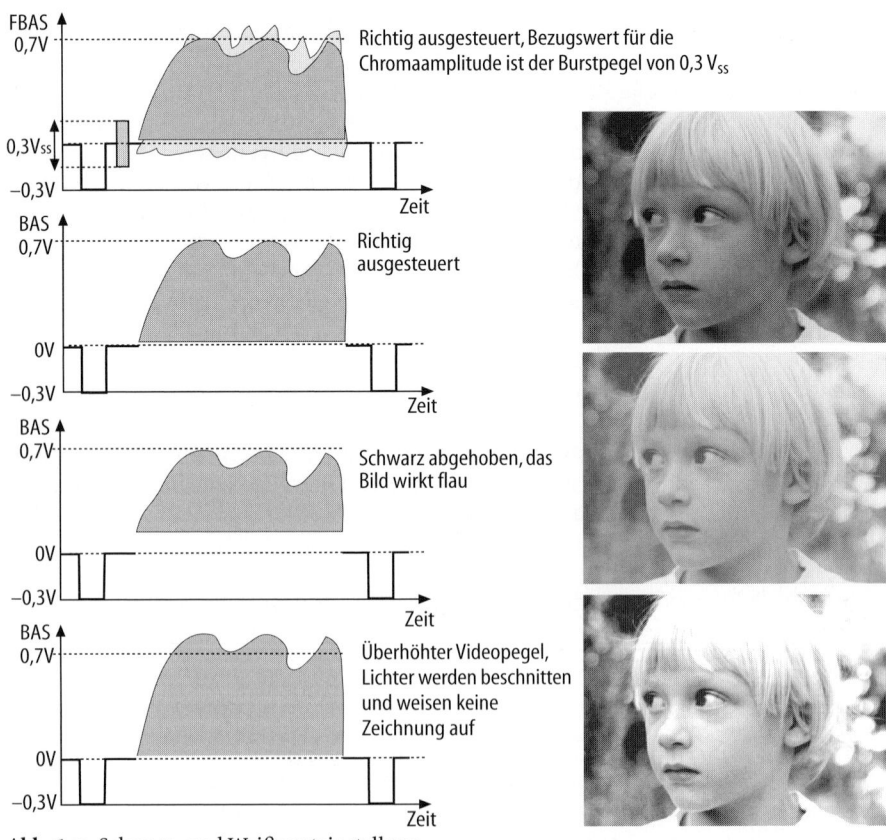

Abb. 6.55. Schwarz- und Weißwerteinstellung

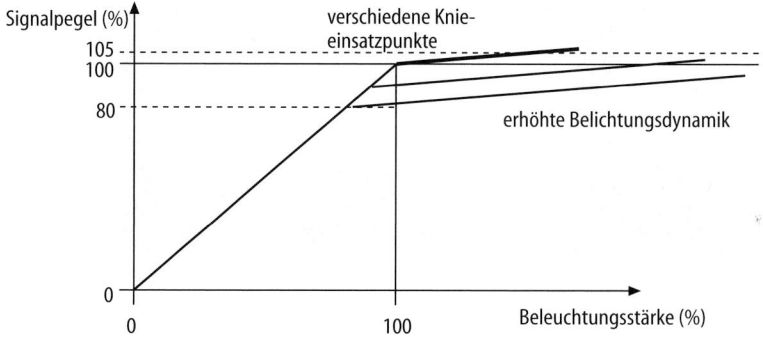

Abb. 6.56. Kniefunktion dargestellt ohne Gamma-Vorentzerrung

len Bildbereichen liegen, zu verbessern. Das spielt vor allem im Studiobetrieb eine Rolle, da die Kameraparameter dort während der Aufnahme ständig verändert werden können. Das Luminanzsignal darf dagegen den so genannten Ultra-Schwarzbereich unterhalb des Austastwertes nicht erreichen, in diesem Bereich dürfen nur Chrominanzwerte auftreten.

Der Weißwert ist der Luminanz-Videosignalwert bei 0,7 V (100%). Signalspitzen dürfen nur geringfügig größer sein, denn sie werden durch das Clipping elektronisch beschnitten. Wenn große Anteile der Luminanzamplitude abgeschnitten werden, gehen die Abstufungen (Zeichnung) in den Lichtern verloren (Abb. 6.55). Der Clippingwert wird minimal größer als 100% gewählt. Bei Beiträgen, die für die Fernsehausstrahlung vorgesehen sind, sollte der Wert nicht größer als 103% sein, denn vor der Ausstrahlung wird das Signal nochmals begrenzt. Der Grad der durch das Clipping bewirkten Beschneidung der Spitzlichter wird im Studio nach subjektiven Kriterien gewählt. Zusammen mit der Pedestal-Einstellung wird das Signal immer so eingestellt, dass die wichtigen Bildteile genügend Zeichnung aufweisen.

Damit die Lichter im Weißbereich nicht abrupt abgeschnitten werden und noch Unterschiede erkennbar bleiben, d. h. ausreichend Zeichnung aufweisen, kann die Kennlinie im Signalbereich um 100% abgeflacht werden (Abb. 6.56). Durch diese Kniefunktion lässt sich eine Steigerung des Kontrastumfangs von mehr als einer Blendenstufe im Bereich der Lichter erreichen. Der Kniepunkt, d. h. der Einsatzpunkt der Abflachung, kann etwa zwischen 80% und 110% eingestellt werden. Eine Autokniefunktion bewirkt eine selbsttätige Verschiebung dieses Punktes in Abhängigkeit vom Motivkontrast. Diese Funktion erlaubt die Verarbeitung von Pegeln, die bis zu 600% der Normalaussteuerung betragen, die Kameraelektronik muss entsprechend hoch aussteuerbar sein.

6.2.3.7 Zebra

Der Einsatz des Signalclipping kann nur mit Hilfe von Messgeräten, z. B. einem Waveformmonitor, sicher festgestellt werden. Im Studiobetrieb sind diese Geräte vorhanden. Beim EB-Betrieb, also im Reportageeinsatz, muss das Bild allein anhand des Kamerasuchers beurteilt werden, wobei Signalübersteuerungen schwer erkennbar sind. Um sie doch deutlich werden zu lassen, kann bei

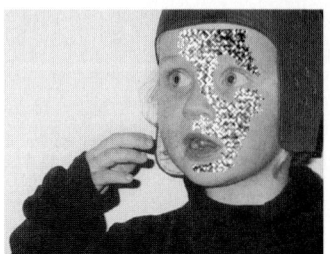

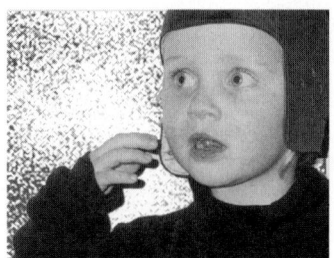

Zebramuster bei 70% Videopegel   Zebramuster bei 100% Videopegel

Abb. 6.57. Zebrafunktion

vielen Kameras das Zebra aktiviert werden. Die Zebra-Funktion bewirkt, dass das Bild im Kamerasucher an den Stellen, an denen ein bestimmter Signalpegel vorliegt, ein oszillierendes Muster aus Punkten oder Streifen aufweist. Ein 100%-Zebra dient vor allem zur Übersteuerungskontrolle. Es kann als Einstellhilfe für optimale Belichtung nur dann verwendet werden, wenn im Bild eine Stelle mit hohem Weißanteil auftaucht, eine Stelle also, an der das Videosignal tatsächlich 100% erreichen soll. Wenn es eher um optimale Aussteuerung als um Übersteuerung geht wird das 70%-Zebra eingesetzt. Das 70%-Zebra liegt in einem Signalpegelbereich, der bei der Abbildung des Hauttons hellhäutiger Menschen auftritt. Wenn die Blende so gewählt wird, dass das Zebra auf den Hautpartien erscheint, so werden diese gut abgebildet (Abb. 6.57).

Die Zebra-Funktion kann mit Hilfe der „Gain up"-Methode auch für andere Signalbereiche verwendet werden. So kann z. B. ein Signalpegel von 50% gefunden werden, indem die Verstärkung (Gain) um + 6 dB angehoben wird. Die Blende wird dann so eingestellt, dass das 70%-Zebra an den Stellen erscheint, die 50% Pegel aufweisen sollen und dann wird die Verstärkung wieder abgeschaltet. Die Verstärkung führt zu einer Signalverdopplung, die sich aufgrund der γ-Vorentzerrung nur zu 70% auswirkt.

6.2.3.8 Linear Matrix

Mit dem Begriff Matrix ist bezüglich der Kamera nicht die Schaltung zur Umsetzung von Komponentensignalen in RGB-Signale gemeint. Zwar wird auch in der Kamera-Matrix eine gegenseitige Signalverkopplung zwischen den RGB-Kanälen vorgenommen, sie dient jedoch der Korrektur der Farbwiedergabe. Diese Korrektur ist erforderlich, um die negativen Anteile (Abb. 6.55) der Spektralwertkurven der standardisierten Bildschirm-Primärvalenzen zu berücksichtigen. Die Spektralwertkurven des Aufnahme-Bildwandlers haben keine negativen Anteile. Sie bilden also ein virtuelles Primärvalenzsystem, das durch eine lineare Transformation in jedes andere, also auch das Primärvalenzsystem des Bildschirms überführt werden kann. Diese lineare Transformation wird in elektronischer Form mit Hilfe der Matrix vorgenommen (Abb. 6.58). Mit der Matrix ist es also quasi möglich, Farbmischkurven mit negativen Anteilen zu erzielen [77]. Da die Matrix die farbliche Feinabstufung und damit den Charakter der Hauttonwiedergabe beeinflusst, gibt es dafür unterschiedliche Vorgaben, z. B. der EBU oder von Sendeanstalten wie BBC, ARD/ZDF etc.

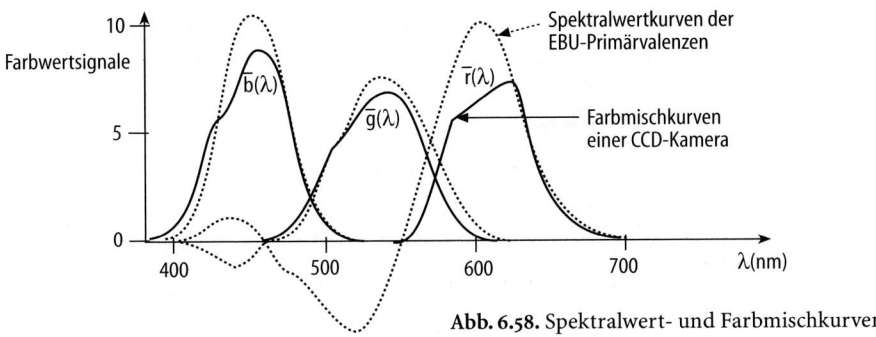

Abb. 6.58. Spektralwert- und Farbmischkurven

6.2.4 Die Digitalkamera

Der Begriff Digitalkamera bezieht sich nicht auf die Bildwandlung, sondern auf die Signalverarbeitung. Die Ladungen aus dem CCD liegen in analoger Form vor. Das Signal wird vorverstärkt und zunächst in einem analogen Pre-processing-Modul verarbeitet, das für die Änderung der Verstärkung, des Shading und des Weißabgleichs digital gesteuert wird.

Anschließend wird das Signal mit einem Analog-Digital-Umetzer hoher Qualität digitalisiert und durch Rechenprozesse verändert. Dabei werden vor allem Gamma- und Knie-Parameter und das Detailing auf digitaler Basis festgelegt. Hinzu kommen der Schwarzwert und die Matrix, die auf digitaler Ebene für alle drei Kanäle sehr exakt eingestellt werden kann. Für ein hochwertiges Videosignal ist am Ausgang der Signalbearbeitungsstufen eine 10 Bit-Auflösung der RGB-Anteile erforderlich. Bei der A/D-Umsetzung reicht die Quantisierung mit 10 Bit jedoch nicht aus, hier sollte mit mindestens 14 Bit-Auflösung gearbeitet werden. Außerdem ist auch beim digitalen Processing ist ein zusätzlicher Spielraum für die Signalanpassung erforderlich (Abb. 6.59). Um mit der Kniefunktion z. B. ein Signal von bis zu 600% Überpegel verarbeiten zu können sind 2,5 Bit sind erforderlich. Der Bereich der Gammaeinstellung erfordert 2 Bit, zwei weitere sind erforderlich, um genügend Spielraum zur Einstellung des Schwarzwertes zu erhalten. Insgesamt sollte die interne Verarbeitung mit 18 Bit möglich sein [81].

Wenn das Signal am Ausgang des Kamerakopfes mit 10-Bit-Auflösung vorliegt, so entsteht, je nach Bildauflösung, bei hochwertigen Kameras ein Datenstrom von dreimal ca. 140 Mbit/s, die zusammen mit weiteren Signalen zur Basisstation (CCU) übertragen werden müssen. Bisher ist diese Datenrate von insgesamt mehr als 400 Mbit/s für die Digitalübertragung über Triaxkabel zu hoch. Daher werden die Signale zunächst D/A-gewandelt und analog übertra-

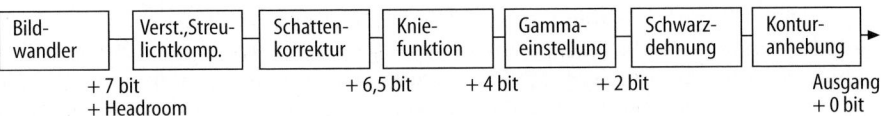

Abb. 6.59. Für die Verarbeitung in einer Digitalkamera erforderliche Bitzahl

gen. Zukünftig wird durch den Einsatz mehrwertiger Modulationsverfahren, wie z. B. 16-QAM (s. Kap. 4.5.2), eine digitale Übertragung möglich sein. Alternativ steht die digitale Übertragung per Glasfaser zur Verfügung.

Ein wesentlicher Vorteil der digitalen Signalverarbeitung ist die Möglichkeit, auf die elektronischen Parameter und die Kennlinie sehr umfangreich Einfluss nehmen zu können, die gewählten Einstellungen zu speichern und vor allem exakt reproduzieren zu können. Verschiedene Kamera-Set-Ups können auf austauschbaren Karten gespeichert werden, so dass sehr umfangreiche Einstellungen auf Knopfdruck aufgerufen werden können. Darüber hinaus erfordern Digitalkameras wenig Abgleich und behalten die eingestellten Parameter unverändert bei.

6.2.5 Der Weißabgleich

Wie bereits in Kap. 2.3 beschrieben, hat das Licht verschiedener Lichtquellen unterschiedliche spektrale Zusammensetzungen. Temperaturstrahler können mit Hilfe der Farbtemperatur charakterisiert werden. Sonnenlicht hat eine Farbtemperatur von ca. 5800 K, im für den Menschen sichtbaren Spektralbereich sind hier die Frequenzen etwa gleich intensiv vertreten. Künstliche Temperaturstrahler weisen dagegen eine Farbtemperatur von ca. 3200 K auf, rote Spektralanteile sind hier intensiver als blaue.

Das menschliche Auge passt sich dem Frequenzgemisch an und empfindet die Farbe eines Blattes Papier als Weiß, egal ob es mit Sonnenlicht oder Kunstlicht mit 3200 K beleuchtet wird. Nur wenn beide Lichtarten gleichzeitig wirksam sind, wird der Unterschied sichtbar. Die Kamera muss elektronisch an veränderte Frequenzgemische angepasst werden. Dies geschieht mit dem Unbuntabgleich in in Bildweiß und -schwarz, umgangssprachlich Weiß- und Schwarzabgleich genannt, für jede veränderte Beleuchtungssituation erneut. Beim Weißabgleich wird die Kamera auf eine weiße Fläche gerichtet, die von der jeweiligen Lichtart beleuchtet wird. Während des Abgleichs werden die Verstärkungen in den R- und B-Kanälen der Kamera so eingestellt, dass alle drei Kanäle gleiche Signalpegel aufweisen (Abb. 6.60). Im Studiobetrieb wird der Abgleich über eine Kontrolleinheit vorgenommen, wobei mit dem Vektorskop (s. Kap. 2.4.1) sichergestellt wird, dass das Signal keine Buntanteile mehr enthält. Bei professionellen Kameras im EB-Einsatz wird der Abgleich auf Knopfdruck automatisch vorgenommen (Automatic White Control, AWC). Dabei reicht es aus, die weiße Referenzfläche nur auf einem kleinen Teil der Bildwandlerfläche abzubilden. Meistens können mehrere Abgleichparameter gespeichert werden, z. B. ein Satz für Tageslicht und einer für Kunstlicht, so dass bei einem Wechsel zwischen Innen- und Außenaufnahme statt eines erneuten Weißabgleichs nur der zugehörige Speicher aufgerufen werden muss.

Moderne Kameras können sehr große Farbbereiche zu Unbunt abgleichen. Trotzdem sollten vorher die Konversionsfilter im Filterrad auf die entsprechende Farbtemperatur eingestellt werden, damit genug Spielraum für die Elektronik erhalten bleibt. Nach dem Weißabgleich darf das Filterrad nicht mehr verändert werden. Entsprechend dem Weißabgleich wird auch der

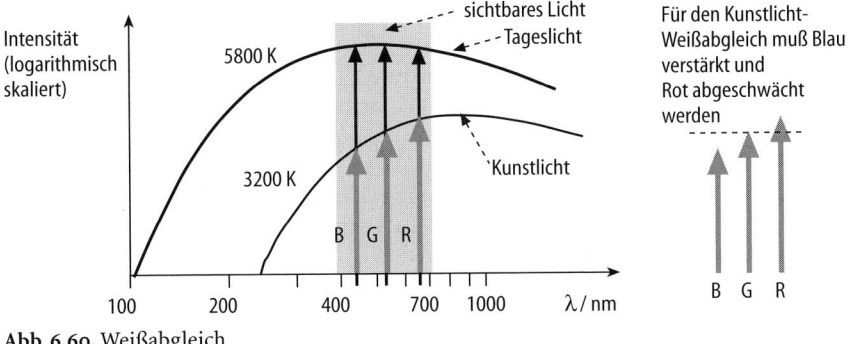

Abb. 6.60. Weißabgleich

Schwarzabgleich (Automatic Black Control, ABC) bei geschlossener Blende so vorgenommen, dass die Signale der drei Farbkanäle im Schwarz gleiche Pegelwerte aufweisen. Diese Einstellung ist unabhängig von der Beleuchtungsart.

6.2.6 Automatikfunktionen

Automatikfunktionen werden vor allem in Amateurkameras eingesetzt, um ungeübten Personen die Bedienung zu erleichtern. In diesen Bereich gehören vor allem der fortwährend durchgeführte Weißabgleich (Auto Tracing Whitebalance, ATW), die automatische Blendensteuerung (Auto Iris) und die automatische Scharfstellung (Autofocus). Automatikfunktionen haben im professionellen Bereich eine geringere Bedeutung. Die Automatikparameter beziehen sich zwangsläufig auf Standardaufnahmesituationen und bergen immer die Gefahr der Fehleinstellung. Auch bei Amateurkameras sollte die Automatik daher abschaltbar sein. Im Zuge der technischen Entwicklung arbeiten die Kontrolleinheiten für diese Funktionen allerdings zunehmend differenzierter, so dass auch in professionellen Kameras, insbesondere bei denen, die für den EB-Bereich konzipiert sind, immer mehr Automatikfunktionen integriert werden.

Mit dem automatischen Weißabgleich werden die Verstärkungen der Farbkanäle ständig an neue Umgebungslichtsituationen angepasst. In der Nähe des Objektivs wird ein Sensor angebracht, der z. B. Fotodioden enthält, denen das Licht über Rot-, Grün- und Blau-Filter zugeführt wird. Helle Bildbereiche werden als Weiß interpretiert und diesbezüglich wird mit Hilfe der aus den Sensoren gewonnenen Spannungen die Verstärkung der Blau- und Rot-Kanäle verändert. Der automatische Weißabgleich macht die Wiedergabe ausgeprägter Farbstimmungen (Abendrot) unmöglich.

Die automatische Blendensteuerung ist auch in vielen professionellen Kameras enthalten. Eine elektronische Schaltung registriert den Videosignalpegel und steuert die Blendenöffnung so, dass immer ein mittlerer Signalpegel erhalten bleibt und gleichzeitig wenig Übersteuerung auftritt. Nachteil dieser Automatik ist ein in bestimmten Situationen auftretender unnatürlich schwankender Helligkeitseindruck, z. B. wenn eine Person die abgebildete helle Szene durchquert und sie damit kurzzeitig abdunkelt. Bei Änderung der Blende verändert sich auch immer die Schärfentiefe. Häufig kann die automatische Blendenfunktion neben der festen Einstellung auch nur kurzzeitig auf Tastendruck aufgerufen werden. Damit erreicht man schnell eine relativ optimale Blendeneinstellung, die dann nur wenig modifiziert beibehalten werden kann. Die automatische Blendensteuerung funktioniert nur solange, bis die Blende vollständig geöffnet ist. Um auch noch bei niedrigeren Beleuchtungsstärken arbeiten zu können, kann bei einigen Kameras eine automatische Verstärkungserhöhung eingeschaltet werden (Automatic Gain Control).

Die Fokussierung der Kamera ist schwierig zu automatisieren, denn auch die beste Elektronik kann nicht feststellen, ob der Vorder- oder der Hintergrund in einer Szene scharf abgebildet werden soll. Professionelle Kameras enthalten in der Regel keine Autofocus-Funktion, Amateurkameras dagegen fast immer. Moderne Varianten arbeiten digital. In einem Mikroprozessor werden bestimmte Bildbereiche auf Kontrastunterschiede hin untersucht, ein Regelkreis steuert dann das Objektiv so, dass die Unterschiede maximal werden. Auch diese Funktion kann häufig auf Tastendruck kurzzeitig aktiviert werden.

6.2.7 Bildstabilisierungssysteme

Amateurkameras sind im Laufe der Entwicklung immer kleiner und leichter geworden, sie können ohne Anstrengung mit der Hand geführt werden. Mit dieser Art der Führung ist aber der Nachteil verbunden, dass die Kamera sehr schlecht ruhig gehalten werden kann. Zur Erzeugung von nicht verwackelten Bildern ist ein Stativ unerlässlich, womit allerdings die Flexibilität der Kamera wieder eingeschränkt ist. Um die Verwackelung zu reduzieren, wurden für Amateurkameras Bildstabilisierungssysteme entwickelt, die auch im professionellen Bereich Einzug gehalten haben. Man unterscheidet Stabilisatoren bezüglich des Funktionsprinzips in elektronisch und optisch arbeitende Typen [109].

6.2.7.1 Elektronische Bildstabilisatoren

Diese Art der Stabilisierung wird auch als Digital Image Stabilizer (DIS) bezeichnet. Zunächst muss die Verwackelungsbewegung erfasst werden. Dazu werden die Helligkeitswerte von ca. 100 repräsentativen Bildpunkten gespeichert und mit den Werten der Punkte im nächsten Halbbild verglichen. Bei Übereinstimmung liegt keine Verwackelung vor.

Falls die Werte für die Referenzpunkte dagegen nicht gleich sind, wird festgestellt, wo die Referenzpunkte mit dem neuen Bild in Übereinstimmung gebracht werden können. Daraus werden dann Bewegungsvektoren bestimmt, die die Lageveränderung durch die Verwackelung beschreiben. Diese Art der Bewegungsdetektion erfordert ausreichende Helligkeit.

Eine andere, lichtunabhängige Methode zur Erfassung der Verwackelung beruht auf der Nutzung von zwei piezoelektrischen Beschleunigungsaufnehmern für die horizontale und vertikale Bewegungsrichtung. In jedem Fall muss eine elektronische Schaltung dafür eingesetzt werden, die Verwackelungsbewegung von einer gewollten Bewegung (Kameraschwenk) zu unterscheiden und ggf. die Stabilisierung auszuschalten.

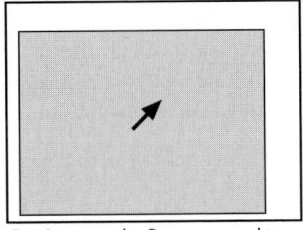 

Bestimmung des Bewegungsvektors   Positionskorrektur und Zoom

Abb. 6.61. Digital Image Stabilizer Prinzip

Nachdem die Bewegungsvektoren festgelegt sind, wird das Bild korrigiert. Dazu wird beim DIS-Verfahren dafür gesorgt, dass die CCD-Fläche größer als der Bildausschnitt ist. Es entsteht ein Rand um die aktive Bildfläche herum, der ca. 15% der CCD-Fläche umfasst (Abb. 6.61). Damit kann der aktive Bildausschnitt, durch die ermittelten Bewegungsvektoren gesteuert, so verschoben werden, dass die Verwackelung ausgeglichen wird. Einige Systeme erzeugen den Rand um die aktive Bildfläche durch einen elektronischen Verkleinerungsprozess. Nach der Korrektur wird hier das Bild wieder elektronisch vergrößert.

6.2.7.2 Optische Bildstabilisatoren

Stabilisatoren auf optischer Basis (Steady Shot) arbeiten mit mechanischen Mitteln. Sie bieten den Vorteil, dass keine Bildverfälschung durch einen elektronischen Zoom-Prozess auftreten kann. Es kann die gesamte Bildwandlerfläche genutzt werden. Außerdem funktioniert das System unabhängig von der Lichtintensität.

Die Erschütterungsdetektion erfolgt mit den bereits genannten piezoelektrischen Beschleunigungssensoren. Zur Korrektur werden zwei geneigte Glasplatten in den Strahlengang gebracht. Die Glasplatten sind durch einen hermetisch abgeschlossenen, beweglichen Balgen verbunden, der mit Silikonöl gefüllt ist, welches den gleichen Brechungsindex wie Glas aufweist (Abb. 6.62). Die Gläser sind auf Achsen gestützt, so dass eine horizontale und vertikale Verdrehbarkeit um ca. ± 3° ermöglicht wird. Die beiden Gläser bilden damit ein veränderliches, ein aktives Prisma. Zur Bildstabilisierung wird eine von den Bewegungs-

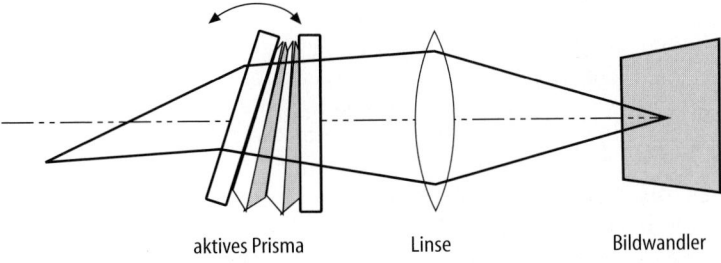

aktives Prisma   Linse   Bildwandler

Abb. 6.62. Aktives Prisma zur optischen Bildstabilisierung

vektoren bestimmte Spannung erzeugt, die zum Antrieb der an den Achsen der Gläser angebrachten Stellmotoren dient. Die Achsen werden durch die Motoren so verdreht, dass das im Objektiv hinter der Frontlinse platzierte aktive Prisma die Verwackelung durch Ausrichtung der optischen Achse ausgleicht.

6.2.8 Der Kamerasucher

Kamerasucher dienen zur optischen Kontrolle des aufgenommenen Bildes. Zur Bildwiedergabe werden hauptsächlich hochauflösende kleine S/W-Monitore eingesetzt (Abb. 6.63), deren Funktionsprinzip in Kap. 6 beschrieben wird. Bei Amateurkameras kommen auch Farbmonitore auf LCD-Basis zum Einsatz, die Bildauflösung ist für genaues Arbeiten jedoch meist unzureichend. Im professionellen Einsatz wird das Farbbild mit einem separaten Farbmonitor kontrolliert. Im Sucher wird das Bild im »Under-Scan«-Modus, d. h. unbeschnitten, wiedergegeben.

Die Suchereinheit ist bei Studiokameras relativ groß (z. B. 12,7 cm (5") Bilddiagonale) und kann aus einiger Entfernung betrachtet werden. Es besteht die Möglichkeit, zwischen der Wiedergabe des Kamerabildes und eines weiteren Signals zu wählen. Das ist z. B. im Studioeinsatz mit mehreren Kameras hilfreich, da zur Orientierung auf das gerade am Bildmischer ausgewählte (geschnittene) Bild umgeschaltet werden kann.

Ob eine Kamera »geschnitten«, oder »auf Sendung« ist, wird durch eine Markierung deutlich gemacht, die in den Sucher eingeblendet wird. Die gleiche Markierung wird auch mit einem Rotlicht (Tally) nach Außen angezeigt. Diese Anzeige kann abgeschaltet werden. In den Sucher können weitere Informationen eingeblendet werden wie z. B. eine Sicherheitszonen-Anzeige (Safe-Area), die angibt, welcher Ausschnitt des dargestellten Bildes beim Empfänger sicher wiedergegeben wird. In den Sucher werden auch Informationen eingeblendet, die einen ggf. angeschlossenen Recorder betreffen. Neben der Aufnahmeanzeige finden sich z. B. Anzeigen zur Audiopegelkontrolle, der eingestellten

Abb. 6.63. Kamerasucher, geöffnet

Blende und den Shutter, Warnanzeigen über ein sich näherndes Bandende, Feuchtigkeit im Recorder oder den Ladezustand des Akkus. Als Einstellmöglichkeiten sind am Sucher Steller für die Bildhelligkeit, den Kontrast und das so genannte Peaking vorhanden, d. h. für eine elektronische Anhebung der Konturen allein des Sucher-Bildes, die das Scharfstellen erleichtert.

An EB- EFP- und Amateurkameras werden sehr kleine, leichte Sucher verwendet (z. B. 1,5" Bilddiagonale), deren Bildschirm über ein Okular betrachtet werden muss. Mittels eines Stellringes kann das Okular an das Auge des Betrachters angepasst werden. Für die Einstellmöglichkeiten gilt das Gleiche wie bei der Studiokamera. Bei den meisten Amateurkameras können allerdings Helligkeit, Kontrast und Peaking nicht eingestellt werden. Im Amateurbereich stehen vermehrt kleine, ausklappbare LCD-Monitore zusätzlich zum Sucher zur Verfügung.

6.2.9 Die Studiokamera

Die Studiokamera ist mit wenig Rücksicht auf Gewicht und Energiebedarf für höchste Signalqualität konzipiert. Heute werden fast ausschließlich CCD-Kameras eingesetzt. Die Abbildungen 6.64 und 6.65 ermöglichen den Vergleich zwischen einer Röhren- und einer modernen CCD-Studiokamera.

Die Kameras müssen leicht beweglich und gleichzeitig sehr stabil gelagert sein. Im Studiobereich kommen daher aufwändige Pumpstative (Pedestals) zum Einsatz (Abb. 6.64). Die Stative sind fahrbar, die Kamera kann auf ihnen geneigt (tilt) und geschwenkt (pan) werden. Weiterhin kann die Position in der Höhe mit geringem Kraftaufwand verändert werden.

Abb. 6.64. Röhrenkamera auf Pumpstativ

Abb. 6.65. Studiokamera
Sony BVP 500 [122]

Studiokameras haben hochwertige Objektive mit großem Zoombereich. Sie sind mit großen Suchern und einer Kommunikationseinrichtung mit der Regie (Intercom) ausgestattet. Das Bedienpersonal (Kameramann/-frau) arbeitet mit einer Hör-Sprechgarnitur (Headset) und konzentriert sich entsprechend der Regieanweisungen nur auf die Kameraführung, die Wahl des Bildausschnitts mittels des Zoomobjektivs und die Fokussierung. Damit die Hände an den Führungsgriffen verbleiben können, sind für Zoom und Schärfe Fernbedienelemente an den Griffen angebracht (Abb 6.65). Hier kann meistens auch die Zoomgeschwindigkeit eingestellt und mittels einer Taste das Sucherbild zwischen Kamera- und dem Alternativsignal aus der Regie umgeschaltet werden.

Im Studiobetrieb werden bei den meisten Produktionen mehrere Kameras eingesetzt, die jeweils eine Nummer erhalten. Bei Kamerakommandos aus der Regie ist es nützlich, wenn diese Nummer zuerst genannt wird, damit das Bedienpersonal zunächst weiß, wer angesprochen wird. Dann folgt eine sehr knappe Anweisung, damit auch weiter Kameras schnell angesprochen werden können. Dies spielt besonders im Live-Betrieb eine große Rolle, da alle Beteiligten unter starker Anspannung arbeiten.

Die Einstellung der Blende und aller bildwichtigen Parameter wird aus der Bildtechnik ferngesteuert. Die Fernbedienung geschieht mit einem separaten Kamerakontrollgerät (Remote (Operational) Control Panel, RCP (OCP)), das die Kameraelektronik in der von der Kamera getrennten Basisstation (Camera Control Unit, CCU) steuert. Am RCP können die Blende, der Schwarzwert, die Farbmischung etc. eingestellt werden. Abbildung 6.66 zeigt links die Verbin-

CCU   RCP

CCU

RCP

Abb. 6.66. Remote Control
Panel, RCP [122]

dung von Kamera, CCU und Bedieneinheit (RCP) und rechts ein Remote Control Panel. Die wichtigsten Bildparameter lassen sich mit dem Hebel unten rechts einstellen. Dessen Vor- Rückbewegung steuert die Blende, die Drehung am Knopf den Schwarzwert und der Druck auf den Hebel bewirkt, dass das zugehörige Kamerabild auf dem Bildkontrollmonitor geschaltet wird.

Die Kamera ist mit nur einem Kabel mit der CCU verbunden, über das alle Signale, die Kommunikation, die Stromversorgung usw. geführt werden. Für die Verbindung zwischen Kamerakopf und CCU kamen früher als Kamerakabel Multicore-Kabel zum Einsatz, bei denen die Signale einzeln geführt werden und die entsprechend viele Adern enthalten. Die Kabel sind aufwändig, groß und teuer und die Maximallänge ist auf ca. 300 m beschränkt. Um flexiblere Verbindungen zu erhalten, mit denen Entfernungen bis zu 2000 m überbrückt werden können, wurden die heute meist verwendeten Triax-Kabel entwickelt, bei denen alle Signale zwischen Kamerakopf und CCU mit nur einer, doppelt abgeschirmten, Leitung (Triax) übertragen werden können. Es werden dazu herstellerspezifische Zweiweg-FM-Multiplex-System verwendet (Trägerfrequenzverfahren). Signale zum Kamerakopf hin (Versorgungsspannung, Inter-

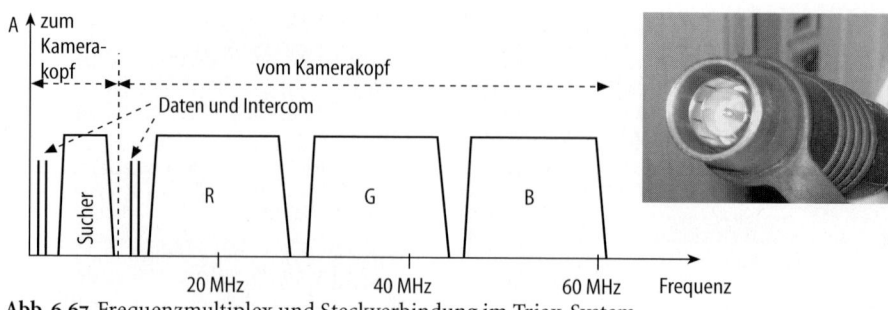

Abb. 6.67. Frequenzmultiplex und Steckverbindung im Triax-System

com, Returnwege für Sucher und Teleprompter) werden z. B. im Bereich 0 ... 8 MHz und Signale von der Kamera zur CCU (RGB-Video, Audio, etc.) im Bereich 10 ... 60 MHz übertragen (Abb. 6.67 und 6.68). Bei anderen Systemen wird das Videosignal auch als Komponentensignal im Frequenzmultiplex übertragen, z. B. mit einer Bandbreite von 10 MHz für das Luminanzsignal und von 6 MHz für die Farbdifferenzsignale. Moderne Systeme ermöglichen auch die Nutzung von Glasfaser-Lichtwellenleitern anstelle der Triax-Leitung.

Jede Kamera erfordert ein eigenes Triaxsystem, eine eigene CCU und RCP. Dieser Gerätesatz wird zusammen mit dem Sucher, der Fernbedien- und Intercomausstattung etc. als Kamerazug bezeichnet. Bei modernen Systemen können die Kamerazüge zu Einheiten vernetzt werden. Das bietet den Vorteil, dass mittels einer Master System Unit (MSU) von einem übergeordneten Bildingenieursplatz aus auf die Parameter aller Kameras im Netz zugegriffen werden kann, was z. B. das Angleichen der Kameras vor der Produktion erheblich erleichtert. Die Steuersignalverteilung geschieht dann mit Hilfe der Camera Network Unit (CNU), für die durch den Hebel ausgelöste Umschaltung der Videosignale, die zur Kontrolle zum Video- und Waveformmonitor gelangen, dient eine Videokreuzschiene (VCS) (Abb. 6.69).

Ein Beispiel für eine Röhren-Studiokamera ist die in den 80er Jahren verbreitete 3-Röhren Kamera von Bosch (Abb. 6.64). Heute werden vor allem CCD-Kameras eingesetzt. Ein Beispiel für eine moderne Sudiokamera ist der Typ LDK 10/20 von Thomson/Philips, zu dem das portable Gerät LDK 10/20P

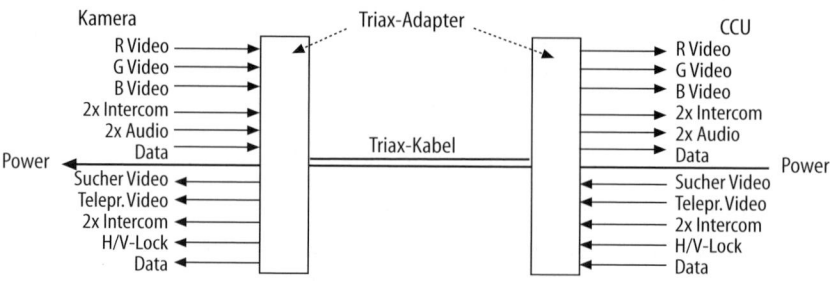

Abb. 6.68. Signalarten im Triax-System

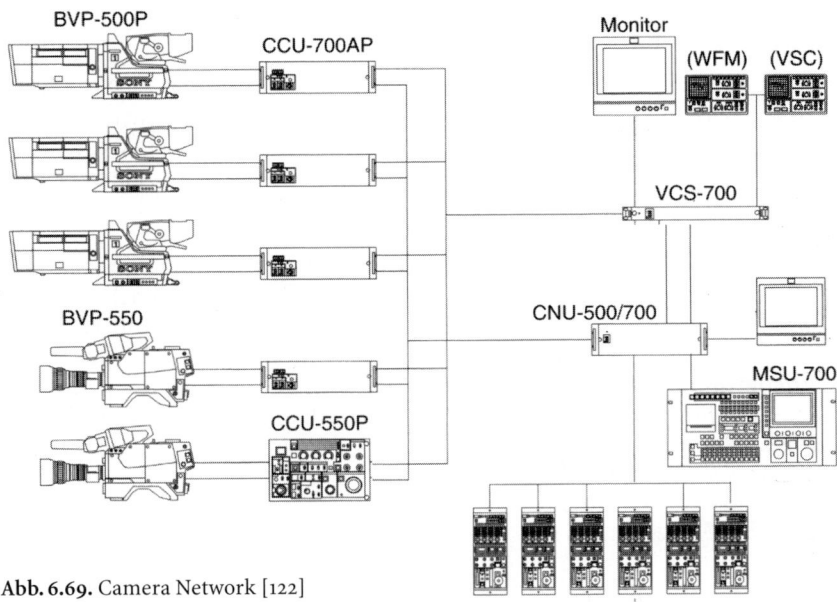

BVP-500P
CCU-700AP
Monitor
(WFM) (VSC)
VCS-700
BVP-550
CNU-500/700
MSU-700
CCU-550P

Abb. 6.69. Camera Network [122]

mit gleicher technischer Ausstattung gehört (Abb. 6.70). Hier wird ein FT-CCD-Wandler mit DPM eingesetzt, der eine einfache Umschaltungen zwischen den Formaten 4:3 und 16:9 ermöglicht. Die Auflösung wird mit 800 Linien angegeben, die Kameraparameter können gespeichert werden. Der Kamerakopf der LDK 10 wiegt ohne Sucher 23 kg, die LDK 10P mit 1,5"-Sucher 5,5 kg. Beide Typen werden über die CCU mit 220 V versorgt, die LDK 10P nimmt dabei ca. 23 W auf. Ein zweites Beispiel ist die Studiokamera BVP 500/550 von Sony (Abb. 6.65). Hier können wahlweise IT- oder FIT- CCD eingesetzt werden, optional auch ein CCD, das die Umschaltung zwischen den Formaten 4:3 und 16:9 ermöglicht. Die Horizontalauflösung wird mit 900 Linien angegeben, die Empfindlichkeit mit Blende 8 bei 2000 lx. Der Kamerakopf und der FIT-Wandler kosten jeweils knapp 30 000 Euro, die CCU mit der RCP mehr als 25 000

Abb. 6.70. Studiokamera Thomson LDK 20 [129]

Euro, so dass für einen Kamerazug mit Studioobjektiv (60 000 Euro) Kosten in der Größenordnung von insgesamt 150 000 Euro entstehen.

Ein Besonderheit stellen Kameras dar, die, wie die Kamera LDK 23 von Thomson, speziell für den Sportbereich entwickelt wurden. Sie sind so modifiziert, dass sie keine 25, sondern 75 Bilder pro Sekunde liefern. Wenn diese hohe zeitliche Auflösung wieder auf ein Drittel reduziert wird, entsteht eine hervorragende Zeitlupenwiedergabe, bei der die Bewegungsabläufe weich und nicht ruckend erscheinen (Super Slow Motion).

HD-Kameras für den Studiobetrieb unterschieden sich äußerlich und bezüglich des Umgangs sehr wenig von SD-Kameras. Bekannte Typen sind die LDK 6000 von Thomson und die Kamera HDC 900 von Sony, die beide für die HD-CIF-Auflösung von 1920 x 1080 Bildpunkten konzipiert sind. Die LDK 6000 arbeitet mit FT-CCD und erlaubt per DPM eine einfache Anpassung an verschiedene Bildformate (s. Abschn. 6.3). Die HDC 900 arbeitet mit einem 2/3"-FIT-CCD und hat eine Empfindlichkeit von Blende 10 bei 2000 Lux.

6.2.10 Die EB/ EFP-Kamera

Während im Studio und bei großen Außenproduktionen meist mehrere Kameras verwendet werden, kommt bei der elektronischen Berichterstattung (EB) und bei kleineren elektronischen Außenproduktion (EAP, oder Electronic Field Production, EFP) meist nur eine Kamera zum Einsatz. Beispiele sind Industrie- und Werbefilme, Dokumentationen usw. Die Studiokameras bzw. ihre portablen Pendants können auch für die kleineren Produktionen verwendet werden, doch kommen aus Kostengründen oft einfachere Kameras zum Einsatz. Hier gibt es ein Überschneidungsgebiet mit den EB-Kameras die immer leistungsfähiger werden. Im Vergleich zur elektronischen Berichterstattung werden bei der EFP meist höhere Anforderungen an Bildqualität und -gestaltung gestellt. Das Kamera-Set-Up weist eine große Spannweite auf. Die Kamera sollte leicht transportabel sein und viele Signalbeeinflussungsmöglichkeiten

Abb. 6.71. EB-Kamera
Sony BVW 400 [122]

bieten. Um die Signalparameter gut kontrollieren zu können, ist es günstig, wenn die Kamera über eine Kamera-Kontrolleinheit (CCU) an einen separaten Recorder angeschlossen wird. Zur Farbbildkontrolle sollte ein Farbmonitor und ggf. ein Waveformmonitor/Vektorskop zur Verfügung stehen.

Die EFP-Kamera kann häufig als universelle Kamera eingesetzt werden. Sie ist für einfache Studioeinsätze tauglich und kann meist auch als EB-Camcorder verwendet werden. Als Kamerasupport kommen leicht transportable Dreibein-Stative zum Einsatz oder die Kamera wird auf der Schulter getragen. Für besonders große Beweglichkeit bei gleichzeitig hoher Bildstabilität wird die so genannte Steadycam eingesetzt. Die Kamera wird dabei auf einem Stützkorsett befestigt, welches auf den Schultern und der Hüfte der bedienenden Person ruht. Die Kamerabewegungen können dann präzise und vor allem schnell ausgeführt werden. Die Bildkontrolle geschieht über einen separaten Monitor, der ebenfalls am Korsett angebracht wird.

Für den Einsatz in der elektronischen Berichterstattung muss die Kamera mit einem Aufzeichnungssystem zum Camcorder, also mit direkt angeschlossenem Videorecorder, kombiniert werden. Gegenwärtig kommen hier meist noch bandgestützte Recorder der Formate Betacam SP (Abb. 6.71), DigiBeta, IMX, DVCPro oder DVCam (Abb. 6.72) zum Einsatz (s. Kap. 8). Künftig wird auch auf optische Platten und auf Festspeicher aufgezeichnet werden (XDCam und P2). Die Qualität des Aufzeichnungsmediums sagt dabei nichts über die Qualität des Kamerateils aus. Wichtige Merkmale der Camcorder sind Handlichkeit und geringes Gewicht, Automatikfunktionen, hohe Lichtempfindlichkeit und geringe Leistungsaufnahme. Beim EB-Einsatz kann auf die Bildgestaltung weniger Rücksicht genommen werden als im Studio, denn in den meisten Fällen stehen nur zwei Personen als Bedienungspersonal zur Verfügung, eine für die Kamera und eine für den Ton. Bei der Kamerabedienung muss sich die Person also gleichermaßen um gestalterische wie technische Aspekte kümmern, d. h. neben der Bestimmung des Bildausschnitts, der Schärfe usw. die richtigen Voreinstellungen zu wählen und auch bei schnell wechselnden Aufnahmesituationen das Signal richtig auszusteuern.

Abb. 6.72. EB-Digitalkamera [122]

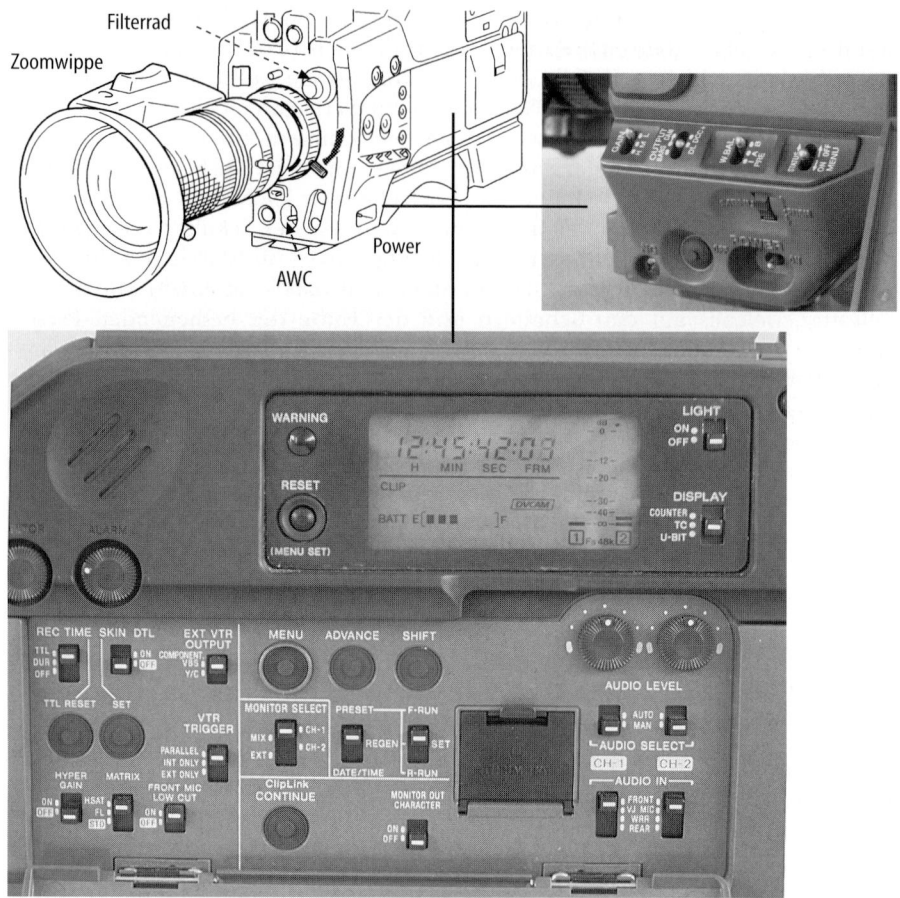

Abb. 6.73. Bedienelemente am EB-Camcorder DSR 570

Die Abbildungen 6.72 und 6.73 zeigen den Camcorder Sony DSR 570/390, der als Beispiel etwas näher erläutert werden soll. Der Camcorder kann im EB-Einsatz ebenso arbeiten wie bei EFP mit abgesetztem Recorder oder als Studiokamera mit angeschlossener CCU. Die Typen unterscheiden sich in der Verwendung drei 2/3"-CCD bzw. 1/2"-CCD, wobei ersterer auf 16/9 umschaltbar ist. Die aktive Pixelanzahl beträgt 980/752 x 582, womit eine Horizontalauflösung von ca. 800 Linien erreicht wird. Die Empfindlichkeit beträgt F 11/13 bei 2000 Lux Beleuchtungsstärke. Die Kamera wird bei einer Leistungsaufnahme von insgesamt 24 W über NP1-Akkus mit einer Spannung von 12V versorgt. Das Gesamtgewicht incl. Akku, Objektiv und Cassette beträgt 6,4 kg. Das Standardobjektiv hat eine Brennweite von 6,7 mm ... 126 mm. Neben dem Objektivanschluss befinden sich im vorderen Teil des Kameragehäuses die Filterscheibe und unter dem Objektiv Taster für den automatischen Weißabgleich und zum Start des Recorders. Auf der linken Seite des Kameragehäuses liegt unten der

Einschalter. Die Schalterreihe darüber ermöglicht die Verstärkungszuschaltung, die Anwahl eines integrierten 100/75-Farbbalkengenerators (Bar), die Umschaltung der Weißabgleichs-Speicher und die Menü-Anwahl. Auf der rechten Seite des Kameragehäuses befinden sich das Cassettenfach und die Anschlüsse für den Videosignal-Ausgang, der Gen-Lock-Eingang sowie die Timecode-Buchsen.

Die Bedienelemente, die so wichtig sind, dass sie nicht im Software-Menü untergebracht werden, sind auf der linken Seite angeordnet. Hier befinden sich Einstellmöglichkeiten für den Timecode und die externe Signalausgabe, daneben Schalter für Bildparameter wie Skin Detail, Hyper Gain und Matrix.

Camcorder sind in jedem Falle auch mit einer Audioaufzeichnungsmöglichkeit ausgestattet. Für den EB-Einsatz sollte es hier möglich sein, mit professionellen Mikrofonen zu arbeiten. Das bedeutet, dass dreipolige XLR-Anschlüsse zur Verfügung stehen sollten sowie ein nachgeschalteter Verstärker, der für die geringen Mikrofonpegel ausgelegt ist. Für den Einsatz von Kondensatormikrofonen ist die Zuschaltmöglichkeit von 48 V-Phantomspeisung erforderlich.

In den meisten Fällen stehen zwei Audiokanäle zur Verfügung, die mit zwei externen Buchsen an der Camcorder-Rückseite oder mit einer Buchse für das vorn aufgesteckte Mikrofon verbunden sind. Abbildung 6.73 unten zeigt rechts die Audiobedieneinheit mit zwei Pegelstellern. Die Pegelanzeige befindet sich im Display darüber. Unter den Stellern kann für beide Kanäle separat gewählt werden, ob das Signal manuell (dann meist über ein separates Mischpult) oder automatisch ausgesteuert werden soll. Darunter befinden sich die Zuordnungsschalter für die Audioquellen (Audio in) mit denen das Frontmikro z. B. auf beide Kanäle aufgezeichnet werden kann oder ein automatisch ausgesteuertes Mikrofonsignal auf einen Kanal und auf den zweiten ein über ein Mischpult gepegeltes Signal das dem Eingang mit Line-Pegel, also ohne die hohe Mikrofonverstärkung zugeführt wird.

6.2.11 Amateurkameras

Diese Kameratypen werden fast ausschließlich als Camcorder mit integrierten Videorecordern aus der Amateurklasse (Video 8 und VHS oder DV und Digital 8, s. Kap. 8) gebaut (Abb. 6.71). Die Bedienung der Amateurgeräte ist für den professionellen Einsatz untauglich, denn aus Kostengründen werden viele Bedienelemente modifiziert oder ganz weggelassen, weiterhin wird oft beim optischen System gespart. Die meisten Amateurkameras sind aus Kostengründen nur mit einem CCD-Wandler ausgestattet, die Farbauszüge werden dann mit Hilfe von Mosaikfiltern gewonnen. Es kommen hier 1/3"- und 1/4"-CCD zum Einsatz, denn kleine Wandler ermöglichen kleine und damit preiswerte Objektive. Das Objektiv ist als Zoomobjektiv ausgeführt und kann nur bei teuren Typen gewechselt werden. Die Objektive sind gewöhnlich tief in das Gehäuse verlegt. Von den üblicherweise zur Bedienung vorhandenen Ringen steht oft nur noch einer zur Scharfstellung zur Verfügung, der eine elektronische Steuerung bewirkt. Die Blende kann manuell höchstens durch ein kleines Rädchen eingestellt werden und auch die Zoombedienung kann meist nicht manuell, sondern nur über die Zoomwippe erfolgen.

In den meisten Amateurkameras finden sich Shutter- und Automatikfunktionen. Der automatische Weißabgleich, die automatische Blende und das Autofocussystem können in vielen Fällen auf Knopfdruck abgeschaltet werden. Es gibt nur selten Kamerakontrolleinheiten. Amateurkameras haben eine geringe Leistungsaufnahme von ca. 6 W und werden häufig mit 6 V-Akkus versorgt. Sie sind leicht (ca. 1 kg incl. Akku) und können auf einfachen Fotostativen befestigt werden. Ohne Stative sind sie nur schwer stabil zu halten (Abb. 6.74), daher enthalten hochwertige Typen Bildstabilisierungssysteme, die, wenn sie nicht als optisches Verfahren ausgeführt sind, mit einer Verringerung der effektiv nutzbaren Pixelzahl verbunden sind (Abb. 6.61).

Hochwertige 3-Chip-Camcorder aus dieser Klasse bieten eine so gute Bildqualität, dass sie sich mit der Verfügbarkeit des hochwertigen DV-Aufzeichnungsverfahrens als semiprofessionelle Camcorder etablieren konnten. Das einzige Manko war zunächst die mangelhafte Audiosignalzuführung. Mit der Nachrüstung von XLR-Buchsen und Signalzuordnungen wie bei EB-Camcordern bieten die Hersteller heute erfolgreiche semiprofessionelle Geräte an (z. B. Sony PD 170 oder Canon XL1).

Unter der Bezeichnung HDV wird gegenwärtig daran gearbeitet, auch die HD-Aufnahme für den Heimanwender verfügbar zu machen. Dabei wird das erfolgreiche DV-Aufzeichnungsmedium, das eine Datenrate von 25 Mbit/s liefert, genutzt, um ein HD-Signal aufzuzeichnen und über die bewährte Firewire-Schnittstelle (s. Kap. 10) auszutauschen. Die Kompression, die stärker ist als bei DV, wird mit MPEG-2 und langen Group of pictures erreicht. Die Bildauflösung richtet sich nach MPEG-2 im MP@H14, also dem High Level mit 1440 Bildpunkten horizontal mit 8 Bit und 4.2:0-Chromaunterabtastung. Es stehen 2 Modi zur Verfügung, wobei immer das 16:9-Format verwendet wird: HD1 mit 1280 x 720 aktiven Pixel und den Bildfrequenzen 50p oder 60p bei 19 Mbit/s und HD2 mit 1440 x 1080 aktiven Pixel und den Bildfrequenzen 50i oder 60i bei 25 Mbit/s. Bei HD1 wird der MPEG-Transportstrom aufgezeichnet, bei HD2 des PES. Für die Audiokompression wird MPEG-1 Layer 2 verwendet mit 384 kbit/s für zwei Audiokanäle. Erste Kameramodelle (Abb. 6.74) sind umschaltbar zwischen HDV und DVCAM/DV-Aufzeichnung und mit einem 16/9-Sucher ausgestattet.

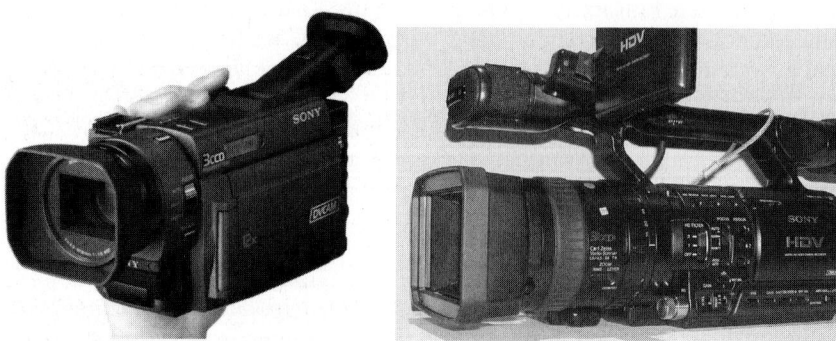

Abb. 6.74. SD- und HD-Amateurkameras

6.3 Digitale Cinematographie

Für dieses Kapitel wurde dieser Titel gewählt und nicht der Titel »HDTV-Kameras«, weil hier die Verwendung elektronischer Kameras als Ersatz für Filmkameras im Vordergrund steht. Angesichts der Tatsache, dass im Bereich der
digitalen Filmbilder aus praktischen und ökonomischen Erwägungen bei wei-
tem die Verwendung der mit 2k aufgelösten Filmbilder dominiert, liegt es aufgrund der Nähe dieses Wertes zu den 1920 Bildpunkten für eine HDTV-Zeile
nahe, daran zu denken, HDTV-Kameras für die direkte elektronische Akquisition von Filmbildern einzusetzen. Während eine HDTV-Kamera für den TV-
Bereich im Wesentlichen nur hinsichtlich der höheren Auflösung modifiziert
zu werden braucht, so gilt es beim Einsatz für den Filmbereich, mit den sehr
spezialisierten Filmkameras zu konkurrieren. Bei der Geräteentwicklung sollten auch die Gegebenheiten, Einstellparameter und Handhabungsgewohnhei-
ten berücksichtigt werden, die gegenwärtig bei Filmkameras zu finden sind, da
die Kameraleute allein durch technische Aspekte und schneller verfügbare Bilder noch nicht von einem neuen Kameratyp zu überzeugen sind. Hier wird
also zunächst die Filmkamera beschrieben. Es folgt die Beschreibung einer
idealen elektronischen Kamera, die in dem Sinne ideal ist, dass sie in möglich-
ten vielen Aspekten der Filmkamera nahe kommt und anschließend werden
real verfügbare elektronische Kameras für den Filmbereich vorgestellt.

6.3.1 Die Filmkamera

Filmkameras haben die Aufgabe, einen möglichst exakten intermittierenden
Filmtransport zu gewährleisten und dabei den Film nur in seiner Ruhelage
über eine definierte Zeit zu belichten. Bekannte Hersteller dieser mechanischen Präzisionsinstrumente sind Firmen wie Aaton, Arri (Arnold und Richter), Bolex, Moviecam, Panavision etc.

Der Filmantrieb erfolgt schrittweise mit einem Greiferwerk. Der Film wird
von einer Vorratsrolle ab- und auf einem Wickelkern wieder aufgewickelt
(Abb. 6.75). Die Filmvorratsrollen befinden sich gewöhnlich über- oder neben-

Abb. 6.75. Filmkassette

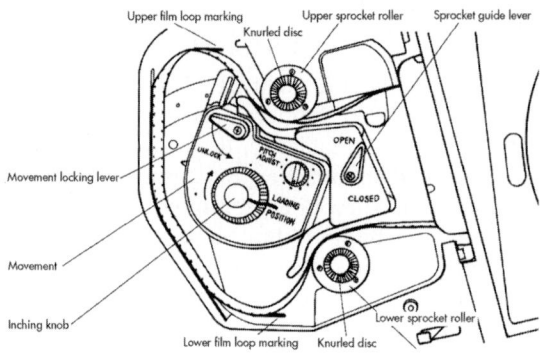

Abb. 6.76. Filmtransportmechnanismus in der Kamera [8]

einander in einem Magazin (Kassette), das vom Kamerakörper getrennt werden kann, damit für einen Filmwechsel nicht die ganze Kamera in einen Dunkelsack gesteckt werden muss. Der Film wird beim Einlegevorgang in festgelegter Länge aus der Kassette heraus und in den Wickelkern geführt. Nach dem korrekten Einlegen und der Verbindung von Kamera und Kassette läuft er mit definierter Schlaufenlänge durch den Kamerakörper. In Abbildung 6.76 wird deutlich, wie der Film oben aus der Kassette austritt und innerhalb der Kamera geführt wird.

Im Betrieb wird der Film mit einer Zahnrolle kontinuierlich abgewickelt und dem Greiferwerk zugeführt. Ein darin enthaltener Doppel- bzw. Sperrgreifer hat die Aufgabe, den Film vor der Belichtung sehr genau in Position zu bringen. Zusätzlich wird in diesem Moment der Film durch eine Andruckplatte auch in der Tiefendimension fixiert. Nach der Belichtung werden die Fixierungselemente automatisch ausgekoppelt, und der Transportgreifer kann den Film um ein Feld weiterziehen. Um den Prozess möglichst geräuscharm realisieren zu können, sind sehr ausgeklügelte Transportsysteme erforderlich. Dabei muss eine Bildstandsgenauigkeit im Mikrometerbereich erreicht werden.

Das Greiferwerk ist direkt mit einer rotierenden Blende gekoppelt, die die Aufgabe hat, den Lichtweg während der Filmtransportphase abzudecken. Diese Umlaufblende hat einen Hellsektor, der nur bei sehr wenigen Geräten den Wert 180° übersteigt, jedoch aus unten genannten Gründen bei den meisten Kameras verringert werden kann.

Abb. 6.77. Arri 35-mm-Kamera [8]

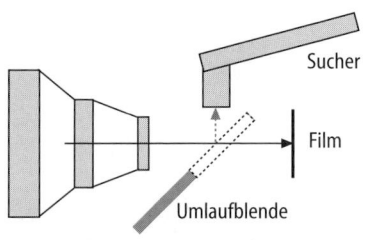 

Abb. 6.78. Umlaufblende und Spiegelreflexsystem

Filmkameras können sehr einfach gebaut sein, wenn die Antriebsenergie durch ein Federwerk aufgebracht wird, kann die Kamera rein mechanisch betrieben werden. Auf der anderen Seite stehen moderne Kameras, die eine sehr aufwändige Kombination aus hochpräziser Mechanik und ausgefeilter Elektronik beinhalten. Ein Beispiel für die letztgenannte Art ist die hier etwas näher betrachtete Kamera Arriflex 535 der Firma Arri (Abb. 6.77). Dies ist eine 35-mm-Kamera, die als Studiokamera für den Stativbetrieb konzipiert ist [8]. Neben den dort üblicherweise verwendeten 300-m-Kassetten kann auch eine 122-m-Kassette und ein Akku angebracht werden, so dass sie auch für den Schulterbetrieb geeignet ist. Diese Kamera wird elektronisch mit 24-V-Gleichspannungsmotoren betrieben, die quarzstabilisierte Bildwechselfrequenzen von 24; 25; 29,97 und 30 Bildern/s erzeugen. Darüber hinaus lässt sich die Geschwindigkeit auch stufenlos (3...50 B/s) und für Rückwärtslauf einstellen. Die variable Geschwindigkeit ist einer der wesentlichen Vorteile von Filmkameras gegenüber vielen elektronischen HD-Videokameras.

Moderne Kameras sind so geräuscharm, dass sie keine Störungen bei der Tonaufnahme verursachen. Die bekannte 16 mm-Kamera Arriflex SR3 erzeugt z. B. einen Geräuschpegel von nur 20 dB(A). Da die Geräuschisolation direkt in die Kamera integriert ist, spricht man von selbstgeblimpten Kameras, im Gegensatz zu „lauten" Typen, die zur Minderung der Geräuschintensität mit einem schallabsorbierenden Gehäuse, dem sog. Blimp, umgeben werden müssen.

Die Arriflex-Kamera steht in der Tradition der Kameras, die durch Verwendung des bei Arri entwickelten Spiegelreflexsystems die optimale Kontrolle über das Bild im Sucher bieten (Abb. 6.78). Beim Spiegelreflexverfahren wird das durch das Objektiv fallende Licht in ein Suchersystem gelenkt, wenn der Lichtweg zum Film verschlossen ist, denn der Spiegel befindet sich auf der rotierenden Umlaufblende, die den Lichtweg während des Filmtransports unterbricht. Bei Verwendung eines 180°-Hellsektors wird somit das Licht in einer Zeitperiode je zur Hälfte auf den Film und auf eine Mattscheibe gelenkt, die wiederum durch eine Sucherlupe betrachtet wird. Vor oder auf der Mattscheibe befinden sich die Einzeichnungen für das jeweils verwendete Filmformat. Bei Kamerastillstand bleibt die Umlaufblende in einer Position stehen, über die das Bild in den Sucher gelangt. Bei älteren Kameras ist dies nicht automatisch der Fall, die Umlaufblende muss dann entsprechend nachgestellt werden.

Die Sucherlupe (engl.: Finder) zur Betrachtung der Mattscheibe kann vielfältige Formen haben, um einen flexiblen Einsatz zu ermöglichen. So kann z.

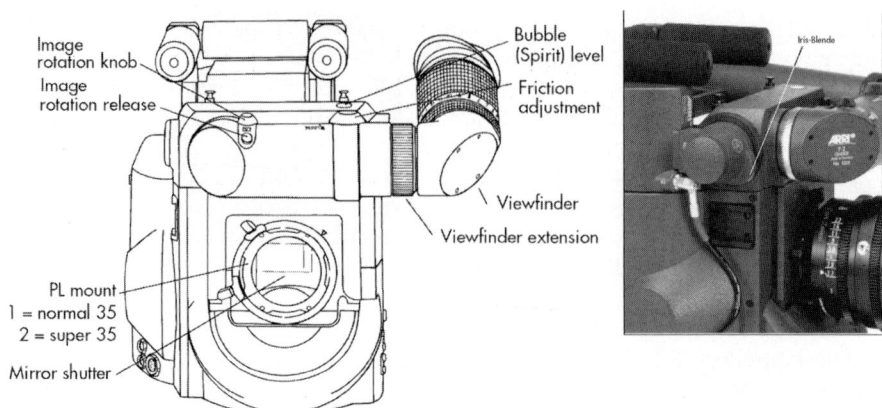

Image rotation knob
Image rotation release

PL mount
1 = normal 35
2 = super 35

Mirror shutter

Bubble (Spirit) level
Friction adjustment

Viewfinder
Viewfinder extension

Iris-Blende

Abb. 6.79. Vorderansicht der Kamera und Seitenansicht mit Videoausspiegelung [8]

B. bei Verwendung eines großen Magazins eine Lupenverlängerung angebracht werden, die bei teuren Kameras zudem in sehr viele Positionen auch quer zur Kamera geschwenkt werden kann. Die Sucherlupen lassen sich z. T. auch auf ein horizontal entzerrtes Bild umschalten, zum Ausgleich der Verzerrung, die bei Verwendung eines anamorphotischen Objektivs entsteht. Es gibt auch beheizbare Lupen, die ein Beschlagen durch Feuchtigkeit verhindern.

Von dem zur Mattscheibe gespiegelten Licht wird oft ein Teil abgezweigt und zu einer angeschlossenen Videokamera gelenkt. Bei einer solchen Konstruktion spricht man von einer Videoausspiegelung, deren Bild also zusätzlich zum Suchersystem über einen angeschlossenen Videomonitor betrachtet werden kann (Abb. 6.79). Bei der Arriflex 535 kann festgelegt werden, ob 0%, 50% oder 90% der Lichtintensität die Videoausspiegelung erreichen. Letzterer Fall ist z. B. für eine fernbediente Kamera in Motion-Control-Systemen nützlich. Die Videobildqualität liegt allerdings nicht auf dem Niveau gewöhnlicher Videokameras, da Videosysteme in Europa immer mit einer Bildfrequenz von 25 Hz arbeiten, während sie bei der Filmkamera standardmäßig 24 Hz beträgt bzw. variiert werden kann, so dass eine Anpassung erforderlich wird, die die Bildqualität schmälert. Hinzu kommt das Problem, dass der Videobildwandler nur etwa während der halben Bildperiodendauer das Licht empfängt.

Wenn die Filmaufnahme nicht im Standardformat, sondern als Super 35 bzw. Super 16 gemacht werden soll, wird ein Bildbereich genutzt, der in Richtung der für die Tonspuren reservierten Fläche seitlich vergrößert ist. In diesem Fall muss das Zentrum des Objektivs ebenfalls ein kleines Stück seitlich verschoben werden. Moderne Kameras sind auf diesen Objektivversatz vorbereitet, ältere Kameras müssen umgebaut werden.

Die Belichtungszeit bei Filmkameras ist im Gegensatz zu Fotokameras nicht frei wählbar. Sie ergibt sich aus der Filmtransportgeschwindigkeit und der Größe des Hellsektors der Umlaufblende. Als Standardwerte gelten hier 24 Bilder/s und 180° Hellsektor, woraus eine Belichtungszeit von 1/48 s folgt. Die Filmgeschwindigkeit kann für Zeitraffer- und Zeitlupeneffekte variiert werden.

Auch die Größe des Hellsektors kann verändert werden. Dieses geschieht einerseits, um mit kürzeren Belichtungsphasen entsprechend kürzere Bewegungsphasen abzubilden, damit z. B. ein Ball, der sich in 1/48 s über die gesamte Bildbreite bewegt, nur an einer Stelle im Bild erscheint und damit deutlicher sichtbar wird (Shutter-Effekt).

Ein zweiter Grund für die Verringerung des Hellsektors besteht in der Notwendigkeit die Aufnahme an pulsierende Lichtquellen anzupassen, um störende Interferenzen und Helligkeitsschwankungen (Flicker-Effekt) zu vermeiden. Bestimmte Kunstlichtquellen, wie nicht flickerfreie HMI-Lampen, ändern ihre Intensität im Rhythmus der Netzfrequenz. Bei Nutzung der Standardbildfrequenz von 24 Frames per second (fps) ergibt sich damit sowohl bei der europäischen 50-Hz- als auch bei der amerikanischen 60-Hz-Netzfrequenz ein Interferenzproblem, da die Kamera die 25 Hz oder 30 Hz quasi mit 24 Hz abtastet. Die entstehenden Interferenzerscheinungen erzeugen einen schwankenden Helligkeitseindruck und werden auch als Alias-Störungen bezeichnet. Das Problem wird nun gelöst, indem die Belichtungszeit mit Hilfe der Hellsektorgröße der Periodendauer der pulsierenden Quellen angepasst wird. Beim 50 Hz-Netz beträgt die Periodendauer 20 ms. Die Sektorenblende wird für die Anpassung so verkleinert, dass die Belichtungsdauer statt 1/48 s dann 1/50 s beträgt. Die dafür zu verwendenden Hellsektorgrößen, bezogen auf 360°, folgen aus der Multiplikation der Bildfrequenz mit der Belichtungsdauer. In diesem Fall gilt: 24 fps multipliziert mit 20 ms gleich 0,48, entsprechend 48 % von 360°, d. h. eine Hellsektorgröße von 172,8°. Bei einer Netzfrequenz von 60 Hz ist eine Hellsektorgröße von 144° zu verwenden. Hellsektoren für die wesentlichen Netzfrequenzen, also mit den Werten 180°, 172,8° und 144°, sind bei den meisten Kameras fest einstellbar, allerdings ist die verwendete Größe von außen oft nicht erkennbar. Sie sollte entsprechend deutlich an der Kamera vermerkt werden, da verringerte Hellsektorengrößen natürlich einen Einfluss auf die Lichtintensität haben, die den Film erreicht, und somit in die Berechnung der zu verwendenden Arbeitsblenden eingehen.

Im Zusammenhang mit der Änderung der Transportgeschwindigkeit ergibt sich ein besonderes Problem bei der Verwendung unterschiedlicher Bildfrequenzen, die natürlich ebenfalls einen Einfluss auf die Belichtung haben. Auch zum Ausgleich dieser Belichtungsänderungen kann der Hellsektor der Umlaufblende verwendet werden. Normalerweise wird die Hellsektorgröße vor der Aufnahme eingestellt, dann kann die Kamera nur mit einer festgelegten Geschwindigkeit arbeiten. Bei hoch entwickelten Kameras, wie der Arriflex 535, ist es aber auch möglich, die Hellsektorgröße während des Betriebs der Kamera zu ändern, so dass durch die kombinierte elektronische Steuerung von Filmgeschwindigkeit und Hellsektorgröße eine definierte Belichtung auch bei kontinuierlich veränderter Transportgeschwindigkeit erreicht werden kann.

Moderne Kameras besitzen auch eine Einrichtung zur Aufbelichtung eines Zeitcodes (Timecode, s. Kap. 9.3), der neben der Fußnummer eine wichtige Hilfe bei der Nachbearbeitung darstellt. Bei Arri-Kameras werden die zur Aufbelichtung des bei Arri eingesetzten so genannten Arricodes verwendeten Leuchtdioden neben dem Bildfenster eingebaut. Die TimecodeSpur liegt daher dicht neben den Perforationslöchern, für die korrekte Platzierung in Längsrichtung sollte die vorgegebene Schlaufenlänge vor dem Bildfenster möglichst genau eingehalten werden. Um einen gut lesbaren Timecode zu gewährleisten, muss die Empfindlichkeit des verwendeten Filmmaterials eingegeben werden. Eine alternative, besonders flexible TC-Form wird bei Kameras der Firma Aaton benutzt, die auch vom Kamerahersteller Panavision übernommen wurde. Beim Aaton-Zeitcode wird ein Informationsgehalt von 91 Bit in Form einer Matrix aus 7 x 13 Punkten geschrieben. Von Vorteil ist dabei die Tatsache, dass die Matrixform so gesteuert werden kann, dass sich Timecode-Daten oder direkt lesbare alphanumerische Zeichen ergeben.

6.3.2 Die ideale elektronische Filmkamera

Die ideale elektronische HD-Kamera wird hier vom Standpunkt der Filmkameras aus betrachtet. Damit vor allem die Handhabung und Ergonomie der hoch entwickelten Filmkameras beibehalten werden kann, ist die naheliegendste Idee, eine Filmkamera mit einem Bildwandler anstelle des Filmmaterials auszustatten. Anstelle der Filmspule könnte die Kameraelektronik in das Gehäuse integriert werden, allerdings wäre dann kaum noch Platz für einen Recorder, der eine hoch qualitative Aufzeichnung, möglichst ohne Datenreduktion, gewährleisten kann. Bei dieser Konstruktion wäre das erste Problem also die Notwendigkeit einer externen Aufzeichnungseinheit, die die Beweglichkeit der Kamera durch eine Kabelverbindung ggf. einschränkt.

Die Bildwandlung müsste bezüglich Zeit- und Ortsauflösung mindestens den Umständen der 2k-Abtastung von Filmbildern gerecht werden. Hinsichtlich der Zeitauflösung bedeutet dies, dass keine Videofrequenz, sondern die Bildfrequenz von 24 fps zugrunde liegen muss, die aber genau wie bei Filmkameras in möglichst weiten Bereichen veränderlich sein sollte, um Zeitlupen- und Zeitraffereffekte erzielen zu können, die nicht auf nachträglicher Bildinterpolation beruhen. In diesem Zusammenhang wäre weiterhin zu fordern, dass die Bildwandlung nicht auf dem Zeilensprungverfahren beruht, dass also eine progressive Abtastung verwendet wird.

Wenn die elektronische Kamera tatsächlich auf Basis der Filmkamera entstünde, würde über die dort enthaltene Umlaufblende bei einem 180°-Sektor sichergestellt, dass ein Einzelbild auch nur aus einer Belichtungsphase von 1/48 s entsteht, und zwar mit dem gleichen durch eine sin-Funktion geprägten Übergang zwischen Hell- und Dunkelphase. Unterschiede in der Zeitauflösung sind leicht wahrnehmbar. Und obwohl auch rein elektronische Kameras grundsätzlich in der Lage sind die letzten Forderungen durch die progressive Abtastung mit 24 fps (24p) zu erfüllen, führt bereits die Verwendung des elektronischen Shutters anstelle der mechanischen Blende zu merklichen Differenzen. Die Umlaufblende bringt einen weiteren wesentlichen Vorteil, denn sie ermöglicht die Ausspiegelung eines optischen Sucherbildes, das an gewöhnlichen elektronischen Kameras oft vermisst wird, da die Abbildung immer über einen Suchermonitor betrachtet werden muss.

Bezüglich der Ortsauflösung wären mindestens 2048 x 1556 Bildpunkte zu fordern. Die 1920 Pixel pro Zeile, die bei HD-Video verwendet werden, kommen dieser Forderung bezüglich der Horizontalen weitgehend nahe, doch stehen bei HD-Video nur 1080 Zeilen zur Verfügung. Das ist bei Verwendung von Standardbildformaten mit B/H = 1,66:1 oder 1,85:1 kaum ein Problem, doch wäre es für anamorphotische Aufnahmen wünschenswert, dass auch die Zeilenzahl für ein 4/3-Bildseitenverhältnis zur Verfügung stünde, also ca. 1500 Zeilen bei 2k. Im Hinblick auf die Vermeidung von Alias-Artefakten könnte zudem über eine unregelmäßige Anordnung der Fotorezeptoren nachgedacht werden.

Neben der Bildpunktanzahl auf dem Bildwandler ist auch dessen Größe von entscheidender Bedeutung, da die Bildgröße die Brennweite einer Normalabbildung bestimmt und die Brennweite neben der Blende wiederum der wichtigste Parameter für die Schärfentiefe ist (s. Abschn 6.2.1). Damit die Bilddiagonale mit der von 35-mm-Film vergleichbar wird, müsste die Kamera mit einem 1,5"-Bildwandler ausgestattet sein. Nur in diesem Falle ergibt sich ohne die Verwendung weiterer Mittel die gleiche Schärfentiefe wie bei der 35-mm-Filmkamera und die Möglichkeit dieselben Objektive zu verwenden. Abbildung 6.40 zeigt die Auswirkung auf die Schärfentiefe bei Verwendung eines 2/3"-Wandlers anstelle des 35-mm-Bilddiagonale.

Der Einsatz von hochwertigen Objektiven aus dem Filmbereich an der idealen Kamera ist allerdings nicht nur mit der Bildwandlergröße verknüpft, sondern auch mit dem Abstand zwischen Objektiv und Bild. Bei elektronischen Kameras ist dieser größer als bei Filmkameras, da vor dem eigentlichen Bildwandler der Prismenblock zur farbselektiven Strahlteilung angebracht werden muss, d. h. dass die Objektive für Film- und Videokameras unterschiedlich berechnet sind. Im Idealfall müsste auf den Strahlteiler verzichtet werden können, d. h. dass als Bildwandler ein einzelnes flaches Bauelement zum Einsatz käme. Dieses Ziel wäre erreichbar, wenn ein hoch auflösender Bildwandler mit 2000 Bildpunkten pro Zeile verwendet würde, die ihrerseits aus drei Subpixeln mit RGB-Farbfiltern bestehen, so wie es auch bei 1-Chip-Wandlern in Heimanwenderkameras realisiert wird. Bei der angestrebten Bildwandlergröße ist das Ziel erreichbar, allerdings ist sicherzustellen, dass die Filter vor den einzelnen Bildpunkten eine genügende Farbselektivität aufweisen.

Schließlich sollte der ideale Bildwandler auch eine Lichtempfindlichkeit und einen Kontrastumfang wie das Medium Film bieten. Moderne Videokameras erreichen heute bei der Belichtungszeit t = 1/25 s Vollaussteuerung bei Blende k = 10, wenn eine Beleuchtungsstärke von E = 2000 lx bei R = 89,9% Remission und eine Farbtemperatur von 3200 k vorliegt. Mit der Beziehung: ASAWert = $k^2 \cdot 228$ lxs/(R · E · t) folgt daraus eine Empfindlichkeit von fast 26 DIN. Bei Halbierung der Belichtungsdauer für den filmgemäßen Wert von 1/48 s ergeben sich für die elektronische Filmkamera ca. 23 DIN bzw. ca 150 ASA.

Ein viel größeres Problem als die Empfindlichkeit stellt der Kontrastumfang dar, da die Erzielung eines Belichtungsumfangs von über 10 Blenden auch beim Film nur dadurch möglich wird, dass eine Trennung in Negativmaterial mit flacher Gradationskurve und Positivfilm mit steiler Gradation vorgenommen wird. Bei elektronischen CCD-Bildwandlern gibt es diese Trennung zunächst nicht, sie verhalten sich linear und bieten mit einem Belichtungsumfang von sechs bis sieben Blenden einen ähnlich eingeschränkten Kontrastbereich wie Umkehrfilmmaterial. Ausgehend von einer mittleren Belichtung bzw.

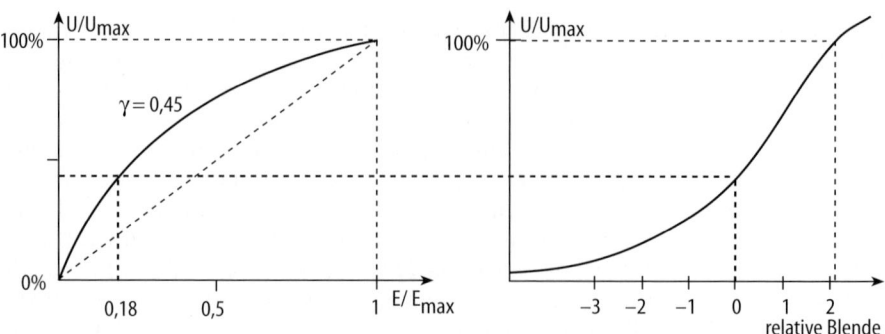

Abb. 6.80. Belichtungsspielräume bei Videokameras mit Gamma-Vorentzerrung

Bezugsblende bei 18 % Remission ergibt sich zudem ein unsymmetrischer Belichtungsspielraum, der zu den Lichtern hin nur wenig mehr als zwei Blendenstufen aufweist. Bei gewöhnlichen Videosystemen ist daher besonders die Grauwertabstufung im Bereich der Lichter problematisch. Abbildung 6.80 zeigt den Kennlinienverlauf der elektronischen Kamera mit Gamma-Vorentzerrung in linearer Skalierung und bezüglich der relativen Blende, der den eingeschränkten Spielraum für die Lichter deutlich macht.

In der idealen Kamera müsste ein speziell entwickelter Bildwandler zum Einsatz kommen, bei dem dafür gesorgt wird, dass die Ladungszunahme nicht proportional zur Belichtung abläuft, sondern in gleicher Weise, wie es für die Schwärzung bzw. Transparenz beim Filmnegativ gilt. Das elektronische Signal würde dann einem 10-Bit-log-Datensatz entsprechen und zur Betrachtung des elektronischen Bildes wäre ein spezieller Monitor erforderlich, der anstelle der Verwendung des Video-Gammas die Aufgabe hat das kontrastarme »elektronische Negativ« durch Kontrastanhebung zu entzerren. Es ist denkbar, dass für dieses Problem der nicht linearen Ladungszunahme bereits in naher Zukunft eine Lösung durch den Einsatz von CMOS-Bildwandlern erreicht werden könnte (s. Abschn. 6.1.3).

6.3.3 Reale HD-Kameras

Bisher sind die meisten elektronische HD-Kameras Weiterentwicklungen von Videokameras und sind daher in vielen Punkten weit von der idealen Kamera entfernt. Bei den ersten Versuchen im Rahmen der so genannten elektronischen Cinematographie, d. h. für Filmproduktionen auf Videokameras zurückzugreifen, wurde zunächst vor allem das Problem des Belichtungsbereichs bearbeitet, indem veränderliche Kniefunktionen und vielfältige Möglichkeiten zur Veränderung der Grauwertabstufungen geschaffen wurden. Damit wird eine Annäherung an die Gradationskurve von Film möglich, ohne allerdings den großen Belichtungsumfang von Film zu erreichen.

Später kam die Anpassung der Bewegungsauflösung hinzu. Dazu gehört zum Ersten die Möglichkeit, auch mit 24 Bildern pro Sekunde arbeiten zu können, und zum Zweiten die Notwendigkeit, dass jedes Bild aus nur einer Bewegungsphase stammt, die die gleiche Dauer hat wie das Filmbild. Das bedeutet, dass auf das Zeilensprungverfahren verzichtet und der Bildwandler progressiv ausgelesen werden muss, da das Zeilensprungverfahren gegenüber dem Film eine verdoppelte zeitliche Auflösung bewirkt. Die beiden Aspekte werden unter dem Schlagwort 24p zusammengefasst. Die Bezeichnung 24p ist jedoch für eine Erfassung der wesentlichen Parameter von Film nicht hinreichend, denn sie macht keine Aussage über die Bildauflösung. Ein elektronisches System, das im Filmbereich eingesetzt werden soll, muss mit 24p in HD-Auflösung arbeiten. Zur genaueren Erklärung muss außerdem hinzugefügt werden, dass die Belichtungsdauer bei 24 fps nicht 1/24 s betragen darf, wenn die Filmbedingungen erfüllt sein sollen, sondern i. d. R. nur die Hälfte, d. h. dass mit 1/48 s bzw. 1/50 s belichtet wird. Zusätzlich kann das in diesem Zeitraum gewonnene Vollbild so aufbereitet werden, dass es mit 48 Hz bzw. 50 Hz ohne Großflächenflimmern wiedergegeben werden kann. Das Vollbild wird dazu wie beim Zeilensprungverfahren nachträglich in zwei Halbbilder aufgeteilt, die dann mit segmented Frames (sf) bezeichnet werden, während zur Unterscheidung für Zeilensprungbilder die Bezeichnung interlaced (i) verwendet wird. Mit 24p-HD-Kameras und einer Belichtungsdauer von 1/48 s kann auf diese Weise also eine Bewegungsauflösung erreicht werden, die fast vollständig der von Filmkameras entspricht, die mit 24 fps und 180° Hellsektor arbeiten. Wie bereits dargestellt, entspricht auch die HDTV-Bildauflösung für die meisten Anforderungen weitgehend den Auflösungsverhältnissen bei 2k-Filmdaten, so dass insgesamt sowohl die Orts- als auch die Zeitauflösung von elektronischen HD-24p-Systemen als ausreichend angesehen werden kann.

Auch die Verfügbarkeit von Prime Lenses für elektronische Kameras ist kein großes Problem mehr und muss daher nicht unbedingt durch Verzicht auf den Strahlteiler gelöst werden. Einerseits ist es – allerdings unter Lichtverlust – möglich, die Filmobjektive über einen optischen Adapter anzubringen und das Bild elektronisch wieder auf den Kopf zu stellen, andererseits werden bereits Prime Lenses für Strahlteilerkameras direkt entwickelt.

Das größte Problem im Bereich des Bildwandlers bleibt der Kontrastbereich, der vor allem bei den Lichtern zu gering ist. Bei einem mittleren Grauwert von 18%, der die Bezugsblende definiert, folgt, dass nach einer Vervielfachung, die 2 1/3 Blenden entspricht, bereits die Vollaussteuerung erreicht ist (Abb. 6.80). Dem Problem wird mit der Kniefunktion begegnet, die für eine Abflachung der Kennlinie bei Überschreitung von 80 %...100 % Signalpegel sorgt (s. Abb. 6.56), so dass Gesamtpegel bis zu 600 % verarbeitet werden können. Die hier bewirkte elektronische Veränderung der Kennlinie ist einfach, beeinflusst aber nicht die Ladungsbildung im Bildwandler direkt. Der durch das Knie bewirkte zusätzliche Belichtungsumfang von bis zu zwei Blendenstufen wird sehr komprimiert in den Signalbereich abgebildet. Das Problem wird damit durch das Knie nur unzureichend gelöst, es bleibt grundsätzlich erhalten, solange die Ladungsbildung proportional zur Lichtintensität ist.

Für bildgestalterische Zwecke werden oft Kennlinienänderungen benutzt. Z. B. kann neben dem Gesamt-Gamma mit dem Black Gamma eine Anpassung der Grauwerte allein im Schattenbereich vorgenommen werden. Damit die

Abb. 6.81. Adaptionsoptik zur Erzielung einer filmähnlichen Schärfentiefe mit semiprofessionellen Kameras

vielfältigen Grauwertänderungen und Kniefunktionen möglich werden, muss die elektronische Signalverarbeitung mit einer hoch aufgelösten Quantisierung von mindestens 16 Bit arbeiten, auch wenn für die A/D-Wandlung nur 12 Bit verwendet werden.

Die bei Videokameras eingesetzte elektronische Anhebung der Konturen (Detailing), die eine visuelle Steigerung der Schärfewirkung hervorruft, wirkt bei der Umsetzung für das Kino oft künstlich. Das Detailing, das automatisch für Hauttonwerte herabgesetzt werden kann (Skin Tone Detailing), sollte daher ganz abschaltbar sein. Oft ist zusätzlich zu überlegen, ob die Annäherung an den Filmlook im Gegenteil nicht noch eine weitere Herabsetzung der Konturenschärfe durch außen angebrachte Black-Promist-Filter erforderlich macht.

Sehr schwer erfüllbar ist der Wunsch nach einer variablen Bildrate, denn bei der Aufzeichnung auf Videobänder ist die Erzeugung einer konstanten Bildfrequenz erforderlich. Oft muss daher auf stufig veränderbare Bildraten und Bildinterpolationen zurückgegriffen werden. Einfacher wird es bei Aufzeichnung auf nichtlineare Speichermedien, doch bleibt das Grundproblem erhalten, dass linear mit der Bildrate die Datenrate steigt. Weitere Probleme liegen vor allem im Bereich des Handling: Videokameras sind weniger robust als Filmkameras und verfügen nicht über ein optisches Sucherbild. Die Kameraleute müssen sich schließlich auch hinsichtlich der Bedienelemente umstellen.

Unlösbar ist das Problem der zu großen Schärfentiefe, solange mit direkter Abbildung auf 2/3"-Bildwandlern gearbeitet wird. Die hierbei erzielte Schärfentiefe ist gerade mit der von 16-mm-Film vergleichbar. Um dem Problem der zu großen Schärfentiefe von Videosystemen zu begegnen, das umso gravierender wird, je kleiner der Bildwandler ist, wurde speziell für semiprofessionelle Camcorder, die mit sehr kleinen Bildwandlern arbeiten (Canon XL1 und Sony DSR-PD 150), ein Kameraadapter entwickelt, der mit Mini 35 bezeichnet wird (Abb. 6.81). Mit diesem System wird zunächst eine Zwischenabbildung auf eine Mattscheibe erzeugt, die mit den Abmessungen 24 mm x 18 mm den Dimensionen des 35-mm-Filmbildes entspricht. Das Zwischenbild wird danach wiederum auf den Bildwandler der Kamera abgebildet. Auf diese Weise wird erreicht, dass die Objektive für 35-mm-Filmkameras an den Videocamcordern verwendet werden können und sich auch ein Schärfentiefeverhalten ergibt, das mit 35-

Abb. 6.82. Kamera für digitale Cinematographie [8]

mm-Film vergleichbar ist. Diese Technologie ist prinzipiell auch für HD-Kameras verwendbar, allerdings treten dann die Nachteile des Verfahrens noch deutlicher hervor: Die Zwischenabbildung erzeugt einen Lichtverlust von etwa einer Blende bei ungleich veteilter Lichtintensität und macht vor allem das Bild unscharf, was zwar bei Standardvideoauflösung den Filmlook unterstützen kann, für den HD-Bereich aber ungeeignet ist. Bei kleinen Blendenwerten wird zudem die Struktur der Mattscheibe sichtbar, ein Problem, das durch die Bewegung der Scheibe gemindert wird.

Die HD-Kamera, die zu Beginn des Jahrhunderts der idealen Kamera am nächsten kommt, ist die Kamera Arri D20 (Abb. 6.82). Aufgrund der Tatsache, dass sich ein wichtiger Hersteller von Filmkameras der Konstruktion einer digitalen HD-Kamera widmet ist gewährleistet, dass viele Akzeptanzprobleme, die im Bereich der Kameraumgebung und des Umgangs liegen, gelöst werden. Das Konzept ist sehr ähnlich dem, das hier bei der idealen Kamera beschrieben wurde. Die Basis der Konstruktion ist die Filmkamera Arriflex 435. Die Umlaufblende und der optische Sucher bleiben erhalten, anstelle der Filmspule und des Transportmechanismus befindet sich die Kameraelektronik. Der Kern des Gerätes ist ein Bildwandler der mit einer aktiven Fläche von 24 mm x 18 mm die gleiche Größe aufweist wie ein 35 mm-Filmbild (Abb. 6.83). Der Bildwandler arbeitet mit CMOS-Technologie und erlaubt einen Belichtungsumfang von ca. 10 Blenden. Es wird ein einziger, flacher CMOS-Chip verwendet und

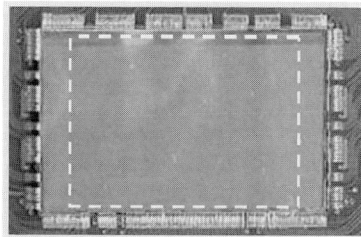 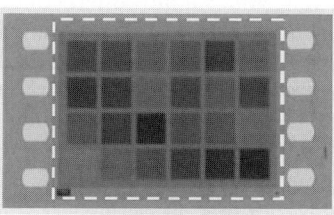 

Abb. 6.83. Vergleich der Bildflächen von CMOS-Wandler, 35 mm-Film und 2/3"-CCD-Wandler

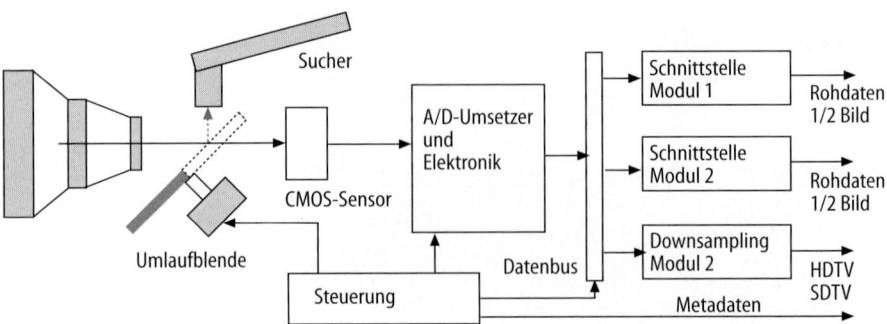

Abb. 6.84. Blockschaltbild der Kamera Arri D20

zur Gewinnung der drei Farbauszüge auf die Strahlteilung per Prisma verzichtet. Statt dessen werden jedem der ca. 6 Mio. Bildpunkten ein Farbfilter nach dem Bayer Pattern zugeordnet (s. Abschn. 6.1.4) und durch eine aufwändige elektronische Interpolation mittels einer so genannten 3D-LUT (Look up table) wird für eine gute Farbwiedergabe gesorgt.

Mit diesen Maßnahmen ergibt sich das selbe Schärfentiefeverhalten wie bei 35 mm-Film. Auch Effekte wie Stroboskopeffekt und Motion Blur sind möglich, denn die Hellsektorgröße der Umlaufblende kann zwischen 11,2° und 180° verändert werden. Das gesamte Zubehör der Arri-Kameras, inklusive der hochwertigen Objektive kann problemlos verwendet werden und bezüglich der Bedienung zeigt sich ein Gefühl wie bei Filmkameras.

Die Kamera ist auch für variable Bildraten ausgelegt. Die interne Verarbeitung erlaubt bis zu 150 fps, die nach außen darstellbare Bildrate hängt von den verwendeten Interface-Modulen ab. Intern folgt daraus eine Datenrate von bis zu 10 Gbit/s, die durch die Verwendung von 32 parallel arbeitenden 12-Bit-A/D-Umsetzern erreicht wird. Die Bilddaten des Sensors werden direkt digitalisiert, die gesamte weitere Verarbeitung findet auf der digitalen Ebene statt.

Aufgrund der Verwendung paralleler Ausgangsmodule ist es einerseits möglich, im Live Modus eine Betriebsart bereitzustellen, die der bei gewöhnlichen Videokameras ähnelt, nämlich, dass eine Echtzeitverarbeitung bezüglich der Farbe etc. durchgeführt und an einem der HD-SDI-Ausgänge ein Standard-HDTV-Signal ausgegeben wird (Abb. 6.84).

Als zweite Möglichkeit können die Daten auch unbeeinflusst, im so genannten RAW-Modus, gespeichert bzw. über zwei parallele HD-SDI-Schnittstellen ausgegeben werden wobei eine höhere Bildauflösung als HD-CIF möglich ist. Da noch keine separierten RGB-Farbauszüge vorliegen ist in diesem Falle allerdings ein separater off-line Prozess erforderlich, um das korrekt kalibrierte und farbkorrigierte Bild zu erhalten. Diese Option ähnelt dem Vorgang bei der gewöhnlichen Filmproduktion wo das sichtbare Bild auch erst nach der Entwicklung und einer farbangepassten Positivkopie sichtbar wird, dafür aber ein viel größerer Spielraum für den Umgang mit den Bildparametern zur Verfügung steht. Im Live-Modus muss dagegen bereits am Drehort für die optimale Anpassung von Belichtung und Farbe gesorgt werden.

Abb. 6.85. HD-Kamera Viper von Thomson [129]

Eine HD-Kamera die auch bereits viele Aspekte der idealen Kamera abdeckt ist die LDK 7500 (Viper) von Thomson (Abb. 6.85). Sie arbeitet mit 2/3-Zoll-CCD-Chip und dem FT-Prinzip und bietet damit nicht das Schärfentiefeverhalten von Film. Von Vorteil ist, dass bei FT-Chips das Dynamic Pixel Management genutzt werden kann, d. h. eine Umstellung der Bildformate durch veränderliche Bildpunktzuordnung. Dazu sind bei der LDK 7500 horizontal 1920 aktive Bildpunkte und vertikal 4320 (Sub)pixel verfügbar, die in der Vertikalen auf verschiedene Arten zusammengefasst werden können, so dass ohne Auflösungsverlust eine Vielzahl von Bildformaten bis hin zu Cinemascope bedient werden kann. Abbildung 6.86 zeigt dazu eine Übersicht, in der deutlich wird, dass sich z. B. bei der Zusammenfassung von 4 Subpixeln zu einem Bildpunkt genau die HD-Auflösung 1920 x 1080 ergibt, während bei 6 Subpixeln 720 Zeilen entstehen etc.

Die Kamera lässt sich im 24p-Modus ebenso betreiben wie mit vielen Bildraten über 25 fps bis zu 30 fps mit und ohne Zeilensprungverfahren. Sie arbeitet mit 12-Bit-A/D-Umsetzung und intern mit 22 Bit. Damit sind vielfältige Möglichkeiten zur Anpassung der Kennlinie gegeben. Auch hier können die Daten im so genannten Filmstream-Mode unbearbeitet (Raw Modus) ausgegeben werden. Die Kamera ist sehr kompakt. Der wesentliche Nachteil ist, dass

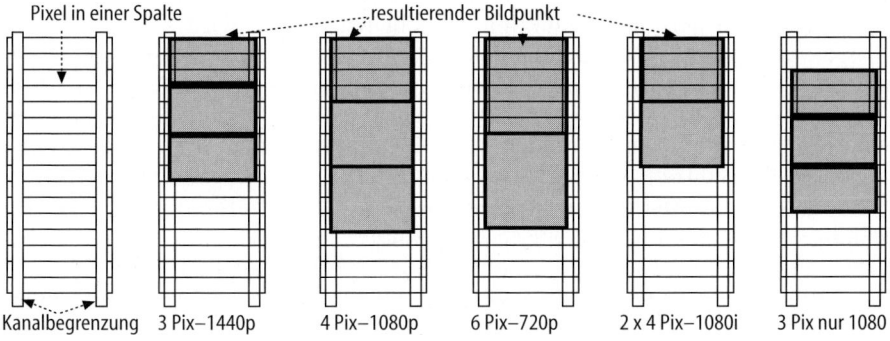

Abb. 6.86. Variable Zusammenfassung der Bildpunkte bei FT-CCD

Abb. 6.87. HD-Kamera HDW F 900 von Sony [122]

sie, wie auch die Arri D 20, keine integrierte Aufzeichnungseinheit enthält und
somit eine Kabelverbindung unerlässlich ist. Dieser Nachteil sollte aber nicht
zu hoch bewertet werden, denn auch bei Produktionen mit Filmkameras werden oft Kabel verwendet, z. B. die zur Videoausspiegelung. Trotzdem gibt es
natürlich Situationen, in denen die Kamera unabdingbare Freiheit braucht.
Diesbezüglich ist es denkbar, direkt am System mit kompakten Festplatten zu
arbeiten, die bei einer Kapazität von z. B. 100 MB eine Aufzeichnung von unkomprimiertem HD-RGB-Material für ca. 9 Min. erlauben, was wiederum in
der Größenordnung der Aufzeichnungsdauer auf 35-mm-Film liegt. Ähnlich
wie bei einem Filmwechsel müssten dann die Festplatten gewechselt werden.

Die etablierteste HD-Kamera ist der Typ HDW F900 der Fa. Sony (Abb.
6.87). Sie arbeitet mit drei 2/3"-FIT-CCD-Wandlern bei 24, 25 oder 30 fps in
progressive oder interlaced Mode mit einer festen Auflösung von 1920 x 1080
aktiven Bildpunkten. Eine Bildformatänderung geht hier auf Kosten der Auflösung. Das Gerät bietet vielfältige Einstellmöglichkeiten zur Veränderung der
Bildparameter, dabei profitiert der Hersteller von den reichhaltigen Erfahrungen mit dem hoch entwickelten Digibeta-Camcorder der Reihe DVW 700. Der
große Vorteil der Kamera ist der integrierte Recorder, mit dem das Gerät ka-
bellos betrieben werden kann. Die Aufzeichnung erfolgt auf eine 1/2"-Kassette
aus der Betacam-Familie, die eine Laufzeit von ca. 50 Minuten bietet. Die
Kompatibilität zu Betacam SP erlaubt jedoch nur eine Videodatenrate von
144 Mbit/s, die per Datenreduktion erreicht wird. Dazu wird zunächst durch
Tiefpassfilterung die Horizontalauflösung von 1920 auf 1440 Bildpunkte herabgesetzt und anschließend eine DCT-basierte Reduktion um den Faktor 4,4 vorgenommen. Da das RGB-Signal der Kamera vor der Aufzeichnung noch in
eine Komponentenform gewandelt und die Auflösung der Abtastwerte von 10
Bit auf 8 Bit reduziert wird, ist insbesondere die resultierende Farbauflösung
für nachträgliche Bildmanipulationen wie z. B. Stanzverfahren oder eine aufwändige Farbkorrektur als kritisch einzustufen. Die Kamera bietet jedoch neben analogen HD-Ausgängen optional auch direkte HD-SDI-Ausgänge, so dass
der auflösungsbegrenzende Recorder umgangen und das Signal mittels einer
Kabelverbindung auf ein abgesetztes Speichersystem aufgezeichnet werden
kann.

Abb. 6.88. HD-Kamera AJ HDC 27V von Panasonic [94]

Die hinsichtlich der variablen Bildgeschwindigkeit als erste entwickelte Kamera ist der Camcorder AJ-HDC27V von Panasonic (Abb. 6.88). Er arbeitet stufenlos zwischen 4 fps und 33 fps und darüber hinaus mit 36, 40 und 60 fps. Mit der höchsten Bildfrequenz lässt sich gegenüber der Wiedergabe mit 24 fps eine 2,5-fache Zeitlupe erreichen. Bei der minimalen Bildrate ergibt sich ein 6-facher Zeitraffereffekt. Das Problem bei der variablen Bildrate besteht darin, dass die Aufzeichnung auf das Band eine feste Daten- bzw. Bildrate erfordert. Das Problem wird gelöst, indem die Aufzeichnung immer mit 60 fps erfolgt und bei Verwendung geringerer Bildfrequenzen neben den Originalbildern so genannte Klone aufgezeichnet werden, die mittels Metadaten als solche gekennzeichnet werden. Trotz guter Farbreproduktion und filmähnlichen Gamma-Einstellungsmöglichkeiten ist dieser Camcorder nicht mit den beiden vorher genannten Geräten vergleichbar, denn er arbeitet nur mit einer Bildauflösung von 1280 x 720 bzw. 1 Million Bildpunkten und einer DV-Datenreduktion, die zu 100 Mbit/s führt, so dass er nicht in die Klasse der mit 35-mm-Film konkurrierenden HD-Kameras eingestuft werden kann. Er ist als elektronisches Pendant in der Klasse der 16-mm-Filmkameras konzipiert.

Abschließend seien hier noch einmal die größten Grundprobleme der meisten HD-Kameras genannt: die zu geringe selektive Schärfe, der zu geringe Belichtungsumfang, die nicht interpolationsfrei änderbare Bildgeschwindigkeit. Daneben sollen aber auch die Vorteile nicht unerwähnt bleiben, die elektronische Kameras gegenüber Filmkameras bieten, nämlich: Die sofortige Verfügbarkeit eines hervorragenden HD-Bildes am Drehort. Die sehr hohe Bildstandsgenauigkeit, die nicht wie bei Film ggf. die Schärfewirkung herabsetzt oder Encodierungsprobleme für nachgeschaltete Datenreduktionsstufen hervorruft, die z. B. bei der Ausstrahlung im digitalen Fernsehen (DVB) oder für Digital Cinema (s. Kap. 5.9) eingesetzt werden. Die langen Aufzeichnungsdauern und bei Bandformaten geringe Speicherkosten. Die Möglichkeit hochqualitativen Ton parallel mit aufzuzeichnen, so dass das aufwändige Anlegen der Ton- und Bildsequenzen entfallen kann. Bei Fernsehauswertung bzw. allgemein elektronischer Wiedergabe schließlich die Umgehung des Kopierwerkes und damit die Vermeidung von Entwicklungs- und Abtasterkosten sowie die direkte Ausgabe eines hochwertigen Standardvideosignals am Filmset.

7 Bildwiedergabesysteme

Bildwiedergabegeräte dienen zur Rekonstruktion des auf der Aufnahmeseite abgetasteten Bildes, zur Umsetzung des Videosignals in sichtbares Licht. Das serielle Signal bewirkt, dass die Bildpunkte bei einigen Verfahren nacheinander auf dem Bildschirm erscheinen. Aufgrund der Trägheit des Wiedergabewandlers und des menschlichen Auges entsteht der Eindruck eines ganzes Bildes.

Bildwandler lassen sich in aktive und passive Typen unterscheiden. Aktive Typen emittieren selbst Licht, während passive mit elektronisch gesteuerter Lichttransmission oder -reflexion arbeiten. Abbildung 7.1 zeigt eine Übersicht [83]. Im Bereich der Bildwiedergabesysteme konnten die Halbleiter die Röhren noch nicht verdrängen. Bei den meisten Anwendungen zur Bildwiedergabe dominiert die zu den Aktivsystemen gehörige Kathodenstrahlröhre, die wegen ihrer großen Bedeutung zunächst erklärt werden soll. Anschließend wird auf Flachdisplaytechnologien eingegangen, mit denen die Nachteile der Röhrentechnik, also hohes Volumen, hohes Gewicht und großer Energiebedarf, überwunden werden sollen. Als allgemeine Forderungen an Wiedergabewandler gelten: große Helligkeit, kleine Trägheit, großer Betrachtungswinkel, hohes Auflösungsvermögen, großes Bild, leichter Aufbau und geringer Leistungsbedarf. Die Bezeichnung »großes Bild« meint bei Heimanwendung eine Bilddiagonale von bis zu 2 m oder mehr, die besonders für die HDTV-Wiedergabe wichtig ist. Die Einführung von HDTV wurde nicht zuletzt durch die Schwierigkeit der Entwicklung eines passenden Displays gehemmt. Erst seit kurzem stehen aussichtsreiche und kostengünstige Systeme für diese Anwendung zur Verfügung. Noch größere Bilder werden mit speziellen Großbildprojektionen erreicht. Die dazu eingesetzten Verfahren werden zum Schluss dargestellt.

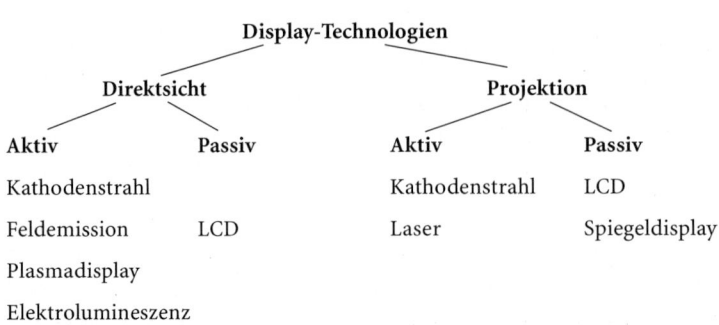

Abb. 7.1. Übersicht über die Bildwiedergabewandler

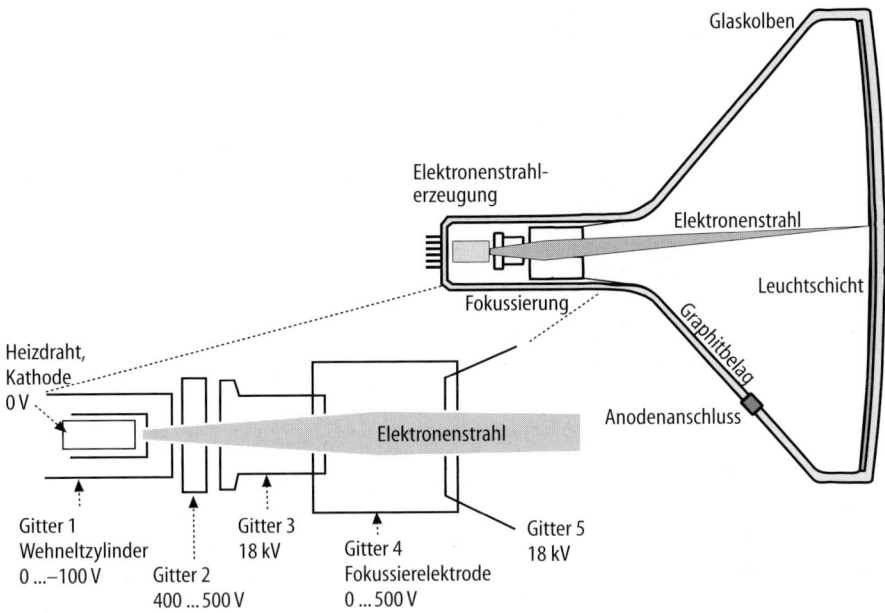

Glaskolben

Elektronenstrahl-
erzeugung

Elektronenstrahl

Fokussierung

Leuchtschicht

Heizdraht,
Kathode
0 V

Elektronenstrahl

Graphitbelag

Anodenanschluss

Gitter 1   Gitter 3   Gitter 5
Wehneltzylinder   18 kV   Gitter 4   18 kV
0 ...–100 V   Gitter 2   Fokussierelektrode
              400 ... 500 V   0 ... 500 V

Abb. 7.2. Kathodenstrahlröhre und Elektrodensystem

7.1 Bildwiedergabe mit Kathodenstrahlröhren

7.1.1 Das Funktionsprinzip

Die Bildwiedergabe mit einer Kathodenstrahlröhre (Cathode Ray Tube, CRT) (Abb. 7.2) beruht darauf, dass beim Auftreffen von hochbeschleunigten Elektronen Leuchtstoffe, die so genannten Phosphore, zur Lichtemission angeregt werden. Die Farbe des emittierten Lichtes ist dabei von der Art des Leuchtstoffes bestimmt. Die Lichtemission erfolgt ungerichtet, damit ergibt sich der Vorteil einer weitgehenden Richtungsunabhängigkeit bei der Betrachtung. Damit der Elektronenstrom nicht von Luftmolekülen behindert wird, muss die Röhre luftleer sein. Kathodenstrahlröhren werden als evakuierte Glaskolben hergestellt. Sie müssen dem hohen Außendruck standhalten, die Glaswände sind entsprechend dick und schwer.

Zur Elektronenerzeugung wird eine Metallfläche mit einem Glühdraht erhitzt, aufgrund der thermischen Energie treten die Elektronen aus der Kathode aus. Die Kathode ist vom Wehneltzylinder umgeben, der gegenüber der Kathode negativ geladen ist (Abb. 7.2). Je nach Größe des negativen Potenzials werden mehr oder weniger Elektronen zurückgehalten, d. h. über die Spannungsdifferenz zwischen Wehneltzylinder und Kathode kann die Strahlintensität gesteuert werden. Die Elektronen werden auf die Anode hin beschleunigt und gelangen dabei in den Bereich der Fokussierelektroden, die ein elektri-

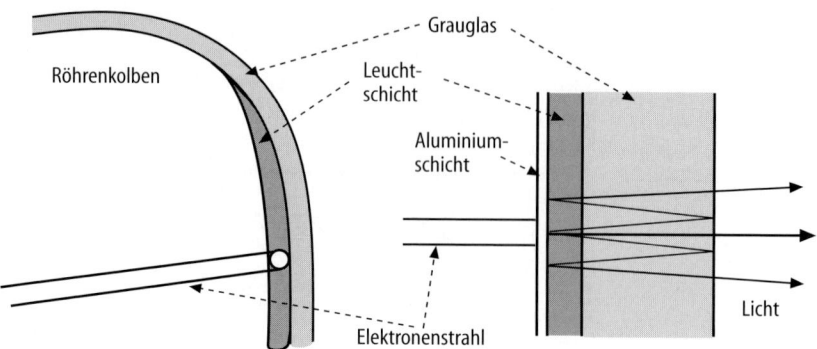

Abb. 7.3. Glaskolben der Kathodenstrahlröhre und Beschichtungen

sches Feld erzeugen, welches zur Bündelung des Elektronenstrahls führt. Nachdem sie die Anode passiert haben, fliegen die Elektronen mit hoher konstanter Geschwindigkeit weiter, bis sie auf die Leuchtschicht treffen und diese zur Lichtemission anregen. Die resultierende Leuchtdichte steigt mit der Beschleunigungsspannung und der Strahlstromstärke. Es werden Strahlstromstärken unter 1 mA verwandt, denn bei großem Strahlstrom wird auch der Elektronenstrahldurchmesser groß, was wiederum die Bildauflösung verringert. Farbbildröhren erreichen damit heute Leuchtdichten bis zu 100 cd/m². Die Beschleunigungsspannungen am Anodenanschluss (Abb. 7.7) liegen unterhalb 30 kV, denn beim Auftreffen auf die Schicht und den Glaskolben werden die Elektronen so stark abgebremst, dass Röntgenstrahlung entsteht. Die Röntgenstrahlung muss abgeschirmt werden, was bei Spannungen oberhalb 30 kV nur mit großem Aufwand möglich ist.

Die Leuchtschicht leitet selbst oder ist zusammen mit einer leitfähigen Graphitschicht auf dem Glaskolben aufgebracht. Über diese Schicht fließen die Elektronen ab und damit wird der Stromkreis geschlossen. Zusätzlich ist die Leuchtschicht mit einer dünnen Aluminiumschicht hinterlegt, die von den Elektronen durchschlagen wird. Die Aluminiumschicht dient zur Ableitung von Sekundärelektronen, die beim Auftreffen des Elektronenstrahls entstehen. Außerdem wirft sie das Licht zurück, das die Leuchtstoffe in den Röhreninnenraum abstrahlen, so dass die Bildhelligkeit erhöht wird (Abb. 7.3). Um den Kontrast zu steigern, wird für die Herstellung der meisten Röhren Grauglas

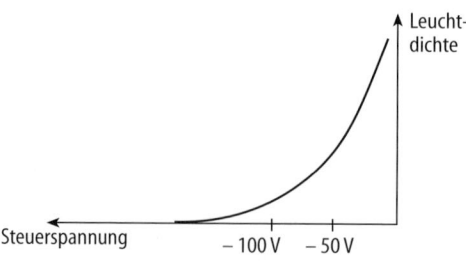

Abb. 7.4. Steuerkennlinie der Kathodenstrahlröhre

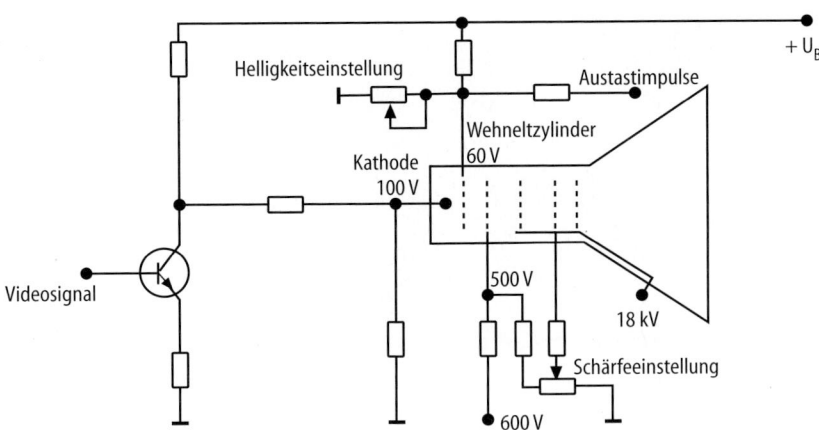

Abb. 7.5. Beschaltung der Bildröhre

verwendet. Damit wird das emittierte Licht zwar geschwächt, für von außen auftreffendes Fremdlicht wirkt die Schwächung jedoch doppelt, so dass insgesamt eine Kontrastverbesserung eintritt.

Die Intensität des Elektronenstrahls, der Strom I und damit die Bildpunkthelligkeit, wird gesteuert, indem das Videosignal zum Wehneltzylinder oder zur Kathode geführt wird. Die Steuerkennlinie (Abb. 7.4) bewirkt dabei einen nichtlinearen Zusammenhang zwischen Videosignal und Leuchtdichte, der mit Hilfe einer Potenzfunktion mit dem Exponenten γ angenähert beschrieben werden kann. In Standardsystemen gilt $\gamma_W = 2{,}2$, ein Wert, der in der Kamera durch Vorentzerrung mit $\gamma_A = 0{,}45$ ausgeglichen wird (s. Abschn. 2.2).

Abbildung 7.5 zeigt eine Möglichkeit zur Beschaltung einer Schwarz/Weiß-Bildröhre [60]. Das von den Synchronsignalen befreite Videosignal steuert über die Kathode die Elektronenstrahlintensität. Die Gesamthelligkeit kann über das Steuergitter beeinflusst werden. Die Spannung an den Fokussierelektroden bestimmt die Bildschärfe.

Damit der Elektronenstrahl nicht nur einen Punkt, sondern eine zweidimensionale Fläche zum Leuchten bringt, wird er gemäß dem genormten Fernsehzeilenraster horizontal und vertikal abgelenkt. Zur Ablenkung dient eine Spulenanordnung, die auf dem Röhrenhals angebracht ist (Abb. 7.6 und 7.7). Durch die Ströme in den Spulen entstehen Magnetfelder, mit denen der Elek-

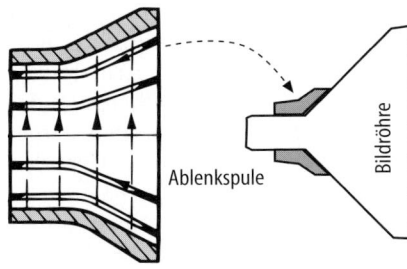

Abb. 7.6. Ablenkspulen auf dem Röhrenhals

Ablenkspule

Anodenanschluss

Bildröhre

Abb. 7.7. Ablenkspule
und Anodenanschluss

tronenstrahl abgelenkt wird. Der Stromverlauf für die Ablenkung ist annähernd sägezahnförmig. Der Strahl wird während der aktiven Zeilendauer von links nach rechts über den Schirm geführt und springt während der Austastlücke unsichtbar zurück, analog funktioniert die Vertikalablenkung.

Zur Konstruktion möglichst flacher Wiedergabegeräte ist ein großer Ablenkwinkel erforderlich. Mit modernen Bildröhren werden diagonal Werte von bis zu 110° erreicht. Hier besteht ein wesentlicher Unterschied zu Bildaufnahmeröhren, bei denen mit sehr viel kleineren Ablenkwinkeln gearbeitet werden kann, da die Wandlerfläche wesentlich kleiner ist. Bei modernen, flach gewölbten Bildschirmen ist der Strahlweg zum Rand hin erheblich länger als zur Mitte. Daraus resultieren Bildverzerrungen, die aufgrund ihrer Gestalt als Kissenverzerrungen bezeichnet werden. Diese Verzerrungen werden über seitlich an der Ablenkeinheit angebrachte Permanentmagnete und über Korrekturen des sägezahnförmigen Ablenkstroms ausgeglichen.

7.1.2 Farbbildröhren

In Farbbildröhren werden genormte rot, grün und blau leuchtende Leuchtstoffe verwendet, die in kleinen Strukturen sehr eng beieinander angeordnet werden. Jeder Bildpunkt besteht aus drei Pixeln, die Licht der entsprechenden Farben emittieren (Farbtripel). Bei genügend großem Betrachtungsabstand erscheinen die drei Pixel als ein einziger Punkt, dessen Farbe durch die additive Mischung der Farbwerte bestimmt ist.

Wird, wie bei der S/W-Bildröhre, auch zur Farbbildwiedergabe nur ein Elektronenstrahl verwendet, so muss dieser nicht nur von Bildpunkt zu Bildpunkt seine Intensität verändern können, sondern bei vergleichbarer Auflösung dreimal so schnell wie bei der S/W-Röhre steuerbar sein, da er jeden Tripelpunkt ansprechen muss. Außerdem muss immer feststehen, welche Art Phosphor der Strahl gerade trifft, damit eine richtige Zuordnung zur Strahlsteuerung vorgenommen werden kann. Eine Einstrahlröhre ist aus den genannten Gründen sehr aufwändig und wird praktisch nicht verwendet.

In der Praxis wird mit Dreistrahlröhren gearbeitet. Im Röhrenkolben gibt es drei separate Strahlerzeugungssysteme für die drei Grundfarben. Die drei eng

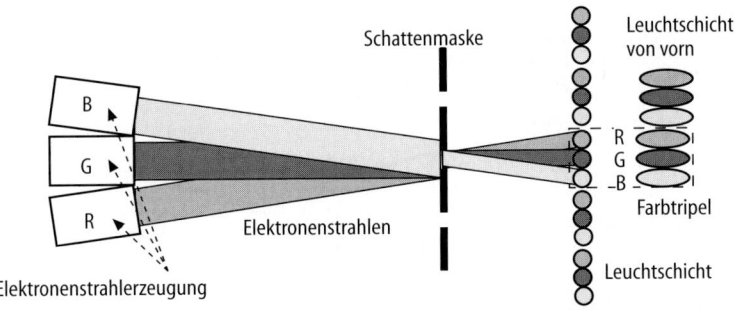

Abb. 7.8. Farbbildröhre mit Schattenmaske

benachbarten Elektronenstrahlen werden gemeinsam abgelenkt. Das wesentliche Problem besteht nun darin, dafür zu sorgen, dass die jeweiligen Elektronenstrahlen nur die zugehörigen Leuchtstoffe treffen. Die Lösung besteht in der Verwendung einer Schattenmaske, die in fest definiertem Abstand ca. 15 mm vor der Leuchtschicht angebracht wird. Jedem Farbtripel ist genau eine Öffnung in der Maske zugeordnet, die Elektronenstrahlen werden gemeinsam durch diese Maskenöffnung geführt. Da die Strahlen wegen der separaten Strahlerzeugung vor der Maske nicht in einer Linie laufen, sondern um ca. 1° gegen die Röhrenachse geneigt sind, ergibt sich hinter Maske auch für jeden Strahl eine andere, fest definierte Richtung. Die Anordnung kann so gewählt werden, dass sich die Strahlen genau am Ort der Maske kreuzen und jeder Strahl hinter der Maske nur den ihm zugeordneten Leuchtstoff trifft (Abb. 7.8). Bezüglich der Anordnung der Strahlerzeugungssysteme bzw. der Farbtripel unterscheidet man Farbbildröhren in Delta-, In Line- und Trinitron-Typen.

Ein Nachteil der Maske ist das Einbringen eines starren Musters, das mit dem Muster der Zeilenstruktur bei der Wiedergabe interferiert und zu Alias-Störungen führen kann, die bei S/W-Röhren nicht auftreten. Ein zweiter Nachteil ist die Verdeckung großer Bereiche durch die Maske, je nach Typ wird nur noch eine Transparenz von ca. 20% erreicht. Der Helligkeitsverlust der Farbbildröhre gegenüber der S/W-Röhre wird durch eine hohe Beschleunigungsspannung (ca. 30 kV) teilweise kompensiert. Durch Aufbringen einer, von vorn gesehen, schwarzen Schicht zwischen den Löchern der Maske wird bewirkt, dass von außen einfallendes Licht nur geringfügig von der Maske reflektiert wird. Diese sog. Black Matrix erhöht damit den Wiedergabekontrast.

Die Maske muss überall in definierter Entfernung von der Leuchtschicht angebracht sein und ihre Position sehr genau beibehalten. Verformt sie sich, z. B. aufgrund thermischer Ausdehnung, so führt dies zu Farbreinheitsfehlern. Die mechanische Befestigung der Maske wird daher aufwändig temperaturkompensiert, als Material wird z. T. Invar verwendet. Auch eine Magnetisierung der Maske führt zu Strahlabweichungen und damit zu Farbreinheitsfehlern. Unvermeidlicher Restmagnetismus wird automatisch mit Hilfe einer Entmagnetisierungsspule beseitigt, die beim Einschalten kurzzeitig ein schnell abklingendes Magnetfeld erzeugt. Die Entmagnetisierung kann bei einigen Geräten auch über eine Taste (Degauss) ausgelöst werden.

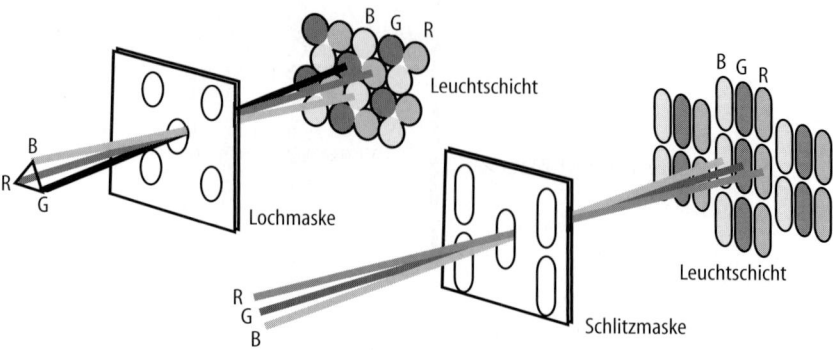

Abb. 7.9. Prinzip von Loch- und Schlitzmaskenröhre

7.1.2.1 Delta-Röhre

Der Name dieses ältesten praktisch eingesetzten Farbbildröhrentyps resultiert aus der Strahlsystemanordnung als gleichseitiges Dreieck, ähnlich dem griechischen Buchstaben Delta (Δ). Die Elektronenstrahlen werden gemeinsam durch kreisrunde Löcher geführt, daher auch der Name Lochmaskenröhre. Der Strahlerzeugungsanordnung entsprechend müssen die Farbtripel auch in Delta-Anordnung liegen (Abb. 7.9). Der Abstand zwischen zwei Leuchtpunkten einer Reihe wird Pitch genannt. Bei einer typischen Farbbildröhre mit 60 cm Bildschirmdiagonale und ca. 400 000 Löchern in der Maske beträgt der Pitch etwa 0,7 mm.

Damit über die so genannte Landungsreserve eine gewisse Fehlertoleranz gegeben ist, ist der Lochdurchmesser mit ca. 0,2 mm kleiner als der Strahldurchmesser und der Leuchtpunktdurchmesser (beide ca. 0,3 mm). Die Delta-Röhre ermöglicht aufgrund der sehr dicht liegenden Tripelpunkte eine hohe Auflösung und wird vorwiegend in Computermonitoren eingesetzt. Nachteil ist die geringe Maskentransparenz von ca. 17% sowie der hohe Aufwand, der getrieben werden muss, um mit Zusatzspulen auf der ganzen Bildschirmfläche eine Deckungsgleichheit der Farbauszüge (Konvergenz) zu erzielen, d. h. zu erreichen, dass sich zu jedem Zeitpunkt die drei Strahlen in nur einem Loch der Maske kreuzen.

7.1.2.2 In-Line-Röhre

Dieser auch als Schlitzmaskenröhre bezeichnete Typ wurde entwickelt, um die Konvergenzeinstellung vereinfachen zu können. Wie der Name andeutet, sind die Strahlerzeugungssysteme in einer Reihe angeordnet. Die Elektronen treten durch eine Schlitzmaske und fallen auf die Leuchtstoffe, die nicht mehr im Dreieck, sondern nebeneinander angeordnet sind (Abb. 7.9). Wegen der In-Line-Anordnung sind die Konvergenzfehler von drei auf zwei Dimensionen reduziert und die Ablenkeinheiten können selbstkonvergierend gebaut werden. Aufgrund dieser Vereinfachung ist die In Line-Röhre der Standardtyp in Fernsehempfängern. Die Maskentransparenz hat etwa den gleichen Wert wie bei der Delta-Röhre.

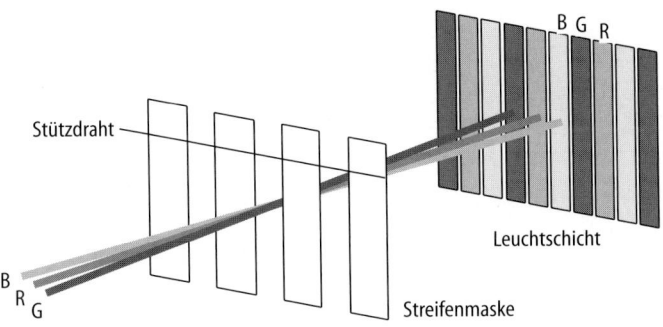

Abb. 7.10. Prinzip der Trinitron-Röhre

7.1.2.3 Trinitron-Röhre

Noch vor der In-Line-Röhre wurde die Trinitron-Röhre (Sony) entwickelt, die prinzipiell ähnlich arbeitet. Die Elektronenquellen sind in einer Reihe angeordnet, die Fokussierung geschieht für alle Strahlen gemeinsam. Wie beim In-Line-System liegen die Leuchtstoffe auf dem Bildschirm nebeneinander, die Phosphore sind aber in vertikaler Richtung nicht unterbrochen, sondern laufen als durchgehende Streifen über den gesamten Schirm. Die Schattenmaske besteht dementsprechend auch nicht aus kurzen Schlitzen, sondern ist ein Blendengitter mit durchgehenden, vertikalen Streifen (Abb. 7.10). Die Schattenmaske ist insgesamt aufgebaut wie eine Harfe. Zur Stabilisierung werden die Metallstreifen unter Spannung gesetzt. Um Schwingungen zu verhindern, sind sie mit ein oder zwei dünnen Querdrähten verbunden.

Die Trinitron-Röhre bietet mit einer Maskentransparenz von ca. 22% eine hohe Lichtausbeute. Kontrast und Vertikalauflösung sind sehr gut, und es sind selbstkonvergierende Wiedergabesysteme realisierbar. Problematisch ist die mechanische Empfindlichkeit der Maskenkonstruktion, insbesondere die Neigung zu Schwingungen bei mechanischer Erschütterung.

7.1.3 Videomonitore

Videomonitore arbeiten in der Mehrzahl mit Bildröhren, in den meisten Fällen werden In-Line- oder Trinitronröhren eingesetzt. Neben der Bildwandlerröhre befinden sich im Monitor Signalverarbeitungsstufen zur Wandlung des Videosignals in ein RGB-Signal, das wiederum der Ansteuerung der Röhre dient, sowie die Stufen zur Erzeugung der Ablenkströme. Abgesehen von HDTV-Monitoren sind Videomonitore üblicherweise für große Betrachtungsabstände konzipiert, der Betrachtungsabstand beträgt etwa das fünf- bis siebenfache der Bildhöhe (s. Kap. 2.2). Bei diesem Abstand ist das menschliche Gesichtsfeld nur zu einem kleinen Teil vom Bild erfüllt.

Videomonitore sind selbstleuchtend, die Spitzenleuchtdichte beträgt etwa 100 cd/m². Das menschliche Auge passt sich der Lichtintensität an, wobei die Kontrastwahrnehmung aber eingeschränkt ist, wenn der Bildschirm wesentlich

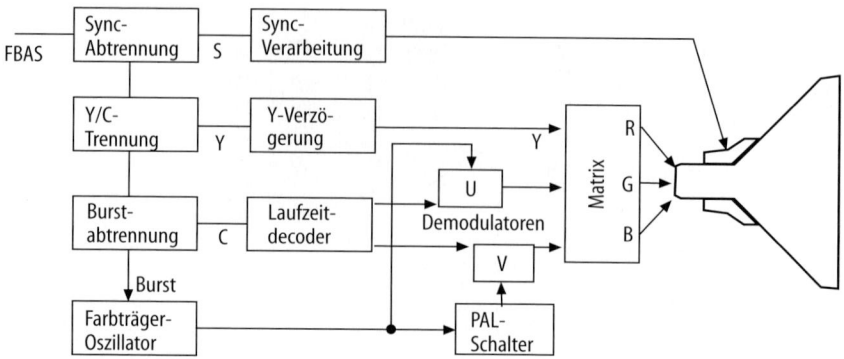

Abb. 7.11. Blockschaltbild eines PAL-Videomonitors

heller oder dunkler ist als die Umgebung. Das Umfeld sollte daher so aufgehellt sein, dass die Umfeldleuchtdichte ca. 10–20 % der Spitzenleuchtdichte des
Monitors beträgt. Unter guten Bedingungen kann dann ein Kontrastumfang
von mehr als 1:50 wiedergegeben werden. Abbildung 7.11 zeigt das Blockschaltbild eines Videomonitors mit Kathodenstrahlröhre.

7.1.3.1 Videosignalverarbeitung

Videomonitore verfügen häufig über verschiedene Eingänge für unterschiedliche Signalformen. Je nach Art muss das Videosignal mehr oder weniger decodiert werden, um schließlich das zur Ansteuerung der Röhrenkathoden erforderliche RGB-Signal zu erhalten.

Am aufwändigsten ist die Decodierung des Composite-Signals. In Kapitel
2.3 wurde gezeigt, wie das von den Synchronsignalen befreite Videosignal mit
Hilfe von Filtern in Luminanz- und Chrominanzanteile aufgespalten wird. Die
Filterqualität bestimmt wesentlich die Bildqualität. Das Luminanzsignal wird
verzögert, um die Laufzeiten in den Farbverarbeitungsstufen auszugleichen
und gelangt dann direkt zur RGB-Matrix. Das Chrominanzsignal wird zunächst verstärkt, dann wird der Burst abgetrennt. Der Burst synchronisiert den
im Monitor enthaltenen Farbhilfsträgeroszillator, so dass dieser, bezogen auf
den Sender, mit richtiger Phase und Frequenz schwingt. Weiterhin steuert der

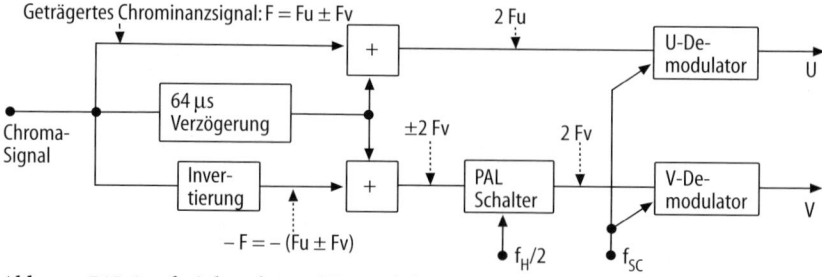

Abb. 7.12. PAL-Laufzeitdecoder und Demodulator

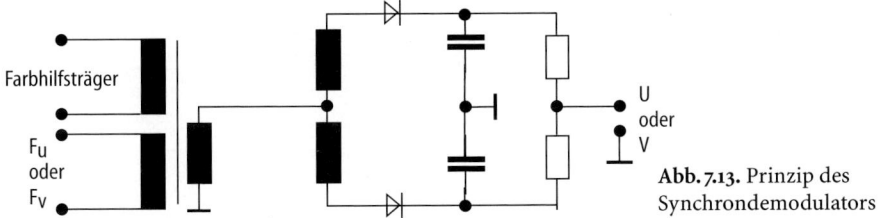

Abb. 7.13. Prinzip des Synchrondemodulators

Burst die PAL-Kippstufe derart, dass insgesamt immer ein phasenrichtiger Hilfsträger zur Synchrondemodulation zur Verfügung steht. Der Farbhilfsträger wird schließlich dem Demodulator zugesetzt, wobei die V-Phase automatisch in jeder 2. Zeile zurückgeschaltet wird.

Das vom Burst befreite Chrominanzsignal wird mit Hilfe des PAL-Laufzeitdecoders in zwei Signale F_U und F_V zerlegt, d. h. in die Farbdifferenzkomponenten U und $\pm$ V, die noch auf den Farbhilfsträger moduliert sind. Am Eingang des Decoders wird das Signal auf zwei direkte Wege aufgeteilt, wobei bei einem eine 180°-Phasendrehung vorgenommen wird (Abb. 7.12). Der dritte Weg für das Signal geht über ein Ultraschall-Laufzeitglied, das das Signal um die Dauer einer Zeile, bzw. um genau 64,056 µs, verzögert. Bei der Zusammenführung der Signale der verzögerten und unverzögerten Zeile fällt jeweils eine der beiden Komponenten weg, während die andere übrig bleibt. Im eigentlichen Synchrondemodulator wird zu F_U und F_V der Farbhilfsträger hinzugefügt, und mit Hilfe zweier Gleichrichter ergeben sich schließlich die Farbdifferenzsignale B – Y und R – Y (Abb. 7.13). Aus den Farbdifferenzsignalen und dem Luminanzsignal wird in einer Matrix das RGB-Signal gewonnen (Abb. 7.11). Über Verstärkerstufen werden diese Signalkomponenten schließlich zu den Kathoden der Bildröhre geführt. Auf die RGB-Matrix kann verzichtet werden, wenn an die Kathoden das Y- und an die Gitter die Farbdifferenzsignale angelegt werden, denn dann wirkt die Röhre selbst als RGB-Matrix.

7.1.3.2 Synchronsignalverarbeitung

Im sog. Amplitudensieb (Sync-Abtrennung) werden die Synchronimpulse vom Videosignal getrennt und das H- und V-Synchronsignal gewonnen (Abb. 7.14).

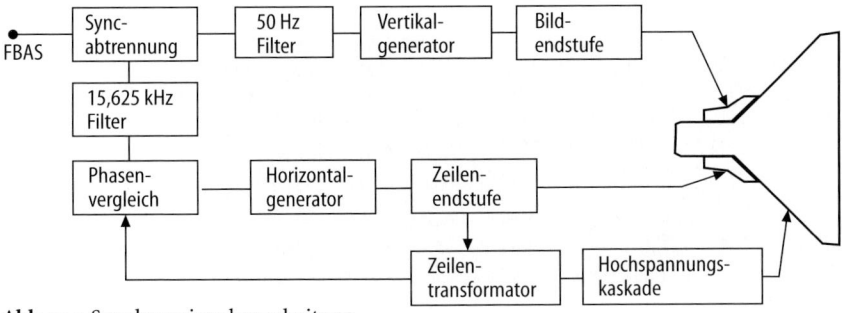

Abb. 7.14. Synchronsignalverarbeitung

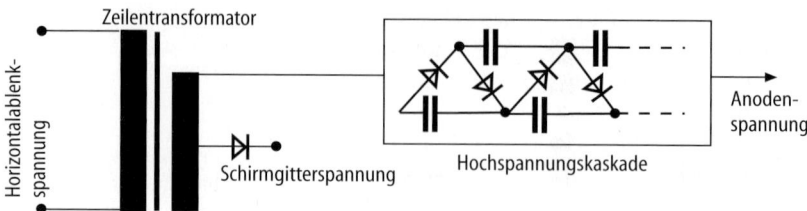

Abb. 7.15. Zeilentransformator und Hochspannungskaskade

Die Vertikalsynchronimpulse synchronisieren einen Bildgenerator, der einen sägezahnförmigen Ablenkstrom mit der Frequenz 50 Hz erzeugt, der wiederum über die Bildendstufe den Bildablenkspulen zugeführt wird. In ähnlicher Weise synchronisieren die H-Synchronimpulse einen Zeilenoszillator, der die Zeilenendstufe ansteuert, in der dann ein sägezahnförmiger Ablenkstrom mit der Frequenz 15625 Hz entsteht. Dieser Strom wird zusammen mit Korrekturströmen durch die H-Ablenkspulen geschickt.

Das Videosignal ist mit einem Zeitfehler behaftet, dem Jitter, der besonders stark auftritt, wenn Signale aus einfachen Videorecordern wiedergegeben werden (s. Kap. 7.4). Videomonitore und TV-Geräte sind in der Lage, auch in diesem Fall ein ruhiges Bild zu zeigen, da sie über einen eigenen Ablenkoszillator verfügen. Der Oszillator wird über eine Regelschaltung mit einer gewissen Zeitkonstante quasi an den Mittelwert der schwankenden Synchronimpulse angepasst. Monitore und Fernsehempfänger bieten diesbezüglich die Möglichkeit, die Zeitkonstante für die Videorecorder-Wiedergabe auf besonders kurze Werte umzuschalten (AV-Betrieb).

Das Signal aus der Zeilenendstufe wird auch zur Ansteuerung des Zeilentransformators verwendet. Im Zeilentransformator wird die hohe Anodenspannung zur Elektronenstrahlbeschleunigung erzeugt, indem zunächst die Spannung auf ca. 10 kV_{ss} hochtransformiert und dann über eine Hochspannungskaskade auf den gewünschten Wert gebracht wird (Abb. 7.15). Wegen der hohen Spannungen, die auch im ausgeschalteten Zustand einige Zeit bestehen bleiben, bergen Videomonitore ein Gefahrenpotenzial. Außerdem haben die Monitorchassis manchmal keine galvanische Netztrennung, d. h. es besteht die Gefahr, dass Netzspannung an den Metallrahmen liegt.

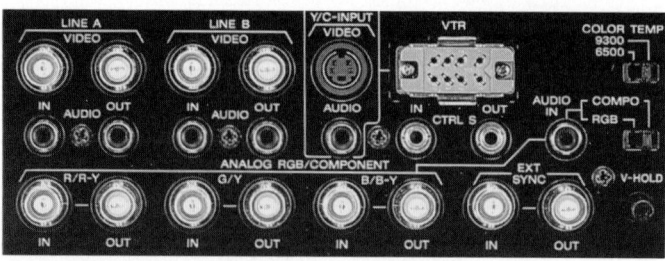

Abb. 7.16. Anschlussfeld eines Videomonitors [122]

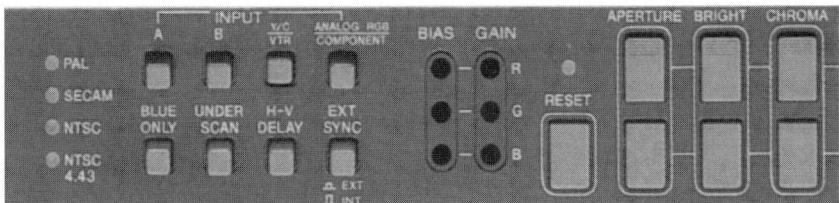

Abb. 7.17. Einsteller am Monitor [122]

7.1.3.3 Professionelle Videomonitore

Professionelle Videomonitore zeichnen sich durch Robustheit, hohe Bildauflösung und eine Vielzahl von Anschlussmöglichkeiten aus. Abbildung 7.16 zeigt das Anschlussfeld eine Monitors. Man erkennt vier BNC-Buchsen zum Anschluss von Composite-Signalen, eine Hosidenbuchse für ein Y/C-Signal und acht Buchsen für ein Komponentensignal. Die Doppelbuchsen dienen zum Durchschleifen des Signals an andere Geräte. Ist der Monitor das letzte Gerät der Kette, so muss sie an diesem Gerät mit einem 75 Ω-Widerstand abgeschlossen werden. Neben den BNC-Buchsen steht manchmal auch die im Amateurbereich verwandte (Euro) AV-Buchse (SCART-Buchse) zur Verfügung, über die Audio- und Videosignale geführt werden, die aber wegen der unzuverlässigen Stecker professionellen Ansprüchen nicht genügt. In den Monitor ist oft ein Audioverstärker und ein kleiner Abhörlautsprecher eingebaut, so dass das Gerät auch eine Audiokontrollmöglichkeit bietet.

Die Gerätevorderseite (Abb. 7.17) zeigt die Einsteller für Helligkeit, Kontrast und Farbsättigung sowie die Eingangswahlschalter. Der Helligkeitssteller dient der Erhöhung (Verringerung) von Schwarz- und Weißwert bei festgehaltener Differenz der Werte, der Kontraststeller erhöht den Weißwert bei festem Schwarzwert und ändert damit die Differenz. Das Gerät stellt sich selbstständig auf die jeweilige Farbcodierung (PAL, SECAM oder NTSC) ein und zeigt die Betriebsart an. Eine Besonderheit gegenüber Amateurgeräten ist der Blue Only-Modus, bei dem nur der Blau-Farbauszug dargestellt wird (Abb. 7.18). Mit

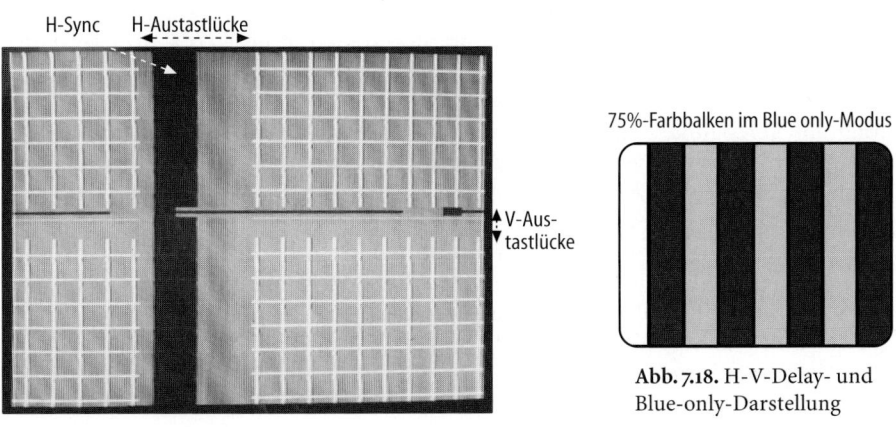

Abb. 7.18. H-V-Delay- und Blue-only-Darstellung

dieser Betriebsart wird eine bessere Beurteilbarkeit des Farbrauschens möglich, sowie eine einfache Einstellung der richtigen Farbintensität und der Farbphase bei NTSC. Die zweite Besonderheit ist das H/V-Delay (Impulskreuz-Darstellung). In dieser Betriebsart wird der Bildschirm heller gesteuert und die Ablenksteuerung der Bildröhre wird vertikal um die halbe Bildhöhe und horizontal um etwa ein Drittel der Bildbreite verzögert (Abb. 7.18). Damit werden die Austastlücken und die Synchronimpulse sichtbar und können auch ohne Oszilloskop überprüft werden. Schließlich können die meisten professionellen Monitore im Underscan-Modus betrieben werden, d. h. das Bild erscheint verkleinert und damit unbeschnitten auf dem Bildschirm.

7.1.3.4 Monitorabgleich

Der Produktionsmonitor ist das wichtigste (Mess-) Gerät zur Bildbeurteilung, daher muss er gut positioniert und eingestellt sein. Die Einstellung kann mit einem 75%-Farbbalken folgendermaßen vorgenommen werden: Nach Möglichkeit wird der Underscan-Modus gewählt und der Kontraststeller auf Mittelstellung gebracht. Helligkeits- und Farbsättigungssteller werden auf Linksanschlag gedreht, so dass der Farbbalken Schwarz/Weiß erscheint. Mit dem Steller für die Helligkeit wird der Schwarzwert nun so gewählt, dass der schwarze Balken gerade vom Umfeld getrennt erscheint und sich vom Blau-Balken abhebt. Dann wird der Kontrast so justiert, dass sich Gelb- und Weißbalken voneinander abheben. Schließlich wird noch die Farbsättigung eingestellt, so dass im Blue Only-Modus die Balken für Gelb, Grün, Rot und Schwarz gleichermaßen schwarz und die Balken für Cyan, Magenta und Blau gleich intensiv (75%) blau oder grau sind. Der Weißbalken muss heller erscheinen (100%, 80 cd/m²).

7.1.3.5 Monitortypen

Bekannte Hersteller im Monitorbereich sind Barco, Sony und Ikegami. Sony bietet ein sehr breites Angebot, die Geräte werden wegen der farbtreuen und hellen Trinitron-Röhren häufig eingesetzt. Die preiswerteren Sicht- und Kontrollmonitore der PVM-Serie werden bei Sony von den sehr hochwertigen Typen der BVM-Serie unterschieden. Letztere werden auch als Class A-Monitore bezeichnet, sie lassen sich aufgrund modularer Bauweise oft an spezielle Umgebungsbedingungen anpassen.

Class A-Monitore werden aufgrund des hohen Preises (ca. 10 000 Euro) sparsam eingesetzt. Sie befinden sich im Bereich der Bildregie am Bildmischerausgang, damit der Regie eine verlässliche Referenz zur Qualitätsbeurteilung zur Verfügung steht. Eine ähnliche Referenz ist am Arbeitsplatz der Bildtechnik erforderlich, wo die Signalparameter eingestellt werden. Im Regiebereich werden häufig Bilddiagonalen von ca. 50 cm (20"-Monitor) verwendet, in der Bildtechnik reichen meist 35 cm (14"-Monitor) aus.

Bei Standardmonitoren für Sicht- und Kontrollzwecke wird meistens auch eine Bilddiagonale von 33 cm gewählt. Schließlich werden im Studio auch viele Vorschaumonitore mit Bilddiagonalen von ca. 20 cm (9"-Monitor) verwendet. Diese sind oft als S/W-Monitore ausgeführt, damit der Blick nicht so sehr von den Hauptmonitoren ablenken, die sich oft mit ihnen zusammen in einem Gestell befinden. Bei Platzmangel kommen auch TFT-Displays zum Einsatz.

Tabelle 7.1. Bildauflösungen aus dem Computerbereich

Standard	VGA	SVGA	XGA	SXGA	UXGA	QXGA
Horizontal	640	800	1024	1280	1600	2048
Vertikal	480	600	768	1024	1280	1536

7.1.4 Computermonitore

Der Aufbau von Computermonitoren mit Röhren ist dem der oben beschriebenen Videomonitore ähnlich. Wegen der erforderlichen hohen Auflösung werden hier in den meisten Fällen Delta- oder Trinitron-Farbbildröhren eingesetzt. Die Signalverarbeitung ist einfach, da das Signal auf der kurzen Strecke zwischen Computer und Monitor meist als analoges RGB-Signal übertragen wird. Das Synchronsignal wird entweder separat (H-Sync und V-Sync, bzw. zusammengesetzt als C-Sync) oder auf der Grün-Leitung geführt.

Die Spannungswerte auf den Leitungen entsprechen meistens auch den in der Videotechnik verwendeten $0,7 V_{ss}$ (ohne Sync). Dagegen sind die H- und V-Frequenzen viel größer. Die Nutzer nehmen im Gegensatz zum Videomonitor einen kleinen Abstand zum Computermonitor ein, d. h. das Großflächenflimmern tritt deutlich in Erscheinung, wenn die Bildfrequenz zu klein ist. Die (Voll-)bildwiederholfrequenz variiert in Abhängigkeit von der eingesetzten Grafikkarte, sie sollte möglichst größer als 70 Hz sein. Computermonitore arbeiten zudem meist non-interlaced, der Bildaufbau ist also progressiv.

Auch die Zeilenfrequenz variiert abhängig von der verwendeten Grafikkarte, denn diese bestimmt die Bildauflösung. Ein alter, aus NTSC abgeleiteter, Standardwert ist eine Auflösung in 480 Zeilen mit je 640 Punkten, der für Bildschirmdiagonalen von 35 cm (14") vorgesehen ist. Größere Bildschirme haben häufig Diagonalen von 43 cm (17") oder 53 cm (21"). Dafür werden Grafikkarten mit bis zu 1600 x 1280 Bildpunkten eingesetzt. Im Bereich der IBM-kompatiblen PC existiert der VGA-Standard und seine Weiterentwicklungen zu SVGA etc. (s. Tabelle 7.1). Macintosh- und SGI-Computer enthalten Videoeinheiten, deren Pixelzahl auf gleiche oder ähnliche Werte für verschiedene Monitorgrößen zwischen 14" und 21" umschaltbar sind. Die Videobandbreite liegt bei hoher Auflösung über 100 MHz. Die Einheiten zur Videosignalerzeugung in den Computern enthalten eigene Bildspeicher, von deren Größe die verfügbare Farbtiefe bei gegebener Bildauflösung abhängt.

Zu Beginn der Entwicklung wurden Computermonitore vorwiegend als Festfrequenz-Monitore gebaut, deren H- und V-Oszillatoren nur in engen Frequenzbereichen arbeiten konnten und daher nur für einen Grafikmodus geeignet waren. Heute finden sich vermehrt so genannte Multi-Sync-Monitore, die in der Lage sind, sich selbsttätig auf verschiedene Bild- und Zeilenfrequenzen einzustellen, z. B. auf Vertikalfrequenzen zwischen 50 Hz und 100 Hz und Horizontalablenkfrequenzen zwischen 30 kHz und 100 kHz. Einzelne Multisync-Geräte beherrschen auch den Zeilensprungmodus und sind damit sowohl zur Bildwiedergabe im Computer- als auch im Videomodus (interlaced) einsetzbar. Im Computerbereich werden die CRT-Monitore zunehmend durch TFT-Flachbildschirme ersetzt.

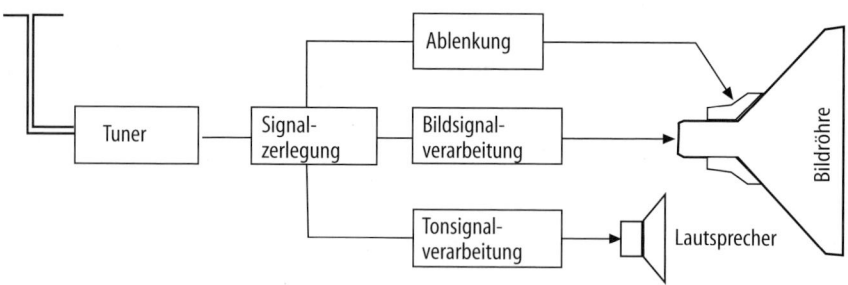

Abb. 7.19. Blockschaltbild des Fernsehempfängers

7.1.5 Fernsehempfänger

Fernsehempfänger arbeiten in den meisten Fällen mit In Line- oder Trinitron-röhren. Sie unterscheiden sich von Videomonitoren dadurch, dass sie zusätz-lich eine HF-Empfangseinheit (Tuner) für Bild und Ton sowie eine Tonsignal-verarbeitungsstufe enthalten (Abb. 7.19).

7.1.5.1 Bildsignalverarbeitung

Der Tuner dient zur Selektion des gewünschten Kanals aus dem VHF- oder UHF-Bereich (Abb. 7.20). Im Tuner wird die Empfangsfrequenz auf eine Bild-Zwischenfrequenz von 38,9 MHz umgesetzt. Die Zwischenfrequenz (ZF) kann hochselektiv ausgefiltert werden, da sie ihren Wert unabhängig vom eingestell-ten Kanal immer beibehält (Superhet-Prinzip). Bei der ZF-Umsetzung wird die Frequenzlage umgekehrt. Der Tonträger liegt damit um 5,5 MHz unterhalb des Bildträgers, d. h. bei 33,4 MHz bzw. 33,158 MHz für den 2. Tonträger. Die ZF-Durchlasskurve hat eine schräg abfallende, so genannte Nyquist-Flanke, die eine Amplitudenverdopplung aufgrund des Restseitenbandverfahrens vermei-det. Abbildung 7.21 zeigt die Durchlasskurve. Das Bild-ZF-Signal wird verstärkt und demoduliert. Nach der AM-Demodulation entsteht das FBAS-Signal, wel-ches den im Kapitel über Videomonitore beschriebenen Signalverarbeitungs-stufen zugeführt wird. Moderne Fernsehempfänger lassen sich auch als Video-monitore betreiben, z. B. bei der Wiedergabe des Signals aus einem Videore-corder. Die Geräte werden dazu häufig über die (Euro)-AV-Buchse oder Cinch-Stecker verbunden. Bei neueren Geräten findet sich auch ein Y/C-Anschluss, so dass die qualitätsmindernde Y/C-Trennstufe umgangen werden kann.

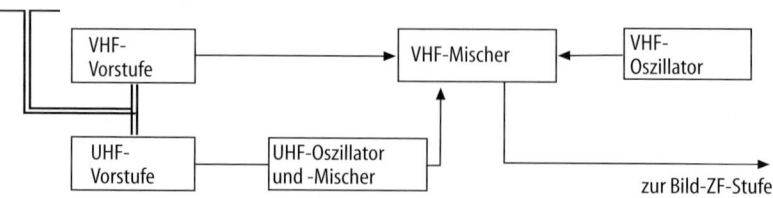

Abb. 7.20. Blockschaltbild des Fernsehtuners

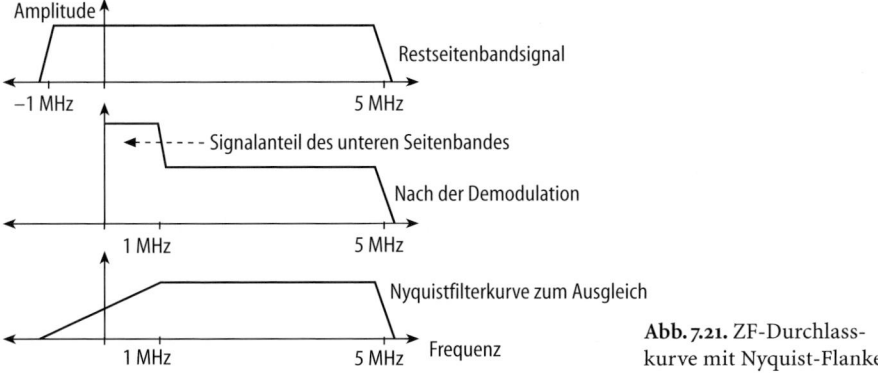

Abb. 7.21. ZF-Durchlasskurve mit Nyquist-Flanke

7.1.5.2 Tonsignalverarbeitung

Bei der Tonsignalverarbeitung unterscheidet man das Intercarrier-, das Parallelton- und das Quasiparalleltonverfahren. Beim Intercarrier-Verfahren wird ein gemeinsamer Verstärker für Bild- und Ton-ZF verwendet. Der 5,5 MHz-Differenzträger (Intercarrier) erscheint am Ausgang des Videodemodulators und wird verstärkt, amplitudenbegrenzt und FM-demoduliert. Das NF-Signal wird über einen Verstärker schließlich einem Lautsprecher zugeführt. Das Verfahren ist einfach, da der Abstand zwischen Bild- und Tonträgerfrequenz immer stabil bleibt und der Empfänger nur auf optimale Bildqualität eingestellt zu werden braucht. Es besteht allerdings die Möglichkeit, dass sich Bild und Ton gegenseitig stören. So treten z. B. Tonstörungen (Intercarrier-Brummen) auf, wenn im Bildsignal hohe Amplituden und Frequenzen vorliegen (Schrifteinblendungen). Das Parallaltonverfahren vermeidet die Nachteile des Bild-Ton-Übersprechens durch die Verwendung von zwei separaten ZF-Stufen. Aufgrund der Trennung sind die Anforderungen an die Empfängeroszillatorabstimmung sehr hoch. Das Quasi-Paralleltonverfahren kombiniert die Vorteile von Intercarrier- und Paralleltonverfahren, d. h. der Bild- Tonträgerabstand bleibt konstant, und die Signale beeinflussen sich nicht gegenseitig. Die 5,5 MHz-Ton-ZF wird dazu in einer eigenen Mischstufe erzeugt (Abb. 7.22), die von Bild- und Ton-ZF mit gleichem Pegel gespeist wird, so dass sich eine hohe

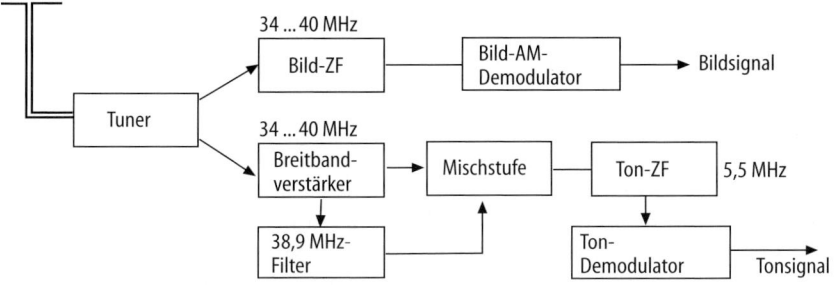

Abb. 7.22. Blockschaltbild für das Quasi-Parallelton-Verfahren

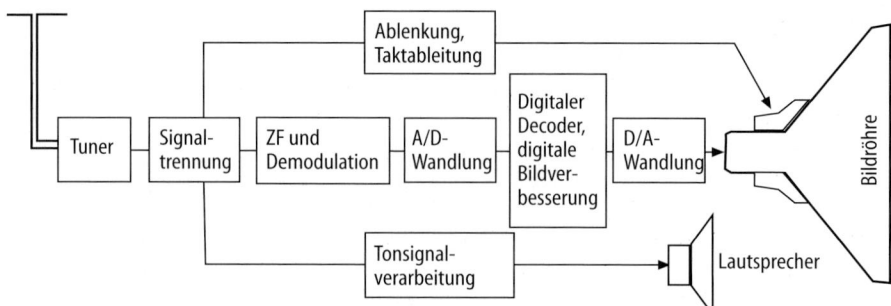

Abb. 7.23. Blockschaltbild eines Fernsehempfängers mit digitaler Signalverarbeitung

Übersprechdämpfung ergibt, und gleichzeitig die feste Bild–Tonträgerverkopplung erhalten bleibt.

Bei Stereoton-Empfängern wird ein zweiter Ton-ZF-Verstärker für 5,742 MHz und ein Decoder zur Erkennung und Demodulation des Pilotträgers eingesetzt. Das zweite Tonsignal wird separat FM-demoduliert und gelangt zusammen mit dem Monosignal von Tonträger 1 auf eine Matrix, mit der das Stereosignal gebildet oder, bei Zweiton-Sendungen, der gewünschte Tonkanal ausgewählt wird (s. Kap. 4.2, Abb. 4.10). Der 54 kHz-Pilotton wird eigens AM-demoduliert, und je nach Modulationsfrequenz wird die Matrix automatisch zwischen Mono-, Stereo- oder Zweiton-Modus umgeschaltet.

7.1.5.3 Digitale Signalverarbeitung

Hochwertige Farbfernsehempfänger arbeiten trotz analoger Signalübertragung intern digital. Die A/D-Wandlung wird nach der Demodulation vorgenommen. Dabei wird das Videosignal als Digital Composite-Signal mit dem vierfachen der Farbhilfsträgerfrequenz abgetastet und mit 8 Bit quantisiert. Die PAL-Decodierung und das Signal-Processing finden dann auf der digitalen Ebene statt, so dass schließlich das D/A-gewandelte Komponentensignal nur noch der analogen Matrix und das resultierende RGB-Signal der Röhre zugeführt wird (Abb. 7.23). Die Bildqualitätsverbesserung durch diese so genannten digitalen Fernsehempfänger resultiert vor allem daraus, dass sich in der digitalen Ebene sehr hochwertige und phasenlineare Filter realisieren lassen.

Von den guten Filtern profitiert zunächst die kritische Luminanz-Chrominanz-Trennung, die für die PAL-Artefakte Cross-Colour und Cross-Luminanz verantwortlich sind. Wie bereits in Abschn. 2.3.8 dargestellt wurde, kann diesbezüglich mit Hilfe von Kammfiltern ein wesentlich besseres Resultat erzielt werden als durch einfache Bandpassfilter. Aufwändige Filter sind weiterhin für eine effektive Aperturkorrektur erforderlich. Der Begriff Apertur bezieht sich auf die Größe der Öffnung des Elektronenstrahls. Unter der stark vereinfachten Annahme, dass die Bildabtastung durch den Strahl gemäß einer Rechteckfunktion geschieht, ergibt die Fourieranalyse als Frequenzgang eine si-Funktion an der man das Problem, nämlich den Amplitudenabfall bei höheren Frequenzen, gut erkennt [116].

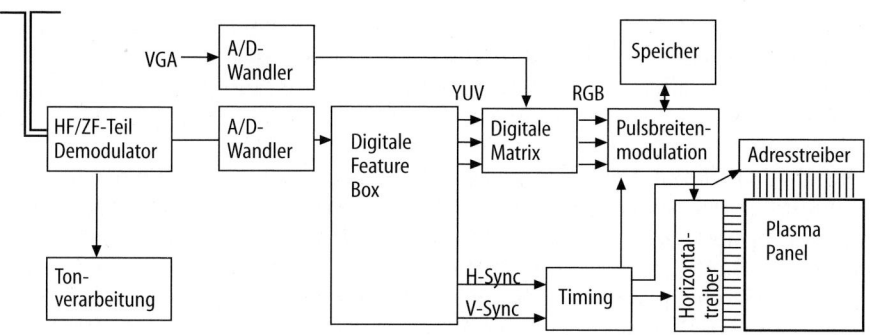

Abb. 7.24. Blockschaltbild eines digitalen Fernsehempfängers mit Plasma Display

Die digitale Signalverarbeitung erlaubt auch die einfache Speicherung eines Videobildes. Für ein Vollbild reicht eine Kapazität von 4 MBit, wenn nur der aktive Bildteil aus dem Datenstrom von 17,7 MHz · 8 Bit über die Bildperiode von 40 ms aufgenommen wird. Die Speicherung ermöglicht eine erhebliche Bildverbesserung, weil das Bild mit doppelter Frequenz ausgelesen und damit das Großflächenflimmern quasi beseitigt werden kann (100 Hz-Technik). Weiterhin erlaubt die digitale Stufe die PALplus-Bildverarbeitung. In diesem Zusammenhang ist die Bildformatumschaltung zwischen 3:4 und 16:9 sowie eine Zoomfunktion interessant. Diese Funktionen, zu denen auch der Picture in Picture-Modus gehört, beim dem zusätzliche, kleinere Bild in das Gesamtbild eingeblendet werden, sind auffälliger als die o. g. Qualitätsverbesserungen, daher wird die digitale Signalverarbeitung auch als Feature Box bezeichnet.

Trotz der Bezeichnung »Digitaler Fernsehempfänger« erschien dort die Digitaltechnik bisher als Insel, die von der analogen Signalzuführung und der analogen Bildröhrenansteuerung umgeben ist. Diese Situation ändert sich gerade, da einerseits die digitale Übertragungstechnik DVB verfügbar ist und sich weiter durchsetzen wird und andererseits neue Displays eingeführt werden, die eine digitale Adressierung der Pixel erfordern. Abbildung 7.24 zeigt das Blockschaltbilder eines digitalen Empfängers mit Plasma-Flachdisplay. Bei einem DVB-Empfänger würde der analoge HF-Teil und der A/D-Wandler entfallen und statt dessen ein Empfangsmodul eingesetzt werden, das die gleiche Funktion wie die in Abb. 4.65 dargestellte Set Top Box erfüllt.

7.2 Flache Bildschirme

Die heute noch oft eingesetzten Vakuumröhren mit ihrem hohen Energiebedarf und ihren großen Abmessungen werden vermehrt durch Flachdisplays ersetzt. Dabei gilt die Forderung, dass diese ein möglichst ein großes, scharfes Bild liefern sollten, das unter einem großen Winkel betrachtet werden kann und qualitativ den Röhrenbildwandlern nicht nachsteht. Diese Forderungen gelten besonders im Hinblick auf die Einführung von hochauflösenden Fernsehsystemen. Eine zweite Zielrichtung ist die Realisierung kleinerer Flachbildschirme, die vor allem einen geringen Energiebedarf aufweisen, damit sie in mobilen Geräten eingesetzt werden können.

Die Entwicklung von Flachbildschirmen zur Videobildwiedergabe ist noch nicht abgeschlossen. Ein universelles Display ist noch nicht gefunden. Im Computerbereich, wo die Bildinhalte relativ statisch sind, und das Display unter einem optimalen Winkel betrachtet werden kann, werden Flachbildschirme bereits sehr häufig eingesetzt. Hier dominieren mit über 80% der Anwendungen die passiven Flüssigkristallanzeigen, die zunächst dargestellt werden sollen. Anschließend wird das Plasmadisplay. das einzige aktive, d. h. selbstleuchtende, Display erläutert, das zur Marktreife geführt werden konnte sowie einige Prinzipien von weiteren in der Entwicklung befindlichen aktiven Flachbildschirmen.

7.2.1 Flüssigkristallanzeigen

Flüssigkristallanzeigen (Liquid Crystal Display, LCD) sind passiver Art. Sie strahlen nicht selbst Licht ab, sondern wirken als Lichtventile, dunkeln also eine Hintergrundbeleuchtung mehr oder weniger ab oder bewirken eine veränderliche Auflichtreflexion.

7.2.1.1 LCD-Funktionsprinzip

Wie der Name bereits andeutet, beruht das Funktionsprinzip der LCD auf sogenannten flüssigen Kristallen. Diese Materialien befinden sich in einer mesomorphen Phase, d. h. sie zeigen in einem Temperaturbereich um 300 K sowohl Eigenschaften von Kristallen als auch von Flüssigkeiten. Die Moleküle dieser

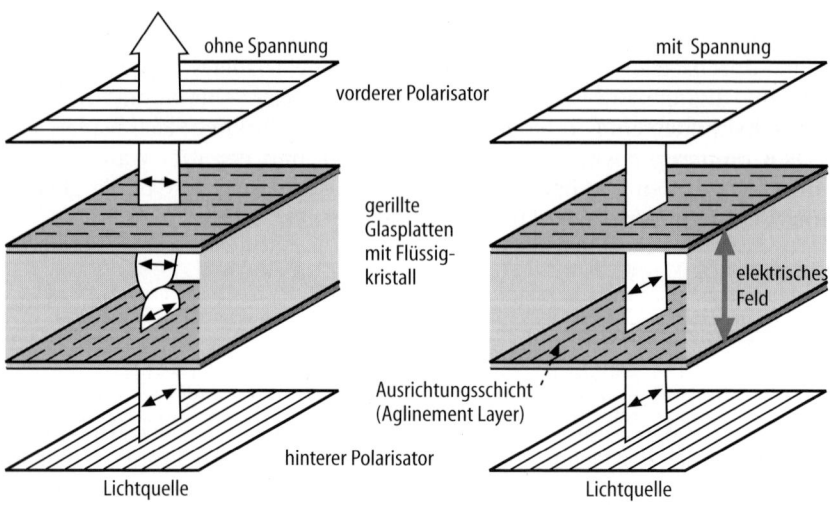

Abb. 7.25. Twisted Nematic LCD-Funktionsprinzip

Flüssigkeiten weisen eine langgestreckte Form auf und können sich in verschiedenen Zuständen (Phasen) befinden. In der hier wichtigen nematischen Phase sind die Moleküle in Längsrichtung nebeneinander angeordnet und können an einem elektrischen Feld ausgerichtet werden. Aufgrund der regelmäßigen räumlichen Molekülanordnung ergibt sich eine Anisotropie des Brechungsindex, womit eine Drehung der Polarisationsebene des Lichtes bewirkt werden kann. Dies ist der Effekt, der für die Lichtventilfunktion ausgenutzt wird. Das wichtigste Funktionsprinzip beruht auf verdrillt nematischen Flüssigkristallen (Twisted Nematic, TN). Die Flüssigkeit befindet sich zwischen zwei Glasplatten, die an ihrer Oberfläche eine feine Struktur enthalten (Agliment Layer), an denen sich die Moleküle ausrichten. Die Glasplatten werden nun so gegeneinander verdreht, dass die Struktur der oberen Platte senkrecht zu der der unteren Platte steht. Auf diese Weise werden auch die Moleküle verdreht, sie weisen eine schraubenförmige Anordnung auf (Abb. 7.25).

Die Glasplatten werden jeweils mit einer linear polarisierenden Folie versehen, deren Polarisationsrichtungen senkrecht aufeinander stehen. Unpolarisiertes Hintergrundlicht, das das LCD durchdringen soll, wird damit zunächst linear polarisiert. Der Vektor des elektrischen Feldes, der die Schwingung der Lichtwelle beschreibt, bleibt also für das gesamte Licht nur in einer Ebene. Innerhalb der Flüssigkeit wird die Polarisationsebene durch die verdrillten Moleküle um 90° gedreht, und das Licht kann schließlich austreten, weil die Schwingungsebene parallel zur zweiten Polarisationsfolie steht. Durch Anlegen eines elektrischen Feldes wird die Verdrehung der Moleküle aufgehoben, da sie sich nun am elektrischen Feld orientieren. Die Polarisationsrichtung des Lichtes steht damit senkrecht zur Richtung der zweiten Folie, und der Bildschirm bleibt dunkel (Abb. 7.25). Die Darstellung von Graustufen lassen sich durch nematische Flüssigkeiten realisieren, die sich mit steigender elektrischer Feldstärke kontinuierlich ausrichten, so dass der Drehwinkel proportional zur Feldstärke ist. Eine zweite Möglichkeit besteht darin, die Pixel so schnell ein- und auszuschalten, dass dem Auge im Mittel ein Grauwert erscheint.

TN-LCD reichen nur für einfache Anzeigen aus. Durch Steigerung des Drehwinkels lässt sich bei passiver Ansteuerung ein besseres Kontrastverhältnis erreichen. Derartige Anzeigen werden als Supertwisted Nematic (STN) bezeichnet. Eine weitere Kontraststeigerung wird durch das Double- bzw. Triple-Supertwisted-Verfahren (TSTN) erzielt, das mit zwei bzw. drei übereinander liegenden nematischen Schichten arbeitet, von denen eine elektrische steuerbar ist. Abbildung 7.26 zeigt den kompakten Zellaufbau mit speziellen Folien nach dem Film-Supertwisted-Verfahren (FSTN).

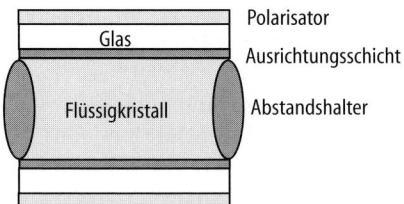

Polarisator

Ausrichtungsschicht

Abstandshalter

Abb. 7.26. Aufbau einer FSTN-Zelle

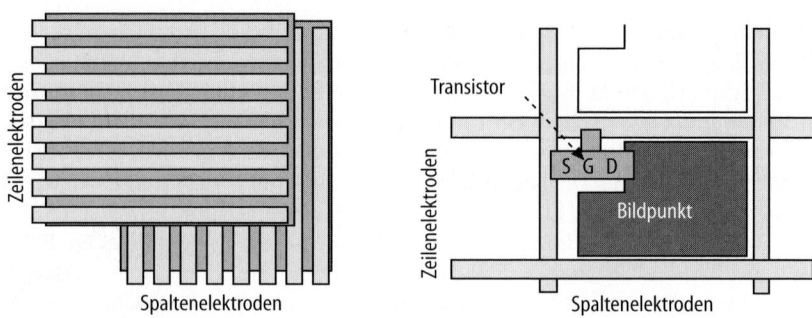

Abb. 7.27. Passive und aktive Matrixansteuerung

7.2.1.2 Pixelansteuerung

Das beschriebene LCD-Funktionsprinzip gilt für jeden Bildpunkt, also muss jedem Pixel auch eine Steuerspannung zugeführt werden. Prinzipiell kann jeder Punkt separat angesprochen werden, bei einer Auflösung von beispielsweise 640 x 480 Bildpunkten wird dafür aber der Aufwand zu groß. Daher werden die Bildpunkte über eine aktive oder passive Matrix angesteuert. Die passive Matrix wird aus Leiterbahnen gebildet, die horizontal auf der unteren und vertikal auf der oberen Glasplatte aufgedampft sind (Abb. 7.27). Die Bildpunkte einer Zeile werden einerseits durch die Auswahl der richtigen Zeile angesprochen. Wenn andererseits auch die zugehörige Spalte adressiert wird, bildet sich am Kreuzungspunkt das elektrische Feld. Diese Verfahren wird auch bei anderen Displays eingesetzt und führt dazu, dass im Gegensatz zur Bildpunktadressierung beim CRT-Display eine zeilenweise Adressierung vorliegt.

Mit einer passiven Matrix ist nur eine geringe Bewegungsauflösung möglich, denn zum Aufbau eines ganzen Bildes sind nacheinander viele Zugriffe notwendig. Ein weiterer Nachteil ist, dass das elektrische Feld nicht eng genug auf den gewählten Kreuzungspunkt beschränkt bleibt, sondern sich auch entlang der Leiterbahn ausbildet, so dass Störlinien sichtbar werden können. Die genannten Nachteile können durch die Verwendung von Activ-Matrix-Displays (AM-LCD) vermieden werden. Eine aktive Matrix enthält an jedem Matrix-Kreuzungspunkt einen eigenen Feldeffekttransistor, der dort das Feld gezielt ein- und ausschaltet. Die Transistoren werden direkt auf der Glasschicht aufgebracht. Sie werden daher in Dünnschicht-Technik hergestellt, woraus die Bezeichnung TFT-Display (Thin Film Transistor) resultiert. Die TFT-Ansteuerung wird heute am meisten verwendet, dabei wird der Normally White Mode eingesetzt, d. h. dass das Display das Licht ohne Spannung passieren lässt.

Abbildung 7.27 zeigt den Aufbau einer LCD-Zelle mit TFT-Ansteuerung. Damit der LCD-Zustand bis zur nächsten Ansteuerung, bei 25 Hz Bildfrequenz also über 40 ms, gehalten wird, wird die von den Zellen gebildete Eigenkapazität durch Hinzufügen eines Dünnfilmkondensators erhöht. Alle TFT einer Zeile sind mit dem Gate an eine gemeinsame Zeilenleitung angeschlossen. Welches Pixel angesprochen wird, hängt dann von den Informationen an den Spaltenelektroden ab, die mit den Source-Anschlüssen der TFT verbunden sind. Wenn der Transistor über die Zeilen/Spaltenkombination angesteuert

Tabelle 7.2. Spezifikationen verschiedener Displaygeräte

Prinzip	LCD	Plasma	RP-DMD
Diagonale	1,32 m / 52"	1,60 m / 63"	1,40 m / 55"
Auflösung	1920 x 1080	1368 x 768	1280 x 720
Leuchtdichte	450 cd/m²	400 cd/m²	450 cd/m²
Kontrast	550:1	1200:1	1400:1
Leistungsaufnahme	320 W	500 W	190 W

wird, wird die Source-Drain Strecke niederohmig. Am Drain liegt die Elektrode aus lichtdurchlässigem Indium Zinnoxid (ITO), über die der Flüssigkristall die Steuerspannung bekommt. Die Größe dieser Bildpunktelektrode bestimmt die Größe des Pixels.

Anstelle der Transistoren kann die LC-Ansteuereung auch mit Hilfe der im nächsten Abschnitt näher erläuterten Plasma-Entladung realisiert werden. Es entsteht dann das so genannte plasmaadressierte LCD (PALC, auch Plasmatron) das heute aber keine Bedeutung mehr hat.

Die Farbdarstellung bei LC-Displays wird mit Hilfe von Farbfiltern erreicht die die Grundfarben RGB transmittieren. Ein Bildpunkt wird mit drei Pixeln gebildet. Dazu wird das Glassubstrat bei der Herstellung mit einem undurchsichtigen Gitter aus Streifen von einige Mikrometer Dicke versehen. Die Zwischenräume in dieser sog. Black Matrix bestimmen die Größe der Pixel und dort werden die Farbfilter platziert. Eine Schutzschicht darüber gleicht Unebenheiten aus, anschließend folgt die transparente ITO-Elektrode.

LCD bieten viele Vorteile. Sie zeichnen sich durch geringe Betriebsspannungen von 3 V bis 15 V und geringen Leitungsbedarf von ca. 0,1 mW pro cm² Bildschirmfläche aus. Die Bilder sind über die gesamte Fläche gleichmäßig scharf, die Fläche wird sehr effektiv genutzt und Konvergenzprobleme treten nicht auf. Die Pixeldichte kann sehr groß sein, d. h. es sind kleine, hoch auflösende Displays herstellbar. LCD transmittieren nur 3 ... 5% des Hintergrundlichts, aufgrund der Verfügbarkeit leistungsstarker flächiger Lampen werden aber Leuchtdichten über 400 cd/m² problemlos erreicht.

Dagegen ist die Herstellung von TFT-Farbdisplays sehr aufwändig, denn die Transistoren müssen sehr ähnliche Kennlinien aufweisen, und kein einzelner Transistor darf ausfallen. Für eine Auflösung von nur 640 x 480 Bildpunkten müssen bereits fast eine Million Transistoren auf dem Farb-Display untergebracht werden. Die Produktion ist mit einer hohen Ausschussrate verbunden, es ist schwierig, große TFT-Flächen herzustellen. Als weitere Nachteile sind die relativ große Ansprechzeit zu nennen, sowie die Farbdarstellung, die nicht die Qualität von CRT-Monitoren erreicht wenn die verwendeten Farbfilter nicht genügend frequenzselektiv sind. Im Vergleich zu CRT-Monitoren ergibt sich zudem ein geringerer Betrachtungswinkel.

Die Entwicklung bei den LCD ist insgesamt aber sehr rasant, die Betrachtungswinkel werden immer größer, ebenso die erzielbaren Bilddiagonalen bei TV-Geräten. Tabelle 7.2 zeigt den Stand der Technik aus dem Jahre 2004 im Vergleich zu einem Plasmadisplay und einem Rückprojektionsgerät (RP-DMD) das mit DLP-Technik arbeitet (s. Abschn. 7.3.2).

7.2.1.4 LCD-Weiterentwicklung

Der geringe Betrachtungswinkel herkömmlicher STN-LCD resultiert daraus, dass die Flüssigkristall-Moleküle senkrecht zum Bildschirm stehen. Dieser Nachteil soll mit Hilfe ferroelektrischer Flüssigkeiten (FLC) überwunden werden, bei denen sich die Moleküle statt in der nematischen in der smektischen Phase befinden und geneigt zum Bildschirm stehen. FLC haben die Eigenschaft der Bistabilität, d. h. ein Bild bleibt auch ohne äußere Spannung solange erhalten, bis erneut eine Steuerspannung angelegt wird. Das Verhalten ähnelt dem von magnetisiertem Eisen, woher auch die Bezeichnung rührt. Ein weiterer Vorteil gegenüber STN-Displays ist, dass die Schaltzeiten bei FLC wesentlich kürzer sind. Weitere LCD-Entwicklungen beziehen sich darauf, das Glas als Träger des Flüssigkristalls durch andere, flexiblere Materialien zu ersetzen. Hier wird insbesondere an sog. polymerdispersierten Flüssigkeiten (PDLC) geforscht, bei denen die Lichttransmission nicht über die Polarisationsrichtung, sondern über einen veränderten Brechungsindex beeinflusst wird [73].

7.2.2 Selbstleuchtende Flachbildschirme

Nicht selbstleuchtende Flüssigkristallanzeigen sind prädestiniert für die Einzelbetrachtung, dort wo eine hohe hohe Pixeldichte gefragt ist, wie bei Computer-Displays oder Videomonitoren an Camcordern. Neuerdings eignen sie sich auch für die Fernsehbildwiedergabe, da die Betrachtungswinkel immer größer werden. Zur Fernsehbildwiedergabe mit flachen Bildschirmen werden aber auch aktive Anzeigen favorisiert. Am weitesten entwickelt ist hier das Plasma-Display, doch sind auch andere Verfahren in der Diskussion, die Entwicklung ist aber noch nicht so weit fortgeschritten wie bei den LCD.

7.2.2.1 Plasmaanzeigen

Das Plasmadisplay (PDP) ist mit Bilddiagonalen von mehr als 1 m realisierbar. Hier strahlt ein elektrisch leitendes Gas im elektrischen Feld aktiv Licht ab. Für Schwarz/Weiß-Anzeigen wird Neongas verwendet, für Farb-Anzeigen Xenon, das im UV-Bereich strahlt. Wie auch bei anderen Lichtquellen werden Elektronen energetisch angeregt, die die aufgenommene Energie bei der Rück-

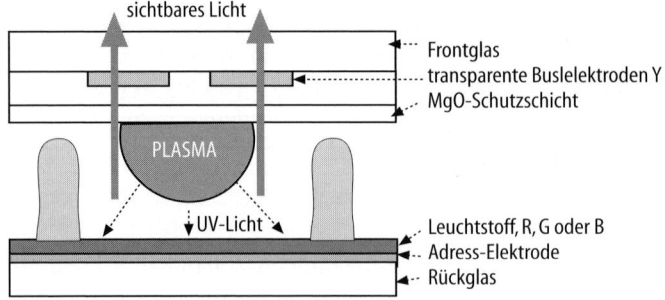

Abb. 7.28. Plasmazelle mit Entladung zwischen nebeneinanderliegenden Elektroden

kehr in ihren Grundzustand in Form einer elektromagnetsichen Welle abstrahlen. Ähnlich wie bei einer Leuchtstofflampe erfolgt dabei die Anregung durch Stoßionisation im Plasma, einem Gemisch aus Gasionen und abgetrennten Elektonen, das durch das Anlegen einer hohen Spannung erzeugt wird. Jedem Bildpunkt sind drei Subpixel und diesen wiederum ist je eine einzelne Glaszelle zugeordnet [74]. Die Innenwände der Zellen sind mit rot, grün oder blau leuchtendem Phosphor beschichtet, der vom unsichtbaren UV-Licht zur Abstrahlung von Licht der genannten Farben angeregt wird, wobei ein Bildpunkt wieder aus einem RGB-Farbtripel besteht (Abb. 7.29).

Das Gasgemisch eines einzelnen Bildpunktes wird gezündet, indem wie beim LCD eine Spannung an den entsprechenden Spalten und Zeilen den Bildpunkt am Kreuzungspunkt anspricht. Diese Art der unipolaren Ansteuerung ist die einfachste und wird beim DC-PDP eingesetzt. Der Nachteil ist, dass die Elektroden einem hohen Verschleiß unterliegen, da sie direkt dem heißen Plasma ausgesetzt sind. Daher wird heute das bipolare AC-Verfahren favorisiert. Dabei werden die Elektroden durch ein Isolationsmaterial geschützt und bilden eine Kondensator, der eine aufwändigere Wechselspannungs-Ansteuerung erfordert.

Nicht nur die Elektroden, sondern auch die Leuchtstoffe müssen vor dem Plasma geschützt werden Dazu wurde die Elektrodenanordnung so modifiziert, dass die Entladung nicht mehr zwischen den gegenüberliegenden Elektroden sondern zwischen nebeneinander liegenden stattfindet und das Plasma die Leuchtstoffe auf der anderen Seite nicht direkt erreicht.

Die Ansteuerung geschieht in drei Phasen mit Hilfe zweier paralleler Busleitungen Y1 und Y2. In der Initialisierungsphase werden zunächst alle Zellen über Y1 vorgeladen, die im nächsten Vollbild aktiv sein sollen (Abb. 7.28). Diese Adressierung ist mit einem Memory-Effekt verbunden, der eine zeilenweise Adressierung ermöglicht. In der Displayphase wird dann eine so hohe Wechselspannung zwischen die Buselektroden gelegt, dass die adressierten Pixel zum Leuchten gebracht werden. Durch die Spannungsinversion pendeln die

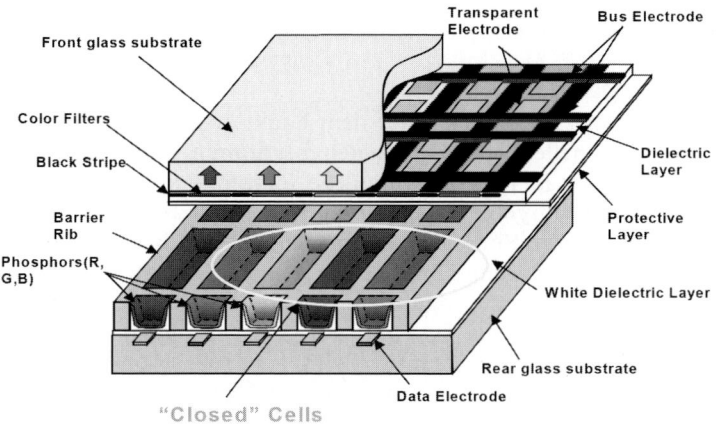

Abb. 7.29. Aufbau des Plasmadisplays

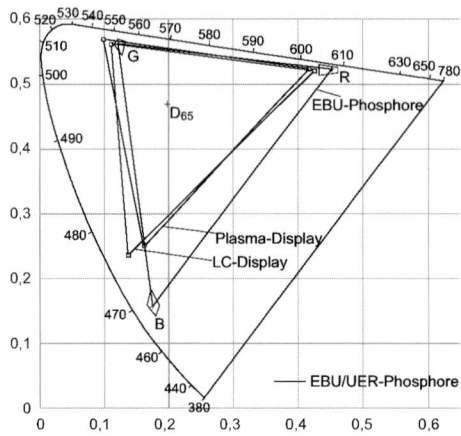

Abb. 7.30. Vergleich der Farbräume von LCD- und Plasmadisplays [37]

Elektronen zwischen den Buselektroden und es kommt zur Plasmabildung mit der Emission von Lichtimpulsen. Nicht adressierte Pixel bleiben dunkel, da hier die äußere Spannung als Zündspannung nicht ausreicht. Trotz zeilenweiser Adressierung erfolgt die Darstellung damit vollbildweise. Die dritte Phase ist die Löschphase, in der für das gesamte Bild schlagartig wieder ein neutraler Zustand hergestellt wird. Da ein Pixel im PDP entweder gezündet ist oder nicht, kann durch eine Variation der Steuerspannung keine Graustufendarstellung erzielt werden. Daher wird die Dichte der Impulse in der Displayphase (bis zu 400 Impulse in 20 ms) variiert, so dass dem Auge die Zelle heller oder dunkler erscheint.

Plasmadisplays sind für großflächige Darstellung prädestiniert, die Zellen lassen sich schlecht verkleinern. Abbildung 7.29 zeigt den Aufbau eines Farbdisplays, Abbildung 7.30 den Farbraum und technische Parameter zeigt Tabelle 7.2. Der Blickwinkel liegt sowohl horizontal als auch vertikal über 160°. Das schnelle Schalten der Pixel verhindert Großflächenflimmern. Als Nachteile sind die relativ hohen Spannungen und Leistungen zu nennen, die zur Zündung verfügbar sein müssen, sowie die mechanische Empfindlichkeit.

7.2.2.2 Feldemissionsanzeigen

Das Field Emission Display (FED) basiert auf dem Funktionsprinzip gewöhnlicher Bildröhren, d. h. schnelle Elektronen regen bestimmte Phosphore zum Leuchten an. Jedem Pixel ist hier aber eine eigene Elektronenquelle zugeordnet. Die Elektronen werden durch den quantenmechanischen Tunneleffekt aus einer sehr feinen Spitze erzeugt. Eine Heizung ist nicht erforderlich, und damit ist zum Betrieb der FED nur wenig Energie erforderlich. Jedem Pixel sind mehrere Tausend Spitzen zugeordnet, und die daraus austretenden Elektronen werden durch ein starkes elektrisches Feld auf sehr geringer Distanz beschleunigt. Aufgrund der feinen Spitzen (Microtip) wird auch der Name Microtip Fluorescent Display (MFD) verwendet (Abb. 7.31a). Die Spitzen haben Krümmungsradien unter 50 nm, so dass mit Spannungen zwischen 200 V und 400 V elektrische Feldstärken von 10 MV/cm erreicht werden, die für diese so ge-

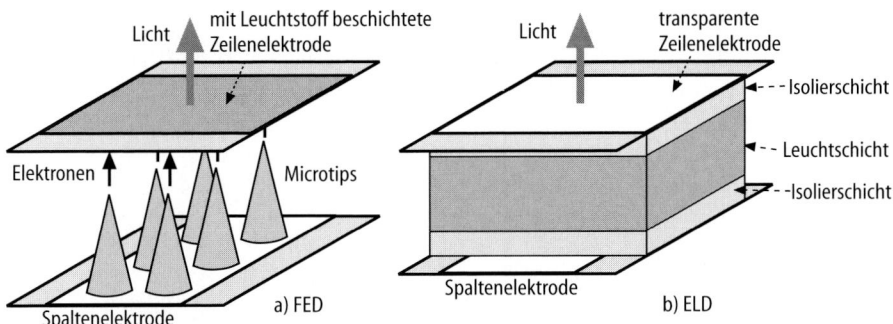

Abb. 7.31. Bildpunkte des Feldemissionsdisplays a) und des Elektrolumineszenzdisplays b)

nannte kalte Elektronenemission ausreichen. Die Graustufendarstellung wird mit Hilfe der Pulsbreitenmodulation oder wie bei der CRT über die Variation der Gitter-Kathodenspannung realisiert.

7.2.2.3 Elektrolumineszenzanzeigen

Beim Elektrolumineszenzdisplay (ELD) werden statt der Gase Feststoffe zum Leuchten angeregt. Sie arbeiten ohne Vakuum und sind sehr robust. Zur Ansteuerung dienen wieder zueinander senkrecht verlaufende, durchsichtige Elektroden (ITO). Besonders im Hinblick auf HDTV wird das Dünnfilm-Elektrolumineszenzdisplay (TFELD) entwickelt. Zwischen den lichtdurchlässigen Elektroden liegt hier die Festkörperanordnung Isolator-Halbleiter-Isolator (Abb. 7.31b). Das Licht entsteht im undotierten Halbleiter durch Stoß der beschleunigten Elektronen mit den Lumineszenzzentren [83].

Das TFEL-Display ist robust und bietet einen hohen Kontrast. Eine Farbdarstellung wird entweder durch drei Phosphore oder mit weiß leuchtendem Phosphor und Farbfiltern erreicht (Farbe aus Weiß), ein Verfahren das bevorzugt wird, nachdem die Lichtausbeute auf 3 lm/W gesteigert werden konnte.

7.2.2.4 Leuchtdiodenanzeigen

Auch durch eine flächige Anordnung rot-, grün- und blau leuchtender Leuchtdioden (LED) lässt sich ein Flachbildschirm aufbauen. Bei Verwendung gewöhnlicher Leuchtdioden ist allerdings die Auflösung und der Wirkungsgrad sehr schlecht. Die Farbwiedergabe ist durch die zu geringe Intensität der blau leuchtenden Dioden meist stark eingeschränkt. Weiterentwickelte Leuchtdioden-Anzeigen basieren auf rot, grün und blau leuchtenden Polymeren (PLED, oder OLED für Organic LED), die als elastische Folien hergestellt werden können, so dass die Bildschirme sehr dünn und sogar biegsam werden. Das größte Problem bei diesen Anzeigen ist die geringe Lebensdauer. Ein weiterer neuer LED-Typ besteht aus porösem, polykristallinem Silizium (PPSI). Diese Art hat den Vorteil, dass sich die Farbe allein durch den Ätzprozess einstellen lässt, und nicht für jede Farbe eine eigene Halbleiterlegierung verwendet werden muss. Leuchtdiodenanzeigen werden bisher vorwiegend für große, robuste Anzeigetafeln, z. B. in Bahnhöfen, verwendet.

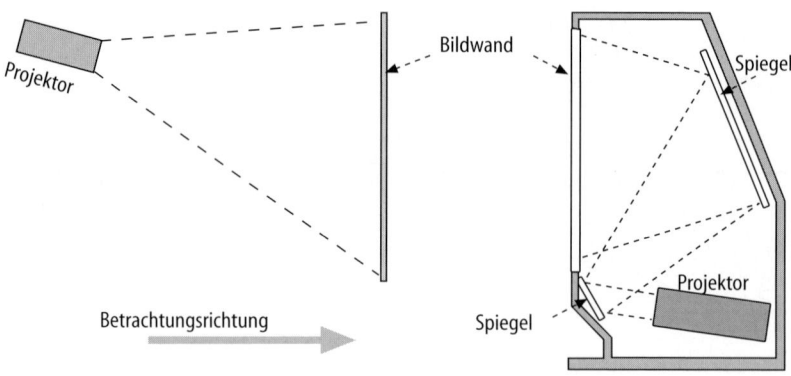

Abb. 7.32. Schematische Darstellung von Beispielen für Auf- und Rückprojektion

7.3 Großbildwiedergabe

Zur Darstellung von Großbildern mit Diagonalen über 1 m werden vorwiegend Projektionsverfahren eingesetzt. Wie bei den Flachbildschirmen können aktive und passive Systeme unterschieden werden, wobei die passiven Systeme (Lichtventilprojektoren) aufgrund der begrenzten Leuchtdichte aktiver Systeme stark überwiegen.

Projektoren mittlerer Leistungsklasse bieten Lichtstärken von 1500 bis 3000 lm. Der Preis liegt zwischen 5 000 und 10 000 Euro und hängt wesentlich vom verwendeten Projektionsverfahren ab. Hier werden am häufigsten Projektoren eingesetzt, der mit Flüssigkristallen arbeitet [33]. Geräte dieser Preisklasse bieten heute eine komfortable Ausstattung. Sie stellen sich i. d. R. auf verschiedene Zeilenfrequenzen ein, arbeiten sowohl progressiv als auch im interlaced Modus und sind somit als Video- und Datenprojektor geeignet. Für das Videosignal stehen mindestens FBAS- und Y/C-Eingänge zur Verfügung, Computersignale werden einem VGA-Anschluss zugeführt. Die Entwicklung führt zu immer kompakteren und leichteren Geräten, die mobil eingesetzt werden können, aufwändige Typen sind oft nur für Festinstallationen geeignet.

Die Großbildprojektion ist als Auf- oder Rückprojektion möglich. Bei der Aufprojektion befinden sich Projektor und Betrachter vor der Projektionswand (Abb. 7.32). Die Wand sollte einen möglichst hohen Reflexionsgrad aufweisen. Häufig werden Projektionswände mit ausgeprägter Richtcharakteristik eingesetzt, die aber nur nahe der Projektionsachse ein gutes Bild bieten. Die Rückprojektion erfordert dagegen einen möglichst hohen Transmissionsgrad der Projektionswand, da sich der Projektor hinter der Wand und der Zuschauer davor befindet. Meist ist die Lichtausbeute kleiner als beim Aufprojektions-Verfahren. Die Rückprojektion erfordert eine spiegelverkehrte Abbildung. Projektoren, die für beide Projektionsarten tauglich sind, müssen auf spiegelverkehrte Bilddarstellung umschaltbar sein. Großbild-TV-Geräte werden oft nach dem Rückprojektionsverfahren gebaut (Abb. 7.32).

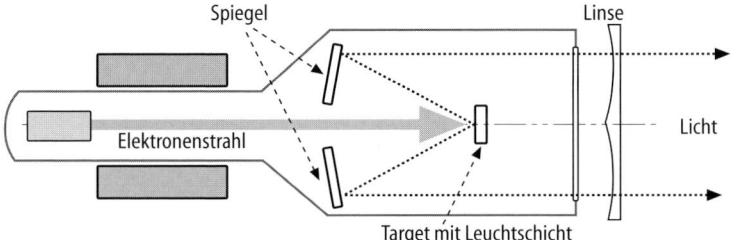

Abb. 7.33. Kathodenstrahlröhre für die Projektion

7.3.1 Aktive Großbilderzeugung

7.3.1.1 Projektion mit Kathodenstrahlröhren

Bei CRT-Projektoren besteht das Arbeitsprinzip darin, dass auf der Leucht-schicht einer Kathodenstrahlröhre ein möglichst helles Bild erzeugt und über eine optische Anordnung auf die Projektionswand abgebildet wird, wobei für jeden Farbauszug eine eigene Röhre verwendet wird. Der Elektronenstrahl trifft das Target, das mit einem dem Farbauszug entsprechenden Leuchtstoff beschichtet ist. Über einen Hohlspiegel wird das Licht reflektiert, gefiltert und auf die Projektionswand geleitet, wobei eine Korrekturlinse die Abbildungsfeh-ler ausgleicht. Die zur Abbildung verwendeten Spiegel können in die Röhre in-tegriert werden (Abb. 7.33). Die drei Farbauszüge werden deckungsgleich über-einander projiziert (Abb. 7.34). Mit Beschleunigungsspannungen von mehr als 30 kV und Strahlströmen bis zu 2 mA werden Maximallichtströme von 300 lm, bzw. 500 lm, bei einem Kontrastverhältnis von bis zu 1:40 erreicht. Eine Steige-rung dieser Werte ist kaum möglich, da die Gefahr besteht, dass die Leucht-schicht zerstört wird, deren Lebensdauer ohnehin auf 2000 bis 10 000 Be-triebsstunden begrenzt ist.

Die verwendeten Kathodenstrahlröhren haben Diagonalen von 7" oder 9". Die Geräte sind in der Lage, Horizontalfrequenzen bis zu 100 kHz und Verti-kalfrequenzen bis 100 Hz zu verarbeiten und eignen sich daher auch zur Computerbildprojektion. Röhrenprojektoren haben den Vorteil, dass sie keine Pixelstruktur wie LCD-Projektoren zeigen, sie weisen aber alle Nachteile der Röhrentechnologie auf, sind aufwändig einzustellen und kaum portabel.

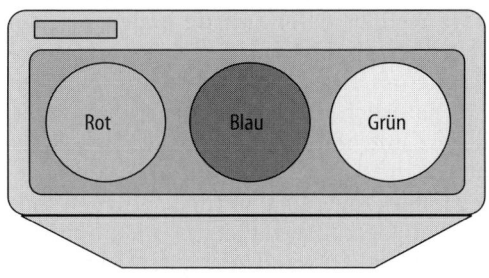

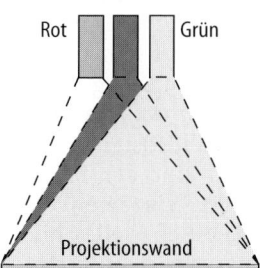

Abb. 7.34. Röhrenprojektor

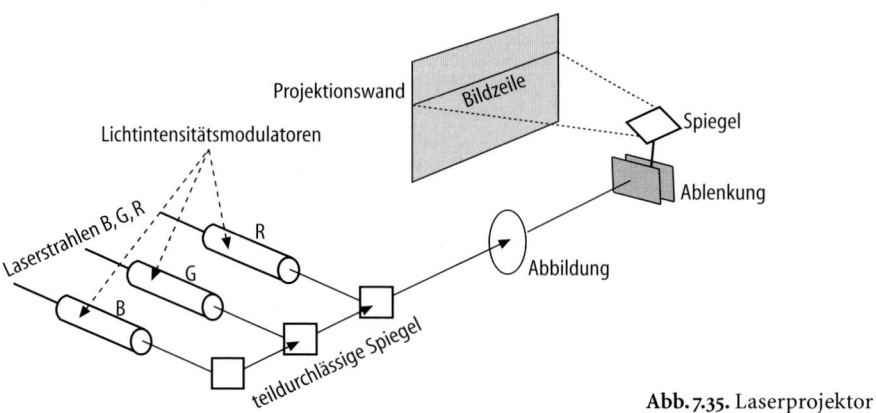

Abb. 7.35. Laserprojektor

7.3.1.2 Großbilddarstellung mit dem Laser

Bei diesem Verfahren werden stark gebündelte Lichtstrahlen aus drei Lasern verwendet, die rotes, grünes und blaues Licht für die additive Mischung der drei Farbauszüge erzeugen. Die Intensitäten der Strahlen können vom Videosignal mit Hilfe von Lichtmodulatoren gesteuert werden. Ein Lichtmodulator lässt sich mit einem Kristall realisieren, der in der Lage ist, die Polarisationsrichtung des Lichtes in Abhängigkeit von einer Steuerspannung zu drehen. Damit ist es unter Nutzung eines zweiten, feststehenden Polarisators möglich, die Intensität in Abhängigkeit vom Polarisations-Drehwinkel zu steuern. Die farbigen Teilstrahlen werden über teildurchlässige Spiegel zu einem Strahl zusammengefasst und mit Hilfe von rotierenden Spiegeln horizontal und vertikal über die Bildfläche geführt (Abb. 7.35). Die Abbildung mit Lasern ermöglicht hohe Bildfrequenzen und eine hohe Auflösung, dabei ist wegen der scharfen Bündelung des Strahls praktisch keine Begrenzung der Schärfentiefe vorhanden. Aufgrund der Kohärenz des Laserlichts entstehen aber durch Interferenz Flecken (Speckles), die mit einigem Aufwand unterdrückt werden müssen. Die technische Weiterentwicklung des Systems hängt eng mit der Entwicklung preiswerter Laser für Grün und Blau zusammen, bisher werden diese Strahlen mit schlechtem Wirkungsgrad durch aufwändige Konvertierung gewonnen.

7.3.1.3 Video-Wand-Systeme

Große, aktiv leuchtende Flächen lassen sich auch mit einer Vielzahl konventioneller Monitore erzeugen. Die Monitore werden dafür mit besonders flachen Bildschirmen und sehr dünnem Rand gebaut, so dass beispielsweise 9 Monitore eine nur geringfügig gestörte Bildfläche mit einer Diagonalen von über 3 m ergeben (Abb. 7.36). Das Videobild wird natürlich nicht vervielfacht dargestellt, sondern das Videosignal wird digitalisiert und mit einem so genannten Splitrechner wird eine der Monitoranzahl entsprechende Zahl von Teilbildern erzeugt, die den einzelnen Wiedergabegeräten zugeführt werden. Video-Wand-Systeme bieten ein helles Bild das auch bei Tageslicht gut sichtbar ist. Der Einsatz ist aber teuer und erfordert einen hohen Aufwand um gute Konvergenz und für alle Monitore den gleichen Helligkeits- und Farbeindruck zu erzielen.

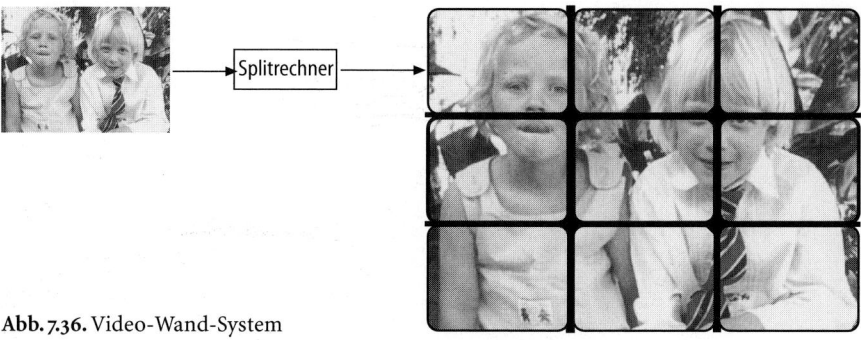

Abb. 7.36. Video-Wand-System

7.3.2 Passive Großbilderzeugung

Passive Systeme arbeiten meist als so genannte Lichtventilprojektoren. Das Projektionslicht wird in einer separaten, lichtstarken Lampe erzeugt, und das Ventil beeinflusst die Lichtintensität. In den meisten Fällen kommen Flüssig-kristall-Elemente (LCD) oder Kleinspiegel als Steuerelemente zum Einsatz, weniger häufig Systeme, die auf gesteuerter Lichtbeugung basieren.

7.3.2.1 LCD-Projektoren

Flüssigkristall-Lichtventile werden oft mit der Abkürzung LCLV (Liquid Crystal Light Valve) bezeichnet. In Abbildung 7.37 ist der mögliche Aufbau eines LC-Projektors dargestellt. In den meisten Fällen arbeiten diese Geräte nach dem Prinzip des Diaprojektors. Flüssigkristallanzeigen, die genauso aufgebaut sind, wie die in Abschn. 7.2 beschriebenen Flüssigkristall-Flachbildschirme, werden durchleuchtet und das transmittierte Licht wird mit Hilfe eines Linsensystems auf die Projektionswand abgebildet.

Das Licht wird mit einer Metalldampflampe hoher Leistung erzeugt und zunächst mit Filtern von Ultraviolett- und Infrarotanteilen befreit. Das damit entstehende so genannte Kaltlicht belastet die Lichtventile viel weniger als ungefiltertes Licht. Die Aufteilung der von der Lichtquelle kommenden Strahlung in die Rot-, Grün- und Blauanteile wird mit dichroitischen Spiegeln erreicht. Dichroitische Spiegel sind mit dünnen Schichten bedampft, um ein frequenz-

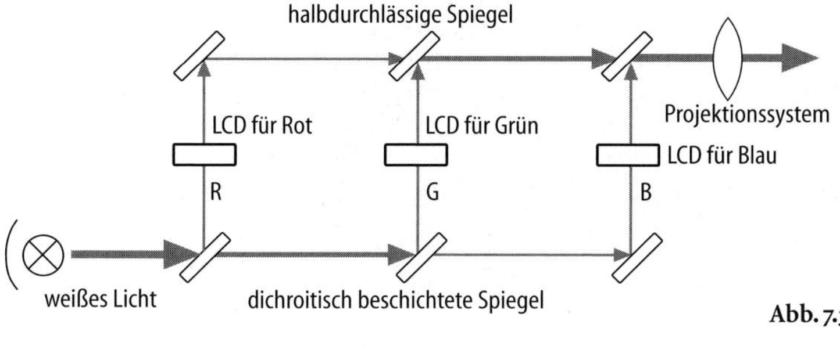

Abb. 7.37. LC-Projektor

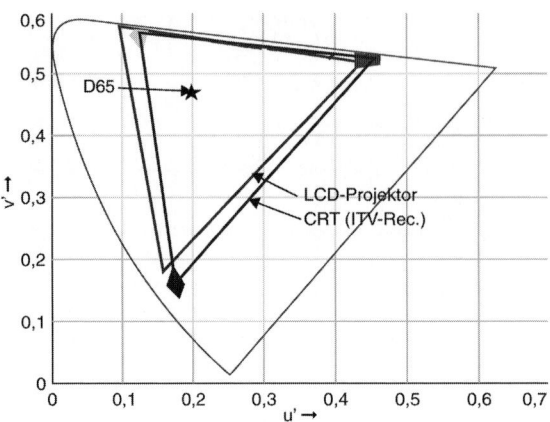

Abb. 7.38. Vergleich der Farbbereiche von CRT- und LCD-Projektoren [37]

selektives Reflexionsverhalten zu erreichen Mit den Filtern wird ein darstellbarer Farbumfang erreicht, der mit dem Umfang gewöhnlicher TV-Bildröhren vergleichbar ist, aber eine etwas andere Lage aufweist (Abb. 7.38) [37]. Nachdem das Licht der drei Farbauszüge die zugehörigen Lichtventile durchdrungen hat, wird es wieder zu einem Lichtbündel zusammengefasst und mit dem Projektionsobjektiv auf die Bildwand abgebildet. Abbildung 7.39 zeigt einen LCD-Projektor mit XGA-Auflösung, 2000 ANSI-Lumen und Kontrast 400:1.

Der Vorteil von LCD-Projektoren gegenüber Kathodenstrahl-Projektoren ist der kompakte, leichte Aufbau sowie die Abbildung der drei Farbauszüge über eine gemeinsame Optik. Hochwertige LC-Projektoren, z. B. des Herstellers Barco, erreichen bis zu 4000 ANSI-Lumen mit einem Kontrast von 400:1 bei XGA-Auflösung, also 1024 x 768 Bildpunkten. Der Hersteller Christie bietet ein Gerät an, das 7700 ANSI-Lumen mit einem Kontrast von 800:1 bei 1600 x 1200 Bildpunkten erzielt. Weitere Steigerungen der Lichtströme lassen sich nur schwer erreichen. Das Problem bei dieser Art von LCD-Projektoren ist, dass die Lichtenergie im Flüssigkristallelement um bis zu 60% absorbiert wird. Die Lichtleistung kann daher nicht beliebig gesteigert werden, denn die Erwärmung kann zur Zerstörung des Lichtventils führen. Die aktiven Flächen der

Abb. 7.39. LCD-Projektor

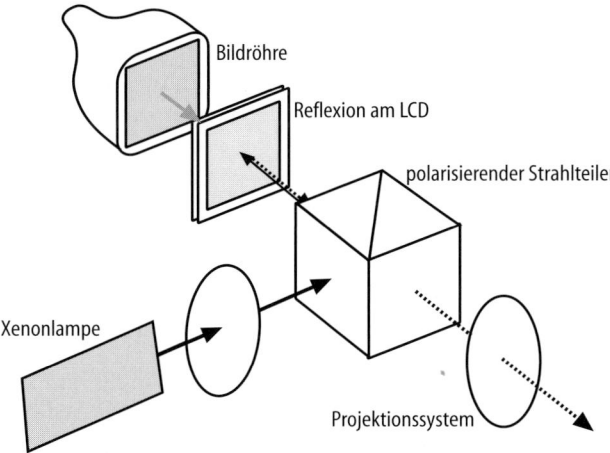

Abb. 740. ILA-Projektor

Pixel und damit auch die Panels dürfen nicht zu klein sein, denn die zur Ansteuerung benutzten TF-Transistoren beanspruchen Platz auf dem Panel. Je kleiner das Pixel, desto ungünstiger ist das Verhältnis von aktiver zu lichtundurchlässiger Fläche. Ein weiterer Nachteil ist, dass die zur Bildpunktansteuerung benutzte aktive Matrix als Punktmuster im Bild sichtbar ist.

7.3.2.2 Image Light Amplifier

Ein großer Teil der genannten Probleme üblicher LCD-Projektoren kann beseitigt werden, wenn die TFT-Ansteuerung des LCD durch andere Verfahren ersetzt wird. Das diesbezüglich zuerst entwickelte System nennt sich Image Light Amplifier (ILA). Eine hohe Lichtstärke wird hier dadurch möglich, dass das LCD-Element nicht durchstrahlt wird, sondern mit Reflexion arbeitet. Die Ansteuerung kann somit von hinten erfolgen. So steht die gesamte Display-Fläche für die Ansteuerung, aber auf der anderen Seite auch für die Lichtreflexion zur Verfügung. Das verwendete Flüssigkristall-Element hat eine homogene Schicht, einen Festkörper-Film, der nicht in Bildpunkte aufgeteilt ist. Damit gibt es keine Fehlstellen und keine Auflösungsbegrenzung durch das Bildpunkt-Raster. Die Ansteuerung der Flüssigkristallschicht geschieht dadurch, dass zunächst mit einer gewöhnlichen Kathodenstrahlröhre ein Bild erzeugt wird, das wiederum auf die Rückseite des LCD-Elementes abgebildet wird. Hier befindet sich eine fotoelektrische Schicht, in der ein dem optischen Bild entsprechendes Ladungsbild entsteht, das die Spannung innerhalb der Flüssigkristallschicht und damit die Transmissions- und Reflexionseigenschaften von polarisiertem Licht beeinflusst.

Das Projektionslicht wird durch eine Xenonlampe (z. B. 1500 W) erzeugt und zunächst von UV- und IR-Anteilen befreit. Es fällt seitlich zum Projektionsstrahlengang auf einen polarisierenden Strahlteiler und wird auf das Lichtventil gelenkt (Abb. 7.40). Das Licht trifft dann auf die Vorderseite des LCD-Elements und wird hier gespiegelt, wobei der Grad der LC-Verdrehung und damit der Reflexionsgrad von dem von hinten durch die Bildröhre aufgebrach-

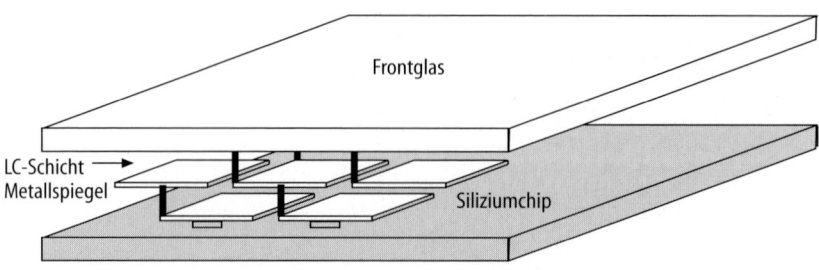

Abb. 7.41. Aufbau des LCOS-Chips

ten Bild bestimmt wird. Die Bildhelligkeit ist damit fast unabhängig von der Bildröhrenhelligkeit und wird im wesentlichen durch die Projektionslichtstärke bestimmt. Das modulierte, reflektierte Licht gelangt schließlich durch den Strahlteiler auf das Projektionsobjektiv. Zur Farbbilddarstellung werden drei Systeme für Rot, Grün und Blau eingesetzt. Das entsprechend farbige Projektionslicht wird mit Hilfe dichroitischer Spiegel gewonnen.

Als Alternative wurde mit Direct Drive-ILA (D-ILA) eine Verfahren auf Halbleiterbasis entwickelt, das preiswerter ist. Es wird das gleiche Arbeitsprinzip wie bei ILA verwendet, nur die Röhren werden durch Halbleiter-Steuerelemente ersetzt und direkt mit dem LC-Element verbunden, wobei allerdings wieder eine Pixelstrukur sichtbar wird. Abbildung 7.53 zeigt die Größe eines solchen Panels im Vergleich zu einer Münze.

7.3.2.3 LCOS

Diese Abkürzung steht für Liquid Crystal on Silicon, d. h. dass hier, ähnlich wie bei D-ILA, mit Flüssigkristallen gearbeitet wird die direkt mit der Ansteuerelektronik verbunden sind. Das Licht kann auch hier die Elektronik nicht durchdringen, daher ist ein LCOS-Chip nur für den Reflexionsbetrieb geeignet. Das Licht gelangt zunächst zu einer Glasplatte die außen mit einer Polarisationsfolie und innen mit einer durchsichtigen und leitfähigen Schicht aus Indium-Zinn-Oxid belegt ist, die als Elektrode dient. Dahinter befindet sich eine sehr dünne Flüssigkristallschicht. Das Licht trifft dann auf eine Vielzahl von spiegelnden Aluminiumgegenelektroden über die die Spannungen an die Bildpunkte gelangen, da sie direkt mit dem Ansteuerchip verbunden sind (Abb. 7.41). Es liegt also eine aktive Ansteuerung wie bei einem TFT-Display vor, nur dass die Transistoren nicht in der Bildfläche liegen, was wiederum der Vorteil hat, das der Füllfaktor hoch ist und wenig Pixelstruktur sichtbar wird. Das Funktionsprinzip ist ähnlich wie bei gewöhnlichen LCD: Die Polarisationsebene des Lichts wird auf seinem Weg durch die LC-Schicht verdreht. Wenn es nach der Reflexion an den Spiegeln mit 90° Verdrehung wieder aus der Schicht austritt kann es den Polarisator nicht passieren und der entsprechende Bildpunkt erscheint schwarz. Über die Spannung lässt sich die Helligkeit variieren.

Ein großer Vorteil der direkten Verbindung mit einem Chip aus einkristallinem Silizium ist die hohe Elektronenbeweglichkeit und damit eine entsprechend große Schaltgeschwindigkeit. Ein zweiter Vorteil ist, dass sich keine Lei-

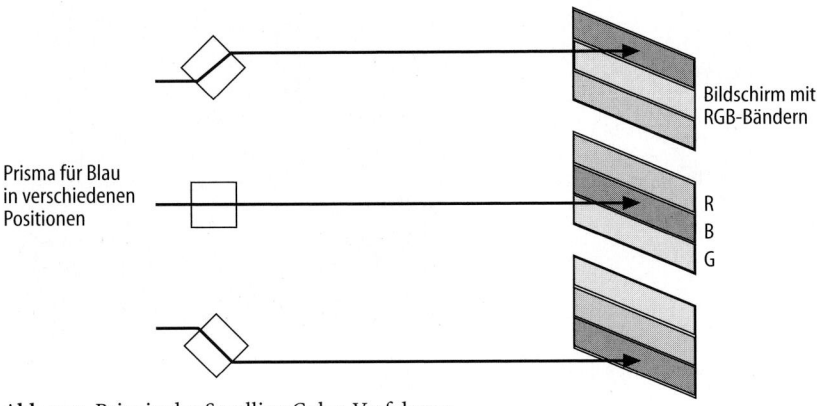

Abb. 7.42. Prinzip des Scrolling Color-Verfahrens

terbahnen auf dem Chip befinden und er sich aufgrund der guten Reflexionseigenschaft der Spiegel nur wenig erwärmt.

Zur Farbdarstellung könnte man wie bei gewöhnlichen LCD mit einzelnen
Farbfiltern vor den Pixel arbeiten oder mit drei Chips und nach RGB aufge-
teiltem Licht wie bei LC-Projektoren. Die hohe Schaltgeschwindigkeit mit einer
Ansprechzeit von weniger als 0,7 ms ermöglicht bei LCOS jedoch ein völlig
neues Verfahren zur Farbdarstellung, bei dem nur ein Chip und keine aufwändige Strahlteilung und -zusammenfassung erforderlich ist. In diesem so genannten „Scrolling Color Mode" wird das Bild vertikal in drei Streifen aufgeteilt und jeweils ein horizontaler Streifen mit einer der drei Farben Rot, Grün
und Blau beleuchtet. In den entsprechenden Bildspeicherteil auf dem Chip
wird dabei an drei Stellen simultan die zugehörige Teilbildinformation eingegeben. Die Farbstreifen wandern sequenziell von oben nach unten über das
Bild indem sie von synchron rotierenden Prismen gesteuert werden (Abb.
7.42). Ein LCOS-Chip hat eine Flächendiagonale von etwa 3 cm und wird vorwiegend in Rückprojektionsgeräten eingesetzt. So kann eine relativ kostengünstige HDTV-Darstellung mit einem Kontrastverhältnis von 500 : 1 bei Bilddiagonalen von mehr als 1,5 m erreicht werden.

7.3.2.4 Spiegelprojektion

Diese Art der Projektion ist durch die Entwicklung digital gesteuerter, mikro-
mechanisch arbeitender Kleinspiegel (Digital Micromirror Device, DMD) möglich geworden. Jedem Bildpunkt ist ein eigener Spiegel zugeordnet. Es ist gelungen, die Spiegel soweit zu verkleinern, dass auf einem Silizium-Chip mit
15 mm x 13 mm Größe über eine Million Spiegel untergebracht werden können. Die Spiegel werden aus Aluminium gefertigt und jeder einzelne hat eine
Fläche von ca. $(16 \ \mu m)^2$.

Die Spiegel ruhen auf zwei Stützpfosten und können durch elektrostatische
Anziehung um ca. $\pm 10°$ verkippt werden. Sie lenken das Projektionslicht entweder auf die Bildwand oder daran vorbei in ein Absorptionsgebiet. Ein elek-
trostatisches Feld erzeugt das erforderliche Rückstell-Drehmoment. Die Dar-

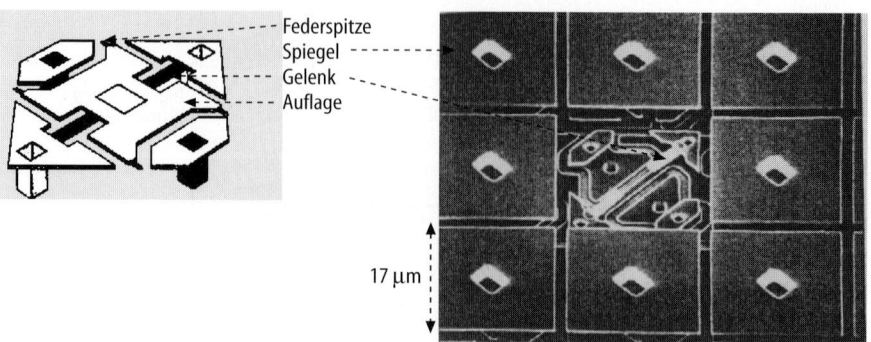

Federspitze
Spiegel
Gelenk
Auflage

17 μm

Abb. 7.43. DMD-Element und Ausschnitt aus der Spiegelfläche [59]

stellung von Graustufen wird durch einen schnellen Schaltrhythmus und die Variation der Einschaltdauer realisiert.

Die Ansteuerelektronik ist auf dem Silizium-Chip untergebracht. Jedem Spiegel sind zwei Adressierelektroden zugeordnet, so dass eine XY-Matrix-Ansteuerung möglich wird. Abbildung 7.43 zeigt einen Ausschnitt aus der Spiegelfläche und die schematische Darstellung der beweglichen Spiegelauflage mit den zugehörigen Gelenken. Aufgrund der erforderlichen Abstände kann hier nicht so eine hohe aktive Flächendichte wie bei D-ILA erreicht werden.

DMD werden mit einer Ansteuerelektronik und dem Beleuchtungssystem zu einer Digital Light Processing-Einheit (DLP) zusammengeführt. DLP-Systeme unterscheiden sich durch die Anzahl der verwendeten DMD-Elemente für die Farbdarstellung. Die optimale Lösung ist die Trennung der drei Farbauszüge, Reflexion an drei separaten DMD und anschließende Zusammenführung der Anteile. Dazu kann ein System aus drei verbundenen Prismen verwendet werden, die, wie das Strahlteilerprisma in der Kamera, mit dichroitischen Schichten versehen sind, die als Farbfilter dienen.

Große DLP-Projektoren des bekannten Herstellers Barco erreichen nach diesem Prinzip 12 000 ANSI-Lumen mit einem Kontrast von 500 : 1 bei einer SXGA-Auflösung von 1280 x 1024 Bildpunkten. Aus Kostengründen wird auch mit 2- und 1-Chip-Lösungen gearbeitet. Hier werden Farbräder in den Strahlengang gebracht, die als Filter dienen. Beim 1-Chip-System besteht dieses aus drei Sektoren, die die RGB-Anteile transmittieren. Der Chip wird zeitsequentiell mit den entsprechenden Farbauszügen angesteuert und das Filterrad muss synchron dazu den richtigen Sektor aufweisen. Jede Primärfarbe wird nur für ein Drittel der Bilddauer projiziert, was gegenüber dem Scrolling Color-Mode bei LCOS einen Nachteil darstellt. Beim 2-Chip-Verfahren hat der Farbfilter zwei Sektoren und transmittiert abwechselnd Rot und Blau und Rot und Grün, bzw. ein Chip ist allein für Rot zuständig um den geringen Rotanteil der eingesetzten HMI-Lampe auszugleichen [59]. Bei 1-Chip DLP-Geräten kann durch die zeitsequentielle Farbseparation bei der Bildbetrachtung eine Irritation auftreten. Denn wenn man den Blick über die Bildwand gleiten lässt, können aufgrund der Interferenz dieser Bewegung mit der Bewegung des Farbrads die Farben kurzzeitig separat wahrgenommen werden.

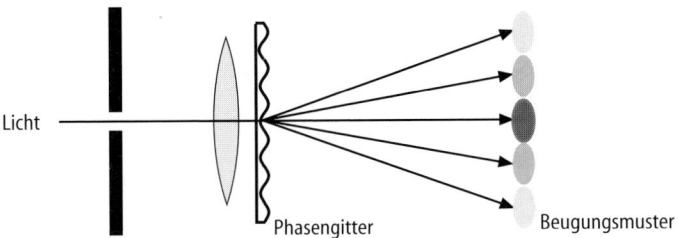

Abb. 7.44. Beugung am Phasengitter

7.3.2.5 Dunkelfeldprojektion

Die Dunkelfeldprojektion beruht auf der Lichtbeugung (Abb. 7.44). Der bekannteste Projektor nach diesem Prinzip ist der bereits in den 30er Jahren entwickelte Eidophor-Projektor. Das seitlich zum Projektionsstrahlengang einfallende Licht einer starken Xenon-Lampe gelangt hier über ein Spiegelbarrensystem auf einen Hohlspiegel, der mit einem dünnen Ölfilm überzogen ist. Bei gleichmäßig glatt verteiltem Öl wird das Licht über die Barren zur Lampe zurückgeworfen, der Bildschirm bleibt dunkel. Wird nun die Dicke des Ölfilms z. B. mit einem Elektronenstrahl verändert, so wirkt die räumlich verschieden dicke Ölschicht wie ein Beugungsgitter. Das auf den Hohlspiegel fallende Licht wird damit gebeugt und gelangt durch die Barren hindurch zur Bildwand.

Der Elektronenstrahl wird im Fernsehzeilenraster über den Spiegel geführt und verändert in Abhängigkeit von seiner Intensität die Ölfilmdicke und damit das Maß der Beugung, bzw. die Helligkeit des Bildes (Abb. 7.45). Nach der Abtastung eines Teilbildes zerläuft der Ölfilm, er wird zusätzlich durch ein Rakel und die langsame Drehung des Spiegels geglättet. Zur Farbbilderzeugung verwendet man drei Systeme mit Farbseparation durch dichroitische Filter. Der Vorteil des heute veralteten Eidophor-Projektors war die hohe Lichtstärke, ein Nachteil die begrenzte Reaktionsgeschwindigkeit, die die maximale Videofrequenz auf ca. 35 MHz begrenzt.

Weiterentwicklungen des Eidophor-Projektors arbeiteten mit einem Ölfilm auf einer Glasscheibe und nutzten den Beugungseffekt in Transmission (Tala-

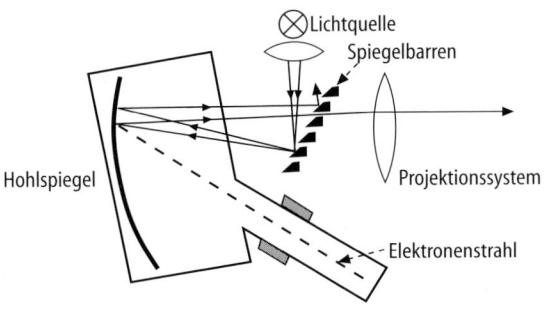

Abb. 7.45. Eidophor-Projektor

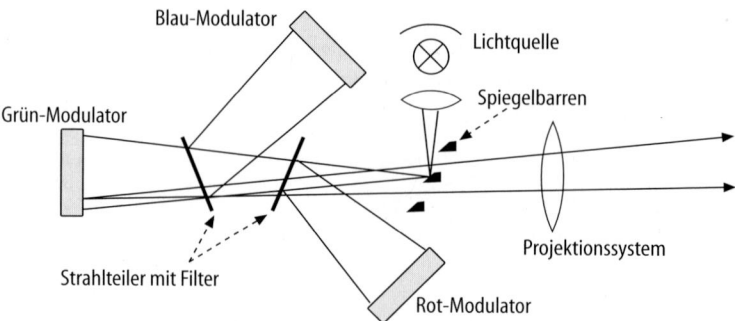

Abb. 7.46. Lichtventil-Projektor mit Beugungsmodulator

ria-Projektor). Moderne Systeme zielen darauf ab, die Ölschicht durch verformbare Festkörper zu ersetzen. Hier wird, u. a. unter der Bezeichnung Grating Light Valve (GLV), vor allem an hochreflektierenden ebenen Spiegeln geforscht, die durch Anlegen eines Bildsignals verformt werden, so dass ein Liniengitter entsteht, an dem die Beugung stattfindet (Abb. 7.46) [34].

7.4 Kinoprojektion

Wie die Kinoton- so hat auch die Kinobildwiedergabe den Vorteil, dass sie recht optimalen und standardisierbaren Umgebungsbedingungen unterliegt. Der Raum ist weitgehend abgedunkelt und es kommt eine Aufprojektion mit reflektierenden Bildwänden zum Einsatz. Nach DIN soll die Leuchtdichte auf der Leinwand etwa 40 cd/m², mindestens jedoch 30 cd/m² betragen und zum Rand hin kaum abnehmen. Abhängig vom Reflexionsgrad der Leinwand sind dafür Beleuchtungsstärken erforderlich, die bei Verwendung von Xenon-Lampen und Reflektoren mit elektrischen Leistungen erreicht werden, die bei 30 W pro ausgeleuchtetem Quadratmeter Bildwand liegen. Die Lichtquelle und der Spiegel befinden sich im Lampenhaus des Projektors. Es können Lampenleistungen zwischen 1000 W und 10000 W verwendet werden, ab 2500 W sind Hitzefilter zum Schutz des Bildfensters und Kühleinrichtungen erforderlich.

7.4.1 Filmprojektion

Ebenso wie die Filmkamera hat auch ein Filmprojektor die Aufgabe, den Film schrittweise zu transportieren. Während des Bildstillstandes durchdringt das Licht einer hellen Quelle den Film und das Filmbild kann auf die Bildwand abgebildet werden. Die Geschwindigkeit ist auf 24 oder 25 Bilder/s festgelegt. Die verwendeten Antriebe sind wie bei der Kamera mit einer Umlaufblende gekoppelt. Die Umlaufblende hat einen Hellsektor, der in zwei Teile geteilt ist (Abb. 7.47). Alternativ wird eine Blende verwendet, die mit doppelter Ge-

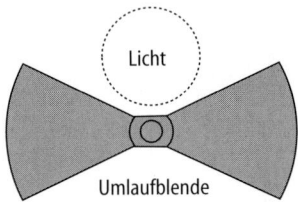
Licht

Umlaufblende

Abb. 7.47. Umlaufblende im Filmprojektor

schwindigkeit rotiert. Innerhalb der Bildwechselperiodendauer treten damit zwei Hell- und zwei Dunkelphasen auf. Während der Hellphasen durchdringt das Licht einer starken Xenonlampe den Film und über das Projektionsobjektiv entsteht auf der Bildwand das für die Zuschauer sichtbare Bild. Die Dunkelphasen sind zeitlich so gewählt, dass die eine genau im Zeitraum des Filmtransportes liegt und diesen damit unsichtbar macht. Die zweite Phase dient nur der symmetrischen wiederholten Unterbrechung des Lichtstroms, womit auf der Leinwand die Hell/Dunkel-Phasen mit einer Frequenz von 48 Hz entstehen, wenn die Filmgeschwindigkeit 24 Bilder/s beträgt. Jedes Bild wird also zweimal gezeigt. Die Verdopplung der Bildfrequenz ist deshalb erforderlich, weil eine Frequenz von 24 Bildern/s zwar ausreicht, um bezüglich der abgebildeten Bewegungen einen Verschmelzungseindruck zu erzeugen, aber nicht bezüglich der Helligkeitswahrnehmung des gesamten Bildes. Ein mit 24 Hz projiziertes Bild erscheint flackernd, das Auge empfindet das störende Großflächenflimmern. Die Stärke dieser Erscheinung hängt vor allem von der Lichtintensität und der Bildfrequenz ab. Bei den im Kino verwendeten Leuchtdichten von ca. 3 0... 40 candela/m^2 bzw. Beleuchtungsstärken von ca. 120 lx reichen 48 Hz aus, um die Flimmerverschmelzungsgrenze zu erreichen, so dass also ein doppelt projiziertes Bild weitgehend flimmerfrei ist und das Großflächenflimmern nur noch bei geringem Betrachtungsabstand in sehr hellen Bildteilen auffällt.

Das Verfahren der doppelten Unterbrechung des Lichtstroms ist simpel, kann aber bei Videosystemen nicht angewendet werden bzw. nur dann, wenn Videobilder gespeichert vorliegen. Hier wird stattdessen das Zeilensprungverfahren angewandt, das zwei ineinander verschachtelte Halbbilder erzeugt. Auch auf diese Weise lässt sich die Flimmerverschmelzungsgrenze erreichen, doch erzeugt das Verfahren eine gegenüber der Filmtechnik erheblich veränderte Bildwirkung, da durch das Zeilensprungverfahren eine verdoppelte zeitliche Auflösung der Bewegungen entsteht.

Die technische Ausführung eines Kinoprojektors zeigt Abbildung 7.48 am Beispiel des verbreiteten 35-mm-Projektors FP 30 der Firma Kinoton. Oben und unten sind jeweils die Filmspulen zu erkennen, die mit Filmlängen von 600 m, 2000 m oder 4000 m verwendet werden können. Die Spulenachsen können entfernt werden, so dass ein Betrieb mit Filmtellereinrichtungen oder Spulentürmen möglich wird. Die Verwendung von Spulen hat den Nachteil, dass der Film nach dem Programmende wieder zurückgespult werden muss, damit der Filmbeginn wieder außen liegt. Bei Filmtellereinrichtungen wird der Beginn nach innen gewickelt und von dort aus dem Projektor zugeführt. Auf dem Aufwickelteller kommt der Beginn automatisch wieder nach innen, so

Abb. 7.48. Filmprojektor und Filmtellereinrichtung [71]

dass der Film direkt für die nächste Projektion bereit ist. Die horizontal liegenden Filmteller (Abb. 7.48) fassen bis zu 7000 m Film, was 2,5 Stunden Programm entspricht [71].

Abbildung 7.49 zeigt ein Schema, in dem der Filmweg im Projektor deutlich wird. Der Film läuft von oben nach unten und wird über eine Schaltrolle bewegt, die über ein Malteserkreuz oder über einen elektronischen Antrieb bewegt wird. Das Malteserkreuzgetriebe ist ein Antrieb, der sich seit dem Beginn der Filmtechnik bewährt hat. Es hat die Funktion, eine gleichmäßige Rotation in eine intermittierende Bewegung umzusetzen. Das Arbeitsprinzip beruht darauf, dass ein Stift in das Malteserkreuz greift und über eine Welle die Schaltrolle um eine Viertelumdrehung weiterdreht, wobei der Film um genau ein Bild bewegt wird. Für den restlichen Teil der vollen Umdrehung wird der Bildstillstand gewährleistet, indem der Sperrbogen verhindert, dass sich das Kreuz weiter dreht (Abb. 7.49). Statt des Malteserkreuzes kann ein elektronischer Antrieb verwendet werden, wobei sich ein verbesserter Bildstand und eine höhere Lichtleistung durch längere Standzeiten ergeben. Der Antrieb ist justierbar, damit das Filmbild auch bei unkorrekten Klebestellen oder ähnlichen Fehlern wieder in das Bildfenster gebracht werden kann und der Bildstrich verschwindet.

In Abbildung 7.50 wird das Innere des Lampenhauses, ein Revolverkopf für drei Projektionsobjektive und das Bildfenster sichtbar. Der Film wird hier über einen Andruckmechanismus an eine gekrümmte Filmbahn gedrückt, um eine optimale Bildschärfe zu erreichen. Mit Hilfe des Revolverkopfes wird eine leichte Auswechslung der Objektive erreicht, die erforderlich ist, um eine Anpassung an verschiedene Bildformate zu erreichen. Typische Brennweiten der Objektive lassen sich mit der Beziehung $a/a' = y/y'$ leicht berechnen, wenn die zulässige Näherung gemacht wird, dass die Brennweite der Gegenstandsweite des abzubildenden Filmbildes entspricht. Für die Abbildung eines 35-mm-Films mit 13,25 mm Bildhöhe auf eine Projektionswand der Höhe 4 m im Abstand 24

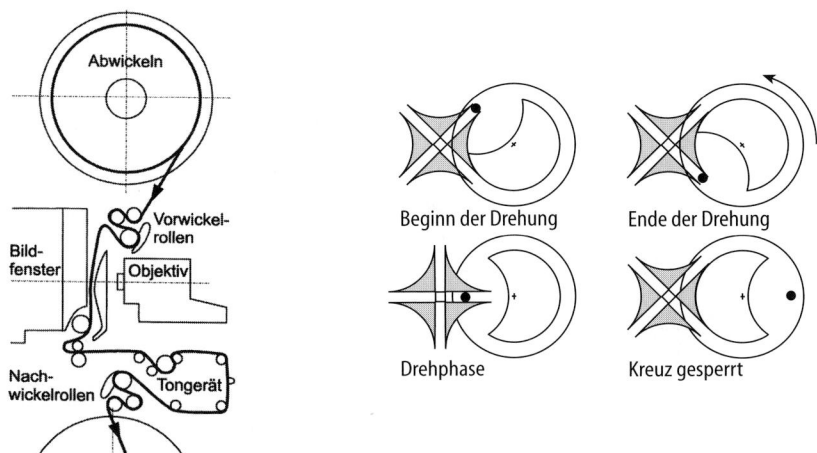

Abb. 7.49. Filmweg durch den Projektor und Malteserkreuzantrieb

m ist danach eine Brennweite von 80 mm erforderlich. Anamorphotische Bild-
entzerrung wird durch die Verwendung von Vorsatzlinsen erreicht.

Das Einlegen des Films erfolgt von oben nach unten. Bei korrekt eingeleg-
tem Film stehen die Bilder im Bildfenster auf dem Kopf und die Lichttonspur
liegt in Projektionsrichtung gesehen an der rechten Seite. Die beschichtete Seite des Films ist der Lichtquelle zugewandt [58]. Zur Anpassung des schrittwei-
sen Filmtransports im Bildfenster an den kontinuierlichen Lauf, der für die
Tonwiedergabe erforderlich ist, wird eine Schlaufe gebildet, mit einer Länge,
die gewährleistet, dass die Lichttonwiedergabe um 20 Bilder gegenüber dem
Bildfenster versetzt ist. Die Wiedergabeeinheit mit zwei Abtastsystemen für
Analogton und Dolby Digitalton (s. Abschnitt 5.5.2) wird in Abb. 7.50 unterhalb
des Revolverkopfes sichtbar. Zur Wiedergabe von Audiosignalen nach DTS
oder SDDS muss eine separate Abtasteinheit montiert werden.

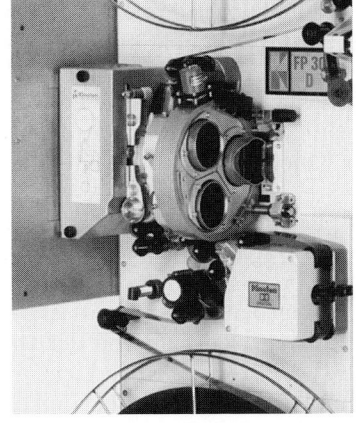

Abb. 7.50. Lampenhaus, innen,
Bildfenster und Projektionsobjektiv [71]

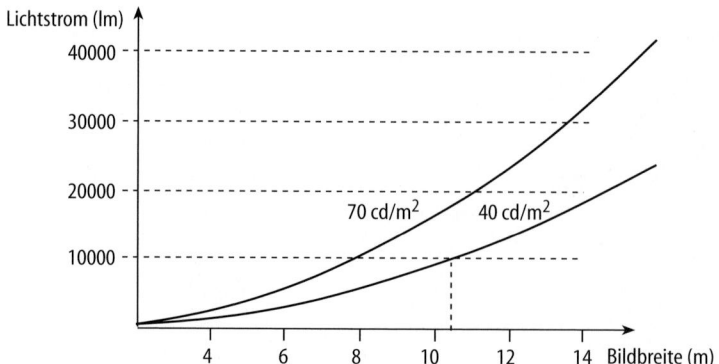

Abb. 7.51. Für Kinoprojektionen erforderliche Lichtstärken in Abhängigkeit von der Bildbreite

7.4.2 Projektion der Digitalbilder im Kino

Hinsichtlich der mit dem Begriff Electronic Cinema bzw. Digital Cinema ver-
knüpften Vision einer volldigitalen Kette zwischen Filmakquisition und -prä-
sentation (s. Kap. 5.9) seien hier die wichtigsten Bildwiedergabeprinzipien für
die Projektion lichtstarker hoch aufgelöster Bilder dargestellt. Die wesentlichen
Beurteilungsparameter sind neben der erzielbaren Beleuchtungsstärke auch
hier wieder die Bildauflösung, der darstellbare Kontrastumfang und der Farbbereich.

Während auf der Produktionsseite auf möglichst hohe Bildauflösung Wert
gelegt werden sollte, damit genügend Bearbeitungsspielraum bei der Postproduktion erhalten bleibt, steht die Ortsauflösung bei der Projektion nicht so
stark im Mittelpunkt. Für eine gute Ortsauflösung des Bildes genügt es, dass
2048 x 1556 Bildpunkte zur Verfügung stehen, so dass unter Einbeziehung der
Projektionsverluste eine mit 1,5k vergleichbare Auflösung auf der Leinwand erreicht wird, so wie es auch für gängige Filmprojektionen angenommen werden
kann. Es wäre wünschenswert, wenn die Bildauflösung der elektronischen
Quelle direkt der möglichen Projektorauflösung entspräche, da eine Anpassung
und Interpolation die Bildqualität immer verschlechtert. Generell wäre es ideal,
an der Quelle mit der Auflösung 2k oder 4k zu arbeiten, die während die Bildbearbeitung beibehalten und für die Projektion direkt übernommen bzw. ohne
Interpolation einfach halbiert würde. Für Auflösungsanforderungen, die über
den normalen Kinobereich hinausgehen, lassen sich Parallelprojektionen verwenden.

Von großer Bedeutung bei der Bildwiedergabe ist jedoch die erzielbare
Bildhelligkeit und auch die Dunkelheit, d. h. der Kontrastumfang. Die Lichtstärke des Projektors als Lichtquelle wird über den Lichtstrom mit der Einheit
Lumen (lm) angegeben. Die damit erzielbare Beleuchtungsstärke E oder
Leuchtdichte L hängt wiederum von der Größe der bestrahlten Fläche ab. Abbildung 7.51 zeigt die erforderlichen Lichtströme zur Erzielung der Leuchtdichten 40 cd/m² und 70 cd/m² in Abhängigkeit von der Bildwandbreite [37]. Um

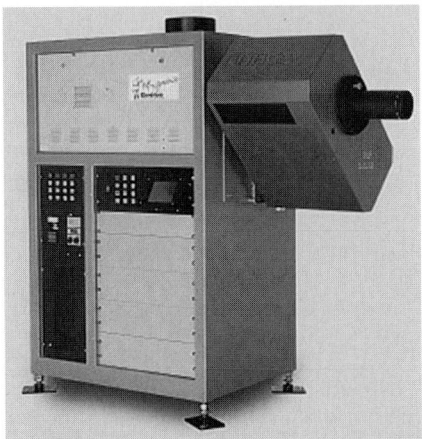

Abb. 7.52. Kinoprojektor für die Wiedergabe von Digitalbildern

beispielsweise auf einer Kinoleinwand von ca. 10 m Breite die Kino-Soll-Leuchtdichte von mindestens 40 cd/m² zu erreichen, ist danach ein Projektorlichtstrom von ca. 10 000 ANSI-Lumen erforderlich. Die Bezeichnung ANSI-Lumen bezieht sich auf eine Standardisierung, bei der die ggf. ungleichmäßige Leuchtdichteverteilung über der Fläche durch Mittelung berücksichtigt wird. Auch der Kontrast- und Farbumfang der Projektion sollte mit Filmbildern vergleichbar sein, d. h. der Kontrastumfang sollte bei mehr als 1000:1 liegen, also auch ein sehr dunkles Bild ermöglichen, und der Farbbereich sollte aus RGB-Primärfarben mit möglichst hoher Sättigung gebildet werden.

In de Praxis dominieren für die digitale Bildwiedergabe Projektionssysteme nach dem DLP-Prinzip, die als Vorsatzgeräte für Filmprojektoren gebaut werden (Abb. 7.52). Die Konkurrenz ist das D-ILA Prinzip, denn auf dieser Basis entwickelte die Firma JVC den ersten Bildwandler, der die volle 2k-Auflösung mit 2048 x 1536 Bildpunkten bietet (Abb. 7.53). Aufgrund der Ansteuerung von hinten werden hier 93 % der Gesamtfläche als Bildwandlerfläche genutzt, d. h. dass die Pixelstruktur nur schwer wahrnehmbar ist. Die Bildwandlergröße beträgt 26 mm x 20 mm bei einer Pixelseitenlänge von 13 μm. Als Kontrastumfang wird 2000 : 1 angegeben.

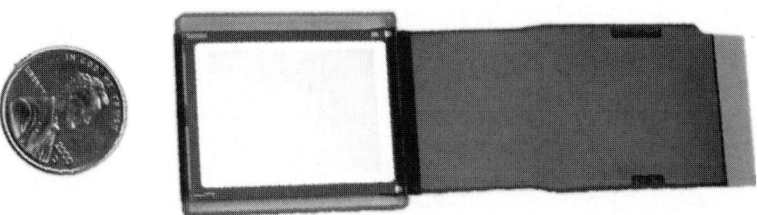

Abb. 7.53. D-ILA-Panel im Vergleich zu einer Münze [64]

8 Bildaufzeichnungsgeräte

8.1 Entwicklungsgeschichte

Für den Fortschritt der Videotechnik ist die Verfügbarkeit eines Speichersystems von größter Bedeutung. Die Entwicklung begann nach dem 2. Weltkrieg in den USA, wo zunächst versucht wurde, einen Video Tape Recorder (VTR) auf Basis eines Audiobandgerätes zu bauen, dessen Arbeitsprinzip in Abbildung 8.1 dargestellt ist. Die größte Schwierigkeit war dabei die hohe Frequenzbandbreite des Videosignals, die eine Erhöhung der Bandlaufgeschwindigkeit um den Faktor 250 erfordert, wenn ein Tonbandgerät unmodifiziert zur Videoaufnahme eingesetzt werden soll. Das Problem konnte zu Beginn der 50er Jahre mit der Erkenntnis gelöst werden, dass nicht nur das Band, sondern auch die Videoköpfe in Bewegung gesetzt werden können, um die erforderliche hohe Relativgeschwindigkeit zwischen Band und Kopf zu erzielen. So konnte bei Ampex das erste studiotaugliche Magnetaufzeichnungsgerät (MAZ) entwickelt und 1956 als Quadruplex-Format vorgestellt werden. Das Format wurde in verbesserter Form bis in die 80er Jahre hinein benutzt.

Die nächste Generation studiotauglicher Geräte arbeitete mit Schrägspuraufzeichnung. Die entsprechenden Formate B und C wurden Ende der 70er Jahre eingeführt und waren bis in die 90er Jahre hinein aktuell. In den 70er Jahren entwickelte sich auch ein Massenmarkt für Videorecorder [146]. Es wurden preiswerte Cassettengeräte gebaut (Betamax, VHS), die die Luminanz- und Chrominanzanteile des Videosignals getrennt verarbeiten (Colour Under) und eine typische Luminanzsignal-Bandbreite von 3 MHz aufweisen.

Im professionellen Bereich war der nächste Schritt die Einführung der Aufzeichnung von Luminanz- und Chrominanzkomponenten auf getrennten Spu-

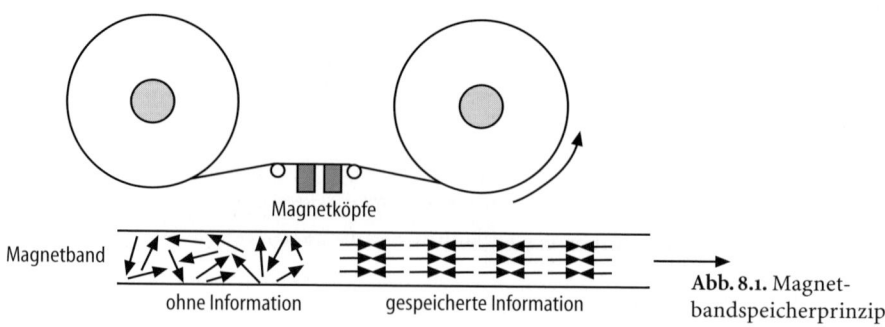

Magnetköpfe

Magnetband

ohne Information   gespeicherte Information

Abb. 8.1. Magnetbandspeicherprinzip

Tabelle 8.1. Historische Entwicklung der Magnetbandaufzeichnungsformate

	1950	1960	1970	1980	1990	2000
FM-Direkt	Quadruplex			1" B, 1" C		
Colour Under			U-Matic VCR	Betamax VHS	Video8 Hi8 S-VHS	
Komponenten					Betacam (SP) MI MII	
Digital Composite					D2 D3	
Digitale Komponenten ohne Datenreduktion					D1	D5 (HD)
Digitale Komponenten mit schwacher Datenreduktion					DCT D-Beta	
Digitale Komponenten mit stärkerer Datenreduktion						DV D9 D8 BetaSX D10
High-Definition-Aufzeichnung					D6	HDCam

ren. Auf dieser Basis entwickelte Sony Anfang der 80er Jahre das 1/2"-Betacam-Verfahren, das erste, professionellen Ansprüchen genügende Cassettensystem, welches als weiterentwickeltes Betacam-SP das heute meist verwandte professionelle analoge Format ist. Die 90er Jahre waren bestimmt von der Entwicklung digitaler Videoaufzeichnungsverfahren, die entweder auf der Basis von Magnetbändern (D1-3, D5, Digital Betacam, D7, D9, D10) oder bandlos arbeiten, wobei in zunehmendem Maße auch Geräte mit Datenreduktion eingesetzt werden (Digital Betacam, DVCPro, Betacam SX, D10). Für die HD-Aufzeichnung stehen die Formate D6, HD-D5 und HDCam zur Verfügung (Tabelle 8.1).

8.2 Grundlagen der Magnetaufzeichnung

Die Signalspeicherung geschieht überwiegend mit Hilfe ferromagnetischer Materialien, die entweder auf Bänder oder Platten aufgetragen sind. In beiden Fällen erzeugt das zu speichernde Signal ein Magnetfeld, das in die bewegte Magnetschicht übertritt und dort die Magnetpartikel kollektiv ausrichtet.

8.2.1 Das magnetische Feld

Unter bestimmten Umständen können Kraftwirkungen beobachtet werden, die nicht mechanisch zu erklären sind. Wird z. B. ein Elektron in die Nähe eines zweiten gebracht, so entsteht eine abstoßende Kraftwirkung, die bei Abwesenheit des zweiten Elektrons nicht bemerkt wird; ähnliches gilt für magnetisierte Eisenteilchen. Die Anwesenheit des Elektrons oder des Eisenstückes ist also

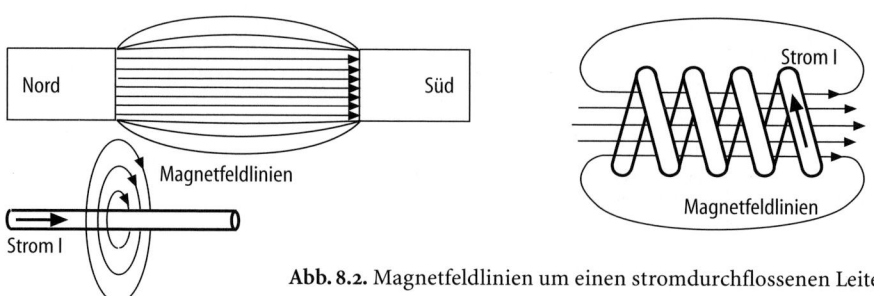

Abb. 8.2. Magnetfeldlinien um einen stromdurchflossenen Leiter

mit einer potenziellen Kraftwirkung verbunden, die mit Hilfe elektrischer bzw. magnetischer Felder beschrieben wird (Abb. 8.2). Wenn im Feld zeitliche Änderungen auftreten (z. B. bei der Wellenausbreitung), so sind beide Phänomene als elektromagnetisches Feld verbunden, welches theoretisch durch die Maxwellschen Gleichungen beschrieben wird. Ein elektrischer Strom besteht z. B. aus bewegter elektrischer Ladung, daher ist jeder Strom von einem Magnetfeld umgeben, das sich verstärkt, wenn der Leiter zu einer Spule aufgewickelt wird (Abb. 8.2). Im Vakuum ist die magnetische Feldstärke H dem Strom I und der Spulenwindungszahl N proportional. Wird andererseits ein Magnetfeld relativ zum Leiter bewegt, so wird in diesem eine Spannung induziert, die einen Stromfluss bewirken kann.

Die unsichtbaren elektromagnetischen Felder werden durch Feldlinien veranschaulicht, deren Richtung beim elektrischen Feld vom Plus- zum Minuspol und beim magnetischen Feld vom Nord- zum Südpol verlaufen. Die Dichte der Linien repräsentiert die Feldstärke. Im Magnetfeld werden immer zwei gegensätzliche Pole (Nord und Süd) wirksam, zwischen denen sich die Feldlinien ausbreiten (Abb. 8.2). Bei Anwesenheit von Materie im magnetischen Feld fällt das besondere Verhalten der so genannten ferromagnetischen Stoffe Eisen, Nickel und Kobalt auf. Diese Materialien bewirken eine Konzentration des Magnetfeldes, sie haben einen geringen magnetischen Widerstand (Abb. 8.3) und zeichnen sich dadurch aus, dass ohne äußeres Magnetfeld eine makroskopische Magnetisierung vorhanden ist.

Die Magnetisierung entsteht aus einer Kopplung der Eigendrehimpulse der Elektronen, den Spins, die sich dadurch über weite Bereiche parallel ausrichten. Diese Bereiche (Domänen, Weißsche Bezirke) sind wiederum begrenzt,

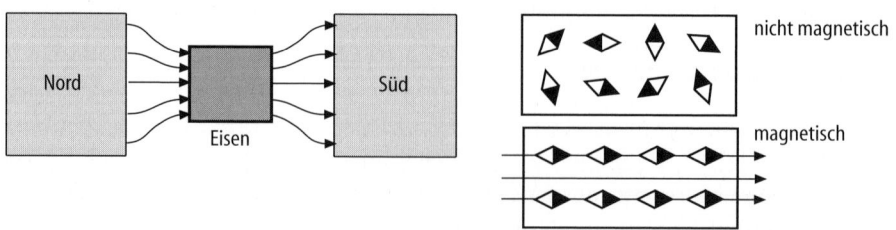

Abb. 8.3. Magnetfeldlinien in Eisen, magnetisches und nichtmagnetisches Material

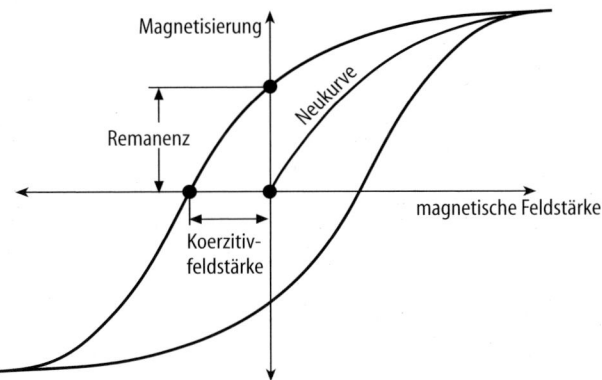

Abb. 8.4. Hysteresekurve

angrenzende Bereiche weisen andere Magnetisierungsrichtungen auf, so dass in unmagnetisiertem Zustand makroskopisch keine Magnetisierung festzustellen ist. Durch äußere Magnetfelder können die Domänen kollektiv parallel ausgerichtet werden und die Magnetisierung wird spürbar. (Abb. 8.3). Eine vorhandene Magnetisierung bleibt erhalten, bis eine regellose Umordnung der Domänen durch Überschreitung der so genannten Curie-Temperatur (bei Eisen 1042 K), durch mechanische Erschütterung oder durch möglichst unregelmäßige Ummagnetisierung (Löschen) erzeugt wird. Ferromagnetische Materialien für Speichersysteme (Eisenoxyd, Reineisen, Chromdioxyd oder kobaltdotiertes Eisenoxyd) werden zu Teilchen mit einer Größenordnung von weniger als 1 μm zermahlen und zusammen mit einem Bindemittel auf Bänder oder Platten aufgetragen, wobei die Kristalle durch ein Magnetfeld eine Vorzugsrichtung bekommen.

Für die Langzeitspeicherung von Informationen ist die verbleibende Magnetisierung nach Abschalten des magnetisierenden Feldes (Remanenz) bzw. die nötige Feldstärke zur Beseitigung der Magnetisierung von Bedeutung, zwei Parameter, deren Zusammenhang aus der Magnetisierungskennlinie deutlich wird. Die Magnetisierungskennlinie beschreibt die Abhängigkeit der Magnetisierung M (bzw. Flussdichte B) von der magnetischen Feldstärke H (Abb. 8.4). Mit steigender Feldstärke steigt zunächst die Magnetisierung stark an, dann flacht die Kurve ab, weil die meisten der Weißschen Bezirke gleichgerichtet sind. Nach Abschalten der Feldstärke geht die Magnetisierung etwas zurück, der Großteil, die Remanenz, bleibt aber erhalten. Um die remanente Magnetisierung zu beseitigen, muss eine entgegengesetzte Feldstärke aufgewandt werden (Koerzitivfeldstärke). Wird die magnetische Feldstärke in entgegengesetzter Richtung schließlich noch weiter gesteigert, so ergibt sich eine negative Magnetisierung, symmetrisch zur positiven. Der gesamte Kennlinienverlauf wird als Hysteresekurve bezeichnet.

Bei einer breiten Kurve ist eine hohe Koerzitivfeldstärke erforderlich, das Material ist magnetisch hart und bietet eine hohe Speichersicherheit (Abb. 8.5). Magnetisch weiche Materialien mit einer schmalen Hysteresekurve werden dagegen dort gebraucht, wo eine Ummagnetisierung mit möglichst wenig Energie gefordert ist, wie z. B. bei Magnetkopfmaterial, das dazu dient, das Magnet-

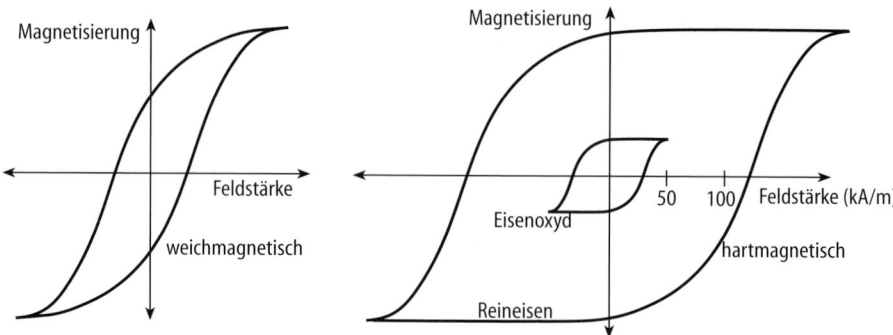

Abb. 8.5. Hysteresekurven von weich- und hartmagnetischem Material

feld zum Band zu führen. Abbildung 8.5 zeigt die Hysteresekurven verschiedener Magnetbandmaterialien.

Der Magnetismus bietet bis heute einen der wichtigsten physikalischen Effekte zur Speicherung von Signalen und Daten. Die Magnetspeicherung ist sehr gut an digitale Daten angepasst, deren zwei mögliche Zustände direkt den beiden magnetischen Ausrichtungen Nord und Süd zugeordnet werden können.

8.2.2 Das Magnetband

Die Entwicklung der Videorecorder (Magnet-Aufzeichnungsgeräte, MAZ) ist von der Verkleinerung der Geräte, der Steigerung der Signalqualität bestimmt. Beide Aspekte sind eng mit der Verfügbarkeit hochwertigerer Magnetbänder verknüpft. Hinzu kommt die Vereinfachung der Handhabung des Bandes. Anstelle der früher verwendeten offenen Spulen als Träger des Magnetbandes werden heute Cassetten eingesetzt (Abb. 8.6), in denen das Band geschützt ist. Es wird im Video-Cassettenrecorder (VCR) automatisch aus dem Gehäuse gezogen.

Die Breite des Bandes ist ein wichtiges Charakteristikum und gibt vielen Formaten den Namen, denn die Breite bestimmt wesentlich die Ausmaße des Laufwerkes und die Einsatzmöglichkeiten außerhalb des Studios. Die erste studiotaugliche MAZ-Maschine arbeitete mit einem Band der Breite 2" (50,8 mm), das heute nicht mehr verwendet wird. MAZ-Maschinen nach Standard B und

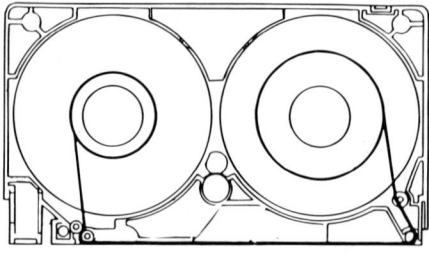

Abb. 8.6. Magnetbandcassette

Tabelle 8.2. Magnetbandbreiten der verschiedenen Aufzeichnungsformate

2"	1"	3/4"	1/2"	8 mm	1/4"
Quadruplex	1" B 1" C	U-Matic	Betamax VHS VCR S-VHS Betacam (SP)	Video8 Hi8	
analoge Formate			MII		
digitale Formate		D1 D2 DCT D6	D3 D-Beta D5, D10 D9, Betacam SX	D8	DV DVCam DVCPro

C arbeiten mit 1"-Bändern (25,4 mm), die ebenso wie die 2"-Bänder auf offenen Spulen untergebracht sind. Das nächst kleinere Maß ist das 3/4"-Band (19 mm), das für U-Matic und die Digitalformate D1, D2, D6 und DCT eingesetzt wird. Die am häufigsten benutzte Bandbreite ist 1/2" (12,7 mm), die bei den Formaten VHS und Betacam SP sowie bei den Digitalformaten D3, D5, Digital Betacam und HDCam verwendet wird. Für den Amateur-Bereich gibt es das 8 mm-Format und die Bandbreite 1/4" (6,35 mm), die für das Digitalformat DV eingesetzt wird. Abbildung 8.7 zeigt Beispiele für verschiedene Magnetbänder und Cassetten, und Tabelle 8.2 gibt eine Übersicht über die Zuordnung der Formate zu Magnetbandbreiten.

Das Magnetband besteht aus einem Polyesterfilm mit einer Stärke zwischen 21 µm (1" B-, und C-Format) und 6 µm (Video 8), der mit einer Rückseitenbeschichtung und der eigentlichen Magnetschicht versehen ist. Die Rückseitenbeschichtung (ca. 1 µm) verhindert elektrostatische Aufladungen und verbessert die Bandwickel-Eigenschaften. Die Magnetschicht ist mit einer Haftschicht auf dem Polyesterfilm befestigt und nach außen mit einer Schutzschicht versehen, die Korrosion verhindert. Die Dicken dieser beiden Schichten können ver-

1/4" DV klein
1/4" DV groß
8 mm, Video 8
1/2" Digital Betacam klein
1/2" Betacam SP groß
3/4" U-Matic
1" B- Format
2" Quadruplex

Abb. 8.7. Verschiedene Magnetbänder und Cassetten

nachlässigt werden. Die Magnetschicht wird so gewählt, dass sich Gesamt-band-Dicken von 10 μm (Video 8), 13 μm (div. Digitalformate), 20 μm (VHS, Betacam) oder 28 μm (1"-Formate) ergeben. Die Magnetschicht-Dicke entspricht meist etwa einem Viertel der Gesamt-Dicke des Bandes (Abb. 8.8). Ein extremes Verhältnis von 0,2 μm Magnetschicht, 0,8 μm Rückseitenschicht und 9 μm Trägerdicke ergibt sich beim metallbedampften (Metal-Evaporated, ME) Hi-8-Band. Für die Steigerung der Signalqualität bei gleichzeitig verkleinerten mechanischen Abmessungen von Recordern und Cassetten ist die Qualität des Magnetbandes von entscheidender Bedeutung. Wesentliche Punkte sind hier das verwendete Magnetschichtmaterial, das den Grad der Selbstentmagnetisierung und damit die Speicherkapazität pro cm^2 Bandoberfläche bestimmt, sowie die den Kopf-Bandkontakt beeinflussende Oberflächenrauhigkeit. Die magnetisierbaren Bereiche in der Magnetschicht bilden die Magnetpartikel, die eine längliche Struktur mit einer Länge von weniger als 1 μm aufweisen. Um eine hohe Aufzeichnungsdichte zu erhalten, sollen diese Partikel möglichst klein sein. Sehr kleine magnetisierte Bereiche haben aber den Nachteil, dass sie sich gegenseitig entmagnetisieren, d. h. hier kommen nur Materialien in Frage, die einen hohen Widerstand gegen Ummagnetisierung, also eine hohe Remanenz bzw. eine große Koerzitivfeldstärke, aufweisen. Die Selbstentmagnetisierung wird auch durch die längliche Form der Partikel vermindert.

Die Entwicklung der Magnetschicht-Materialien ist damit vorwiegend durch die Steigerung der Koerzitivfeldstärke bestimmt. Zu Beginn wurde Eisenoxid verwendet, später Chromdioxid, heute kommen vorwiegend Kobalt-dotiertes Eisenoxid und Reineisen zum Einsatz. Reineisenbänder haben die höchste Sättigungsremanenz, da die Packungsdichte der magnetisierbaren Atome hier besonders hoch ist, denn nichtmagnetisierbare Sauerstoffatome sind nicht mehr im Kristallgitter enthalten. Reineisenbänder werden bezüglich der Beschichtungsart in Metall-Partikel (MP) und Metal Evaporated (ME)-Typen unterschieden. Das ME-Verfahren ist das modernste, hier werden extrem dünne und glatte Schichten durch Aufdampfung der Metallschicht erreicht. ME-Bänder werden allerdings professionell eher selten eingesetzt, da die Haltbarkeit der Schicht angezweifelt wird.

Hochwertige Reineisenbänder weisen eine Koerzitivfeldstärke von mehr als 100 kA/m auf. Dieser Wert ist etwa doppelt so groß wie bei Bändern für die Heimaufzeichnung. Der Magnetbandbedarf für eine Stunde Programm konnte im Laufe der Entwicklung von ca. 20 m^2/h (C-Format) auf ca. 2 m^2/h gesenkt

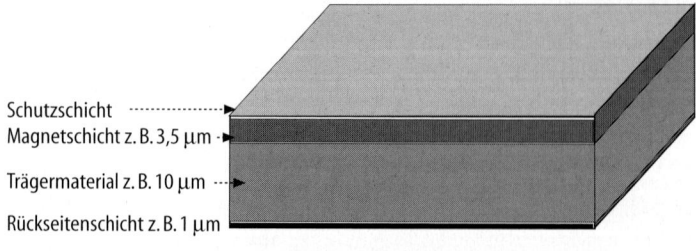

Schutzschicht
Magnetschicht z. B. 3,5 μm
Trägermaterial z. B. 10 μm
Rückseitenschicht z. B. 1 μm

Abb. 8.8. Magnetbandbeschichtung

werden [20]. Durch den Einsatz von Datenreduktionsverfahren können Werte bis hinab zu 0,2 m²/h erreicht werden. Für die Qualität der Bänder ist die Abriebfestigkeit der Magnetschicht von Bedeutung. Eine besonders hohe Beanspruchung ergibt sich bei der Wiedergabe von Videostandbildern. Gute Bänder weisen eine Standbildfestigkeit von ca. 2 Stunden auf. Eine weiteres Qualitätskriterium ist die Gleichmäßigkeit der Magnetisierbarkeit, die die Fehlstellen auf dem Band und damit die so genannte Drop-Out-Rate, bestimmt. Ein Drop-Out wird als ein gewisser Signalpegelabfall über eine bestimmte Zeit (z. B. 9 dB über wenigstens 13 µs) definiert. Die Drop-Out-Rate ist die Anzahl der Drop-Outs pro Minute.

Ein Beispiel für die Erzielung guter Bandqualität ist das ATOMM-Verfahren (Advanced Super Thin Layer and High Output Metal Media) von Fujifilm. Hier werden gleichzeitig zwei Schichten aufgebracht, hoch koerzitive Reineisenteilchen mit Größen im Submikronbereich befinden sich dann auf einer Grundschicht aus ultrafeinen Titan-Partikeln. Damit wird die Selbstentmagnetisierung drastisch reduziert und der Ausgangspegel, insbesondere für hohe Frequenzen erheblich erhöht. Auf dieser Basis konnte das erste MP-Band mit ME-Eigenschaften für das Hi8-Format entwickelt werden, außerdem wurde die Entwicklung der unter Zip bekannt gewordenen Computerdisketten mit 100 MB Speicherkapazität ermöglicht. Mit ATOMM II werden inzwischen Magnetschichtdicken von weniger als 0,2 µm und Bandwellenlängen von weniger als 0,5 µm bei einer Koerzitivfeldstärke von 183 kA/m erreicht. Bandmaterial mit dieser Technologie wird beim Format DVCPro eingesetzt [32].

8.2.3 MAZ-Grundprinzip

Zur Erzeugung des Magnetfeldes dient der Aufnahmekopf, der auch als Ton- oder Videokopf bezeichnet wird. Abbildung 8.9 zeigt einen montierten Videokopf im Vergleich zu einem Tonkopf aus einem Audio-Cassettengerät. Das zu speichernde Signal erzeugt im Kopf ein entsprechend wechselndes Magnetfeld, das aus dem Kopfspalt austritt. Das Feld tritt in das Magnetband ein und die Weißschen Bezirke in der Magnetschicht werden kollektiv ausgerichtet. Die entstehende Magnetisierung bleibt erhalten, die Information ist gespeichert.

Tonkopf aus einem
Audio-Compact-
Cassettenrecorder
zum Vergleich

Videokopfpaar

Kopftrommel

Abb. 8.9 Video-
und Tonmagnet-
kopf im Vergleich

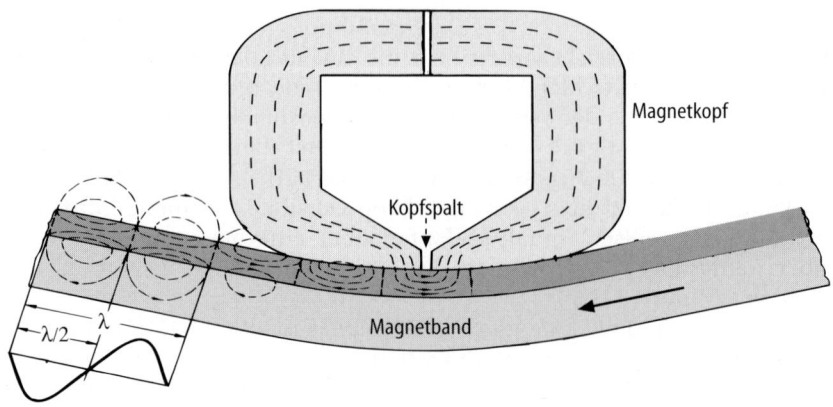

Abb. 8.10. Magnetfeld im Kopf und im Band

Das Band wird über die als Kopfspiegel bezeichnete Kontaktfläche hinweg bewegt, dabei wird die zeitliche Änderung des Magnetfeldes in eine örtlich veränderliche Magnetisierung umgesetzt [136]. Auf dem Band ergibt sich mit der räumlichen Periodizität die Bandwellenlänge λ (Abb. 8.10). Sie ist der Kopf-Band-Relativgeschwindigkeit v proportional und umso größer, je kleiner die Signalfrequenz f ist. Es gilt: $\lambda = v/f$.

Die Bewegung des Bandes muss äußerst gleichmäßig erfolgen, das Band sollte möglichst eben sein. Da das Transportsystem aber mechanisch arbeitet, und Unebenheiten oder Luftpolster zwischen Kopf und Band nicht völlig zu vermeiden sind, tritt ständig eine minimale Variation des mittleren Kopf-Band-Abstandes auf. Daraus folgt eine entsprechende Variation der Magnetisierung, bzw. bei der Wiedergabe eine Variation der induzierten Spannung. Aufgrund dieses Modulationsrauschens und ähnlicher Effekte weist das magnetische Aufzeichnungsverfahren in Relation zu anderen Signalbearbeitungsstufen das schlechteste Signal-Rauschverhältnis auf. Ein weiteres Problem ist, dass durch die bei der Signalbearbeitung unvermeidliche mehrmalige Kopie des Materials (mehrere Generationen) die obere Grenzfrequenz in jeder Stufe weiter nach unten verschoben wird. Diese Faktoren führten dazu, dass die Digitaltechnik bei der Magnetaufzeichnung frühzeitig eingeführt wurde.

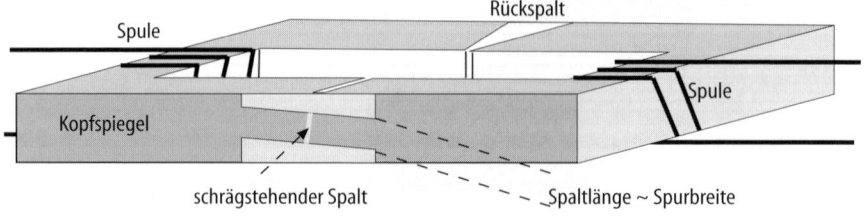

Abb. 8.11. Aufbau des Videokopfes

8.2.3.1 Der Magnetkopf

Damit die Magnetfeldlinien aus dem Kopf austreten und sich im Magnetband ausbreiten können, besteht der Kopf aus einem weichmagnetischen Werkstoff (Ferrit) mit einem glasgefüllten Spalt. Das ferromagnetische Kernmaterial des Kopfes dient zur möglichst verlustlosen Übertragung des Feldes zum Spalt, an dem dann das Feld in das Magnetband übertritt. Das weichmagnetische Material weist geringe Ummagnetisierungsverluste und eine hohe Permeabilität (magnetische Leitfähigkeit) auf, es stellt einen geringen magnetischen Widerstand dar. Auch die hartmagnetische Schicht des Bandes hat eine hohe Permeabilität, während sie dagegen für den glasgefüllten Spalt sehr gering ist. Im Bereich des Spaltes treten die Magnetfeldlinien daher aus dem Kopfspalt aus und befinden sich vorzugsweise im aufliegenden Magnetband (Abb. 8.10).

Die Spaltlänge bestimmt die Breite der Videospur. Moderne Geräte arbeiten mit Spurbreiten zwischen 10 µm und 80 µm. Aus fertigungstechnischen Gründen ist die Kopfspiegelbreite oft größer als die Spaltlänge, die dann durch die in Abb. 8.11 gezeigte Verjüngung erreicht wird [11]. Der Kopfspiegel kann heute so abriebfest ausgeführt werden, so dass Kopflebensdauern von über 2000 Betriebsstunden erreicht werden. Die zeigt auch, dass der Spalt schräg zum Kopfspiegel steht (Slanted Azimut). Schrägstehende Spalte werden benutzt, um trotz fehlerhafter Spurabtastung eine gute Übersprechdämpfung zu erreichen (s. u.).

Die Spaltbreite d bestimmt die kleinsten magnetisierbaren Bereiche auf dem Band, daraus resultiert mit $d \approx \lambda/2$ die kleinste räumliche Periodizität λ_{min}. Je schneller das Band bewegt wird, desto schneller wechseln die Perioden, und desto höher liegt die aufzeichenbare Grenzfrequenz $f_{gr} = v/\lambda_{min}$ (Abb. 8.12). Videoköpfe sollten für eine Verarbeitung eines FM-Frequenzspektrums von bis zu 20 MHz geeignet sein, Audioköpfe für Frequenzen bis zu 20 kHz. Tonköpfe haben Spaltbreiten zwischen 3 µm und 8 µm, Videoköpfe zwischen 0,3 µm und 0,5 µm. Kleinere Spaltbreiten sind schwer realisierbar, da die Feldstärke im Magnetband zu klein wird.

8.2.3.2 Der Aufnahmevorgang

Das Magnetfeld wird im Ton- oder Videokopf mit Hilfe einer um die Kopfschenkel gewickelten stromdurchflossenen Spule erzeugt. Das Signal und damit die Magnetisierung ändern sich zeitlich in schneller Folge, so dass auch das Material des Tonkopfes ständig ummagnetisiert wird. Der Zusammenhang zwischen Signal und Magnetisierung ist nichtlinear und wird mit Hilfe der Hysteresekurve beschrieben. Auch der remanente Bandfluss weist aufgrund

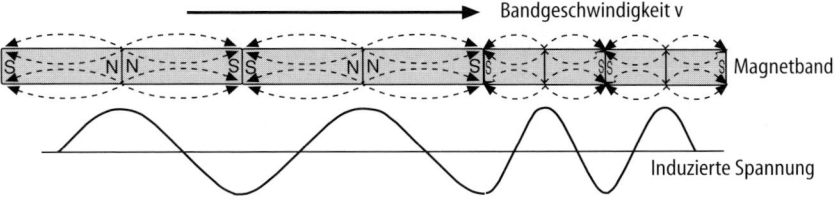

Abb. 8.12. Bandwellenlängen und Wiedergabefrequenzen

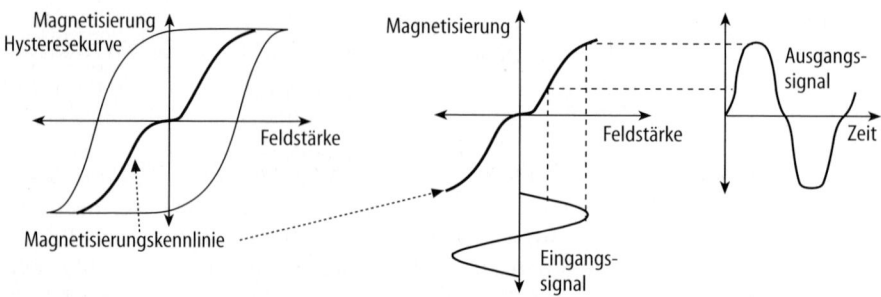

Abb. 8.13. Signalverzerrung an der Magnetisierungskennlinie

der schnellen Ummagnetisierung eine nichtlineare Magnetisierungskennlinie auf. Ein Signal wird hier verzerrt. Abbildung 8.13 zeigt als Beispiel die Verformung eines Sinus-Signals an der Magnetisierungskennlinie. Die Signalverzerrungen stellen, abhängig von der aufzuzeichnenden Signalart, ein mehr oder weniger großes Problem dar. Die geringsten Schwierigkeiten ergeben sich bei der Aufzeichnung digitaler Signale. Hier sind nur zwei Zustände erlaubt, die ohne Rücksicht auf die Kennlinie den zwei möglichen Magnetisierungsrichtungen (Nord und Süd) zugeordnet werden können (Abb. 8.14). Daher ist die Digitalaufzeichnung der Magnet-Aufzeichnung am besten angepasst und die Aufzeichnung kann direkt erfolgen. Bei der analogen Videosignalaufzeichnung wird das Kennlinien-Problem umgangen, indem die Information nicht in der Signalamplitude, sondern in der Frequenz verschlüsselt wird (FM, s. Abschn. 8.4.1). Dieses Verfahren wird auch zur hochqualitativen Audioaufzeichnung verwendet. Bei der üblichen analogen Audioaufzeichnung auf Längsspuren werden die durch die Kennlinie bewirkten Signalverzerrungen durch ein HF-Vormagnetisierungsverfahren weitgehend vermieden (s. Abschn. 8.4.4).

8.2.3.3 Der Wiedergabevorgang

Zur Wiedergabe wird das Band in gleicher Weise wie bei der Aufnahme am Magnetkopf vorbei geführt. Die auf dem Band gespeicherte, veränderliche Magnetisierung erzeugt bei diesem Bewegungsvorgang im Kopf ein wechselndes Magnetfeld, das wiederum zur Induktion einer Spannung U führt. Das Induktionsgesetz lautet: $U = - N \cdot d\Phi/dt$. Darin steht N für die Windungszahl der Spule und $d\Phi/dt$ für die Veränderung des magnetischen Flusses mit der Zeit. Daraus folgt, dass die induzierte Spannung umso größer ist, je schneller sich

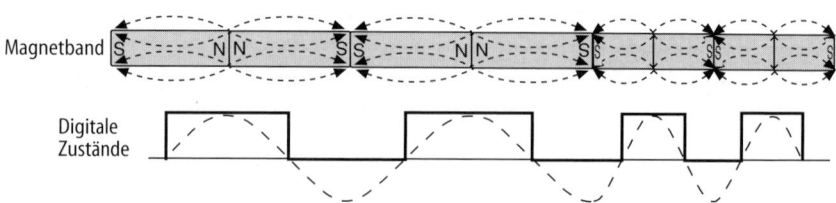

Abb. 8.14. Digitale und Magnetisierungszustände

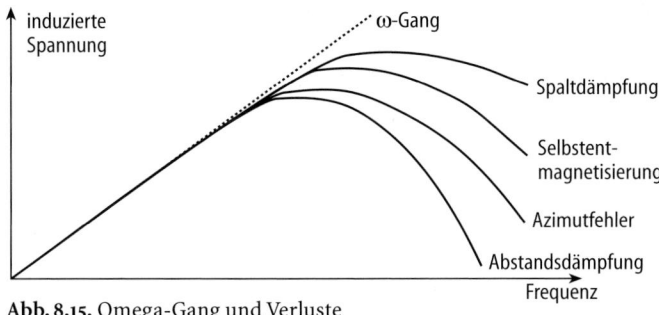

Abb. 8.15. Omega-Gang und Verluste

der Fluss, bzw. die Magnetisierung ändert. Schnelle Änderungen entstehen bei hohen aufgezeichneten Signalfrequenzen. Die Spannung hängt damit linear von der Frequenz ab, sie verdoppelt sich bei Frequenzverdopplung (pro Oktave). Der zugehörige Spannungsverlauf über der Frequenz wird als Omega-Gang bezeichnet.

Wie bei der Aufnahme wird der Gesamt-Frequenzgang auch bei der Wiedergabe von Verlusten bestimmt, die vor allem bei hohen Frequenzen wirksam werden. Abbildung 8.15 zeigt die Veränderung des Omega-Gangs durch die Verluste und den resultierenden Gesamt-Frequenzgang. Ein wichtiger Verlustfaktor ist sowohl bei der Aufnahme als auch bei der Wiedergabe der aufgrund des mechanischen Antriebs nicht optimale Band-Kopf-Abstand.

Daneben tritt als Verlustfaktor der Spalteffekt auf, d. h., dass bei hohen Frequenzen die Bandwellenlängen so klein werden können, dass unterschiedlich ausgerichtete magnetische Bereiche im Kopfspalt wirksam werden und sich in ihrer Wirkung gegenseitig kompensieren. Im Extremfall, wenn die Bandwellenlänge gleich der effektiven Kopfspaltbreite ist, wird dadurch die induzierte Spannung zu Null (Abb. 8.16). Ein weiterer wichtiger Verlustfaktor ist der so genannte Azimut-Fehler. Der Azimut bezeichnet den Winkel zwischen Kopfspalt und der magnetisierten Spur auf dem Band. Bei der Längsspuraufzeichnung steht der Kopfspalt senkrecht zur Spur. Dieser Winkel muss nicht zwangsläufig eingehalten werden, der Kopfspalt wird zur Übersprechreduktion zwischen Nachbarspuren oft absichtlich nicht rechtwinklig eingestellt (Slanted Azimut, s. Abschn. 8.2.4). Zur Vermeidung von Verlusten kommt es vor allem

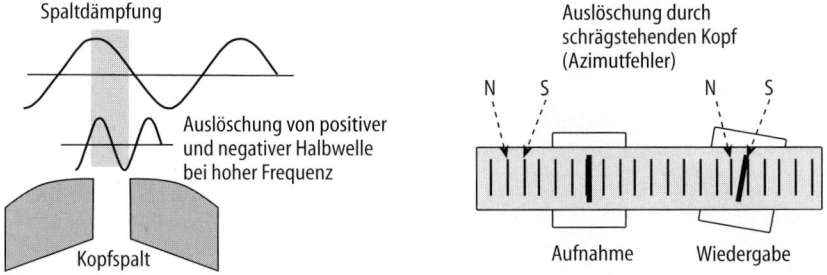

Abb. 8.16. Verluste durch Spaltdämpfung und Azimutfehler

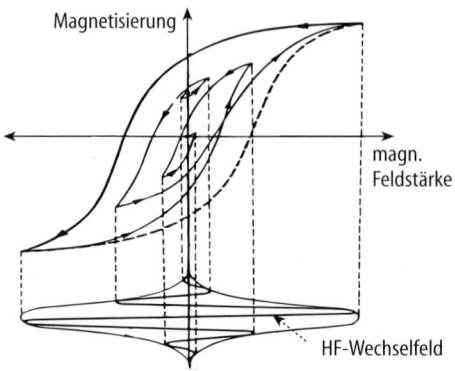

Abb. 8.17. Magnetbandlöschung
mit HF-Wechselfeld

darauf an, dass die Köpfe zur Aufnahme und Wiedergabe denselben Azimut aufweisen. Ein im Bezug auf die Aufnahme gekippter Wiedergabekopf erfasst in Spurlängsrichtung zu große Bereiche und wirkt damit wie ein verbreiterter Kopfspalt mit entsprechender Dämpfung hoher Frequenzen.

8.2.3.4 Der Löschvorgang

Ein gelöschtes Band trägt keine gespeicherten Signale. Dieser Zustand wird erreicht, wenn alle Magnetpartikel so ungeordnet sind, dass sich die Magnetisierung im Mittel aufhebt. Die Signale auf dem Band werden mit Hilfe eines Löschkopfes gelöscht, der entweder als stationärer Kopf die gesamte Breite des Bandes umfasst und damit ggf. mehrere Spuren zugleich löscht, oder wie der Aufnahmekopf, die Spuren einzeln erfasst. Dazu muss er als sog. fliegender Löschkopf auf der Kopftrommel montiert sein. Ein Löschkopf arbeitet mit hohem Wirkungsgrad und hat einen breiten Spalt oder Doppelspalt. Gelöscht wird mit einem Hochfrequenzfeld (f > 100 kHz). Beim Vorbeiziehen des Bandes am Spalt wird es bis zur Sättigung durchmagnetisiert, dann entfernt sich das Band stetig aus dem Feld. Dabei nimmt die Feldstärke ab, so dass immer kleinere Hystereseschleifen durchlaufen und damit alle Bereiche in der Magnetschicht erfasst werden (Abb. 8.17).

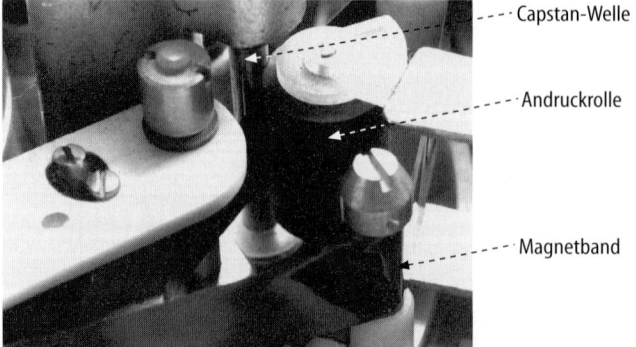

Abb. 8.18. Capstan-Antrieb

8.2.4 Magnetband- und Kopfführung

Bei der Magnetbandaufzeichnung ist vor allem eine konstante Bandgeschwindigkeit erforderlich. Meistens wird diese über einen kraftschlüssigen Bandantrieb mit Hilfe eines Capstans erreicht. Eine aus Hartgummi bestehende Andruckrolle presst dabei das Band an eine über einen geregelten Motor angetriebene Welle (Abb. 8.18). Das Band bewegt sich mit konstanter Geschwindigkeit, allerdings ist ein Schlupf nicht auszuschließen. Das Band kann auch ohne Andruckrolle transportiert werden, indem es durch Unterdruck an einen so genannten Vacuum-Capstan gesogen wird (Fa. Ampex). Das Band wird von separat angetriebenen Wickeltellern aufgenommen. Für die Konstanz der Bandgeschwindigkeit haben die Wickelantriebe untergeordnete Bedeutung, allerdings muss der Bandzug optimal eingestellt sein. Insgesamt erfordert der Bandantrieb hohe mechanische Präzision, alle Wellen und Führungsrollen müssen exakt justiert und vor allem sauber sein.

8.2.4.1 Längsspuraufzeichnung

Die Längsspuraufzeichnung ist das Aufzeichnungsverfahren, das beim konventionellen Tonbandgerät zum Einsatz kommt. Es wird mit feststehenden Magnetköpfen gearbeitet. Nur das Band wird bewegt, so dass sich eine ununterbrochene Längsspur parallel zum Band ergibt (Abb. 8.19). Ausgehend von einer Spaltbreite $d = 5\ \mu m$ und $d \approx \lambda/2$ kann beim Tonbandgerät nach der Beziehung $f_{gr} = v/\lambda$ die Audio-Grenzfrequenz von 20 kHz mit einer Bandgeschwindigkeit $v = 20$ cm/s erreicht werden.

In Videorecordern wird das Längsspurverfahren zur Aufzeichnung von Audiosignalen, von Timecode (s. Kap. 9.3) und von Kontrollsignalen (CTL) eingesetzt. Für Videosignale ist die Längsspuraufzeichnung nicht geeignet, denn da die Kopfspaltbreite relativ zum Tonkopf nur etwa um den Faktor 10 reduziert werden kann, ist zur Erzielung einer Grenzfrequenz von 5 MHz für die Videoaufzeichnung eine Erhöhung der Relativgeschwindigkeit zwischen Kopf und Band um etwa Faktor 25 erforderlich. Die bei den ersten Versuchen zur Entwicklung von Videorecordern eingesetzte Erhöhung der Bandgeschwindigkeit bei stehendem Magnetkopf erwies sich daher als unpraktikabel.

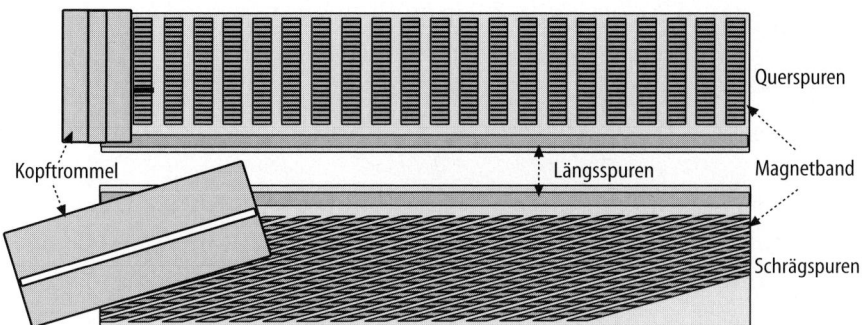

Abb. 8.19. Quer- Längs- und Schrägspuren

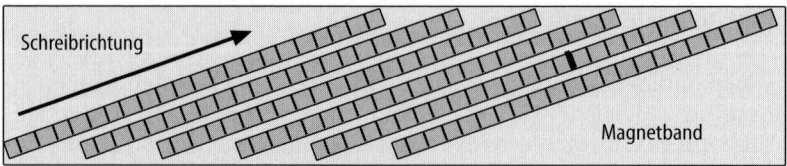

Abb. 8.20. Schrägspuren mit Sicherheitsabstand

8.2.4.2 Quer- und Schrägspuraufzeichnung

Erst der Gedanke, dass nicht die Bandgeschwindigkeit, sondern nur die Relativgeschwindigkeit zwischen Kopf und Band entscheidend ist, und dass auch der Magnetkopf in Bewegung gesetzt werden kann, führte zum ersten MAZ-Format von praktischer Bedeutung. Die Videoköpfe werden auf einer Kopftrommel (Drum) befestigt und in schnelle Rotation versetzt, während die Bandvorschubgeschwindigkeit auf dem Niveau der Audioaufzeichnungsgeräte bleibt. Beim zunächst entwickelten Querspurverfahren (Quadruplex-Format) rotierte die Kopftrommel senkrecht zum Band (Abb. 8.19). Alle anderen relevanten Formate arbeiten mit einer relativ zum Band schräg stehenden Kopftrommel. Entweder steht die Kopftrommel schräg im Gerät, oder das Band wird mit speziellen Führungsbolzen schräg um die senkrecht stehende Kopftrommel herumgeführt. Bei diesem Schrägspurverfahren werden Spur-Band-Winkel zwischen 2° und 15° (meist 5°) verwendet. Der Winkel ergibt sich aus der Lage der Kopftrommel und hängt außerdem von der Bandvorschubgeschwindigkeit ab.

Die Schrägspuren unterbrechen das kontinuierliche Signal. Damit sich daraus möglichst wenig Probleme ergeben, wird die Schrägspurlänge bei den meisten Formaten so gewählt, dass eine Spur ein vollständiges Halbbild enthält. Falls dies nicht der Fall ist (z. B. beim 1" B-Format), spricht man von segmentierter Aufzeichnung. Es ergeben sich Spurlängen zwischen ca. 80 mm (1" B) und 400 mm (1" C). Die Spuren werden von der unteren zur oberen Bandkante geschrieben. Am Spuranfang liegt der vertikale Synchronimpuls.

Um eine hohe Aufzeichnungsdichte zu erzielen, sollen die Schrägspuren möglichst schmal sein und dicht nebeneinander liegen. Es werden Spurbreiten zwischen 160 μm (1" C) und 10 μm (DV) verwendet. Der Abstand zwischen den Spuren beträgt etwa ein Viertel der Spurbreite (Abb. 8.20).

Die Aufzeichnungsdichte kann erhöht werden, indem auf den Spurzwischenraum (Rasen) verzichtet wird. Allerdings muss dann verhindert werden,

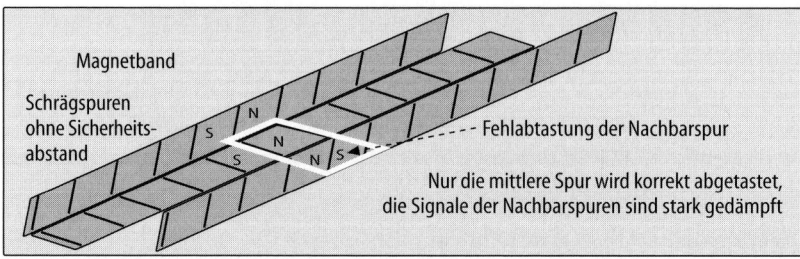

Abb. 8.21. Dämpfung des Spur-Übersprechens durch Slanted Azimut

Abb. 8.22. 350°- und 180°- Kopftrommelumschlingung

dass bei einer Fehlabtastung das Signal der Nachbarspur im Videokopf wirksam wird. Dieses Übersprechproblem wird durch die Slanted Azimut-Technik minimiert, bei der die Videokopfspalte nicht wie üblich senkrecht zur Spur stehen, sondern bewusst um Winkel zwischen ± 6° und ± 20° gegen die Spur verkippt werden. Die Vorzeichen zeigen an, dass die Verkippung nach rechts und nach links erfolgt, so dass sich die Spuren mit den zugehörigen Winkeln jeweils abwechseln (Abb. 8.21). Wenn ein Kopf durch eine Fehlabtastung auf die Nachbarspur gerät, so wird diese mit einem Azimutfehler von mindestens 12° abgetastet, was zu einer Übersprechdämpfung führt, die besonders bei hohen Frequenzen wirksam ist.

8.2.4.3 Kopftrommelumschlingung

Insgesamt befinden sich auf Videobändern Schrägspuren für das Videosignal und Längsspuren für Audio- und Zusatzsignale. Die Schrägspuren liegen in der Mitte, die Längsspuren an den Rändern des Bandes. Im Gegensatz zum Längsspurverfahren ergeben sich bei der Quer- und Schrägspuraufzeichnung unterbrochene Videospuren. Wenn nur ein Videokopf benutzt wird, muss das Band möglichst weit um die Trommel geschlungen werden, wie es beim 1" C-Format geschieht (Umschlingung 350°), damit das Videosignal bei der Unterbrechung nur für möglichst kurze Zeit ausfällt. Bei den meisten Formaten wird mit mehreren Köpfen aufgezeichnet, die abwechselnd eingesetzt werden. Die einfachste, z. B. bei VHS und Betacam SP eingesetzte, Variante ist die 180°-Umschlingung, bei der sich zwei Köpfe abwechseln (Abb. 8.22).

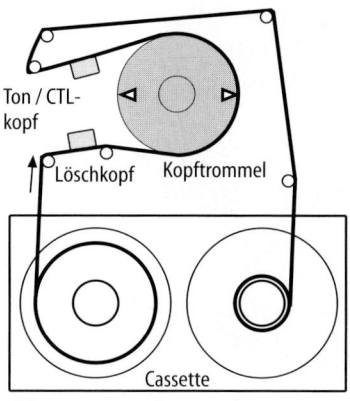

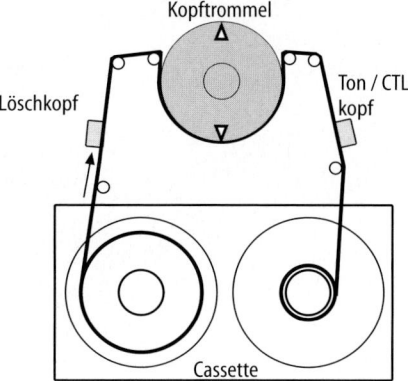

Abb. 8.23. U- und M-Loading-Prinzip

Der Umschlingungsgrad hängt mit dem fest definierten Kopftrommeldurchmesser zusammen. Wird bei einem Format eine verkleinerte Kopftrommel eingesetzt, um z. B. ein kompakteres Gerät entwickeln zu können, muss der Umschlingungsgrad entsprechend verändert werden. Bei Geräten, die mit offenen Spulen arbeiten, muss das Band von Hand eingelegt werden, bei Cassettensystemen wird die Kopftrommelumschlingung automatisch durchgeführt. Führungsstifte greifen hinter das Band und ziehen es um die Kopftrommel herum, wobei die Bandführung bei der 180°-Umschlingung nach U- und M-Loading unterschieden wird (Abb. 8.23).

8.2.4.4 Die Kopftrommel

Die Kopftrommel besteht aus einem rotierenden und einem feststehenden Teil. Häufig rotiert die gesamte obere Kopftrommelhälfte, bei einigen Formaten aber nur eine dünne Kopfscheibe im Inneren (Scanner). Die Videoköpfe ragen dann aus einem sehr dünnen Spalt heraus. Sie haben gegenüber der Trommel einen Kopfüberstand von ca. 30 μm bis 60 μm. Die Signalübertragung vom stationären zum rotierenden Teil geschieht mit Hilfe von Übertragern. Auf den beiden Kopftrommelteilen sind jeweils Spulen montiert. Wenn sich die rotierende Spule über die feststehende hinweg dreht, wird eine kontaktlose Signalübertragung bewirkt. Häufig befinden sich neben den sog. Kombiköpfen für Aufnahme und Wiedergabe weitere Köpfe auf der Trommel, z. B. separate (evtl. bewegliche) Wiedergabeköpfe, HiFi-Tonköpfe und fliegende Löschköpfe, die eine selektive Löschung einzelner Spuren ermöglichen. Abbildung 8.24 zeigt eine entsprechend bestückte Kopftrommel (Betacam SP).

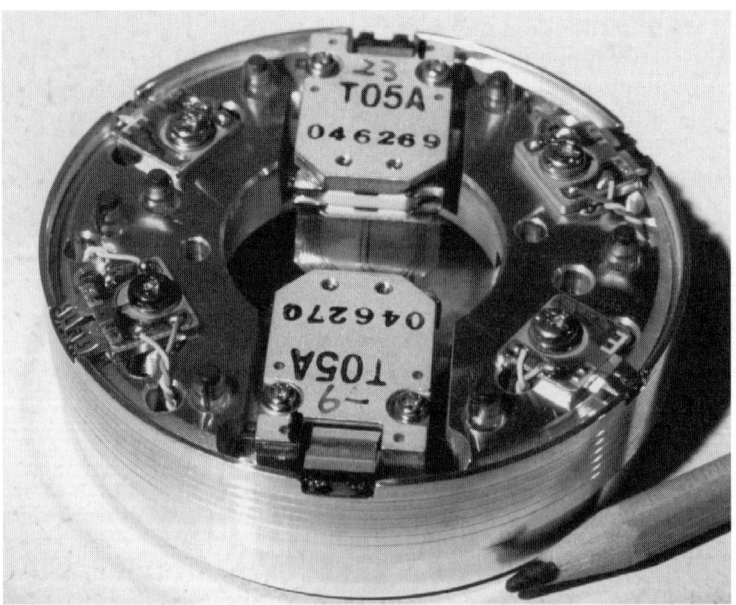

Abb. 8.24. Kopftrommel mit drei Kopfpaaren (Betacam SP)

8.3   Spurabtastung und Servosysteme

Für die Qualität eines Videorecorders ist die Erzeugung und Abtastung einer gleichmäßigen Spuranordnung von großer Bedeutung. Bei der Aufnahme soll ein exaktes und vor allem normgerechtes Spurbild entstehen, damit Bänder zwischen Geräten desselben Formates ausgetauscht werden können. Bei der Wiedergabe muss dieses Spurbild möglichst genau wieder getroffen werden, wobei auch ein möglicher Bandschlupf ausgeglichen werden muss. Um diese Ziele zu erreichen, ist es erforderlich, dass die Bandführung sehr präzise erfolgt. Die Führungselemente müssen exakt justiert und sauber sein, insbesondere gilt dies für die Führungselemente, die die Schräglage des Bandes relativ zur Kopftrommel bestimmen. Abbildung 8.25 zeigt eine typische Bandführung. Im Vergleich zum Tonbandgerät ergibt sich eine Besonderheit durch das Vorhandensein zweier Antriebssysteme für Kopf und Band. Bezüglich beider Systeme wird dafür gesorgt, dass die Rotationsgeschwindigkeiten über Regelkreise konstant gehalten werden. Die Regelkreise (Servosysteme) beeinflussen aber nicht nur die Rotationsfrequenz, sondern auch die Rotationsphase. Sie sind auch miteinander verkoppelt, denn es muss dafür gesorgt werden, dass die Kopftrommel gerade soweit rotiert, dass der nächste aktive Videokopf genau die nächste Spur abtastet.

Professionelle Geräte bieten außerdem die Möglichkeit, die Spuren auch bei veränderter Bandgeschwindigkeit störungsfrei abzutasten (Dynamic Tracking, s. u.). Darüber hinaus sollen professionelle Geräte für den Schnittbetrieb geeignet sein, was bedeutet, dass anhand eines aufgezeichneten Timecodes jedes Bild exakt lokalisiert werden kann, und dass Zuspieler und Recorder von einem externen Gerät fernsteuerbar sind (s. Kap. 9.3). Die Fernsteuerungen werden in parallele und serielle Systeme unterschieden. Erstere erlauben durch viele Leitungen, die je einer einzelnen Funktion zugeordnet sind, einen einfachen Zugriff auf die wichtigsten Laufwerksfunktionen (Record, Play, Stop, Rewind, etc.), sind aber an das Recorderformat gebunden. Moderne Systeme lassen sich universell einsetzen, sie nutzen Schnittstellen, bei denen die Laufwerksfunktionen durch digital codierte Befehle ausgelöst werden, die seriell übertragen werden. Als »Quasi-Standard« hat sich hier die so genannte Sony 9-Pin-Schnittstelle auf Basis der RS-422A-Computerschnittstelle durchgesetzt.

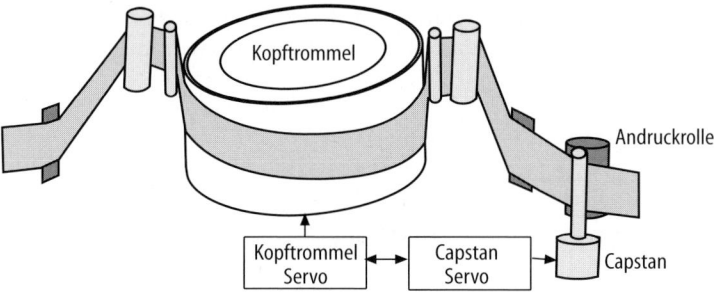

Abb. 8.25. Magnetbandführung an der Kopftrommel

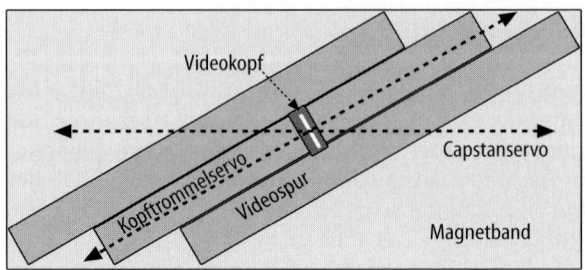

Abb. 8.26. Kopfposition in Abhängigkeit von den Servosystemen

8.3.1 Servosysteme

Die wichtigste Aufgabe der Servosysteme ist die Geschwindigkeits- und Phasenregelung für die Kopftrommel- und die Bandgeschwindigkeit (Abb. 8.26). Weitere Servosysteme in MAZ-Geräten dienen der Kontrolle eines konstanten Band-Aufwickelzuges. Der Regelkreis dient in allen Fällen der Nachregelung einer Motordrehzahl (Regelstrecke). Die gegenwärtige Drehzahl wird als Ist-Größe mit einer vorgegebenen Soll-Größe verglichen und das Ergebnis (Regelgröße) beeinflusst über ein Stellglied die Drehzahl (Abb. 8.27). Der Ist-Wert wird häufig aus der Frequenz einer Spannung abgeleitet, die in einer stationären Spule oder einem Hall-Element durch einen an der Motorachse rotierend angebrachten Permanentmagneten induziert wird.

Zur Erfüllung der genannten Aufgaben und Bereitstellung der Ist-Größen brauchen die Servosysteme Hilfssignale, die bei fast allen Aufzeichnungsformaten auf einer sog. Steuer-, Kontroll- oder CTL-Spur im Längsspurverfahren aufgezeichnet werden (Abb. 8.28). Ein stationärer CTL-Kopf zeichnet Scanner-Referenz-Pulse auf, die mit der Kopftrommel-Umdrehung verkoppelt sind. Die Signale auf der CTL-Spur ergeben die mechanisch festgelegte Referenz für die Videospurlage. Sie entsprechen quasi einer elektronischen Perforation, die es ermöglicht, dass bei der Wiedergabe jede Spur genau getroffen wird.

Um die Kopftrommelrotation auf dem Sollwert zu halten, wird der Kopftrommel-Servo eingesetzt. Bei den meisten Formaten, bei denen mit zwei Köpfen ein Halbbild pro Spur aufgezeichnet wird, beträgt der Sollwert genau 25 Umdrehungen pro Sekunde. Mit der Kopftrommel-Phasenregelung wird zusätzlich die Position der Videoköpfe relativ zum Referenzsignal berücksichtigt. Die Position muss so geregelt sein, dass sich der Kopf bei der Aufnahme ge-

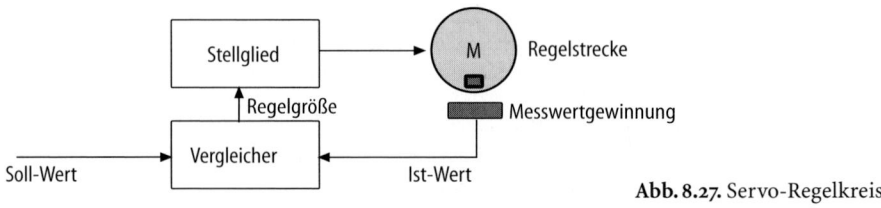

Abb. 8.27. Servo-Regelkreis

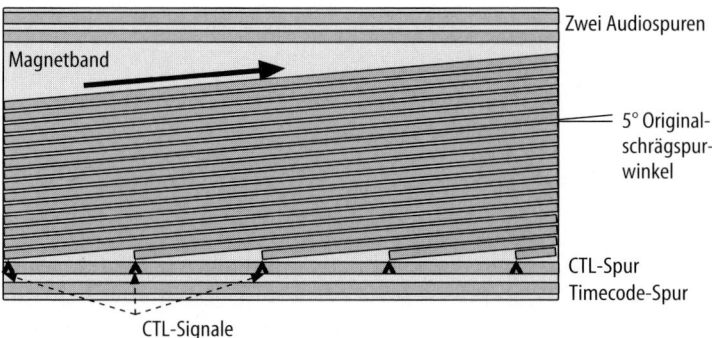

Abb. 8.28. Spurlage und CTL-Impulse

nau dann am Spuranfang befindet, wenn der V-Synchronimpuls vorliegt. Die Kopfposition bestimmt auch den Zeitpunkt der Kopfumschaltung (Abb. 8.29). Sie muss kurz vor dem V-Sync vorgenommen werden, damit ein Wiedergabemonitor sich auf ein ungestörtes V-Sync-Signal einstellen kann. Bei professionellen Videogeräten liegt die Kopfumschaltung ca. zwei Zeilen vor dem V-Sync, bei Amateurgeräten ca. sechs Zeilen. Der letztgenannte Betrag ist für eine gute Bildqualität zu hoch, im Underscan-Modus erscheinen auf dem Monitor deshalb bei der Wiedergabe mit Amateurgeräten am unteren Bildrand oft einige gestörte Zeilen.

Der Capstan-Regelkreis kontrolliert die Bandgeschwindigkeit, von der die Lage der Schrägspuren und der Schrägspurwinkel abhängig ist. Bei der Aufnahme wird der Soll-Wert aus einem stabilen Quarzoszillator abgeleitet, dabei werden auch die Signale für die CTL-Spur generiert. Bei der Wiedergabe orientiert sich der Regelkreis an eben diesen Signalen auf der CTL-Spur. Beim Video 8-Format, bei DV und bei Digital Betacam werden die CTL-Signale nicht auf Längsspuren, sondern zusammen mit dem Videosignal auf den Schrägspuren aufgezeichnet. Der Capstan-Regelkreis wird über Pegel- und Frequenzerkennung dieser als ATF (Automatic Track Following) bezeichneten Signale gesteuert (s. Abschn. 8.6.5).

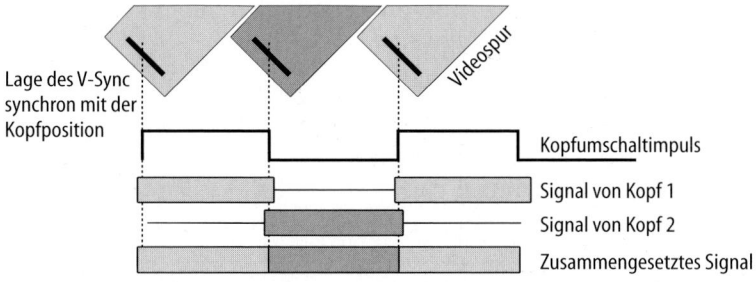

Abb. 8.29. V-Sync und Kopfumschaltung

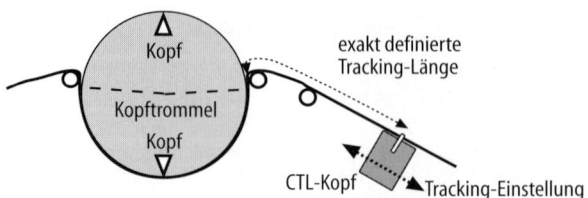

Abb. 8.30. Tracking

Da die Signale auf der CTL-Spur die mechanisch festgelegte Referenz darstellen, ist die Position des CTL-Kopfes relativ zur Kopftrommel entscheidend
für eine genormte Spurlage. Bei Bändern, die auf verschiedenen Geräten be-
spielt wurden, kann sich aufgrund unterschiedlicher Positionen des CTL-Kopfes zwischen Aufnahme- und Wiedergabegerät eine Spurlagenabweichung ergeben, die bei der Wiedergabe durch die Veränderung des Tracking, d. h. durch
eine Verzögerung des CTL-Signals, ausgeglichen werden kann. Die Verzögerung wirkt wie eine Lageänderung des CTL-Kopfes (Abb. 8.30). Die Tracking-
Einstellung kann manuell erfolgen. An professionellen Geräten steht dazu als
Hilfsmittel ein Anzeigeinstrument zur Verfügung, das den maximalen Videopegel anzeigt, wenn die Köpfe genau die Videospurmitte abtasten. Bei Geräten
mit Auto-Tracking wird anhand des sich bei der Abtastung ergebenden Signalpegels das Servosystem automatisch immer so nachgeführt, dass sich stets ein
maximaler Pegel ergibt.

Die bisher verwendeten Begriffe Tracking und Auto-Tracking beziehen sich
nur auf die Regelung des Bandantriebs (Capstan-Tracking). Sie werden aber
auch für eine andere Art der genauen Spurabtastung verwendet, die meist mit
Dynamic Tracking (DT) (auch Automatic Scan Tracking, AST) bezeichnet wird
[20]. Beim Dynamic Tracking wird der Videokopf beweglich und in der Bewegung steuerbar auf der Kopftrommel montiert, damit er auch bei Abweichungen von der Standard-Spurlage immer auf der Spurmitte geführt werden kann
(Abb. 8.32). Dies ist insbesondere bei der Wiedergabe mit veränderter Bandgeschwindigkeit erforderlich. Die dabei erforderliche Spurlagenveränderung ist
gering, die entsprechend minimale Verbiegung des Kopfhalters kann daher mit
Hilfe von kleinen Hubmagneten oder piezoelektrischen Materialien erreicht
werden. Ein Piezokristall ändert seine Länge unter dem Einfluss einer elektrischen Spannung. Die Halterungen des Videokopfes werden so gefertigt, dass
zwei entgegengesetzt polarisierte Piezo-Schichten verwendet werden, von denen sich unter der Steuerspannung eine dehnt und eine zusammenzieht, so
dass der Kopfhalter verbogen wird (Abb. 8.31).

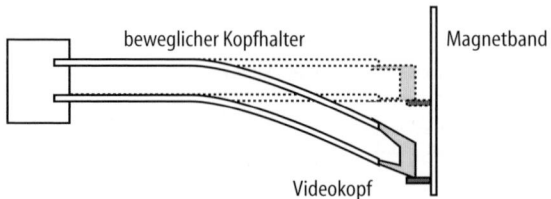

Abb. 8.31. Bewegliche Videoköpfe

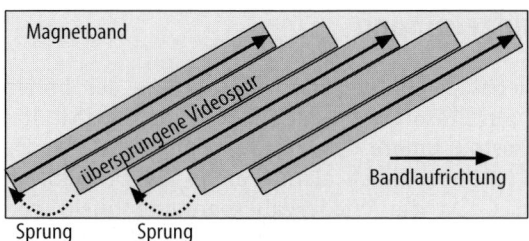

Abb. 8.32. Zeitraffer 2:1 durch Überspringen jeder 2. Spur

8.3.2 Zeitlupe und Zeitraffer

Diese Effekte entstehen bei der Wiedergabe mit einer Bildfolge-Geschwindigkeit, die von der der Aufnahme abweicht. Die Bildfolgefrequenzen bei der Aufnahme f_A und Wiedergabe f_W lassen sich über einen Faktor k für Zeitlupe bzw. -raffer verknüpfen: $f_W = k \cdot f_A$. Die Festlegung bezieht sich auf die Bildfolgen, die Bildfrequenz des Videosignals wird natürlich beibehalten. Die Kopftrommelumdrehungszahl bleibt konstant, und der Bandvorschub wird entsprechend dem Faktor k verändert. Der Wert k = 1 entspricht dem Normalbetrieb, bei k = 0 wird immer dasselbe Bild wiederholt. Bei einem k zwischen 0 und 1 ergibt sich eine Zeitlupenwiedergabe. Sie kann durch zyklischen Wechsel zwischen der Standbildabtastung und der Normalwiedergabe (z. B. Im Verhältnis 3:1) erreicht werden. Bei k > 1 entsteht der Zeitraffereffekt [87]. Zur Erzielung der doppelten Bildfolgegeschwindigkeit wird z. B. jede zweite Spur einfach übersprungen (Abb. 8.32). Professionelle MAZ-Geräte ermöglichen Werte für k zwischen − 1 und + 3, d. h. erlaubte Bandgeschwindigkeiten liegen zwischen einfach rückwärts bis dreifach vorwärts.

Beim Zeitlupen- und Zeitrafferbetrieb tritt das Problem auf, dass sich der Spurwinkel verändert. Abbildung 8.33 zeigt die Spurlage bei Normalbetrieb im Vergleich zum Betrieb mit veränderten Geschwindigkeiten. Ohne Korrekturmaßnahmen ist das Videosignal bei der Zeitlupen- oder Zeitraffer-Wiedergabe also gestört. Mit Hilfe der Dynamic Tracking-Funktion wird aber bei professionellen Geräten der Kopf auch bei verändertem Spurwinkel auf der Spur gehalten, die somit korrekt abgetastet werden kann. Bei Normalgeschwindigkeit kann beim Dynamic-Tracking-Betrieb die Bildqualität geringfügig verschlechtert sein, da der Kopf-Band-Kontakt bei verbogenem Kopfhalter nicht immer optimal ist. Daher sollten bei Normalgeschwindigkeit die stationären statt der beweglichen (DT-) Köpfe benutzt werden.

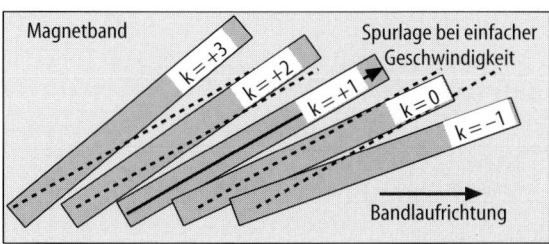

Abb. 8.33. Veränderte Spurlage bei Zeitlupe- und Zeitraffer

8.4 Analoge Magnetbandaufzeichnung

Das große Problem bei der Videoaufzeichnung, die Verarbeitung der hohen Bandbreite (5 MHz), wird durch den Einsatz rotierender Videoköpfe gelöst. Ein zweites Problem besteht darin, dass die untere Grenzfrequenz bis nahe an 0 Hz heranreicht, und der gesamte Frequenzbereich damit mehr als 23 Oktaven (Frequenzverdoppelungen) umfasst. Da die Wiedergabespannung linear von der Frequenz abhängt (ω-Gang), wird bei Signalfrequenzen nahe Null eine extrem kleine Spannung induziert, und der Signal-Rausch-Abstand wird entsprechend schlecht. Eine dritte Schwierigkeit resultiert aus der nichtlinearen Magnetisierungskennlinie.

Die genannten Probleme werden gelöst, indem bei allen analogen MAZ-Formaten wenigstens das Luminanzsignal vor der Aufzeichnung frequenzmoduliert wird, womit die Information nicht mehr in der Signalamplitude, sondern in der Frequenz verschlüsselt ist. Für die Verarbeitung des Farbsignals gibt es drei Varianten: Es kann ein komplettes FBAS-Signal aufgezeichnet werden; wegen des im hohen Frequenzbereich (bei PAL 4,43 MHz) liegenden Farbträgers erfordert diese, historisch zuerst realisierte Variante (2"- und 1"-MAZ), eine sehr hohe Aufzeichnungsbandbreite und entsprechend aufwändige Geräte. Kleinere und preiswertere Geräte können realisiert werden, wenn Luminanz- und Chromasignale getrennt behandelt werden. Bei Geräten geringer Qualität wird dazu das Colour Under-Verfahren (U-Matic, VHS, Video 8) eingesetzt, bei Geräten hoher Qualität wird das Luminanz- und das Chromasignal auf getrennten Spuren aufgezeichnet (Betacam, M).

8.4.1 Aufzeichnung mit Frequenzmodulation

Die Grundlagen der Frequenzmodulation sind in Kap. 4.1 beschrieben. Jedem Videosignalwert wird eine Frequenz zugeordnet. Die Amplitude des FM-Signals ist im Idealfall konstant und enthält keine Information. Das Basisbandsignal wird in den Frequenzen des Hubbereichs verschlüsselt, ober- und unterhalb des Hubbereichs treten Seitenbänder auf (Abb. 8.34). Da die Amplitude

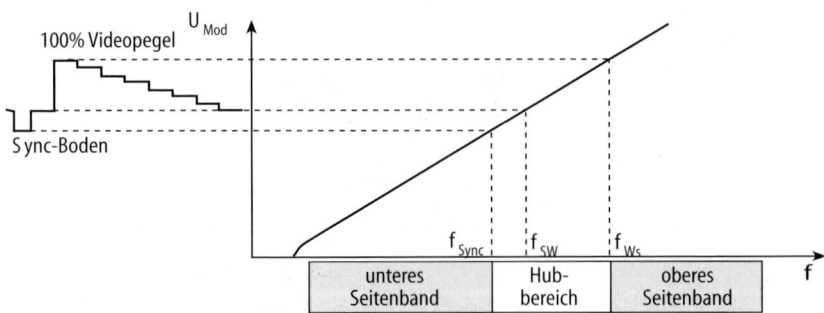

Abb. 8.34. FM bei Aussteuerung mit einem Videosignal

keine Information trägt, können Amplitudenschwankungen durch Begrenzung eliminiert werden, und das Band lässt sich immer bis zur Sättigung aussteuern. Die Nichtlinearität der Magnetisierungskennlinie spielt fast keine Rolle mehr, und eine Vormagnetisierung ist nicht erforderlich. Allerdings ergibt sich bei FM gegenüber der nichttransformierten Aufzeichnung eine erhöhte Bandbreite. Die bei der Magnetbandaufzeichnung unter Beachtung ökonomischer Gesichtspunkte (Bandverbrauch, etc.) maximal nutzbare Frequenz beträgt ca. 16 MHz. Bei der professionellen FM-Videosignalaufzeichnung wird das Basisband mit den Grenzfrequenzen 0 und 5 MHz in einen Bereich zwischen ca. 2 MHz und 16 MHz transformiert. Der Frequenzbereich umfasst nur noch 3–4 Oktaven, die im Wiedergabekopf frequenzabhängig induzierten Spannungen unterscheiden sich damit erheblich weniger als im Basisband.

Aufgrund der aus dem ω-Gang und den Verlusten resultierenden Kopfkurve können neben dem Hubbereich nur die direkt benachbarten Seitenbänder genutzt werden (Abb. 8.35). Es wird mit der Schmalband-FM, mit einem Modulationsindex < 1 gearbeitet. Der Hubbereich muss in einigem Abstand vom Video-Basisband liegen, damit sich nach der Demodulation Träger- und Videosignal ausreichend trennen lassen. Der FM-Hub beträgt bei professionellen Geräten ca. 2 MHz. Bei nicht professionellen Geräten wird der Hub auf ca. 1,2 MHz begrenzt und die Gesamtbandbreite beträgt etwa 8 MHz. Der Hubbereich ist durch die Frequenz f_{sync} für den Synchronboden und durch die Frequenz f_{ws} für den Weißwert festgelegt. Wegen der großen Bedeutung des Synchronsignals liegt f_{sync} am niederfrequenten Ende des Hubbereichs, hier sind die frequenzabhängigen Verzerrungen am geringsten. Anstelle der genannten Grenzwerte werden auch die Frequenzen für Weiß- und Schwarzwert angegeben. Die Angabe einer mittleren Trägerfrequenz, wie bei Sinus-Basisbandsignalen, ist nicht sinnvoll. Als einzelner Bezugswert kann höchstens die Frequenz für den Schwarzwert f_{sw} oder für 50% Videopegel genannt werden.

Bei vielen Systemen wurde der genutzte Frequenzbereich im Laufe der Weiterentwicklung des Formates (Verfügbarkeit verbesserter Magnetbänder und -köpfe) ausgedehnt, die Frequenz für den Synchronboden wurde erhöht und der Hubbereich vergrößert. Diese weiterentwickelten Formate werden mit High-Band (HB), bzw. Super High-Band oder auch nur Super und High bezeichnet, z. B. U-Matic HB, Super-VHS, Hi 8, als Weiterentwicklungen der Standard-Formate U-Matic (Low Band), VHS und Video 8. Auch das im professionellen Bereich weit verbreitete Betacam-Format wurde erst als Betacam SP (Superior Performance) studiotauglich.

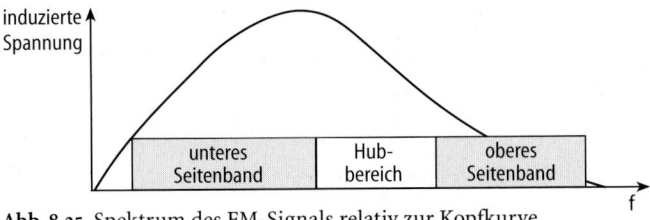

Abb. 8.35. Spektrum des FM-Signals relativ zur Kopfkurve

8.4.1.1 Verzerrungen

Beim Aufzeichnungs- und Wiedergabevorgang ergeben sich Verzerrungen des Signals. Lineare, also den Frequenzgang betreffende, Verzerrungen bewirken Amplituden- und Phasenfehler. Erstere können durch Amplitudenbegrenzung weitgehend verhindert werden, sie verringern im wesentlichen den Hub. Der Phasenfehler kann sich vor allem bei der Farbübertragung negativ auswirken. Nichtlineare Verzerrungen erzeugen Oberschwingungen (s. Kap. 2), die sich sowohl auf die Träger- als auch auf die Signalfrequenz beziehen. Sie können in das Basisband fallen und nach der Demodulation als Störmuster sichtbar werden.

8.4.1.2 Preemphasis

Bei jeder Signalübertragung und -aufzeichnung werden störende Rauscheinflüsse wirksam. Bei Videosignalen trifft dies insbesondere auf hochfrequente Anteile zu, denn das Spektrum eines durchschnittlichen Videosignals zeigt, dass die Amplituden zu hohen Frequenzen hin abnehmen, womit sich bei hohen Frequenzen ein kleiner Signal-Rauschabstand ergibt. Zur Verbesserung des Signal-Rauschabstands werden die hochfrequenten Signalanteile vor der Aufnahme verstärkt. Die absichtlich herbeigeführte Verzerrung wird bei der Wiedergabe entsprechend ausgeglichen. Auf der Aufnahmeseite wird eine definierte Höhenanhebung (Preemphasis) vorgenommen, bei der Wiedergabe eine entsprechende Höhenabsenkung (Deemphasis), bei der dann auch die Rauschanteile mit abgesenkt werden.

Der Grad der Höhenanhebung ist durch passive Bauteile festgelegt und für jedes Aufzeichnungsformat genau spezifiziert. Abbildung 8.36 zeigt die Prinzipschaltung einer Preemphasis-Stufe und die Auswirkungen der Preemphasis im Zeit- und Frequenzbereich. Tiefe Frequenzen werden durch den in Reihe liegenden Kondensator abgeschwächt. Die Zeitkonstante aus C und R_1 bestimmt die Übergangsfrequenz, und mit R_1/R_2 wird der Grad der Pegelanhebung festgelegt. Neben der dargestellten Haupt- oder linearen Preemphasis wird auch mit nichtlinearer bzw. Neben-Preemphasis gearbeitet. Hier werden die Kennlinien durch pegel- und frequenzabhängige Widerstände (Dioden) verändert. Die Preemphasis wird dann bei kleinen Pegeln besonders groß, wo-

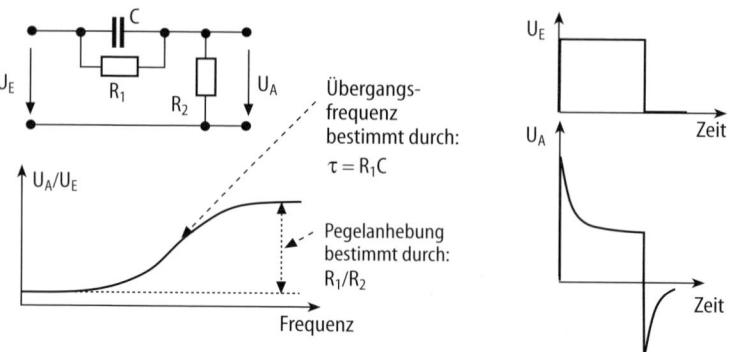

Abb. 8.36. Preemphasis-Schaltung, Wirkung im Frequenz- und Zeitbereich

mit sich die Auflösung feiner Strukturen verbessert. Die Hochfrequenzanhebung bewirkt starke Überschwinger an steilen Signalübergängen. Je steiler der Signal- oder Schwarz-Weiß-Übergang, desto größer wird der Überschwingantteil. Abbildung 8.36 zeigt die Überschwinger bei einem Rechtecksignal. Der Maximalwert der Überschwinger muss auf einen festen Betrag begrenzt werden (Clipping), damit die Systembandbreite nicht überschritten wird. Der Begrenzungswert ist vom Aufzeichnungsformat abhängig und kann in Richtung schwarz und weiß unterschiedlich sein. Typische Werte sind z. B. 150% der Gesamtamplitude als Schwarz- und 200% als Weiß-Cliplevel.

8.4.2 Signalverarbeitung bei der FM-Aufzeichnung

Bei allen analogen Aufzeichnungsformaten wird das Luminanzsignal frequenzmoduliert aufgezeichnet. Das Signal durchläuft bei der Aufnahme und Wiedergabe den Modulator und Demodulator und außerdem diverse andere Signalverarbeitungsstufen, die hier dargestellt werden. Die Darstellung gilt auch für die Direktaufzeichnung des unveränderten FBAS-Farbsignals, also für die Signalverarbeitung beim Quadruplex-, 1"-B- und 1"-C-Standard.

8.4.2.1 Signalverarbeitung bei der Aufnahme

Ein Blockschaltbild der Aufnahmeelektronik ist in Abb. 8.37 dargestellt. Zunächst wird das Signal mit Hilfe eines automatisch geregelten Verstärkers (Automatic Gain Control, AGC) auf konstantem Pegel gehalten. Die Regelung arbeitet mit der H-Sync-Amplitude als Referenzwert. Das Synchron-Signal wird abgetrennt und außer zur AGC-Stufe zur Klemmstufe und zu den Band- und Kopf-Servosystemen geführt. Hinter der AGC-Stufe kann das Signal gleich wieder zur Ausgangsbuchse geschickt werden. Damit wird der sogenannte Durchschleif- oder E-E-Betrieb (Electronics to Electronics) ermöglicht, d. h. das Signal wird zur Kontrolle an den Ausgang geführt, wenn das Gerät nicht auf Wiedergabe-Betriebsart geschaltet ist.

Das geregelte Signal gelangt zu einem Tiefpass-Filter mit 5 MHz Grenzfrequenz und weiter zur Klemmstufe, die die Aufgabe hat, den Signalpegel für

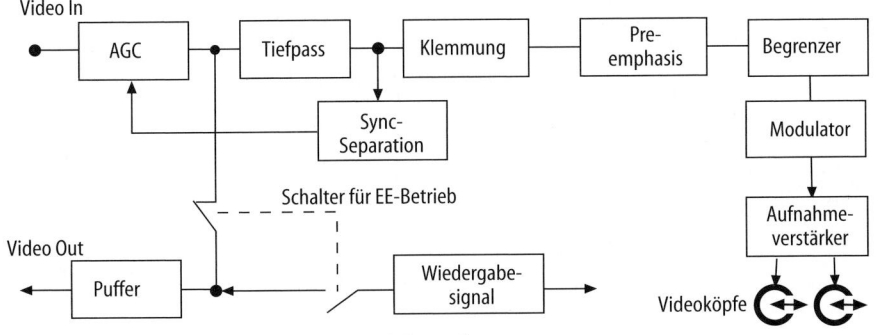

Abb. 8.37. Blockschaltbild der Aufnahmeelektronik

den Schwarzwert unabhängig vom wechselnden Videosignal auf einem konstanten Wert zu halten. Wenn die Signalverarbeitungsstufen nicht vollständig gleichspannungsgekoppelt aufgebaut werden, kann sich der Schwarzpegel ohne Klemmstufe verändern, denn die Verwendung einer Kondensatorkopplung bewirkt eine Verschiebung des Signalmittelwertes und damit auch des Schwarzwertes (s. Kap. 2.2). Nach Durchlaufen der Preemphasis-Stufe und den Begrenzern für Schwarz- und Weißwert gelangt das Signal zum Frequenzmodulator. Dies ist ein vom Videosignal spannungsgesteuerter Oszillator (Voltage Controlled Oscillator, VCO), der im Aussteuerungsbereich eine lineare Kennlinie aufweisen muss. Am VCO kann die unterste FM-Frequenz (Carrier-Set) und die maximale Frequenzabweichung (Deviation-Set), also der Hub, eingestellt werden. Über ein Hochpass-Filter, das der Begrenzung des unteren FM-Seitenbandes dient, gelangt das Signal auf den Aufnahmeverstärker, an dem der optimale Aufnahmestrom eingestellt werden kann. Schließlich wird es über die rotierenden Übertrager zu den Videoköpfen geführt.

8.4.2.2 Signalverarbeitung bei der Wiedergabe

Für die Wiedergabe können die gleichen Köpfe wie für die Aufnahme benutzt werden. Im Kopf wird eine sehr kleine Spannung erzeugt, die erheblich verstärkt werden muss. Das Signal gelangt über die rotierenden Übertrager zu den Vorverstärkern, an die besondere Ansprüche bezüglich des Signal-Rauschabstands gestellt werden. Abbildung 8.38 zeigt ein Blockschaltbild der Wiedergabeelektronik. Jedem Videokopf wird ein eigener Verstärker zugeordnet, um die nötigen Pegel- und Entzerrungs-Einstellungen separat vornehmen und die Signale einander angleichen zu können. Die Entzerrung dient dem Ausgleich des nichtlinearen Wiedergabefrequenzgangs (ω-Gang).

Nach der Vorverstärkung werden die Signale der einzelnen Videoköpfe zu einem kontinuierlichen Signalfluss vereinigt. Dazu geschieht die Spurabtastung überlappend, d. h. einige Zeilen des Signals liegen doppelt vor. Die Kopfumschaltung wird im Überlappungsbereich elektronisch vorgenommen (Abb. 8.29). Das kontinuierliche FM-Signal gelangt zu einer Wiedergabe-AGC-Stufe und bei einigen Geräten zu einem analogen Drop Out Detektor (s. Abschn.

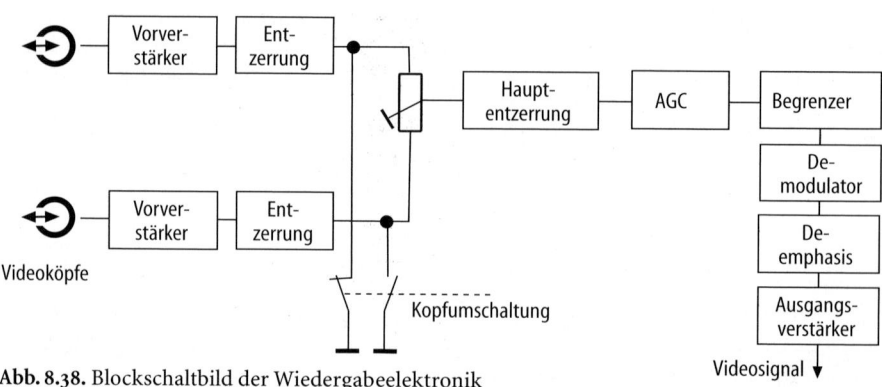

Abb. 8.38. Blockschaltbild der Wiedergabeelektronik

8.4.3). Das Signal wird schließlich begrenzt und zum FM-Demodulator geführt.

Zur Demodulation werden in der Videotechnik Zähldiskriminatoren mit Frequenzverdopplung eingesetzt. Das Signal gelangt dabei zunächst zu einem monostabilen Multivibrator, der bei jeder Signalflanke einen Puls definierter Dauer erzeugt. Die Pulshäufigkeit ist der FM-Frequenz proportional, die Integration über die Pulse ergibt dann bei hoher Häufigkeit einen großen und bei geringer Häufigkeit einen kleinen Wert, und damit ist das Basisbandsignal zurückgewonnen (s. Kap. 4.1). Das Signal wird anschließend einer Deemphasis unterzogen, mit der die bei der Aufnahme vorgenommene Höhenanhebung wieder rückgängig gemacht wird. Schließlich gelangt das Signal zur Stabilisierung zum TBC (s. u.).

Im Basisband werden noch Maßnahmen zur Erhöhung des Schärfeeindrucks im Bild durchgeführt. Mit einer Crispening- oder Cosinusentzerrung werden die Flanken von Signalanstiegen steiler gemacht. Damit werden hochfrequente Anteile verstärkt, und Bildkanten hervorgehoben. Die Crispeningschaltung arbeitet mit zweifacher Differenzierung. Im Bereich großer Pegelsprünge entstehen große Impulse, die bei der Addition zum Ausgangssignal zu steileren Signalflanken führen. Auch bei der aufwändigeren Cosinusentzerrung werden an Kanten Korrektursignale zum Original hinzu gefügt. Die Signale entstehen hier mit Hilfe von Verzögerungsleitungen, so dass an steilen Signalübergängen Überschwinger entstehen, die dem ebenfalls verzögerten Originalsignal hinzuaddiert werden. Das Arbeitsprinzip ist das gleiche wie bei den Detailing-Schaltungen zur Konturanhebung in einer Kamera (s. Kap. 5.2) Häufig wird in den Wiedergabeweg noch eine Rauschunterdrückung geschaltet. Im einfachen Fall wird mit Hilfe einer Signaldifferenzierung der Rauschanteil extrahiert und mit inverser Phasenlage dem Original wieder hinzuaddiert, wodurch das Rauschen kompensiert wird (Abb. 8.39). Aufwändige Systeme ersetzen zusätzlich verrauschte Bildanteile durch Nachbarsignale.

8.4.3 Zeitbasiskorrektur (TBC)

Trotz bester Servo- und Trackingsysteme lässt sich eine mechanische Restungenauigkeit bei der Abtastung der Spuren nicht verhindern. Die Instabilität führt zu Zeitfehlern (Jitter), die auch die Synchronsignale und damit die Zeitbasis des Signals betreffen. In vielen Fällen wird der Fehler im Bild nicht sichtbar, z. B. bei einfacher Überspielung zwischen Recordern oder bei Monitor-Wiedergabe, da sich die Geräte auf die Schwankung einstellen. Bei Fernsehgeräten wird dafür oft eine Umschaltung der Regelzeitkonstante vorgenommen (automatische Umschaltung bei Wahl des A/V-Eingang für Videorecorder).

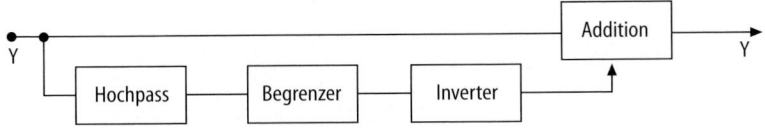

Abb. 8.39. Prinzip der Rauschunterdrückung

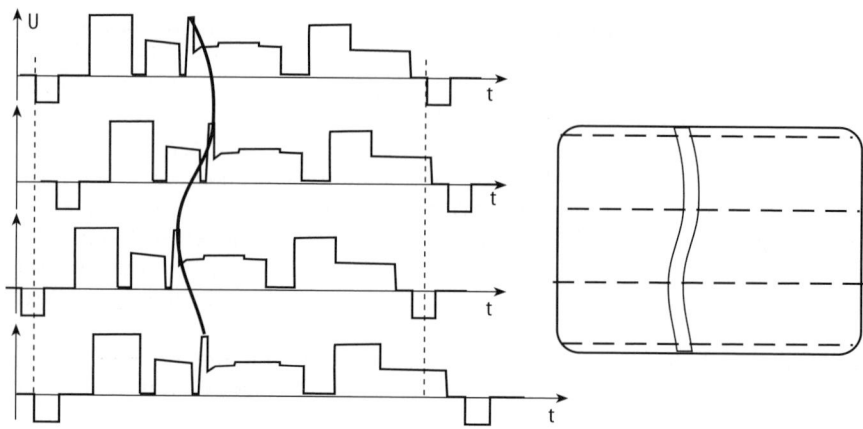

Abb. 8.40. Zeitbasisfehler und Auswirkung im Bild

Wenn dagegen mehrere Videosignalquellen gemischt werden sollen (Studiobetrieb), so ist deren Synchronität unbedingt erforderlich, da sonst die Bilder horizontal gegeneinander verschoben erscheinen oder in horizontaler Richtung schwanken (Abb. 8.40). Das FBAS-Signal darf einen Zeitfehler von maximal 3 ns enthalten, beim professionellen Einsatz von MAZ-Maschinen ist daher eine Zeitbasiskorrektur notwenig. Das Gerät, das diese Funktion übernimmt, heißt Time Base Corrector (TBC), es ist als externes Gerät zu erwerben oder bereits fest in das MAZ-Gerät eingebaut. Die Aufgabe des TBC ist die Stabilisierung des mit Zeitfehlern behafteten Signals, es wird dabei an einen zentralen Studiotakt bzw. an einen konstanten Taktmittelwert (Eigenführung) angepasst.

Die Zeitbasiskorrektur beruht auf einer steuerbaren Verzögerungsleitung (Abb. 8.42), in der einige Zeilen (z. B. 16) des Videobildes oder ein komplettes Halb- oder Vollbild zwischengespeichert werden. Zunächst wird eine mittlere Verzögerungszeit eingestellt und als Ausgleich dem Wiedergabegerät ein entsprechend voreilender Synchron-Impuls, der sog. Advanced-Sync, zugeführt. Zur Korrektur wird die Verzögerungszeit von einem Steuersignal abhängig gemacht, das aus dem schwankenden Signal gewonnen wird (Zeitfehlererkennung). Ist die Zeilendauer in Bezug auf das Referenzsignal zu kurz, so wird die Verzögerungszeit verlängert und umgekehrt. Die Güte der Stabilisierung hängt entscheidend von der Güte der Zeitfehlererkennung ab, die an den Syn-

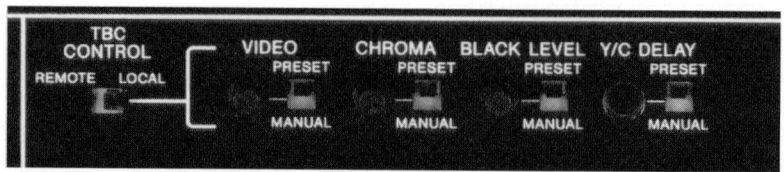

Abb. 8.41. TBC-Bedienelemente an einer MAZ-MAschine [122]

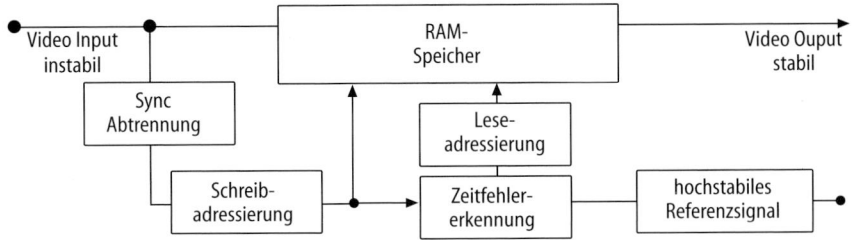

Abb. 8.42. Funktionsprinzip des Time Base Correctors

chron-Impulsen orientiert ist. Praktisch werden TBC's heute immer auf digitaler Basis realisiert. Das analoge Signal wird in ein digitales gewandelt und gespeichert. Das Signal wird dann an den hochstabilen Referenztakt angepasst, aus dem Speicher ausgelesen und wieder zurückgewandelt, was in analogen Geräten einen relativ hohen Aufwand erfordert.

Wegen des in digitaler Form vorliegenden Signals kann der TBC ohne großen Aufwand zusätzliche Funktionen erfüllen, so werden hier häufig Signalveränderungen vorgenommen. Meistens sind Video- und Chromapegel und die Horizontal-Phase einstellbar. Die zugehörigen Einsteller (Abb. 8.41) finden sich am MAZ-Gerät oft etwas versteckt. Da sie an Schnittplätzen zum Angleichen der Pegel von verschiedenen Aufzeichnungsgeräten aber häufig gebraucht werden, sind Fernbedieneinheiten (TBC Remote) verfügbar, an denen die Einstellungen bequem vom Schnittplatz aus vorgenommen werden können. Die Digitalebene des TBC bietet sich auch zum Einsatz von digitalen Filtern an, mit denen eine Rauschminderung erzielt werden kann.

Weiterhin wird der TBC häufig zur sog. Drop Out Compensation eingesetzt. Damit durch den kurzzeitigen Ausfall des Signals (Drop Out) aufgrund von Kopfverschmutzung, Bandfehlern etc. keine Bildstörung (Spratzer) entsteht (Abb. 8.43), wird im Drop Out Compensator vor der Demodulation der Signalfehler festgestellt und das gestörte Signal durch ein fehlerfreies Nachbarsignal

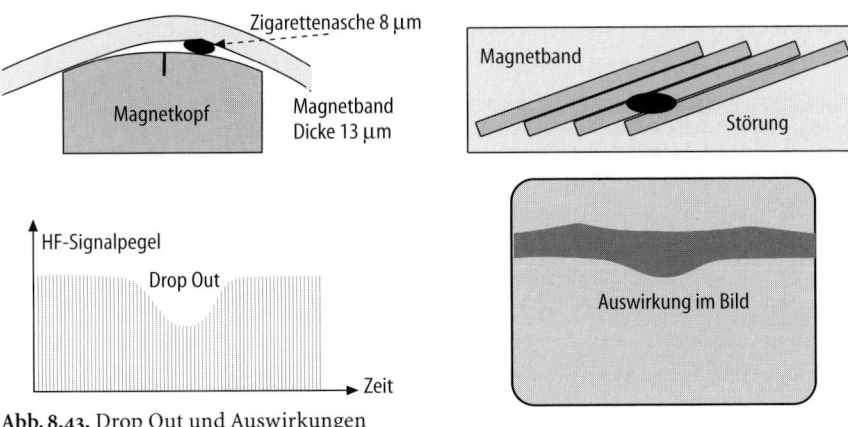

Abb. 8.43. Drop Out und Auswirkungen

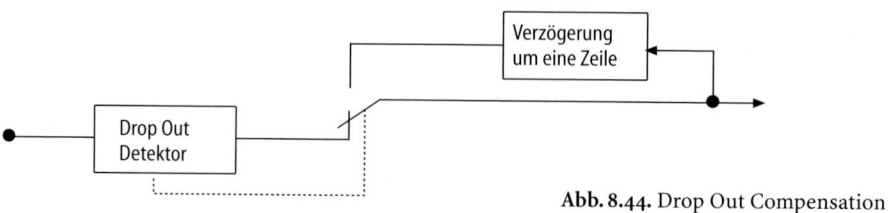

Abb. 8.44. Drop Out Compensation

ersetzt. Die Verfälschung fällt kaum auf, da benachbarte Bildbereiche meist sehr ähnlich sind. Die Drop out Compensation erfordert die Speicherung des Nachbarsignals und lässt sich auf der Digitalebene des TBC leicht durchführen. In einfachen Geräten wird die Drop Out Compensation auf analoger Ebene realisiert. Hier wird eine Zeile des Videosignals gespeichert, die dann ausgelesen wird, wenn die aktuelle Zeile einen Drop Out aufweist (Abb. 8.44).

8.4.4 Audio-Aufzeichnung in Analog-Recordern

Audiosignale haben im Vergleich zu Videosignalen eine viel geringere Grenzfrequenz und können auf Längsspuren aufgezeichnet werden, wobei allerdings die Tonqualität insbesondere bei Videorecordern für den Heimbereich (VHS) aufgrund der geringen Bandgeschwindigkeit sehr mäßig sein kann. Um auch bei langsam laufendem Band eine gute Tonqualität zu erreichen, wird auch für die Audioaufzeichnung die Frequenzmodulation angewendet. Eine weitere Alternative ist die digitale PCM-Aufzeichnung in separaten Schrägspurbereichen (Abb. 8.45).

8.4.4.1 Longitudinal-Audioaufzeichnung

Die Längsspur-Aufzeichnung ist die am häufigsten benutzte Art der analogen Tonaufzeichnung. Das Videoband zieht an einem feststehenden Tonkopf vorbei, wobei bei professionellen Systemen mehrere durchgehende Längsspuren am Rand des Videobandes entstehen. Das Band wird hier in Abhängigkeit von der Audio-Signalamplitude mehr oder weniger stark magnetisiert.

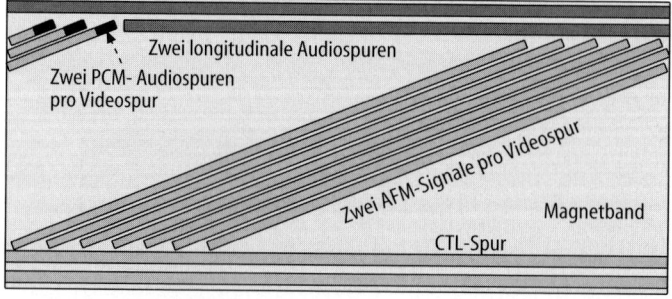

Abb. 8.45. Audioaufzeichnungsmöglichkeiten in einem Videorecorder

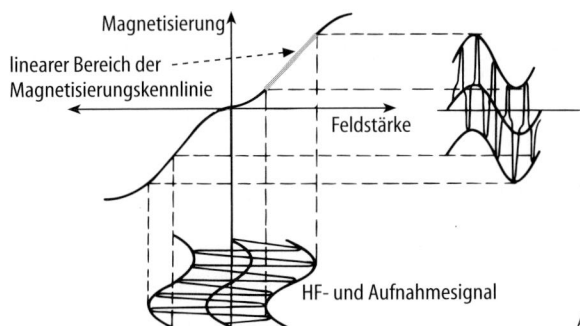

Abb. 8.46. HF-Vormagnetisierung

Die nichtlineare Magnetisierungskennlinie (s. Abschn 8.2.1) bewirkt Signalverzerrungen, auf die das Gehör sehr empfindlich reagiert. Um die Signal-Verzerrungen bei der Audioaufzeichnung zu mindern, werden mit der HF-Vormagnetisierung technische Maßnahmen ergriffen, die dazu führen, dass nur die linearen Teile der Magnetisierungskennlinie wirksam werden. Das Audiosignal wird dazu einem HF-Signal (z. B. 100 kHz) aufgeprägt, wobei die Vormagnetisierung so gewählt wird, dass das Audiosignal immer im Bereich des linearen Kennlinienteils bleibt (Abb. 8.46). Die Einstellung des Vormagnetisierungsstromes bestimmt entscheidend den Verzerrungsgrad. Die Festlegung wird dafür häufig so vorgenommen, dass der Wiedergabepegel bei 12,5 kHz nach Überschreitung des Pegelmaximums um einen definierten Wert ΔU abfällt. In diesem Bereich ergibt sich ein großer Rauschspannungsabstand bei kleinem Klirrfaktor (Abb. 8.47). Natürlich werden die Verzerrungen auch durch die NF-Signalamplitude beeinflusst. Diesbezüglich wird die Aussteuerungsgrenze meistens so festgelegt, dass ein Klirrfaktor von 1% oder 3% nicht überschritten wird.

Die maximale Systemdynamik, d. h. das geräteabhängige Verhältnis von leisestem zu lautestem Signal, wird vom Signal-Rauschabstand bestimmt. Leise Passagen sollen nicht vom Rauschen verdeckt werden. Bei professionellen Geräten werden mehr als 52 dB Dynamik erreicht. Der Signal-Rauschabstand kann verbessert werden, indem auch beim Audiosignal bei der Aufnahme eine frequenzbereichs- und pegelabhängige Signalanhebung für hohe Frequenzen vorgenommen wird, die bei der Wiedergabe entsprechend rückgängig gemacht wird. Das Signal wird aufnahmeseitig komprimiert (verringerte Dynamik) und

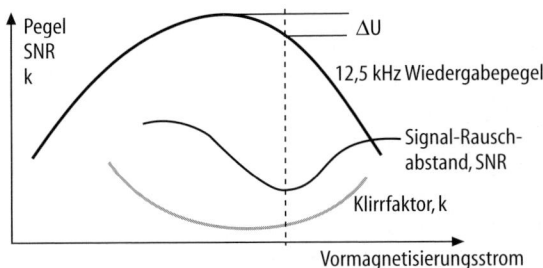

Abb. 8.47. Einstellung der Vormagnetisierung

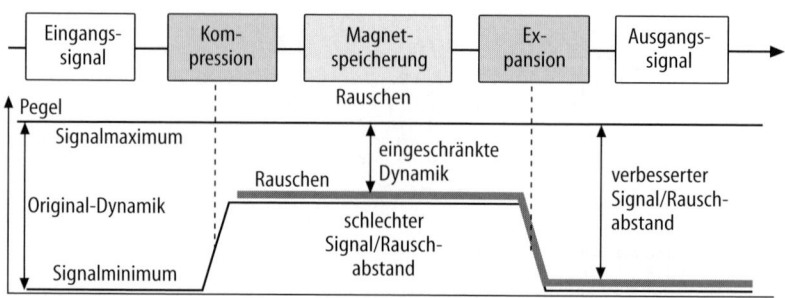

Abb. 8.48. Funktionsprinzip der Rauschunterdrückung

wiedergabeseitig entsprechend expandiert (Abb. 8.48), wobei das Rauschen abgesenkt wird. Häufig eingesetzte Compander-Verfahren dieser Art sind die Systeme Dolby B und C, im deutschsprachigen Raum (B-Format) wird auch Telcom C4 verwendet. Rauschunterdrückungssysteme für Audiosignale sind im Gegensatz zur Video-Preemphasis meistens abschaltbar.

Die Längsspuraufzeichnung ermöglicht in professionellen Geräten die Aufzeichnung von Frequenzen zwischen ca. 50 Hz und 15 kHz. Der Frequenzbereich und auch die Dynamik werden aber bei jeder erneuten Kopie des Materials eingeschränkt, so dass mehr als vier Generationen nicht vertretbar sind. Werden bei der Nachbearbeitung mehr Kopien erforderlich, so wird die Bearbeitung in Tonstudios auf Mehrspuraufzeichnungsgeräten vorgenommen, die mit dem Videorecorder per Timecode verkoppelt sind. Der große Vorteile der Längsspuraufzeichnung ist, dass das Audiosignal stets unabhängig vom Videosignal editierbar ist.

8.4.4.2 FM-Audioaufzeichnung

Die Audiosignalqualität kann gesteigert werden, wenn die Aufzeichnung wie beim Videosignal auch mit rotierenden Köpfen vorgenommen wird. Bei diesem Verfahren wird mit Frequenzmodulation gearbeitet. Die Tonaufzeichnungsart wird mit Audio-FM (AFM), im Amateurbereich auch mit HiFi-Ton bezeichnet. AFM wurde als Erweiterung bestehender Systeme eingeführt, daher wurden bei der Konzeption keine separaten Schrägspuren für das Audiosignal vorgesehen. Das AFM-Signal wird aus diesem Grund zusammen mit dem Videosignal auf den Videospuren aufgezeichnet. Das AFM-Signal kann also nicht verändert werden, ohne das Videosignal zu beeinflussen. Hier zeigt sich der wesentliche Nachteil der AFM-Aufzeichnung: Bildsignal und AFM-Ton sind nicht unabhängig voneinander editierbar.

Die AFM-Aufzeichnung arbeitet simultan für zwei Tonkanäle. Zur Aufzeichnung werden die Videoköpfe oder separate, den Videoköpfen voreilende, AFM-Köpfe benutzt (Abb. 8.49). Den beiden Tonkanälen werden eigene Trägerfrequenzen unterhalb des unteren FM-Seitenbandes zugeordnet. Beim Betacam-Format haben sie z. B. die Werte 310 kHz und 540 kHz, bei VHS 1,4 MHz und 1,8 MHz (Abb. 8.50). Die nutzbare Bandbreite liegt formatabhängig pro Kanal bei etwa ±100 kHz und der Hub bei ca. 50 kHz. Die Trennung von Audio- und Videosignalen wird durch Filter vorgenommen und beim Einsatz von separa-

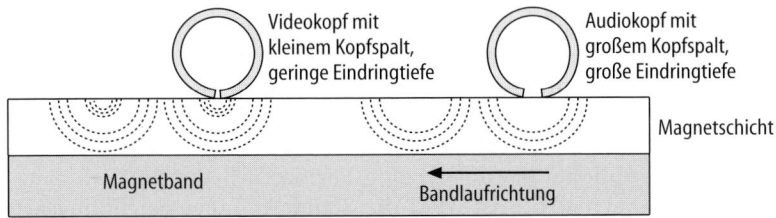

Abb. 8.49. Video- und Audio-FM-Aufzeichnung

ten AFM-Köpfen durch die unterschiedlichen Kopfspaltbreiten und Azimut-winkel der AFM- und Videoköpfe unterstützt. Der Azimutversatz (s. Abschn. 8.1) beträgt bei den Audioköpfen z. B. ± 30°, während er für die Videoköpfe z. B. ± 6° beträgt. Damit ergibt sich eine Übersprechdämpfung nicht nur gegenüber den Nachbarspuren, sondern auch zwischen den Audio- und Videosignalen. Der AFM-Kopf zeichnet relativ tiefe Frequenzen auf und kann dementspre-chend einen breiteren Kopfspalt als der Videokopf haben. Aus dem breiten Spalt dringt das Magnetfeld tief in die Magnetschicht des Bandes ein. Der nacheilende Videokopf magnetisiert dagegen nur die Bandoberfläche und löscht hier das AFM-Signal. Das AFM-Signal befindet sich damit vorwiegend in der Tiefe der Magnetschicht (ca. 0,8 µm), das Videosignal eher an der Ober-fläche (ca. 0,3 µm) (Abb. 8.49). Bei der Abtastung wird das hochfrequente Vi-deosignal im Audiokopf weitgehend kurzgeschlossen, während der Videokopf nur die Signale aus der Bandoberfläche erfasst.

Problematisch ist bei der AFM-Aufzeichnung vor allem, dass das Signal ab-wechselnd mit mehreren Köpfen geschrieben wird und daher unterbrochen werden muss. Beim Videosignal stellt die Unterbrechung kein Problem dar, da die Kopfumschaltung in der V-Austastlücke vorgenommen wird. Bei Audiosi-gnalen entstehen dagegen Pegel- und Phasensprünge, die zu deutlich hörba-rem Umschalt-Knacken führen können und elektronisch korrigiert werden müssen. Das Ohr reagiert auf derartige Störungen sehr empfindlich. Auftreten-de Pegelsprünge können durch einen genauen Abgleich der Vorverstärker weitgehend vermieden werden. Phasensprünge lassen sich dagegen nicht voll-ständig vermieden, da aus mechanischen Gründen die Videospuren nicht ab-solut gleich lang sind. Diesbezügliche Probleme treten vor allem auf, wenn der Wiedergaberecorder nicht mit dem Aufnahmerecorder identisch ist. Die Stör-wirkung kann minimiert werden, wenn das Signal an der Umschaltstelle kurze Zeit gehalten wird. Über Halteschaltungen können auch Drop Outs kompen-

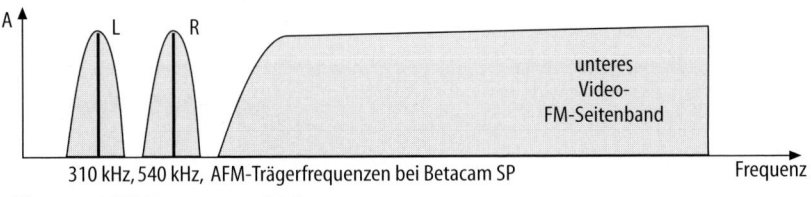

Abb. 8.50. AFM-Frequenzmultiplex

siert werden. Trotz dieser Maßnahmen bleibt die Nutzung des AFM-Tons bei sehr hohen Ansprüchen an die Tonqualität problematisch. Die AFM-Aufzeichnung bietet trotzdem insgesamt eine gute Signalqualität, zur Rauschminderung wird standardmäßig ein Kompandersystem eingesetzt. Der Frequenzbereich umfasst 20 Hz bis 20 kHz, der Dynamikbereich ist größer als 70 dB. Die AFM-Tonaufzeichnung wird optional bei den Analog-Formaten Betamax, VHS, Betacam und MII genutzt, bei Video 8 ist AFM die Standard-Tonaufzeichnungsart.

8.4.4.3 PCM-Audioaufzeichnung

Diese Bezeichnung steht für eine Aufnahme von digitalisierten Audiosignalen, mit denen eine Tonaufzeichnung realisiert werden kann, die höchsten Ansprüchen genügt. Die PCM-Tonaufzeichnung wird hier dargestellt, da sie optional bei den Analog-Formaten Video 8, Betacam und MII angeboten wird. Bei Digitalrecordern ist die digitale Tonaufzeichnung Standard. In Analogrecordern, die mit PCM-Audioaufzeichnung ausgestattet sind, wird das Signal für zwei Kanäle digital gewandelt und direkt in einem separaten Bereich auf dem Band gespeichert. Es ist damit, wie das Audiosignal auf der Longitudinalspur, unabhängig vom Videosignal editierbar. Die hohe Signalfrequenz erfordert eine Aufzeichnung auf Schrägspuren mit Magnetköpfen, die sich auf der Kopftrommel befinden. Für professionelle analoge Videorecorder ist PCM-Ton eine Weiterentwicklung, dementsprechend ist für das Signal bei der Konzeption des Formates kein separater Bandbereich reserviert worden. Das Problem wird gelöst, indem für die PCM-Aufzeichnung eine longitudinale Tonspur geopfert wird. Abbildung 8.51 zeigt die Veränderung der Spurlage beim Format Betacam SP, bei MII ergibt sich ein ähnliches Bild.

Nach der ggf. erforderlichen A/D-Wandlung werden die Abtastwerte umgeordnet, mit Zusatzdaten zum Fehlerschutz versehen und schließlich zeitkomprimiert, da die kleinen PCM-Bereiche bei jeder Kopftrommelumdrehung nur kurz abgetastet werden. Bei der Wiedergabe findet entsprechend eine zeitliche Expansion statt. Kompression und Expansion sind auf der digitalen Ebene mit geringem Aufwand durchführbar. Die professionellen Analog-Formate arbeiten mit Digitalisierungsparametern für höchste Qualität, d. h. mit einer Abtastrate von 44,1 kHz oder 48 kHz und einer Amplitudenauflösung von 16 oder 20 Bit. Damit ergibt sich eine Systemdynamik von mehr als 90 dB und ein linearer Frequenzgang zwischen 20 Hz und 20 kHz. Eine Kopie des Audiosignals auf digitaler Ebene ist nahezu verlustlos möglich.

Beim Heimformat Video 8 ist der optionale PCM-Ton qualitativ etwas eingeschränkt, da mit einem Kompandersystem gearbeitet wird, das den Dynamikbereich begrenzt. Es wird eine nichtlineare Quantisierung mit 10 Bit vorgenommen, die mit einer linearen Quantisierung mit 13 Bit vergleichbar ist, so

Abb. 8.51. Lage der PCM-Audiospuren bei Betacam SP und MII

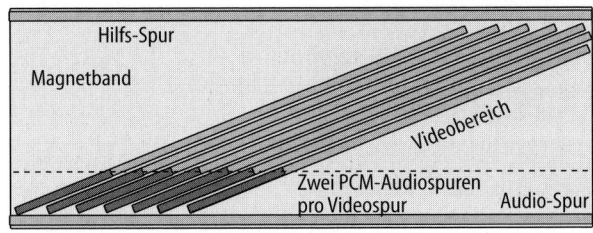

Abb. 8.52. Lage der PCM-Audiospuren bei Video8

dass die erreichbare Dynamik mehr als 80 dB beträgt. Die Abtastung geschieht mit 31,25 kHz, der doppelten Zeilenfrequenz und die obere Grenzfrequenz beträgt 15 kHz. Die Audioqualität ist insgesamt etwas besser als bei AFM. Auch bei Video 8 kann der PCM-Ton unabhängig vom Bild editiert werden, ein eigener Bereich wurde dafür bereits bei der Konzeption des Formates berücksichtigt. Der PCM-Datenbereich liegt unterhalb der Videospuren (Abb. 8.52), wenn er genutzt werden soll, muss die Kopftrommelumschlingung von 185° auf 221° erhöht werden.

8.4.4.4 Audio-Signalaussteuerung

Die Aussteuerung dient der optimalen Anpassung des Signalpegels an die technischen Gegebenheiten des Systems. Die untere Aussteuerungsgrenze ist durch das Grundrauschen bestimmt, das bei jeder Signalübertragung zum Signal hinzuaddiert wird. Die obere Aussteuerungsgrenze ergibt sich durch die Signalverzerrung aufgrund von Übersteuerung, d. h., dass das Signal den linearen Kennlinienteil des Systems überschreitet. Rein elektronische Systeme weisen ein geringes Rauschen und damit einen großen Signal-Rauschabstand auf. Die Nutzung der Magnetbandaufzeichnung bringt dagegen ein großes Rauschen mit sich, die richtige Aussteuerung ist hier sehr wichtig.

Zur Erzielung eines guten Signal-Rauschabstandes muss mit möglichst hohem Pegel aufgezeichnet werden. Mit steigendem Pegel steigen aber auch die Verzerrungen, und damit der Klirrfaktor (Abb. 8.53). In Deutschland wird der Maximalpegel so festgelegt, dass ein Klirrfaktor von 1% THD (Total Harmonic Distortion) nicht überschritten wird, international findet sich diesbezüglich auch der Wert 3% THD. Die Maximalverzerrung bestimmt bei der Analogaufzeichnung den erlaubten Signalspitzenwert. Analogsysteme verhalten sich bei

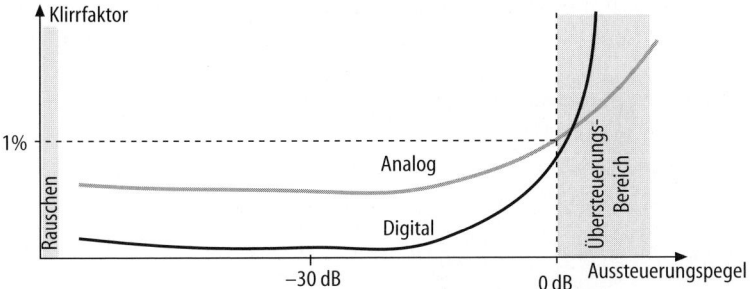

Abb. 8.53. Aussteuerungsverhalten von analogem und digitalem Signal

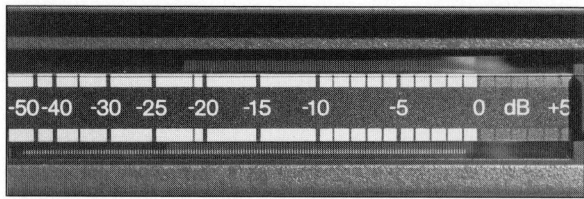

Abb. 8.54. Display des Peak Program Meters

Spitzenwertüberschreitung, also einer Übersteuerung, nicht extrem, die Verzerrungen steigen relativ langsam weiter an. Ganz anders reagieren dagegen Digitalsysteme, die die Signalspitzen extrem beschneiden. Abbildung 8.53 zeigt im Vergleich, dass hier die Verzerrungen über weite Bereiche sehr klein sind, dann aber plötzlich sehr stark und kaum kontrollierbar ansteigen. Aus diesem Grund arbeitet man bei Digitalsystemen mit einem Sicherheitsbereich, dem Headroom. Ein Headroom von 10 dB bedeutet, dass der erlaubte Maximalpegel so gewählt wird, dass er 10 dB unterhalb des Pegels liegt, bei dem die Verzerrungen tatsächlich sprunghaft ansteigen. Um verschiedene Geräte möglichst einfach miteinander verbinden zu können, wird festgelegt, auf welche Spannung ein Sinussignal verstärkt wird, also mit welchem Wert es als Arbeitspegel an den Ein- und Ausgangsbuchsen der Geräte liegt. In Deutschland beträgt der Audio-Arbeitspegel für professionelle System +6 dBu, was einer Spannung von 1,55 V entspricht. International ist der Wert +4 dBu gebräuchlich.

Optimale Aussteuerung erfordert eine Signalüberwachung, die Signalspitzen dürfen den Arbeitspegel nicht überschreiten. Zur Aussteuerungskontrolle werden Spannungsmessgeräte mit logarithmischer, und damit der Lautstärkeempfindung angepasster Skala eingesetzt. Die Instrumente werden in PPM-Anzeigen (Peak Program Meter) und VU-Anzeigen (Volume Unit) unterschieden. Zur effektiven Verhinderung von Übersteuerung ist nur die PPM-Anzeige geeignet (Abb. 8.54), denn sie reagiert mit einer Ansprechzeit von 5 ms so schnell, dass die Signalspitzen auch sichtbar werden. Die Abfallzeiten sind länger, damit das Auge der Anzeige folgen kann, sie liegen bei ca. 1,5 s. Bei einigen Geräten werden die Spitzen über mehrere Sekunden angezeigt (Peak Hold).

VU-Anzeigen (Abb. 8.55) arbeiten auch logarithmisch, die Skalenteilung 1VU entspricht 1 dB. Sie sind zu träge, um kurze Spitzenwerte anzuzeigen und daher zur Übersteuerungskontrolle ungeeignet. VU-Meter haben aber den Vorteil, dass sie in etwa das mittlere Aussteuerungsniveau wiedergeben. Sie sind

Abb. 8.55. VU-Meter

Abb. 8.56. Audio-Steckverbindungen

damit besser als das PPM an die menschliche Lautstärkeempfindung angepasst, die vom Signalmittelwert abhängt. So hat z. B. ein Sprachsignal relativ
viele Pausen und einen geringeren Mittelwert als beispielsweise Popmusik, und
wird daher bei gleichem Spitzenpegel leiser empfunden. Damit VU- und PPM-
Anzeigen ungefähr vergleichbar werden, wird das VU-Meter mit einem sog.
Vorlauf von etwa 6 dB versehen. Bezogen auf ein Sinus-Signal wird der Pegel
des VU-Meters so eingestellt, dass es 6 dB mehr anzeigt als das PPM, damit
sich bei einem durchschnittlichen Audiosignal aufgrund der beim VU-Meter
unsichtbaren Signalspitzen keine Übersteuerung ergibt. Die meisten Videorecorder sind mit VU-Anzeigen ausgestattet, die als preiswerte Zeigerinstrumen-
te oder als elektronische Lichtanzeigen ausgeführt sind, die leicht mit ähnlich
aussehenden PPM-Anzeigen verwechselt werden können. Zur effektiven Kontrolle sollten immer separate Peakmeter eingesetzt werden.

Die Audiosignalführung ist bei professionellen Videorecordern symme-
trisch, sowohl für die digitale wie für die analoge Übertragung werden fast
ausschließlich XLR-Stecker eingesetzt (Abb. 8.56). Im Amateurbereich kommen
Cinch-, seltener auch Klinkenstecker bei unsymmetrischer Signalführung zum
Einsatz, außerdem wird hier das Audiosignal auch unsymmetrisch über
SCART-Stecker geführt

8.5 FBAS-Direktaufzeichnung

Die Wahl des Aufzeichnungsformates bestimmt wesentliche Parameter bei der
Studioeinrichtung. So müssen z. B. beim Einsatz von Geräten, die mit Komponentenaufzeichnung arbeiten, andere Videomischer und Verbindungsleitungen
zur Verfügung stehen als bei der FBAS-Direktaufzeichnung. Zu Beginn der
Entwicklung von farbtüchtigen Videorecordern wurde das gesamte FBAS-Signal direkt aufgezeichnet. Das erste studiotaugliche Format beruhte auf 2"
breiten Bändern und Querspuraufzeichnung. Mitte der 70er Jahre wurde die
Schrägspuraufzeichnung auf 1" breiten Bändern eingeführt, die offenen Spulen
der entsprechenden Formate B und C sind noch heute in den Archiven der
Rundfunkanstalten zu finden.

Die FBAS-Direktaufzeichnung erfordert sowohl bei der Aufnahme als auch
bei der Wiedergabe wenig elektronischen Aufwand, allerdings müssen die

Schaltungen genau dimensioniert sein, um höchste Qualität zu erreichen. Der Nachteil des Verfahrens ist die erforderliche hohe Video-Bandbreite, die Geräte sind daher aufwändig gebaut, groß und wenig mobil. FBAS direkt aufzeichnende Geräte benötigen auch unbedingt einen TBC, denn das Farbsignal wird mit dem Farbhilfsträger aufgezeichnet, der höchstens einen Phasenfehler von 3 ns aufweisen darf.

Die im Folgenden beschriebenen Aufzeichnungsformate sind für die US-Norm mit 525 Zeilen und 60 Hz vielfach anders spezifiziert als für das europäische TV-System mit 625 Zeilen und 25 Hz Bildwechselfrequenz. Die Parameter werden hier bezüglich der europäischen Norm dargestellt.

8.5.1 Das 2"-Quadruplex-System

Das Quadruplex-System war das erste brauchbare Videoaufzeichnungsverfahren. Es wurde 1956 von der Firma Ampex zunächst als S/W-Aufzeichnungsformat eingeführt und war in weiterentwickelter, farbtauglicher Form (High-Band, 1964) bis in die 80er Jahre Studiostandard (Abb. 8.57). Heute wird es höchstens noch zur Wiedergabe von Archivbändern eingesetzt.

Das Quadruplex-Verfahren hat seinen Namen von den vier Videoköpfen, die symmetrisch auf der Kopfscheibe angebracht sind. Die Kopfscheibe rotiert quer zum Band, daher auch die Bezeichnung Querspuraufzeichnung. Das Band hat eine Breite von 50,8 mm (2") und wird über ein Vakuumsystem der runden Kopfscheibenform angepasst (Abb.8.58). Der Kopfscheibendurchmesser beträgt 52,5 mm, die Kopfscheibe rotiert mit 250 U/s. Es werden 1000 Spuren pro Sekunde geschrieben und die Schreibgeschwindigkeit beträgt ca. 40 m/s. Eine Sekunde Videosignal umfasst im europäischen TV-System 15625 Zeilen, d. h. jede Spur beinhaltet mit Überlappung ca. 18 Zeilen. Es findet also eine segmentierte Aufzeichnung statt, ein Halbbild wird in 20 Spuren gespeichert. Die Bandlaufgeschwindigkeit betrug anfangs 39 cm/s, später konnte auch mit 19,5 cm/s aufgezeichnet werden. Die Spurbreite und der Abstand der Spuren (Rasen) hängt von der Bandgeschwindigkeit ab. Tabelle 8.3 (s. u.) zeigt eine

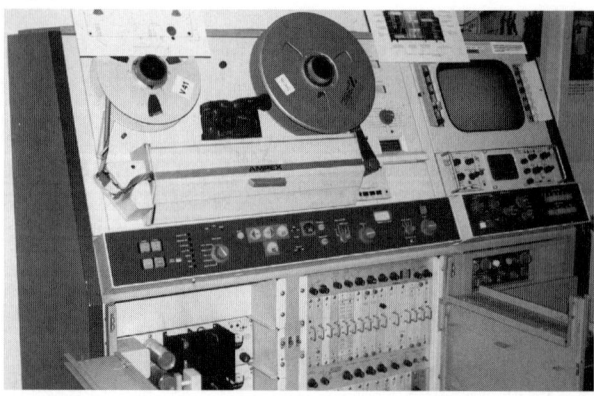

Abb. 8.57. 2"-Quadruplex-MAZ

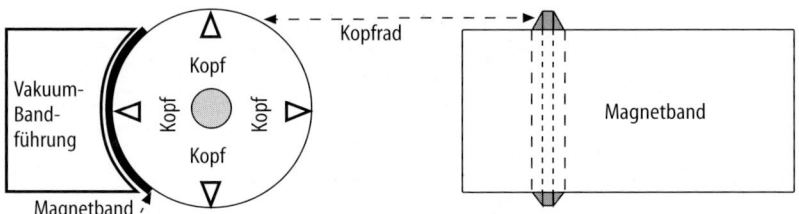

Abb. 8.58. Videokopfanordnung beim Quadruplex-Format

Übersicht über die wichtigsten geometrischen Parameter, Tabelle 8.4 gibt eine Übersicht über die Parameter der Signalverarbeitung auf der farbtauglichen Entwicklungsstufe (High Band).

Eine Längsspur von 1,8 mm Breite oberhalb des Videoaufzeichnungsbereichs wird zur Tonaufzeichnung in konventioneller Technik genutzt. Aufgrund der hohen Bandgeschwindigkeit wird eine gute Tonqualität erzielt. Durch die räumliche Trennung von Ton- und Videokopf ergibt sich ein Ton- Videosignalversatz von 0,6 s. Mechanische Schnitte, die am Anfang der Entwicklung noch durchgeführt wurden, sind daher problematisch und nur in längeren Tonpausen ohne Störung möglich. Unterhalb des Videobereichs befinden sich die Cue-Spur und eine Steuerspur. Die Cue-Spur dient zur Aufzeichnung von Regieanweisungen oder Timecode. Auf der Steuerspur (CTL) wird in Abhängigkeit von der Kopfdrehzahl und -phase ein Kontrollsignal aufgezeichnet, das bei der Wiedergabe dazu dient, die Bandgeschwindigkeit so zu steuern, dass die Videospuren genau abgetastet werden. Abbildung 8.59 zeigt die relative Lage der Magnetköpfe.

8.5.2 Das 1" -A- und C-Format

Mitte der 70er Jahre wurden mit dem A-Format die ersten studiotauglichen Geräte auf den Markt gebracht, die mit Schrägspuraufzeichnung arbeiteten. Der Spurwinkel beträgt nur etwa 3°, und das Band wird in Ω-Umschlingung

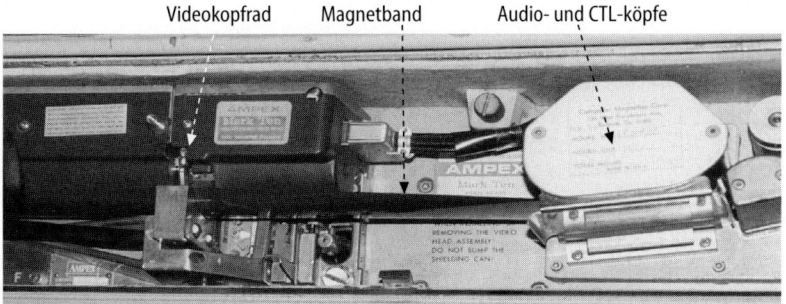

Abb. 8.59. Bandführung beim Quadruplex-Format

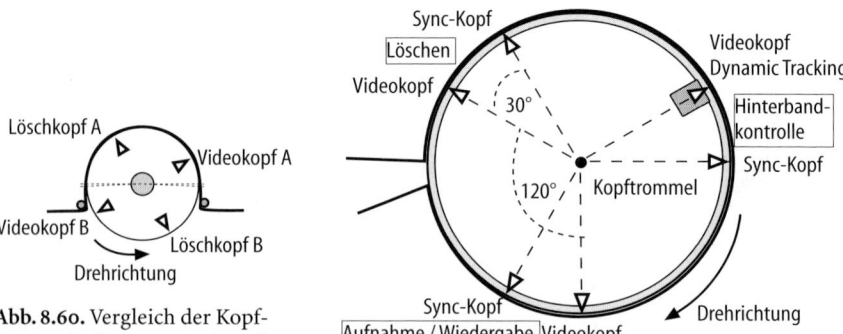

Abb. 8.60. Vergleich der Kopftrommeln der Formate B und C

im 350°-Bogen um eine große Kopftrommel mit 13 cm Durchmesser herumgeführt. Damit wird eine Videospurlänge von ca. 40 cm erreicht, die auch bei der
hohen Schreibgeschwindigkeit von mehr als 20 m/s ausreicht, um ein ganzes
Halbbild aufzunehmen. Das Signal wird mit nur einem Kopf geschrieben, daher kann auf der Videospur nicht das gesamte Videosignal aufgezeichnet werden. Etwa 16 Zeilen pro Halbbild fallen weg oder werden mit separaten Sync-
Köpfen aufgezeichnet, die den Videoköpfen um 30° vorauseilen. Den Video-
und Sync-Köpfen für die Aufnahme (Record, Rec) werden im Abstand von 120°
noch je ein Lösch- und Wiedergabekopf hinzugefügt (Playback, PB). Abbildung
8.60 zeigt die Anordnung der Köpfe auf der Trommel. Die Videoaufzeichnung
erfolgt ohne gekippten Kopfazimut, dafür mit einem Sicherheitsabstand zwischen den Spuren.

Das A-Format wurde schnell zum C-Format weiterentwickelt, da es nur zwei
Tonspuren beinhaltet, von denen eine im professionellen Einsatz als Timecode-
Spur genutzt werden muss [136]. Beim Übergang auf das C-Format wurden die
Spurlagen-Parameter geändert (Abb. 8.61). Der Spurwinkel wurde auf ca. 2,5°
verkleinert und damit Platz für fünf Longitudinalspuren geschaffen. Neben der
Kontrollspur sind drei Audiospuren nutzbar. Die fünfte Spur kann als weitere
Audiospur genutzt werden, oder es wird in diesem Bereich mit separaten ro-
tierenden Köpfen der Teil des Synchronsignals aufgezeichnet, der auf den Vi-
deospuren wegen der nur 350° betragenden Kopftrommelumschlingung keinen
Platz findet. Die Audioqualität ist gut, denn das Band läuft mit einer Ge-

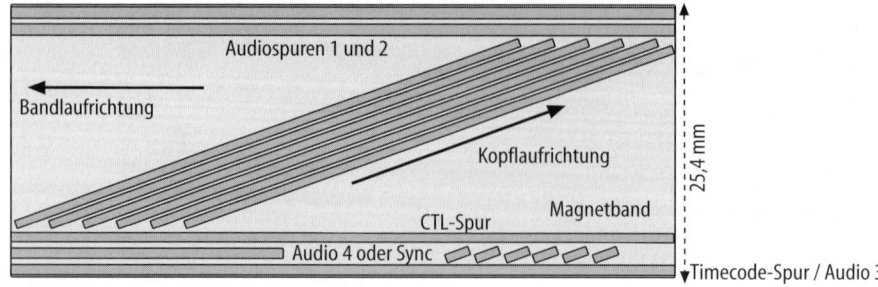

Abb. 8.61. Spurlage beim C-Format

Tabelle 8.3. Geometrische Parameter der Formate Quadruplex, B und C

	Quadruplex	B-Format	C-Format
Magnetbandbreite	50,8 mm	25,4 mm	25,4 mm
Bandgeschwindigkeit	39,7 cm/s	24,3 cm/s	24 cm/s
Relativgeschwindigkeit	41,2 m/s	24 m/s	21,4 m/s
Videospurlänge	46,1 mm	80 mm	411,5 mm
Videospurbreite	254 µm	160 µm	160 µm
Spurzwischenraum	143 µm	40 µm	54 µm
Spurwinkel	quer	14,3°	2,5°
Kopftrommeldurchmesser	52,5 mm	50,3 mm	134,6 mm
Kopftrommeldrehzahl	250 U/s	150 U/s	50 U/s

schwindigkeit von 24 cm/s. Die Videosignalverarbeitung entspricht der in Abschn. 8.4 beschriebenen. Die FM-Trägerfrequenz für den Schwarzwert beträgt 7,68 MHz bei 1,74 MHz Hub. In Abb. 8.62 ist ein 1"-C-MAZ-Gerät abgebildet. Die Tabellen 8.3 und 8.4 zeigen im Vergleich zum B-Format die mechanischen Spezifikationen sowie einen Überblick über die Signal-Spezifikationen.

Geräte nach dem C-Standard können mit beweglichen Köpfen ausgestattet sein, die eine genaue Spurabtastung auch bei veränderter Bandgeschwindigkeit ermöglichen, so dass eine störungsfreie Zeitlupen- und Zeitrafferwiedergabe möglich wird. Für besonders hochwertige Zeitlupenwiedergabe, wie sie häufig bei der Sportübertragung erforderlich ist, stehen beim C-Format so genannte Super-Slow-Motion-Geräte zur Verfügung, mit denen in Verbindung mit einer Spezialkamera Signale mit dreifacher zeitlicher Auflösung, also mit 90 statt 30 Bildern/s (NTSC-System), aufgezeichnet werden können. Das Super-Slow-Motion-System weist damit gegenüber herkömmlicher Zeitlupenwiedergabe eine

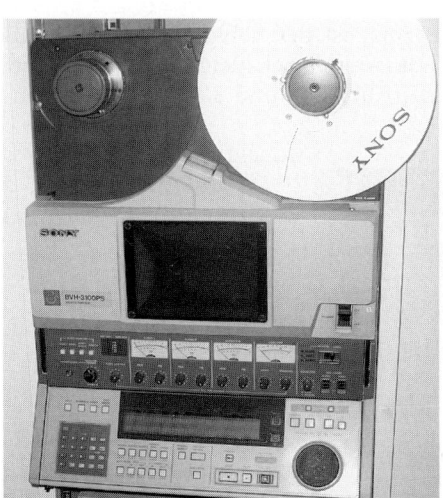
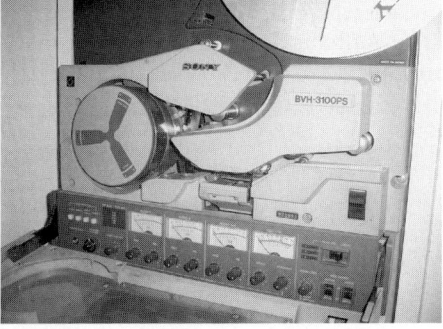

Abb. 8.62. 1"-C-MAZ , rechts mit geöffneter Klappe

Tabelle 8.4. Signalparameter der Formate Quadruplex, B und C

	Quadruplex	B-Format	C-Format
Bandbreite (–3 dB)	6 MHz	5,5 MHz	5,5 MHz
Signal/Rauschabstand	> 42 dB	> 48 dB	> 45 dB
FM-Träger (Blanking)	7,8 MHz	7,4 MHz	7,68 MHz
FM-Hub	2,14 MHz	2,14 MHz	1,74 MHz
Audiobandbreite (–3 dB)	30 Hz–15 kHz	50 Hz–15 kHz	50 Hz–15 kHz

wesentlich feinere Bewegungsauflösung auf. Geräte nach dem C-Format bieten, auch gemessen an Standards der 90er Jahre, eine sehr gute Qualität und werden im Archivbereich noch eingesetzt. Sie sind im Ausland und in privaten deutschen Produktionshäusern häufiger anzutreffen als die qualitativ vergleichbaren Geräte im B-Format, die vorwiegend in den öffentlich-rechtlichen Anstalten Deutschlands verwendet wurden.

8.5.3 Das 1" -B-Format

1"-B-Geräte für geschlossen codierte FBAS-Signale waren in deutschsprachigen Ländern die Standard-MAZ-Geräte für hochwertige Videoproduktionen, bzw. Sendestandard. Sie wurden von der Firma Bosch/BTS als Typenreihe BCN hergestellt. Abbildung 8.63 zeigt ein portables Gerät. Das B-Format erreicht mit etwa gleichen Parametern wie beim C-Format, nämlich einer Bandgeschwindigkeit von 24 cm/s und einer Schreibgeschwindigkeit von 24 m/s, die gleiche Signalqualität, d. h. eine Videobandbreite von 5,5 MHz bei einem Signal-Rauschabstand von mehr als 46 dB. Die FM-Trägerfrequenz für den Schwarzwert beträgt 7,4 MHz, der Hub 2,14 MHz. Tabelle 8.4 gibt eine Übersicht über die Signal-Spezifikationen.

Der wesentliche Unterschied zum C-Format ist der völlig andere mechanische Aufbau, der dadurch bestimmt ist, dass eine viel kleinere Kopftrommel mit nur 5 cm Durchmesser eingesetzt wird (Abb. 8.60 und 8.65). Um Banddeh-

Abb. 8.63. Portabler Recorder im B-Format

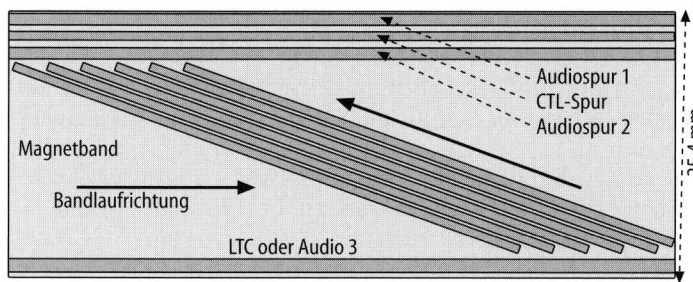

Audiospur 1
CTL-Spur
Audiospur 2

Magnetband

Bandlaufrichtung

LTC oder Audio 3

25,4 mm

Abb. 8.64. Spurlage beim B-Format

nung und Bandverschleiß zu reduzieren, wird das Band nur zu 190° um die Kopftrommel herumgeführt. Das Signal wird mit zwei um 180° versetzten Köpfen abwechselnd geschrieben. Aufgrund der geringen Kopftrommel-Umschlingungsstrecke ergibt sich ein vergleichsweise großer Spurwinkel von 14,4° und eine Spurlänge von 8 cm, in denen ein ganzes Halbbild nicht aufgezeichnet werden kann. Das B-Format arbeitet daher mit segmentierter Aufzeichnung. Jede Spur beinhaltet ca. 50 Zeilen, damit ist ein Halbbild in sechs Segmente aufgeteilt. Um die erforderliche Relativgeschwindigkeit zu erreichen, rotiert das Kopfrad mit 150 U/s. Abbildung 8.64 zeigt die Spurlage des B-Formates. Neben den Videospuren befinden sich an der oberen Bandkante zwei Audiospuren und dazwischen die Kontrollspur. An der unteren Bandkante liegt die Timecode-Spur, die auch als dritte Audiospur genutzt werden kann. Tabelle 8.3 gibt eine Übersicht über die Spurbreiten und weitere mechanische Spezifikationen. Die für professionelle Systeme geforderte Signalstabilität wird mit einem TBC erreicht, der auch bei der Standbild- und Zeitlupenwiedergabe benutzt wird. Die Realisierung dieser Funktionen ist beim B-Format aufgrund der segmentierten Aufzeichnung recht aufwändig. Die Bildteile müssen digitalisiert und in einem Gesamtbildspeicher zusammengesetzt werden, aus dem dann das Signal in verschiedenen Geschwindigkeiten ausgelesen wird. Um die dafür erforderlichen Bildteile in den Speicher einzulesen, ist eine aufwändige mechanische Steuerung nötig, die ein schnelles Hin- und Zurückspringen an bestimmte Bandpositionen ermöglicht, woraus das typische Rattern bei dieser Betriebsart resultiert.

Abb. 8.65. Kopftrommel eines Recorders im B-Format

8.6   Colour Under-Aufzeichnung

Parallel zur Entwicklung der professionellen MAZ-Geräte mit Schrägspuraufzeichnung wurden auch preiswerte Schrägspur-Geräte für den Massenmarkt entwickelt. Wichtig waren hier vor allem geringe Kosten und einfache Handhabung der Geräte, die durch die Einführung von Cassetten erreicht wurde. Die Kostenreduktion gegenüber professionellen Geräten bezieht sich sowohl auf die Vereinfachung der Geräte selbst, als auch auf die Reduzierung des Bandverbrauchs. Der letzte Punkt erfordert eine Verminderung der Band- und der Band-Kopf-Relativgeschwindigkeit, woraus eine Verminderung der nutzbaren Bandbreite resultiert. Die Bandgeschwindigkeit wurde zunächst auf 9,5 cm/s (U-Matic, 1968), und später, mit der Verfügbarkeit hochwertiger Magnetbänder, über VHS (1976), mit ca. 2,3 cm/s, bis hinab zu 2 cm/s (Video 8, 1984) gesenkt. Die Kopf-Band-Relativgeschwindigkeit beträgt zwischen 8,5 m/s (U-Matic) und 3,1 m/s (Video 8). Aufgrund dieser Parameter kann bei Standardsystemen eine Bandbreite von nur etwa 3 MHz genutzt werden.

Die verringerte Bandbreite begrenzt die erreichbare Auflösung der Helligkeitsinformation auf ca. 250 Linien, was für ein Heimformat hingenommen werden kann, sie macht aber die Direkt-Aufzeichnung des Chromasignals, das am oberen Ende des Frequenzspektrums liegt, völlig unmöglich. Die Verarbeitung des Farbsignals geschieht daher mit dem Colour Under-Verfahren, bei dem das Farbsignal vom oberen Ende des Frequenzspektrums an das untere verlegt wird. Am unteren Ende des Spektrums ergibt sich aufgrund der Frequenzmodulation des Luminanzsignals eine Lücke. Das FM-Spektrum reicht nur bis zu ca. 1,5 MHz hinab, so dass der Bereich zwischen 0 und 2 MHz für ein in den unteren Frequenzbereich versetztes Chromasignal genutzt werden kann (Abb. 8.66). Das Luminanz- und das konvertierte Chrominanzsignal werden auf diese Weise im Frequenzmultiplex aufgezeichnet, ohne sich zu überlagern.

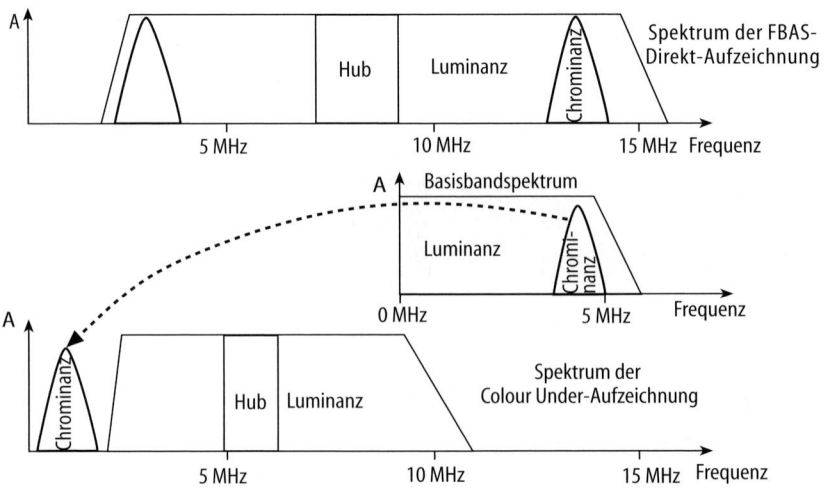

Abb. 8.66. Vergleich der Spektren von FBAS- und Colour Under-Aufzeichnung

8.6.1 Signalverarbeitung

Die Colour Under-Formate (U-Matic, Betamax, VHS, Video 2000, Video 8) haben generell eine geringe Qualität, die einen professionellen Einsatz verhindert. Die Entwicklung hochwertiger Bandmaterialien ermöglichte aber im Laufe der Zeit die Ausweitung der Luminanz-Bandbreite und die Entwicklung verbesserter Formate (z. B. U-Matic High Band, S-VHS oder Hi8). Mit diesen Systemen wird eine Luminanzbandbreite von mehr als 4 MHz erreicht, so dass sie auch für den semiprofessionellen Bereich geeignet sind. Die Hersteller bieten für diesen »Professional«-Bereich stabile Geräte an, die sich auch in Schnittsteuerungen einbinden lassen.

8.6.1.1 Signalverarbeitung bei der Aufnahme

Das Blockschaltbild in Abb. 8.67 zeigt die Signalverarbeitung für die Aufnahme beim Colour Under-Verfahren. Wenn das Videosignal als FBAS-Signal und nicht bereits in getrennten Y/C-Komponenten vorliegt, ist zunächst eine Trennung in Luminanz- und Chrominanzanteile erforderlich. Die Qualität der Trennung bestimmt wesentlich die Qualität des ganzen Systems. Das Luminanzsignal durchläuft die in Abb. 8.67 oben abgebildeten Stufen [11]. Für das Chromasignal existiert ein zweiter Signalweg, der im unteren Teil der Abbildung dargestellt ist. Die wesentliche Einheit ist hier die Mischstufe zur Herabsetzung des Farbsignals.

Wie das Y-Signal durchläuft auch das Chromasignal zunächst eine Stufe, die dazu dient, den Chromapegel konstant zu halten, hier wird diese Stufe mit ACC (Automatic Chroma Gain Control) bezeichnet. Die Chromapegel-Regelung nutzt den Burstpegel als Referenz. In der nächsten Stufe wird der Farbträger (bei PAL 4,43 MHz) je nach Format auf eine Frequenz zwischen ca. 500 kHz und 1 MHz herabgesetzt. Das geschieht durch Mischung mit einer Trägerfrequenz derart, dass sich durch die Differenz die gewünschte, herabgesetzte Frequenz ergibt. Bei der Mischung erscheint außer der Frequenzdifferenz auch die Summe, die jedoch nicht verarbeitet wird. Die Mischung erfolgt nach folgendem Schema: Chroma-Frequenz f_{SC} (z. B. 4,43 MHz), gemischt mit

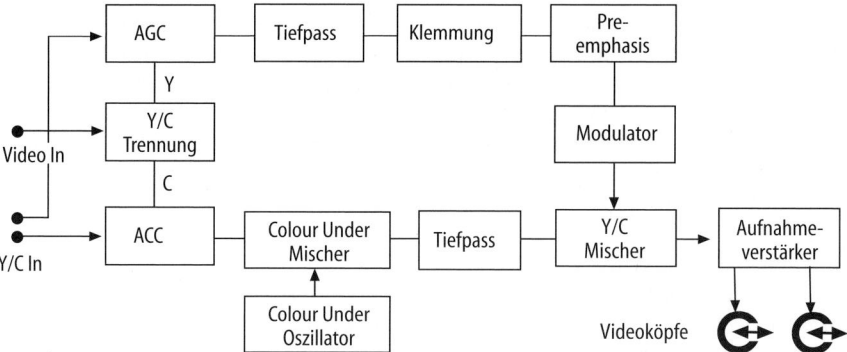

Abb. 8.67. Colour Under-Signalverarbeitung bei der Aufnahme

einer Trägerfrequenz f_T (z. B. 5,06 MHz für VHS), ergibt $f_T + f_{SC}$ = 9,49 MHz und $f_T - f_{SC} = f_{CU}$ = 0,63 MHz. Letztere ist die gewünschte herabgesetzte Colour Under-Frequenz.

Das herabgesetzte Chromasignal bleibt unverändert ein QAM-Signal. Es ist nicht FM-moduliert, trägt also weiterhin die Information über den Farbton in der Phase und über die Farbsättigung in der Amplitude. Da der Farbträger bei ca. 700 kHz liegt, steht für die Seitenbänder eine Bandbreite von ca. ± 600 kHz zur Verfügung. Der herabgesetzte Farbträger bringt eine eingeschränkte Chrominanzbandbreite mit sich, hat aber den Vorteil, dass sich Bandlaufschwankungen weniger stark auf das Chrominanz-Signal auswirken als bei der FBAS-Direktaufzeichnung. Das herabgesetzte Chroma-Signal wird mit dem frequenzmodulierten Luminanzsignal gemischt und aufgezeichnet, die Signale beeinflussen sich dabei gegenseitig. Die Beeinflussung des Chroma-Signals durch das Luminanz-FM-Signal ist erwünscht, da das Chromasignal amplitudenmoduliert ist und ohne diese Beeinflussung an der nichtlinearen Remanenzkurve verzerrt wird. Das hochfrequente FM-Signal wirkt wie bei der Audio-Aufzeichnung als HF-Vormagnetisierung, die das Chromasignal in den linearen Teil der Kennlinie verschiebt. Voraussetzung für eine gute Funktion ist eine optimale Einstellung der Pegelverhältnisse für das Chroma- und das FM-Signal. Hier ist es wichtig, die Frequenz des herabgesetzten Chroma-Trägers in einer AFC-Schaltung (Automatic Frequency Control) fest mit der Zeilenfrequenz f_H zu verkoppeln, damit die Vormagnetisierung durch das FM-Signal möglichst wenige Störungen hervorruft. Mit der Zeilenzahl n gilt für das PAL-System: f_{CU} = (n + 1/8) · f_H. Beim Format VHS folgt daraus mit n = 40 die Colour Under-Frequenz: f_{CU} = 626,953 kHz, bei U-Matic ergibt sich mit n = 59: f_{CU} = 923,828 kHz, und für Video 8 folgt mit n = 46,7: f_{CU} = 732,421 kHz.

Da die Colour Under-Systeme mit sehr eng nebeneinander liegenden Spuren oder ganz ohne Spurzwischenraum arbeiten, ergibt sich bei der Abtastung das Übersprechproblem mit den Signalen, die auf benachbarten Spuren aufgezeichnet werden. Beim hochfrequente FM-Signal lässt sich das Übersprechen durch die Nutzung eines wechselweise verschiedenen Kopfazimuts ausreichend reduzieren (s. Abschn. 8.2 und Abb. 8.22). Die Effektivität der Übersprechreduktion mit Slanted Azimut sinkt aber mit der Frequenz und ist für das herabgesetzte Chroma-Signal unzureichend. Für das Chroma-Signal wird daher mit der sog. Phasenfortschaltung (Colour Under Phase Shift) dafür gesorgt, dass die Phasenlage in jeder Zeile um 90° gedreht wird, damit das Nutz- und das Nachbarspur-Störsignal immer eine entgegengesetzte Phasenlage aufweisen. Mit Hilfe einer zweizeiligen Verzögerung (Kammfilter) wird so erreicht, dass sich die Nutzkomponenten bei der Zusammenführung von verzögertem und unverzögertem Signal addieren, während sich die Störkomponenten gegenseitig aufheben.

8.6.1.2 Signalverarbeitung bei der Wiedergabe

Die Signalverarbeitungsstufen für die Colour Under-Signalwiedergabe sind in Abb. 8.68 dargestellt. Nach der Vorverstärkung des Signals wird es wieder in die Chrominanz- und Luminanzanteile zerlegt, die Trennung der Chroma- und Luminanzinformation erfolgt mit Hilfe von Tief- und Hochpassfiltern. Dann

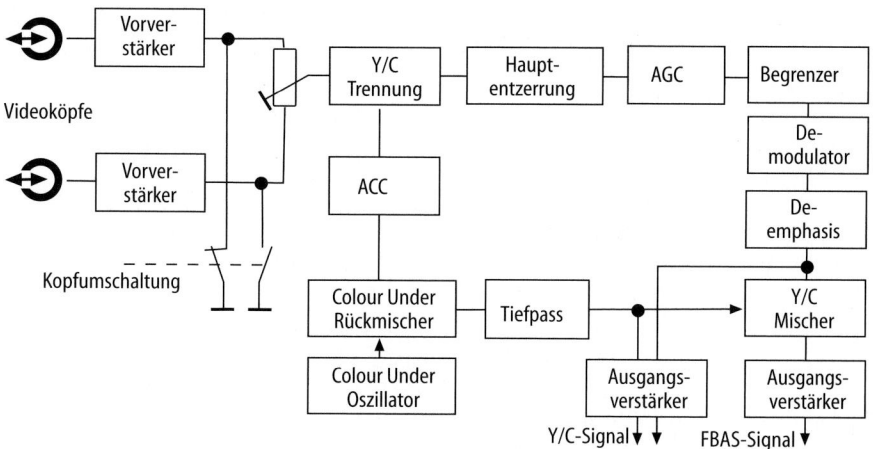

Abb. 8.68. Colour Under-Signalverarbeitung bei der Wiedergabe

wird, wie beim Aufnahmeweg, die Signalverarbeitung für Y und C getrennt vorgenommen, bis diese Komponenten zum Schluss ggf. wieder zu einem FBAS-Signal zusammengefasst werden.

Die Signalverarbeitung für die Wiedergabe des Luminanzsignals geschieht im Wesentlichen so, wie es in Abschn. 8.4 allgemein beschrieben wurde. Die Chroma-Signalverarbeitung hat die Aufgabe, die Phasenfortschaltung zurückzunehmen und das konvertierte Farbsignal in die Ausgangslage zurück zu transformieren. Dazu gelangt das Chroma-Signal nach Durchlaufen des Tiefpass-Filters zu einer ACC-Regelstufe, die für eine konstante Amplitude sorgt. Anschließend wird beim Format Video 8 die Chroma-Deemphasis vorgenommen. Die Aufwärtskonvertierung des Farbsignals wird wie im Aufnahmeweg durch die Mischung mit einer Hilfsfrequenz erreicht, die um 4,43 MHz höher liegt als die herabkonvertierte Farbträgerfrequenz, so dass sich durch die Subtraktion bei der Mischung genau die PAL-Farbträgerfrequenz ergibt. Eine AFC-Schaltung sorgt wieder für die Verkopplung der Hilfsträgerfrequenz mit der Horizontalfrequenz. Nachdem mit einem Kammfilter die Übersprechstörungen durch die unvermeidliche Abtastung der Nachbarspuren beseitigt wurde, gelangt das Chromasignal schließlich über den automatischen Farbabschalter (ACK) zur Ausgangsstufe, dann entweder zur Y/C-Ausgangsbuchse oder es wird mit dem Y-Signal zu einem FBAS-Signal zusammengemischt.

Die getrennte Signalführung für die Luminanz- und Chrominanzsignale sollte soweit wie möglich aufrecht erhalten werden, da jede Zusammenführung der Komponenten in den meisten angeschlossenen Geräten wieder rückgängig gemacht werden muss (z. B. bei der Kopie auf einen zweiten Recorder) und damit qualitätsmindernd wirkt. Moderne S-VHS und Hi 8-Systeme sind deshalb immer mit Y/C 443-Anschlussmöglichkeiten versehen. Im sog. Professional-Bereich gibt es auch Bildmischer und Peripheriegeräte, die speziell für diese Signalform ausgelegt sind. Die Bezeichnung YC 443 steht für eine getrennte Signalführung, wobei die Zahl 443 bedeutet, dass das Chroma-Signal mit einem

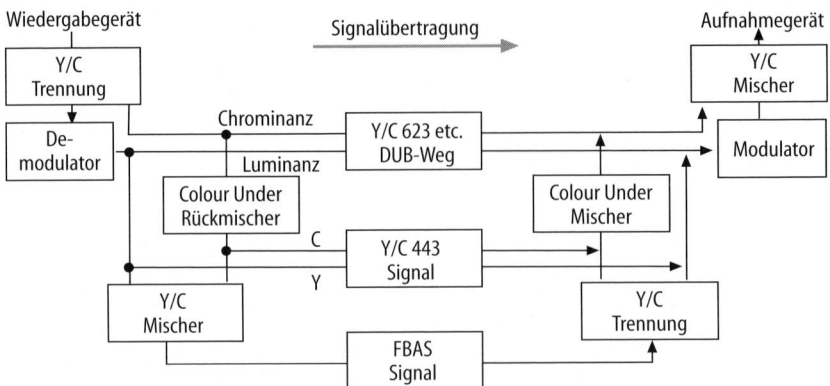

Abb. 8.69. Geräteverbindungen beim Colour Under-Verfahren

Farbhilfsträger der Frequenz 4,43 MHz übertragen wird. Im Gegensatz dazu gibt es andere Bezeichnung wie YC 686, YC 623 oder YC 924. Hier stehen die Zahlen für die konvertierten Farbträgerfrequenzen, d. h., dass hier das Chromasignal nicht wieder heraufgesetzt wird. Bei einer Überspielung auf einen Recorder des gleichen Formates kann damit die Chroma-Konvertierungsstufe umgangen werden, so dass die Qualität dadurch nicht gemindert wird (Abb. 8.69). Eine Geräteverbindung auf der Ebene der konvertierten Chroma-Signale wird über sog. DUB-Anschlüsse realisiert. Dem Qualitätsvorteil steht aber der Nachteil gegenüber, dass die Signale nicht wie YC 443 universell einsetzbar sind, sondern nur zur Überspielung innerhalb des selben Systems genutzt werden können. Bei U-Matic ist die DUB-Verbindung die einzige Art der separaten Führung von Y und C, einen eigenen YC 443-Signalweg gibt es hier nicht.

8.6.2 U-Matic

U-Matic ist ein Anfang der 70er Jahre von Sony eingeführtes Format mit Cassetten und 3/4" (19 mm) breiten Bändern. Es wurde als ein für damalige Verhältnisse preiswertes, leicht zu handhabendes System hoher Aufzeichnungsdichte entwickelt. Die maximale Spieldauer beträgt eine Stunde. Der Name resultiert daraus, dass das automatisch aus der Cassette gezogene Band in U-förmiger 180°-Umschlingung um die Kopftrommel gezogen wird (U-Loading). U-Matic wurde im Laufe der Zeit zu U-Matic High Band und U-Matic SP (Superior Performance) weiterentwickelt und konnte sich als Standardformat im Professional-Bereich, also für Industriefilm, Präsentationen etc. durchsetzen. Das Format ist sehr robust, die Cassette ermöglicht die Herstellung portabler Geräte. U-Matic High Band war das erste Cassettenformat, das den Ansprüchen der Fernsehanstalten an ein Format zur elektronischen Berichterstattung (EB) genügte. Bis zur Einführung von Betacam und Betacam SP war U-Matic in diesem Sektor sehr verbreitet, entsprechend groß sind auch die Archive mit U-Matic-Cassetten.

Tabelle 8.5. Geometrische Parameter des Formats U-Matic

	Low Band	High Band (SP)
Magnetbandbreite	19 mm	19 mm
Bandgeschwindigkeit	9,5 cm/s	9,5 cm/s
Relativgeschwindigkeit	8,5 m/s	8,5 m/s
Videospurlänge	171 mm	171 mm
Videospurbreite	105 μm	125 μm
Spurzwischenraum	60 μm	40 μm
Spurwinkel	5°	5°
Azimut	0°	0°
Kopftrommeldurchmesser	110 mm	110 mm
Kopftrommeldrehzahl	25 U/s	25 U/s
max. Spieldauer	20/60 Min.	20/60 Min.

Die Bandlauf- und die Kopfgeschwindigkeit ist gegenüber den 1"-MAZ-Maschinen etwa halbiert. Die Bandgeschwindigkeit beträgt 9,5 cm/s, die Schreibgeschwindigkeit 8,54 m/s. Auf der Spurlänge von 17,1 cm wird je ein Halbbild von einem der beiden um 180° versetzten Köpfe geschrieben. Einander folgende Spuren haben eine Überlappung von drei Zeilen. Tabelle 8.5 zeigt eine Übersicht über die mechanischen Spezifikationen, Abbildung 8.70 die Spurlage. An der oberen Bandkante befindet sich die Steuerspur, an der unteren Kante liegen zwei Audio-Längsspuren, die aufgrund der recht hohen Bandgeschwindigkeit eine gute Audioqualität mit einer Audio-Grenzfrequenz von 15 kHz ermöglichen. Eine Time Code-Spur war bei der Konzeption des Formates zunächst nicht vorgesehen.

U-Matic High Band und U-Matic SP sind auch deshalb professionell nutzbar, weil sie die Möglichkeit bieten, Timecode auf einer eigenen Spur aufzuzeichnen, so dass also keine Tonspur geopfert werden muss. Da aus Kompatibilitätsgründen das Spurschema von U-Matic Low Band übernommen wurde, fand die Timecode-Längsspur (LTC-Spur) nur noch im Bereich der Videospuren Platz (Abb. 8.70). Das niederfrequente Timecode-Signal kann durch Filter vom Videosignal getrennt werden und liegt in dem Videospur-Bereich, in dem die vertikalen Synchronsignale aufgezeichnet sind. Die Spuranordnung hat den Nachteil, dass der LTC nur bei der ersten Bespielung zusammen mit

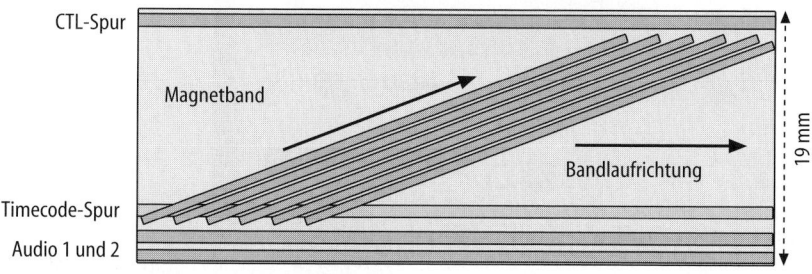

Abb. 8.70. Spurlage bei U-Matic

Tabelle 8.6. Signalparameter des Formats U-Matic

	Low Band	High Band	U-Matic SP
Y-Bandbreite (–3 dB)	3,0 MHz	3,5 MHz	3,8 MHz
C-Bandbreite (–3 dB)	0,6 MHz	1 MHz	1,5 MHz
Colour Under Träger	686 kHz	924 kHz	924 kHz
Signal/Rauschabstand	> 46 dB	> 46 dB	> 46 dB
FM-Träger (Blanking)	4,3 MHz	5,3 MHz	6,1 MHz
FM-Hub	1,6 MHz	1,6 MHz	1,6 MHz
Audiobandbreite (–3 dB)	50 Hz–12 kHz	50 Hz–15 kHz	50 Hz–15 kHz
PCM-Audio (Option)		20 Hz–20 kHz	

dem Videosignal aufgezeichnet werden kann, eine spätere Änderung würde das Videosignal stören. Eventuell kann das LTC-Signal beeinträchtigt werden, wenn an einer Stelle mehrfach ein neues Videosignal aufgezeichnet wird.

U-Matic wurde unter Nutzung höherer Signal-Bandbreiten zu U-Matic-High-Band und U-Matic-SP weiterentwickelt, Tabelle 8.6 zeigt die elektronischen Spezifikationen im Vergleich. Im Gegensatz zum Übergang von VHS auf S-VHS wurde beim Übergang von Low auf High Band nicht nur die FM-Trägerfrequenz und der Hub heraufgesetzt, sondern auch die Colour Under-Frequenz (von 686 kHz auf 924 kHz), so dass beim Übergang zu High Band auch die Chroma-Bandbreite vergrößert werden konnte.

Bei U-Matic High Band und U-Matic SP gibt es Geräte, die mit Dynamic Tracking-Köpfen ausgerüstet werden können, so dass ein ungestörtes Bild bei Bandgeschwindigkeiten zwischen einfach rückwärts bis dreifach vorwärts erzielt werden kann. Für diesen Einsatz, sowie auch beim Einsatz der Geräte in Verbindung mit Bildmischern wird ein TBC erforderlich, der früher als teures separates Gerät erworben werden musste. Neuere Geräte können mit TBC's auf Steckkarten ausgerüstet werden. U-Matic SP unterscheidet sich von U-Matic High Band durch nochmaliges Höhersetzen der FM-Frequenzen und eine verbesserte Bandbreite für das Luminanz- und das Chrominanzsignal. Abbildung 8.71 zeigt einen U-Matic-Recorder.

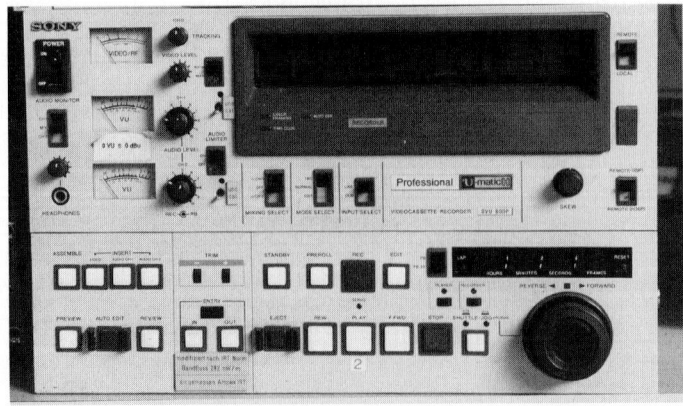

Abb. 8.71. U-Matic-Recorder

Tabelle 8.7. Signalparameter der Formate Betamax und VHS

	Betamax	VHS
Y-Bandbreite (–3 dB)	3 MHz	3 MHz
Colour Under Träger	686/689 kHz	627 kHz
Signal/Rauschabstand	> 42 dB	> 42 dB
FM-Träger (Blanking)	4,2 MHz	4,1 MHz
FM-Hub	1,4 MHz	1 MHz
Audiobandbreite (–3 dB)	50 Hz–12 kHz	50 Hz–12 kHz
FM-Audio (Option)	20 Hz–20 kHz	20 Hz–20 kHz

8.6.3 Betamax

Das Betamax-Format der Firma Sony wurde 1975 vorgestellt und war das erste
Recorder-Format, das einen wirklichen Massenmarkt erschließen konnte. Kurz
darauf erschien das qualitativ vergleichbare Konkurrenzprodukt VHS von JVC.
Aufgrund der besseren Marktstrategie fand nach einiger Zeit VHS die größere
Verbreitung, so dass trotz minimaler qualitativer Überlegenheit Betamax im
europäischen Bereich heute keine Marktbedeutung mehr hat.

Die Aufzeichnung geschieht nach dem Colour Under Verfahren mit zwei um
180° versetzten Köpfen auf Cassetten (mit etwas kleineren Abmessungen als
bei VHS), die ein Band von 1/2"-Breite enthalten. Die maximale Spieldauer beträgt 180 Minuten. Jede Spur enthält ein Halbbild, der Spurabstand ist gleich
Null. Zur Übersprechdämpfung wird mit einem Azimut von ± 7° gearbeitet.
Tabelle 8.7 zeigt die Signal-Spezifikationen und Abb. 8.72 das Spurlagensche-
ma, das dem von VHS gleicht. Die beiden Audiospuren sind bei einfachen Geräten auch zu einer Monospur zusammengefasst, eine Time Code Spur existiert nicht. Die Luminanz-Bandbreite ist bei Betamax auf 3 MHz begrenzt, der
Luminanzsignal/Rauschabstand beträgt 42 dB. Die Konvertierung des Chroma-
Signals geschieht mit zwei verschiedenen Frequenzen, so dass der herabgesetzte Farbträger für jede Spur abwechselnd bei 689,45 kHz und 685,55 kHz liegt.
Tabelle 8.8 zeigt die mechanischen Spezifikationen. Das Format wurde zu Betamax ED ausgebaut, die Auflösung konnte dabei so gesteigert werden, dass es
semiprofessionellen Ansprüchen genügt.

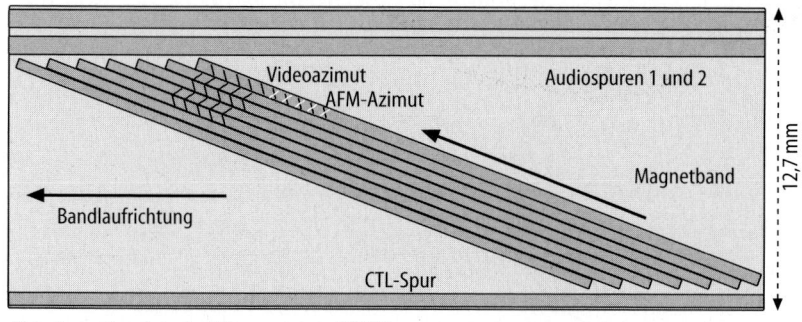

Abb. 8.72. Spurlage bei Betamax und VHS

Tabelle 8.8. Geometrische Parameter der Formate Betamax und VHS

	Betamax	VHS
Magnetbandbreite	12,7 mm	12,7 mm
Bandgeschwindigkeit	1,9 cm/s	2,3 cm/s
Relativgeschwindigkeit	5,8 m/s	4,9 m/s
Videospurlänge	117 mm	97 mm
Videospurbreite	33 μm	49 μm
Spurzwischenraum	0	0
Spurwinkel	5°	6°
Azimut	± 7°	± 6°
Kopftrommeldurchmesser	74 mm	62 mm (41 mm (C))
max. Spieldauer	180 Min.	240 Min.

8.6.4 Video Home System, VHS

Das von der Firma JVC entwickelte Format VHS wurde 1976 vorgestellt. Es konnte sich gegen das Konkurrenzprodukt Betamax, sowie auch gegen die europäischen Konkurrenzformate VCR und Video 2000 durchsetzen. Es ist heute das mit Abstand bedeutendste analoge Heimanwenderformat und als Massenprodukt preiswerter Distributionsstandard von Industrie- und Schulungsfilmen. VHS-Geräte werden von sehr vielen Herstellern gefertigt.

Das VHS-Format ist Betamax sehr ähnlich. Auch hier findet mit zwei Videoköpfen eine nicht segmentierte Colour Under-Aufzeichnung auf Cassetten mit 1/2"-Band statt. Die Cassette hat die Abmessungen 188 mm x 104 mm x 25 mm. Die maximale Spieldauer beträgt 240 Minuten. Die Luminanz-Auflösung beträgt wie bei Betamax wegen der auf 3 MHz beschränkten Bandbreite 240 Linien. Die Unterschiede zwischen Betamax und VHS werden in den in Tabelle 8.7 dargestellten Signal-Spezifikationen und den mechanischen Spezifikationen (Tabelle 8.8) deutlich. Die Unterschiede sind gering: VHS arbeitet mit einer etwas kleineren Kopftrommel und die Bandgeschwindigkeit ist mit 2,34 cm/s etwas größer als bei Betamax. Das Magnetband wird bei VHS meist im M-Loading-Verfahren um die Kopftrommel geführt, während bei Betamax U-Loading zum Einsatz kommt. Abbildung 8.73 zeigt die Kopftrommel und Abb. 8.72 die Spurlage beim VHS-Format. Die CTL-Spur liegt an der unteren Bandkante, die Audiospur an der oberen. Bei Standard-Recordern gibt es neben der Kontroll-

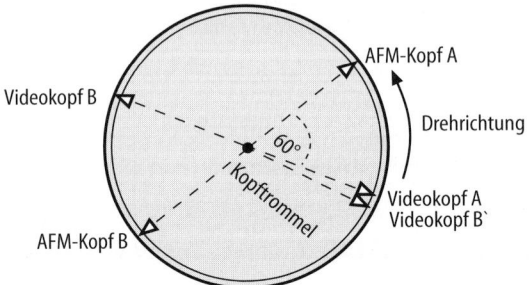

Abb. 8.73. Kopftrommel des VHS-Recorders (Dreikopf mit AFM-Ton)

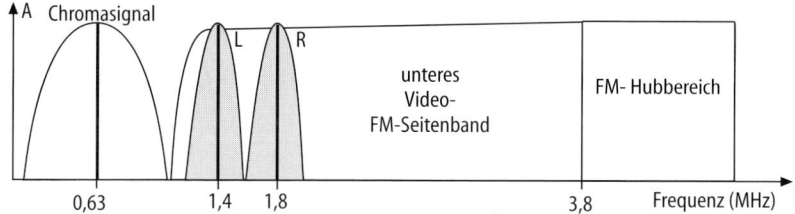

Abb. 8.74. AFM-Frequenzen bei VHS

spur nur eine Audio-Längsspur, bei Geräten der Professional-Klasse (s. u.) können zwei Spuren genutzt werden, indem die Monospur in zwei Teile geteilt wird. Die Audiobandbreite ist wegen der geringen Bandgeschwindigkeit sowohl bei Betamax als auch bei VHS auf ca. 12 kHz beschränkt. Eine hochwertige Audioaufzeichnung zweier weiterer Audiospuren ist optional mit AFM möglich. Bei VHS werden separate AFM-Köpfe benutzt, die AFM-Trägerfrequenzen liegen bei 1,4 MHz für den linken und 1,8 MHz für den rechten Kanal im Bereich des unteren FM-Seitenbandes (Abb. 8.74), die Signaltrennung ist in Abschn. 8.4 beschrieben.

Im VHS-System werden keine steuerbaren Videoköpfe eingesetzt, daher ist die Wiedergabe bei nicht normgerechter Geschwindigkeit gestört. So wird bei der Standbild-Funktion das Band angehalten, der richtige Spurwinkel wird daher nicht mehr erreicht. Die Spurabtastung ist nur an einer Stelle optimal, an den anderen Stellen sinkt der Signalpegel. Außerdem passt bei der Abtastung von einer einzigen Spur nur der Azimut eines Videokopfes zur entsprechenden Spur. Die einfachste Art der Störminderung geschieht dadurch, dass das Band so gesteuert wird, dass zwei nebeneinanderliegende Spuren möglichst gleichmäßig erfasst werden (Frame Still), so dass beide Köpfe mit dem richtigen Azimut abtasten können. Aufwändigere VHS-Geräte arbeiten mit mehreren Wiedergabeköpfen zur Reduktion der Standbildfehler. Ein Dreikopf-Recorder enthält neben den Köpfen 1 und 2 zusätzlich den Kopf 2', der ganz in der Nähe von Kopf 1 angeordnet ist, aber einen Azimutwinkel aufweist, der dem von Kopf 2 entspricht (Abb. 8.73). Bei der Standbildwiedergabe wird das Band so gesteuert, dass mit den Köpfen 2 und 2' dieselbe Spur abgetastet wird (Field Still). Vierkopf-Systeme nutzen einem zusätzlichen Kopf 1'.

Das VHS-System wurde sehr vielfältig weiterentwickelt. Zunächst wurde eine Long-Play-Funktion eingeführt, mit der die maximale Spieldauer verdoppelt werden kann. Die Bandgeschwindigkeit wird auf 1,17 cm/s halbiert, wodurch sich auch die Videospurbreite gegenüber der Standardgeschwindigkeit um 50% verringert. Zur Realisierung dieser Funktion werden eigene Long-Play-Videoköpfe auf der Kopftrommel montiert. Die Systemverbesserung mit der Bezeichnung VHS-HQ (High Quality) steht für eine weiterentwickelte Signalverarbeitung auf der Basis verbesserter Bandmaterialien. Es wurde hier vor allem die Preemphasis verändert und der Clip-Level für das White-Clipping höhergesetzt, außerdem wurde die Rauschunterdrückung verbessert. VHS-HQ-Aufzeichnungen sind kompatibel zu VHS und können mit Standardgeräten wiedergegeben werden.

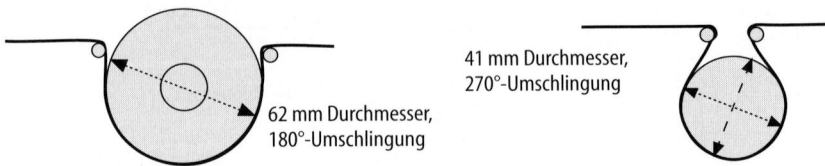

Abb. 8.75. Große und kleine Kopftrommel bei VHS

Im Zuge der Entwicklung kleiner portabler Camcorder und als Konkurrenz zu Video 8 wurde das VHS-System durch die Einführung von verkleinerten Compact-Cassetten (VHS-C) erweitert. Die maximale Spieldauer einer VHS-C-Cassette beträgt 45 Minuten. Das VHS-C-Format ist kompatibel zu VHS, die Kompatibilität ist aber evtl. eingeschränkt, da in den portablen Geräten häufig kleinere Kopftrommeln mit nur 41 mm Durchmesser eingesetzt werden, die eine Erhöhung des Kopftrommelumschlingungswinkels und den Einsatz von vier Köpfen erfordern (Abb. 8.75). VHS-C-Cassetten können mit einem Adapter in Standgeräten abgespielt werden (Abb. 8.76).

8.6.4.1 S-VHS

Eine wesentliche qualitative Weiterentwicklung erfuhr das VHS-Format durch die Einführung von Super-VHS. Mit Hilfe verbesserter Videobänder und -köpfe konnte die Luminanzbandbreite auf mehr als 4 MHz gesteigert werden. Damit sind Kopien über die zweite Generation hinaus möglich, die bei VHS qualitativ praktisch nicht vertretbar sind. S-VHS ist abwärtskompatibel zu VHS, die mechanischen Parameter bleiben unverändert. S-VHS-Bänder können mit VHS-Geräten nicht wiedergegeben werden, denn die erweiterten elektronischen Spezifikationen des S-VHS Formates werden von VHS Geräten nicht erfüllt. Die Veränderungen betreffen vor allem eine Vergrößerung des FM-Hubes von 1 MHz auf 1,6 MHz sowie eine Verlagerung des Gesamtspektrums zu höheren Frequenzen hin. Die unterste FM-Frequenz (für den Synchronboden) liegt nun bei 5,4 MHz, der Abstand zum Basisband ist damit so groß, dass

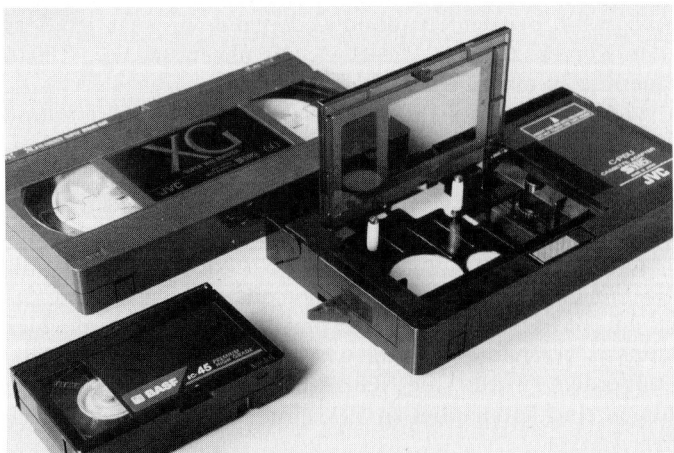

Abb. 8.76. VHS- und VHS-C-Cassette mit Adapter

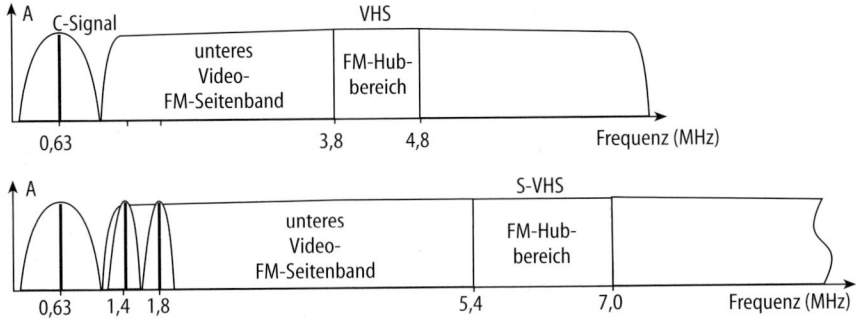

Abb. 8.77. Erweitertes FM-Spektrum bei S-VHS

eine Luminanzbandbreite von mehr als 4 MHz genutzt werden kann. Die Chrominanz-Signalverarbeitung bleibt im wesentlichen unverändert, die Colour Under-Frequenz liegt aus Kompatibilitätsgründen weiterhin bei 627 kHz (Abb. 8.77).

In S-VHS-Geräten werden bessere Filter zur Trennung des FBAS-Signals in Luminanz- und Chrominanzanteile eingesetzt als bei VHS-Geräten, trotzdem sollte aber möglichst immer der S-VHS-Anschluss genutzt werden, über den die Signale Y und C getrennt geführt werden. Die S-VHS-Aufnahme erfordert besonders hochwertiges Bandmaterial, bei dem die Koerzitivkraft gegenüber VHS-Material um 30% gesteigert ist. Damit sich die S-VHS-Geräte abhängig vom Band automatisch auf eine Aufnahme in der VHS- oder S-VHS-Betriebsart umschalten können, sind die S-VHS-Cassetten mit einer besonderen Kennbohrung versehen.

Durch den Übergang zu S-VHS konnte die Video-Qualität des Formates so gesteigert werden, dass es semiprofessionellen Ansprüchen genügt (Abb. 8.78). Es werden mit der Professional-S-Reihe besonders stabil gefertigte Geräte angeboten, bei denen ein hoher Schaltungsaufwand betrieben wird, und die sich auch in professionelle Schnittsysteme einbinden lassen. Es stehen spezielle

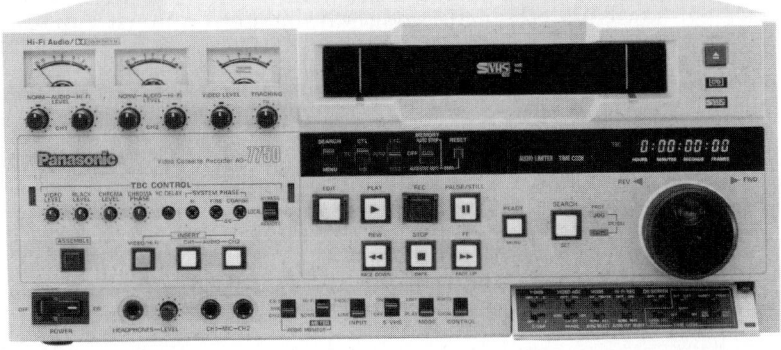

Abb. 8.78. S-VHS-Professional Recorder [94]

Tabelle 8.9. Signalparameter der Formate S-VHS und W-VHS

	S-VHS	W-VHS
Y-Bandbreite (–3 dB)	4 MHz	13 MHz
C-Bandbreite (–3 dB)	1 MHz	4 MHz
Colour Under Träger	627 kHz	–
Signal/Rauschabstand	> 45 dB	k. A.
FM-Träger (Blanking)	5,8 MHz	8,8 MHz
FM-Hub	1,6 MHz	2,5 MHz
Audiobandbreite (–3 dB)	50 Hz–12 kHz	20 Hz–20kHz (PCM)
FM-Audio (Option)	20 Hz–20 kHz	20 Hz–20 kHz

Bildmischer etc. zur Verfügung, die mit Eingängen für Y/C-Signale ausgestattet sind. Aufgrund der Kompatibilität zu VHS bleiben aber auch bei professionellen S-VHS-Geräten einige Nachteile erhalten. Ein Nachteil ist das Colour-Under-Frequenzmultiplexverfahren mit der gleichen Farbträgerfrequenz wie bei VHS und mit der damit verbundenen schlechten Farbauflösung. Noch schwerwiegender für den professionellen Einsatz ist die problematische Audiosignalqualität. Hochwertige Qualität kann nur mit den AFM-Spuren erzielt werden. Diese sind aber nicht unabhängig vom Bild editierbar, so dass bei der Nachbearbeitung immer die Längsspuren benutzt werden müssen. Die zwei verfügbaren Audio-Längsspuren sind durch Teilung aus einer entstanden und dementsprechend schmal. Die Audioqualität ist aufgrund der geringen Bandgeschwindigkeit auch dann noch unzureichend, wenn der Signal-Rauschabstand durch ein Dolby-System verbessert wird. Schließlich ist auch die für die professionelle Nachbearbeitung unerlässliche Anwendung des Timecode-Verfahrens eingeschränkt, denn zur Nutzung des auf Längsspuren aufzuzeichnenden LTC (Longitudinal Timecode) muss eine Tonspur geopfert werden, wobei zusätzlich das Problem des Übersprechens zwischen TC- und Audio-Signal entsteht.

8.6.4.2 W-VHS

W-VHS ist eine zu VHS bzw. S-VHS kompatible Weiterentwicklung zur Aufzeichnung von HDTV-Signalen. W-VHS gehört nicht mehr zu den Colour Under-Verfahren, die Farbdifferenzkomponenten werden im Zeitmultiplex verarbeitet. Mit der auf 3,33 cm/s erhöhten Bandgeschwindigkeit können ein 1125/

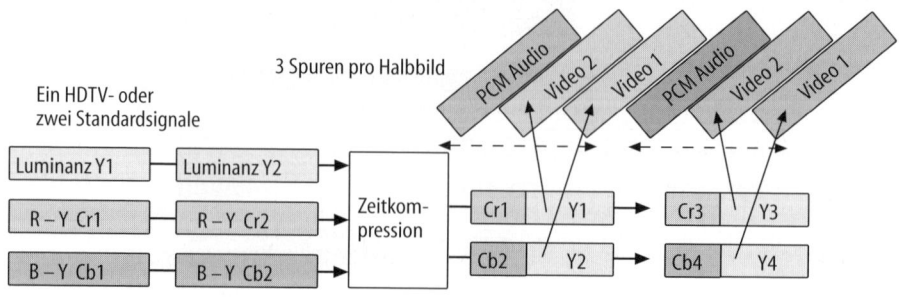

Abb. 8.79. Signalverarbeitung bei W-VHS

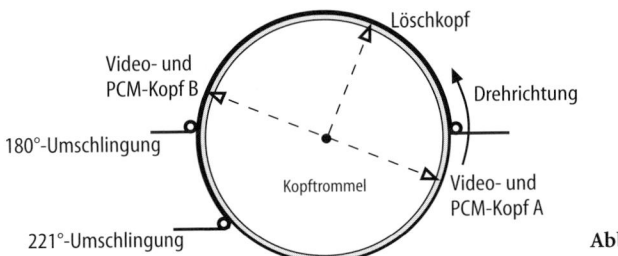

Abb. 8.80. Video 8 Kopftrommel

60-HD-Signal oder wahlweise zwei Standard NTSC-Signale mit hoher Qualität aufgezeichnet werden. Das Format lässt sich somit gut für die Aufzeichnungen von 3D- oder Widescreen Bildern mit doppelter Bildbreite einsetzen. Abbildung 8.79 zeigt das Arbeitsprinzip von W-VHS. Die VHS-Spurbreite ist gedrittelt, zwei Teilspuren dienen der analogen Videoaufzeichnung, auf der dritten werden im HD-Modus zwei Audiokanäle digital aufgezeichnet. Zur Audioaufzeichnung stehen weiterhin zwei AFM-Kanäle zur Verfügung. Tabelle 8.9 zeigt die Signalspezifikationen im Vergleich zu S-VHS. Die Erweiterungen des VHS-Formates für die digitale Aufzeichnung werden mit D-VHS und Digital S bezeichnet. Näheres dazu findet sich in Abschn. 8.8.

8.6.5 Video 8

Um Videorecorder mit einer Kamera zu einem kompakten Camcorder für den Massenmarkt zusammenfassen zu können, entwickelten eine Vielzahl von Herstellern das Format Video 8, das 1984 vorgestellt wurde. Die Bezeichnung rührt vom 8 mm breiten Bandmaterial her, das die Verwendung sehr kleiner Cassetten mit den Abmessungen 95 mm x 62,5 mm x 15 mm ermöglicht. Video 8 ist das dominante Camcorder-Format im Amateurbereich. Die maximale Spieldauer einer Video 8-Cassette beträgt 90 Minuten.

Die Aufnahme erfolgt wie bei VHS mit zwei auf der Kopftrommel gegenüberliegenden Videoköpfen mit der Slanted Azimut-Technik zur Übersprechdämpfung. Die Kopftrommel (Abb. 8.80) hat standardmäßig einen Durchmesser von 40 mm, in einigen Geräten werden auch kleinere Trommeln verwendet. Die Tabellen 8.10 und 8.11 zeigen die mechanischen und die Signalspezifi-

Tabelle 8.10. Geometrische Parameter des Formats Video 8

Magnetbandbreite	8 mm
Bandgeschwindigkeit	2 cm/s
Relativgeschwindigkeit	3,1 m/s
Videospurlänge	62 mm
Videospurbreite	27 μm
Spurzwischenraum	7 μm
Spurwinkel	5°
Azimut	± 10°
Kopftrommeldurchmesser	40 mm

Tabelle 8.11. Signalparameter der Formate Video 8 und Hi 8

	Video 8	Hi 8
Y-Bandbreite (−3 dB)	3 MHz	4 MHz
C-Bandbreite (−6 dB)	1 MHz	1 MHz
Colour Under Träger	732 kHz	732 kHz
Signal/Rauschabstand	> 44 dB	> 45 dB
FM-Träger (Blanking)	4,6 MHz	6,3 MHz
FM-Hub	1,2 MHz	2 MHz
Audiobandbreite (AFM)	30 Hz–15 kHz	30 Hz–15 kHz

kationen. Die Bandgeschwindigkeit beträgt standardmäßig 2 cm/s (SP). Bei dieser Geschwindigkeit ergibt sich ein Sicherheitsabstand (Rasen) zwischen den Videospuren. Bei der im Long-Play-Modus (LP) halbierten Bandgeschwindigkeit verschwindet dieser und die Spuren werden überlappend aufgezeichnet. Bei der Spuranordnung zeigen sich wesentliche Unterschiede zu VHS. Abbildung 8.81 zeigt nur eine Cue-Hilfsspur an der oberen und eine Audio-Hilfsspur an der unteren Bandkante, eine Kontrollspur ist nicht vorhanden. Der Schrägspurbereich enthält dagegen neben den Videosignalen auch Gebiete für Audio- und Timecode-Daten. Der Unterschied zu VHS zeigt sich auch im Signalspektrum (Abb. 8.82). Zwischen den Y- und C-Frequenzbereichen befinden sich das Audiosignalspektrum (AFM), und unterhalb des Chromaspektrums liegen die Bandsteuersignale (ATF s. u.). Das Audiosignal wird standardmäßig frequenzmoduliert zusammen mit dem Videosignal in der Schrägspur aufgezeichnet. In einfachen Geräten ist es ein Monosignal mit einer Trägerfrequenz von 1,5 MHz, in aufwändigeren Geräten ein Stereosignal mit einer zweiten Trägerfrequenz von 1,7 MHz. Die Audio-Längsspur wird nicht benutzt.

Bei der Definition von AFM als Audio-Standardaufzeichnung entsteht das Problem, dass das Tonsignal nicht unabhängig vom Bildsignal bearbeitet werden kann. Aus diesem Grund ist optional mit der PCM-Aufzeichnung eine zweite Audioaufzeichnungsmöglichkeit vorgesehen. Der für die PCM-Aufzeichnung reservierte Bereich auf dem Band wird durch eine Erhöhung der Kopftrommelumschlingung von 180° auf 221° erreicht. Aufgrund der in Video- und PCM-Anteil getrennten Schrägspur (Abb. 8.81) kann der PCM-Stereoton unabhängig vom Bild editiert werden. Zwischen den Video- und PCM-Bereichen befindet sich ein Zwischenraum, der für die Aufzeichnung eines Amateur-Timecodes vorgesehen ist. Dieser bietet wie PCM-Audio den Vorteil, unabhän-

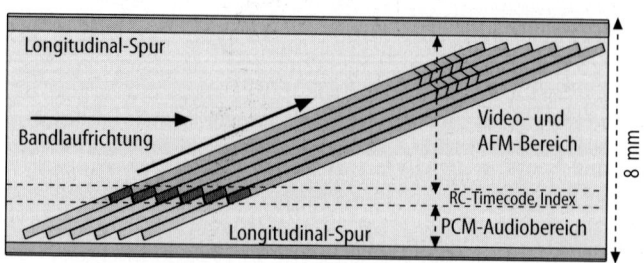

Abb. 8.81. Spurlage bei Video 8

gig vom Bild auch nachträglich noch geschrieben werden zu können. Die TC-Bezeichnung lautet daher Rewritable Consumer Time Code (RCTC).

Eine weitere Besonderheit von Video 8 ist der Verzicht auf eine CTL-Spur, die bei allen anderen Formaten einem Servo-Regelkreis die Informationen liefert, die er zur Steuerung des Capstanantriebes braucht. Statt des Kontrollsignals von der Längsspur kommen bei Video 8 die Steuerinformationen aus der Auswertung von vier ATF-Frequenzen (Automatic Track Following), die unterhalb des Chrominanzbereichs bei f_1 = 101,02 kHz, f_2 = 117,9 kHz, f_4 = 146,48 kHz und f_3 = 162,76 kHz liegen. In jeder Spur wird eine dieser Frequenzen mit geringem Pegel aufgezeichnet, sie wiederholen sich zyklisch entsprechend der Nummerierung. Die Information über die Genauigkeit der Spurabtastung wird gewonnen, indem die Pilotsignale der Hauptspur und der mit abgetasteten Nachbarspuren überlagert werden. So entstehen für jede Kombination Differenzfrequenzen, die zur einen Nachbarspur hin ca. 16 kHz und in Richtung der anderen Nachbarspur ca. 46 kHz betragen. Durch Auswertung der Intensitäten der Differenzfrequenzen wird die nötige Information für die Capstan-Regelung gewonnen. Wenn beide Intensitäten gleich sind, befindet sich der Kopf genau auf der Mitte der Spur.

8.6.5.1 Hi 8

Video 8 wurde durch Erweiterung des Luminanzfrequenzbereichs zu Hi 8 verbessert. Die Kopfspaltbreite konnte auf 0,2 μm verkleinert werden, und es werden besonders glatte Magnetbänder verwendet, bei denen die Bandrauhigkeit auf 6 nm reduziert ist. Hi 8 ist abwärtskompatibel zu Video 8. Die mechanischen Spezifikationen bleiben unverändert, ebenso wie die Colour-Under-Trägerfrequenz. Die Signalspezifikationen für das Y-Signal (Tabelle 8.11) sind noch besser als bei S-VHS, denn der Hub beträgt 2 MHz und der Synchronboden liegt bei 5,7 MHz, so dass eine Luminanzsignal-Bandbreite von mehr als 4 MHz genutzt werden kann (Abb. 8.82).

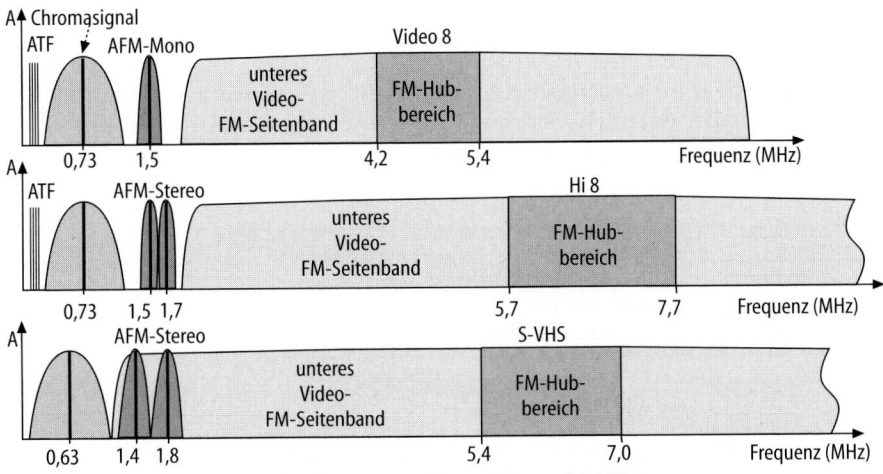

Abb. 8.82. Vergleich der Signalspektren von Video 8, Hi 8 und S-VHS

Abb. 8.83. Hi 8-Professional Recorder [122]

Hi 8 ist das verbreitetste analoge Camcorder-Format für anspruchsvolle Amateuraufnahmen. Außerdem ist es für den semiprofessionellen Bereich geeignet. Wie bei S-VHS stehen Hi 8-Professional-Geräte zur Verfügung (Abb. 8.83), die in professionelle Schnittplätze eingebunden werden können. Das Format wurde häufig in Bereichen eingesetzt, in denen vorher U-Matic dominierte. Wenn erschwerte Bedingungen den Einsatz eines besonders kleinen, leichten und unauffälligen Gerätes erforderten (Expeditionen, Sportberichte), wurde Hi 8 auch im EB-Bereich verwendet.

8.6.6 Video 2000 und VCR

Die in Europa entwickelten Colour-Under-Systeme VCR und Video 2000 seien hier nur der Vollständigkeit halber kurz erwähnt, sie sind veraltet und haben keine große Verbreitung gefunden. Beide Formate arbeiten mit Cassetten und 1/2"-Band. Bei VCR liegen die Bandwickel übereinander. Video 2000 weist die Besonderheit auf, dass die Cassette gewendet und zweiseitig benutzt werden kann. Auf jeder Bandhälfte liegen außen die Audiospuren und in der Mitte die Kontrollspuren. Die Videospurbreite beträgt nur 23 μm (Abb 8.84). Zur Kopfnachführung wird das DTF-Verfahren angewandt, das als Vorläufer des Video 8-ATF-Systems betrachtet werden kann.

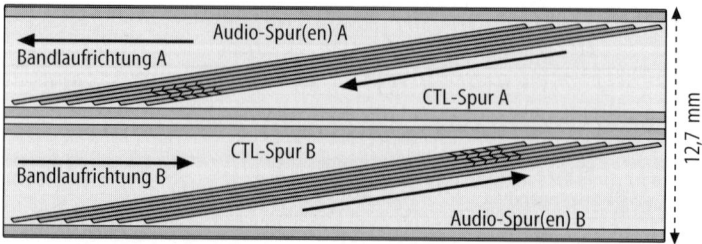

Abb. 8.84. Spurlage bei Video 2000

8.7 Komponentenaufzeichnung

Trotz der Verfügbarkeit weiterentwickelter Luminanzsignalaufzeichnung bleibt die Signalqualität beim Colour Under-Verfahren beschränkt, so dass es höchstens im semiprofessionellen Bereich eingesetzt werden kann. Die Qualität wird vor allem durch die Chromasignalverarbeitung beeinträchtigt. Die Bandbreite ist hier zu klein, und das geträgerte Chromasignal unterliegt auch bei getrennter Führung von Y- und C-Signal der PAL-8 V-Sequenz (s. Kap. 2.3.7).

Zu Beginn der 8oer Jahre wurde versucht, die Qualität professioneller MAZ-Geräte unter Beibehaltung der Kompaktheit der Amateurgeräte zu erreichen. Die Weiterentwicklung beruhte bei Sony auf dem Betamax-Recorder und wird mit Betacam bezeichnet, bei Panasonic entstand das M-Verfahren auf der Basis des VHS-Recorders. Bei beiden Formaten wird eine Cassette mit 1/2"-breitem Band verwendet. Die neuen Formate sollten qualitativ in eine ganz andere Klasse vorstoßen als die Amateurformate, so dass Betacam- und M-Geräte trotz mechanischer Ähnlichkeiten sowohl elektrisch als auch mechanisch wesentlich aufwändiger und teurer gefertigt werden als Betamax und VHS-Recorder. Das M-Verfahren wird auch als Chromatrack-M-Verfahren bezeichnet. Damit wird der wesentliche Schritt zur verbesserten Chromasignalverarbeitung deutlich: für das Chrominanzsignal steht eine eigene Spur zu Verfügung. Die beiden Farbdifferenzkomponenten werden beim M-Format im Frequenzmultiplex und bei Betacam im Zeitmultiplex aufgezeichnet. Eine weitere qualitätssteigernde Maßnahme war die Erhöhung der Bandgeschwindigkeit um etwa den Faktor 3 bzw. 5 gegenüber den Amateurformaten, womit bei den zu Beginn der 8oer Jahre zur Verfügung stehenden Magnetbändern eine Grenzfrequenz von ca. 4 MHz für das Luminanzsignal erreicht werden konnte. Ein drittes Aufzeichnungsverfahren mit getrennten Spurbereichen für Y und C beruht auf 1/4"-Cassetten und wurde unter der Bezeichnung QuarterCam entwickelt. Hier wird das Luminanzsignal um den Faktor 1,5 zeitlich expandiert und das Chrominanzsignal um den Faktor 0,5 komprimiert. Das Verfahren ist heute bedeutungslos, es konnte keine Marktrelevanz erreichen.

Chromatrack-M und Betacam konnten sich dagegen im professionellen Bereich etablieren, als sie Ende der 8oer Jahre unter Nutzung hochwertiger Magnetbänder und erweiterter FM-Frequenzbereiche zu MII und Betacam SP ausgebaut wurden. Die folgende Darstellung bezieht sich nur noch auf diese weiterentwickelten Formate. Bei Betacam SP und MII wird eine Grenzfrequenz von 5,5 MHz für das Y-Signal erreicht. Ein sichtbarer Qualitätsverlust ist erst bei Kopien ab der fünften Generation zu bemerken. Das 1988 vorgestellte Format Betacam SP setzte sich als das weltweit dominierende professionelle analoge MAZ-Format durch. Es ist im FBAS-Umfeld gegenüber den 1"-MAZ-Geräten zwar qualitativ geringfügig unterlegen, bietet aber Vorteile durch kleinere Geräte und einfache Handhabung der Cassetten. MII ist qualitativ gleichwertig, hat aber trotz eines erheblich geringeren Verkaufspreises einen wesentlich kleineren Marktanteil (ca. 10% relativ zu Betacam SP).

Ein wesentlicher Vorteil von Betacam SP und MII ist dadurch gegeben, dass die Signalkomponenten Y, C_R und C_B separat aufgezeichnet werden und auch separat ausgegeben werden können. Daraus resultiert die Bezeichnung Komponentenaufzeichnung. Eine Modulation auf einen Chroma-Träger und eine Zusammenfassung zu einem FBAS-Signal für die Signalausgabe ist bei den meisten Geräten zwar möglich, aber eigentlich nicht nötig. Wenn der erhöhte Aufwand durch die dreifache Leitungsführung akzeptiert wird, kann durch die konsequente Komponentensignalführung ein erheblicher Qualitätsgewinn erzielt werden. Cross-Colour und Cross-Luminance spielen dann keine Rolle mehr, und solange das Signal nicht PAL-codiert wird, braucht auch die PAL-8 V-Sequenz nicht beachtet zu werden.

MII und Betacam SP-Geräte unterstützen die Timecode-Varianten LTC und VITC (s. Kap. 9). Sie sind mit hochwertigen TBC und mit Fernsteueranschlüssen nach RS-422 ausgerüstet. Beide Formate sind für den professionellen Einsatz konzipiert und entsprechend aufwändig gebaut. Sie genügen damit allen Anforderungen eines professionellen Schnittbetriebs (sehr häufiges Umspulen und exaktes Auffinden bestimmter Bildsequenzen im Dauerbetrieb). Das Komponentensignal hielt mit dem Betacam SP-System schnell Einzug in den professionellen Bereich. Es wurden Kreuzschienen, Mischer etc. mit entsprechenden Anschlüssen entwickelt, und in den 90er Jahren wurden viele Studios für die Komponentensignalbearbeitung umgebaut.

8.7.1 Signalverarbeitung

Auch bei der Komponentenaufzeichnung geschieht die Verarbeitung des Luminanzsignals im wesentlichen wie bei der FM-Direktaufzeichnung, das Chrominanzsignal wird jedoch getrennt verarbeitet. Soweit noch nicht vorliegend, müssen durch Filterung und Demodulation zunächst die Farbdifferenzsignale gewonnen werden, die dann mit separaten Chromaköpfen auf einer eigenen Chromaspur aufgezeichnet werden. Die Spur für das Chrominanzsignal ist geringfügig schmaler als die für das Luminanzsignal. Mit zwei um 180° versetzten Kopfpaaren wird statt einer Videospur pro Halbbild ein Spurpaar geschrieben. Die Videoköpfe für Y und C haben dafür einem kleinen Höhenversatz (< 0,1 mm), der bei der Seitenansicht der in Abb. 8.85 dargestellten Betacam-Kopftrommel deutlich wird. Die Abbildung zeigt auch die Bestückung der Trommel mit zwei Löschköpfen, zwei Kopfpaaren für Aufnahme/Wiedergabe und zwei beweglichen Paaren für die Wiedergabe im Dynamic Tracking-Modus.

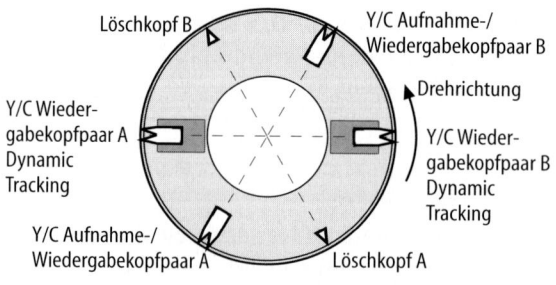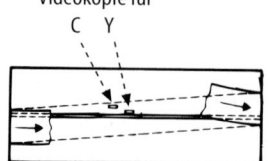

Abb. 8.85. Betacam SP-Kopftrommel in Auf- und Seitenansicht

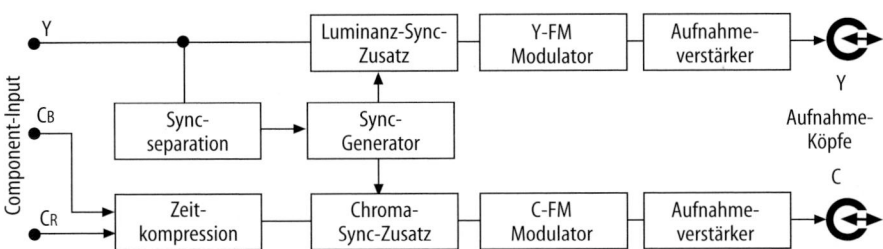

Abb. 8.86. Signalverarbeitung bei der Komponentenaufzeichnung

Abbildung 8.86 gibt eine Übersicht über die Signalverarbeitung bei der Komponentenaufzeichnung. Die Chromakomponenten werden ebenso wie das Y-Signal frequenzmoduliert aufgezeichnet, es liegen zwei fast identische Signalwege mit einer Bandbreite von 5,5 MHz und 4 MHz vor. Der wesentliche Unterschied zu anderen Aufzeichnungsverfahren ist der Einsatz der Kompressionsstufe für die Chromakomponenten. Diese ist erforderlich, weil sich die beiden Farbdifferenzkomponenten die Chromaspur teilen. Dabei wird das Zeitmultiplex-Verfahren angewendet, das gegenüber dem Frequenzmultiplex eine bessere Trennung der Komponenten erlaubt.

8.7.1.1 Zeitkompressionsverfahren

Die gleichzeitig vorliegenden Farbdifferenzsignale werden jeweils zeitlich um den Faktor zwei komprimiert und nacheinander aufgezeichnet. Bei der Wiedergabe werden die Signale entsprechend expandiert. Das Verfahren heißt bei Betacam Compressed Time Division Multiplex (CTDM) und bei MII Chroma Time Compressed Multiplex (CTCM) (Abb. 8.87). Da ein Übertragungskanal mit fester Bandbreite von zwei Signalen genutzt wird, können beide nur mit halber Grenzfrequenz aufgezeichnet werden. In der Praxis wird der Chrominanzkanal für eine Bandbreite von 4 MHz ausgelegt. Die Farbdifferenzsignale

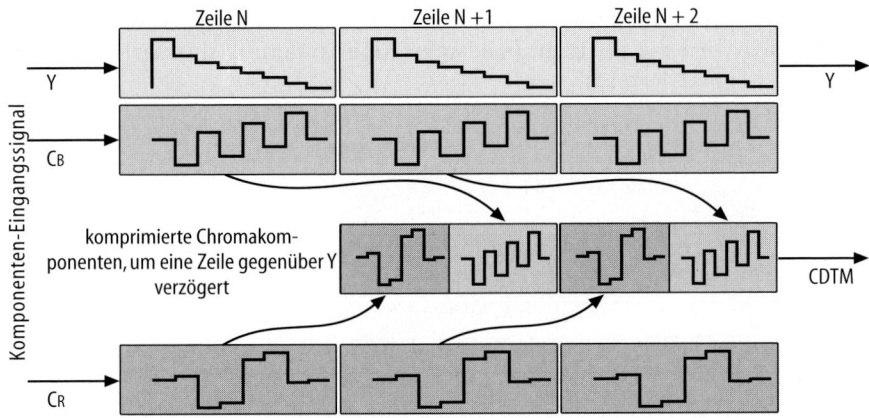

Abb. 8.87. Chroma-Zeitkompression CTDM

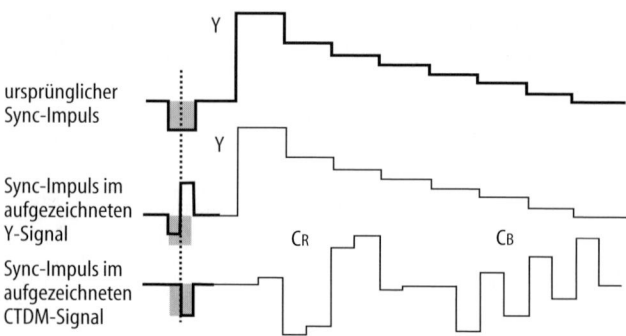

ursprünglicher
Sync-Impuls

Sync-Impuls im
aufgezeichneten
Y-Signal

Sync-Impuls im
aufgezeichneten
CTDM-Signal

Abb. 8.88. Spezielle Referenzimpulse bei Betacam SP

sind daher auf 2 MHz bandbegrenzt. Das ist ein guter Wert, verglichen mit dem Standard-PAL-Signal, bei dem die Bandbreite auf 1,3 MHz eingeschränkt ist. Die Zeitkompression kann in einem Schieberegister vorgenommen werden, wobei das Signal in Echtzeit ein- und mit doppelter Geschwindigkeit wieder ausgelesen wird. Bei diesem Vorgang werden die Chroma-Signalanteile gegenüber dem Y-Signal um eine Zeile verzögert, das gleiche passiert bei der zur Wiedergabe nötigen Expansion. Die Gesamtverzögerung von zwei Zeilen wird elektronisch ausgeglichen.

8.7.1.2 Zusatzsignale

Aufgrund der mechanischen Trennung von Y- und C-Signalwegen kann ein relativer Zeitfehler auch zwischen den Kanälen auftreten. Damit dieser im TBC ausgeglichen werden kann, wird beiden Signalwegen ein speziell generierter Hilfssynchronimpuls zugesetzt (Abb. 8.88). Außerdem wird zur Kennzeichnung der PAL-8V-Sequenz bei Betacam SP in jeder 12. und 325. Zeile den Chrominanzkomponenten ein 8V-Ident-Impuls zugesetzt, und in der 8. und 312. Zeile des Y-Signals wird zusätzlich der Vertical Interval Subcarrier (VISC) eingetastet [20]. Der VISC ist ein phasenstarr mit der Eingangs-Farbhilfsträgerfrequenz verkoppeltes Sinussignal, das die Original-Hilfsträgerphase repräsentiert. Bei MII wird die 8V-Identifizierung durch Änderung des Tastverhältnisses des CTL-Signals erreicht.

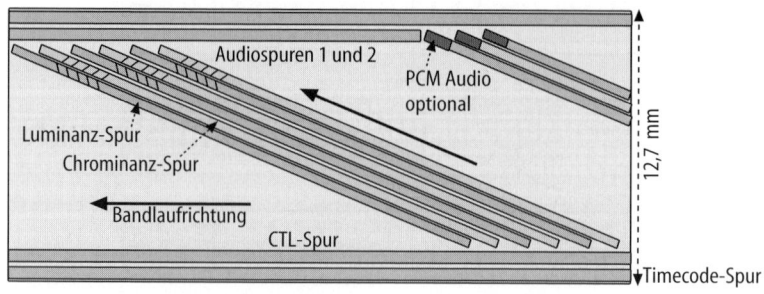

Abb. 8.89. Spurlage bei Betacam SP

8 V-Ident und VISC sind von Bedeutung, wenn ehemals PAL-codiertes Material in Komponentensystemen verarbeitet werden soll. Derartiges Material enthält aufgrund der nicht optimal möglichen Trennung von Y und C noch Übersprechkomponenten, so dass auch bei der Komponentenverarbeitung eine sehr gute Signalqualität nur erreicht werden kann, wenn Y und C unter Beachtung der PAL-8V-Sequenz möglichst verlustfrei wieder zusammengeführt werden. Bei Nichtbeachtung kann es vorkommen, dass die Farbträger im Y- und C-Kanal genau gegenphasig vorliegen, und es zu einem Frequenzgangeinbruch bei ca. 3,3 MHz kommt, also in dem Bereich, wo sich die Filterkurven für die Y/C-Trennung gerade überlagern. Wenn in der Kette von der Aufnahme bis zur Bearbeitung die Komponentenebene dagegen nicht verlassen wird, braucht die PAL-Sequenz nicht beachtet zu werden.

Bei der Signalverarbeitung zur Wiedergabe eines in Komponentenform aufgezeichneten Signals werden im wesentlichen die Luminanz- und Chrominanzkomponenten demoduliert und anschließend eine Zeitbasiskorrektur vorgenommen, wobei sich die Zeitfehlererkennung an den speziellen Synchronsignalen orientiert. Im TBC liegt das Signal in digitaler Form vor, daher kann hier mit wenig Aufwand auch die Zeitkompression rückgängig gemacht werden.

8.7.2 Betacam SP

Dieses Format soll hier wegen seiner großen Bedeutung in allen Bereichen der professionellen Videoaufzeichnung ausführlicher vorgestellt werden. Betacam SP arbeitet mit Komponentenaufzeichnung. Für das Y-Signal steht eine Bandbreite von 5,5 MHz und für die Farbdifferenzkomponenten je eine Bandbreite von 2 MHz zur Verfügung, Tabelle 8.12 zeigt die Signalspezifikationen. Die Spurlage auf dem 1/2" breiten Magnetband ist in Abb. 8.89 dargestellt. An der unteren Bandkante befinden sich zwei Longitudinalspuren für CTL- und Timecode-Signale, an der oberen Bandkante zwei Audio-Längsspuren mit 0,6 mm Breite und 0,4 mm Abstand. In der Mitte liegen die Video-Schrägspurpaare, die mit Slanted Azimut und einem zusätzlichen Sicherheitsabstand aufgezeichnet werden. Die Schreibgeschwindigkeit beträgt 5,75 m/s und der Spurwinkel 4,7°. Weitere mechanische Spezifikationen finden sich in Tabelle 8.13. Die Magnetbänder befinden sich in Cassetten, es können zwei Cassettengrößen ge-

Tabelle 8.12. Signalparameter der Formate Betacam SP und M II

	Betacam SP	M II
Y-Bandbreite (−3 dB)	5,5 MHz	5,5 MHz
C-Bandbreite (−6 dB)	2 MHz	2 MHz
Signal/Rauschabstand (Y)	> 48 dB	> 47 dB
FM-Träger (Blanking Y)	7,4 MHz	7,4 MHz
FM-Hub (Y)	2 MHz	2,6 MHz
Audiobandbreite (Lng)	50 Hz–15 kHz	40 Hz–15 kHz
AFM- und PCM-Audio	20 Hz–20 kHz	20 Hz–20 kHz

Tabelle 8.13. Geometrische Parameter der Formate Betacam SP und M II

	Betacam SP	M II
Magnetbandbreite	12,7 mm	12,7 mm
Bandgeschwindigkeit	10,2 cm/s	6,6 cm/s
Relativgeschwindigkeit	5,8 m/s	5,9 m/s
Videospurlänge	115 mm	118 mm
Videospurbreite (Y, C)	86 µm, 73 µm	56 µm, 36 µm
Spurzwischenraum (Y, C)	7 µm, 2 µm	4 µm, 3 µm
Spurwinkel	4,7°	4,3°
Azimut	± 15°	± 15°
Kopftrommeldurchmesser	74,5 mm	76 mm
max. Spieldauer (S, L)	32 Min., 108 Min.	23 Min., 97 Min.

nutzt werden. Die kleine S-Cassette (188 mm x 106 mm x 30 mm) erlaubt eine maximale Spieldauer von 32 Minuten, die große L-Cassette (254 mm x 145 mm x 30 mm) maximal 108 Minuten. Das 1/2"-Format ermöglicht die für den EB-Einsatz nötige Verbindung von Kamera und Recorder zu einem Camcorder. Für diese Cassetten stehen auch computergesteuerte Cassetten-Wechselautomaten (Betacart) zur Verfügung, mit denen unter Nutzung mehrerer Betacam SP-Player ein automatischer Sendeablauf realisiert werden kann.

Die Bandgeschwindigkeit beträgt bei Betacam SP 10,1 cm/s. Damit lässt sich auch auf den Längsspuren ein Audiosignal recht hoher Qualität aufzeichnen, der Audiofrequenzbereich reicht von 50 Hz bis 15 kHz. Zur Rauschminderung wird standardmäßig mit Dolby C gearbeitet, womit ein Fremdspannungsabstand von 68 dB erreicht wird. Die Rauschunterdrückung ist abschaltbar. Bei den meisten Geräten können auch zwei AFM-Tonspuren genutzt werden, die aber nicht unabhängig vom Bild editierbar sind, da sie zusammen mit dem Chrominanzsignal auf der entsprechenden Video-Schrägspur aufgezeichnet werden. Abbildung 8.90 zeigt die Spektren von Luminanz- und Chrominanz-Kanälen. Die FM-Trägerfrequenzen für die Audio-Kanäle 3 und 4 liegen bei 310 kHz und 540 kHz. Optional kann auch ein zweikanaliges, unabhängig vom Bild bearbeitbares PCM-Audiosignal aufgezeichnet werden, dabei muss allerdings die Audiospur zwei geopfert werden (Abb. 8.89). Diese Option wird selten genutzt. PCM-Audio erfordert separate Magnetköpfe. Das gleiche gilt für

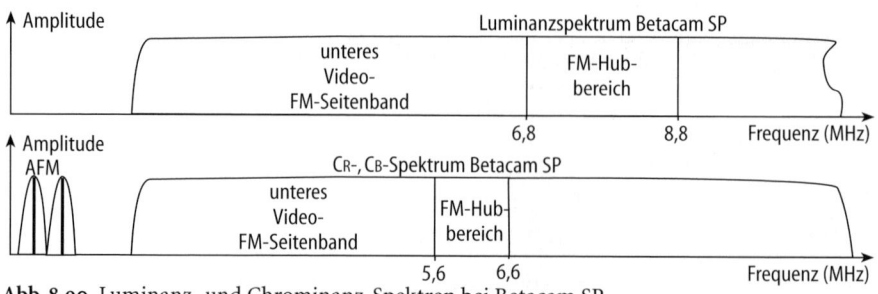

Abb. 8.90. Luminanz- und Chrominanz-Spektren bei Betacam SP

74 mm

Aufnahmeköpfe

Videoköpfe für
Dynamic Tracking

Löschkopf

Abb. 8.91. Kopftrommel eines Betacam SP-Recorders

die optionale Funktion Dynamic Tracking, mit der ein ungestörtes Stand- und Zeitlupenbild erreicht werden kann. Dynamic Tracking erfordert die Montage von beweglichen Wiedergabeköpfen. Abbildung 8.91 zeigt die entsprechend bestückte Kopftrommel eines Betacam SP-Recorders.

Betacam SP-Geräte sind mit einem digitalen TBC ausgestattet, mit dem das Signal stabilisiert und die Zeitexpansion für die Farbdifferenzsignale vorgenommen wird. Mit dem TBC kann das Ausgangssignal der Maschinen bezüglich des Schwarzwertes (0 ... 100 mV), Weißwertes (± 3 dB) und der Chromaamplitude (± 3 dB) verändert werden.

8.7.2.1 Typenreihen

Außer vom Systementwickler Sony wurden Betacam SP-Geräte auch von Ampex, Thomson und BTS hergestellt. Die Geräte sind äußerlich einander sehr ähnlich. Die Broadcast-Variante wird bei Sony mit den Buchstaben BVW und einer Nummer gekennzeichnet (Abb. 8.92), BTS-Geräte verwenden die Buchstaben BCB und die gleiche Nummer, bei Ampex lautet die Bezeichnung CVR. Die Nummer kennzeichnet die Geräte-Eigenschaften, z. B. 70: Recorder, 60: Player, 65: Player mit Dynamic Tracking, 85: Recorder mit Dynamic Tracking und PCM-Ton. Die Bezeichnung BVW 300/400 steht für häufig eingesetzte

Abb. 8.92. Betacam SP-
Recorder der BVW-Serie [122]

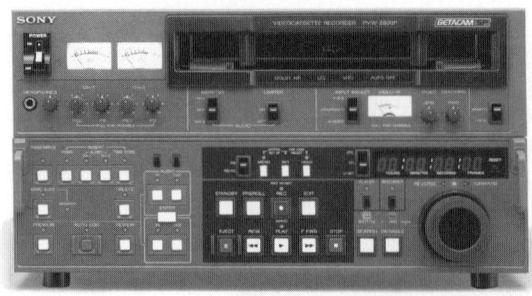

Abb. 8.93. Betacam SP-Recorder der PVW-Serie [122]

Broadcast-Camcorder. Geräte, die mit Digital-Ein- und Ausgängen und entsprechenden Wandlern versehen sind, sind zusätzlich mit einem D versehen. Ein Recorder vom Typ BVW 70 kostete ca. 70 000 DM.

Bereits zu Beginn der 90er Jahre brachte Sony eine Typenreihe mit der Bezeichnung PVW heraus, mit der Betacam SP auch im semiprofessionellen Bereich etabliert werden sollte. Entsprechende Geräte werden etwa zum halben Preis eines BVW-Gerätes angeboten. Die Ausstattung der PVW-Geräte unterscheidet sich kaum von denen der Broadcast-Serie, sie sind aber einfacher gefertigt, nicht so wartungsfreundlich wie die BVW-Typen, und die Signalspezifikationen haben größere Toleranzen. Der wesentliche Unterschied ist, dass Sony nur die Nutzung der beiden Longitudinal-Audiospuren ermöglicht. Die AFM-Tonaufzeichnung entfällt, obwohl die entsprechenden Videoköpfe auf der Trommel installiert sind. Inzwischen kann aber von Fremdanbietern ein Nachrüstsatz erworben werden, der die Erweiterung der PVW-Geräte auf vier Audiospuren ermöglicht. Hier wird die Signalverarbeitungsplatine einer BVW-Maschine mit den zugehörigen Anschlüssen in einem flachen Gehäuse auf die Maschine gebaut. Der PVW-Recorder hat die Bezeichnung PVW 2800 (Abb. 8.93), der Player PVW 2600 (mit Dynamic Tracking PVW 2650/2850).

Eine nochmalige Vereinfachung der Geräte wurde 1995 mit der UVW-Serie vorgenommen, für die die Preise gegenüber PVW wiederum etwa halbiert sind. Diese Geräte sind äußerlich deutlich anders gestaltet (Abb. 8.94), bieten aber trotzdem alle Standardfunktionen und lassen sich problemlos in professionelle Schnittsysteme einbinden. Verzichtet wurde vor allem auf die in die Recorder der BVW- und PVW-Serien integrierten einfachen Schnittsteuerein-

Abb. 8.94. Betacam SP-Recorder der UVW-Serie [122]

Abb. 8.95. Bedienelemente auf der Frontseite eines Betacam SP-Recorders [122]

heiten. Die Schnittgenauigkeit mit UVW-Geräten kann evtl. eingeschränkt sein, denn sie arbeiten nur mit dem Longitudinal-Timecode LTC, nicht mit VITC. Dynamic Tracking ist nicht möglich. Für die Audiosignalaufzeichnung gilt das gleiche wie für die PVW-Serie. Die Grenzfrequenz des Longitudinal-Audiosignals ist laut Datenblatt auf 12 kHz eingeschränkt, die Bandbreiten der Farbdifferenzkomponenten auf 1,5 MHz. In der Praxis zeigen Einzelexemplare aber durchaus Werte, die denen der PVW-Serie entsprechen.

8.7.2.2 Bedienelemente

Abbildung 8.95 zeigt die Vorderseite eines Betacam SP-Recorders der BVW-Serie und die verfügbaren Bedienelemente. In der oberen Hälfte befindet sich der Cassetten-Schacht, der zur Aufnahme beider Cassetten-Größen geeignet ist. Links daneben liegen die vier Audio-Aussteuerungsanzeigen und die zugehörigen Steller für die In- und Output-Level (Rec, PB). Unter dem Cassettenschacht liegen die Schalter zur Video- und Audio-Eingangswahl und zur Auswahl der Abhörkanäle. Ein Zeigerinstrument dient zur Kontrolle des Videopegels, und über den Schalter ganz rechts wird festgelegt, ob der Recorder ferngesteuert (Remote) oder über die in der unteren Hälfte liegenden Bedienelemente gesteuert wird (Local). In der unteren Hälfte der Gerätevorderseite befinden sich links die Tasten, mit denen ein einfacher Schnittbetrieb mit einem zweiten Gerät realisiert werden kann (s. Kap. 9.3). In der Mitte befinden sich die üblichen Tasten für Start, Stop, etc. und rechts das Jog/Shuttle-Rad zur bequemen Steuerung des Bandlaufs. Darüber ist ein Display für Timecode, CTL-

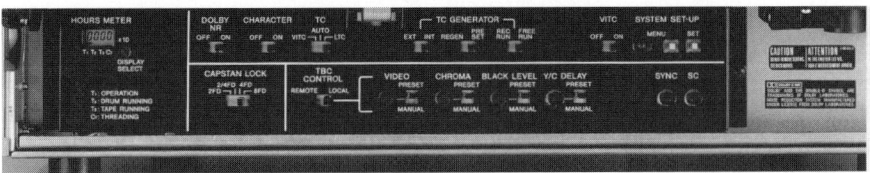

Abb. 8.96. Bedienelemente unter der Frontplatte eines Betacam SP-Recorders [122]

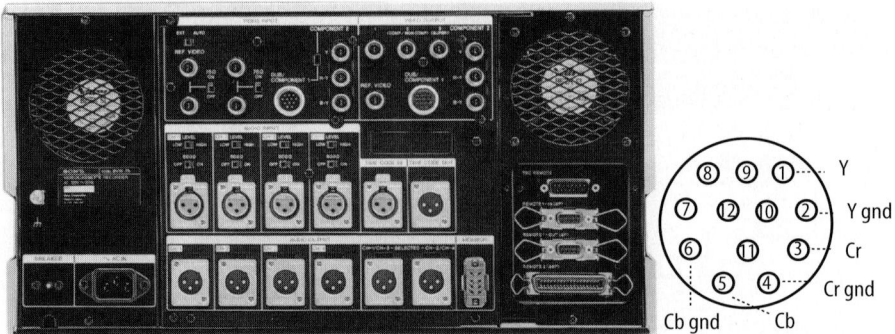

Abb. 8.97. Rückseite eines Betacam SP-Recorders und Dub-Steckerbelegung [122]

Impulse oder User Bits angeordnet. Weitere Bedienelemente werden zugänglich, wenn die untere Hälfte der Frontplatte nach vorn gezogen, bzw. hoch geklappt wird (Abb. 8.96). Hier finden sich Steller zur Anpassung an einen Studiotakt (Sync und SC) und zur Bedienung des TBC. Weitere Schalter beziehen sich vorwiegend auf Timecode und Schnittbetrieb und werden in Kap. 9.3 beschrieben.

Die Rückwand eines Betacam SP-Recorders und die verfügbaren Anschlüsse zeigt Abb. 8.97. Audiosignale werden symmetrisch über XLR-Verbindungen angeschlossen. Das Videosignal wird nach Möglichkeit in Komponentenform zu den BNC-Buchsen für Y, C_R und C_B (Component 2) geführt. Für FBAS-Signale steht der Video-Eingang zur Verfügung. Eine dritte Möglichkeit zur Videosignalverbindung besteht über den Dub-Weg (Component 1) (Abb. 8..97). Hier kann das Komponentensignal im zeitkomprimierten Zustand belassen werden, ohne dass es wieder normgerecht gewandelt wird. Damit kann eine einfache Überspielverbindung realisiert werden, die den Vorteil bietet, dass qualitätsmindernde Signalverarbeitungsstufen im Player und im Recorder umgangen werden. Das gilt allerdings auch für den qualitätssteigernden TBC. Bei den PVW- und UVW-Serien steht zusätzlich ein Y/C-Anschluss zur Verfügung. Für die gleichen Signalformen sind Ausgänge vorhanden. Das FBAS-Signal steht dreifach zur Verfügung. Einer dieser Anschlüsse ist mit »Super« gekennzeichnet und für den Anschluss eines Monitors vorgesehen. Damit können Timecode- oder Laufwerksdaten in das Ausgangsbild eingeblendet werden.

8.7.3 MII

Das zweite broadcast-taugliche analoge Komponentenaufzeichnungsverfahren MII wurde von Panasonic entwickelt. Geräte im MII-Format (Abb. 8.98) werden von Panasonic und JVC hergestellt. Sie sind wesentlich preiswerter als Betacam SP-Geräte, haben sich aber im Studiobereich nicht durchgesetzt. MII ähnelt Betacam SP in fast allen Punkten, beide Formate sind gleichermaßen gut für einen universellen professionellen Einsatz geeignet, allerdings sind die Cassetten nicht austauschbar. Die Tabellen 8.13 und 8.12 zeigen die mechani-

Abb. 8.98. MII-Recorder [94]

schen und elektrischen Spezifikationen im Vergleich zu Betacam SP. M II nutzt
das hier als CTCM (Chrominance Time Compression Multiplex) bezeichnete
Zeitkompressionsverfahren, um die Farbdifferenzsignale im Zeitmultiplex auf
einer eigenen Spur aufzuzeichnen. Luminanz und Chrominanz werden über
ein zusätzliches Burstsignal verkoppelt. Auch bei MII gibt es je zwei Longitudi-
nal-, FM- und optional PCM-Audiospuren. Die Audiosignalqualität entspricht
der von Betacam SP, obwohl das Band mit nur ca. 6,6 cm/s deutlich langsamer
läuft. Die Ähnlichkeit zwischen den Formaten ist umfassend, sie geht soweit,
dass trotz des günstigen Preises für MII-Geräte eine UVW-ähnlich reduzierte
W-Serie für den Professional-Einsatz zu etwa halbiertem Preis eingeführt wurde. Das Format MII konnte sich beim österreichischen Rundfunk ORF etablieren, während in der Rundfunkanstalten Deutschlands und den meisten freien
Produktionshäusern das Komponentenformat Betacam SP dominierte.

8.8 Digitale Magnetbandaufzeichnung

Die Vorteile und Grundlagen der digitalen Signalverarbeitung wurden bereits
in Kap. 3 vorgestellt. Die Vorteile sind insbesondere bei Aufzeichnungssystemen so umfassend, dass künftige Videoaufzeichnungsverfahren fast ausschließlich digital arbeiten werden. Die Möglichkeit der Vermeidung von Qua-
litätsverlusten hat bei Magnetbandaufzeichnung besondere Bedeutung, da hier
im Vergleich zu anderen Signalverarbeitungsstufen das Signal recht stark
durch schlechten Signal/Rauschabstand und Drop Out etc. beeinträchtigt wird.
Hinzu kommen Besonderheiten der Magnetaufzeichnung allgemein und des
mechanischen Bandtransports mit Servosystemen und Spurabtastung, die in
Abschn. 8.2 und 8.3 dargestellt sind und auch bei digitalen MAZ-Systemen gelten. Die Digitalaufzeichnung kann diese Probleme nicht umgehen, aber die
Daten können mit einem Fehlerschutz versehen werden, so dass in den meisten Fällen eine vollständige Korrektur möglich wird, auch wenn z. B. eine
Spur nicht optimal abgetastet wird. Damit müssen auch die Kalibrierungs-
und Säuberungsmaßnahmen an den MAZ-Maschinen nicht bis zur letzten

Präzision durchgeführt werden, so dass als sich als zweiter wesentlicher Vorteil der geringere Wartungsaufwand ergibt. Die Digitaltechnik bietet als weiterer Vorteil die Möglichkeit zu einer effektiven Datenreduktion, die auch bei der Videosignalaufzeichnung eine wichtige Rolle spielt, außerdem ermöglicht sie die einfache Datenspeicherung auf Platten. Aufgrund des schnellen (nonlinearen) Datenzugriffs gewinnt diese Form (tapeless) zunehmend an Bedeutung. Die digitale Videotechnik verbindet sich eng mit der Computertechnik.

Die digitale Aufzeichnung ist den Eigenschaften der magnetischen Aufzeichnung sehr gut angepasst, denn den zwei logischen Signalzuständen Null und Eins werden einfach die magnetischen Polarisationsrichtungen Nord und Süd zugeordnet (s. Abb. 8.14). Um eine der hohen Datenrate entsprechende Aufzeichnungsdichte zu erzielen, muss sehr hochwertiges Bandmaterial verwendet werden. Damit können die magnetisierten Bereiche und die kürzesten Bandwellenlängen klein werden. Innerhalb des Bereichs einer Bandwellenlänge können zwei Bit aufgezeichnet werden. Gegenwärtig sind Bandwellenlängen bis hinab zu ca. 0,5 μm realisierbar.

Das Zeitraster des Analogsignals (Zeilendauer) wird beim Digitalsignal irrelevant, da das gesamte Signal durch die Abtastung einem neuen, extrem feinen Raster unterliegt. Damit besteht die Möglichkeit, die Daten fast beliebig umordnen zu können. Die zeitliche Reihenfolge muss nicht mehr beachtet werden, es muss nur bekannt sein, wie die Daten vor der Wiedergabe zurück geordnet werden müssen. Dies gilt auch für das Audiosignal. Video- und Audiodaten sind gleich und können in beliebige Multiplexanordnungen gebracht werden. Die feine Rasterung erlaubt vielfältige Wahlmöglichkeiten bei der Aufteilung und Segmentierung der Daten. Im Gegensatz zur Analogaufzeichnung bringt es keine Vorteile, wenn jedes Halbbild genau auf einer Spur aufgezeichnet wird. Es wäre praktisch auch kaum realisierbar, die Daten eines Halbbildes auf nur einer Spur aufzuzeichnen, denn ein Halbbild von 20 ms Dauer umfasst z. B. bei der für das Format D1 aufgezeichneten Datenrate von fast 230 Mbit/s etwa 4,6 Mbit. Ausgehend von einer Bandwellenlänge von 0,9 μm (D1-Format)

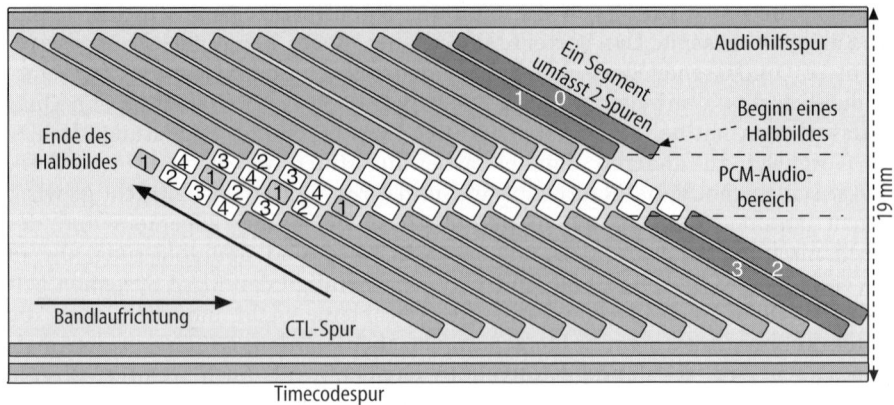

Abb. 8.99. Spurzuordnung und Halbbildsegmentierung beim D1-Format

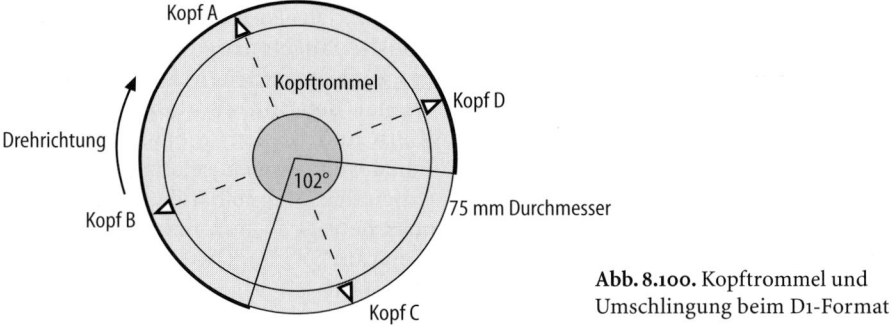

Abb. 8.100. Kopftrommel und Umschlingung beim D1-Format

bzw. einer Aufzeichnung von 2,2 bit/µm ergäbe sich eine Spurlänge von 2,1 m.

Die Daten eines Halbbildes werden daher in Segmente aufgeteilt, die wiederum verschiedenen Spuren zugeordnet werden, die mit mehreren Köpfen abwechselnd geschrieben werden. Bei den Digital-Formaten werden zwischen 6 und 16, beim HDTV-Format D6 sogar 48 Schrägspuren verwendet, um ein Halbbild aufzuzeichnen. Abbildung 8.99 zeigt die Halbbildsegmentierung beim Format D1. Die aufgezeichneten 300 Zeilen pro Halbbild werden in sechs Segmente mit jeweils 50 Zeilen aufgeteilt. Die Segmente sind wiederum auf zwölf Spuren verteilt. Abbildung 8.100 zeigt, dass die D1-Kopftrommel mit vier Köpfen bestückt ist. Sie muss mit 150 Umdrehungen/s rotieren, damit die zwölf Spuren in einer Halbbilddauer von 20 ms geschrieben werden können. Durch die Freiheit bei der Umordnung der Daten ist es möglich, digitale Videorecorder durch einfache Umschaltung sowohl für Videosignale im europäischen 625/50-Format als auch in US-Format mit 525 Zeilen und 59,94 Hz zu nutzen. Für das 525-System werden für jedes Halbbild 5/6 der Spuren des 625-Systems verwendet. (z. B. 6 Spuren in Europa, 5 in USA). Die meisten digitalen Videorecorder können beide Formate aufzeichnen und wiedergeben, was allerdings nicht bedeutet, dass sie zur Formatkonversion eingesetzt werden können.

Tabelle 8.14 bietet eine Übersicht über die Digitalformate für Standardauflösung. Die sechs für den Broadcast-Einsatz konzipierten digitalen Magnetbandaufzeichnungsformate haben die Bezeichnungen D1–D5, D10, DCT, DVCPro, und Digital Betacam. Die Bezeichnung D4 wird nicht verwendet. Die Digitalformate D1–D5 arbeiten ohne Datenreduktion, die Formate D1, und D5 zeich-

Tabelle 8.14. Übersicht über die Digitalformate

Format	D1	D2	D3	D5	DCT	D-Beta	DV	D9	B-SX	D10
Videosignalart	Komp	FBAS	FBAS	Komp	Komp	Komp	Komp	Komp	Komp	Komp
Quantisierung (Bit)	8	8	8	10	8	10	8	8	8	8
Datenreduktion	–	–	–	–	2:1	2:1	5:1	3,3:1	10:1	3,3:1
Audiokanäle	4	4	4	4	4	4	2	2/4	4	8/4
Bandbreite (mm)	19	19	12,7	12,7	19	12,7	6,3	12,7	12,7	12,7
Spieldauer (Min.)	94	207	245	123	187	124	270	104	184	220
Hersteller	Sony BTS	Ampex Sony	Panas. JVC	Panas. JVC	Ampex	Sony	div.	JVC	Sony	Sony

nen dabei ein digitales Komponentensignal auf. Die Formate D2 und D3 sind
für die Aufzeichnung eines digitalen Composite-Signals vorgesehen.

DCT, Digital Betacam und alle neueren Formate arbeiten mit Komponentensignalen, dabei wird für DCT und Digital Betacam eine Datenreduktion
von 2:1 eingesetzt. Die DV-Varianten DVCPro und DVCam reduzieren mit 5:1,
DVCPro50, D9 und D10 mit 3,3:1. Abgesehen von einigen selten eingesetzten
digitalen HDTV-Recordern arbeiten alle digitalen Magnetbandaufzeichnungs-
formate mit Cassetten. Die Breite des Bandes beträgt 19 mm bzw. 3/4" (D1, D2,
D6, DCT), 1/2" (D3, D5, Digital Betacam, Betacam SX, D9, D10) oder 1/4" (DV).

8.8.1 Signalverarbeitung

Fast alle digitalen Videorecorder enthalten Analog/Digital- und D/A-Wandler,
damit sie in eine analoge Umgebung eingebunden werden können. Hier wird
ein Digitalsignal gewonnen, indem zunächst das analoge Signal zeitlich diskretisiert wird, dabei bleibt es aber wertkontinuierlich (Puls Amplituden Modulation, PAM). Bei PAM sind noch unendlich viele Werte erlaubt, die beim Übergang zur Digitalform in eine begrenzte Anzahl von Klassen eingeteilt werden.
Anstelle der Amplitudenwerte wird die Klassennummer codiert und binär
übertragen. Auf der Empfängerseite wird daraus der Klassenmittelwert regeneriert. Der wirkliche Signalwert weicht dabei oft vom Klassenmittelwert ab, so
dass sich auf der Empfangsseite ein Quantisierungsfehler ergibt, der um so
kleiner wird, je größer die Klassenzahl gewählt wird. Der Quantisierungsfehler
äußert sich unter Umständen als eine Art Rauschen, die Klassenzahl kann jedoch so groß gewählt werden, dass es kleiner ist als das in der Analogtechnik
auftretende Rauschen. Die Daten werden ggf. noch einer Verarbeitungsstufe
zur Datenreduktion zugeführt und liegen dann als paralleler oder serieller Bitstrom vor.

Bevor dann die Video- und die gleichwertig behandelten Audiodaten den
Magnetkopf erreichen, ist es erforderlich, sie wie im analogen Fall mit Hilfe
der Signalverarbeitung den besonderen Eigenschaften des Übertragungskanals
anzupassen. Bei der Analogaufzeichnung müssen vor allem die Grenzfrequenzen und die nichtlineare Kennlinie berücksichtigt werden, dies geschieht durch
FM-Aufzeichnung. Bei der Digitaltechnik wird die Anpassung an die Übertra-

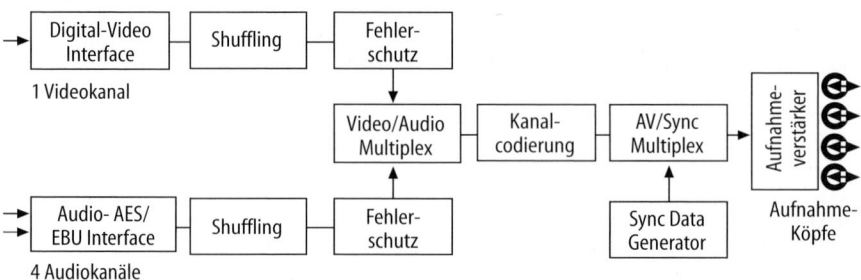

Abb. 8.101. Signalverarbeitung bei der Aufnahme

gungseigenschaften des Systems durch die Kanalcodierung vorgenommen. Die Nichtlinearität der Magnetisierungskennlinie ist hier kein Problem, da ja nur zwei Zustände unterschieden werden müssen, aber die Grenzfrequenzen des Kanals müssen ebenfalls berücksichtigt werden. Der zweite wichtige Punkt ist die Berücksichtigung der typischen Fehler die der Übertragungskanal hervorruft. Diese können durch die sog. Forward Error Correction (FEC) bereits vor der Aufzeichnung berücksichtigt werden, so dass sie bei der Wiedergabe korrigiert werden können. Bei Digitalsystemen die datenreduzierte Signale aufzeichnen, muss die Signalverarbeitung ggf. auch noch die entsprechende Quellencodierung umfassen. Als Reduktionsverfahren kommt in den meisten Fällen die Diskrete Cosinus Transformation mit nachgeschalteter VLC und RLC zum Einsatz (s. Kap. 3.5). Über einen steuerbaren Quantisierer wird dabei die für die Aufzeichnung erforderliche konstante Datenrate erzielt. Professionelle digitale Aufzeichnungsgeräte arbeiten höchstens mit einem Kompressionsverhältnis von 2:1 (DCT, Digital Betacam), Geräte für den Professional-Sektor dagegen mit Verhältnissen bis 5:1 (DV, D9) oder mehr (Betacam SX).

Insgesamt besteht die Aufgabe der Signalverarbeitung also darin, die logisch zusammengehörigen Daten im Hinblick auf einen effektiven Fehlerschutz zu erweitern und umzuordnen (Shuffling, s. u.). Im Multiplexer werden dann der Video- und Audiodatenstrom zusammengefasst (Abb. 8.101). Darüber hinaus hat die Signalverarbeitung im Wesentlichen nur noch die Aufgabe, die Daten der Kanalcodierung entsprechend umzuordnen, wobei die Wahl der Kanalcodierung von dem jeweils entstehenden Signalspektrum und dem Fehlerschutz bestimmt ist.

Bevor die Daten schließlich zu den Aufnahmeverstärkern gelangen, wird der serielle Datenstrom durch Sync-Bytes erweitert, damit die umgeordneten und mit Fehlerschutz versehenen Daten eine Struktur erhalten, die es ermöglicht, die Daten zu erkennen und richtig zurückzuordnen. Die Struktur wird in Form einer Paketierung durch die Bildung von Sync-Blöcken erreicht, die die kleinsten erkennbaren Datenmengen darstellen. Am Beispiel des D1-Formats zeigt Abb. 8.102, dass den Nutzdaten mehrere Sync-, ID- und Prüf-Bytes zugesetzt werden, so dass ein Sync Block aus 134 Bytes besteht. Damit wird ermöglicht, einerseits die Position des Sync-Blocks selbst zu erkennen und andererseits die Daten innerhalb des Blocks den richtigen Bildpunkten zuzuordnen, so dass auch bei veränderter Wiedergabegeschwindigkeit (Suchlauf), bei der die Köpfe nicht auf der Spur gehalten werden können, ein erkennbares Bild erzeugt werden kann.

Im Wiedergabeweg müssen die Daten im wesentlichen zurück geordnet werden und durchlaufen die oben beschriebenen Stufen mit inverser Funktion, bis sie schließlich den Video/Audio-Demultiplexer und ggf. die D/A-Wandler erreichen. Bei der Einbindung digitaler Recorder in Studiosysteme ist zu be-

Sync-Bytes (2)	ID-Bytes (4)	Daten-Bytes (60)	Prüf-Bytes (4)	Daten-Bytes (60)

Abb. 8.102. Sync-Block beim D1-Format

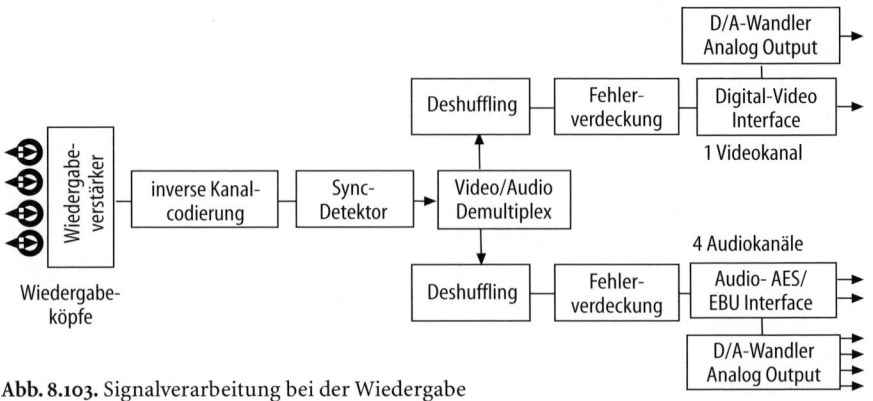

Abb. 8.103. Signalverarbeitung bei der Wiedergabe

denken, dass im Gegensatz zu Analogrecordern die Signalverarbeitung mit einer Zeitverzögerung von ca. einer Bilddauer verbunden ist. Zeitsynchrone Audio- und Begleitsignale müssen dementsprechend ggf. um die gleiche Zeit verzögert werden. Die Signalverarbeitung bei der Wiedergabe ist in Abbildung 8.103 dargestellt.

8.8.1.1 Kanalcodierung

Das einfache digitale Signal ist häufig dem Übertragungskanal schlecht angepasst. Es wird daher umgeformt und unter Berücksichtigung des Fehlerschutzes wird eine Kanalcodierung vorgenommen. Codierung bedeutet in diesem Zusammenhang Veränderung des Datenstroms durch Umordnung und Einfügen von Bits derart, dass sich der Originaldatenstrom eindeutig rekonstruieren lässt. Die Kanalcodierung wird im Hinblick auf folgende Aspekte vorgenommen: hinsichtlich der Möglichkeit der Taktgewinnung aus dem Signal selbst, der spektralen Verteilung mit ausgeglichenem Frequenzgang sowie der Gleichwertanteile und der Polarität.

Ein einfaches Beispiel ist der RZ-Code. Hier wird nach jeder 1 das Bit auf Null zurückgesetzt (Return to Zero). Die höchsten Spektralanteile ergeben sich bei einem laufenden Wechsel zwischen 0 und 1. Wird das Signal dagegen bei aufeinanderfolgenden High-Zuständen nicht zurückgesetzt, so ergibt sich der NRZ-Code (Non Return to Zero) mit der halben oberen Grenzfrequenz, verglichen mit RZ (Abb. 8.104). NRZ ist ein sehr simpler Code, aber weder selbsttaktend noch gleichspannungsfrei. Im Spektrum sind niederfrequente Anteile stark vertreten, was bei der Wiedergabe wegen des Induktionsgesetzes zu geringen Spannungen führt. Die spektrale Verteilung kann durch Verwürfelung (Scrambling) geändert werden. Daten sind NRZI (Non Return to Zero Inverse) codiert, wenn bei jeder 1 der Signalzustand zwischen 0 und 1 bzw. 1 und 0 umgeschaltet wird. Jede 1 entspricht einem Pegelwechsel und damit wird die Codierung polaritätsunabhängig.

Von besonderer Bedeutung ist die Kanalcodierung wegen der oft erforderlichen Rekonstruktion der Taktrate aus dem Datenstrom selbst, da in diesem Fall keine separate Taktübertragung erfolgen muss. Ein einfacher selbsttakten-

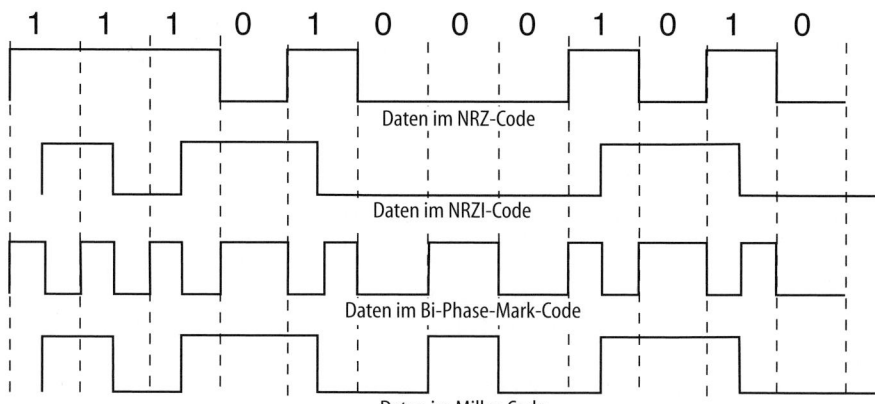

Abb. 8.104. Beispiele für Kanalcodierungsformen

der Code ist der Bi-Phase-Mark-Code. Hier findet an jeder Bitzellengrenze ein Pegelwechsel statt, wobei die 1 so codiert wird, dass ein zusätzlicher Pegelwechsel dazwischen liegt. Dieser Code wird benutzt, wenn eher einfache Codierung als hohe Effizienz erforderlich sind, in der Videotechnik z. B. bei der Timecode-Übertragung.

Das NRZI-Spektrum ähnelt dem NRZ-Spektrum, weder NRZ noch NRZI sind selbsttaktend, sondern müssen dazu verwürfelt werden. Die Verwürfelung wird erreicht, indem der NRZ-Datenstrom über Exclusiv Oder mit einer Pseudo-Zufallsfolge verknüpft wird (Abb. 8.105). Ein verwürfelter Synchronized Scrambled NRZ-Code (SSNRZ) wird bei der Aufzeichnung im digitalen MAZ-Format D1 verwendet, ein verwürfelter NRZI-Code beim seriell-digitalen Videosignal (SDI). Eine andere Art von Codes die selbsttaktend und polaritätsunempfindlich sind, sind die Miller-Codes (Abb. 8.104). Eine logische 1 entspricht hier einem Pegelsprung in der Taktperiode, aufeinander folgende Nullen einem Pegelsprung nach der Taktperiode [20]. Um den Miller-Code gleichspannungsfrei zu machen, wird der letzte Pegelsprung einer geraden Anzahl von Einsen zwischen zwei Nullen weggelassen (Miller^2). Miller-Codes sind relativ schmalbandig, Miller^2 wird bei der D2-MAZ-Aufzeichnung verwendet.

Als weitere Codierungsart wäre das Bitmapping zu nennen, häufig werden dabei 8-Bit-Blöcke unter Berücksichtigung des Fehlerschutzes in größere Einheiten umgesetzt (z. B. 8/14-Modulation), wobei die Datenrate entsprechend steigt. Die Zuordnung geschieht mit Hilfe von Tabellen. Diese Variante der Co-

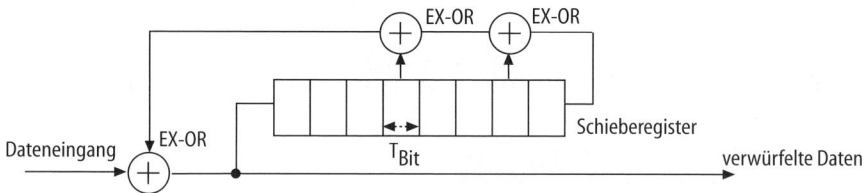

Abb. 8.105. Scrambling-Verfahren

dierung wird bei den Formaten D3 und D5 angewandt und zwar so, dass die maximale Lauflänge gleicher Bits im 14-Bit-Wort gleich sieben und die minimale Lauflänge gleich 2 ist und sich damit eine schmale spektrale Verteilung ergibt, da das Verhältnis von höchster zu niedrigster Frequenz 3,5:1 beträgt.

8.8.1.2 Fehlerschutz

Die Magnetbandaufzeichnung ist besonders fehleranfällig. Zu dem auch in anderen Signalsverarbeitungsstufen auftretenden Rauschen kommen Signaleinbrüche (Drop-Outs) aufgrund von Fehlstellen an der Bandoberfläche hinzu und als Kopfzusetzer bezeichnete, durch Schmutz verursachte, kurzzeitige Kopfausfälle. Es können dabei kurze Bitfehler auftreten oder aber z. B. auch zusammenhängende Bereiche von einigen hundert Bits betroffen sein. Es müssen also umfangreiche Schutzmaßnahmen vorgesehen werden. Die Digitaltechnik bietet hier den Vorteil, dass die Daten durch Fehlerschutzbits erweitert werden können, so dass ein Großteil der Fehler, unterstützt durch eine gezielte Datenumverteilung (Shuffling), vollständig korrigiert werden kann.

Vor der Korrektur muss der Fehler zunächst erkannt werden. Das kann bereits durch die Bildung einer einfachen Quersumme (Checksum) geschehen, die mit im Datenstrom übertragen wird. Soll z. B. ein digital codierter Zahlenblock mit den Werten 3, 1, 0, 4 aufgezeichnet werden, so ergibt sich inklusive der Prüfsumme die Folge: 3, 1, 0, 4, 8. Nun kann es sein, dass ein Fehler auftritt, der bewirkt, dass bei der Wiedergabe anstatt der 0 eine 3 erscheint. Die Quersumme weicht dann um 3 von der übertragenen Prüfsumme ab und damit ist erkannt, dass ein Fehler vorliegt. Wenn der Fehler auch korrigiert werden soll, muss darüber hinaus die Position der fehlerhaften Zahl ermittelt werden. Dies ist durch Bildung einer gewichteten Quersumme möglich, deren Gewichtungsfaktoren Primzahlen sind. Bei der Gewichtung der oben genannten Werte mit den einfachen Primzahlen 1, 3, 5, 7 ergibt sich mit $1 \cdot 3 + 3 \cdot 1 + 5 \cdot 0 + 7 \cdot 4$ als Quersumme 34, die sich bei Vorliegen des Fehlers auf 49 erhöht. Auf

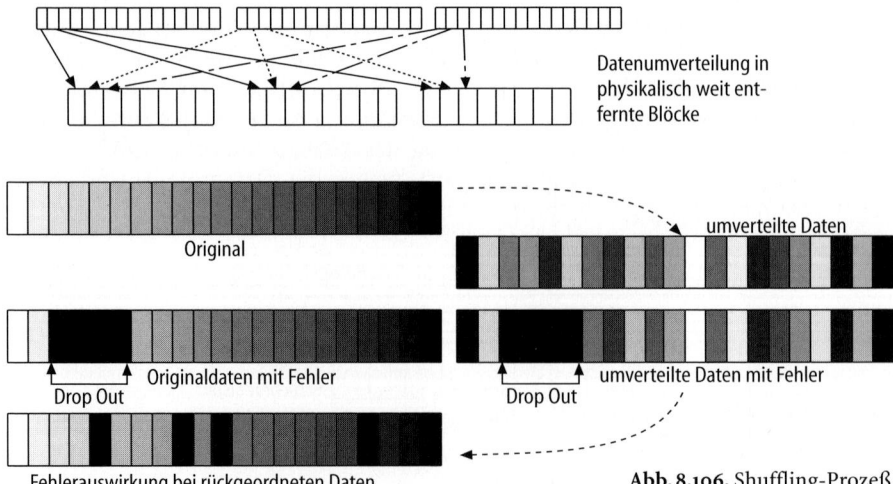

Datenumverteilung in physikalisch weit entfernte Blöcke

Original

umverteilte Daten

Originaldaten mit Fehler

Drop Out

umverteilte Daten mit Fehler

Drop Out

Fehlerauswirkung bei rückgeordneten Daten

Abb. 8.106. Shuffling-Prozeß

der Wiedergabeseite braucht nur die Differenz zwischen der richtigen und der fehlerhaften gewichteten Quersumme durch den bekannten Fehlerbetrag geteilt zu werden, und die Fehlerposition ist bestimmt. In dem Beispiel ergibt sich mit (49 – 34)/3 die Zahl 5, also die Primzahl, die zur Fehlerposition gehört. Die Erkennung und Korrigierbarkeit der Fehler wird erhöht, wenn die Daten in zweidimensionalen Feldern angeordnet werden und die Codierung auf Zeilen und Spalten angewandt werden.

Die beschriebene Fehlerkorrektur funktioniert nur dann, wenn nicht gleichzeitig mehrere Fehler innerhalb des Datenblockes auftreten. Gerade dieser Fall kann aber aufgrund der Drop Outs bei der Magnetbandaufzeichnung leicht auftreten. Es ist daher sehr wichtig, die logisch zusammengehörigen Daten physikalisch weit entfernt voneinander zu speichern. Dazu wird eine Datenumverteilung vorgenommen, die als Shuffling oder Interleaving bezeichnet wird (Abb. 8.106). Zusätzlich zur Fehlerkorrektur können restliche, nicht korrigierbare Fehler bei der Wiedergabe durch Rechenprozesse verdeckt werden (Concealment), indem die Daten eines gestörten Pixels durch die einer vorhergehenden Zeile ersetzt werden.

Die bei den Digitalformaten eingesetzten Fehlerkorrekturmechanismen sind umfangreicher als in oben genanntem Beispiel, doch genauso wie dort muss den m Nutzdatenbits eine Anzahl k von Redundanzbits hinzugefügt werden, wobei die Art von der Form der dominanten Fehler im jeweiligen System bestimmt wird. Als Summe aus Nutz- und Redundanzbits ergibt sich die Bruttobitzahl n = m + k. Das Netto-Brutto-Verhältnis m/n wird als Coderate R bezeichnet und das Verhältnis fehlerhafter Bits zur Gesamtzahl als Bit Error Rate (BER). Generell lassen bei der Forward Error Correction (FEC) Faltungscodes und Blockcodes unterscheiden. Bei der Videobandaufzeichnung werden letztere verwendet. Der Name rührt daher, dass der Datenstrom in Blöcke mit fester Anzahl von Symbolen aufgeteilt wird, wobei ein Symbol mehrere Bits oder auch nur eines umfassen kann. Bei den digitalen MAZ-Verfahren kommt hauptsächlich der Reed-Solomon-Code zum Einsatz, der besonders dafür ausgelegt ist, Symbolfehler bei der Wiedergabe zu erkennen und zu korrigieren. So können z. B. beim Digital-Format D3 durch zwei Korrekturstufen zweimal bis zu vier Fehler in einem Block aus 76 Datenworten erkannt und korrigiert werden [40]. Die zwei Stufen werden oft eingesetzt (Abb. 8.107), denn die Effektivität des Korrekturmechanismus wird durch die Verkettung zweier Codes

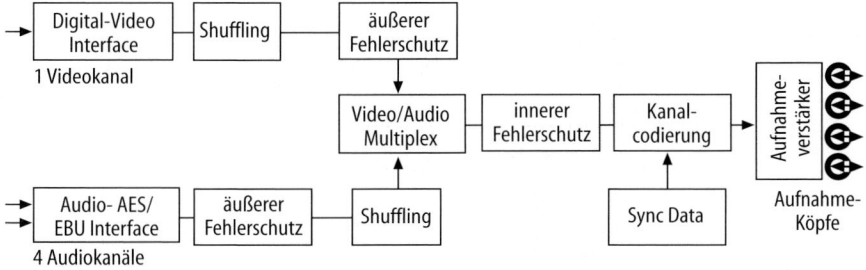

Abb. 8.107. Innerer und äußerer Fehlerschutz

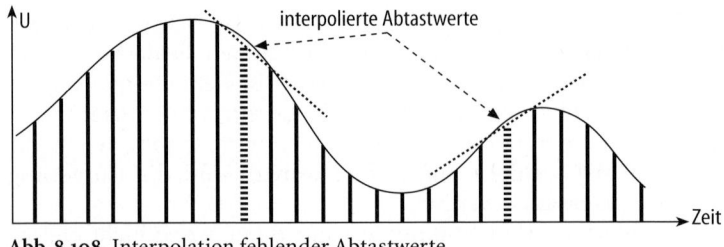

Abb. 8.108. Interpolation fehlender Abtastwerte

gesteigert. Dabei ist das Coder/Decoderpaar das näher an der Signalquelle bzw. -senke liegt für den sog. äußeren Fehlerschutz zuständig und das näher am Übertragungskanal liegende für den inneren. Bei MAZ-Systemen wird der äußere Fehlerschutz oft nach einer Datenumverteilung und ggf. der Datenreduktion eingesetzt. Als nächstes Signalverarbeitungsstufe folgt ein zweites Shuffling oder direkt das Multiplexing der Audio- und Videodaten und darauf dann die Stufe des inneren Fehlerschutzes direkt vor der Kanalcodierung.

Besondere Aufmerksamkeit muss dem Fehlerschutz bei den Audiodaten gewidmet werden, da sich das Gehör weniger leicht täuschen lässt als das Gesicht und Fehler viel empfindlicher wahrnimmt. Auch Audio-Datenfehler können mit Reed-Solomon-Codes korrigiert werden. Die unvermeidlichen Restfehler werden meistens verdeckt, indem bei einem Datenausfall die vorhergehenden Werte gehalten, oder indem aus der Interpolation zwischen den benachbarten Abtastwerten Ersatzdaten berechnet werden (Abb. 8.108).

8.8.1.3 Audioaufzeichnung
Bei digital aufzeichnenden Videogeräten werden auch die Audiosignale auf der digitalen Ebene verarbeitet. Bezüglich der Aufzeichnung gibt es keine Unterschiede zwischen Video- und Audiodaten mehr, die Audio-Datenrate ist nur geringer. Die Audiosignalverarbeitung liegt bei allen Formaten auf höchstem Niveau, meist können vier Kanäle ohne Datenreduktion genutzt werden. Zur Aufzeichnung von vier digitalen Audiokanälen werden nur wenige Prozent des Speicherplatzes gebraucht, der für das digitale Videosignal nötig ist. Es ist möglich, auf die Kanäle einzeln zuzugreifen, sie sind separat editierbar. Dazu

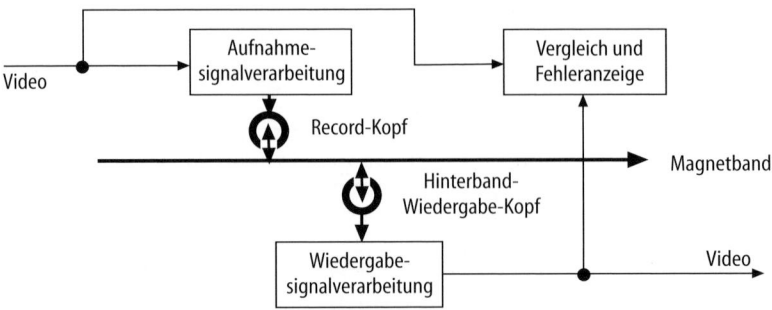

Abb. 8.109. Read after Write

sind die Audiosegmente untereinander und gegenüber den Videodaten durch kleine Zwischenräume (Edit Gaps) getrennt. Das Audiosignal wird einem aufwändigen Fehlerschutz unterworfen, die Daten werden vielfältig in den Sektoren und Spuren verteilt und werden häufig auch doppelt aufgezeichnet. Video- und Tondaten stehen immer in einem festen Verhältnis, da die Abtastraten bei der Digitalisierung verkoppelt werden.

Die Abtastraten betragen 44,1 kHz und 48 kHz, die Signalwerte werden mit 16 Bit oder 20 Bit aufgelöst. Die Spezifikationen des Signals und der Schnittstellen entsprechen denen der AES/EBU, die Audiosignale werden paarweise über XLR-Steckverbindungen geführt, d. h. für vier Kanäle sind nur zwei Anschlüsse erforderlich.

8.8.1.4 Sonderfunktionen

Da fast alle Digitalformate für den professionellen Einsatz vorgesehen sind, sollen sie mindestens die gleichen Ausstattungsmerkmale wie Analogformate aufweisen. So sollte es auch möglich sein, im Suchlauf den Ton abzuhören. Diese Funktion wird häufig mit Hilfe einer einkanaligen analogen Audio-Hilfsspur realisiert, indem beim schnellen Suchlauf von Digital- auf Hilfsspurwiedergabe umgeschaltet wird. Moderne Geräte erlauben auch die Wiedergabe von Digitalton beim Suchlauf. Digitale Videorecorder sollen außerdem ungestörte Stand-, Zeitlupen- und Zeitrafferbilder liefern können. Zu diesem Zweck sind, wie bei analogen Systemen, viele Geräte mit separaten, beweglichen Videoköpfen für die Wiedergabe ausgestattet, die in den meisten Fällen den bei professionellen Geräten üblichen variablen Geschwindigkeitsbereich mit k = – 1 bis k = + 3 abdecken.

Der Einsatz separater Wiedergabeköpfe ermöglicht, dass die Daten direkt nach der Aufnahme wiedergegeben und kontrolliert werden können (Direct Read after Write, Abb. 8.109), so dass eine objektive Qualitätsüberwachung möglich wird. Weiterhin können separate Wiedergabeköpfe auch so eingesetzt werden, dass die damit gelesenen Daten in modifizierter Form direkt wieder aufgezeichnet werden (Read Modify Write, Abb. 8.110). Diese Funktion erlaubt eine Signalbearbeitung (z. B. Farbkorrektur) mit nur einer Maschine oder einen eingeschränkten A/B-Roll-Schnitt mit zwei Geräten. Es ist allerdings zu bedenken, dass die Originalaufnahme dabei zerstört wird.

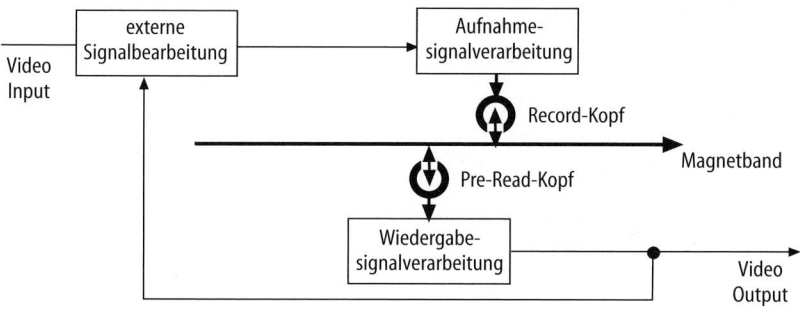

Abb. 8.110. Read Modify Write

Tabelle 8.15. Geometrische Parameter der Formate D1, D5 und D6

	D1	D5	D6
Magnetbandbreite	19 mm	12,7 mm	19 mm
Bandgeschwindigkeit	28,7 cm/s	16,7 cm/s	49,7 cm/s
Relativgeschwindigkeit	35,6 m/s	23,8 m/s	46 m/s
Videospurbreite	40 µm	18 µm	21 µm
Spurzwischenraum	5 µm	0	1 µm
Kopftrommeldrehzahl	150 Hz	100 Hz	150 Hz
Kopftrommeldurchmesser	75 mm	76 mm	96 mm
max. Spieldauer (S, M, L)	12 / 34 / 94 Min.	32 / 62 / 123 Min.	8 / 28 / 64 Min.

8.8.2 Digitale Komponentenformate ohne Datenreduktion

Die Formate dieser Klasse erfüllen höchste Qualitätsansprüche. Bereits das erste, als D1 bezeichnete Format zur digitalen Videosignalaufzeichnung arbeitete mit Komponentensignalen nach dem Standard ITU-R 601. Das Format D5 bietet darüber hinaus 10-Bit-Signalverarbeitung und D6 auf dieser Basis eine HDTV-Aufzeichnung (s. Abschn 8.8.7).

8.8.2.1 Das D1-Format

Das D1-Format gehört bis heute zu den Magnetbandaufzeichnungsverfahren mit der höchsten Qualität, allerdings erfüllt es nicht mehr die Ansprüche an ein kostengünstiges Produktionsmittel. Trotzdem ist es bei anspruchsvollen Produktionen noch häufig anzutreffen. Drei Cassetten (S, M, L) mit 3/4"-Band erlauben Spielzeiten bis zu 12, 34 oder 94 Minuten. Die Bandlaufgeschwindigkeit beträgt 28,7 cm/s, die Kopf-Band-Relativgeschwindigkeit 35,6 m/s (Tabelle 8.15). Die Kopftrommel dreht sich mit 150 U/s, das Signal wird mit vier Köpfen geschrieben. Die Aufzeichnung eines Halbbildes im 625/50-System erfordert 12 Spuren, ein 525/60-Halbbild wird in zehn Spuren aufgezeichnet. Wenn die Videoköpfe im 90°-Winkel angeordnet sind, beträgt die Kopftrommelumschlingung 270°. Die Kopftrommel und das Spurbild wurden bereits im vorigen Kapitel vorgestellt (Abb. 8.99 und 8.100). Das Spurbild zeigt eine longitudinale

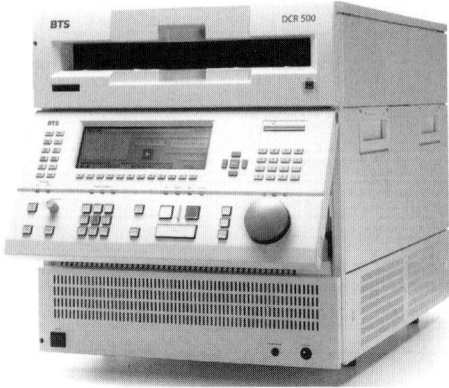

Abb. 8.111. D1-Recorder [18]

Tabelle 8.16. Signalparameter der Formate D1, D5 und D6

	D1	D5	D6
Y-Bandbreite (−0,5 dB)	5,75 MHz	5,75 / 7,67 MHz	30 MHz
C-Bandbreite (−0,5 dB)	2,75 MHz	2,75 / 3,67 MHz	15 MHz
Pegelauflösung	8 Bit	10 Bit / 8 Bit	8 Bit
Signal/Rauschabstand (Y)	> 56 dB	> 62 / 56 dB	> 56 dB
aufgezeichnete Datenrate	227 Mbit/s	303 Mbit/s	1,2 Gbit/s
aufgez. Zeilenzahl/Halbbild	300	304	> 1150
kürzeste Wellenlänge	0,9 μm	0,71 μm	

Audio-Hilfspur am oberen Bandrand und eine CTL und Timecode-Spur am unteren. Die Hilfsspur ist erforderlich, da bei schnellem Vorlauf die Audiodaten nicht ausgewertet werden können. Zwischen den Längsspuren befindet sich der Schrägspurbereich. Hier ist jede Spur in zwei Videosektoren und dazwischen liegende vier Audiosektoren aufgeteilt. Damit können vier digitale Audiokanäle hoher Qualität aufgezeichnet und unabhängig editiert werden.

Tabelle 8.16 zeigt die D1-Signalspezifikationen. Jede Signalkomponente wird mit 8 Bit aufgelöst und mit SSNRZ-Codierung (Scrambled Synchronized Non Return to Zero) aufgezeichnet. Die Gesamtdatenrate beträgt 227 Mbit/s. Als besondere Funktion können zwei D1-Recorder synchron betrieben werden, damit wird die Aufnahmekapazität verdoppelt, um z. B. mit doppelter Vertikalauflösung (entsprechend progressiver Abtastung) oder im 4:4:4:4-Betrieb ein breitbandiges RGB-Signal plus Key-Kanal aufzeichnen zu können. Abbildung 8.111 zeigt einen D1-Recorder.

8.8.2.2 Das D5-Format

Abbildung 8.112 zeigt einen D5-Studiorecorder von Panasonic. Das D5-Format wurde von Panasonic entwickelt, es ermöglicht als einziges Format eine unkomprimierte Komponentenaufzeichnung auf 1/2"-Bändern und ist für Standardsignale das Aufzeichnungsformat mit der höchsten heute möglichen Qualität. Die D1-Qualität wird noch übertroffen, da D5 mit 10 Bit statt 8 Bit Amplitudenauflösung arbeiten kann (Tabelle 8.16). Mit vier digitalen Audiokanälen

Abb. 8.112. D5-Recorder [94]

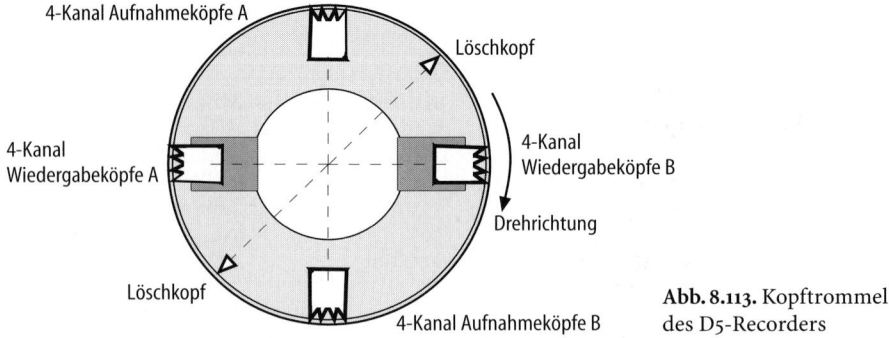

Abb. 8.113. Kopftrommel des D5-Recorders

und Fehlerschutzbits wird eine Gesamtdatenrate von 303 Mbit/s mit 8/14-Modulation aufgezeichnet. Aufgrund der hohen Datenrate ist es bei D5 möglich, nicht nur Digitaldaten nach ITU-R 601 mit einer Abtastrate von 13,5/6,75 MHz und einer Auflösung von 10 Bit aufzuzeichnen, sondern auch mit erhöhter Horizontalauflösung bei einer Abtastrate von 18 MHz zu arbeiten. Die aktive Videozeile enthält dann 960 statt 720 Abtastwerte, die Auflösung der Abtastwerte muss dabei allerdings auf 8 Bit beschränkt werden. Dieser Modus ist vor allem für eine hochwertige Signalverarbeitung für das Bildformat 16:9 nützlich. Das D5-Format wird als HD-D5 unter Nutzung von Datenreduktionsverfahren auch für die HDTV-Aufzeichnung einzusetzen. Aufgrund der hohen Datenrate ist dabei nur eine Kompression um den Faktor 4 erforderlich.

Drei Cassettengrößen (S, L, XL) erlauben Spielzeiten von maximal 32, 62 oder 123 Minuten, allerdings werden an das Bandmaterial hohe Anforderungen gestellt und die Cassetten sind daher sehr teuer (ca. 400 DM für 123 Minuten). Die hohe Aufzeichnungsdichte wird erreicht, indem sehr schmale Schrägspuren von nur 18 μm Breite bei einer Bandgeschwindigkeit von 16,7 cm/s aufgezeichnet werden (Tabelle 8.15). Abbildung 8.113 zeigt die D5-Kopftrommel. Das Spurbild (Abb. 8.114) ähnelt dem von D1, es zeigt eine longitudinale Audio-Hilfspur am oberen Bandrand und eine CTL- und Timecode-Spur am unteren. Dazwischen befindet sich wieder der Schrägspurbereich, der in zwei Videosektoren und dazwischen liegende vier Audiosektoren für die Aufzeichnung von vier digitalen Audiokanälen hoher Qualität aufgeteilt ist. Im Gegensatz zum

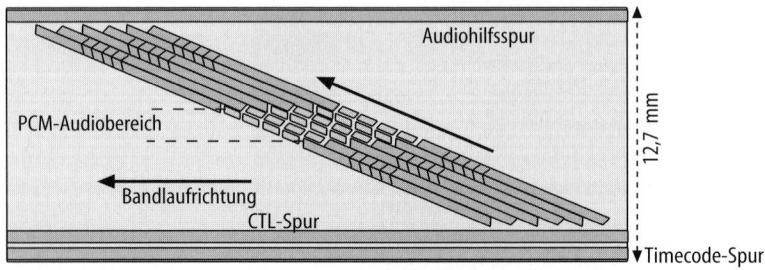

Abb. 8.114. Spurlage beim D5-Format (und DCT bei umgekehrter Laufrichtung)

D1-Format sind die Videospuren in Richtung des Bandlaufs geneigt und werden mit der Slanted Azimut-Technik ohne Sicherheitsabstand geschrieben.

D5-Recorder sind auf der Basis des D3-Formates von Panasonic entstanden. Beide Formate weisen ein sehr ähnliches Spurbild auf, die Bandgeschwindigkeit und die Datenrate sind bei D5 doppelt so hoch wie bei D3. Daher ist es möglich, dass D5-Recorder optional auch D3-Material wiedergeben können.

8.8.3 Digitale Compositesignal-Aufzeichnung

Das D1-Format wurde bereits zu einer Zeit entwickelt, als in den Studios noch die FBAS-Geräte dominierten. Als direkter Ersatz für 1" B- und C-MAZ-Geräte waren D1-Geräte zu aufwändig. Hier war ein Format gefragt, das bei geringeren Kosten den wesentlichen Vorteil der Digitaltechnik, nämlich die gute Multigenerationsfähigkeit, bietet. Auf der Basis der D1-Cassette entstand so zunächst das Format D2 und später D3, das mit 1/2"-Bändern arbeitet.

8.8.3.1 Das D2-Format

Das zweite Digitalformat (Ampex, Sony) arbeitet mit Composite-Signalen, die mit der 4-fachen Farbträgerfrequenz (17,7 MHz) bei einer Auflösung von 8 Bit abgetastet werden. Unter Einbeziehung der Fehlerschutzdaten und der vier digitalen Audiokanäle (max. 20 Bit/48 kHz) ergibt sich eine aufgezeichnete Datenrate von 152 Mbit/s. Pro Halbbild werden 304 Zeilen auf 8 Spuren aufgezeichnet, die ohne Sicherheitsabstand (Rasen) geschrieben werden. Die aktuelle Spur überdeckt dabei einen Teil der zuvor aufgezeichneten, das Übersprechen wird durch die wechselweise gekippten Kopfspalte vermindert. Bei einer Bandgeschwindigkeit von 13,2 cm/s betragen die Cassettenspieldauern 32, 94 bzw. 204 Minuten (Tabelle 8.17). Die Aufzeichnung erfolgt mit zwei Kopfpaaren, Abb. 8.115 zeigt die Spurlage und Abb. 8.116 die Kopftrommel.

Durch die Digitalaufzeichnung mit einer Grenzfrequenz von 6,5 MHz (Tabelle 8.18) wird ein gutes Multigenerationsverhalten bis zur 20. Generation erreicht. Die Composite-Signalaufzeichnung weist aber gegenüber der digitalen Komponentenaufzeichnung, insbesondere bei der Nachbearbeitung, erhebliche Nachteile auf. Abbildung 8.117 zeigt einen D2-Recorder, heute wird dieses Format aufgrund seiner geringen Aufzeichnungsdichte kaum noch verwendet.

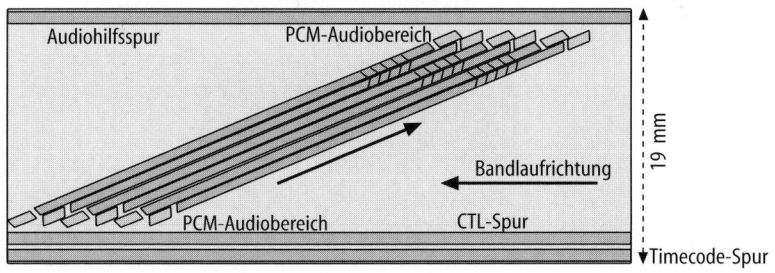

Abb. 8.115. Spurlage beim D6 und D2-Format (und D3 bei umgekehrter Laufrichtung)

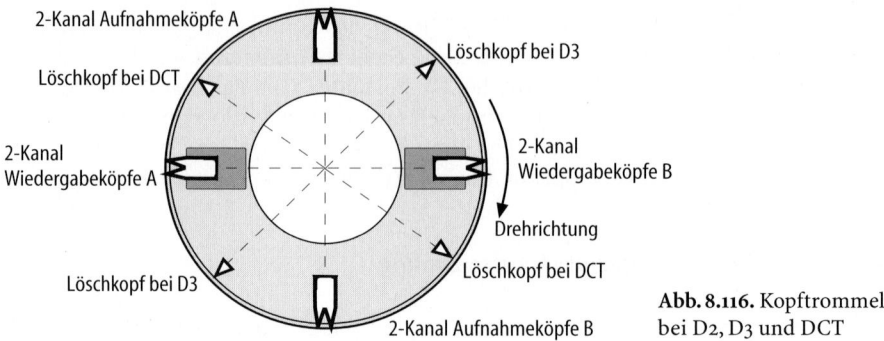

Abb. 8.116. Kopftrommel
bei D2, D3 und DCT

8.8.3.2 Das D3-Format

Das digitale Composite-Format D3 hat bezüglich der Signalverarbeitung ähnliche Merkmale wie D2 (Tabelle 8.17). Es gibt auch hier vier separat editierbare Audiokanäle, Hinterbandkontrolle sowie eine Wiedergabemöglichkeit mit –1 bis 3-facher Normalgeschwindigkeit. Auch das Spurbild ist ähnlich (Abb. 8.115), allerdings sind die Schrägspuren in Bandlaufrichtung geneigt. D3 ist wie D2 bei gleicher Gesamtdatenrate für die Aufzeichnung von 625 Zeilen bei 50 Hz oder 525/60 geeignet. Ein D3-Recorder ist in Abb. 8.118 dargestellt. Der wesentliche Unterschied zu D2 ist die Verwendung von 1/2"-Bändern, wodurch das

Tabelle 8.17. Signalparameter der Formate D2 und D3

	D2	D3
Bandbreite (–3 dB)	6,5 MHz	6,5 MHz
Pegelauflösung	8 Bit	8 Bit
Signal/Rauschabstand (Y)	> 54 dB	> 54 dB
aufgezeichnete Datenrate	152 Mbit/s	152 Mbit/s
aufgez. Zeilenzahl/Halbbild	304	304
kürzeste Wellenlänge	0,79 µm	0,71 µm

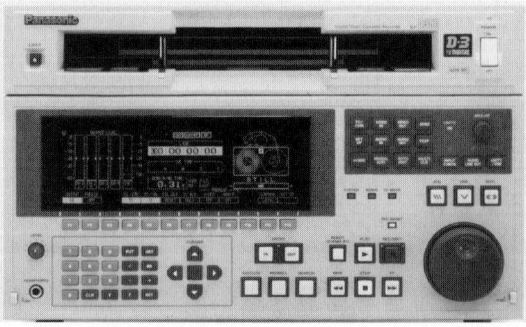

Abb. 8.117. D2-Recorder   **Abb. 8.118.** D3-Recorder [94]

Tabelle 8.18. Geometrische Parameter der Formate D2 und D3

	D2	D3
Magnetbandbreite	19 mm	12,7 mm
Bandgeschwindigkeit	13,2 cm/s	8,4 cm/s
Relativgeschwindigkeit	30,4 m/s	23,8 m/s
Videospurbreite	35 µm	18 µm
Spurzwischenraum	0	0
Kopftrommeldurchmesser	96,5 mm	76 mm
max. Spieldauer (S, M, L)	32 / 94 / 204Min.	64 / 125 / 245 Min.

Format auch für digitale Camcorder geeignet ist. Aufgrund der gleichen geringen Spurbreite wie bei D5 (18 µm) konnte die Aufzeichnungsdichte bei D3 gegenüber D2 von 7,2 auf 17,9 Mbit/cm^2 gesteigert werden. Damit werden bei einer Bandgeschwindigkeit von 8,4 cm/s Cassettenspieldauern von 64, 125 bzw. 245 Minuten erreicht (Tabelle 8.18). Das D3-Format eignet sich gut zur ökonomischen Archivierung von FBAS-Material (z. B. 1"-B und -C oder U-Matic).

8.8.4 Digitale Komponentenformate mit geringer Datenreduktion

Um eine digitale Komponentenaufzeichnung zu geringeren Kosten zu ermöglichen, gleichzeitig aber auch ein robustes Format zu erhalten, bei dem die Aufzeichnungsdichte nicht bis an die Grenze des Machbaren getrieben wurde, entschied man sich bei Ampex und Sony zum Einsatz einer milden Datenreduktion. Dieser Schritt wurde bei der Einführung der Systeme als revolutionär angesehen und erzeugte viele Diskussionen und Qualitätsvergleiche zwischen dem Format Digital Betacam (DigiBeta) und dem unkomprimiert aufzeichnenden D5-Format. Die Bildqualität der beiden Formate ist aber visuell auch nach vielen Generationen nicht zu unterscheiden. Außerdem stieg die Akzeptanz der Datenreduktion im Produktionsbereich generell, so dass sich DigiBeta gegen D5 durchsetzen konnte, da es als großen Vorteil die optionale Kompatibilität zum analogen Aufzeichnungsstandard Betacam SP bietet und geringere Folgekosten für das Bandmaterial mit sich bringt. Darüber hinaus steht ein Camcorder für dieses Format zur Verfügung. Digital Betacam ist heute ein verbreitetes Format im Bereich anspruchsvoller digitaler Produktion, während DCT, das zweite Format in diesem Kapitel, fast bedeutungslos ist.

8.8.4.1 Das DCT-Format

Mit DCT sollte ein besonders robustes Aufzeichnungsformat mit geringer Fehlerrate entwickelt werden. Basis ist ein hochwertiges Laufwerk für 3/4"-Bänder, das vom Formatentwickler Ampex schon für den Bau von D2-Recordern eingesetzt wurde. Mit den gleichen Cassettengrößen wie bei D2 werden Spieldauern von 29, 85 oder 187 Minuten erreicht. Inklusive der vier Audiokanäle, deren Sektoren wie bei D1 in der Bandmitte liegen (Abb. 8.114), ergibt sich bei DCT mit der Kanalcodierung Miller^2 eine Gesamtdatenrate von 130 Mbit/s. Die Tabellen 8.19 und 8.20 zeigen die mechanischen und die Signalspezifikationen.

Abb. 8.119. DCT-Recorder [5]

Da die Spurbreite und die Bandgeschwindigkeit in der Größenordnung der Werte des D2-Formates liegen, trotzdem aber ein Komponentensignal mit viel höherer Datenrate als bei D2 aufgezeichnet werden soll, wird mit einer Datenreduktion gearbeitet. Bei der verwendeten Kompression um den Faktor 2 kann man davon ausgehen, dass bei vielen Bildvorlagen eine Redundanzreduktion möglich ist, andererseits tritt bei kritischen Vorlagen tatsächlich ein (unsichtbarer) Informationsverlust auf. DCT steht für Digital Component Technology. Die Abkürzung kennzeichnet gleichzeitig auch das eingesetzte Datenreduktionsverfahren DCT. Aufgrund ihrer Zuverlässigkeit und Robustheit werden DCT-Geräte vor allem im Post-Produktions-Bereich eingesetzt. Das Band wird mit einem Luftfilm anstelle von Reibrädern sehr schonend geführt, die Reaktionszeiten der Mechanik sind sehr gering. Beim Editing mit DCT-Maschinen (Abb. 8.119) werden Pre Roll-Zeiten (s. Kap. 9.3) von weniger als zwei Sekunden erreicht, was kein anderes bandgestütztes Format ermöglicht und sich besonders für Post-Produktions-Studios ebenso bezahlt macht wie die geringen Wartungskosten.

8.8.4.2 Digital Betacam

Digital Betacam stammt vom Betacam-Systementwickler Sony und etablierte sich mit Hilfe der Kompatibilität zum analogen Format zu Beginn des neuen Jahrhunderts als Standard im Broadcast-Bereich. Es werden Cassetten mit den gleichen mechanischen Abmessungen wie bei Betacam verwendet, sie ermöglichen hier Spieldauern von 40 bzw. 124 Minuten, die große Cassette kostet ca. 130 DM. Das 1/2"-Cassettenformat erlaubt den Bau von Camcordern, die ähn-

Tabelle 8.19. Signalparameter der Formate DCT und Digital Betacam

	DCT	Digital Betacam
Y-Bandbreite (−0,5 dB)	5,75 MHz	5,75 MHz
C-Bandbreite (−0,5 dB)	2,75 MHz	2,75 MHz
Pegelauflösung	8 Bit	10 Bit
Signal/Rauschabstand (Y)	> 56 dB	> 62 dB
aufgezeichnete Datenrate	130 Mbit/s	126 Mbit/s
aufgez. Zeilenzahl/Halbbild	304	304
kürzeste Wellenlänge	0,85 μm	0,59 μm

Tabelle 8.20. Geometrische Parameter der Formate DCT, Digital Betacam und Betacam SP

	DCT	Digital Betacam	Betacam SP
Magnetbandbreite	19 mm	12,7 mm	12,7 mm
Bandgeschwindigkeit	14,6 cm/s	9,7 cm/s	10,2 cm/s
Relativgeschwindigkeit	30,4 m/s	19 m/s	5,8 m/s
Schrägspurlänge	151 mm	123 mm	115 mm
Videospurbreite	35 µm	24 µm	86 µm
Datenreduktionsfaktor	2:1	2:1	
Kopftrommeldurchmesser	96,5 mm	81,4 mm	74,5 mm
max. Spieldauer (S, M, L)	29 / 85 / 187 Min.	40 / - / 124 Min.	32 / - / 108 Min.

lich kompakt sind wie die heute üblichen Betacam SP-Camcorder. Für das Format sind Studio-Recorder (Abb. 8.120) und -Player ebenso verfügbar wie portable Field-Recorder. Das Komponentensignal wird mit 10 Bit und Abtastraten nach CCIR 601 digitalisiert, die Gesamtdatenrate beträgt 125,6 Mbit/s. Die Tabellen 8.19 und 8.20 zeigen die Signal- und die mechanischen Spezifikationen.

Digital Betacam arbeitet mit einer DCT-Verfahren von Sony, um eine Datenreduktion zu erreichen. Die Verwendung von Datenreduktionstechniken ist bei diesem Format darin begründet, dass eine Komponentensignalaufzeichnung mit 1/2"-Bändern möglich werden sollte, ohne die Anforderungen an Spurbreite und Bandqualität so hoch zu treiben wie beim Konkurrenzformat D5. Außerdem war bei der Entwicklung Rücksicht auf die Abwärts-Kompatibilität zum Betacam SP-Format zu nehmen. Das Datenreduktionsverfahren muss so ausgelegt sein, dass eine konstante Datenrate am Ausgang entsteht, hier hat die Netto-Datenrate den Wert 108,9 Mbit/s. Da bei der Abtastung von 608 Zeilen mit je 720 Bildpunkten eine Datenrate von 218 Mbit/s entsteht, hat der Datenreduktionsfaktor hat damit den Wert zwei. Durch geschickte Wahl der Quantisierung der DCT-Ausgangsdaten, kann erreicht werden, dass die Schwelle zwischen Redundanz- und Irrelevanzreduktion nur in seltenen Fällen, bei sehr kritischen Bildvorlagen überschritten wird und damit eine exzellente Bildqualität zur Verfügung steht. Als Kanalcodierung wird eine besondere Form des SNRZI-Codes eingesetzt, die ein enges Frequenzspektrum erzeugt

Abb. 8.120. Digital Betacam-Recorder [122]

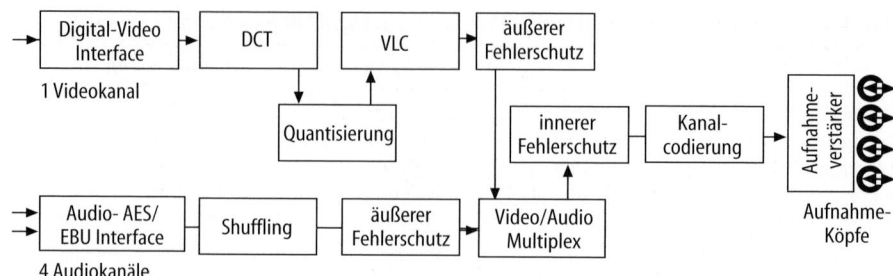

Abb. 8.121. Signalverarbeitung bei Digital Betacam

Sync- Bytes (2)	ID- Bytes (2)	Daten- Bytes (162)	Fehlercode Bytes (14)

Abb. 8.122. Datenblöcke bei Digital Betacam

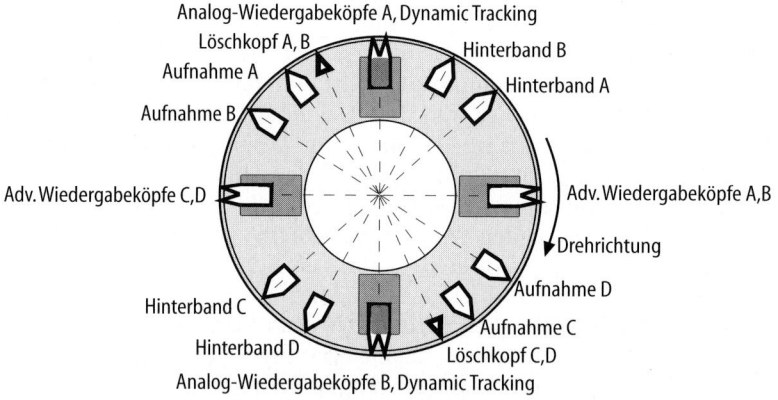

Abb. 8.123. Digital Betacam-Kopfrad mit (oben) und ohne (unten) Analogköpfen

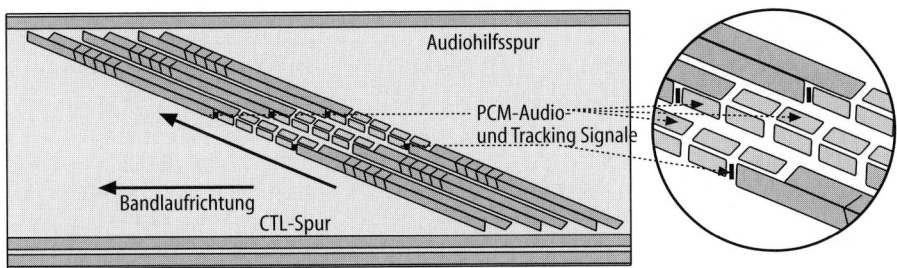

Abb. 8.124. Spurlage bei Digital Betacam

und mit Partial Response IV bezeichnet wird. Abbildung 8.121 zeigt die Signalverarbeitung bei der Aufnahme, Abbildung 8.122 die Struktur des Sync-Blocks der 180 Byte enthält, von denen 162 Nutzbytes sind.

Digital Betacam ermöglicht optional die Wiedergabe analoger Betacam-Bänder. Bei entsprechenden Geräten müssen dafür separate Köpfe montiert sein (Abb. 8.123). Das in Abbildung 8.124 dargestellte Spurbild ist ähnlich wie bei D5, es weist aber die Besonderheit auf, dass zwischen den Audio- und Videosektoren Pilottonfrequenzen aufgezeichnet werden, die zusammen mit den üblichen CTL-Signalen auf der Längsspur ein besonders gutes Tracking-Verhalten ermöglichen. Die Längsspuren an den Rändern stimmen beim Digital- und Analogformat überein. Wie bei der PCM-Audioaufzeichnung entfällt aber bei Digital Betacam eine Audiospur zugunsten des Schrägspurbereichs. Für die analogen Video- und AFM-Signale tritt eine leichte Zeitkompression auf, die durch elektronische Expansion ausgeglichen werden muss, denn Digital Betacam arbeitet mit einem größeren Kopftrommeldurchmesser als das analoge Format.

8.8.5 Digitale Komponentenaufzeichnung mit DV-Datenreduktion

Nachdem die Diskussionen um die Verwendbarkeit von Datenreduktionsverfahren im Produktions- und Postproduktionsbereich abgeklungen waren, wurden viele weitere Formate entwickelt, die mit höheren Datenreduktionsfaktoren arbeiten und für den Corporate und News-Bereich, sowie für einfache Produktionen konzipiert sind. Die Akzeptanz der Datenreduktion wurde durch die erstaunlich gute Bildqualität gesteigert, die das erste Digitalaufzeichnungsformat für den Heimanwenderbereich, nämlich DV, bietet.

Die ersten Formate aus dieser Klasse basierten denn auch auf dem DV-Format und wurden geringfügig modifiziert. Diese Entwicklungen wurden DV-Cam und DVCPro (D7) genannt und stammen von Sony und Panasonic. Von JVC folgte das Format Digital S, das auch als D9 bezeichnet wird. Hier wird der DV-Datenreduktionsalgorithmus eingesetzt, aber mit doppelter Datenrate gearbeitet, in gleicher Weise wie bei der Weiterentwicklung von DVCPro zu DVCPro50. Eine weitere Variante nennt sich D8 und verwendet den DV-Algorithmus zur Aufzeichnung auf Hi8-Bändern.

Tabelle 8.21. Signalparameter der diversen DV-Formate

	DV	DVCam	DVCPro	DVCPro50
Y-Bandbreite (–0,5 dB)	5,75 MHz	5,75 MHz	5,75 MHz	5,75 MHz
C-Bandbreite (–0,5 dB)	2,75 MHz	2,75 MHz	1,37 MHz	2,75 MHz
Pegelauflösung	8 Bit	8 Bit	8 Bit	8 Bit
Signal/Rauschabstand (Y)	> 56 dB	> 56 dB	> 56 dB	> 56 dB
Abtastratenverhältnis	4:2:0	4:2:0	4:1:1	4:2:2
Datenreduktionsfaktor	5:1	5:1	5:1	3,3:1
aufgezeichnete Datenrate	42 Mbit/s	42 Mbit/s	42 Mbit/s	84 Mbit/s
Video-Datenrate	25 Mbit/s	25 Mbit/s	25 Mbit/s	50 Mbit/s
aufgez. Zeilenzahl/Halbbild	288	288	288	288
Anzahl Audiokanäle	2/4	2/4	2	4

8.8.5.1 Das DV-Format

Bereits Ende der 80er Jahre bemühten sich viele Geräteentwickler um ein Digitalformat für den Heimanwenderbereich. Ein Konsortium verschiedener großer Gerätehersteller wie Thomson, Sony, Philips und Panasonic konnte daraufhin 1994 einen einheitlichen Standard definieren, der zunächst DVC (Digital Video Cassette) später nur DV genannt wurde. Das Format wurde im Hinblick auf die Entwicklung sehr kompakter Geräte konzipiert. Die Kopftrommel hat einen Durchmesser von nur 21,7 mm. Das Band läuft mit einer Geschwindigkeit von 1,88 cm/s. Es werden sehr kleine Cassetten mit 1/4"-Band (6,35 mm) und den Abmessungen 66 mm x 48 mm x 12 mm verwendet. Die Spieldauer beträgt hier 60 Minuten, größere Cassetten (125 mm x 78 mm x 15 mm) ermöglichen Spieldauern bis zu 270 Minuten. Die Cassetten enthalten einen Speicher in Form eines ID-Board in dem Basiseigenschaften wie z. B. Bandtype (ME oder MP) festgehalten sind, oder einen Halbleiterspeicher. Der nicht flüchtige MIC-Halbleiterspeicher gestattet die Aufzeichnung zusätzlicher Informationen wie z. B. Szenenmarkierungen durch Icons.

Die Signalspezifikationen (Tabelle 8.21) entsprechen fast professionellen Maßstäben. Es wird ein 8-Bit-Komponentensignal aufgezeichnet, wobei das Luminanzsignal Y mit 13,5 MHz abgetastet wird. Das Format ist in Europa ebenso einsetzbar wie in den USA, allerdings gibt es einige Unterschiede. Im 625/50-System werden die Chrominanzanteile C_R und C_B mit 6,75 MHz abgetastet, jeder Anteil steht aber nur jede zweite Zeile zur Verfügung (4:2:0). Die 4:2:0-Unterabtastung wird aber nur im 625/50-System verwendet. Im 525/60-System wird dagegen statt der vertikalen die horizontale Auflösung reduziert, d. h. die Abtastrate für die Farbdifferenzkomponenten wird halbiert (4:1:1). Eine weitere Einschränkung gegenüber professionellen Systemen ergibt sich dadurch, dass die Zeilen der vertikalen Austastlücke nicht aufgezeichnet werden. Die Videoausgangsdatenrate beträgt damit 125 Mbit/s (s. Kap. 3.5.1), sie wird durch eine DCT-Datenkompression um den Faktor 5 auf 25 Mbit/s reduziert. Hinzu kommen Fehlerschutz, Zusatz- und Audiodaten, so dass die aufgezeichnete Datenrate insgesamt ca. 42 Mbit/s beträgt. Die Daten werden mit zwei Köpfen auf das Band geschrieben. Vor der Aufzeichnung werden die Daten 24/25-moduliert und ein ATF-System mit vier Pilotfrequenzen (s. Abschn. 8.6.5) realisiert.

Tabelle 8.22. Geometrische Parameter der diversen DV-Formate

	DV	DVCam	DVCPro	DVCPro50
Magnetbandbreite	6,3 mm	6,3 mm	6,3 mm	6,3 mm
Bandgeschwindigkeit	1,88 cm/s	2,82 cm/s	3,38 cm/s	6,76 cm/s
Relativgeschwindigkeit	10,2 m/s	10,2 m/s	10,2 m/s	10,2 m/s
Schrägspurlänge	34 mm	34 mm	34 mm	34 mm
Videospurbreite	10 μm	15 μm	18 μm	18 μm
Kopftrommeldurchmesser	21,7 mm	21,7 mm	21,7 mm	21,7 mm
max. Spieldauer (S, M, L)	60/ - /270 Min.	40/ - /180 Min.	33/63/126 Min.	16/30/60 Min.

Schließlich werden sie mit einem NRZI-Kanalcode versehen und auf das Band geschrieben.

Alle Signale, inklusive der Steuerdaten, werden auf Schrägspuren aufgezeichnet, dafür sind im 625/50-System pro Bild 12 Spuren und im 525/60-System 10 Spuren erforderlich. Längsspuren sind nur optional vorgesehen, Abb. 8.125 zeigt die Spurlage. Die Steuersignale befinden sich im ITI-Sektor (Insert Track Information) am Spuranfang, der bei Insert-Aufnahmen nicht überschrieben wird. Es folgen die Audio- und Videosektoren, und am Schluss der Schrägspur liegt ein Subcode-Bereich, der zur Aufzeichnung der Uhrzeit und von Timecode-Daten genutzt wird. Alle Sektoren sind durch Zwischenräume (Gaps) getrennt und separat editierbar. Die Schrägspurlänge beträgt 34 mm, die Spurbreite 10 μm. Tabelle 8.22 zeigt weitere mechanische Parameter.

Die Datenreduktion beruht auf Einzelbildern (Intraframe) und ermöglicht damit den Einzelbildzugriff. Das bei DV angewandte Datenreduktionsverfahren hat über das einzelne Format hinaus übergeordnete Bedeutung erhalten, da es neben MPEG-2 das einzige Verfahren ist, das nach einer EBU-Empfehlung genügend standardisiert ist, um als Reduktionsverfahren für ganze Produktionskomplexe zum Einsatz kommen zu können. Aus diesem Grund ist die Signalverarbeitung in Kap. 3.7 genauer dargestellt. Als herausragendes Merkmal ist dabei die reine Intraframe-Codierung zu nennen, die aber auch bei MPEG-2 mit I-Frame-only erreicht wird. Bei DV wird darüber hinaus die konstante Datenrate nicht dadurch gewonnen, dass quasi rückwärtsgewandt die Quantisierung vergröbert wird, wenn der Datenpuffer am Ausgang zu voll wird, sondern vorwärtsgerichtet, indem vor der Datenreduktion mit Hilfe ei-

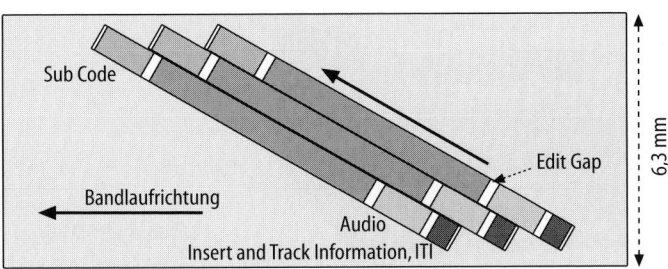

Abb. 8.125. Spurlage beim DV-Format

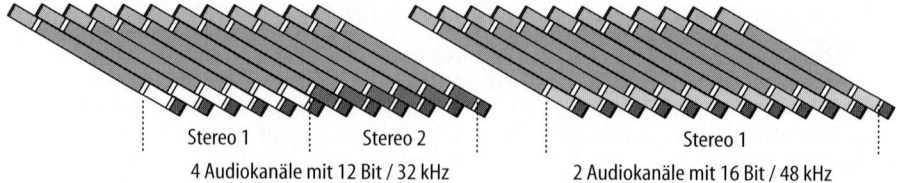

Stereo 1	Stereo 2	Stereo 1
4 Audiokanäle mit 12 Bit / 32 kHz		2 Audiokanäle mit 16 Bit / 48 kHz

Abb. 8.126. Audio Record Modes bei DV

ner Bildanalyse eine Quantisierungstabelle bestimmt wird, die für eine gegebene Bitrate qualitativ optimal ist. Auf diese Weise ergibt sich die für die Magnetbandaufzeichnung wichtige konstante Datenmenge pro Frame, auch ohne den Einsatz eines weiteren so genannten Smoothing Buffers, zur Glättung einer nichtkonstanten Datenrate. Abbildung 8.128 zeigt ein DV-Amateurgerät.

Zur Audioaufzeichnung stehen wahlweise zwei Kanäle mit 16 Bit Quantisierung und 44,1/48 kHz Abtastrate oder vier Kanäle mit 12 Bit/32 kHz zur Verfügung, die separat bearbeitet werden können (Abb. 8.126). Die Audio- und Videodaten können synchronisiert oder unsynchronisiert aufgezeichnet werden (lock/unlock). Die Synchronisation ist bei professionellem Einsatz unverzichtbar, in diesem Fall muss auf 44,1 kHz als Abtastrate verzichtet werden [140].

8.8.5.2 DVCam

Dieses Format ist die Weiterentwicklung des DV-Formats für anspruchsvollere Anwendungen (Professional Sector) von Sony. Die Datenverarbeitung bleibt die gleiche wie bei DV, aber die Geräteausstattung und die Anschlüsse entsprechen den Anforderungen des professionellen Bereichs. DV und DVCam sind nicht in beiden Richtungen, sondern nur abwärts kompatibel. Die Tabellen 8.21 und 8.22 zeigen die Spezifikationen. Der wesentliche Unterschied besteht in der Erhöhung der Bandgeschwindigkeit von 18,8 mm/s auf 28,2 mm/s und damit einer Erhöhung der Spurbreite von 10 µm auf 15 µm. Auf diese Weise soll die Aufzeichnung robuster werden. Die maximale Aufzeichnungsdauer auf einer Mini-DV-Cassette sinkt damit von 60 auf 40 Minuten und bei Standard-Cassetten von 270 auf 180 Minuten. Die Audioverarbeitung erfolgt im Lock-Mode, damit ist wahlweise die Aufzeichnung von 2 Kanälen mit 48 kHz/16 Bit oder von 4 Kanälen mit 32 kHz/12 Bit möglich. Das Format bietet optional eine Timecode-Verarbeitung. Abbildung 8.127 zeigt einen DVCam-Recorder.

Abb. 8.127. DVCam-Recorder [122]

Abb. 8.128. DV-Camcorder [122]

8.8.5.3 DVCPro

Diese Bezeichnung, bzw. auch die Bezeichnung D7, steht für die Weiterentwicklung des DV-Formates für den Professional Sektor von Panasonic. Die Spurbreite wird noch weiter als bei DVCam, nämlich von 10 µm auf 18 µm erhöht. Das geschieht durch eine auf 33,8 mm/s gesteigerte Geschwindigkeit. Die Geräte werden auch hier professionellen Ansprüchen entsprechend ausgestattet. Zur Audioaufnahme ist nur der 2-Kanalbetrieb mit 48 kHz/16 Bit vorgesehen, vierspurig bespielte Cassetten können aber wiedergegeben werden. Zusätzlich wird das Audiosignal auf einer longitudinal-Cue-Spur aufgezeichnet um ein einfaches Monitoring beim schnellen Umspulen zu erreichen. Hinzu kommt die Aufzeichnung einer CTL-Spur, mit deren Hilfe eine schnellere Servoreaktion erzielt werden soll. Ebenso wie die Cue-Spur ist auch diese Spur nur bei DVCPro zu finden. Die Längsspuren liegen an den Bandrändern (Abb. 8.129). Das Format ermöglicht die Nutzung von Timecode.

Die Signalverarbeitungvon DVCPro unterscheidet sich in Europa von der beim Standard-DV-Format, da hier, ebenso wie in NTSC-Ländern, mit 4:1:1-Abtastung gearbeitet wird. Nach der Abtastung entstehen für jedes Bild 720 x 576 Luminanzwerte und für jedes Farbdifferenzsignal 180 x 576 Werte. Letztere werden in einer Preshuffle-Stufe so umgeordnet, dass 360 x 288 Werte vorliegen und die Chromaabtastlage wieder die gleiche ist wie bei der 4:2:0-Abtastung.

Bei DVCPro können die Standard-Cassettengrößen verwendet werden, die aufgrund der erhöhten Bandgeschwindigkeit eine Spielzeit von maximal 123 Minuten erlaubt. Darüber hinaus können nur bei diesem Format Midsize-Cas-

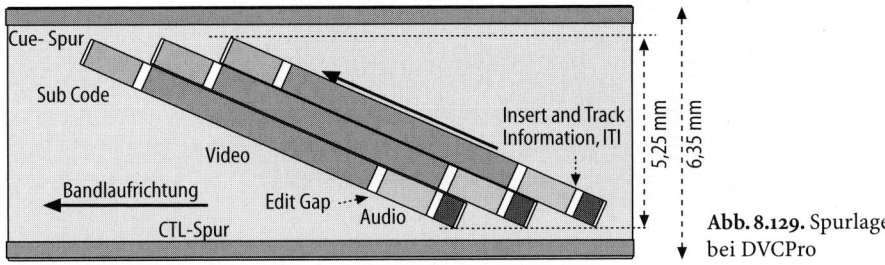

Abb. 8.129. Spurlage bei DVCPro

setten eingesetzt werden, deren Abmessungen zwischen denen des Standard-
und Mini-DV-Formats liegen und damit eine Spielzeit von 63 Minuten bieten.
Der Cassettenaustausch zwischen DVCam und DVCPro war anfänglich nur für
DVCPro möglich und für DVCam nicht. Neuere DVCam-Geräte erlauben auch
die Wiedergabe von DVCPro. Beide Formate sind abwärtskompatibel zu DV,
können also DV-Cassetten wiedergeben. Die Tabellen 8.22 und 8.21 zeigen die
mechanischen und die Signalspezifikationen.

8.8.5.4 DVCPro50

Das Format DVCPro ist im Bereich der elektronischen Berichterstattung (EB)
erfolgreich, für den Einsatz im Produktionsbereich gibt es einige Hindernisse:
Die Chrominanzauflösung ist insbesondere für Key-Effekte zu gering, da sie
nicht einer 4:2:2-Abtasung entspricht, die Datenreduktionsfaktor ist zu hoch
und es fehlen zwei Audiokanäle. Um diese Nachteile auszuräumen wurde
DVCPro zu DVCPro50 weiterentwickelt. Der Name rührt daher, dass statt einer
Video-Nettodatenrate von 25 Mbit/s jetzt 50 Mbit/s aufgezeichnet werden. Aus
Kompatibilitätsgründen wurde die Bandgeschwindigkeit gegenüber DVCPro
verdoppelt, um die höhere Datenrate aufzeichnen zu können. Aus dem gleichen Grund werden auch bei der Signalverarbeitung zwei DVCPro-Schaltun-
gen parallel betrieben, die Datenwortbreite von 8 Bit wird beibehalten. Aus der
Addition von zweimal 4:2:0 ergibt sich quasi ein 4:2:2:4-Abtastmuster. Statt
aber die Y-Samples doppelt aufzuzeichnen wird der Speicherplatz genutzt, um
die Daten aufzunehmen, die aus der Verringerung des Datenreduktionsfaktors
entstehen. Der ursprüngliche Faktor war 5:1. Die neue 4:2:2-Abtaststruktur erfordert 2/3 der Werte des 4:2:2:4-Abtastmusters, so dass der Reduktionsfaktor
auf 2/3 von 5:1, also auf 3,3:1 gesenkt werden kann. Die Verdopplung der Speicherkapazität ergibt dabei auch die gewünschte Verdopplung der Audiokanäle.
Abbildung 8.130 zeigt einen DVCPro50-Recorder

Mit diesen technischen Parametern genügt DVCPro50 den Ansprüchen die
an MAZ-Formate im Produktionsbereich gestellt werden. Es ist aber im Einzelfall zu prüfen, ob auch alle die als selbstverständlich angesehenen Funktionen gegeben sind, die man von Betacam SP gewohnt ist, wie z. B. die Möglichkeit einer weit reichenden variablen Wiedergabegeschwindigkeit.

Abb. 8.130. DVCPro50-Recorder [94]

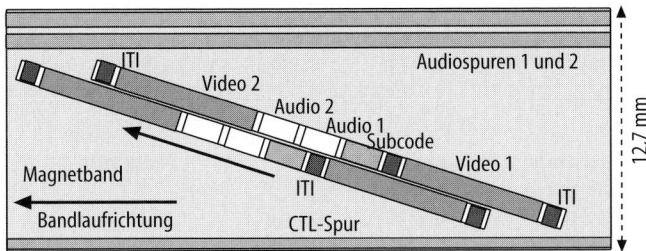

Abb. 8.131. Spurlage
beim D9-Format

8.8.5.5 D9

Das heute als D9 bezeichnete Format von JVC wurde unter der Bezeichnung Digital S auf den Markt gebracht. Damit wird auf eine Brücke zum S-VHS-Format verwiesen, auf dessen mechanischen Eigenschaften das Digitalformat beruht und zu dem es abwärtskompatibel ist. Es wird ein 1/2"-breites Magnetband in einer Cassette verwendet, die äußerlich weitgehend der S-VHS-Cassette entspricht. Abbildung 8.132 zeigt einen D9-Recorder. Die mechanischen Parameter sind in Tabelle 8.23 dargestellt, die Signalparameter in Tabelle 8.24.

Bei D9 wird ein 4:2:2 abgetastetes Signal mit 8 Bit aufgezeichnet. Dabei wird die gleiche Signalverarbeitung wie bei DVCPro50, also mit zwei parallel arbeitenden DV-Codern, eingesetzt. Die Spurlage unterscheidet sich natürlich von der bei DV, in Abb. 8.131 wird deutlich, dass sie aus Kompatibilitätsgründen wie das S-VHS-Format zwei Audiospuren am oberen und eine am unteren Rand des Bandes enthält. Dazwischen liegen die für die Digitaldaten genutzten Schrägspuren, die so aufgeteilt sind, dass der Audio- und Subcode-Bereich in der Bandmitte liegen. Hinzu kommt das ITI-Segment, das nicht nur am Spurbeginn, sondern auch in der Mitte und am Ende aufgezeichnet wird. Ein Videobild wird im 625/50-System in 12 Spuren und im 525/60-System in 10 Spuren aufgezeichnet. Zur Audioaufnahme stehen 2 oder 4 Kanäle mit 48 kHz/16 Bit-Verarbeitung zur Verfügung. Das D9-Format bietet zu günstigen Preisen eine hohe Signalqualität, die in vielen Fällen auch für hochwertige Produktionen ausreicht, allerdings ist das Format aus Markt- und Kompatibilitätsgründen nur wenig verbreitet. Es soll mit einer Variante, die 100 Mbit/s aufzeichnet, für den HDTV-Einsatz weiterentwickelt werden.

Abb. 8.132. Digital S (D9)-Recorder [64]

Tabelle 8.23. Geometrische Parameter der Formate D9, S-VHS und Betacam SX

	D9	S-VHS	Betacam SX	D10
Magnetbandbreite	12,7 mm	12,7 mm	12,7 mm	12,7 mm
Bandgeschwindigkeit	5,77 cm/s	2,3 cm/s	5,96 cm/s	5,37 cm/s
Relativgeschwindigkeit	14,5 m/s	4,85 m/s		12,7 m/s
Videospurlänge	88 mm	100 mm		
Videospurbreite	20 µm	49 µm	32 µm	21,7 µm
Schrägspuren/Bild	12 (bei 625Z)	2	12/GOP	8 (bei 625Z)
max. Spieldauer (S, M, L)	34/64/104 Min.	240 Min.	60/ - /184 Min.	71/ - /220 Min.

8.8.5.6 Digital 8

Ein weiteres Beispiel für die Verwendung der DV-Datenreduktion ist das zweite Digitalformat von Sony, das für den Heimanwenderbereich gedacht ist. Es wird in Anlehnung an das Video8- bzw. Hi8-Format mit Digital8 oder D8 bezeichnet. Das Format arbeitet DV-gemäß mit 4:2:0-Abtastung bei 8 Bit und wurde entwickelt, um eine Abwärtskompatibiltät zu dem im analogen Camcorder-Markt weit verbreiteten Format Hi8 zu erreichen. D8-Geräte zeichnen auf Hi8-kompatiblen Cassetten nur digital auf, sind aber in der Lage, analoge Video8- oder Hi8-Aufzeichnungen wiederzugeben, wobei die Signale sogar gewandelt und über i-Link (IEEE 1394) digital ausgegeben werden können. Die Daten eines Vollbildes werden in 6 Spuren der Breite 16 µm gespeichert, damit reicht eine 90-Minuten Hi8-Cassette für 60 Minuten Digitalaufzeichnung aus. Die Bandgeschwindigkeit beträgt 28,7 mm/s und der Kopftrommeldurchmesser 40 mm. Das Format hat nur geringe Bedeutung.

8.8.6 Digitale Komponentenaufzeichnung mit MPEG-Datenreduktion

In jüngster Zeit favorisiert die Firma Sony als bedeutender Hersteller professioneller MAZ-Maschinen die Aufzeichnung MPEG-2 codierter Signale. Sony setzt damit im Markt für preiswertere Produktionen auf DVCam und möchte für Broadcastzwecke eine höhere Signalqualität erreichen sowie gleichzeitig die als zukunftsträchtig eingestufte MPEG-2-Codierung in allen Bereichen der Produktion etablieren.

8.8.6.1 Betacam SX

Betacam SX ist das erste professionelle MAZ-Format, das mit einer Datenreduktion nach MPEG-2 arbeitet. Es nutzt den Umstand, dass hier auch die zeitliche Dimension zur Datenreduktion genutzt werden kann, die bei gleicher Qualität größere Reduktionsfaktoren als bei DV ermöglichen. Es ist für den professionellen Bereich konzipiert, weist Ähnlichkeiten mit dem Format Digital Betacam auf und ist abwärtskompatibel zu Betacam SP. Als typisches Einsatzgebiet wird der News-Bereich angegeben, wo es nicht auf höchste Signalqualität, dafür aber auf kostengünstige Produktion ankommt. Geringe Kosten werden durch preiswerte Bandmaterialien und geringen Bandverbrauch durch

Abb. 8.133. Betacam
SX-Recorder [122]

einen hohen Datenreduktionsfaktor erreicht. Die Datenreduktion nach MPEG-2
bietet dabei die Möglichkeit der Verwendung eines Reduktionsfaktors von 10:1
durch Nutzung von Groups of Pictures in der IB-Form. Damit wird eine Bildqualität erzielt, die bei reiner Intraframe-Codierung nur mit Reduktionsfaktoren von 5:1 bis 3:1 erreichbar ist. Vor der Datenreduktion liegt ein digitales
Komponentensignal mit Abtastraten im Verhältnis 4:2:2 und 8-Bit-Auflösung
vor. Die MPEG-Reduktion wird nach dem professionale Profile @ Main Level
durchgeführt, d. h. das 4:2:2-Verhältnis bleibt erhalten und es werden auch
Zeilen der vertikalen Austastlücke aufgezeichnet (insgesamt 608). Eine Besonderheit ist, dass für dieses Format Geräte verfügbar sind, die einen Harddiskrecorder mit Festplatten enthalten (Hybrid Recorder), so dass einfache Schnitte mit nur einem Gerät möglich sind (Abb. 8.133). Die Übertragung der Daten
zur Festplatte und auch nach außen kann mittels SDDI bzw. SDTI (s. Kap. 10)
in 4-facher Echtzeit vorgenommen werden.

Es wird auf 1/2"-Metallpartikelband aufgezeichnet, das preisgünstig ist (ca.
30 Euro für 184 Minuten) und mit einer Geschwindigkeit von ca. 6 cm/s läuft
(Tabelle 8.23). Damit wird die Laufzeit einer Betacam SP-Cassette, die hier für
die Aufzeichnung genutzt werden kann, fast verdoppelt. Um das Format robust
zu machen, wurde die Spurbreite 32 μm gewählt, die Aufzeichnung eines Vollbildes erfordert 12 Spuren im 625 Zeilensystem. Das Spurbild ähnelt dem von
Digital Betacam. Beide Formate sind kompatibel zu Betacam SP. Die Tabellen
8.23 und 8.24 zeigen die Spezifikationen und einige Parameter im Vergleich zu
Digital Betacam. Die Gesamtdatenrate auf dem Band beträgt 44 Mbit/s, davon
entfallen ca. 18 Mbit/s auf das Videosignal und 3 Mbit/s auf die vier Audiokanäle, die mit 16 Bit und 48 kHz ohne Datenreduktion aufgezeichnet werden.
Die restliche Datenrate steht für einen aufwändigen Fehlerschutz zur Verfügung. Das Format zeichnet einen MPEG-Elementarstrom nach 4:2:2P@ML auf,
intern muss dieser aber, wie bei jedem Bandformat, durch einen Umordnungs-
prozess für die Bandaufzeichnung optimiert werden [19].

Betacam SX bietet eine bessere Bildqualität als Betacam SP und ist aufgrund der 4:2:2-Abtastung besser für den Produktionsbereich geeignet als
DVCPro, das für ein ähnliches Marktsegment konzipiert ist. Problematisch
kann allerdings die Tatsache sein, dass aufgrund der IB-Bildgruppen im Prin-

Tabelle 8.24. Signalparameter der Formate D9, Betacam SX und Digital Betacam

	D9	Betacam SX	Digital Betacam	D10
Y-Bandbreite (−0,5 dB)	5,75 MHz	5,75 MHz	5,75 MHz	5,75 MHz
C-Bandbreite (−0,5 dB)	2,75 MHz	2,75 MHz	2,75 MHz	2,75 MHz
Pegelauflösung	8 Bit	8 Bit	10 Bit	8 Bit
Signal/Rauschabstand (Y)	> 56 dB	> 56 dB	> 68 dB	> 56 dB
Abtastratenverhältnis	4:2:2	4:2:2	4:2:2	4:2:2
Datenreduktionsfaktor	3,3:1	10:1	2:1	3,3:1
aufgezeichnete Datenrate	99 Mbit/s	43,8 Mbit/s	126 Mbit/s	88,3 Mbit/s
Video-Datenrate	50 Mbit/s	18 Mbit/s	108 Mbit/s	50 Mbit/s
aufgez. Zeilenzahl/Halbbild	288	304	304	304
Anzahl Audiokanäle	2/4 (16 Bit)	4 (16 Bit)	4 (20 Bit)	4/8 (24/16 Bit)

zip nur eine Schnittgenauigkeit von zwei Bildern erreicht wird. Dieser Umstand wird heute als nicht mehr akzeptabel angesehen und daher wurde eine Möglichkeit für den bildgenauen Schnitt auch für die IB-Bildfolgen geschaffen. Maßgabe ist dabei, dass die IBIB-Reihenfolge nicht unterbrochen wird. Das Problem ist, dass ein B-Frame am Schnittpunkt eines seiner Referenzbilder verliert, da es ja auf bidirektionaler Prädikation beruht. Zur Lösung des Problems werden die Frames am Schnittpunkt mit Hilfe von speziellen Leseköpfen vor dem Einfügen einer neuen Szene gelesen und die kritischen Bilder werden von B- in sog. Bu-Bilder umcodiert, die nur noch unidirektional von den Nachbarbildern abhängen.

8.8.6.2 D10 (IMX)

Betacam SX wurde, insbesondere in Europa, nicht sehr gut am Markt angenommen, da für ein hochwertiges professionelles Format heute eine Datenrate von 50 Mbit/s mit bildgenauem Schnitt gefordert wird. Ein solches wurde von Sony unter der Bezeichnung IMX-Recorder entwickelt und als D10-Format standardisiert. Der IMX-Recorder bietet ähnliche Merkmale wie ein SX-Recorder, nutzt aber die MPEG-I-Frame-only-Codierung bei Aufzeichnung eines Signals im 4:2:2P@ML-Format mit 50 Mbit/s (Tabelle 8.24). Es gibt damit, im Gegensatz zu Betacam SX, keine zeitlichen Bezüge der Bilder untereinander und der Zugriff auf jedes Einzelbild ist problemlos möglich. Das Format bietet acht Audiokanäle PCM, 16 Bit/48 kHz oder vier Kanäle mit 24 Bit.

Die Nutzung des 1/2"-Bandes erlaubt eine optionale Abspielkompatibilität zu Digital Betacam, Betacam SX und Betacam SP. Die Bandgeschwindigkeit liegt mit weniger als 6 cm/s noch unter dem Niveau von Betacam SX und da die Spurbreite verkleinert werden konnte (Tabelle 8.23) wird mit der großen Cassette eine Spieldauer von 220 Minuten erreicht, was eine Verdopplung gegenüber Betacam SP darstellt. Abbildung 8.134 zeigt die Spurlage auf dem Band Neben der Digitaldatenaufzeichnung im Schrägspurbereich gibt es zwei Längsspuren für CTL- und Timecode-Daten.

Mit IMX will Sony das MPEG-2-Format mit Professional Profile im Broadcastsektor etablieren. Dabei geht man über die Anwendung bei der Bandmaschine hinaus und setzt den als IMX standardisierten Datenreduktionsalgo-

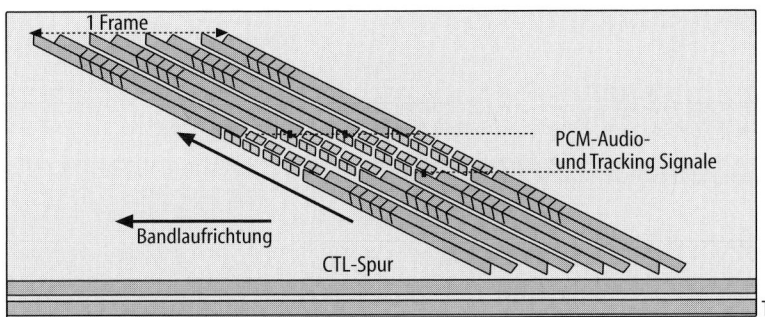

Abb. 8.134. Spurlage beim D10-Recorder

rithmus auch bei anderen Speichermedien, wie Server und optical Disks ein, und zwar neben 50 Mbit/s auch mit Datenraten von 20 und 30 Mbit/s. Dabei ist es möglich und natürlich sehr vorteilhaft, dass die Daten nicht nur via SDI, sondern direkt als komprimierter Datenstrom über die SDTI-CP-Schnittstelle ausgetauscht werden können. Dies gilt auch für den D10-Recorder MSW 2000.

Ein IMX-Recoder vom Typ MSW 2000 (Abb. 8.135) bietet alle Funktionalitäten eines Studiorecorders. Er hat alle digitalen und analogen Schnittstellen für eine einfache Integration in die bestehende Studioumgebung und bietet veränderliche Abspielgeschwindigkeiten mit k zwischen –1 und +3. Das Aufzeichnungsformat wird auch in Camcorder integriert. Diese Tatsache, und die weitgehende Abspielkompatibilität, hat sehr viele ARD-Rundfunkanstalten bewogen, D10 unter den vielen Digitalformaten als das digitale Nachfolgeformat für Betacam SP zu wählen, obwohl D10 erst relativ spät auf den Markt kam.

Zu Beginn des Jahres 2002 wurden von Sony bereits 4.200 verkaufte Einheiten des jüngsten Recorder-Formates D10 gemeldet. Dem gegenüber stehen 44.000 Betacam SX-, 66.000 Digital Betacam-, 280.000 DVCam- und 460.000 analoge Betacam-Einheiten, sowie 5.800 HDCam. Vom Konkurrenzformat DVCPro, einschließlich aller Varianten, werden von Panasonic 150.000 Einheiten angegeben.

Abb. 8.135. D10-Recorder [122]

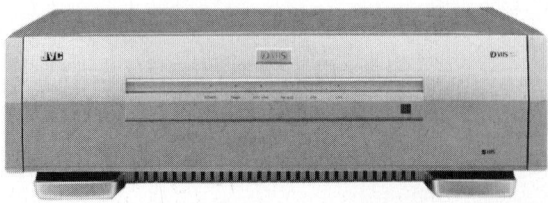

Abb. 8.136. D-VHS-Recorder [64]

8.8.6.3 D-VHS

Für die Aufzeichnung von MPEG-Datenströmen wird auch ein Heimanwendergerät entwickelt (Abb. 8.136). Es basiert auf dem VHS-Standard und wurde vom Systementwickler JVC deshalb als D-VHS bezeichnet. Damit VHS- und S-VHS-Aufzeichnungen wiedergegeben werden können, entspricht die Spurlage der von VHS, wobei in den Videoschrägspuren nun Digitaldaten gespeichert werden, die als MPEG-2 Transportstrom codiert sind. D-VHS ist somit dafür konzipiert, DVB-Datenströme als so genannter Bitstream-Recorder aufzuzeichnen. Die Wiedergabe erfordert einen MPEG-Decoder, der sich aber nicht unbedingt im Gerät, sondern auch im TV-Empfänger oder in der Set-Top Box befinden kann.

Auf einem D-VHS-Band können bis zu 44 GByte gespeichert werden. Die maximale Datenrate beträgt 14,1 Mbit/s bei Standardgeschwindigkeit, mit höherer Geschwindigkeit stehen 28,2 Mbit/s für HDTV (1080i oder 720p) zur Verfügung, während die Low Speed-Variante bei Datenraten zwischen 2 und 7 Mbit/s Spieldauern von über 30 Stunden erlaubt. D-VHS-Geräte bieten z. T. auch Schnittstellen zu anderen Signalformen. Wenn eine i-Link-Schnittstelle nach IEEE 1394 (s. Kap. 10.3) zur Verfügung steht, bedeutet das hier aber nicht, dass ein DV-Signal aufgezeichnet oder decodiert wird, sondern, dass das Gerät einen MPEG-Transportstrom über diese Schnittstelle empfängt.

8.8.7 Digitale High-Definition-Aufzeichnung

Die Aufzeichnung eines HD-Signals ist anspruchsvoll, denn sie erfordert die Verarbeitung einer Datenrate von 1,5 Gbit/s bei 10-Bit-Auflösung bzw. 1,2 Gbit/s bei 8 Bit, wenn ein digitales HD-Komponentensignal verwendet wird (Kap. 3), so wie es die meisten MAZ-Formate für hoch aufgelöste Bilder tun (Tabelle 8.25).

8.8.7.1 Das D6-Format/Voodoo

Mit dem D6-Format existiert bereits zu Beginn der 90er Jahre ein HDTV-Aufzeichnungsformat, das ohne Datenreduktion auskommt. Dieser bisher einzige ohne Datenreduktion arbeitende Digital-Cassettenrecorder für HDTV wurde von BTS und Toshiba auf der Basis von D2-Laufwerken entwickelt. Bei D6 werden ein Videosignal und 12 Audiokanäle auf 3/4"-Band mit einer Gesamtdatenrate von 1,2 Gbit/s aufgezeichnet. Die Bandgeschwindigkeit beträgt dabei

Tabelle 8.25. Parameter der HD-Formate

Format	D6	HD-D5	HDCam	DVCProHD
Zeilen/Abtastung	1080p	1080p	1080p	720p, 1080i
Quantisierung (bit)	8	10	8	8
Datenreduktion	–	5:1	7:1	12:1 (6,7:1 bei 720p)
Datenrate (Mbit/s)	1200	303	183	100
Audiokanäle	12	8	4	4
Bandbreite (mm)	19	12,7	12,7	6,3
max. Spieldauer (Min.)	64	155 (24p)	155	46 bei 720p

ca. 50 cm/s. Mit den gleichen drei Cassettengrößen wie bei D1 werden Spieldauern von 8, 28, oder 64 Minuten erreicht. Tabelle 8.15 zeigt weitere mechanische Spezifikationen. Die Spurlage ähnelt der von D1, allerdings befinden sich
die Audiosektoren am Schrägspurrand (Abb. 8.115). Es gibt auch hier drei Longitudinalspuren für Timecode, CTL- und Audiosignale. D6-Geräte eignen sich
für den Betrieb mit 1250 Zeilen bei 50 Hz ebenso wie für 1125/60. Es wird ein
Komponentensignal mit einer Luminanz-Abtastfrequenz von 72/74,25 MHz bei
8 Bit Auflösung aufgezeichnet. Die Y-Signalbandbreite beträgt 30 MHz, die
Abtast- und Bandbreitenwerte für die Farbdifferenzsignale sind demgegenüber
halbiert (Tabelle 8.16). Das D6-Format kann auch als Datenrecorder verwendet
werden. Die größte Cassette fasst ca. 500 GByte. Für die Verbindung zu Computersystemen steht eine SCSI-Schnittstelle zur Verfügung.

Das Format wurde im Laufe der Zeit so weiterentwickelt, dass es heute verschiedene Bildraten einschließlich der 24p-Aufzeichnung bei voller HD-CIF-
Auflösung beherrscht und trägt nun die Bezeichnung Voodoo (Abb. 8.137). Geräte dieses Formates sind in der Lage, das 8-Bit-Standard-HD-Videosignal in
der Form 4:2:2 mit einer Datenrate von 1,2 Gbits/s aufzuzeichnen. Dabei werden 1920 x 1080 Pixel in den Varianten 24p, 48sf, 25p, 50sf sowie 50i und 60i
unterstützt. Um Voodoo-Maschinen optimal im Bereich des digitalen Films
einsetzen zu können, wurde darüber hinaus eine 10 Bit-RGBA-Aufzeichnungs-
option (4:4:4:4) entwickelt, die sich einer Datenreduktion um den Faktor 3 bedient, die auf dem Wavelet-Algorithmus beruht, ähnlich wie er bei JPEG 2000
definiert ist. Das Format D6 ist sehr leistungsfähig jedoch nicht sehr weit verbreitet, weil die Maschinen groß und teuer und nicht portabel sind, so dass sie
nicht am Filmset eingesetzt werden können.

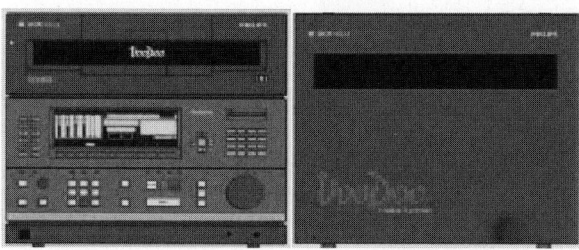

Abb. 8.137. D6-Recorder [129]

8.8.7.2 HD-D5

HD D5 beherrscht wie alle anderen HD-Formate nur eine erheblich geringere Datenrate als D6 und arbeitet daher nur mit Komponentensignalen und Datenreduktion. Da das D5-Standardformat bereits eine Videobruttobitrate von 300 Mbit/s bietet, kann bei HD-D5 einfach ein D5-Recorder mit vorgeschalteter Datenreduktion verwendet werden, die die Quelldatenrate von 1,5 Gbit/s um ca. den Faktor 5 reduziert. Damit wird ein 4:2:2-HD-Signal mit 10 bit aufgezeichnet (Tabelle 8.25).

8.8.7.3 HDCAM (D11)

Beim Format HDCAM, das zur Betacam-Familie gehört, wird wieder auf Abwärtskompatibilität geachtet und auf eine Cassette mit 1/2"-Band aufgezeichnet. Wegen der Nähe zu Digital Betacam steht nur eine Datenrate von 183 Mbit/s zur Verfügung, wovon auf die Videodaten 140 Mbit/s entfallen. Deshalb wird mit einem Reduktionsfaktor von 4,4 gearbeitet, zusätzlich muss aber noch die Eingangsdatenrate durch Filter reduziert werden. Durch dieses so genannte Subsampling werden im Luminanzkanal anstelle der für HD-CIF geforderten 1920 Bildpunkte nur 1440 pro Zeile aufgezeichnet. Die Auflösungsreduktion für die Chromakanäle ist so gewählt, dass in jeder Zeile nur 480 Bildpunkte zur Verfügung stehen. Insgesamt beträgt die Auflösungsreduktion dann 3/4 : 1/4 : 1/4. Nach außen werden 10-bit-Signale bereitgestellt, während der interne Reduktionsprozess mit 8 bit arbeitet. HDCAM-Recorder sind separat verfügbar, können aber auch so kompakt gebaut werden, dass sie mit Videokameras kombiniert werden können. Diese Geräte sind dann mit den genannten Datenreduktions- und Subsampling-Nachteilen der Recorder behaftet, während der Kamerateil mit voller HD-Auflösung bei 10 Bit arbeitet. Wenn dieses Signal aus der Kamera an einer HD-SDI-Schnittstelle ausgegeben wird, kann es unter Umgehung des internen Recorders auch ggf. unkomprimiert auf ein anderes Speichermedium aufgezeichnet werden.

Die starke Datenreduktion, die Verwendung von nur 8 Bit pro Sample und die Farbunterabtastung erschwert den Einsatz von HDCAM im anspruchsvollen Bereich der Digital Cinematographie. Daher wurde das Format zu HDCAM SR weiterentwickelt (Abb. 8.138). Es ist abwärtskompatibel zu HDCAM, arbeitet aber mit einer Video-Datenrate von 440 Mbit/s, so dass 10 Bit-Videosignale

Abb. 8.138. HDCAM SR-Recorder [122]

mit 1920 x 1080 bei 4:2:2 (HD-CIF) ebenso verarbeitet werden können wie 4:4:4-RGB-Signale aus dem Filmbereich. Es wird mit einer Kompression gearbeitet, die nach dem MPEG-4 Studio Profile standardisiert ist. Bei HD-CIF beträgt der Reduktionsfaktor 2,7, bei 4:4:4 hat er den Wert 4. Es werden viele verschiedene Bildwiederholraten und auch die Auflösung 720/59,94p unterstützt und es stehen 12 Audiokanäle zur Verfügung

8.8.7.4 DVCProHD

DVCProHD (D12) ist das Format, bei dem die geringste Datenrate im Bereich der HD-Recorder, nämlich nur 100 Mbit/s, für das Videosignal zur Verfügung steht. Sie wird über die Verdopplung der Bandgeschwindigkeit eines DVCPro50-Systems erreicht. Das Format basiert auf DV und zeichnet nur 8-Bit-Signale auf das schmale 1/4"-Band auf. Dabei ist es möglich, mit voller HD-Auflösung, also 1080 Zeilen, arbeiten, dann aber nur im Interlaced-Modus, was für den Filmbereich ungeeignet ist. Die Variante, die die progressive Abtastung beherrscht, ist dagegen auf eine Auflösung von 1280 x 720 Pixel eingeschränkt, womit kein Ersatz für 35-mm-Film erreicht werden kann, die Auflösung ist höchstens mit 16-mm-Film zu vergleichen. Auch die Camcorder für dieses Format sind so konzipiert, dass sie nur mit 720 Zeilen arbeiten, die verwendeten CCD-Wandler haben nur ca. 1 Mio. Bildpunkte [94].

8.8.7.5 HDV

Unter dieser Bezeichnung wird die HD-Aufnahme für den Heimanwender verfügbar gemacht. Dabei wird das DV-Aufzeichnungsmedium mit seiner Datenrate von 25 Mbit/s, genutzt, um ein HD-Signal aufzuzeichnen und über die bewährte Firewire-Schnittstelle (s. Kap. 10) auszutauschen. Die Kompression und die Bildauflösung richtet sich nach MPEG-2 im MP@H14, also dem High Level mit 1440 Bildpunkten horizontal mit 8 Bit und 4.2:0-Chromaunterabtastung. Es steht das 16:9-Format und 2 Modi zur Verfügung: HD1 mit 1280 x 720 aktiven Pixel und den Bildfrequenzen 50p oder 60p bei 19 Mbit/s und HD2 mit 1440 x 1080 aktiven Pixel und 50i oder 60i bei 25 Mbit/s. Bei HD1 wird der MPEG-Transportstrom aufgezeichnet, bei HD2 des PES. Für die Audiokompression wird MPEG1 Layer 2 verwendet mit 384 kbit/s für zwei Audiokanäle.

8.9 Bandlose digitale Signalaufzeichnung

Der große Vorteil der bandlose Aufzeichnung gegenüber den klassisschen MAZ-Verfahren ist der Umstand, dass ohne Umspulen in sehr kurzer Zeit ein wahlfreier Zugriff auf beliebige Abschnitte des aufgezeichneten Videomaterials möglich ist. Als Datenträger kommen vorwiegend magnetische (Hard Disk Recorder) und zunehmend auch optische Platten zum Einsatz. Daneben werden auch elektronische Speicherchips (RAM, Solid State Video Recorder) oder neuerdings SD-Festspeicherkarten verwendet, die eine Aufzeichnung ohne die Verwendung mechanischer Bauteile ermöglicht. RAM- und Festspeicher bieten die größte Zugriffsgeschwindigkeit, sind allerdings sehr teuer und es können dem-

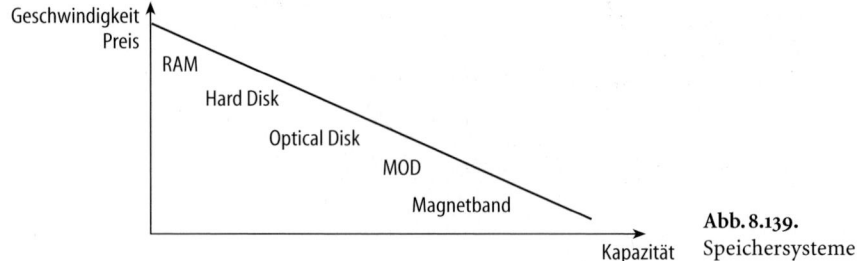

Abb. 8.139.
Speichersysteme

entsprechend bisher nur relativ geringe Video-Speicherkapazitäten realisiert werden. Abbildung 8.139 gibt einen Überblick über die Hierarchie der digitalen Speichersysteme unter Einbeziehung des Magnetbandes, das mit seinem günstigen Preis und der geringen Zugriffsgeschwindigkeit vor allem zur Archivierung geeignet ist, wobei das Problem besteht, dass MAZ-Systeme in sehr vielen Formaten existieren. Magnetplatten bieten eine höhere Kapazität bei einer Zugriffsgeschwindigkeit, die bei Nutzung intelligenter Verbindungen mehrerer Platten für den Videobereich geeignet ist. Mit dem Erfolg der DVD, aber besonders durch die Weiterentwicklung zur Blue Ray Disc kommen neuerdings auch immer öfter optische Speicher zum Einsatz (Abb. 8.139). Magneto-optische Disks sind dagegen wesentlich langsamer und haben für den Videobereich kaum noch Bedeutung.

Bezüglich der Funktionalität bieten die bandlosen Magnetspeicher Vorteile, die vor allem für das nonlineare Editing unverzichtbar sind. Nonlineares Editing bezeichnet einen Schnittbetrieb, der nicht an das lineare Medium Band gebunden ist. Damit ist es möglich, wie beim Filmschnitt, innerhalb einer bereits aufgezeichneten Sequenz eine weitere einzusetzen, ohne die bereits aufgenommene dabei zu überschreiben. Ein zweites Beispiel, bei dem die bandlose Speicherung einen besonders großen Vorteil bietet, ist die automatische Sendeabwicklung. Festplattensysteme mit großer Speicherkapazität (Videoserver) lösen hier zunehmend die Wechselautomaten für Cassetten (Cart-Maschinen) ab (Abb. 8.140). Der schnelle Zugriff auf häufig wiederkehrende Beiträge wird hier wesentlich vereinfacht, außerdem besteht die Möglichkeit,

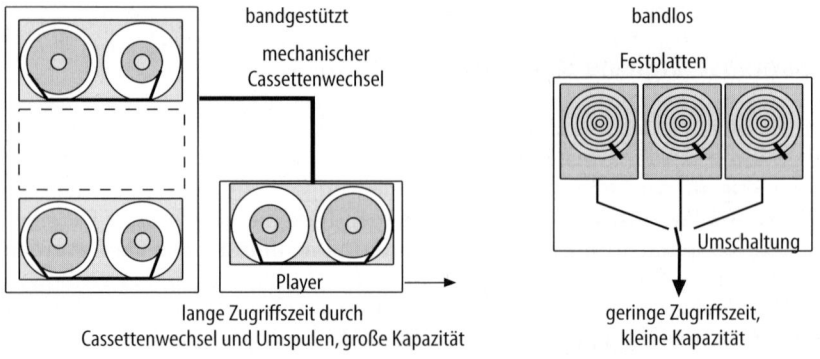

Abb. 8.140. Zugriff auf Beiträge in bandgestützten und bandlosen Systemen

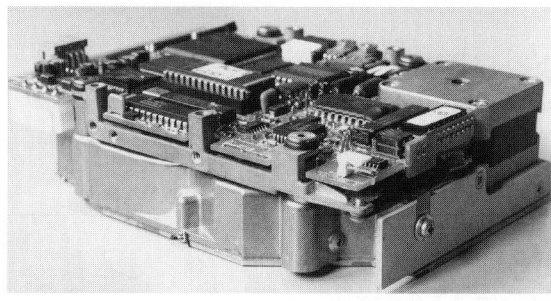

Abb. 8.141. Festplatten im Gehäuse

die Daten komprimiert zu speichern. Über digitale Netze können die Beiträge ohne Kopiervorgang schnell eingespielt und ausgetauscht werden.

Das große Problem bei den bandlosen Aufzeichnungssystemen ist die im Vergleich zur Bandaufzeichnung geringe Speicherkapazität, was insbeondere ein Problem bei der Archivierung darstellt. Durch die Nutzung von kostengünstigen Standard-Computer-Bausteinen sinken aber die Preise beständig.

8.9.1 Magnetplattensysteme

Diese für die Computertechnik wichtigsten Massenspeicher haben auch beim bandlosen Videoeinsatz die größte Bedeutung. Magnetplattenspeicher (Hard Disks) werden als mechanisch abgeschlossene Festplatten (Abb. 8.141) realisiert. Das Grundprinzip der Magnetspeicherung ist das gleiche wie bei der digitalen Magnetbandaufzeichnung. Die Information wird als magnetischer Flusswechsel mit einer angepassten Kanalcodierung in einer Magnetschicht aus Kobaltlegierung gespeichert und lässt sich fast beliebig oft schreiben und lesen. Unterschiede zu Bandsystemen gibt es vor allem im mechanischen Bereich. Fest- und Wechselplattensysteme bestehen aus einem schnell rotierenden Stapel von Aluminium-Platten mit den Standard-Durchmessern 5,25", 3,5" und 2,5". Die Platten sind meist beidseitig mit einer Magnetschicht versehen. Die Abtastköpfe umfassen zangenartig die Platte (Abb. 8.142) und schweben auf einem Luftpolster im Abstand von weniger als 50 nm darüber. Die Köpfe werden radial bewegt, aufgrund der Plattenrotation können so alle Bereiche der Platte erfasst werden. Die Plattenumdrehungszeit und die Antriebsmechanik bestimmen entscheidend die mögliche Zugriffsgeschwindigkeit auf die Daten.

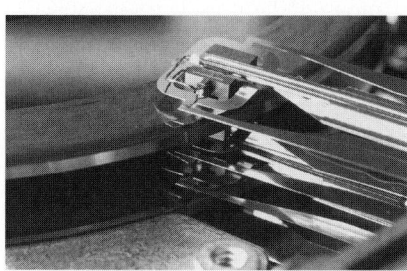

Abb. 8.142. Magnetköpfe an der Festplatte

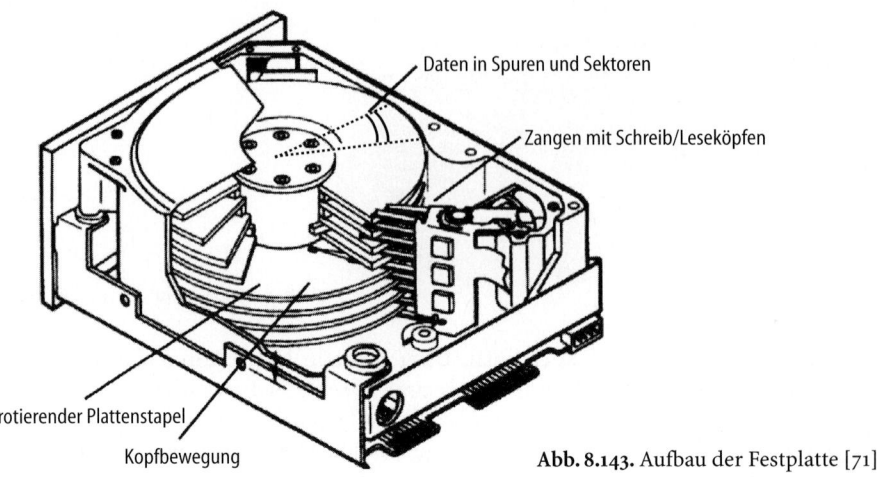

Daten in Spuren und Sektoren

Zangen mit Schreib/Leseköpfen

rotierender Plattenstapel

Kopfbewegung

Abb. 8.143. Aufbau der Festplatte [71]

Die Informationen werden in konzentrischen Spuren gespeichert, übereinander liegende Spuren werden zu Zylindern zusammengefasst. Eine Spur wird in Sektoren geteilt (Abb. 8.143), die die kleinsten Dateneinheiten bilden und typische Größen von 512, 1024 oder 4096 Byte aufweisen. Die Nutzdaten werden mit Header und Prüfsummen versehen, die je nach Format pro Sektor 40 bis 100 Byte umfassen. Wichtige Parameter für die Leistung einer Festplatte sind Kapazität, Zugriffszeit und Datentransferrate. Die Transferrate ist das Produkt aus der Rotationsgeschwindigkeit und der Anzahl von Bits pro Umdrehung. Die mittlere Zugriffszeit setzt sich aus der mittleren Suchzeit und dem Zeitraum zusammen, der gebraucht wird, bis sich der gewünschte Sektor unter den Schreib-Lesekopf gedreht hat. Festplatten weisen Kapazitäten bis zu 300 GByte und mittlere Zugriffszeiten unter 10 ms auf. Sie ermöglichen Datentransferraten von bis zu 36 MByte/s, ein Wert, der zusammen mit der Zugriffszeit i. d. R. nur für die datenreduzierte Aufzeichnung von Videosignalen ausreicht. Die übertragbare Datenrate wird neben der Zugriffszeit wesentlich durch die Schnittstellen für den Datentransport bestimmt.

Die Schreib/Leseköpfe in Festplatten können wie MAZ-Magnetköpfe induktiv arbeiten, d. h. zum Schreiben einer Information wird ein Strompuls durch eine Spule geschickt und das am Schreibkopf austretende Magnetfeld reicht zur Magnetisierung der Platte aus. Der Lesevorgang kann auch nach dem In-

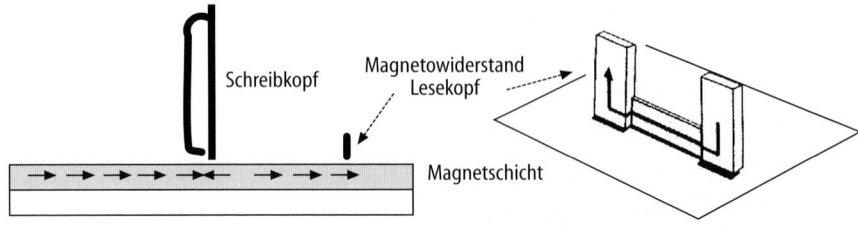

Schreibkopf

Magnetowiderstand
Lesekopf

Magnetschicht

Abb. 8.144. Schreib- und Leseköpfe an der Festplatte

Tabelle 8.26. SCSI-Parameter

	Busbreite	Transferrate	Anzahl Geräte	Buslänge
asynchron SCSI-1	8 Bit	3 MByte/s	8	6 m
synchron SCSI-1	8 Bit	5 MByte/s	8	6 m
Fast SCSI-2	8 Bit	10 MByte/s	8	3 m
Fast 20 (Ultra) SCSI-2	8 Bit	20 MByte/s	4/8	3/1,5 m
Wide SCSI-2	16 Bit	20 MByte/s	16/32	1,5 m
Wide Fast 40	16 Bit	40 MByte/s	16	1,5 m
Wide Fast 80	32 Bit	80 MByte/s	32	1,5 m
Ultra 3 SCSI	16 Bit	160 MByte/s	16	1,5 m

duktionsgesetz erfolgen, die Verkleinerung der Köpfe zur Erzielung höherer Speicherdichten ist aber bezüglich des Lesevorgangs an ihrer technologischen Grenze angelangt. Daher wird heute statt des Schreibkopfs selbst, ein dort integriertes Magnetowiderstandselement für den Lesevorgang verwendet (Abb. 8.144). Durch dieses Element fließt ein kleiner Strom, über den die Widerstandsänderung registriert wird, die durch das variable Magnetfeld hervorgerufen wird [4].

8.9.1.1 Schnittstellen

Die für den Computerbereich entwickelten Standardfestplatten weisen auch die Schnittstellen der Computertechnik auf, die wichtigsten Typen sind hier (E)IDE und SCSI. Bei beiden befinden sich die Steuerelektronik und der Festplattencontroller auf der Harddisk, damit werden unbekannte Laufwerke erkannt und ein Management defekter Bereiche auf der Platte einbezogen. Bei der (E)IDE-Schnittstelle ist zusätzlich der Hostadapter für die direkte Anbindung an den Computer auf die Platte verlegt, wodurch die Festplattencontroller sehr preiswert wurden, aber die Flexibilität eingeschränkt ist, da das Hostsystem auf IBM-kompatible PC festgelegt ist. Das Controller-System übernimmt die Pufferung der Daten, die erforderlich ist, weil ein Sektor immer am Stück gelesen oder geschrieben werden muss. Weiterhin das Caching, die Zwischenspeicherung von Daten, auf die besonders häufig zugegriffen wird und die Erstellung von Defektlisten, in denen fehlerhafte Blöcke registriert werden, damit den Anwendern nur der fehlerfreie Restbereich zugänglich bleibt.

8.9.1.2 SCSI

SCSI bedeutet Small Computers System Interface und wird im Videobereich häufig eingesetzt. Der SCSI-Standard beschreibt elektrische Eigenschaften und ein Protokoll für ein geräteunabhängiges Ein- und Ausgabeverfahren. Der Standard wurde bereits 1986 etabliert und ständig weiterentwickelt.

Die SCSI-Schnittstelle ist im einfachsten Fall für eine asynchrone 8-Bit-Parallelübertragung für Datenraten bis 3 MByte/s ausgelegt. Pro 8 Bit wird ein Paritätsbit mitgeführt. Der Synchronmodus ermöglicht höhere Transferraten durch eine vorher spezifizierte Anzahl von ununterbrochenen Datentransfers. Eine abwärtskompatible SCSI-2-Definition erlaubt im Synchron-Modus eine Übertragungsrate von maximal 10 MByte/s. Durch eine mit SCSI 2 festgelegte

Fast- bzw. Wide-Erweiterung auf 16/32 Bit werden Datenraten bis zu 160 MByte/s erreicht (Tabelle 8.26). Die angegebenen Datenraten sind Maximalwerte, in der Praxis ist mit geringeren Werten zu rechnen. SCSI-Anschlusskabel sind 50- oder 68-polig (Wide), es werden entsprechend breite Stecker (Centronics) verwendet. Eine Standardverbindung ist single ended und erlaubt Buslängen von 6 m, bei Fast-SCSI mit mehr als 5 MByte/s ist die Entfernung auf 3 m beschränkt. Jede Datenleitung erfordert am Busabschluss einen Terminator mit 220 Ω gegen 5 V und 330 Ω gegen Masse.

SCSI erlaubt eine Geräteidentifikation mit Hilfe von ID-Nummern. Damit lassen sich durch einfaches Zusammenstecken bis zu sieben Festplatten an einem Computersystem betreiben. Die Elektronik beinhaltet für jedes Gerät einen Controller, der es dem Gerät ermöglicht, als Initiator oder Target zu agieren. Im Asynchron-Modus werden Datentransfers quittiert, die Kommunikation kann von einem SCSI-Gerät höherer Priorität unterbrochen werden. Initiator ist meist der Hostadapter und Target das SCSI-Gerät, viele Geräte sind aber auch in der Lage, beide Funktionen zu übernehmen. Zur Steuerung der Systeme sind 8 Kommandogruppen gebildet worden. Vor einer Verbindung wird zunächst eine Identifizierung der Geräte als Plattenlaufwerk, CD-ROM, etc. durchgeführt, denn für jede Geräteklasse existieren spezifische Kommandosätze. Die SCSI-3 Definitionen unterstützen dabei die Bildung von RAID-Arrays.

Ähnliches gilt für die Serial Storage Architecure (SSA), die aber geringere Bedeutung als SCSI hat. Dieses serielle Verfahren bietet für jede Komponente im System einen Vollduplexkanal mit 20 MByte/s und künftig bis zu 80 MByte/s. Als Medien sind Glasfaser, Koaxial- und Zweidrahtleitungen einsetzbar.

8.9.1.3 RAID-Systeme
Große Speicherkapazitäten werden heute vor allem durch den intelligenten Zusammenschluss vieler preiswerter Standard-Festplatten zu einem Redundant

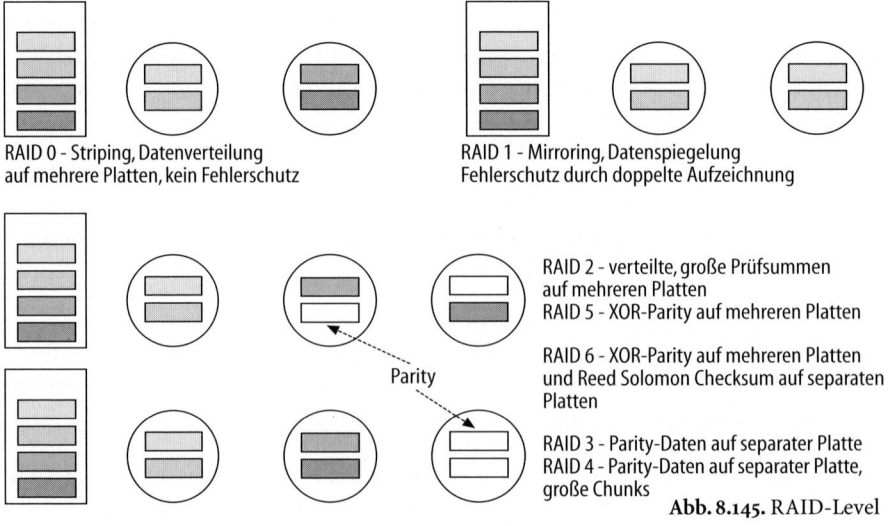

RAID 0 - Striping, Datenverteilung
auf mehrere Platten, kein Fehlerschutz

RAID 1 - Mirroring, Datenspiegelung
Fehlerschutz durch doppelte Aufzeichnung

RAID 2 - verteilte, große Prüfsummen
auf mehreren Platten
RAID 5 - XOR-Parity auf mehreren Platten

RAID 6 - XOR-Parity auf mehreren Platten
und Reed Solomon Checksum auf separaten
Platten

Parity

RAID 3 - Parity-Daten auf separater Platte
RAID 4 - Parity-Daten auf separater Platte,
große Chunks

Abb. 8.145. RAID-Level

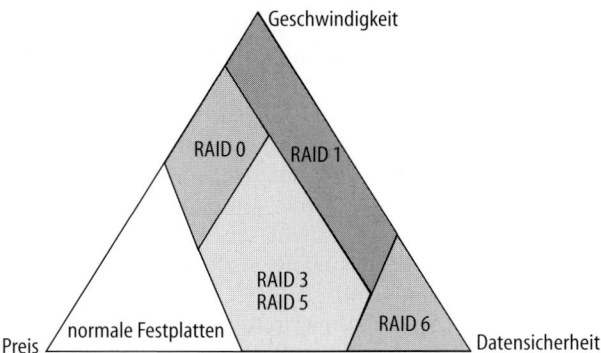

Abb. 8.146. RAID-Level Preis-Leistungsverhältnis

Array of Independent (Inexpensive) Disks (RAID) erreicht [42]. Das Array erscheint nach außen hin als ein großes Speichersystem bei dem eine hohe Übertragungsgeschwindigkeit durch parallelen Zugriff auf die einzelnen Platten erreicht wird. Der Begriff Redundant steht dabei für eine mehrfache Verteilung der Daten auf die einzelnen Platten, womit sich sowohl die Datenrate, als auch die Datensicherheit erhöhen lässt. Der letzte Aspekt ist für den Verbund von besonderer Bedeutung, da sich die Fehlerwahrscheinlichkeiten der einzelnen Platten summieren.

Die kleinste Dateneinheit einer RAID-Konfiguration ist ein Chunk. Kleine Chunks (1 Bit bis 16 Byte) bieten eine hohe Transfergeschwindigkeit, denn die Datei ist auf mehrere Chunks verteilt, auf die parallel zugegriffen wird. Große Chunks (bis einige kB) unterstützen eher die gleichzeitige Bearbeitung mehrerer Daten-Anforderungen. Für die verschiedenen Anwendungsbereiche wurden sieben RAID-Levels definiert, mit verschiedener Berücksichtigung von Datenübertragungsrate und -sicherheit (Abb. 8.145). Die einfachste Konfiguration (RAID 0) steht für eine simple Datenverteilung auf mehrere Platten ohne erhöhte Datensicherheit (Striping). RAID 1 beschreibt eine Spiegelung der Daten, also schlicht die doppelte Aufzeichnung des Materials. RAID 2 schützt die Daten durch einen fehlerkorrigierenden Hamming-Code, der über alle Platten

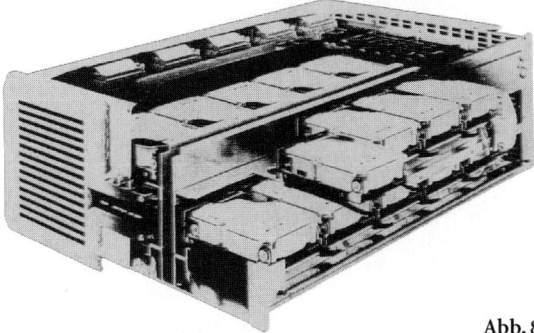

Abb. 8.147. RAID-Festplatten-Array [99]

verteilt wird, so dass beim Ausfall einer Platte kein Datenverlust auftritt. Das Verfahren ist aufgrund des großen Anteils an Redundanz nicht effizient und wird kaum noch eingesetzt.

Dagegen hat RAID 3 große praktische Bedeutung. Es werden kleine Chunks in Byte-Größe gespeichert, wobei das Fehlersicherungssystem des einzelnen Laufwerks ausgenutzt wird. Zusätzlich werden Paritätsdaten ermittelt und auf einem dafür vorgesehenen Laufwerk abgelegt. Damit kann der Ausfall einer Datenplatte ausgeglichen werden. RAID 3 ist aber nicht sehr gut für den Mehrkanalbetrieb geeignet, da dafür große Zwischenspeicher erforderlich werden.

RAID 4 arbeitet wie Variante 3, allerdings mit großen Chunks, es wird aufgrund des unsymmetrischen Schreib- Leseverhaltens selten verwendet. RAID 5 macht das Verhalten symmetrisch, indem die Parity-Daten nicht auf ein separates Laufwerk, sondern über alle Platten verteilt werden. Es ist damit besonders gut für Mehrkanalanwendungen geeignet. RAID 6 entspricht etwa RAID 5, jedoch ist die Datensicherheit durch ein zusätzliches Fehlerschutzsystem noch einmal gesteigert. Abbildung 8.146 stellt die wichtigen RAID-Varianten unter den Aspekten Datensicherheit, Geschwindigkeit und Preis einander gegenüber. Viele der Arrays können so ausgelegt werden, dass defekte Platten in laufendem Betrieb ohne Datenverlust ausgewechselt werden können (hot swap). Abbildung 8.147 zeigt ein Disk Array der Firma Quantel. Ein einfacher Festplattenzusammenschluß, nicht als RAID, wird als JBOD (Just a bunch of disks) bezeichnet

8.9.1.4 Harddisk-Recorder

Festplatten als Speichermedien wurden bereits Ende der 80er Jahre in Harddisk-Recordern eingesetzt. Bekannte Typen stammten von Quantel und von Abekas, die beide zu ihrer Zeit sehr teure Geräte herstellten, die eine Speicherkapazität von ca. einer Minute für unkomprimierte Daten aufwiesen. Die Einsatzbereiche lagen dort, wo der Random Access trotz des hohen Preises große Vorteile brachte, wie z. B. die Einspielung häufig wiederkehrender kurzer Videosequenzen oder von Standbildern, ohne die Kopfabnutzung von MAZ-Geräten in Kauf nehmen zu müssen.

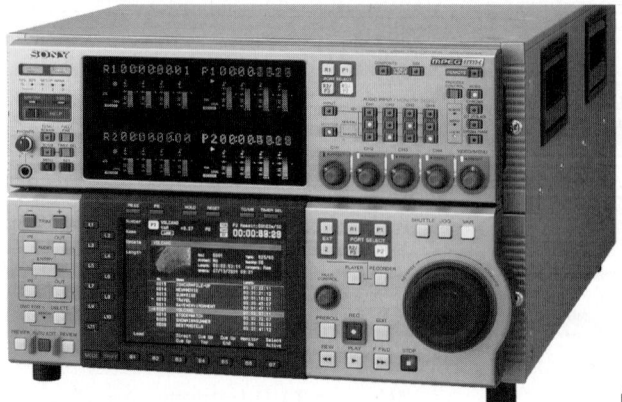

Ab. 8.148. Disk-Recorder [122]

Tabelle 8.27. Parameter von Disk-Recordern

	Profile PDR 200	PDR 300	Profile XP
Encoding	M-JPEG	MPEG	MPEG 4:2:2
Video Channels	max. 4	max. 8	n x 8
max. Bitrate	24 Mbit/s/4 Kanal	24 Mbit/s/4 Kanal	50 Mbit/s / 6 Kanal
Speicherdauer bei 24Mbit/s	6 h	6 h	10 h
Video I/O	SDI, FBAS, Komp.	SDI, FBAS, Komp.	SDI, FBAS
Abtastung	8 Bit, 4:2:2	8 Bit, 4:2:2 / 4:2:0	8 Bit, 4:2:2

Moderne Harddiskrecorder sind als RAID-Array aufgebaut. Sie werden oft zur Aufzeichnung unkomprimierter Daten mit 8 oder 10 Bit und Abtastraten von 4:2:2 bis 4:4:4:4, also für RGBA-Signale eingesetzt, sie können aber auch mit datenreduzierten Signalen betrieben werden. Der Plattenverbund ist unentbehrlich, denn eine einzelne Festplatte liefert in der Praxis selten mehr als 20 MB/s, während das Digitalsignal nach ITU-R bei 8 Bit schon 27 MB/s erfordert. Hinzu kommt, dass eine einzelne Platte nur dann einen relativ großen Datenstrom aufrechterhalten kann, wenn dieser kontinuierlich gelesen wird. Die Average Access Time in der Größenordnung von 10 ms ist aber nicht ausreichend kurz, um häufige Szenenwechsel und die damit verbundenen schnellen Kopfpositionswechsel zuzulassen. Das Problem ist von nichtlinearen Editingsystemen her bekannt. Dort wird empfohlen, die Platte vor der Bearbeitung zu defragmentieren und damit große zusammenhängende Gebiete für die Aufzeichnung zu schaffen. Dieses Vorgehen ist für Harddiskrecorder nicht praktikabel, hier muss eine Funktion ohne Vorbereitung realisiert werden können. Es wird der so genannte True Random Access gefordert, d. h. durch den Parallelzugriff auf die Daten im RAID-Verbund muss jederzeit der uneingeschränkte Zugriff auf jedes Einzelbild möglich sein. Dafür muss die Zugriffszeit wiederum kürzer sein als die Dauer der vertikalen Austastlücke von 1,6 ms, was mit einzelnen Platten oder einfachen Harddiskrecordern nicht erreicht wird.

Harddiskrecorder unterstützen meist eine Vielzahl verschiedener Signalformen. Gute Geräte ermöglichen auch eine mehrkanalige Audioaufzeichnung, Timecode und die serielle Schnittstelle nach RS 422, so dass sie wie eine MAZ angesteuert und in ein Schnittsteuersystem integriert werden können. Zunehmend gewinnen auch Vernetzungsmöglichkeiten an Bedeutung. Ein preiswertes Gerat, das im DVCAM-Mode aufzeichnet, ist der Sony DSR 1000. Weiter bekannte Harddisk-Recordertypen sind VMOD von Steenbeck, der mit Datenreduktion arbeitet und z. B. als MAZ-Ersatz im Bereich der Nachvertonung zu finden ist. Große Verbreitung haben die Geräte der Profile-Serie von der Fa. Grass Valley Group, die auch als HD-Variante und in Mehrkanalausführungen erhältlich sind und damit als Videoserver bezeichnet werden können (Abb. 8.151). Tabelle 8.27 zeigt die Charakteristika diverser Profile-Typen. Abbildung 8.148 zeigt einen Disk-Recoder von Sony. Auch dieses Gerät arbeitet mehrkanalig und ist sowohl in einer HD-Ausführung als auch als Slow-Motion-Variante erhältlich. Im Gegensatz zum Profile-Gerät, das nur über PC bedient werden kann, sind hier MAZ-ähnliche Bedienelemente an der Front zu finden.

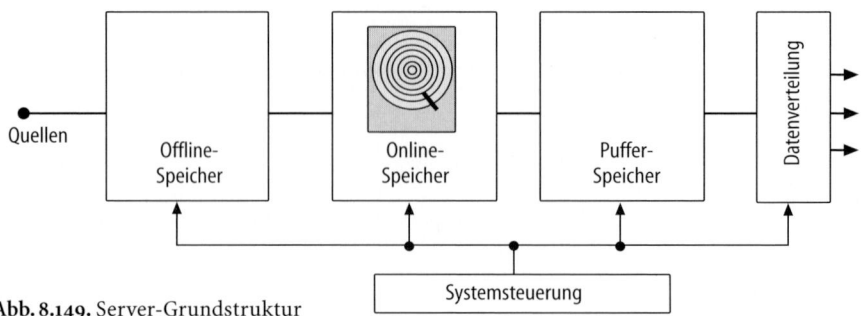

Abb. 8.149. Server-Grundstruktur

8.9.1.5 Mediaserver

Media- oder Videoserver sind hochleistungsfähige bandlose Speichersysteme für digitale Audio- und Videosignale auf RAID-Basis, meist Level 5 oder 6. Der wesentliche Unterschied zu Harddiskrecordern ist die Möglichkeit, eine Vielzahl von Kanälen gleichzeitig ein- und ausspielen zu können. Während Harddiskrecorder oft für hochwertige Produktionen ohne oder mit geringer Datenreduktion arbeiten, werden Videoserver im News-Bereich und für die Distribution eingesetzt und arbeiten meist mit stärkerer Datenreduktion. Oft wird hier das MPEG-Verfahren verwandt, da es eine einfache Änderung der Datenrate erlaubt.

Zu den Leistungsmerkmalen zählen neben der Anzahl der Mediaströme, die im simultaneous true random access verarbeitet werden, die Qualität des Datenmanagements und die Möglichkeit der Verwendung verschiedener Datenraten. Auch hier werden Timecode und Steuerprotokolle aus dem MAZ-Bereich unterstützt. Besonders wichtig ist die Möglichkeit zur Vernetzung mit anderen Systemen über Fibre Channel, ATM, SDTI (s. Kap. 10) oder wenigstens SCSI. Abbildung 8.149 zeigt das Blockschaltbild eines Servers. Basis ist ein High Speed Datenbus mit einer Leistung von mehreren Gbit/s. Hinzu kommen Pufferspeicher (RAM), die einen kontinuierlichen Datenfluss sicherstellen, Schnittstellen und ggf. Signalwandler. Für die Funktionssteuerung steht meist ein eigener Datenbus zur Verfügung.

Abb. 8.150. Video Server [18]

Tabelle 8.28. Einsatzgebiete von Video Servern

Anwendungsfeld	Magnetband	Mediaserver
Aufnahme/Wiedergabe	ja	ja
Bearbeitung	ja	ja
Nonlinear Editing	nein	ja
Nutzung mehrerer Kanäle	nein	ja
Video on Demand, etc.	nein	ja
Automatische Sendeabwicklung	zum Teil	ja
Archivierung	ja	nein

Durch die Verbindung digitaler Produktionsbereiche mit Mediaservern über schnelle Netzwerke lassen sich komplette bandlose Videosysteme von der Akquisition bis zur Sendung realisieren (Tabelle 8.28). Ein Beispiel für ein älteres, aber schon leistungsfähiges Serversystem ist Mediapool (Abb. 8.150). Es beruht auf Standardfestplatten, die über RAID 3 verbunden sind. Bei entsprechender Konfiguration können auch die bereits erwähnten Geräte der Profile-Serie als Server eingesetzt werden. Abbildung 8.151 zeigt die Rückseite eines Gerätes das mit vier Modulen ausgestattet ist, und damit eine vierkanalige Ein- oder Ausspielung von HD-Signalen über HD-SDI ermöglicht. Intern arbeitet das Gerät mit einer Datenreduktion nach MPEG-2@HL bei einer Datenrate von bis zu 80 Mbit/s und Echtzeitcodierung. Die Einbindung ist sehr flexibel. Es ist eine Fibre Channel-Anbindung ebenso möglich, wie die Nutzung der videospezifischen SDI-Anschlüsse sowie Timecode-, GPI- und RS-422-Verbindungen (s. Kap. 10). Das Gerät lässt sich vielfältig einsetzen, die Funktion wird durch die Software auf dem Steuerrechner vorgegeben. So kann das System ebenso als ein über RS-422 gesteuerter Videorecorder agieren wie als Disk-Cart- oder Editing-System. Ähnlich Merkmale hat das System Abekas 6000 von Accom. Andere Videoserver sind darauf ausgelegt, nur mit starker Datenreduktion zu arbeiten und erreichen damit Speicherkapazitäten, die für viele Tage ausreichen.

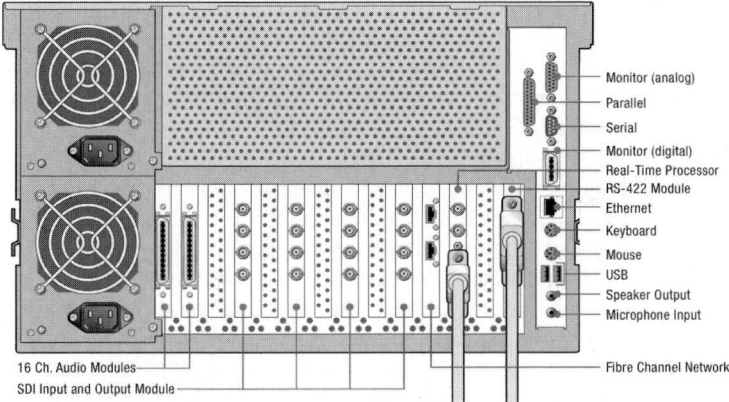

Abb. 8.151. Anschlussfeld eines Profile-Servers

Abb. 8.152. HD-Camcorder [7]

8.9.1.6 Harddisk-Camcorder

Kleine Festplatten können auch in Camcordern, anstelle der bisher noch üblichen Magnetbandlaufwerke, eingesetzt werden. Diese Idee realisierten als erste der Kamerahersteller Ikegami und Avid, Marktführer bei den nichtlinearen Schnittsystemen. Im Verbund wurde ein Camcorder (Camcutter, Editcam) entwickelt, der mit wechselbaren Festplatten arbeitet. Die Festplatten (Field Paks) sind besonders gekapselt und sollen im Ruhezustand Beschleunigungen von bis zum 2000-fachen der Erdbeschleunigung g unbeschädigt überstehen, im Betrieb bis zu 5 g. Die Festplatten können wie Videocassetten gehandhabt werden und ermöglichen den Bau von Camcordern, die nicht schwerer sind als herkömmliche Betacam-Geräte und auch keine höhere Leistungsaufnahme aufweisen. Jede Festplatte hatte eine Kapazität von 2,5 GByte und ermöglichte bei einem Kompressionsverhältnis von ca. 7:1 die Aufzeichnung von ca. 15 Minuten Videomaterial plus vier unkomprimierten Audiodatenströmen mit 16 Bit/48 kHz nebst Timecode. Heute sind Kapazitäten bis 80 GByte verfügbar.

Harddisk-Camcorder bieten einige Vorteile, die mit Bandlaufwerken nicht realisierbar sind: Beim Einsatz im Schnittsystem kann die Festplatte direkt angeschlossen werden, das Material braucht nicht erst in das System überspielt zu werden. Einfache Editierfunktionen sind bereits in den Camcorder eingebaut und ein Beitrag kann direkt vom Camcorder aus gesendet werden, da auch ohne Zeitverzögerung zwischen einem Live-Kamerasignal und dem aufgezeichneten Beitrag umgeschaltet werden kann. Mit den Geräten sind Einzelbild- und Intervallaufnahmen möglich.

Als Besonderheit kann die Kamera im Retro-Loop-Modus betrieben werden, bei dem auch ohne gedrückte Aufnahmetaste das Signal für eine bestimmte Zeit dauernd aufgezeichnet und wieder überspielt wird. Diese Funktion ist nützlich, wenn unvorhersehbare Ereignisse aufgezeichnet werden sollen, denn nach Eintreten des Ereignisses kann einfach der Überspielvorgang gestoppt und die Sequenz beibehalten werden. Somit wird kein Speicherplatz unnütz verschwendet. Durch die Markierung zu verwerfender Sequenzen, deren Speicherplatz damit zum Überschreiben freigegeben wird, ist auch im Normalbetrieb eine sehr gute Ausnutzung der geringen Speicherkapazität gegeben.

Die hier genannten Vorteile gelten auch für andere Camcorder wie die im nächsten Abschnitt vorgestellten Systeme der XDCAM-Serie von Sony und der P2-Serie von Panasonic. Die wesentliche Voraussetzung ist nur, dass sie mit nichtlinearem Datenzugriff arbeiten.

Während die ersten Harddisk-Camcorder speziell abgestimmt waren, gibt es heute auch offene Systeme. Ein Beispiel ist die Nutzung einer Standardfestplatte mit Firewire-Interface (s. Kap. 10), die an der entsprechenden Schnittstelle eines DV-Camcorders angeschlossen wird und so eine Parallelaufzeichnung mit dem DV-Bandmedium ermöglicht. Ein Beispiel ist der in Abbildung 8.152 dargestellte Camcorder der in der Lage ist, die Festplatte bzgl. der Aufnahmefunktionen genauso zu steuern wie das Bandlaufwerk. Durch integrierte Zusatzspeicher ist auch hier der Retro Loop-Modus verfügbar. Als Datenformat kann zwischen RawDV, AVI, QuickTime and DV-OMF gewählt werden, womit die Aufzeichnung den gängisten Editingsystemen angepasst und eine Konvertierung der Daten vermieden werden kann.

8.9.2 Magneto-optische Platten

Die Magneto Optical Disk (MOD) verbindet die Vorteile der hohen Datensicherheit und Unempfindlichkeit der optischen Speichermedien mit der Wiederbeschreibbarkeit der magnetischen Medien. Sie hat den Vorteil, ein Wechselmedium zu sein. Das Speichermedium, ein hochkoerzitiver, dünner, ferromagnetischer Film befindet sich zwischen zwei Glasplatten. Die Aufzeichnung geschieht magnetisch, allerdings wird nur dort ein magnetischer Flusswechsel gespeichert, wo die Eisen-Kobalt-Legierung über den Curie-Punkt hinaus auf bis zu 200° C erhitzt wird. Die Erhitzung eines kleinen Flecks von ca. 1,5 µm Durchmesser geschieht mit Hilfe eines Lasers mit einer Leistung von ca. 15 mW. Die Wiedergabeabtastung erfolgt auf optischer Basis. Wie bei einer Audio-CD oder der CD-ROM wird die Platte mit einem polarisierten Laserstrahl geringer Leistung (ca. 1 mW) abgetastet (Abb. 8.153). Die Magnetisierung verändert die Polarisationsrichtung des an der Platte reflektierten Laserstrahls (s. Abschn. 8.9.3). Die Drehrichtung hängt von dem Vorzeichen der Magnetisierung ab, und über die Intensität des durch einen Analysator tretenden Lichts wird die Information ausgewertet.

Standard-MOD haben eine Kapazität von 2 x 650 MByte und sind sehr widerstandsfähig gegen Selbstlöschung. Der Vorteil gegenüber Festplatten ist, dass die Platten vom Laufwerk getrennt sind und damit ein Wechselmedium vorliegt. Der Nachteil besteht in der relativ geringen Zugriffszeit auf die Daten, hervorgerufen durch schwerere Schreibleseköpfe und die Besonderheiten beim Schreibvorgang. In der Regel benötigt die MOD zur Neubeschreibung nämlich zwei Plattenumdrehungen: eine zum Löschen und eine zu Schreiben, da die Magnetisierung vor dem Schreibprozess eine einheitliche Richtung aufweisen muss. Aufgrund dieser Tatsache haben MOD in der Videotechnik eine untergeordnete Bedeutung. Sie können aber z. B. beim nichtlinearen Offline-Schnitt oder im Bereich der Nachvertonung eingesetzt werden, wo eine geringe Signalqualität und damit ein hoher Datenreduktionsfaktor erlaubt ist.

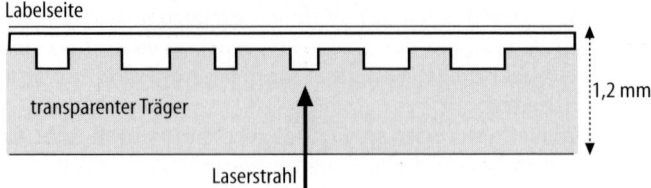

Abb. 8.153. Pits und Lands als Informationsträger in der CD

8.9.3 Optische Speichermedien

Bei den optischen Speichermedien sind heute vor allem die Compact Disc (CD), die Digital Versatile Disk (DVD) und neuerdings ihr Nachfolger, die Blue Ray Disc (BD), von Bedeutung. Bereits die DVD entstand auf Basis der CD, die 1982 als neuer digitaler Datenträger für den Digital Audio-Bereich vorgestellt wurde. Die Einführung war äußerst erfolgreich, die CD konnte die Schallplatte fast völlig verdrängen. Das System wurde mit geringfügigen Änderungen dann als CD-ROM für allgemeine Daten der Computertechnik fortentwickelt und zu Beginn der 90er Jahre auch zur Speicherung von Videosignalen eingesetzt. Aufgrund der auf 650 MB beschränkten Speicherkapazität und der geringen Datentransferrate von weniger als 0,5 MByte/s mussten die Videodaten dafür stark reduziert werden. Ein Versuch der Einführung eines videofähigen Systems war die CDi (Compact Disc interactive) die mit einer Datenreduktion nach MPEG-1 arbeitete. Dieses System war nicht leistungsfähig genug, um sich zu etablieren. Bei der DVD konnten dagegen sowohl die Übertragungsgeschwindigkeit als die Speicherkapazität so gesteigert werden, dass mit einer Datenreduktion nach MPEG-2 die Wiedergabe eines hochqualitativen Programms von mehr als zwei Stunden Dauer möglich wird. Die DVD-Video wurde zu einem sehr großen Erfolg und verdrängt gegenwärtig die VHS-Bänder die bisher im Heimbereich dominierten.

8.9.3.1 Funktionsprinzip der CD

Viele physikalische Parameter sind bei CD und DVD gleich. Die Daten befinden sich auf einer Scheibe aus einem hochwertigen Polycarbonat-Kunststoff, der einen sehr gleichmäßigen Brechungsindex aufweist. Der Scheibendurchmesser beträgt 12 cm bei einer Dicke von 1,2 mm. Die Daten befinden sich in einer spiralförmigen Spur, die mit konstanter Geschwindigkeit von innen nach außen gelesen wird (Constant Linear Velocity CLV, im Gegensatz zu Constant Angular Velocity CAV). Die Rotationsfrequenz variiert dabei für die CD zwischen 8,1 und 3,3 Hz. Daraus resultiert eine Geschwindigkeit von 1,2 m/s, die zu einer Spieldauer der Audio-CD von 75 Minuten führt..

Den beiden Zuständen des gespeicherten Digitalsignals sind Vertiefungen und Erhöhungen (Pits und Lands) zugeordnet, die sich zusammen mit einer dünnen Reflexionsschicht aus Aluminium innerhalb des Mediums, an der Plattenoberfläche, der Labelseite befinden (Abb. 8.153). Zum Lesen der Informationen wird ein Laserstrahl aus einem kleinen Halbleiterlaser von unten durch

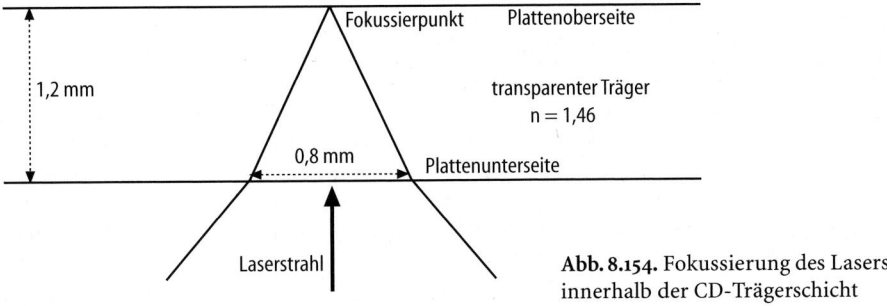

Abb. 8.154. Fokussierung des Lasers innerhalb der CD-Trägerschicht

die Scheibe geschickt. Beim Übergang in das dichtere Medium wird der Strahl gebrochen, so dass insgesamt ein Fokussierung auftritt. Für die CD ist festgelegt, dass der Brechungsindex n = 1,46 beträgt und der Laserstrahl so fokussiert wird, dass er mit einem Durchmesser von 0,8 mm auf die Scheibe fällt (Abb 8.154). Unter diesen Bedingungen trifft er dann mit nur 1,7 mm Durchmesser auf die Pits, daher ist die Gleichmäßigkeit der Brechungseigenschaften und die Einhaltung der Plattendicke wichtig.

Bei der CD hat der Laserstrahl eine Infrarot-Wellenlänge von 780 nm, die sich im Medium mit n = 1,46 auf ca. 530 nm reduziert. Der Laserstrahl wird an der Informationsschicht reflektiert und die gewünschte Information wird aus der Änderung der Reflexionseigenschaften beim Übergang von Pit zu Land gewonnen. Bei diesem Wechsel wird die Strahlintensität moduliert, so dass als Empfänger ein einfacher Fotodetektor ausreicht, dessen Ausgangsspannung registriert wird (Abb. 8.155). Für die Modulation ist das kohärente Licht des Lasers erforderlich, das je nach Phasenlage konstruktiv oder destruktiv mit dem eingestrahlten Licht interferiert [135]. Die destruktive Interferenz folgt aus einer Phasenverschiebung von der halben Wellenlänge λ. Daher

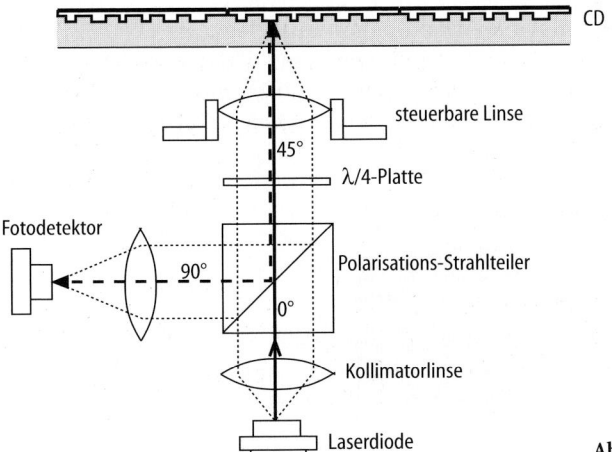

Abb. 8.155. CD-Arbeitsprinzip

wird die Pit-Tiefe mit $\lambda/4 = 0,12$ μm gewählt, denn sie wird bei der Reflexion zweimal durchlaufen. Hinzu kommt eine Intensitätsschwächung des reflektierten Licht durch Streuung an den Pits.

Damit der Detektor nur vom reflektierten Licht getroffen wird, arbeitet das Abtastsystem mit einem Strahlteiler aus zwei verbundenen Prismen, die so gewählt sind, dass die Grenzfläche für Licht einer bestimmten Polarisationsrichtung fast transparent ist, während sie Licht mit einer um 90° dagegen verdrehten Polarisationsrichtung spiegelt. Abbildung 8.155 zeigt das Funktionsprinzip. Das Laserlicht wird zu einem Strahl gebündelt und fällt dann auf den Strahlteiler, der nur für eine lineare Polarisationsrichtung transparent ist. Darauf folgt eine $\lambda/4$-Platte, die eine Phasenverschiebung von 45° bewirkt, so dass der Strahl nicht mehr linear, sondern zirkular polarisiert ist. Das Licht, das dann bei der Reflexion nicht destruktiv interferiert, durchläuft die $\lambda/4$-Platte erneut und ist damit um insgesamt 90° verdreht, so dass es am Strahlteiler in Richtung Detektor reflektiert wird. Die ganze Einheit kann sehr kompakt aufgebaut und so gelagert werden, dass eine seitliche Verschiebung zur automatischen Korrektur der Spurlage ebenso möglich wird, wie eine vertikale Versetzung mit der Fokussierungsfehler ausgeglichen werden.

Die Daten auf der CD werden in Blöcke und Frames zusammengefasst und mit einem CIRC-Fehlerschutz versehen. Als Kanalcode kommt die Eight to Fourteen Modulation (EFM) zum Einsatz, bei der 8 Bit-Worte in 14 Bit umgesetzt werden. Zusätzlich wird der Kanalcode durch jeweils 3 sog. Mergin Bits optimiert, so dass zwischen zwei logischen 1-Zuständen minimal zwei und maximal zehn 0-Zustände auftreten. Die Kanaldatenrate beträgt 4,32 Mbit/s, die Signaldatenrate 2,03 Mbit/s.

8.9.3.2 DVD

Bei der Entwicklung der DVD wurde auf die Abwärtskompatibilität zur CD geachtet. Daher wird der gleiche Datenträger, die Scheibe mit 120 mm Durchmesser und 1,2 mm Dicke verwendet. Der innere Radius des Spurbereichs beträgt 24 mm, der äußere 58 mm, dazwischen befindet sich die Datenspur, aus der die Daten mit konstanter Lineargeschwindigkeit ausgelesen werden. Die DVD wurde gleich für Multiformatanwendungen ausgelegt, als DVD-ROM, d. h. als Speicherformat für Computeranwendungen, als DVD-Video, DVD-Audio und in beschreibbarer Form als DVD-R, DVD-RW, DVD+RW und DVD-RAM. Die Spezifikationen sind in so genannten Books festgelegt (Tabelle 8.29).

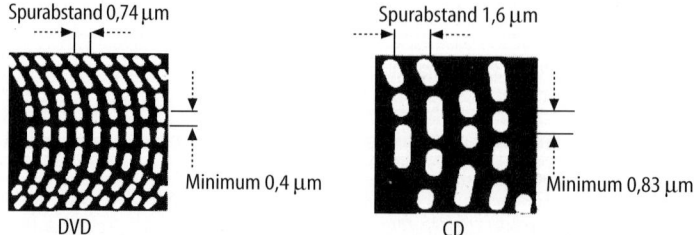

Abb. 8.156. Vergleich von Pitgröße und Spurabstand von DVD und CD

Tabelle 8.29. DVD-Standardisierung

Book	A	B	C	D	E
Anwendung	DVD-ROM	DVD-Video	DVD-Audio	DVD-R	DVD-RW
physikalisch	Nur lesen	Nur lesen	Nur lesen	einmal beschreibbar	mehrfach beschreibbar
Dateisystem	UDF-Bridge (M-UDF + ISO 9660)			UDF	UDF

Im Gegensatz zur CD besteht die Scheibe aus zwei Substratschichten von je 0,6 mm Dicke. Die kleine CD-Größe mit 8 cm Durchmesser wird auch unterstützt. Die wesentliche Veränderung gegenüber der CD ist die Verwendung eines Lasers mit kürzerer Wellenlänge, sie beträgt 635 nm. Damit kann die Aufzeichnungsdichte gesteigert werden. Eine weitere Steigerung wird möglich, da anstatt eines Spurabstands von 1,6 mm bei der CD bei der DVD 0,74 mm benutzt wird (Abb. 8.156). Auch die Pitlänge ist kürzer und variiert bei der DVD zwischen 0,4 und 2 μm, während sie bei der CD zwischen 0,8 und ca. 3 μm beträgt. Als dritte Maßnahme wird ein größerer Anteil an Nutzdaten verwendet.. Schließlich wurde noch die Rotationsgeschwindigkeit gegenüber der CD etwa verdreifacht, die Abtastgeschwindigkeit beträgt bei der DVD 3,8 m/s, so dass sich insgesamt auf einer Datenschicht eine Kapazität von 4,7 GByte ergibt. Tabelle 8.30 zeigt den Vergleich der Spezifikationen von DVD und CD.

Die als DVD-5 spezifizierte Speicherkapazität von 4,7 GByte kann durch Verwendung zweier Daten-Layer hahezu verdoppelt werden. Die zwei Schichten sind durch eine ca. 50 μm dicke Zwischenlage getrennt, wobei die dem Laser zugewandte Schicht halb durchlässig ist, damit der Strahl auch die zweite Schicht erreichen kann. Welche der beiden Schichten gelesen wird hängt vom Fokussierungszustand des Lasers ab. Diese Dual-Layer-Version bietet eine Kapazität von 8,5 GByte und ist als DVD-9 spezifiziert. Weitere Steigerungen

Tabelle 8.30. Vergleich der Parameter von CD und DVD

	CD	DVD
Durchmesser	120 mm	120 mm
Dicke der Disk	1,2 mm	1,2 mm
Substratdicke	1,2 mm	2 x 0,6 mm
Dual Layer Trennschichtdicke	–	40–70 μm
Laserwellenlänge	780 nm	650 und 635 nm
numerische Apertur der Linse	0,45	0,6
Spurabstand	1,6 μm	0,74 μm
minimale Pitlänge	0,83 μm	0,4 μm
maximale Pitlänge	3,5 μm	2,1 μm
Fehlerkorrektur	CIRC	Reed Solomon Product Code
Kanalcodierung	8/14 EFM	8/16 EFM+
minimale Rotationsfrequenz	3,5 Hz	10,5 Hz
maximale Rotationsfrequenz	8 Hz	25,5 Hz
Abtastgeschwindigkeit	1,2 m/s	3,8 m/s

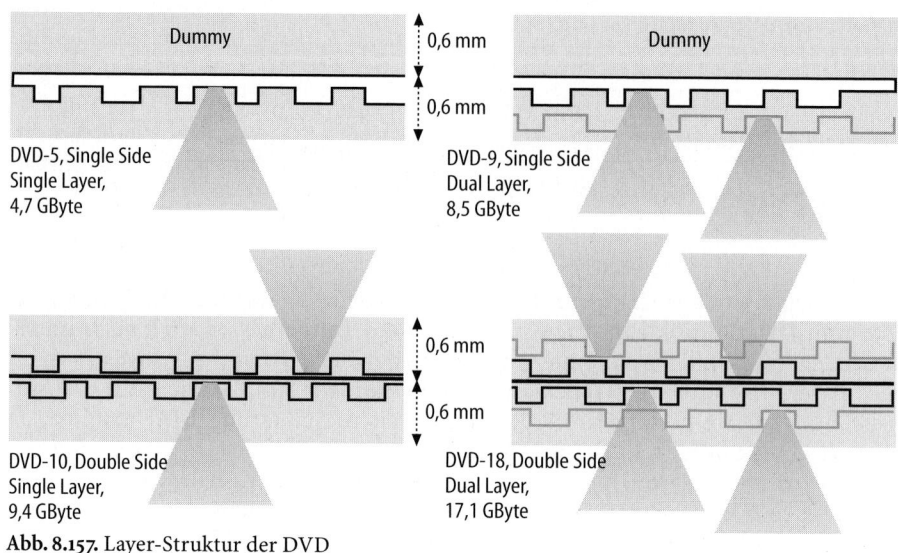

Abb. 8.157. Layer-Struktur der DVD

ergeben sich aus der Verwendung zweier Seiten, da die Scheibe aus zwei Teilen von je 0,6 mm Dicke besteht. Die Datenrate steigt damit auf 9,4 GB (single Layer DVD-10) bzw. 17 GByte (Dual Layer, DVD-18). Wenn die Platte nicht umgedreht werden soll, sind für die Auslesung zwei Abtastsysteme erforderlich (Abb. 8.157) [125].

Die Daten auf der DVD werden in einer spiralförmigen Spur (Track) geschrieben, die von Ein- und Ausgangsbereichen (Lead in und out) begrenzt ist. Lead-in enthält Informationen wie beispielsweise Anzahl der Layer, Durchmesser, Spurführung, Nummer des ersten Sektors und Kopierschutzschlüssel. Middle bzw. Lead-out signalisieren, dass die Mitte einer Dual-Layer-Disc bzw. das Ende erreicht ist. Die erste Spur für den Layer 0 führt vom inneren Teil zum äußeren Rand der Disc. Bei Vorliegen zweier Layer gibt es zwei Möglichkeiten der Spurführung. Die Variante Opposite Track Path erlaubt einen weitgehend unterbrechungsfreien Datenstrom. Der Laser beginnt dabei im Zentrum und läuft über die Lead-in Zone bis zum äußeren Rand. Dann fokussiert der Laser auf den zweiten Layer und läuft in der entgegen gesetzten Richtung bis zum Lead-out-Bereich in der Mitte zurück. Wenn die Spuren andererseits parallel von innen nach außen verlaufen spricht man von Parallel Track Path. Bei diesem Verfahren besitzt jeder Layer sowohl Lead-in als auch Lead-out, es ermöglicht schnelle Programmwechsel.

Die Daten einer DVD sind in so genannten Sektoren, als Teil der kreisförmigen Spur, gespeichert. Jeder dieser Sektoren hat eine nutzbare Größe von 2048 Bytes und ist einem Bit-Shifting Prozess unterworfen, um eine möglichst effektive Fehlerkorrektur vornehmen zu können. Dem Sektor werden zusätzlich 12 Start- und 4 End-Byte hinzugefügt, die Daten lassen sich in 12 Reihen darstellen. Darin dienen 4 Byte zur Sektoridentifikation (ID). Falls diese fehlerhaft übertragen werden, sind zwei Byte zur Fehlererkennung vorgesehen

(ID Error Detection). Eine 6 Byte umfassende Information gibt zusätzlich Auskunft über die Kopierfähigkeit des Sektors. Am Ende der 12 Reihen befindet sich ein 4 Byte Fehlerschutzcode für den gesamten Sektor. Insgesamt ergibt sich somit also eine logische Sektorgröße von 2064 Byte.

Die Daten werden dann weiter zu einem Error Correction Code-Block (ECC-Block) umgeordnet. In diesem befinden sich untereinander 192 Reihen mit einer Blockbreite von 172 Byte. Für jede der 172 Spalten wird ein 16-Byte großer, äußerer Umrechnungscode (Reed-Solomon) erstellt, der wiederum zu einem, 172 Spalten beinhaltenden und 16 Reihen hohen, Block zusammengefasst wird. Für die nunmehr 208 Spalten des ECC-Blocks, wird ein innerer 10 Byte breiter Umrechnungscode erstellt und angefügt. Der Datenblock wird im Anschluss wieder in Sektoren aufgeteilt, die aufgezeichnet werden. Ein Sektor besteht dann aus 13 Reihen (12 + 1) a´ 182 Byte (172 +10). Durch Hinzunahme von 52 Sync-Byte entsteht dann das Recording Frame mit 2418 Byte.

Zur Anpassung an die Eigenschaften des Mediums wird eine Kanalcodierung, die 8/16-Modulation (EFM Plus), vorgenommen. Der Kanal hat hier die Eigenschaft, dass Lands und Pits den Wert »0« darstellen und die Übergänge Pit/Land, Land/Pit die logisch »1«. Es ist also nicht möglich, die 1 mehrfach hintereinander darzustellen. EFM bedeutet, dass mit Hilfe einer Tabelle jedem Byte 16 Bits zu geordnet werden, damit zwischen zwei Einsen mindestens 2 und max. 10 Nullen stehen. Die modulierten Daten werden dann mit NRZI-Code (Non Return to Zero Inverse) auf die Platte geschrieben.

8.9.3.3 DVD-Video

Die Grundlage aller DVD-Varianten ist die DVD-ROM. Das zugehörige Filesystem nennt sich UDF. DVD-Video und DVD-Audio stellen speziell formatierte Varianten dar. Die Spezifikationen der DVD-Video sehen vor, dass das Dateisystem auf der obersten Ebene einen Ordner mit der Bezeichnung »Video_TS« (bzw. »Audio_TS« für die DVD-Audio) enthalten muss. Die Files innerhalb eines solchen Ordners sind fest strukturiert. Dateien mit der Endung ». VOB« enthalten die eigentlichen Bild- und Tondaten sowie auch die Untertitel und Still-image-Menüs. Dateien mit der Endung ».IFO« und ».BUP« enthalten die Programminformationen bzw. eine Sicherheitskopie davon.

Die DVD liefert direkt eine Datenrate von 26 Mbit/s. Nach der Demodulation stehen davon noch 13 Mbit/s und nach der Fehlerkorrektur und dem Trackpuffer für die DVD-Video noch 10,08 Mbit/s zur Verfügung. Mit Hilfe des so genannten Bitbudgeting können diese als eigentliche Nutzdaten flexibel zugeteilt werden. Für jeden Teildatenstrom der DVD-Video, also Video, Audio und Subtitel können höchsten 9,8 Mbit/s genutzt werden. Daher ist vorgesehen, nur datenreduzierte Videosignale nach MPEG-1 oder MPEG-2 zu verwenden. Dabei werden Datenreduktionsfaktoren zwischen 1:20 und 1:50 eingesetzt. Im Gegensatz zur Datenübertragung bei DVB wird der MPEG-Elementarstrom (PES) für CD- und DVD-Anwendungen nicht in einen Transportstrom (TS) sondern in einen Programmstrom (PS) umgesetzt (s. Kap. 3.8). Alle Elementarströme des Programmstroms gehören zu einem einzigen Programm. Im Unterschied zum Transportstrom sind die Datenpakete des Programmstroms relativ lang. Eine MPEG-GOP darf maximal 15 (PAL) bzw. 18 Bilder (NTSC) umfassen.

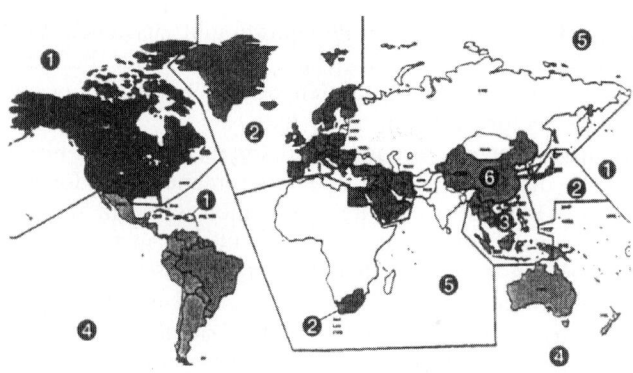

Abb. 8.158. Zuteilung von
DVD-Ländercodes

Es werden die Bildfrequenzen 25 Hz und 29,97 Hz sowie die TV-Systeme 625/
50 und 525/60 unterstützt. Weiterhin wird mit Hilfe von Pan Scan oder Letterbox die Verwendung der Bildseitenverhältnisse 4:3 und 16:9 ermöglicht (s. Kap.
4.4). Die maximale Bildauflösung beträgt 720 H x 576 V Bildpunkte.

Die Audiospezifikationen der DVD-Video sind vielfältig, ein Videostrom
kann von bis zu acht Audiokanälen begleitet sein. Es werden die Datenreduktionsverfahren von MPEG-Layer II unterstützt, mit Datenraten zwischen 32 und
192 kbit/s für Mono- bzw. 64 bis 384 kbit/s für Stereosignale. Bei MPEG-2 kann
zusätzlich ein Extensionstream mit maximal 528 kbit/s für Mehrkanalanwendungen genutzt werden. Die Abtastfrequenz beträgt 48 kHz. Dieser Wert gilt
auch für das alternative Datenreduktionsverfahren Dolby AC3. Für diese Version werden alle Modi, nämlich 1 bis 3 Frontkanäle ohne Surroundsound und 2
oder 3 Frontkanäle mit zwei Surroundkanälen unterstützt. Die Datenrate liegt
zwischen 64 und 448 kbit/s. Bei typischen Videofilmen wird eines dieser Au-
dioformate eingesetzt, die DVD kann aber auch mit PCM-Signalen ohne Datenreduktion versehen sein. Optional werden auch Kinotonformate wie DTS
und SDDS (s. Kap. 5) unterstützt.

Neben der Vielfalt bei der Wahl der Audiokanäle bietet die DVD-Video weitere Flexibilität und Möglichkeiten des interaktiven Umgangs. Die Benutzer
werden mit Hilfe von Menüs geführt, die auf dem Bildschirm erscheinen. Darüber können Filme gestartet, gestoppt und gewechselt werden. Dabei gibt es
die Möglichkeit zur Unterbrechungsfreien Verzweigung (seamless branching)
um z. B. bestimmte Szenen ungestört überspringen zu können. Es kann einer
von acht Begleittönen oder einer von bis zu 32 Untertiteln gewählt. Eine gegenüber gewöhnlichen Videorecordern völlig neue Funktionalität ist die Wahl
verschiedener Kameraperspektiven (Angle) für einen Videobeitrag (der dann
natürlich entsprechend aufwändig produziert sein muss). Zu den weiteren
Merkmalen der DVD-Video gehören Kopierschutzverfahren und eine Kindersi-
cherung. Außerdem wurde ein Ländercode eingeführt, so dass DVD nur abgespielt werden, wenn sie den gleichen Code aufweisen wie das Abspielgerät.
Damit kann international unterschiedlichen Verwertungsrechten z. B. von
Spielfilmen Rechnung getragen werden. Abbildung 8.158 zeigt die Zuteilung
der Codes zu den Ländern der Erde.

Abb. 8.159. Standardbedienelemente zur Steuerung von DVD-Playern

Für den Umgang mit dem Medium ist in den Spezifikationen der DVD-Video ein Minimalset von Bedienfunktionen festgelegt, die als Fernbedienung von DVD-Playern oder als Menü von Player-Applikationen in Computern realisiert sind (Abb. 8.159). Neben den technischen Spezifikationen ist es für den interaktiven Umgang mit der DVD erforderlich, dass die Funktionen in geeigneter Weise angesprochen werden und die Benutzer mit Hilfe der Bildschirmmenüs geführt werden können. Die dafür erforderlichen Tätigkeiten, die mit didaktisch/gestalterischem Können verknüpft sein sollten, werden als DVD-Authoring bezeichnet.

8.9.3.4 DVD-Aufzeichnung

Für die Aufnahme auf DVD-Medien stehen sowohl einmal beschreibbare DVD (R) als auch mehrere mehrfach verwendbare DVD (RW) zur Verfügung. Die einmal beschreibbare DVD-R nutzt einen organischer Farbstoff auf der Speicherschicht dessen Reflexionseigenschaft durch Laser-Bestrahlung punktuell verändert werden kann. Die DVD-R hat eine Kapazität von 4,7 GB pro Seite und ist vollständig kompatibel zur DVD-ROM, DVD-Video und DVD-Audio. Beim Schreibvorgang folgt der Laserstrahl der Spur auf einer auf dem DVD-Rohling bereits vorgeprägten Schlingerbahn mit einer festen Frequenz von 22,05 KHz (Wobbled Groove). Beim Abweichen von der Mittellinie wird es durch PLL-Regelung möglich, innerhalb der Grenzen der Spur zu bleiben und auch die Rotationsgeschwindigkeit zu steuern. Die DVD-R wird in die Varainte A (für Authoring-Anwendung mit Aufzeichnung des Disc Description Protokolls, DDP) und G (General) unterscheiden. Die erste arbeitet mit einer Wellenlänge von 650 nm, die zweite mit 635 nm. Als Alternative zur DVD-R wird die DVD+R angeboten, die auf der DVD+RW basiert und auch 4,7 Gbyte bietet.

Auch die mehrfach beschreibbaren Varianten DVD-RW und DVD+RW erfordern ein vorkonfiguriertes Medium. Die Aufzeichnung erfolgt wieder in Phase Change-Technologie mit Einstrahl-Überschreibtechnik, d. h. dass der Laserstrahl zur Aufzeichnung auf höhere Leistung geschaltet wird. Er wandelt an der getroffenen Stelle das Medium von einem kristallinen in eine amorphen Zustand um, so dass sich beim Lesevorgang ein unterschiedliches Reflexionsverhalten ergibt (Abb. 8.160). Die DVD+RW erlaubt das direkte Editieren der Daten auf der Platte und nutzt mit Zoned CLV eine Kombination aus CLV und CAV. Da dazu ein veränderter Befehlssatz erforderlich ist, ergibt sich im Gegensatz zur DVD-RW eine nicht vollständige Kompatibilität und daher ist diese Form nicht vom DVD-Forum anerkannt. Die Kapazität beträgt bei beiden Varianten 4,7 GB pro Seite, genau wie bei der letzten zu erwähnenden Variante, nämlich DVD-RAM, die aber für Videoanwendungen unbedeutender ist.

Tabelle 8.31. Vergleich der Parameter von DVD, HD-DVD und BD

	DVD	HD-DVD	BD
Durchmesser	120 mm	120 mm	120 mm
Kapazität pro Seite	4,7 GB	15 GB	23,3 GB / 27 GB
Nutzdatenrate	10,08 Mbit/s		36 Mbit/s
Gehäuse / Cartridge	nein	nein	ja
Substratdicke	2 x 0,6 mm	2 x 0,6 mm	1,1 mm + 0,1 mm
Laserwellenlänge	650 und 635 nm	405 nm	405 nm
numerische Apertur der Linse	0,6	0,65	0,85
minimale Pitlänge	0,4 μm		0,16 μm
Spurabstand	0,74 μm		0,32 μm

Das DVD-Recording geschieht via PC aber auch in Standalone-Recordern, die zunehmend den VHS-Recorder im Heimbereich ersetzen. Gute Geräte unterstützen als Recorder und Player alle zuvor genannten DVD R(W)-Varianten und bieten auch eine Firewire-Schnittstelle für die digitale Datenübertragung.

8.9.3.5 HD-DVD und Blue Ray Disc

Die Speicherkapazität der DVD kann durch den Einsatz eines blauen Lasers mit kürzerer Wellenlänge (405 nm) noch weiter gesteigert werden. Auf dieser Basis wird an der Entwicklung von DVD-Typen gearbeitet, die eine Speicherkapazität bis zu 27 GB und eine Nutzdatenrate von bis zu 36 Mbit/s bieten.

Der direkte Nachfolger der DVD wird als HD-DVD bezeichnet, was als High Density, aber auch als High Definition gelesen werden kann. Die Kapazität beträgt 15 GB. Die Spezifikationen sind noch nicht endgültig festgelegt, doch reicht die Datenrate für die Übertragung von datenreduzierten HD-Signalen aus. Als Codierungsformen sind, genau wie bei der unten beschriebenen Blue Ray Disc (BD), neben MPEG-2@HL auch MPEG-4, H.264 und Windows Media 9 erlaubt (s. Kap. 3). Im Gegensatz zur Blue Ray Disc (BD) wird bei der HD-DVD auf weitgehende Kompatibilität zur DVD geachtet. So befindet sich die Disc nicht in einem Schutzgehäuse (Cartridge) und die DVD-Produktionseinheiten können ohne aufwändige Veränderungen weiterverwendet werden.

Als Alternativsystem zur HD-DVD versuchen u. a. die Firmen Philips, Sony und Thomson, die Blue Ray Disc zu etablieren. Tabelle 8.31 zeigt, dass hier eine Datenrate von 36 Mbit/s und eine Speicherkapazität von 23,3 GB oder 27 GB erreicht wird. Die Datenrate kann durch den Einsatz von zwei Lasern verdoppelt werden. Die Disc ist durch ein Gehäuse geschützt. Mit dem Einsatz der oben genannten Datenreduktionsverfahren können mehr als zwei Stunden HD-Material gespeichert werden. Bei der BD als wiederbeschreibbarem Medium gleicht der Aufzeichnungsvorgang dem von HD-DVD und DVD (RW): Es wird mit einem Laser umschaltbarer Leistung gearbeitet, der bei kleiner Leistung das Medium löschen kann. D. h., dass sich die Oberfläche nach dem Löschvorgang in einem kristallinen Zustand befindet, während durch bestimmte Impulse bei hoher Leistung ein amorpher Zustand erreicht wird, der für den lesender Laserstrahl andere Reflexionseigenschaften aufweist als der kristalline Zustand (Abb. 8.160).

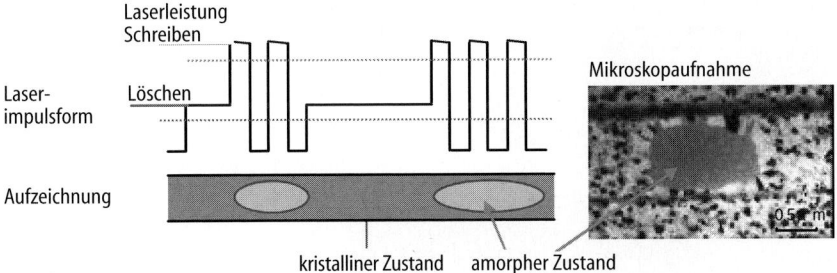

Abb. 8.160. Aufzeichnungs- und Löschvorgang bei der Blue Ray Disc [122]

8.9.3.6 Professional Disc

Während die DVD und auch die HD-DVD bzw. die BD zunächst für den Heimanwendermarkt gedacht sind hat Sony die Blue Ray Disc als mehrfach wieder beschreibbares Medium unter der Bezeichnung Professional Disc für den professionellen Bereich weiterentwickelt. Entsprechende Geräte, die unter der Bezeichnung XDCAM gehandelt werden, sind seit 2004 verfügbar. Abbildung 8.161 zeigt einen Recorder der sich in gewöhnliche Studioumgebungen und auch Netzwerke einbinden lässt. Abbildung 8.162 macht deutlich, dass das Aufzeichnungsverfahren so robust ist, dass es auch in Camcordern eingesetzt werden kann. Damit gewinnt man, unter dem Stichwort Random Access, die gleichen Vorteile, z. B. die Möglichkeit des Retro Loop-Rcording, wie sie bei Camcordern mit Festplatten oder Festspeichern gegeben sind. Im Studio kann auf die Daten der Platte direkt zugegriffen werden, ohne dass das Material z. B. in Schnittsysteme eingespielt werden muss.

Die maximale Datentransferrate der BD wurde für XDCAM auf 72 Mbit/s verdoppelt, um zu erreichen, dass die 50 Mbit/s des IMX-Codecs aufgezeichnet werden können. Die Daten werden als Files abgelegt und lassen sich unter IMX auch mit 30 Mbit/s oder 40 Mbit/s skalieren. Als Alternative gibt es Geräte die einen DVCAM-Datenstrom aufzeichnen.

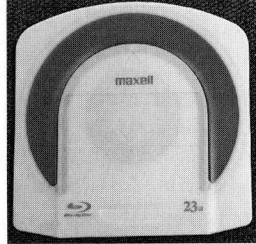

Abb. 8.161. XDCAM-Recorder und Medium (Blue Ray Disc) [122]

Abb. 8.162. XDCAM-Camcorder mit Professional Disc [122]

Die Kapazität der Professional Disc beträgt 23,3 GB, womit Spieldauern von 85 Minuten bei DVCAM-Aufzeichnung, bzw. 75, 60 oder 45 Min. bei IMX-Aufzeichnung mit 30, 40 oder 50 Mbit/s erreicht werden. Im Hinblick auf eine effiziente Anbindung an IT-Umgebungen wird im Gesamtsystem die Aufzeichnung von Metadaten und UMID (s. Kap.10) sowie von Proxy AV-Daten unterstützt, die die eigentlichen AV-Daten mit geringer Auflösung repräsentieren und eine schnelle Übersicht bei Netzwerkzugriff ermöglichen.

Bei den optischen Speichermedien ist eine schnelle Weiterentwicklung zu erwarten. Es wird an der Entwicklung der Fluorescent Multilayer Disk (FMD) gearbeitet, wo anstelle der zwei Schichten, auf die der Laser bei bei der DVD fokussiert werden kann, mit 10 bis 20 Schichten von fluoreszierenden Stoffen gearbeitet wird. Die Scheibe ist völlig transparent und soll eine Speicherkapazität von 140 GByte aufweisen. Noch erheblich größeres Potenzial bietet die holographische Speichertechnik, bei der nicht einzelne Bits auf einer Fläche, sondern umfassende Bitkombinationen in einem Volumen gespeichert werden. Erste Prototypen der so genannten Holographic Versatile Disc (HVD) bieten eine Kapazität von 100 GB bei einer Datenrate von 80 Mbit/s.

8.9.4 RAM- und Festwertspeicher-Recorder

Bei der Nutzung von Random Access Memory-Bausteinen (RAM) werden die Speichersysteme auch als Solid State Video Recorder (SSVR) bezeichnet. Dies ist die eleganteste, aber auch teuerste Art der Signalspeicherung, denn es kommen die gewöhnlichen, in der Computertechnik als Arbeitsspeicher verwendeten RAM-Bausteine zum Einsatz. RAM-Recorder arbeiten mit extrem geringen Zugriffszeiten und lassen sich sehr flexibel einsetzen. Die Speicherkapazität ist allerdings aus Kostengründen begrenzt. Ein älteres Beispiel für ein derartiges Gerät ist der SSVR der Firma Questech.

Eine neuere Entwicklung nutzt SD-Festwertspeicherkarten, die auch für die digitale Fototechnik verwendet werden. Da diese als Heimanwenderprodukt eine große Verbreitung gefunden haben, sind sie im Vergleich zu RAM-Bau-

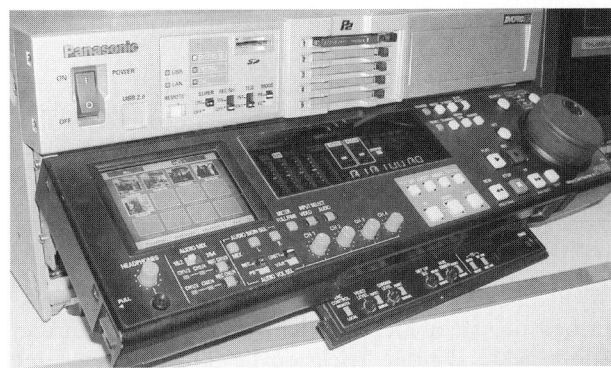

Abb. 8.163. Recorder mit P2-Speicherkarten

steinen ein relativ preiswertes Medium. Ebenso wie RAM-Bausteine erfordern sie keine beweglichen oder mechanischen Teile und stellen somit eine sehr robuste Technologie dar. Festwertspeicher (Solid State Memory) haben damit auch gegenüber optischen Speichersystemen Vorteile bezüglich Betriebssicherheit, Geräuschbelastung und Leistungsbedarf.

Die Festwertspeichertechnik wird unter der Bezeichnung P2 von Panasonic im professionellen Sektor angeboten. In den ersten Geräten werden DVCPRO codierte Daten aufgezeichnet. Die Speicherbausteine werden zu je 4 Einheiten in eine schmale Karte nach dem PCMCIA-Standard der PC-Technik eingebaut, so dass die Karte z. B. einem Camcorder entnommen und direkt in einen Laptop-PC zu Bearbeitung eingesteckt werden kann. Dabei werden Datentransferraten von bis zu 640 Mbit/s erreicht. Im Jahre 2004 beträgt die maximale Speicherkapazität einer Karte 4 GB, womit 16 Minuten DVCPro-Material oder 8 Min. DVCPro50 aufgezeichnet werden können. Zur Erhöhung der Aufzeichnungsdauer bieten verfügbare Geräte Slots für mehrere Karten (Abb. 8.163). Die Technologie ist in Studiogeräten ebenso wie für Camcorder verfügbar (Abb. 8.164).

Abb. 8.164. Camcorder mit P2-Speicherkartenaufzeichnung

9   Videosignalbearbeitung

Der Begriff Videosignalbearbeitung steht hier für die Verknüpfung mehrerer Signale durch Mischung, Stanzeffekte, digitale Tricks sowie für die Umstellung aufgezeichneter Videosequenzen (Schnittbetrieb, Editing). In diesem Kapitel werden entsprechende Verfahren und Geräte für die Bereiche Produktion und Postproduktion beschrieben.

9.1   Bildmischer

Bildmischer dienen zur Umschaltung und Mischung von Videosignalen. Sie werden in USA als Switcher bezeichnet, mit dem Begriff Mischer werden aber eher die interessanteren Funktionen getroffen, bei denen zwei Signale gleichzeitig sichtbar sind. Im Laufe der Zeit hat der Funktionsumfang der Bildmischer immer weiter zugenommen, heute dienen sie zur Verbindung von Videosignalen mit Standard-Tricks und Stanzen u. v. m., woraus auch die Bezeichnung Trickmischer resultiert. Der Bildmischer ist die zentrale technische Einrichtung bei der Produktion, wird als Einzelgerät also vor allem dort gebraucht, wo ein Echtzeitbetrieb erforderlich ist.

Eine wesentliche Voraussetzung für die fehlerfreie Mischung ist die absolute Synchronität der Bildgeneratoren. Dieser Gleichlauf wird im Studiobetrieb erreicht, indem alle angeschlossenen Bildquellen an einen zentralen Studiotakt angepasst werden (Abb. 9.1). Da nicht alle Geräte die gleiche Signalverarbei-

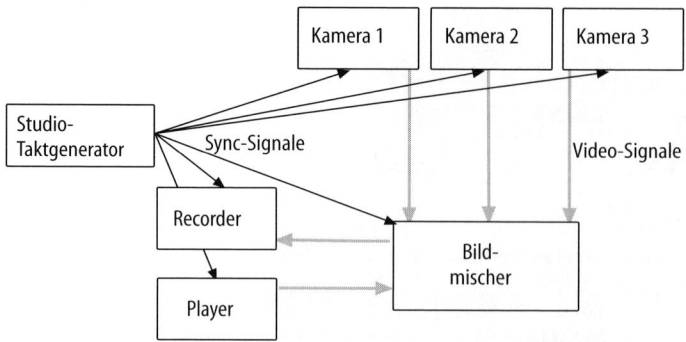

Abb. 9.1. Synchronisation aller Bildquellen durch einen Zentraltakt

tung aufweisen, und die zur Verbindung dienenden Leitungen unterschiedliche Längen haben, ist der Gleichlauf durch den zentralen Takt allein noch nicht gewährleistet. An allen professionellen Geräten ist deshalb eine Möglichkeit zum Feinabgleich der Phasenlage zwischen dem Videosignal und dem Studiotakt gegeben (s. Kap. 10.) Es reicht aus, die horizontalen Bildlagen (H-Phase) und bei PAL-Signalen auch die Farbträgerphasen (Subcarrier-Phase) in Übereinstimmung zu bringen, da die Zeitabweichungen maximal im μs-Bereich liegen. Auch bei Digitalmischern müssen die an der Mischung beteiligten Signale im Gleichtakt laufen, hier ist aber keine Anpassung und kein Abgleich erforderlich, denn Digitalmischer enthalten standardmäßig Synchronizer, die meistens einem Korrekturbereich von ca. 50 μs aufweisen.

9.1.1 Mischerkonzepte

Ein Bild- oder Trickmischer soll die Umschaltung und Mischung von mindestens zwei Videosignalen ermöglichen. Die Umschaltung wird in zweierlei Hinsicht vorgenommen. Es muss ein Hartschnitt (Cut) möglich sein, d. h. eine Umschaltung zwischen zwei Signalen in der vertikalen Austastlücke. Des Weiteren soll die Umschaltung aber auch nach Ablauf einer bestimmten Anzahl von Zeilen oder eines bestimmten Prozentsatzes der aktiven Zeilendauer vorgenommen werden können. Diese Art führt zum Standardtrick (Wipe) und zu den Stanzverfahren (Key) (Abb. 9.2). Eine besondere Form der Umschaltung ist die, als Non Additive Mixing bezeichnete, geschaltete Mischung, bei der immer das Signal mit dem größten Videopegel eingeschaltet wird (Abb. 9.3).

Die als Mix bezeichnete Bildmischung ist kein Schaltvorgang, hier sind beide Bilder ganzflächig mit einer bestimmten Intensität sichtbar. Wenn die Mischung einfach additiv vorgenommen wird, so entsteht ein Videoüberpegel, der durch eine nachgeschaltete Regelstufe wieder reduziert werden muss (Abb. 9.3). Da bei allen Mischzuständen ein Videopegel von 100% nicht überschritten werden soll, ist es einfacher, die Mischung über zwei gegenläufig gesteuerte Verstärker vorzunehmen. Mit einem Steuerhebel (Faderbar) wird eine Steuerspannung eingestellt, die den Verstärkungsgrad des einen in der gleichen Weise herabsetzt wie den des anderen herauf [118]. Bei Mittelstellung des Fa-

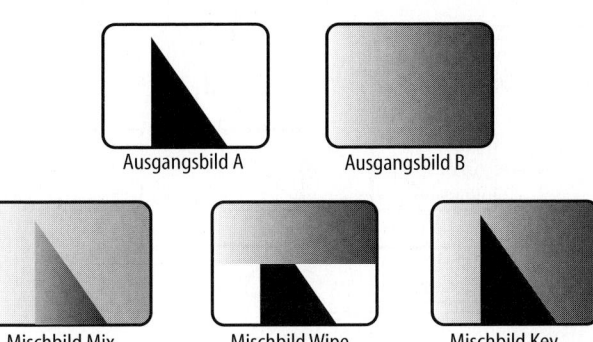

Ausgangsbild A   Ausgangsbild B

Mischbild Mix   Mischbild Wipe   Mischbild Key

Abb. 9.2. Mischeffekte Mix, Wipe und Key

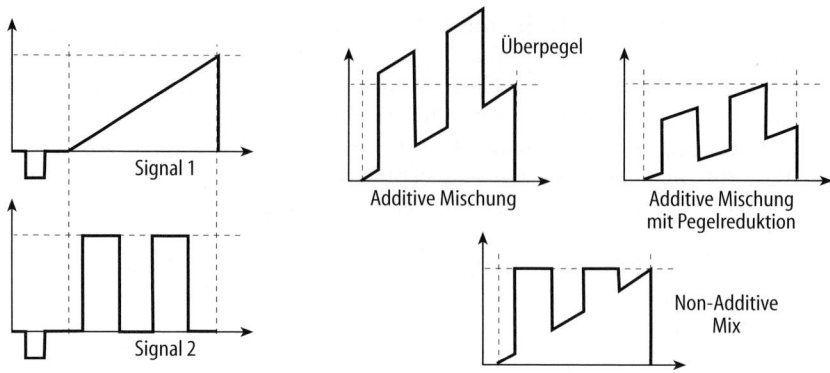

Abb. 9.3. Additive und nicht-additive Mischung

ders tragen so beide Signale zu 50% zum Gesamtsignal bei. Die sehr schnelle Ausführung der beschriebenen Steuerung entspricht fast einem Schaltvorgang. Dadurch lässt sich mit nur einem Arbeitsprinzip eine sog. Mix/Effektstufe aufbauen, die in Abhängigkeit von einer Steuerspannung die Funktionen Mix, Wipe und Key erfüllen kann (Abb. 9.4), allerdings nur für zwei Signalquellen.

9.1.1.1 Videokreuzschienen

Um den beiden Eingängen der Mix/Effektstufe auf einfache Weise verschiedene Signalquellen zuordnen zu können, werden Kreuzschienen eingesetzt. Diese dienen allgemein der flexiblen Verteilung mehrerer Signalquellen an mehrere Videogeräte, wobei die Auswahl auf Tastendruck vorgenommen wird. Die Ein- und Ausgänge der Kreuzschiene bilden eine Matrix (Abb. 9.5), die entsprechend der Anzahl, z. B. bei 10 Ein- und 5 Ausgängen, als 10 x 5-Kreuzschiene bezeichnet wird. Jedem Kreuzungspunkt ist ein elektronischer kontaktloser Schalter zugeordnet. Auf Tastendruck kann ein Eingang auf ein oder mehrere Ausgänge geschaltet werden, es ist aber nicht möglich, mehrere Eingänge auf einen Ausgang zu legen. Abbildung 9.5 zeigt mögliche Schaltzustände.

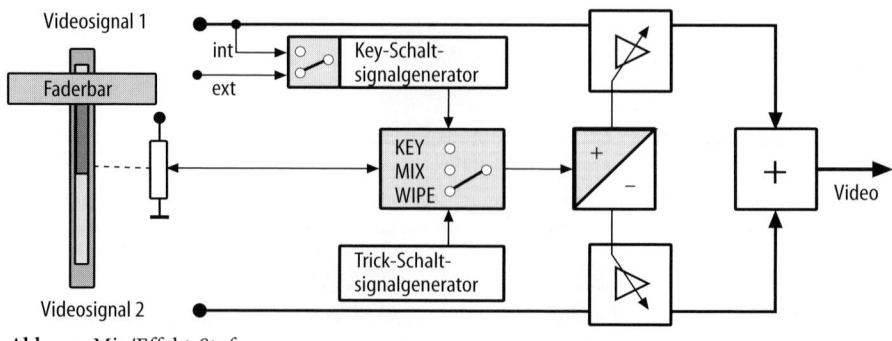

Abb. 9.4. Mix/Effekt-Stufe

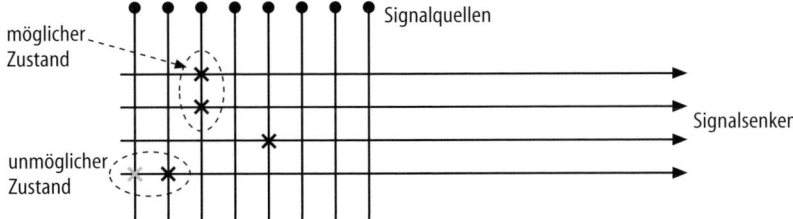

Abb. 9.5. Videokreuzschiene 8 x 4

Eine einfache Umschaltung zwischen zwei Videosignalen führt in der Regel zu Bildstörungen, da die Synchronsignalstruktur gestört wird, wenn mitten im Halbbild auf ein anderes Signal gewechselt wird. Aus diesem Grund wird dafür gesorgt, dass mit Hilfe elektronisch verriegelter Schalter die Signalumschaltung nur in der vertikalen Austastlücke, also jeweils nach einem Bild, geschieht. Die Steuerlogik für die Schalter entspricht der eines UND-Gatters. Mit dem Tastendruck wird die Umschaltung nur vorbereitet. Erst wenn auch der V-Synchronimpuls vorliegt, wird der Schaltvorgang tatsächlich ausgelöst.

Wie analoge Kreuzschienen bewirken auch digitale Typen eine Umschaltung zwischen digitalen Composite- oder Komponentensignalen, orientiert am Timing Reference Signal in der V-Austastlücke.

9.1.1.2 Next Channel System

Sollen mehr als zwei Signale an der Mischung beteiligt werden, so kann einerseits eine additive Mischung mehrerer Quellen nach dem Prinzip der Audiomischer verwendet werden, bei dem jedem Kanal ein eigener Pegelsteller zugeordnet ist (Abb. 9.6). Der Nachteil dieses früher verwendeten Knob-a-channel-Systems ist, dass dabei eine aufwändige Herabregelung des Überpegels notwendig wird.

Heute werden aber praktisch alle Bildmischer so gebaut, dass das oben genannte Prinzip der gegenläufigen Steuerung zweier Verstärker (AB- oder Next Channel-Prinzip) nicht aufgegeben werden muss. Der Kern dieser Mischer ist die Mix/Effekt-Stufe, bei der kein Überpegel entstehen kann. Das Problem der

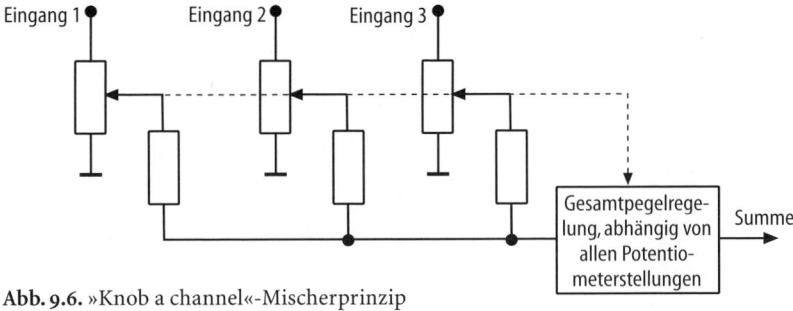

Abb. 9.6. »Knob a channel«-Mischerprinzip

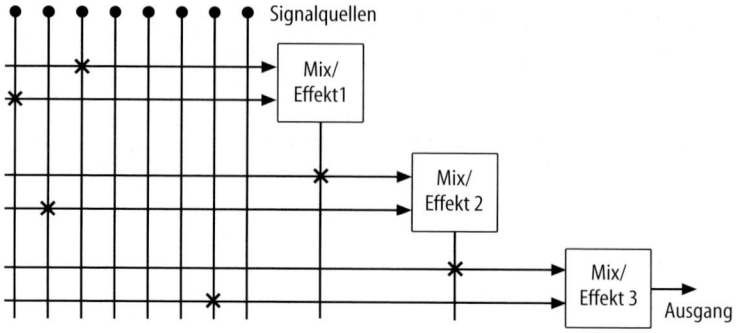

Abb. 9.7. Prinzip der kaskadierten Kreuzschienen

Beschränkung auf zwei beteiligte Signale wird hier gelöst, indem mehrere Mischeffekt-Stufen benutzt werden, die je einer Ebene zugeordnet sind. Mehrere Ebenen werden dann kaskadiert, d. h, dass das Ausgangssignal der Mischstufe einer höheren Ebene als wählbarer Eingang der unteren Ebenen zur Verfügung steht (Abb. 9.7). Die zwei an der Mischung oder dem Effekt beteiligten Signale werden in jeder Ebene über eine Kreuzschiene ausgewählt, daher ergeben sich die großen Bedienoberflächen der Mischer.

9.1.2 Bildübergänge

Im heute gebräuchlichen A/B-Mischertyp ist die zentrale Einheit die Misch/Effekt-Stufe, die für die in fast allen Mischern möglichen Bildübergangs-Funktionen Cut, Mix und Wipe eingesetzt werden kann.

Der Begriff Cut bezeichnet den Hartschnitt, die direkte Umschaltung zwischen den Signalquellen. Die Quellen können entweder auf der Kreuzschiene geschaltet werden, oder sie werden dort vorgewählt, und der Wechsel erfolgt

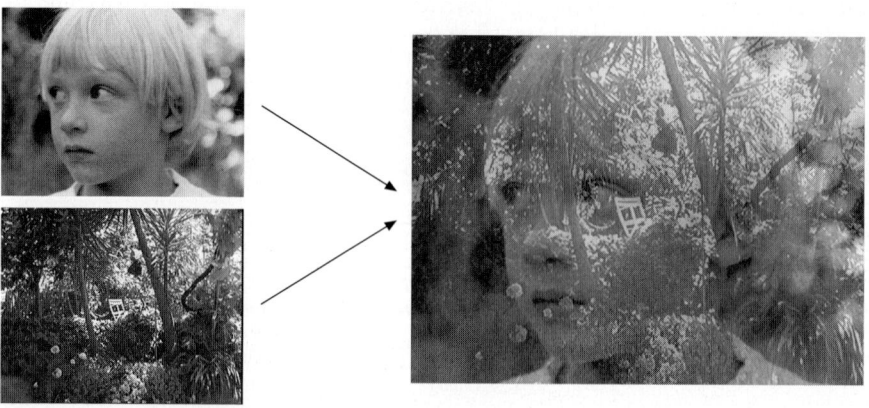

Abb. 9.8. Bildmischung

mit Hilfe der Taste Cut. Die eigentliche Mischung ist dadurch gekennzeichnet, dass beide Bilder ganzflächig sichtbar sind. Bei der Überblendung (Mix, Dissolve) wird das eine Bild mehr oder weniger schnell unsichtbar, während das andere ganzflächig um so mehr in Erscheinung tritt (Abb. 9.8). Der Ablauf kann von Hand gesteuert oder automatisch durchgeführt werden. Mit der Trickblende (Wipe) wird ein Schaltvorgang zwischen den Signalen ausgelöst, der bewirkt, dass von beiden Bildern nur Teilflächen zu sehen sind. Die einfachste Form des Wipe ist eine waagerechte oder senkrechte Teilung des Bildschirms. Bei senkrechter Teilung kann z. B. im linken Teil die linke Hälfte des Bildes A zu sehen sein, während der rechte Teil die rechte Hälfte von Bild B zeigt. Mit Hilfe des Faderbar oder der Automatikfunktion kann der Teilungspunkt verschoben werden, so dass sich das eine Bild wie von einem Scheibenwischer getrennt über das andere schiebt (Abb. 9.9).

Die senkrechte Teilung in zwei Hälften kann erreicht werden, indem in jeder Zeile nach Ablauf eines bestimmten Teils der aktiven Zeilendauer zwischen den Signalen umgeschaltet wird. Dagegen ergibt sich eine waagerechte Teilung, wenn die Schaltung nicht innerhalb der Zeile, sondern nach Ablauf einer bestimmten Zeilenanzahl geschieht. Bei der bewegten Blende wird über den Faderbar oder eine Automatikstufe eine Steuerspannung eingestellt, die den Umschaltzeitpunkt innerhalb der Zeile oder innerhalb des Bildes variiert.

Durch die Kombination der Schaltvorgänge innerhalb der Zeile und innerhalb eines Bildes können eine Vielzahl verschiedener Trickmuster erzeugt werden. Abbildung 9.9 zeigt Beispiele. Außer durch die intern erzeugten Trickmustersignale kann die Umschaltsteuerung auch durch ein externes sog. Schablonensignal vorgenommen werden. Die Trick-Grundmuster können oft vielfältig variiert werden. Es ist möglich, die Kante am Bildübergang weich einzustellen (Soft Edge), indem im Übergangsbereich nicht hart geschaltet wird,

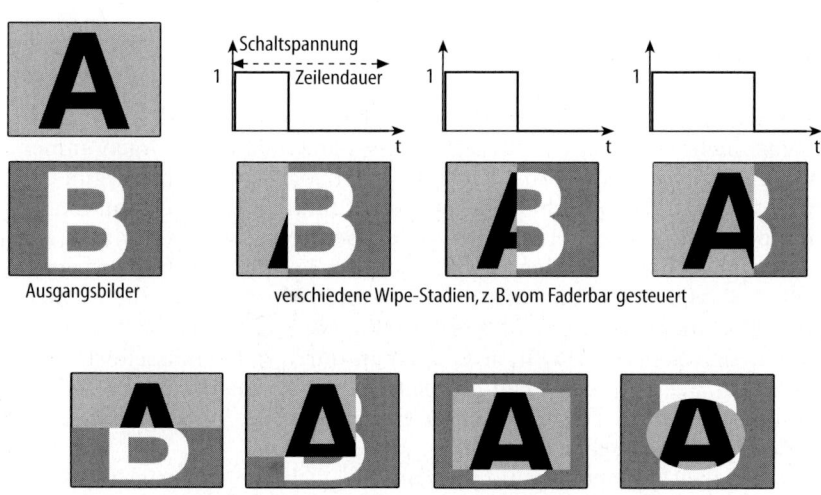

Ausgangsbilder   verschiedene Wipe-Stadien, z. B. vom Faderbar gesteuert

verschiedene Wipe-Muster, automatisch oder vom Faderbar gesteuert

Abb. 9.9. Bildteilung, Wipe

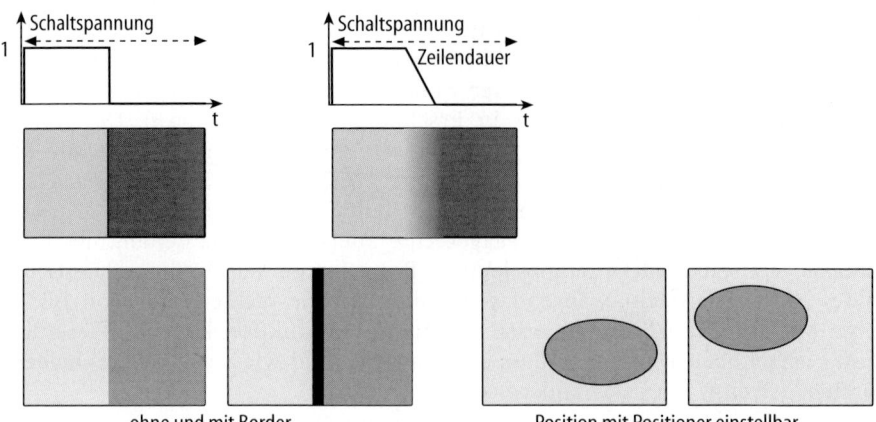

ohne und mit Border   Position mit Positioner einstellbar

Abb. 9.10. Wipe mit Hard und Soft Edge, mit Border und verschiedenen Positionen

sondern in einem einstellbaren Bereich um die Kante herum eine Überblendung vorgenommen wird (Abb. 9.10). Eine weitere Veränderung der Trickmuster besteht in der Modulation der Kante durch verschiedene Wellenformen. Die Kante kann auch mit einer Grenzlinie (Border) versehen werden, die mit Hilfe der Farbflächengeneratoren eingefärbt und ihrerseits mit der Soft Edge-Funktion verändert werden kann. Bei Trickmustern, die einen Bereich von Bild A so begrenzen, dass er innerhalb von Bild B liegt (Rechteck, Kreis), ist häufig eine Veränderung des Seitenverhältnisses möglich, so dass z. B. der Kreis zum Oval wird. Die Größe des Ovals oder der anderen Muster wird durch den Faderbar festgelegt. Die Lage des Musters kann mit einem Positioner-Bedienhebel (Joy Stick) verschoben werden (Abb. 9.10).

9.1.3 Stanzverfahren

Auch das Stanzverfahren ist im Prinzip ein Schaltvorgang, allerdings wird die Umschaltung nicht nach einem vorgegebenen starren Muster vorgenommen, sondern das Schaltsignal wird aus dem Bildsignal abgeleitet. Damit ergibt sich der Vorteil, dass sich der Stanzbereich mit einem Bildobjekt verschiebt. Ein bewegter Bildbereich kann ein Hintergrundbild überlagern, so dass es z. B. aussieht, als bewege sich ein dunkler Scorpion, der im Vordergrundbild auf einem weißen Blatt Papier läuft, auf dem Hintergrundbild, das eine menschliche Hand zeigt. Der Stanzvorgang wird meist als Keying bezeichnet, da es bei entsprechendem Umriss so erscheint, als sähe man durch ein Schlüsselloch (Abb. 9.11). Das Signal, aus dem die Form abgeleitet wird, ist das Vordergrundsignal (self key). Die Stanzform entspricht quasi einem Loch im Vordergrund, durch das der Hintergrund zu sehen ist.

Die Schwierigkeit bei der Keyfunktion ist, dass sich der auszustanzende Bereich im Vordergrundsignal deutlich vom Umfeld abheben muss, damit daraus eindeutig das Schaltsignal gewonnen werden kann. Es werden große Hellig-

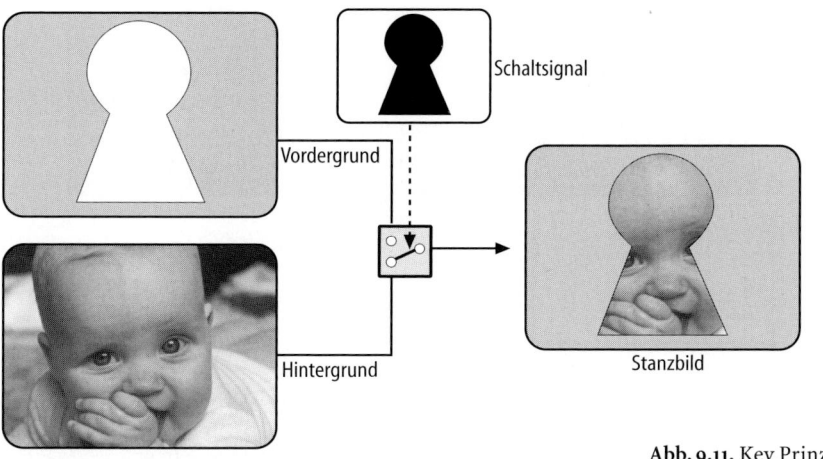

Abb. 9.11. Key Prinzip

keitsunterschiede (Luminanz Key), oder besonders deutliche Farbunterschiede (Chroma Key) ausgenutzt.

Wenn sich der oben genannte schwarze Käfer auf einem weißen Blatt Papier bewegt, kann das Schaltsignal (invers) z. B. per Luminanz Key gewonnen werden. Immer wenn ein Signalwechsel von weiß auf schwarz eintritt, wird auf die Bildquelle mit dem Käfer umgeschaltet, andernfalls auf das Hintergrundsignal, das die Mondlandschaft darstellt.

Ein Nachteil der gewöhnlichen Stanztechnik ist die erforderliche starre Einstellung von Hintergrundbild und Kameraposition, denn wenn sich z. B. die Kamera vom Käfer im Vordergrundbild entfernen würde, erschiene er kleiner, und die Abbildung des Mondes müsste sich zum Erhalt der Größenverhältnisse auch ändern. Eine derartige Anpassung des Hintergrundes an eine veränderte Kameraposition ist mit üblichen Keyfunktionen nicht möglich. Dazu sind zusätzlich besondere Hochleistungsrechner erforderlich, die in der Lage sind, das Hintergrundbild in Echtzeit neu zu berechnen (s. Kap. 10.6).

9.1.3.1 Luminanz Key

Hier wird das Stanzsignal anhand der Helligkeit des Vordergrundbildes gewonnen. Mit Hilfe des Stellers für den Clip Level (Slice) wird ein bestimmter Videopegel definiert und dann festgestellt, an welchen Stellen dieser Wert überschritten wird (Abb. 9.12). Aus diesen so definierten Bereichen wird ein Schwarz-Weißsignal gewonnen, das die Umschaltsteuerung übernimmt. Alle Bildbereiche, in denen der Clip Level unterschritten wurde, zeigen das Hintergrundbild und alle Bereiche, in denen der Level überschritten wurde, das Vordergrundbild. Die Zuordnung kann auch umgekehrt werden (Key Invert). Das in den ausgestanzten Bereich eingesetzte Signal wird als Key Fill bezeichnet.

In der Realität wird nicht hart zwischen Vorder- und Hintergrund umgeschaltet, dafür wären extrem steile Flanken im Stanz- oder Schablonensignal erforderlich. Das Vordergrundbild fügt sich besser in das Hintergrundbild ein, wenn weiche Key-Grenzen benutzt werden. Dazu werden die im Schablonen-

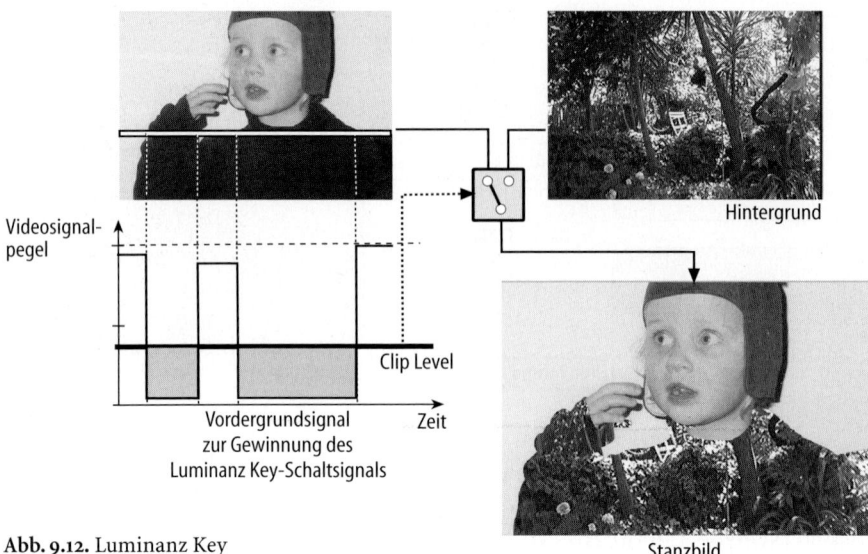

Abb. 9.12. Luminanz Key

Stanzbild

oder Keysignal auftretenden Kantenverläufe benutzt, die begradigt werden und zur Steuerung der Mix/Effect-Stufe bzw. der Multiplier in einer separaten Key-stufe eingesetzt werden. Genauso wie bei den weich eingestellten Wipe-Kanten wird hier eine Überblendung vorgenommen, und die Breite des Effekts um die Trickkante herum wird durch einen Softness- oder Gain-Steller festgelegt [126]. Die Softness sinkt mit der Steilheit des Schaltsignals (Abb. 9.14). Die Illusion der Einheit von Vorder- und Hintergrundbild beim Key-Trick hängt von der geschickten Einstellung der Flanken des Schablonensignals mit den Stellern Clip Level und Gain ab.

9.1.3.2 Linear Key

Diese Funktion kommt dem Bedürfnis entgegen, dass Bildbereiche, in denen der Hintergrund durchscheint, nicht nur in der Nähe der Stanzkanten sondern auch unabhängig vom Stanzbereich verfügbar sein sollten. Linear Key wird oft

»Bauchbinde«, erzeugt mit Linear Key

Abb. 9.13. Linear Key

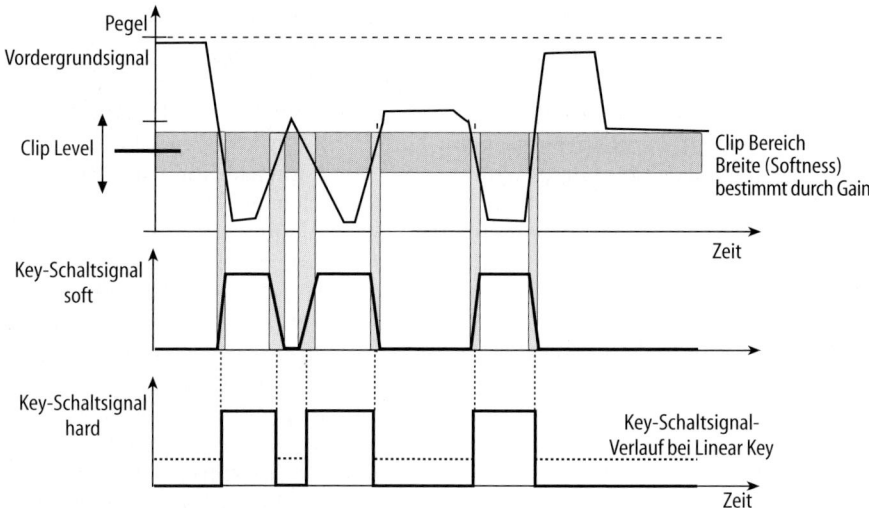

Abb. 9.14. Clipped Key, Soft Key und Linear Key

in Verbindung mit Schriftgeneratoren und digitalen Effektgeräten eingesetzt und ermöglicht z. B. die Einblendung von Untertiteln auf transparenten Flächen, so genannten Bauchbinden (Abb. 9.13) oder transparente Schatten an Buchstaben. Für Linear Key wird ein Schablonensignal verwendet, das einen Signalpegel erzeugt, der zwischen den extremen Key-Schaltzuständen liegt, quasi ein Grausignal und nicht nur eine S/W-Schablone (Abb. 9.14). Dieses Signal steuert im gewünschten Bildbereich den Multiplizierer so, dass der Hintergrund durchscheint. Zusätzlich kann bestimmt werden, ob das Key Fill-Signal auch transparent ist oder voll durchgesteuert wird. Die Bezeichnung Linear Key gilt, wenn die Transparenz im gestanzten Bild mit der im Original übereinstimmt.

9.1.3.3 Chroma Key

Ein häufig gewünschter Effekt ist das Einstanzen von Personen in künstliche Hintergründe. Für diese und viele andere Stanz-Funktionen ist das Luminanz Key-Verfahren schlecht geeignet, da sich keine ausreichend ausgeprägten Helligkeitsunterschiede ergeben. Bessere Ergebnisse können hier durch das Chroma Key-Verfahren erzielt werden, bei dem das Stanzsignal aus der Farbe und nicht aus der Helligkeit des Vordergrundbildes abgeleitet wird. Mit dem Chroma Key-Verfahren kann eine Person in einen fremden Hintergrund eingesetzt werden, dabei darf sie sich auch vor dem Hintergrund bewegen. Es ist dafür zu sorgen, dass ein großer Unterschied zwischen den Farben der Person und dem Bereich um die Person herum entsteht. Da der menschliche Hautton wenig Blaufärbung aufweist, ergibt sich dieser Kontrast meist am einfachsten, wenn die Person vor einem möglichst gleichmäßig beleuchteten blauen Hintergrund steht (Blue Screen oder Blue Box). Allgemein kann jede andere Farbe eingesetzt werden, meist werden aber blau und grün verwendet. Es gibt spezielle Chroma Key-Farben, die sich für den Vorgang besonders gut eignen.

Das Schaltsignal wird gewonnen, indem das Vordergrundsignal auf die Blauwerte der Blue Box untersucht wird, dazu sollte möglichst ein RGB-Signal vorliegen (Abb. 9.15). Am Mischer wird mit dem Steller »Chroma Key Hue« der Farbton der blauen Wand möglichst genau eingestellt. Mit den Stellern Clip Level und Softness wird wie beim Luminanz Key der Pegel bestimmt, an dem das Stanzsignal zwischen Schwarz und Weiß wechselt und die Breite der Überblendzone festgelegt. Das Verfahren ist kritischer als beim Luminanz Key, denn das Stanzsignal hängt von der Qualität des Videosignals ab. Dieses ist generell nicht frei von Rauschen, so dass die Ermittlung des Umschaltpunktes nicht konstant ist. Das Rauschen wird besonders kritisch, wenn die Signalbandbreite beschränkt ist, wie es bei den Chrominanzanteilen der Fall ist [116].

Ein bekanntes Beispiel für den Einsatz der Chroma Key-Technik sind die Nachrichtensendungen. Die Moderatoren agieren in einer Blue Box, während die Hintergrundbilder elektronisch überblendet werden. Die Moderatoren dürfen keine blauen Kleidungsstücke tragen, da sonst an diesen Stellen das Hintergrundbild sichtbar würde. Bei einem Hemd mit blauem Kragen erschiene ein Moderator halslos. Die Voraussetzung für ein sauberes Stanzverfahren ist ein hochwertiges Signal, daher sollte das Verfahren möglichst bei der Produktion mit dem Kamerasignal als Vordergrundsignal eingesetzt werden. Wenn das Chroma Key-Verfahren in der Nachbearbeitung verwendet werden muss, sollte bei der Produktion laufend darauf geachtet werden, dass sich das aufgezeichnete Signal auch als Stanzsignal eignet.

Die saubere Einstellung des Chroma Key ist eine kritische Angelegenheit und nur bei guter Ausleuchtung des blauen Hintergrundes möglich. Eine schlechte Einstellung führt zu ausreißenden Stanzkanten, die die Illusion eines zusammengehörigen Bildes zerstören (Abb. 9.16). Kritische Stellen sind Haare und Gegenstände, durch die der Hintergrund sichtbar sein soll.

Schatten, die eine Person auf den blauen Hintergrund wirft, können sichtbar bleiben, wenn eine Shadow-Keystufe benutzt wird, mit der der Schattenbe-

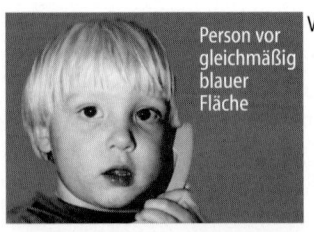
Person vor gleichmäßig blauer Fläche   Vordergrundbild

Stanzbild

Hintergrundbild

Abb. 9.15. Chroma Key

Abb. 9.16. Gute und schlechte Chroma Key-Einstellung

reich im Vordergrundbild registriert und das Hintergrundbild mit Schwarz abgedunkelt wird. Bei besonders kritischen Vordergrundbildern, z. B. wenn der Hintergrund durch Rauch oder Glas sichtbar ist, wird das Ultimatte Chroma Key-Verfahren eingesetzt (s. Kap. 10.6), ein aufwändiges Verfahren, das durch mehrere Mischprozesse ein besonders realistisches Gesamtbild bietet.

9.1.3.4 Extern Key

Hier wird das Stanzsignal von außen zugeführt, so dass das Vordergrundbild mit extern vorgegebenen Umrissen über das Hintergrundbild gelegt werden kann (Abb. 9.17). Das externe Stanzsignal wird als Key Source und das in den Umriss eingesetzte Signal als Key Fill bezeichnet. Beim praktischen Einsatz ist der H-Phasenabgleich zwischen diesen Signalen zu beachten.

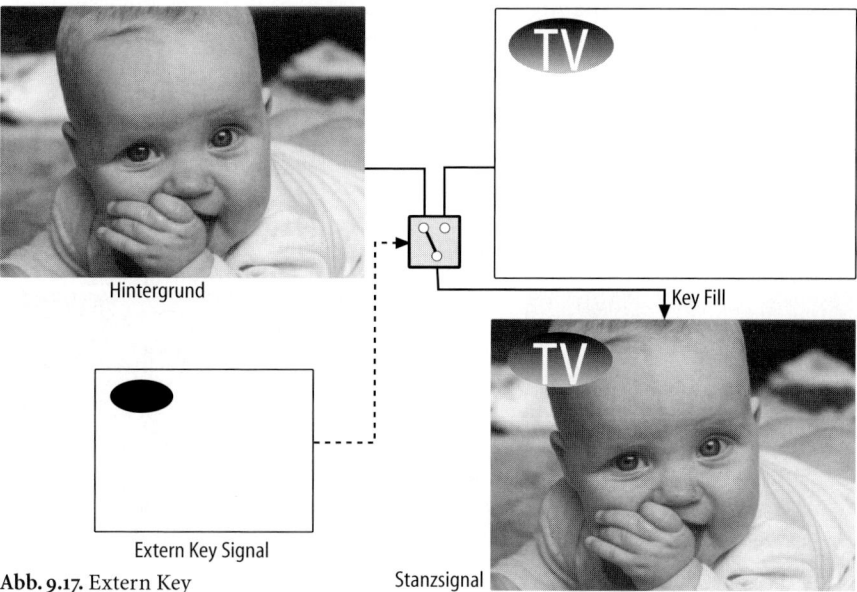

Abb. 9.17. Extern Key

Sehr nützlich ist der Extern Key-Eingang für das Einstanzen von computer-generierter Grafik, wenn der Computer in der Lage ist, neben den eigentlichen, bildbestimmenden RGB-Kanälen mit einem separaten sog. Alphakanal zu arbeiten, der ein Graustufen-Stanzsignal zur Verfügung stellt. Die Graustufe des Alphakanals bestimmt das linear Keying, d. h. die Mischung zwischen Vorder- und Hintergrund. Wenn das Stanzsignal an den externen Key-Eingang angeschlossen wird, braucht bei der Bildgestaltung keine Rücksicht darauf genommen zu werden, dass die Grafik stanzfähig gestaltet wird, d. h. hohe Helligkeits- oder Farbkontraste aufweist.

9.1.3.5 Preset Pattern Key

Anstatt eines externen Stanzsignals können auch die für den Wipe-Effekt vorgegebenen Muster (Preset Pattern) eingesetzt werden, um daraus das Stanzsignal abzuleiten. Der ausgestanzte Bildbereich kann mit dem Vordergrundsignal gefüllt werden. Er lässt sich ggf. über den Bildschirm bewegen und mit den für die Wipe-Muster zur Verfügung stehenden Border-Effekten verändern. Im Unterschied zum normalen Wipe kann hier eine feste Bildteilung auf Tastendruck ausgelöst werden.

Der Wipe-Generator kann auch zur Maskierung des Vordergrundes eingesetzt werden (Key Mask), indem die Stanzfunktion auf die dem Muster entsprechenden Bereiche des Vordergrundbildes eingegrenzt wird. Soll z. B. ein Titel in ein Bild gestanzt werden, der in der Vorlage mit einem störenden Untertitel versehen ist, so lässt sich dieser mit einem richtig positionierten Rechteckmuster unterdrücken (Abb. 9.18). Anstatt durch das Vordergrundsignal kann der ausgestanzte Bereich auch mit einem Farbsignal aus den im Mischer vorhandenen Farbflächengeneratoren gefüllt werden (Matte Fill, Effect Matte). Weiterhin können die Grenzlinien zwischen Vorder- und Hintergrundbild besonders gestaltet werden, häufig wird z. B. eine eingestanzte Schrift mit einem anders farbigen Schatten versehen, um auch bei unruhigem Hintergrund eine gute Lesbarkeit zu gewährleisten.

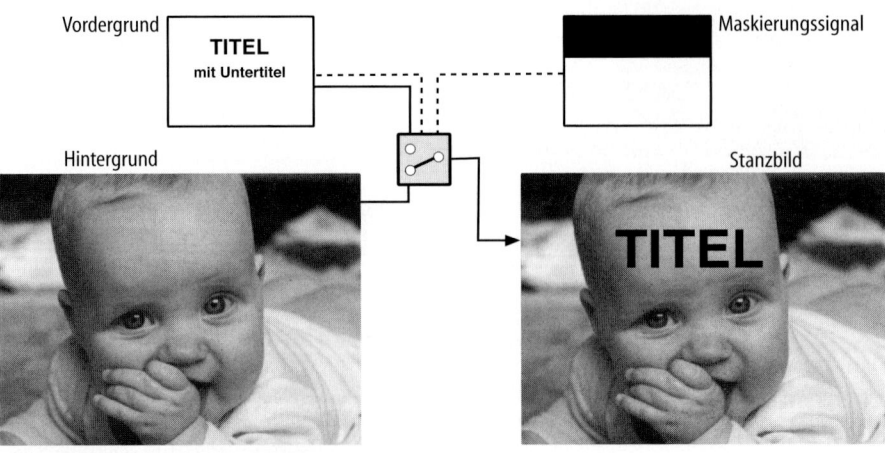

Abb. 9.18. Maskierter Stanzvorgang

9.1.4 Funktionen in Digitalmischern

Die generellen Funktionen sind in Analog- und Digitalmischern gleich, sie werden ähnlich realisiert und auch die Benutzeroberflächen der Geräte sind im Wesentlichen die gleichen. Die Realisierung einer Mischfunktion entspricht einer Addition von Signalwerten. Im analogen Fall können dazu Spannungen überlagert werden, bei Digitalwerten werden Zahlen addiert (Abb. 9.19). Ähnlich wie bei Analogsignalen die Übersteuerungen verhindert werden müssen, ist hier erforderlich, dass der erlaubte Zahlbereich nicht überschritten wird. Dazu wird die Rechengenauigkeit intern erhöht. Da das Ausgabesignal i. d. R. dieselbe Wortbreite wie die Eingangssignale haben wird, ist es erforderlich, die Wortbreiten vor der Ausgabe wieder zu reduzieren, also eine Requantisierung durchzuführen. Wenn bei diesem Prozess einfach nur Bits weggelassen werden, machen sich besonders bei geringen Pegeln Artefakte (Contouring) bemerkbar. Durch Rundungsprozesse oder Hinzufügen von Zufallssignalen (Dithering) können diese erheblich gemindert werden.

Bei der Mischung von nach ITU-R 601 standardisierten DSK-Signalen gibt es die Besonderheit, dass der minimale Analogwert nicht durch die Zahl Null repräsentiert wird, sondern im 8 Bit-Luminanzsignal durch den Wert 16. Daher muss dieser Wert zunächst von den zu mischenden Signalen subtrahiert und schließlich wieder zum Ausgangssignal hinzuaddiert werden (Abb. 9.19). Dabei wird meist nicht einfach der feste Wert 16 verwendet, sondern die Werte aus dem Beginn der Zeile, die den Werten der Austastlücke entsprechen, da die digitale Zeile ja geringfügig länger ist als die analoge. Auf diese Weise können auch kleine Aussteuerungsfehler berücksichtigt werden (digitale Klemmung).

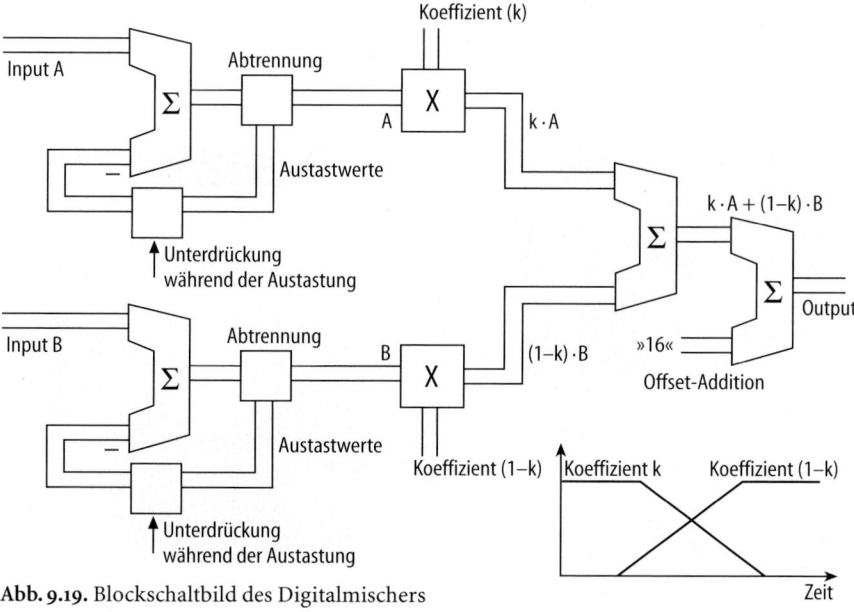

Abb. 9.19. Blockschaltbild des Digitalmischers

Derselbe Vorgang wird auch für die Farbdifferenzkomponenten durchgeführt, jedoch mit einem Offset von 128, bzw. 512 bei 10 Bit-Signalen. Vor der Addition wird hier dann das 2er-Komplement gebildet, so dass die Werte wieder positiv und negativ werden können, wie es auch im analogen Signal der Fall ist.

In Mix/Effect-Stufen wird nicht nur gemischt, sondern es werden auch Signale verstärkt und gedämpft. Diese Funktion wird durch Multiplikation mit bestimmten Koeffizienten realisiert. Eine per Faderbar gesteuerte Überblendung erfordert dabei zwei Multiplizierer, wobei der eine mit den Koeffizienten k der andere mit (1 – k) gesteuert wird [135]. Mit Addition und Mischung lassen sich die oben genannten Bildmischerfunktionen realisieren. Hinzu kommen Schaltvorgänge, die auf digitaler Ebene sehr leicht durchführbar sind. Die Digitaltechnik wird dabei aber nicht nur zur Kopie der analogen Funktionen eingesetzt. Sie ermöglicht eigene Lösungen, die oft im Funktionsumfang über die klassischen Mischerfunktionen hinausgehen und daher in Digital Video Effekt-Geräten (DVE) zu finden sind.

9.1.5 Mischeraufbau

Die gebräuchlichen Videomischer sind häufig auf eine Eingangs-Signalform festgelegt, einige Typen erlauben aber auch den gemischten Betrieb. Meist ist die eigentliche Elektronik eines Bildmischpultes vom Bedienpult getrennt (Abb. 9.20). Zur Verbindung dienen herstellerspezifische Systeme, die bei großen Mischern ähnlich arbeiten wie Computernetzwerke. Diese Verbindungen sind bei aufwändigen Geräten so leistungsfähig, dass ein Mischsystem über mehrere Bedienpulte gesteuert werden kann.

Die Elektronikeinheit mit den Ein- und Ausgängen kann zusammen mit der Elektronik der Bildquellen (Camera Control Unit) oder den Videorecordern in einem Maschinenraum untergebracht werden, so dass nur kurze Verbindungs-

Abb. 9.20. Bedienfeld und separate Elektronikeinheit eines Videomischers [122]

leitungen erforderlich sind. Die Elektronikeinheiten sind insbesondere bei analogen Komponentenmischern mit sehr vielen Buchsen bestückt.

Die manchmal komplex erscheinenden Benutzeroberflächen der Videomischer reduzieren sich bezüglich der Grundelemente auf die im wesentlichen gleich ausgestatteten Mischebenen mit den Mix/Effekt-Stufen und den zugeordneten Kreuzschienen, eine Einheit zur Anwahl der den Effekten zugeordneten Attribute (z. B. Wipe-Muster, Stanzfarbe, Keytype, Softedge etc.) und eine weitere Key-Stufe vor dem Signalausgang, die speziell dem Einstanzen von Logos und Schriften dient.

Die Bedienelemente sind dem Signalfluss entsprechend von links nach rechts angeordnet (Abb. 9.21). Die Kreuzschienen liegen links, die hier ausgewählten Signale werden über die in der Mitte liegenden Mix/Effekt-Stufen gemischt. Bevor sie zum Ausgang gelangen, durchlaufen sie die genannte separate Keystufe, die entsprechend der Vorstellung eines von links nach rechts verlaufenden Signalstromes als Down Stream Keyer (DSK) bezeichnet wird. Dieses Konzept ist an dem abgebildeten Produktionsmischer deutlich sichtbar.

Die zentrale Einheit der Ebene, die Mix/Effekt-Stufe, arbeitet im einfachen Fall mit zwei Eingängen. Zur Anwahl der Quellen ist entsprechend eine zweireihige Kreuzschiene erforderlich, bei der zwei Eingänge meist fest mit einem im Mischer erzeugten Schwarzbild und einem Farbbalken- bzw. einem Farbflächensignal belegt sind. An der oberen, mit Program (PGM) bezeichneten Ta-

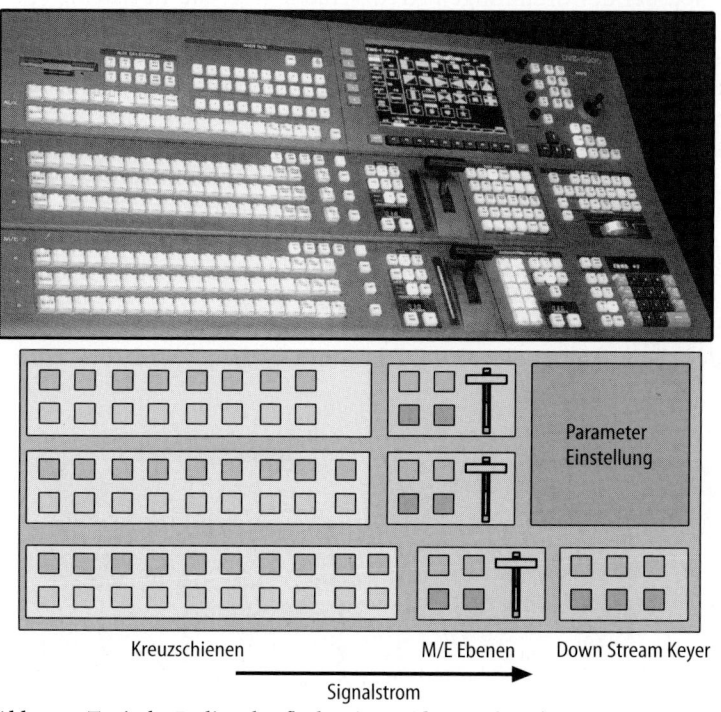

Abb. 9.21. Typische Bedienoberfläche eines Videomischers [122]

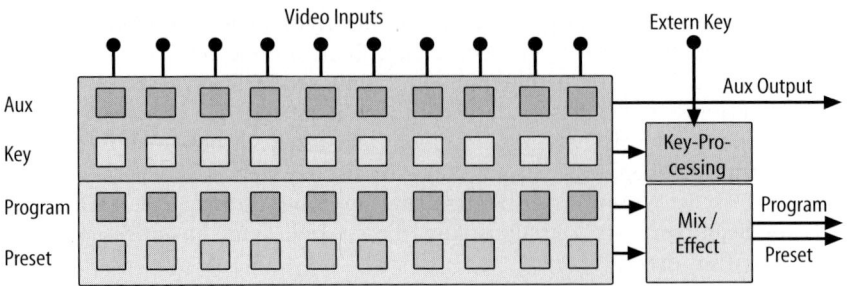

Abb. 9.22. Kreuzschiene mit AUX-, Key-, Program- und Preset-Bus

stenreihe (Bus) ist das zum Ausgang durchgeschaltete Signal angewählt, an der unteren, mit Preset (PST) bezeichneten, wird das Signal vorgewählt, das am nächsten Mischeffekt beteiligt sein soll. Im Flip-Flop-Betrieb wechselt das Signal auf der PST-Reihe nach Auslösung des Effekts zur PGM-Reihe und umgekehrt. Die Effektstufe wird oft so erweitert, dass unabhängig von einem Wipe- oder Mix-Effekt ein Stanzvorgang vorgenommen werden kann. Da dazu zusätzlich die Anwahl einer Stanzsignalquelle erforderlich ist, sind die Kreuzschienen dreireihig aufgebaut. Die Program/Preset-Signale fungieren beim Stanzvorgang als Hintergrund und werden entsprechend auch als Background (BKGD) bezeichnet. Bei der dreireihigen Kreuzschiene liegt die Key-Reihe (Key Bus) oberhalb der Program-Reihe, die Tasten sind meist farblich abgehoben (Abb. 9.22). Anstelle des Key Bus, oder zusätzlich, wird häufig auch ein Universal-Bus (AUX Bus) in der Kreuzschiene verwendet. Hiermit kann unabhängig von allen Mischereinstellungen ein Signal zu einem separaten AUX-Ausgang geführt werden. Damit ist es möglich, alle Eingangssignale anzuwählen, um sie z. B. zu einem an den separaten Ausgang angeschlossenen Effektgerät zu schicken, dessen Ausgang wiederum mit einem Mischereingang verbunden ist. Auf diese Weise können alle Signale effektbehaftet in die Mischung aufgenommen werden, ohne dass die Signalverbindungen am Effektgerät verändert werden müssen.

Neben den Signalwahl-Tasten der Kreuzschiene sind in der Ebene noch die Tasten vorhanden, mit denen die Mix/Effekt-Stufe bedient wird. Bei einem

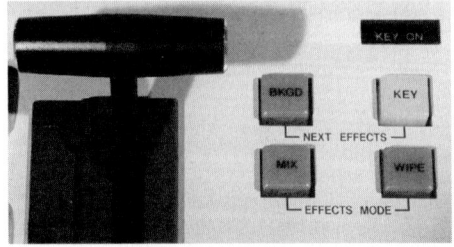
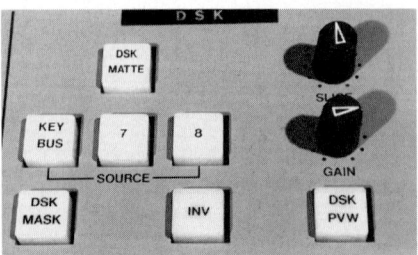

Abb. 9.23. Bedienelemente für den Transition Type und den DSK

einfachen Mischer ohne Key-Möglichkeit befinden sich hier mindestens vier Tasten und ein Hebel für manuelle Steuerung (Faderbar). An den in Abb. 9.23 unten dargestellten beiden Tasten wird der Effects Mode (Transition Type) ausgewählt, d. h. ob der Mischeffekt für die auf PST und PGM angewählten Signale eine Überblendung (Mix) oder ein Standardtrick (Wipe) sein soll. Die Form des Wipe wird über ein separates Bedienfeld festgelegt.

Bei Mischern, die einen Key-Vorgang erlauben, sind die zwei weiteren in Abb. 9.23 gezeigten Tasten (Next Effects) vorhanden. Die Taste BKGD ermöglicht die gerade beschriebenen Übergänge zwischen den Background-Signalen (PGM und PST), während die Taste Key bei der Effektauslösung die gestanzte Überlagerung des auf dem Key Bus angewählten Signals bewirkt. Um den jeweiligen Zustand anzuzeigen, werden selbstleuchtende Tasten verwendet. Eine gewählte Funktion oder ein Eingang wird hell leuchtend, ein vorgewählter Kanal durch geringere Intensität signalisiert. Die Bedientasten für den Keyer selbst sind in Abb. 9.24 dargestellt.

Weitere Tasten dienen der Auslösung des voreingestellten Effekts. Cut bewirkt einen sofortigen Übergang zum PST-Signal, einen harten Schnitt. Die Taste Auto löst dagegen einen langsamen Übergang aus, dessen Dauer meist als Anzahl von Bildern zwischen eins und einigen hundert festgelegt werden kann. Die dritte Möglichkeit zur Ausführung des voreingestellten Effekts besteht in der Nutzung des Faderbars, mit dem individuell z. B. eine Überblendung nur zur Hälfte vorgenommen werden kann, die dann langsam wieder zum Ausgangsbild zurückgeführt wird.

9.1.5.1 DSK

Wie bereits beschrieben, befindet sich vor dem Ausgang der meisten Mischer eine unabhängige Down Stream Key-Stufe, die vor allem dem Einstanzen von Logos und Schriften dient (Abb. 9.23). In vielen Fällen ist die Stanzart auf Luminanz Key eingeschränkt, dafür sind aber häufig aufwändige Border- und Shadow-Effekte möglich. Für den DSK sind separate Eingänge vorhanden. Die Down Stream Key-Stufe ist vor allem für Signale vorgesehen, die einem bereits bearbeiteten Bild zum Schluss überlagert werden sollen. Damit lässt sich auch mit einem einfachen Mischer, dessen einzige Key-Stufe durch eine Chroma

Abb. 9.24. Bedienelemente für die Key-Funktionen

Key-Anwendung belegt ist, eine Einstellung realisieren, die häufig bei der Produktion von Nachrichtensendungen auftritt: Auf dem Keybus wird das Kamerasignal angewählt und mittels Chroma Key wird das Vordergrundbild über die mit PGM und PST austauschbaren Hintergrundbilder gelegt. In dieser Situation erlaubt es der DSK, z. B. einen Schriftzug zusätzlich über das Gesamtbild zu stanzen. Noch hinter dem DSK ist bei vielen Mischern die Fade to Black-Einrichtung angeordnet, die auf Tastendruck eine Abblende nach Schwarz ermöglicht, ohne dass Veränderungen in der Mix/Effektstufe oder im DSK vorgenommen werden müssen.

9.1.5.2 Farbflächen

Alle modernen Bildmischer enthalten eine Anzahl unabhängiger Farbflächengeneratoren (Matte). Sie werden für die Erzeugung der Fill-Farben und zur Einfärbung von Schatten und Bordern etc. eingesetzt. Die Einstellung erfolgt mit den drei Einstellern »Hue« für den Farbton, »Sat« für die Farbsättigung und »Lum« für die Helligkeit des Farbsignals. Große Mischer erlauben auch die Erzeugung von Flächen mit Farbverläufen.

9.1.5.3 Tally

Dieser Begriff steht für die Signalisierung des Kamerazustandes über das Kamera-Rotlicht. Wenn der Bildmischer als Produktionsmischer zur Verarbeitung mehrerer Kamerasignale eingesetzt wird, so ist es nötig, den aufgenommenen Personen und den Kameraleuten anzuzeigen, welche Kamera gerade »geschnitten«, d. h. auf Sendung geschaltet ist. Da das gewünschte Signal in der Regie am Bildmischer bestimmt wird, müssen die Mischer in Abhängigkeit vom Kreuzschienenzustand Schaltsignale generieren, die zu den Kameras geführt werden können. Große Mischer bieten dabei auch die Möglichkeit der Signalisierung der im Preset-Bereich angewählten Quellen (Preset-Tally).

9.1.5.4 Schnittstellen

Weitere Schaltsignale für den Mischer werden über das General Purpose Interface (GPI) geführt. Diese Verbindung wird bei Mischern als einfach Fernsteuerung vor allem dazu genutzt, bei Veränderung des GPI-Signalzustandes, z. B. durch ein Schnittsteuersystem, einen Mischeffekt auszulösen.

Wenn eine umfassendere Beeinflussung des Mischerzustandes mit einer Vielzahl verschiedener Befehle erforderlich ist, wird anstelle des GPI eine serielle Schnittstelle verwendet. Auch die serielle Schnittstelle wird meist zur Kommunikation mit Schnittsteuersystemen eingesetzt, allerdings ist es aufgrund der vielen verschiedenen Mischertypen schwierig, die Befehle eindeutig den Funktionen zuzuordnen. Damit beschränken sich die Steuerfunktionen auch bei seriellen Schnittstellen meist auf einfache Vorgänge wie die Bildquellenanwahl, die Bestimmung des Transition Type etc. Schon die Auswahl eines Wipemusters stößt auf Schwierigkeiten, da in verschiedenen Mischern unterschiedliche Muster implementiert sind.

9.1.5.5 Effects Memory

Die Auslösung einer sehr komplexen Funktion durch ein externes Steuersignal wird durch die Speicherung des gesamten Mischerzustandes möglich. In einem »Snapshot« werden hier alle aktuellen Betriebsdaten gespeichert und auf einem Speicherplatz im Effects Memory (E-MEM) oder einer externen Diskette bzw. Speicherkarte abgelegt. Durch einen einfachen Aufruf eines dieser Speicherplätze auf Knopfdruck oder durch ein externes Signal kann der entsprechende Mischerzustand sofort wiederhergestellt werden, und ein komplexer Mischvorgang kann automatisch ablaufen. An einigen Mischern können die Zustände zusätzlich in eine zeitliche Abfolge gebracht werden, so dass nach einer Definition der zugehörigen Zeiten ganze Sequenzen von Mischerzuständen ablaufen können.

9.1.6 Mischer-Typen

Bildmischer unterscheiden sich durch die verarbeitbaren Signalformen, durch digitale oder analoge Arbeitsweise, durch die Anzahl der Eingänge, die Anzahl der Ebenen, bezüglich der Signalverarbeitung und vor allem durch die Qualität der Chroma Key-Stufe. Es gibt rein analog arbeitende Geräte, Typen, die eine analoge Signalverarbeitung mit einer Digitalsteuerung verbinden und rein digitale Geräte, die häufig auch Anschlussmöglichkeiten für Analogsignale bieten. Auch bei Digitalmischern wird meistens das oben erläuterte Benutzerkonzept der Analogmischer übernommen. Einige Typen arbeiten dagegen mit einer sehr kleinen Benutzeroberfläche, über die sehr viele Funktionen erreichbar sind. Diese Geräte sind sehr kompakt, haben aber den Nachteil der Unübersichtlichkeit und langen Zugriffszeit auf die Funktionen.

Ein Beispiel für einen kleinen Trickmischer, der für die Bearbeitung von Signalen in Studios vorgesehen ist, die mit S-VHS-Geräten ausgerüstet sind, ist der Typ KM-D600 von JVC (Abb. 9.25). Dieses Gerät verfügt über vier Eingänge für Y/C oder FBAS-Signale. Es ermöglicht Mix, Wipe, Luminanz Key und Chroma Key und stellt darüber hinaus auch einige einfache Digitaleffekte minderer Qualität (z. B. Zoom) zur Verfügung. Eine Besonderheit ist hier der integrierte 2-kanalige TBC, der die Einbindung von Signalen ermöglicht, die nicht an den Studiotakt gekoppelt sind.

Abb. 9.25. Kleiner Y/C-Mischer [64]

Abb. 9.26. Analoger Komponentenmischer

Ein bekannter analoger Bildmischer für Composite- oder Komponenten-Signale ist der Typ GVG 110 von der Firma Gras Valley Group, der in vielen Nachbearbeitungsstudios und kleinen Ü-Wagen zu finden war. Das Gerät hat 10 Eingänge, von denen acht mit einer »10 auf 3« Kreuzschiene frei belegbar sind, und bietet alle wesentlichen Effekt- und Keymöglichkeiten. Ein vergleichbares Gerät ist das Modell KM 3000 von JVC (Abb. 9.26) mit einer Benutzeroberfläche, die der oben beschriebenen entspricht.

Ein Beispiel für einen großen analogen Produktionsmischer ist das Modell Diamond von BTS, das als Komponenten- oder FBAS-Mischer zur Verfügung steht. Dieses Gerät hat drei Ebenen, 30 + 3 Eingänge und einen DSK. Die Einstellung der Misch- und Key-Attribute erfolgt über ein LC-Display, und das gesamte Set-up lässt sich auf einer Karte abspeichern. Die Kommunikation zwischen Bedienteil und der Elektronik geschieht über ein Netzwerk, dass den Anschluss mehrerer Bedienpulte erlaubt.

9.1.6.1 Digitale Bildmischer

Kleine Mischer arbeiten oft intern digital, es sind aber nur analoge Anschlüsse verfügbar. Ein Beispiel ist der Typ Sony DFS 500. Bezüglich der Signalformen ist das Gerät flexibel, es können sowohl FBAS- und Y/C-, als auch Komponentensignale verarbeitet werden. Dieser Mischer eignet sich vor allem für den

Abb. 9.27. Kleiner Digital-Mischer [122]

Einsatz an kleineren Schnittplätzen, denn er hat nur eine geringe Zahl von Eingängen, dafür ist aber ein digitales Videoeffektsystem integriert.

Mittelgroße und größere Digitalmischer sind häufig modular aufgebaut. Sie arbeiten digital, können aber mit seriell digitalen Anschlüssen ebenso ausgestattet werden wie mit analogen. Auch die Signalverarbeitungsstufen können modular eingesetzt werden, so dass z. B. nur die Key-Stufen erworben werden müssen, die tatsächlich gebraucht werden. Ein Beispiel für verschieden große Mischer nach diesem Konzept sind die in Abb. 9.27 und 9.28 dargestellten Geräte Sony DVS 2000 mit zwölf Eingängen auf einer Ebene und Sony DVS 7000 mit 36 Eingängen und drei Ebenen. Philips/BTS bietet mit der Diamond Digital-Serie eine zusammengehörige Serie aus kleinen, mittleren und großen Digitalmischern für serielle digitale Komponentensignale. Diese Typen tragen die Bezeichnungen DD5 bis DD35. Die beiden kleinen Geräte (DD5, DD10) arbeiten mit einer Mischebene und 12 oder 16 Eingängen, die beiden großen mit 32 Eingängen und zwei bzw. drei Ebenen. Alle Geräte verwenden die gleiche Elektronik und können über ein Netzwerk verbunden werden. So können auch z. B. die Mix/Effektstufen des Typs DD30 zwei unterschiedlichen Nachbearbeitungsplätzen zugeordnet werden. Der Typ DD 35 der Reihe ist bis auf 48 Eingänge und bis zu 15 Aux-Busse erweiterbar, bietet zwei Keystufen pro M/E-Ebene und drei Down Stream Keyer, so dass z. B. bei multinationalen Produktionen zeitgleich parallele oder kaskadierte Einblendungen vorgenommen werden können. Ein solcher Produktionsmischer arbeitet mit zwei redundanten Netzteilen und ist auch hinsichtlich der Computersteuerung auf Echtzeitsteuerung und Betriebssicherheit hin optimiert.

Die Digitaltechnik ermöglicht nicht nur die Herstellung aufwändiger Digitalmischer, sondern auf der anderen Seite auch eine erhebliche Verkleinerung der Geräte. Einfache Mischer können inzwischen so kompakt gebaut werden, dass sie zusammen mit einer Digitalisierungshardware auf einer Computersteckkarte integriert werden und damit den Kern computergesteuerter Schnittplätze darstellen können.

Abb. 9.28. Großer Produktionsmischer [122]

9.2   Videografik- und Effektgeräte

Grafik- und Effektgeräte arbeiten ggf. mit analogen Ein- und Ausgängen, intern aber ausschließlich auf digitaler Basis, da nur so die aufwändigen Funktionen realisiert werden können. Sie werden für den Produktionsbereich als betriebssichere separate Geräte gebraucht, im Postproduktionsbereich aber zunehmend durch Lösungen auf Computerbasis ersetzt. Gleichzeitig verschwimmen zunehmend die Grenzen zwischen den Effektgerät-Gattungen, denn die Einzelgeräte werden in ihrem Funktionsumfang immer vielfältiger.

9.2.1 Schriftgeneratoren

Seit Beginn der Fernsehentwicklung spielt die Überlagerung von Videobildern mit Schrift und Grafik zur Darstellung von Titeln, Namenseinblendungen, Sportergebnissen etc. eine wichtige Rolle. Ihrer Bedeutung ist unabhängig von Modeerscheinungen, denen die Video-Trickeffekte oft unterworfen sind. Im einfachsten Fall kann die Grafik mit einer Insertkamera aufgenommen und in das Videobild eingestanzt werden, hier sind besonders kontrastreiche Bildvorlagen erforderlich. Heute werden die Schriften und Grafiken häufig elektronisch erzeugt, eine separate Kamera ist nicht erforderlich. Wenn der Schriftgenerator in der Lage ist, zusätzlich zum Video-Grafiksignal ein Key-Signal zu liefern, so kann dieses zum Extern Key-Eingang des Mischers geführt werden, so dass bei der Gestaltung der Grafik auch keine Rücksicht auf die Key-Fähigkeit genommen zu werden braucht (Abb. 9.29).

Bei der Gestaltung muss allerdings beachtet werden, dass das Videobild bei der Produktion oft anders wiedergegeben wird als bei den Konsumenten, die mit einem beschnittenen Bild versorgt werden. Damit die gesamte Schrift oder Grafik sichtbar ist und darüber hinaus auch noch von einem Rand umgeben ist, sollte das Titelfeld deutlich kleiner sein als das übertragene Bildfeld. Setzt man die Bildbreite des übertragenen Bildfeldes zu 100%, so sollten sich die bildwichtigen Teile innerhalb von 90% der Bildbreite befinden (Safe Area), während für das Titelfeld nur 80% vorgesehen sind (Abb. 9.30).

Moderne Schriftgeneratoren sind wie Standard-Computer ausgestattet, meist mit Standard-Prozessoren und Festplatten zur Datenspeicherung. Im Ge-

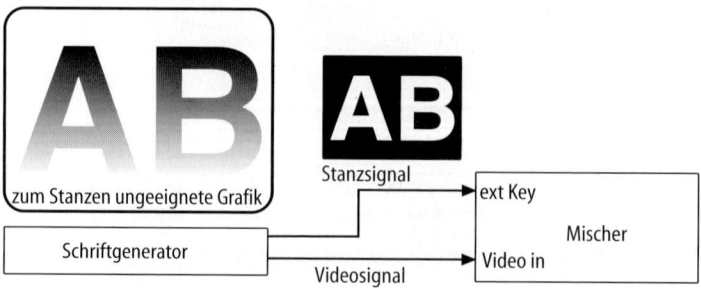

Abb. 9.29. Grafikeinblendung mit separatem Keysignal

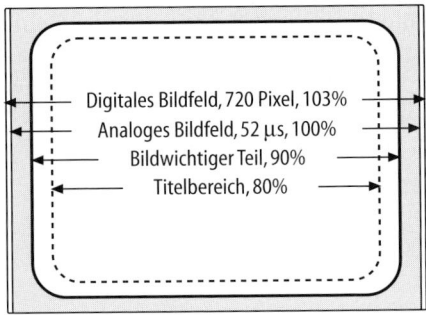

Digitales Bildfeld, 720 Pixel, 103%
Analoges Bildfeld, 52 μs, 100%
Bildwichtiger Teil, 90%
Titelbereich, 80%

Abb. 9.30. Bildfeld und Titelbereich

gensatz zu Standard-PC ist eine aufwändige Videografikausgabeeinheit vorhanden, die oft mit doppeltem Video-RAM arbeitet und damit einen schnellen Austausch zweier Grafikseiten erlaubt. Eine wichtige Funktion ist dabei das Scrolling, d. h. einen Text als Lauftitel vertikal oder horizontal ablaufen zu lassen. Die Darstellungsqualität wird maßgeblich vom Antialiasing bestimmt. Die Geräte erlauben heute über Netzwerke eine Anbindung an SGI-Workstations und Macintosh/PC-Systeme, so dass ein Direktimport aus PC-Textverarbeitungsprogrammen in ein vorgefertigtes Layout vorgenommen werden kann. Wichtige Schrift- und Grafikformate (Postscript, Tiff, Pict), die sich bei der Druckvorlagenerstellung etabliert haben, werden ebenso unterstützt wie Photoshop-Pixelgrafiken oder Vektor-Outlines aus dem Programm Illustrator. Die enge Anlehnung an Standard-PC ermöglicht den Zugriff auf die große Anzahl professioneller Schriften aus dem Druckbereich, die frei skaliert und mit allen möglichen Attributen versehen werden können. Der Schriftgenerator leistet vor allem den Transfer der Computerschriften und -grafiken ins Videoformat und bietet die Möglichkeit, die Schrift zu bewegen. Große Systeme sind diesbezüglich auch nicht mehr auf bestimmte Bewegungsrichtungen eingeschränkt, sondern bieten eine freie Animation.

Abbildung 9.31 zeigt den Schriftgenerator A 72 von Abekas. Bekannte Hersteller von Schriftgeneratoren sind die Firmen Aston und Chyron. Das Gerät Aston Ethos z. B. bietet Zweikanalbetrieb bei 32 Bit Farbtiefe sowie ein 256-

Abb. 9.31. Schriftgenerator [1]

stufiges Antialiasing für bis zu 4000 verschiedene Schrifttypen auf einer Seite. Die Schriftgröße kann zwischen 6 und 576 TV-Zeilen eingestellt werden. Es werden mehrzeilige Roll- und Kriechtitel unterstützt, die mit und ohne Beschleunigung ablaufen können, und jeder Buchstabe kann mit bis zu 20 Attributen wie Drop Shadow, Emboss, Outline, Doppelkante, Spiegelung etc. versehen werden.

9.2.2 Digitale Effektgeräte

Trickeffekte, die über das Schalten, Stanzen, Blenden und Mischen von Videosignalen hinausgehen, bleiben meist den digitalen Effektgeräten (DVE) überlassen. In diesen Geräten wird ein Bild komplett gespeichert und in sehr kurzer Zeit neu berechnet, um durch Veränderung der Lage und Art einzelner Pixel Bildverzerrungseffekte wie Bildverschiebung, elektronisches Zoom, Bildrotation, Farbänderung etc. zu erzielen. Der wesentliche Unterschied zur Bildbearbeitung in Standard-PC ist hier die Echtzeitfunktion und die Qualität. Man unterscheidet 2- und 3-dimensionale Effekte, je nachdem, ob sich bei der Positionsveränderung ein räumlicher Eindruck ergibt oder nicht. Ein zweidimensionaler Effekt ist z. B. eine einfache Bildverkleinerung (Abb. 9.32). Ein dreidimensionaler Effekt ist im Spiel, wenn ein Bild so erscheint, als sei es quasi um einen Körper herum gewickelt oder gewölbt. Ob 3D-Effekte möglich sind, hängt von der Leistungsfähigkeit des Gerätes ab, in jedem DVE kann aber zu-

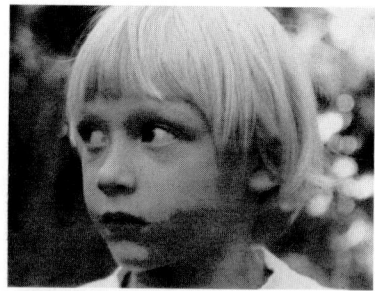

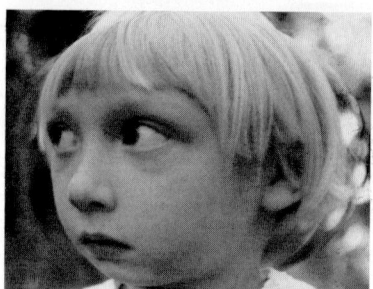

3D-Effekt, Wölben   2D-Effekte, Verkleinern, Drehen, Spiegeln

Abb. 9.32. 3D- und 2D-Digital-Videoeffekte (DVE)

Abb. 9.33. Sequenz von Digitaleffekten

mindest das Bild vergrößert und verkleinert werden, wobei sich auch das Seitenverhältnis ändern lässt. Weiterhin ist die Position des Bildes auch so weit verschiebbar, dass es ganz aus dem sichtbaren Bereich verschwindet.

Unabhängig von Bildlagen- und Größenänderungen kann mit dem DVE die Bildauflösung oder Schärfe beeinflusst werden (Weichzeichnereffekt), außerdem sind oft auch Bewegungsunschärfen und Farbveränderungen einstellbar. Eine weitere Funktion ist die Programmierbarkeit ganzer Tricksequenzen. Hierbei wird ein Bild in verschiedener Weise in seiner Position verändert. Die jeweiligen Bildlagen und -größen werden gespeichert und in eine zeitliche Reihenfolge gebracht. Bei einem automatischen Ablauf der Sequenz werden zusätzlich die Bildpositionen zwischen den vorher gespeicherten sog. Keyframes interpoliert, so dass der Eindruck eines Bewegungsablaufs entsteht (Abb. 9.33).

Beim Einsatz eines DVE leidet die Bildqualität. Wenn z. B. ein Bild verkleinert wird, kann der Verkleinerungsfaktor so ungünstig liegen, dass Alias-Strukturen auftreten. Diese müssen durch aufwändige Filtertechniken und angepasste Steuerung der Bildauflösung verhindert werden. Dabei müssen die Tiefpassfilter zur Verhinderung der Alias-Effekte so gestaltet sein, dass die Grenzfrequenz an die jeweilige Bildkompression angepasst ist [112]. In der Praxis wird mit einem Satz umschaltbarer Filter gearbeitet, da eine kontinuierliche Änderung der Grenzfrequenz nicht möglich ist.

DVE arbeiten ein- oder mehrkanalig. Damit ist die gleichzeitige Manipulation eines oder mehrerer Videosignale möglich, so dass z. B. eine räumlich verkleinerte Bildsequenz über einer Sequenz im Hintergrund ablaufen kann. Häu-

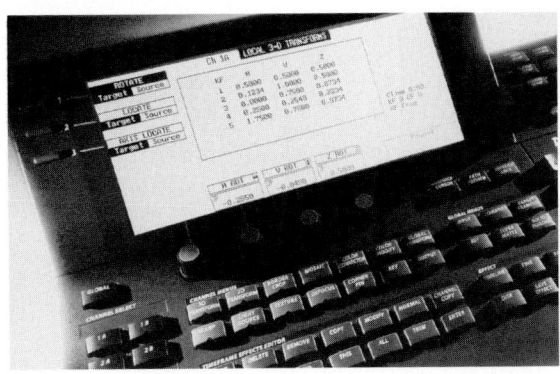

Abb. 9.34. DVE-Gerät [1]

fig steht darüber hinaus noch ein Key-Channel zur Verarbeitung eines S/W-Stanzsignals zur Verfügung, über den parallel zu dem zu manipulierenden Bild auch das zugehörige Stanzsignal verändert wird. DVE's werden meist als separate Geräte ausgeführt, die an den Bildmischer angeschlossen werden und teilweise auch darüber bedient werden können. Beispiele für DVE-Geräte sind der ADO von Ampex, Kaleidoskop von GVG oder das in Abb. 9.34 dargestellte Gerät von Abekas.

Auch im Bereich der digitalen Effekte geht der Trend hin zu mehr Integration in ein Komplettsystem bei gleichzeitig vermehrtem Einsatz von Standardcomputern. Ein Beispiel dafür ist die PC-gesteuerte Hardwareeinheit Alladin von Pinnacle, die einen 4-Kanal-Bildmischer mit Chrominanz/Luminanz-Keying, einen Standbildspeicher und ein 3D-Effektgerät enthält. Das Gerät wird mit einer Steuersoftware bedient, die Animation und professionelle Untertitelung sowie die Effektprogrammierung mittels einer Timeline ermöglicht.

9.2.3 Grafik und Animation

Mit Grafik- und Animationssystemen können Videobilder und Bildfolgen nicht nur bearbeitet, sondern vor allem kreiert werden. Der Begriff Grafik ist im Videobereich eng mit dem Bergiff Paintbox verbunden, dem ersten professionell einsetzbaren Paintsystem von der Firma Quantel (Abb. 9.35). Paintsysteme dienen der Erstellung oder Bearbeitung von Standbildern. Zur Bearbeitung fertiger Vorlagen werden diese mit einer Kamera oder einem Scanner aufgenommen und in digitaler Form gespeichert, soweit sie nicht bereits in einem digitalen Grafikformat wie Tiff, Pict, PCX etc. vorliegen.

Im Grafikprogramm stehen über Menüs Werkzeuge zur Erstellung vorgefertigter geometrischer Formen sowie für Freihandzeichnungen zur Verfügung. Um Freihandzeichnungen mit Werkzeugen wie Zeichenstift, Pinsel oder Airbrush (Sprühpistole) in möglichst gewohnter Form durchführen zu können, wird als elektronischer Pinsel oft ein druckempfindlicher Stift zusammen mit einem Grafiktablett zur Eingabe verwendet. Die Bilder können farblich verändert werden, es können Teile ausgetauscht und retuschiert werden und es ste-

Abb. 9.35. Grafiksystem Paintbox [99]

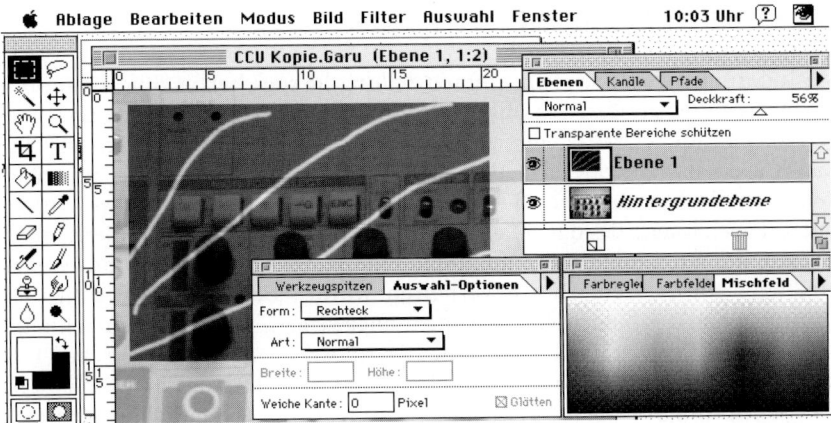

Abb. 9.36. Benutzeroberfläche eines Paint-Programms

hen Textwerkzeuge zur Verfügung. Mit Filtern kann auch der Schärfeeindruck verändert oder z. B. ein Effekt erreicht werden, der das Bild wie ein Aquarell aussehen lässt. Viele der genannten Funktionen sind inzwischen auch mit Programmen für Standardcomputer erreichbar (z. B. Photoshop, Abb. 9.36). Spezialisierte Video-Paintsysteme bieten aber eine Grafikausgabe als hochwertiges Videosignal und zusätzlich besondere, an den Videobereich angepasste Funktionen wie die Steuerung von MAZ-Maschinen.

9.2.3.1 Animation

In Animationssystemen werden nicht nur Einzelbilder erzeugt, sondern zusammenhängende Bildfolgen, die die Empfindung eines Bewegungsvorganges hervorrufen. Moderne Systeme basieren auf Hochleistungs-PC, die mit besonderen Prozessoren zur Grafikbearbeitung ausgestattet sind. Mit Hilfe leistungsfähiger Programme können fotorealistische 3D-Bilder erzeugt werden, die im Videobereich vor allem zur Erzeugung von Vorspännen und Logos, zur Verdeutlichung komplexer Zusammenhänge (Wissenschaftsfeatures) oder zur Erzeugung künstlicher Hintergründe eingesetzt werden. Die zur Erstellung von 3D-Animationen erforderlichen Berechnungen sind so komplex, dass auch Computer mit hoher Leistung meist nicht in der Lage sind, die für einen Echtzeitvorgang im Videobereich nötigen 25 Bildern pro Sekunde abzuarbeiten.

Grafik und Animation sind keine Gebiete, in denen ein Echtzeitbetrieb erforderlich ist. Es werden daher oft keine videospezifischen Geräte, sondern leistungsfähige Computer verwendet. Selbst Standard PC sind heute so weit entwickelt, dass sie viele Aufgaben in diesem Bereich erfüllen können und sie werden aufgrund des geringen Preises auch verwendet, obwohl ihre Anfälligkeit gegenüber Störungen für Sendeanstalten manchmal problematisch ist. Ein wesentlicher Aspekt für die Funktion ist der nichtlineare Zugriff auf die Bildsequenzen, der nicht an das Speichermedium Band gebunden ist. Daher wird ihre genaue Funktion erst im Kapitel über nichtlineare digitale Systeme, im Abschnitt 9.4 erörtert.

9.3   Elektronische Schnittsteuersysteme

Die Veränderung und neue Zusammenstellung gespeicherter Bildsequenzen wird in Anlehnung an den Kinofilm, der zur Umstellung der Sequenzen tatsächlich zerschnitten und wieder zusammengeklebt wird, im deutschsprachigen Raum auch im Videobereich mit Schnitt bezeichnet, obwohl die französichen oder englischen Begriffe Montage oder Editing den Vorgang wesentlich treffender bezeichnen, da das Material nicht nur geschnitten, sondern auch bearbeitet wird. Prinzipiell kann auch ein Videoband zerschnitten und wieder zusammengeklebt werden. Dieses Verfahren wurde aber nur bis Anfang der 60er Jahre bei den 2"-Quadruplexmaschinen angewendet. Auf speziellen Schneidlehren (Abb. 9.37) musste mit Hilfe eines Oszilloskops ein elektronischer Impuls aufgesucht werden, der den Bildanfang markiert. Neben der problematischen Lokalisierung der Bilder und der Unzuverlässigkeit der Klebestellen entstanden hier Probleme mit dem Bild-Tonversatz. Allgemein lässt sich feststellen, dass die technische Schnittausführung entscheidend von der Art der Bildspeicherung abhängt. Film wird mechanisch geschnitten, digitale gespeicherte Bildfolgen werden durch Verweise umgeordnet und Bildsequenzen auf Videobändern werden kopiert, ein Vorgang der hier im Vordergrund steht.

9.3.1 Grundfunktionen

In Verbindung mit Schnittsystemen tauchen immer wieder die Begriffspaare linear/nonlinear Editing und Online/Offline-Schnitt auf. Diese sollen hier zunächst erläutert werden. Der Begriff Linear Editing steht für das Kopieren von auf Magnetband gespeichertem Bildmaterial, wobei die gewählten Sequenzen in der gewünschten Reihenfolge linear hintereinander auf einem zweiten Band gespeichert werden (Abb. 9.38). Dieser Vorgang erfordert immer einen qualitätsmindernden Kopiervorgang, der den Einsatz möglichst hochwertiger Auf-

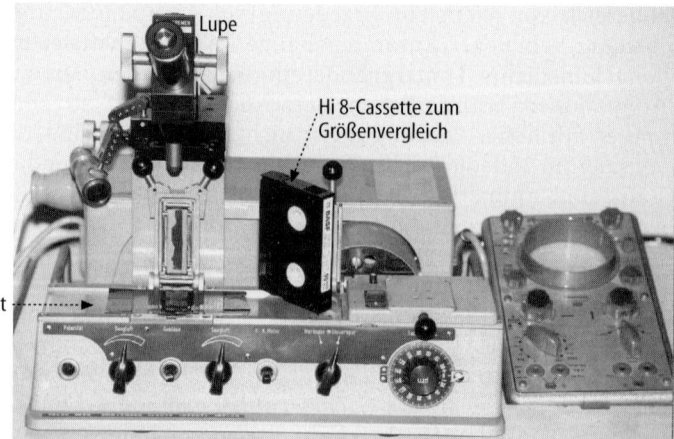

Abb. 9.37. Einrichtung für den mechanischen Schnitt eines 2"-Magnetbandes

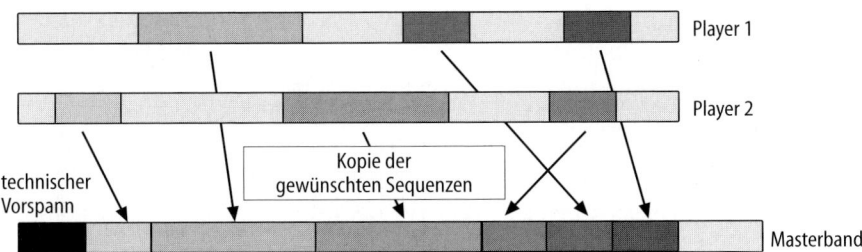

Abb. 9.38. Linearer Schnitt

zeichnungsmaschinen erfordert. In diesem Zusammenhang sind die Digital-MAZ-Geräte von großer Bedeutung. Beim linearen Schnitt sind ein oder mehrere Zuspieler und ein Recorder beteiligt. Am Schnittpunkt wird der Recorder von der Wiedergabe- in die Aufnahmebetriebsart umgeschaltet. Die Maschinen müssen dabei fernsteuerbar sein, und die Bilder müssen einzeln lokalisiert werden können, was über eine Nummerierung mit dem Timecode erreicht wird. Dieser Vorgang ist aufgrund erforderlicher Vorlauf- und Umspuldauern mit relativ hohem Zeitaufwand verbunden. Linearer Schnitt ist HDTV-tauglich, die Auflösung hängt nur von den MAZ-Maschinen und ggf. dem Mischer ab.

Demgegenüber steht das Nonlinear Editing. Hier wird die Wiedergabe der gewählten Bildfolgen in der gewünschten Reihenfolge einfach dadurch erreicht, dass eine Adressierung der Bildsequenzen in anderer Form als bei der Aufzeichnung vorgenommen wird (Abb. 9.39). Die Voraussetzung dafür ist ein System mit einer hohen Zugriffsgeschwindigkeit, so dass bei dem Übergang zu einer anderen Sequenz die Video-Bildfolgefrequenz aufrechterhalten werden kann. Dabei ist auch von Vorteil, dass der Editiervorgang nicht mit einem Kopiervorgang verknüpft ist. Nonlineare Systeme arbeiten mit Digitalsignalen, die meist auf Magnetplatten gespeichert werden. Da letztere vergleichsweise teuer sind, ist das wesentliche Problem beim Nonlinearen Editing die begrenzte Speicherkapazität. Wo es geht, wird dem Problem durch den Einsatz von Datenreduktionsverfahren begegnet. Aufgrund der genannten Nachteile wird der lineare Schnitt fast nur noch im Fernsehbereich verwendet, wenn aus Zeitknappheit die Einspielung in das nichtlineare System vermeiden werden soll.

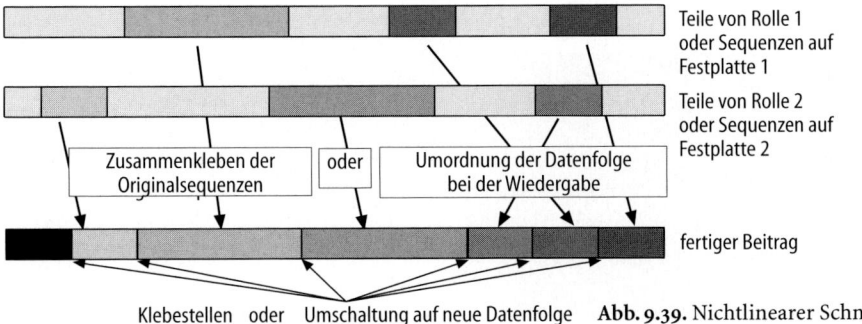

Abb. 9.39. Nichtlinearer Schnitt

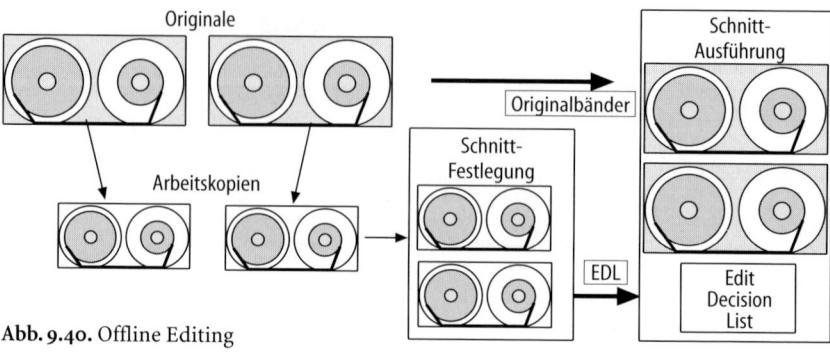

Abb. 9.40. Offline Editing

Der Einsatz von qualitätsmindernden Datenreduktionsverfahren ist möglich, wenn beim Editiervorgang kein Endprodukt hoher Qualität (Online) entstehen, sondern zunächst nur die Schnittfolge bestimmt werden soll. Es wird hier eine Trennung zwischen Schnittbestimmung und Schnittausführung vorgenommen, die Schnittbestimmung geschieht offline (Abb. 9.40). Als Ergebnis des Offline-Schnitts entsteht eine Schnittliste (Edit Decision List, EDL), in der die gewünschten Sequenzen in der richtigen Reihenfolge aufgeführt sind. Diese Schnittliste wird dann mit dem nicht datenreduzierten Originalmaterial online abgearbeitet (Abb. 9.42). Einfache Formen des Offline-Schnitts sind auch ohne digitale Systeme möglich, indem z. B. eine einfache VHS-Kopie des Masterbandes erstellt wird, anhand derer unabhängig von teuren Schnittplätzen die Schnittfestlegung vorgenommen werden kann. Die gewünschten Sequenzen werden von Hand notiert oder in spezielle Computerprogramme eingegeben. Voraussetzung ist natürlich, dass eine Identifikationsmöglichkeit der Bandstellen gegeben ist, anhand derer die Sequenzen auch im Originalmaterial wiedergefunden werden können. Eine verbreitete Methode ist diesbezüglich, den Timecode des Originalbandes bei der Überspielung in das VHS-Bild einzublenden (Abb. 9.41).

Gegenüber diesem einfachen Vorgang bieten nonlineare Editingsysteme, bei denen die Bildfolgen in stark komprimierter Form mit so genannter Offline-Qualität gespeichert werden, den wesentlichen Vorteil, dass lange Umspulzeiten zur Auffindung gewünschter Sequenzen entfallen, und dass die editierten Bild-

Abb. 9.41. Arbeitskopie mit Timecode im Bild

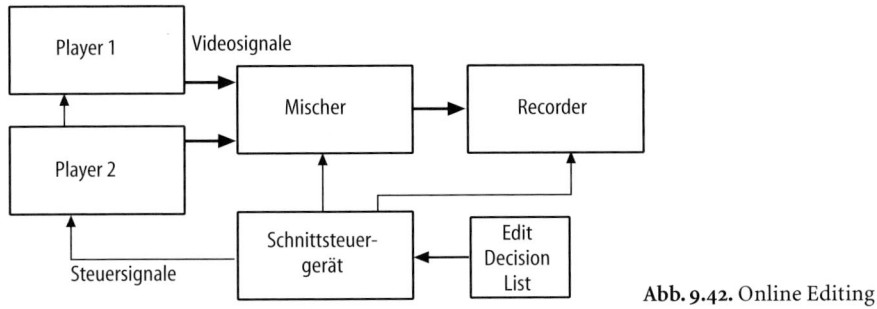

Abb. 9.42. Online Editing

folgen direkt abgespielt werden können, wodurch sofort ein Eindruck des End-
produktes entsteht. Die Schnitte können hier bereits bildgenau festgelegt werden und das Ausprobieren verschiedener Versionen ist problemlos ohne Ver-
brauch von Speicherplatz möglich. Der Computer generiert schließlich selbsttätig eine Schnittliste, die in gängige Online-Systeme übertragen wird, wo der
Editiervorgang fast selbsttätig ablaufen kann, so dass der teure Online-Schnittplatz nur kurze Zeit belegt ist. Der Editiervorgang kann allerdings nur bei einfachen Schnitten völlig ohne Personal ablaufen. Bei komplexen Bildübergangen
ist ein Eingriff erforderlich, da die Ausführung dieser Übergänge von der speziellen Ausstattung des Online-Platzes abhängt. Es ist zu beachten, dass nicht immer alle offline definierten Effekte am Online-Platz realisiert werden können.

Bei nichtlinearen Online-Systemen ist die Bildqualität so gut, dass direkt
von der Festplatte »gesendet« werden kann. Diese Systeme arbeiten entweder
mit Datenkompressionsverhältnissen, die keine sichtbare Bildverschlechterung
bewirken (bis ca. 5:1) oder mit unkomprimiertem Material. Dann ist allerdings
die maximale Speicherkapazität aus Kostengründen meistens auf einige Stunden beschränkt (s. Abschn. 9.4).

9.3.2 Timecode

Der Editiervorgang erfordert die genaue Lokalisierung jedes einzelnen Bildes.
Diese wird bei linearen Editing-Systemen durch Bild- bzw. Zeitzählung vorgenommen. Man unterscheidet Tapetime und Timecode. Tapetime ist eine relative Zählung, die sich an einer vom Band bewegten Zählrolle oder an den Steu-
erspursignalen (CTL) orientiert. Der Nachteil ist hier die Zählung bezüglich
eines willkürlichen Anfangspunktes, der nach Verstellung des Zählwerks oder
bei Wiederverwendung des Bandes nicht exakt wiedergefunden werden kann.
Daher wird die relative Tapetime-Zählung möglichst wenig eingesetzt und die
absolute Zählung mittels Timecode bevorzugt.

Timecode (TC) bezeichnet eine eindeutige Nummerierung von Bildfolgen
durch Zeitwerte. Die Nummern ergeben sich aus einer aufsteigenden Zählung
anhand der Video-Synchronsignale, der Timecode ist damit fest mit dem Videosignal verkoppelt [90]. Die Bildnummern sind digital verschlüsselt, die Daten stellen acht Ziffern als Zeitwerte in Stunden, Minuten, Sekunden und Bil-

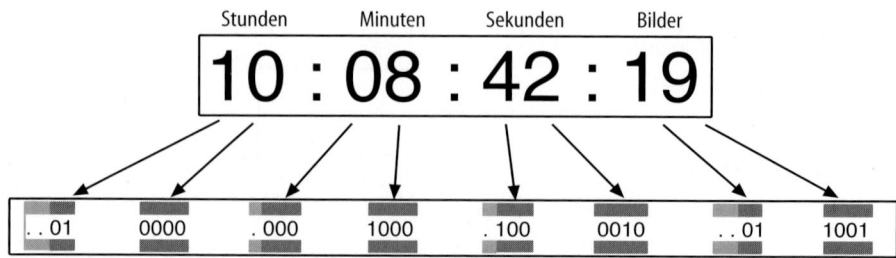

Abb. 9.43. Timecode-Anzeige und Binärcode

dern (Frames) dar (Abb. 9.43). In Europa werden die Vollbilder von 0 bis 24, die Sekunden und Minuten von 0 bis 59 und die Stunden von 0 bis 23 gezählt. Die Nummer 00:00:00:01 ist dabei dem ersten Halbbild der PAL-8V-Sequenz zugeordnet, die nächste Sequenz beginnt bei 00:00:00:05 (Abb. 9.44). In den USA ist die Zählung gleich, nur die Bildzahlen laufen aufgrund der anderen Bildfrequenz von 0 bis 29. Hier ergibt sich das Problem, dass das NTSC-Farbfernsehsystem nicht mit exakt 30 sondern mit 29,97 frames per second (fps) arbeitet. Ein Timecode-Generator zählt nur ganzzahlig und läuft daher in einer Stunde um 3,6 Sekunden zu schnell. Zum Ausgleich kann mit dem Drop Frame-Modus in einem bestimmten Rhythmus ein Bild bei der Zählung ausgelassen werden. Man hat sich darauf geeinigt, pro Minute zwei Bilder auszulassen, außer bei jeder zehnten Minute. Die TC-Nummern werden beim Minutenwechsel weggelassen.

Für die insgesamt acht Timecode-Ziffern sind jeweils maximal 4 Bit vergeben. Für Zusatzinformationen steht ein gleich großer Datenbereich mit acht weiteren 4-Bit-Blöcken (User Bits) zur Verfügung. Die User Bits können frei belegt werden, z. B. zur Aufzeichnung einer kompletten zweiten Zeitinformation oder für ASCII-codierte alphanumerische Zeichen wie Kommentare oder Bandnummern. Die Gesamtinformation besteht aus 16 · 4 Bit = 64 Bit, die aber nicht alle zur Codierung der TC-Ziffern gebraucht werden. So läuft z. B. die Zehnerstelle der Bildnummer nur bis höchstens Zwei, eine Zahl, die mit nur zwei Bit binär codiert zu werden braucht (Abb. 9.45). Die freien Bits werden zur Kennzeichnung des Drop Frame-Modus und der Berücksichtigung der PAL-8V-Sequenz verwendet (Colour Frame Flag). Je nach TC-Typ werden die 64 Informationsbits um zusätzliche Synchronbits erweitert. Im professionellen Videobereich sind die TC-Arten LTC und VITC gebräuchlich. Beim Longitudi-

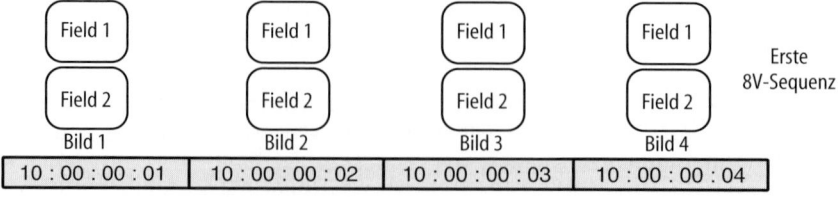

Abb. 9.44. Bildnummerierung und Zuordnung zur PAL-8V-Sequenz

nal-TC (LTC) werden die 64 Nutzbits um 16 Synchronbits auf 80 Bits erweitert, beim VITC steigt die Zahl auf insgesamt 90 Bits (Abb. 9.45).

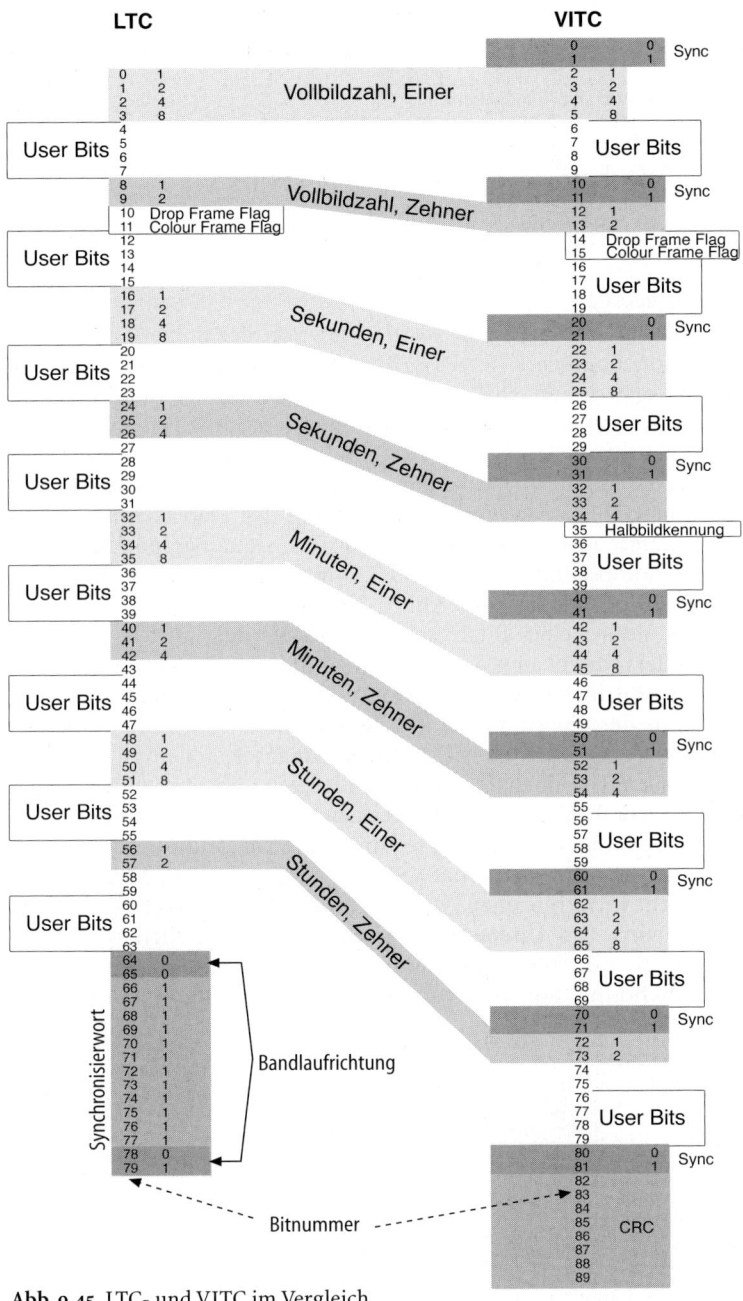

Abb. 9.45. LTC- und VITC im Vergleich

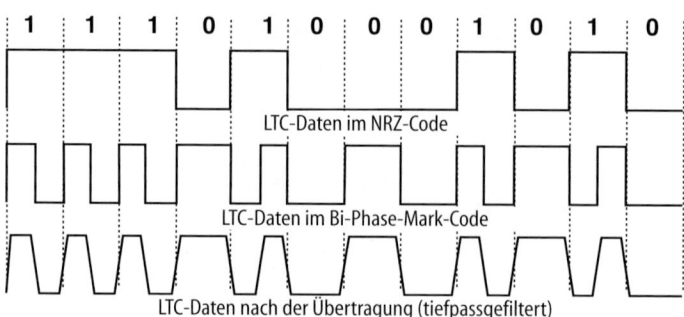

| 1 | 1 | 1 | 0 | 1 | 0 | 0 | 0 | 1 | 0 | 1 | 0 |

LTC-Daten im NRZ-Code

LTC-Daten im Bi-Phase-Mark-Code

LTC-Daten nach der Übertragung (tiefpassgefiltert)

Abb. 9.46. LTC mit Bi-Phase-Mark-Code

9.3.2.1 Longitudinal Timecode

LTC war die erste Timecode-Form und wurde 1967 von der Society of Motion Pictures and Television Engineers (SMPTE) für die NTSC-Norm definiert. Von der European Broadcast Union (EBU) wurde das Timecodesystem 1972 für PAL und SECAM übernommen und für 25 Bilder/s modifiziert. Das aufgezeichnete LTC-Signal umfasst 80 Bit für jedes Bild. Am Ende der 16 Datenblöcke folgen 16 Synchronbits, die im Kern aus zwölf aufeinander folgenden logischen Einsen bestehen, die an keiner weiteren Stelle im Datenstrom auftauchen können und damit das Ende des Datenwortes signalisieren. Die zwölf Bits sind von den Kombinationen 00 und 01 umgeben, anhand derer die Bandlaufrichtung erkannt werden kann (Abb. 9.45).

Die Daten liegen als serieller Bitstrom vor und werden mittels Bi Phase Mark Coding moduliert, damit aus der Datenfolge auch die Taktrate ableitbar ist (Abb. 9.46). Bei 80 Bit in 40 ms (Bilddauer in Europa) ergibt sich eine Zeiteinheit von 0,5 ms, in der ein ständiger Polaritätswechsel stattfindet. Liegt im Datenstrom eine »1« vor, so wird ein zusätzlicher Wechsel eingefügt, bei einer »0« wird er weggelassen. Die höchste mögliche Frequenz beträgt damit 2 kHz, die geringste 1 kHz. Der LTC belegt den Frequenzbereich eines Audiosignals und lässt sich auf Magnetbandspuren aufzeichnen, die für Audiosignale vorgesehen sind. Wegen der geringen Maximalfrequenz bei Normallauf kann das Signal auch dann noch wiedergegeben werden, wenn das Band im schnellen Suchlauf abgespielt wird. Um Übersprechstörungen zu vermeiden, sollte der Aufzeichnungspegel um 3 dB bis 10 dB unter dem Vollaussteuerungspegel liegen. Bei der Aufzeichnung auf Audiospuren sollten eventuell vorhandene

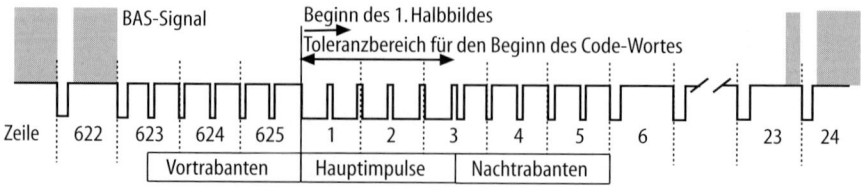

Abb. 9.47. LTC in Relation zum Bildbeginn

Rauschunterdrückungssysteme (z. B. Dolby) abgeschaltet werden. In professionellen Geräten steht für die LTC-Aufzeichnung meist eine separate Längsspur
zur Verfügung. Ist dies nicht der Fall, muss dem LTC eine Tonspur geopfert
werden. Bei Amateur-Monogeräten ist damit eine LTC-Aufzeichnung völlig unmöglich, wenn nicht ganz auf das Audiosignal verzichtet werden soll. Die Verkopplung des LTC mit dem Videobild ist festgelegt. Der erste Nulldurchgang
des TC-Wortes soll innerhalb der fünf Haupttrabanten des ersten Halbbildes
stattfinden (Abb. 9.47). Die vollständige Information liegt erst nach Ablauf des
Bildes vor, zum Ausgleich wird die ausgelesene Bildzahl automatisch um eins
erhöht.

LTC ist die gebräuchlichste Timecode-Quelle im professionellen Videoschnitt und universell im Video- und im Audiobereich einsetzbar. Das Signal
wird meist auf einer eigenen TC-Spur aufgezeichnet, die unabhängig vom Videosignal editierbar ist, die rechteckigen Flanken des Digitalsignals werden bei
Aufnahme- und Wiedergabevorgang allerdings verschliffen. Nach mehreren
Kopiervorgängen kann es vorkommen, dass das Signal nicht mehr ausgewertet
werden kann. Hieraus folgt, dass das LTC-Signal vor einer Kopie immer regeneriert, d. h. in seine ursprüngliche Form zurück gewandelt werden sollte. Der
wesentliche Nachteil des LTC ist, dass er bei stehendem oder sehr langsam laufendem Band nicht ausgewertet werden kann.

9.3.2.2 VITC

Durch die Aufzeichnung des Vertical Interval Timecode (VITC) in der vertikalen Austastlücke des Videosignals wird es möglich, den TC auch bei Bandstillstand zu benutzen, da die Daten hier von den rotierenden Videoköpfen gelesen werden. Das VITC-Signal wird, ähnlich wie Videotext, digital aufgezeichnet. Daten mit 90 Bit pro Bild werden in eine Zeile (oder zwei) eines jeden
Halbbildes eingetastet, dafür können die Zeilen 9...22 des ersten und 322...335
des zweiten Halbbildes gewählt werden. Das Digitalsignal wird direkt in NRZ-
Form aufgezeichnet (Abb. 9.48). Es enthält im Gegensatz zum LTC eine Halbbildkennung. Ein Nachteil des VITC ist, dass das TC-Signal nicht unabhängig
vom Videosignal editiert und damit ggf. repariert werden kann. Aus Sicher-
heitsgründen wird der VITC daher doppelt, meist in den Zeilen 19/332 und 21/
334, aufgezeichnet, außerdem werden 10 Bits als Fehlerkorrekturbits für den
Cyclic Redundancy Check (CRC) eingesetzt. Das VITC-Signal umfasst daher 90
Bit bei gleicher TC- und Userbitkapazität wie beim LTC (Abb. 9.45). Abbildung
9.49 zeigt einen LTC/VITC-Generator.

Abb. 9.48. VITC-Datenzeile

Beim Einsatz des VITC als D-VITC in Digitalsystemen werden die 90 Bits nicht einfach digital in den Datenstrom eingefügt, sondern der Verlauf des analogen VITC-Signals wird abgetastet. Die »1« des VITC-Signals wird als 192 (562 mV) und die »0« als 16 (0 mV) dargestellt. Jedem Bit sind 7,5 Luminanz-abtastwerte zugeordnet, die Taktfrequenz des VITC beträgt dafür 1,8 MHz.

9.3.2.3 RCTC
Für die im Amateur-Camcorderbereich dominierenden Videoaufzeichnungsfor-mate Video 8 und Hi 8 wurde ein eigener Timecode entwickelt, der nicht mit LTC oder VITC kompatibel ist. RCTC steht für Rewritable Consumer Time Code. Er ist unabhängig vom Bild editierbar bzw. nachträglich aufzeichenbar, da die Daten nicht in das Videosignal integriert sind, sondern in einem sepa-raten Bereich der Schrägspur gespeichert werden, der zwischen dem Video-und dem PCM-Tonbereich liegt (s. Kap. 8.6). In professionellen Hi 8-Geräten werden die RCTC-Daten in das SMPTE/EBU-Timecode-Format umgerechnet.

9.3.2.4 GSE Rapid Timecode
Als zweites TC-Format aus dem Amateurbereich ist der Rapid-Timecode zu nennen, der als Standard einer bildunabhängigen TC-Variante für die Formate VHS und S-VHS festgeschrieben wurde. Da im VHS-Format kein separater Timecodebereich vorgesehen ist, behilft man sich mit der CTL-Spur. Die dort aufgezeichneten CTL-Impulse werden so moduliert, dass ein Zeitcode übertra-gen werden kann. Der CTL-Zeitcode umfasst 50 Bit. Pro Halbbild kann nur ein Bit übertragen werden, so dass erst nach Ablauf von jeweils zwei Sekunden ein vollständiger Timecode-Wert vorliegt. Die Lokalisation innerhalb dieses Zeit-raums muss anhand relativer CTL-Impulszählung vorgenommen werden. GSE-Rapid ist die ungenaueste TC-Variante, jedoch die einzige Form, die es ermög-licht, VHS-Bänder ohne Verlust einer Audiospur mit Timecode zu versehen.

9.3.3 Timecode in der Praxis

Professionelle Videorecorder mit Timecode-Ausstattung beinhalten meist einen eigenen videoverkoppelten Timecode-Generator und -Reader. Dieser wird im Regelfall eingesetzt, es steht aber auch ein Anschluss für TC-Daten von einem externen Generator zur Verfügung, damit auf mehreren Maschinen ein identi-scher Timecode (z. B. Realzeit) aufgezeichnet werden kann.

Abb. 9.49. Timecode-Generator und -Reader

Im Prinzip reicht es aus, entweder mit LTC oder VITC zu arbeiten. Beide Arten haben aber ihre Vor- und Nachteile, so dass sie in der Praxis meist gleichzeitig benutzt werden, wobei LTC und VITC i. d. R. die gleichen Daten enthalten. Standard-Timecode ist der LTC, der auch im schnellen Suchlauf benutzt werden kann. Der Nachteil ist allerdings, dass die Daten bei sehr geringer Bandgeschwindigkeit oder bei Bandstillstand nicht gelesen werden können, so dass sich die Weiterzählung an den CTL-Impulsen orientieren muss. Da ist es besser, wenn sich der TC-Reader auf die absoluten VITC-Daten statt auf die relativen CTL-Signale umschalten kann. VITC kann auch bei Bandstillstand ausgewertet werden, eignet sich aber wiederum nicht für schnellen Suchlauf, da die Videospuren dann oft nicht störungsfrei abgetastet werden.

Der Timecode sollte ohne Sprünge gleichmäßig aufsteigen. Diese Forderung wird bei der Nachbearbeitung erfüllt, indem vorcodierte Bänder mit unterbrechungsfreiem Timecode zur Aufzeichnung eingesetzt werden. Bei der Aufnahme des Originalmaterials kommt das TC-Signal vom TC-Generator. Von dessen Betriebsart (Free Run oder Record Run) hängt es ab, ob die Forderung erfüllbar ist oder nicht.

9.3.3.1 Free Run und Record Run

Bezüglich der aufgezeichneten Zeitdaten unterscheidet man Realzeit, bei der die aktuelle Uhrzeit aufgezeichnet wird, Quasi-Realzeit mit durchlaufender Zählung, aber willkürlichem Anfangspunkt, und schließlich die Ablaufzeit (Elapsed Time), bei der die Uhr bei Bedarf angehalten werden kann. Entsprechend dieser Unterscheidung ist der TC-Generator auf verschiedene Modi umschaltbar. Zunächst wird die Startzeit gesetzt. Für die Aufzeichnung von Real- oder Quasi-Realzeit läuft der Generator dann im sog. Free Run Modus. Realzeit- und Quasi-Realzeitaufzeichnung werden in der Praxis eher selten, meist nur zu Dokumentationszwecken und bei der Aufzeichnung eines Ereignisses auf mehreren Recordern eingesetzt. Der Nachteil ist, dass bei Aufnahmeunterbrechung ein TC-Sprung entsteht, der bei der Nachbearbeitung zu Problemen führen kann. In den meisten Fällen wird der Generator auf Record Run eingestellt, so dass er nur während der Aufnahme läuft und bei Unterbrechungen angehalten wird. In diesem Modus wird automatisch dafür gesorgt, dass die TC-Zählung bei der nächsten Aufnahme störungsfrei fortgesetzt wird, so dass immer ein lückenlos aufsteigender Timecode vorliegt.

Abbildung 9.50 zeigt die Bedienelemente der TC-Generators mit den Schaltern für Free und Rec Run an einer Betacam SP-MAZ. Hier kann der TC-Ge-

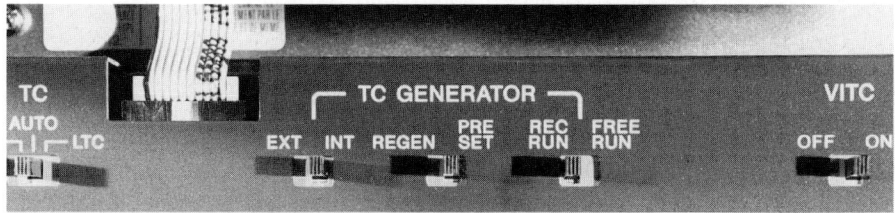

Abb. 9.50. Timecode-Einsteller an einem Betacam SP-Recorder

nerator auch zwischen den Betriebsarten Preset und Regenerate umgeschaltet werden. Bei Preset startet der Generator mit einem vorher gesetzten Zeitwert, Regenerate steht dagegen für die Wiederherstellung des TC, bei der während des Schnitt-Vorlaufs (s. u.) der alte Timecode gelesen und der neue am Schnittpunkt lückenlos fortgeführt wird. Weiterhin kann an dem Bedienfeld auch zwischen LTC- und VITC-Auswertung gewählt werden. Im Modus »Auto« nimmt die Maschine je nach Gegebenheit automatisch eine Umschaltung vor. Ein weiterer Schalter (DF/NDF) dient zur Wahl der Betriebsarten Drop Frame und Non Drop Frame.

Für die Übertragung des Timecodes zu anderen Recordern oder einem Schnittsteuergerät können separate Leitungen mit BNC- oder XLR-Buchsen eingesetzt werden. Beim Anschluss an ein Schnittsteuergerät kann auf diese Verbindung verzichtet werden, da die TC-Daten in den seriellen Datenstrom zur Gerätefernsteuerung integriert werden. Im professionellen Bereich werden diese Daten über die RS-422-Schnittstelle übertragen (s. Abschn. 9.3.5).

9.3.4 Linear Editing

Beim »linearen Schnitt« werden verschiedene Bildsequenzen auf einem Magnetband durch einen Kopiervorgang aneinander gereiht. Die Sequenzen können von einer Kamera herrühren (Produktion), oder es werden eine oder mehrere Zuspieler als Bildquellen eingesetzt (Postproduktion). Auf jeden Fall soll sich auch am Schnittpunkt eine unterbrechungsfreie Bildfolge ergeben. Im Gegensatz zu nichtlinearen Systemen ist das Erreichen einer störungsfreien Bildfolge bei linearen Systemen mit großem Aufwand verbunden, denn ein Recorder wird aus dem Stand heraus gestartet. Der Vorgang ist zeitaufwändig, denn es ist eine gewisse Hochlaufzeit erforderlich, bis die Mechanik stabil läuft. Außerdem muss der Bandlauf auf das Video- oder CTL-Signal synchronisiert werden. Ein störungsfreier Schnitt erfordert also bei lineraren Systemen in jedem Fall eine Anlaufzeit der Maschinen (Pre Roll) in der Größenordnung

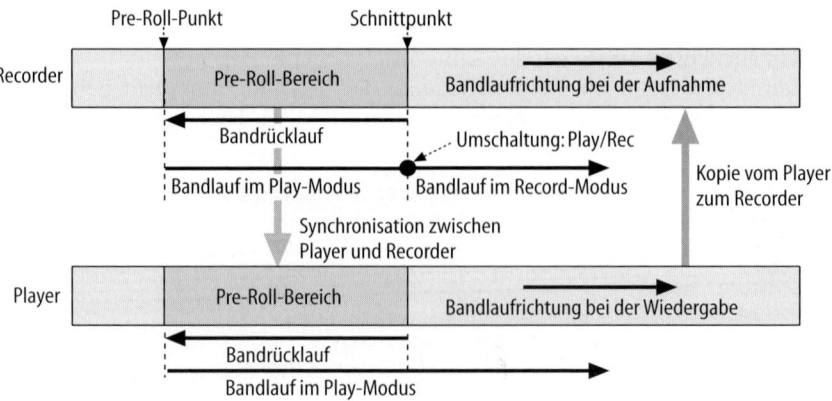

Abb. 9.51. Schnittsteuerung mit Pre-Roll

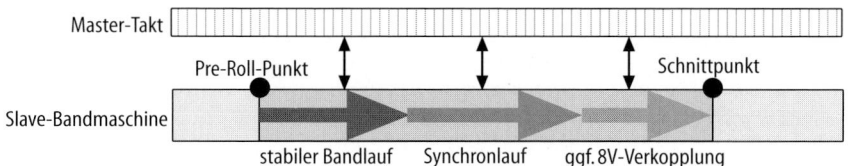

Abb. 9.52. Signalverkopplung während der Pre Roll-Phase

von einigen Sekunden. Die Abb. 9.51 und 9.52 zeigen den Schnitt-Ablauf unter Einbeziehung eines Players, der auch eine Pre Roll-Zeit braucht, und die Synchronisierung der beiden Maschinen während der Pre Roll-Zeit [20].

Der störungsfreie lineare Schnitt wird in Assemble- und Insertschnitt unterschieden. Eine Aufnahme, bei der dagegen keine Rücksicht auf bereits auf dem Band befindliche Signale genommen wird, wird mit Crash Record bezeichnet. Diese Betriebsart ist im professionellen Bereich nur dazu zu verwenden, ein völlig unbespieltes Band mit einem kurzen Signal zu versehen, auf das sich die Maschine im Assemblemodus synchronisieren kann (s. u.). Crash Record wird bei vielen Heimrecordern angewandt. Die Auswirkungen zeigen sich daran, dass am Anfang und Ende der aufgenommenen Sequenz (oder des Filmbeitrags) immer eine Bildstörung oder ein Rauschen auftritt (Abb. 9.53).

9.3.4.1 Assemble-Schnitt

Diese Schnitt-Betriebsart ermöglicht ein störungsfreies Ansetzen einer Bild/ Ton-Sequenz bei Fortführung eines lückenlos aufsteigenden Timecodes. Eine Sequenz kann störungsfrei an die vorhergehende angesetzt, aber nicht in eine bestehende eingesetzt werden, denn nur der Schnitteinstieg, nicht aber der -ausstieg geschieht bildgenau. Diese Betriebsart eignet sich vor allem für den Produktionsbereich und wird z. B. im Camcorder realisiert, der zum Aneinanderreihen (Assembling) von Bildsequenzen dient. Für den bildgenauen Schnitteinstieg orientiert sich der Schnittrecorder an den während der vorhergehenden Sequenz aufgezeichneten Video- und CTL-Signalen. In einem Camcorder wird

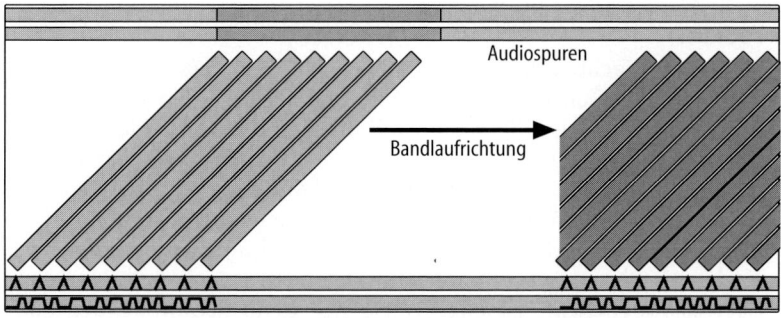

Abb. 9.53. Crash-Record

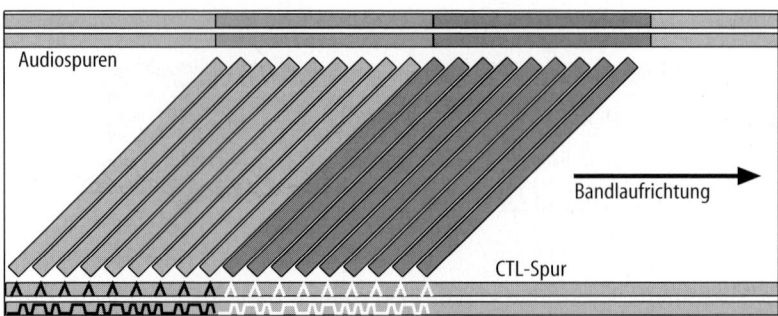

Timecode und CTL werden unterbrechungsfrei fortgesetzt

Abb. 9.54. Assemble Schnitt

dazu jede Sequenz etwas zu lange aufgezeichnet. Die Aufnahme wird durch die Pausenfunktion unterbrochen und das Band wird automatisch um ca. 20 Bilder zurück gespult, wobei die Timecodedifferenz oder die CTL-Pulse registriert werden. Beim nächsten Wechsel vom Pausen- in den Recordmodus steht nun eine Vorlaufzeit (Pre Roll) zur Verfügung, während derer sich der Recorder zunächst im Play-Modus auf das auf dem Band befindliche Signal synchronisiert und sich der Timecodegenerator auf den aufgezeichneten Timecode einstellt (Abb. 9.54). Damit kann nach Ablauf der registrierten Pre Roll-Zeit synchron mit dem Kopfumschaltimpuls eine bildgenaue Umschaltung von Play auf Record vorgenommen werden. Hierbei werden die zuvor aufgezeichneten, überschüssigen Bilder überschrieben.

Generell muss vor der Aufnahme das Band gelöscht werden. Beim Assemble-Schnitt kann dafür der stationäre Hauptlöschkopf eingesetzt werden, der alle Spuren erfasst und das Band auf voller Breite löscht. Damit wird klar, dass im Assemble-Modus Bild, Ton und Timecode nur gemeinsam, und nicht separat, editiert werden können. Eine einmal im Assemble-Modus begonnene Schnittsequenz kann nur in diesem und nicht im Insert-Modus fortgesetzt werden, da bei der Querspurlöschung auch die CTL-Spur gelöscht wird, die für den Insert-Schnitt unentbehrlich ist.

9.3.4.2 Insert Schnitt

Insbesondere bei der Nachbearbeitung ist es erforderlich, dass in einer bestehenden Sequenz nachträglich Bilder durch andere ersetzt werden können. Eine weitere wichtige Forderung ist die separate Editierbarkeit von Video-, Audio- und Timecode-Signalen. Die Forderungen werden durch die Insert-Schnittbetriebsart erfüllt, die nicht nur einen bildgenauen Schnitteinstieg, sondern auch -ausstieg ermöglicht. Das Band darf dazu nicht mehr mit dem Hauptlöschkopf gelöscht werden. Die Videoschrägspuren müssen einzeln erfasst werden, was mit den auf der Kopftrommel montierten fliegenden Löschköpfen erreicht wird. Damit ist es möglich, in gleicher Weise wie beim Schnitteinstieg auch den Schnittausstieg durch Umschaltung vom Record- auf den Play-Modus und die Abschaltung der Löschköpfe vorzunehmen.

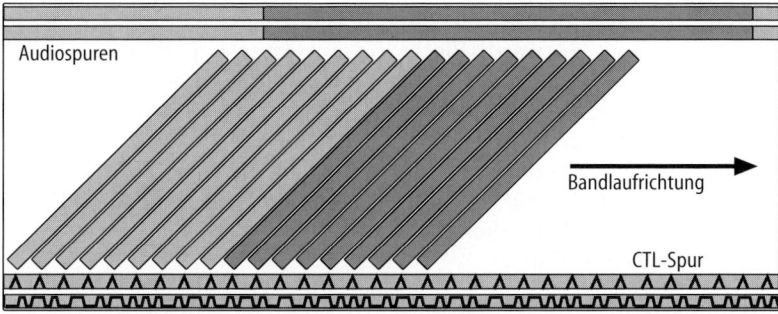

Timecode und CTL sind bereits aufgezeichnet und bleiben unverändert

Abb. 9.55. Insert Schnitt

Der Verzicht auf die Löschung auf voller Spurbreite ermöglicht auch das selektive Löschen der Längsspuren, so dass im Insert-Modus insgesamt separate
Bearbeitungsmöglichkeiten für Bild, Ton und Timecode gegeben sind. Das
wichtigste ist, dass die CTL-Spur erhalten bleibt, denn mit dieser Orientierung
ist immer ein kontrollierter Zugriff auf einzelne Videospuren möglich (Abb.
9.55). Insert-Schnitt ist die Standardbetriebsart bei der Nachbearbeitung. Sie
setzt allerdings voraus, dass das Band auf einer Länge, die mehr als der vorgesehenen Beitragslänge entspricht, vorcodiert, d. h. mit einer ununterbrochenen
CTL-Spur und einem gleichmäßig aufsteigenden Timecode versehen ist. Als
Videosignal wird dazu ein Schwarzbild mit Farbburst aufgezeichnet (Pre-
blacking the Tape).

9.3.5 Fernsteuersignale

Wenn bei der Produktion oder Nachbearbeitung mehrere MAZ-Geräte beteiligt sind, so müssen diese von einem Steuersystem bildgenau gestartet und
synchron gehalten werden können. Die Voraussetzung dafür ist, dass alle Geräte von dem System ferngesteuert werden können.

9.3.5.1 GPI
Die einfachste Form der Gerätekommunikation besteht in der Übertragung eines simplen Ein/Aus-Befehls. Diese Fernsteuerung ist geräteunabhängig und
kann für eine Vielzahl von einfachen Steueraufgaben eingesetzt werden. Sie
wird als General Purpose Interface (GPI) bezeichnet. Der Ein- oder Auszu-
stand wird meist über einen elektronischen Schließkontakt realisiert. Damit
können einfache Aufgaben, wie z. B. der bildsynchrone Start eines Audiozu-
spielers oder der Aufruf eines Mischerzustands ausgeführt werden.

9.3.5.2 Parallele Fernsteuerung
Wenn ein Gerät komplexer gesteuert werden soll, so sind viele spezifische
Schaltsignale erforderlich, die über eine parallele Schnittstelle übertragen wer-

den. Ein Beispiel ist ein Videorecorder, der bezüglich der Funktionen Start, Stop, Pause Rewind, Fast Forward, Eject, Videoinsert etc. gesteuert werden muss. Wenn hier z. B. 30 Funktionen gefragt sind, werden auch 30 Leitungen zur Übertragung verwendet.

Die Realisierung einer Parallelschnittstelle ist damit sehr simpel, der große Nachteil ist aber, dass sie immer nur zu einem oder wenigen Geräten passt, außerdem sind die erforderlichen Verbindungsleitungen sehr unflexibel. Parallele Fernsteuereinrichtungen erlauben im Gegensatz zu seriellen meist keine Übertragung von Timecode-Daten.

9.3.5.3 Serielle Schnittstellen

Eine universellere Steuermöglichkeit wird errreicht, wenn nicht für jede neue Funktion eine weitere Leitung zur Verfügung gestellt werden muss. Dies gelingt durch eine softwaremäßige Zuordnung von Daten und Funktionen. Die Daten werden in einem Protokoll definiert und seriell übertragen. Im Videobereich werden zur Fernsteuerung die gleichen seriellen Schnittstellen wie im Computerbereich verwendet. Die beiden verbreitetsten Typen sind unter den amerikanischen Bezeichnungen RS 232C und RS 422A bekannt, die europäische Bezeichnungen lauten V.24 und V.11.

Die RS 232-Schnittstelle ist bei Standard-PC weit verbreitet und dient oft zur Druckeranbindung oder zum Anschluss von Modems. Die Bits werden in serieller Folge übertragen, für jedes Bit ist eine Zeiteinheit vorgesehen. Acht Bits werden zu einer Informationseinheit zusammengefasst, deren Anfang und Ende mit einem Start- und Stopbit gekennzeichnet werden kann. Im Sender und im Empfänger muss festgelegt sein, mit wieviel Bit/s die Übertragung stattfindet, übliche Werte sind 1200 Bit/s bis 19200 Bit/s. Die Daten werden mit Spannungen von ± 12 V übertragen (Abb. 9.56). Die meist verwandte Steckverbindung ist der 25-polige Sub D-Stecker, an dem bei einseitiger Kommunikation nur eine Daten- und eine Masseleitung angeschlossen sein müssen. Eine zweite Datenleitung dient der Datenrückübertragung, weitere Leitungen signalisieren optional Sende- und Betriebsbereitschaft. Die RS 232-Schnittstelle erlaubt eine Übertragungrate bis zu 20 Kbit/s, und eine Übertragungsdistanz von maximal 15 m. Die Übertragung ist relativ störanfällig, die Verbindung wird daher im Videobereich nur bei semiprofessionellen Geräten oder geringen Ansprüchen an die Datenrate eingesetzt [66].

Die RS 422-Schnittstelle arbeitet ähnlich wie die RS 232-Schnittstelle, allerdings wird durch eine symmetrische Datenübertragung eine hohe Störsicherheit erreicht, so dass auf Übertragungsstrecken von bis zu 15 m eine maximale

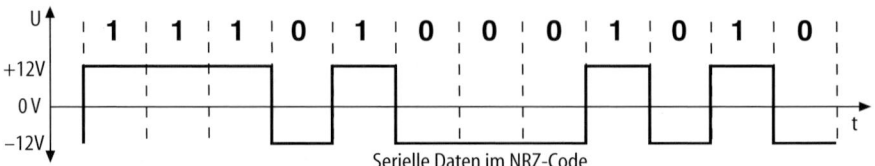

Abb. 9.56. Serielle Daten bei der RS 232-Schnittstelle

Tabelle 9.1. Beipieldaten des Sony-9Pin-Protokolls

Geräteidentifikation (Device Type)		Kommandos		Antwort	
BVW-65	2X 21	00 0C	Local Disable	10 01	Ack
BVW-95	2X 22	00 11	Device Type Request	12 11	Type
BVW-96	2X 23	00 1D	Local Enable	10 01	Ack
BVW-70	2X 24	20 00	Stop	10 01	Ack
BVW-75	2X 25	20 01	Play	10 01	Ack
BVW-D75	2X 46	20 02	Record	10 01	Ack
BVW-9000	2X 47	20 04	Standby Off	10 01	Ack
PVW-2600	2X 40	20 05	Standby On	10 01	Ack
PVW-2800	2X 41	20 0F	Eject	10 01	Ack
X = 0 bzw. 1 für 525- bzw. 625-Zeilensysteme					

Datenrate von 10 Mbit/s erreicht werden kann. Auf Strecken bis zu 1000 m sind bis zu 100 kbit/s möglich. Die Spannungsniveaus liegen bei ± 5 V.

Die RS 422-Schnittstelle ist die meist verwandte Schnittstelle zur Fernsteuerung professioneller Videorecorder. Die Steckverbindungen sind für die Schnittstellen nicht vorgeschrieben. Im Videobereich hat sich eine Verbindung mit 9-poligen Sub D-Steckern als Quasi-Standard durchgesetzt: die so genannte Sony 9 Pin-Schnittstelle, deren Steckerbelegung in Abb. 9.57 dargestellt ist. Die Datenrate beträgt 38,4 kbit/s, damit ist es bei der Verbindung von Videorecordern möglich, neben den Fernsteuersignalen auch die Timecode-Daten zu übertragen.

Das Datenprotokoll ist geräteabhängig. Bezüglich der gängigen Befehle dominiert aber auch softwareseitig das Sony-Protokoll, so dass die Sony 9 Pin-Schnittstelle universell einsetzbar ist. Wenn z. B. eine Software auf einem Computer die entsprechenden Befehle sendet, kann mit einer einfachen Verbindung ein professioneller Videorecorder nicht nur von einem passenden Schnittsteuergerät, sondern auch vom Computer aus gesteuert werden. Für das 9-Pin-Protokoll ist immer ein Sender und ein Empfänger definiert. Gesendete Daten werden innerhalb 9 ms entweder einfach quittiert (ACK) oder es wird eine Information zurück gesandt. Wichtig ist die Geräteidentifikation und dann die Kommandostruktur für die eigentliche Steuerung. Tabelle 9.1 zeigt eine Übersicht für die Identifikation von Betacam SP-Recordern und Kommandobeispiele.

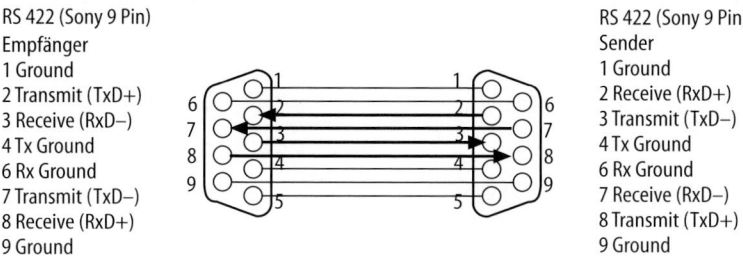

RS 422 (Sony 9 Pin)
Empfänger
1 Ground
2 Transmit (TxD+)
3 Receive (RxD–)
4 Tx Ground
6 Rx Ground
7 Transmit (TxD–)
8 Receive (RxD+)
9 Ground

RS 422 (Sony 9 Pin)
Sender
1 Ground
2 Receive (RxD+)
3 Transmit (TxD–)
4 Tx Ground
6 Rx Ground
7 Receive (RxD–)
8 Transmit (TxD+)
9 Ground

Abb. 9.57. RS 422-Verbindung zur seriellen Maschinensteuerung

9.3.6 Schnittsteuersysteme

Bei der Nachbearbeitung werden Bildsequenzen editiert, die oft noch auf Magnetband gespeichert sind. Hier müssen ein Recorder und ein oder mehrere Zuspieler verkoppelt werden. Die dazu nötige zentrale Steuerung der MAZ-Maschinen wird mit Schnittsteuersystemen (engl. Editor) vorgenommen, die es oft auch ermöglichen, Ton- und Bildmischer und externe Quellen mit in den Editiervorgang einzubeziehen.

9.3.6.1 Der Schnittsteuervorgang

Das Schnittsystem ist für die Steuerung eines Recorder (R) und mehrerer Player (P1, P2,..) vorgesehen, zur Anwahl der Quellen stehen entsprechende Tasten zu Verfügung (Abb. 9.58, links). Wenn ein Gerät angewählt ist, können seine Laufwerksfunktionen (Rec, Play, Stop etc.) vom Bedienpult gesteuert werden. Wenn Schnittmarkierungstasten gedrückt werden, beziehen sich auch diese auf die hier angewählten Geräte. Die Aux-Tasten dienen zur Anwahl von Signalen, die von einer Kamera oder vom Bildmischer kommen (Schwarz, Farbbalken).

Vor der Schnittausführung wird zunächst festgelegt, ob im Assemble- oder Insert-Modus geschnitten werden soll. Wegen des bei Insert erlaubten separaten Zugriffs auf Audio- und Videospuren stehen für Insert mehrere Tasten zur Verfügung (Abb. 9.58, links unten). Bei der Nachbearbeitung wird meistens der Insert-Modus verwendet, der ein vorcodiertes Band erfordert.

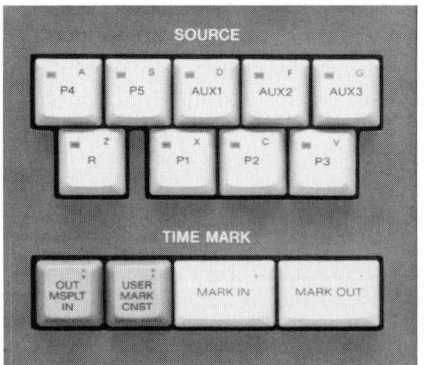

Tasten zur Quellenwahl und zur Schnittpunktmarkierung

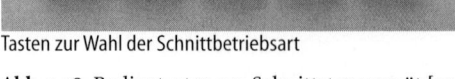

Tasten zur Wahl der Schnittbetriebsart

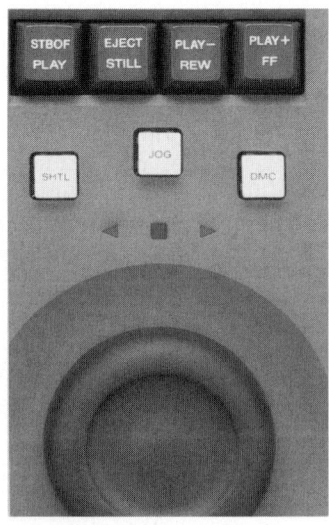

Laufwerkskontrolltasten und
Jog-Shuttle-Rad

Abb. 9.58. Bedientasten am Schnittsteuergerät [122]

Auf dem Band wird vor dem Programm ein technischer Vorspann aufgezeichnet. Die Art des Vorspanns ist in technischen Richtlinien der Sendeanstalten vorgegeben. Häufig werden eine Minute Farbbalken und ein 1 kHz-Pegelton bei –9 dB vorgeschrieben, die beim TC-Wert 09:59:29:24 enden, gefolgt
von 30 Sekunden Schwarz und Stille, so dass das Programm mit Timecode
10:00:00:00 beginnt. Der Vorspann stellt eine Referenz dar, mit Hilfe derer Signalfehler aus nicht normgerechter Kalibrierung ausgeglichen werden können.

Mit einem derart codierten Masterband kann der eigentliche Schnitt beginnen. Die Mastermaschine wird dazu zum Beitragsbeginn gefahren, und dieser
Punkt wird als Einstieg mit Hilfe der Taste IN markiert (Abb. 9.58). Die
Schnittein- und Ausstiegspunkte (IN und OUT) können über eine Zahltastatur
auch numerisch eingegeben werden. Auf dem Zuspielband wird dann die erste
Szene gesucht und der gewünschte Tonkanal ausgewählt. Bei einem EB-Beitrag
kann z. B. das Signal des Kameramikrofons auf Spur 1 und das eines hochwertigen Interview-Mikrofons auf Spur 2 aufgezeichnet und dieses gefragt sein.

Wenn der Zuspieler am Beginn der gewünschten Szene steht, kann der
Timecode-Wert mit der IN-Taste an den Computer übermittelt werden. Dann
wird, falls keine numerische Eingabe erfolgt, per Bildsuchlauf das Ende der
Szene aufgesucht und hier die OUT-Taste gedrückt. Das Setzen von IN- und
OUT-Punkten kann auch »on the Fly« bei laufendem Band geschehen, eine
Funktion die z. B. sehr nützlich ist, wenn sich der Schnitt am Rhythmus des
aufgezeichneten Tonsignals orientieren soll. Die komfortable Suche eines Bildes wird durch ein Handrad ermöglicht, das im Shuttle Modus das Gerät mit
verschiedenen Suchlaufgeschwindigkeiten und im Jog-Modus mit verschieden
schneller Einzelbildwiedergabe betreibt (Abb. 9.58, rechts). Nachdem die gewünschten IN- und OUT-Punkte markiert sind, braucht nur noch die Taste
REC (oder Edit) gedrückt zu werden, und der Schnittcomputer übernimmt
den gesamten weiteren Steuerungsablauf bis hin zu der Möglichkeit, dass der
OUT-Punkt auf dem Recorder automatisch als neuer IN-Punkt der nächsten
Szene übernommen wird.

9.3.6.2 Der Steuerungsablauf

Das Steuersystem sorgt zunächst dafür, dass alle beteiligten Bänder über den
IN-Punkt hinaus bis zum Pre Roll-Punkt zurückgespult und dort im Stand by-
Modus angehalten werden. Dann werden alle Maschinen im Play-Modus gestartet, und während der Pre Roll-Zeit von z. B. fünf Sekunden wird versucht,
die Maschinen synchron laufen zu lassen (Abb. 9.52). Sie werden hier an einen
gemeinsamen Takt gekoppelt, denn wie beim Bildmischprozess ist es auch hier
erforderlich, dass ein Bildgleichlauf vorliegt.

Der Synchronlauf von Player und Recorder kann auf drei Arten erreicht
werden: a) der Recorder als Master synchronisiert den Player (Slave), b) umgekehrt oder c) beide werden vom Studiotakt (Software-Master) synchronisiert.
Der letzten Variante ist der Vorzug zu geben, da hier die kürzesten Verkopp-
lungszeiten erreicht werden. Der Synchronlauf wird bei professionellen Geräten dadurch erreicht, dass die Bandgeschwindigkeit von außen gesteuert wird
(Capstan Override). Ist die Verkopplung während der Pre Roll-Zeit gelungen,
so wird der Recorder am IN-Punkt mit Beginn des neuen Halbbildes nur noch

von Play auf Record umgeschaltet und die gewünschte Szene wird kopiert. Am OUT-Punkt wird wieder auf Play zurückgeschaltet, und während einer definierten Post Roll-Zeit (z. B. 1 s) kann die Sequenz hinter dem Schnittpunkt betrachtet und damit ein Eindruck vom Bildübergang gewonnen werden. Die Maschinen laufen dann zum OUT-Punkt zurück, und der nächste Schnitt kann eingegeben werden. Anstatt den Kopiervorgang beim Schnitt direkt auszuführen, kann auch zunächst nur die Wirkung in einer Simulation überprüft werden (Preview). Hier findet die oben beschriebene Steuerung statt, aber der Recorder wird nicht auf Aufnahme umgeschaltet, sondern der Schnitt wird durch Umschaltung der Videoquellen am Monitor nur simuliert.

9.3.6.3 Colour Framing

Der Begriff Colour Framing steht für die Beachtung der PAL-8V-Sequenz beim Schnittvorgang (s. Kap. 2.3) und ist nur für FBAS-Signale von Bedeutung. Wenn ein völlig unsichtbarer und störungsfreier Schnitt erreicht werden soll, muss die Sequenz beachtet werden. Das bedeutet, wenn eine Bildfolge mit dem 6. Halbbild der 8V-Sequenz beendet wurde, muss dafür gesorgt werden, dass die nächste Bildfolge mit einem 7. Halbbild angeschnitten wird.

Schnittsteuerungen und MAZ-Geräte können so eingestellt werden, dass bei der Schnittpunktfestlegung automatisch die Sequenz beachtet wird. Die 8V-Phase wird am Timecode und zusätzlich aufgezeichneten Indentifikationssignalen erkannt. Bei der automatischen Berücksichtigung der 8V-Sequenz kann es jedoch vorkommen, dass der vom Anwender gewählte Schnittpunkt nicht in die 8V-Sequenz passt, und der Punkt evtl. verschoben wird. Die Beachtung der 8V-Sequenz ermöglicht höchste Signalqualität und einen störungsfreien Schnitt auf Kosten der Schnittgenauigkeit. In vielen Fällen kann aber auf den völlig störungsfreien Schnitt zugunsten erhöhter Genauigkeit und einfacherer Handhabung verzichtet werden. Wird die PAL-8V-Sequenz nicht beachtet, kann es vorkommen, dass die Phasenbeziehung zwischen Studiotakt und dem Videosignal auf dem Band um 180° verschoben ist, so dass Farbträgerauslöschungen auftreten. Damit dies nicht geschieht, wird im TBC ein Regelvorgang ausgelöst, der den Farbträger phasenrichtig an das Referenzsignal angekoppelt. Da es bei der 8V-Sequenz um die F/H-Phasenbeziehung geht, wird damit zwangsläufig die H-Phase beeinflusst. Anstatt eines Farbfehlers erscheint ein kleiner horizontaler Ruck um maximal eine halbe Farbträgerperiodendauer, also 0,113 µs. Dieser Bildversatz ist in Relation zur Zeilendauer von 64 µs so klein, dass er meistens nur erkannt wird, wenn für einen Effektschnitt ein sog. Invisible Cut erforderlich ist, d. h. wenn dieselbe Szene nach einem Schnitt weitergeführt wird.

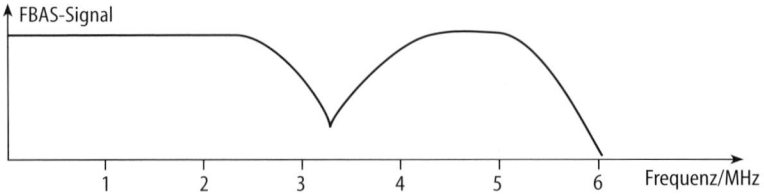

Abb. 9.59. Frequenzgangeinbruch bei fehlerhafter Y/C-Zusammensetzung

Schnittvorgänge mit MAZ-Maschinen, die ein Komponentensignal aufzeichnen (Betacam SP, MII oder digital) können ohne Beachtung der PAL-Sequenz durchgeführt werden, solange die Signalverarbeitung von der Aufnahme bis zum Schnitt auf der Komponentenebene bleibt. In diesem Fall ist nur die Beachtung einer 2V-Sequenz nötig, d. h. dass vollbildorientiert geschnitten wird, wobei der Schnittpunkt in den meisten Fällen am ersten der beiden Halbbilder liegt. Auch bei MAZ-Geräten mit Komponentenaufzeichnung besteht aber die Möglichkeit, FBAS-Signale zu verarbeiten. In diesem Fall tritt auch hier das PAL-8V-Schnittproblem auf, denn das FBAS-Signal muss in Chrominanz- und Luminanzanteile zerlegt werden. Dieser Vorgang ist nicht völlig übersprechfrei, Chrominanzanteile bleiben im Luminanzsignal zurück und umgekehrt. Wenn nun bei der Wiedergabe wieder ein FBAS-Signal gewonnen werden soll, besteht das Problem, dass im aufgezeichneten Signal ohne Farbträger auch keine Information über die F/H-Phasenbeziehung vorliegt. Daher kann es vorkommen, dass bei der FBAS-Codierung nicht mehr die ursprüngliche Phasenlage getroffen wird und sich die Frequenzanteile aus dem Y/C-Überlagerungsbereich auslöschen, was zu einem deutlichen Frequenzgangeinbruch bei 3,3 MHz führt (Abb. 9.59). Bei der Komponentenaufzeichnung mit Betacam SP-Maschinen wird dieses Problem durch die Aufzeichnung von 8V-Kennimpulsen in der 12. und 325. Zeile des C_B-Signals gelöst, sowie durch die Eintastung eines Vertical Interval Subcarrier-Signals (VISC). Der VISC ist ein phasenstarr mit der Farbträgerfrequenz verkoppeltes Signal in der 9. Zeile des Luminanzsignals. Mit dem Capstan Lock-Schalter am Betacam-Aufnahmegerät kann die Beachtung der 2-, 4-, oder 8-Field (FD)-Sequenz gewählt werden.

9.3.6.4 Schnittdatenanzeige und -speicherung
Kleine Schnittsteuersysteme haben meist nur ein Display zur Anzeige der Timecode-Daten, größere Systeme sind mit einem Datenmonitor ausgestattet. Abbildung 9.60 zeigt ein typisches Display eines solchen Schnittsystems (Sony

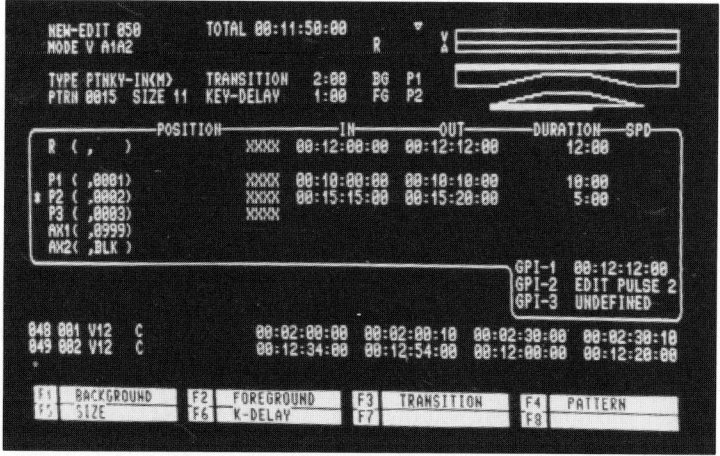

Abb. 9.60. Display eines Schnittsystems [18]

```
@CREATED BY TEST
  TITLE: TEST
EDT REL  MODE  TYP P S   T      P-VTR IN      P-VTR OUT   R-VTR IN     R-VTR OUT

BLOCK 001
001  002 V        C                00:00:00:00   00:00:01:05  10:00:00:00  10:00:01:05
002  001 VA1A2   C                00:00:00:06   00:00:07:01  10:00:01:05  10:00:09:10
     EFFECTS NAME IS CROSS DISSOLVE
003  001 V        C                00:00:07:01   00:00:07:01  10:00:09:10  10:00:09:10
003  002 V        D     01:01     00:00:00:00   00:00:03:09  10:00:09:10  10:00:12:19
     EFFECTS NAME IS WIPE
004  002 VA1A2   C                00:00:03:09   00:00:03:09  10:00:12:19  10:00:12:19
004  001 VA1A2   W000  00:22     00:00:00:22   00:00:05:09  10:00:12:19  10:00:18:06
```

Abb. 9.61. Beispiel einer Schnittliste (Edit Decision List, EDL)

BVE 910). Oben links wird die Schnittnummer, die beteiligten Audio- und Videospuren sowie Bildmischer-Effektnummern angegeben. Oben rechts und in der Mitte befinden sich eine grafische Anzeige des Schnittvorgangs und eine Angabe über die Sequenzdauer und die Dauer des angewählten Effekts. Der umrandete Bereich darunter beinhaltet in Form einer Schnittseite alle relevanten Informationen über die Programmquellen und die Zeitwerte eines Schnitts. Jeder Quelle ist eine Zeile zugeordnet, ein Stern neben der Zeile kennzeichnet die angewählte Quelle. Rechts neben der Quellennummer kann eine Bandnummer angegeben werden, was von Bedeutung ist, wenn mehrere Materialbänder am Schnitt beteiligt sind und der Schnitt automatisch abgearbeitet werden soll.

Die nächste Spalte gibt den Timecode für die Position an, an der sich die Maschine gerade befindet, und daneben kann der Status der Maschine abgelesen werden (Play, Stop, Stand by off (SBOF)). Unter den Spaltenbezeichnungen In und Out werden die Timecode-Daten der Ein-und Ausstiegspunkte angegeben, und bei Duration wird die Länge des Schnitts angezeigt. Nach der Geschwindigkeitsanzeige wird in der letzten Spalte schließlich angezeigt, um wie viele Bilder ein gewählter Schnittpunkt ggf. verschoben wird, um das Colour Framing zu erreichen.

Die Daten der Schnittseite werden nach der Schnittausführung automatisch in einer Schnittliste gespeichert. Ein kleiner Teil daraus wird im unteren Teil des Datenmonitors angezeigt, um einen Überblick über die vorangegangenen Schnitte behalten zu können. Die Balken am unteren Ende des Displays bilden das Funktionsmenue, das der Einstellung verschiedener Parameter dient. Schnittpunkte können nummerisch oder per Datentransfer eingegeben werden, und das Steuersystem kann sie automatisch abarbeiten. Diese Funktion ist für den Off Line-Schnitt wichtig, bei dem ja als Ergebnis eine Schnittliste (Edit Decision List, EDL) entsteht (Abb. 9.61). Die Schnittliste kann am Online-Platz bearbeitet werden, auf Diskette abgespeichert oder mittels einer seriellen Schnittstelle zu einem externen Computer übertragen werden. In Computersystemen mit grafischer Benutzeroberfläche ist die Schnittlistenverwaltung noch wesentlich übersichtlicher zu handhaben. Ein Beispiel ist der Einsatz des Programms Edit Transfer auf Macintosh Computern, das über RS-422 direkt am Edit-System betrieben werden kann und die Schnittdaten automatisch übernimmt.

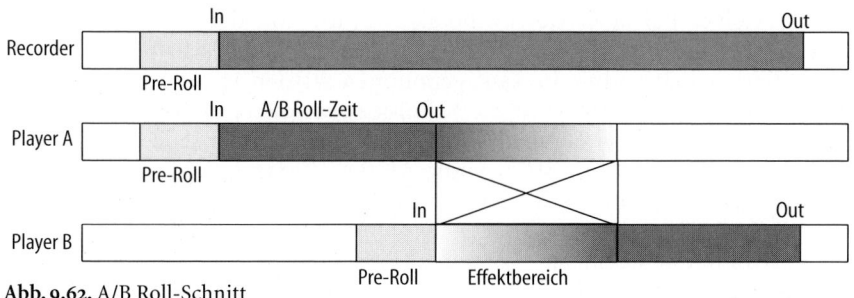

Abb. 9.62. A/B Roll-Schnitt

9.3.6.5 AB Roll-Schnitt

Mit einem Zuspieler und einem Recorder können nur harte Schnitte durchgeführt werden. Wenn am Schnittpunkt aber eine Überblendung oder ein anderer Mischeffekt eingesetzt werden soll, so sind mindestens zwei Bildsignale und somit zwei Zuspieler erforderlich (Abb. 9.62). Diese Betriebsart wird in Anlehnung an die in der Filmtechnik für ähnliche Effekte erforderlichen zwei Filmrollen mit AB Roll bezeichnet. Wenn die zu überblendenden Sequenzen auf dem selben Originalband vorliegen, muss eine der beiden auf ein zweites Band (Dupe Reel) kopiert werden.

Beim AB Roll-Schnitt muss das Schnittsystem mehr als zwei Geräte steuern können, es muss in der Lage sein, den zweiten Zuspieler vor dem Misch-Effektübergang zu starten und in der Pre Roll-Zeit mit den beiden anderen Maschinen synchron zu ziehen. Der Bildübergangseffekt wird zur Zeit des Synchronlaufs am Mischer ausgelöst, was im einfachsten Fall per Hand oder durch die Übertragung eines GPI-Impulses geschehen kann. Wesentlich komfortabler ist es, wenn vom Schnittsystem auch der Mischer gesteuert werden kann, denn dann ist es möglich, direkt am Steuergerät die Effektdauer einzugeben und auch die einfachen Effekte (Mix, Wipe, etc.) anzuwählen. Wenn auch der Tonmischer vom Schnittsystem kontrolliert werden kann, ist es darüber hinaus möglich, parallel zur Bild- eine Tonblende auszuführen.

9.3.6.6 Split Edit

Diese Funktion ermöglicht einen Editiervorgang, bei dem die Schnittpunkte für Bild und Ton gegeneinander versetzt sind. Der Bild-Ton versetzte Schnitt ist ein wichtiges dramaturgisches Werkzeug für den Schnittrhythmus. So wird z. B. ein Bildschnitt häufig kaum wahrgenommen, wenn Bild und Ton nicht zugleich wechseln. Der versetzte Schnitt kann natürlich auch erreicht werden, indem Bild und Ton in zwei Vorgängen an verschiedenen Punkten geschnitten werden, die Split Edit-Funktion ermöglicht aber die Ausführung in nur einem Arbeitsgang und vor allem die Beurteilung der Wirkung im Preview-Modus.

9.3.6.7 Variable Wiedergabegeschwindigkeit

Größere Schnittsteuereinheiten erlauben die Anwahl der variablen Wiedergabegeschwindigkeit vom Steuersystem aus. Ein professioneller Einsatz dieser Funktion ist nur mit Maschinen möglich, die mit beweglichen Videoköpfen ausgestattet sind. Bei allen Geschwindigkeiten, die von der Normalgeschwindigkeit abweichen, wird automatisch auf diese Köpfe umgeschaltet, wobei ein geringer Bildqualitätsverlust in Kauf genommen werden muss. Die veränderte Wiedergabegeschwindigkeit wird am Schnittsystem meist in %-Werten eingegeben, z. B. 200% für die doppelte Geschwindigkeit, bei der jede 2. Videospur übersprungen wird. Diese mit Dynamic Motion Control (DMC) bezeichnete Geschwindigkeitsänderung ermöglicht auch den häufig erforderlichen Rückwärtslauf des Players.

Viele Schnittsysteme bieten mit einer Fit-Funktion die automatische Berechnung der nötigen Wiedergabegeschwindigkeit für Situationen, in denen Bildsequenzen in eine Lücke eines bestehenden Beitrags eingesetzt werden soll, deren Dauer nicht mit der Bildsequenzdauer übereinstimmt. So kann z. B. eine Bildfolge von 4 s Dauer in eine Lücke von nur 3 s Dauer eingesetzt werden, das Schnittsystem berechnet automatisch die Geschwindigkeit am Player zu 133%.

9.3.7 Ausführung von Steuersystemen

Die einfachsten Schnittsteuersysteme sind nur dafür ausgelegt, einen Recorder und einen Player zu steuern und ermöglichen damit nur harte Schnitte. Die Steuereinheiten sind als kleine externe Geräte für den semiprofessionellen Bereich verfügbar oder sie sind bereits fest in den Recorder integriert, wie es bei den meisten professionellen MAZ-Maschinen der Fall ist. Abbildung 9.63 zeigt das Bedienteil der Schnittsteuerung an einer Betacam SP-Maschine. Der Player wird auf Remote geschaltet und kann dann vom Recorder aus fernbedient werden. Es ist nur die Verbindung von Audio-, Video- und Fernsteueranschlüssen nötig. Mit dieser Ausstattung kann bereits mit zwei Geräten ein einfaches Schnittsystem realisiert werden, das Assemble- und Insertschnitt ebenso ermöglicht wie ein DMC-Editing mit variabler Wiedergabegeschwindigkeit.

Separate kleine Schnittsysteme im professionellen Bereich ermöglichen die Steuerung von bis zu drei Maschinen. Ein Beispiel ist das Steuergerät FXE 120 von Sony. Bei diesem Gerät ist die Bedieneinheit mit einfachen Timecode-Dis-

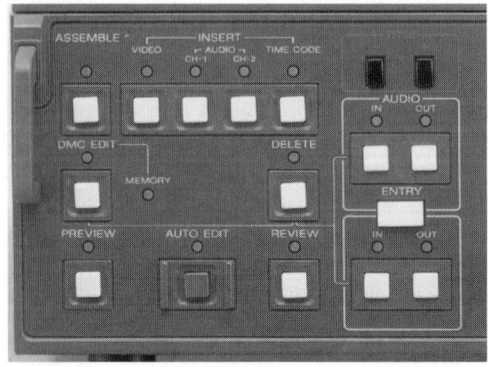

Abb. 9.63. Integrierte Schnittsteuerung an einer Betacam-Maschine [122]

Abb. 9.64. Schnittsteuersystem mit integriertem Video- und Audiomischer [122]

plays und der gesamten Elektronik in einem Gehäuse untergebracht (Abb. 9.64). Hier ist ein einfacher Videomischer für Composite-, Y/C- und Komponentensignale ebenso integriert wie ein Tonmischer, so dass alle für einen AB Roll-Schnittt erforderlichen Einheiten in einem Gerät untergebracht sind. Die Video- und die Fernsteuersignale der MAZ-Maschinen werden dem Gerät direkt zugeführt.

Größere Schnittsteuersysteme sind in der Lage, vier oder mehr MAZ-Maschinen zu steuern. In den meisten Fällen ist die Elektronikeinheit vom Bedienfeld getrennt, und die Schnittinformationen werden über einen Datenmonitor angezeigt. Bekannte Hersteller großer Schnittsysteme sind die Firmen CMX und Sony. Eine große Verbreitung an Standard-Schnittplätzen hat das Gerät BVE 910 von Sony gefunden (Abb. 9.65).

Der Editor BVE 910 kann bis zu vier Maschinen steuern. Haupt- und Bedieneinheit sind getrennt, die Haupteinheit enthält einen Mikroprozessor

Abb. 9.65. Vier-Maschinen-Schnittsteuersystem [18]

MC 68000, einen Programmspeicher und einen Datenspeicher für bis zu 998 Schnitte. Die gespeicherten Daten können über RS-232-Schnittstellen ausgegeben werden. Die Maschinensteuerung geschieht über serielle RS-422-Schnittstellen, die als Interface-Karten in die Haupteinheit eingesteckt werden. Die Haupteinheit kann bis zu acht Karten aufnehmen, über die neben den Maschinen auch verschiedene Audio- und Videomischer gesteuert werden können. Die Anzeige der Schnittdaten geschieht in der bereits beschriebenen Form (Abb. 9.60). Die Bedieneinheit ist in den Abbildungen 9.65 und 9,58 dargestellt. Rechts oben befinden sich die Tasten zur Anwahl von einem Recorder, drei Playern und zwei AUX-Quellen, darunter liegen die Tasten für die Laufwerksfunktionen und das Jog/Shuttle-Rad. In der Mitte liegen oben die Funktionstasten, deren Funktions-Belegung am unteren Rand des Datenmonitors angezeigt werden. Die darunterliegenden Reihen enthalten die Tasten zur Anwahl von Mischeffekten, zur Spurauswahl im Insert-Modus sowie die Schnittmarkierungstasten. In der linken Hälfte befinden sich Tasten für besondere Funktionen, die wie jene des darunterliegenden Ziffernfeldes doppelt belegt sind. Ein Beispiel für ein großes Schnittsteuersystem ist das Gerät BVE 9100, das in der Lage ist, bis zu vierzehn Maschinen zu steuern, von denen bis zu acht als Recorder definiert werden können.

9.3.7.1 Lineare Schnittsteuerung mit dem PC

Aufgrund der schnell steigenden Leistungsfähigkeit von Standardcomputern ist es möglich geworden, viele Funktionen von Spezialgeräten aus dem Videobereich auch mittels Standard-PC ausführen zu lassen, und damit die Geräte erheblich kostengünstiger anzubieten. Oft weisen die PC-Systeme dann zusätzlich Funktionen auf, die über den Funktionsumfang der Spezialgeräte hinausgehen. Die PC-Systeme können die Bedienung einfacher machen, aufgrund der Vielzahl von Funktionen kann es aber auch vorkommen, dass die Übersichtlichkeit der Benutzeroberfläche leidet. Neben dem geringen Preis ist vor allem von Vorteil, dass die grafikorientierten Displays der Computer eingesetzt werden, auf denen der Schnittablauf in einer Timeline (Abb. 9.66) grafisch wesentlich übersichtlicher dargestellt werden kann als bei den zahlorientierten Displays konventioneller Schnittsysteme. Oft bieten die PC-Geräte Standbildspeicher, so dass digitalisierte Einzelbilder des Anfangs und des Endes der Sequenzen gezeigt werden können, und man auch ohne Preview einen guten

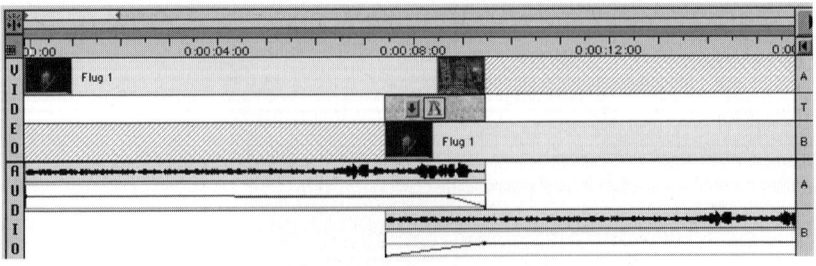

Abb. 9.66. Darstellung des Schnittablaufs in einer Timeline

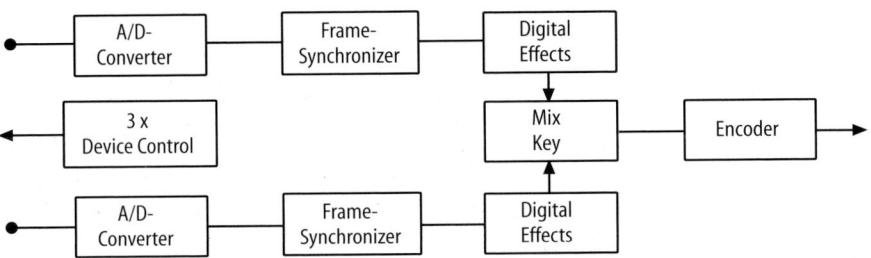

Abb. 9.67. Blockschaltbild Video Machine

Eindruck vom Bildübergang an der Schnittstelle gewinnt. Oft wird nicht nur die Schnittsteuerung, sondern gleichzeitig auch die Ton- und Bildbearbeitung in ein System integriert, so dass außer den MAZ-Maschinen nur noch der Computer und die Zusatzhardware erforderlich sind, um einen kompletten Nachbearbeitungsplatz aufzubauen.

Ein älteres Beispiel für dieses Konzept ist die Video Machine der Firma Fast, die auf einer Steckkarte für leistungsfähige Windows- oder Macintosh-PC eine Schnittsteuerung, einen digitalen Videomischer, einen Audiomischer, sowie Schriftgenerator und DVE unterbringt. Abbildung 9.67 zeigt ein Blockschaltbild des Gesamtsystems. Alle diese komplexen Funktionen werden mit Tastatur und Maus gesteuert, die dafür erforderlichen Informationen sind auf dem Computerdisplay sichtbar (Abb. 9.68). Mit Video Machine können zwei Player und ein Recorder gesteuert werden. Der Videomischer arbeitet zweikanalig, mit FBAS- oder Y/C-Signalen, die in Komponentensignale gewandelt und mit Raten im 4:2:2-Verhältnis digitalisiert werden. Der eingebaute Frame-synchronizer erlaubt die Einbindung von Quellen, die nicht studiotakt-verkoppelt sind, lässt sich aber seinerseits an externe Videosignale ankoppeln. Die Video Machine ließ sich auch zu einem so genannten Hybrid-Schnittsystem ausbauen, denn neben linearen Medien können auch nichtlineare eingebunden werden. Dazu wurde das System mit einem digitalen Player/Recorder aufgerüstet, der die Daten JPEG-komprimiert mit Reduktionsfaktoren zwischen 100:1 und 3:1 auf Festplatten aufzeichnet.

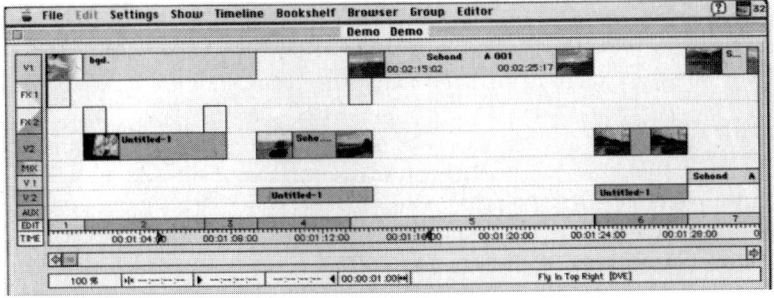

Abb. 9.68. Computerdisplay des PC-Schnittsteuersystems Video Machine

9.4   Nonlineare Editingsysteme

Cutterinnen und Cutter, die vom Filmschnitt her kommen, fühlen sich in ihrer Tätigkeit durch lineare Schnittsysteme oft stark eingeschränkt, da sie die Freiheit aufgeben müssen, bereits bearbeitete Sequenzen zu jeder Zeit verändern zu können. Diese beim Filmschnitt selbstverständliche Bearbeitungsmöglichkeit ist beim linearen Schnitt nicht vorhanden. Wenn hier in der Mitte einer bearbeiteten Sequenz eine Szene gelöscht werden soll, ist der lückenlose Fortlauf der Bildfolge nur mit einem weiteren Kopiervorgang erreichbar, der immer mit einem Bildqualitätsverlust verbunden ist. Schon Mitte der 8oer Jahre wurde daher versucht, die Freiheiten der nichtlinearen Bearbeitung auch mit Videosystemen zu erreichen. Dazu wurden damals eine Vielzahl von VHS- bzw. Betamax-Videorecordern über ein Computersystem gesteuert, wobei alle Maschinen mit identischem Zuspielmaterial ausgestattet waren, so dass eine schneller Zugriff gewährleistet war. Die gewünschten Szenen konnten markiert, in einer Edit Decision List (EDL) vermerkt und dem Onlinesystem übergeben werden. Die nächste Generation verwendete Laser Discs als Zuspielmedium, die Benutzeroberflächen verbesserten sich, das Signal war aber noch analoger Art. Erst die Einführung digitaler Speichersysteme, deren Zugriffsgeschwindigkeit erheblich höher ist als bei Laser Discs, brachte dann den Durchbruch der nichtlinearen Bearbeitung im Videobereich [93].

9.4.1 Computer

Computer sind Basis der nichtlinearen Editingsysteme (NLE). Je weiter die »Digitalisierung der Videotechnik« fortschreitet, desto bedeutungsvoller werden Computer zur Verarbeitung digitaler Videodaten. Frühe Formen des Einsatzes in der Videotechnik bezogen sich vor allem auf Steuerungsaufgaben mit geringem Datenaufkommen, wie z. B. die Schnittsteuerung, bei der nur die Zeitcodes und wenige Zusatzinformationen zu den Schnitten gespeichert wurden. Mit steigender Leistungsfähigkeit werden die Computer auch zur direkten Bearbeitung des digitalisierten Videosignals eingesetzt.

Computer wurden zunächst vor allem für Büroanwendungen als Großrechner entwickelt, führend war hier die Firma IBM. In den 8oer Jahren erschloss die Firma Apple den PC-Markt durch Entwicklung eines sehr preiswerten Computers für den Heimbereich. Entgegen den Erwartungen entwickelte sich dieses Marktsegment so schnell, dass auch IBM einen PC, basierend auf dem Intel-Prozessor 8086, herausbrachte. Die Firma Microsoft entwickelte dafür das sehr einfach strukturierte Betriebssystem MS-DOS, das die Kommunikation des Prozessors mit den anderen Systemkomponenten regelt. Aufgrund der Marktposition von IBM und wegen vieler preiswerter Nachbauten dieses Rechners fand diese Rechner-System-Kombination sehr weite Verbreitung. Apple entwickelte zur gleichen Zeit eine neue Rechnergeneration (Macintosh), die sich durch eine sehr anwenderfreundliche Benutzeroberfläche auszeichnet und auf der Metapher einer Schreibtischoberfläche (Desktop) basiert. Aufgrund steigender Nachfrage nach komfortablen Benutzeroberflächen brachte auch

Microsoft mit Windows ein grafisches Betriebssystem für IBM-PC-Typen heraus, das der Marktposition entsprechend eine weite Verbreitung gefunden hat, wobei im professionellen Sektor Windows NT oder Windows XP eingesetzt wird. Eine weitere für die Videotechnik bedeutende PC-Familie stammt von Silicon Graphics. Hier werden neben Spezialchips zur Bildbearbeitung besonders schnelle Prozessoren vom RISC-Typ (Reduced Instruction Set) eingesetzt. Durch viele Spezialschaltungen ist dieser Computertyp für schnelle Grafikanwendungen, aufwändige dreidimensionale Bildberechnungen, Animationen und virtuelle Studios prädestiniert.

Ein Standard-PC arbeitet meist mit einem Prozessor nach der Neumann-Architektur mit einem Zentralbus für Daten und Befehle. Er ist mit Schnittstellen ausgestattet, die häufig nach RS 232 oder RS 422 arbeiten, für den schnelleren Datenaustausch kommen USB und Firewire hinzu. Es wird ein Arbeitsspeicher benötigt, der für Bild- und Videobearbeitung eine Mindestkapazität von mehr als 500 MByte haben sollte. Dateneingabe und Programmbedienung erfolgen mit Tastatur, Maus und Grafiktablett. Die Arbeitsoberfläche erscheint auf einem Monitor, der mit einem Signal versorgt wird, das i. a. inkompatibel zum Videosignal ist. Zur Verbindung von Computer- und Videosystemen ist zum Standardrechner meist Zusatzhardware erforderlich, die sich gewöhnlich auf einer Computersteckkarte befindet. Diese erlauben die A/D-Wandlung (Framegrabbing, Digitizing), sowie die D/A-Rückwandlung des Signals unter Anpassung an externe Videosignale (Genlocking). Die Firewire-Schnittstelle ist schnell genug, um die Videodaten, wenigstens in komprimierter Form, auch in Echtzeit mit externen Digitalgeräten auszutauschen.

9.4.2 Grundlagen

Das große Problem beim linearen Videoschnitt ist, dass er auf einem Kopiervorgang beruht und eine festgelegte Reihenfolge der gewählten Bildsequenzen auf einem Masterband erfordert. Beim Filmschnitt wird dagegen nicht kopiert, sondern das Originalmaterial wird nur anders zusammengestellt. Das Gleiche gilt für nichtlineare Editingsysteme. Die Speicherung auf Medien mit geringer Zugriffsdauer (Magnetplatten) erbringt darüber hinaus gegenüber dem Filmschnitt den Vorteil der Zeitersparnis beim Aufsuchen bestimmter Szenen.

Die Schnittfolge ergibt sich dadurch, dass das System den Lesekopf an jedem Schnittpunkt in sehr kurzer Zeit anders positioniert, womit die Wiedergabe an einer anderen Stelle fortgesetzt wird (Random Access). Da in Computersystemen die Daten immer mit Adressen versehen sind, ist der Steuerungsprozess sehr einfach und nicht mit dem Aufwand vergleichbar, der beim linearen Schnitt für die gleiche Funktion (Maschinensteuerung) erforderlich ist. Bei den nichtlinearen Systemen wird einfach die gewünschte Adresse aufgesucht, zusätzlich ist nur ein Kurzzeit-RAM-Speicher erforderlich, der zu lange Zugriffszeiten auf neue Sequenzen überbrückt und damit eine konstante Bildrate von 25 oder 30 Frames per second gewährleistet. Da die Szenenfolge per Mausklick bestimmt wird, ergeben sich sogar Vorteile gegenüber dem Filmschnitt, denn das Ausprobieren verschiedener Versionen ist mühelos möglich. Die Varianten belegen dabei keinen Speicherplatz für Videodaten, sondern nur für die Schnittinformationen mit ihrem sehr geringen Umfang.

Neben dem schnellen Zugriff weisen nonlineare Editingsysteme weitere Vorteile auf: Es können mehrere Funktionen (Bild- und Audiomischer, DVE, Schriftgenerator, Maschinensteuerung) in das System integriert werden und es ist eine einfache Aufzeichnung digital berechneter Einzelbildfolgen möglich, ohne dass ein hoher Verschleiß wie bei MAZ-Maschinen auftritt. Hinzu kommt, dass Magnetplatten im Gegensatz zur MAZ-Maschinen fast wartungsfrei sind und eine hohe Datensicherheit bieten. Die Plattenlebensdauer (Mean Time Between Failure, MTBF) wird mit mehr als 500 000 Stunden angegeben. Auch bei den Kosten können sich Vorteile ergeben, denn die Platte ist zwar teurer als das Band, aber es ist keine teure MAZ-Maschine erforderlich.

Da der Datendurchsatz herkömmlicher Computersysteme früher sehr beschränkt war, arbeiteten NLE anfangs mit hoher Datenreduktion und waren wegen der schlechten Bildqualität nur für den komfortablen Offline-Schnitt einsetzbar. Im Zuge der rasanten Entwicklung der Computertechnik konnten immer mehr Funktionen in die Systeme integriert und die Datenreduktionsfaktoren erheblich gesenkt werden. Moderne Systeme sind sowohl für den Offline- als auch für den Online-Schnitt einsetzbar und größere Systeme arbeiten auch mit unkomprimierten Signalen. High-End-Geräte sind auch für HDTV und digitale Filmbilder geeignet. Die Bildqualität kann heute auch bei preiswerten Systemen durchweg als gut bezeichnet werden. Bei der Investitionsentscheidung wird daher zunehmend auch auf Kriterien wie Mitarbeiterschulung, Formatvielfalt, Größe und Bedienbarkeit geachtet.

NLE-Systeme beinhalten meist Schriftgeneratoren, Audiobearbeitung und auch DVE, die eigentliche Schnittsteuerung ist dabei technisch der unaufwändigste Teil. Wenn keine besondere Hardware zur Echtzeit-Bearbeitung enthalten ist, sind für die Bildmisch- und Effektfunktionen oft längere Rechenprozesse und einiger Speicherplatz auf der Festplatte erforderlich. Die Daten werden meist in herstellerspezifischen Formaten gespeichert. NLE sollten aber auch offene Formate unterstützen, die einen Datenaustausch mit anderen Systemen ermöglichen. Ein Austausch-Standard ist das Open Media Framework (OMF) der Firma Avid, künftig MXF und AAF, weitere Beispiele sind Quicktime (Apple) und Video for Windows/AVI (Microsoft) (s. Kap. 3.9). NLE erlauben oft auch den Im- und Export von Grafiken in vielerlei Form (Pict, Tiff, BMP, EPS). Als Audioaustauschformate werden AIFF und WAV verwendet.

9.4.2.1 Datenreduktion

Nonlineare Editingsysteme, die auf Standard PC's basieren, arbeiten meistens mit Datenreduktion. Die eingesetzten Verfahren (oft M-JPEG, s. Kap. 3) sind oft herstellerspezifisch und nicht standardisiert. Die Bildqualität kann nicht objektiv beurteilt werden, sie hängt neben dem Kompressionsfaktor auch vom Kompressionsalgorithmus ab. Aus Mangel an einer objektiven Qualitätsbeurteilung wird oft der Vergleich mit linearen Aufzeichnungsmedien angegeben. Eine mit Betacam SP-Aufzeichnung vergleichbare Qualität kann etwa bei Reduktionsfaktoren < 5:1 erwartet werden. Zur Orientierung innerhalb des Systems werden neben den Reduktionsfaktoren der Datenumfang pro Bild oder herstellerspezifische Daten angegeben, wie die AVR bei den verbreiteten Avid-Systemen. AVR 77 entspricht etwa einen Reduktionsfaktor von 2,3:1, bzw. einem Datenaufkommen von 360 kB pro Bild, AVR 75 entspricht 240 KB, AVR 70 (26) 120 KB und die Auflösungen mit nur einem Halbbild, AVR 4s und 2s entsprechen 36 kB bzw. 18 kB pro Bild.

Neuerdings gibt es eine Tendenz, die standardisierten Verfahren nach DV und MPEG-2 in Schnittsystemen einzusetzen, womit dann Qualitätsverluste durch kaskadierte Datenreduktionen vermieden werden können. Bezüglich DV ist zu beachten, dass inzwischen zwar viele Hersteller DV-Schnittstellen für die digitale Einspielung in das System zur Verfügung stellen, aber nicht alle das Format für die interne Verarbeitung auch beibehalten, was dann mit einer Bildqualitätsminderung verbunden sein kann. Bezüglich des Einsatzes von MPEG-2 im Editingbereich gibt es oft Fragen wegen der Zugriffsmöglichkeit auf das Einzelbild, die bei MPEG-Codierung vermeintlich nicht möglich sei (s. Kap. 10.1). Hier lässt sich feststellen, dass bei reiner I-Frame-Codierung, also ohne die zeitabhängigen P- und B-Frames zu benutzen, der Einzelbildzugriff völlig problemlos ist. Natürlich werden bei der I-Frame-only-Codierung dann nicht mehr die hohen Datenreduktionseffizienzen erreicht, die das MPEG-Verfahren z. B. beim Einsatz für DVB auszeichnen.

9.4.2.2 Hardware

Der Hauptanspruch an die Hardware besteht darin, die Videodatenströme schnell genug bereitzustellen. Weitere Ansprüche sind erst mit der Entwicklung schnellerer PC hinzugekommen, denn nichtlineare Editingsysteme waren früher nicht zur Bildbearbeitung konzipiert. Daher begann die Entwicklung auch nicht mit dem Einsatz von Systemen die auf schnelle Graphikbearbeitung spezialisiert sind (z. B. Silicon Graphics), sondern es wurden Standard-PC verwendet. Die dominante Plattform war zu Beginn das Macintosh-System das betriebssicher ist und schon früh die komfortable Benutzeroberfläche bot, die später von Microsoft auch für Windows übernommen wurde. Die starke Verbreitung der Hardwaresysteme unter Windows führte dann dazu, dass nachdem das professionellere Windows NT entwickelt war, viele Editingsysteme heute für Macintosh und Windows verfügbar sind. Auch für die SGI-Plattform gibt es gute Editing-Software, doch wird die teure Hard- und Software meist nur dann gekauft, wenn neben dem Schnitt aufwändige Bildbearbeitungen gefordert werden. Eine Besonderheit stellen die Editingsysteme der Firma Quan-

Abb. 9.69. Bedienung per Grafiktablett

Abb. 9.70. Hebel-Bediengerät am nichtlinearen Schnittplatz

tel dar. Diese haben ihre Wurzeln in Videografik-Systemen und sind auf höchste Qualität abgestimmt, können also ohne Datenreduktion arbeiten. Quantelsysteme arbeiten nicht mit Standardcomputern, es sind geschlossene Systeme, die den Vorteil bieten, dass Soft- und Hardware optimal harmonieren.

Die teureren Systeme verwenden zur Bedienung oft nicht Tastatur und Maus, sondern ein Grafiktablett, wobei die Funktionen mit einem Pen durch Zeigen auf Schaltflächen ausgelöst werden (Abb. 9.69), oder mit dem sog. Gestural Editing, indem einfache Gesten als Befehle interpretiert werden. Als weitere Bedienungshilfen stehen Hebelsteuerungen zur Verfügung, die oft wie die Steuerungen von Filmschneidetischen (Steenbeck-Hebel) gestaltet sind (Abb. 9.70), und von außen bedienbare Fadercontrol-Geräte für die Audiopegeleinstellung (Abb. 9.71). Für die Signaldarstellung sollte neben dem Computermonitor ein Videomonitor vorhanden sein, auf dem das Schnittbild ständig kontrolliert werden kann, da sich die Bildwirkungen aufgrund verschiedener Gamma-Einstellungen, Farbtemperarturen und auch wegen der Halbbilddarstellung erheblich unterscheiden können. Empfehlenswert ist auch die Verwendung von zwei Computermonitoren, so dass einer zur Darstellung der vorhandenen Materialien und der zweite als Schnittmonitor eingesetzt werden kann.

Die meisten nonlinearen Schnittsysteme aber arbeiten mit Standard-PC-Ausstattung und sind im Vergleich zu linearen Schnittplätzen preiswert, zumindest gemessen an ihrer Leistungsfähigkeit. Wegen des Einsatzes von Standard-PC ist die Entwicklung von einem Massenmarkt mit sinkenden Preisen bestimmt, das gilt auch für den Bereich der Massenspeicher (Festplatten). Ein weiterer Vorteil von Standard-PC ist, dass für diese Plattform eine große Anzahl hochwertiger, auch im Videobereich einsetzbarer Software (Grafik, Animation) vorhanden ist. Die steigende Leistungsfähigkeit elektronischer Bauelemente ermöglicht zudem die Installation von Zusatzhardware und damit eine einfache Integration videospezifischer Funktionen. Nachbearbeitungsplätze wer-

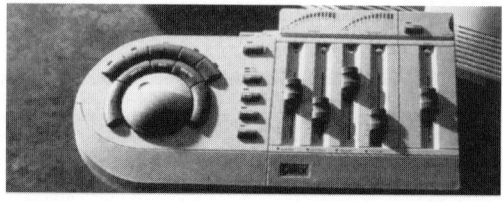

Abb. 9.71. Externes Bediengerät am nichtlinearen Schnittplatz

den vor allem deshalb preisgünstiger, weil bei Online-NLE nicht mehr die hohe Anzahl teurer MAZ-Maschinen erforderlich ist. Hochwertige nonlineare Editingsysteme sind so gut ausgestattet, dass außer einem PC mit Zusatzhardware, großen Festplatten und dem Betriebsprogramm nur noch ein vom System aus steuerbarer hochwertiger Recorder als Massenspeicher vorhanden sein muss. Die erforderlichen Geräte finden alle auf einem Schreibtisch Platz, und man spricht in Anlehnung an den Begriff Desktop Publishing auch von Desktop Video. Die mit dem Begriff assoziierte geringe Professionalität bestätigt sich meistens nicht im Funktionsumfang oder der Bildqualität der Systeme, doch sind sie oft nicht sonderlich betriebssicher, da Standard-Hard- und Software eingesetzt wird, die sehr schnell geändert wird, wobei dann das Betriebssystem selbst oder Updates oft zu Problemen führen.

Nicht professionell ist sehr oft die Anbindung an Videoperipherie. Häufig müssen Signale mit Hilfe von kleinen Steckern und dünnen Kabeln von hinten zu den PC-Steckkarten geführt werden. Einige Systeme bieten hier eine so genannte Break out Box, zu der die Signale zunächst gelangen, bevor sie über ein festes Multicore-Kabel die Steckkarte erreichen (Abb. 9.72). Für den professionellen Einsatz ist es empfehlenswert, eine feste Verbindung vom PC zu Video- und Audiosteckfeldern herzustellen. Als Signalformate für In- und Output stehen in den meisten Fällen analoge FBAS- und Komponentensignal-Verbindungen zur Verfügung. Bei teureren Systemen ist auch das Serial Digital Interface Standard. Verbindungen für weitere Signalformen, wie z. B. DV via Firewire (s. Kap. 10.3), können auch realisiert werden.

Ein zunehmend wichtiger werdender Punkt bei der Hardwareausstattung ist die Netzwerkanbindung. Wenn das System in ein Netzwerk eingebunden wird, das mit hohen Datenraten arbeitet, ist es möglich, dass mehrere Anwender auf dieselben Daten zugreifen und im Verbund parallel am selben Projekt arbeiten können. Für diese Funktion kommt z. B. Fibre Channel in Frage, das Datenraten von bis zu 100 MB/s unterstützt (s. Kap. 10.3). Auf dieser Basis bietet z. B. die Firma Avid mit Unity ein Storgae Area Network (SAN) an, das einen zentralen Großspeicher darstellt, an die per Netzwerk viele Video- und Audioeditingplätze anschlossen werden können, die, je nach Zuteilung und Rechten, alle auf das selbe Audio- und Videomaterial zugreifen können, wobei kein lokaler Speicherplatz an den Einzelplätzen (Clients) zur Verfügung stehen muss.

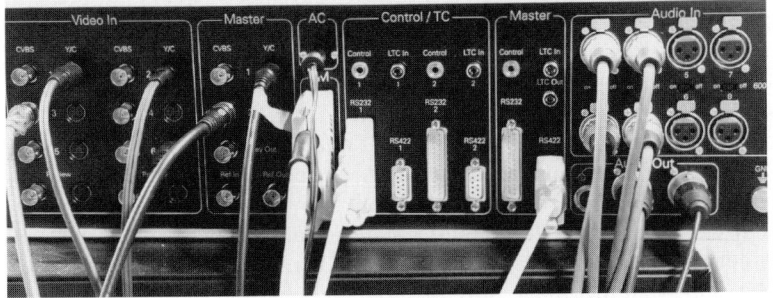

Abb. 9.72. Externe Anschlussbox für den nichtlinearen Schnittplatz

9.4.2.3 Massenspeicher

Fast alle NLE benutzen als Massenspeicher Standard-Festplatten aus dem Computerbereich mit mindestens 100 GB Kapazität (s. Kap. 8.9). Eine solche Festplatte ermöglicht die Aufzeichnung zweier nicht datenreduzierter Audiosignale und eines um den Faktor 3 datenreduzierten Videosignals (Online-Qualität) für eine Dauer von ca. vier Stunden. Wenn ein Offline-Videosignal mit einem Reduktionsfaktor von 25:1 verwendet wird, werden mehr als dreißig Stunden erreicht. Bei Systemen, die mit sehr geringen Kompressionsfaktoren arbeiten, müssen die schnellsten Plattentypen ausgewählt werden, die mittlere Datenzugriffszeiten unter 10 ms und eine hohe Datendurchsatzrate erlauben. Um den hohen Geschwindigkeitsanforderungen gerecht zu werden, ist häufig eine spezielle Formatierung der Platte erforderlich. Weiterhin werden auch separate Platten für Audio- und Video eingesetzt, oder die Festplatten werden parallel oder als RAID-System betrieben (Striping). Auch austauschbare Medien, wie die Optical Disc oder die P2-Speicherkarten (s. Kap. 8.9) können als Speichermedium verwendet werden.

Die Daten sollten auf der Platte in dichter Folge hintereinander liegen, damit der Lesekopf nur über möglichst kurze Strecken bewegt werden muss. Problematisch ist oft die Nutzung fragmentierter Massenspeicher, bei denen die Datenfolgen durch viele Lücken unterbrochen sind. Diese können zu Bild- oder Tonaussetzern führen, da der Lesekopf zu häufig neu positioniert werden muss. Bei den meisten Systemen wird daher empfohlen, die Festplatten vor dem Beginn eines neuen Projekts mit speziellen Zusatzprogrammen zu defragmentieren. Aufwändige Systeme, wie z. B. Editbox von Quantel sorgen mit großem Aufwand mittels RAID-Systemen dafür, dass auch bei fragmentierten Platten jederzeit der Zugriff auf jedes Einzelbild im so genannten True Random Access möglich ist.

Hauptprobleme bei der Nutzung von PC waren lange Zeit die internen Datenbusse und die Schnittstellen der eingesetzten Festplatten (meist SCSI), die nur Datentransferraten von einigen MB/s zuließen. Dieses Problem wurde zunächst durch Umgehung der internen Datenbusse oder den Einsatz teurer Spezialcomputer gelöst. Mit der Weiterentwicklung der SCSI-Schnittstelle (Fast/ Wide) und der Einführung des plattformübergreifend einsetzbaren PCI- oder des noch schnelleren Movie2-Bussystems wird es auch mit Standard-PC möglich, Videomaterial mit hoher Datenrate sogar mehrkanalig und auch in HD-Qualität zu verarbeiten.

Bezüglich des Zeitgewinns durch den Einsatz von Festplattensystemen wird häufig argumentiert, dass dieser dadurch relativiert wird, dass das Material immer erst in das Editing-System eingespielt werden muss. Dies ist richtig, gilt aber nur solange das Material linear gespeichert ist. Wenn alles Material auf Platten vorliegt, was durch den Camcutter (s. Kap. 8.9) schon bei der Aquisition erreichbar ist, so ist es nur eine Frage der Vernetzung, ob Daten noch kopiert werden müssen, denn bereits heute sind komplette Newsroom-Systeme im Einsatz, in denen das zu bearbeitende Material auf vernetzten Festplatten-Massenspeichern vorliegt. In diesem Zusammenhang sollte dafür gesorgt werden, dass die NLE-Datenformate durchgängig beibehalten werden und keine weitere qualitätsverschlechternde Datenreduktion verwendet wird (s. Kap. 10).

9.4.2.4 Software

Neben der heute fast unproblematischen Bildqualität zeichnet sich ein nichtlineares Editingsystem vor allem durch die Benutzeroberfläche und die einfache Bedienbarkeit umfangreicher Funktionen aus, die in der Software realisiert werden. Die meisten verbreiteten nonlinearen Schnittsysteme werden nicht als Software allein, sondern als komplett konfigurierte Systeme verkauft, wobei sich die Anwender oft zwischen den Betriebssystemen MAC OS und Windows NT entscheiden können. Es gibt aber auch offene Systeme, bei denen die Käufer einen Standard-PC, Zusatzhardware und Software individuell zusammenstellen, wobei das Risiko besteht, dass die mögliche Performance aufgrund des Einsatzes von nicht optimal kombinierten Bestandteilen nicht erreicht wird. Universelle und verbreitete Software für diesen Bereich ist das Programm Premiere von Adobe, das für MAC, SGI und Windows erhältlich ist, sowie das Programm Final Cut von Apple. Abbildung 9.73 zeigt die Benutzeroberfläche.

Das Quellmaterial wird in einem Verwaltungsfenster angezeigt. Hier kann es mit Namen versehen und nach bestimmten Kriterien geordnet werden und es können Teile als Subclips abgelegt werden. Die Sequenzen werden dann in einem Player-Fenster platziert, betrachtet, grob beschnitten und anschließend in horizontaler Richtung in einer Timeline nacheinander angeordnet, wobei zur Ansicht der Schnittsequenz ein Recorder-Fenster dient. Für das Einspielen, die Bearbeitung und den Feinschnitt stehen dann eigene Fenster oder Funktionen zur Verfügung. Die Benutzeroberflächen verschiedener Programme werden einander immer ähnlicher, hier ist das etablierte Konzept des Marktführers Avid dominant an das auch die genannten Begriffe und die folgenden Darstellungen angelehnt sind.

Abb. 9.73. Typische Benutzeroberfläche eines Editing-Programms

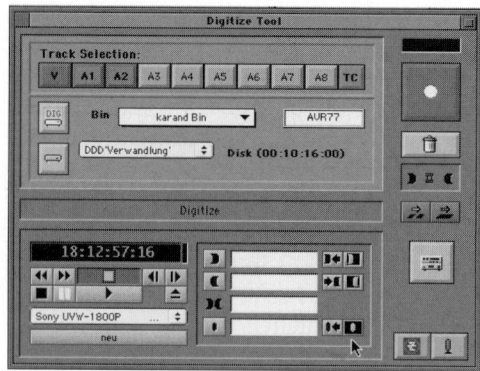

Abb. 9.74. Digitize Tool zum Einspielen des Materials

9.4.3 NLE-Betrieb

9.4.3.1 Eingabe des Materials

Nach dem Systemstart und dem Anlegen eines neuen Projekts beginnt die praktische Tätigkeit beim Einspielen der Daten in das Schnittsystem. Die Daten werden dabei auf die Festplatte kopiert, wobei sie als analoge Daten zunächst den meist integrierten A/D-Wandler durchlaufen, weshalb sich für diesen Vorgang der Begriff Digitalisieren erhalten hat (Abb. 9.74). Auch Filmbilddaten werden über MAZ-Geräte eingespielt, sie werden mit Filmabtastern in ein Videosignal umgesetzt. Obwohl heute die meisten nichtlinearen Schnittsysteme in der Lage sind, Standardvideosignale in Online-Qualität zu verarbeiten, wird auch in diesem Bereich oft der Offline-Betrieb mit gering aufgelösten Bildern bevorzugt, um mit einfachen Geräten und geringerem Speicherplatz auskommen zu können. Der gewünschte Modus wird bei der Einspielung über die Wahl der Bildqualität bzw. Video Resolution bestimmt (Abb. 9.74). Beim Einspielen analoger Daten ist es wichtig, dass das System Pegelkontrollgeräte für Video- und Audiosignale auf Softwarebasis zur Verfügung stellt und die Möglichkeit bietet, die Pegeleinstellungen vor der Digitalisierung auch verändern zu können (Abb. 9.75). Beim Einspielen ist es meistens möglich, das

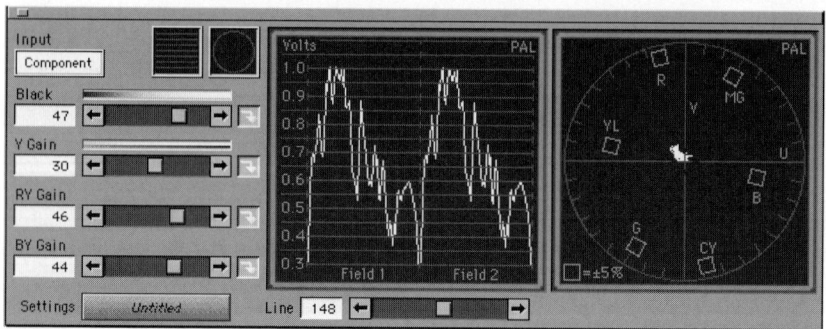

Abb. 9.75. Pegeleinstellung und -kontrolle

Quellband einfach laufen zu lassen und dabei die gewünschten Szenen per Tastendruck »on the fly« zu übernehmen. Zum genaueren und komfortableren Aufsuchen der einzuspielenden Szenen erlauben gute Systeme die Fernsteuerung eines angeschlossenen MAZ-Gerätes über die RS 422- oder Firewire-Schnittstelle. Dabei sollte auch der Timecode im System registriert werden. In diesem Fall kann zunächst gelogt werden, d. h. es werden nur grob die Ein- und Ausstiegspunkte der Szenen bestimmt und die eigentliche Einspielung erfolgt anschließend in dem automatisch gesteuerten Batch Digitize-Prozess. Mit dieser Funktion kann auch knapper Speicherplatz gut genutzt werden, indem zunächst in Offline-Qualität digitalisiert wird, so dass viel Material zur Auswahl zur Verfügung steht. Anhand der beim Offline-Schnitt entstehenden Schnittliste kann dann nachträglich nur das wirklich benötigte Material in hoher Qualität automatisch noch einmal digitalisiert und online verarbeitet werden.

Das beschriebene Verfahren eignet sich für die Verarbeitung von Videosignalen in Standardauflösung ebenso wie für HD-Video und den Bereich des digitalen Films, für die Online-Ausspielung sind in letzterem Fall natürlich HD-taugliche Schnittsysteme und HD-Recorder erforderlich. Für den klassischen Filmbereich ist die Online-Ausspielung dagegen irrelevant, denn hier soll mit Hilfe der digitalisierten Daten nur eine Schnittliste erzeugt werden, anhand derer das Negativ im Kopierwerk geschnitten wird. Als Besonderheit kommt hier der Umstand hinzu, dass das Schnittsystem die Fußnummern des Films verarbeiten können muss und den Umgang mit der im Filmbereich üblichen Bildfrequenz von 24 fps beherrscht.

9.4.3.2 Materialorganisation

Wie beim Filmschnitt kommt es dann darauf an, den Überblick über das zur Verfügung stehende Material zu behalten. Die Qualität des NLE wird nicht zuletzt durch die Möglichkeiten der Materialorganisation bestimmt. Die Ablage und Verwaltung erfolgt in Bins oder Libraries, die thematisch oder nach dem Drehbuch organisiert sein können (Abb. 9.76). Dabei ist es möglich, eigene

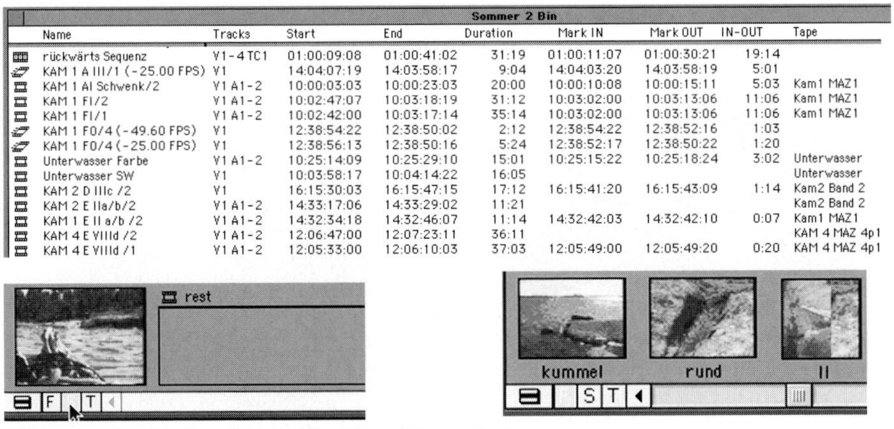

Sommer 2 Bin								
Name	Tracks	Start	End	Duration	Mark IN	Mark OUT	IN-OUT	Tape
rückwärts Sequenz	V1-4 TC1	01:00:09:08	01:00:41:02	31:19	01:00:11:07	01:00:30:21	19:14	
KAM 1 A III/1 (-25.00 FPS)	V1	14:04:07:19	14:03:58:17	9:04	14:04:03:20	14:03:58:19	5:01	
KAM 1 AI Schwenk/2	V1 A1-2	10:00:03:03	10:00:23:03	20:00	10:00:10:08	10:00:15:11	5:03	Kam1 MAZ1
KAM 1 FI/2	V1 A1-2	10:02:47:07	10:03:18:19	31:12	10:03:02:00	10:03:13:06	11:06	Kam1 MAZ1
KAM 1 FI/1	V1 A1-2	10:02:42:00	10:03:17:14	35:14	10:03:02:00	10:03:13:06	11:06	Kam1 MAZ1
KAM 1 FO/4 (-49.60 FPS)	V1	12:38:54:22	12:38:50:02	2:12	12:38:54:22	12:38:52:16	1:03	
KAM 1 FO/4 (-25.00 FPS)	V1	12:38:56:13	12:38:50:16	5:24	12:38:52:17	12:38:50:22	1:20	
Unterwasser Farbe	V1 A1-2	10:25:14:09	10:25:29:10	15:01	10:25:15:22	10:25:18:24	3:02	Unterwasser
Unterwasser SW	V1	10:03:58:17	10:04:14:22	16:05				Unterwasser
KAM 2 D IIIc /2	V1	16:15:30:03	16:15:47:15	17:12	16:15:41:20	16:15:43:09	1:14	Kam2 Band 2
KAM 2 E IIa/b/2	V1 A1-2	14:33:17:06	14:33:29:02	11:21				Kam2 Band 2
KAM 1 E II a/b /2	V1 A1-2	14:32:34:18	14:32:46:07	11:14	14:32:42:03	14:32:42:10	0:07	Kam1 MAZ1
KAM 4 E VIIId /2	V1 A1-2	12:06:47:00	12:07:23:11	36:11				KAM 4 MAZ 4p1
KAM 4 E VIIId /1	V1 A1-2	12:05:33:00	12:06:10:03	37:03	12:05:49:00	12:05:49:20	0:20	KAM 4 MAZ 4p1

Abb. 9.76. Verschiedene Formen der Materialorganisation

Verzeichnisse für die eingespielten Rushes, die daraus gebildeten Subclips und weitere Materialien wie Special Effects, Sounds, Sub Master etc. zu verwenden. Zu jedem Eintrag können Datum, Timecode, Dauer und Kommentare gespeichert werden. Wichtig ist dabei die Vergabe von Bandnummern, damit gleiche Timecodewerte von verschiedenen Bändern verarbeitet werden können.

Für den Filmschnitt gilt die Besonderheit, dass Bild und Ton getrennt aufgenommen und eingespielt werden. Hier bieten gute Schnittsysteme die Möglichkeit die als Klappen bezeichneten Bildsequenzen mit dem zugehörigen Tonmaterial komfortabel zu synchronisieren und als einen gemeinsamen Subclip im Bin abzulegen.

9.4.3.3 Editing

Nach der Organisation und Benennung der eingespielten Szenen wird der Rohschnitt erstellt. Dazu wird das Zuspielfenster geöffnet, die Szene betrachtet, mit Hilfe von In- und Outmarken (Abb. 9.77) beschnitten und in die Timeline übernommen. Oder die Szene wird direkt in die Timeline gezogen, wobei eine Einstellung gewählt werden kann, die bewirkt, dass sich die Szene auch bei ungenauere Positionierung mit der Maus lückenlos an die vorhergehende anfügt.

Die Timeline symbolisiert in horizontaler Richtung die Zeitachse, für die verschiedene Skalierungen eingestellt werden können, um wahlweise einzelne Bildübergänge oder den gesamten Film sichtbar zu machen (Abb. 9.78). Die auf der Timeline platzierten Sequenzen sind oft farblich gegeneinander abgehoben. Die eigentliche Schnittbearbeitung besteht in der Umordnung und Verlängerung oder Verkürzung der Sequenzen, was rechnerintern eine Umadressierung der auszuspielenden Szenen bewirkt. Bei ausschließlicher Verwendung von Hartschnitten ist eine Linie ausreichend. Für den Einsatz von Bildübergängen sollten mehrere Spuren verfügbar sein, die beteiligten Signale werden dazu meist auf Spuren in vertikaler Richtung angeordnet. Bei Standardsystemen werden i. d. R. zwei Videosignale verarbeitet, die mit Clips aus einer dritten, der Grafikspur, überlagert werden können. Zwischen der beiden Videospuren befindet sich oft die Effects-Spur. Hier werden vordefinierte Bildübergänge

Player-Fenster   Recorder-Fenster

Abb. 9.77. Player- und Recorder-Fenster

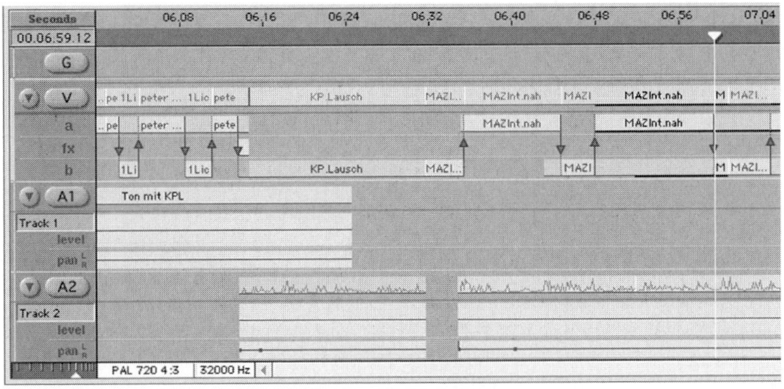

| Seconds | | 06,08 | 06,16 | 06,24 | 06,32 | 06,40 | 06,48 | 06,56 | 07,04 |

(Die Abbildung zeigt eine Timeline-Ansicht eines Editingsystems mit folgenden Spurbeschriftungen und Inhalten:)

00:06:59.12

G

V — pe 1Li peter ... 1Lic pete | KP Lausch | MAZI... | MAZInt.nah | MAZI | MAZInt.nah | M MAZI...

a — pe | peter ... | pete | MAZInt.nah | MAZInt.nah

fx

b — 1Li | 1Lic | KP Lausch | MAZI... | MAZI | M MAZI...

A1 — Ton mit KPL

Track 1
level
pan

A2

Track 2
level
pan

PAL 720 4:3 | 32000 Hz

Abb. 9.78. Ein- und ausblendbare Details der einzelnen Spuren auf der Timeline

von Videospur A zu Spur B platziert. So kann leicht auf die Effekte zugegriffen und ihre Dauer bestimmt werden. Unter den Video- sind die Audiotracks angeordnet, oft bis zu acht oder beliebig viele, die aber, wie auch die Videospuren, nur während der internen Verarbeitung und nicht separat zum Ausspielen zur Verfügung stehen. Die Sequenzen können mit Effekten versehen werden, die auch auf der Timeline erscheinen. Hier wird die Benutzerfläche übersichtlicher, wenn diese Informationen nicht ständig, sondern nur wahlweise erscheinen (Abb. 9.78).

Beim Editing können die platzierten Sequenzen beliebig verändert oder ersetzt werden. Dazu muss zunächst bestimmt werden, welche Spuren an dem Vorgang beteiligt sein sollen. Bei der Platzierung einer neuen Sequenz zwischen zwei bereits platzierten, kann dann bei der Übernahme in die Timeline entschieden werden, ob die folgenden Sequenzen dabei überschrieben (Overwrite) oder nach hinten verschoben werden (Insert) (Abb. 9.79). Es ist auch

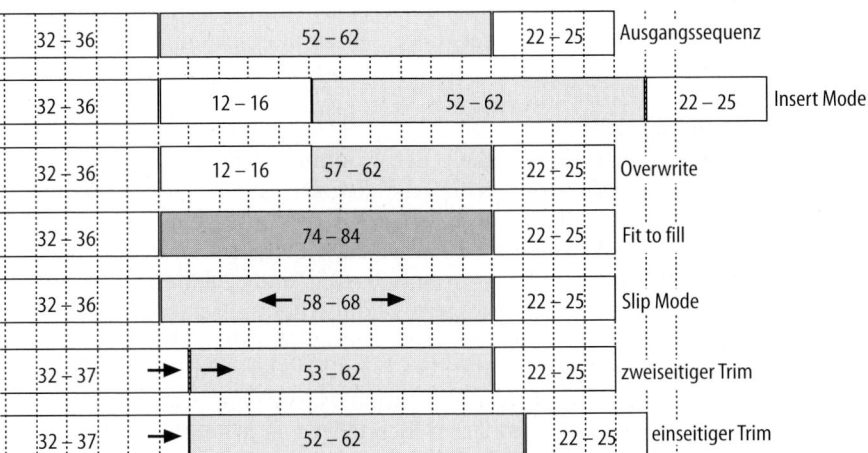

Abb. 9.79. Verschiedene Modi beim Einfügen neuer Sequenzen

Abb. 9.80. Bildausschnitt des Trim-Mode-Fensters

möglich, das neue Material so zu platzieren, dass exakt eine Sequenz überschrieben wird (Fit to Fill). Komfortable Systeme erlauben darüber hinaus die
anschließende Verschiebung des eingefügten Materials innerhalb des durch die
Sequenzlänge gegebenen Zeitfensters (Slip Mode). Bei all diesen Vorgängen ist
zu bedenken, dass die Verlängerungen und Verschiebungen von Sequenzen,
sowie Überblendungen immer nur soweit möglich sind, wie es durch die Länge des digitalisierten Materials vorgegeben ist. Aus Gründen der Flexibilität
und um auch Bildübergänge zu ermöglichen, wird beim Einspielen darauf geachtet, dass für jede Szene genügend so genanntes Blendfleisch (Handles) zur
Verfügung steht.

Nachdem die Sequenzen in der richtigen Folge angeordnet sind, kann mit
dem Feinschnitt, dem Trimming, begonnen werden. Nach der Anwahl der zu
bearbeitenden Spuren erscheinen im Trim-Mode zwei Fenster (Abb. 9.80), die
die Ein- und Ausstiegspunkte der beiden angrenzenden Szenen zeigen. Durch
Anwahl eines oder beider Fenster wird bestimmt, ob die endende, die begin-
nende oder beide Szenen verändert werden sollen. Nur in letzterem Fall bleibt
die Gesamtlänge des Films unverändert. Die Bearbeitung geschieht durch Verschiebung des Schnittpunktes in Einer- oder Zehnerbildschritten. Um Synchronität zu gewährleisten, können Spuren vor dem Trimvorgang verkoppelt werden.

9.4.3.4 Effekte und Compositing
Mit der steigenden Leistungsfähigkeit der Computersysteme wurden immer
mehr Videobearbeitungsfunktionen in die Schnittsysteme integriert. Schon
länger existieren Schnittstellen, die es erlauben computergenerierte Grafiken
einzubinden. Die meisten Systeme enthalten auch Schriftgeneratoren, die sich
allerdings bezüglich der Qualität von Antialiasing und Titelbewegung erheblich unterscheiden können. Aufwändigere Bildbearbeitung erfordert die Möglichkeit, das Endbild aus vielen verschiedenen Video- und Standbildquellen
zusammenzusetzen. Wenn diese Funktion gegenüber der Schnittfunktion über-
wiegt, spricht man von Compositing-Systemen (s. Abschn. 9.5). Viele Effekte
werden als Software-Plug-Ins von Fremdherstellern angeboten. Effekte innerhalb eines Layers werden dabei als Filter bezeichnet, z. B. die Farbkorrektur
für eine Sequenz.

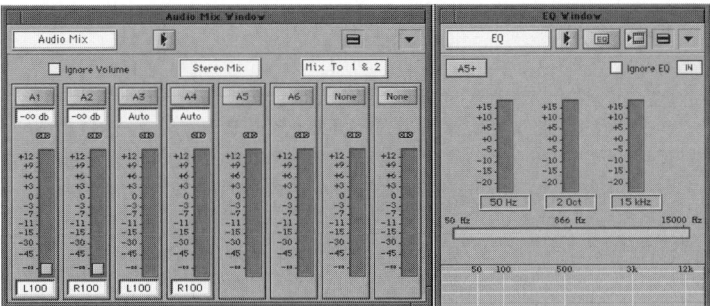

Abb. 9.81. Tools zur Audiobearbeitung

9.4.3.5 Audiosignalverarbeitung

Die meisten NLE enthalten je nach Ausstattung eine digitale Audiobearbeitungsmöglichkeit für zwei bis unbeschränkt viele Kanäle. Die Bearbeitung ist aber nur innerhalb des Systems mit so genannten virtuellen Kanälen in dieser Anzahl möglich. Die Zahl der physikalischen Ein- und Ausgabekanäle ist auch bei größeren Systemen meist auf acht beschränkt, denn falls mehr erforderlich sind, wird man die Bearbeitung des Projekts an ein Audiobearbeitungssystem übergeben. Es werden vorwiegend die professionellen Parameter, also 16 oder 24 Bit Amplitudenauflösung und 44,1 kHz bzw. 48 kHz Abtastfrequenz, verwendet, die eine hohe Audioqualität ermöglichen. Auch in Offline-Systemen kann damit bereits ein großer Teil der Audiobearbeitung vorgenommen werden. Bei der Angabe 16 Bit/44,1 kHz wird oft darauf hingewiesen, dass dies der CD-Qualität entspricht. Wie auch für CD-Player gilt hier, dass diese Angabe nur dann auch für hohe Audioqualität steht, wenn gute A/D- und D/A-Wandler eingesetzt werden. Auch Audiodaten können häufig komprimiert gespeichert werden, in den meisten Fällen wird jedoch darauf verzichtet und mit höchster Qualität gearbeitet, da die Datenmenge im Vergleich zu hochqualitativ aufgezeichnetem Videosignal vernachlässigbar gering ist. Bei der Abschätzung des erforderlichen Speicherplatzes für den Offline-Schnitt mit starker Datenreduktion sollten die Audiodaten allerdings berücksichtigt werden, denn die ca. 100 kB/s Audiodaten pro Kanal sind natürlich relativ zu ca. 500 kB/s Videodaten (Reduktionsfaktor 40:1) nicht mehr einfach vernachlässigbar.

Die Bearbeitungsmöglichkeiten für die Audiosignale beschränken sich meistens auf Pegel- und Panoramaeinstellungen (Abb. 9.81). Diese können bei einigen NLE neben der Audiowellenform auch in der Timeline eingeblendet werden, so dass z. B. eine Pegelsenkung sehr einfach einer Videosequenz zugeordnet werden kann, denn der Pegelverlauf kann dann meist auch in der Timeline durch einfaches Setzen und Verschieben von Bearbeitungspunkten verändert werden (Rubberband, Abb. 9.82). Auch einfache Klangbeeinflussungsmöglichkeiten (Equalizer) sowie weitere Filterfunktionen sind oft standardmäßig verfügbar, wobei jedoch die Qualität recht unterschiedlich sein kann. Gute Ergebnisse werden dagegen erzielt, wenn Plug-Ins von Drittanbietern eingebunden werden können, die auf hochqualitative EQ- und Dynamikbearbeitung oder Halleffekte spezialisiert sind.

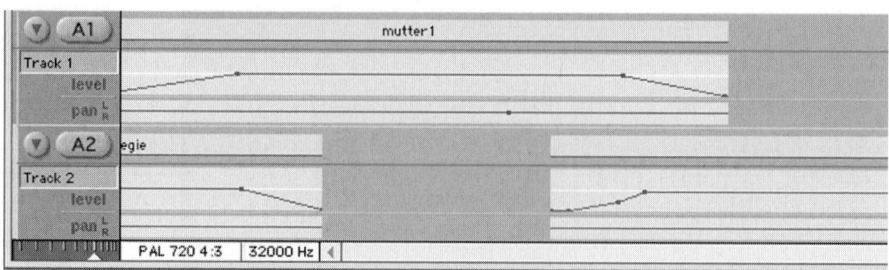

Abb. 9.82. Audiopegelbeeinflussung in der Timeline

Für den Audioimport und -export werden üblicherweise die gewöhnlichen Audiodatenformate unterstützt. Dabei akzeptieren die Systeme oft auch Abtastraten, die ihre eigene Audiohardware nicht unterstützt. Die Einbeziehung derartiger Files erfordert dann eine Konversion der Abtastraten, die bei manchen Systemen zu erheblicher Minderung der Audioqualität führt. Gute Systeme unterstützen auch eine Voice Over-Funktion mit der ein Kommentarton in das System eingespielt werden kann, während gleichzeitig eine Videosequenz vom System ausgegeben wird.

9.4.3.6 Ausgabe

Zur Ausgabe des Films kann eine Schnittliste (EDL) erzeugt werden, die an einem linearen Online-Platz oder in einem teuren nichtlinearen System abgearbeitet wird, das durch den Vorschnitt zeitlich nicht belastet sein soll. Das System sollte möglichst den EDL-Export in verschiedenen Formaten beherrschen, die sich durch die Verbreitung verschiedener linearer Schnittsteuersysteme etabliert haben (CMX, Sony). Außerdem kann der fertige Film als so genannter Digital Cut auch über die Videokarte auf Magnetband aufgezeichnet (Abb. 9.83) oder als digitaler Videofilm z. B. im Quicktime-Format exportiert werden. Viele Hersteller bemühen sich inzwischen auch um eine Ausgabemöglichkeit im MPEG-2-Format, damit das Schnittsystem im Zusammenhang mit dem DVD-Authoring verwendet werden kann.

Vom Digital Cut auf dem Masterband wird eine Sendekopie erstellt, die den üblichen technischen Vorspann enthält, der oft aus 30 Sekunden Schwarz, 60

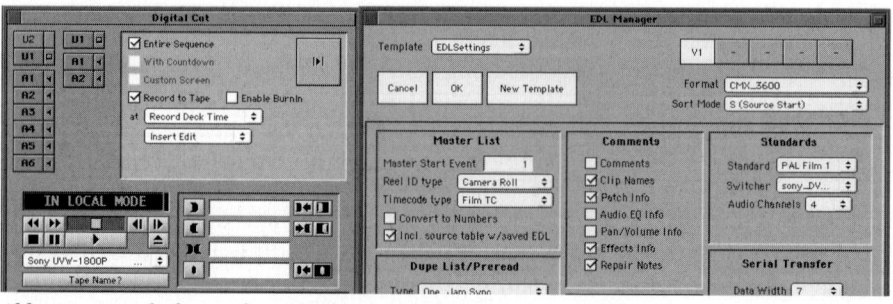

Abb. 9.83. Ausgabefenster für Digital Cut und EDL-Export

Sekunden 75%-Farbbalken und 1 kHz-Sinuston bei −9 dB besteht, auf den dann wieder 20 Sekunden Schwarz und acht Sekunden ein Countdown mit Textangaben über den Beitrag folgen, bis schließlich noch zwei Sekunden Schwarzbild bis zum eigentlichen Beitragsbeginn zur Verfügung stehen.

Bei den Ausgabemöglichkeiten sollte auch auf eine komfortable Back up-Möglichkeit geachtet werden. Damit können die Projekt- zusammen mit den Mediadaten in einer Form vorgehalten werden, die jederzeit eine sofortige Weiter- oder Neubearbeitung des Materials zulassen. Als Back Up-System wird heute oft die Speicherung auf Magnetbändern mit dem DLT-Verfahren (band-gestütztes Massenspeichersystem) eingesetzt.

9.4.4 Filmschnitt

Auch beim Filmschnitt wird zunehmend mit nichtlinearen Videoschnittsyste-men gearbeitet. Dabei sind sehr viele filmspezifische Umstände zu beachten, die eine genauere Darstellung und die Kenntnis der Filmparameter (s. Kap. 5), der Filmproduktion und des klassischen Filmschnitts erfordern.

9.4.4.1 Klassischer Filmschnitt

Für die Filmproduktion gibt es wesentliche Unterscheidungskriterien, die er-heblichen Einfluss auf den technischen Ablauf haben. Dies ist zunächst die Frage, ob dokumentarisch gearbeitet wird oder szenisch, also eine Spielhand-lung inszeniert wird. Die zweite wichtige Frage ist die Auswertungsform, d. h. ob für Kino oder Fernsehverwendung produziert wird. Beide Fragen hängen eng mit dem finanziellen Aufwand zusammen, der die technische Realisierung natürlich erheblich beeinflusst. Diese Aspekte bestimmen z. B., ob auf 16-mm oder 35-mm gedreht wird, die verfügbaren Kameras und Objektive, den Licht-aufwand, das Personal etc.

Bei Kinofilmproduktionen soll in der Regel ein 35-mm-Positivfilm entste-hen. Aufnahmeseitig wird dafür 35-mm-Material verwendet, aus Kostengrün-den aber teilweise auch auf (Super) 16-mm gedreht und das Format beim Ko-pierprozess angepasst. Der Ton wird separat aufgezeichnet, wobei mit Hilfe der Filmklappe und ggf. von Timecode die Synchronisation sichergestellt wird. Der belichtete Film wird am Ende eines jeden Drehtages entwickelt und als Muster (rushes) in Form eines Filmpositivs oder als Videoabtastung zur Beurteilung bereitgestellt. Dazu werden die gewünschten Takes von den unerwünschten (Nichtkopierern) getrennt, im Negativ aneinander geklebt und auf Positivfilm kopiert bzw. durch Filmabtastung (FAT) auf Videoband übertragen. Zur Über-prüfung wird das Tonmaterial kontrolliert, und wenn alles Material für eine Szene vorliegt, kann bereits mit dem Rohschnitt begonnen werden.

Für den Schnitt wird vom Negativmaterial eine Arbeitskopie als Positiv an-gefertigt. Der Ton wird vom Aufnahmemedium, z. B. 1/4"-Tonband (Senkel) auf perforiertes Magnetband überspielt. Die Synchronisation ist dann unproblema-tisch, sie erfolgt über die mechanische Verkopplung der Antriebe für die Per-fobänder. Entsprechend funktioniert der Schneidetisch. Er gewährleistet die Synchronisation und bietet Sicht- und Abhörmöglichkeiten für Bild und Ton.

Weit verbreitet sind die Schneidetische der Firma Steenbeck. Abbildung 9.84 zeigt einen solchen Tisch mit vier Tellern für die Aufwicklung des Materials, an dem mit einem Bild- und einem Tonband gearbeitet werden kann. Der Filmtransport wird mit dem so genannten Steenbeck-Hebel gesteuert, der unten rechts zu sehen ist.

Der Rohschnitt des gesamten Films, d. h. die aneinandergefügten Szenen nach den Vorgaben im Drehbuch, liegt bereits kurz nach Beendigung der Dreharbeiten vor. Dann beginnt die Phase der Postproduktion. Dabei wird der Feinschnitt durchgeführt, bei dem anhand des zur Verfügung stehenden Materials die künstlerische Gesamtwirkung festgelegt und der Erzählrhythmus herausgearbeitet wird. Die Schnittfestlegung ist ein kreativer Prozess, der als solcher hier nicht im Vordergrund steht. Bevor er zum Tragen kommt, sind aber einige technische Vorarbeiten zu erledigen. Zunächst sollte geprüft werden, ob in den Mustern die Fußnummern vorhanden sind und ob der Ton so überspielt wurde, dass er zu der verwendeten Bildfrequenz passt, d. h. ob einer Sekunde Audiomaterial 24 oder 25 Bilder entsprechen. Als nächstes gilt es, die zusammengehörigen Bild- und Tonteile am Schnittplatz zu synchronisieren. Dieser Vorgang wird Anlegen genannt. Als wesentliche Merkmale werden dafür die Klappen benutzt, die im Bild- und Tonmaterial zum selben Zeitpunkt sicht- und hörbar sind, wenn das Material richtig angelegt ist. Um sich in der Flut des Materials orientieren zu können, müssen zunächst die Einstellungen beschriftet werden. Die Anfänge und Enden werden mit A und E bezeichnet und die Einstellungsnummer notiert, weiterhin wird vermerkt, ob eine Schlussklappe vorliegt und ob ohne Ton oder ohne Klappe gedreht wurde.

Nach dem Anlegen werden die Einstellungen in Klappenreihenfolge hintereinander angeordnet und möglichst durchgehend nummeriert. Dann kann eine Schnittliste angefertigt werden, in der das Material hinsichtlich seiner Verwendung klassifiziert und ausgemustert wird. Nun beginnt der eigentliche

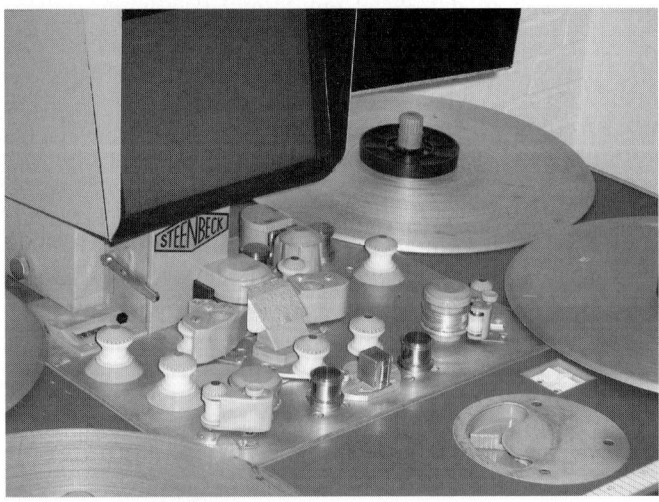

Abb. 9.84. Filmschneidetisch

Schnitt, nach dessen Beendigung die fertig bearbeitete Arbeitskopie vorliegt. Für den Negativschnitt werden die Fußnummern in einer Negativschnittliste notiert, die im Kopierwerk abgearbeitet werden kann. Als Orientierung steht dort auch die Arbeitskopie zur Verfügung.

Mit dem Bild wird auch der Ton geschnitten, im Audiobereich kommen weiterhin noch Geräusche, Nachsynchronisationen und die Filmmusik hinzu, die in einem Mischatelier unter kinoähnlichen Abhörbedingungen abgemischt werden. In der Tonmischung werden die zu den Schnittsequenzen synchronen Originaltöne mit Geräuschen, Musik und Audioeffekten zu einem homogenen Klanggebilde gestaltet, das die Gesamtwirkung des Films in erheblichem Maße bestimmt. Als Orientierung steht auch hier die fertig geschnittene Bildarbeitskopie zur Verfügung. Die Schnittinformationen gelangen dann in Form der Schnittliste zum Kopierwerk, wo das Originalnegativ montiert, ggf. Trickteile eingefügt und die fertige Tonmischung auf ein Tonnegativ belichtet wird, so dass schließlich Bild- und Tonnegativ gemeinsam auf die Vorführpositive kopiert werden können. Für das Bild ist ein wesentlicher Schritt bei diesem Vorgang die Lichtbestimmung, bei der die Helligkeit und Farbstimmungen der einzelnen Szenen einander angeglichen und für das Positiv optimiert werden.

Bei Fernsehproduktionen wird Film vorwiegend nur noch für szenische Produktionen wie z. B. den ARD-Tatort verwendet, aktuelle und auch dokumentarische Beiträge werden dagegen fast ausschließlich mit Videosystemen realisiert. Aufgrund der geringen Bildauflösung von Standard-TV-Systemen ist es für Fernsehproduktionen ausreichend, mit 16-mm-Film zu arbeiten. Mit Hilfe von Filmabtastern (s. Kap. 5) werden die Filmbilder nach der Entwicklung vom Negativ in ein Videosignal umgesetzt. Dabei ist bereits bei der Aufnahme das gegenüber Film eingeschränkte Kontrastübertragungsverhalten der Videobildwiedergabe zu beachten, ggf. ist auch dem großen Betrachtungsabstand bei der TV-Wiedergabe bei der Bildgestaltung Rechnung zu tragen. Abgesehen von einer Filmgeschwindigkeit, die mit 25 fps dem Fernsehbereich angepasst ist, sind die Produktionsschritte sonst weitgehend ähnlich wie für den Kinofilm.

9.4.4.2 Filmschnitt mit NLE-Systemen

Auch beim Filmschnitt wird zunehmend mit nichtlinearen Videoschnittsystemen gearbeitet. Das Filmmaterial wird dazu zunächst in die digitale Form umgesetzt. Das Tonmaterial wird entweder direkt digital (DAT) oder auf analogen Magnetbandmaschinen aufgezeichnet und anschließend digitalisiert bzw. eingespielt. Bei der Aufnahme wird dafür gesorgt, dass Ton- und Bildaufnahme synchron verlaufen. Zur Markierung auf der Audioseite dient dabei der Timecode. Die Filmbilder sind mit einem maschinenlesbaren Keycode (Fußnummern) versehen, der in Timecode umgesetzt werden kann. Nach Beendigung des Offline-Schnitts wird eine Schnittliste erzeugt und zusammen mit einem Playout auf Videoband an das Kopierwerk übergeben, wo anhand dieser Informationen der Film, wie oben beschrieben, physikalisch geschnitten wird [3].

Das wesentliche Problem beim digitalen Schnitt ist die unterschiedliche Zeitbasis mit 24 Frames per Second (fps) bei Film, 25 fps bei PAL-Video und 30 fps bei NTSC. Die Anpassung der Filmbildfrequenz an die PAL-Videofrequenz kann einerseits dadurch geschehen, dass der Filmabtaster um 4,16% zu hoch eingestellt wird und dann 25 statt 24 fps erzeugt. Damit werden Bild und Ton geringfügig zu schnell wiedergegeben, was als Tonhöhenänderung wahrgenommen wird. Die zweite Möglichkeit besteht darin, in bestimmten Abständen einzelne Bilder zu wiederholen, um auf diese Weise ohne Tonhöhenänderung 25 fps zu erhalten. Hierzu kann mit dem sogenannten PAL-Pulldown jedes 12. Filmbild auf 3 Videohalbbilder ausgedehnt werden, während die vorhergehenden 11 Bilder wie üblich jeweils in nur zwei Halbbilder zerlegt werden. Für NTSC existiert ein eigenes 3-2-Pulldown-Verfahren (s. Kap. 5).

Die Filmbildfrequenz von 24 fps stellt kein Problem dar wenn alle Systeme der Bearbeitungskette diese Bildrate beherrschen. Das würde bedeuten, dass z. B. das Material über eine MAZ eingespielt wird, die in der Lage ist, mit 24 Bildern zu arbeiten und auch die Verarbeitung beim Schnitt tatsächlich auf 24 fps beruht. In diesem Falle sind die Bearbeitungsschritte direkt mit denen im Videobereich vergleichbar, wo die Materialakquisition und auch der Schnitt mit 25-fps-Systemen vorgenommen werden.

Problematisch wird es dagegen, wenn die 24-fps- und 25-fps-Bereiche gemischt werden. Da 24p-Magnetbandgeräte und 24p-Editingsysteme erst seit sehr kurzer Zeit verfügbar und daneben auch teurer als Standardvideosysteme sind, ist gerade dieser Mischbetrieb die Regel. Die Schnittsysteme stammen durchweg aus dem Videobereich und basieren damit auf 25 fps. Damit sie für den Filmbereich nutzbar werden, müssen sie mit einer so genannten Filmoption ausgestattet sein. Zur Erklärung muss der Arbeitsablauf betrachtet werden, der hier anhand des Avid-Systems dargestellt wird.

Zunächst wird das Filmmaterial dem Videosignal angepasst, indem es bei der Filmabtastung um 4,1% zu schnell, d. h. statt mit 24 fps mit 25 fps wiedergegeben wird. Bei der Abtastung werden auch die Fußnummern des Negativmaterials erfasst und in fester Zuordnung zu den Timecode-Werten des Videobandes in einer log-Liste gespeichert. Das Bildmaterial wird als 25-fps-Videosignal auf ein Magnetband überspielt und von dort aus wiederum mit 25 fps in das Schnittsystem eingelesen. Nach der Eingabe des Audiomaterials werden

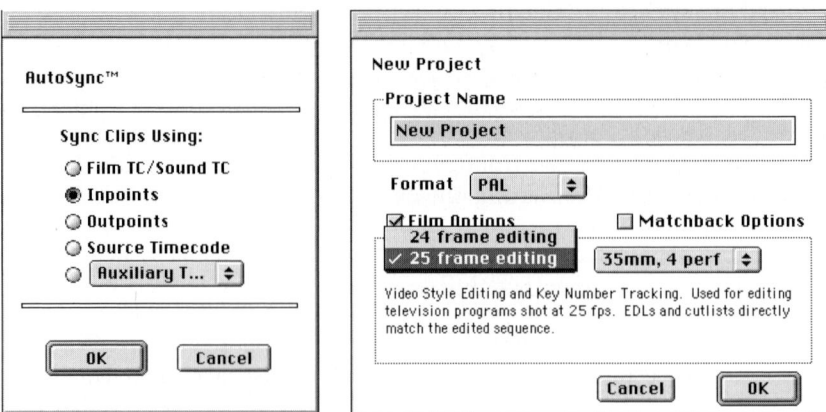

Abb. 9.85. AutoSync-Funktion und Filmprojektfenster

dann im nächsten Arbeitsschritt die zusammengehörigen Bild- und Tonelemente synchronisiert. Dazu können die Bildclips in eine neue Sequenz digitalisiert und der Ton anhand der Klappe angelegt werden. Mit der Funktion Autosync (Abb. 9.85) entstehen daraus dann synchrone, zusammenhängende Subclips. Für die Feinsynchronisation erlaubt das Avid-System mit Hilfe von Slip-Perf die Verschiebung der Video- gegenüber den Audioteilen mit einer Genauigkeit von 1/4 der Bilddauer, so wie es auch bei Verwendung von Perfobändern mit 4 Löchern/Bild der Fall ist.

Danach kann mit dem Schnitt begonnen werden, wobei nun aber die Bildgeschwindigkeit der Originalszene dargestellt werden soll. Um diese in dem Videosystem und dem angeschlossenen Videomonitor realisieren zu können, wird vom Schnittsystem automatisch nach jedem 12. Bild ein Halbbild verdoppelt, so dass neben den 24 Bildern pro Sekunde zwei zusätzliche Halbbilder vorliegen, die zu einer Videofrequenz von 25 fps führen. Durch die Halbbildverdopplung tritt eine Bildruckelstörung auf, die aber nur bei schnell bewegten Objekten oder schnellen Kameraschwenks sichtbar wird.

Die zusätzlichen Halbbilder werden nur mit der Aktivierung der Filmoption erreicht. Beim Avid-System muss das Projekt dafür bereits vor der Einspielung der Daten für die Filmbearbeitung eingerichtet werden (Abb. 9.85). In den Film Settings (Abb. 9.86) wird dann festgelegt, dass der Transfer vom Film zum Videosystem mit der Video Rate geschehen soll, wenn die Abtastung mit 25 fps vorgenommen wurde. Für den Audio Transfer wird Film Rate gewählt, damit die Einspielung ohne Geschwindigkeitsänderung stattfindet. Bei der Einspielung von digitalen Audiodaten muss die richtige Sample Rate (48 kHz oder 44,1 kHz) beachtet werden, damit qualitätsmindernde Konvertierungen vermieden werden können. Schließlich sollte in den General Settings das Audiodatenformat so vorgewählt werden, dass es in dem Tonstudio gelesen werden kann, an das die Audiodaten nach dem Schnitt zur Abmischung übergeben werden.

Um die Orientierung im 24-fps-Projekt zu erleichtern, kann die Timecode-Anzeige im Recorderfenster zwischen der Zählung von 24 oder 25 Bildern/s umgeschaltet werden. Beide Zähleinheiten können auch in der Timeline er-

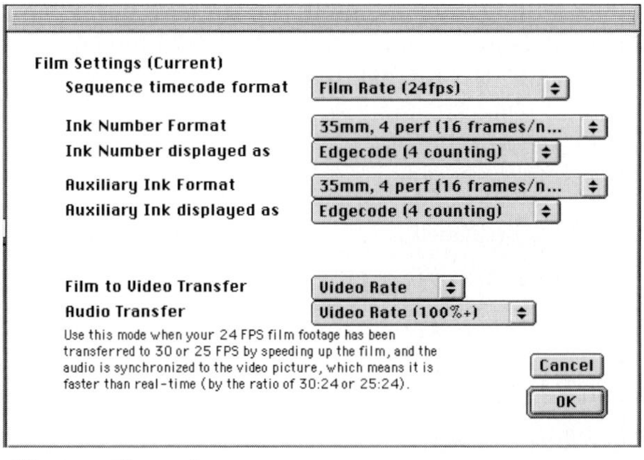

Abb. 9.86. Filmsettings

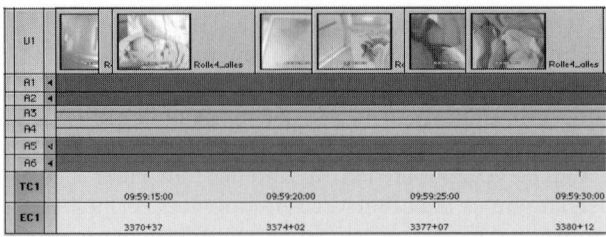

Abb. 9.87. Timecode und Edgecode in der Timeline

scheinen, zusätzlich zu einer EC-Spur für die Anzeige der Fußnummern des Filmnegativs (Edgecode) (Abb. 9.87). Die Fußnummernverwaltung hat natürlich auch bei 25-fps-Filmprojekten, wie sie bei Filmproduktionen für den TV-Bereich verwendet werden, ihre Bedeutung.

Nach der Schnittfestlegung muss eine Ausgabe erfolgen, die es ermöglicht, dass im Kopierwerk das Originalnegativmaterial fehlerfrei physikalisch geschnitten und geklebt werden kann. Dazu gibt es mehrere Möglichkeiten. Erstens: Das Kopierwerk erhält vom Editor eine Schnittliste (Edit Decision List, EDL), die direkt die Zuordnung von Timecode- und Fußnummern beinhaltet. Das setzt voraus, dass beim Abtastvorgang eine log-Liste erstellt und an den Schnittplatz übergeben wurde, die den Bezug zwischen den Fußnummern und dem Timecode des Videobandes enthält. Zur Sicherheit werden die Fußnummern dabei oft in das Bildmaterial eingeblendet (Abb. 9.88). Die zweite Möglichkeit besteht darin, dass die Fußnummern bei der Abtastung in den VITC-Bereich (Bereich für die Übertragung von Timecode-Daten in der V-Austastlücke des Videosignals) des Videobandes geschrieben wurden, so dass sie beim Digitalisieren mit Hilfe eines Zusatzgerätes direkt in das Schnittsystem eingelesen werden können. Die dritte Möglichkeit ist, dass das Kopierwerk die bei der Abtastung erstellte Zuordnungsliste zwischen Fußnummer und Timecode des Videobandes behält. Dann braucht mit dem Schnittsystem nur eine Ausspielung auf Magnetband zu erfolgen (Digital Cut), das die Sequenzfolge mit den Timecodes des Einspielbandes enthält. Bei der Ausgabe auf Band muss in diesem Zusammenhang darauf geachtet werden, dass die Ausspielung bildidentisch ist, also keine Halbbildverdopplungen enthält. Zu diesem Zweck wird als Digital-Cut-Option Video Rate (100%+) angewählt. Die Abbildungen 9.89 und 9.90 zeigen die Einstellmöglichkeiten für die Ausgabe.

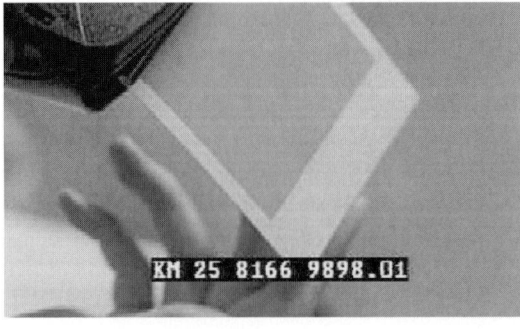

Abb. 9.88. Eingeblendeter Keycode

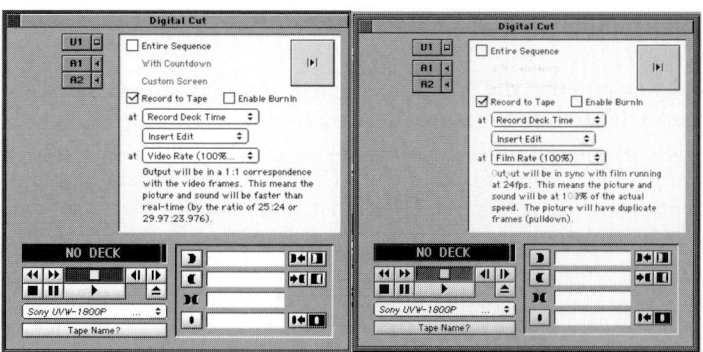

Abb. 9.89. Optionen für den Digital Cut

Die bildrichtige Ausspielung ist für den Schnitt erforderlich, sie ist jedoch zwangsläufig nicht zeit- bzw. längenrichtig. Eine längenrichtige Ausspielung wird aber auch benötigt, nämlich dann, wenn das geschnittene Bildmaterial als Referenz für die Komposition der Musik oder die Tonmischung zur Verfügung gestellt wird. Für diesen Modus ist bei den Ausspieloptionen die Film Rate anzuwählen, die bewirkt, dass die eingefügten Halbbilder mit ausgegeben werden.

Das geschnittene Tonmaterial selbst wird dem Mischstudio möglichst in digitaler Form übergeben, wobei es hilfreich ist, wenn dabei auch direkt die Zuordnung zu verschiedenen Tonspuren erhalten bleibt. Dies gelingt z. B. bei der Übergabe der Audiodaten aus dem Avid-System an ein Pro-Tools-System der gleichen Firma. Die Bildreferenz im Mischstudio ist meist das oben erwähnte Videoband, das in einem Player abgespielt wird, der mit dem Tonbearbeitungssystem über Timecode so verkoppelt ist, dass die Systeme bildgenau synchron laufen und darüber hinaus eine Ansteuerung der Laufwerksfunktionen vom Audiobedienplatz aus erfolgen kann. In diesem Bereich sind oft Konvertierungen zwischen verschiedenen Time-Code-Formaten erforderlich (z. B. LTC zu Midi-Timecode), die mit Hilfe von separaten Synchronizern erfolgen. Anstelle der Videoplayer werden als Bildzuspieler auch Video-Harddisk-Recorder verwendet, die sich bezüglich der Steuerung und Anbindung jedoch wie Bandmaschinen verhalten. Zukünftig ist zu erwarten, dass das Bildmaterial zusammen mit den Audiodaten direkt in digitaler Form an das Mischstudio übergeben wird, wo sie gemeinsam in ein System eingespielt werden.

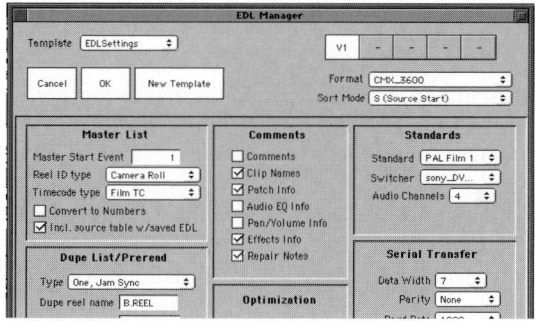

Abb. 9.90. EDL für den Filmschnitt

9.4.5 Ausführung von nonlinearen Editingsystemen

Viele nonlineare Editingsysteme, die seit längerer Zeit auf dem Markt sind, haben sich vom reinen Offline-System zum Online-System weiterentwickelt. Offline-Systeme arbeiten meist nur mit 25 Halbbildern pro Sekunde und dienen allein der Erzeugung einer Schnittliste, die in Online-Systemen abgearbeitet wird. Die Implementierung ausgefallener Effekte ist hier unnötig, da nicht klar ist, welche Effekte überhaupt am Online-Schnittplatz realisiert werden können. Dagegen ist es wichtig, dass die Schnittlistenformate der gängigen linearen Online-Systeme (CMX, GVG, Sony) unterstützt werden. Reine Offline-Editingsysteme sind nur noch selten anzutreffen, die meisten sind so weiterentwickelt worden, dass sie mit 50 Halbbildern/s und verschiedenen Kompressionsverfahren oder auch unkomprimiert arbeiten können und damit eine sehr hohe Qualität bieten. Neben der Unterscheidung zwischen Off- und Onlinesystemen kann man bei letzteren noch einmal zwischen Systemen unterscheiden, die mit oder ohne Datenreduktion arbeiten, sowie eine Unterscheidung nach HD-Tauglichkeit treffen.

Die meisten NLE basieren auf Standardcomputern. Da deren Leistungsfähigkeit früher nur für den Offline-Betrieb ausreichte, wurden die Systeme durch eine oder mehrere Steckkarten zu leistungsfähigeren Einheiten ausgebaut. Mit der stetig steigenden Geschwindigkeit von Standard-PC ist das nicht mehr unbedingt erforderlich. Hinzu kommt, dass zunehmend auch die Zuspieler und Recorder über digitale Schnittstellen verfügen, so dass ggf. keine Digitalisierungshardware mehr erforderlich ist. Für einfache Schnittsysteme ist in diesem Zusammenhang die Firewire-Schnittstelle von großer Bedeutung. Sie ist heute an sehr vielen Camcordern und PC vorhanden, so dass der Austausch von DV-codierten Video- Audio- und Timecode-Daten sehr einfach ist und sogar die Möglichkeit der Gerätesteuerung besteht. Unter diesen Bedingungen braucht nur die Schnittsoftware erworben zu werden und ermöglicht dann das Editing von DV-Material mit 25 Mbit/s. Passende Schnittsoftware ist zu Preisen zwischen 200,- und ca. 1500,- Euro von Firmen wie Avid (Xpress), Adobe (Premiere), Apple (Final Cut), InSync (Speed Razor) oder ULead (Media Studio) erhältlich. Sie arbeiten gewöhnlichen mit Quicktime und AVI-Dateien. Quicktime und AVI stellen Multimediaumgebungen dar, die mit verschiedenen Codecs wie DV4:2:0, DV 4:1:1, JPEG etc. zurechtkommen (s. Kap. 10). Wie bei allen Kompressionsverfahren ist es günstig, wenn von der Quelle bis zur Ausspielung nur ein einziger Codec zum Einsatz kommt.

9.4.5.1 Standard-NLE

Systeme, die höheren Ansprüchen genügen, werden mit Zusatzhardware geliefert. So rüstet die Firma Avid, Marktführer bei den professionellen Editing-Systemen, ihre Systeme mit Hardware-Einheiten aus, die einerseits den Hostrechner entlasten und andererseits analoge und digitale Ein- und Ausgangsschnittstellen zur Verfügung stellen. Das kleinste Avid-System verwendet die Schnittsoftware Avid XPress mit Mojo-Hardware. Diese unterstützt nichtkomprimiertes SD-Material, verschiedene DV-Kompressionen und HDV-Signale, also nach MPEG komprimiertes HD-Material. Das System bietet den Vorteil, dass eine

Tabelle 9.2. Nonlineare Editingsysteme

Hersteller	Avid	Avid	Pinnacle	Media100	Panasonic	Apple	Sony
Produkt	Composer	DS-HD	Liquid	Media100	QuickCut	Final Cut	XPRI
Plattform	Mac/PC	PC	PC-NT	Mac/PC	PC/NT	Mac	PC
Signalform	4:2:2, 8bit	4:2:2	4:2:2, 8bit	4:2:2, 8bit	4:1:1, 8 bit	4:2:2, 8 bit	4:2:2
Redukt.verf.	div.	div.	MPEG/DV	div.	DVCPro	Quicktime	div.
min. Redukt.		-	-	2:1	5:1	-	-
HD-tauglich		ja				ja	ja

Bildkontrolle über einen Video-Monitorausgang möglich ist. Das Avid-Stan-
dardsystem ist der Media Composer mit Adrenalin-Hardware. Diese arbeitet
mit 10-Bit-Video und bis 24 Bit-Audiosignalen auch bei 24 fps und ist optional
zum HD-System ausbaubar.

Die Benutzeroberfläche des Media Composers ist auf zwei Monitore verteilt,
seit langem ermöglicht hier das Macintosh-System die Darstellung einer
durchgehenden Arbeitsoberfläche (Abb. 9.91). Ein dritter Monitor zeigt das
Schnittbild im Videomodus. Die Arbeit ist in Projekten organisiert, das Videomaterial eines Projekts wird in »Filmdosen« (Bins) abgelegt. Der zur Aufnahme dienende Capturemode ermöglicht die Steuerung professioneller Videoma-
schinen mittels der RS-422-Schnittstelle vom Computer aus sowie die Aufnahme des zugehörigen Timecodes und die Batch Digitize-Funktion. Der eigentliche Schnitt erfolgt im Composer-Fenster, das wie gewöhnlich in einer Timeline die verfügbaren Video- und Audiospuren zeigt. Darüber befinden sich die
Player- und Recorderbilder (Abb. 9.91). Die Schnittstellen oder Sequenzen können mit Effekten oder Filtern in Echtzeit verändert werden. Das System erlaubt auch das so genannte Mixed Resolution Editing, d. h. die Verwendung
von Sequenzen mit unterschiedlicher Datenreduktion in einem Projekt.

Als Alternative zu Avid stehen ähnlich leistungsfähige Systeme von Pinnacle,
Apple (Final Cut) und Media 100 zur Verfügung (Tabelle 9.2). Das System
Pinnacle Liquid Blue unterstützt unkomprimiertes SD-Material, DV oder
MPEG-2-Material jeweils nativ, d. h. ohne interne Konvertierung.

Abb. 9.91. Gesamte Benutzeroberfläche auf zwei Bildschirmen

9.4.5.2 Umfassende Editingsysteme

Die aufwändigsten Editingsysteme sind in der Lage, mehrere Videodatenströme gleichzeitig ohne Datenreduktion zu verarbeiten. Die Aufzeichnung erfordert also den Durchsatz mehrerer Datenströme mit jeweils 21 MB/s. Die Systeme sind daher technisch anspruchsvoll, se erlauben die Einbeziehung aufwändiger Effekte und meist auch die Verarbeitung hoch aufgelöster HD-Bilder. Ein Beispiel aus diesem Bereich, das noch im eigentlichen Sinne als Editingsystem bezeichnet werden kann, ist das System IQ und die Editbox von Quantel. Diese Software läuft im Gegensatz zu den anderen Systemen nicht auf Standard-Hardware und zeigt eine deutlich verschiedene, an Filmstreifen orientierte, Benutzeroberfläche (Abb. 9.92), die auch bei den aufwändigeren Effects- und Compositingsystemen von Quantel, wie Henry oder Hal eingesetzt wird.

Bei den meisten großen Schnittsystemen wird inzwischen das HD-Editing mit 10 Bit-Videosignalen und unterschiedlichen Bildwiederholraten unterstützt. Das bedeutet auch die Verfügbarkeit des 24p-Modus, womit die wesentlichen der im vorigen Kapitel erörterten Probleme, die bei der Filmbearbeitung mit Hilfe videotechnischer Mittel auftreten, hinfällig werden.

Die Avid-Familie bietet im Bereich des HD-Editing das System Avid DS Nitris, das verschiedenste Bild- und Kompressionsformate von DV über unkomprimiertes HD-Material bis hin zu Bildern mit 2k- oder 4k-Auflösung unterstützt. Daneben tritt in diesem Bereich das XPRI-System von Sony hervor, das die Besonderheit aufweist, neben unkomprimierten HD-Material direkt mit dem datenreduzierten Videomaterial der HDCAM-Aufzeichnung arbeiten zu können, so dass viele qualitätsmindernde Komprimierungs- und Rekomprimierungsprozesse in diesem Umfeld entfallen können.

Als sehr preiswerte Lösung kann auch in diesem Bereich das Programm Final Cut von Apple eingesetzt werden. Es hat den Vorteil alle unter Quicktime verwendbaren Auflösungen, also auch HD und 24p einschließlich Filmschnittlisten zu unterstützen. Als HD-System muss hier der Rechner mit einer HD-Karte, wie z. B. Cinewave von Pinnacle oder Blackmagic ausgerüstet werden.

Abb. 9.92. Benutzeroberfläche bei Quantelsystemen

9.5 Compositingsysteme

Compositingsysteme dienen nicht dem Schnitt, sondern der Manipulation der Bilder selbst. Diese Manipulationsmöglichkeiten standen oft im Zusammenhang mit Schnittsystemen, da in diese im Laufe der Zeit immer mehr Bildbearbeitungsfunktionen integriert wurden. Seit einiger Zeit geht nun der Trand dahin, auf der gleichen technischen Basis wie bei den Editingsystemen (s. Abschn. 9.4.2) eigenständige Bildbearbeitungssysteme einzusetzen, u. a. weil für die Arbeitsgebiete Schnitt und Bildbearbeitung sehr unterschiedliche Qualifikationen der Mitarbeiter erforderlich sind. Die Systeme werden dann als Compositingsysteme bezeichnet, weil die zu produzierende Bildsequenz meist aus vielen verschiedenen Video- und Standbildquellen zusammengesetzt wird und dazu oft Bildteile, z. B. durch Stanz- oder Maskenverfahren, kombiniert werden. Bei der grafischen Darstellung auf den Benutzeroberflächen werden die Bildkombinationselemente meist untereinander angezeigt, während die zeitliche Abfolge der Sequenzen in der Horizontalen, der Timeline, erscheint. Damit haben sich für die Differenzierung zwischen Bildschnitt und Compositing auch die Begriffe horizontaler und vertikaler Schnitt etabliert.

9.5.1 Grundfunktionen

Compositingsysteme sind mit Grafikprogrammen wie z. B. Adobe Photoshop vergleichbar, mit dem Unterschied, dass sie für die Verarbeitung von zusammenhängenden Bildfolgen ausgelegt sind. Zu den Grundfunktionen von Compositingsystemen gehören daher die Funktionen, die auch die Grafikprogramme bieten, wie Farbveränderungen, Mischungen von Bildern und Bildverzerrungen (Transformation, Abb. 9.93). Weiterhin die Möglichkeit der Freistellung einzelner Bildelemente durch Maskierung und Keying. Es existieren Paint- und Textmodule zur Erstellung von Farbflächen und Schriftzügen.

Eine zentrale Funktion hat die Möglichkeit der Verwendung separater Ebenen für Bildteile, die dann in verschiedener Weise gemischt und überblendet werden können. Hinzu kommen dann die Bearbeitungswerkzeuge, die über den Grafikbereich hinausgehen und sich auf die Bildfolge und den Zeitbereich beziehen. Dazu gehören einfache Schnittfunktionen, Animation und Tracking zur Verfolgung von Bildobjekten sowie die Möglichkeit der Einbeziehung von Audiosignalen inklusive ihrer Wellenformdarstellung.

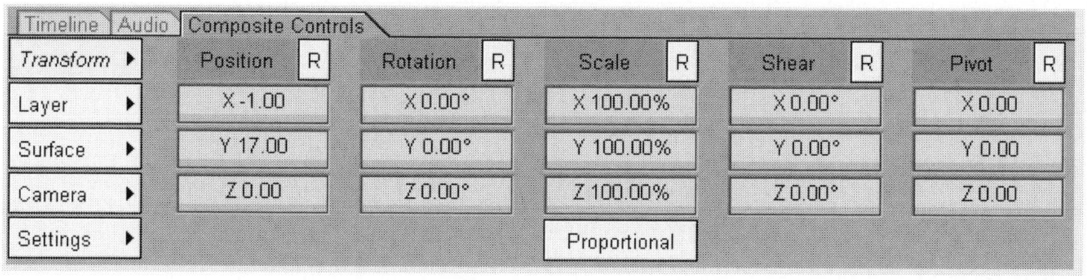

Abb. 9.93. Bildtransformationsparameter

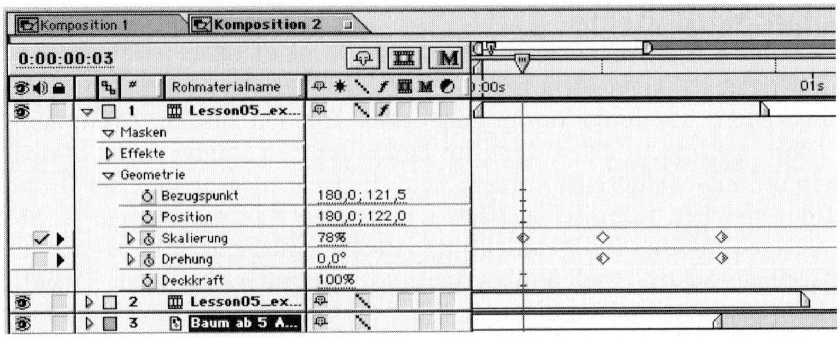

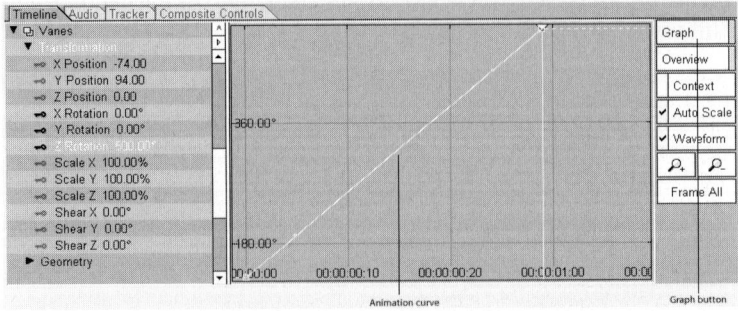

Abb. 9.94. Darstellung der Keyframes innerhalb der Layer

Wie auch im Grafikbereich ist der Einsatzzweck von Compositingsystemen nicht nur die Erschaffung vordergründiger Effekte, sondern oft die Bildmanipulation, die nicht auffallen soll. In diesem Zusammenhang ist es ratsam, die Einsatzmöglichkeiten und Beschränkungen der durch das System bereitgestellten Werkzeuge bereits vor den Dreharbeiten der später zu manipulierenden Bildsequenzen zu berücksichtigen und Effektspezialisten hinzu zu ziehen.

9.5.1.1 Layer

Die zentrale Orientierung, die bei Schnittsystemen die Timeline bietet, wird bei Compositingsystemen über das Layering erreicht, d. h. über das Übereinanderlegen der verschiedenen Bildelemente, die kombiniert werden sollen. Die Layer oder Ebenen haben eine Hierarchie, wenn unten angeordnete sichtbar werden sollen, müssen darüber liegende Layer wenigstens teilweise transparent sein. Die Layer können ein- und ausgeschaltet und animiert werden, d. h. die enthaltenen Bildteile werden mit der Zeit in ihrer Position verändert. Die Festlegung der damit verbundenen Bewegung erfolgt wie auch bei anderen animierten Effekten mit Hilfe von Keyframes anhand der Timeline, indem zu den per Keyframe definierten Zeitpunkten bestimmte Positionen definiert werden, zwischen denen das System dann interpoliert (Abb. 9.94). Die Veränderungen zwischen den Keyframes können oft separat und komfortabel editiert werden (Abb. 9.95).

Abb. 9.95. Festlegung der Änderungen zwischen den Keyframes [24]

Abb. 9.96. Layeranordnung und Darstellung der Kamera in perspektivischer Darstellung

Neben der Definition der Layerpriorität über die Anordnung, bei der gewöhnlich immer die höchste Ebene Vorrang hat, bieten einige Systeme auch die Möglichkeit, die Ebenen in einem 3-D-Raum darzustellen (Abb. 9.96). Die Layer müssen dabei nicht mehr zwangsläufig parallel zueinander liegen, sondern können im Raum gekippt werden, und sich gegenseitig durchdringen. Die Priorität ist hier durch die Entfernung des Objekts vom Betrachtungspunkt definiert. Der 3-D-Raum ist zudem hilfreich bei der Positionierung des Betrachterstandpunktes, der durch eine Kamera symbolisiert wird, und von zusätzlichen virtuellen Lichtquellen, die z. B. eingesetzt werden, um ein farbiges Spotlight auf eine Bildfolge zu werfen.

9.5.1.2 Masken

Eine der zentralen Funktionen eines Compositingsystems ist die Möglichkeit, Einzelteile eines Bildes zu isolieren, denn nur wenn sie sauber freigestellt sind, können sie so mit anderen Bildern verbunden werden, dass die ungestörte Illusion eines neuen Bildes entsteht. Die Freistellung geschieht mit Hilfe von Masken, die um die Umrisse der freizustellenden Objekte gelegt werden. Die Masken können unabhängig vom Bild animiert und auch separat dargestellt werden. Dabei erscheinen völlig abgedeckte bzw. transparente Bereiche schwarz bzw. weiß, während die Grauwerte teiltransparente Gebiete darstellen.

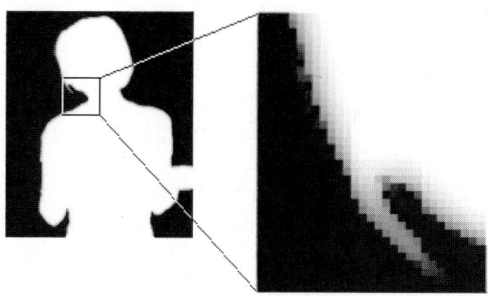

Abb. 9.97. Maske mit teiltransparenter Grenze [24]

Abb. 9.98. Vordergrundbild vor Blau und Gesamtbild nach dem Key

Abbildung 9.97 zeigt eine Maske mit teiltransparentem Bereich am Maskenrand, die es ermöglichen, dass sich das Bild ohne harte Übetrgänge in den Hintergrund einpassen kann. Wenn die Graustufeninformationen des Maskenbilds als zusätzlicher Kanal zu den Farbwerten übertragen werden, so bezeichnet man diesen als Alpha-Kanal, ein RGB-Bild mit Alpha-Kanal trägt daher die Bezeichnung RGBA.

9.5.1.3 Keying

Die Erstellung der Masken geschieht entweder manuell oder automatisch, indem die freizustellenden Gebiete anhand charakteristischer Merkmale in jedem Bild der Sequenz erkannt werden. Diese Funktion wird dann als Keying oder Stanze bezeichnet. In den meisten Fällen werden als Merkmale bestimmte Helligkeits- oder Farbwerte gewählt, entsprechend wird mit Luminanz- oder Chrominanzkey gearbeitet. Wenn z. B. Personen in einen fremden Hintergrund gesetzt werden sollen, werden sie oft freigestellt, indem sie vor einer gleichmäßig ausgeleuchteten Blauwand aufgenommen werden und ggf. von blauen Elementen abgestützt werden (Abb. 9.98). Da das Blau kaum in der menschlichen Gesichtsfarbe vorkommt, lässt sich die Person relativ leicht vom Hintergrund trennen und vor ein neues Bild platzieren. Diese Funktion ist aus der täglichen Fernsehproduktion bekannt und ein Standardbestandteil bei Bildmischern (s. Abschn. 9.1.3). Die Keyqualität gewöhnlicher Bildmischer kann aufgrund der dort geforderten Echtzeitfähigkeit i.d.R. jedoch nicht mit der von Compositingsystemen konkurrieren. Im Filmbereich wird neben dem Dreh vor Blau oft auch vor Grün produziert, was den Vorteil hat, dass der Grünauszug des Films weniger Rauschanteile enthält.

Die Erstellung eines sauberen Keys ist keine einfache Aufgabe. Die Compositingsysteme unterscheiden sich in der Qualität der Keyer erheblich. Hersteller, die selbst nur Keyer in Standardqualität in ihre Systeme integrieren, bieten aber oft die Möglichkeit, hochwertige Keyer, wie z. B. die der Firma Ultimatte, per Software-Plug-In einzubinden. Keyeinstellungen sind dadurch problematisch, dass das gewählte Stanzkriterium wie z. B. die Blauwand eine ungleichmäßige Blauwertverteilung und Rauschen aufweisen kann. Weiterhin sind natürlich Farben innerhalb der auszustanzenden Gebiete kritisch, die ähnliche

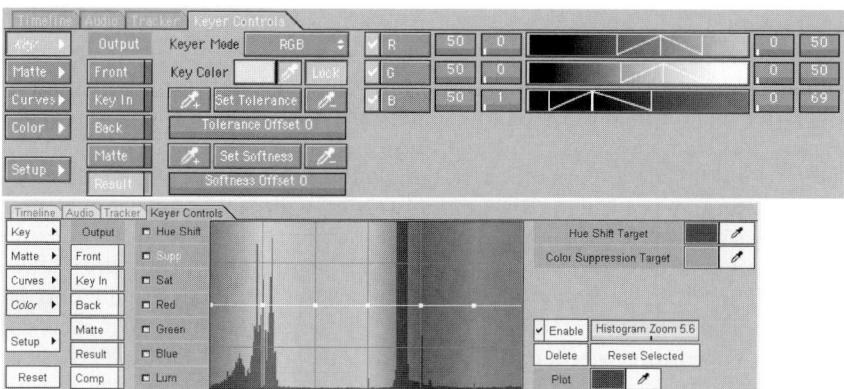

Abb. 9.99. Einstellmöglichkeiten bei hochwertigen Keyern [24]

Blauwerte wie die Stanzfarbe aufweisen, da hier „Löcher" im Objekt entstehen können, durch die der Hintergrund sichtbar wird. Durch die Farbgebung des Objekts lässt sich dieses Problem allein nicht lösen, denn in den meisten Fällen lässt sich nicht verhindern, dass Licht von der Blauwand auf das Objekt reflektiert wird. Diese Reflektionen (Color Spill) sind besonders an den Objektkanten sichtbar. Schließlich sind fein strukturierte und teiltransparente Gebiete besonders kritisch, wie z. B. Glas, durch die die Blauwand hindurchschimmert. Hochwertige Keyer erlauben die Farbseparation auf Basis verschiedener Farbräume (RGB, YUV, HLS) und die Einschränkung des auszustanzenden Bereichs mittels Masken. Sie bieten durch die separate Behandlung von Keymask und Keyfill eine Möglichkeit zum Umgang mit teiltransparenten Bereichen sowie mit der Color Spill Suppression eine Hilfe zur Unterdrückung der störenden Reflexionen. Abbildung 9.99 zeigt oben das Keyer-Bedienfeld und darunter ein Feld, in dem die Farbtöne, die den Color Spill hervorrufen, angezeigt und reduziert werden können. Die Keyparameter können auch zeitlich der Sequenz angepasst werden um z. B. einer über die Sequenzdauer stattfindenden Farbwertänderung gerecht zu werden. Um das separierte Objekt dann gut in den Hintergrund einpassen zu können stehen schließlich Bearbeitungswerkzeuge zur Verfügung, die die Kanten eingeschränkt (shrink) oder unscharf (blur) oder nach innen auswaschend (erode) darstellen (Abb. 9.100).

shrink   blur   erode

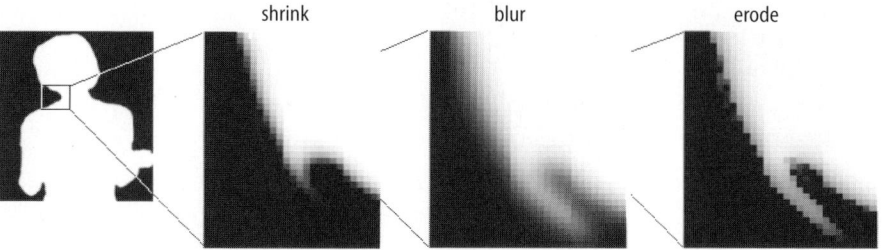

Abb. 9.100. Möglichkeiten zur Behandlung der Kanten ausgestanzter Objekte [24]

9.5.1.4 Tracking

Mit diesem Begriff wird ein Werkzeug zur Bearbeitung der zeitlichen Dimension einer Bildsequenz bezeichnet. Tracking dient der Verfolgung von Bildteilen über der Zeit und der Erstellung eines Bewegungspfades, der wiederum auf andere Bildelemente angewandt werden kann. Die Bewegung wird anhand markanter Punkte, wie z. B. deutlicher Helligkeits- oder Farbunterschiede, analysiert (Abb. 9.101, oben links). Die Punkte werden vom Nutzer ausgesucht und dann automatisch verfolgt, wobei die Größe des Suchbereichs abhängig von der Bewegungsgeschwindigkeit variiert werden kann. Der ermittelte Bewegungsverlauf wird meist als zeitliche Folge von Keyframes dargestellt und ist veränderbar. Der Bewegungsverlauf kann dann beliebigen Bildteilen, Masken oder Layern zugeordnet werden, die sich dann entsprechend mitbewegen.

Abbildung 9.101 zeigt als Beispiel ein Segelschiff, dessen Mastspitze vor einer Kaimauer erscheint. Um die Illusion zu erreichen, dass das Schiff auf offenem Meer fährt, kann die Mauer ausmaskiert und durch eine Bildsequenz ersetzt werden, die Himmel mit bewegten Wolken zeigt. Da die Rechteckmaske hier die Segelspitze abschneidet, wird diese separat maskiert. Die Tracking-Funktion dient dann dazu, die Segelspitze zu verfolgen und ihre Bewegung entsprechend der Schiffsbewegung vor dem neuen Hintergrund fortzusetzen [24].

Zur Erfassung der Bewegung von Flächen, die sich mit der Zeit perspektivisch ändern, werden mehrere Tracking-Punkte verwendet. So kann mit Hilfe des 4-Point-Tracking z. B. eine Werbetafel auf der Tür eines Autos angebracht werden, das in die Tiefe des Bildes hineinfährt, und die Tafel ändert sich entsprechend. Die mit der Tracking-Funktion erzielte Bewegungsanalyse kann darüber hinaus auch zur Stabilisierung der Bildsequenz verwendet werden.

Abb. 9.101. Beispiel für die Anwendung einer Tracking-Funktion [24]

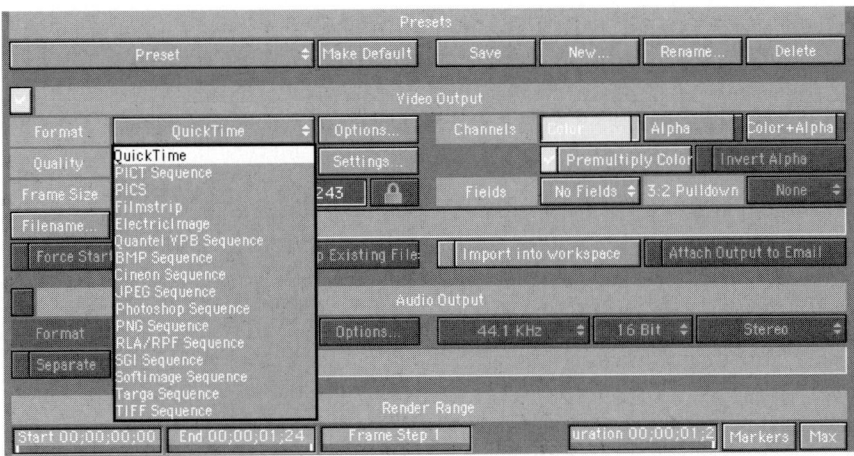

Abb. 9.102. Renderingtool

9.5.1.5 Rendering und Ausgabe

Wenn die zu bearbeitende Bildfolge aus den gewünschten Teilen zusammengesetzt ist, wird das Composit mit dem so genannten Rendering endgültig berechnet und als Bildsequenz abgelegt. Im Rendering-Tool können dazu alle notwendigen Parameter bestimmt werden (Abb. 9.102). Bei aufwändigen und langen Sequenzen kann das Rendering auch mit modernen Rechnern eine erhebliche Zeit in Anspruch nehmen. Daher bieten gute Compositingsysteme die Möglichkeit, die Aufgabe auf mehrere Rechner in einem Verbund zu verteilen. Um sich während der Arbeit auch ohne Rendering einen Überblick über die Bewegungsabläufe verschaffen zu können, werden kurze Sequenzen über den RAM-Speicher in Echtzeit ausgespielt. Die Dauer dieser Bildfolgen hängt vom Composit-Aufwand und natürlich von der verfügbaren RAM-Größe ab, die möglichst mehrere GB betragen sollte.

Für die Ausgabe ist neben dem Speicherort und dem Filenamen auch das gewünschte Formt anzugeben. Hier stehen meist die gängigen Bildformate wie Tiff, BMP zur Verfügung, weiterhin QuickTime mit seinen verschiedenen Kompressionsalgorithmen (s. Kap. 10) sowie die bekannten Fileformate aus dem Filmbereich (Cineon, DPX, s. Kap. 5). Vor der Ausgabe können die Sequenzen bezüglich der Bildauflösung mit unterschiedlichen Interpolationsverfahren skaliert werden. Schließlich ist es auch möglich, bei der Ein- und Ausgabe die Halbbilder des Zeilensprungverfahrens in verschiedener Form zu berücksichtigen.

9.5.2 Ausführung von Compositingsystemen

Compositingsysteme existieren in großer Vielfalt. Beim Vergleich der technischen Parameter ist zum Ersten die Auflösungsunabhängigkeit zu beachten, zweitens die Möglichkeit mit verschiedenen Farbtiefen zu arbeiten. Die aufwändigen Berechnungen erfordern eine hohe Rechnerleistung, auch diese kann von verschiedenen Systemen unterschiedlich effektiv genutzt werden, oft werden Maschinen von Silicon Graphics (SGI) verwendet, wobei die Compositing-Software unter dem Betriebssystem IRIX, einem UNIX-Derivat läuft. Mit steigender Leistungsfähigkeit der Standard-PC kommen zunehmend auch Compositingprogramme für Rechner unter Windows und MacOS auf den Markt.

Ein verbreitetes und preiswertes Programm aus dem unteren Leistungsbereich ist After Effects von Adobe, das für Windows und MacOS verfügbar ist. Einen sehr guten Namen im Bereich Compositing hat sich die Firma Discreet gemacht, die eine breite Palette von Software aus allen Leistungsklassen anbietet, mit dem großen Vorteil, dass die Benutzeroberflächen sehr gut an die individuellen Bedürfnisse der Nutzer anpassbar und einander sehr ähnlich sind. Auf der unteren Leistungsstufe steht hier das Programm Combustion, das unter Windows und MacOS läuft und bereits eine Vielzahl von Werkzeugen beinhaltet, die z. T. den großen Systemen entlehnt sind, wie z. B. die hochwertige Farbkorrektur und das sehr gute Keymodul (Abb. 6.73). Die leistungsfähigeren Systeme werden mit Flint, Flame und Inferno bezeichnet und laufen auf SGI-Rechnern [63]. Sie unterscheiden sich neben der Geschwindigkeit im Wesentlichen durch unterschiedliche Möglichkeiten bei der Filmbearbeitung. Flame hat sich hier als Standardsystem etabliert. Auf dem oberen Niveau erwächst den Discreet-Systemen eine Konkurrenz durch das Programm Shake der Firma Apple, das ebenfalls sehr hochwertige Möglichkeiten für die Bearbeitung von Filmdaten bietet.

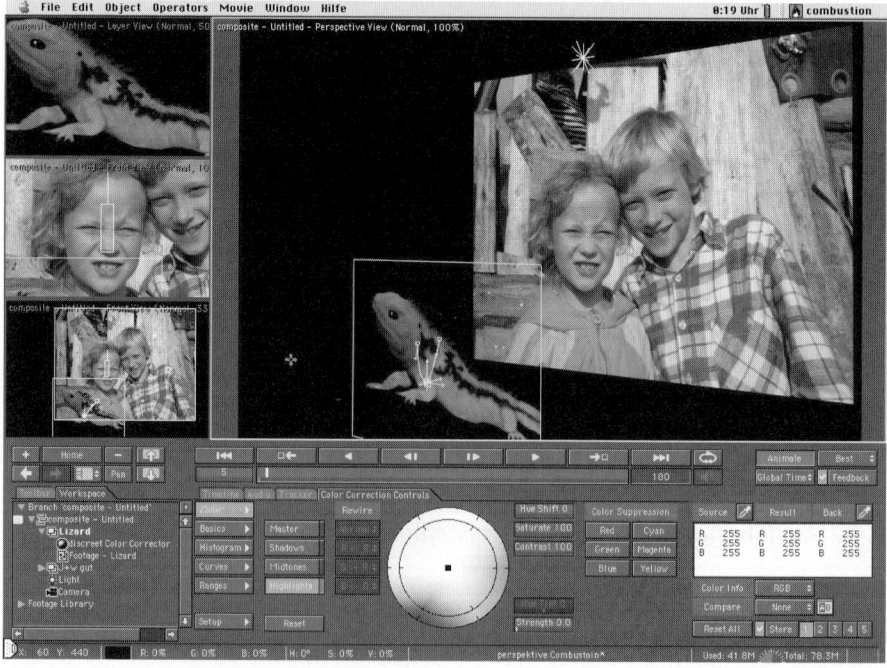

Abb. 9.103. Benutzeroberfläche eines Compositing-Programms

9.6 Computeranimation

Ebenso wie die Bereiche Editing und Compositing haben auch die Gebiete Computeranimation und Compositing Ähnlichkeiten. Als Abgrenzung lässt sich anführen, dass Compositingsysteme vor allem der Manipulation existierender Bildfolgen dienen, während es bei der Computeranimation um die Erschaffung neuer Bildfolgen geht, die auf Objekten in einem dreidimensionalen Raum basieren, die bildweise so verändert werden, dass ein Bewegungsablauf erscheint (Animation). Auf diese Weise können irreale Kreaturen und Fantasiewelten im Film, für Computerspiele oder zur Architekturvisualisierung entstehen.

Computeranimationssysteme erfordern ähnliche Hardware wie Compositingsysteme. Die Software ist in den meisten Fällen aus einzelnen abgegrenzten Modulen aufgebaut. Sie dienen der Erstellung und Modellierung der Objekte, der Bestimmung der Oberflächenstruktur und der Definition des Verhaltens bei Beleuchtung und bei Bewegungen, weiterhin der Animation und schließlich der Berechnung der Bildfolgen [17].

Die Erstellung von 3D-Animationen ist in die Phasen Modelling und Rendering unterteilt. Beim Modelling wird zunächst ein Drahtgitter erzeugt, dessen Umrisslinien Volumen und Form des Objekts andeuten (Abb. 9.104). Dabei wird das Objekt oft aus einfachen Elementen wie Kugeln, Rechtecken und Zylindern zusammengesetzt. Komplexere Oberflächen bestehen aus einer Vielzahl von Polygonen, deren Anzahl die Genauigkeit der modellierten Oberfläche bestimmt (Abb. 9.105). Anstatt das Modell von Hand zu entwerfen können auch fertige Modelle gekauft und importiert werden oder die Daten werden gewonnen, indem ein reales Objekt mit einem 3-D-Scanner in allen Raumdimensionen abgetastet wird.

Nach der Modellierung wird die Oberflächenbeschaffenheit bestimmt. Dazu wird im einfachen Fall eine 2-D-Textur auf Teile des Objekts gelegt, die eine Wirkung wie Stein, Holz, Stoff etc. hervorruft. Die Texturen können wieder selbst erstellt werden oder sie kommen aus einer zugehörigen Bibliothek bzw. werden von Drittanbietern zugekauft.

Um einen Bildeindruck zu gewinnen, der natürlichen Objekten entspricht, muss zusätzlich bestimmt werden, wie sich das Material bei Lichteinfall verhält, d. h. ob es das Licht eher absorbiert oder reflektiert, ob Glanzlichter ent-

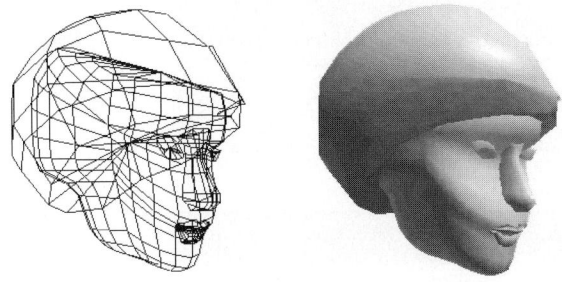

Abb. 9.104. 3D-Bild als Wireframe und nach dem Rendering

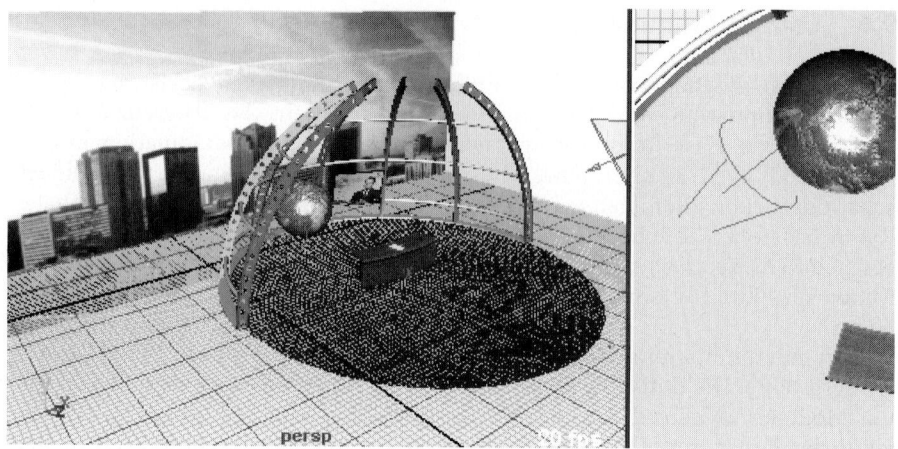

Abb. 9.105. Komplexes Wireframe-Modell vor Hintergrundbild in 3D-Ansicht und Aufsicht

stehen etc. (Abb. 9.106). Darüber hinaus kann das Reflexions- oder Transpa-
renzverhalten mit den Grauwerten der Textur verkoppelt werden. So entsteht
bei der Beeinflussung der Reflexion mit dem so genannten Bump Mapping die
Illusion von Unebenheiten auf der Oberfläche. Die Beeinflussung der Transparenz wird als Transparency Mapping bezeichnet, während das Displacement
Mapping eine Verformung der Oberfläche durch die Grauwerte hervorruft.

Nachdem die Objekte definiert sind, können sie zueinander in Beziehung
gesetzt und animiert werden. Interessant ist dabei die Möglichkeit, die Freiheitsgrade der Bewegung einzelner Elemente einzuschränken, damit sie mit
anderen verkoppelt werden können, so dass z. B. der Eindruck erzeugt wird,
dass sich ein Unterarm in typischer Abhängigkeit vom Oberarm bewegt. Neben der Bewegung im Raum werden hier auch die Lichtquellen und der Ka-
merastandpunkt bestimmt. Die Lichtquellen können farblich und bezüglich
der Lichtverteilung (Spot, diffus) verändert werden. Für die Objekte wird dagegen bestimmt, ob sie Schatten werfen sollen und welcher Art diese sind.

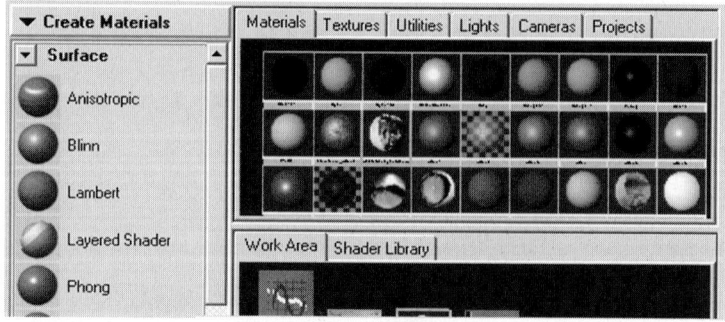

Abb. 9.106. Festlegung der Oberflächenbeschaffenheit

Nach der Festlegung aller Parameter im 3-D-Raum müssen schließlich die zweidimensionalen Bilder des zu erstellenden Films errechnet werden, was mit Rendering bezeichnet wird. Dabei können unterschiedliche Filme schon dadurch entstehen, dass bei gleicher Objektbewegung eine unterschiedliche Bewegung der in der Software definierten Kamera zugrunde liegt. Das Rendering kann auch bei leistungsfähigen Rechnern eine erhebliche Zeit in Anspruch nehmen. Einen großen Einfluss nimmt hier das der Berechnung zugrunde liegende Beleuchtungsmodell, das wiederum die Realitätsnähe der Bilder bestimmt. Die einfachste Form ist die Darstellung des Schattenwurfs (Shading), komplexer ist das Raytracing, die Berechnung von Reflexionen und Schatten durch Strahlverfolgung von der Quelle bis zum Beobachter. Ähnlich aufwändig ist das Radiosity-Verfahren, dem zugrunde liegt, dass sich die Objekte unter Einfluss der gesetzten Lichtquellen gegenseitig mit diffusem Licht bestrahlen.

Computeranimationssysteme gibt es in sehr großer Zahl. Zunächst wurden die Software-Pakete für die High-End-Rechner von SGI entwickelt, sie stehen aber heute z. T. auch für Standard-PC unter Windows und MacOS zur Verfügung. Eines der bekanntesten war lange Zeit Softimage von der gleichnamigen Firma. Zu Beginn des neuen Jahrhunderts hat sich vor allem das Software-Paket Maya von Alias Wavefront als führend durchgesetzt, das inzwischen für alle drei genannten Rechnerplattformen verfügbar ist (Abb. 9.107).

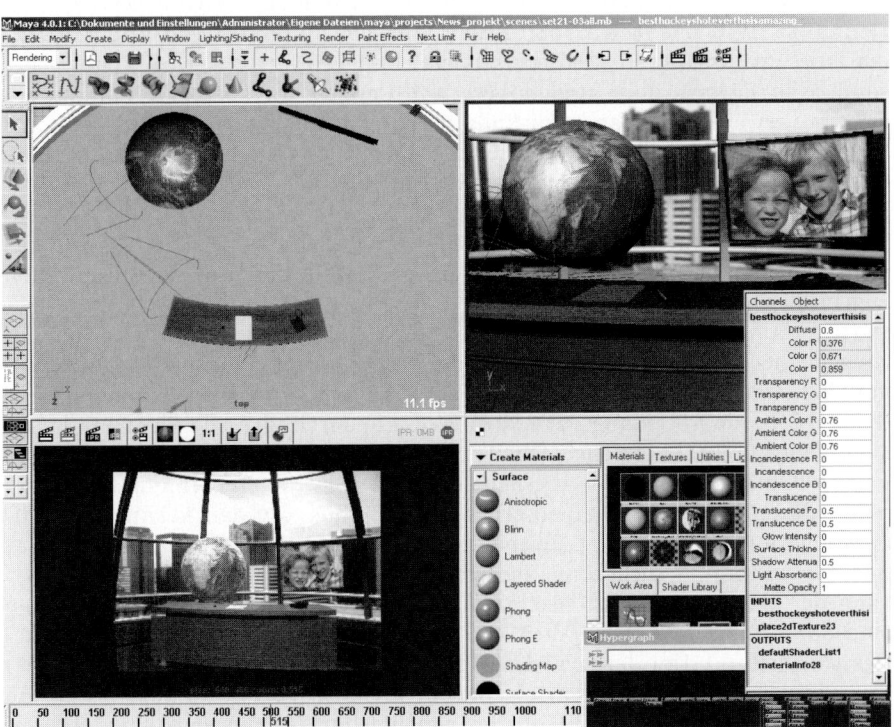

Abb. 9.107. Benutzeroberfläche eines Computeranimationssystems

10 Videostudiosysteme

Im Schlusskapitel dieses Buches geht es um die Verknüpfung der in den vorangegangenen Kapiteln betrachteten Grundlagen und Geräte zu Produktions-, Postproduktions- und Studiosystemen. Dabei reicht es nicht mehr aus, nur die Fernsehstudios zu betrachten, denn die Anwendung von Videosystemen zieht immer weitere Kreise. Zwar bleibt nach wie vor der klassische Fernsehbereich das dominante Einsatzgebiet von Videosystemen, doch kommen immer mehr Gebiete wie DVD-Produktion, Videoübertragung im Internet und Videoanwendungen im Filmbereich hinzu.

Die Orientierung in dem von „Mulitimedia" beeinflussten Broadcastbereich ist nicht leicht. Eine relativ klare Unterteilung ergibt sich noch hinsichtlich der Bildauflösung. In den weitaus meisten Fällen wird die Standardauflösung (Standard Definition, SD) mit 720 x 576 aktiven Bildpunkten verwendet. High Definition (HD) mit 1920 x 1080 Pixeln und dem Bildseitenverhältnis 16:9 findet langsam Eingang in den Fernsehbereich, gegenwärtig werden aber, insbesondere in Europa, diese und höhere Auflösungen vor allem für Filmanwendungen verwendet. Am anderen Ende beschreibt Low Definition mit 352 x 288 Bildpunkten eine Auflösung von einem Viertel des Standardformates. Diese oder noch geringere Auflösungen werden in Kombination mit erheblicher Datenreduktion für die Videoübertragung im Internet eingesetzt. Um die Orientierung zu erleichtern, lässt sich Tabelle 10.1 nutzen, in der die Auflösungen verschiedenen Gebieten aus den Bereichen Produktion und Postproduktion zugeordnet werden.

Historisch junge Bereiche sind die Computeranimation und die Generierung virtueller Welten. Man spricht von Virtual Reality und meint Umgebungen, die komplett im Rechner entstehen. Als Vorstufe existiert die augmented Reality, d. h. die Abbildung der realen Welt, die durch virtuelle Elemente unterstützt wird. Diese Bereiche stehen zwischen den Gebieten Produktion und Postproduktion, ebenso wie die neuen interaktiven Systeme. Interaktive Systeme gewähren dem Nutzer einen erheblichen Einfluss auf den Ablauf der Medienproduktion. Ein einfaches Beispiel ist die DVD (s. Kap. 8), bereits hier können die Nutzer – natürlich nur bei entsprechender Vorproduktion – den Fortgang der Geschichte selbst bestimmen. Noch weit komplexere Möglichkeiten sind durch die Manipulierbarkeit von Objekten bei MPEG-4 gegeben (interactive storytelling). Um deren Vielzahl gerecht zu werden, ist ein großer (Post-) Produktionsaufwand in einem eigenen Bereich, dem so genannten Authoring erforderlich, der bei guter inhaltlicher Qualität mit immensen Kosten verbunden sein kann.

Tabelle 10.1. Übersicht über Produktions- und Postproduktionsbereiche

	Produktion		Postproduktion
	Aquisition	Authoring	Editing
High Definition	Filmproduktion	Animation	Schnitt, Compositing, Grading
Standard Definition	Studio, EB, EFP	DVD, MPEG-4	Schnitt, Effekte, Animation
Low Definition	Studio	Webdesign	Schnitt, SD/LD-Anpassung

10.1 Signale im Produktionsbereich

Im Videostudio stehen die in den vorangegangenen Kapiteln beschriebenen Geräte zur Verfügung, mit denen die Videosignale aufgenommen, gespeichert, gemischt, geschnitten und bearbeitet werden. Dabei entstehen besondere Anforderungen an das Videosignal, vor allem bei der Verwendung datenreduzierter Signale. Daher werden in diesem Kapitel zunächst noch einmal die Videosignale hinsichtlich der Verwendung im Produktionsbereich betrachtet.

10.1.1 Analoge Signalformen

Das in Kap. 2 beschriebene PAL-FBAS-Signal ist nicht nur ein Sendeformat, sondern kann auch in allen Stufen der Produktion und Postproduktion eingesetzt werden. Das geschieht heute aber kaum noch, denn im Studiobetrieb hat es den Nachteil der geringen Chromabandbreite und ist daher schlecht für den Chroma Key-Prozess geeignet. Beim Videoschnitt kann auch die Beschränkung durch die PAL 8V-Sequenz stören. Der Vorteil ist die Intergration aller Signalbestandteile und damit die einkanalige Signalführung. Die SECAM-codierte Form bietet den gleichen Vorteil, ist im Produktionsbereich jedoch erheblich problematischer, da der Chrominanzanteil frequenzmoduliert ist und das SECAM-codierte Signal somit nicht einfach additiv gemischt werden kann. Das bedeutet in der Praxis, dass in Ländern, in denen SECAM-Signale ausgestrahlt werden, der Produktionsbereich in Komponenten- oder PAL-Technik ausgestattet ist und das SECAM-Signale erst zum Schluss durch Umsetzung oder Transcodierung gewonnen wird [116]. Auch das Y/C-Signal ist PAL-codiert und unterliegt den o. g. Beschränkungen, es wird fast ausschließlich im semiprofessionellen und im Heimbereich verwendet.

Dagegen hat sich im professionellen Bereich das Komponentenformat durchgesetzt. Es bietet eine hohe Chromabandbreite und ist mit keinem der oben genannten Probleme behaftet. Das Komponentensignal ist heute Standard bei hochwertiger analoger Produktion und Postproduktion. Mit Betacam SP steht hier ein hochwertiges MAZ-System zur Verfügung, das die Qualität der FBAS-Direktaufzeichnungsverfahren erreicht, dabei aber preisgünstiger und aufgrund der Verwendung von Kassetten leichter handhabbar ist. Der wesentliche Nachteil des Komponentenformats ist die dreifache Leitungsführung.

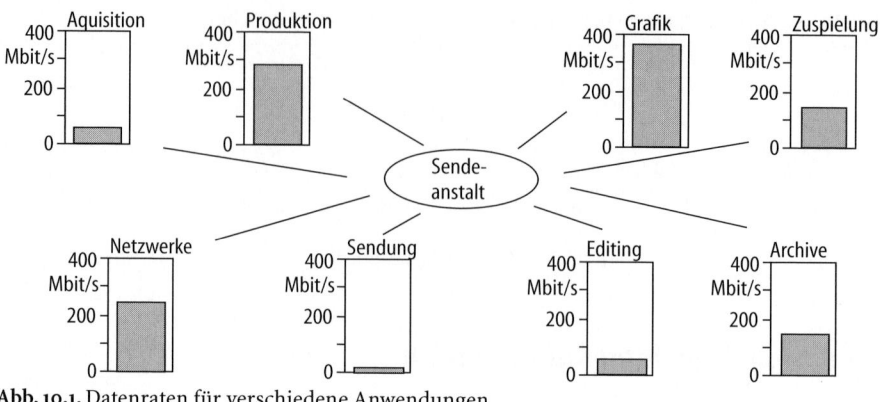

Abb. 10.1. Datenraten für verschiedene Anwendungen

10.1.2 Digitale Signalformen

Analoge FBAS- und Komponentensignale lassen sich direkt in die digitale Form überführen. Das Digital Composite Signal hatte aber nur dort Bedeutung, wo digitale Systeme, insbesondere MAZ-Geräte, in eine vorhandene FBAS-Infrastruktur eingebunden werden sollten. Heute ist in der digitalen Studiotechnik allein das digitale Komponentensignal mit serieller Übertragung (DSK) von Bedeutung (s. Kap. 3.3), soweit konventionelle, unidirektionale Geräteverbindungen ohne Netze und Server verwendet werden.

Schon früh waren das DSK-Signal als CCIR-601 (heute ITU-R BT 601) und die zugehörige serielle Schnittstelle (Serial Digital Interface, SDI) nach ITU-R 656 definiert. Da auch der Verbindungsaufwand wieder auf eine einzige Leitung beschränkt ist, konnte sich das DSK-Signal auch aus praktischen Gründen auf breiter Front durchsetzen. Das Format ist – ggf. in unterabgetasteter 4:1:1 oder 4:2:0-Form – auch Ausgangssignal für alle Formen datenreduzierter Signale. Außerdem kehrt man bei komplexen Bearbeitungen an komprimierten Signalen in diese Form zurück, da die Bearbeitungen meist nicht in der Ebene datenreduzierter Signale durchgeführt werden können. Als zweites hochwertiges Format findet sich im Produktionsbereich ein digitales RGB-Format mit zusätzlichem, den Transparenzgrad definierenden Alphakanal mit dem Abtastratenverhältnis 4:4:4:4.

Die digitale Signalübertragung ermöglicht die Entscheidung darüber, ob die Daten in Echtzeit übertragen werden sollen oder nicht. Die Echtzeitübertragung ist in drei Bereichen erforderlich: erstens bei der Produktion, wo das Signal eine hohe Qualität aufweisen muss; weiterhin zur Beurteilung des Bildes bei der Postproduktion, für die eine erhebliche Datenreduktion möglich ist; drittens bei der Sendung, wobei die Datenreduktion an die Übertragungsstrecke angepasst wird. Andere Vorgänge, wie z. B. die Überspielung von Beiträgen oder der Datenaustausch mit Grafiksystemen, können dagegen in »Nicht-Echtzeit« vorgenommen werden, d. h. sowohl schneller als auch langsamer, so dass z. B. auch für die Übertragung über ein Computernetzwerk mit geringer Leistungsfähigkeit keine Datenreduktion eingesetzt werden muss.

Tabelle 10.2. Datenformate im Videobereich

Verfahren	Nutzung	Format	Datenrate	Merkmal
SDI	Studio	4:2:2	216/270 Mbit/s	unreduziert
ETSI	Zuspielung	4:2:2	34 Mbit/s	feste I-, P-Sequenz
Digital Betacam	Bandaufzeichnung	4:2:2	108 Mbit/s	intraframe
Betacam SX	Banda./Übertrag.	4:2:2	18 Mbit/s	feste I-, B-Sequenz
DV, DVCam	Banda./Editing	4:2:0	25 Mbit/s	intraframe
DVCPro/50	Banda./Übertrag.	4:1:1/4:2:2	25/50 Mbit/s	intraframe
M-JPEG	Editing	4:2:2	bis 80 Mbit/s	intraframe
MPEG-2@ML	Aufz., DVB	4:2:0	bis 15 Mbit/s	variable I-, B-, P-Sequ.
MPEG-2-422@ML	Aufz./Editing	4:2:2	bis 50 Mbit/s	variable I-, B-, P-Sequ.
DVD	Aufzeichnung	4:2:0	bis 10 Mbit/s	variable I-, B-, P-Sequ.

10.1.2.1 Datenreduzierte Signale im Studio

Im Zuge der Öffnung des Fernsehmarktes für private Sender ist die Konkurrenz gestiegen und damit steigt die Nachfrage nach möglichst kostengünstigen Produktionsmitteln. Hier wird angestrebt, mit datenreduzierten Signalen und Netzwerken zu arbeiten (s. Abschn. 10.3). Datenreduzierte Signale verringern den Aufwand bei der Zuspielung und Archivierung, gleichzeitig sind sie aber mit Qualitätsminderung behaftet. Auch wenn diese zunächst unsichtbar ist, sollte sie möglichst gering sein, um nicht zu hohe Generationsverluste zu erzeugen. Die Anforderungen sind abhängig von den Produktionsbereichen. So steht in einigen Fällen die Forderung nach Schnittfähigkeit im Vordergrund, in anderen die Bildqualität oder eine möglichst geringe Datenrate. Daraus resultieren verschiedene Grade der verwendeten Datenreduktion. Während im Bereich Grafik und Produktion oft ganz darauf verzichtet wird, kann sie bei Zuspielung und vor allem bei der Ausstrahlung erhebliche Ausmaße annehmen. Im Produktionsbereich finden sich Systeme mit so geringer Datenreduktion, dass fast nur Redundanzinformation entfernt wird (z. B. das MAZ-Format Digital Betacam mit der Reduktion 2:1). Etwas stärker reduzierend arbeiten Server und Editingsysteme, mit Reduktionsfaktoren zwischen 3 und 5, z, B, mit IMX oder DV-basiert. Für den Bereich der Zuspielung wurden auch weniger verbreitete Codecs eingesetzt, die mit 140, 34 oder 17 Mbit/s arbeiten. Diese Verfahren werden zunehmend durch ein nach MPEG-2 codiertes Signal ersetzt. All diese Signalformen müssen zur Ausstrahlung schließlich in ein FBAS oder ein MPEG-2 codiertes DVB-Signal umgesetzt werden. Abbildung 10.1 zeigt eine Übersicht über die Datenraten für verschiedene Anwendungen [57].

Die Verwendung von Datenreduktion erlaubt für die Fernsehübertragung die Wiedergabe mit sehr guter Qualität und wenig Artefakten, der Einsatz im Produktionsbereich muss jedoch differenziert betrachtet werden. Im Bereich der Nachrichtenproduktion ist die Verwendung relativ unproblematisch, hier beginnt der Einsatz datenreduzierter Signale in den Camcordern. Es gibt die Familie der Geräte, die in teilweise unterschiedlicher Weise den DV-Algorithmus verwenden (D9, DVCpro, DVCam) und Geräte die mit Datenreduktion nach MPEG-2 arbeiten (Betacam SX, Sony IMX-Recorder). Dabei erfolgt die Audioaufzeichnung immer mit unkomprimierten Signalen. Tabelle 10.2 zeigt

Tabelle 10.3. Eigenschaften der Datenreduktionstypen

Codierung	Intraframe	Interframe mit Bewegungskompensation
Effizienz	gering	hoch
Laufzeitverzögerung	gering	groß
Bildqualität	kaum –	stark – bewegungsabhängig
Einzelbildzugriff	uneingeschränkt	eingeschränkt
Aufwand im Coder	gering	hoch
Aufwand im Decoder	gering	mittel
Codec-Symmetrie	symmetrisch	unsymmetrisch

eine Übersicht der Datenreduktionsstandards im Produktionsbereich [47]. Die Bandformate haben großen Einfluss darauf, welche Signalformen sich im Produktionsbereich durchsetzen, denn die gewählte Signalform soll möglichst weitgehend beibehalten werden. Eine Kaskadierung verschiedener Reduktionsverfahren vermindert ebenso die Qualität wie ein Übergang zum DSK-Signal oder zurück, da jeweils erneut decodiert und codiert werden muss.

Bei MAZ-Systemen, die mit Datenreduktion arbeiten, haben sich Verfahren auf DV- und MPEG-2-Basis (IMX) durchgesetzt. Sie sind weitgehend standardisiert und es wird empfohlen, auch MAZ-unabhängig nur DV und MPEG-2 zu verwenden. Der Einsatz von M-JPEG soll dagegen vermieden werden [48]. Tabelle 10.3 zeigt die Gegenüberstellung der Eigenschaften der Intraframe-Codierung (wie bei DV und IMX) im Vergleich zu einer Hybrid-Codierung mit Bewegungskompensation (wie bei bestimmten MPEG-2-Varianten).

Die Wahl von DV oder MPEG-2-Signalen für den Produktionsbereich fällt nicht leicht. Am Anfang der Produktion steht die Aquisition, bei der oft mit Camcordern mit DV-Signalen gearbeitet wird. Am Ende der Bearbeitungskette steht dagegen das Broadcast-Signal, das sowohl in Europa mit DVB als auch in USA mit DTV auf MPEG-2 basiert. Es lohnt sich also, die Spezifika der nach DV und MPEG-2 reduzierten Signale hinsichtlich des Einsatzes für die Produktion und Postproduktion genauer zu betrachten.

10.1.3 DV-Signale im Studio

Generell sind die Vor- und Nachteile des Einsatzes von DV-basierten Signalen viel schneller dargestellt als bei MPEG-2, da DV viel stärker festgelegt ist als das sehr offen konzipierte MPEG-2-System. Diese Offenheit erlaubt eine flexible Anpassung an die Produktionsbereiche, bringt aber auch Probleme. Bei DV müssen weniger Eckpunkte beachtet werden. Das DV-Signal ist in Kap. 3.6 genauer beschrieben. Es basiert auf einer Irrelevanzreduktion mit DCT. Der große Unterschied zu MPEG-2 ist, dass die zeitliche Dimension nicht zur Datenreduktion verwendet wird. Es liegt eine reine Intraframe-Codierung vor, so dass die Bildfolge beliebig unterbrochen werden kann. Das Signal ist uneingeschränkt schnittfähig. Da das DV-Signal ursprünglich für den Einsatz in MAZ-Geräten konzipiert wurde, zeichnet es sich dadurch aus, dass auf aufwändige Weise eine konstante Datenrate erzielt wird [28]. DV-Recorder wurden für den

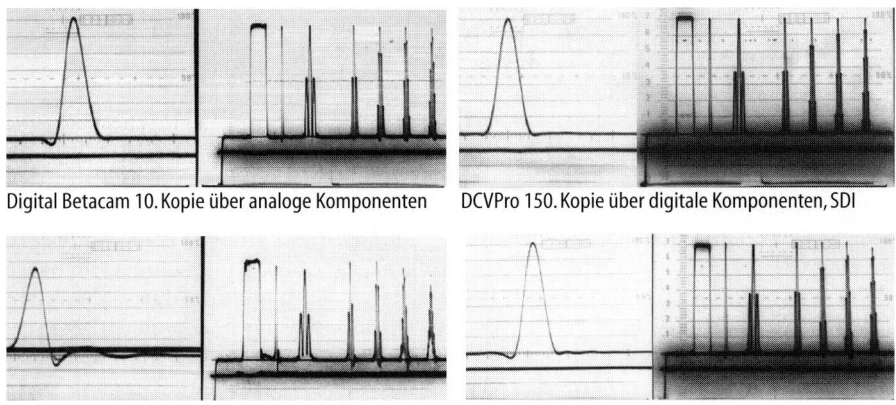

Digital Betacam 10. Kopie über analoge Komponenten   DCVPro 150. Kopie über digitale Komponenten, SDI

DVCPro 10. Kopie über analoge Komponenten   DCVPro + DVCam 50. Kopie über digitale Komponenten

Abb. 10.2. Vergleich verschiedener Formate bei Kopien über mehrere Generationen [138]

Heimanwender-Bereich entwickelt und bei der Adaption für den Produktionsbereich von verschiedenen Herstellern unterschiedlich modifiziert. Hier existieren zwei DVCPro-Varianten und das DVCam-System.

DVCam ist stärker an das Ursprungsformat angelehnt. Es unterscheidet sich
von DV im Wesentlichen durch eine höherer Bandgeschwindigkeit und breitere Spuren bei der Aufzeichnung. Die Signalverarbeitung bleibt unverändert.
Das Signal wird mit einer 4:2:0-Unterabtastung (4:1:1 in Ländern 525 Zeilen
und 29,94 fps) aus dem DSK-Signal gewonnen und auf 25 Mbit/s reduziert.

Das DVCPro-System verwendet ebenfalls eine höhere Bandgeschwindigkeit
als DV, aber hier wird auch das Signal verändert. Das Signal liegt in einer Variante mit 25 Mbit/s (Reduktion 5 : 1) und mit 50 Mbit/s (Reduktion 3,3 : 1) vor
(DVCPro50). In der ursprünglichen Variante mit der Reduktion auf 25 Mbit/s
wird sowohl für den europäischen als auch für den US-Markt die Farbauflösung nicht in vertikaler (wie bei 4:2:0), sondern in horizontaler Richtung
durch Unterabtastung im 4:1:1-Format reduziert. Die Daten der 180 x 576
Chromapixel werden bei der Aufzeichnung mit einer Preshuffle-Einrichtung so
umgeordnet, dass sie den 360 x 288 Bildpunkten der Abtastlage des ursprünglichen 4:2:0-Signals entsprechen. In der Variante mit 50 Mbit/s werden zwei
Kompressionssysteme parallel eingesetzt. Die Signalverarbeitung basiert auf
der 4:2:2-Abtastung mit einer Datenreduktion von 3,3:1. Die feste Datenrate ist
gegenüber dem Ursprungsverfahren genau verdoppelt. Damit sind beide Varianten leicht kombinierbar.

Das DV-Verfahren bietet eine hohe Signalqualität. Verluste können mit klassischen messtechnischen Mitteln kaum nachgewiesen werden. So zeigt sich
auch die mehrfache Codierung und Decodierung, wie sie beim Kopiervorgang
über die SDI-Schnittstelle auftritt, anhand eines 2T-Impulses in Abbildung 10.2
als messtechnisch unkritisch [138]. Das gilt ebenso bei der Kaskadierung von
DVCPro und DVCam über mehrere Generationen. Die bei den Kopien verwendeten Geräte waren Digital Betacam DVW 500, DVCPro AJ D 750 und DVCam
DSR 85. Nur der Vergleich von DVCPro und Digital Betacam bezüglich mehre-

rer Kopiergenerationen über die analoge Schnittstelle zeigt ein schlechteres Verhalten von DVCPro, was aber eher auf die Wandler als auf das Reduktionsverfahren zurückzuführen ist.

Der Einsatz von DV-Signalen im Produktionsbereich ist bei 50 Mbit/s unproblematisch. Das Signal lässt sich an beliebiger Stelle trennen und mit anderen Signalen verbinden, ohne dass die datenreduzierte Ebene verlassen werden muss. Es lässt sich über SDTI oder Firewire (s. Abschn. 10.3.1) übertragen und kann auch dabei in der datenreduzierten Form verbleiben. Zur Signalmischung, für Chroma Key etc. muss das Signal decodiert und dann erneut codiert werden. Dabei kann aber z. B. nach einer Einblendung wieder auf den Originaldatenstrom umgeschaltet werden, so dass etwaige Kaskadierungsverluste nur kurzfristig auftreten.

Das wesentliche Problem des Einsatzes von DV ist der Übergang zum MPEG-2-Signal am Ende der Bearbeitungskette. Hier ist beim Übergang von 4:1:1 auf 4:2:0 mit Verlusten bei der Chromaauflösung zu rechnen. Bei Verwendung von DVCPro50 bleibt als Nachteil nur noch der generelle Kaskadierungsverlust [19].

10.1.4 MPEG-2-Signale im Studio

Auch die MPEG-Codierung ist in Kap. 3 vorgestellt worden. MPEG-2 bietet viele Varianten. Abbildung 10.3 zeigt noch einmal das System der Profiles und Levels sowie die MPEG-2-Kompatibilität. Vor dem Hintergrund der Einführung hochauflösender TV-Systeme ist bemerkenswert, dass MPEG-2 die Codierung verschiedenster Bildauflösungen von LDTV mit 352 H x 288 V über SDTV mit 720 H x 576 V bis hin zu HDTV mit 1920 H x 1152 V Bildpunkten unterstützt.

10.1.4.1 Professional Profile

Für den Produktionsbereich ist speziell die MPEG-2-Variante 422P@ML (Professional Profile) entwickelt worden. Es ist für Standardproduktionen mit 4:2:2-Abtastung und hohen Datenraten konzipiert, denn wie bei DV hat sich gezeigt, dass die Chromaunterabtastung (4:2:0 oder 4:1:1) bei den Nachbearbeitung zu hohe Qualitätsverluste mit sich bringt. Für den Aquisitionsbereich stehen mit Betacam SX und dem IMX-Recoder zwei MAZ-Systeme für diese Variante zur Verfügung. Daneben auch die optical Disc (XDCAM) sowie News- und Archivsysteme, so dass die Signalform durchgängig bis zur Ausstrahlung beibehalten werden kann.

Beim Professional Profile 422P@ML ist die Bildauflösung festgelegt (720 H x 576 V), jedoch noch keine Entscheidung über die verwendete Datenrate und vor allem über die verwendete Struktur der Group of Pictures gefallen. MPEG-2 erzielt ja seine hohe Codiereffizienz aufgrund der Ausnutzung zeitlicher Abhängigkeiten zwischen den Nachbarbildern. So gibt es unabhängige, intraframe-codierte Bilder (I), sowie ein- und zweidimensional prädizierte Bilder (P, B), deren Datenumfang etwa 1/2 bzw. 1/5 eines I-Frames ausmachen

Bei einer Datenrate zwischen 20 Mbit/s und 50 Mbit/s, wie sie IMX erlaubt, ist bei sehr guter Bildqualität eine reine Intraframe-Codierung möglich. Abbil-

Profile Level	Simple Profile 4:2:0 (no B-Frames)	Main Profile 4:2:0	Professional Profile 4:2:2	Scalable Profile 4:2:0	High Profile 4:2:0 or 4:2:2
High Level < 60 fps		1920 x 1152 < 80 Mbit/s			1920 x 1152 < 100(80) Mbit/s
High 1440 < 60 fps		1440 x 1152 < 60 Mbit/s		1440 x 1152 (Spat.) < 60 (40) Mbit/s	1440 x 1152 < 80 (60) Mbit/s
Main Level < 30 fps	720 x 576 < 15 Mbit/s	720 x 576 < 15 Mbit/s	720 x 576 < 50 Mbit/s	720 x 576 (SNR) < 15 (10) Mbit/s	720 x 576 < 20 (15) Mbit/s
Low Level < 30 fps		352 x 288 < 4 Mbit/s		352 x 288 (SNR) < 4 (3) Mbit/s	

Werte in Klammern geben die Typen (Spatially oder SNR) und Alternativen bezgl. der Skalierung an

Abb. 10.3. Profiles und Levels bei MPEG-2

dung 10.5 zeigt, dass dann bei subjektiver Beurteilung die Bildqualität das MPEG-2-Signal im Professional Profile als exzellent eingestuft wird, d. h. dass Unterschiede zum Original nicht sichtbar sind [45]. Dabei wurde die schwierig zu codierende Testequenz Mobile + Calendar (M + C, Abb. 10.4) zugrunde gelegt und zudem eine achtfache Codierung mit zwei zeitlichen Verschiebungen durchgeführt, so dass sich der Codiertyp des Einzelbildes zeitlich ändert. Der Wert 12,5 auf der Qualitätsskala entspricht der Grenze der Sichtbarkeit von Fehlern. Kleinere Werte bedeuten exzellente Qualität, bis hin zu 28 kann die Bildqualität als gut bezeichnet werden. Wenn die Fehler nicht sichtbar sind, spricht man auch von visueller Transparenz der Codierung.

Die Bilder sind bei I-frame-only-Codierung auch nicht mehr zeitlich abhängig, der Zugriff auf jedes Bild wird möglich und der größte Teil weiterer Diskussionen um Probleme beim Einsatz von MPEG-2 im Produktionsbereich wird hinfällig.

Abb. 10.4. Testbild aus der Bildsequenz Mobile + Calendar

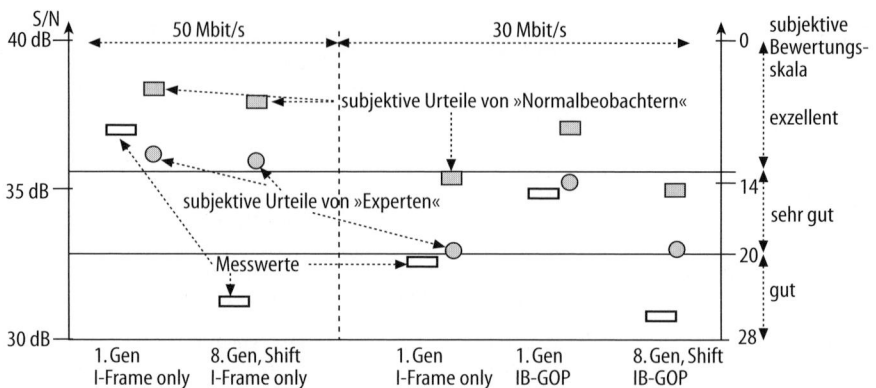

Abb. 10.5. Qualitätsbeurteilung unterschiedlicher Codierverfahren beim 422P von MPEG-2

Die Diskussion muss nur geführt werden, wenn stärkere Datenreduktion erwünscht ist. Diese geht mit der Einführung zeitlich abhängiger Bilder einher. Das Problem ist dann, dass im Zuge der Signalverarbeitung ein Bild über mehrere Generationen hinweg in unterschiedlicher Form (I, B oder P) codiert sein kann, worunter die Qualität leidet. Außerdem kann nicht ohne weiteres zwischen den Bildern einer GOP geschnitten werden, da dann die Abhängigkeiten der Bewegungsvektoren, die sich auf dann veränderte Nachbarbilder beziehen, nicht mehr stimmen.

Eine einfache Qualitätsbeurteilung datenreduzierter Signale wird durch die Bestimmung des »Signal/Rauschverhältnisses« ermöglicht, das über

$$S/N = 10 \log Q^2/MSE$$

aus der maximalen Anzahl der Quantisierungsstufen Q und dem mittleren quadratischen Fehler MSE gebildet wird [45]. Fehler bedeutet hier die Abweichung aller Bildpunkte vom Original. Dieser Wert ist einfach zu ermitteln, korreliert aber nur zu ca. 80% mit dem visuellen Eindruck. Abbildung 10.5 zeigt den Zusammenhang von S/N-Werten verschiedener MPEG-Codierungen mit subjektiven Urteilen. Die Übereinstimmung zwischen MSE und visuellem Eindruck ist in der ersten Generation gut, in der achten Generation ist der visuelle Eindruck wesentlich besser als es der S/N-Wert suggeriert. Trotzdem kann der S/N-Wert zum Vergleich verschiedener Datenreduktionsverfahren benutzt werden, wenn immer dieselbe Bildsequenz verwendet wird.

Das dargestellte Generationsverhalten beruht auf einer fortwährenden Decodierung und Codierung des Datenstroms. Diese ist z. B. erforderlich, wenn mit Hilfe der Umsetzung in DSK-Signale eine Bildbearbeitung durch Videomischer, DVE etc. vorgenommen werden soll oder eine MAZ-Maschine mit SDI eingesetzt wird. Zum Vergleich mit dem Professional Profile zeigt Abbildung 10.6 am Beispiel der Testsequenz M + C anhand der entstehenden Bildpunktabweichungen, zunächst das schlechte Multigenerationsverhalten des Main Profile (4:2:0) mit IBBP-Bildfolgen bei der dort maximal zulässigen Datenrate von 15 Mbit/s. Dabei wurde nach jeder Generation eine zeitliche Verschiebung um ein Bild vorgenommen. Es wird deutlich, dass die Anzahl der Bildpunktab-

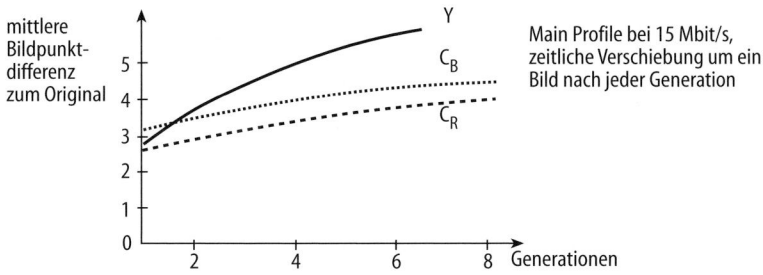

Abb. 10.6. Multigenerationsverhalten beim Main Profile von MPEG-2

weichungen in Abhängigkeit von den Generationen der Codierung und Decodierung stetig steigt. In Abbildung 10.7 wird am gleichen Beispiel deutlich, dass das Multigenerationsverhalten beim Einsatz des 422-Profile mit z. B. 30 Mbit/s viel unkritischer ist, selbst wenn nach jeder Generation die Aufzeichnung auf eine Digital-MAZ zwischengeschaltet wird, die ihrerseits mit 2:1-Datenreduktion arbeitet. Außerdem wird deutlich, dass I-only-Bildfolgen mit 30 Mbit/s auch dann noch eine sehr hohe Bildqualität bieten, wenn eine Bildbearbeitung mittels DVE vorgenommen wird [107].

Die subjektive Beurteilung des MPEG-Signals mit 422-Profile entsprechend der in Abbildung 10.5 dargestellten Skala ist in Abbildung 10.8 dargestellt. Sie zeigt den Vergleich verschiedener Codiertypen nach der 8. Generation der Codierung und Decodierung, wieder anhand der kritischen Sequenz Mobile + Calendar. Es liegen die in der Abbildung genannten Codierungsparameter vor, inklusive zweier Bildmanipulationen, nämlich einer horizontalen und vertikalen Verschiebung um zwei Bildpunkte nach rechts unten zwischen der 1. und 2. Generation und nach links oben zwischen der fünften und der sechsten. Exzellente Qualität wird auch in diesem Fall noch mit I-Frame only bei 50 Mbit/s oder mit I/B-Frame-Codierung bei 20 … 30 Mbit/s erreicht, obwohl die Bildverschiebung dazu führt, dass die für die diskrete Cosinus Transformation gebildeten Blöcke innerhalb der Bilder nach der Bildmanipulation unterschiedli-

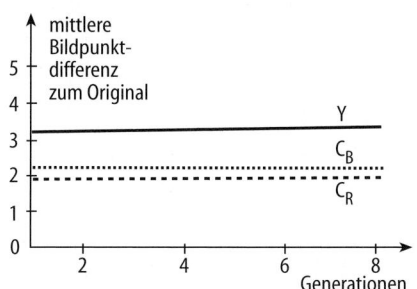

422-Profile mit I-Frame-only bei 30 Mbit/s, kaskadiert mit einem Videorecorder mit 2:1-Datenreduktion, Testsequenz Mobile+Calendar

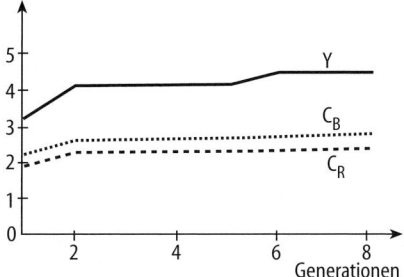

422-Profile mit I-Frame-only bei 30 Mbit/s, und Einfluss eines DVE bei örtlicher Verschiebung um 2 Pixel horizontal und vertikal nach der 1. und 5. Generation

Abb. 10.7. Multigenerationsverhalten beim 422-Profile von MPEG-2

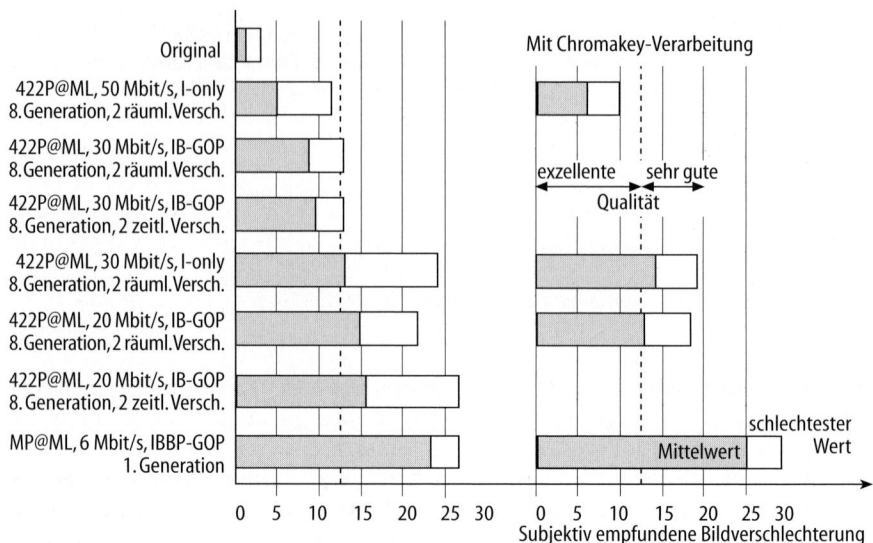

Abb. 10.8. Subjektive Bewertung verschiedener Codierungen

che Inhalte haben. Abbildung 10.8 zeigt unter den gleichen Umständen schließlich noch die subjektive Beurteilung einer Chroma Key-Nachbearbeitung des MPEG-2-Signals im 4:2:2-Professional Profile [107].

Interessant ist auch der Vergleich der Qualität des Professional Profile mit anderen Datenreduktionsverfahren (Abb. 10.9), wie z. B. den bei DV oder Digital Betacam eingesetzten Algorithmen. Dieser Vergleich ist anhand der Bandformate DVCpro, DVCPro50, Digital Betacam und Betacam SX dargestellt [48]. Auch hier gilt, dass die subjektive Bewertung entscheidend vom Bildinhalt ab-

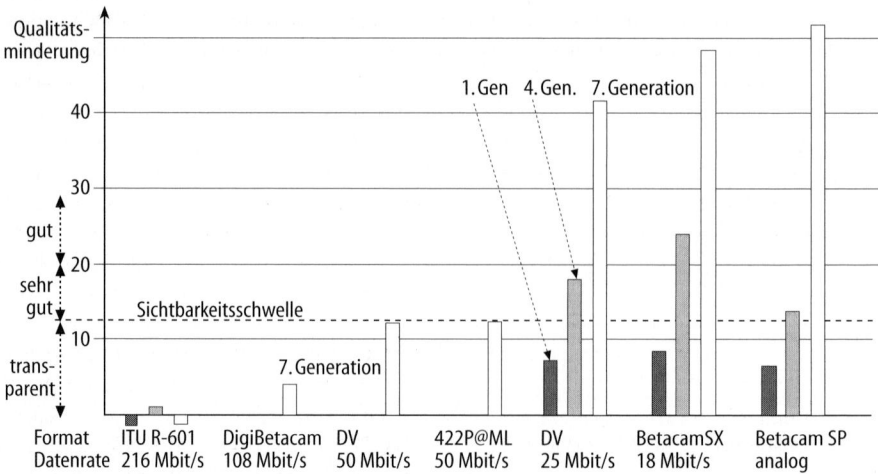

Abb. 10.9. Vergleich der subjektiven Bildqualität verschiedener Aufzeichnungsverfahren

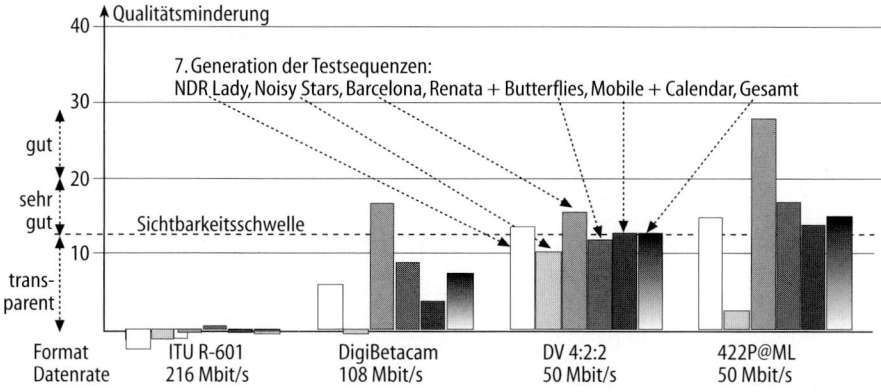

Abb. 10.10. Vergleich der Qualität der Kompressionsverfahren bei diversen Testsequenzen

hängt. So liegen zwar die Ergebnisse der 4. Generation sowohl für DV25 als auch für Betacam SX über der Sichtbarkeitsschwelle, es muss jedoch bedacht werden, dass sich die dargestellten Werte nur auf die Sequenz Mobile + Calendar beziehen. Beim Vergleich mit fünf weiteren Bildvorlagen zeigt sich, dass sowohl bei DV25 als auch bei Betacam SX nur zwei von sechs Werten oberhalb der Sichtbarkeitsschwelle liegen. Bei der Betrachtung unterschiedlicher Bildsequenzen bei 50 Mbit/s (Abb. 10.10) läßt sich feststellen, dass die Bildqualität bei Verwendung des DV-Algorithmus weniger vom Bildinhalt abhängt, als bei der Codierung nach MPEG-2 und auch insgesamt etwas besser abschneidet.

10.1.4.2 MPEG-2-Editing

Betrachtet man beim Editing zunächst nur den eigentlichen Schnitt, das direkte Aneinanderfügen von Sequenzen, so spricht man auch von Splicing, das nicht nur hier, sondern generell beim Umschalten zwischen Videosignalen oder der Zusammenstellung vorproduzierter Beiträge bei Signalen mit 4:2:2- (Professional Profile) oder auch 4:2:0-Abtastung (DVB) auftritt. Hier kann eine hohe Signalqualität beibehalten werden, indem der Datenstrom auf der Ebene der datenreduzierten Signale geschaltet wird. Da dies nicht ohne Störungen an jeder Stelle erlaubt ist, ist es vorteilhaft, die erlaubten Punkte, durch Splicepoints zu kennzeichnen. Am Splicepoint bestehen keine Abhängigkeiten zu den Nachbarbildern, d. h. ein Beitrag darf nur mit einem I-Frame beginnen und nur mit einem I- oder P-Frame enden. Dass dabei der gewünschte Ein- oder Ausstiegspunkt des Beitrags ggf. um einige Bilder versetzt werden muss, ist bei abgeschlossenen Beiträgen unkritisch. Kritisch ist es hingegen, den Füllgrad des Puffers unter Kontrolle zu halten [49]. Hierzu kann mit dem so genannten Seamless Splicing (nahtlose Verbindung) der Füllstand am Splicepoint auf einen festen Wert angeglichen und dafür ggf. das Bild gröber quantisiert werden. Beim non-seamless Splicing kann es dagegen zu einem Unter- oder Überlauf des Puffers kommen.

Ein Schnitt, der nur an Splice-Points erlaubt ist, ist generell nicht akzeptabel. Er entspricht dem Sequenzverhalten beim Schnitt von PAL-Signalen (s. Kap.

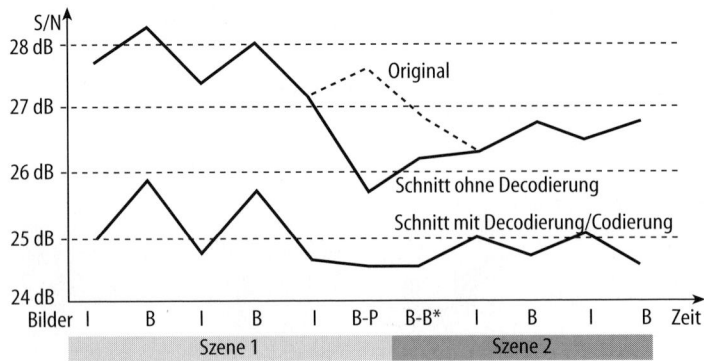

Abb. 10.11. Signal-Rauschverhältnis beim Schnitt mit und ohne Decodierung

9.3) Die Länge der Sequenz hängt von der GOP-Länge ab, so ergäbe sich bei einer GOP12 eine 24 V-Sequenz, bei einer IB-Codierung eine 4 V-Sequenz. Um dies bei einer IB-Codierung zu umgehen, kann durch Umwandlung einzelner Bilder auch recht einfach ein bildgenauer Schnitt erreicht werden. Dabei ist der Szenenausstieg nach dem I-Frame unkritisch und kann in der codierten Ebene geschehen. Ein Schnittausstieg nach einem B-Frame erfordert die Decodierung dieses Bildes und die Transcodierung in ein P-Frame. Beim Szeneneinstieg mit einem I-Frame muss dieses wiederum nicht transcodiert werden, es wird nur hinter das folgende B-Frame kopiert. Der Szeneneinstieg am B-Frame erfordert dagegen eine Umcodierung in ein nur rückwärts prädiziertes, sog. B*-Bild. Bei diesem Schnittverfahren bleibt das Signal fast ausschließlich in der codierten Ebene und behält eine bessere Qualität als bei einem Schnitt in der decodierten Ebene. Abbildung 10.11 zeigt den Vergleich zu einem Schnittvorgang für den eine Decodierung und erneute Codierung vorgenommen wurde [45]. Im ungünstigsten Fall tritt beim Schnitt ohne Decodierung eine Verschlechterung nur über zwei Bilder auf, die aber i. d. R. kaum zu sehen sein wird, da sich das träge Auge am Schnittpunkt auf einen neuen Bildinhalt einstellt. Ein ähnliches Verfahren lässt sich auch bei längeren GOP anwenden, wobei die Sequenzen, die qualitativ schlechter sind, etwas länger werden. Zum Ausgleich des Verlusts erlaubt MPEG-2 jedoch die Anhebung der Datenrate.

Sollen MPEG-2-Signale allgemein editiert werden, ist die Decodierung und und Recodierung unumgänglich. Hier lässt sich ein Qualitätsverlust dadurch minimieren, dass man die Datenströme synchronisiert, d. h. dafür sorgt, dass die Codierreihenfolge erhalten bleibt und die einzelnen Bilder ihren Codiertyp (I, B, P) nicht ändern. Durch die Decodierung werden MPEG-2 Signale in ein DSK-Signal gewandelt, damit sie mit Studiogeräten bearbeitet werden können, die für unkomprimierte Verarbeitung ausgelegt sind. Wenn bei der Neucodierung nach der Bearbeitung die ursprüngliche Codierreihenfolge wieder erscheinen soll, so müssen Zusatzinformationen über die GOP-Struktur, Bewegungsvektoren, Makroblockstrukturen und Codiertabellen auch im DSK-Datenstrom übertragen werden. Dieses Verfahren soll standardisiert werden und wird auch als Mole (Maulwurf) bezeichnet [49]. Die Zusatzinformationen be-

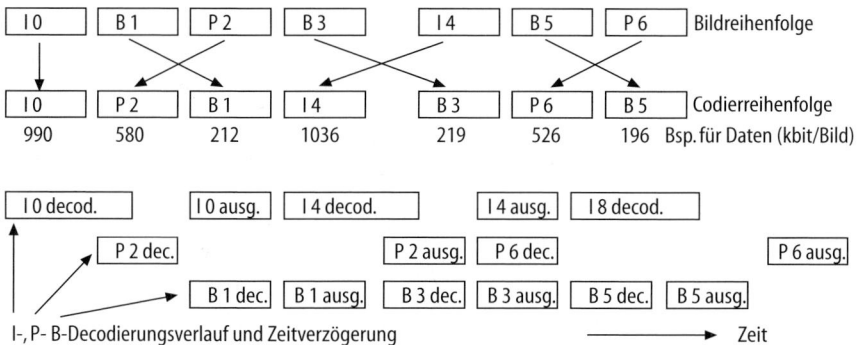

Abb. 10.12. Zeitliche Bezüge der I-, P- und B-Frames bei MPEG-2

finden sich dabei in den beiden niederwertigsten Bits des 10 Bit-DSK-Signals. Die genannten Verfahren sind auch geeignet, um ein MPEG-2-Signal mit Standard-4:2:0-Abtastung zu bearbeiten. Das kann z. B. vorkommen, wenn in einen DVB-Datenstrom ein Logo eingesetzt werden soll. Generell wird aber der Aufwand bei der Datenstromsynchronisation sehr hoch, so dass intensiv daran gearbeitet wird, Mechanismen zu finden, mit denen direkt der MPEG-2 Transportstrom bearbeitet werden kann. Für einfache, aber häufig auftretende Fälle, wie das Insertieren von Sendelogos ist dies bereits gelungen.

Der Vorteil von MPEG-2-Codierung ist die Flexibilität bis hin zur Verwendung für HDTV-Produktionen und die effiziente Datenreduktion. Beim Einsatz von I-Frame-only- oder IB-Codierungen ist auch der Bildzugriff für den Schnitt unproblematisch Der wesentliche Nachteil ist die Zeitverzögerung, die um so stärker auftritt, je komplexer die Signalstruktur wird.

10.1.4.3 Zeitverzögerung bei MPEG-2

Auch beim 4:2:2-Profil gilt, dass bei der Verwendung zeitlich abhängiger Bilder die ursprüngliche Reihenfolge nicht gleich der Codierreihenfolge ist, denn die bidirektionalen B-Frames hängen von den vorhergehenden und nachfolgenden Bildern ab, so dass diese Bezugs-I- und P-Frames vor den B-Frames dem Decoder bekannt sein müssen und entsprechend übertragen werden [45]. Der Decoder muss die I- und P-Bilder zunächst in einen Pufferspeicher übernehmen und kann anschließend ein dazwischen liegendes B-Frame berechnen. Dieser Vorgang erfordert eine gewisse Zeit, so dass die MPEG-2-Decodierung mit einer relativ großen Zeitverzögerung einher geht, die mit der Länge der GOP steigt (Abb. 10.12). Im Produktionsbereich wird aus auch diesen Gründen nur mit I-Frames oder mit kurzen GOP gearbeitet, die nur aus IB-Folgen bestehen.

Zeitverzögerungen sind zu unterscheiden von der Latenzzeit. Große Latenzzeiten, d. h. Zeiten bis zum Ansprechen eines Gerätes, gibt es auch bei konventioneller Produktion, z. B. bei MAZ-Geräten aufgrund der Preroll-Zeit. Dabei ist die direkte Signalverzögerung aber sehr gering. Beim Einsatz von MPEG-Codern können hingegen Signalverzögerungen bis in den Sekundenbereich hinein auftreten, was insbesondere bei Live-Interviews über größere Distanzen sehr störend wirken kann. So ist z. B. häufig bei Übertragungen mit Hilfe von SNG-Fahrzeugen (s. Abschn. 10.5.6) ein zugeschalteter Moderator zu sehen, der noch auf sein per Satellit und MPEG-Codierung übertragenes Rückbild wartet. Gründe für die Verzögerungen liegen einerseits in der GOP-Struktur selbst, andererseits in Maßnahmen zur Verbesserung der Bildqualität, wie Rauschfilterung vor der Codierung, damit möglichst nur der Bildinhalt codiert wird. Ein weiterer Grund ist der Ausgleich der Unterschiede zwischen den Quantisierungsstufen der verschiedenen Makroblöcke bzw. der I- und zugehörigen P-Bilder. Um Laufzeiten gering zu halten, muss ggf. weniger komplex und damit weniger optimal codiert werden. Der damit einher gehende Qualitätsverlust kann dann durch höhere Datenraten ausgeglichen werden.

Wenn aber der Problemlösungsaufwand insgesamt in Grenzen gehalten werden soll, lautet die Empfehlung, dass im (Post-)Produktionsbereich möglichst das Professional Profile von MPEG-2, bei I-Frame only oder IB-Codierung mit Datenraten zwischen 18 und 50 Mbit/s verwendet werden sollte.

Insgesamt ist festzustellen, dass die Bedeutung datenreduzierter Signale im Produktionsbereich heute geringer ist als die der DSK-Signale, dass ihre Bedeutung aber steigen wird.

10.1.5 Signalformen bei der Zuspielung

Beim digitalen Programmaustausch zwischen Rundfunkanstalten werden noch oft Signale mit Datenraten 140 Mbit/s und 34 Mbit/s verwendet, die an der für die Telekommunikation definierten Multiplexhierarchie orientiert sind. Ein digitales Composite Signal kann für die 140 Mbit/s-Übertragung mit 13,5 MHz abgetastet und mit 9 Bit quantisiert werden. Mit einem zusätzlichen Fehlerschutzbit ergeben sich 135 Mbit/s.

Ein mit 8 Bit quantisiertes Komponentensignal hat nach CCIR 601 eine Datenrate von 216 Mbit/s, es muss also geringfügig komprimiert werden, um die 140 Mbit/s zu erreichen. Zur Datenreduktion wird eine modifizierte DPCM, die hybride DPCM (nicht hybride DCT) eingesetzt. Die Modifikation bezieht sich auf ein Verfahren zum schnellen Abbau von Übertragungsfehlern. Da bei DPCM die Prädikationsfehler übertragen werden (s. Kap. 3), ist der schnelle Fehlerabbau erforderlich, um Fehlerverschleppungen zu verhindern. Insgesamt wird eine Datenrate von 125 Mbit/s erreicht, die Differenz zu 140 Mbit/s kann für Audio- und Zusatzdaten genutzt werden.

Für die Übertragung mit 34 Mbit/s wurde mit der ITU-R 723-Empfehlung (CMTT-2) eine hochqualitative Zuspielmöglichkeit zwischen Studios definiert. Die Codierung beruht dabei auf einer 4:2:2-Abtastung und I- und P-Bildern in definierter Folge. Unter Einbeziehung von Audio- und Zusatzdaten beträgt die Datenrate hier ca. 45 Mbit/s. Das Signal sollte dabei vor der Codierung in Komponentenform vorliegen, es wird dann mit einer hybriden DCT im Intrafield- oder Intraframe Modus um etwa den Faktor 8 komprimiert. Die DCT beruht auf einer Blockbildung mit 8 x 8 Pixeln, die Datenrate kann konstant gehalten werden. Es ist zu erwarten, dass der CMTT-2-Standard durch das professionelle 4:2:2-Profil von MPEG-2 abgelöst wird [41].

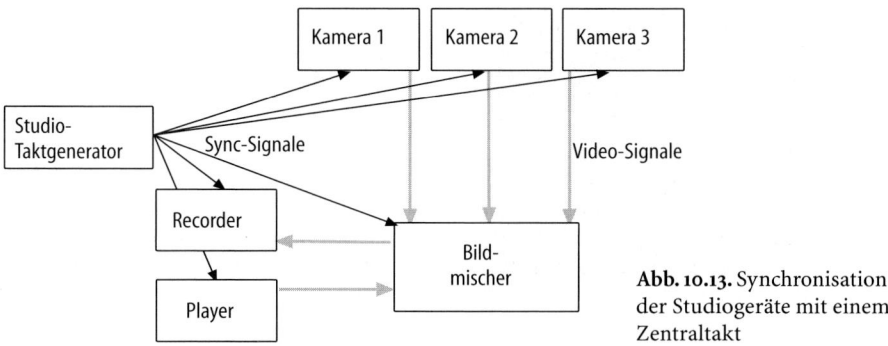

Abb. 10.13. Synchronisation der Studiogeräte mit einem Zentraltakt

10.2 Signalverteilung

Videosignale müssen in Studios vielfältig und flexibel verteilt werden können. Zur Signalführung werden sowohl für analoge als auch digitale Signale Koaxial-Leitungen mit einer Impedanz von 75 Ω eingesetzt. Diese verursachen eine Signalverzögerung und eine frequenzabhängige Dämpfung (Abb. 2.38), die besonders bei analogen Signalen ggf. durch Leitungsentzerrer und Laufzeitanpasser ausgeglichen werden müssen.

10.2.1 Synchronisation

Bei der Signalverteilung und Bildmischung sind mehrere Videosignale beteiligt. Da diese der Periodizität des Synchronsignals unterliegen, ist die wesentliche Voraussetzung für eine fehlerfreie Funktion die absolute Synchronität der Bildgeneratoren. Der Gleichlauf wird im Studiobetrieb erreicht, indem alle angeschlossenen Bildquellen an einen zentralen Studiotakt angepasst werden (Abb. 10.13). Aufwändige Systeme nutzen dazu als Taktgeber hochstabile Generatoren mit temperaturstabilisierten Quarzen. In kleinen Nachbearbeitungsstudios reicht es meistens aus, das im Bildmischer generierte Black-Burst-Signal, ein FBAS-Videosignal mit Schwarz als Bildinhalt, als Studiotakt zu verwenden. Da nicht alle Geräte die gleiche Signalverarbeitung aufweisen, und die zur Verbindung dienenden Leitungen unterschiedliche Längen haben, ist der Gleichlauf durch den zentralen Takt allein noch nicht gewährleistet. An allen professionellen Geräten ist deshalb eine Möglichkeit zum Feinabgleich der Phasenlage zwischen dem Videosignal und dem Studiotakt gegeben.

10.2.1.1 H- und SC-Phasenabgleich

Es reicht aus, die horizontalen Bildlagen (H-Phase) und bei PAL-Signalen auch die Farbträgerphasen (Subcarrier-Phase) in Übereinstimmung zu bringen, da die Zeitabweichungen maximal im µs-Bereich liegen. Ein H-Phasenfehler äußert sich in einem seitlich versetzen Bild. Er ist leicht zu erkennen, wenn z. B. zwei Bandmaschinen das gleiche Bild wiedergeben. Dann erscheinen die ge-

Abb. 10.14. Trickmischbild (Wipe) zweier Farbbalkensignale mit H-Phasenfehler

mischten Signale auf dem Monitor gegeneinander verschoben (Abb. 10.14). Der H-Pasenabgleich kann gut mit Hilfe eines 2-Kanal-Oszilloskops vorgenommen werden. Der Studiotakt und das anzugleichende Signal werden dazu auf die beiden Kanäle gegeben, und die H-Phase des Signals wird so eingestellt, dass die Flanken der H-Synchronimpulse exakt übereinander liegen (Abb. 10.15). Ein Waveformmonitor ist nicht so geeignet, denn er bietet meist nur die Möglichkeit, zwischen zwei Signalen umzuschalten, sie aber nicht gleichzeitig darzustellen. Wenn trotzdem ein Waveformmonitor zum H-Phasenabgleich herangezogen werden soll, so muss dafür gesorgt werden, dass er extern auf das Taktsignal getriggert wird, da sonst bei der Kanalumschaltung auch die Triggerung auf das jeweilige Signal reagiert, und damit eine Verschiebung nicht sichtbar wird.

Der Abgleich der Farbträgerphase (Subcarrier, SC, Abb. 10.16) spielt nur bei FBAS- oder Y/C-Signalen eine Rolle, denn Komponenten- oder RGB-Signale beinhalten keinen Farbhilfsträger. Ein SC-Phasenfehler äußert sich beim PAL-System als Farbsättigungsänderung, bei NTSC als Farbtonänderung. Der Abgleich wird mit einem Vektorskop vorgenommen. Das Gerät wird zunächst so abgeglichen, dass der Burst des Taktsignals einen Phasenwinkel von 135° aufweist. Die SC-Phase der anzupassenden Signalquelle wird dann so eingestellt, dass dieser Burst den gleichen Wert zeigt.

10.2.1.2 Synchronizer
Falls Signale in die Mischung eingebunden werden sollen, die von Geräten stammen, die nicht an den Studiotakt anpassbar sind (Amateurgeräte), oder die soweit vom Studio entfernt sind, dass der Takt nicht übertragbar ist, wer-

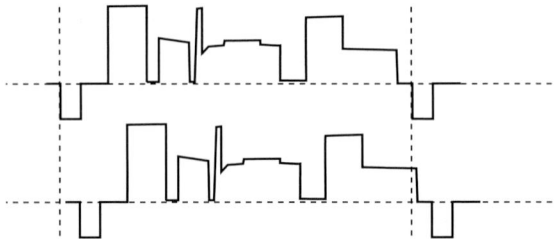

Abb. 10.15. Oszilloskopdarstellung zweier Signale mit H-Phasenfehler

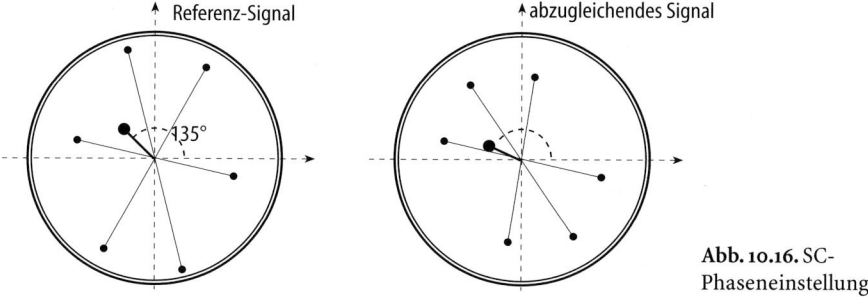

Referenz-Signal   abzugleichendes Signal

135°

Abb. 10.16. SC-Phaseneinstellung

den Framestore-Synchronizer eingesetzt, mit denen beliebige asynchrone Videosignale an den Studiotakt angepasst werden können.

Die Synchronizer arbeiten wie ein digitaler TBC (s. Kap. 8), sind aber in der Lage, mehrere Bilder zu speichern. Das asynchrone Signal wird dazu in den Speicher eingelesen, das Auslesen richtet sich nach dem Studiotakt (Abb. 10.17). Die Fähigkeit mindestens ein Bild im Synchronizer zu speichern kann auch dazu genutzt werden, einzelne Bilder für Einspielungen (Beauty Shots) vorzuhalten.

Generell ist im professionellen Bereich dafür zu sorgen, dass alle an der Mischung beteiligten Signale bezüglich H-und SC-Phase abgeglichen sind, die Einstellung ist regelmäßig zu kontrollieren. Es gibt aber auch Bildmischer, die standardmäßig mit Synchronizern ausgerüstet sind, so dass hier der Phasenabgleich automatisch geschieht.

Auch bei Digitalmischern müssen die an der Mischung beteiligten Signale im Gleichtakt laufen, hier ist aber keine Anpassung und kein Abgleich erforderlich, denn die erwähnten Synchronizer sind standardmäßig enthalten. Sie weisen einem Korrekturbereich von ca. 50 µs auf. Beim Einsatz von Synchronizern ist zu bedenken, dass sie eine Verlängerung der Signallaufzeit bewirken. Das kann bei der digitalen Signalverarbeitung mit ihrer ohnehin schon relativ langen Prozessdauer dazu führen, dass das Bild gegenüber einem parallel geführten Tonsignal sichtbar verzögert ist. Eventuell müssen zur Abhilfe Tonverzögerungsgeräte eingesetzt werden. Moderne Synchronizer sind oft mit integriertem Audiodelay ausgestattet.

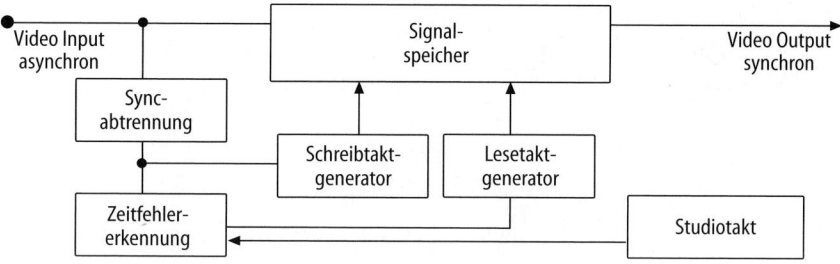

Abb. 10.17. Funktionsprinzip des Synchronizers

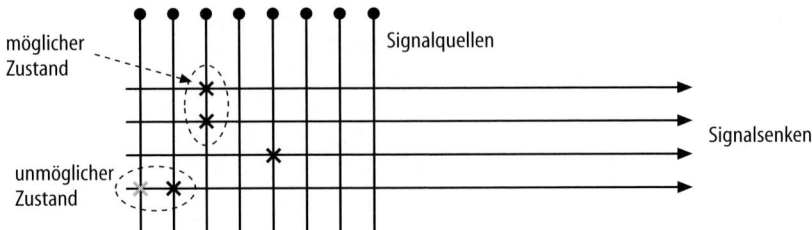

Abb. 10.18. Kreuzschiene 8 x 4

10.2.2 Analoge Signalverteilung

Die einfachste Art der Kombination von Signalquellen und -senken ist die Nutzung eines mit Koaxialbuchsen bestückten Steckfeldes (Abb. 10.19), das auch Bildwähler genannt wird. Die auf der Rückseite fest angebrachten Signalleitungen können auf der Vorderseite über Brückenstecker oder kurze Koaxialleitungen verbunden werden. Um den richtigen Leitungsabschluss zu gewährleisten, sind in die Buchsen oft 75 Ω-Widerstände integriert, die bei der Entfernung eines Steckers automatisch auf das Leitungsende geschaltet werden.

Wie der Bildwähler dienen auch Kreuzschienen einer flexiblen Verteilung mehrerer Signalquellen an mehrere Videogeräte, die Auswahl wird aber nicht durch Stecker, sondern auf Tastendruck vorgenommen. Sehr häufig werden sie zur Aufschaltung von Signalquellen an Regiegeräte eingesetzt und sind wichtiger Bestandteil von Bildmischern. Die Ein- und Ausgänge bilden eine Matrix (Abb. 10.18). Jedem Kreuzungspunkt ist ein elektronischer kontaktloser Schalter zugeordnet. Auf Tastendruck kann ein Eingang auf ein oder mehrere Ausgänge geschaltet werden, es ist aber nicht möglich, mehrere Eingänge auf einen Ausgang zu legen. Abbildung 10.18 zeigt mögliche Schaltzustände.

Eine einfache Umschaltung zwischen zwei Videosignalen führt in der Regel zu Bildstörungen, da die Synchronsignalstruktur gestört wird, wenn mitten im Halbbild auf ein anderes Signal gewechselt wird. Aus diesem Grund wird dafür

Abb. 10.19. Video-Steckfeld

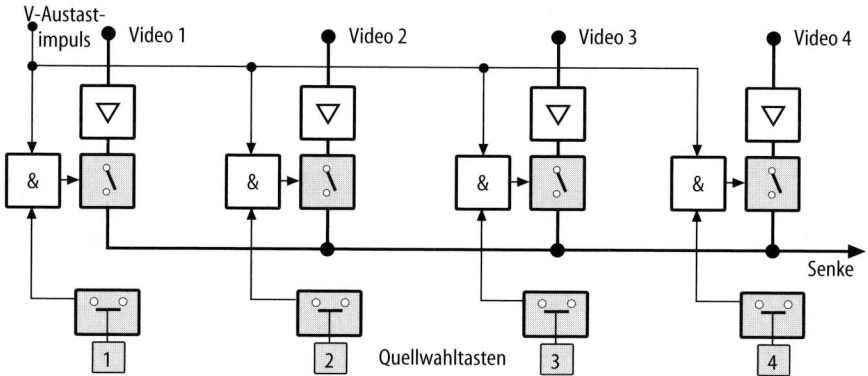

Abb. 10.20. Funktionsprinzip der Videokreuzschiene

gesorgt, dass mit Hilfe elektronisch verriegelter Schalter die Signalumschaltung nur in der vertikalen Austastlücke, also jeweils nach einem Bild, geschieht. Die Steuerlogik für die Schalter entspricht der eines UND-Gatters. Mit dem Tastendruck wird die Umschaltung nur vorbereitet; erst wenn auch der V-Synchronimpuls vorliegt, wird der Schaltvorgang tatsächlich ausgelöst (Abb. 10.20). Die Umschaltung soll in der 6. bzw. 319. Zeile des Videosignals vorgenommen werden.

Videokreuzschienen werden auch als Havariekreuzschienen ausgeführt und so geschaltet, dass der Betrieb bei Ausfall der Hauptkreuzschiene störungsfrei fortgeführt werden kann. Daneben gibt es Kreuzschienen für andere Studiosignale, die z. T. mit der Hauptkreuzschiene verkoppelt werden.

10.2.3 Digitale Signalverteilung

Im digitalen Umfeld werden weniger Steckfelder eingesetzt als im analogen, fast alle Signale werden über die Kreuzschiene verteilt. Wie analoge Kreuzschienen bewirken auch digitale Typen eine Umschaltung zwischen digitalen Composite- oder Komponentensignalen, orientiert am Timing Reference Signal in der V-Austastlücke. Wie bei Analogsignalen soll in der Zeile 6 bzw. 319 umgeschaltet werden und zwar in einem Zeitfenster zwischen 25 μs und 35 μs nach der negativen Flanke des Synchronisationsimpulses.

Das Signal wird zunächst entzerrt und einem Komparator zugeführt, der die verzerrten Signalzustände eindeutig rekonstruiert. Bei der Digitalübertragung tritt aber nicht nur eine Verzerrung der Amplitude auf, sondern auch Zeitbasisschwankungen (Jitter). Wenn diese unverändert weitergegeben werden, so spricht man von transparenten Kreuzschienen, die für alle möglichen Datenraten bis zu einem Maximalwert von z. B. 400 Mbit/s geeignet sind. Kreuzschienen, die mit einer Reclocking-Stufe zur Jitter-Verringerung ausgestattet sind (Abb. 10.21), erfordern dagegen eine Festlegung der Datenrate. Es ist nicht generell von Vorteil, Reclocking-Stufen einzusetzen, da sie eventuell zu zusätzlichem Jitter führen können [148].

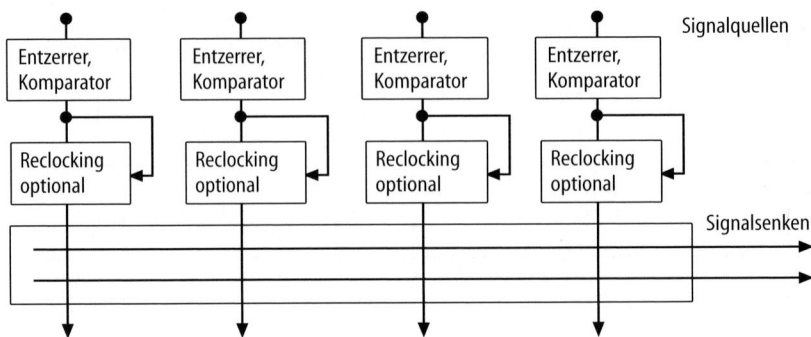

Abb. 10.21. Elemente einer Digitalkreuzschiene

Abbildung 10.22 zeigt die Anschlüsse auf der Rückseite eines modularen Kreuzschienensystems. Über Verstärker werden die Signale vier Matrixkarten zugeführt, so dass insgesamt bis zu 128 Kanäle geschaltet werden können. Die Matrix ist in der Lage, 128 Eingänge auf 32 Ausgänge zu legen und diese wieder so zu verteilen, dass auch bis zu 128 Ausgänge zur Verfügung stehen. Bevor die Ausgangssignale auf die Ausgangstreiber geführt werden findet ein Reclocking statt. Viele Kreuzschienen sind so ausgelegt, dass sie parallel ein zum Videosignal synchrones Umschalten zugehöriger Audiosignale gestatten [108].

Die Steuerung der Kreuzschiene erfolgt über Hardware-Controller oder mittels eines externen PC, meist via RS 485-, RS 422- oder RS 232-Schnittstellen. Die PC-Software bietet meistens eine graphische Benutzeroberfläche mit Hilfe derer das System übersichtlich bedient werden kann, wobei den Quellen und Senken Namen gegeben werden können und Standardkonfigurationen abspeicherbar sind. Alternativ kann die KS-Steuerung auch über Computernetzwerke und damit aus Newsroomsystemen erfolgen [10]. Die komplexen Kontrollmöglichkeiten erlauben dann auch statt der großen zentralen KS viele kleine, dezentrale einzusetzen. Da die Kreuzschiene das Herzstück eines Produktionskomplexes ist, muss besondere Rücksicht auf den Havariefall genommen werden. So können sich Hard- und Softwaresteuerung ergänzen und wenn beide ausfallen, wird der letzte Zustand beibehalten. Aufgrund möglicher Havarie wird auch mit zwei redundanten Netzteilen gearbeitet.

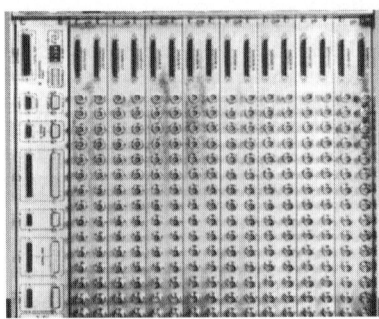

Abb. 10.22. Anschlussfeld einer Digitalkreuzschiene [108]

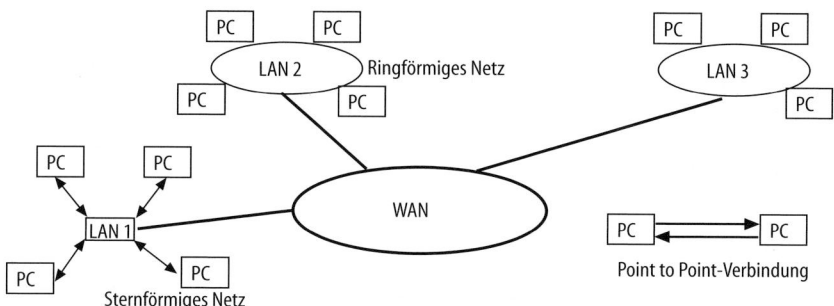

Abb. 10.23. Netzwerk-Topologien

10.3 Videodaten in Netzwerken

Wie in vielen Bereichen der Technik, so bietet die Vernetzung von Arbeitsplätzen, Produktions- und Postproduktionskomplexen auch in der Videotechnik erhebliche Zeit- und Kostenvorteile. Die digitalen Daten werden im Netzwerk über kürzere oder längere Strecken (LAN, WAN) verteilt, wobei die Netze ring- oder sternförmig, oder als Point to Point Verbindungen aufgebaut sein können (Abb. 10.23). Ein Netzwerk verbindet viele Geräte durch ein gemeinsames Übertragungsmedium, wobei die Daten für ein oder mehrere Geräte bestimmt sind, so dass die Geräte überprüfen müssen, ob die Daten für sie bestimmt sind, was bei der direkten Point to Point Verbindungen natürlich nicht erforderlich ist. Als ein Beispiel für eine Point to Point Verbindung kann bereits die digitale Signalübertragung über SDI (s. Kap. 3) betrachtet werden, womit hier eher eine Interfacedefinition als ein echtes Netzwerk vorliegt. Doch wird an diesem Beispiel bereits deutlich, dass Netze für Videoanwendungen besonderen Anforderungen genügen müssen. Erstens ist die Datenrate auch beim Einsatz datenreduzierter Signale vergleichsweise hoch. Zweitens kann das Erfordernis bestehen, mit einer festen Datenrate einen synchronen Betrieb zu gewährleisten. Diese Forderung gilt aber nicht generell. Aus Gründen der Flexibilität wird möglichst auf sie verzichtet, denn dann kann man mit paketierten Datenströmen arbeiten (z. B. MXF s. Abschn 10.3.5), die inhaltlich unabhängig nicht nur für Videosignale, sondern in gleicher Weise für Audio-, Zusatz- und hinhaltsbeschreibende Metadaten verwendbar sind. Diese können asynchron und auch schneller oder langsamer als in Echtzeit übertragen werden.

Die Art des Austausches der Programminhaltsdaten in Form des Filetransfers oder als so genanntes Streaming ist ein wichtiges Unterscheidungsmerkmal. Beim Filetransfer steht die fehlerfreie Übertragung im Vordergrund. Die Inhaltsdaten (Content) werden mit Headerdaten versehen und als Datenpakete übertragen. Bei fehlerhafter Übertragung können Pakete wiederholt gesendet werden. Es gibt keine Synchronisation zur zeitlichen Struktur der Inhaltsdaten, dafür kann die Übertragung auf Anforderung des Empfängers ausgelöst werden (Pull-Betrieb). Als Filetransferprotokoll wird für alle Anwendungen Universal FTP empfohlen, das auf TCP/IP, dem Internetprotokoll beruht [56].

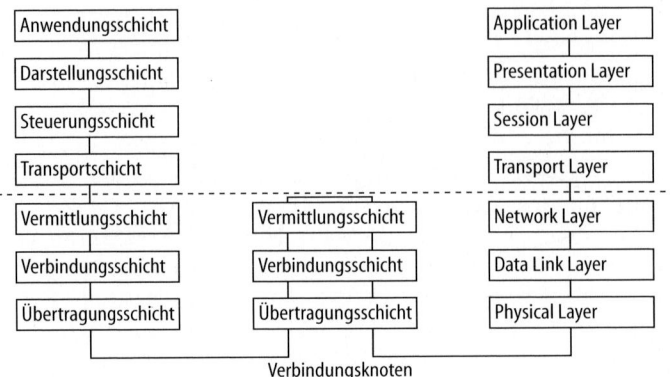

Abb. 10.24. ISO/OSI-Referenzmodell

Dagegen ist das Streaming eine realzeitbezogene Übertragung. Wie beim typischen Broadcastfall müssen sich die Empfänger auf den Sender einstellen und aus den ggf. fehlerhaften Daten das Beste herausholen (Best Effort Transfer). Die Sendung wird ohne Rücksicht auf den Empfänger oder eine Rückmeldung ausgestrahlt (Push-Betrieb), dabei muss sich der Empfänger jederzeit zum Datenstrom synchronisieren können.

Ein weiterer Gesichtspunkt ist die Quality of Service (QoS). In modernen Produktionssystemen, wie z. B. beim Newsroom, wird mit Videodaten verschiedener Bildqualität gearbeitet, so dass es hilfreich ist, wenn die Netzwerkprotokolle es erlauben, die Qualität der Beiträge vom Anwender bestimmen zu lassen. Wenn eine gegebene Bandbreite von mehreren Anwendern genutzt wird, muss dafür gesorgt werden, dass eine Änderung der QoS für einen Nutzer keine Auswirkung auf die Signalqualität anderer Anwender hat. Neben der Bandbreite sind die Bitfehlerrate, Jitter und die Zeitverzögerungen beim Datenzugriff wichtige QoS-Parameter.

Zur Strukturierung der Netzfunktionen lässt sich gut das nach den internationalen Standardisierungsgremien bezeichnete ISO/OSI-Schichtenmodell verwenden, auf das in mehr oder weniger reiner Form alle Kommunikationssysteme abgebildet werden können. Die ISO/OSI-Betrachtung zeigt mit Hilfe von sieben aufeinander aufbauenden Schichten wichtige Aspekte der Systeme.

Die Informationen durchlaufen die Schichten der Reihe nach. Jede Schicht dient der darüberliegenden als Transportmedium (Abb. 10.24). Nicht bei jedem Verfahren sind alle Schichten zu finden [46]. Die unterste Schicht ist die physikalische Schicht (physical Layer). Hier sind die Art des Mediums und die elektrischen oder mechanischen Eigenschaften festgelegt (z. B. Brief oder Telefon mit Leitungen). Darauf aufbauend folgt die Verbindungsschicht (data link) Hier werden Punkt zu Punkt-Verbindungen und Netzwerke unterschieden, Zugriffsverfahren festgelegt und ggf. der Fehlerschutz definiert. (z. B. Zugriff auf das Telefon per Impuls oder Tonwahl). Die darüberliegende dritte Schicht ist die Vermittlungsschicht (Network Layer). Sie dient der Adressierung, der Befehlsatzdefinition, der Blockbildung und dem Verbindungsaufbau (z. B. Adressierung über die Telefonteilnehmernummer). Schicht vier ist die Transportschicht (Transport), in der der eigentliche Datentransport stattfindet und die Verbindung bestätigt wird.

Diese vier untersten Schichten bestimmen die Eigenschaften des Netzes direkt, die folgenden drei darüberliegenden bestimmen, wie mit der hergestellten Verbindung umgegangen wird. Schicht 5, der Session Layer (Kommunikationssteuerung), definiert die Netz- und Datenorganisation während der Verbindung (z. B: die Ausgabe von Impulsen für einen Gebührenzähler). Die sechste Ebene, die Darstellungsschicht (Presentation Layer), betrifft vor allem die verwendete Sprache, die Syntax, Kompression und Verschlüsselung (z. B. Art der Sprache am Telefon), während schließlich in der siebten, der Anwendungsschicht (Application Layer) der eigentlich Inhalt steht (z. B. Nachrichteninhalt am Telefon), zusammen mit Zugangsberechtigungen und anwenderspezifischen Protokollen. Oft werden verschiedene Ebenen zusammengefasst und z. B. ein Dateninterface aus Elementen von Schicht 6 und 7 gebildet, das das Datenformat und die Kompressionsart festlegt. Dieses Interface ist dann für die Anwender dominant. Hier haben sie direkten Zugriff und können z. B. feststellen, dass ein Datenformat nicht zu einem zweiten kompatibel ist. Der Wechsel des Datenreduktionsverfahrens von z. B. DV auf MPEG-2 betrifft diese Schichten. Weiterhin kann beispielsweise aus den Schichten 4 und 5 ein Netzwerkinterface gebildet werden. Diese Art der Strukturierung ermöglicht, dass die anwendernahen oberen Ebenen nicht verändert zu werden brauchen, wenn die Netzinfrastruktur in den Ebene 1-3 z. B. von Kupfer- auf Glasfaserleitungen umgestellt wird.

Im Bereich Telekommunikation und Datentechnik sind Netzwerke seit längerem etabliert. Für die Videoanwendung wird versucht, an diese verbreiteten und damit kostengünstigen Systeme anzuknüpfen. Das Angebot bestehender Technologie ist sehr vielfältig und es ist nicht leicht festzustellen, welches System für den Videobereich das geeignetste ist. Folgende Anforderungen werden an Netze für Videoanwendungen gestellt:

- Hohe Bandbreite. Auch wenn mit datenreduzierten Signalen gearbeitet wird, muss die Datenrate hoch sein, um mehrkanalig arbeiten zu können. Die 270 Mbit/s des SDI stellen daher eher die untere Grenze dar,
- Nutzung verschiedener Signalformate,
- Unterstützung unterschiedlicher und auch variabler Datenraten,
- Isosynchrone Übertragung für einen Teil der Infrastruktur. In diesem Bereich ist Echtzeitübertragung gefordert und die Daten müssen sich mit dem Studiotakt synchronisieren lassen,
- Parallele Nutzung von realtime- und nonrealtime Übertragung,
- Einsatz verbreiterter Netzprotokolle aufgrund der immer enger werdenden Verbindung zu Telekommunikations- und Datensystemen,
- Vorsorge für Havariefälle,
- synchrone Audioanbindung,
- Schnittstellen zu SDI, SDTI und analogen Videosignalformen,
- Routing der Daten möglichst in einer Form, wie sie im Videostudio gehandhabt wird,
- keine unnötigen Ketten aus Codierung und Decodierung,
- Möglichkeit zur festen Verbindung zwischen Quelle und Senke.

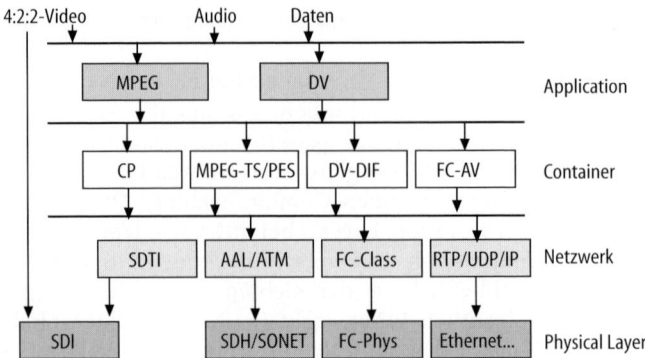

Abb. 10.25. Übersicht: Streaming in verschiedenen Netzwerken

Ein universelles Vernetzungssystem für den Videobereich hat sich noch nicht etabliert. Es sind viele Verfahren in der Diskussion, die im Folgenden näher erläutert werden: aus dem Videobereich die Interfacedefinitionen SDI, SDTI und i-Link (IEEE 1394), aus dem Telekom-Bereich die Weitverkehrstechniken SDH und ATM und aus dem Computerbereich die LAN-Systeme Ethernet und Fibrechannel. Konzepte wie SCSI (s. Kap. 8.9) und SSA (Serial Storage Architecture), so wie auch HIPPI (High Performance Parallel Interface) sind auf kurzreichweitige Verbindungen vor allem von Speichersystemen beschränkt und scheinen für die Vernetzung im Videobereich aufgrund der Beschränkung auf Point to Point Verbindungen oder auf zu geringe Distanzen nicht geeignet.

Die Netzwerke und Interfaces, die für den Videobereich in Betracht kommen, sollen nun genauer vorgestellt werden, dabei wird in diesem Kapitel nur die Vernetzung im professionellen Bereich betrachtet, auf so genannte In House Netze für den Heimbereich wird nicht eingegangen.

10.3.1 Interfaces aus dem Videobereich

Die Übertragungssysteme aus diesem Bereich sind noch eng mit dem Videosignal verknüpft und aus diesem Grund als echtzeitfähige Streaming-Systeme einzuordnen. Man unterscheidet hier synchrone Übertragung bei der die Daten über einen separaten Takt synchronisiert werden und den weniger anspruchsvollen isochronen Datentransfer, bei dem es ausreicht, die Datenrate weniger konstant zu halten, z. B. soweit, dass sich eine stabile Bildwechselfrequenz einstellt. Streaming wird mit komprimierten und unkomprimierten Signalen durchgeführt und kann auch in Netzwerken aus dem Computer- und Telekombereich realisiert werden (Abb. 10.25).

10.3.1.1 SDI

Das im Digitalbereich etablierte Interface ist das Serial Digital Interface, das in Kapitel 3.3 vollständig dargestellt ist und eine typische Datenrate von 270

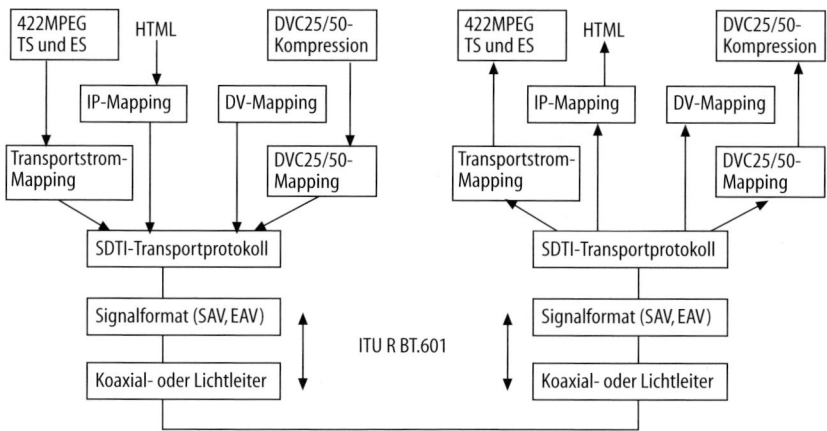

Abb. 10.26. Layer-Modell von SDTI

Mbit/s bietet. Für hochaufgelöste Videoströme steht das technisch sehr ähnliches HD-SDI mit ca. 1,5 Gbit/s zur Verfügung über das durch Parallelschaltung zum Dual HD-SDI auch 10 Bit-RGB-Daten aus dem Bereich des digitalen Films übertragen werden.

Nach der Einführung standardisierter Datenreduktionsverfahren wie DV und MPEG-2 entstand der Wunsch, dieses echtzeitfähige Interface zu nutzen, um Signale in der datenreduzierten Ebene auszutauschen und damit Qualitätsverluste durch die Umsetzung in die DSK-Ebene und ggf. anschließende erneute Codierung zu vermeiden. Da mit SDI ein verbreitetes System mit einer großen Gerätepalette (Kreuzschienen, Router) zur Verfügung steht, lag der Gedanke nahe, dieses auch für die Übertragung der Datenpakete des datenreduzierten Signalstroms einzusetzen. Da ein einzelnes datenreduziertes Signal von z. B. 50 Mbit/s die SDI-Kapazität von 270 Mbit/s nicht ausnutzt, besteht dabei die Möglichkeit das reduzierte Signal schneller als in Echtzeit zu übertragen oder den SDI-Kanal für mehrere Datenströme zu nutzen.

Nach dieser Idee entstanden zunächst die herstellereigenen Schnittstellenstandards SDDI (Serial Digital Data Interface) und CSDI (Compressed serial Data Interface). Die Standardisierungsgremien der EBU und SMPTE entwickelten dann aus beiden Vorschlägen auf Basis des SDI die Kompromisslösung SDTI (Serial Data Transport Interface).

10.3.1.2 SDTI

Bei der Entwicklung von SDTI wurde darauf geachtet, die SDI-Grundstruktur unangetastet zu lassen. Für die Einbettung der Datenpakete kommt nur der für die aktive Videozeile definierte und der Ancillary-Bereich in Frage. Die EAV- und SAV-Synchrondaten, die durch die Bitfolgen FF3 000 000 besonders hervorgehoben sind, bleiben unangetastet, sie sind für die Gesamtstruktur von größter Bedeutung. Das Serial Digital Transport Interface setzt auf die SDI-Definitionen auf, wobei ein eigenes SDTI-Transportprotokoll eingeführt wird. Abbildung 10.26 zeigt dies anhand des ISO-Schichtenmodells.

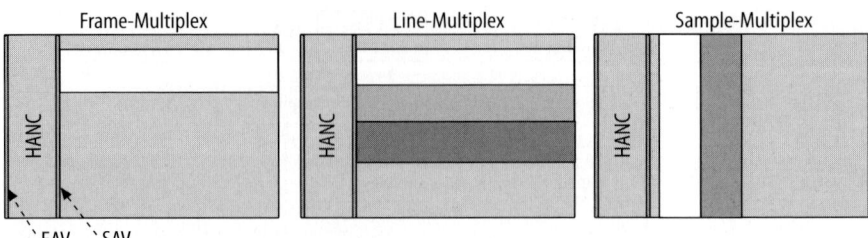

Abb. 10.27. Multiplex-Varianten bei SDTI

Für die anwendernahen Ebenen ist es erforderlich, dass für jede Anwendung eine eigene Mapping-Spezifikation entwickelt wird. Die wichtigsten sind hier: DV-based, d. h. DV25 und DV50-Datenströme, zweitens die bereits frühzeitig als QSDI entwickelte Applikation Consumer-DV, drittens die Übertragung des MPEG-2-Transportstroms, viertens die SDTI Content Package (SDTI-CP) zum Multiplex vom MPEG-2-Elementarstrom mit Audio- und Metadaten und schließlich SDTI-IP zur Übertragung von Datenpaketen nach dem Internet-Protokoll (s. Kap. 4.7).

Zur Signalisierung der paketierten Daten wird ein SDTI-Header eingeführt, der 53 Bytes umfasst und direkt auf die EAV-Kennung folgen muss [55]. Ob im Ancillary-Bereich der H-Austastung (HANC) weitere Daten übertragen werden, wird im Header besonders gekennzeichnet (Data Extension Flag). In den meisten Fällen werden die paketierten Daten in den Bereich des aktiven Bildes eingesetzt, wobei meist das so genannte Line-Multiplexing verwendet wird, bei dem ein DSK-Frame nacheinander horizontal mit datenreduzierten Signalen gefüllt wird, was insbesondere die Übertragung schneller als Echtzeit bei va-

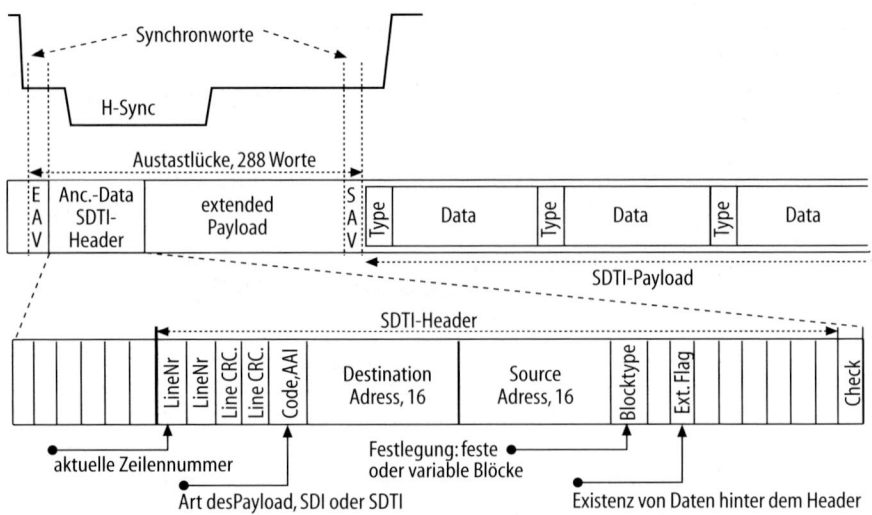

Abb. 10.28. Zeilenstruktur und Header bei SDTI

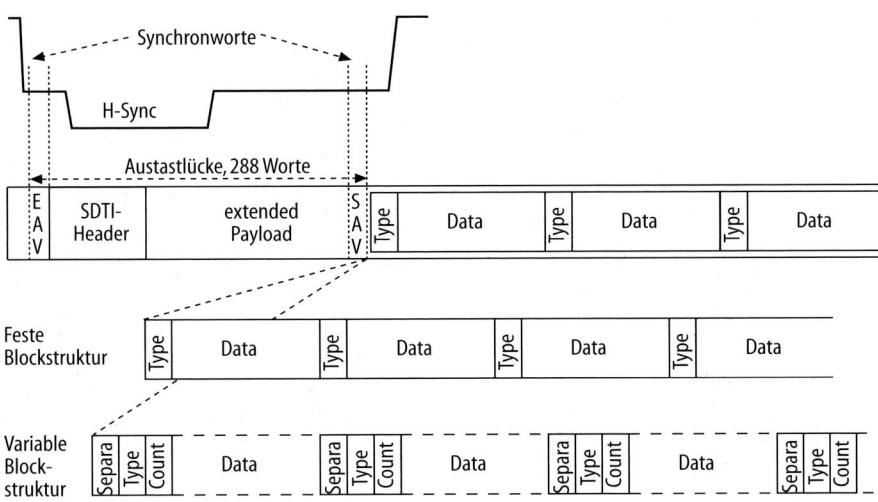

Abb. 10.29. Feste und variable Blockstrukturen bei SDTI

riabler Blocklänge ermöglicht. Alternativ kann das Sample Multiplexing verwendet werden, bei dem feste Datenblöcke innerhalb einer Videozeile eingesetzt werden, oder das Frame-Multiplexing, was große Datenblöcke und aufgrund der wenigen Headerinformationen eine hohe Nettoausnutzung ermöglicht, dafür aber mit langen Verarbeitungsdauern verbunden ist (Abb 10.27).

Abbildung 10.28 zeigt die Zeilenstruktur des SDI-Signals und die Struktur
des Headers. Der Header enthält die Zeilennummer und die Kennzeichnung
der verwendeten Adressierung, so dass mit Hilfe der Angabe von Zieladressen
ein Point to Multipoint-Verkehr und der Datentransfer mittels IP-Adressen
möglich wird. Der Block Typ definiert, ob eine variable Blocklänge eingesetzt
wird, wie es bei der Übertragung des MPEG-2-Transportstroms über SDTI der
Fall ist, oder ob eine der vordefinierten fixed Block Strukturen verwendet
wird, wie es bei DV-Anwendungen mit ihren festen Datenraten geschieht. Jedem Datenblock ist eine Type-Identifikation vorangestellt, an dem der verwendete Anwendungstyp (DV25, DV50, MPEG-2, etc.) erkannt wird. Die Art der
Nutzdatenlast (Payload) ist also nicht durch den Header bestimmt [55].

Bei der Verwendung der variablen Blockstruktur muss die Länge der Datenpakete durch einen Wordcounter angegeben werden, wobei aufeinander folgende Pakete durch Endmarker getrennt werden. Abbildung 10.29 zeigt einen
Vergleich der paketierten Daten mit fester und variabler Blockstruktur. Der
große Vorteil von SDTI ist, dass es auf Basis einer weit verbreiteten Infrastruktur die Möglichkeit eröffnet, mehrere Videodatenströme parallel oder einen
Strom schneller als in Echtzeit zu übertragen. Beim Transfer der Daten treten
keine Transcodierungsverluste auf, dafür müssen die Sende- und Empfangsgeräte aber natürlich den richtigen Datentyp verarbeiten können. Der Nachteil
ist die Unidirektionalität und die Point to Point bzw. Multipoint-Topologie, so
dass die Flexibilität von echten Netzwerken nicht erreicht werden kann.

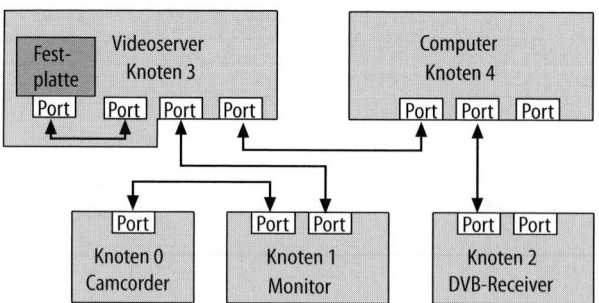

Abb. 10.30. Beispiel für Verbindungen bei IEEE 1394

10.3.1.3 IEEE 1394

Dieses Bussystem wurde als Firewire vom Computerproduzenten Apple entwickelt, als IEEE 1394 standardisiert und ist heute unter der Bezeichnung i-Link vor allem im Consumer-Videobereich verbreitet. Die Variante IEEE 1394a ermöglicht den Echtzeitaustausch von Video- Audio- und Kontrolldaten mit Datenraten von 100, 200 und 400 Mbit/s und bietet als IEEE 1394b bis zu 1,6 Gbit/s. i-Link ist ein bidirektionaler Datenbus, der am ehesten mit einem SCSI-Bus vergleichbar ist. Es erfordert wie SCSI intelligente Endgeräte, im Gegensatz zu SCSI können aber Geräte während des Betriebs verbunden werden (hot plugging), erfordern keine Abschlusswiderstände und keine ID-Zuweisung der Nutzer. Es lassen sich ohne die Verwendung von Zusatzsystemen bis zu 63 Geräte in eine Kette integrieren.

Abbildung 10.30 zeigt ein Beispiel eines IEEE 1394-Netzwerkes. Ein Gerät wird darin als Modul bezeichnet und besitzt einen oder mehrere Knoten. Jedem Knoten wird eine Adresse zur Identifizierung zugeordnet, die zwischen 0 und 62 liegt. Neben den 6 Bit für die Adressierung des Knotens deklarieren die ersten 10 der gesamten 64 Bit langen Adresse einen von 1023 Busbereichen. Die letzten 48 Bit dienen zur Adressierung interner Registerbereiche des angesprochenen Knotens. Die Point-to-Point-Verbindung der Knoten erfolgt über Ports, von denen jedes Gerät 1 bis 27 Stück besitzt. Geräte mit mehreren Ports dienen als Repeater, d. h., dass Daten von einem Port zum nächsten durchgereicht werden, dies funktioniert auch bei ausgeschalteten Geräten, da diese über die Schnittstelle eine Betriebsspannung beziehen können. Bei der Verka-

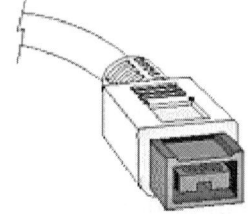

Abb. 10.31. Steckverbindungen bei IEEE 1394a(links) und IEEE 1394b (rechts)

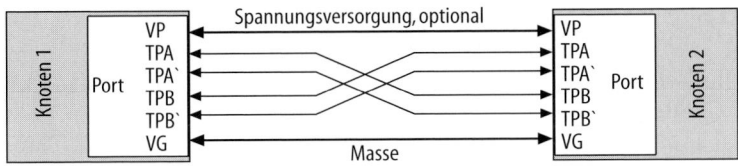

Abb. 10.32. Steckerbelegung bei IEEE 1394

belung von Ports gibt es keine festgelegte Struktur, die einzelnen Knoten können also beliebig in Stern- oder Baum-Topologie verbunden sein, nur Schleifen sind nicht erlaubt.

Sobald ein Knoten aus dem System entfernt oder ein neuer hinzugefügt
wird, wird eine Selbstkonfiguration des Netzwerkes eingeleitet. Diese beginnt
mit einem Reset, durch den alle Knoten ihre ID und ihre Kenntnis über das
Netzwerk aufgeben. Daraufhin signalisieren alle Knoten erneut ihre Beteili-
gung an dem Netzwerk. Sobald das Netz als Ganzes erkannt ist (Tree Identification), leiten alle Knoten einen Selbstidentifizierungsprozess ein und teilen
den anderen Teilnehmern ihre Adresse und maximale Geschwindigkeit mit.

Die Datenübertragung erfolgt mit dem NRZ-Code seriell über einfache Leitungen mit 4- oder 6-Pin Steckern, wobei über Letztere auch die Stromversorgung (8 V bis 40 V bei max. 60W) bereitgestellt werden kann (Abb. 10.31 und
10.32). Die Drahtpaare übertragen Signale nach 1394a immer jeweils in die
gleiche Richtung, also im Halbduplex. Die Übertragung über IEEE-1394b-Ports,
den so genannten Beta-Ports, erfolgt über neunpolige Stecker (Abb. 10.31,
rechts). Neben den Leitungen der sechspoligen Variante enthält diese jeweils
einen zusätzlichen Massedraht pro Twisted Pair und eine Leitung für zukünftige Erweiterungen. Die Signalübertragung erfolgt im Vollduplex, also über beide Twisted Pairs gleichzeitig in entgegengesetzte Richtungen.

Eine Verbindung nach IEEE 1394 ermöglicht sowohl den Filetransfer-Betrieb
als auch die Realzeitübertragung in Streaming-Technik mit definiertem Delay.
Das Protokoll ist im Kern paketorientiert, die Realzeitübertragung wird erreicht, indem den Paketen der isochronen Daten eine besonders hohe Priorität
verliehen wird. Dabei wird die Datenübertragung in Zyklen aufgeteilt, von denen jeder eine Länge von 125 µs hat. So wird garantiert, dass 66% der Brutto-
bitrate für den Echtzeittransfer unter Einhaltung einer gegebenen Quality of
Service zur Verfügung stehen. Der Systemmanagement-Overhead ist damit bei
dieser Anwendung relativ groß (Abb. 10.33).

Die Schnittstelle ist nicht auf den Transfer von DV-komprimierten Daten
beschränkt, sondern universell nutzbar. Die Übertragung spezieller Formate,

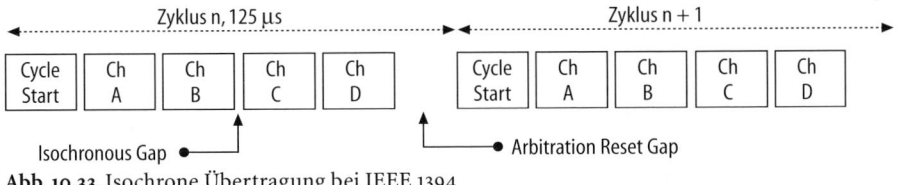

Abb. 10.33. Isochrone Übertragung bei IEEE 1394

wie DV und MPEG-2-Transportstrom, wird mit dem Standard IEC 61883 erreicht, der auf der IEEE 1394-Spezifikation aufsetzt, dabei wird mit dem Functional Channel Protocol (FCP) zusätzlich eine Möglichkeit des Austauschs von Daten zur Gerätesteuerung definiert [51].

Eine IEEE 1394-Verbindung ist sehr anwenderfreundlich im Plug and Play-Verfahren verwendbar. Als Anschlussbezeichnung ist sie auch unter DV IN/ OUT bekannt und wird häufig eingesetzt, um digitale Camcorder und Videorecorder mit einem PC oder entsprechenden Videoschnittgeräten zu verbinden. Das System ist als Low Cost-Lösung also vor allem für den Heimanwender-Bereich konzipiert, im professionellen Bereich wird es bisher noch selten verwendet. Es ist nicht sehr störsicher, aus diesem Grund und wegen der integrierten Stromversorgung sollten die Verbindungslängen 4 m nicht überschreiten. Die Weiterentwicklung IEEE 1394b unterstützt optische Interfaces und lässt bei Distanzen bis zu 100 m Bitraten im Gbit-Bereich zu.

10.3.2 Netzwerke aus dem Telekom-Bereich

Die Synchrone Digital Hierarchie (SDH) oder der modernere Asynchronous Transfer Mode (ATM) sind als universelle Formate für Weitverkehrsverbindungen im Bereich der Telekommunikation konzipiert und weitgehend etabliert. Das ältere SDH-Netz arbeitet verbindungsorientiert, wobei die Verbindungen durch den Netzbetreiber aufgesetzt werden. Das SDH-Netz benutzt den seriellen Transfer Mode STM, ist an der plesiochronen digitalen Hierarchie (PDH) orientiert und bietet bei einer Datenrate von 155,52 Mbit/s für einen so genannten TV-Container Zugangsdatenraten von 140 Mbit/s und 34 Mbit/s. Höhere Datenraten können durch Multiplexen vieler Einzelverbindungen erreicht werden. SDH wird im Zuspielnetz der ARD eingesetzt, hat aber als universelles Netz kaum Chancen, weil es keine Variante für lokale Netzwerke gibt, die Datenraten schlecht zu den videotypischen Datenraten passen und der synchrone Übertragungsablauf bei Weitverkehrverbindungen Probleme bereiten kann.

10.3.2.1 ATM

Aufgrund der asynchronen Betriebsart ist ATM prinzipiell besser als universelles Netz für Weit- und Nahverkehrseinsätze geeignet. ATM soll das bisher von den Rundfunkanstalten für Überspielungen genutzte VBN (vermittelnde Breitbandnetz) ersetzen. Es ermöglicht selbstwählfreie Verbindungen. ATM bietet eine Standard-Übertragungsrate von 155,52 Mbit/s bei einer Nutzbitrate von 100 Mbit/s, die bis zu 2 Gbit/s gesteigert werden kann. Es ist gut an bestehende LAN-Strukturen und an das Integrated Services Digital Network (ISDN) der Telekom angepasst. ATM basiert auf Datenpaketen und erlaubt die Realisierung mehrerer Verbindungen über nur eine Leitung. Die Übertragung ist sehr effizient, da eine (virtuelle) Verbindung nur aufgebaut wird, wenn sie auch gebraucht wird. Dies geschieht entweder vorkonfiguriert oder auf Anforderung als Permanent Virtual Circuit (PVC) bzw. Switched Virtual Circuit (SVC). Der Weg durch das Netz wird vor dem Aufbau der Verbindung festgelegt. Das ATM-Datenpaket umfasst 53 Bytes, von denen 5 für Steuerinformationen be-

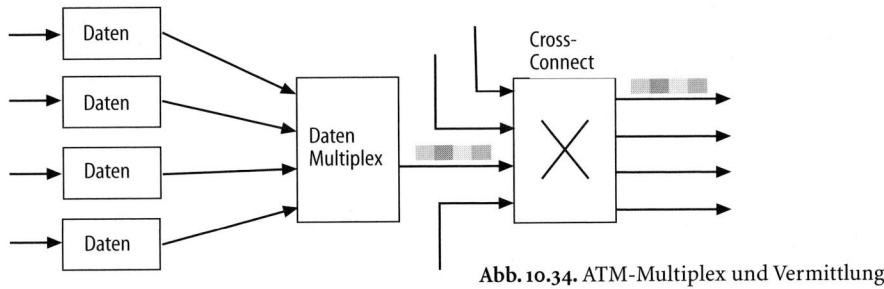

Abb. 10.34. ATM-Multiplex und Vermittlung

nutzt werden, die übrigen 48 Bytes stehen für Nutzdaten zur Verfügung. Eine Quelle mit konstanter Bitrate erzeugt eine konstante Rate von Datenpaketen (ATM-Zellen), deren Abstände in Abhängigkeit von der Bitrate variieren. Die Zellen haben keine feste Position im Datenstrom (asynchron). Signale verschiedener Quellen werden zusammen auf eine Leitung geschaltet, dabei müssen bei gleichzeitigem Zugriff einige Zellen warten. Es entsteht eine variable Zellstromdichte. Die verschiedenen Daten werden in einem ATM-Multiplex zusammengefasst und über Crossconnects verteilt (Abb. 10.34). Die einzelne Verbindung wird mit Hilfe von Steuerdaten im Kopf des Datenpakets festgelegt.

Abbildung 10.35 zeigt die Aufteilung der Steuerdaten, die u. a. den Virtual Channel Identifier (VCI) und den Virtual Path Identifier (VPI) enthalten, mit denen Kanäle und Pfade für den Verbindungsaufbau definiert werden. Mit der Header Error Control (HEC) ist auch ein Fehlerschutzmechanismus vorhanden. Einzelne Verbindungen werden mit Schalteinheiten realisiert, die die VPI- und VCI-Informationen auswerten. Aufgrund der festen Paketgröße können hier kleine, sehr schnelle Hardware-Elemente eingesetzt werden.

Virtuelle Kanäle können zu virtuellen Pfaden zusammengefasst werden. Bei einer Nachrichtenübertragung zwischen zwei Stationen A und B lassen die Crossconnects den Channel-Wert unverändert, während die Verbindungsstelle die Pfadinformation auswertet und die Einträge entsprechend der vorher festgelegten Vermittlungstabelle ändert. Neben Crossconnects und ATM-Verbindungsstellen gibt es ATM-Multiplexer, in denen mehrere Verkehrsströme zu-

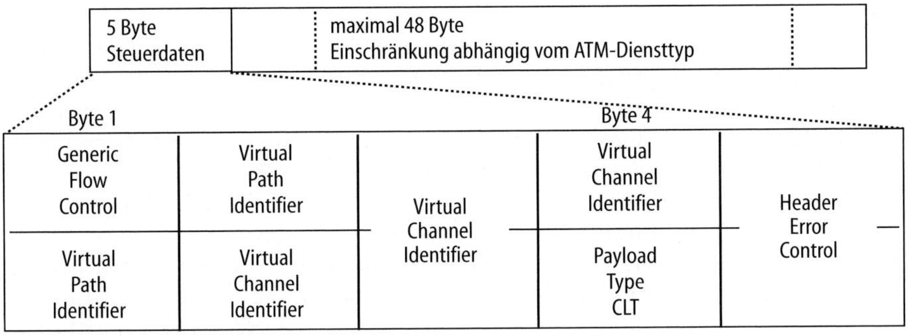

5 Byte Steuerdaten	maximal 48 Byte Einschränkung abhängig vom ATM-Diensttyp			

Byte 1			Byte 4	
Generic Flow Control	Virtual Path Identifier	Virtual Channel Identifier	Virtual Channel Identifier	Header Error Control
Virtual Path Identifier	Virtual Channel Identifier		Payload Type CLT	

Abb. 10.35. ATM-Zellformat

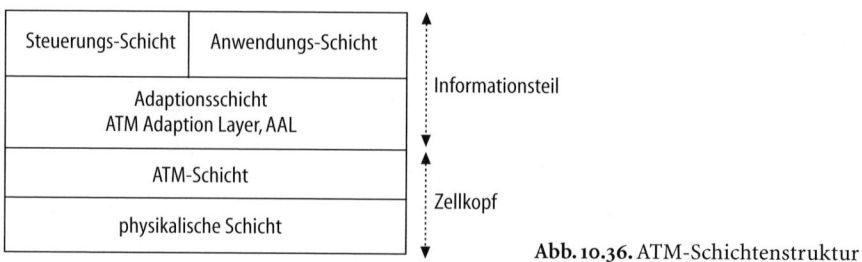

Abb. 10.36. ATM-Schichtenstruktur

sammengefasst werden. Mit einer ATM-Inter Working Unit (IWU) können darüber hinaus Anpassungen an andere Netze vorgenommen werden.

Die bei ATM integrierte Netzwerkdefinition unterliegt einer dem ISO-Modell ähnlichen Schichtenstruktur (Abb. 10.36). Der unterste Layer ist die physikalische Schicht, die von der darüberliegenden ATM-Schicht völlig unabhängig ist. In der ATM-Schicht werden die VCI- und VPI-Daten ausgewertet und das Multiplexing der Nutzdaten vorgenommen. Der ATM-Adaption Layer (AAL) dient als Verbindungsschicht zwischen der Datenform des Anwenders und der paketorientierten Datenstruktur. Mit Hilfe des Adaption Layers können unterschiedliche Diensteklassen gebildet werden, so dass ATM verschiedensten Anwendungen wie Telefon-, Fax- oder Videodatenübertragung gerecht werden kann. AAL 1 findet bei ISDN Verwendung, AAL 3/4 wurde für Datenanwendungen konzipiert, bietet Fehlerschutz und die Möglichkeit der Datenwiederholung bei fehlerhafter Übertragung. AAL 5 beinhaltet keinen eigenen Fehlerschutz, es eignet sich aber für Videoanwendungen aufgrund der vollen 48 Byte Payload pro Zelle und der einfachen Implementierung.

ATM ist sehr flexibel und ermöglicht neben Filetransfer- auch den Streaming-Betrieb. Für der Filetransfer wird das Internetprotokoll empfohlen (IP over ATM). Um den Streaming-Betrieb zu realisieren, werden Synchroninformationen als Time-Stamps mit übertragen, gegenwärtig sind aber noch nicht alle Anforderungen aus dem Videobereich, hinsichtlich Delay, Jitter und Erhalt des Quality of Service ausreichend erfüllt bzw. standardisiert.

10.3.3 Netzwerk aus dem Computerbereich

Netzwerke aus dem Computerbereich arbeiten nach dem File Transfer-Verfahren. Hier hat die Datensicherheit höhere Priorität als die Garantie einer bestimmten Datenrate. Falls Daten fehlerhaft übertragen sind, werden sie wiederholt. Die Daten werden, abhängig vom Inhalt in einer Vielzahl verschiedener Formate gespeichert. Dabei sind alle Fileformate mit einem Header versehen, der die Identifizierung und Decodierung ermöglicht. Die Relation zwischen Headergröße und Länge der Nutzdaten ist ein Kompromiss. Kleine Nutzlast (Pay Load) vermindert die Effektivität, große Nutzlast ist mit großen Zeitverzögerungen verbunden, denn die Daten müssen erst gesammelt werden.

Das im Computerbereich am weitesten verbreitete Netzwerk ist Ethernet (IEEE 802.3) mit Datenraten von 10 Mbit/s, 100 Mbit/s und 1 Gbit/s. Es wird

Channels	Networks	
IPI SCSI HIPPI	802.2 IP ATM	FC4
Common Service		FC3
Framing Protocol / Flow Control		FC2
Encode / Decode		FC1
133 Mbit/s 266 Mbit/s 531 Mbit/s 1062 Mbit/s		FC0

Abb. 10.37. Schichtenstruktur bei Fibre Channel

auch zur Vernetzung von Computern im Videobereich eingesetzt. Allerdings ist es für Echtzeitanwendungen, wie die Übertragung der Video- und Audiodaten, schlecht geeignet, da es die Filetransferprotokolle bei Ethernet erlauben, dass alle an das Netz angeschlossenen Clients jederzeit Kapazitäten beanspruchen können. Wegen seiner großen Marktdurchdringung bzw. des günstigen Preises könnte es trotzdem sein, dass zukünftig das Gbit-Ethernet mit veränderten Protokollen für Videodatennetze eingesetzt werden wird.

10.3.3.1 Fibre Channel

Ein gegenwärtig bereits eingesetztes und seit längerem im Videobereich etabliertes Netzwerk ist Fibre Channel. Fibre Channel ist wegen der Flexibilität nicht genau einzuordnen, es erlaubt die Verwendung verschiedenster Protokolle und physikalischer Verbindungen in unterschiedlichen Topologien. Es ist also nicht etwa nur auf Glasfaserverbindungen (Fiber) beschränkt und ist sowohl als Ein- und Ausgangskanal als auch als Netzwerk verwendbar.

Der Begriff Kanal beschreibt einen Datentransfer mit direkter Verbindung. Die übertragenen Daten sind eindeutig nur für die beiden Endgeräte bestimmt. Dagegen tragen Netzwerke Daten, die für alle Teilnehmer bestimmt sein können. Dies geschieht mit Hilfe von Protokollen, die die Kommunikationssteuerung, das Datenformat etc. festlegen. Bei Fibre Channel werden die Geräte im Netzwerk als Knoten (node) bezeichnet, die über Schnittstellen (Ports) mit dem Netz verbunden sind. Jeder Port hat einen Ein- und einen Ausgang. Eine Verbindung (link) bezieht sich auf zwei Knoten, während eine Topologie die Verknüpfung von Links darstellt.

Für Fibre Channel sind drei Topologien definiert: Als erstes Point to Point, die einfachste Verbindung zwischen zwei Teilnehmern. Zweitens die sog. Arbitrated Loop, die ähnlich wie Token Ring eine Netzverbindung für bis zu 126 Teilnehmer bildet. Bei Einsatz von Kupferleitungen darf dabei die Entfernung zum FC-Verteiler (Hub) bis zu 30 m betragen, mit Glasfaser sind Entfernung bis 10 km möglich. Arbitrated Loop ist für Videoverbindungen, wie z. B. den Datenaustausch zwischen zwei Editing-Stationen, gut geeignet. FC arbeitet bidirektional mit voller Bandbreite in beiden Richtungen. Die dritte Topologie wird als Fabric bezeichnet, sie bietet höchste Flexibilität. Ein Umschalter (Router) arbeitet als eine Art Kreuzschiene und kann Point to Point und Arbitrated Loop-Verbindungen herstellen, so dass insgesamt eine sehr große Teilnehmerzahl über große Strecken verbunden werden kann [35]. Auch bei diesem Netzwerk sind wieder funktionale Schichten definiert. Fibre Channel zeichnet sich

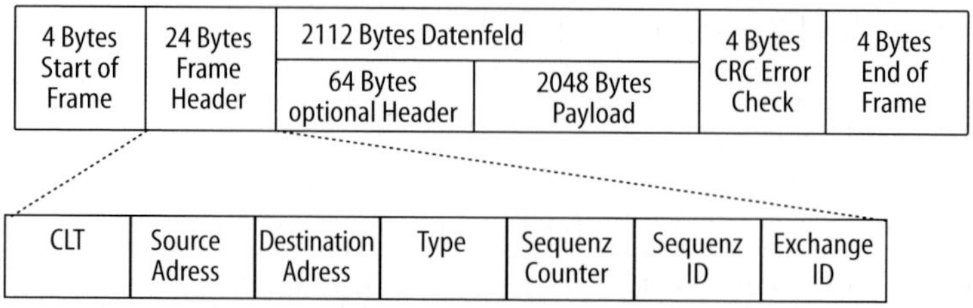

4 Bytes Start of Frame
24 Bytes Frame Header
2112 Bytes Datenfeld
64 Bytes optional Header
2048 Bytes Payload
4 Bytes CRC Error Check
4 Bytes End of Frame
CLT
Source Adress
Destination Adress
Type
Sequenz Counter
Sequenz ID
Exchange ID

Abb. 10.38. Frame Format von Fibre Channel

dadurch aus, dass in der obersten, anwendernahen Schicht verschiedenste Datenprotokolle (SCSI, ATM. HIPPI, IP...) verwendet werden können (Abb. 10.37).

Fibre Channel stellt Datenraten von 133 Mbit/s bis zu 2 Gbit/s zur Verfügung und wird weiter ausgebaut. Heute bietet die 1-Gbit/s-Technologie eine Nettodatenrate von 800 Mbit/s. Die Datenübertragung beruht auf Zellen, oder Frames, die mit einem Header versehen sind. Abbildung 10.38 zeigt das Frame-Format. Die Nutzlast in einem Frame kann bis zu 2 kByte betragen, damit ist FC gut für den schnellen Transport großer Datenfiles geeignet. Auch hier kommt für den Filetransfer das Internetprotokoll zum Einsatz. Das Streaming wird wie bei ATM mit Hilfe von Timing-Referenzsignalen erreicht, diesbezüglich ist ein FC-A/V-Protokoll entwickelt worden.

Insgesamt lässt sich feststellen, dass die Anforderungen aus den verschiedenen Produktionsbereichen sehr unterschiedlich sind, so dass verschiedene Netzwerke zum Einsatz kommen. SDI und SDTI sind prädestiniert für die synchrone Übertragung konventioneller Art, Ethernet für Zusatz- und Steuerdaten, Fibre Channel und ATM für Anwendungen mit hoher Datenrate im LAN und WAN. Abbildung 10.39 zeigt eine Mischung möglicher Signalführungen in einem Postproduktionsstudio.

Digital Video Effects
FC-Anbindung
SCSI
Graphik
Tastatur
SDI
SDI
Hard-disk Server
ATM
ATM
ATM
IEEE 1394
SDTI
MAZ 1 DigiBeta
MAZ 2 (DV)
MAZ 3 (MPEG-2)
Nach-bearbeitung

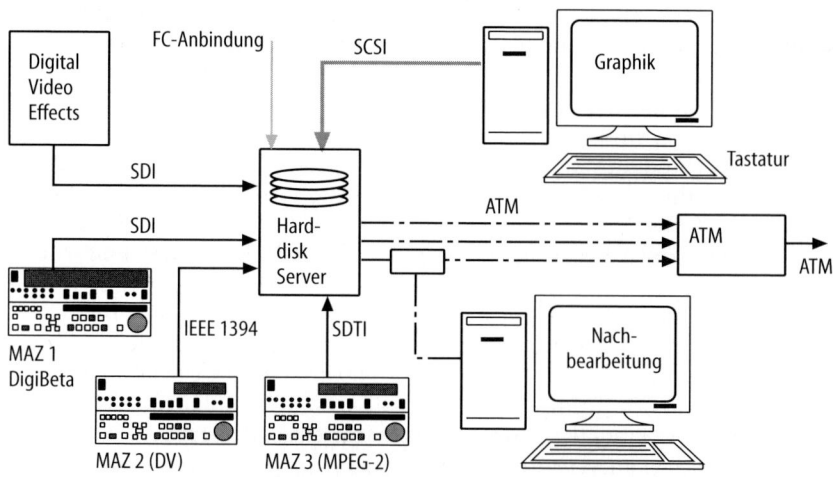

Abb. 10.39. Verschiedene Signale und Netze bei der Videoproduktion

10.3.4 Systembetrachtung Signale und Netze

Im vorigen Abschnitt wurde deutlich, wie vielfältig und unübersichtlich die Signalformen und Netzwerktechnologien für die Anwendung im Video-Produktionsbereich sind. Die Vielfalt und Komplexität ermöglicht die Optimierung für den Einzelfall, birgt aber auch die Gefahr der zu starken Diversifikation, die dazu führen kann, dass Anwender verunsichert werden, neue Technologien verspätet eingeführt werden und damit die Produktivität sinkt. Vor diesem Hintergrund haben die Standardisierungsgremien EBU und SMPTE eine Task Force for Harmonized Standards (TFHS) gegründet, die die Entwicklung von Einzellösungen so kanalisieren soll, dass sie in einem Gesamtsystem harmonisieren. Das Potenzial der Anwendung datenreduzierter und paketierter Signale im Videoproduktionsbereich soll damit weitgehend erschlossen werden.

Wichtige Themenbereiche sind:
- Art der Datenreduktion,
- Alle Speicherkonzepte (RAM-, Disk-, Bandgestützt),
- Nichtlinearer Zugriff auf Daten,
- Gleichzeitiger Mehrfachzugriff,
- Datentransport in realtime oder schneller bzw. langsamer als in Echtzeit,
- Transport und Bearbeitung von Zusatzdaten und Zusatzdiensten.

Die Task Force of Harmonized Standards empfiehlt bezüglich der Datenreduktion die Beschränkung auf die Reduktionsfamilien MPEG-2 und DV-basierend. Die DV-Reduktionsverfahren wurden offengelegt und es wurde ein Übertragungsmechanismus für DV- und MPEG-Datenströme via SDTI standardisiert. Bezüglich des Datenaustauschs konnte eine Referenzarchitektur für File- und Realzeittransfer über SDI/SDTI, Fibre Channel und ATM entwickelt werden. Die Verpackung der Inhaltsdaten (Content) und Begleitdaten (Metadaten) in Datencontainern wurde mit Hilfe von so genannten Wrappern definiert. Wrapper sind eng mit den Fileformaten verbunden und so strukturiert, dass sie den Filetransfer oder Archivierung von Content und Metadaten optimieren.

Besonders wichtig bei der TFHS ist die Betrachtung der Systemebene. Hier ist das Systemmodell aus Abbildung 10.40 von großem Nutzen, das alle rele-

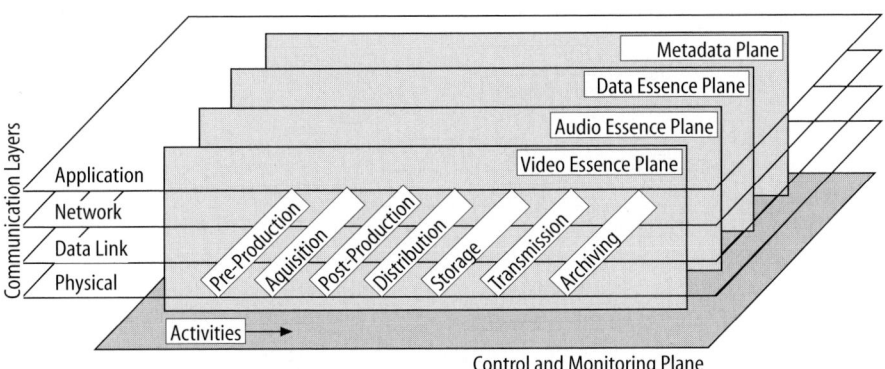

Abb. 10.40. Systemmodell mit Layers, Activities und Planes

vanten Merkmale übersichtlich erfasst [43]. Auf der Horizontalachse sind die Aktivitäten, bzw. Produktionsbereiche von der Aquisition über die Postproduktion bis zur Archivierung aufgetragen. In der Raumtiefe sind die verschiedenen Datentypen dargestellt. Die eigentlichen Video- und Audiodaten (Essence) werden durch allgemeine Daten, wie z. B. Textdaten für die Teleprompterzuspielung ergänzt. Hinzu kommt die Ebene der Metadaten, in der alle Daten untergebracht sind, die, wie z. B. Timecode, inhaltsunabhängig eine eigene Relevanz haben. Die Metadaten sind besonders bei der Archivierung wichtig.

Die zwei Dimensionen aus Activity und Dataplanes sind durchzogen von den Schichten der Kommunikation, wobei die sieben Schichten des OSI-Modells hier auf vier eingeschränkt sind: Applikation, Netzwerk, Verbindung und physikalische Schicht. Dem Ganzen liegt eine Control-Ebene zugrunde, von der aus das Gesamtsystem gesteuert und überwacht wird. Die Systemsteuerung sorgt u. a. dafür, dass nur sinnvolle Verknüpfungen auftreten und ein DSK-Datenstrom nicht einem MPEG-Decoder zugeführt wird. Sie beherrscht das Data-Management und entscheidet ob Daten im Strom (streaming) oder per Filetransfer übertragen werden, also ob eher Echtzeitanwendung oder Fehlerfreiheit und Datensicherheit im Vordergrund steht. Die Steuerung sorgt auch dafür, dass die Zuordnung von Inhalts- und Zusatzdaten in allen Bearbeitungsstufen erhalten bleibt. So kann hier die MPEG-Synchronisation implementiert werden, um Qualitätsverluste bei der Kaskadierung dieser Signale zu vermeiden, oder ein Audiobegleitsignal zusätzlich verzögert werden, wenn sich aufgrund einer komplexeren Codierung des Videosignals die Signalbearbeitungsdauer verlängert.

Zur Beherrschung der Steuerungskomplexität wird die Object modelling technique angewandt [43]. Die Systemkomponenten werden dabei vereinfacht und weitgehend unabhängig von ihrer Funktion dargestellt, so dass eine möglichst einfache Kontrolle und Weiterentwicklung, z. B. durch neue Software-Module, möglich wird. Dienste und Geräte werden als Objekte behandelt und für den Kontrollzweck angeordnet. Abbildung 10.41 zeigt ein Beispiel für die Anordnung von Objekten zur MAZ-Gerätesteuerung über eine RS-422-Schnittstelle. Die Systemarchitektur ist insgesamt dem immer komplexer werdenden Produktionsbereich wesentlich besser angepasst als Modelle, die von herkömmlichen, linearen Prozessen ausgehen.

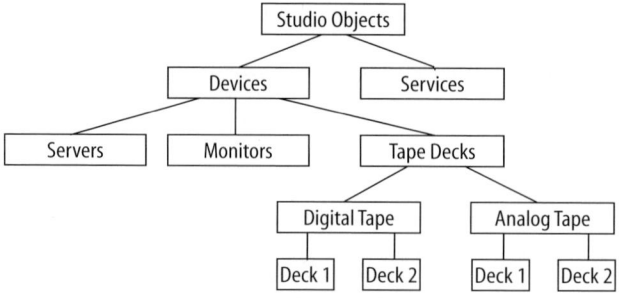

Abb. 10.41. Objektverwaltung im Netzwerk

10.3.5 Datenformate

Im vorigen Abschnitt wurde bereits angedeutet, wie wichtig die Beschränkung auf wenige Datenreduktionsverfahren ist. Das gleiche gilt für den im Netzwerk verwendeten Datencontainer als Datenaustausch- oder Fileformat. Bereits existierende Formate wie Apple QuickTime sind im PC-Umfeld entstanden und eher für den Heimanwenderbereich relevant. Sie konnten sich im professionellen Bereich nicht fest profilieren. Daher sollen nun speziell für den Datenaustausch entwickelte Formate die Arbeitsabläufe im Produktionsbereich wesentlich erleichtern. Als eine Voraussetzung sind zunächst universelle Möglichkeiten zur eindeutigen Identifizierung des Materials erforderlich.

10.3.5.1 Unique Material Identifier

In einer großen Netzwerkumgebung ist es unverzichtbar, dass Datenbestände, also Audio-Files, Videoströme, Bilder und Metadaten, unverwechselbar gekennzeichnet sind, um einen eindeutigen Zugriff zu ermöglichen, besonders dann, wenn zu einer Einheit gehörende Daten auf verschiedenen Servern oder anderen Medienträgern verteilt gespeichert sind. Daher wurde von der Society of Motion Picture Engineers (SMPTE) der Unique Material Identifier, kurz UMID, definiert. Aus dieser Nummer lassen sich zahlreiche Informationen gewinnen, u. a. über den Autor und das Erstellungsdatum der Datei.

Der UMID ist ein 32 oder 64 Byte langes Codewort und kann für jede Art audiovisueller Daten Verwendung finden. Die ersten 32 Byte bezeichnet man als Basic UMID, sie reichen prinzipiell zur Identifizierung aus. In der 64 Byte langen Variante ist zusätzlich noch das so genannte Source Pack untergebracht, hinter dem sich bereits einige Metadaten verbergen, die u. a. direkte Rückschlüsse auf den Urheber zulassen.

Der 32 Byte lange Eintrag des Basic UMID (Abb. 10.42) teilt sich in ein universelles 12-Byte-Label, wobei die ersten 10 Byte ein registrierter ISO-Eintrag sind, welcher von der SMPTE verwaltet wird, es folgen 2 Byte, die das Datenmaterial klassifizieren, also einen Rückschluss auf die Art des Inhalts geben. Das 13. Byte gibt die Länge der restlichen Bytekette an, deren Wert im Basic UMID auf 19 festgelegt ist. Am Ende des Eintrags befindet sich ein 16-Byte-Wert, für dessen Zusammensetzung verschiedene Methoden möglich sind, die gemein haben, dass sich eine global eindeutige Zahl ergeben muss. Ein Beispiel wäre, diese Material-Nummer aus der MAC-Adresse (Media Access Control) des Gerätes zu kreieren, die für jede an einem Netzwerk teilnehmende Maschine eine eigene ist, zusammen mit einem Zeitstempel der Datei-Erstellung. Damit wäre der Dateninhalt bereits eindeutig bestimmt. Der UMID bietet

Universelles Label	12 Byte
Länge	1 Byte
Instanz-Nummer	3 Byte
Material-Nummer	16 Byte

Wann: Datum, Zeit	8 Byte
Wo: Geogr. Lage	12 Byte
Wer: User-Info	12 Byte

Abb. 10.42. Basic UMID und Source Pack

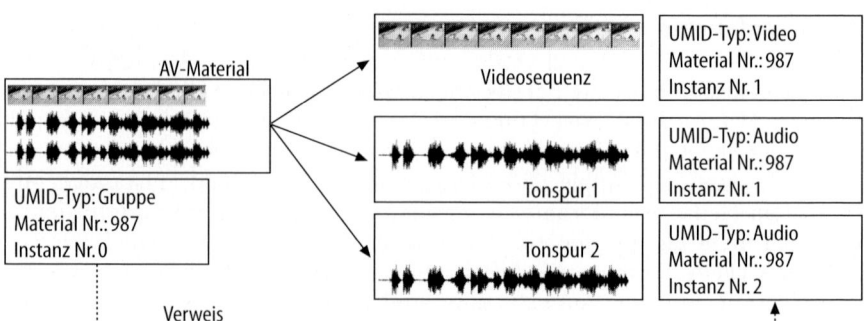

Abb. 10.43. Verweis auf die ursprüngliche Quelle bei UMID

aber noch mehr Funktionalität, weswegen zusätzlich eine 3 Byte lange Instanz-Nummer erzeugt wird. An dieser lässt sich ersehen, ob das File neu angelegt wurde, in diesem Fall besteht dieser Eintrag nur aus Nullen, oder ob es sich um eine weiterbearbeitete oder exportierte Datei, eben eine Instanz der Originaldatei handelt.

Zusammen mit dem ebenfalls 32 Byte langen Source Pack (Abb. 10.42) ergibt sich der Extended (erweiterte) UMID. Er bietet die Möglichkeit, dem Code die Information hinzuzufügen, wann und an welchem Ort sogar eine einzelne Komponente, z. B. ein Frame einer Videosequenz, aufgezeichnet worden ist, und die Angabe über den dazugehörigen Urheber.

Die ersten 8 Byte des Source Packs geben das Datum und die Uhrzeit der Datenerzeugung an. Dies gilt nicht nur für ganze Dateien, sondern auch für einzelne Samples oder Frames (bzw. Fields). Die 12 Byte lange Wo-Komponente liefert geografische Daten über den Entstehungsort, also die Höhe, die Breite und auch den Längengrad. Die letzten 12 Byte teilen sich gleichmäßig in eine Identifikation des Landes, der Firma und des einzelnen Nutzers auf. Der Ländercode wird nach ISO 3166-1 bestimmt und eine alphanumerische Identifikation für eine Organisation ist bei der SMPTE zu erwerben [51].

Bei der Neubearbeitung eines Files gibt es zwei Möglichkeiten zur Erzeugung des UMID. Entweder wird der neu entstehenden Datei ein ganz neuer UMID zugewiesen oder aber es wird nur die Instanz-Nummer geändert. In letzterem Fall bleibt ein eindeutiger Bezug zu den ursprünglichen Daten erhalten. Dies ist besonders dann geeignet, wenn für verschiedene Anwendungen unterschiedliche Formate erstellt werden müssen, z. B. einmal für eine DVD und einmal für die Distribution via DVB, der Verweis auf das Original besteht weiterhin. Ebenso können die Informationen über den Ursprung von Daten erhalten bleiben, wenn zwar der Basic UMID geändert wird, das Source Pack allerdings in seinem Zustand verbleibt. Jeder ursprüngliche Clip behält dann einen Verweis auf seine Quelle. Eine weitere denkbare Variante ist, allen Daten, die aus einem audiovisuellen Material extrahiert werden, die gleiche Material-Nummer zuzuordnen, sie aber durch den jeweiligen Typ (Audio oder Video) zu unterscheiden und unterschiedliche Daten gleichen Typs, wie beispielsweise mehrere Audiokanäle, durch differierende Instanznummern. Dies ist in Abbildung 10.43 dargestellt.

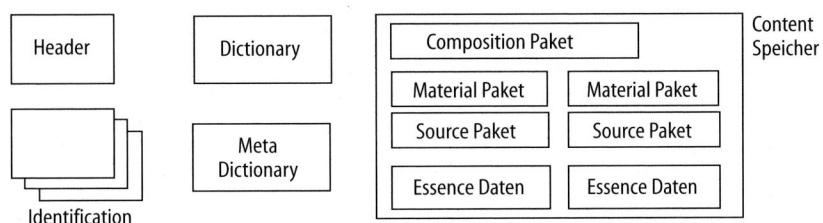

Abb. 10.44. Objekte eines AAF-Files

10.3.5.2 Advanced-Authoring-Format

Vor über dreißig Jahren entwickelte die Firma CMX für ihre Schnittsysteme die Edit Decision List (EDL). Aus dieser auch heute noch im Gebrauch befindlichen Textdatei lässt sich erkennen, welche Dateien für einen Schnitt verwendet wurden, wo die In- und Out-Punkte gesetzt sind. Ebenso werden die Schnitte in den Tonspuren beschrieben und es wird ersichtlich, welche speziellen Effekte Verwendung finden sollen. Die Vielfalt der aus einer EDL zu entnehmenden Daten ist beschränkt, aber der Grundgedanke, anwendungsunabhängig eine Schnittliste als Referenz erstellen zu lassen, ist bis heute geblieben.

Um die Standardisierung auch in diesem Bereich voran zu treiben wurde das Advanced-Authoring-Format entwickelt. Basierend auf dem Open Media Framework (OMF) wurde damit ein offener Standard entwickelt, der die Möglichkeit bietet, digitale Daten eines nichtlinearen Editings, Multimedia Authorings oder Compositings plattformübergreifend und unabhängig von den Dateiformaten auszutauschen. Das AAF beschreibt alle seine verwendeten Inhalte zusammen mit deren Zusammenstellung und darüber hinaus Bild- und Tonmanipulationen, Spezialeffekte etc. Damit ist die Möglichkeit gegeben, mit unterschiedlichen Anwendungen gleichzeitig an demselben Inhalt zu arbeiten und so z. B. kurz nacheinander mit verschiedenen Compositing-Systemen den gleichen Clip zu manipulieren, ohne dazwischen die Daten unbedingt rendern (d. h. als Endprodukt zu berechnen) oder als Videofile ausgeben zu müssen.

Von großem Interesse ist der Erhalt der Metadaten, die sonst häufig bei einem Datenaustausch auf der Strecke bleiben. Bei dem Gebrauch des AAF bleiben die ursprünglich verwendeten Medien-Files erhalten, es werden aber die Anweisungen über alle Schritte aufgezeichnet. Dabei spielt es keine Rolle, von welcher Art Programm das File modifiziert wird und ob gegebenenfalls bereits Teile davon gerendert werden, die kompletten Parameter der Bearbeitung werden als Metadaten abgelegt. Im Nachhinein ist also ein Zugriff auf die Rohdaten, auch mit einer anderen, AAF unterstützenden Anwendung möglich. Ebenso können sämtliche Zwischenschritte nachvollzogen werden.

Sämtliche Bild- und Tondaten, die in irgendeinem Format vorliegen, werden in der AAF-Spezifikation als Essence bezeichnet. Sie werden nicht notwendigerweise in derselben AAF-Datei gespeichert, in der sich das Authoring oder Compositing befindet und können daher für ein beliebiges anderes Projekt ebenfalls benutzt werden [51].

Die grundlegenden Objekte eines AAF-Files sind in Abbildung 10.44 aufgezeigt. Im Datei-Header finden sich für die gesamte Datei benötigte Metadaten,

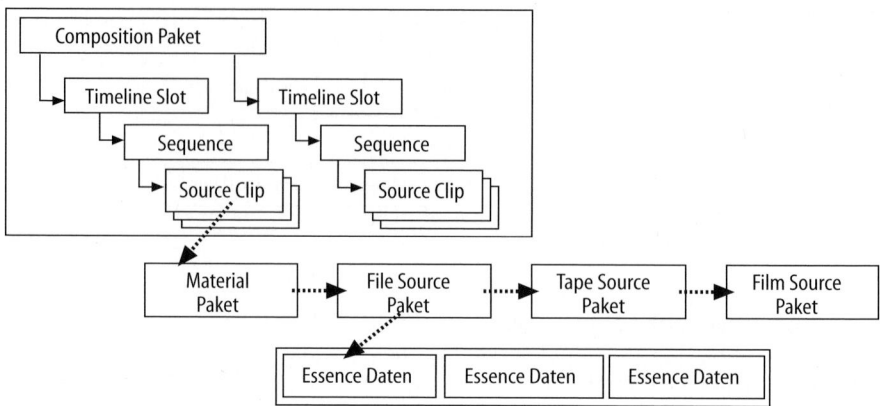

Abb. 10.45. Paketbildung bei AAF

u. a. wird hier ein Stempel mit dem Zeitpunkt aufgeprägt, an dem die Datei erstellt bzw. zum letzten Mal modifiziert wurde. Hier wird auch die AAF-Versionsnummer angegeben. Dem Header untergeordnet sind die Identifikationsobjekte, welche Verweise auf die Anwendungen enthalten, mit denen das File bereits bearbeitet worden ist. Die Dictionaries (Wörterbücher) erlauben die Erweiterbarkeit des AAF, hier sind sämtliche Definitionen abgelegt, die für die Datei benötigt werden, u. a. über Effekte und Überblendungen. Dem Content-Speicher sind sämtliche Objekte untergeordnet, die Essence beschreibende Daten oder die Essence selbst beinhalten.

Die beschreibenden Informationen (Metadaten) über die gespeicherten audiovisuellen Inhalte sind in diverse Pakete aufgeteilt, von denen jedes einzelne durch einen UMID identifiziert werden kann. Die Pakete enthalten dabei nicht die Mediendaten selbst, sondern geben Aufschluss über deren Art und beinhalten Befehle, wie sie kombiniert und verändert werden sollen:

Das Physical-Source-Paket beschreibt das analoge Medium, welches zur Digitalisierung der jeweiligen Daten genutzt wurde. Unterschieden wird dabei je nach Quelle zwischen dem Film-Source-Paket und dem Tape-Source-Paket.

Das File-Source-Paket ist dem Physical-Source-Paket übergeordnet (Abb. 10.45) und beschreibt die digitale Essence, deren Format und Codec, die Samplerate, Pixelzahl usw. Außerdem enthält das File-Source-Paket einen Verweis auf die entsprechende Quelldatei, um sie lokalisieren zu können.

Das hierarchisch am höchsten liegende Paket im Content-Speicher ist das Composition-Paket. Es vereint sämtliche audiovisuellen Informationen über den Schnitt und das Compositing der Daten in sich. Das Material-Paket legt schließlich die Verbindung zwischen der Composition und dem File-Source-Paket fest. Hier wird die Beschreibung über eventuell unterschiedliche Versionen von zu verwendender Essence hinterlegt sowie Effekte, die sich auf den gesamten Clip auswirken, wie Filter oder eine Farbkorrektur. Außerdem synchronisiert das Material-Paket Bild und Ton.

Die Composition wird aus verschiedenen Elementen, den Slots, zusammengesetzt. Ein Slot beherbergt immer jeweils einen Datentyp und ist durch eine

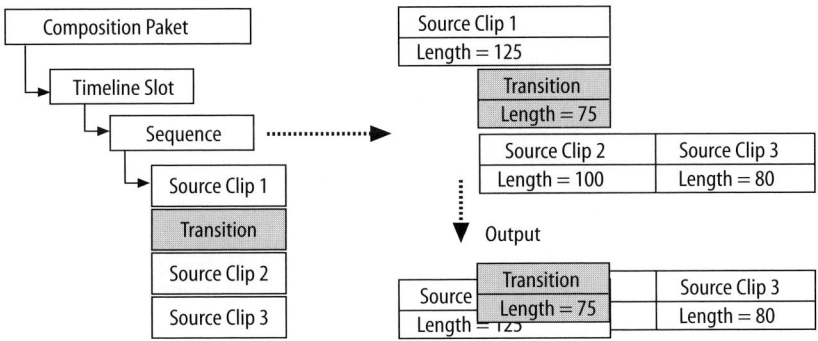

Abb. 10.46. Beispiel einer Clipanordnung unter AAF

Slot-ID innerhalb des Pakets aufzufinden. Es gibt drei Arten von Slots, den TimelineSlot, den StaticSlot und den EventSlot. Letzterer wird verwendet, um im Ablauf des Compositings Werte zu festgelegten Zeitpunkten zu steuern, um mit der Peripherie wie z. B. einer MIDI-Schnittstelle zu kommunizieren, um Interaktivität zu ermöglichen und zu einem bestimmten Zeitpunkt Kommentare bereitzuhalten. Ein StaticSlot beinhaltet, wie der Name vermuten lässt, Einzelbilder, während ein TimelineSlot eine Bild- oder Tonsequenz enthält, die sich kontinuierlich über die Zeit verändert. Die Dauer eines solchen Slots wird in Edit Units angegeben, die intern als Zeitreferenz dienen.

Die Source Clips oder Segmente werden in der angegebenen Länge und in der Reihenfolge angeordnet, wie sie in der Sequenz abgelegt sind. Einzufügende Überblendungen werden zwischen die Clips gesetzt. Die Enden der Clips werden dabei übereinander gelegt, so dass sie sich überlappen, es wird ihnen kein zusätzliches Material jenseits der In- und Out-Markierungen zur Verfügung gestellt. Zur Veranschaulichung ist dieser Vorgang in Abbildung 10.46 dargestellt. Obwohl hier die Summe aller Clips eine Länge von 305 Edit Units ergeben würde, lässt die eingefügte Überblendung zwischen den Clips 1 und 2 die Sequenz auf eine Länge von 230 zusammenschrumpfen.

Damit die Sequenz bei einem Löschen der Überblendung nicht ungewollt länger wird, sollte die an der Datei arbeitende Anwendung die Clips entsprechend der Blendenlänge trimmen. Da der bei fehlender Überblendung eingesetzte harte Schnitt nicht mittig zwischen den Clips liegen muss, kann der Schnittpunkt explizit angegeben werden, die beiden angrenzenden Clips werden in dem Fall auf diesen Schnittpunkt getrimmt. Informationen über Clips, die nicht nacheinander, sondern mit Bild-in-Bild-Effekten oder einem Layering gleichzeitig abgespielt werden, sind in Unterobjekten der Sequenz abgelegt.

Standardüberblendungen und häufig genutzte Bildeffekte wie ein Chroma Key oder Filter sind bereits im AAF implementiert, ebenso standardgemäße Audio-Manipulationen. Damit AAF alle ihm von einer Anwendung übergebenen Effekte speichern kann, besteht die Möglichkeit, weitere Effekte und auch Codecs über ein Plug-In-Modell zur Verfügung zu stellen. Der neue Effekt bekommt einen Namen und eine Beschreibung des erforderlichen Plug Ins [51].

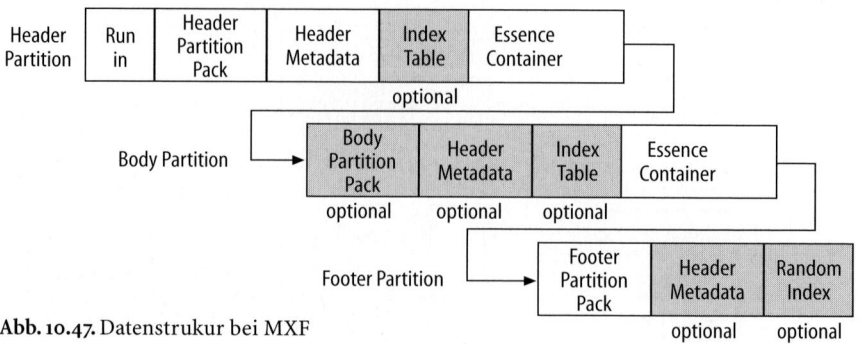

Abb. 10.47. Datenstrukur bei MXF

10.3.5.3 Material-eXchange-Format

Um in Netzwerken Programmmaterial möglichst einfach als Bitstreams austauschen zu können, wurde ein neues Datenaustauschformat entwickelt, das Material-eXchange-Format (MXF), seltener auch Media-eXchange-Format genannt wird. Es stellt sich dem Konvergenzprozess von Videotechnik, Computer- und Telekommunikationstechnologie und hält eine einfache Möglichkeit bereit, format-, kompressions- und plattformunabhängig audiovisuelle Inhalte inklusive Metadaten mittels IT-Technologie zu verbreiten. Der Ansatz ist ähnlich wie bei AAF, der einzige Unterschied besteht darin, dass das AAF die gesamten Daten über ein Multimedia Authoring bereitstellt und damit zu komplex für Streaming-Anwendungen ist, während MXF eine begrenzte Funktionalität aufweist, die ganz speziell auf einen schlanken Datenaustausch angepasst wurden.

MXF basiert auf dem Data Encoding Protocol SMPTE 336M, KLV. Die Abkürzung steht für Key, Length, Value und bedeutet, dass jedes Dateipaket mit einem Key, einer einzigartigen, 16 Byte langen registrierten SMPTE-Nummer beginnt, die Aufschluss über seinen Inhalt gibt. Die Length gibt die Länge des anschließenden Values an, also des Content-Datenpaketes. Sollte ein Interpreter ein Paket nicht entschlüsseln können oder nicht benötigen, kann er die Bytes des Pakets, dessen Länge ja bekannt ist, komplett überspringen.

Die MXF-Dateistruktur ist in Abbildung 10.47 gezeigt. Im Header, der am Anfang jeder Datei steht, werden sämtliche für das File benötigten Metadaten angegeben. Dies gilt nicht nur für strukturelle Metadaten der Datei, sondern auch für die Essence beschreibenden Metadaten. Anschließend folgt der Datei-Body, der einen oder mehrere Essence-Container enthält. Sollte der Body eines MXF-Files nicht definiert sein, was erlaubt ist, so enthält die Datei nur Metadaten. Der Footer schließt das File ab [51].

Die Header Partition (Abb. 10.47) kann optional mit einem so genannten Run-In beginnen. Dieser ist nicht nach KLV codiert und nur für spezielle Anwendungen erforderlich, denen er eine Synchronisation ermöglicht. Das nun folgende Header Partition Pack definiert die Header Partition, gibt die Versionsnummer an, die Objekt ID zur eindeutigen Identifizierung usw. und enthält den Verweis, ob die Partition offen oder geschlossen ist. Eine geschlossene Partition enthält in den Header-Metadaten die beschreibenden Metadaten für die gesamte restliche Datei, sollte sie offen sein, so ist nur der Anfang der Da-

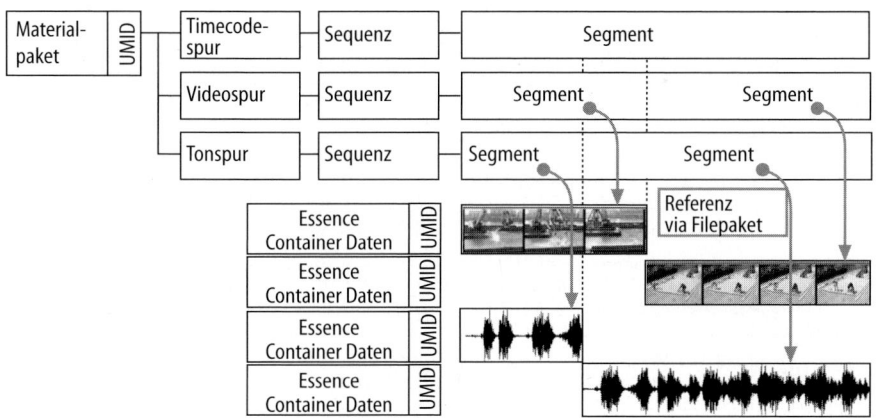

Abb. 10.48. Zuweisung von Spuren, Sequenzen und Essence bei MXF

tei beschrieben, es sind dann weitere Metadaten in den anschließenden Body-Partitionen notwendig. Eine eingefügte Index-Tabelle gibt den Standort aller Mediendaten in der Datei wieder.

Die Body Partition beginnt mit einem Body Partition Pack, welches sich nicht grundlegend von dem Partition Pack der Header Partition unterscheidet. Sollte diese offen geblieben sein, so ist es notwendig, die Header-Metadaten fortzuführen. Bei einer geschlossenen Header Partition können die Metadaten trotzdem in Gänze nochmals eingefügt werden. Dies verbraucht zwar Speicherplatz, ist aber sinnvoll, um einen wahlfreien Zugriff auf das MXF-File, z. B. bei einer Bandaufzeichnung zu gewährleisten, oder um die Sicherheit eines kritischen Streamings zu erhöhen. Ähnlich verhält es sich mit dem Index.

In den Essence-Containern befinden sich schließlich die gesammelten Daten, für die sich der Empfänger in erster Linie interessiert, nämlich der audiovisuelle Inhalt. Die Footer Partition am Ende ist nicht unbedingt notwendig, lässt aber ein abschließendes Metadaten-Update zu, sozusagen als Nachwort, nachdem alle relevanten Informationen übertragen wurden.

Wie bereits erwähnt, handelt es sich bei den Metadaten im Header um Daten, ohne die eine Dateiübertragung nicht möglich wäre. Das hier untergebrachte MXF-Material-Paket (Abb. 10.48) repräsentiert die auszugebende Timeline des Files und legt die Edit Unit Rate fest, mit der intern als Zeitreferenz gearbeitet wird. Identifiziert wird das Paket über einen UMID und es enthält z. B. einen Timecode-, einen Bild- und einen Ton-Track. Deren einzelne Segmente werden über das File-Paket einer Essence innerhalb eines Containers zugewiesen. Das Source-Paket, welches ebenfalls auf die Essence verweist, gibt Auskunft über den Ursprung des Inhaltes, wie es auch bei AAF der Fall ist. Während der Timecode-Track kontinuierlich ist und direkt den Output widerspiegelt, können die Segmente einer Timeline im Bild- und Ton-Track durch harte Schnitte miteinander verbunden werden. Andere Übergänge werden von MXF nicht unterstützt, denn es kommt hier lediglich auf die Reihenfolge und auf ein streamingfähiges Format an.

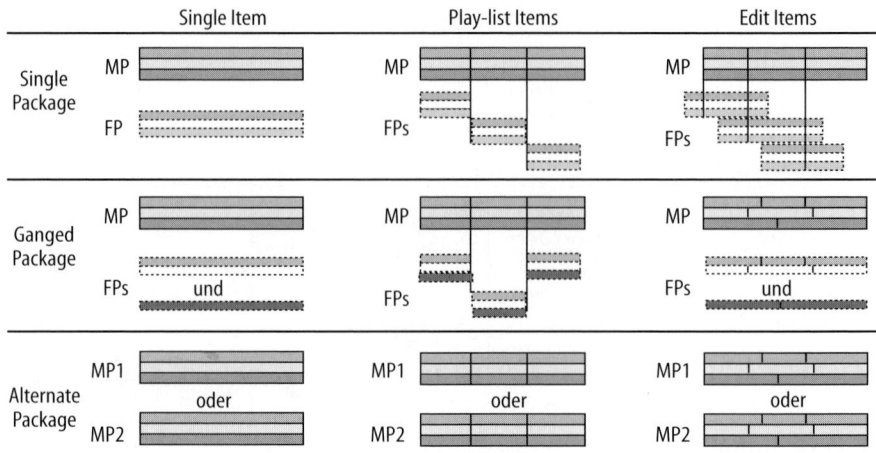

Abb. 10.49. Operational Patternse bei MXF

MXF-Files können verschiedenen Operational Patterns unterliegen. Das denkbar einfachste mögliche Pattern ist eine MXF-Datei, die nur Metadaten enthält. Weitere Patterns werden nach ihrer Komplexität unterschieden, einmal nach der Anzahl und dem Gebrauch der Items, also der verwendeten unterschiedlichen Inhaltssegmente, und nach Komplexität der Pakete (Abb. 10.49).

Weist ein Material-Paket (MP) nur ein einziges Item auf, so spricht man von einem Single Item, welches über die gesamte File-Länge abgespielt wird. Playlist Items werden in einer gegebenen Reihenfolge hintereinander gehängt, während für Edit Items zum Schnitt noch In- und Out-Punkte gesetzt werden, ähnlich einer sehr einfachen EDL. Wenn das Material-Paket nur auf ein einziges File-Paket (FP) zur Zeit zugreifen muss, so spricht man in der Paket-Komplexitätshierarchie in einfachster Form von einem Single Paket. Bei Zugriff auf mehrere File-Pakete, wie es bereits bei einem Interleaving (Daten-Verschachtelung) getrennter Bild- und Ton-Quellen nötig ist, spricht man von gruppierten Paketen (Ganged Packages). Im dritten und letzten Fall dieser Unterscheidung hat man verschiedene, alternative File-Pakete zur Auswahl, die z. B. eine unterschiedliche Sprache oder Bildauflösung beinhalten können.

In dem MXF-Container werden die Essence-Elemente in Edit Units aufgeteilt und in einem Datenstrom KLV-codiert abgelegt. Als praktisches Beispiel seien hier in der Abbildung 10.50 drei Elemente mit fester Länge angegeben, das System-Element, das Daten- und Ton-Element (Constant Bytes per Element, CBE). Das Bildelement wird gesondert behandelt, ihm wird eine variable Länge zugewiesen (Variable Bytes per Element, VBE). Als weiteres variables Element kommt hier ein Füller hinzu, der jede Edit Unit um die fehlenden Byte auf eine vorgegebene Länge ergänzt. Die Startpunkte der Edit Units werden in der Index-Tabelle festgehalten. Die Startpunkte für Elemente, die hinter dem VBE-codierten Bild liegen, verschieben sich mit der Größe des variablen Elements, daher wird ihr Startpunkt, hier also der des Sounds, für jede neue Unit festgehalten.

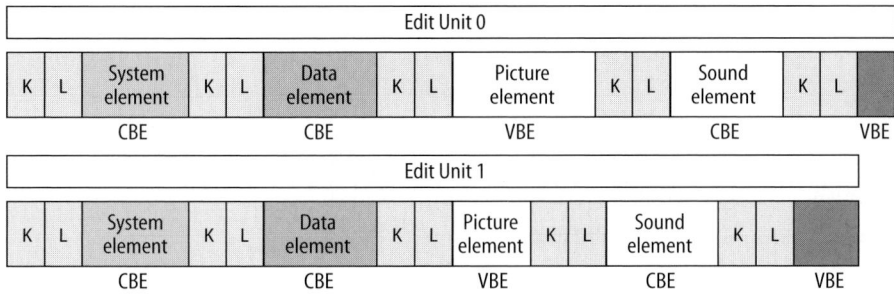

Abb. 10.50. Beispiel für eine KLV-codierte MXF-Datei

MXF ist flexibel und erweiterbar angelegt. Als offenes Format steht es Anwendern frei, MXF für ihre Anwendungen oder jeweiligen Situationen zu ergänzen und weiterzuentwickeln. Beliebig codierte AV-Daten können komprimiert oder unkomprimiert, übertragen werden und andere Schemata für beschreibende Metadaten über Plug-Ins definiert werden. Bei der Verwendung datenreduzierter AV-Daten ist zu bedenken, dass MXF z. B. MPEG-2-Daten ebenso aufnimmt wie DV-basierte, allerdings nicht für eine Umsetzung sorgt. D. h., dass ein Endgerät, das nur den DV-Algorithmus beherrscht, die ggf. in MXF enthaltenen MPEG-2-Daten nicht entschlüsseln kann. Die Decodierbarkeit hängt vom Vermögen des empfangenden Systems ab.

10.3.5.4 General-eXchange-Format

Das General-eXchange-Format (GXF) ist ein von der Grass Valley Group (GVG) entwickeltes Austauschformat mit Echtzeitfähigkeit. Das bedeutet z. B., dass ein von einer Kamera geliefertes Live-Signal sofort über GXF weitergesendet werden kann, so dass ein GXF-File nicht auf einem Datenträger abgelegt werden muss sondern während des Transfers aufgebaut und auf Empfängerseite wieder in ein internes Format konvertiert werden kann.

Über die Jahre wurde das Format weiterentwickelt und mittlerweile überträgt es AV-Datenströme inklusive einiger Metadaten zwischen den Rechnern diverser Firmen und Sendeanstalten, die den relativ simplen, als SMPTE 360M festgelegten Standard vor allem im Sport- und Nachrichtenbereich nutzen. Während die erste GXF-Implementation nur JPEG-Sequenzen und unkomprimierte Videosignale zuließ, werden bis dato MPEG-ES, DVCPro und M-JPEG als Videokompression unterstützt. Die Übertragung der Audio-Daten erfolgt direkt als PCM-Strom, im AC-3- oder Dolby E-Format. Da GXF schon vor der Existenz des SMPTE-KLV-Schemas entwickelt wurde und obwohl seine Struktur diesem ähnlich ist, ist es nicht KLV-kompatibel. Dennoch können KLV-kompatible Daten als User-Metadaten übertragen werden.

Neben der Variante der Übertragung eines einfachen, aus einem Stück bestehenden Clips (Simple Clip), besteht auch die Möglichkeit, einen durch harte Schnitte zusammengesetzten Clip (Compound Clip), per GXF zu übertragen. Dabei können dem Clip In- und Out-Punkte zugewiesen werden, so dass er nicht als Ganzes verwendet zu werden braucht. Audio-Clips können darüber

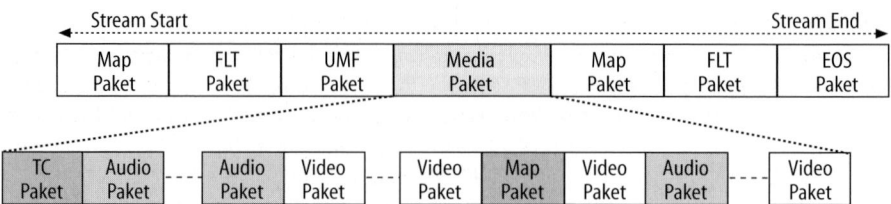

Abb. 10.51. Beispiel für die Paketbildung in einem GXF-Datenstrom

hinaus Fades (Blenden) hinzugefügt werden. Jeder Clip nimmt bis zu 48 Spuren auf, mindestens jedoch eine, die Übertragung bloßer Metadaten ohne AV-Essence ist mit GXF daher nicht möglich.

Die in unterschiedliche Pakete aufgeteilten Daten werden zu einem Bytestrom zusammengesetzt, wobei in fünf Hauptpakettypen unterschieden wird, die jeweils einen 16-Byte-Header tragen, der sie identifiziert und die Paketlänge angibt. Die in Abbildung 10.51 gezeigten Hauptpakettypen sind als äußere Hülle das MAP-Paket, mit dem der Datenstrom initiiert wird sowie das EOS-Paket (End of Stream), welches das Ende des Stroms markiert. Im File befindet sich auch mindestens ein UMF-Paket (Unified Media Format) zur Beschreibung des in den Media-Paketen abgelegten Materials. Ein FLT-Paket stellt schließlich als File Locator Table eine Tabelle zur Lokalisation der im Streaming übertragenen Halbbilder bereit.

MAP-Pakete enthalten grundlegende Informationen über die Daten in den anschließenden Paketen des GXF-Stroms, unter anderem, welche Medientypen sich in welchem Track befinden, wie der zugehörige File-Name lautet etc. Bei einem MPEG-Strom werden hier wichtige Daten, z. B. über die Bitrate und GOP-Struktur untergebracht. Für den Fall, dass ein Empfänger den Beginn des Datenstromes verpasst hat, wird das MAP-Paket mindestens alle 100 Pakete in Kopie wiederholt, sofern die in ihm enthaltenen Daten aktuell sind.

Das FLT-Paket erlaubt das Auffinden einzelner durchnummerierter Halbbilder innerhalb des Datenstromes. Dies geschieht über die Angabe des Offsets vom Start des Datenstroms und wird in Kilobyte angegeben. Dadurch können Daten nach Wahl stückweise aus dem Strom herausgelesen werden.

In einem UMF-Paket werden die Metadaten verpackt. Die der Präambel folgende Payload-Beschreibung gibt Aufschluss über die Größe der gesamten UMF-Paket-Einheit und enthält die UMF-Versionsnummer, die Spuranzahl und entsprechende Offsets und Längen der Track-, Medien- und User-Einträge. Eine Track-Beschreibung liefert fortlaufende Nummern für alle enthaltenen Video-, Audio- und Timecode-Spuren.

Die eigentlichen AV-Daten, die Essence also, ist in den Media-Paketen zu finden. Sie machen den überwiegenden Teil eines GXF-Datenstroms aus und werden nach vorangegangenem Header mit einer 16 Byte-Präambel ausgestattet, die der Identifizierung des Paketes dient. Die Media-Pakete werden in der Reihenfolge Timecode – Audio – Video gesendet. Als Letztes wird immer ein End-of-Stream-Paket übertragen, welches allein aus einem Header mit einem EOS-Eintrag besteht [51].

10.3.5.5 OMF, DPX und PSD

Das Open Media Framework (OMF), das auch Open Media Framework Interchange (OMFI) genannt wird, ist das Format, auf dem AAF aufbaut. Es wurde lange unter den Bemühungen von Avid Technology in seiner Entwicklung vorangetrieben. Ebenso wie sein Nachfolger sollte es Daten für den Transport und den Gebrauch in Kompatibilität mit anderen Anwendungen bereitstellen. Die Tatsache, dass OMF anscheinend nicht plattformübergreifend funktioniert hat, ist darin begründet, dass nur wenige andere Anwendungen das Format unterstützten, und das liegt wiederum daran, dass OMF kein von der SMPTE oder ITU verabschiedeter offener Standard, sondern Eigentum der Firma Apple ist.

Das unter SMPTE 268M seit 1994 standardisierte Digital Moving Picture Exchange Format, kurz DPX, wurde vor allem entwickelt, um den Transfer unkomprimierter Bilder von Telecine-Maschinen (Filmabtastern) zu unterstützen. Es trägt Metadaten zur detaillierten Beschreibung der Bilder und wird auch bis heute zur Übertragung unkomprimierter Bilder genutzt. Es ist in Abschnitt 5.7.5 genauer beschrieben.

Erstaunlich oft wird auch das Bildformat des Bildbearbeitungsprogramms Adobe Photoshop, PSD, als Austauschformat für Einzelbilder genutzt. Es unterstützt Multi-Layering mit einer Vielzahl von Effekten und Metadaten. Alternativ können Bildfolgen auch als Tiff-Sequenzen ausgetauscht werden.

10.3.5.6 QuickTime

Die professionellen Formate für den Datenaustausch, AAF und MXF sind relativ jungen Datums. Im Heimanwenderbereich gibt es ähnliche Formate schon seit längerem. Sie sind vor allem im PC-Bereich dominant und fester Bestandteil der Betriebssysteme. Die beiden am häufigsten anzutreffenden Formate sind hier Apple QuickTime für MacOS und Microsoft Windows Media für Windows. Die Wiedergabe-Software für die beiden Formate ist auf jedem PC vorinstalliert und plattformübergreifend, auch unter Linux nutzbar.

QuickTime (QT) ist ein von Apple Computer Inc. entwickeltes und bereits 1991 auf den Markt gebrachtes Format für multimediale Inhalte. Neben einem wachsenden Funktionsumfang hat Apple bis einschließlich seiner 2003 veröffentlichten Version 6 stets die Abwärtskompatibilität bewahrt, ohne dass das Format dabei rückständig oder ausgedient wirkt. Im Gegenteil bietet QuickTime ausgefeilte Funktionen als Dateiformat.

QuickTime bietet die Möglichkeit, eine Referenz auf verwendete Daten zu erstellen, ohne die Notwendigkeit, diese als neuen Medien-Datenstrom innerhalb des erstellten Files abzuspeichern. So können beispielsweise für einen Videoschnitt oder ein Layering, also einer schichtweisen Überlagerung mehrerer Videoströme, lediglich Metadaten über das Zusammenspiel der verwendeten Bilder angelegt werden. Beim Abspielen muss dann auf deren externe Referenzquellen zugegriffen werden. Diese Vorgehensweise entspricht der des neu entwickelten Advanced-Authoring-Formats. Der Vorteil dieser Art des Umganges mit Content-Daten liegt darin, dass eine mit QuickTime erstellte Datei u. U. sehr klein ausfallen kann, obwohl sie mehrere Gigabyte an Mediendaten verwaltet. Selbstverständlich ist weiterhin auch die herkömmliche, komplette Neu-Speicherung aus dem Resultat des Editings möglich.

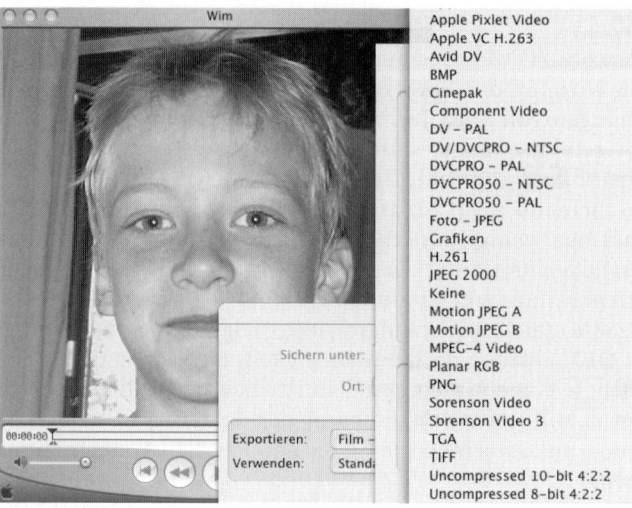

Abb. 10.52. QuickTime-Player und Auswahl von untertsützten Codecs für den Dateiexport

QuickTime weist eine klar nachzuvollziehende Entwicklung auf. Im einfachsten Fall stellt das Format einen Container für verschiedene AV-Inhalte dar, die in Spuren organisiert sind und unter dem System synchron gehalten werden. Eine Spur könnte z. B. eine DV-codierte Filmsequenz enthalten, eine zweite eine zusätzliche Tonspur und eine dritte dazu synchrone MIDI-Daten, also reine Steuersignale, die dazu dienen, Töne an elektronischen Musikinstrumenten auszulösen. Der Funktionsumfang wird stetig erweitert, z. B. ist ab QT 4 der Import von Shockwave-Daten (Flash) möglich. Unter QuickTime können verschiedene Codecs laufen, so dass z. B. die 4:1:1-Variante von DV ebenso unterstützt werden kann wie DVCPro50 oder unkomprimierte Daten (Abb. 10.52).

Neben dem ebenfalls von Apple entwickelten QuickTime Virtual Reality bietet QT viele aufbauende Applikationen, die es selbst im Datenaustausch bei professionellen Produktionen zur beliebten Anwendung haben reifen lassen. Aufgrund der Tauglichkeit auf dem professionellen Gebiet begann sich auch die ISO (International Organization for Standardization) bei der Suche nach einem Grundstein für MPEG-4 für das vielseitige Format von Apple zu interessieren. Sie übernahm es dann 1998 als Schlüssel-Komponente zur Entwicklung ihres neuen Standards, weshalb QuickTime 6 als erster wirklicher MPEG-4-Player genannt wird [51]

10.3.5.7 AVI und Windows Media

Ab 1991 stattete Microsoft das Betriebssystem Windows mit dem AVI-File-Format aus. AVI steht für Audio-Video-Interleave und beinhaltet einen Audio- und Videostrom. Mit Windows 95 wurde das so genannte NetShow Streaming bei Microsoft etabliert, welches das später herausgebrachte Active Streaming Format (ASF) unterstützte. Windows 98 stellte die Windows Media Technologies Version 4.0 zur Verfügung. Die Weiterentwicklung ist recht chaotisch, schon bald wurde das AVI-Format zugunsten des patentierten ASF (Advanced

Streaming Format) aufgegeben. Zwei Jahre später wurde dann der Windows Media Player 7 herausgegeben. Hiermit verabschiedete sich Microsoft wieder von seinem ASF-Format und ging zu einem ASF über, dass in diesem Fall vermutlich für Advanced Systems Format stand. Bereits Ende des Jahres 2000 stand die Windows Media Version 8 auf dem Programm. Diese war auch für den Mac, Pocket PCs und für portable Player gedacht.

Mit Windows Media 9 unterstützt Windows seit Anfang 2003 in seinem neuen ASF High-Definition-Video und 5.1-Kanal-Surround-Sound. Die AV-Formate heißen (spätestens) jetzt Windows Media Video und Audio und tragen die Dateiendungen .wmv und .wma. Problematisch für eine Einordnung ist insgesamt, dass mindestens drei Begriffe unter dem Kürzel ASF existier(t)en: nämlich das Active Streaming Format, das Advanced Streaming Format und schließlich der Begriff Advanced Systems Format [51].

Bis heute ist AVI weit verbreitet. Das wesentliche Charakteristikum von AVI ist seine Einfachheit. Es ist leicht zu adaptieren und es ist einfach, den Export in eine Anwendung zu implementieren, aber die Aufnahme von Datenmaterial beschränkt sich lediglich auf Audio und Video, und zwar jeweils auf genau einen Strom. Ein weiteres Manko ist die Tatsache, dass sich die beiden Spuren kaum synchronisieren lassen. Sollte die Möglichkeit des Interleavings nicht genutzt werden, besteht die Gefahr, dass Audio- und Videospur zwar gleichzeitig gestartet werden, aber nach einiger Zeit auseinander laufen.

Ein weiterer Nachteil, den AVI mit sich bringt, ist die Tatsache, dass ein aus Rohdaten komponiertes Video komplett neu in einem AVI-File gespeichert wird, wodurch eine immense Redundanz verursacht wird, da die Rohdaten neben dem fertigen File auf der Festplatte vorliegen. Außerdem ist AVI sehr anfällig für Fehler. Sollte dem File nur der am Ende der Datei liegende Index-Teil fehlen oder sollte der defekt sein, versagen viele Player das Abspielen der Datei oder verhindern einen wahlfreien Zugriff.

Der Aufbau von AVI entspricht einem typischen Container-Format mit der Bezeichnung RIFF (Resource Interchange File Format). Hier gibt es auch eine eigenständige Audio-Variante die als WAVE-Format bezeichnet aber von Microsoft offiziell durch Windows Media Audio abgelöst wird.

Aufbauend auf dem WAVE-Format hat die European Broadcasting Union (EBU) das Broadcast-Wave-Format (BWF) als Austauschformat für Audio-Daten herausgegeben. Ein BWF-File behält die gesamte Struktur des WAVE-Formats bei, es wird lediglich eine so genannte Broadcast Audio Extension hinzugefügt.

Im Kontext der Bemühungen um ein Medienformat für Windows ist auch die DivX-Codierung entstanden, die gegenwärtig häufig als Kompression für Filme benutzt wird, die (oft illegal) im Internet ausgetauscht werden. Der Kompressionsalgorithmus sollte ursprünglich den MPEG-4-Codec Version 3 für Windows bereitstellen, der allerdings keinen ISO-konformen MPEG-4-Strom erzeugt. Als Microsoft sich gerade von seinem AVI-Format verabschieden und den Codec dem neueren Advanced Streaming Format bereitstellen wollte, patchten (engl. flickten) Hacker den Code, modifizierten ihn so, dass er auf einem Rechner lauffähig war und gaben ihn als DivX;-) 3.11 Alpha für AVI heraus.

10.4 Postproduktionseinheiten

Die Ausstattung für den Bereich Videonachbearbeitung wird hier vor dem Bereich Videoproduktion dargestellt, da die videotechnische Ausstattung einfacher ist und zum Teil auch im Produktionsbereich eingesetzt wird. Die Grundbegriffe und -funktionen elektronischer Schnittsysteme sind in Kap. 9.3 erklärt. An dieser Stelle geht es um die Zusammenführung zu Postproduktionseinheiten. Postproduktions-Studios lassen sich hinsichtlich der Qualität und bezüglich des Kundenkreises (Industriefilm, Broadcast, Werbung) unterscheiden [126]. Ein zweites Merkmal ist die Arbeitsweise, entweder linear mit MAZ-Geräten oder nichtlinear mit Computersystemen. Die klassischen Postproduction-Studios arbeiten mit MAZ-Geräten auf Basis des Linear Editing, der Einsatz nichtlinearer Editingsysteme gewinnt aber weiterhin an Bedeutung, sowohl im Off- als auch im Onlinebetrieb.

10.4.1 Linear Postproduction

In Abbildung 10.53 ist der Grundaufbau der linearen Postproduction-Einheit dargestellt. Hier steht das Editor-Gerät im Zentrum, von dem aus die Zuspieler, die Mischer und der Recorder gesteuert werden. Der Einsatz des Linear Editing ist in vielen Bereichen der Postproduction immer noch Standard. Zwar ist diese Form aufgrund der Bandspulzeiten zum Aufsuchen der gewünschten Sequenzen im Prinzip mit höherem Zeitaufwand verbunden als beim Nonlinear Editing, doch kommt vor allem bei kurzen Beiträgen der Vorteil zum Tragen, dass direkt die Originalbänder, z. B. aus dem EB-Recorder, im Zuspielgerät verwendet werden können, so dass das Material nicht erst in das Editingsystem eingespielt werden muss. Ein weiterer Vorteil ist die Ausgereiftheit der

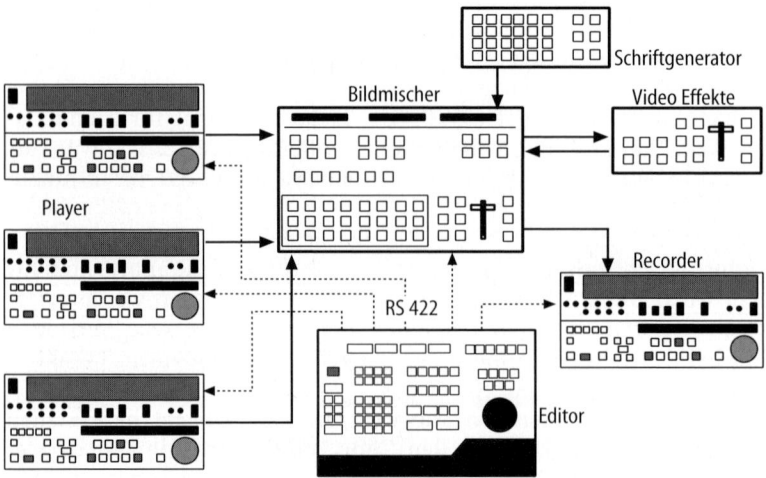

Abb. 10.53. Postproduktionseinheit

Systeme mit entsprechender Betriebssicherheit. Der Nachteil sind die hohen Kosten hochwertiger Bandmaschinen, die vor allem auch hohe Abnutzungskosten mit sich bringen, da ca. alle 2000 Betriebsstunden ein teurer Kopfwechsel notwendig wird. Entscheidend ist auch die Arbeitsweise. Bei aufwändigen Postproduktionen werden die Freiheiten der nichtlinearen Arbeitsweise bevorzugt. Dagegen berichten viele geübte Editoren, dass sie bei weniger aufwändigen Beiträgen mit linearen Systemen auch unabhängig von der Einspielzeit schneller zum Ziel kommen.

Im Postproduktionsbereich gibt es Studios unterschiedlicher Qualitätsklassen. Die Qualität, mit der das Videosignal bearbeitet werden kann, hängt entscheidend von der Qualität der Aufzeichnungsmaschinen ab. Zur Erstellung von Industrie- und Image-Filmen im institutionellen und Ausbildungsbereich ist höchste Qualität zugunsten eines geringen Preises entbehrlich, hier findet man die Formate U-Matic, S-VHS, Hi 8, bis hin zu MII, D9 und DV-Derivate.

Im professionellen Bereich werden die analogen Formate Betacam Sp und MII genutzt. Diese eignen sich bei entsprechender Peripherieausstattung sowohl für Fernsehproduktionen in Sendequalität, als auch für hochwertige Industrievideos und Dokumentationen. Bei höchsten Qualitätsansprüchen, vor allem im Werbebereich, werden vorwiegend digitale MAZ-Maschinen der Formate D1, D5 und Digital Betacam eingesetzt, bei der Standardproduktion auch DVCPro. und IMX Ungeachtet dieser Einteilung können auf allen Ebenen einfache und komplexe Studios aufgebaut werden. Bei der folgenden Darstellung der Postproduktionssysteme sind die Gerätebeispiele hinsichtlich der Einfachheit der videotechnischen Ausstattung geordnet.

10.4.1.1 Zwei-Maschinen-Schnittplatz

Der in diesem Sinne einfachste lineare Schnittplatz ist ein so genannter Laptop-Editor (Abb. 10.54), ein Gerät, das mit der Einführung der kompakten datenreduzierten Aufzeichnung entwickelt werden konnte. Ein Laptop Editor enthält einen kompletten Zwei-Maschinen-Schnittplatz mit zwei Aufzeichnungsgeräten, zwei LCD- und zwei Audiomonitoren und einem Editcontroller. Eine Stromversorgung über Akkus ist möglich, und wegen des geringen Gewichts

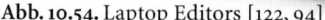

Abb. 10.54. Laptop Editors [122, 94]

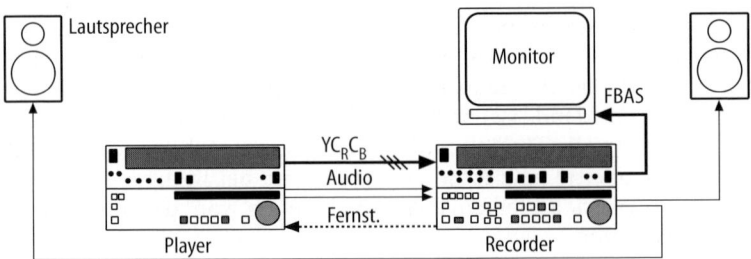

Abb. 10.55. Zwei-Maschinen-Schnittplatz

(12 kg) kann das Gerät fast überall in Betrieb genommen werden. Laptop Editoren gibt es sehr kompakt für das Format DVCPro (43cm x 43cm x 12cm) und aufgrund der Verwendung von 1/2"-Casstten etwas größer für das Format Betacam SX sowie für die optical Disc.

Während der Laptop Editor alle Funktionen in einem Gehäuse integriert, besteht der klassische Schnittplatz aus Einzelgeräten. Das funktionelle Zentrum ist dabei das Schnittsteuersystem. Wesentliches Merkmal der MAZ-Maschinen ist hier die Auslegung als Schnittrecorder mit Timecode-Unterstützung und Fernsteuerbarkeit. Die einfachste Ausführung des linearen Schnittplatzes ist ein Cut only-Platz mit zwei Maschinen (z. B. Betacam SP-Recordern), wobei der Zuspieler vom Recorder aus gesteuert wird, so dass zusätzlich nur noch ein guter Monitor erforderlich ist, der an den Recorder angeschlossen wird und im Stand by-Betrieb des Recorders auch das Bild des Zuspielers zeigt. Weiterhin sind ein Audioverstärker und Lautsprecher zur Audiosignalkontrolle erforderlich (Abb. 10.55). Die gehobene Ausstattung bezieht ein Schnittsteuersystem mit ein. Die Maschinen werden von dem separaten Schnittgerät über eine RS-422-Schnittstelle ferngesteuert, die auch zum Austausch der Timecode-Daten dient. Weiterhin steht ein Audiomischer zur Verfügung, an dessen Ausgang der Recorder-Audioeingang angeschlossen ist und dessen Eingänge mit dem Playersignal und weiteren externen Audiosignalen versorgt werden. Schließlich kommen noch ein Audio-Pegelmessgerät und ein Monitor für den Zuspieler zum Einsatz.

Abb. 10.56. Einfacher AB Roll-Schnittplatz

10.4.1.2 3/4-Maschinen-Schnittplatz

Eine erhebliche Erweiterung der Funktionalität ist die Möglichkeit, nicht nur hart schneiden, sondern auch mit Blenden und Effekten arbeiten zu können. Dieses gelingt mit dem AB Roll-Schnittplatz mit drei Maschinen, zwei Playern und einem Recorder (Abb. 10.56). Die wesentliche videotechnische Erweiterung ist die Einbeziehung eines Bildmischers, mit dem die Signale der Zuspieler geschaltet und gemischt werden. Eine einfache Möglichkeit zum Aufbau eines AB Roll-Schnittplatzes ist die Integration des Bildmischers in das Schnittsteuergerät. Noch einfacher ist der Einsatz von Schnittsystemen auf Computerbasis, bei denen neben Schnittsteuereinheit und Bildmischer meist auch Audiomischer und Titelgeneratoren integriert sind.

Das Standardsystem bei der professionellen Videonachbearbeitung ist ein 3/4-Maschinen-Schnittplatz. Im analogen Bereich wurden häufig ein Recorder Betacam SP (BVW 70/75) und zwei oder drei Zuspieler (BVW 60/65) sowie das Schnittsteuer-System Sony BVE 910 eingesetzt, das maximal vier Maschinen steuern kann (Abb. 10.57). Der Bildmischer sollte in Komponententechnik

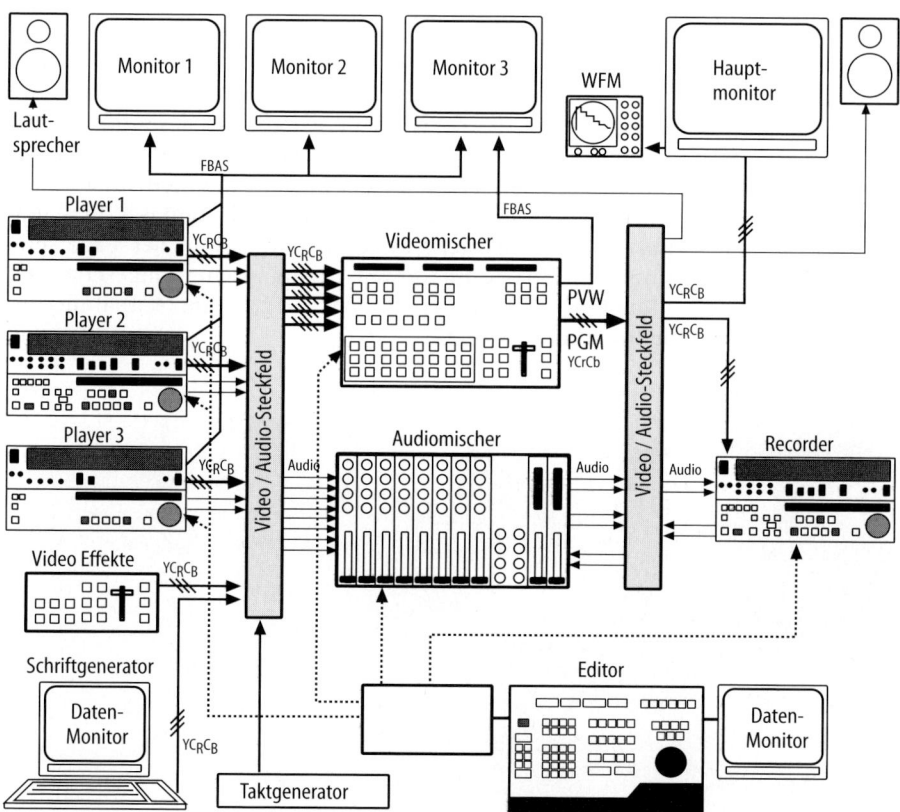

Abb. 10.57. Blockschaltbild des Vier-Maschinen-Schnittplatzes

arbeiten, um eine hohe Qualität zu gewährleisten, möglichst sollte er vom Schnittsystem fernsteuerbar sein. Auch der Audiomischer sollte vom Editor fernbedient werden können, wie z. B. der Typ Sony MPX 290.

Häufig eingesetzte Bildmischertypen waren in diesem Kontext die Komponentenmischer GVG 110 oder KM 3000 von JVC, die beide zehn Eingänge, Mix/Key- und DSK-Stufen bieten. Der Hauptmonitor zeigt das durch den Recorder geschleifte PGM-Signal des Mischers, weitere Monitore die Signale von der PST-Schiene und den Zuspielern. Es stehen Waveformmonitor und Vektorskop zur messtechnischen Signalkontrolle zur Verfügung. Statt einer festen Zuordnung der Ein- und Ausgänge für die Audio- und Videosignale werden häufig flexible Verbindungen über Steckfelder realisiert (Abb. 10.57 und 10.58).

Auch bereits auf diesem Komplexitätsniveau sollten die Geräte in einem separaten Schrank oder Maschinenraum untergebracht werden, damit die Editoren nicht von dem erheblichen Lärmpegel und der Abwärme der Maschinen gestört werden. Ein großer Maschinenraum ermöglicht eine übersichtliche Signalführung mit kurzen Wegen und ist flexibel erweiterbar.

Aufwändigere Postproduktions-Einheiten werden auch Postproduction-Suite genannt. Diese Bezeichnung umfasst mehr als nur den Schnittplatz, sie bezieht weitere Geräte mit ein, die die Erstellung eines kompletten Beitrags ermöglichen. Gegenüber dem 3/4-Maschinen-Schnittplatz ist hier die wesentliche Erweiterung ein Schriftgenerator und ein digitales Effektgerät. Oft wird ein separater Studiotaktgenerator eingesetzt. Außerdem ist die Flexibilität der Geräteverbindungen durch eine Videokreuzschiene für Komponentensignale erweitert. Die Nachbearbeitungs-Suites werden für anspruchsvolle Aufgaben eingesetzt und meist digital ausgerüstet. Als MAZ-Maschinen kommen vorwiegend die digitale Formate sowie analoge Betacam-Maschinen mit digitalen Ein- und Ausgängen zum Einsatz. Das Schnittsteuersystem sollte hier in der Lage sein, mehr als vier Maschinen zu steuern. Es werden Digitalmischer eingesetzt, und häufig ist auch eine Kamera im Studio zu finden, die z. B. zur Aufnahme der Pack-Shots bei Werbeproduktionen dient.

Abb. 10.58. Vier-Maschinen-Schnittplatz [18]

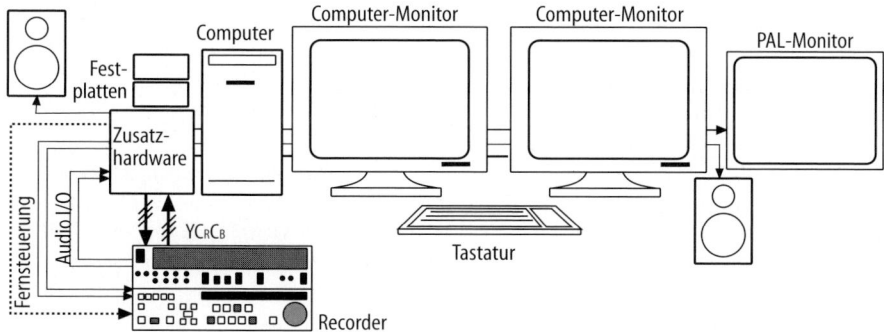

Abb. 10.59. Blockschaltbild des nonlinearen Schnittplatzes

10.4.2 Nichtlineare Schnittplätze

Nichtlineare Editingsysteme auf der Basis von Standard-PC sind in Kapitel 9.4 dargestellt. Die Schnittplätze erfordern einen vergleichsweise geringen Ausstattungsaufwand mit videospezifischen Geräten, trotzdem können, abhängig vom Funktionsumfang des Kernsystems, komplexe Bearbeitungen durchgeführt werden, da viele Funktionen der Einzelgeräte konventioneller Schnittplätze im PC-System integriert sind. Als videotechnische Peripheriegeräte sind im wesentlichen nur eine MAZ-Maschine und Kontrollmonitore erforderlich. Abbildung 10.59 zeigt einen sog. Desktop Videoplatz mit einfacher Ausstattung.

Aufwändigere Systeme enthalten mehrere MAZ-Maschinen verschiedener Formate und neben einem Taktgenerator auch einen Waveformmonitor und ein Vektorskop zur Signalkontrolle. Abbildung 10.60 zeigt einen günstigen Aufbau eines solchen Schnittplatz, bei dem ein AVID-System, Betacam SP, DVCam, sowie S-VHS-MAZ-Geräte zur Verfügung stehen. Das Avid-System umfasst ne-

Abb. 10.60. Aufbau des nonlinearen Schnittplatzes

Abb. 10.61. Arbeitsplatz am nichtlinearen Schnittsystem

ben dem Computer eine Vielzahl von Festplatten und separate Audiointerfaces, die zusammen mit den A/D- und D/A-Wandlern in einem Rack untergebracht werden. Dabei werden die Signale so durch die Geräte geschleift, dass für Standardaufgaben das Steckfeld nicht benutzt zu werden braucht. Auf dem Arbeitstisch der Cutter (Abb. 10.61) befinden sich dann nur zwei Computermonitore und ein Videomonitor, zwei Abhörlautsprecher, die Computertatstatur und die Videomessgeräte sowie ein Pegelmessgerät für den Audiobereich.

10.4.3 Grafikabteilung

Videografik wird sowohl im Bereich Produktion als auch bei der Postproduktion eingesetzt, sie dient der Erzeugung von Videosequenzen ohne Kamera, von Standbildern, Titeln, Promotiontrailern etc. Das erfordert hohe Signalqualität und leistungsfähige Computer. Die Software muss Compositing mit vielen Ebenen ermöglichen (vertikaler Schnitt, s. Kap. 9.4). Abbildung 10.62 zeigt die Benutzeroberfläche eines Compositing-Programms, bei dem den Elementen in jeder Ebene Filter, Transformationen, Masken etc. zugeordnet werden können. Im Grafikbereich kommen oft Systeme von Quantel zum Einsatz, z. B. HAL oder das System Flame von Discreet Logic, ein Programm, das auf SGI-Rechnern läuft. Die videotechnische Ausstattung dieser Systeme ist einfach und entspricht der bei nichtlinearen Schnittsystemen.

▽ □ 2 Fuego.tit.pict							
▽ Masks							
▷ Mask 1	Add ▼	Inve...					
▽ Effects							
▷ Invert	Reset						
▽ Luma Key	Reset						
⚅ Key Type	Key Out Similar		▣				
⚅ Threshold	184						
⚅ Tolerance	123						
▷ ⚅ Edge Thin	0			◇	◇	◇	
⚅ Edge Feather	8,0						
▷ Transform				○ ○ ⊕		○	

Abb. 10.62. Videolayer bei einem Compositingsystem

10.5 Produktionseinheiten

Die Anforderungen an die technische Ausstattung von Videoproduktionsstätten erschließen sich leichter, wenn die Arbeitsabläufe bekannt sind. Zur Orientierung seien daher zunächst kurz die Produktionsbereiche dargestellt.

10.5.1 Produktionsbereiche

Die technisch einfachste Form ist die elektronische Berichterstattung (EB), die Grundform der Beistragserstellung für den Nachrichtenbereich (News). Ein EB-Team besteht gewöhnlich nur aus zwei bis drei Personen: Eine Redakteurin oder ein Reporter begleitet jeweils eine Person für die Kamera und den Ton. Bild- und Tonsignale werden auf eine transportable Kamera mit angedocktem Recorder (z. B. Formate Betacam SP, IMX oder DVCPro) aufgezeichnet. Die Aufzeichnungseinheit wird auf einem leichten Stativ befestigt oder kann auf der Schulter getragen werden (Abb. 10.63). Das Mikrofon befindet sich oft an einer Angel, damit es möglichst nahe an Interview-Partner herangeführt werden kann, der Signalpegel wird dauernd über einen separaten Audiomischer kontrolliert. Zur Videosignalkontrolle stehen beim EB-Einsatz außer der Zebra-Funktion keine Geräte zur Verfügung. Es muss oft mit Automatikfunktionen gearbeitet werden, die Bildqualität kann daher etwas eingeschränkt sein.

Die aufwändigere Produktionsweise, mit nur einer Kamera außerhalb des Studios, ist die Electronic Field Production (EFP). Oft stehen Kamera und Recorder separat zur Verfügung, in jedem Fall aber Video- und Audiosignalkontrollgeräte, um eine möglichst hohe Qualität gewährleisten zu können. Entsprechender Aufwand wird auch bei der Lichtgestaltung und der fotografischen Komposition getrieben. EFP entspricht der Arbeitsweise bei der Spielfilmherstellung (s. nächste Abschnitt) und ist entsprechend zeitaufwändig und teuer (Abb. 10.64). Jede Szene wird Einstellung für Einstellung eingerichtet und gedreht. Wenn z. B. eine Zwei-Personen-Szene in zwei Close Ups, zwei Over Shoulder Shots (der eine Gesprächspartner wird neben der Schulter des anderen sichtbar) und eine Haupteinstellung aufgelöst werden soll, muss die Szenen fünfmal aufgenommen werden. Die Montage erfolgt dann bei der Postproduktion.

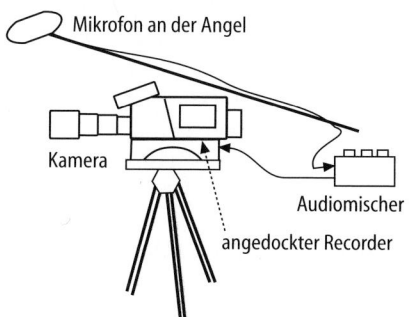

Abb. 10.63. Ausrüstung zur
elektronischen Berichterstattung (EB)

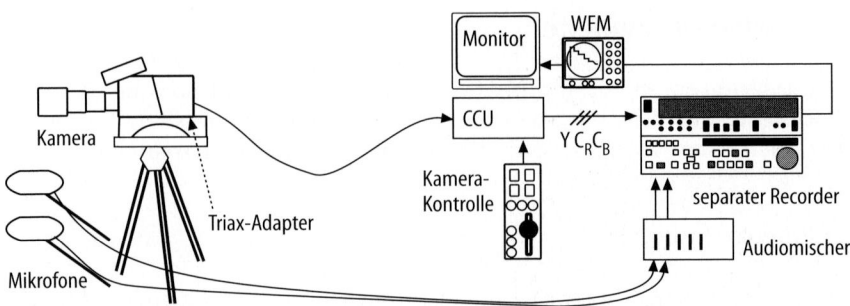

Abb. 10.64. Ausrüstung zur Electronic Field Production (EFP)

10.5.1.1 Fernsehfilm- und Filmproduktion

Diese Form zeichnet sich gegenüber der EB-Produktion weniger durch die Aufnahmegeräte als durch den hohen Produktionsaufwand aus, der hinsichtlich Kamerabewegung, Lichtsetzung und Ausstattung der Szene getrieben wird. Vor allem der personelle Aufwand ist beträchtlich. Die gesamte Produktion wird vom Produktionsteam verantwortet. Der Produzent selbst ist dabei vor allem der Geldgeber und Träger des wirtschaftlichen Risikos. Um die effiziente Verwendung der Mittel kümmert sich der Produktionsleitung, die u. a. die Drehpläne erstellt. Für den reibungslosen Ablauf der Produktion (Drehgenehmigung, Absperrung, Transport) sorgt die Aufnahmeleitung. Die inhaltliche Seite der Produktion wird vom Regieteam bestimmt, dessen zentrale Person der Regisseur bzw. die Regisseurin ist. Die Regieassistenz dient der Umsetzung der kreativen Idee und arbeitet eng mit der Produktionsleitung zusammen.

Die technische Seite der Bildaufnahme bestimmt das Kamerateam, das in der Regel aus dem Kameramann und dem Kameraassistenten besteht. Der Kameramann oder die Kamerafrau, im englischen Sprachraum als Director of Photography (DoP) bezeichnet, ist für die Bildgestaltung, d. h. die Kadrierung, die Bildausschnittsfestlegung und das Setzen von Licht und Schatten verantwortlich. Die Kameraführung übernimmt der DoP selbst oder eine separate Person, der sog. Schwenker, der dann für die Kadrierung verantwortlich ist. Der Kameraassistent ist für die technische Prüfung und Säuberung der Kamera zuständig, um z. B. zu vermeiden, dass Staub und Fussel in das Bildfenster geraten. Während der Dreharbeiten hilft er vor allem bei der Einstellung der Schärfe. Ein Materialassistent ist für den sorgfältigen Umgang mit dem Filmmaterial einschließlich Ein- und Auslegen in die Kassette verantwortlich. Das Filmmaterial wird auch bei den meisten Fernsehfilmproduktionen eingesetzt (oft 16 mm-Film mit 25 fps). Als Alternative stehen hochwertige elektronische Kameras wie Digibeta-Camcorder oder HD-Kameras zur Verfügung. Wenn diese zum Einsatz kommen, ergibt sich ein ähnliches technisches Setup wie es in Abbildung 10.64 dargestellt ist.

Für die Kamerabewegung stehen Kräne und Kamerawagen (Dolly) zur Verfügung, die der ruhigeren Fahrt wegen oft auf Schienen laufen, die von zugehörigen Assistenten (Crane Operator und Dolly Grip) in enger Zusammenar-

Abb. 10.65. SteadyCam

beit mit dem Kameramann bedient werden. Wenn lange und komplizierte Bewegungen erforderlich sind, kann die so genannte SteadyCam, ein Kamerastabilisierungssystem verwendet werden, das am Körper getragen wird. Die Bildkontrolle wird hier nicht über den Kamerasucher, sondern mit Hilfe einer Videoausspiegelung und eines mobilen Monitors vorgenommen (Abb. 10.65).

Wenn keine besonderen Effekte erzielt werden sollen, wie z. B. Zeitlupeneffekte, die eine Veränderung der Filmgeschwindigkeit erfordern, sind die wesentlichen technischen Parameter bei der Filmaufnahme am Objektiv einzustellen. Hier kann zunächst die Brennweite gewählt werden, die durch die Einstellung der Szene bestimmt ist. Zweitens muss auf das wesentliche Objekt der Szene fokussiert werden. Dabei verlässt man sich nicht auf die visuelle Beurteilung der Schärfe im Sucher, sondern es wird der Fokus auf die Entfernungsmarkierung eingestellt, die der mit dem Maßband ausgemessenen Entfernung zwischen Kamera und Objekt entspricht. Kamerafahrten erfordern dabei Schärfeverlagerungen, die mit Hilfe des Assistenten durchgeführt werden. In schwierigen Situationen können in diesem Zusammenhang elektronische Lens-Control-Systeme hilfreich sein, die es erlauben, die genannten Parameter fernzusteuern, was auch drahtlos geschehen kann (Funkschärfe).

Ein relativ frei wählbarer Parameter ist die Blende. Die Bezugsblende wird für den mittleren Grauwert der Szene eingestellt, der mit 18% Remission angenommen wird. Die Blende hat neben der verwendeten Brennweite erheblichen Einfluss auf die erreichte Schärfentiefe. Da die Brennweite über die Bildgestaltung oft weitgehend festgelegt ist, kann die Schärfentiefe am ehesten über die Blende beeinflusst werden, soweit es die Lichtintensität zulässt.

Neben der mittleren Blende interessieren auch die gemessenen Blendenwerte, die an den hellsten bzw. dunkelsten Stellen im Bild auftauchen. Falls die Differenz 6 Blendenstufen überschreitet, ist evtl. der Kontrast zu vermindern, indem mit Scheinwerfern Schatten aufgehellt werden. Auch natürliches Licht

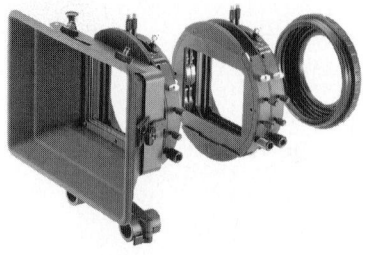

Abb. 10.66. Mattebox und Filmklappe

wird oft durch Scheinwerferlicht ergänzt, z. B. um die Szenen mit Schattenwür-
fen interessanter zu gestalten. Für hartes Licht werden Stufenlinsenscheinwer-
fer, Verfolgerspots und PAR verwendet. Für weiches Licht Flächenleuchten
(Fluter), Weichstrahler und Horizontfluter. Um die Kamera abschatten zu können, wird auf dem Objektiv meist ein Kompendium befestigt, das mit Flügeltoren ausgestattet ist, die die Entstehung von Lichtreflexen vermeiden helfen
(Abb. 10.66). Das Kompendium dient auch als Halter von Vorsatzfiltern und
wird dann Mattebox genannt.

Am Produktionsort wird neben dem Bild auch der Originalton aufgenommen. Die Aufzeichnung von Bild und Ton am Set erfolgt getrennt. Daher muss
während der Dreharbeiten natürlich auf die Synchronisation von Bild und Ton
geachtet werden [95]. Im Schneideraum wird das Bild- und Tonmaterial synchron zusammengebracht, man spricht vom Anlegen der Bänder (s. Kap. 9.4).
Als wesentliches Hilfsmittel dazu dient immer die Filmklappe, die zum Symbol
für den ganzen Filmbereich geworden ist (Abb. 10.66). Auf die Klappe (engl.:
Slate) wird nicht verzichtet, auch wenn als weiteres Hilfsmittel Timecode zur
Verfügung stehen sollte, der in identischer Form auf Bild- und Tonband aufgezeichnet wird.

Die Klappe hat den Vorteil, dass bei richtiger Handhabung das Zusammen-
treffen der Balken sowohl im Bild sichtbar als auch in der Tonaufzeichnung
deutlich hörbar ist. Sie trägt darüber hinaus Zusatzinformationen, die im
Timecode nicht vorhanden sind. Das sind im Besonderen der Name der Produktion und der Produktionsfirma, das Datum, die Rollennummer, die Nummer der Szene und des Takes und ggf. die Namen von Regisseur und Kameramann. Darüber hinaus wird vermerkt, ob eine Tag- oder Nachtaufnahme stattfindet und ob ggf. ohne Ton gedreht wird (Kennzeichnung durch das Kürzel st
für stumm). Dabei sollte die Klappe geschlossen bleiben, damit beim Schnitt
nicht angenommen wird, dass vergessen wurde, die Kennzeichnung wegzuwi-
schen [114]. Die Beschriftung muss deutlich lesbar sein. Beim Schlagen der
Klappe ist darauf zu achten, dass sie groß genug und auch im Schärfebereich
der Kamera erscheint, bei einer Nahaufnahme kann sie z. B. vorsichtig in der
Nähe des Gesichts des Schauspielers geschlagen werden.

In manchen Fällen ist es nicht möglich, die Klappe zu Beginn der Aufnahme zu schlagen, z. B. weil es keinen Ort für sie gibt oder weil Mensch oder
Tier nicht erschreckt werden soll. In diesem Fall wird zu Beginn nur eine
Schlussklappe angesagt, die dann auch erst am Schluss geschlagen wird, wobei
sie auf den Kopf gehalten wird.

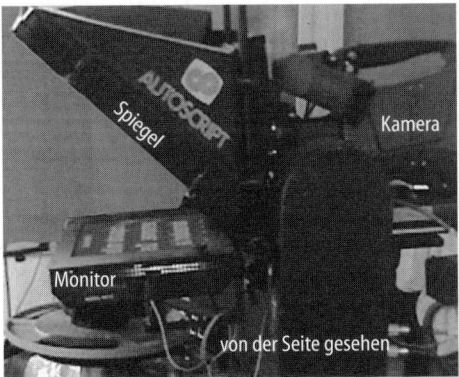 

Abb. 10.67. Teleprompter [144]

10.5.1.2 Studioproduktion

Als Beispiel für eine Studioproduktion kann eine Talkshow dienen. Die Produktion geschieht mit mehreren Kameras »Live on Tape« oder »Live on Air« vor Gästen im Atelier. Im Atelier befinden sich die Dekoration, das Beleuchtungssystem, das Tonaufnahmesystem und eine Beschallungsanlage. Zentrale videotechnische Einrichtung sind die Kameras auf Fahrstativen, die von Kameraleuten bedient werden, die per Intercom von der Regie ihre Anweisung bekommen. Die Kameraleute haben die Aufgabe, den Bildausschnitt nach Regievorgabe oder selbstständig zu wählen. Sie bewegen die Kamera und bedienen Zoom- und Fokussteuerungen, die an den Stativgriffen angebracht sind. Die Kameras sollten möglichst mit großen Suchern ausgestattet sein. Bei Nachrichtensendungen müssen die Kameras meist nicht schnell und flexibel bewegt werden, daher können sie auf Roboterstativen montiert und fernsteuerbar sein.

Zur Verbindung von Kamerakopf und zugehöriger Elektronik wird meist die Triax-Technik (s. Kap. 6.2) eingesetzt, die die Verwendung relativ dünner Kabel erlaubt. Über das Kamerakabel und die Kontrolleinheit muss eine Vielzahl von Signalen, u. a. das Intercomsignal zwischen Regie und Kamerapersonal, übertragbar sein sowie ein am Videomischer generiertes Rotlichtsignal (Tally), damit signalisiert werden kann, welche Kamera gerade vom Bildmischer angewählt ist. Das Rotlicht erscheint auf der gewählten Kamera und im zugehörigen Sucher. So wird im Studio angezeigt, in welche Kamera der Moderator schauen muss, während die Kameraleute wissen, dass sie den Bildausschnitt höchstens auf ausdrückliche Anweisung verändern dürfen. Weiterhin werden ein oder mehrere Signale von der Regie zur Kamera zurück übertragen, damit sich die Kameraleute das PGM-Signal auf den Suchermonitor schalten können und damit das Telepromptersignal die Kamera erreicht.

Teleprompter werden oft bei Nachrichtenproduktionen eingesetzt. Ein Teleprompter ist ein Kameravorsatzgerät mit einem im rechten Winkel zur Kameraachse montierten Monitor und einem Spiegel, der auf der Diagonalen dazwischen angebracht ist (Abb. 10.67). Der Spiegel ist so konstruiert, dass ein Moderator einen auf dem Monitor dargestellten Text lesen kann, während der Spiegel von der Kamera aus völlig transparent erscheint, so dass hier nur der

Moderator zu sehen ist. Zur Textzuführung gibt es die herkömmliche und bis heute noch manchmal eingesetzte Papierrolle, die in der gewünschten Lesegeschwindigkeit unter einer Kamera abgerollt wird, deren Signal auf den Prompter-Monitor gegeben wird. Der Vorteil ist hier, dass sehr einfach individuelle Markierungen vorgenommen werden können. Aufgrund der Texterstellung im Computer wird aber zunehmend direkt von PC aus eingespielt. Hierzu gibt es spezielle Teleprompter-Software, die eine Geschwindigkeitsregelung des Lauftextes per separater Handregelung erlaubt. Bekannte Prompter-System sind Autocue und Autoscript.

Neben dem Aufnahmestudio gibt es weitere Arbeitsbereiche für die Studioproduktion (Abb. 10.69). Die bildtechnischen Parameter der Kameras, vor allem die Blende und der Schwarzwert des Signals werden von der Bildtechnik aus gesteuert. Vor der Produktion findet hier das so genannte Kameramatching statt, bei dem u. a. der Weißabgleich der Einzelkameras und die farbliche Angleichung der Kameras untereinander vorgenommen wird. Während der Produktion werden vor allem die Blende und der Schwarzwert ständig so eingestellt, dass damit die Maximal- und Minimalwerte des Videosignals an den Grenzen bleiben und diese nur wenig über- bzw. unterschreiten.

Der Arbeitsplatz für die Bildtechnik ist in der Bildregie, Lichtregie oder im separaten Kamerakontrollraum untergebracht. Die Signalaussteuerung erfolgt über die hier installierten Remote Control Einheiten anhand eines Monitors sehr guter Qualität und mit Hilfe von Waveformmonitor und Vektorskop in der Art, wie es in Kap. 6.2 beschrieben wurde (Abb. 10.68). Als zweiter Arbeitsplatz kann in diesem Raum der Produktionsingenieursplatz untergebracht sein. Neben einer übergeordneten Kamerakontrolleinheit stehen hier weitere Geräte zur Verfügung, mit denen ein Bildsignal beeinflusst werden kann, wie z. B. ein Farbkorrekturgerät und Signalwandler.

Abb. 10.68. Bildtechnik [130]

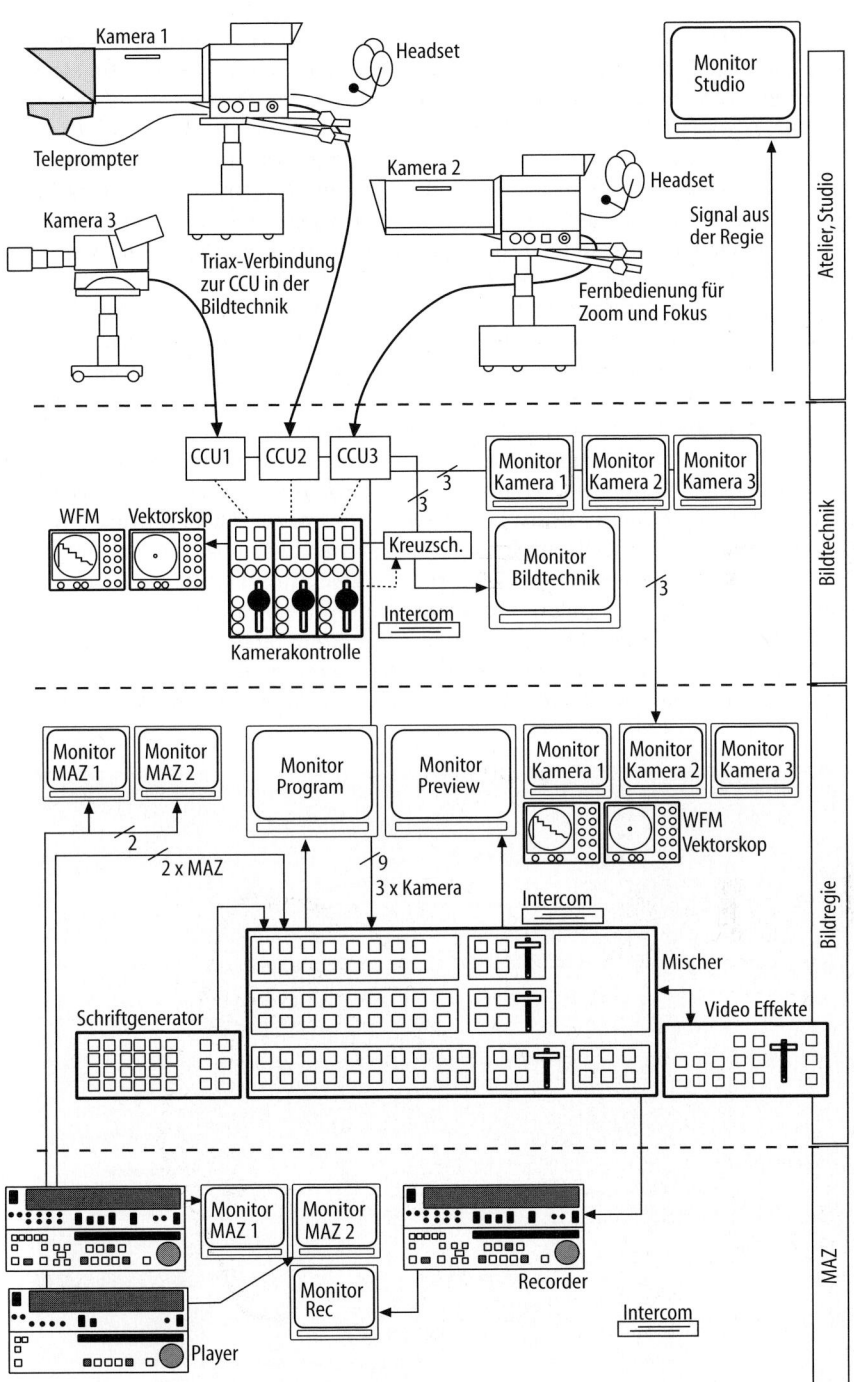

Abb. 10.69. Ausstattung zur Studioproduktion

Die in der Bildtechnik optimierten Signale laufen zusammen mit den Grafik-, MAZ- und DVE-Zuspielungen in der Bildregie zusammen (Abb. 10.69). Hier werden die Szenenabfolgen mit Hilfe großer Produktionsmischer durch Umschnitt, Über- und Einblendungen nach Vorgaben der Regie von einer Bildmischerin erstellt. Die Arbeitsplätze befinden sich in einem eigenen Bildregieraum, in zentraler Position mit guter Sicht auf alle Monitore. Außer dem Bedienfeld des Videomischers ist hier auch eine Havariekreuzschiene installiert, so dass bei Ausfall von Signalen direkt reagiert werden kann. Daneben befinden sich die Arbeitsplätze am Schriftgenerator und am Effektgerät.

Die Regie braucht eine Vielzahl von Monitoren für möglichst alle Signale. Sie werden in einem Monitorgestell untergebracht. Damit die Anzahl nicht zu groß wird, kann statt einer festen Zuordnung die Belegung der Monitore frei gestaltet werden. Dies geschieht mittels einer eigenen Monitorkreuzschiene, die auch ein Schriftdisplay unter jedem Monitor steuert, welches die jeweilige Belegung anzeigt (Abb. 10.70). Für die Zuspiel- und Aufnahmegeräte steht meist ein separater MAZ-Raum zur Verfügung. Auch für die Bereiche Licht und Ton gibt es eigene Regieräume, die wie der MAZ-Raum zur Orientierung mit Videosignalen für die Vorschaumonitore versorgt werden müssen.

Produktionsstudios werden sowohl für Aufzeichnungen als auch für Live-Produktionen eingesetzt. Dabei kommt es in besonderer Weise auf die Betriebssicherheit und Zuverlässigkeit der eingesetzten Technik an, außerdem ist hier an der Quelle des Programms höchste Signalqualität gefordert. Diese hängt wiederum wesentlich von der Qualität der eingesetzten MAZ-Systeme

Abb. 10.70. Bildregie

ab, so dass sich bei der Einrichtung zunächst die Frage nach dem MAZ-Format stellt. Bis in die 80er Jahre hinein waren das Produktionssignal und die Broadcast-Signalform identisch. Das Signal konnte als FBAS-Signal einkanalig über Leitungen, Steckfelder und Kreuzschienen geführt werden, dabei waren nur wenige Signalformwandlungen erforderlich. Als MAZ-Systeme kamen die B- und C-Formate mit FBAS-Direktaufzeichnung auf offenen Spulen mit 1"-Band zum Einsatz (s. Kap. 8).

Die Bemühungen, preiswerte hochqualitative MAZ-Systeme zu etablieren, führten auch im Produktionsbereich dazu, vom PAL-Signal mit seinen Systemfehlern abzurücken. Die nun verwendete Signalform war das analoge Komponentenformat, was im Studio eine erhebliche Umrüstung erforderte, denn ein Großteil der Videokanäle war nun dreifach auszuführen, wenn die Signalqualität erhalten bleiben sollte. Als MAZ-System setzte sich in den 90er Jahren auf breiter Front das Komponentenaufzeichnungsformat Betacam SP durch, das mit Kassetten und 1/2"-Bändern arbeitet. Im Komponentenstudio kommt weiterhin noch eine Vielzahl von FBAS-Signalen z. B. für die Ansteuerung von Vorschaumonitoren zum Einsatz. Analoge Komponentenstudios sind heute noch im Produktionsbereich zu finden. Bei der Installation neuer Produktionskomplexe wird man allerdings eine digitaltechnische Ausstattung bevorzugen.

10.5.2 Analoge Komponentenstudios

Ein analoges Produktionsstudio ist im einfachen Fall so ausgestattet, wie es Abbildung 10.69 zeigt. Es enthält z. B. vier Kamerazüge mit Studiostativen. Jeder Zug besteht dabei aus dem Kamerakopf mit dem Bildwandler (meist CCD), einem hochwertigen Zoomobjektiv (meist von Canon oder Fujinon), einem großen Sucher, einer Hinterkamerabedienung für Zoom und Fokus, einem Triaxadapter nebst Triaxkabel und einer Intercomeinrichtung mit der Bildregie. Am Bildtechnikplatz befinden sich die jeweils zugehörigen Kamerakontroll- und Fernbedieneinheiten (CCU und RCP).

Eine 24 x 24 Kreuzschiene und Videosteckfelder ermöglichen eine flexible Verteilung der Signale an den Videomischer mit 12 Eingängen und die Einbindung eines DVE-Gerätes. Neben den erforderlichen Koaxialleitungen sind Takt- und Testbildgenerator vorhanden sowie als Signalüberwachungsgeräte je ein Waveformmonitor und ein Vektorskop in der Bildtechnik, der Bildregie und im MAZ-Raum. Hinzu kommen noch Videoverteilverstärker, eine Tally-Kreuzschiene, eine Havariekreuzschiene undd ein Colour-Corrector.

Es wird eine Vielzahl von Monitoren gebraucht, eine gute Ausstattung sieht wie folgt aus: In der Bildregie zwei hochwertige, so genannte Class A-Komponentenmonitore (20") für die Mischerausgänge, ein 14"-FBAS-Monitor für das Signal, das zur Kontrolle über den Modulationsweg (HF) zurückkommt, so wie elf 9"-Vorschaumonitore (evtl. S/W) für 4 Kameras, 4 MAZ-Geräte, Mischerausgänge und Grafik. Die Bildtechnik benötigt zwei 14"-Class A-Monitore zur visuellen Signalkontrolle, davon einer frei schaltbar, des weiteren vierzehn 9"-Vorschaumonitore (4 Kam, 4 MAZ, PST, PGM, Sendeweg, Key Fill, 2 frei). Der MAZ-Raum enthält einen 14"-Monitor (frei zuzuordnen) und fünf 9"-Vor-

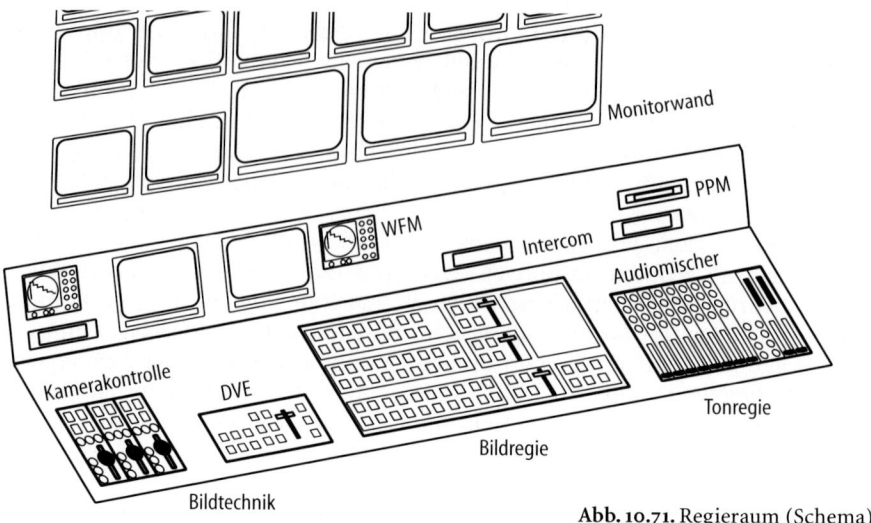

Abb. 10.71. Regieraum (Schema)

schaumonitore (4 MAZ + PGM). Die Lichtregie bekommt das PGM-Signal, auf einen 14"-Monitor dazu fünf Vorschaumonitore (4 Kam + 1 frei zuzuordnen), desgleichen die Tonregie, die allerdings auch die MAZ-Signale sehen sollte, so dass hier insgesamt 9 Vorschaumonitore eingesetzt werden.

Die Anordnung der Arbeitsplätze variiert. In kleineren Studios können Bildtechnik sowie Bild- und Tonregie in einem Raum untergebracht sein. Abbildung 10.71 zeigt schematisch den Regiebereich eines kleineren Studios, in dem mit drei oder vier Kameras produziert werden kann. Die Bedieneinheiten sind im Pult untergebracht, die zugehörige Elektronik in einem separaten Maschi-

Abb. 10.72. Regieraum

nenraum (Abb. 10.73). Im Maschinenraum befinden sich auch die Steckfelder für die Audio- und Videosignale und Kontrollmonitore für die MAZ-Maschinen, mit deren Hilfe der Beginn von Zuspielsequenzen bestimmt wird. Im Atelier befinden sich die Studiokameras und ein oder zwei große Monitore, mit denen die ggf. in der Regie modifizierten Signale wiedergegeben werden.

Der Regieraum in Abbildung 10.72 zeigt im Vordergrund den Bildtechnikbereich mit drei Remote Control Panels (RCP) zur Fernbedienung der Kameraelektronikeinheiten. Darüber ist ein hochwertiger Monitor zur visuellen Bildkontrolle angebracht, dessen Bild über die RCP ausgewählt wird. Links neben dem Bildkontrollmonitor befindet sich ein Waveformmonitor/Vektorskop zur Kontrolle des Signals, darunter eine Messkreuzschiene, mit der alle wichtigen Signale auf den Waveformmonitor geschaltet werden können.

Wiederum links daneben befinden sich Remote Control-Geräte für die TBC der vier MAZ-Maschinen, an denen Luminanz- und Chroma-Level einstellbar sind. Der benachbarte Monitor ist der Datenmonitor für die optional an diesem Platz einsetzbare Schnittsteuereinheit. Der weitere linke Teil des Pultes ist von Audiogeräten belegt. Die Videomonitore für die Bildmischerausgänge, für die Zuspielquellen, für den Schriftgenerator etc. befinden sich in einer Monitorwand hinter dem Pult. Der Bildmischer wird von dem Bedienpult unterhalb des Waveformmonitors gesteuert. Rechts daneben befindet sich die Bedieneinheit des DVE-Gerätes.

Eine sehr wichtige Einheit im Studio ist die Intercom-Einrichtung, sie ist in Abb. 10.72 oberhalb des Bildmischpultes sichtbar. Weiterhin befinden sich im Produktionsbereich oft Framestore-Synchronizer zur Einbindung externer Signale, die nicht an den Studiotakt gekoppelt sind, und Einrichtungen zur Fernsteuerung von Kameras.

Abb. 10.73. Maschinenraum

Abb. 10.74. Operational und Master Control Panel

10.5.3 Digitale Studios

Neue Produktionsstudios werden fast ausschließlich in Digitaltechnik aufgebaut. Dies geschieht aus Gründen der Signalqualität, aber auch aufgrund des verringerten Aufwands für die Verkabelung und den Service, denn im Gegensatz zu analogen verändern digitale Systeme ihre Parameter fast nicht, so dass der Justageaufwand erheblich sinkt und weniger Personal erforderlich wird. Ein Digitalstudio ist mit den gleichen Funktionseinheiten ausgestattet wie das oben beschriebene analoge Studio und unterscheidet sich äußerlich nur wenig. Es basiert auf der Verwendung des digital-seriellen Komponenten-Signals (DSK), das ohne Datenreduktion sehr hohe Qualität bietet. Eine Ausnahme bildet hier nur die im nächsten Kapitel dargestellte Produktion im News-Bereich, bei der auch mit stärker datenreduzierten Signalen gearbeitet wird.

Die Leitungsführung vereinfacht sich gegenüber der analogen Komponentenübertragung, alle drei Anteile werden über ein einzelnes Standard-Koaxkabel geführt. Auch die üblichen BNC-Armaturen sind ausreichend, obwohl die Verwendung besonders hochwertiger Ausführungen empfohlen wird. Der Aufwand für Signalkonvertierungen ist relativ hoch, denn häufig müssen externe Analogsignale eingebunden werden oder es werden z. B. FBAS- statt DSK-Signale für Vorschaumonitore und analoge Peripheriegeräte gebraucht.

Als MAZ-Format hat sich in diesem Bereich Digital Betacam weitgehend durchgesetzt. Als qualitativ noch etwas bessere Alternative steht das D5-Format zur Verfügung, das ebenso wie DigiBeta, eine 10-Bit-Auflösung erlaubt, aber ohne Datenreduktion arbeitet. Doch wird die 2:1-DigiBeta-Kompression als akzeptabel angesehen. Der Erfolg von Digital Betacam liegt an der Kompatibilität zu Betacam SP und der Robustheit im Einsatz. Das Format bietet die gleiche Funktionalität die man von den SP-Geräten gewohnt ist, wie Slow Motion-Fähigkeit, uneingeschränkte Fernsteuerbarkeit etc., was bei einfacheren Alternativsystemen oft nicht der Fall ist. Aus den gleichen Gründen wird auch das

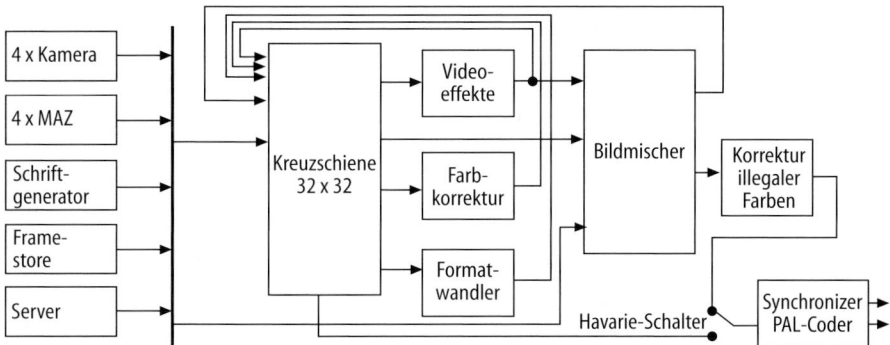

Abb. 10.75. Blockschaltbild des digitalen Produktionsstudios

MPEG-basierte Format IMX als Betacam-Nachfolge favorisiert. Falls finanzielle Gesichtspunkte sehr entscheidend sind, wird z. T. auch im Produktionsbereich Betacam SX oder DVCPro eingesetzt; hier aber möglichst in der Variante mit 50 Mbit/s, denn die volle 4:2:2-Farbauflösung ist meist unverzichtbar, besonders wenn hochwertige Chroma Key-Stanzen möglich sein sollen. Die Geräte im DSK-Studio sollten selbstverständlich über SDI-Anschlüsse verfügen. Darüber hinaus bieten sie aber auch oft analoge Ausgänge, an die analoge Verteilwege für Vorschaumonitore etc. angebunden werden können.

Ein Problem, das in digitalen Studios stärker auftritt als in analogen, ist die Laufzeitproblematik. Die digitalen Geräte brauchen oft erheblich mehr Zeit zur Signalverarbeitung als analoge, so dass durch Einsatz von Verzögerungsgeräten verschiedene Signale sorgfältig aneinander angepasst werden müssen.

Ein konkretes Beispiel mit einer ähnlichen Gerätepalette wie im oben genannten analogen Studio könnte so aussehen: Vier Kamerazüge sind ausgestattet wie oben beschrieben und die Signalübertragung zwischen Kamera und CCU erfolgt über Triaxkabel. Die Kameraparameter können über Fernbedienungseinheiten direkt gesteuert werden, es gibt aber auch die Möglichkeit ein Steuer-Netzwerk zu verwenden und ein Master Control Panel (MCP) zu integrieren, an der ein übergeordneter Bildingenieur sich Priorität über die Operational Control (OCP)-Steuerung verschaffen und umfassend in die Parameter eingreifen kann (Abb. 10.74). Das MCP erlaubt die Kontrolle mehrerer Kameras von einem Platz aus, ohne dass jeweils das zugehörige OCP bedient werden muss. Die vier Kamerazüge mit kompletter Ausstattung kosten inklusive Steuernetzwerk, aber ohne Stative insgesamt ca. 400 000,- Euro.

Die DSK-Signale werden über eine Kreuzschiene geführt, die es ermöglicht, softwaregesteuert z. B. 32 Eingänge flexibel mit 32 Ausgängen zu verbinden (Abb. 10.75). Diese Geräte können oft Datenraten zwischen 143 und 360 Mbit/s verarbeiten. Die Anschlüsse entsprechen dem 75 Ω-BNC-Standard. Die Steuerung geschieht gewöhnlich über serielle Schnittstellen nach RS 232 mit separaten Geräten oder per PC. Ein solches System kostet ca. 13 000,- Euro.

Neben der Kreuzschiene ist der Videomischer Kernbestandteil des Studios, hier sind Geräte der Firmen Thomson/Philips, Sony und Grass Valley Group verbreitet. Ein Sony-Mischer vom Typ DVS 7200 bietet z. B. 2 Mix-Effekt-Einheiten, DSK und neben PGM und PST bis zu 14 Aux-Outputs, bei bis zu 36 Inputs. Mit SDI-Ausstattung für 12 Inputs kostet das System in Standardausstattung, d. h. mit Key-und Wipe-Einheiten, ca. 120 000,- Euro. Vier Digital Betacam-Recorder mit SDI-Ausstattung und Betacam SP-Abspielkompatibilität (Typ DVW A500) schlagen mit ca. 180 000,- Euro zu Buche. Ein zum Mischer passendes DVE-Gerät vom Typ DME 7000 kostet ca. 50 000,- Euro, der Schriftgenerator Typ Aston Ethos in guter Ausstattung 60 000,- Euro.

Als Monitore kommen aus Gründen der hohen Bildqualität häufig Sony-Geräte mit Trinitron-Röhren zum Einsatz. Weitere führende Hersteller sind Barco und Ikegami. Man unterscheidet auch hier Monitore zur Signalüberwachung als Hauptmonitore in Bildtechnik und Bildregie, je nach Größe zum Einzelpreis zwischen 5 000,- und 10 000,- Euro, von den preiswerteren Kontrollmonitore für ca. 3000,- Euro. 9"-Vorschaumonitore kosten ca. 1500,- Euro. Ein nach sinnvoller Qualität eingesetztes Set für alle oben beschriebenen Kontroll- und Sichtungsfunktionen kostet ca. 100 000,- Euro.

Um Erweiterungen und unvorhergesehenes Routing zu ermöglichen, werden Steckfelder verwendet, weiterhin kommen viele Videowandler zum Einsatz, die eine Umsetzung verschiedener analoger Signalformate nach SDI und umgekehrt bewirken. Für diesen Bereich müssen, je nach Anzahl derartiger Wandler, die übrigens auch sehr kompakt als Wandlerboards für Kartenträger erhältlich sind, ca. 40 000,- Euro veranschlagt werden. Für Videoverteilverstärker, Synchronsignalgenerator und Testbildgenerator fallen noch einmal 40 000,- Euro an, so dass man mit 3 Messgerätepaaren (Waveformmonitor SDI und FBAS Vektorskop) für Bildtechnik, Bildregie und MAZ-Raum für insgesamt 25 000,- Euro auf eine Gesamtinvestitionssumme von mehr als 1 Mio. Euro kommt.

Ein vergleichbares System mit anderer Ausstattung enthält einen MAZ-Pool verschiedener Formate incl. direkt zugeordneter D5-MAZ-Geräte, eine 64 x 64 Kreuzschiene und sechs Kamerazüge LDK 20 von Philips [65]. Als weitere Bildquellen stehen ein Standbildspeicher und ein Server zur Verfügung. Es wird ein Dreiebenen-Bildmischer DD35 von Philips, das Effektgerät Charisma und der Schriftgenerator Aston Ethos eingesetzt.

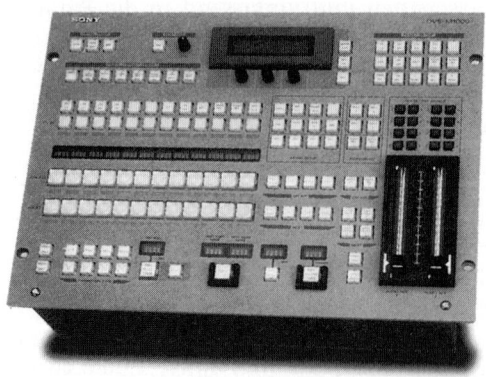

Abb. 10.76. Sendeablaufmischer [122]

10.5.4 Sendekomplexe und -abwicklung

In Sendeanstalten ist das Produktionsstudio an den Sendekomplex und den Hauptschaltraum angebunden. Im Sendekomplex wird die Sendeabwicklung integriert, die die Aufgabe hat, durch eine dem Programmplan entsprechende exakte zeitliche Steuerung die Beiträge aus den verschiedenen Quellen, live- oder vorproduziertes Material, zu einem durchgängigen Programm zu verbinden. Anschließend muss sie das Signal dem Netzanbieter in der gewünschten, und meist vom Zuspielweg bestimmten Form zur Verfügung stellen (z. B. digital mit 34 Mbit/s). Die Zusammenstellung der Beiträge wird dabei durch den Einsatz von Cassettenautomaten (Cart-Maschinen) oder Videoservern erheblich erleichtert. Bei automatischem Betrieb ist die Hauptaufgabe der Sendeabwicklung die Signalkontrolle, die Abwicklung von Live-Beiträgen mit Hilfe des Sendeablaufmischers (Abb. 10.76) und ggf. die Einleitung von Havariemaßnahmen. Bei Live-Beiträgen muss die Sendeabwicklung mit der Sendeleitung kommunizieren, damit ein reibungsloser Übergang vom Live-Beitrag zum Hauptprogramm gewährleistet ist. Hier werden von der Abwicklung oft Cleanfeed-Mitschnitte, also die Aufzeichnung ohne Logos, Bauchbinden etc. verlangt, damit der Beitrag einer weiteren Verwertung zugeführt werden kann.

Abbildung 10.77 zeigt die Grundstruktur einer einfachen Sendeabwicklung, die natürlich auch das Audiosignal verarbeitet. Ein besonderes Charakteristikum für den Betrieb ist die herausragende Bedeutung der Betriebssicherheit [6]. Sendeabwicklungsysteme müssen mit aufwändigen Havariekonzepten, möglichst mit parallel laufender Einspiel-MAZ, doppelten Signalwegen und unterbrechungsfreier Stromversorgung versehen sein.

Ein gesamter Sendekomplex umfasst neben dem Sendestudio die Senderegie und die Maschinen- und Sendezuspielräume. Die Sendestudios sind relativ klein und oft mit Roboterstativen für die Kameras ausgestattet. Die Senderegie enthält mehrere Ausgänge, die über die Sendeablaufsteuerung bedient werden [38]. Ne-

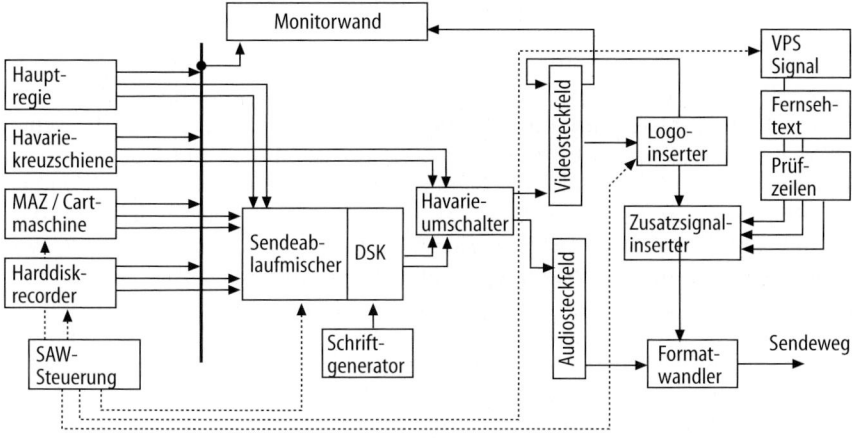

Abb. 10.77. Blockschaltbild der Sendeabwicklung

Abb. 10.78. Label für Cassettenautomaten

ben dem Sendeablaufmischer stehen manchmal kleinere Produktionsmischer zur Verfügung. Hinzu kommen DVE, Standbildspeicher und Schriftgenerator sowie Audiomischer und Audiozuspielgeräte. Der Sendeablaufmischer ist technisch ein gewöhnlicher Digitalmischer, der der Sendeablaufsteuerung den Zugriff auf die notwendigen Funktionen erlaubt und den Mischerstatus zurückmeldet. Somit kann der Mischer automatisch oder manuell gesteuert werden. In Sendeablaufmischern ist oft die Audiomischeinheit integriert (Abb. 10.76).

Die Zuspielung der auf MAZ-Maschinen gespeicherten Beiträge geschieht meist automatisch. Dazu steht ein Cassettenautomat (Cartmaschine) zur Verfügung, der die Betacam SP-Cassetten mit einem Roboterarm einem von mehreren Recordern zuführt. Die Cassetten müssen dafür an einem eigenen Arbeitsplatz vorbereitet und mit Labels versehen werden, die auf den Cassettenrücken geklebt werden (Abb. 10.78). Darauf befindet sich ein Barcode, der eine bildgenaue Einspielung ermöglicht. Beim Befüllen der Cassettenschächte werden die Barcodes gelesen und die darin verschlüsselten Informationen über Titel, Datum, Start-Timecode und Dauer im System gespeichert. Wichtig ist dabei die Vergabe eine eindeutigen ID-Nummer, die identisch mit der ist, die in der Programmablaufsteuerung verwendet wird. Die Cartmaschine steuert über GPI-Impulse auch den VPS-Rechner, der impuls- und zeitgesteuert arbeitet, so dass über den Datenzeilencoder und den PAL-Inserter das VPS-Signal in Bildzeile 16 eingefügt wird. Dies geschieht ca. 8 Sekunden vor Beitragsbeginn, denn diese Zeit wird durchschnittlich für der Start eines Heimrecorders gebraucht. Die GPI-Impulse werden bei der Programmzusammenstellung den Beiträgen in der Cart-Maschine anhand der VPS-Zeiten zugeordnet.

Für die gesamte Steuerung existiert ein Sendeabwicklungssystem. Hierin werden die in der Sendeleitung erstellten Sendepläne mittels der Sendeablaufbearbeitung in eine Folge von Datensätzen umgesetzt und mit Kennungen, Trailern, Hinweisen etc. verbunden. Die Datensätze werden dann der eigentlichen Sendeablaufsteuerung (SAST) zugeführt. Diese steuert im Wesentlichen den Cassettenautomaten, digitale Disksysteme und den Sendeablaufmischer, dabei kann der Ablauf bis kurz vor der Sendung verändert werden.

Künftig werden diese Speicher-, Steuer- und Misch-Funktionen zunehmend in Computersystemen integriert werden. Das System verwaltet dann digitale Daten auf Servern, steuert Zuspielgeräte und bietet die Steuerung per PC, wie z. B. ColumBus Station Automation der Firma OmniBus und Avid AirPlay mit dem Tektronix Profile Server. Damit entfällt der Sendeablaufmischer als eigenständiges Gerät, außerdem viele Kopiervorgänge und MAZ-Kontrollen. Als Neuerung kommt für die Sendeabwicklung hinzu, dass bei digitaler Ausstrahlung über die verwendeten Datenraten eines Einzelprogramms, unter Berücksichtigung der anderen Programme im Multiplex, entschieden werden muss und neben dem Bild- auch das Datenstrom-Monitoring erforderlich ist.

10.5.4.1 Hauptschaltraum

Zentraler Knotenpunkt für die Verbindung der Produktionskomplexe, der Sendekomplexe und der Außenwelt ist der Hauptschaltraum (HSR). Hier laufen alle Signale zusammen, einschließlich Audio- und Kommandoleitungen. Die Hauptaufgaben der Mitarbeiter im HSR sind, die schaltungstechnischen Verbindungen herzustellen, die Signale zu überwachen und ggf. zu korrigieren, sowie bei Bedarf Signalwandlungen durchzuführen.

Kern des HSR ist die Zentralmatrix-Kreuzschiene für Audio und Videosignale, über die die Sendeabwicklung, Sende-MAZ und -Regie untereinander und mit der Außenwelt verbunden werden. Bei vermehrtem Einsatz digitaler Signale erlauben neuere Konzepte die Verwendung dezentraler Kreuzschienen, die den einzelnen Produktionseinheiten fest zugeordnet sind, so dass jede Einheit die von ihr benötigten Signale selbst schalten kann. Dieses Konzept erhöht die Flexibilität und die Sicherheit des Sendebetriebs. Die Abteilungen können die Signale über bidirektionale Verbindungen zwischen den einzelnen Kreuzschienen untereinander austauschen. Eine zentrale Kreuzschiene verbindet die Einzelkreuzschienen und schafft die Verbindung nach außen. Aufgrund der Signalvielfalt ist die Hauptkreuzschiene oft noch in einen analogen und einen digitalen Bereich aufgeteilt.

Ein großer HSR ist auch für das Schalten von Kommando- und Kommunikationsverbindungen zuständig und muss Konferenzschaltungen abwickeln können. Wenn die Beiträge über Satelliten empfangen und Sendungen zum Großteil über Satelliten abgestrahlt werden, ist es sinnvoll, auch die Satelliten-Steuerung mit in den HSR zu integrieren [123].

10.5.5 HDTV-Studiotechnik

Die Produktion von TV-Programmen mit hoher Auflösung (High Definition) spielt auch anfang des Jahrhunderts in Deutschland eine untergeordnete Rolle. Ende der 80er Jahre gab es wegen der anvisierten Einführung des HDTV-kompatiblen MAC-Verfahrens zwar einen Entwicklungsschub für HDTV-Geräte der dazu führte, dass zu Beginn der 90er Jahre z. B. Videomischer und MAZ-Systeme für Bitraten bis zu 1,2 Gbit/s zur Verfügung standen, doch wurde der Trend unterbrochen, als sich abzeichnete, dass nicht nur der Produktionsbereich, sondern auch das Übertragungsverfahren in absehbarer Zeit digitalisiert werden würde. So blieb schließlich nur noch der Versuch des Übergangs zum Bildformat 16:9 mit der Einführung von PALplus – jedoch trotz EU-Förderung mit mäßigem Erfolg. Dagegen ist in Japan HDTV schon seit vielen Jahren ein wichtiges Thema. Bereits in den 80er Jahren konnte mit MUSE (s. Kap. 4.4) erfolgreich ein analoges HDTV-System etabliert werden.

In den USA wurde mit der Einführung digitaler Broadcastverfahren (DTV) gefordert, dass der Übergang mit der Einbeziehung hochauflösender Verfahren einhergehen muss. Aufgrund der geringen Auflösung des NTSC-Signals hat dieser Schritt eine größere Bedeutung als in Europa. Die großen Sendeanstalten haben sich dort daher zum Beginn des neuen Jahrtausends mit HDTV-Produktionsmitteln ausgestattet. Angesichts des Programmaustauschs und des

Tabelle 10.4. US-HDTV-Normen

Anzahl aktiver Zeilen	aktive Pixel pro Zeile	Bildformat	Bildfrequenz (Hz)
1080	1920	16:9	60 i
			30 p, 24 p
720	1280	16:9	60 p, 30 p, 24 p
480	704	16:9 / 4:3	60 i
			60 p, 30 p, 24 p
480	640	4:3	60 i
			60 p, 30 p, 24 p

Erhalts der Qualität und des Wertes hochwertiger Produktionen wird auch in Europa das Thema HDTV künftig wieder eine größere Rolle spielen.

In USA bedeutet HDTV nicht nur die Verdopplung der Zeilenzahl und der Horizontalauflösung, sondern es sind eine Vielzahl verschiedener Standards zugelassen, die mit oder ohne Zeilensprung (interlaced oder progressiv) arbeiten. Tabelle 10.4 zeigt eine Übersicht mit der Angabe der aktiven Bildpunkte. Die konventionelle NTSC-Auflösung mit 640 H x 480 V Pixeln kann für 16:9-Anwendungen in der Horizontalen auf 704 Pixel erweitert werden. Die Gesamtanzahl von Zeilen beträgt bei dieser SDTV-Auflösung 525. Als HDTV-Auflösungen werden 1280 H x 720 V und 1920 H x 1080 V Pixel angegeben, wobei die Gesamtzeilenzahl 750 bzw. 1125 beträgt. Bei der minderwertigen HDTV-Stufe (720p) ist ein Interlaced-Modus nicht zugelassen.

Die Produktion mit hochaufgelösten Signalen geschieht ähnlich wie mit Signalen auf Basis des HD-Komponentensignals. Wesentliche Voraussetzung ist die Verfügbarkeit von Produktionsgeräten, die möglichst als Multi-Standardgeräte Bitraten bis 1,5 Gbit/s verarbeiten. Die Geräteentwicklung für den US-Markt ist weit fortgeschritten. Bei Bedarf können die Geräte relativ einfach den europäischen Erfordernissen angepasst werden, denn die Anpassung bezieht sich im wesentlichen auf die 50 Hz-Frequenz, was bei gleichen Bildauflösungen zu geringeren Datenraten führt. HDTV-Kameras sind verfügbar (z. B. Thomson LDK 6000), sie arbeiten bei 1920 H x 1080 V-Auflösung mit ca. 2 Millionen Pixeln statt mit ca. 450 000 wie bei Standardauflösung. Der Wert ist wegen des Übergangs von 4:3 auf das Seitenverhältnis 16:9 mehr als vervierfacht. HD-Kameras arbeiten oft mit 2/3"-Wandlern und 10-Bit-Processing, und unterscheiden sich äußerlich nicht von Standardkameras. Da auch HD-Filmabtaster existieren, steht somit an der Signalquelle die höchste Auflösung zur Verfügung. Zum Übergang auf andere HD- oder SD-Formate werden Downconverter eingesetzt, die mit aufwändigen Filtern ausgestattet sind, so dass ein von HDTV nach SDTV konvertiertes Signal subjektiv besser beurteilt wird als ein direkt gewonnenes Standardsignal. Zur Signalverteilung und -bearbeitung stehen Kreuzschienen mit Bandbreiten von 1,5 Gbit/s ebenso zur Verfügung wie Bildmischer und Effektgeräte. Als MAZ-System kann das unkomprimiert aufzeichnende, sehr teure D6-Verfahren eingesetzt werden. Weitere Formate, wie HDCam, HD-D5 oder DVCPro100 arbeiten mit Datenreduktion (s. Kap. 8).

Mit MPEG-2@High Level existiert auch ein effektives Datenreduktionsverfahren für HDTV. Für den Produktionsbereich könnte hier ein dem Main Profile äquivalentes 4:2:2-Profile@High Level entwickelt werden. Mögliche Parameter wären hier: Aktive Pixel 1920H x 1080V, 4:2:2-Verarbeitung ebenso wie 4:2:0 und 4:4:4, progressive Abtastung bis 75 Hz, Bildwechselfrequenz und Datenraten bis 250 Mbit/s. Noch höhere Bildauflösungen sind im Rahmen der Standardisierung bei MPEG-4 vorgesehen (s. Kap.3).

10.5.6 Newsroom-Systeme

Nachrichtensendungen stellen im Vergleich zu anderen Produktionen besondere Anforderungen. Oft ist die Aktualität wichtiger als die höchste Qualität. Dem Bedürfnis nach Schnelligkeit bei der Produktion bei möglichst geringen Kosten kommen die Newsroom-Systeme entgegen.

Mit der Einführung von Newsroom-Systemen findet ein erheblicher Wandel der Produktion im Nachrichtenbereich statt, der weit über die Veränderungen der Arbeitsabläufe durch Digitalisierung bei gewöhnlicher Produktion von Magazinen, Talkshows, Musiksendungen etc. hinausgeht. Die Veränderungen im News-Bereich sind in besonderem Maß von dem Wunsch nach Steigerung der Geschwindigkeit der Nachrichtenerstellung getrieben.

Um die neuen Dimensionen zu erfassen, ist ein kurzer Ausblick auf die Arbeitsabläufe bei der Nachrichtenproduktion erforderlich: Nach Recherchen, Materialsammlung und Vorarbeiten auf journalistischer Seite wird gewöhnlich ein EB-Drehteam (Elektronische Berichterstattung) aus 2 bis 3 Personen zusammengestellt, das Bild- und Tonmaterial für einen aktuellen Beitrag sammelt. Als Aufzeichnungssystem werden dabei z. Z. meist Camcorder im IMX-XDCAM- oder DVCpro-Format, manchmal auch noch Betacam SP eingesetzt. In der Redaktion wird das Material evtl. mit Hilfe von Arbeitskopien, gesichtet und es wird ein Kommentar oder ein Text für den Moderator im Studio erstellt.

Anschließend wird das Material mit Hilfe einer Cutterin nach den redaktionellen Vorgaben editiert, wobei die Originalbänder benutzt werden. Der fertige Beitrag wird wiederum aufgezeichnet, in der Grafikabteilung weiter bearbeitet und gelangt schließlich in die MAZ-Maschine, von der aus er in die Sendung eingespielt wird. Die Anmoderation des Beitrags erfordert zusätzlich einen eigenen Text, der dem Moderator meist per Teleprompter präsentiert wird. Darüber hinaus müssen Texte in Schriftgeneratoren eingegeben und genau so wie Standbilder manuell abgerufen werden. Schließlich gelangt der Beitrag wieder auf Band in das Archiv. Die Gesamtarbeit ist von viel Textarbeit geprägt, der videotechnische Teil ist bandgestützt.

Erste Änderungen in diesem Bereich entstanden durch Textverarbeitung in PC-Systemen, hinzu kamen moderne, digitale Kommunikationsmedien, die die Recherche vereinfachten und beschleunigten. Mit den Newsroom-Systemen soll nun eine völlig neue Qualität durch effizientere und schnellere Arbeitsabläufe mit erweiterten Recherchemöglichkeiten zu günstigeren Preisen erreicht werden. Bekannte Anbieter für Newsroom-Systeme sind Tektronix/Avid und Sony.

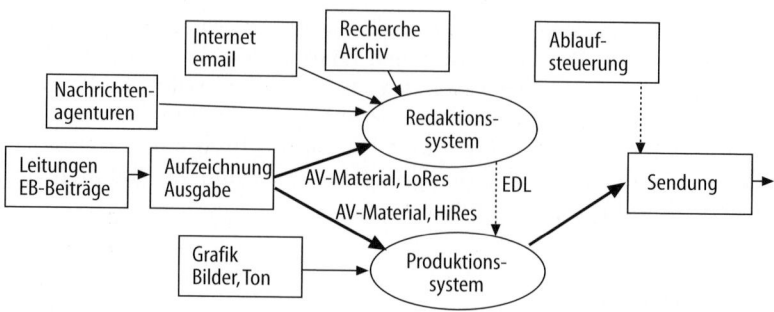

Abb. 10.79. Newsroom-System

Beim Newsroom-System ist eine dominante Neuigkeit die Vernetzung aller Abteilungen und Komponenten (Abb. 10.79). Über das Netz können sowohl die Videodaten als auch Informationen zu und über die Daten verteilt werden. Die Videodaten sind auf Servern abgelegt, ein Bandaustausch ist nicht mehrt erforderlich. Im News-Bereich muss die Signalqualität nicht höchsten Ansprüchen genügen, so dass hier datenreduzierte Videosignale zum Einsatz kommen und oft auch kommen müssen, weil sonst auch die leistungsfähigsten Netze sehr schnell überlastet wären.

Die Server können verschieden, z.B. als sog. Daily Server, On Air Buffer und Archiv-Server, aufgeteilt sein. Die Einspielung der EB-Beiträge geschieht möglichst auf digitalem Wege über SDI, SDTI mit mehr als Echtzeitgeschwindigkeit oder auch über Satellitenzuspielung von Korrespondenten.

10.5.6.1 Browsing und Editing

Ein großer Vorteil der Digitaltechnik ist in diesem Zusammenhang die Möglichkeit der Bereitstellung verschiedener Quality of Service (QoS) und damit verschiedener Datenraten. Hier ist das flexible MPEG-2-Signal sehr geeignet. Der Einsatz variabler QoS ist eine oft genutzte Möglichkeit zum Umgang mit begrenzter Netz-Bandbreite. Die Videodaten befinden sich in hochqualitativer Form auf einem Media- oder Sendeserver (Abb. 10.81) und können von dort

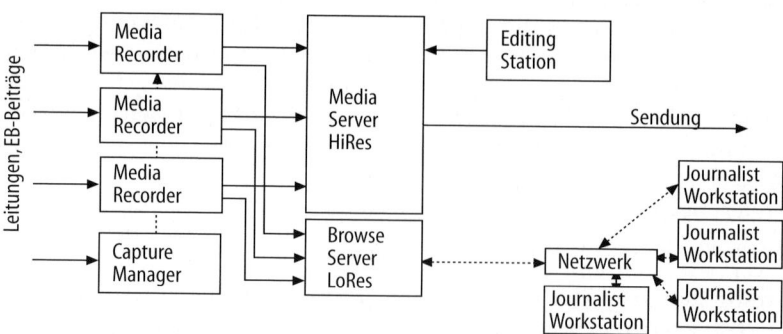

Abb. 10.80. Datenverteilung auf Browse- und Editing-Server

ausgespielt werden. Von diesen Daten können automatisch Kopien mit minderer Qualität und erheblich verringerter Datenrate erzeugt werden, die dann auf einem separaten, sog. Browse-Server abgelegt werden und über das Netz zu den einzelnen Redakteursarbeitsplätzen gelangen (Abb. 10.80). Die Redakteure können alles Material direkt sichten, auswählen und kommentieren [144]. Die Auswahl kann in Form einer Grob-Schnittliste vom Editor abgerufen werden, der dann anhand des hochqualitativen Signals den Feinschnitt durchführt, wobei dieser Prozess wiederum über das Netz von den Redaktionen beurteilt und beeinflusst werden kann. Das Editing geschieht mit Hilfe von Schnittlisten, die auf das Online-Material verweisen.

10.5.6.2 News Room Automation
Durch Verweise auf die fertigen Bestandteile einer Sendung kann dann auch der Sendeablauf erstellt werden. Dabei ist es bis zur letzten Minute vor oder gar während der Sendung möglich, in den Ablauf einzugreifen. Die Redaktionen erstellen dazu Run-Down-Listen für die Auswahl der Beiträge auf dem Server. Mit Hilfe dieser Listen lassen sich auch Peripheriegeräte, wie Schriftgeneratoren, Grafiksysteme, Teleprompter-Einspielungen bis hin zu Roboterstativen für die Kameras steuern.

10.5.6.3 Nachrichtenverteilung
Während die Server und das Netzwerk die technischen Kernpunkte des Systems sind, ist der redaktionelle Kontenpunkt die Journalist Workstation und das Nachrichtenverteilsystem, das vor allem dazu dient, Agenturmeldungen von DPA, Reuters, AP etc. empfangen zu können [139]. Für die Recherche und Erstellung des Berichts hat die Journalist Workstation auch Zugriff auf viele Kommunikationssysteme wie Internet, Fax, Archive. Wichtig ist dabei die Qualität der Suchfunktionen und die Darstellung der Ergebnisse.

Je nach Zugriffsberechtigung kann von der Workstation aus auch auf die Systemkomponenten und die Server zugegriffen und es können einfache Au-

Abb. 10.81. Media-Server und Netzwerkverwaltung [144]

dio- und Videobearbeitungen durchgeführt werden. Ein echtes Newsroom-System zeichnet sich dadurch aus, dass eine umfassende Vernetzung der Textredaktion mit den Browsing/Editing-Systemen und den Maschinen-Automationssystemen gegeben ist. Die Journalist Workstation enthält natürlich einen Texteditor und evtl. die Möglichkeit Beiträge direkt zu vertonen (Voice Over).

10.5.6.4 Archivierung

Zum Schluss gelangen die Beiträge in das Archiv, das auch als Quelle für die Erstellung neuer Beiträge sehr wichtig ist. Das Archiv hat auch unabhängig von Newsroom-Systemen große Bedeutung, denn hochwertig produzierte Beiträge werden zunehmend zu Kapital für die Produzenten. Der Grad der Wiederverwertung von Beiträgen steigt, denn die Erstausstrahlung deckt nur ca. 60% der Produktionskosten.

Traditionelle Archive enthalten Filme und Videobänder, die bei Anforderung manuell gefunden und entnommen werden müssen. Dabei sind für alle Bandformate Abspielgeräte vorzuhalten. Aufgrund von Verschleiß von Bandmaterial und Maschinen müssen relativ häufig Umkopierungen vorgenommen werden.

Zum Erhalt der Informationen ist es zukünftig wichtig, die Beiträge digital zu speichern, um weitere Qualitätsverluste zu minimieren. Zusätzliche wichtige Punkte sind die Verbesserung der Suchmöglichkeiten und die Steigerung der Zugriffsgeschwindigkeit auf die Beiträge. Der Benutzerführung im Archiv kommt dabei sehr große Bedeutung zu. Auch die Wahl der Kompressionsart ist wichtig und unterliegt besonderen Bedingungen – z. B. wenig Artefakte, dafür kein Echtzeiterfordernis – hier könnte künftig die fraktale Datenreduktion ein Rolle spielen [29]. Die neuen Funktionen erfordern ein vernetztes Archiv bei dem die Informationen nicht mehr physikalisch auf Datenträgern ausgegeben werden. Auch das Archiv sollte zum Teil als Server ausgelegt und im Netzverbund integriert sein, so dass die Journalisten wiederum auf einfache Weise auf diese Beiträge zugreifen können. Um sich schnell einen Überblick über das Material verschaffen zu können, ist es günstig, wenn die Beiträge auch hier auf Browse-Servern gespiegelt werden. Die Langzeitarchivierung eines großen Bestandes überfordert die Kapazität von Servern, so dass für diesen Bereich digitale Bandformate zum Einsatz kommen, die mit Hilfe von Robotersystemen die gewünschten Beiträge automatisiert auf den Server übertragen. In diesem Zusammenhang zeichnet sich als neues Berufsfeld das des so genannten Media-Managers ab, der das Einspielen, Löschen und Archivieren steuert und überwacht.

10.5.6.5 Content Management Systeme

Dieser Begriff bezeichnet ein umfassendes System zur Verwaltung der produzierten und archivierten Inhalte ohne besondere Rücksicht auf Signale und Datenformate. Zum Content gehören die eigentlichen Audio- und Videodaten sowie die Metadaten, also Beschreibungstexte, Beispielbilder, Timecode etc. Das System erleichtert die Recherche und die Wiederverwertung der Produktionen. Dabei geht es auch um den Verkauf von Programmen. In diesem Zusammenhang ist die Frage der Verwertungsrechte bedeutsam. Content und Verwertungsrechte werden zusammen als Asset bezeichnet.

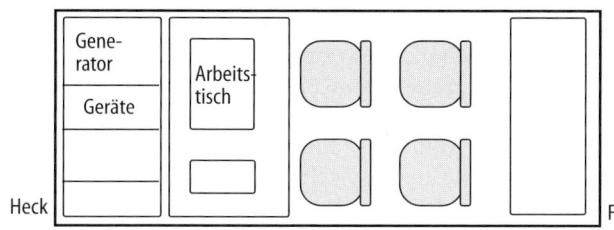

Front

Abb. 10.82.
Raumaufteilung
im SNG-Fahrzeug

10.5.7 SNG-Fahrzeuge

SNG steht für Satellite News Gathering. SNG-Fahrzeuge kommen den immer
weiter steigenden Ansprüchen an Aktualität bei der Nachrichtenproduktion
entgegen. Die Sendeanstalten möchten den Zuschauern ein Gefühl der unmit-
telbaren Nähe zum Geschehen vermitteln und schicken möglichst schnell Reporter zum Schauplatz der Ereignisse, deren Berichte dann live in Nachrichtensendungen einspielt werden. Die dazu eingesetzten SNG-Fahrzeuge sind
spezielle Ü-Wagen (s. u.), die für die besonders zeitsparende Übertragung ausgelegt sind. Dazu muss das Fahrzeug schnell genug sein, d. h. eine PKW- statt
einer LKW-Zulassung haben und das technische System muss ohne lange
Rüstzeiten in Betrieb zu nehmen, sowie autark sein, d. h. unabhängig von
technischer Infrastruktur und Energieversorgung vor Ort.

Aufgrund des Einsatzes kleiner, leichter und wendiger Fahrzeuge unterliegt
die technische Ausstattung vielen Beschränkungen. Unverzichtbar sind aber
ein Generator zur Stromversorgung, eine Klimaanlage und ein Satellitenüber-
tragungssystem für Sendung und Empfang, möglichst parallel, analog und digital. Als A/V-Ausstattung müssen wenigstens eine Kamera, ein MAZ-System
und ein drahtloses Mikrofon sowie ein Kommandosystem zur Verfügung stehen. Die größte Flexibilität bezüglich der Signalübertragung zum Funkhaus
ergibt sich, wenn eine Zuspielung über eine Satellitenstrecke gewählt wird. Die
Richtfunkübertragung (RiFu) ist zwar auch möglich und teilweise kostengünstiger, doch ist sie nur auf kurzen Strecken mit entsprechender Infrastruktur,
z. B. in Städten mit ansässigen Funkhäusern einsetzbar [75].

10.5.7.1 Fahrzeugtechnik

Die wichtigste Forderung ist die Beschränkung des zulässigen Gesamtgewichts,
damit das Fahrzeug als PKW zugelassen werden kann. Die größeren Typen
dieser Kategorie haben ca. 4 m Länge. Die Satellitenantenne ist auf dem Dach
angebracht, dort nimmt sie kaum Platz in Anspruch und braucht für Sende-
zwecke nur ausgefahren zu werden. Der Generator und die A/V-Anschlussfel-
der werden im hinteren Wagenteil installiert. Die Geräte innerhalb des Fahrzeugs werden in quer stehende Gestelle eingebaut, ähnlich wie es bei den kleinen Ü-Wagen geschieht, damit sind die Geräterückseiten von der Hecktür aus
erreichbar. Vor der Gestellfront befinden sich zwei Sitzplätze. Zwei weitere
können dahinter verfügbar sein, wenn die Fahrer- und Beifahrersitze drehbar
eingebaut werden (Abb. 10.82).

10.5.7.2 SNG-Video- und Audiotechnik

Für die Bildaufnahme sollten nach Möglichkeit zwei oder mehrere Kameras verfügbar sein, so dass die Zuschauer neben dem Bild vom Moderator mittels einer Totaleinstellung der zweiten Kamera einen Gesamteindruck vom Ort des Geschehens bekommen können. Die Kameras sollten Studiobetrieb ermöglichen. Dazu werden sie mit einem Multiplexsystem ausgestattet, das in der Lage ist, wie im Studio Audio- und Videosignale bidirektional über nur eine Leitung zwischen der Kamera und der im Wagen befindlichen CCU zu übertragen. Hierüber kann dann auch das Rückbild für den Reporter geleitet werden, so dass der zugehörige Rückbildmonitor am Kameraadapter angeschlossen wird. Eine Kamera sollte als Camcorder ausgelegt sein.

Aus Gewichts- und Aufwandsgründen wird meist eine FBAS-Signalführung verwendet und ein Videomischer mit entsprechenden Eingängen eingesetzt. Weitere videotechnische Einrichtungen sind Steckfeld, Taktgenerator, Verteilverstärker und ein Framestore-Synchronizer zur Anpassung des Signals vom Satellitenempfänger an den Zentraltakt des Wagens. Als MAZ-Gerät sollte ein Betacam SP-kompatibler Recorder vorhanden sein, statt dessen oder zusätzlich wird auch das im EB-Bereich verbreitete DVCPro-Format eingesetzt. Als Messsysteme stehen wie üblich Waveformmonitor und Vektorskop zur Verfügung. Das Monitoring umfasst einen hochwertigen 14"- und mehrere kleine 6"-Monitore (Abb. 10.83). Die gesamte Signalführung sollte so gestaltet sein, dass die Audio- und Videogeräte weitgehend umgangen werden können, damit das SNG-Fahrzeug auch als reine Uplink-Station verwendet und beispielsweise einem Ü-Wagen beigestellt werden kann.

Abb. 10.83. Arbeitsraum im SNG-Fahrzeug [75]

Auch das Vorhandensein eines Nachbearbeitungssystems ist wünschenswert. Dann kann der Beitrag vor Ort auch vorproduziert werden oder der Reporter kann live zum aufgezeichneten Material sprechen (News in Film, NIF). Hier bieten sich sehr leichte Laptop-Editoren an, die im Format DVCPro oder Betacam SX verfügbar sind. Abbildung 10.84 zeigt ein Blockschaltbild der videotechnischen Ausstattung.

Die Audioausstattung umfasst mehrere, teilweise drahtlose Mikrofone, einen Audiomischer, einen Kompressor/Limiter, Audiopegelmesser und eine Abhöranlage. Die Audiosignalführung sollte zweikanalig sein, damit der Beitrag sowohl mit als auch ohne Kommentar, also als so genannte IT-Ton (international) übertragen werden und so das Bildmaterial für andere Beiträge oder andere Anstalten verwendet werden kann. In das Audiosystem wird auch die Kommunikations- und Kommandoeinrichtung (Intercom) eingebunden. Besonders wichtig ist hier die Kommunikation zwischen Senderegie und dem Reporter vor Ort. Diese kann über die Satellitenstrecke oder über gewöhnliche Telekom-Einrichtungen laufen, so dass auch Festnetz- und drahtlose Telefone eingebunden werden müssen. Der Reporter wird über das Kamera-Anschlusskabel mit einem so genannten (n-1)-Signal versorgt, so dass er die Summe aller notwendigen Intercom- und Audiosignale hört, nur nicht sich selbst.

10.5.7.3 Satellitenübertragungstechnik

Die Grundlagen der Satellitenübertragungstechnik sind in Kapitel 4.3 beschrieben. Das SNG-Fahrzeug ist sowohl Sender als auch Empfänger des Satellitensignals. Für Up- und Downlink werden verschiedene Frequenzbereiche verwendet, 14...14,5 GHz für den Uplink und 11,5...11,7 GHz sowie 12,5...12,7 GHz für den Downlink (Kopernikus Sat-System).

Standardmäßig werden ein Bild- und zwei Tonsignale übertragen. Bei Analogübertragung ist das Bildsignal PAL-codiert, als Modulationsart wird aus Störabstandsgründen FM verwendet. Das Tonsignal wird auf einen Tonunterträger moduliert, der einen Abstand von 6,6...7,2 MHz zum Bildträger hat. Die Analogübertragung erfordert eine Bandbreite von 27 MHz. Bei der Digitalübertragung werden Audio- und Videosignale datenreduziert, als MPEG-2-Signale codiert und mit einem Fehlerschutz versehen. Als Modulationsart wird QPSK verwendet (s. Kap. 4.5) und als Datenrate z. B. 8,44 Mbit/s gewählt [75].

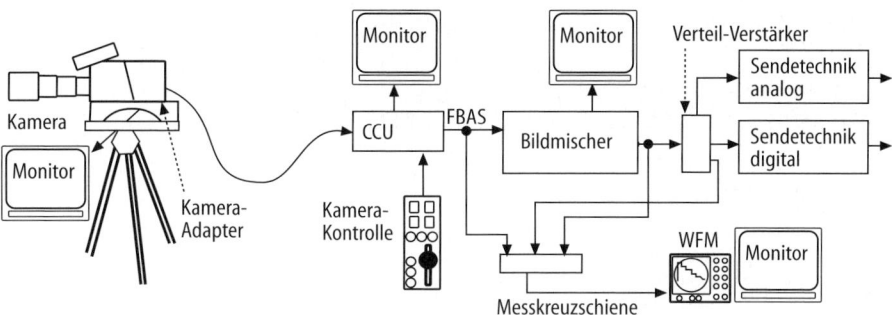

Abb. 10.84. Videotechnische Ausstattung im SNG-Fahrzeug

Damit belegt der Programmbeitrag nur 8 MHz und damit erheblich weniger
Bandbreite als bei Analogübertragung. Der Modulator liefert ein 70 MHz-Si-
gnal, welches im ersten Upkonverter in das L-Band um 1 GHz heraufgesetzt
wird. Auf dieser Ebene findet die Frequenzkontrolle und Leistungsregelung
statt. Ein zweiter Upkonverter setzt dann die Frequenz in das Ku-Band um
14 GHz herauf und dieses Signal wird dann über den Leistungsverstärker der
Antenne zugeführt (Abb. 10.85). Die HF-Leistungsverstärker für den Up-Link
liefern mehr als 100 W. Es werden zwei Verstärker parallel über einen Phasen-
anpasser (Phase Combiner) betrieben, so dass bei Ausfall von einem der beiden der Betrieb ungestört fortgeführt werden kann.

Für Sendung und Empfang kann dieselbe Antenne verwendet werden. Aufgrund des besseren Antennengewinns werden Antennen mit relativ großen
Reflektoren von z. B. 1,5 m Durchmesser verwendet. Große Spiegel müssen exakter ausgerichtet werden als kleine, im SNG-Fahrzeug stehen dafür motori-
sche Steuerungen zur Verfügung. Die exakte Ausrichtung erfolgt mit Hilfe von
Spektrum-Analysatoren, dabei wird die Antenne geschwenkt und geneigt bis
das Bakensignal des Satelliten maximale Amplitude aufweist. Damit die Antenne die Ausrichtung beibehält, muss das gesamte Fahrzeug durch Stützen stabilisiert werden.

Für den Empfang des Down-Link-Signals stehen analoge und digitale Satellitenreceiver bereit. Letzterer bietet einen analogen FBAS-Ausgang. Es ist günstig, wenn zur Kontrolle des über das Funkhaus abgestrahlten Beitrags das Signal über eine separate Flachantenne und einen zweiten Sat-Receiver nochmals vom Broadcast-Satelliten (z. B. Astra) empfangen werden kann.

Für die Überspielung des Nachrichtenbeitrags wird die Satellitenstrecke für
eine bestimmte Zeit angemietet. Die Mietkosten für einen 15-Minuten-Zeit-
raum betragen ca. 250,- Euro bei analoger und 150,- Euro bei digitaler Übertragung. Die Sendeanlage braucht eine Zulassung für die jeweiligen Satelliten.
Die Verwaltung der deutschen Satellitensysteme geschieht durch die deutsche
Telekom, zum Aufbau der Verbindung muss der SNG-Operator mit der Sendetechnik der Erdefunkstelle, z. B. der Telekom in Usingen kommunizieren. Dabei werden als Testsignale ein 100/75 Farbbalken mit Kennung der SNG-Ein-
heit und ein 1 kHz-Pegelton mit –3 dBu, also 9 dB unter Vollaussteuerung aus-

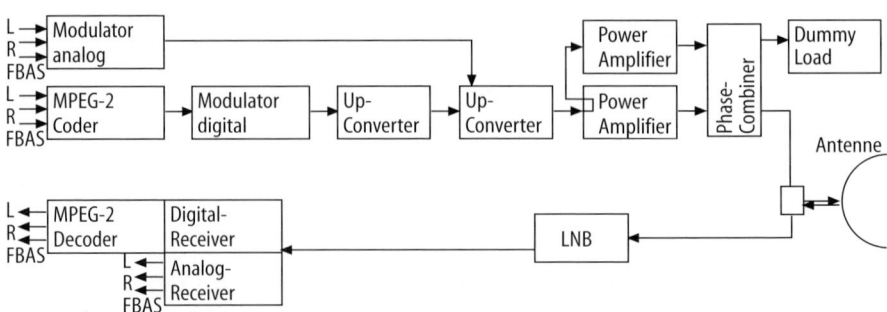

Abb. 10.85. Blockschaltbild der Sende- und Empfangstechnik im SNG-Fahrzeug

gestrahlt. Die Sendeleistung wird zunächst ohne Modulation langsam erhöht, bis in Usingen eine optimale Aussteuerung festgestellt wird, anschließend wird die Modulation zugeschaltet. Das Downlink-Signal wird vom SNG-System empfangen und kontrolliert, das gleiche geschieht im Funkhaus, wo das Signal im Schaltraum überprüft wird. Auch dorthin muss vom SNG-Fahrzeug aus eine Kommunikationsverbindung bestehen. Diese wird meist über das drahtlose Telefonnetz realisiert, dessen Signal in die Intercom eingebunden wird.

Bei Beginn der Sendung muss die Laufzeitdifferenz zwischen den Funkhaus-Regiekommandos und dem Rückbild auf dem Monitor des Moderators beachtet werden. Das Rückbild kommt gewöhnlich vom Broadcastsatelliten und durchläuft damit zwei Satellitenstrecken, womit erhebliche Verzögerungen gegenüber der Telefonübertragung auftreten können, insbesondere wenn digital gesendet wird. Der Moderator darf sich also nicht auf das Rückbild verlassen, sondern muss bei Beitragsbeginn auf das Funkhaus-Kommando hören.

10.5.8 Ü-Wagen

Übertragungswagen dienen der technischen Abwicklung von Außenübertragungen (AÜ) (engl.: Outside Broadcasting, OB), wie z. B. der Sportberichterstattung. Die Übertragungswagen (Ü-Wagen, engl.: OB-Van) können in den meisten Fällen nicht wie Festregien oder SNG-Fahrzeuge für spezielle Aufgaben ausgelegt werden, sondern müssen universell für eine Vielzahl verschiedener Produktionen einsetzbar sein. Daher ist eine umfassende Ausstattung der Wagen erforderlich, die der Ausstattung in einer Festregie entspricht und oft noch darüber hinausgeht. Die Ausstattung wird sowohl in den kleinen als auch in den größten Wagen von Platzproblemen dominiert, mit denen von den verschiedenen Herstellern sehr spezifisch umgegangen wird. Grundsätzlich werden nach Möglichkeit separate Abteilungen für die Bildregie, die Tonregie, für Bildtechnik und MAZ gebildet. Dabei wird angestrebt, dass zwischen Bild- und Tonregie eine Sichtverbindung bei gleichzeitig guter akustischer Abschirmung besteht.

Ein typischer kleinerer Ü-Wagen hat z. B. ein Gesamtgewicht von 10 t und eine Länge von 8 m. Abbildung 10.86 zeigt eine mögliche Anordnung der Ar-

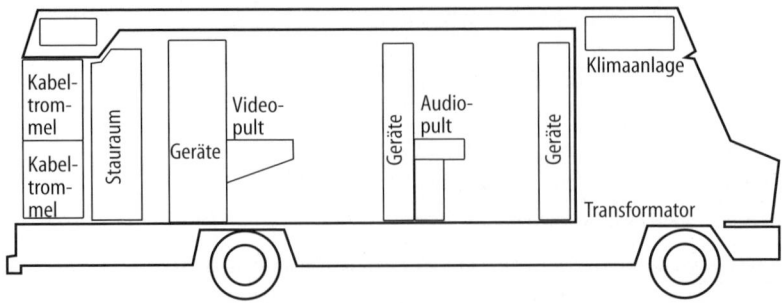

Abb. 10.86. Raumaufteilung in kleinem Ü-Wagen

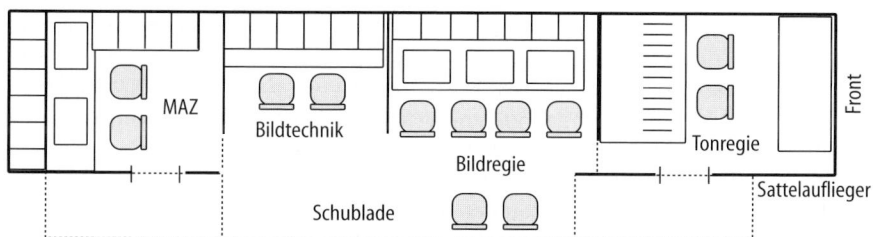

Abb. 10.87. Raumaufteilung in großem Ü-Wagen

beitsbereiche. Ein derartiger Wagen kann mit bis zu vier Kameras und vier MAZ-Maschinen ausgestattet werden. Es steht ein eigener Taktgeber zur Verfügung, der extern synchronisierbar ist. In einem solchen Wagen können auch Nachbearbeitungen durchgeführt werden, wenn er mit einem Schnittsteuergerät und einem Schriftgenerator ausgestattet ist. Das Führerhaus wird oft als Kommentatorplatz benutzt. Weiterhin stehen natürlich auch Intercom-Einrichtungen, Steckfelder, Framestoresynchronizer und digitale Videoeffektgeräte zur Verfügung.

Außer den Datenmonitoren gibt es in einem kleinen Wagen im Videoregiebereich zwei große Monitore für die Mischerausgänge und einen für die Bildtechnik, sowie ca. zehn kleinere Monitore (teilweise S/W) für die Bildquellen (Kameras und MAZ). Im MAZ-Raum gibt es noch einmal vier Monitore für die Quellen, so dass der Wagen mit insgesamt ca. 20 Monitoren ausgestattet ist. Als weitere Einrichtungen stehen HF-Demodulator/Empfänger und mindestens eine Havariekreuzschiene zur Verfügung, mit der im Notfall der Bildmischer umgangen werden kann. Zur Energieversorgung eines kleinen Ü-Wagens ist ein Dreiphasen-Wechselstromanschluss mit 3 x 380 V/16 A erforderlich, ein

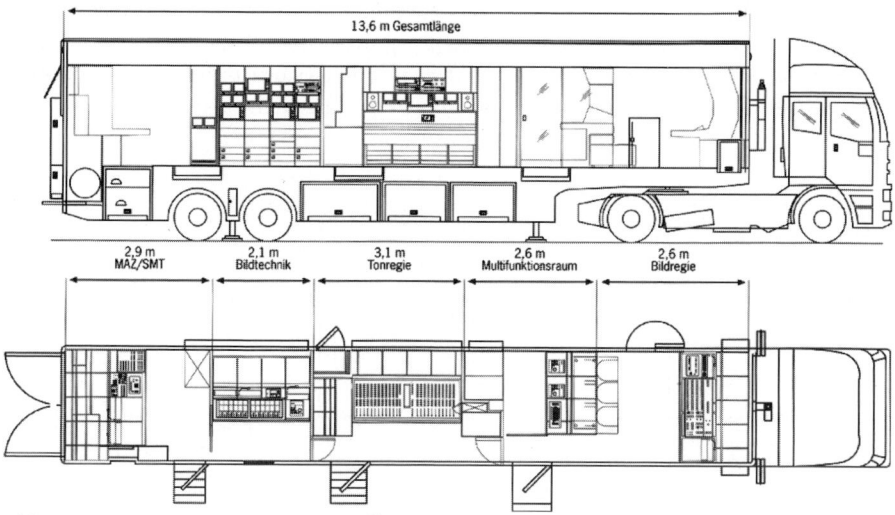

Abb. 10.88. Raumaufteilung in großem Ü-Wagen [130]

eigener Transformator sorgt für die Netztrennung. Weitere Ausstattungsmerkmale sind eine schallisolierte Klimaanlage, integrierte Kabeltrommeln und ein begehbares Dach.

Große Ü-Wagen werden bei Großveranstaltungen und häufig für die immer aufwändigere Sportberichterstattung eingesetzt. Sie sind mit mehr als zehn Kameras, entsprechend großen Bildmischern und einer großen tontechnischen Abteilung ausgestattet. Die größten Ü-Wagen basieren auf 30 t-Sattelschleppern und sind bis zu 16 m lang. In vielen Fällen ist im Vorderbereich des Aufliegers die Bildregie eingerichtet, so dass das Bedienpult und die Monitorwand quer zur Fahrtrichtung stehen (Abb. 10.88). Dahinter befindet sich der Tonregieraum. Hier sitzt das Personal vor einem ebenfalls quer stehenden Pult und kann durch eine Trennscheibe die Bildregie und die Monitorwand beobachten. Der Tonregieraum ist so schmal, dass daneben ein Durchgang zwischen der Bildregie und den im hinteren Teil befindlichen Bildtechnik- und MAZ-Bereich besteht.

Ein anderes Konzept beruht darauf, den zur Verfügung stehenden Raum zu vergrößern, indem ein großer Teil der Seitenwand wie bei einer Schublade seitlich ausgezogen wird (Abb. 10.89). Hier werden Bildtechnik und Bildregie in dem verbreiterten Raum nebeneinander angeordnet, wobei die zugehörigen Pulte in Wagen-Längsrichtung stehen. Tonregie und MAZ-Raum befinden sich vorn und hinten in den Bereichen, wo die Seitenwand nicht ausgezogen werden kann. Wenn beide Seiten ausahrbar sind, lassen sich zwei Regieplätze einrichten um z. B. internationale Produktionen abzuwickeln. Ü-Wagen dieser Größenordnung können dann nicht mehr alle Geräte fassen und werden stets von einem Rüstwagen begleitet, der oft die gleiche Größe hat (Abb. 10.89).

Die technische Ausstattung eines Ü-Wagens ist umfassend. Als konkretes Beispiel sei hier ein Ü-Wagen der Firma TVN beschrieben, der häufig für Sportproduktionen eingesetzt wird. Abbildung 10.88 zeigt die Aufteilung des Sattel-

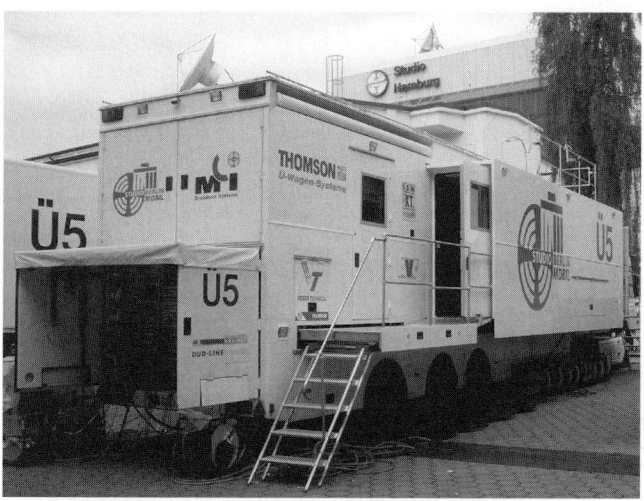

Abb. 10.89. Beidseitig ausfahrbarer Ü-Wagen mit Rüstwagen

Abb. 10.90. Beispiele für Anschluss-
felder im Heck des Ü-Wagens [130]

aufliegers in die verschiedenen Arbeitsbereiche [130]. Die Signalzuführung geschieht über ein großes Anschlussfeld, die externe Kabeltafel (XKT), im Heck
des Wagens (Abb. 10.90). Der MAZ-Bereich liegt ebenfalls im hinteren Teil.
Hier befindet sich neben den Bandmaschinen auch ein Harddisk-Recoder, der
in Abbildung 10.91 links oben sichtbar ist. Der Harddisk-Recorder wird mit
Hilfe des Flachbildschirms rechts unten bedient. Im Tisch befinden sich ein
Schnittsteuergerät und ein kleines Bedienfeld für den Hauptmischer, mit dem
z. B. eine Mischerebene belegt werden kann, um eine Zweitregie zu bilden.

Abb. 10.91. MAZ-Bereich im Ü-Wagen [130]

Abb. 10.92. Bildtechnik-Bereich im Ü-Wagen [130]

Während der MAZ-Raum quer zur Fahrtrichtung steht, ist der Raum für die Bildtechnik längs angeordnet. Abbildung 10.92 zeigt die Bildtechnik mit Haupt-Kontrollmonitor und acht Signalwandlern darunter. Unter diesen wiederum befindet sich das Hauptsteuergerät für die Kamerakontrolle (Main System Unit, MSU) und die Remote Control Panels.

Neben der Bildtechnik befindet sich die Tonregie, die in Abb. 10.93 dargestellt ist. Zentrale Einrichtung ist das Tonmischpult mit 56 Kanälen, mit dem auch in Dolby Surround produziert werden kann. Links im Bild, an der Wand befindet sich ein großes Steckfeld für alle Audioverbindungen.

Abb. 10.93. Tonregie im Ü-Wagen [130]

Abb. 10.94. Multifunktionsraum mit Blick auf die Bildregie im Ü-Wagen [130]

Zwischen Ton- und Bildregie befindet sich ein Multifunktionsraum. Abbildung 10.94 zeigt den Bilck aus diesem Raum auf die Monitorwand in der Bildregie und im Vordergrund die Bedieneinheiten für die Super Slow Motion-Steuerung (s. u.) und den Schriftgenerator.

Abbildung 10.95 zeigt schließlich die Bildregie mit dem Bildmischer, der Monitorwand und der Intercomanlage. Aufgrund der verwendeten Standardgrößen können hier individuelle benötigte Geräte, wie z. B. DVE- oder Harddiskrecordersteuerungen, schnell eingebaut werden.

Abb. 10.95. Bildregie im Ü-Wagen

Zur Aufnahme werden Kameras vom Typ Thomson LDK 20 eingesetzt, die mit Objektiven mit 55- und 70-fach-Zoom ausgestattet sind. Daneben stehen Super Slow Motion Kameras (s. u.) und verschiedene Mini-Kameras (Fingerkameras) zur Verfügung. Zur Aufzeichnung stehen digitale und analoge Betacam-Recorder und ein Disk-Recorder bereit. Weiterhin sind bis zu zehn Framestore-Synchronizer, diverse A/D- und D/A-Wandler und ein Schnittcomputer BVE 2000 verfügbar. Die insgesamt ca. 70 Monitore sind mit einer elektronischen Quellkennzeichnung ausgestattet, die wie die meisten Geräte von einem Bordcomputer gesteuert werden. Die Energieversorgung des Ü-Wagens erfordert einen Dreiphasen-Wechselstromanschluss mit 3 x 380 V/63 A.

10.5.8.1 Super Slow Motion

Für den häufig auftretenden Einsatz bei Sportveranstaltungen ist es wichtig, dass im Ü-Wagen Slow-Motion-Controller für Zeitlupeneinspielungen verfügbar sind, sowie entsprechende Kameras (Supermotion) und MAZ-Geräte (Abb. 10.96), die mit dreifacher Bildwechselfrequenz arbeiten (Sony BVP/BVW 9000 oder Philips LDK 23). Damit wird eine echte Zeitlupenwiedergabe ermöglicht, bei der nicht einfach Bilder wiederholt werden müssen. Auch bei dreifach verlangsamter Bewegung stehen immer noch 25 verschiedene Bilder pro Sekunde zur Verfügung, so dass sehr weiche Zeitlupenwiedergaben möglich werden.

Neuerdings sind auch für diesen speziellen Bereich Diskrecorder verfügbar, die mehrkanalig mit Random Access arbeiten, so dass einerseits das Auffinden und Ausspielen markierter Slow-Motion-Abschnitte erheblich schneller geht und andererseits nur ein Gerät Aufnahme und Wiedergabe gleichzeitig realisieren kann. Ein derartiges Gerät wird von der Firma EVS als Super Live Slow Motion (SLSM) angeboten (Abb. 10.94, Vordergrund). Dieser Diskrecorder verwendet je 3 Kanäle für Ein- und Ausspielung. Das Videosignal mit der dreifachen Bildfrequenz wird von der LDK 23 nicht als 150/180 Hz-Signal sondern als drei parallele SDI-Signale ausgegeben, die auf die entsprechenden Kanäle des Diskrecorders aufgezeichnet werden 150/180 Hz-Signale anderer Kameras müssen entsprechend gewandelt werden. Der Diskrecorder arbeitet mit M-JPEG-Datenreduktion bei minimalem Reduktionsfaktor 2:1. Bei der Wiedergabe mit 33% der Originalgeschwindigkeit werden die Bilder der Kanäle nacheinander ausgelesen und es entsteht ein 50/60Hz-Videosignal.

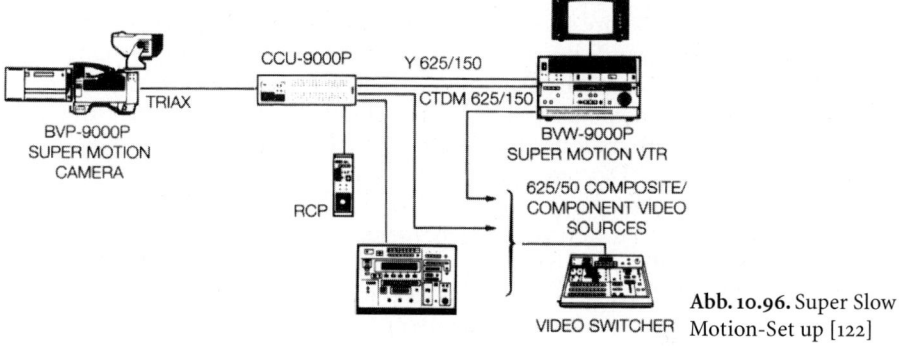

Abb. 10.96. Super Slow Motion-Set up [122]

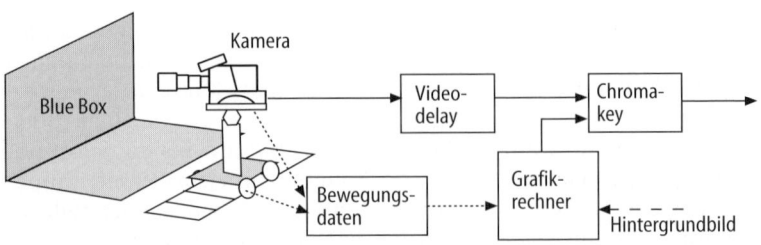

Abb. 10.97. Funktionsprinzip des virtuellen Studios

10.6 Das virtuelle Studio

Der Begriff virtuelles Studio (VS) im weiteren Sinne steht für die Erzeugung künstlicher Szenen als Kombination realer Vordergrundobjekte mit nur scheinbar echten Hintergrundbildern, in der Art, dass die Kombination echt wirkt und die Täuschung nicht auffällt. Die künstliche Szene wird interessant, wenn sich die Kameraperspektive ändern kann oder ein Akteur im Vordergrund auf Veränderungen im Hintergrundbild reagiert – z. B. wenn ein Auto in der Hintergrundszene auf den Akteur zu fährt und er ausweicht. Letzteres erfordert wenig technischen Aufwand, ist aber aufwändig einzustudieren und in den meisten Fällen wird sich die gewünschte Illusion nicht einstellen (alte amerikanische Spielfilme).

Beim virtuellen Studio im engeren Sinne werden belebtere Bilder durch die Änderung der Kameraperspektive erzeugt. Dabei muss bei jeder Positionsveränderung die Perspektive des Hintergrundbildes angepasst werden, damit die Illusion eines zusammengehörigen Bildes nicht zerstört wird.

Das virtuelle Studio beruht auf üblichen videotechnischen Geräten. Diese werden schon seit längerem nicht nur zur Abbildung der realen Umwelt eingesetzt, sondern auch zur Erzeugung bestimmter Atmosphären und künstlicher Umgebungen. Bei vielen Videoproduktionen wird zudem mit Elementen wie Studiodekorationen, Rückprojektionen, Bildeinblendungen etc. gearbeitet, um das Bild interessanter, ansprechender oder informativer zu gestalten. Typische Beispiele sind Nachrichtensendungen und Wahl- und Sportberichterstattungen bei denen Fakten und Zahlen ansprechend präsentiert werden sollen. In einer Show bewegen sich Akteure in einer Studiodekoration, bei Nachrichtensendungen befindet sich ein Moderator oder die Nachrichtensprecherin vor einem festen Hintergrund, in dem Informationen eingeblendet werden. Das Hintergrundbild zeigt hier nicht die Dekoration, sondern kommt von einer fremden Videoquelle. Die Kombination von Vorder- und Hintergrundbild geschieht mit Chroma Key-Technik. Die Person im Vordergrund befindet sich vor einer gleichmäßig ausgeleuchteten Wand (Abb. 10.98), deren Farbe im Vordergrund nicht vorkommt (bei Hauttönen im Vordergrund meist Blau). Eine Key-Einheit ersetzt Flächen von diese Farbe durch die externe Videoquelle (s. Kap. 9.1).

Der Nachteil der klassischen Chroma Key-Technik ist, dass es keine Verbindung zwischen dem von der Studiokamera aufgenommenen Vordergrundsignal und dem eingeblendeten Hintergrundbild gibt, so dass der Chroma Key-Trick sehr künstlich und störend erschiene bzw. die Illusion eines zusammen-hängenden Bilder zerstört wäre, wenn die Kamera bei unverändertem Bildhin-tergrund bewegt werden würde.

Virtuelle Studios verändern die beschriebenen Vorgehensweisen. Sie ermög-lichen vor allem die Änderungen der Kameraperspektive, machen Studiodeko-rationen überflüssig und führen zu völlig neuartigen Präsentationsformen. Künstliche Hintergrund-Szenen werden komplett in einem Grafikrechner er-zeugt, wobei die Besonderheit beim virtuellen Studio im engeren Sinne darin besteht, dass die Bilder in Abhängigkeit von der Kamerastellung in Echtzeit neu berechnet werden (Abb. 10.97). Die Vorteile des virtuellen Studios sind ei-nerseits praktischer Art: Aufwändige Kulissen müssen nicht mehr real gebaut werden und es reicht ein blau ausgekleidetes Studio aus, um mehrere verschie-dene Produktionen durchzuführen, da innerhalb kurzer Zeit eine Umschaltung zwischen den zugehörigen virtuellen Räumen vorgenommen werden kann. Andererseits gibt es Veränderungen inhaltlicher Art: Die Sehgewohnheiten ver-ändern sich, die Präsentationen können lockerer und dynamischer wirken, was z. B. der Darstellung trockener Daten (Sportergebnisse) zugute kommen kann.

Die Echtzeitberechnung der Hintergründe ist streng genommen nur im sog. Online-Betrieb erforderlich, der praktisch nur realisierbar ist, wenn hochleis-tungsfähige Grafikrechner zur Verfügung stehen. Trotz des damit verbundenen Aufwands wird in den meisten Fällen der On- dem Offline-Betrieb aus Grün-den der Flexibilität vorgezogen, da die richtige Perspektive jeder Zeit zur Ver-fügung steht und somit auch Live-Sendungen realisierbar sind, die offline nicht durchgeführt werden können.

Der Offline-Betrieb bietet dagegen den Vorteil, dass die erforderlichen Per-spektiven in beliebig langer Zeit auch mit einfacheren Computern berechnet

Abb. 10.98. Blauraum (Blue Box) mit Hohlkehlen als Basis des virtuellen Studios

werden können, so dass auf die Komplexität der Bilder wenig Rücksicht genommen zu werden braucht und auch Schärfentiefen gut simulierbar sind. Die
Einsatzmöglichkeiten sind dadurch eingeschränkt, dass bei Kamerafahrten die
Bewegungsdaten aufgezeichnet werden müssen. Anhand dieser Daten wird anschließend die Perspektive für das computergenerierte Bild (virtuelle Kamera)
so berechnet, dass sie mit der Bewegung der realen Kamera übereinstimmt.

Aus ähnlichen Gründen wie bei der Entscheidung zwischen On- oder Offline-Betrieb, wird auch bei der Entscheidung zwischen dem Einsatz von 2-
oder 3-dimensionalen Hintergrundbildern gewöhnlich die rechenintensive 3D-
Variante gewählt. Der 2D-Betrieb ist erheblich preiswerter, die Funktionalität
ist aber stark eingeschränkt. Es sind nur Zoom und Schwenkbewegungen der
Kamera erlaubt, jedoch mit dem Vorteil, dass das Hintergrundbild einfach per
DVE oder rechnergestützt in Abhängigkeit von diesen Parametern nachgeführt
werden kann. Dabei wird beim Schwenk z. B. ein 720 H x 576 V Pixel großer
Ausschnitt aus einem hochaufgelösten Bild mit z. B. 4096 H x 3072 V Pixel gebildet. Der 2D-Betrieb stellt quasi ein Mittelding zwischen der klassischen, statischen Chroma Key-Produktion und einem echten virtuellen Studio dar.

10.6.1 Technische Ausstattung des virtuellen Studios

Der Kern des virtuellen Studios ist der Hochleistungsrechner mit einer speziellen Software zur Echtzeitberechnung der Hintergründe, die Besonderheiten
der weiteren Ausstattung beziehen sich vor allem auf die Verfahren zur Bestimmung der Kameraposition, die als »Tracking« bezeichnet werden. Die Studiokamera ist meist wie üblich bedienbar, sie ist aber mit speziellen Sensoren
ausgestattet, die die Positionsdaten für die Schwenk- und Neigungswinkel,
Zoom- und Fokuseinstellung sowie die Kameraposition im Raum in Echtzeit
erfassen und an den Grafikrechner weitergeben. Videotechnische Grundlage ist
weiterhin das Chroma Key-Stanzverfahren. Die Moderatoren können sich relativ frei in einem großen Raum bewegen, der einfarbig ausgekleidet und gleichmäßig ausgeleuchtet ist.

10.6.1.1 Das Studio

Das typische virtuelle Studio ist ein Raum der meist als Blue Box großflächig
in Blau ausgekleidet ist und bei dem Ecken und Kanten durch Hohlkehlen
möglichst unsichtbar gemacht werden (Abb. 10.98). Wenn diese Voraussetzung
erfüllt ist, ergibt sich die Größenwirkung des virtuellen Raums nur aus dem
Set-Design im Rechner. Die absolute Größe des Studios ist dann allein in Relation zur Bluescreen-Fläche, zu den Beleuchtungseinrichtungen und der Größe
der Vordergrundobjekte relevant.

Eine besondere, aber bisher kaum eingesetzte Blue Box-Variante verwendet
hochreflektierende Materialien anstelle des Blue Screen. Das blaue Licht des
Hintergrunds kommt von einem Kranz blauer Leuchtdioden, die um das Ka-
meraobjektiv angebracht sind und das an dem Hintergrundmaterial reflektiert
wird. Das Verfahren erlaubt eine flexiblere Ausleuchtung des Studios und ein
einfacheres Keying in schwierigen Situationen. Das Problem der starken Win-

kelabhängigkeit derartiger Reflexionen wurde gelöst: die BBC ließ ein Material entwickeln, das auch bei einem Winkel von 60° zur Vertikalen mehr als 60% des Lichts reflektiert.

10.6.1.2 Chroma Key

Der videotechnische Trick des virtuellen Studios ist das Stanzverfahren. Um hohen Ansprüchen gerecht werden zu können, kommen oft Chromakeyer der Firma Ultimatte zum Einsatz. Beim Ultimatte-Verfahren werden Masken für den Vorder- und Hintergrund gebildet, die separat bearbeitet werden können und am Schluss kombiniert werden. Damit können Schatten und auch teiltransparente Objekte wie Glas in die Szene einbezogen werden.

Das Verfahren sei am Beispiel einer Person und eines Glases auf einem Tisch beschrieben (Abb. 10.99). Der Vordergrund wird so maskiert, dass die Person und das Glas statt vor der Hintergrundfarbe vor Schwarz erscheinen. Je nach Transmissionsgrad des Glases wird der Hintergrund an der Stelle des

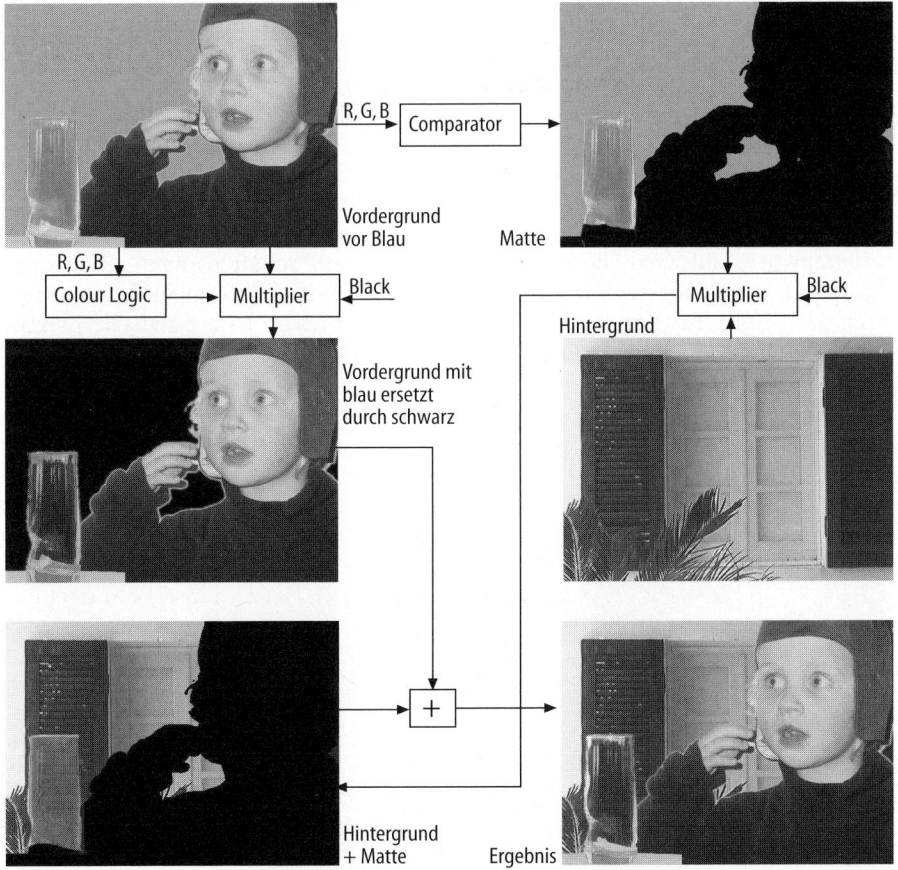

Abb. 10.99. Funktionsprinzip des Ultimatte Chromakey-Verfahrens

Glases mehr oder weniger grau aussehen. In einem zweiten Kanal ist dieses Bild quasi invertiert, wobei Elemente, die die Stanzfarbe nicht enthalten – wie die Person im Vordergrund – vollständig schwarz erscheinen. Je nach Transmissionsgrad des Glases wird der Hintergrund an der Stelle des Glases wieder mehr oder weniger grau erscheinen. In dieses Bild wird nun anhand der Helligkeit (linear Key, s. Kap. 9) mehr oder weniger intensiv das gewünschte Hintergrundbild des Endergebnisses eingesetzt, so dass der Hintergrund durch das Glas hindurch schimmert, die Person aber weiterhin als schwarze Silhouette erscheint. Das Vordergrundbild im zweiten Kanal enthält die Reflexionen. Nachdem schließlich das Hintergrundbild des Kanals 1 mit dem Vordergrundbild aus Kanal 2 addiert wurde, erscheint die Person an Stelle der Silhouette und das Glas erscheint nicht mehr nur transparent, sondern zeigt auch die Lichtreflexe des Originals [84]. Mit diesem Verfahren können neben Transparenzen und Reflexionen viele weitere kritische Bildvorlagen verarbeitet werden, wie z. B. Rauch, Wasser, feine Haare etc.

Moderne Ultimatte-Systeme arbeiten vollständig digital mit RGBA-Signalen und Abtastratenverhältnissen von 4:4:4:4, um maximale Farbauflösung zu erhalten. Das A steht in diesem Zusammenhang für den Alphakanal, in dem der Grad der Transparenz durchscheinender Objekte codiert wird. Neuerdings kann das System mit dem Automatic Background Defocusing auch dazu eingesetzt werden, realistischere Bilder durch Unschärfen zu erzeugen, wie sie bei geringer Schärfentiefe z. B. im Hintergrund auftreten. So muss der Grafikrechner mit dieser Funktion nicht belastet werden.

Hochwertige Chromakeyer sind einerseits erforderlich, um die Illusion eines Gesamtbildes möglichst perfekt erscheinen zu lassen, andererseits auch, um Schattenwürfe auf virtuelle Objekte zu realisieren. Schattenwürfe geben dem Bild nicht nur Tiefe, sondern steigern die Echtheit der Illusion und unterstreichen das Gefühl für den Zuschauer, dass es einen festen Bezug zwischen virtuellen Raum und einer agierenden Person gibt und sie nicht im Raum

Abb. 10.100. ZCam

»schwebt«. Dabei muss darauf geachtet werden, dass der Schattenwurf im Vordergrundbild nicht mit dem im virtuellen Set im Widerspruch steht. Hohe Ansprüche stellt auch der Umstand, dass sich die Personen und die Kamera im virtuellen Studio bewegen dürfen und die Relation der Ausleuchtung von Vorder- und Hintergrund nicht so optimal sein kann wie bei der klassischen statischen Nachrichtenproduktion.

Die Chroma Key-Technik zur Unterscheidung von Vorder- und Hintergrundobjekten könnte zukünftig überflüssig werden, denn mit ZCAM wurde ein System entwickelt, das mit Hilfe einer pulsierenden Lichtquelle für jeden Bildpunkt nicht nur die RGB-Werte, sondern auch einen Tiefenwert (Z) in Echtzeit erfasst. Dafür werden eigene CCD-Sensoren eingesetzt, die über die Laufzeit der Lichtimpulse, die von den Objekten im Raum reflektiert werden, die Entfernungen der Objekte von der Kamera bestimmt, so dass mit einem speziellen Rechner Vorder- und Hintergrund ohne Stanzvorgang separiert werden können (Abb. 10.100).

10.6.1.3 Extern Key

Gute Chromakeyer wie Ultimatte erlauben die Verarbeitung eines Extern Key-Signals, mit dem sich die Funktionalität des Virtuellen Studios erheblich erweitern lässt und der virtuelle Raum durch Tiefe besonders echt erscheint. Mit dem 3D-Programm des Grafikrechners werden dazu separate Objekte im Raum erzeugt, für die ein Extern Key Signal ausgegeben wird. Der Grafikrechner generiert dann nicht nur ein Backgroundsignal (Fill), sondern daneben ein sog. Matte Out-Signal welches dem Matte-In oder Extern Key-Eingang des Chromakeyers zugeführt wird.

Bezogen auf o. g. Beispiel wäre es möglich, dass neben der Person mit dem Glas auf dem Tisch ein virtuelles Spielzeug am Ort des Tisches erzeugt wird. Mittels Ein- und Ausschalten des Extern Keys könnte das Spielzeug vor oder hinter dem Glas erscheinen (Abb. 10.101). Wenn in der Bildregie der Extern Key zum richtigen Zeitpunkt umgeschaltet wird, kann die Szene so gestaltet werden, dass das Spielzeug zunächst vor dem Glas sichtbar wird und nachdem die Person das Glas erhoben und wieder abgesetzt hat, dahinter. Auf diese Weise gelingt es auch, Akteure auf der Bühne scheinbar um virtuelle Objekte herumgehen zu lassen.

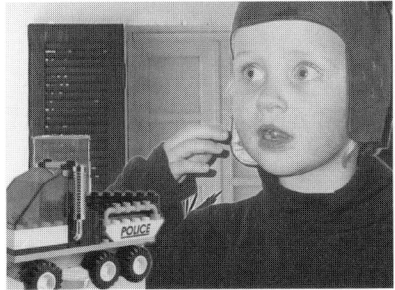 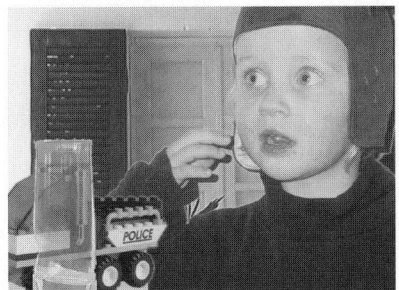

Abb. 10.101. Anordnung virtueller Objekte mit Extern Key

10.6.1.4 Ausleuchtung des virtuellen Studios

Beim Einsatz des Chroma Key-Verfahrens ist darauf zu achten, dass der Hintergrund möglichst gleichmäßig farbig erscheint, da so der Stanzvorgang erleichtert wird. Die Lichtgestaltung für die Ausleuchtung von Personen und Objekten muss dagegen zurücktreten, d. h. es muss ein Kompromiss zwischen technisch notwendigem und künstlerisch anspruchsvollem Licht gefunden werden. Für den Hintergrund werden oft Flächenleuchten und Diffusoren verwendet, die Personen und Objekte werden mit üblichen Stufenlinsen-Scheinwerfern ausgeleuchtet. Um interessante Bilder zu erzielen, sollten sie eine Tiefe durch Schatten enthalten, jedoch sind Schattenwürfe auch bei hochqualitativen Keyern nicht unproblematisch.

10.6.1.5 Computer und Software

In den meisten Fällen sollen die Hintergrundbilder im virtuellen Studio nicht als 2D-Grafiken, sondern auf Basis von 3-dimensionalen Modellen ermittelt werden. Es werden 50 Vollbilder pro Sekunde mit 720 H x 576 V Pixeln berechnet, denn bei 50 Halbbildern würde die Bildqualität aufgrund des erforderlichen starken Antialiasing erheblich leiden. Damit die 50 fps in Echtzeit erzeugt werden, sind hochleistungsfähige Rechner erforderlich (Abb. 10.92), die gegenwärtig meist von der Firma Silicon Graphics stammen und mit dem Unix-Derivat Irix als Betriebssystem arbeiten. Als Grafikbeschleuniger kommt die Reality Engine 2 zum Einsatz. Hierin gibt es das Geometric Engine Board, das die Polygone des 3D-Drahtgittermodells, welches den virtuellen Objekten zugrunde liegt, in leichter handhabbare Dreiecke zerlegt. Das Raster Manager Board teilt den einzelnen Bildpunkten die RGBA-Werte zu (Rendering) und bietet Texture Mapping und Antialiasing, während der Display Manager verschiedene Bildformate und -auflösungen verwaltet.

Einem Videoboard im Grafikrechner können ein oder mehrere Videosignale zugeführt werden, die in das virtuelle Set integriert werden, so dass z. B. in ein Fenster im virtuellen Set ein Gesprächspartner für die reale Person im Set eingeblendet werden kann. Abbildung 10.103 zeigt das Blockschaltbild der video-

Abb. 10.102. Hochleistungsrechner [144]

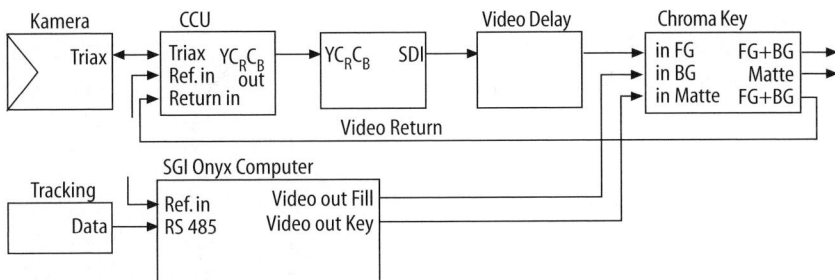

Abb. 10.103. Blockschaltbild der Videotechnik im virtuellen Studio

technischen Ausstattung im virtuellen Studio. Die Software für das virtuelle Studio nutzt die Daten des Kameratracking, um in Echtzeit perspektivisch angepasste Bilder der virtuellen Welt zu berechnen. Dabei stellen die meisten Programme Werkzeuge für die Erstellung der virtuellen Welt direkt zur Verfügung. Bekannte Softwarepakete sind Everest von Peak-Systems (Abb. 10.104), Vapour, Frost von Discreet Logic, Cyberset (ORAD), sowie RT-SET (Larus, Otus) und ELSET (Accom).

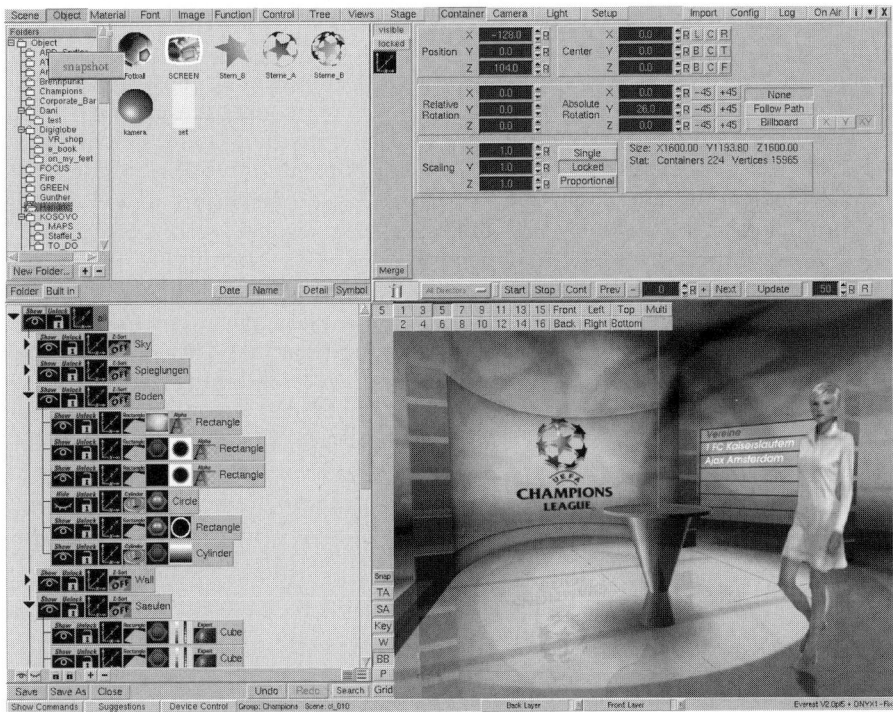

Abb. 10.104. Software für das virtuelle Studio [141]

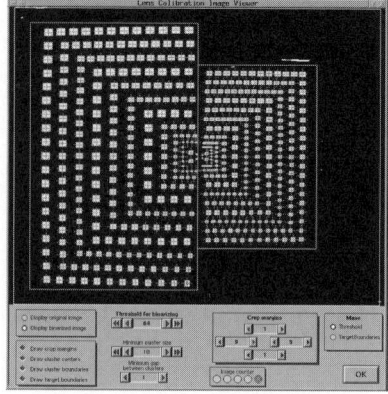

Musterwände im Studio   Muster in der Kalibrierungssoftware

Abb. 10.105. Einrichtungen zur Kalibrierung der Optik [141]

10.6.1.6 Kameras und Objektive

Im virtuellen Studio werden die üblichen Studiokameras eingesetzt (s. Kap. 6).
Sie können aus konventionellen Studios übernommen werden. Üblicherweise
sind sie mit Zoomobjektiven ausgestattet und Zoomfahrten werden auch bei
der Produktion eingesetzt. Diesbezüglich ergibt sich das Problem, dass kein linearer Zusammenhang zwischen der mechanischen Einstellung am Objektiv
und dem resultierenden Öffnungswinkel besteht. Das Objektiv muss daher ein-
malig exakt vermessen und der nichtlineare Zusammenhang muss bei der Berechnung des Bildes der virtuellen Kamera berücksichtigt werden [141]. Dazu
gibt es besondere Kalibrierungssysteme für das optische System, welche meist
auf einer Bilderkennungs-Software beruhen (Abb. 10.105). Dabei werden bekannte Muster in allen Zoom- und Fokusstellungen analysiert und die Kali-
brierungsparameter in einer Datenbank abgelegt, wobei auch Objektiv-Ver-
zeichnungen korrigiert werden können.

Ein zweites Problem ist der Knotenpunktversatz, der sog. Nodal Point Shift.
Gerade bei Zoomobjektiven kann nicht davon ausgegangen werden, dass der
Knotenpunkt für die Dreh- und Neige-Bewegung (Pan und Tilt) mit einem festen Punkt des Objektivs zusammenfällt. Um eine Veränderung der Perspektive bei Drehbewegungen zu vermeiden, muss aber der Knotenpunkt auf der
objektseitigen Hauptebene des Objektivs liegen [120]. Die Lage der Hauptebene verändert sich jedoch bei der Zoomfahrt (s. Kap. 6.2) und dem entsprechend muss der Versatz rechnerisch für die virtuelle Kamera berücksichtigt
werden. Falls die Software nicht in der Lage ist, den Nodal Point Shift auszugleichen, kann er auch in die Kalibrierungsdaten eingerechnet werden.

10.6.2 Kameratracking

Kritischer Punkt im virtuellen Studio und damit Ansatz für die meisten Weiterentwicklungen ist neben der Rechenleistung die Erfassung der veränderli-

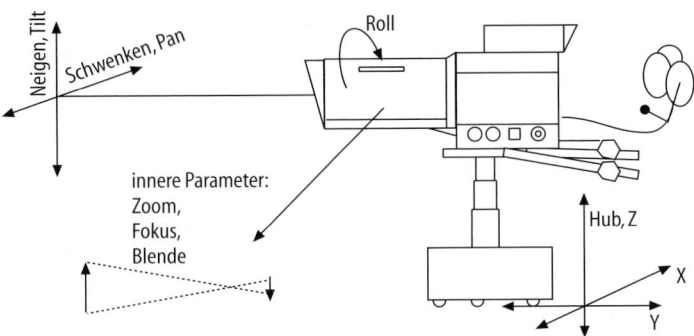

Abb. 10.106. Freiheitsgrade der Kamerabewegung

chen Kameraperspektive. Diese Erfassung muss sehr genau sein, damit die in der Software etablierte virtuelle Kamera exakt der realen Kamera folgen kann und das virtuelle Set immer als Einheit erscheint. Andernfalls scheinen Objekte oder Personen bei einer Kamerabewegung im virtuellen Raum zu schweben oder befinden sich nach einer Kamerafahrt und zurück an einem anderen Ort als vor dem Start. Auch in zeitlicher Dimension unterscheiden sich reale und virtuelle Räume, denn es dauert i. d. R. einige Zeit, bis die Trackingdaten bestimmt und dann das entsprechende Hintergrundbild berechnet ist. Das Problem wird gelöst, indem durch eine Hardwareeinheit auch das Vordergrundsignal verzögert wird (Abb. 10.103). Dieses Delay darf die Dauer einiger Frames (meist Werte zwischen 2 und 8 Frames) jedoch nicht überschreiten, da sonst die Produktion zu sehr erschwert wird.

Trackingsysteme sind in den meisten Fällen so konstruiert, dass die üblichen Studiokameras verwendet werden. Die Perspektive der realen Kamera ist durch verschiedene Freiheitsgrade bestimmt. Sie kann in die inneren Parameter Zoom, Focus und Blende und die äußeren Parameter der ortsfesten Kamera Schwenk-, Neige- und Rollwinkel (Pan, Tilt und Roll) aufgeteilt werden. Hinzu kommen die drei Raumkoordinaten der beweglichen Kamera (Abb. 10.106). Nicht alle Freiheitsgrade werden von den verschiedenen Trackingsystemen erfasst.

Die Positionserkennung und Verfolgung der Kameraparameter ist ein Problem, das in ähnlicher Form in vielen technischen Bereichen auftritt und sich meist auf Winkel- und Längenmessungen zurückführen lässt. Kameraspezifisch sind lediglich die inneren Parameter wie Zoom und Fokus. Es gibt bereits viele Lösungsansätze zur Lage- und Orientierungsbestimmung, denn ähnliche Probleme gibt es auch im Bereich virtueller Realität, bei der Entwicklung mobiler Roboter oder in der Regelungstechnik und bei der Werkkontrolle. Allgemein lassen sich berührungslose Entfernungs- und Richtungsmessung mittels Ultraschall oder elektromagnetischer Wellen von Weg- und Winkelmessung durch mechanische Verbindung oder Trägheitssysteme unterscheiden. Als dritter Bereich kommen bildbasierte, videometrische Verfahren hinzu, die die Lage von Referenzpunkten an Objekten auswerten. Die Ansätze, die auf akustischen, magnetischen oder elektrischen Feldern beruhen, scheiden aus Gründen mangelnder Genauigkeit oder fehlender Praktikabilität aus. Für den Einsatz im virtuellen Studio haben sich sensorgestützte Systeme und optische Systeme etabliert sowie so genannte Hybridsysteme, bei denen die Vorteile beider Verfahren kombiniert werden.

Die erforderliche Genauigkeit der Positionierung ergibt sich aus dem Bildeindruck. In Abhängigkeit vom Bildinhalt können Abweichungen zwischen realer und virtueller Perspektive mehr oder weniger auffallen. Als strenger Richtwert kann gelten, dass Verschiebungen von maximal 1 Pixel erlaubt sind. Die daraus resultierende Winkelgenauigkeit hängt vom Blickwinkel und damit von der Zoomstellung ab. Für eine Horizontalauflösung von 720 Pixeln heißt das bei einer Abbildung mit $40°$ Öffnungswinkel, dass eine Genauigkeit von $0,05°$ erforderlich ist. Wird die Forderung von 1/720 auch für die seitliche lineare Verschiebung erhoben, so ergibt sich bei einer Bildbreite von 3 m eine maximale Abweichung von ca. 4 mm. Grob lässt sich sagen, dass für Standardproduktionen mit Videoauflösung und Personen im Virtuellen Studio eine Ortsgenauigkeit besser als 0,5 mm und eine Winkelgenauigkeit von weniger als 1/10 Grad gefordert werden muss. Generell ist die Winkelgenauigkeit kritischer als die Translationsgenauigkeit. Neben der absoluten Abweichung kann auch das Rauschen zum Problem werden, das den Trackingdaten überlagert sein kann. Bei nicht ausreichender Glättung kann dies im Extremfall zu einem instabilen, ständig schwankenden Bildeindruck führen.

10.6.2.1 Sensorgestützte Systeme

Als Sensoren zur Bewegungserfassung kommen verschiedene Varianten in Frage, sie können induktiv, kapazitiv, magnetisch (Hallsensor) oder optisch arbeiten. Seit Beginn der Entwicklung wird die Bewegungserfassung mittels mechanischer Bewegung von Winkelcodierern verwendet, die meist optisch arbeiten. Diese Methode ist etabliert und bietet im Vergleich mit anderen eine hohe Betriebssicherheit, so dass sie in mehr als 90% aller Live-Produktionen im virtuellen Studio eingesetzt wird.

Die sensorgestützen Systeme können in aktive und passive Typen unterschieden werden. Bei den aktiven Systemen werden die beweglichen Elemente mit Motoren getrieben. Der Antrieb muss sehr exakt sein, die Antriebsimpulse werden zum Motor und auch zum Rechner geschickt und liegen dort vor, bevor die Bewegung ausgeführt wird. Damit kann die Berechnung des Hintergrundbildes sehr schnell beginnen, so dass eine Verzögerung des Vordergrundbildes, die bei anderen Verfahren unumgänglich ist, hier ggf. vermieden werden kann. Ein Beispiel für ein aktives System ist der Ultimatte Memory Head, der ursprünglich für die Reproduktion von Kamerafahrten zur Realisierung von Filmtricks konzipiert wurde. Das System ist aber nicht mit schweren Kameras belastbar und die Steuerung ist für die Kameraleute sehr gewöhnungsbedürftig. Daher wird es kaum noch verwendet – ebenso wie andere Roboterstative (z. B. Radamec), die fast nur dort eingesetzt werden, wo sie aus anderen Gründen bereits vorhanden sind.

Bei den passiven mechanischen Sensorsystemen ermittelt ein mechanisches Zahn- oder Reibrad den Wegunterschied zwischen festen und beweglichen

Supportelementen sowie die Drehung der Zoom- und Fokusringe am Objektiv. Dabei werden lineare Bewegungen in Drehbewegungen umgesetzt, so dass für alle Parameter Winkelcodierer zum Einsatz kommen können. Bei jeder Bewegung werden an den Drehachsen Impulse erzeugt, die Winkel ergeben sich aus der Impulszählung. Bei ortsfesten Kameras wird meist mit 4-Achsen-Systemen (Zoom, Focus, Pan, Tilt) gearbeitet. Bewegliche Kameras sind an eine Schiene gebunden, hier werden zusätzlich Stativhub und Schienenstrecke erfasst.

Häufig werden optische Impulse gezählt. Optische Winkelcodierer bestehen aus einer lichtdurchlässigen Scheibe mit einem Muster, welches kontinuierlich einfallendes Licht rhythmisch unterbricht. Man unterscheidet dabei absolute und inkrementelle Arbeitsweise. Die einfachen inkrementellen Systeme haben gleichmäßig aufgebrachte Streifen, und die Rotationsgeschwindigkeit folgt direkt aus der Frequenz der Lichtimpulse am Detektor. Zur Feststellung der Rotationsrichtung werden zwei Sensoren verwendet, die um die halbe Streifenbreite gegeneinander versetzt sind. Die Drehrichtung lässt sich durch Vergleich mit der Referenz daran feststellen, welcher Kanal bei einer gegebenen Position als nächstes den Zustand wechselt (Abb. 10.107). Bei der absoluten Codierung werden auf der Scheibe mehrere konzentrische Segmente in der Art aufgebracht, dass sich für jede Position eine eindeutige Impulskombination bzw. ein eindeutiges Bitmuster, z. B. nach dem Gray-Code ergibt. Da für hohe Auflösungen eine Vielzahl von Ringen verwendet werden muss, werden die absoluten Codierer recht groß und haben geringe Toleranz gegenüber Erschütterungen, so dass bei dem in der Praxis am häufigsten eingesetzten Thoma-Verfahren mit inkrementellen Gebern gearbeitet wird.

Beim Thoma-System wird die Studiokamera auf ein gewöhnliches Stativ montiert und an den Drehachsen werden die Impulsgeber angebracht. Die Übertragung an der Schiene arbeitet per Reibrad, mit Lichtschranken- oder Magnetimpulsen (Abb. 10.108). Die addierten oder subtrahierten Impulse werden einem separaten Tracking PC zugeführt, wo sie in serielle, 33 Byte umfassende Datenblöcke umgerechnet und dann über serielle Schnittstellen (RS 485)

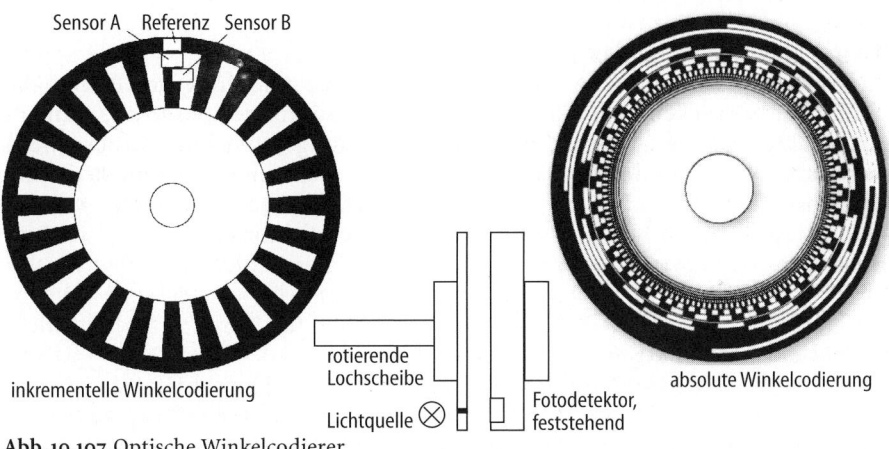

Abb. 10.107. Optische Winkelcodierer

Abb. 10.108. Sensoren am schienengestützten System

dem Grafikrechner übergeben werden. Die beschriebenen Inkrementalgeber liefern dabei relative Werte, was eine aufwändige Kalibrierung des Systems erfordert, bei dem ein frei definierter Bezugspunkt (Home-Point) im realen Raum mit dem Bezugspunkt im virtuellen Raum in festen Bezug gebracht wird. Die Kalibrierung ist entscheidend für die Übereinstimmung von Vorder- und Hintergrund und muss vor und teilweise auch während der Produktion erneut durchgeführt werden. Die ermittelten Verläufe können in lineare und nichtlineare unterschieden werden. Letztere müssen eigens vermessen werden.

Der Nachteil sensorbasierter Systeme ist die nicht frei bewegliche Kamera und die fehlende feste Verkopplung zwischen realem und virtuellem Bild, mit der Gefahr, dass diese nach längerer Betriebszeit auseinanderlaufen. Sensorbasierte Systeme sind alltagstauglich, aber aufgrund der Stativbindung sperrig und unflexibel (Abb. 10.108). Um diesen Nachteil zu vermeiden, wird mit bildbasierten Systemen versucht, die Positionsdaten aus der Bildveränderung aufgrund der Änderung der Perspektive zu ermitteln.

10.6.2.2 Bildbasierte Trackingsysteme

Die Änderung der Kameraperspektive ist mit einer Änderung des Bildinhalts verbunden. So rücken z. B. Linien im Bild näher zusammen, wenn die Kamera zurückfährt oder sie laufen bei seitlicher Betrachtung auseinander (Abb. 10.109) Die Grundidee bildbasierter Systeme ist, dass bei bekanntem Bildinhalt auf die veränderte Perspektive bzw. die Trackingparameter zurück geschlossen werden kann. Dazu muss ein bekanntes, nicht zu einfach strukturiertes Muster im Bild vorhanden sein. Bei konsequenter Anwendung dieser Idee wird das Muster durch das Studioobjektiv betrachtet, so dass dieses keinen verfälschenden Einfluss mehr haben kann. Allerdings darf das Muster im Vordergrundbild nicht störend in Erscheinung treten.

Als rein bildbasierte Verfahren sind die Systeme CATS und ORAD Cyberset bekannt geworden. Das System CATS (Camera Tracking System) verwendet ein Muster aus exakt vermessenen Referenzpunkten, die sich an realen Objekten

Muster   verzerrt durch Tilt   verzerrt durch Pan

Abb. 10.109. Musterveränderung durch Änderung der Kameraperspektive

im Vordergrundbild befinden, wie z. B. ein Tisch, der meist nicht stört, sondern eher einem Moderator hilft, sich im Blauraum zu orientieren. Die Referenzpunkte und -linien werden im Bild gesucht und aus Ihrer Position und Ausrichtung wird auf die Kameraperspektive geschlossen. Das Problem ist, dass dabei immer genügend Referenzpunkte im Bild zu sehen sein müssen, damit die Orientierung nicht zeitweilig ausfällt. Ein zweites Problem ist die Beschränkung der Tracking-Genauigkeit durch die begrenzte Auflösung des Videobildes. Bei Kamerafahrten können einzelne Punkte kurzzeitig unsichtbar sein, was durch das Zeilensprungverfahren verschlimmert wird.

Ein Teil dieser Probleme tritt auch bei dem bekanntesten rein bildbasierten Verfahren, dem System von ORAD auf. Der Unterschied gegenüber CATS ist, dass sehr großflächige Streifenmuster verwendet werden. Diese sind nicht auf realen Objekten, sondern auf der Blauwand des virtuellen Studios aufgebracht. Sie müssen für das Tracking sichtbar sein und sind daher heller als die Blauwand, andererseits müssen sie aber auch blau sein, damit sie vom Chroma Key-System unterdrückt werden können (Abb. 10.110). Beim Orad-System wird die Positionserkennung von separaten Digital Video Prozessoren unabhängig vom eigentlichen Grafikrechner durchgeführt, wobei mit Verzögerungszeiten von der Dauer einiger Frames gerechnet werden muss. Ähnlich arbeitet das

Abb. 10.110. Streifenmuster im Blauraum für das Orad-System

System RT-Set, bei dem das Muster durch einen Projektor von schräg oben auf die Blauwand projiziert wird.

Diese bildbasierenden Trackingsysteme bieten theoretisch den Vorteil einer frei beweglichen Kamera, die Produktionsbedingungen unterliegen jedoch einigen Einschränkungen. Das größte Problem ist, dass immer ein großer Teil des Musters im Bild sichtbar sein muss. Das heißt, dass sich ein Moderator nicht in einem Raumbereich befinden darf, in dem kein Muster ist. Ein Moderator darf auch das Muster nicht verdecken, was allerdings bei Teleeinstellungen des Objektivs leicht geschehen kann. Dieser Umstand ist für die Betriebssicherheit ein großes Problem, denn der Verlust des Musters führt zu Orientierungslosigkeit, während der Verlust von Impulsen von Inkrementalgebern bei Sensorsystem nur zu relativ schwachem Auseinanderlaufen von realer und virtueller Umgebung führt.

Generelles Problem bildbasierter Verfahren ist auch, dass die Positionsdaten aus verrauschten Halbbildern der Kamera gewonnen werden. Die Positionsbestimmung kann zwangsläufig nur so gut sein wie es die Lokalisation des Referenzmusters oder -punktes erlaubt, so dass aufwändige und den Bewegungen angepasste Glättungsalgorithmen zur Stabilisierung des resultierenden Jitter verwendet werden müssen. Weiterhin gilt als Einschränkung, dass das Muster nicht verzerrt werden darf, d. h. es kann nicht mit Hohlkehlen gearbeitet werden. Das Muster muss auch ausreichend scharf abgebildet sein, in der Praxis wird deshalb in einem kleinen Blauraum gearbeitet und die Abbildung auf hohe Schärfentiefe eingestellt (z. B: Beleuchtungsstärke 1200 lx für eine Blende von 5,6). Weiterhin gilt es, Bewegungsunschärfen durch zu schnelle Kameraschwenks zu vermeiden. Für Orad kommt hinzu, dass die Einschränkungen für die Ausleuchtung stärker sind als in gewöhnlichen Blauräumen, da der Chromakeyer so eng eingestellt werden muss, dass er beide Blautöne unterdrückt. Häufig muss dann ein Moderator so hell ausgeleuchtet werden, dass die Ablesung eines Teleprompters erschwert wird.

Schließlich ist noch das Problem zu nennen, dass in vielen Fällen die Musterveränderung aufgrund einer Zoomfahrt nicht von der Veränderung aufgrund einer Kamerafahrt unterschieden werden kann. Daher wird das Orad-System oft so modifiziert, dass LED an der Hauptkamera durch externe Kameras (in der Blauwand) registriert werden, so dass eine Zusatzinformation über die Kameraposition zur Verfügung steht. Die erforderliche Modifikation des Orad-Systems zeigt, dass Systeme auf Basis einfacher Bilderkennung sehr viele praktische Probleme mit sich bringen. Aus diesem Grund wurden im Laufe der Zeit vermehrt Hybridsysteme entwickelt.

10.6.2.3 Hybridsysteme

Diese Verfahren wurden entwickelt, um die genannten Probleme der rein bildbasierten Verfahren zu umgehen. Die meisten Systeme dieser Kategorie nutzen Sensoren für die inneren Parameter (Zoom, Focus) und bildbasierte Verfahren für die Raumorientierung. Diesem Ansatz kommt die Entwicklung von digital gesteuerten Objektiven entgegen, die nicht mehr mechanisch betrieben werden. Bei diesen Typen können die Steuerdaten für Zoom, Focus und Blende direkt für das Tracking-System übernommen werden.

Die Raumorientierung basiert wegen der oben genannten Probleme nicht mehr auf einem Muster, das über die Studiokamera aufgenommen wird. Es liegt außerhalb des Blickfeldes der Hauptkamera und wird durch externe Hilfs-Kameras aufgenommen, die an eigene Bildverarbeitungssysteme angeschlossen werden. Die Gestaltung des Musters unterliegt damit weniger Beschränkungen und kann nicht vom Moderator verdeckt werden.

Bei dem von der BBC entwickelten System Free-d wird zu diesem Zweck an der Studiokamera eine zweite Kamera befestigt, die zur Studiodecke gerichtet ist, wo eine Vielzahl von Markern von ca. 20 cm Durchmesser in bekannter Position in verschiedenen Höhen angebracht wurden. Die Marker verfügen über konzentrische schwarze und weiße Ringe, die eine Art Barcode ergeben und damit die Identifikation jedes einzelnen Markers gestatten. Die Marker sind stark reflektierend und werden durch hell strahlende LEDs an der Hilfskamera beleuchtet, damit sie in der Studiobeleuchtung deutlich identifiziert werden können. Trotzdem bleibt die Studiobeleuchtung ein Problem, denn Scheinwerfer verdecken viele Marker, so dass insgesamt sehr viele zum Einsatz kommen müssen, damit immer mindestens vier, besser jedoch 10-20 Marker im Bild sind. Bei den Systemen Walkfinder und XPecto (Abb. 10.111 und 10.112) von den Firmen Thoma und Xync wird das Verfahren umgekehrt und ein Markersystem aus Reflektoren bzw. Infrarotsendern an der Studiokamera angebracht, was von externen Kameras an der Studiodecke beobachtet wird. Das Problem der gegenseitigen Verdeckung der Marker wird durch den Einsatz mehrerer Beobachtungskameras gelöst. Durch die Vielzahl der Beobachtungsrichtungen kann das System sehr stabil und betriebssicher werden. Die Bildverarbeitung und Positionsbestimmung wird in separaten Rechnern parallel zur Berechnung des Hintergrundbildes ausgeführt. Auch Orad bietet neben dem rein bildbasierten Verfahren mit InfraTrack inzwischen ein Hybrid-System an, dass wie Xpecto mit einem Array von Infrarot-Lichtquellen arbeitet, das auf der Kamera angebracht sind.

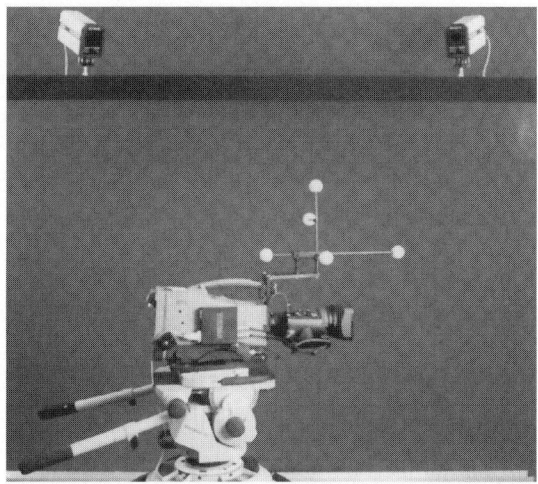

Abb. 10.111. Hybridsystem Walkfinder von Thoma

Mechanische Abnahme
der inneren Parameter

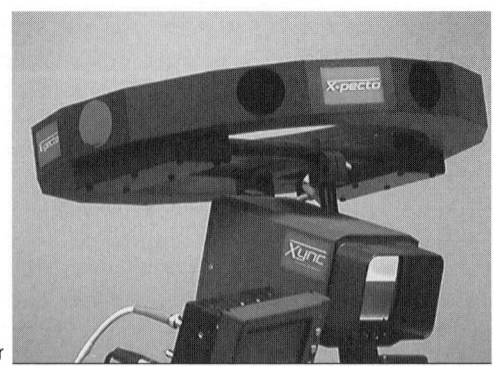

Optische Detektion
der äußeren Parameter

Abb. 10.112. Hybridsystem XPecto von Xync

Die Kalibrierung der Hybridsysteme erfordert meist erheblich weniger Aufwand als bei sensorgestützten Verfahren. Der Vorgang teilt sich in die studioorientierte Kalibrierung und die Vermessung des Kameratargets. Bei der Studio-Kalibrierung werden mit Hilfe von Markern, die auf dem Studioboden angebracht sind, die Positionen der Beobachtungskameras und die Studio-Koordinaten festgelegt. Diese Kalibrierung kann software-unterstützt durchgeführt werden, wobei ein IR-Lichtpunkt frei durch den Raum geführt wird, in der Art, dass er mindestens in jeder Überwachungskamera einmal erscheint. Selbst die Kalibrierung einer Erstinstallation soll damit in weniger als einer halben Stunde durchführbar sein.

10.6.3 Produktion im virtuellen Studio

Die Produktionsmöglichkeiten sind von der Art des verwendeten Systems bestimmt. Bei der Auswahl sollten folgende Punkte beachtet werden:
* Betriebssicherheit, Redundanz der Trackingdaten,
* Genauigkeit, und Rauschfreiheit der Trackingdaten,
* Erfassungsdauer der Position, d. h. Größe des Delays für das Vordergrundsignal,
* Unabhängigkeit vom Kamerasupport, Verwendbarkeit bestehender Supportsysteme, Einsetzbarkeit als Schulterkamera,
* Unabhängigkeit von spezieller VS-Software,
* Aufwand bei der Kalibrierung,
* Beleuchtungseinschränkungen,
* Erfassung der Objektivparameter, Einschränkung des Schärfebereichs,
* Variationsmöglichkeit für die Schärfentiefe,
* Verwendbarkeit für Außenproduktionen,
* Verwendbarkeit verschiedener Objektive.
Die Produktion im virtuellen Studio beginnt mit dem Entwurf von Szenenbildern anhand eines Storyboards. Die meist zweidimensionalen Szenenbilder werden anschließend dreidimensional umgesetzt, was entweder in separaten

Abb. 10.113. Virtuelles Set [141]

CAD-Programmen, meist aber direkt mit den Tools geschieht, die die VS-Software zur Verfügung stellt. Mit den Sets können nun Stellproben und die Ausleuchtung im Studio durchgeführt werden, anschließend folgt die feinere Ausgestaltung und die genaue Kalibrierung.

Virtuelle Sets basieren i. d. R. auf einfachen geometrischen Objekten, den Wireframes. Diese werden skaliert, rotiert und mit Farben, Texturen und Beleuchtungsattributen oder Videosignalen versehen. Die Set-Designer können jedoch nicht nur nach ästhetischen Gesichtspunkten arbeiten, sondern müssen die beschränkte Rechenleistung berücksichtigen. Die Echtzeitanforderung erlaubt eine maximale Rechenzeit von der Dauer eines Halbbildes. Bei der Optimierung des Sets bezüglich der Rechenzeit kommt es einerseits auf die Komplexität des Sets, vor allem die Anzahl der zu berechnenden Polygone an, andererseits ist aber auch die Art der Umsetzung sehr entscheidend, d. h. es müssen die speziellen Gegebenheiten von Hard- und Software geschickt berücksichtigt werden. Wichtige Aspekte für die Rechenzeit sind neben der Anzahl der Polygone der Speicherbedarf der Textur, die mehrfache Definition von Texturkoordinaten, die Verwendung gestaffelter Transparenzen und die Wahl des Beleuchtungsmodells. Allein der Einsatz von Live-Videoquellen erfordert 3 ms der gesamten 20 ms, die zur Berechnung eines Bildes im PAL-Standard zur Verfügung stehen [23].

Ein besonders realitätsähnliches Set-Design wird durch Einsatz von Schatten und Reflexionen erreicht (Abb. 10.113). Schattenwürfe können mit guten Chromakeyern, wie Ultimatte, verarbeitet werden, es muss aber darauf geach-

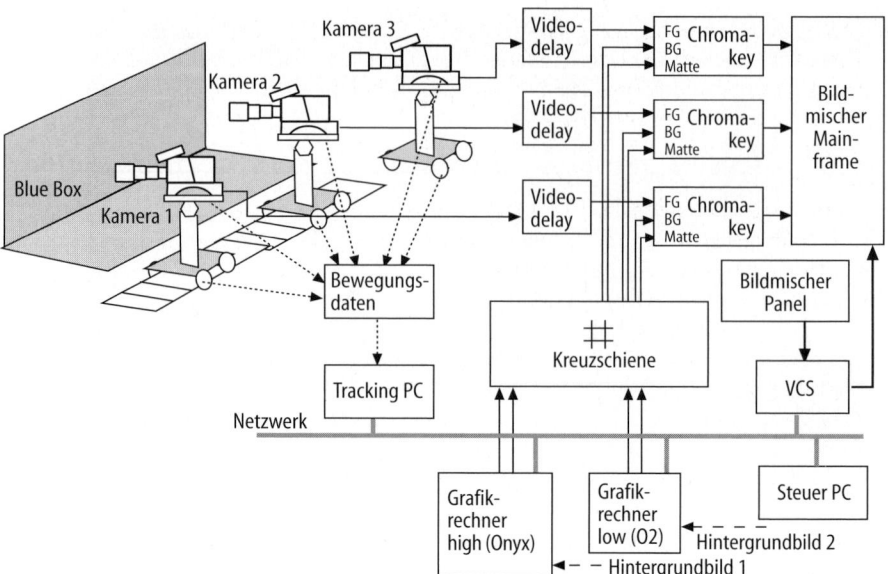

Abb. 10.114. Produktion mit mehreren Kameras im virtuellen Studio

tet werden, dass sich die Richtungen der Schatten in realen und virtuellen
Räumen gleichen. Soll sich ein Schattenwurf über ein virtuelles Objekt bewegen, so muss im Studio eine blaue Stellfläche an dem Ort aufgestellt werden,
dort wo sich das beschattete Objekt im Gesamtbild befindet. Die Form der
Stellfläche muss dabei der Form des virtuellen Objekts angepasst sein. Falls
Reflexionen, z. B. am Boden des virtuellen Sets auch im realen Bild auftauchen
sollen, kann dies durch Verwendung von Plexiglasscheiben auf dem Studioboden erreicht werden. Eventuelle Spiegelungen der Objekte im Studio müssen
dann im virtuellen Raum eingerechnet werden.

Die Verwendung mehrerer Kameras im virtuellen Studio stellt einen erheblichen Aufwand dar, denn für jede Kamera müssen synchronisierte virtuelle
Sets aus einer anderen Perspektive in Echtzeit verändert werden können, was
im Prinzip für jede Kamera einen teuren Grafikrechner erfordert. Der Aufwand kann aber mit Hilfe des Virtual Camera Switch VCS verringert werden
(Abb. 10.114). Hier wird die Tatsache genutzt, dass sich i. d. R. nur eine Kamera
tatsächlich im Program-Mode befindet, während die andere ein Preview-Bild
liefert. Dieses Bild kann aber mit verminderter Qualität und verringerter zeitlicher Auflösung errechnet werden, so weit, dass die Orientierung des Kamera-
manns nicht eingeschränkt wird. Auf diese Weise entsteht der Vorteil, dass für
das Preview-Bild Low Cost-Computer zum Einsatz kommen können. Ein VCS
hat nun die Aufgabe, die Signalumschaltung zwischen Program und Preview
für die Vorder- und Hintergrundsignale zu steuern und die richtigen Computer anzusprechen. Dabei werden direkt die Steuersignale der im Studio befindlichen Videomischer oder Kreuzschienen manipuliert, indem das Gerät zwischen Hauptelektronik und Bedienpanel des Videomischers geschaltet wird

(Abb. 10.114), so dass die gewöhnliche Bedienung des Bildmischers beibehalten werden kann [23]. Das VCS-System erlaubt die Verwaltung von bis zu 16 Kameras bei gleichzeitiger Darstellung je eines Program- und Preview-Bildes. Falls zwischen zwei Kameras nicht nur geschaltet, sondern auch überblendet werden soll, muss natürlich ein zweiter Hochleistungsrechner verwendet werden.

Ein großes Problem für die realitätsnahe Wirkung des virtuellen Sets ist die Schärfentiefe, d. h. dass Objekte, die sich weit entfernt von der gewünschten Schärfeebene befinden, wie bei einer echten Kamera unscharf erscheinen. Die naheliegende Lösung der Verwendung mehrerer Bilder in verschiedener Auflösung ist zu aufwändig und übliche Softwareprogramme unterstützen noch keine Defokussierung. Aber es gibt eine Hardware-Einheit von der BBC, die als Input das gewöhnliche, scharfe Bild nimmt und in Abhängigkeit von den Objektiv-Parametern und einer Information über die Tiefenstaffelung jedes Bildpunktes in Relation zur gewünschten Schärfeebene ein Bild mit unschärferem Hintergrund simuliert. Auch die neueste Version des Ultimatte-Systems bietet Ansätze zur Simulation geringer Schärfentiefe.

Das virtuelle Studio bietet noch viele Ansätze zur Weiterentwicklung, dies gilt vor allem hinsichtlich der Trackingsysteme. Ein weiterer Aspekt ist die Erkennung der Moderatorposition, damit auch die Umschaltung des Extern-Key automatisch erfolgen kann, falls es so aussehen soll, als ginge eine Person im Studio um eine virtuelles Objekt herum (s. Extern Key). Auch die realitätsnahe Einbindung von Schatten muss noch optimiert werden.

An den in diesem letzten Kapitel dargestellten Beispielen aus verschiedenen Produktionsbereichen wird deutlich, dass der Fortschritt, vor allem durch den Einsatz digitaler Verfahren, nicht nur auf technischem Sektor von Bedeutung ist, sondern sich vermehrt auf Produktionsmethoden und Inhalte auswirkt. Zum Abschluss lässt sich feststellen, dass der gesamte Produktions- und Postproduktionsbereich von einem derart schnellen Wandel betroffen ist, dass insbesondere die letzten Kapitel dieses Buches vermutlich schon bald umgeschrieben und erweitert werden müssen.

11 Literaturverzeichnis

[1]   Abekas: Produktinformation
[2]   Ahrens, N.: Bewertung von Farben. Medien Bulletin 10/97
[3]   Allendorf, M., Schäfer, A.: Der Einsatz des nonlinearen Editing-Systems Avid im Kine-Film und Videobereich. Diplomarbeit, FH Hamburg 1995
[4]   Allenspach, R.: Magnetismus in ultradünnen Schichten: Auf dem Weg zum Datenspeicher der Zukunft. Physik in unserer Zeit 27, Nr. 3, 1996
[5]   Ampex: Produktinformation
[6]   Andresen, T.: Varianten einer Senderegie/Sendeabwicklung für den Bereich Ballungsraumfernsehen. Diplomarbeit, FH Hamburg 1998
[7]   Avid: Produktinformation
[8]   Arri: Produktinformation
[9]   Barclay, S.: The Motion Picture Image. Focal Press, Boston 2000
[10] Baumann, C., Cannon, R.: High-Tech-Kreuzschienen: Vielfältige Kontrollmöglichkeiten erleichtern den Studioalltag. Fernseh- und Kinotechnik 52, Nr. 8–9, 1998
[11] Biaesch-Wiebke, C.: Videosysteme. Vogel Verlag, Würzburg 1991
[12] Bock, G.: Übergang vom analogen zum digitalen terrestrischen Fernsehen. Fernseh- und Kinotechnik 53, Nr. 8–9, 1999
[13] Bohlmann, J.: Nachrichtentechnik. Vorlesungsskripte, FH Hamburg 1996
[14] Bolewski, N.: Neues Lichtventil-Projektionssystem. Fernseh- und Kinotechnik 47, Nr. 5, 1993
[15] Bolewski, N.: BTS: Neue Kameras mit Dynamic Pixels Management. Fernseh- und Kinotechnik 48, Nr. 3, 1994
[16] Bolewski, N.: Die DVD im Broadcastbereich. Fernseh- und Kinotechnik 51, Nr. 11, 1997
[17] Brugger, R.: 3D-Computergrafik und -animation. Addison Wesley, 1993
[18] BTS: Produktinformation
[19] Burghardt, J.: MPEG-2 für Fernseh-Anwendungen. Fernseh- und Kinotechnik 53, Nr. 3, 1999
[20] Burghardt, J.: Handbuch der professionellen Videorecorder. Edition Filmwerkstatt, Essen 1994
[21] Dambacher, P.: Digitale Technik für Hörfunk und Fernsehen. R. v. Deckers`s Verlag, Heidelberg 1995
[22] De Lameillieure, Schäfer, R.: MPEG-2-Bildcodierung für das digitale Fernsehen. Fernseh- und Kinotechnik 48, Nr. 3, 1994
[23] Dierßen, H.: Über die Grundlagen des virtuellen Studios zur Entwicklung einer Multikameralösung. Diplomarbeit, FH Hamburg 1999
[24] Discreet, Produktinformation und Tutorials
[25] Dorn, E.: Fachsprache Regie, Kamera, Bildschnitt. NDR 1995
[26] Ebner, A. et al.: PALplus: Übertragung von 16:9-Bildern im terrestrischen PAL-Kanal. Fernseh- und Kinotechnik 46, Nr. 11, 1992
[27] Ebner, A.: PALplus: Ein neuer Sendestandard für das Breitbildformat. Fernseh- und Kinotechnik 49, Nr. 7-8, 1995, S. 401 ff.

[28]   Fell-Bosenbeck, F.: DV-Kompression: Grundlagen und Anwendungen. Fernseh- und
       Kinotechnik 53, Nr. 6, 1999
[29]   Fiedler, M., Scheller, G., Wessely, U.: Fraktale Bild- und Videokompression. Fernseh-
       und Kinotechnik 52, Nr. 1–2, 1998
[30]   Freyer, U.: DVB – Digitales Fernsehen. Verlag Technik, Berlin 1997
[31]   Gebhard, C., Voigt-Müller, G.: Marktübersicht Nonlineare Systeme. Film- und TV-
       Kameramann 1998
[32]   Geißler, H.: Neue Bandtechnologie für DV-Kassetten. AV-Invest, Nr. 3, 1996
[33]   Gerhard-Multhaupt, R., Röder, H.: Lichtventil-Großbildprojektion: Eine Übersicht.
       Fernseh- und Kinotechnik 45, Nr. 9, 1991
[34]   Gerhard-Multhaupt, R.: Amplitudengesteuerte Beugungsgitter für die Großbildprojek-
       tion. Physikalische Blätter 51, Nr. 2, 1995
[35]   Göttmann, K.: Fibre Channel, Technologie und Netzwerke. Fernseh- und Kinotechnik
       52, Nr. 8–9, 1998
[36]   Götz-Meyn, E., Neumann, W.: Grundlagen der Video- und Videoaufzeichnungstech-
       nik. Hüthig Verlag, Heidelberg 1998
[37]   Grambow. L.: Farbwiedergabeindex für Displays. Fernseh- und Kinotechnik 52, Nr. 3,
       1998
[38]   Haarstark, G.R. et al.: Das neue Produktions- und Sendezentrum des NDR. Fernseh-
       und Kinotechnik 49, Nr. 10, 1995
[39]   Hartwig, S., Endemann, W.: Tutorial Digitale Bildcodierung (Folge 1–12). Fernseh-
       und Kinotechnik 46, Nr. 1, 1992 bis FKT 47, Nr. 1,1993
[40]   Harz, A.: Digitale Videotechnik. Kameramann 9/94, 11/94, 1/95, 2/95, 4/95, 6/95, 8/95
[41]   Heber, H., Teichner, D., Hedtke, R.: Special Tapeless Production & Broadcasting.
       Fernseh- und Kinotechnik 49, Nr. 6, 1995
[42]   Heber, H.K.: `Random Access`-Speicher Eine Einführung. Fernseh- und Kinotechnik
       49, Nr. 6, 1995
[43]   Heber, H.K.: TFHS Beschreibung und Kommentierung des Final Reports Teil 1.
       Systembetrachtungen. Fernseh- und Kinotechnik 53, Nr. 4, 1999
[44]   Hedtke, R.: Verteilung digitaler Videodaten im Studio. Fernseh- und Kinotechnik 49,
       Nr. 6, 1995
[45]   Hedtke, R., Schnöll, M.: Schnittbearbeitung von MPEG-2-codierten Videosequenzen.
       Fernseh- und Kinotechnik 50, Nr. 7, 1996
[46]   Hedtke, R.: Netzwerktechnik im Videostudio. Fernseh- und Kinotechnik 51, Nr. 6,
       1997
[47]   Hedtke, R.: Zukünftige Anwendungen der MPEG-2-Codierung. Fernseh- und Kino-
       technik 52, Nr. 10, 1998
[48]   Hedtke, R.: TFHS Beschreibung und Kommentierung des Final Reports Teil 2.
       Datenkompression. Fernseh- und Kinotechnik 53, Nr. 4, 1999
[49]   Heitmann, J.: MPEG-2 im Fernsehstudio. Fernseh- und Kinotechnik 52, Nr. 11, 1998
[50]   Henle, H.: Dolby-Mehrkanalton. Fernseh- und Kinotechnik 55, Nr. 1–2, 2001
[51]   Heyna, A., Briede, M., Schmidt, U.: Datenformate im Medienbereich. Fachbuchverlag
       Leipzig 2003
[52]   Herpel, C.: Der MPEG-2-Standard (Teil 3). Fernseh- und Kinotechnik 48, Nr. 6, 1994
[53]   Herter, E., Lörcher. W.: Nachrichtentechnik. C. Hanser Verlag, München Wien 1992
[54]   Heywang et al.: Physik für Fachhochschulen und technische Berufe. Verlag Handwerk
       und Technik, Hamburg
[55]   Hoffmann, H.: Der Weg zum SDTI – Serial Data Transport Interface. Fernseh- und
       Kinotechnik 53, Nr. 1–2, 1999
[56]   Hoffmann, H.: TFHS Beschreibung und Kommentierung des Final Reports Teil 3.
       Netzwerke und Transferprotokolle. Fernseh- und Kinotechnik 53, Nr. 7, 1999
[57]   Hofmann, H.: Neue Anforderungen an die Netztechnik im Umfeld Rundfunk.
       Fernseh- und Kinotechnik 51, Nr. 6, 1997

[58] Hochmeister, G. v.: Handbuch für den Filmvorführer. Wirtschaftsverband der Filmtheater, München 1991

[59] Hornbeck, L.J.: DLP (Digital Light Processing) für ein Display mit Mikrospiegel-Ablenkung. Fernseh- und Kinotechnik 50, Nr. 10, 1996

[60] Hübscher, H. et al.: Elektrotechnik Fachstufe 2 Nachrichtentechnik. Westermann, Braunschweig 1986

[61] Institut für Microelectronics, IMS-Chips, Produktinformation, 2002

[62] Ishikawa, K. et al.: FIT-CCD-Kamera für HDTV mit 2 Millionen Pixeln. Fernseh- und Kinotechnik 46, Nr. 9, 1992

[63] Jauernig, I.: Digitale nonlineare Postproduktion, Edition Filmwerkstatt, Esssen 2000

[64] JVC: Produktinformation

[65] Jung, M., Rosendahl, U., Brormann, M.: Das neue Fernsehproduktionsstudio des SWR in Baden-Baden. Fernseh- und Kinotechnik 53, Nr. 3, 1999

[66] Kafka, G.: Basiswissen der Datenkommunikation. Franzis Verlag, München

[67] Kalb, H. W.: Erste digitale Produktionsinsel im SDR in Stuttgart. Fernseh- und Kinotechnik 48, Nr. 10, 1994

[68] Kalb, H.W.: Erfahrungen auf dem Weg von analogen zum digitalen Fernsehzentrum. Jahrestagung der FKTG, Tagungsband 1998

[69] Kaufmann, A.: Entwicklungstendenzen bei Farbfernsehkameras für Standard- und HDTV. Fernseh- und Kinotechnik 47, Nr. 3, 1993

[70] Kays, R.: Kanalcodierung und Modulation für die digitale Fernsehübertragung. Fernseh- und Kinotechnik 48, Nr. 3, 1994

[71] Kinoton, Produktinformation, 2001

[72] Kodak: Produktinformation und Kodak Motion Picture Film. Publ. H1, Rochester, 2000

[73] Krätzschmar, J., Loviscach, J.: Tafelbild. c't, Heft 4, 1995

[74] Kraus, H.: Plasma-Displays in Fernseh- und Multimedia-Endgeräten. Fernseh- und Kinotechnik 52, Nr. 11, 1998

[75] Kurz, A.: Konzeption und Einsatz eines Fahrzeugs für die satellitengestützte Nachrichtenübertragung. Diplomarbeit, FH Hamburg 1998

[76] Ladebusch, U.: Einführung in den DVB-Datenrundfunk (Teil 1). Fernseh- und Kinotechnik 52, Nr. 6, 1998

[77] Lang, H.: Farbwiedergabe in der Medien: Fernsehen, Film, Druck. Muster-Schmidt Verlag, Göttingen Zürich 1995

[78] Mäusl, R.: Fernsehtechnik. Hüthig Verlag, Heidelberg 1990

[79] Mäusl, R.: Digitale Modulationsverfahren. Hüthig Buch Verlag, Heidelberg 1991

[80] Marey, M.: Messen im digital-seriellen Studio. Fernseh- und Kinotechnik 51, Nr. 3, 1997

[81] Marey, M.: Vorteile und Nutzen einer digitalen Fernsehkamera mit Studioqualität. Fernseh- und Kinotechnik 51, Nr. 5, 1997

[82] Maßmann, V.: Der Weg zur digitalen Filmkopie am Beispiel des Spirit DataCine Filmabtasters. Fernseh- und Kinotechnik 52, Nr. 4, 1998

[83] Mauch, R. H.: Stand der Displaytechnik. Fernseh- und Kinotechnik 49, Nr. 4, 1995

[84] Meyer-Schwarzenberger, G.: Noch analog – schon digital. Fernseh- und Kinotechnische Gesellschaft und Schule für Rundfunktechnik (Hrsg), 1995

[85] Meier, W.: Film in der digitalen Ebene. Diplomarbeit an der FH Hamburg, 1998

[86] Möllering, D., Slansky, P.: Handbuch der professionellen Videoaufnahme. Edition Filmwerkstatt, Essen 1993

[87] Morgenstern, B.: Technik der magnetischen Videosignalaufzeichnung. B. G. Teubner, Stuttgart 1985

[88] Morgenstern, B.: Farbfernsehtechnik. B. G. Teubner, Stuttgart 1989

[89] Mücher, M. (Hrsg.): Fachwörterbuch der Fernsehstudio- und Videotechnik. BET, Hamburg 1992

[90] Müller, A.: Der elektronische Schnitt. HV&F-Verlag, Hamburg 1992

[91]   Müller, G. O.: Flachdisplays für das hochauflösende Fernsehen. Fernseh- und Kinotechnik 45, Nr. 9, 1991

[92]   Novara, T.: Fire und Smoke ohne Kompromisse. Fernseh- und Kinotechnik 52, Nr. 4, 1998

[93]   Ohanian, T.: Digital Nonlinear Editing. Focal Press, Boston London 1993

[94]   Panasonic: Broadcast und Professional Media, Produktinformation

[95]   Petrasch, T., Zinke, J: Einführung in die Videofilmproduktion. Fachbuchverlag Leipzig 2003

[96]   Porchert, M.: Videokamera mit digitaler Signalverarbeitung. Fernseh- und Kinotechnik 45, Nr. 7, 1991

[97]   Przybyla, H.: HDTV-Studiotechnik in den neuesten Generationen. Jahrestagung der FKTG, Tagungsband 1998

[98]   Pütz, J. (Hrsg.), Dittel, V.: Alles über Fernsehen, Video, Satellit. vgs Verlagsgesellschaft, Köln 1989

[99]   Quantel: Produktinformation

[100]   Ravel, M., Lubin, J., Schertz, A.: Prüfung eines Systems für die objektive Messung der Bildqualität durch den Vergleich von objektiven und subjektiven Testergebnisssen. Fernseh- und Kinotechnik 52, Nr. 10, 1998

[101]   Reimers, U.: Systemkonzept für das Digitale Fernsehen in Europa. Fernseh- und Kinotechnik 47, Nr. 7-8, 1993

[102]   Reimers, U.: Digitale Fernsehtechnik. Springer-Verlag, Berlin Heidelberg New York 1997

[103]   Reimers, U.: Zugangsnetze zum Internet: ISDN, xDSL, Kabelmodems. Fernseh- und Kinotechnik 53, Nr. 6, 1999

[104]   Reuber, C.: Flachbildschirme. Fernseh- und Kinotechnik 47, Nr. 4, 1993

[105]   Reuber, C.: TV-Displays 100 Jahre nach Braun. Fernseh- und Kinotechnik 52, Nr. 3, 1998

[106]   Richter, U.: Empfangsvoraussetzungen für digitales Fernsehen unter besonderer Berücksichtigung von Pay-TV. Diplomarbeit, FH Hamburg 1999

[107]   Ricken, C.: Das 4:2:2 Profile von MPEG-2 – Ein ISO/IEC-Standard zur Bilddatenreduktion im Produktionsbereich. Fernseh- und Kinotechnik 50, Nr. 6, 1996

[108]   Riesener, N.: Modulare Video- und Audiokreuzschienen. Fernseh- und Kinotechnik 52, Nr. 10, 1998

[109]   Rindtorff, H.: Bildstabilisation in Consumer-Camcordern. Fernseh- und Kinotechnik 49, Nr. 1-2, 1995

[110]   Röhrig, O.: Wenn aus Daten Bilder werden. Medien Bulletin 7/93

[111]   Rohde & Schwarz: Videomesssystem VSA, technische Datenblätter

[112]   Ruelberg, K. D.: Adreßgenerierung in digitalen Video-Effektgeräten. Fernseh- und Kinotechnik 46, Nr. 7-8, 1992

[113]   Schäfer, J.: C-Reality – Ein neuer Filmabtaster von Cintel. Fernseh- und Kinotechnik 52, Nr. 4, 1998

[114]   Schmidt, U.: Digitale Film- und Videotechnik, Carl Hanser Verlag, München 2002

[115]   Schönfelder, H.: Bildkommunikation. Springer Verlag, Berlin 1983

[116]   Schönfelder, H.: Fernsehtechnik im Wandel. Springer-Verlag, Berlin Heidelberg 1996

[117]   Schröder, K., Gebhard, H.: Audio/Video-Streaming über IP (Internet Protokoll). Fernseh- und Kinotechnik 54, Nr. 1–2, 2000

[118]   Schule für Rundfunktechnik (Hrsg.): Fernsehstudiotechnik. Nürnberg 1989

[119]   Sikora, Th.: Entwicklung eines MPEG-4 Video-Standards: Das MPEG-4 Video-Verifikationsmodell. Fernseh- und Kinotechnik 50, Nr. 8–9, 1996

[120]   Sommerhäuser, F.: Das virtuelle Studio – Grundlagen einer neuen Studioproduktionstechnik. Fernseh- und Kinotechnik 50, Nr. 1–2, 1996

[121]   Sony: Maintenance Manual, Colour Video Camera BVP 7

[122]   Sony Broadcast Katalog, Produktinformation

[123] Stanko, G., Correns, H.-J.: Neuer RTL-Schaltraum. Fernseh- und Kinotechnik 53, Nr. 3, 1999

[124] Steurer, J.: Digitale Filmbelichtung mit dem Arrilaser. Fernseh- und Kinotechnik 53, Nr. 5, 1999

[125] Stolzmann, J.: DVD: Grundlagen, Technische Betrachtung. Fernseh- und Kinotechnik 51, Nr. 11, 1997

[126] Svatek, W., Lesowsky, S.: Professionelle Videobearbeitung. Franzis Verlag, München 1994

[127] Swinson, P.: Neue Entwicklungen bei Fimabtastern und Von der Quelle zur Bildwand. Fernseh- und Kinotechnik 44, Nr. 9, 1990 und FKT 55, Nr. 7, 2001

[128] Teichner, D.: Der MPEG-2-Standard (Teil 1 und 2). Fernseh- und Kinotechnik 48, Nr. 4 und 5, 1994

[129] Thomson Broadcast.: Produktinformation

[130] TVN-Television Programm und Nachrichten: Produktinformation Digitaler Ü-Wagen. Hannover 1998

[131] Vielmuth, U.: Anders im Ausdruck. Medien Bulletin 1/95

[132] Vogt, C.: Die DVB-Spezifikation für die Multimedia Home Plattform. Fernseh- und Kinotechnik 53, Nr. 1–2, 1999

[133] Voigt-Müller, G.: Digitale Formatfrage. Kameramann 7/95

[134] Watkinson, J.: The Art of Digital Audio. Focal Press, Oxford 1994

[135] Watkinson, J.: The Art of Digital Video. Focal Press, Oxford 1994

[136] Webers, J.: Handbuch der Film- und Videotechnik. Franzis Verlag, München 1991

[137] Webers, J.: Das Handbuch der Tonstudiotechnik. Franzis Verlag, München 1999

[138] Weith, M.: Vergleich und Einsatz komprimierend aufzeichnender Bandformate im gemischten Betrieb. Diplomarbeit, FH Hamburg 1998

[139] Wellerdick, M., Bancroft, D.: Vernetzte Redaktionsarbeitsplätze mit Zugriff auf Diskserver. Fernseh- und Kinotechnik 50, Nr. 11, 1996

[140] Wendland, B., Schröder, H.: Fernsehtechnik Bd. 1 und 2. Hüthig Verlag, Heidelberg 1991

[141] Wilke, H.: Virtuelle Effekte für Realtime- und Postproduktion. Diplomarbeit, FH Hamburg 1999

[142] Wilkinson, H.J., Przybyla, H.: Studio-Kompression für das neue Jahrtausend. Fernseh- und Kinotechnik 52, Nr. 5, 1998

[143] Windelband, G.: Beurteilung des filmtypischen Bewegungs- und Bildeindrucks einer Proscan Videokamera im Vergleich mit Film. Diplomarbeit, FH Hamburg 1999

[144] Yousofy, S.N.: Der digitale Newsroom am Beispiel von AvidNews. Diplomarbeit, FH Hamburg 1999

[145] Wixforth, M.: Entwurf und Realisation einer elektronischen Schaltung zur Selektion der Luminanz der menschlichen Hautfarbe aus einem analogen Videosignal. Diplomarbeit, HAW Hamburg 2002

[146] Zielinski, S.: Zur Geschichte des Videorecorders. Wissenschaftsverlag V. Spiess, Berlin

[147] Zieme, J.: Digitale Newssysteme – Heute und Morgen. Jahrestagung der FKTG, Tagungsband 1998

[148] Ziemer, A. (Hrsg): Digitales Fernsehen. R. v. Decker´s Verlag, Heidelberg 1994

[149] Zollner, M., Zwicker, H.: Elektroakustik. Springer-Verlag, Berlin Heidelberg New York 1993

12 Sachverzeichnis

O

P

W